普通高等学校规划教材

理论力学

（上册）

李银山 编著

人民交通出版社股份有限公司
China Communications Press Co.,Ltd.

内 容 提 要

本教材是根据教育部高等院校工科本科“理论力学”课程教学基本(多学时)要求编写的。是作者继《Maple 理论力学》出版后,将理论力学和计算机技术结合起来的又一部新型教材,首次讲解了李银山提出的一种解决强非线性振动问题的快速解析法,即谐波—能量平衡法。

本书由上、下册两部分组成,共计28章。基本上涵盖了经典理论力学所涉及的所有问题——静力学、运动学、动力学、分析力学、专题和高级应用。内容完整、结构紧凑、叙述严谨、逻辑性强。配有手算和电算(Maple 软件)两类例题,带有思考性的思考题和 A、B、C 三类习题。

上册内容主要包括:平面力系的简化、平面力系的平衡、空间力系的简化、空间力系的平衡、桁架、重心、摩擦和悬索;点的运动、刚体的运动、点的复合运动、刚体的复合运动和分析运动学;质点动力学、质点系动力学、动量定理、动量矩定理和动能定理等,共计15章。

本书适用于理工科本科生理论力学教学使用,以及研究生和工程技术人员对理论力学专题的学习研究。

为便于教师讲授本教材,本书配备了多媒体电子教案,可加力学课程教学研讨 QQ 群 242976740 索取。

图书在版编目(CIP)数据

理论力学. 上册 / 李银山编著. —北京 : 人民交通出版社股份有限公司, 2016.12

ISBN 978-7-114-13627-6

Ⅰ.①理… Ⅱ.①李… Ⅲ.①理论力学－高等学校－教材 Ⅳ.①O31

中国版本图书馆 CIP 数据核字(2016)第 319839 号

普通高等学校规划教材

书　　名:理论力学(上册)
著 作 者:李银山
责任编辑:牛家鸣　李　娜
出版发行:人民交通出版社股份有限公司
地　　址:(100011)北京市朝阳区安定门外外馆斜街3号
网　　址:http://www.ccpress.com.cn
销售电话:(010)59757973
总 经 销:人民交通出版社股份有限公司发行部
经　　销:各地新华书店
印　　刷:北京盈盛恒通印刷有限公司
开　　本:787×1092　1/16
印　　张:28
字　　数:667千
版　　次:2016年12月　第1版
印　　次:2016年12月　第1次印刷
书　　号:ISBN 978-7-114-13627-6
定　　价:52.00元

序

由李银山教授所编写的《理论力学》是将理论力学和计算机技术结合起来的新型教材。本书分两册，共计二十八章，包括了理论力学教学大纲的全部内容。由于理论力学中的许多问题计算都比较烦琐，本书引入了计算能力强且容易操作的计算机数学软件 Maple，从而将繁杂的计算交由计算机去完成，不仅限于分析特定瞬时或特定位置的运动，而且能够对运动过程进行分析，这对培养学生理解力学概念是十分重要的。通过本书的学习，有利于系统地培养学生建模编程和计算分析、解决工程实际问题的能力。

在理论力学的教学和工程实际中，振动问题的解析求解是非常重要的。线性振动问题的解析求解基本清楚，摄动法只能得到弱非线性振动问题的解析解，但对于本质非线性振动（即强非线性振动）问题，尚没有有效的求解方法，本书介绍了由李银山提出的求解强非线性振动问题解析解的谐波—能量平衡法。通过理论力学教学，让学生及早了解国际前沿：非线性振动、分岔和混沌，对于培养学生科学研究和解决工程实际问题的能力是非常重要的。

李银山教授在这本书的撰写过程中，查阅了大量的有关资料，编写了许多富有特色的例题和分类习题，其理论体系系统完整，循序渐进，学生易于掌握。本书的初稿曾在太原理工大学和河北工业大学有关专业使用，效果良好。

本书的出版，为理论力学教学的改进提供了一条可选择的途径。我们衷心地期望本书的出版能在理论力学教学改革和培养高水平、创新性工程技术人才方面发挥一定的作用。

中国工程院院士

陈予恕

2016 年 5 月

前　言

本教材是根据教育部高等院校工科本科“理论力学”课程教学基本要求(多学时)、教育部工科“力学”课程教学指导委员会面向21世纪工科“力学”课程教学改革要求编写的。本书是将理论力学和计算机技术结合起来的新型教材,由《理论力学》(上册)和《理论力学》(下册)两部分组成。

随着科学技术日新月异的发展,作为基础学科的理论力学,其体系和内容也必须相应地进行调整。从这个愿望出发,在编写本教材时力图在已有《理论力学》的基础上,从以下几个方面做进一步的改进:

(1)注意使用矢量、张量、矩阵等数学工具,以适应计算机与理论力学相结合、采用软件编程的快速求解要求。

(2)继承和创新相结合,增加了运动全过程分析内容,注意通过图像、计算等数学运算,使学生掌握物理概念,通过理论分析和例题示范,训练学生思考方法、力学简化建模能力、数学建模能力、符号解析计算能力、数值计算能力、计算机绘图和计算机仿真能力。

本教材讲解传统手算算法和现代计算机算法并重,学习传统手算算法便于理解理论力学基本原理,采用现代计算机算法可以快速、准确解决工程问题,提高效率。

(3)吸收了《力学与实践》“教学研究”栏目的最新成果,吸收了第1~8届全国高等学校力学课程报告论坛的最新成果,使全书内容完整、结构紧凑、叙述严谨、逻辑性强。

(4)以微积分、线性代数和概率论为基础,由简单到复杂,先平面后空间,重点介绍最具理论力学课程特点的基础内容。

(5)以矢量力学和分析力学为两条主线贯穿整个课程,讲授静力学、运动学和动力学。

(6)力学原理可以分为不变分的和变分的,本教材先讲不变分的原理,后讲变分的原理,讲不变分的原理和变分的原理并重,增大了变分原理的内容,以满足快速科技发展的工程需求。

(7)从多种不同角度讲解基本概念、基本公式和基本方法,既有严格证明,又有形象直观的几何解释和物理解释。

(8)初始条件与理论力学的数学模型——常微分方程组是同等重要的。近代研究表明,混沌的出现依赖于:初始条件变化的敏感性和参数变化的敏感性。李银山把常微分方程组和初始条件同时考虑,采用谐波平衡与能量平衡相结合,提出了谐波—能量平衡法。

本教材介绍了由李银山提出的求解强非线性振动问题解析解的谐波—能量平衡法。通过理论力学教学,让学生及早了解国际前沿:非线性振动、分岔和混沌,对于培养学生科学研究和解决工程实际问题是非常重要的。

(9)随着现代科技的发展,各种设备系统的结构日趋复杂,诸如卫星、火箭、飞机、导航系统、航空母舰、机器人、高层建筑、大跨径桥梁、高速列车等各类系统的可靠性被提上了科学研究的日程。提高系统的工作可靠性,可从两方面着手:一是提高每一组成元件的可靠性。二是研究系统的最佳设计、使用与维修方案等。为满足工程需要,本教材在理论力学中增加了“理论力学中的概率问题”一章。

(10)子曰:“学而不思则罔,思而不学则殆。”关于思考题:一些理论力学教科书所给出的思考题,似乎可以分为两大类。一类主要是复习性的,例如,“理论力学的任务是什么?”“理论力学的研究对象是什么?”等等。另一类则不单纯是复习,而且带有一定的思考性。收入本书的思考题,基本上属于后一类。有的思考题虽然归入某一章,但由于理论力学的知识具有连贯性,可能需要全面思考。

(11)子曰:“学而时习之,不亦说乎?”本书希望构建教、学、习、用四维一体的现代化、立体化教材。本书例题分为常规的手算例题和计算机电算例题供教师“教”和学生“学”选用;收入本书的习题,分为三类:A类习题比较简单、容易,供同学们写课后作业,期中或期末考试练习选用;B类习题有一定难度,供考研和参加力学竞赛的同学练习选用;C类习题与工程实际结合比较紧密,供同学们写大作业和工程技术人员学习时参考应用。

作为面向21世纪的新教材,本书尝试为理论力学建立这样一种具有现代计算方法的强大功能,但又不失去传统解析方法之精确性的新体系。

在编写本书过程中,华东理工大学李彤制作了本书的多媒体课件;河北工业大学马玉英解答了部分思考题,敖日汗解答了部分习题,李银山编写了全部章节,并统稿。

我的研究生罗利军、董青田、曹俊灵、潘文波、吴艳艳、官云龙、韦炳威、霍树浩及许多其他博士生、硕士生及本科生提出了宝贵的修改建议,给予了很多帮助,在此一并致谢。

感谢清华大学徐秉业教授和高云峰教授、中国科学院自然科学史研究所戴念祖研究员、军械工程学院付光浦教授、太原理工大学蔡中民教授、太原科技大学梁应彪教授和我的同学郭晓辉博士对本书编写给予的关心、支持和鼓励!

沉痛悼念我的博士生导师太原理工大学杨桂通教授,感谢他多年来对本书的关心和指导。

感谢我的硕士生导师太原科技大学徐克晋教授和本科生导师军械工程学院张识教授多年来的指导、帮助和支持。

我深深地感谢我的夫人杨秀兰女士,她帮助我录入了全部书稿。

陈予恕院士热情为本书作序,并担任主审,河北工业大学李欣业教授、焦永树教授对书稿做了极为认真细致的审阅,提出了许多宝贵的改进意见,一并致以衷心的感谢!

限于作者水平,错误与不妥之处望读者不吝指正。

李银山

2015年12月于天津

主要符号表

$\boldsymbol{a}$ 加速度

$\boldsymbol{a}_{\mathrm{n}}$ 法向加速度

$\boldsymbol{a}_{\tau}$ 切向加速度

$\boldsymbol{a}_{\mathrm{a}}$ 绝对加速度

$\boldsymbol{a}_{\mathrm{r}}$ 相对加速度

$\boldsymbol{a}_{\mathrm{e}}$ 牵连加速度

$\boldsymbol{a}_{\mathrm{c}}$ 科氏加速度

A 自由振动振幅,面积

$\underline{\boldsymbol{A}}$ 方向余弦矩阵

c 光速,阻尼系数

C 质心,重心,阻力因数

d 微分符号

$\tilde{\mathrm{d}}$ 动系中微分符号

e 碰撞恢复因数,偏心距

$\underline{\boldsymbol{e}}$ 矢量基(简称基),矢量列阵

$\boldsymbol{e}_1,\boldsymbol{e}_2,\boldsymbol{e}_3$ 矢量基的三个基矢量

E 总机械能

$\boldsymbol{E}$ 单位并矢

E_X 数学期望

f 自由度数;频率

f_{d} 动摩擦因数

f_{s} 静摩擦因数

$\boldsymbol{F}$ 力

$\boldsymbol{F}_{\mathrm{R}}$ 合力

$\boldsymbol{F}_{\mathrm{f}}$ 摩擦力

$\boldsymbol{F}_{\mathrm{N}}$ 约束力,理想约束力,法向约束力,轴力

$\boldsymbol{F}_{\bar{\mathrm{N}}}$ 非理想约束力

$\boldsymbol{F}_{\mathrm{P}}$ 主动力

$\boldsymbol{F}_{\mathrm{T}}$ 绳索的张拉力

$\boldsymbol{F}_{\Phi}$ 反推力

$\boldsymbol{F}_{\mathrm{I}}$ 达朗贝尔惯性力

$\boldsymbol{F}_{\mathrm{c}}^{\mathrm{I}}$ 科氏惯性力

$\boldsymbol{F}_{\mathrm{e}}^{\mathrm{I}}$ 牵连惯性力

$\underline{F}$ 力坐标列阵

$\boldsymbol{g}$ 重力加速度

G 万有引力常数

h 高度

H 哈密顿函数

$\underline{H}$ 拉梅系数矩阵

H_1,H_2,H_3 拉梅系数

$\boldsymbol{I}$ 冲量

$\boldsymbol{I}^{(\mathrm{e})}$ 外力的冲量

$\underline{I}$ 单位矩阵

$\tilde{I}_j$ 广义冲量

I_1 静力学或运动学第一不变量

I_2 静力学或运动学第二不变量

$\underline{\boldsymbol{i}}$ 正交矢量基,正交矢量列阵

$\boldsymbol{i}_1,\boldsymbol{i}_2,\boldsymbol{i}_3$ 正交矢量基的三个基矢量

$\boldsymbol{i},\boldsymbol{j},\boldsymbol{k}$ 直角坐标三个基矢量

J_C 刚体对质心轴 Cz 的转动惯量

J_O 刚体对定轴 Oz 的转动惯量

J_p 刚体对瞬轴 p 的转动惯量

J_{xy} 刚体对 x、y 轴的惯性积

J_z 刚体对 z 轴的转动惯量

$\boldsymbol{J}$ 惯量张量,或瞬时角矢量

$\underline{J}$ 惯量矩阵

$\boldsymbol{J}_O$ 刚体对定点 O 的惯量张量

$\boldsymbol{J}_C$ 刚体对质心 C 的惯量张量

$\underline{J_O}$ 刚体对定点 O 的惯量矩阵

$\underline{J_C}$ 刚体对质心 C 的惯量矩阵

J_1,J_2,J_3 主转动惯量

k 弹簧刚度系数

l 长度

L 拉格朗日函数

L_z 质点系对 z 轴的动量矩

$\boldsymbol{L}_O$ 质点系对定点 O 的动量矩

l 坐标总数

$\boldsymbol{L}_C$ 质点系对质心 C 的动量矩

$\boldsymbol{L}_A$　质点系对动点 A 的动量矩

m　质量，广义坐标数

m_μ　刚体的质量

$\bar{m}$　多余坐标数

M_z　力对 z 轴的矩

max　极大

min　极小

$\boldsymbol{M}$　力偶矩，主矩

$\boldsymbol{M}_R$　合力偶

$\boldsymbol{M}_e$　外力偶

$\boldsymbol{M}_O$　力 $\boldsymbol{F}$ 对点 $\boldsymbol{O}$ 的矩

$\boldsymbol{M}_O^I$　惯性力的主矩

$\boldsymbol{M}_g$　陀螺力矩

$\underline{M}$　质量矩阵

n　质点数

N　刚体数

O　定参考坐标系的原点

p　广义动量

$\boldsymbol{p}$　动量，转动瞬轴基矢量

P　重量，功率，速度瞬心

q　广义坐标

$\boldsymbol{q}$　载荷集度

Q　广义力

Q^*　非有势力的广义力

$\tilde{Q}$　正则变量表示的广义力

r　半径，双向完整系统约束数

$r+s$　双向约束数

r,θ,φ　球坐标

$\boldsymbol{r}$　矢径

R　总约束数

$\boldsymbol{R}$　主矢

$\boldsymbol{R}^{(e)}$　外力的主矢

$\boldsymbol{R}_I$　达朗贝尔惯性力的主矢

$\boldsymbol{R}_e^I$　牵连惯性力的主矢

$\boldsymbol{R}_c^I$　科里奥利惯性力的主矢

$\boldsymbol{r}_A$　动点 A 的矢径

$\boldsymbol{r}_C$　质心 C 的矢径

s　弧坐标，双向不可积微分约束数

S　哈密顿作用量

$\bar{S}$　拉格朗日作用量

t　时间

T　动能，周期

$\boldsymbol{v}$　速度

$\boldsymbol{v}_a$　绝对速度

$\boldsymbol{v}_r$　相对速度

$\boldsymbol{v}_e$　牵连速度

$\boldsymbol{v}_{B/A}$　刚体上动点 B 绕基点 A 作圆周运动的速度

V　势能，体积

W　力的功

$d'W$　力的元功

x,y,z　直角坐标

z　频率比

$\boldsymbol{\alpha}$　角加速度

β　振幅放大因子

δ　滚阻摩擦系数

δ　等时变分

$\tilde{\delta}$　全变分

δW　虚功

$\delta\tilde{W}$　冲量虚功

Δ　增量；等时变更

$\Delta\boldsymbol{J}$　角位移

φ_f　摩擦角

η　减缩因数

κ　曲率

λ　本征值

μ　流体黏度，地球引力常数

ϑ　转角

ρ　密度，曲率半径

ρ,φ　极坐标

ρ,φ,z　柱坐标

ρ_z　对 z 轴的回转半径

$\boldsymbol{\rho}$　相对矢径

σ_X　均方差

$\boldsymbol{\tau},\boldsymbol{n},\boldsymbol{b}$　自然坐标系三个基矢量

τ　碰撞作用时间

Γ　曲线积分路径

$\boldsymbol{\Gamma}_O$　力对定点 O 的冲量矩

$\boldsymbol{\Gamma}_O^{(e)}$　外力对定点 O 的冲量矩

ω　角频率

ω_0　固有角频率

ω_d　阻尼自由振动角频率

$\boldsymbol{\omega}$　角速度

$\boldsymbol{\omega}_{\mathrm{a}}$　绝对角速度

$\boldsymbol{\omega}_{\mathrm{r}}$　相对角速度

$\boldsymbol{\omega}_{\mathrm{e}}$　牵连角速度

Ω　受迫激励角频率

ξ,η,ζ　静坐标系的三个坐标

ψ,θ,φ　欧拉角

ζ　阻尼比

Z_{w}　高斯拘束

目　　录

第 1 篇　静　力　学

第2篇　运　动　学

第3篇　动　力　学

《周易·象》曰:“天行健,
君子以自强不息。”

第1章 绪 论

1.1 理论力学教学内容的改革与发展

理论力学是工科专业本科生必修的专业基础课程,是各门有关后续课程的理论基础,也是一门体系完整的独立学科。随着科学技术日新月异的发展,作为基础学科的理论力学,其体系和内容也必须相应地进行调整。从这个愿望出发,本教材在编写时力图在以下几个方面做一些改进:

(1)注意使用矢量、张量、矩阵等数学工具适应计算机的使用要求。

(2)针对工程中求解动力学问题的实际要求,重视对运动过程的分析,而不仅限于分析特定瞬时或特定位置的运动。因此,适当加强建立和处理运动微分方程的训练。

(3)由于分析力学方法在近代计算力学中日益显示出重要性,因此,增加分析力学方法在本教材中的比重,以训练学生综合运用矢量力学和分析力学两种方法解决问题的能力。

(4)过去由于手工无法求解,只限于动力学问题的线性分析;本教材注意了直接对非线性动力学微分方程分析求解。

随着21世纪的到来,人类步入信息时代,计算机技术无论从硬件还是软件上都在日新月异地发展,信息化、数字化、网络化渗透在很多学科当中,也为很多学科提供了新的发展机遇。个人计算机的空前普及、计算机语言的更新换代、计算技术的不断发展,使面向计算机的理论力学不再满足于特定瞬时和线性化的分析,而是开始尝试系统地建立面向计算机的多刚体的问题,为它们建立起计算机分析求解的精确模型,对它们做精确的符号运算和数值分析计算,而不受求解问题规模的限制。

混沌理论是自相对论和量子力学问世以来,对人类整个知识体系的又一次巨大冲击,作为非周期的有序性,混沌无处不在;既存在于广袤无垠的宇宙,又存在于结构精细的人脑。因此,混沌动力学的发展必将引起人们自然观的彻底改变。面对这一重大的科学变革,我们每一个力学工作者都应该认真考虑,如何将混沌动力学这一现代数学的主题引入力学课程的教学,以使新一代的科学工作者适应这一变革,是一件极为重要而有意义的事情。本书作为尝试,在提高部分引入了分岔、混沌和非线性振动的内容。

作为面向21世纪的新教材,本书想尝试为理论力学建立这样一种具有现代计算方法的强大功能,但又不失去传统解析方法之精确性的新体系。

1.2 面向能力培养的理论力学

约翰·冯·纽曼(John von Neumann)指出:“科学不只是为了解释一些现象,更不只是为了说明一些事情。科学的主要任务是建立数学模型。它是数学的结构,加上了确定的语言说明,用以描述观察到的现象。这样的数学模型将是唯一精确的。这才是科学的任务。”

讲授理论力学要始终以数学建模思想为核心。什么是数学建模呢?如果一定要下一个定义的话,可以说它是一种科学的思考方法,是对现实的现象通过心智活动构造出能抓住其重要且有用的特征的表示,常常是形象化的或符号的表示。从科学、工程、经济、管理等角度看,数学建模就是用力学的模型和数学的语言和方法,通过抽象、简化,建立能近似刻画并“解决”实际问题的一种强有力的数学、力学工具。

尽管数、力、理、化、天、地、生各门学科研究的内容不同,但一言以蔽之,其研究方法都是数学建模。其步骤为“象、数、理”三个要点。

“象”即自然现象之象也。自然现象是复杂的,实际问题是千姿百态的。在对事物观察和实验的基础上,经过抽象简化建立力学模型。理论力学的力学模型是质点、刚体、质点系和刚体系。形成概念,在基本规律的基础上,经过逻辑推理和数学演绎,建立数学模型。理论力学的数学模型是常微分方程组。象就是把实际问题简化为力学模型(质点系和刚体系),再建立为数学模型(常微分方程组)的过程。

“数”是力学的数理表达,是对“象”的定量研究。在现代主要是利用电子计算机对数学模型(常微分方程组)求解的过程。当然也离不开各种数学新方法和专业知识。现代自然科学和技术的发展,正在改变着传统的学科划分和科学研究的方法。“数、力、理、化、天、地、生”这些曾经以纵向发展为主的基础学科,与日新月异的新技术相结合,使用数值、解析和图形并举的计算机方法,推出了横跨多种学科门类的新兴领域。计算科学特别是图形技术的长足进步,使得人们得以理解和模拟出许多过去无从下手研究的复杂现象。从随机与结构共存的湍流现象,到自然界中图样花纹的选择与生长,以及生物形态的发生过程,都开始展现其内在规律。

“理”指力学的原理、道理。“理”狭义地讲,指牛顿定律、变分原理等基本定律;广义地讲,“理”包括数学定理、物理原理、自然规律,甚至包括某一实际问题的规律总结。对求得的解进行分析判断,总结规律,稳定性分析,这是运用数学模型描述事物特征或运动规律的重要环节。“理”就是对数学模型(常微分方程)的求解结果进行分析判断、总结规律的过程。

辩证唯物主义认为世界是物质的,物质是在时间和空间中有规律地运动的。恩格斯根据客观物质和运动形式把现代科学分成:机械运动——力学、天文学(天体力学);物理运动——物理学(分子的力学);化学运动——化学(原子的力学);生物运动——生物学(生物力学);社会运动——社会学(生产力学)。研究自然现象的数量关系及运动规律的数学方法,必须以最简单的运动为基础,取某一系统为研究对象,建立它的非线性动力学模型。广义的动力学研究的是系统如何随时间变化。所谓系统,就是指由一些相互联系或相互作用的客体组成的集合。这些客体,既可以是自然科学中的一些物质,如气体、液体、固体、化合物、生物的各部分或其整体,也可以是各种社会事物组织,如各种群体或财政经济结构以至生产力和知识等抽象的事物。系统的性质或特征是由一些所谓状态变量所表征,如粒子的坐标和动量,化合物的浓度和人口密度,等等。动力学就是要研究这些状态变量随时间变化的规律。这种规律既可表达为关于状态变量的微分方程,也可用关于状态变量的离散方程表示,这些方程既可以是线性的,也可以是非线性的,但实际上多数都是非线性的,线性方程大多只是非线性方程的近似。

理论力学是力学系列课程中的重要组成部分,是最基础的力学课程。力学中的最基本和最基础性的概念和理论大都在基础力学部分建立起来了。学习理论力学时,主要是学习如何将基础力学中的概念、理论和知识充分调动起来,灵活、合理、巧妙、综合地应用于刚体组成的复杂结构和机构的分析中去。

作为面向21世纪的课程内容体系,不仅要从各门单一课程的内容上考虑如何改革和更新,更应该通观理论力学的整个内容体系和知识结构,研究如何更加有效地培养理论力学中所最需要的能力。以能力培养为主导,将能力培养贯穿始终和各个环节,相应地在课程的内容设置和模块划分上也应尽可能地建立配套体系。

为了建立面向能力培养的内容体系,必须认真研究理论力学中各种能力的体现与要求,找出最根本、最重要,也是最需要重点训练的能力,即要抓大放小,不能面面俱到。从整体上讲,理论力学中有三方面的能力要重点训练培养,分别为:“象”——经典方法分析能力、“数”——计算机分析能力和“理”——定性分析能力。

1.3 力学简史

力学是研究物体在力作用之下静止或运动的学问,人类开始有力学知识的时期甚早,埃及和亚述古代的纪念碑上常刻着各种机械的图书。我国的鲁班(公元前507年—公元前444年),是一位出色的发明家,发明了如曲尺,墨斗、刨子、钻子、锯子等许多木工工具,土木工匠们都尊称他为祖师。我国的墨翟(公元前468—公元前382)在他的《墨经》中表现出,他对于力的概念和杠杆的原理已有初步认识。希腊的阿基米德(公元前287—公元前212)在他的《论比重》一书中,曾讲到杠杆和重心的原理。斜面的力学性质的研究则始于斯蒂文(1548—1620)。至于用实验及演绎的方法来研究动力学则以伽利略(1564—1642)为创始人,他所发现的惯性定律及落体定律开创了力学的新纪元。此后有惠更斯(1629—1695)对于振动中心同离心力的理论,单摆钟的发明及重力常数的测定。但力学的基础直到牛顿(1642—1727)发表了运动三定律之后方建树完成。欧拉(1707—1783)的刚体动力学的欧拉方程,使理论力学从质点推广到了刚体。牛顿与欧拉等共同奠定了**矢量力学**的基础。

牛顿万有引力定律的发现使行星的绕日运行问题得到圆满的解决。自牛顿之后迄今两百余年内次第发表有达朗贝尔(1717—1783)原理、拉格朗日(1736—1813)的分析力学、拉普拉斯(1749—1827)的天体力学、哈密顿(1805—1865)与雅可比(1804—1851)的理论及高斯(1777—1855)的最小约束原理,使力学成为一部完善的科学。拉格朗日和哈密顿等共同奠定了**分析力学**的基础。矢量力学和分析力学构成了理论力学的完整体系。

拉格朗日力学和哈密顿力学并不适合非完整约束系统。1894年德国物理学家赫兹(1857—1894)首次将约束和系统分成完整的和非完整的两类,经典力学进入非完整力学的新时期。1927年美国数学家伯克霍夫(1884—1944)发表名著《动力系统》,书中给出一个更为一般的积分变分原理和一类新型的动力学方程。1978年美国物理学家散提黎(Santili R. M.)将伯克霍夫的结果加以推广并称为伯克霍夫力学。经典力学从牛顿力学到伯克霍夫力学,就是理论力学作为一个学科的发展史。

1.4 谐波—能量平衡法

1.4.1 工程设计对强非线性振动周期解析解的需求

随着科学技术的飞速发展,高强度材料、新型结构形式的不断出现,机械系统越来越复杂,精密实验室的隔震、防震要求,高层建筑、大跨度的空间结构和桥梁的防震设计,大型索膜结构的抗风设计,大型旋转机械,新型潜艇,航空母舰,人造卫星和机器人的振动设计都涉及强非线性振动,迫切需要数值分析以外的能提供全面规律性结果的渐进解析分析法。

1.4.2 目前的研究现状

角频率是描述周期振动的最主要因素,采用通常的摄动法解决了一系列的弱非线性振动问题,但不能求解强非线性振动问题。近三十多年来,强非线性振动研究所取得的一系列成果,其突破点一般最终都可导出振动频率的瞬变性。比如时间变换法、椭圆函数法、频闪法、推广 L-P 法、等效线性化方法、改进的多尺度法、FFT 快速 Galerkin 法、增量谐波平衡法和摄动增量法等。

李骊等研究了能量法求解强非线性的振动问题。

陈树辉等研究了改进的 L-P 法求解强非线性的振动问题。

张琪昌等将待定固有频率法与规范性方法相结合研究强非线性振动问题的求解。

1.4.3 计算机与力学相结合如虎添翼

李银山于 2005 年提出了求解强非线性振动问题的谐波—能量平衡法,谐波—能量平衡法的基本思想是把非线性微分方程组的解,用等效的线性微分方程组的解来解析逼近。首先采用谐波平衡,得到以振幅、角频率为未知数的不完备非线性代数方程组(方程数小于未知数);然后利用能量守恒原理,增加关于初始条件、振幅、角频率之间协调的补充方程,从而构成了关于振幅、角频率为未知数的完备非线性代数方程组;对这个非线性代数方程组进行求解,就可以得到近似解析解。

李银山将 Arnold 舌头的结构做了推广,给出了强非线性强迫振动解的完整结构,提出了求解强非线性振动的谐波—能量平衡法,得到了强非线性强迫振动的$\frac{1}{2}$亚谐解、$\frac{1}{3}$亚谐解和$\frac{1}{2}\oplus\frac{1}{4}$亚谐解,$\frac{2}{1}$超谐解和$\frac{2}{1}\oplus\frac{3}{1}$超谐解。

1.5 坐标系与欧几里得空间

1.5.1 坐标系与标准坐标系

讲到物质运动,必须说是某物质的运动,单说“物质运动”是没有意义的。为阐述方便起见,我们可以选一坐标系,然后描写物质在该坐标系中的运动。

坐标系的选择,在普通一般的力学问题中全以算学上的计算是否简单为转移。例如火车在地面上运动,如果坐在车中抛一块石子,要求石子运动的轨迹,这时为计算方便起见,当然可采取火车为坐标系,然后描写石子在该坐标系中的运动,但严格说,坐标系的选择在力学中是一定的,不是随便的。伽利略和牛顿关于坐标系的挑选,是根据一极重要的假定:即在无穷数多个可以选择的坐标系中,有一个“绝对静止的坐标系”或简称为“标准坐标系”。什么是“绝对静止?”这问题可暂缓回答。但我们必须明了,为什么在力学中一定要取一标准坐标系。

伽利略和牛顿的标准坐标系,从力学的基本观点看来,必须绝对静止。这是因为力学的基本定律,即表明此基本定律的微分方程式,必须在这坐标系中写出,如果我们随便取一坐标系,即将力学中描写的物体在该坐标系中运动的微分方程式写下来,则有时会得到错误的结果,为了比较观察与理论的结果方便起见,有时不妨做一坐标变换,从一个标准系变换到另外一坐标系,但是坐标的变换仅是为了计算方便,而与力学的基本原则没有关系。

我们讲了许多标准坐标系在力学中的重要性,有人可能问:“这标准坐标系到底是什么?”或者“宇宙中什么物体可以指定标准坐标系?”这句话又颇难于回答了。我们可用在火车中抛石子的例子做推论的出发点,并为了简化讨论起见,我们假定在未抛石子之先,石子和火车皆作以地面做参考的匀速运动。人坐在火车中,当然最方便是以火车作坐标系。但火车在地球上运动,故火车不能作为描写石子运动的标准坐标系。人及火车皆在地球上,但地球绕着太阳运行,故地球不能作计算石子运动的标准坐标系。太阳与太阳系中各行星比起来有相对的静止,但从整个银河系看来,则有 200km/s 的速度。甚至我们的银河系,照最近天文的观测,从另一银河系或星云看来,也有相对的运动。如此,根据现在的天文知识,我们实在不清楚宇宙中哪样物体是绝对静止的,可以作力学中的标准坐标系。那么,是不是伽利略和牛顿所假定的标准坐标系根本就没有物理的存在?我们虽遇到了这个根本困难,但近似的标准坐标系却不难找到,我们虽不能指定宇宙中哪一物体可以作标准坐标系,不过当甲物与乙物在相互的力作用之下产生相对运动时,若甲物的质量比乙物的质量大得多,则我们可以选甲物近似地作描写乙物运动的标准坐标系,并且可以用力学基本定律的微分方程式证明:若甲物的质量比乙物的质量越大,则甲物越近似标准坐标系。故我们在做匀速运动的火车中抛石子,无疑地,火车即可作计算石子运动的标准坐标系。总之,伽利略和牛顿的标准坐标系的严格的物理存在,虽是一个问题,但它在实际的计算方面是没有含糊意义的。

1.5.2　欧几里得空间

伽利略和牛顿假定了一个标准坐标系,我们可以问:“这个坐标系所代表的空间是什么?”他们的答案是欧几里得的空间。欧几里得的几何学是根据用刚体尺量度得来的经验,以此应用到地球上各种关于空间的现象,例如造房子、修路等,已甚为准确。但是伽利略和牛顿更进一步提出,不但我们的地球附近的空间是欧几里得空间,即太阳系中的空间,甚至于银河系及整个宇宙的空间也是欧几里得空间。我们现在且不必讨论太阳系、银河系,或整个宇宙应当是什么空间,不过我们可以说欧几里得空间很近似地代表我们的太阳系、银河系或整个宇宙的空间。

在这欧几里得空间中,我们可以选一右手直角坐标系,如图 1-1 所示。即 Ox 轴状似我们右手的食指,Oy 轴为中指,Oz 轴为大拇指,Ox、Oy、Oz 三直线互相垂直,P 点在此坐标系中有三个坐标(x,y,z),坐标 x 为以刚体尺做单位量从 P 点到 yz 平面的垂直距离,y 为从 P 到 zx 平面的垂直距离,z 为从 P 到 xy 平面的垂直距离,有这三个坐标,则 P 点在此坐标系中的位置即可完全确定。

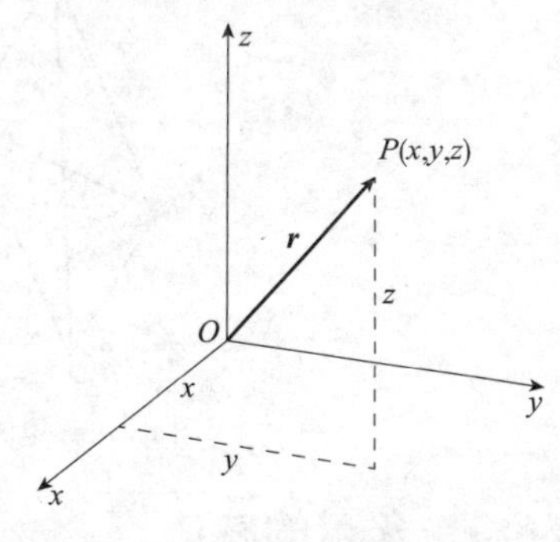

图 1-1　欧几里得空间

图 1-1 中的 P 点,可用另一种方法去描写,我们可从 O 点到 P 点用尺画一条直线$\overrightarrow{OP}$,$\overrightarrow{OP}$的数量可以用 r 来代表,根据几何学中的商高定理,r 与 x、y、z 的关系是

$$r^2 = x^2 + y^2 + z^2 \tag{1-1}$$

在此坐标系中,$\overrightarrow{OP}$与 Ox、Oy、Oz 三轴各自的成三个角度 α、β、γ,从上列方程式(1-1)中 r 之定义,得

$$\cos\alpha=\frac{x}{r},\cos\beta=\frac{y}{r},\cos\gamma=\frac{z}{r} \tag{1-2}$$

1.6 矢量

1.6.1 矢量的定义及矢量算术中的基本定律

在算学中凡有数值及方向的数量皆可称为"向量或矢量",现$\overrightarrow{OP}$既有方向式(1-2),又有数值式(1-1),故$\overrightarrow{OP}$为一矢量,由此定义可知:假使两矢量相等,它们的方向与数值皆相等;一个向量若等于零,则其数值必等于零。

矢量分析中,凡有数值而没有方向的量,有一特别名称,叫"无向量或标量"。我们可以用黑体字母来代表向量,白体字母来代表标量,即 $\boldsymbol{r}$ 代表向量$\overrightarrow{OP}$,r 为$\overrightarrow{OP}$的数值。

矢量也服从算学中的几个基本定律,算学中有四个基本算法,即加、减、乘、除。我们将依次解释这四种算法与矢量的关系,及矢量算术中的基本定律。

1.6.2 矢量的加法

在图 1-1 中,$\overrightarrow{OP}$为一条自 O 点至 P 点所形成的轨迹或简称为"位移"。在图 1-2 中,假设从 O 点至 P 点的位移为 $\boldsymbol{r}$,从 P 点至 Q 点的位移为 $\boldsymbol{r}'$,则从 O 点到 Q 点的位移 $\boldsymbol{r}''$可表示为 $\boldsymbol{r}$ 及 $\boldsymbol{r}'$两向量的和,用方程式可表示为

$$\boldsymbol{r}''=\boldsymbol{r}+\boldsymbol{r}' \tag{1-3}$$

图 1-2 中 O 点到 Q 点的位移,也可表示为从 O 到 R($\overrightarrow{OR}=\boldsymbol{r}'$),然后再由 R 到 Q($\overrightarrow{QR}=\boldsymbol{r}$),故 $\boldsymbol{r}''$亦可写为

$$\boldsymbol{r}''=\boldsymbol{r}'+\boldsymbol{r}=\boldsymbol{r}+\boldsymbol{r}' \tag{a}$$

由此可知,矢量的加法服从算术中的"对易律"。

在图 1-2 中 $OPQR$ 组成一平行四边形,故 $\boldsymbol{r}$ 与 $\boldsymbol{r}'$的加法式(1-3)亦称为"平行四边形加法定律"。从图 1-3 中可以证明:

$$(\boldsymbol{A}+\boldsymbol{B})+\boldsymbol{C}=\boldsymbol{A}+(\boldsymbol{B}+\boldsymbol{C}) \tag{b}$$

即矢量的加法亦服从算术中的"结合律"。

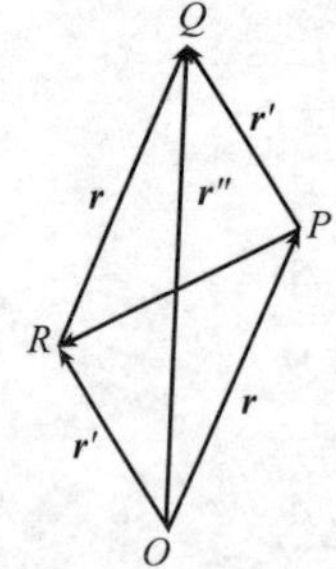

图 1-2 矢量的加法

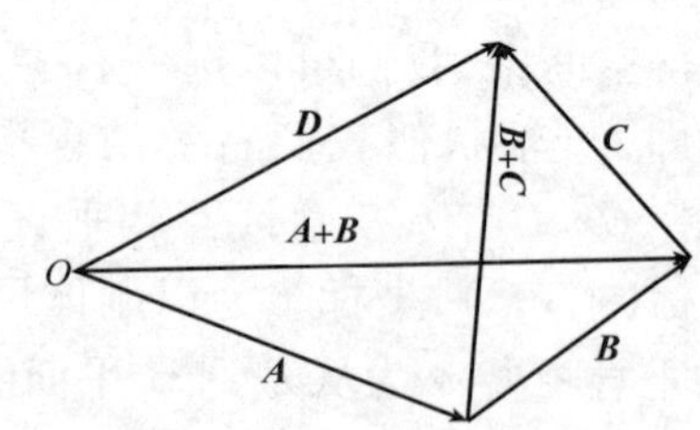

图 1-3 矢量的结合律

1.6.3 矢量的减法

由式(1-2)可知,矢量有正有负,并且把矢量的方向改变 180°,即得该矢量之负值,故矢量 $\boldsymbol{A}$ 减矢量 $\boldsymbol{B}$,就等于在矢量 $\boldsymbol{A}$ 上加一负的 $\boldsymbol{B}$:

$$\boldsymbol{A}-\boldsymbol{B}=\boldsymbol{A}+(-\boldsymbol{B}) \tag{c}$$

若用图示法(图1-2),则在 $OPQR$ 之平行四边形中,$\overrightarrow{OQ}$为矢量 $\boldsymbol{r}$ 与 $\boldsymbol{r}'$之和,而$\overrightarrow{PR}$等于 $\boldsymbol{r}'$ 与 $\boldsymbol{r}$ 之差。

1.6.4 矢量的乘法

矢量的乘法有三种:一标量与一矢量相乘的一种,及一矢量与另一矢量相乘的两种。标量与矢量之乘积是一个具同一方向的矢量,它的数值则等于原有矢量数值的标量倍。例如,$a\boldsymbol{A}$ 的方向和 $\boldsymbol{A}$ 的相同,它的数值则等于 aA,从图1-4即可证明:

$$a(\boldsymbol{A}+\boldsymbol{B})=a\boldsymbol{A}+a\boldsymbol{B} \tag{d}$$

换言之,标量与矢量之乘法服从算学中的“分配律”,下列两定律更容易证明该说法:

$$a(b\boldsymbol{A})=(ab)\boldsymbol{A}=(ba)\boldsymbol{A}=\boldsymbol{A}(ba) \tag{e}$$

$$(a+b)\boldsymbol{A}=a\boldsymbol{A}+b\boldsymbol{A} \tag{f}$$

1.6.5 矢量与矢量的内乘

矢量与矢量的乘法,有内积(或称标积)与外积(或称矢积)两种。两矢量 $\boldsymbol{A}$ 与 $\boldsymbol{B}$ 的内积为一标量,它的数值等于 $\boldsymbol{A}$ 与 $\boldsymbol{B}$ 的数值 A 与 B,同 $\cos\theta$ 的乘积,其中 θ 代表 $\boldsymbol{A}$ 与 $\boldsymbol{B}$ 之间的角度;$\boldsymbol{A}$ 与 $\boldsymbol{B}$ 的内积可写为

$$\boldsymbol{A}\cdot\boldsymbol{B}=AB\cos\theta \tag{1-4}$$

由此定义可知:设 $\boldsymbol{A}$ 与 $\boldsymbol{B}$ 垂直,则 $\boldsymbol{A}\cdot\boldsymbol{B}$ 为零;反之若 $\boldsymbol{A}\cdot\boldsymbol{B}$ 等于零,则 $\boldsymbol{A}$ 或 $\boldsymbol{B}$ 等于零,或 $\boldsymbol{A}$ 与 $\boldsymbol{B}$ 垂直。在方程式(1-4)中 $\boldsymbol{A}$ 与 $\boldsymbol{B}$ 的地位是对称的,故 $\boldsymbol{A}$ 与 $\boldsymbol{B}$ 的内积服从算学中的对易律:

$$\boldsymbol{A}\cdot\boldsymbol{B}=\boldsymbol{B}\cdot\boldsymbol{A} \tag{g}$$

根据定义式(1-4),两个矢量 $\boldsymbol{A}$ 与 $\boldsymbol{B}$ 的内积等于 $\boldsymbol{A}$ 的数值同 $\boldsymbol{B}$ 在 $\boldsymbol{A}$ 上的投影之乘积。矢量和 $\boldsymbol{B}+\boldsymbol{C}$,在向量 $\boldsymbol{A}$ 上的投影,等于 $\boldsymbol{B}$ 及 $\boldsymbol{C}$ 在 $\boldsymbol{A}$ 上各自的投影之和(图1-5),此三矢量 $\boldsymbol{A}$,$\boldsymbol{B}$,$\boldsymbol{C}$ 不一定同在一平面内。所以矢量 $\boldsymbol{A}$ 同矢量和 $\boldsymbol{B}+\boldsymbol{C}$ 的内积也服从下列分配律:

$$\boldsymbol{A}\cdot(\boldsymbol{B}+\boldsymbol{C})=\boldsymbol{A}\cdot\boldsymbol{B}+\boldsymbol{A}\cdot\boldsymbol{C} \tag{1-5}$$

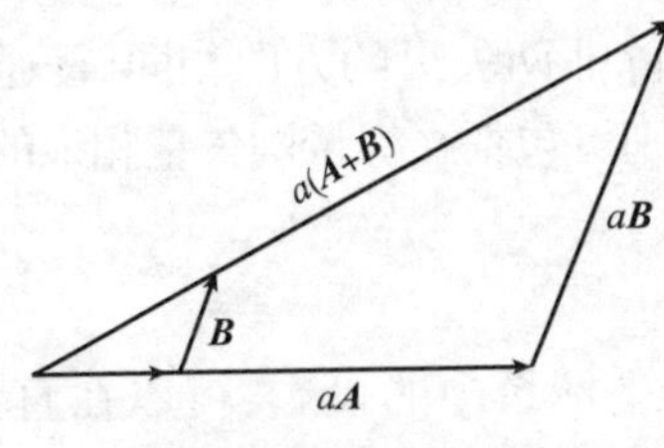

图1-4 矢量的分配律

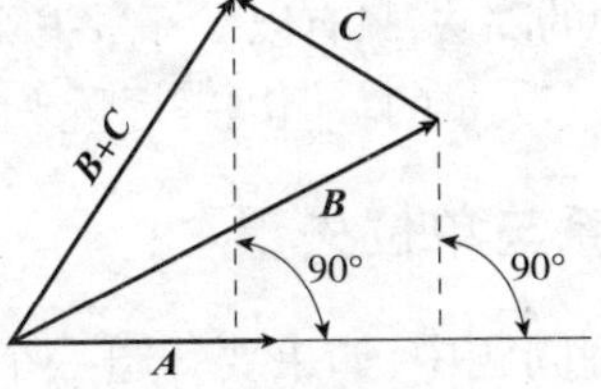

图1-5 矢量的内乘

1.6.6 矢量与矢量的外乘

第二种矢量与矢量的乘法为外乘,假使我们有两个矢量 $\boldsymbol{A}$ 与 $\boldsymbol{B}$(图1-6),$\boldsymbol{A}$ 与 $\boldsymbol{B}$ 的外乘为矢量 $\boldsymbol{C}$,它的数值等于以 $\boldsymbol{A}$,$\boldsymbol{B}$ 作边的平行四边形的面积,其方向同这平行四边形的平面垂直,$\boldsymbol{C}$ 可写为

$$\boldsymbol{C}=\boldsymbol{A}\times\boldsymbol{B} \tag{1-6}$$

在上述矢量 $\boldsymbol{C}$ 的定义中,$\boldsymbol{A}$ 写在 $\boldsymbol{B}$ 之左是按规定的,即 $\boldsymbol{A}$、$\boldsymbol{B}$、$\boldsymbol{C}$ 三个矢量的位置与右手的食指、中指及大拇指的位置相似。

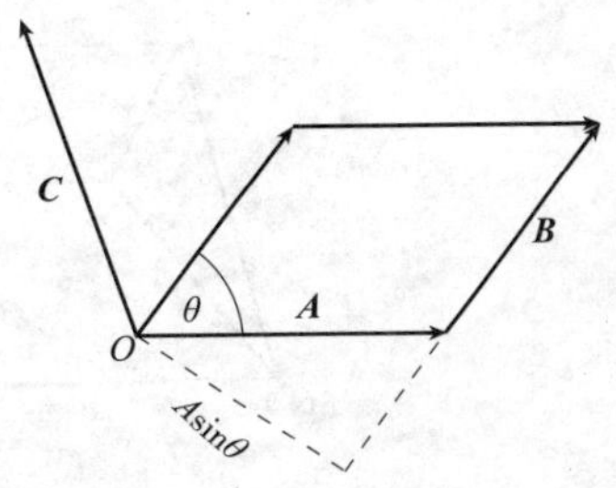

图1-6 矢量的外乘

另一种说法是 $\boldsymbol{A}$、$\boldsymbol{B}$、$\boldsymbol{C}$ 三矢量呈一右手的螺丝钉,即以一右手的螺丝钉从 $\boldsymbol{A}$ 向 $\boldsymbol{B}$ 的方向转动,则该螺丝钉沿着 $\boldsymbol{C}$ 的方向进行。

如果指定 A、B、C 为矢量 $\boldsymbol{A}$、$\boldsymbol{B}$、$\boldsymbol{C}$ 的数值,则根据上列 $\boldsymbol{C}$ 的定义

$$C = AB\sin\theta \tag{1-7}$$

其中 θ 为 $\boldsymbol{A}$ 与 $\boldsymbol{B}$ 之间的角度。式(1-7)说明:若 $\boldsymbol{A}$ 与 $\boldsymbol{B}$ 平行,则 $\boldsymbol{C}$ 等于零,反之,设 $\boldsymbol{C}$ 为零,则 $\boldsymbol{A}$ 与 $\boldsymbol{B}$ 平行,或 $\boldsymbol{A}$,$\boldsymbol{B}$ 两者之中有一个为零矢量,很明显的,$A\sin\theta$ 是原点 O 同矢量 $\boldsymbol{B}$ 之间的垂直距离,从式(1-6)中 $\boldsymbol{C}$ 的定义得

$$\boldsymbol{A}\times\boldsymbol{B} = -\boldsymbol{B}\times\boldsymbol{A} \tag{h}$$

换言之,$\boldsymbol{A}$ 与 $\boldsymbol{B}$ 的外积不服从算学中的对易律。但两矢量的外积服从算学中的分配律,因此这可证明两个从外积式(1-6)得来向量的加法亦为平行四边形的加法。

现有三个矢量 $\boldsymbol{A}$、$\boldsymbol{B}$、$\boldsymbol{C}$,为了易于证明,可假定 $\boldsymbol{A}$、$\boldsymbol{B}$、$\boldsymbol{C}$ 三个矢量皆同横在一平面内,则平行四边形 $OPQS$ 等于 $\boldsymbol{A}\times\boldsymbol{B}$,而 $SQRT$ 等于 $\boldsymbol{A}\times\boldsymbol{C}$(图 1-7),因为 $\Delta PQR\cong\Delta OST$,故平行四边形 $OPRT$ 等于 $OPQS$ 及 $SQRT$ 之和,换言之

$$\boldsymbol{A}\times(\boldsymbol{B}+\boldsymbol{C}) = \boldsymbol{A}\times\boldsymbol{B}+\boldsymbol{A}\times\boldsymbol{C} \tag{1-8}$$

假使图 1-7 中 $\boldsymbol{B}$ 与 $\boldsymbol{C}$ 不在 $OPRT$ 的平面内,但 $OPRT$ 的面积等于 $OPQS$ 与 $SQRT$ 两平行四边形在 $OPRT$ 平面上的投影的面积之和,而 $OPQS$ 与 $SQRT$ 在任何一个与 $OPRT$ 垂直的平面上投影的面积之和等于零,故方程式(1-8)仍旧生效。方程式(1-8)即表明算学中的分配律,同时又证明从外乘得来的两矢量的加法与寻常矢量的加法相同。

矢量与矢量的外乘,不服从结合律:即,若存在三个矢量 $\boldsymbol{A}$、$\boldsymbol{B}$、$\boldsymbol{C}$,则

$$\boldsymbol{A}\times(\boldsymbol{B}\times\boldsymbol{C})\neq(\boldsymbol{A}\times\boldsymbol{B})\times\boldsymbol{C} \tag{i}$$

因为矢量$(\boldsymbol{B}\times\boldsymbol{C})$与 $\boldsymbol{B}$ 及 $\boldsymbol{C}$ 所规定的平面垂直,而 $\boldsymbol{A}\times(\boldsymbol{B}\times\boldsymbol{C})$ 又与$(\boldsymbol{B}\times\boldsymbol{C})$所规定的平面垂直,故$\boldsymbol{A}\times(\boldsymbol{B}\times\boldsymbol{C})$必与 $\boldsymbol{B}$ 及 $\boldsymbol{C}$ 同横在一平面内;同理$(\boldsymbol{A}\times\boldsymbol{B})\times\boldsymbol{C}$ 必与 $\boldsymbol{A}$ 及 $\boldsymbol{B}$ 在同一平面上,故$\boldsymbol{A}\times(\boldsymbol{B}\times\boldsymbol{C})$与$(\boldsymbol{A}\times\boldsymbol{B})\times\boldsymbol{C}$ 两矢量在普通情况下必不相等。

1.6.7 矢量的除法

矢量分析中的除法,只有以一标量去除一矢量。除非两矢量的方向相同,普通情况下是不能用一矢量去除另一矢量的。但以一标量来除一矢量,则可包括在标量同矢量相乘的乘法中了。

1.6.8 坐标系与单位矢量

在许多物理问题中,如果要知道一个矢量在某坐标系中的投影,可以在直角系中三个互相垂直的轴线上取三个单位向量 $\boldsymbol{i}$、$\boldsymbol{j}$、$\boldsymbol{k}$。如图 1-8 所示。单位矢量的意义是:该矢量的数值在量度时算作一单位,从式(1-4)、式(1-6)、式(1-7)可以证明下列诸关系:

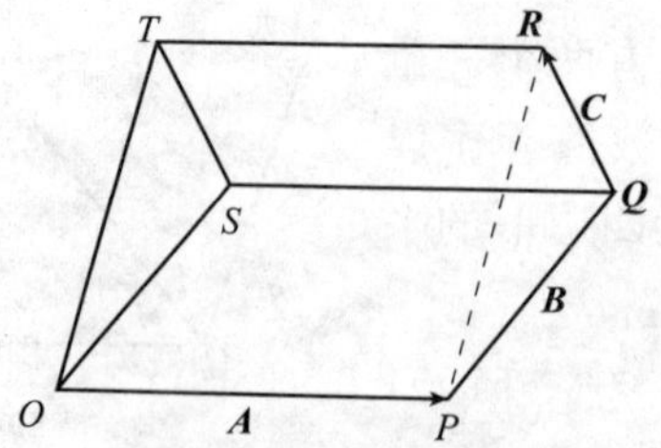

图 1-7 矢量的外乘的分配率

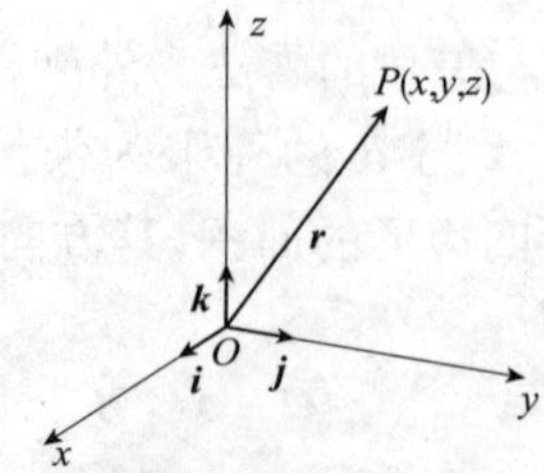

图 1-8 坐标系与单位矢量

$$\boldsymbol{i}\cdot\boldsymbol{i}=\boldsymbol{j}\cdot\boldsymbol{j}=\boldsymbol{k}\cdot\boldsymbol{k}=1;\boldsymbol{i}\cdot\boldsymbol{j}=\boldsymbol{j}\cdot\boldsymbol{k}=\boldsymbol{k}\cdot\boldsymbol{i}=0 \tag{1-8a}$$

$$\boldsymbol{i}\times\boldsymbol{i}=\boldsymbol{j}\times\boldsymbol{j}=\boldsymbol{k}\times\boldsymbol{k}=0;\boldsymbol{i}\times\boldsymbol{j}=\boldsymbol{k},\boldsymbol{j}\times\boldsymbol{k}=\boldsymbol{i},\boldsymbol{k}\times\boldsymbol{i}=\boldsymbol{j} \tag{1-8b}$$

然后,根据该矢量在各个轴线上的投影长度将矢量 $\boldsymbol{r}$ 写为

$$\boldsymbol{r}=x\boldsymbol{i}+y\boldsymbol{j}+z\boldsymbol{k} \tag{j}$$

并因式(1-5)及式(1-8)各关系即得

$$\boldsymbol{r}\cdot\boldsymbol{r}=x^2+y^2+z^2=r^2 \tag{k}$$

两矢量的内积与外积亦可利用单位矢量来表示,若

$$\boldsymbol{A}=A_x\boldsymbol{i}+A_y\boldsymbol{j}+A_z\boldsymbol{k},\boldsymbol{B}=B_x\boldsymbol{i}+B_y\boldsymbol{j}+B_z\boldsymbol{k} \tag{l}$$

则根据式(1-5)及式(1-8)诸关系可得

$$\boldsymbol{A}\cdot\boldsymbol{B}=A_xB_x+A_yB_y+A_zB_z \tag{1-9}$$

两个矢量的外积可写为

$$\boldsymbol{C}=\boldsymbol{A}\times\boldsymbol{B}=(A_yB_z-B_yA_z)\boldsymbol{i}+(A_zB_x-B_zA_x)\boldsymbol{j}+(A_xB_y-A_yB_x)\boldsymbol{k} \tag{1-10}$$

上列方程式亦可用一行列式写出,即

$$\boldsymbol{C}=\boldsymbol{A}\times\boldsymbol{B}=\begin{vmatrix}\boldsymbol{i} & \boldsymbol{j} & \boldsymbol{k}\\ A_x & A_y & A_z\\ B_x & B_y & B_z\end{vmatrix} \tag{m}$$

展开上列行列式的规矩是就它的第一行写出,而成为一包含 $\boldsymbol{i}$、$\boldsymbol{j}$、$\boldsymbol{k}$ 三个单位矢量的线形式。

1.6.9 三个矢量的乘法

三个矢量的乘法有两种:第一种为一个矢量 $\boldsymbol{A}$ 与两个向量 $\boldsymbol{B}$、$\boldsymbol{C}$ 外积 $\boldsymbol{B}\times\boldsymbol{C}$ 的内乘,其积即 $\boldsymbol{A}\cdot(\boldsymbol{B}\times\boldsymbol{C})$,从式(1-9)及式(1-10),得

$$\boldsymbol{A}\cdot(\boldsymbol{B}\times\boldsymbol{C})=\begin{vmatrix}A_x & A_y & A_z\\ B_x & B_y & B_z\\ C_x & C_y & C_z\end{vmatrix} \tag{1-11}$$

若用几何方法证明式(1-11),则可知 $\boldsymbol{A}\cdot(\boldsymbol{B}\times\boldsymbol{C})$ 等于以 $\boldsymbol{A}$、$\boldsymbol{B}$、$\boldsymbol{C}$ 三个矢量作边的一个平行六面体的体积。由式(1-11)可知:

$$\boldsymbol{A}\cdot(\boldsymbol{B}\times\boldsymbol{C})=(\boldsymbol{A}\times\boldsymbol{B})\cdot\boldsymbol{C} \tag{1-11a}$$

$$\boldsymbol{A}\cdot(\boldsymbol{A}\times\boldsymbol{C})=0 \tag{1-11b}$$

第二种三个矢量的乘法为一个矢量 $\boldsymbol{A}$ 同两个矢量 $\boldsymbol{B}$、$\boldsymbol{C}$ 外积 $\boldsymbol{B}\times\boldsymbol{C}$ 的外乘,其积即 $\boldsymbol{A}\times(\boldsymbol{B}\times\boldsymbol{C})$。我们可以计算该项矢量的 x 部分 $[\boldsymbol{A}\times(\boldsymbol{B}\times\boldsymbol{C})]_x$,其他投影在 y 轴与 z 轴上的两部分便可以类推了,以式(1-10)应用两次,则得

$$\begin{aligned}[\boldsymbol{A}\times(\boldsymbol{B}\times\boldsymbol{C})]_x &= A_y(B_xC_y-B_yC_x)-A_z(B_zC_x-B_xC_z)\\ &=(\boldsymbol{A}\cdot\boldsymbol{C})B_x-(\boldsymbol{A}\cdot\boldsymbol{B})C_z\end{aligned} \tag{n}$$

用矢量分析记号写出,则

$$\boldsymbol{A}\times(\boldsymbol{B}\times\boldsymbol{C})=(\boldsymbol{A}\cdot\boldsymbol{C})\boldsymbol{B}-(\boldsymbol{A}\cdot\boldsymbol{B})\boldsymbol{C} \tag{1-12}$$

由此证明了 $\boldsymbol{A}\times(\boldsymbol{B}\times\boldsymbol{C})$ 与 $\boldsymbol{B}$ 及 $\boldsymbol{C}$ 同横在一平面内。

1.6.10 矢量分析与直角坐标变换

我们讨论一个矢量 $\boldsymbol{r}$ 时,不但要知道它在标准坐标系 S 内的三个垂直分矢量,有时也需

要知道它在另一直角坐标系 S' 内三轴线上的投影，第二个坐标系 S' 是从第一个坐标系绕着它们的共同原点转动得来（图 1-9），或者两坐标系原点之间除转动外还有移动。S' 的三个单位矢量可用 $\boldsymbol{i}'$、$\boldsymbol{j}'$、$\boldsymbol{k}'$ 来表示。

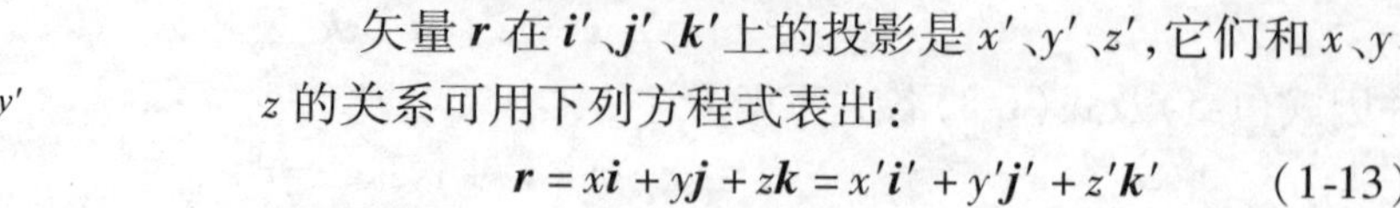

图 1-9　直角坐标变换

矢量 $\boldsymbol{r}$ 在 $\boldsymbol{i}'$、$\boldsymbol{j}'$、$\boldsymbol{k}'$ 上的投影是 x'、y'、z'，它们和 x、y、z 的关系可用下列方程式表出：

$$\boldsymbol{r} = x\boldsymbol{i} + y\boldsymbol{j} + z\boldsymbol{k} = x'\boldsymbol{i}' + y'\boldsymbol{j}' + z'\boldsymbol{k}' \tag{1-13}$$

换言之，

$$x = (x'\boldsymbol{i}' + y'\boldsymbol{j}' + z'\boldsymbol{k}') \cdot \boldsymbol{i} \tag{1-14a}$$

$$y = (x'\boldsymbol{i}' + y'\boldsymbol{j}' + z'\boldsymbol{k}') \cdot \boldsymbol{j} \tag{1-14b}$$

$$z = (x'\boldsymbol{i}' + y'\boldsymbol{j}' + z'\boldsymbol{k}') \cdot \boldsymbol{k} \tag{1-14c}$$

$$x' = (x\boldsymbol{i} + y\boldsymbol{j} + z\boldsymbol{k}) \cdot \boldsymbol{i}' \tag{1-14d}$$

$$y' = (x\boldsymbol{i} + y\boldsymbol{j} + z\boldsymbol{k}) \cdot \boldsymbol{j}' \tag{1-14e}$$

$$z' = (x\boldsymbol{i} + y\boldsymbol{j} + z\boldsymbol{k}) \cdot \boldsymbol{k}' \tag{1-14f}$$

如果 S 坐标系的 Ox 轴与 S' 的 Ox'、Oy'、Oz' 三轴间的三角度是 α_1、β_1、γ_1，而 Oy 及 Oz 两轴同 S' 的三轴之间的三角度各自等于 α_2、β_2、γ_2 及 α_3、β_3、γ_3，则方程式（1-14）可用表 1-1 写出。

由表 1-1 可以得到 x 和 x'、y'、z' 的关系如下：

$$x = x'\cos\alpha_1 + y'\cos\beta_1 + z'\cos\gamma_1 \tag{1-15a}$$

而 x' 和 x、y、z 的关系是

$$x' = x\cos\alpha_1 + y\cos\alpha_2 + z\cos\alpha_3 \tag{1-15b}$$

其余关系式可类推。

上述坐标变换亦可作为向量 $\boldsymbol{r}$ 的另一个定义。

直角坐标变换　　表 1-1

坐标	x'	y'	z'
x	$\cos\alpha_1$	$\cos\beta_1$	$\cos\gamma_1$
y	$\cos\alpha_2$	$\cos\beta_2$	$\cos\gamma_2$
z	$\cos\alpha_3$	$\cos\beta_3$	$\cos\gamma_3$

例题 1-1　证明：一个三角形三个内角的平分线共点（称为三角形的内心）。

证：此几何学的定理可用矢量分析的方法证明。令 ΔABC 为已知三角形（图 1-10）。以矢量 $\boldsymbol{a}$、$\boldsymbol{b}$、$\boldsymbol{c}$ 各自代表 ΔABC 三角度 A、B、C 对面的边 $\overrightarrow{BC}$、$\overrightarrow{CA}$ 和 $\overrightarrow{AB}$，并以 $\boldsymbol{a}$ 与 $\boldsymbol{c}$ 作参考的矢量，故

$$\boldsymbol{b} = \boldsymbol{c} - \boldsymbol{a} \tag{1}$$

根据矢量运算的平行四边形法则：$2\,\overrightarrow{BB'} = \overrightarrow{BC} + \overrightarrow{BA}$，可知在角度 B 的平分线 $\overrightarrow{BB'}$ 上，任一点 P 的位矢量 $\boldsymbol{r}$ 是

$$\boldsymbol{r} = \frac{1}{2}\left(\frac{1}{a}\boldsymbol{a} + \frac{1}{c}\boldsymbol{c}\right)t \tag{2}$$

其中，t 是一变动的参数。

根据矢量运算的三角形法则：$\overrightarrow{BP'} = \overrightarrow{BC} + \overrightarrow{CP'}$，矢量运算的平行四边形法则：$2\,\overrightarrow{CC'} = \overrightarrow{CB} + \overrightarrow{CA}$，及 $\overrightarrow{CP'} = s \cdot \overrightarrow{CC'}$，可知，$P'$ 点在平分线 $\overrightarrow{CC'}$ 上的坐标矢量 $\boldsymbol{r}'$ 是

$$\boldsymbol{r}' = \frac{1}{2}\left(-\frac{1}{a}\boldsymbol{a} + \frac{1}{b}\boldsymbol{b}\right)s + \boldsymbol{a} \tag{3}$$

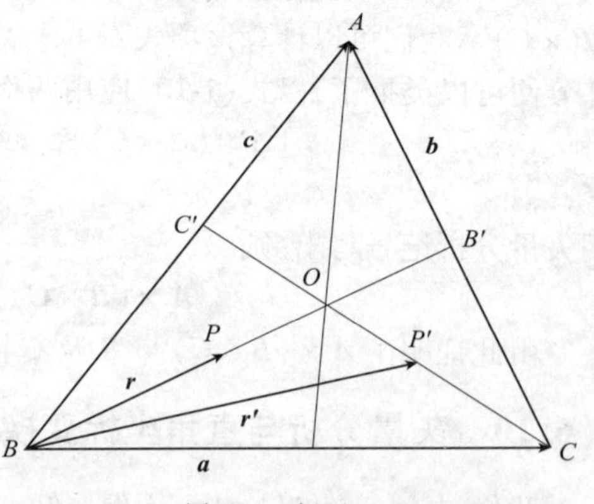

图 1-10　例题 1-1

其中，s 也是一个变动的参数。以 $\boldsymbol{b}$ 与 $\boldsymbol{c}$ 同 $\boldsymbol{a}$ 的关系自式(1)代入，则

$$\boldsymbol{r}'=\frac{1}{2}\left(-\frac{s}{a}+2-\frac{s}{b}\right)\boldsymbol{a}+\frac{1}{2}\frac{s}{b}\boldsymbol{c} \tag{4}$$

若平分线$\overrightarrow{BB'}$同$\overrightarrow{CC'}$在 O 点交叉，则此交叉点的坐标 $\boldsymbol{r}_0$ 乃由方程式

$$\boldsymbol{r}=\boldsymbol{r}' \tag{5}$$

所规定。今 $\boldsymbol{a}$ 与 $\boldsymbol{c}$ 既为两独立的参考矢量，故在方程式(5)中 $\boldsymbol{a}$ 与 $\boldsymbol{c}$ 的系数须相等，即由式(2)与式(4)得

$$\frac{t}{a}=-\frac{s}{a}+2-\frac{s}{b} \tag{6a}$$

$$\frac{t}{c}=\frac{s}{b} \tag{6b}$$

解 s 同 t，并以此代入式(2)或式(4)，得矢量$\overrightarrow{BO}$的坐标等于

$$\boldsymbol{r}_0=\frac{1}{a+b+c}(c\boldsymbol{a}+a\boldsymbol{c}) \tag{7}$$

在上列结果中，$\boldsymbol{a}$ 与 $\boldsymbol{c}$ 的地位很明显是对称的，O 点即为$\overrightarrow{BB'}$同$\overrightarrow{CC'}$的交叉点，则以 A 角代替 C 角而求$\overrightarrow{BB'}$同$\overrightarrow{AA'}$交叉点的坐标一定也会得到与式(7)相同的结果，由此证明一个三角形的三个内角的平分线共点。

讨论与练习

请读者用矢量法证明：

(1)三角形三边的中线共点(该点称为三角形的重心)。

(2)三角形三条边的垂直平分线共点(该点称为三角形的外心)。

(3)三角形的三条高线共点(该点称为三角形的垂心)。

(4)三角形一内角平分线和另外两顶点处的外角平分线共点(该点称为三角形的旁心)。

1.7 二级张量

在物理学中，某些物理量不能用矢量而非用并矢式或二级张量来代表不可。一个普通并矢式 $\boldsymbol{\Phi}$ 是 9 个分并矢式之和，它在坐标系 S 内可写作：

$$\boldsymbol{\Phi}=\Phi_{xx}\boldsymbol{ii}+\Phi_{xy}\boldsymbol{ij}+\Phi_{xz}\boldsymbol{ik}+\Phi_{yx}\boldsymbol{ji}+\Phi_{yy}\boldsymbol{jj}+\Phi_{yz}\boldsymbol{jk}+\Phi_{zx}\boldsymbol{ki}+\Phi_{zy}\boldsymbol{kj}+\Phi_{zz}\boldsymbol{kk} \tag{1-16}$$

同样的，$\boldsymbol{\Phi}$ 在另一直角坐标系 S' 内有下列形式：

$$\boldsymbol{\Phi}=\Phi'_{xx}\boldsymbol{i}'\boldsymbol{i}'+\Phi'_{xy}\boldsymbol{i}'\boldsymbol{j}'+\Phi'_{xz}\boldsymbol{i}'\boldsymbol{k}'+\Phi'_{yx}\boldsymbol{j}'\boldsymbol{i}'+\Phi'_{yy}\boldsymbol{j}'\boldsymbol{j}'+\Phi'_{yz}\boldsymbol{j}'\boldsymbol{k}'+\Phi'_{zx}\boldsymbol{k}'\boldsymbol{i}'+\Phi'_{zy}\boldsymbol{k}'\boldsymbol{j}'+\Phi'_{zz}\boldsymbol{k}'\boldsymbol{k}' \tag{1-17}$$

用上节坐标变换方程式可找出 Φ'_{xx}、Φ'_{xy}……数值同 Φ_{xx}、Φ_{xy}……的关系，并矢式的加法和内积与外积可利用它在式(1-16)中的形式运算。

并矢式的例子很多，例如，两个矢量 $\boldsymbol{A}$ 同 $\boldsymbol{B}$ 的乘积 $\boldsymbol{AB}$ 就是一个并矢式，$\boldsymbol{AB}$ 又称作“并矢”。并矢式的近代名称是“二级张量”，依张量分析的方法，标量是“零级张量”，矢量是“一级张量”，故矢量分析是张量分析的一部分。其实两个矢量 $\boldsymbol{A}$、$\boldsymbol{B}$ 的外积是一个二级反对称张量，并可写作 $\boldsymbol{AB}-\boldsymbol{BA}$，因为我们只讨论三度空间内的矢量分析，故一个普通二级反对称张量只有三个不等于零的部分，我们还可证明该张量的三部分在坐标变换之下与一个矢量的三垂直部分具有同样的算学性质，所以矢量与矢量的外乘亦归纳作矢量了。

1.8 Maple 编程示例

编程题 1-1(矩阵的特征值和特征向量) 求矩阵 $A=\begin{bmatrix}1&3\\4&2\end{bmatrix}$的特征方程式、特征值与特征向量。

解:• 建模

设 $\boldsymbol{A}$ 是一个 $n\times n$ 的矩阵。若对于某个非零的 $n\times 1$ 向量 $\boldsymbol{X}$ 而言,如果恒有

$$\boldsymbol{AX}=\lambda\boldsymbol{X} \tag{1}$$

的关系式存在(λ 可为实数或复数),则称 λ 为矩阵 $\boldsymbol{A}$ 的**特征值**,而 $\boldsymbol{X}$ 则称为伴随 λ 的**特征向量**。

(1)求矩阵 $\boldsymbol{A}$ 特征方程式;

(2)求矩阵 $\boldsymbol{A}$ 特征值;

(3)求矩阵 $\boldsymbol{A}$ 特征向量。

答:特征方程式:$\lambda^2-3\lambda-10=0$;特征值:$\lambda_1=5,\lambda_2=-2$。

特征向量:$\boldsymbol{\alpha}_1=\left[1\quad \frac{4}{3}\right]^{\mathrm{T}}$,$\boldsymbol{\alpha}_2=[-1\quad 1]^{\mathrm{T}}$。

讨论与练习

举例说明特征值和特征向量在力学与工程中的应用。

• Maple 程序

```
################################################################
> restart:                                          #清零。
> with(linalg):                                     #加载矩阵函数库。
> A: = matrix(2,2,[[1,3],[4,2]]):                   #建立矩阵 A。
> eq: = charpoly(A,lambda) = 0:                     #特征方程式。
> lambda: = eigenvalues(A):                         #特征值。
> ev: = eigenvectors(A):                            #特征向量。
################################################################
```

思考题

思考题 1-1 力 $\boldsymbol{F}$ 沿轴 Ox,Oy 的分力与力在两轴上的投影有何区别?试以图 1-11 所示两种情况进行说明。

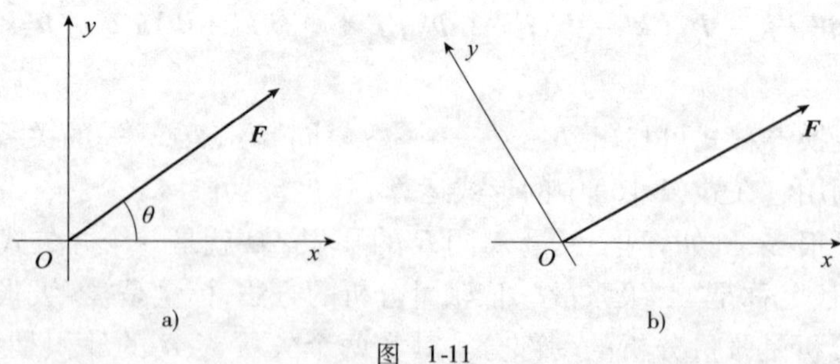

图 1-11

思考题 1-2 如图 1-12 所示,两个力三角形中三个力的关系是否一样?

思考题 1-3 如图 1-13 所示,欲使力 $\boldsymbol{F}$ 沿 x、y 分力的大小相等,则 θ 和 β 角的关系如何?欲使力 $\boldsymbol{F}$ 在 x、y 轴上的投影相等,则 θ 和 β 角的关系如何?

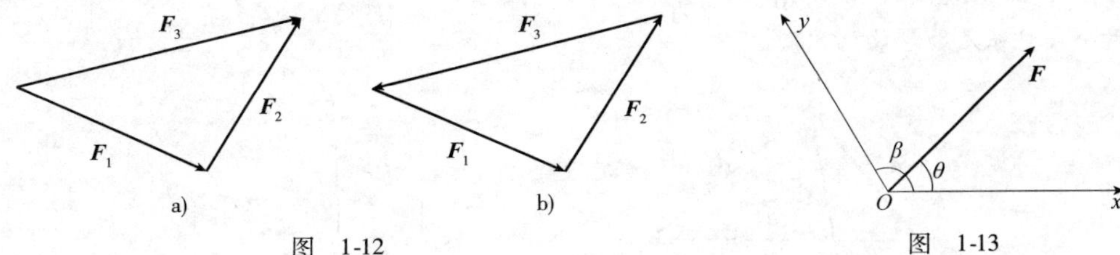

图 1-12　　图 1-13

习题

A 类型习题

习题 1-1　如图 1-14 所示，边 BC、AB 和 AA' 分别与基矢量 $\boldsymbol{e}_1$、$\boldsymbol{e}_2$ 和 $\boldsymbol{e}_3$ 平行。$AB=1.2$，$BC=1$，$DD'=0.8$。已知点 A 的坐标为 $(1,1,1)$。

(1) 在图上分别画出点 A,B,C' 与 D' 的矢径 $\boldsymbol{r}_A,\boldsymbol{r}_B,\boldsymbol{r}_{C'}$ 与 $\boldsymbol{r}_{D'}$；

(2) 分别写出矢径 $\boldsymbol{r}_A,\boldsymbol{r}_B,\boldsymbol{r}_{C'}$ 与 $\boldsymbol{r}_{D'}$ 在该基上的坐标阵与坐标方阵；

(3) 在图上分别画出矢量 $\boldsymbol{a}=\overrightarrow{AC}$，$\boldsymbol{b}=\overrightarrow{AC'}$ 与 $\boldsymbol{c}=\overrightarrow{D'B}$；

(4) 分别写出矢径 $\boldsymbol{a},\boldsymbol{b},\boldsymbol{c}$ 在该基上的坐标阵与坐标方阵。

习题 1-2　如图 1-15 所示，点 A 在基矢量 $\boldsymbol{e}_1,\boldsymbol{e}_2$ 的平面内绕基点作半径为 r 的圆周运动。在时刻 t，点 A 的矢径 $\boldsymbol{r}_A$ 与基矢量 $\boldsymbol{e}_1$ 的夹角为 $\theta=\omega t$。求该矢径对时间的导数。

B 类型习题

习题 1-3　如图 1-16 所示，一正方体在一面的对角线上斜剖后形成的四面体，$AB=AD=DP=1$。图中给出了两个基 $\boldsymbol{e}^0$ 与 $\boldsymbol{e}^1$，其中 $\boldsymbol{e}_3^1$ 垂直于斜剖面。

(1) 写出基 $\boldsymbol{e}^1$ 关于基 $\boldsymbol{e}^0$ 的方向余弦阵；

(2) 写出矢量 $\boldsymbol{a}$ 在两个基上的坐标阵与坐标方阵；

(3) 验证 $\underline{\boldsymbol{a}}^1=\underline{\boldsymbol{A}}^{10}\underline{\boldsymbol{a}}^0$，$\underline{\tilde{\boldsymbol{a}}}^1=\underline{\boldsymbol{A}}^{10}\underline{\tilde{\boldsymbol{a}}}^0\underline{\boldsymbol{A}}^{01}$。

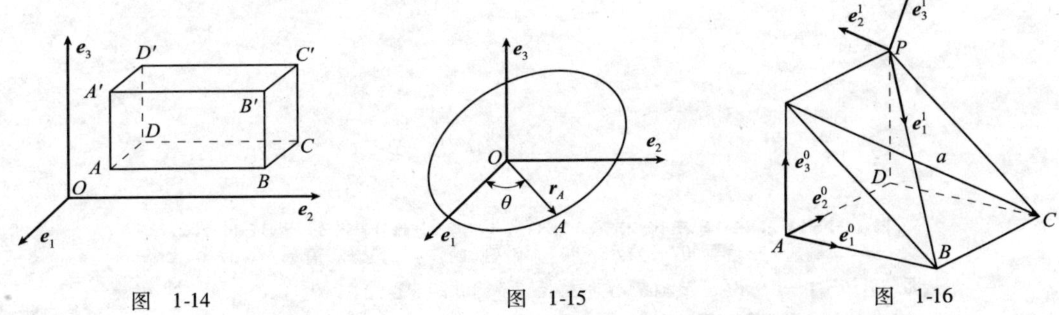

图 1-14　　图 1-15　　图 1-16

C 类型习题

习题 1-4　如图 1-17 所示，由 6 个约束矢量 $(\boldsymbol{A}_1,\cdots,\boldsymbol{A}_6)$ 组成的系统构成正四面体的棱边，棱边长度为 A。

(1) 该系统能用哪个对 O 点的矢旋 $(\boldsymbol{A},\boldsymbol{M}_O)$ 来替代？

(2) 对 P 点的等效的矢旋又是什么？

习题 1-5　如图 1-18 所示，矢量系由约束矢量 $\boldsymbol{A}_1$、$\boldsymbol{A}_2$、$\boldsymbol{A}_3$、$\boldsymbol{A}_4$ 和矩矢量 $\boldsymbol{M}_1$、$\boldsymbol{M}_2$、$\boldsymbol{M}_3$ 组成。全部矢量具有相同的值 $|\boldsymbol{A}|=|\boldsymbol{M}|=4$。在图示坐标系中有另一个约束矢量系，其坐标为 $\boldsymbol{B}_1=(-2,1,0)$，$\boldsymbol{B}_2=(0,-1,1)$，$\boldsymbol{B}_3=(-3,0,1)$，$\boldsymbol{B}_4=(-3,0,-2)$。由坐标原点 O 到矢量作用点的矢径为

$\boldsymbol{r}_{O1}=(1,-1,-6)$，$\boldsymbol{r}_{O2}=(5,2,3)$，$\boldsymbol{r}_{O3}=(1,-1,-2)$，$\boldsymbol{r}_{O4}=(1,3,2)$。

这两个矢量系是否等效？

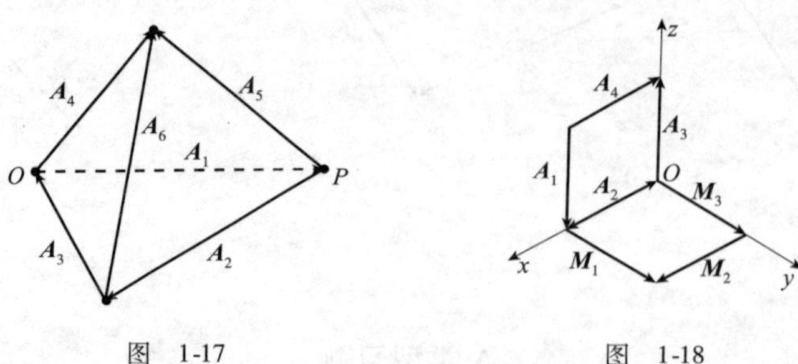

图 1-17　　　　图 1-18

习题 1-6　如图 1-19 所示，约束矢量系($\boldsymbol{A}_1$,$\boldsymbol{A}_2$,$\boldsymbol{A}_3$,$\boldsymbol{A}_4$,$\boldsymbol{B}_1$,$\boldsymbol{B}_2$)位于以正方形为底面的直棱柱的 6 个棱边上，它们的值为 $|\boldsymbol{A}_1|=\cdots=|\boldsymbol{A}_4|=A$ 和 $|\boldsymbol{B}_1|=|\boldsymbol{B}_2|=B$。

试证明上述矢量系可以简化为一个集中矢量 $\boldsymbol{C}'$，并求该矢量穿过 xy 平面时的贯穿点 P。

习题 1-7　如图 1-20 所示，约束矢量系($\boldsymbol{A}_1$,$\boldsymbol{A}_2$,$\boldsymbol{A}_3$,$\boldsymbol{A}_4$,$\boldsymbol{A}_5$)位于边长为 A 的六面体的 5 条棱边上。另一矢量系($\boldsymbol{B}_1$,$\boldsymbol{B}_2$)在所示坐标系中的坐标为 $\boldsymbol{B}_1=(0,-A,0)$ 和 $\boldsymbol{B}_2=(0,A,0)$。由坐标原点 O 至矢量作用点的矢径为 $\boldsymbol{r}_{O1}=(0,0,A)$ 和 $\boldsymbol{r}_{O2}=(0,0,0)$。

为了与矢量系($\boldsymbol{A}_1$,…,$\boldsymbol{A}_5$)等效，必须对矢量系($\boldsymbol{B}_1$,$\boldsymbol{B}_2$)附加什么样的矢螺旋($\boldsymbol{C}$,$\boldsymbol{M}_{\mathrm{P}}$)？

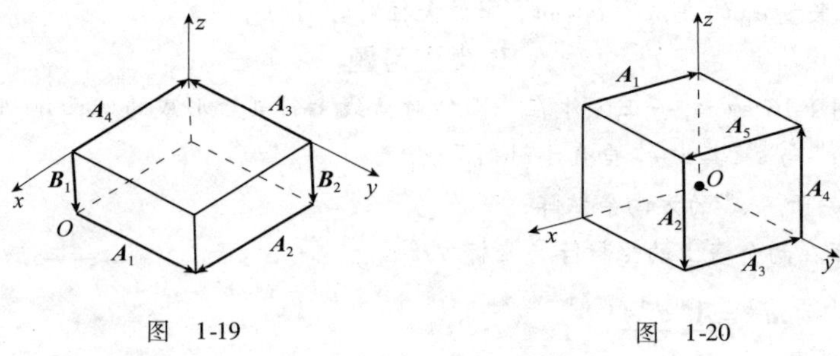

图 1-19　　　　图 1-20

鲁班(公元前 507—公元前 444)，姬姓，公输氏，名班。鲁国人。我国古代一位出色的发明家，土木工匠们都尊称他为祖师。

木工工具：《事物绀珠》《物原》《古史考》等记载，木工使用的许多工具都是鲁班创造发明的，如曲尺、墨斗、刨子、钻子、锯子。

古代兵器：《墨子·鲁问》《墨子·公输》记载鲁班将钩改制成舟战用的“钩强”；将梯改制成可以凌空而立用以攻城的云梯。

农业机具：《世本》《物原·器原》《古史考》记载，说鲁班制作了石磨、砻、碾子和铲，这些粮食加工机械在当时是很先进的。

其他发明：鲁班的发明还有机封、雕刻、伞、打井、锁钥等。

为纪念这位发明家，1987 年由中国建筑业联合会设立了“建筑工程鲁班奖”。

第1篇 静力学

静力学的任务是研究力系的简化与平衡条件。力系是指作用在物体上的一组力,所谓简化是指用一组最简单的力系代替给定的力系,同时保持对物体的作用不变,或者说:用最简单的等效力系代替给定力系。平衡条件指在物体平衡时作用于物体上的力系所应满足的条件。显然,力系简化是寻找力系平衡条件的简捷途径,但力系简化的应用绝不仅限于静力学。在动力学中,当研究在给定力系作用下物体如何运动时,力系简化同样重要。力系平衡条件可用于计算结构物在载荷作用下的内力或所受的支承力,以便为结构的设计提供依据,因而在工程上应用得十分广泛。

力:力的概念来自实践。人类在最早的劳动中就使用体力,《墨经》中把力说成物体由静止进入运动的原因:"力,形之所以奋也。"这是人们早期对力的认识。从现代科学看,力是一个物体对另一个物体的作用,是造成运动变化的原因。在宏观表现上,这种力可以是超距离的,也可以是由接触而产生的。

平衡:物体静止或做匀速直线运动时称物体处于平衡状态。静止、运动都是相对某一参考体(参考坐标系)而言的。在静力学中,将与地球相固结的坐标系取作参考坐标系;因为对一般工程而言,地球坐标系已是一个相当精确的惯性坐标系。

质点:如果不计物体的大小,只考虑其质量,则称之为质点。质点是为研究物体运动规律而作的一种简化,一组有联系的质点构成质点系。物体简化为质点是有条件的,如在研究太阳系中各行星的运行轨道时,可以把太阳系简化成质点系;但如果研究的是行星的自转,则不能忽略行星的尺寸,不能将行星简化为质点。

刚体:一种特殊的质点系,其中各质点间的距离保持不变,亦即刚体是不变形的;所以,刚体又称为不变质点系。刚体也是实际物体的一种经过简化与抽象的物理模型。实际物体都有变形,是变形体,但为保持结构物的坚固性,通常都设计得使结构物各部件的变形很小(例如千分之几的量级)。在研究某些问题时就可以忽略这些微小的变形而把物体看成刚体。

静力学研究作用在刚体上的力系简化与平衡问题,但不是说对其他物理模型不适用。在考虑到其他模型的物理特性条件下,静力学中由刚体得出的结论也可以推广,因此静力学的适用范围十分广泛,并成为许多后续课程的基础。

本篇中的物理量是力、力矩、力偶等矢量,由于关于简化与平衡的讨论都是基于矢量的几何加法。因此,本篇的静力学内容又称为矢量静力学或几何静力学。

在刚体静力学方面做出贡献的主要历史人物有:

斯蒂文(Stevin S. ,1548—1620),荷兰人,著有《静力学原理》。他给出物体在斜面上平衡的条件及力合成的平行四边形法则。

伐里农(Vargnon P. ,1654—1722),著有《新力学》。他给出空间任意力系可以简化为一个主矢和转轴与主矢重合的主矩。

潘索(Poinsot L. ,1777—1859),法国人,著有《静力学原理》《力偶转动新论》。他讨论了力偶的性质,提出了明确的静力平衡条件,即合力为零与合力矩为零。

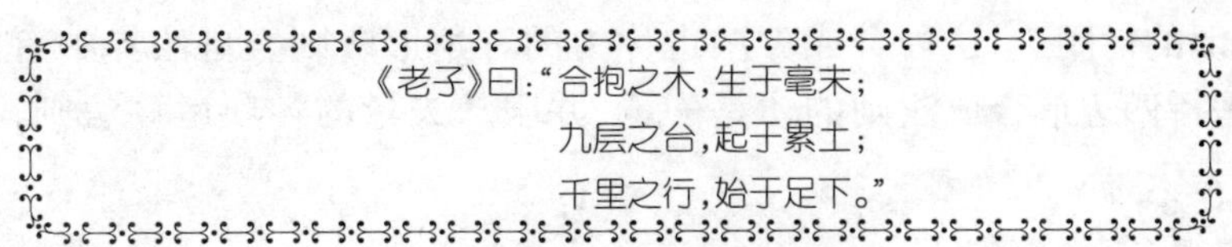

第2章　物体的受力分析

本章首先介绍力、力矩及力偶的性质,然后对物体进行受力分析,画出物体的受力图是研究物体平衡与运动的基础。

2.1　力、力矩和力偶

2.1.1　力

1)力的性质

人类对力的认识最初来自于自身的体力,经过长期的生产实践,才认识力的规律。力的定义:力是物体之间相互的机械作用,其效应是改变物体的运动状态或使物体变形。对不变形的刚体,力只改变其运动状态。力具有下列性质:

(1)力对物体的效果取决于三个因素

大小、方向和作用点,称为力的三要素。力是有方向的量,在数学上可以用矢量 F 表示(图2-1)。力可表示为一个有方向的线段,线段长度表示力的大小,线段所在直线及箭头表示力的方向,线段的始端(有时用末端)表示力的作用点。在国际单位制中,力的单位是牛(顿),符号是N,$1N = 1kg \cdot m/s^2$。

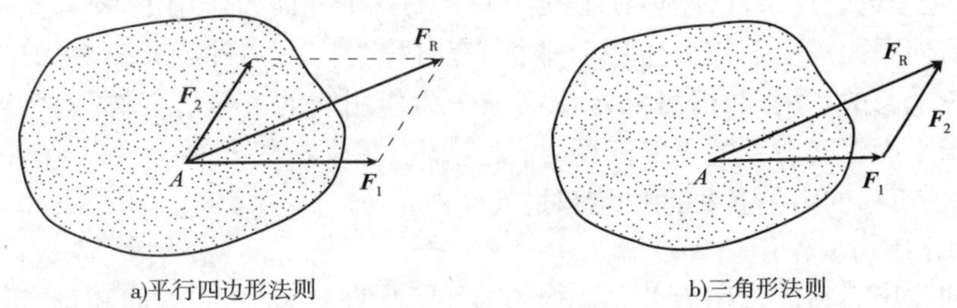

图2-1　两个力的合成

(2)力的平行四边形公理

作用于同一点的两个力,可以合成一个合力,合力的作用点也在该点,大小与方向由这两个力为边构成的平行四边形的对角线确定[图2-1a)]。这称为力的平行四边形合成法则(公理)。用矢量加法表示为

$$\boldsymbol{F}_{\mathrm{R}} = \boldsymbol{F}_1 + \boldsymbol{F}_2 \tag{2-1}$$

合力 $\boldsymbol{F}_{\mathrm{R}}$ 与两力 $\boldsymbol{F}_1$、$\boldsymbol{F}_2$ 的共同作用等效,$\boldsymbol{F}_1$ 与 $\boldsymbol{F}_2$ 就称为力 $\boldsymbol{F}_{\mathrm{R}}$ 的分力。为求合力 $\boldsymbol{F}_{\mathrm{R}}$ 的大小与方向,也可以将两分力 $\boldsymbol{F}_1$、$\boldsymbol{F}_2$ 首尾相连构成开口的力三角形[图2-1b)],合力 $\boldsymbol{F}_{\mathrm{R}}$ 就

是这个力三角形的封闭边,这种合成方法也称力的三角形法则。自然界中有许多有方向的量,只有服从平行四边形合成法则的才是矢量,并服从矢量的各项运算法则,力的本条性质使我们确认力是矢量。

(3)二力平衡公理

如果作用在物体上同一点的两力大小相等、方向相反,则两力的合力为零,物体平衡,所以大小相等、方向相反的一对力是一种最简单的平衡力系。

作用在刚体上的二力平衡的充分和必要条件是:这两个力大小相等,方向相反,且作用在同一直线上,称为二力平衡公理,如图2-2所示。

对物体进行受力分析时,常遇到只受两个力作用平衡的构(杆)件,工程上称为二力构(杆)件,其判别依据就是二力平衡公理,该两力必沿作用点的连线。

(4)增减平衡力系公理

在给定力系上增加或减去任意的平衡力系,不改变原力系对刚体的作用,称为增减平衡力系公理。由这条性质,可以得出两条推论。

①力的可传性:作用在刚体上某点的力,可沿其作用线移到刚体内任意一点,并不改变该力对刚体的作用。因而作用在刚体上的力的三要素是:大小,方向及作用线;作用在刚体上的力是滑移矢量。

②三力平衡汇交定理:如果刚体在三个力作用下平衡,其中两个力的作用线汇交于一点,则第三个力的作用线必通过此汇交点,且三个力共面,如图2-3所示。

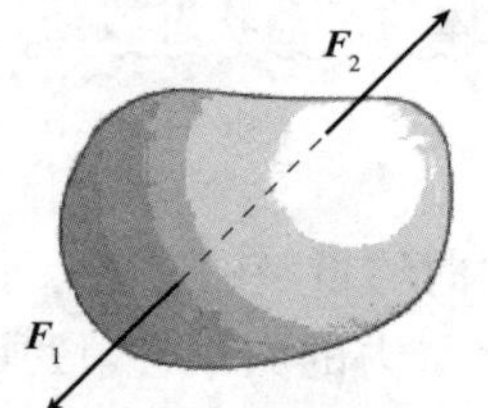

图2-2 二力平衡条件

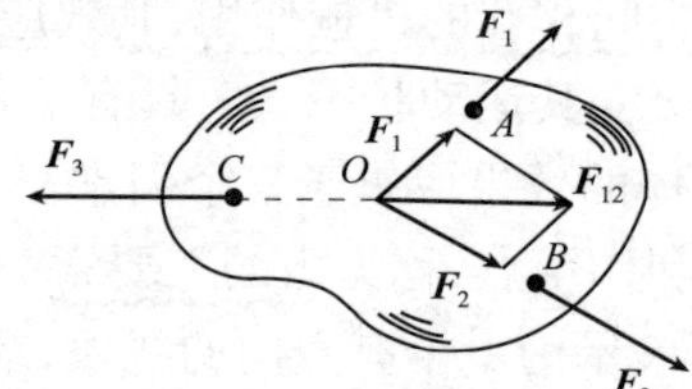

图2-3 三力平衡条件

注意:此定理的表述条件,刚体在汇交于一点的三个共面力作用下,不一定平衡。

刚体只受同平面三个汇交力作用而平衡,有时称为三力构件。若三个力中已知两个力的交点及第三个力的作用点,即可判定出第三个力作用线的方位。在画一些物体的受力图和用几何法求平面汇交力系的平衡问题时,此定理会带来一些方便。

注意:本条所列的力的各种性质均只适用于刚体。

(5)力的作用与反作用公理

两物体间作用力与反作用力总是同时存在,两力的大小相等、方向相反,沿同一直线分别作用在两个物体上,称为作用与反作用定律,即牛顿第三定律。

注意:这里也遇到大小相等、方向相反的两个力,并且在一般情况下它们也作用于同一直线上;但因它们不是作用在同一刚体上,因此它们并不组成平衡力系。

(6)刚化公理

静力学的研究对象是刚体,由上述力的各项性质为基础所得的理论结果也适用于刚体;那么对变形体情况如何?

变形体在某一力系作用下处于平衡,如将此变形体看作(刚化为)刚体,其平衡状态保持不变,称为刚化公理。

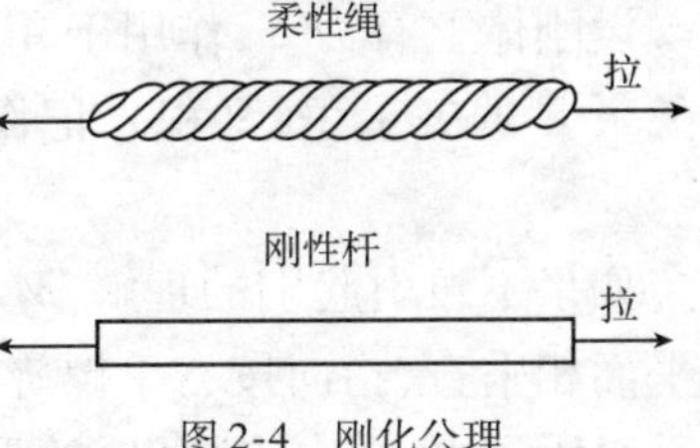

图 2-4 刚化公理

如图 2-4 所示，无重绳索在等值、反向、共线的两个拉力作用下处于平衡，如将绳索看作（刚化为）刚体，其平衡状态保持不变。

由此公理，如果一变形体在某一力系作用下处于平衡，一刚体在此力系作用下肯定平衡。在这种情况下，此力系无论是作用在刚体上还是变形体上，其所满足的平衡条件是一样的。所以，据此公理，我们建立各种力系的平衡条件时，均在刚体上推得，然后可推广应用于处于平衡的变形体上。在建立各种力系的平衡条件时，我们正是这样做的。

但要注意，变形体在一力系作用下平衡，此力系必为平衡力系。若变形体在一平衡力系作用下，则变形体未必平衡，也即在刚体上建立的力系的平衡条件是变形体平衡的必要条件，而非充分条件。

2）力矢量的坐标表示

任何矢量都可用相对于某个坐标系的坐标表示。以作用点 O 为原点，建立坐标系 $Oxyz$，沿各坐标轴的单位矢量称为此坐标系的基矢量 $\boldsymbol{i}$、$\boldsymbol{j}$、$\boldsymbol{k}$ 表示，则力矢量 $\boldsymbol{F}$ 可用相对于 $Oxyz$ 各轴的投影 F_x、F_y、F_z 表示为

$$\boldsymbol{F} = F_x\boldsymbol{i} + F_y\boldsymbol{j} + F_z\boldsymbol{k} \tag{2-2}$$

各轴的投影等于力矢量与该轴基矢量的标积：

$$F_x = \boldsymbol{F}\cdot\boldsymbol{i} = F\cos(\boldsymbol{F},\boldsymbol{i}) \tag{2-3a}$$

$$F_y = \boldsymbol{F}\cdot\boldsymbol{j} = F\cos(\boldsymbol{F},\boldsymbol{j}) \tag{2-3b}$$

$$F_z = \boldsymbol{F}\cdot\boldsymbol{k} = F\cos(\boldsymbol{F},\boldsymbol{k}) \tag{2-3c}$$

就是说，在正交单位矢量基中，一个矢量的分量（或坐标）等于相应的投影。其中$(\boldsymbol{F},\boldsymbol{i})$等表示括号内两矢量的夹角，$F$ 为 $\boldsymbol{F}$ 的模：

$$F = \sqrt{F_x^2 + F_y^2 + F_z^2} \tag{2-4}$$

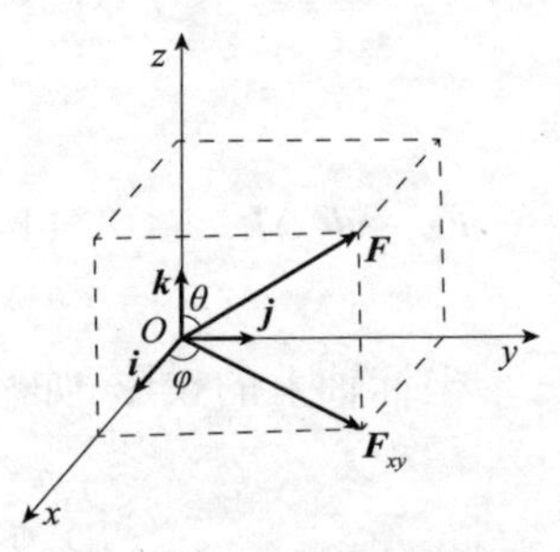

图 2-5 空间力的二次投影法

这种投影方法称为直接投影法。当力 $\boldsymbol{F}$ 与 x、y 轴的夹角不易求得时，可先将 $\boldsymbol{F}$ 投影到坐标平面 xOy 得矢量 $\boldsymbol{F}_{xy}$，再向 x、y 轴投影，称为二次投影法。

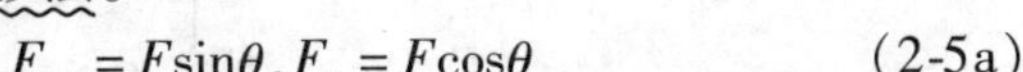

$$F_{xy} = F\sin\theta, F_z = F\cos\theta \tag{2-5a}$$

$$F_x = F\cos\varphi\sin\theta, F_y = F\sin\varphi\sin\theta \tag{2-5b}$$

如图 2-5 所示，这种二次投影法是静力学中常用的方法。也可将力的投影排成列阵，作为力的矩阵表示形式，记作

$$\underline{F} = (F_x \quad F_y \quad F_z)^{\mathrm{T}} \tag{2-6}$$

2.1.2 力矩

1. 力对点的矩

力矩描述了一个力改变物体转动状态的能力。《墨经》上有一段话说："招负衡木（把一根木料横过来平放），则本短（根那一头短）标长（梢那一头长）；两加焉重相若（两头加上同样的重量），则标必下——标得权也。"（图 2-6）这里的"权"字，隐含着力矩的概念，因为两边力相等，所以力臂长的力矩就大。在中学物理中，我们已知道力矩等于力的大小乘力臂。现在我们要对力矩做进一步说明，把力矩当作一个矢量来处理。

设刚体上有力 $\boldsymbol{F}$，作用于 A 点(图 2-7)。我们定义 $\boldsymbol{F}$ 对 O 点的力矩为矢径 $\boldsymbol{r}(=\overrightarrow{OA})$ 和力矢量 $\boldsymbol{F}$ 的矢量积(叉积)，记作 $\boldsymbol{M}_O(\boldsymbol{F})$。$O$ 点称为矩心。

$$\boldsymbol{M}_O(\boldsymbol{F})=\boldsymbol{r}\times\boldsymbol{F} \tag{2-7}$$

如果不致引起别的理解，$\boldsymbol{M}_O(\boldsymbol{F})$ 也可以简写为 $\boldsymbol{M}_O$。力矩是一个矢量，与 $\boldsymbol{r}$ 和 $\boldsymbol{F}$ 所决定的平面相垂直，指向按右手螺旋法则确定。它的大小是力的大小 F 与从 O 点到力的作用线的垂直距离 h(图中未画出)的乘积，因为

$$|\boldsymbol{r}\times\boldsymbol{F}|=F\cdot r\sin(\boldsymbol{F},\boldsymbol{r})=F\cdot r\sin(\pi-\theta)=F\cdot r\sin\theta=F\cdot h \tag{a}$$

所以这和"力的大小乘力臂"的说法是一致的。在图中，习惯上把矢量 $\boldsymbol{M}_O$ 的起点画在矩心 O，但这并没有作用点的意思。

a)招负衡木，则本短标长　　b)两加焉重相若，则标必下

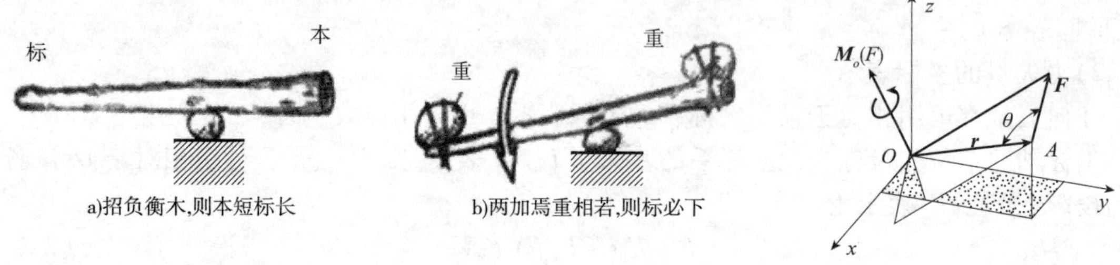

图 2-6 《墨经》上一段话的意义

图 2-7 力矩(力对点的矩)

力矩的量纲是[长度]·[力]。在国际单位制(SI)中用牛顿·米(N·m)。既然矢量 $\boldsymbol{r}$ 和 $\boldsymbol{F}$ 均满足平行四边形合成法则，则它们的矢积也必然满足这个矢量求和法则。由此直接得出以下结论：力对点的矩简称力矩，力矩是定位矢量，矩心相同的两个力矩矢量也按平行四边形法则合成。

设 $\boldsymbol{F}$ 用式(2-2)表示，矢径 $\boldsymbol{r}$ 用下式表示

$$\boldsymbol{r}=x\boldsymbol{i}+y\boldsymbol{j}+z\boldsymbol{k} \tag{2-8}$$

根据矢积的算法，导出

$$\boldsymbol{M}_O(\boldsymbol{F})=\begin{vmatrix}\boldsymbol{i} & \boldsymbol{j} & \boldsymbol{k}\\ x & y & z\\ F_x & F_y & F_z\end{vmatrix}=(yF_z-zF_y)\boldsymbol{i}+(zF_x-xF_z)\boldsymbol{j}+(xF_y-yF_x)\boldsymbol{k} \tag{b}$$

基矢量 $\boldsymbol{i}$、$\boldsymbol{j}$、$\boldsymbol{k}$ 前面的三个系数，分别表示力矩矢量 $\boldsymbol{M}_O(\boldsymbol{F})$ 在三个坐标轴上的投影，如将 $\boldsymbol{M}_O(\boldsymbol{F})$ 写成分量形式

$$\boldsymbol{M}_O=M_{ox}\boldsymbol{i}+M_{Oy}\boldsymbol{j}+M_{Oz}\boldsymbol{k} \tag{2-9}$$

那么

$$M_{ox}=yF_z-zF_y \tag{2-10a}$$

$$M_{oy}=zF_x-xF_z \tag{2-10b}$$

$$M_{oz}=xF_y-yF_x \tag{2-10c}$$

式(2-7)也可以用矩阵表示，设 $\boldsymbol{M}_O$ 的投影列阵和 $\boldsymbol{r}$ 的投影反对称方阵分别为

$$\underline{M_O}=\begin{pmatrix}M_{Ox}\\ M_{Oy}\\ M_{Oz}\end{pmatrix},\ \underline{\tilde{r}}=\begin{pmatrix}0 & -z & y\\ z & 0 & -x\\ -y & x & 0\end{pmatrix} \tag{2-11}$$

则有

$$\underline{M_O} = \tilde{\boldsymbol{r}}\underline{F} \tag{2-12}$$

2. 力对轴的矩

在生活中和工程实际中,还大量存在着绕固定轴转动的物体,例如用柱铰链安装的门窗、带有轴承的车轮和各种旋转机械等。

为了衡量力对刚体绕固定轴转动的作用效果,考虑其中一个分量 M_{Oz},我们注意到它和 $\boldsymbol{F}$ 作用点的 z 坐标无关。可见如果把矩心由原来的 O 点改变到 z 轴上的任何一点 B,那么 M_{Bz} 同样也是这个值(图 2-8)。即

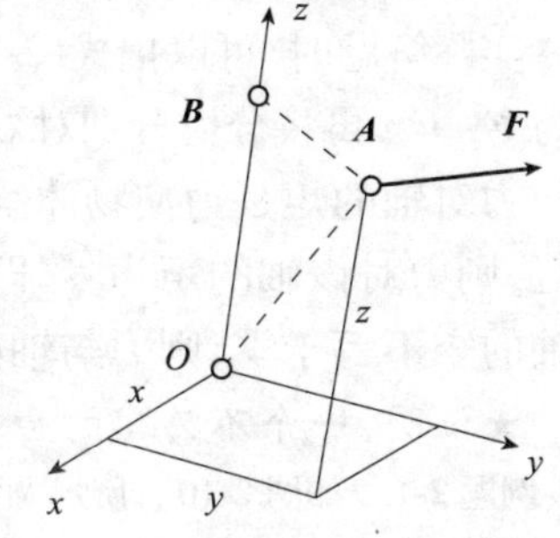

图 2-8　力对轴的矩 $\boldsymbol{M}_{Oz} = \boldsymbol{M}_{Bz}$

$$M_{Oz} = M_{Bz} = M_z \tag{c}$$

因此,我们可以把这叫作力 $\boldsymbol{F}$ 对 z 轴的矩。即把 $\boldsymbol{F}$ 对 z 轴上任意点的力矩在 z 轴上的投影称为力 $\boldsymbol{F}$ 对 z 轴的矩,记作$M_z(\boldsymbol{F})$,或简写成 M_z。同样地,$M_{Ox} = M_x$,$M_{Oy} = M_y$ 可理解为力对 x 轴和 y 轴的矩。根据式(2-9)可以得到力对点 O 的矩与力对轴的矩之间的关系

$$\boldsymbol{M}_O = M_x\boldsymbol{i} + M_y\boldsymbol{j} + M_z\boldsymbol{k} \tag{2-13}$$

由此看出,力对坐标轴的矩等于力对原点的力矩在坐标轴上的投影。要注意的是,力对点的矩是矢量,而力对轴的矩是标量。

一般说来,力对任意轴的矩就是力对这一轴上任一点的矩(矢量)在该轴上的投影。

设力 $\boldsymbol{F}$ 作用在 A 点,$\boldsymbol{l}$ 是任意一根轴,沿轴的单位矢量是 $\boldsymbol{l}^0$。那么取 $\boldsymbol{l}$ 轴上任意点 C,就有:

$$M_l(\boldsymbol{F}) = \boldsymbol{M}_C(\boldsymbol{F}) \cdot \boldsymbol{l}^0 = (\overrightarrow{CA} \times \boldsymbol{F}) \cdot \boldsymbol{l}^0 = [\overrightarrow{CA}, \boldsymbol{F}, \boldsymbol{l}^0] \tag{2-14}$$

3. 平面上力对点的矩

从式(2-14),由混合积的性质可知,只有在$\overrightarrow{CA}$、$\boldsymbol{F}$、$\boldsymbol{l}^0$ 三者两两互相垂直时,M_l 的数值才等于$\overline{CA} \cdot F$ 的数值。这就是前面所说过的力矩等于力的大小乘力臂的情形。比如说$\overrightarrow{CA}$与 $\boldsymbol{F}$ 都在纸面上,并且互相垂直[图 2-9a)],$\boldsymbol{l}^0$ 垂直于纸面指向外(用符号⊙表示;若为垂直纸面指向里的单位矢量,用符号⊕表示),则 $\boldsymbol{F}$ 对轴 $\boldsymbol{l}$ 的矩就等于力的大小 F 与力臂$\overline{CA}$的乘积。

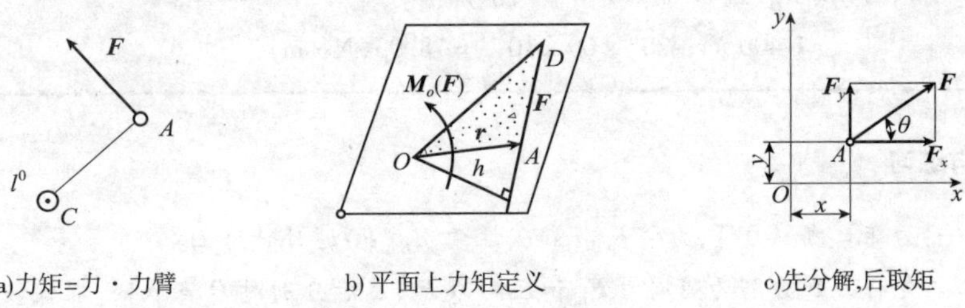

a)力矩=力 · 力臂　　b) 平面上力矩定义　　c)先分解,后取矩

图 2-9　平面上力对点的矩

在平面问题中,$\boldsymbol{F} = F_x\boldsymbol{i} + F_y\boldsymbol{j}$,$\boldsymbol{r} = x\boldsymbol{i} + y\boldsymbol{j}$,力矩表达式退化为

$$\boldsymbol{M}_O = \boldsymbol{r} \times \boldsymbol{F} = M_{Oz}\boldsymbol{k} = M_O\boldsymbol{k} \tag{2-15a}$$

$$M_O = \pm F \cdot h \tag{2-15b}$$

$$M_O = M_{Oz} = xF_y - yF_x \tag{2-15c}$$

通常,在平面问题中,力对点 O 的矩有时看作代数量 M_O,通常当作过此点垂直于平面

OAD 的轴 $\boldsymbol{l}$(Oz 轴)的矩可定义如下:

平面上力对点 O 之矩,如果看作空间力对 Oz 轴之矩,那么它就是一个代数量,它的绝对值等于力的大小与力臂的乘积,它的正负可按下法确定:力使物体绕矩心逆时针转向时为正。如图 2-9b)所示。

严格说来,和空间一样,平面上力对点之矩实际上是矢量 $\boldsymbol{M}_O$,这时它的方向垂直于此平面,这时我们说 $\boldsymbol{F}$ 绕 $\boldsymbol{l}^0$ 逆时针旋转为正,用右手法则判断。

实际解题时,可以把式(2-15c)理解为:遇到斜力要注意! 先分解,后取矩。即把力 $\boldsymbol{F}$ 先分解为 $\boldsymbol{F}_x$、$\boldsymbol{F}_y$,再将分力分别对 O 取矩,求代数和。这样解题有时快速方便,如图 2-9c)所示。

力对轴的矩是力使物体绕这根轴转动效应的一种度量。如果力的作用线和轴相交或者平行,则力对该轴的矩为零,即没有转动效应。反之,为了使力有绕某一轴转动的效应,即力对轴的矩不等于零,则力与轴必须既不相交也不平行。

★证明:一个不为零的力对轴的矩为零的必要且充分条件是,力的作用线与轴共面。

例题 2-1 如图 2-10a)所示圆柱直齿轮。受到啮合力 $\boldsymbol{F}$ 的作用。设 $F = 1.4\text{kN}$,压力角 $\theta = 20°$,齿轮的节圆(啮合圆)的半径 $r = 60\text{mm}$,试计算力 $\boldsymbol{F}$ 对于轴心 O 的力矩。

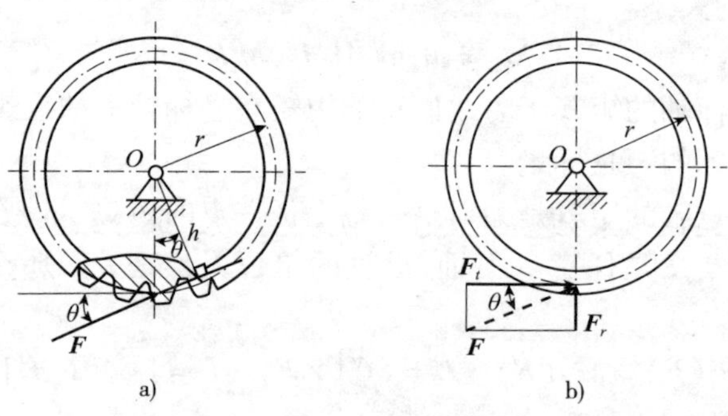

图 2-10 例题 2-1

解:解法一 按平面力矩的定义[图 2-10a)]。

$$M_O(\boldsymbol{F}) = F \cdot h = Fr\cos\theta$$
$$= 1\,400 \times 60 \times 10^{-3} \times \cos 20° = 78.93(\text{N} \cdot \text{m})$$

解法二 先分解,后取矩[图 2-10b)]。

$$M_O(\boldsymbol{F}) = M_O(\boldsymbol{F}_t) + M_O(\boldsymbol{F}_r) = F\cos\theta \cdot r$$
$$= 1\,400 \times \cos 20° \times 60 \times 10^{-3} = 78.93(\text{N} \cdot \text{m})$$

讨论与练习

(1)解法一:力矩 = 力 · 力臂,力臂 $h = r\cos\theta$,注意 $M_O(\boldsymbol{F})$ 逆时针为正。

(2)解法二:先将力 $\boldsymbol{F}$ 分解为圆周力 $\boldsymbol{F}_t$ 和径向力 $\boldsymbol{F}_r$,然后分别对 O 点取矩,求代数和。力 $\boldsymbol{F}_t$ 的力臂为 r,$M_O(\boldsymbol{F}_t)$ 逆时针为正;力 $\boldsymbol{F}_r$ 的力臂为 0。

例题 2-2 长方体边长为 a,b,c,在顶点 A 上作用一力 $\boldsymbol{F}$,已知其模为 F,方向如图 2-11 所示。试求:(1)将力 $\boldsymbol{F}$ 用坐标分量表示;(2)力 $\boldsymbol{F}$ 对点 O 的矩;(3)力 $\boldsymbol{F}$ 对轴 Ox,Oy,Oz 的矩;(4)力 $\boldsymbol{F}$ 对轴 $\overrightarrow{OB}$ 的矩。

解:(1)将力 $\boldsymbol{F}$ 用坐标分量表示。

采用二次投影法求力 $\boldsymbol{F}$ 的坐标分量。

第一次投影:$F_{xy} = F\cos\alpha, F_z = F\sin\alpha$;

第二次投影：$F_x = -F_{xy}\sin\beta, F_y = -F_{xy}\cos\beta$。

$$\boldsymbol{F} = -F\cos\alpha\sin\beta\boldsymbol{i} - F\cos\alpha\cos\beta\boldsymbol{j} + F\sin\alpha\boldsymbol{k}$$

力 $\boldsymbol{F}$ 的作用点

$$\boldsymbol{r} = a\boldsymbol{i} + b\boldsymbol{j} + c\boldsymbol{k}$$

令 $\boldsymbol{l}^0$ 为轴 $\overrightarrow{OB}$ 的单位矢量，有

$$\boldsymbol{l}^0 = \frac{1}{\sqrt{a^2+b^2}}(a\boldsymbol{i} + c\boldsymbol{k})$$

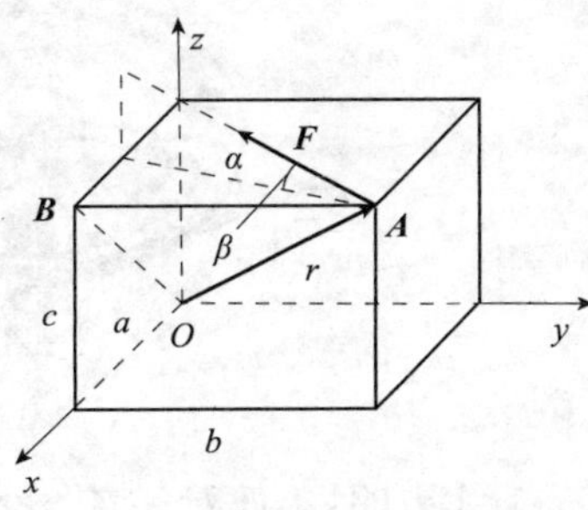

图 2-11 例题 2-2

(2)求力对点之矩。

$$\boldsymbol{M}_O(\boldsymbol{F}) = \boldsymbol{r} \times \boldsymbol{F} = \begin{vmatrix} \boldsymbol{i} & \boldsymbol{j} & \boldsymbol{k} \\ a & b & c \\ -F\cos\alpha\sin\beta & -F\cos\alpha\cos\beta & F\sin\alpha \end{vmatrix}$$

$$= F(b\sin\alpha + c\cos\alpha\cos\beta)\boldsymbol{i} - F(c\cos\alpha\sin\beta + a\sin\alpha)\boldsymbol{j} + F\cos\alpha(b\sin\beta - a\cos\beta)\boldsymbol{k}$$

(3)求力对坐标轴之矩。

利用式(2-9)，得

$$M_x(\boldsymbol{F}) = F(b\sin\alpha + c\cos\alpha\cos\beta)$$
$$M_y(\boldsymbol{F}) = -F(c\cos\alpha\sin\beta + a\sin\alpha)$$
$$M_z(\boldsymbol{F}) = F\cos\alpha(b\sin\beta - a\cos\beta)$$

(4)求力对 $\overrightarrow{OB}$ 轴之矩。

利用式(2-14)，得

$$M_{\overrightarrow{OB}}(\boldsymbol{F}) = \boldsymbol{M}_O(\boldsymbol{F}) \cdot \boldsymbol{l}^0 = \frac{Fb}{\sqrt{a^2+c^2}}(a\cos\alpha + c\cos\alpha\sin\beta)$$

讨论与练习

(1)先用二次投影法，将力 $\boldsymbol{F}$ 分解表达成矢量形式。

(2)总结归纳本题运用了哪些矢量运算法则。

(3)如何建立坐标系才能使本问题变得简单？

(4)请读者用 Maple 编程计算本题。

2.1.3 力偶

大小相等、方向相反、作用线平行但不重合的两个力组成的特殊平行力系，称为力偶。例如驾驶人驾驶汽车时，两手施加于方向盘的力 $\boldsymbol{F}$ 和 $\boldsymbol{F}'$ 组成一个力偶(图 2-12)。由于 $\boldsymbol{F}$ 和 $\boldsymbol{F}'$ 的投影之和为零，因此不存在合力。但由于作用线不重合，它也不可能成为平衡力系。因此力偶对刚体的作用不可能与一个力等效。如果说单个力是最简单的力系，则力偶是另一种不可能再简化的简单力系。它的作用效果是改变刚体的转动状态，或引起变形体的扭曲。

这种作用效果可以用力偶对任意点的矩来衡量。任意选定空间中确定点 O，自 O 至 $\boldsymbol{F}$ 和 $\boldsymbol{F}'$ 的作用点 A、B 引矢径 $\boldsymbol{r}_A$ 和 $\boldsymbol{r}_B$，自 B 至 A 引矢径 $\boldsymbol{r}$(图 2-13)，则力偶对点 O 之矩的大小和方向由下式确定：

$$\boldsymbol{r}_A \times \boldsymbol{F} + \boldsymbol{r}_B \times \boldsymbol{F}' = \boldsymbol{r}_A \times \boldsymbol{F} + \boldsymbol{r}_B \times (-\boldsymbol{F}) = (\boldsymbol{r}_A - \boldsymbol{r}_B) \times \boldsymbol{F} = \boldsymbol{r} \times \boldsymbol{F} \quad \text{(a)}$$

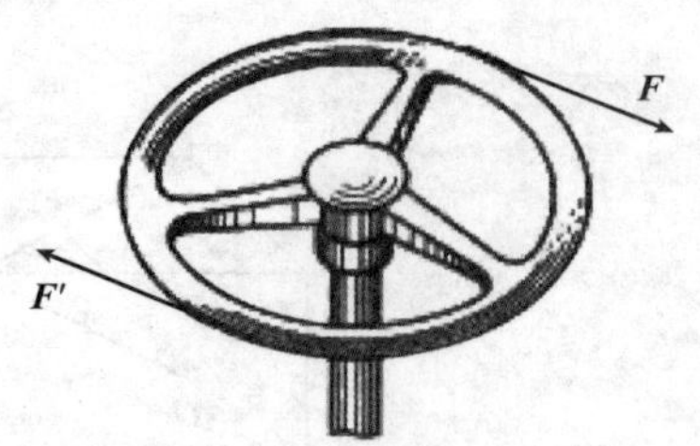

图 2-12　力偶的实例

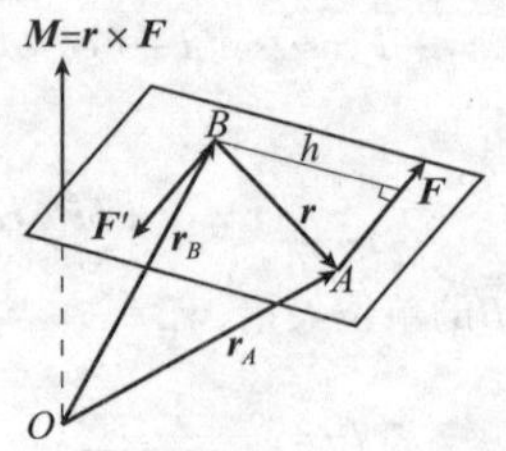

图 2-13　力偶矩矢量

上式表明：力偶对任意点之矩恒等于矢积 $\boldsymbol{r}\times\boldsymbol{F}$，与矩心的位置无关。将 $\boldsymbol{r}$ 和 $\boldsymbol{F}$ 的矢积定义为力偶 $(\boldsymbol{F},\boldsymbol{F}')$ 的力偶矩矢量，以不带矩心符号的 $\boldsymbol{M}$ 表示为

$$\boldsymbol{M}=\boldsymbol{r}\times\boldsymbol{F} \tag{2-16}$$

力偶对刚体的作用效果完全取决于力偶矩矢量 $\boldsymbol{M}$，可用此矢量作为力偶的表达符号。既然力偶的作用效果与矩心无关，则作用于同一刚体的力偶，当力偶矩矢量沿所在直线任意滑动或任意平行移动时，必不影响力偶对刚体的作用效果。可见作用于同一刚体的力偶矩矢量是一自由矢量，即力偶是自由矢量。

将两力作用线所决定平面称为力偶的作用面，两力作用线的垂直距离 h 称为力偶臂（图 2-13），力偶矩的模 Fh 表示力偶的大小，力偶矩所沿直线为作用面的法线，其方向确定力偶的转动方向。与作用于刚体的力的三要素类似，力偶对刚体的作用取决于力偶矩的大小、作用面的方位和力偶的转动方向，称为力偶的三要素。由于力偶矩矢量为自由矢量，不难推断：在保持力偶的方向和力偶矩大小不变的条件下，在力偶作用面内随意改变力的方向，或同时改变力和力偶臂的大小，或将力偶作用面平行移动，都不影响力偶对刚体的作用效果。此性质称为力偶的等效性。

平面力偶 $\boldsymbol{M}$ 是一个自由矢量，如果看作空间力偶 $\boldsymbol{M}$ 对 Oz 轴的投影，那么它就是一个代数量 M，通常规定力偶 M 以逆时针为正，如图 2-14 所示。

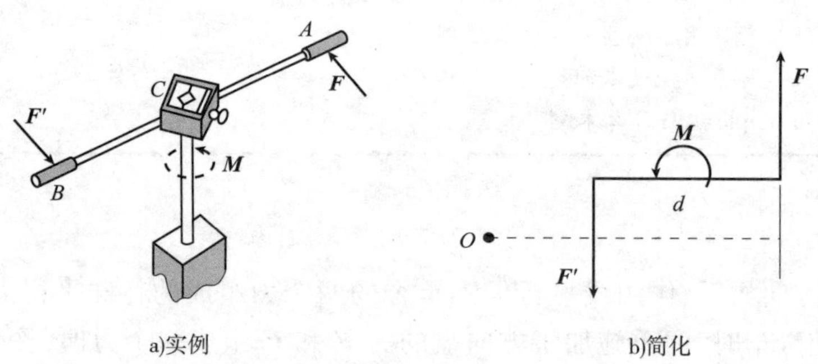

a)实例　　b)简化

图 2-14　平面力偶

2.2　约束和物体受力分析

2.2.1　约束、约束力和主动力

在实际问题中，有些研究对象可以看作自由体，其空间位置不受任何限制，如宇宙空间中的天体或航天器。但工程技术中的绝大部分研究对象，其运动在不同程度上受到周围物

体的限制，这种对物体空间位置的限制称为约束。例如前面在叙述力矩概念时提到的绕固定轴或固定点转动的刚体即受到定轴或固定点的约束。被约束物体的空间位置只能在约束允许的范围内变动。物体运动的自由程度在运动学中称为自由度，自由度的严格定义将在第 11 章中给出。约束的存在使物体的自由度减少，当物体被完全固定时，其自由度为零。

在工程中常要求设计出具体的约束装置，以保证结构物可靠地与基础固定。所谓约束的完全性，是指约束能够不多不少地恰好完全限制了物体的运动，使物体实现平衡。设想对一自由物体施加约束，随着约束程度的提高，物体的自由度减少；当约束程度提高到恰好使物体的自由度减至零时，此时的约束即称为完全约束。完全约束如果稍有放松，物体即可能产生运动。约束程度低于或高于完全约束的约束分别称为不完全约束和多余约束。受到不完全约束的物体仍可能做某种运动。相反，受到多余约束的物体即使解除部分约束，仍有可能继续保持平衡。

约束物体对被约束物体的约束作用是通过力实现的，称为约束力。作用在一个物体上的给定力，如果它的大小和方向与约束无关则称为主动力，工程中也称为载荷。主动力的大小和方向通常是预先给定的，其变化规律是空间和时间的确定函数。当物体在主动力作用下产生运动趋势而受到约束物体阻碍时，这种阻碍即表现为约束物体作用于该物体的约束力。因此，约束力是一种被动力，其大小和方向不能预先确定，只能由约束的性质和主动的状况被动地确定。约束力的方向总是与约束力所能阻止的运动方向相反。约束使物体丧失的自由度越多，则待定约束力变量也越多。在静力学中通常将约束力变量的数目称为约束数，作为衡量约束程度的指标。

物体相互接触时，不论是主动力还是约束力，总是分布作用在一定的接触面上。作用面积较大的力称为分布力。例如作用在高层建筑上的风压力［图 2-15a)］和水平桌面对物体的支承力［图 2-15b)］，如果力作用的面积很小，以至可以近似地看成作用在一个点上，则称为集中力。例如起重机的悬臂梁上悬挂重物的绳索及钢索的拉力 $\boldsymbol{F'}$ 及 $\boldsymbol{F}$（图 2-16）。

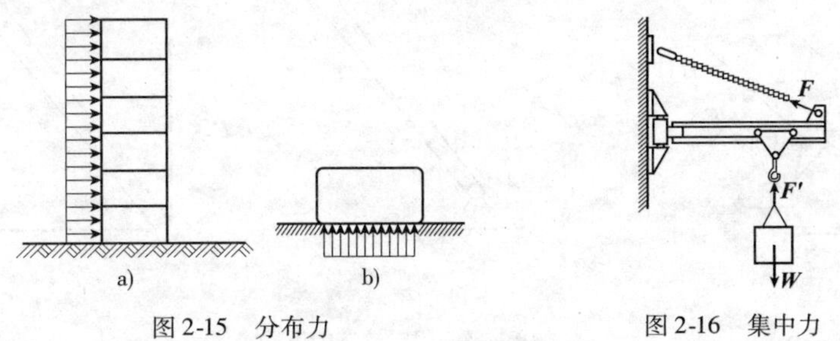

图 2-15　分布力

图 2-16　集中力

工程中常将作为主动力的分布力称为分布载荷，如水压、土压和风载等。将物体的受力表面划分为无数微元面积，设任意点处微元面积 ΔA 上的作用力为 ΔF，令

$$q = \lim_{\Delta A \to 0} \frac{\Delta F}{\Delta A} \tag{a}$$

其中，q 称为分布载荷在该点处的载荷集度，以单位面积所受力的大小表示，单位为 N/m^2。有时也以单位宽度的受力面积计算载荷集度，则改为以单位长度所受力的大小表示，单位为 N/m。

2.2.2　约束的基本类型

实际工程中的约束多种多样，甚至十分复杂，但经过简化，均可抽象成一些理想的约束模型。下面是一些最基本的理想的约束模型。

(1)柔索约束

不考虑绳索的弯曲刚度,忽略绳索的自重,则可简化成柔索,柔索对物体的约束力为沿柔索方向的拉力(图2-17)。缆绳、链条、皮带一类的约束可以简化成柔索约束。

(2)光滑接触面约束

如果物体与约束接触处绝对光滑,即忽略摩擦,由约束力沿接触面公法线方向并指向运动物体(图2-18)。

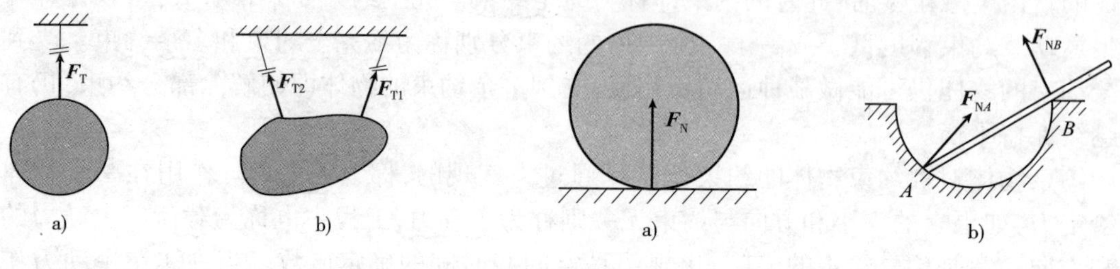

图2-17 柔索约束

图2-18 光滑接触面约束

(3)平面固定铰链约束

如果在所讨论的物体及支座上各开一圆孔,中间穿过一销钉,则构成铰链约束[图2-19a)],物体可绕铰链中心转动。物体在不同的主动力作用下,销钉可以和圆孔的任一位置接触。如果忽略摩擦,则铰链对物体的约束力必通过铰链中心,但方向却不定,它取决于主动力的状态。通常将铰链的约束力用它的两个分量表示在铰链简图上[图2-19c)]。这种使物体只能在垂直于铰链中心轴的平面内转动的铰链称为平面固定铰链,常简称铰支座,工程上大量使用的向心轴承即可简化为平面铰链[图2-19b)]。

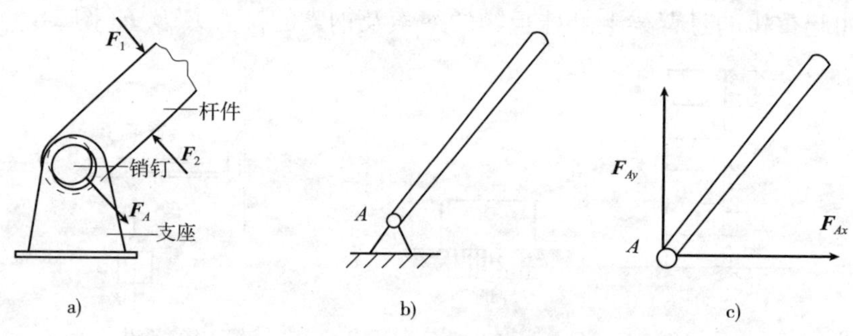

图2-19 平面固定铰链约束

(4)辊轴支座约束

如果平面铰链的支座可以在光滑平面上移动,这可以通过增加一排轮子实现[图2-20a)],则构成辊轴约束,又称滚动支座约束。辊轴的简图有多种表示[图2-20b)]。显然其约束力应通过辊轴中心,且垂直于光滑支承平面;由于实际辊轴中支座上面还有压板,使支座不会脱离支承平面,因此辊轴约束力的指向可向上或向下[图2-20c)]。大型桥梁的端部常安装辊轴支座。

上面只介绍了几种基本约束,我们会不断地遇到新的约束,但只要掌握了"约束力的方向与所阻碍的运动方向相反",是不难掌握各种约束的特殊性的,并可给约束力以适当的表达方式。

约束力的大小,有时甚至方向都取决于主动作用力,因此约束力是被动力,这也是有时将约束力称为反力的原因。

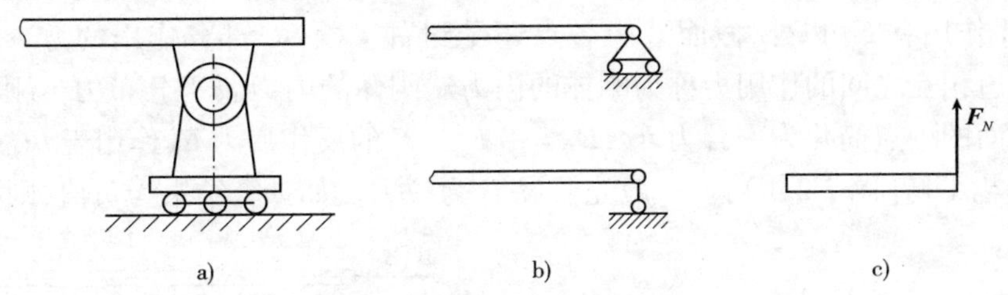

图 2-20　辊轴支座约束

(5)中间圆柱铰链约束

圆柱铰链简称柱铰,它通过带有锁紧螺母的圆柱销钉将两个钻有同直径销孔的构件连接在一起[图 2-21a)铰 C]。被连接的构件可绕销钉轴做相对转动。为研究方便,柱铰解除约束时,一般仍拆为两个构件,认为销钉留在其中任意一个构件的销孔并与之固结。忽略销钉和被约束构件销孔之间的间隙,认为彼此以相同半径的光滑圆柱面积接触。若柱铰受到的主动力均分布在垂直于销轴的某一平面内,则称为平面柱铰。此时锁紧螺母不起作用,销钉作用于销钉孔的约束力也限制在该平面内,组成通过销孔中心 C 的平面汇交力系,可以简化为通过点 C 的合力 $\boldsymbol{F}$,用两个分量 F_x、F_y 表示[图 2-21b)]。解除中间圆柱铰链约束后,一般先取的研究对象两个约束力画作右,上;后取的研究对象两个约束力画作左,下。

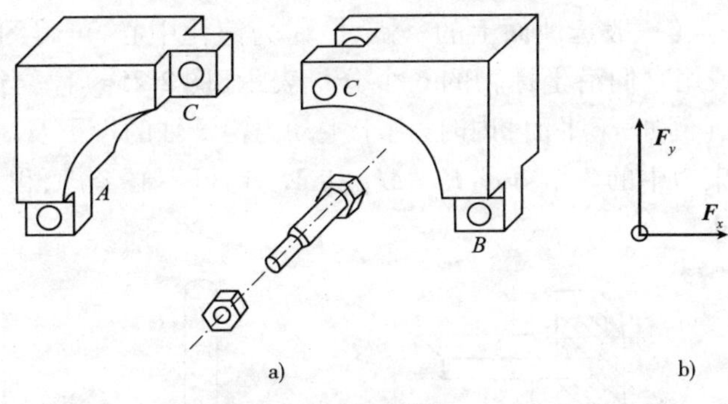

图 2-21　中间圆柱铰链约束

(6)球铰链约束

球铰链简称球铰,它通过球壳将两个构件连接在一起[图 2-22a)]。被连接构件可绕球心相对转动。若其中一个构件固定在地面或机架上,则称为球铰支座。例如汽车的操纵杆就常采用球铰支座。通常可以忽略球和球壳之间的间隙,认为彼此以相同半径的光球相接触,约束力分布在一部分球面上,均通过球心,构成一汇交力系,可简化为通过球心的合力,其大小和方向取决于被约束物体上所受的主动力。球铰的简化符号如图 2-22b)所示,约束力 $\boldsymbol{F}$ 可用沿坐标轴分解的 3 个分量 $\boldsymbol{F}_x$、$\boldsymbol{F}_y$ 和 $\boldsymbol{F}_z$ 表示。

(7)二力杆约束

两端用球铰或平面柱铰与其他物体连接且不计重量的刚性直杆,称为二力杆。由于二

力杆只可能在两端 A、B 处受到力的作用,根据二力平衡条件,两端约束力 $\boldsymbol{F}_A$ 和 $\boldsymbol{F}_B$ 必大小相等,方向相反,沿杆的中心轴方向[图 2-23a)]。因此,二力杆约束与柔索类似,只是二力杆不仅能受拉力,而且能受压力,属于双侧约束。假想将杆在 C 点处截断,考虑左半段 AC 部分,除在点 A 作用有 $\boldsymbol{F}_A$ 以外,截面 C 上各点还受到右半段 BC 部分作用的力。刚体内部某一截面的两边相互之间的作用力称为刚体的内力。刚体的内力属于分布力。刚杆的分布内力可向杆截面的中点简化为一合力 $\boldsymbol{F}_{\mathrm{N}}$,$\boldsymbol{F}_{\mathrm{N}}=-\boldsymbol{F}_{\mathrm{A}}$。$\boldsymbol{F}$ 的反作用力 $\boldsymbol{F}'_{\mathrm{N}}$ 作用于 BC 部分的 C 截面上,与 $\boldsymbol{F}_B$ 相平衡[图 2-23b)]。一般先假设 $\boldsymbol{F}$ 为拉力。如计算结果为负值,则杆受压力。

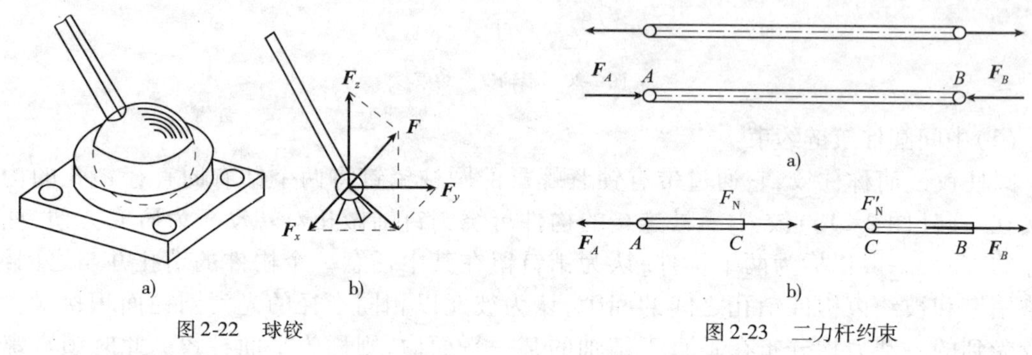

图 2-22　球铰　　　　图 2-23　二力杆约束

(8)固定端约束

约束与被约束物体彼此固结为一体的约束,称为固定端。被约束物体的空间位置因被约束物体完全固定而没有任何相对活动余地。常见的地面对电线杆、墙对悬臂梁、刀架对车刀等都构成固定端约束(图 2-24)。这些约束具有共同的特点。以电线杆为例,当杆上受到空间主动力系作用时,杆埋入地面的固定端所受到的约束力系也是一个空间力系。在固定端约束范围内任选一点(一般选地面上的一点 A)作为简化中心,可将约束力简化为一个力 $\boldsymbol{F}_A$ 和一个力偶 $\boldsymbol{M}_A$,或用它们沿坐标轴的 6 个分量表示[图 2-25a)]。当电线杆上受到的主动力分布在同一平面(例如 xy 平面)内时,由于主动力沿 z 轴的投影及对 x 和 y 轴之矩均等于零,因此固定端约束力中的 3 个分量 $\boldsymbol{F}_{Az}$、$\boldsymbol{M}_{Ax}$ 和 $\boldsymbol{M}_{Ay}$ 均可不必考虑,仅用 $\boldsymbol{F}_{Ax}$、$\boldsymbol{F}_{Ay}$ 和 $\boldsymbol{M}_A$ 表示已足够[图 2-25b)]。

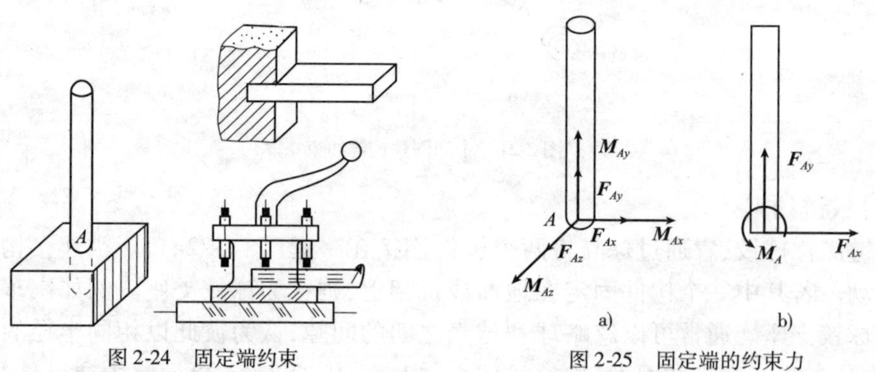

图 2-24　固定端约束　　　　图 2-25　固定端的约束力

以上介绍几种典型约束时,都做了一些理想化假定,例如柔索不可伸长、接触面绝对光滑等。满足这些理想化条件的约束称为理想约束,它是对实际约束的一种理想化抽象。当实际约束存在的非理想因素足够微小时,理想约束可以足够准确地反映实际约束。

除以上典型约束外,还有其他一些空间约束,例如万向节头、导轨等,在表 2-1 中列出。

典型约束和约束力　　表 2-1

约束数	约束力未知量	约束类型
1	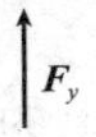 F_y	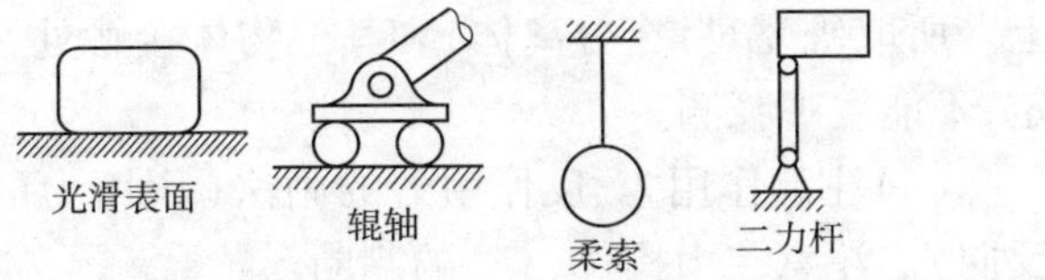 光滑表面　辊轴　柔索　二力杆
2	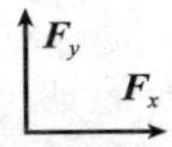 F_y F_x	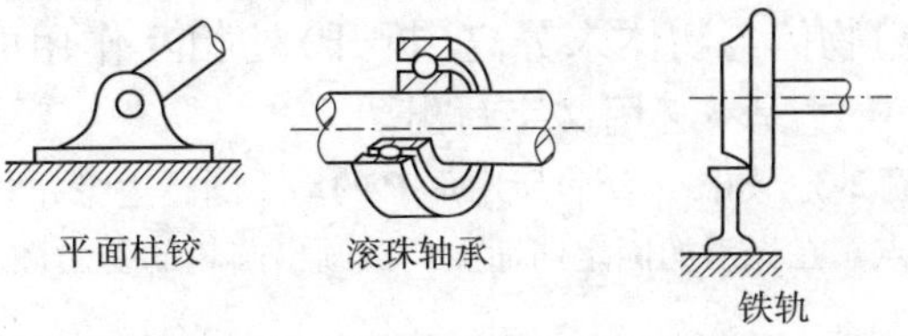 平面柱铰　滚珠轴承　铁轨
3	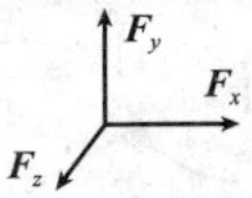 F_y F_x F_z	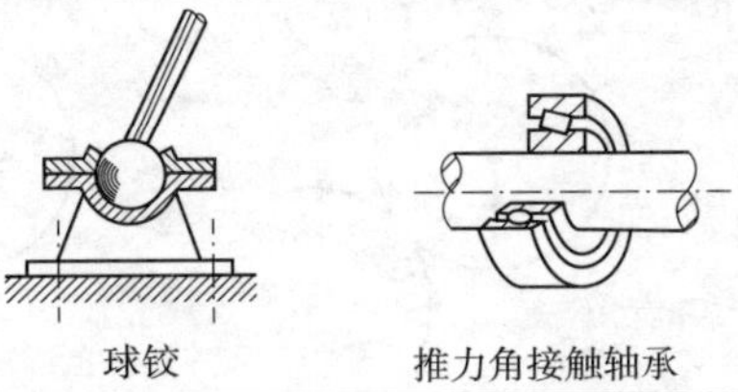 球铰　推力角接触轴承
4	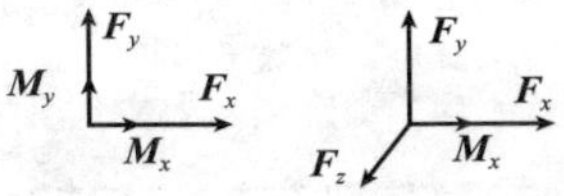 M_y F_y F_x M_x；F_y F_x F_z M_x	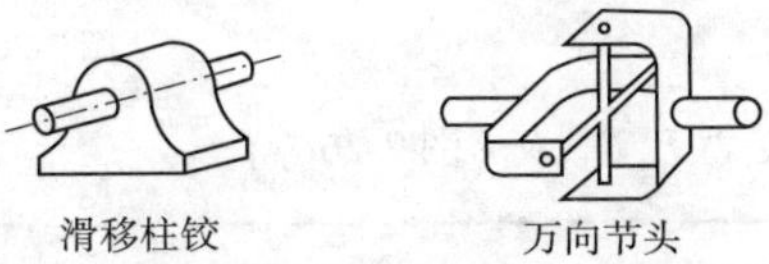 滑移柱铰　万向节头
5	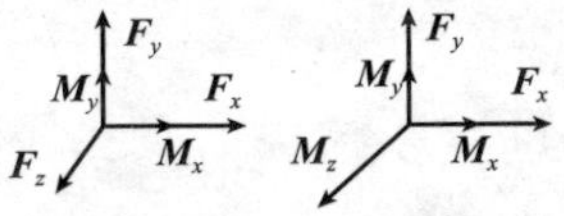 M_y F_y F_x F_z M_x；M_y F_y F_x M_z M_x	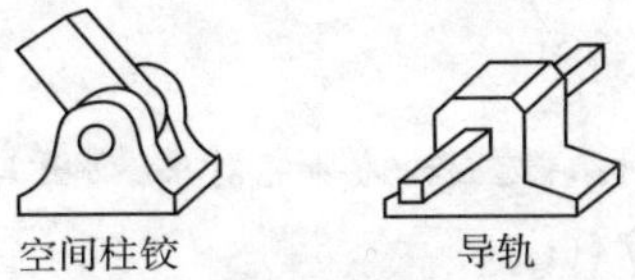 空间柱铰　导轨
6	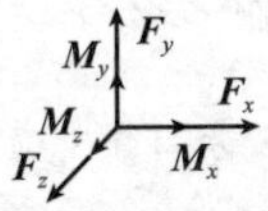 M_y F_y F_x M_z F_z M_x	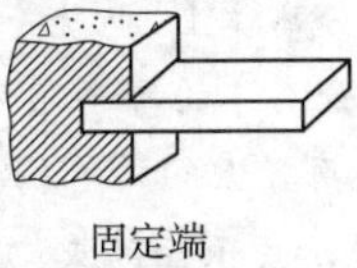 固定端

★柔索可绕过光滑圆柱面(如滑轮、胶带轮)改变方向,试证明平衡时两侧的约束力相等。

2.2.3 物体受力分析及受力图

在研究平衡物体上力的关系及运动物体上作用力与运动的关系时,都需要对物体进行受力分析,即确定作用在物体上力的数目、作用点的位置,以及了解其作用线方向、大小的有关信息。为了清楚地显示物体的受力状态,通常将被研究的物体(也称受力体或研究对象),从周围物体(施力体)分离出来,单独画出它的简图,并用矢量标明全部作用力。分离的过程称为取分离体,最后所得的标明力的图称为受力图。非自由体是受约束的,这时就要去掉约束,代之以相应的约束力,这个过程也叫解除约束。

无论是在静力学中还是动力学中,受力分析都是研究问题的基本步骤,画受力图是学习理论力学的基本功,其中的重点是根据约束的性质正确地画出约束力。画受力图时必须注意如下几点:

(1)必须明确研究对象,画出分离体图。根据求解需要,可以取单个物体为研究对象,也可以取由几个物体组成的系统为研究对象。一般情况下,不要在一系统的简图上画某一物体或子系统的受力图。

（2）不得漏画力，也不得多画力。主动力、约束力均是物体所受的力，均应画在受力图上。所取研究对象（分离体）和其他物体接触处，一般均存在约束力，要根据约束的特性来确定，不能主观臆测。

（3）注意作用力、反作用力的画法（作用力的方向一经假定，图上的反作用力一定与之反向）。注意二力构件（杆）的判断。

（4）物体与物体未分离（拆开）处相互作用的力称为内力，内力一律不画在受力图上。受力分析过程不必用文字写出。

例题 2-3 如图 2-26a）所示重 $\boldsymbol{P}$ 的均质圆轮边缘 A 点用绳 AB 系住，绳 AB 的延长线通过轮心 C；圆轮边缘 D 点靠在光滑的固定曲面上。试画出圆轮的受力图。

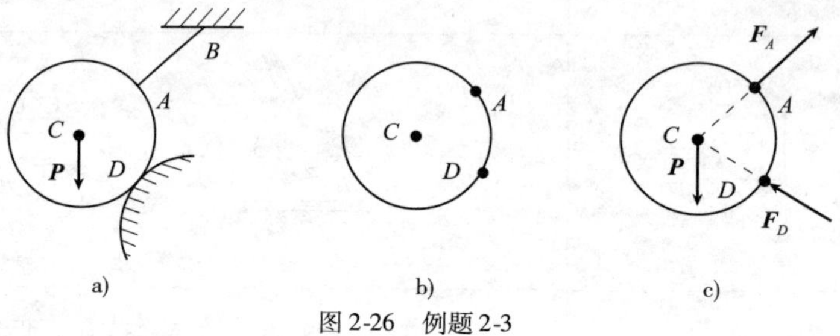

图 2-26 例题 2-3

解：圆轮受力 $\boldsymbol{P},\boldsymbol{F}_A,\boldsymbol{F}_D$［图 2-26c）］。

讨论与练习

（1）研究对象：选圆轮为研究对象，画出其分离体图［图 2-26b）］。

（2）受力分析：

①先主动力。在分离体上，也就是圆轮上画出作用在其上的主动力，即重力 $\boldsymbol{P}$。

②后约束力。在分离体的每个约束处画出其约束力。

a. 圆轮在 A 点具有绳索的约束，其约束力为作用于 A 点并沿绳索 AB 方向背离圆轮的拉力 $\boldsymbol{F}_A$；

b. 在 D 点具有光滑支承面约束，其约束力为沿该点公法线方向并指向圆轮的约束力 $\boldsymbol{F}_D$。

（3）画受力图，不仅要考虑方向，特别要注意作用点！

例题 2-4 如图 2-27a）所示，重 $\boldsymbol{P}$ 的均质杆 AB，其 A 端靠在光滑的铅垂墙上，B 端放在光滑的水平面上，杆 AB 中的一点 D 与角 D 相接触，试画出杆 AB 的受力图。

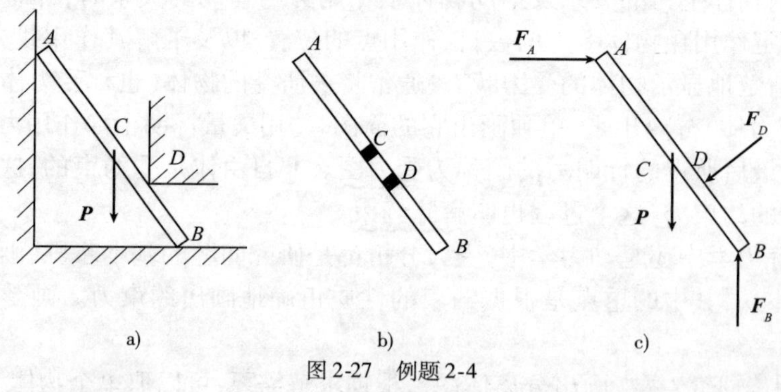

图 2-27 例题 2-4

解：杆 AB 受力 $\boldsymbol{P},\boldsymbol{F}_A,\boldsymbol{F}_B,\boldsymbol{F}_D$［图 2-27c）］。

讨论与练习

(1)研究对象:选定杆 AB[图 2-27b)]。

(2)受力分析。

①先主动力,即重力 $\boldsymbol{P}$。

②后约束力,杆 AB 在 A、B、D 三点具有光滑支承面约束,过此三点分别画出沿该点公法线方向并指向杆 AB 的约束力 $\boldsymbol{F}_A$、$\boldsymbol{F}_B$、$\boldsymbol{F}_D$[图 2-27c)]。

(3)画受力图,不仅要考虑力的方向,特别要注意力的作用点!

例题 2-5 如图 2-28a)所示,重为 $\boldsymbol{P}$ 的均质圆柱夹在重为 $\boldsymbol{W}$ 的光滑均质板 AB 与光滑铅垂墙之间,均质板的 A 端用固定铰链支座固定在铅垂墙上,B 端用水平绳索 BE 系于墙上。试画出圆柱 C 与板 AB 组成的物体系整体的受力图,以及圆柱 C、板 AB 的受力图。

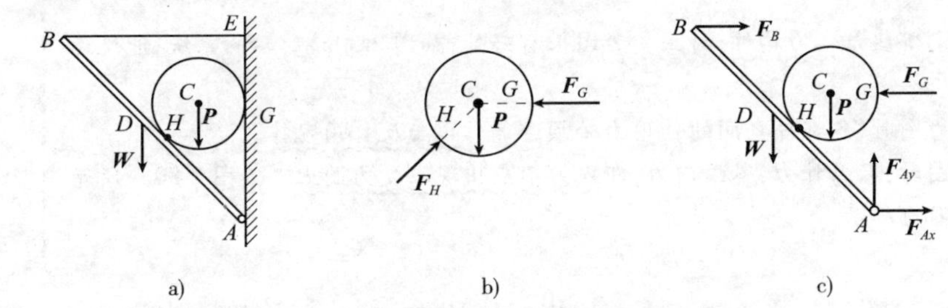

图 2-28 例题 2-5

解:圆柱 C 受力 $\boldsymbol{P}$,$\boldsymbol{F}_H$,$\boldsymbol{F}_G$[图 2-28b)];

整体受力 $\boldsymbol{P}$,$\boldsymbol{W}$,$\boldsymbol{F}_{Ax}$,$\boldsymbol{F}_{Ax}$,$\boldsymbol{F}_B$,$\boldsymbol{F}_G$[图 2-28c)];

板 AB 受力 $\boldsymbol{W}$,$\boldsymbol{F}_{Ax}$,$\boldsymbol{F}_{Ax}$,$\boldsymbol{F}_B$,$\boldsymbol{F}'_H$[图 2-28d)]。

讨论与练习

(1)研究对象:按照简单优先,整体优先选择原则逐一研究。

(2)受力分析:

①先主动力,即 $\boldsymbol{P}$、$\boldsymbol{W}$。

②后约束力,即 $\boldsymbol{F}_{Ax}$、$\boldsymbol{F}_{Ax}$、$\boldsymbol{F}_B$、$\boldsymbol{F}_H$、$\boldsymbol{F}'_H$、$\boldsymbol{F}_G$。

(3)特别注意内力不必画出。

(4)各研究对象之间的受力应该协调一致,注意作用力与反作用力的关系。

例题 2-6 曲杆 AC 与 BC 用三个铰链连接成如图 2-29a)所示的结构,工程上称为三铰拱。如果在 C 处作用主动力 $\boldsymbol{F}$,画出系统的受力图(杆重不计)。

解:方法一 本题是一个刚体系统,共有杆 AC_1、杆 BC_2 及销钉 C 三件,应分别画出其受力图[图 2-29b)]。

曲杆 AC_1 受力 $\boldsymbol{F}_A$,$\boldsymbol{F}_{C1}$;

销钉 C 受力 $\boldsymbol{F}$,$\boldsymbol{F}'_{C1}$,$\boldsymbol{F}'_{C2}$;

曲杆 BC_2 受力 $\boldsymbol{F}_B$,$\boldsymbol{F}_{C2}$。

方法二 也可将销钉 C 与任一曲杆看成一体而将系统拆成两部分进行受力分析,如图 2-29c)所示。

曲杆 AC_1 受力 $\boldsymbol{F}_A$,$\boldsymbol{F}_C$;

曲杆 BC(包括销钉)受力 $\boldsymbol{F}$,$\boldsymbol{F}_B$,$\boldsymbol{F}'_C$。

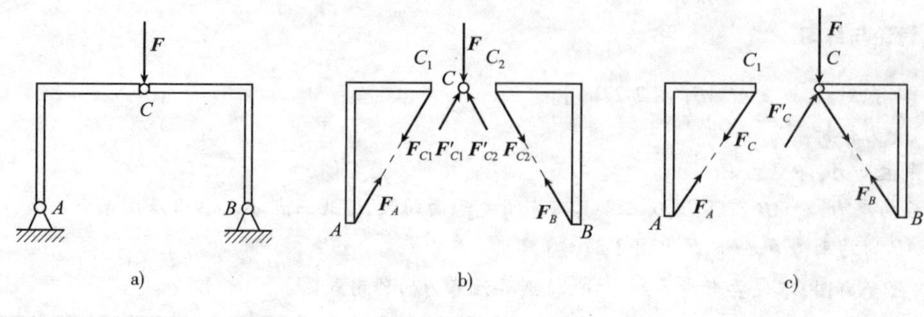

图 2-29　三铰拱

讨论与练习

(1)在刚体系中如能确定哪些是二力构件,对画受力图很有好处;如图 2-30a)所示的系统,能迅速画出其受力图 2-30b)。

(2)将刚体系拆开画受力图时,各部件之间的作用力必须遵循作用与反作用定律。

(3)画刚体系统的受力图时,只画外力,不画内力,即内力不应出现在受力图上。如图 2-30c)所示系统的整体受力图,如图 2-30d)所示。

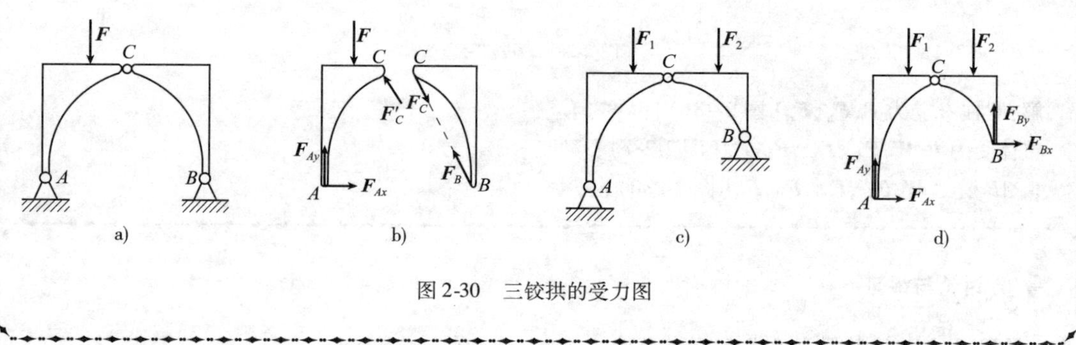

图 2-30　三铰拱的受力图

2.2.4　平衡问题的解法

物体平衡问题的解法一般遵循如下步骤。

第一步:研究对象

根据问题的需要,选定研究对象并画出其分离体图。选择研究对象的原则是:

(1)简单优先。即未知力数量最少原则。

(2)整体优先。这样选未知力数量比较少。

第二步:受力分析

对选定的研究对象进行受力分析,画出隔离体的受力图。进行受力分析的原则是:

(1)先主动力。即先画主动力。

(2)后约束力。即后画约束力,按约束的约束力数量多少逐步一一画出。

第三步:平衡方程

根据隔离体受力的类型,列出隔离体的平衡方程。进行受力分析的原则是:

(1)投影优先。平衡方程一般有两类,其一,向某一坐标轴上投影;其二,对某一坐标轴取矩。在包含未知量个数同样的情况下，两者相比应该投影优先。

(2)含未知数量最少。即列出的平衡方程中应该包含尽可能少的未知数。

列投影方程，尽量取垂直于一个未知量的方向投影；列取矩方程，坐标轴尽量取在未知量比较集中的位置。

第四步：写出结果

解出未知量，用有效方法检验结果。

(1)用字母表示的结果应该化简为最简单。

(2)用数值表示的结果，一般用四舍五入法保留四位有效数字，并选择合适的单位。

(3)计算结果中最好能体现量纲的物理意义。

例题 2-7 AC 和 BC 两根绳索悬吊一重为 $P=20\text{N}$ 的重物[图 2-31a)]。试求绳索 AC 及 BC 的拉力。

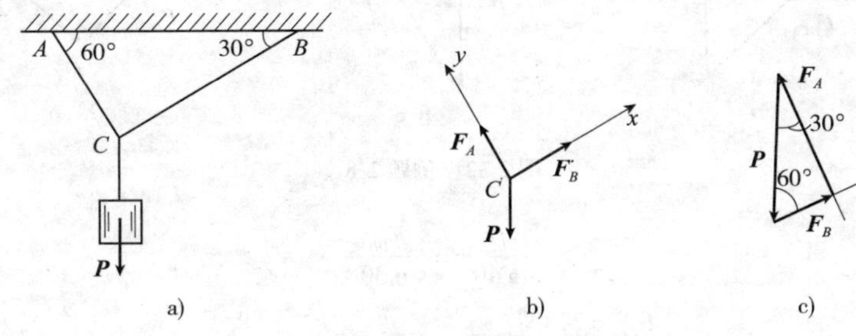

图 2-31 例题 2-7

已知：$P=20\text{N}, \alpha=60°, \beta=30°$。

求：F_A, F_B。

解：解析法

结点 C 受力 $\boldsymbol{P}, \boldsymbol{F}_A, \boldsymbol{F}_B$[图 2-31b)]。

$$\sum F_x=0, -P\sin\beta+F_B=0 \tag{1}$$

$$F_B=10\text{N}$$

$$\sum F_y=0, -P\sin\alpha+F_A=0 \tag{2}$$

$$F_A=17.32\text{N}$$

讨论与练习

(1)本题还可以采用几何法或图解法求解[图 2-31c)]，请读者完成。

(2)取投影轴时，尽可能地选择垂直于一个未知力的方向投影，两个投影轴不一定要正交。

(3)请读者使用 Maple 编程求解本题，验证手工计算结果。

例题 2-8 提升机架由三根直杆铰接而成[图 2-32a)]。已知被提升的物体重 $P=1\ 000\text{N}$，略去各杆重量，试求：

(1)保持在图示位置平衡所需的铅垂力 $\boldsymbol{F}$ 的大小。

(2)保持在图示位置平衡所需的作用于 C 点的最小力 $\boldsymbol{F}$ 的大小和方向。

解：几何法

(1)求铅垂力 $\boldsymbol{F}$ 的大小。

销钉 B 受力 $\boldsymbol{P}, \boldsymbol{F}_{AB}, \boldsymbol{F}_{BB}$[图 2-32d)]。

画出销钉 B 的自封闭力三角形[图 2-32f)中]。

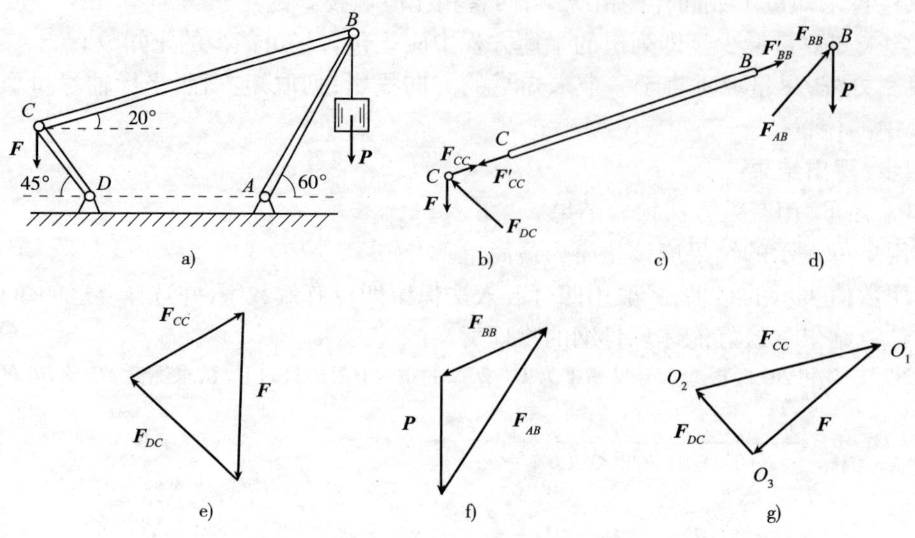

图 2-32　例题 2-8

$$\frac{P}{\sin 40^\circ} = \frac{F_{BB}}{\sin 30^\circ} \tag{1}$$

$$F_{BB} = 778\text{N}$$

$$F_{BB} = F'_{BB} = F_{CC} = F'_{CC} \tag{2}$$

$$F'_{BB} = 778\text{N}, F_{CC} = 778\text{N}, F'_{CC} = 778\text{N}$$

销钉 C 受力 $\boldsymbol{F}, \boldsymbol{F}_{CC}, \boldsymbol{F}_{DC}$[图 2-32b)]。

画出销钉 C 的自封闭力三角形[图 2-32e)]。

$$\frac{F_{CC}}{\sin 45^\circ} = \frac{F}{\sin 65^\circ} \tag{3}$$

$$F = 997\text{N}$$

(2)求最小力 $\boldsymbol{F}$ 的大小和方向。

为了求得在图示位置保持平衡时 $\boldsymbol{F}$ 的最小值和方向，只需求出在销钉 C 的力三角形中，保持 $\boldsymbol{F}_{CC}$ 的大小、方向不变和 $\boldsymbol{F}_{DC}$ 的方向不变，$\boldsymbol{F}$ 为最小值时的封闭三角形。

销钉 C 受力 $\boldsymbol{F}, \boldsymbol{F}_{CC}, \boldsymbol{F}_{DC}$。

画出销钉 C 的自封闭力三角形 $\triangle O_1O_2O_3$[图 2-32g)]。

$$\frac{F_{CC}}{\sin\alpha} = \frac{F}{\sin 65^\circ} \tag{4}$$

当 $\alpha = 90^\circ$ 时，$F_{\min} = 705\text{N}$。

于是可得 $\boldsymbol{F}$ 的最小值为 $F_{\min} = 705\text{N}$，方向垂直于杆 CD。

讨论与练习

(1)这是个物体系的平衡问题。但是，由于 AB、BC 和 CD 杆都是二力杆，因此 B、C 两个销钉都是在平面共点三力作用下处于平衡。

(2)共点力系平衡的几何条件——力多边形自行封闭。

(3)$\boldsymbol{F}_{BB}$ 与 $\boldsymbol{F}'_{BB}$ 和 $\boldsymbol{F}_{CC}$ 与 $\boldsymbol{F}'_{CC}$ 是两对作用力与反作用力。

(4)请读者使用 Maple 编程求解本题。

例题 2-9　在梁 AB 上作用一力偶，其力偶矩大小为 $M_e=100\text{kN}\cdot\text{m}$，转向如图 2-12a) 所示，梁长 $l=5\text{m}$，不计自重。求支座 A、B 的约束力。

解：梁 AB 受力 $\boldsymbol{M}_e$，$\boldsymbol{F}_A$，$\boldsymbol{F}_B$［图 2-33b)］。

$$\sum M_A=0,\ -M_e+F_Bl=0 \tag{1}$$

$$F_B=20\text{kN}(\uparrow)$$

约束力 $\boldsymbol{F}_A$，$\boldsymbol{F}_B$ 组成力偶。

$$F_A=F_B \tag{2}$$

$$\underline{F_A=20\text{kN}(\downarrow)}$$

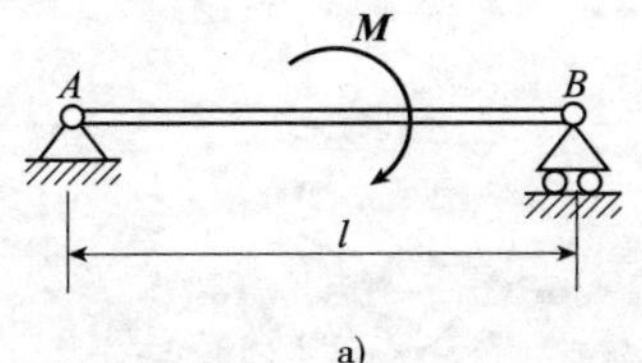

a)

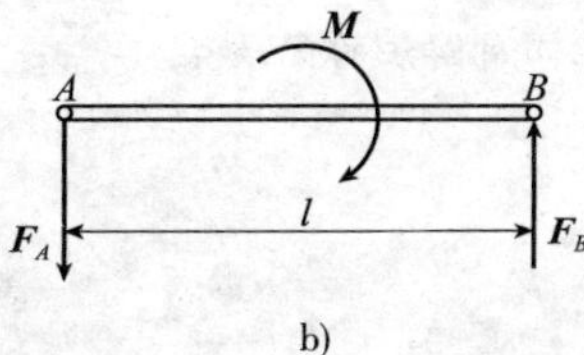

b)

图 2-33　例题 2-9

讨论与练习

(1) 力偶只能与力偶平衡，所以支座 A、B 的约束力构成一力偶。

(2) 在平面上力(包括集中力，分布力和力偶)对某点 A 取矩，相当于力偶或力矩对 Az 轴投影，规定逆时针方向为正"+"。

(3) 请读者使用 Maple 编程求解本题。

2.3　Maple 编程示例

编程题 2-1　手柄 $ABCE$ 在平面 Axy 内，在 D 处作用一个力 $\boldsymbol{F}$，如图 2-34 所示，它在垂直于 y 轴的平面内，偏离铅垂线的角度为 θ，如果 $CD=a$，杆 BC 平行于 x 轴，杆 CE 平行于 y 轴，AB 和 BC 的长度都等于 l。试求力 $\boldsymbol{F}$ 对 x,y,z 三轴的矩。

解：• 建模

方法一：利用力对轴之矩定义求解。

方法二：利用力对轴之矩的解析式求解。

方法三：矢量法。

(1) 写出矢径 $\boldsymbol{r}=\overrightarrow{AD}$ 的投影式，$\boldsymbol{r}=\boldsymbol{x_D i}+y_D\boldsymbol{j}+z_D\boldsymbol{k}$；

(2) 写出力 $\boldsymbol{F}$ 的投影式，$\boldsymbol{F}=F_x\boldsymbol{i}+F_y\boldsymbol{j}+F_z\boldsymbol{k}$；

(3) 求力 $\boldsymbol{F}$ 对点 A 的矩，$\boldsymbol{M}_A(\boldsymbol{F})=\begin{vmatrix}\boldsymbol{i} & \boldsymbol{j} & \boldsymbol{k}\\ x_D & y_D & z_D\\ F_x & F_y & F_z\end{vmatrix}$；

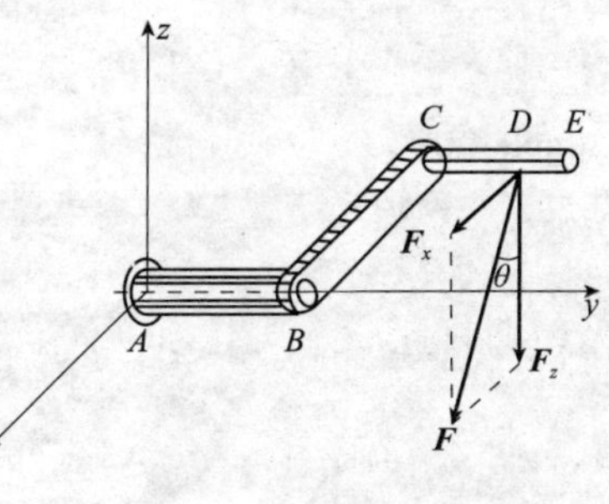

图 2-34　力矩的计算

(4) 求 $\boldsymbol{F}$ 对 x,y,z 三轴的矩，$M_x=\boldsymbol{M}_A\cdot\boldsymbol{i}$，$M_y=\boldsymbol{M}_A\cdot\boldsymbol{j}$，$M_z=\boldsymbol{M}_A\cdot\boldsymbol{k}$。

方法四：矩阵法。

(1) 写出矢径 $\boldsymbol{r}=\overrightarrow{AD}$ 的反对称方阵 $\underline{\tilde{\boldsymbol{r}}}=\begin{pmatrix}0 & -z & y\\ z & 0 & -x\\ -y & x & 0\end{pmatrix}$；

(2)写出力 $\boldsymbol{F}$ 的矢量矩阵,$\underline{F}=(F_x \quad F_y \quad F_z)^{\mathrm{T}}$;

(3)求 $\boldsymbol{F}$ 对点 A 力矩的矢量矩阵 $\underline{M_A}=\underline{\tilde{\boldsymbol{r}}\boldsymbol{F}}$;

(4)求 $\boldsymbol{F}$ 对 x,y,z 三轴的矩。

答:力 $\boldsymbol{F}$ 对 x、y 和 z 三轴的矩 $M_x(\boldsymbol{F})=-F(l+a)\cos\theta$, $M_y(\boldsymbol{F})=-Fl\cos\theta$, $M_z(\boldsymbol{F})=-F(l+a)\sin\theta$。

讨论与练习

(1)要求力对某轴之矩,可先求力对此轴上任一点之力矩矢量,然后将此力矩矢量向该轴投影即可。

(2)分析对比四种解法的优缺点。

- **Maple 程序(1)**

```
> restart:                                   #清零。
> AB: =l:   BC: =l:   CD: =a:                #已知条件。
> F[ yz]: = F * cos( theta):                 #F 在 yz 平面上的投影。
> F[ zx]: = F:                               #F 在 zx 平面上的投影。
> F[ xy]: = F * sin( theta):                 #F 在 xy 平面上的投影。
> M[ x]: = - F[ yz] * ( AB + CD);            #F 对 x 轴的矩。
> M[ y]: = - F[ zx] * cos( theta) * BC;      #F 对 y 轴的矩。
> M[ z] = - F[ xy] * ( AB + CD);             #F 对 z 轴的矩。
```

- **Maple 程序(2)**

```
> restart:                                   #清零。
> F[ x]: = F * sin( theta):                  #F 在 x 轴上的投影。
> F[ y]: =0:                                 #F 在 y 轴上的投影。
> F[ z]: = - F * cos( theta):                #F 在 z 轴上的投影。
> X: = -l:                                   #作用点 D 的横坐标。
> Y: =l + a:                                 #作用点 D 的纵坐标。
> Z: =0:                                     #作用点 D 的竖坐标。
> M[ x] = Y * F[ z] - Z * F[ y];             #F 对 x 轴的矩。
> M[ y] = Z * F[ x] - X * F[ z];             #F 对 y 轴的矩。
> M[ z] = X * F[ y] - Y * F[ x];             #F 对 z 轴的矩。
```

- **Maple 程序(3)**

```
> restart:                                   #清零。
> with( linalg):                             #加载矩阵库。
> MA: = matrix(3,3,[ i,j,k,x,y,z,Fx,Fy,Fz]):
>                                            #矢径与力矩阵。
> Fx: = F * sin( theta):Fy: =0:Fz: = - F * cos( theta):
>                                            #F 的投影式。
> x: = -l:y: =l + a:   z: =0:                #矢径 r 的投影式。
> M[ A]: = collect( det( MA), [ i,j,k]):     #力矩 M_A(F)。
> Mx: = coeff( M[ A],i);                     #F 对 x 轴的矩。
> My: = coeff( M[ A],j);                     #F 对 y 轴的矩。
> Mz: = coeff( M[ A],k);                     #F 对 z 轴的矩。
```

- **Maple 程序(4)**

```
> restart:                                          #清零。
> with(linalg):                                     #加载矩阵库。
> r10: = matrix(3,3,[0, -z,y,z,0, -x, -y,x,0]):
>                                                   #矢径 r 的反对称方阵 r̃。
> F0: = matrix(3,1,[Fx,Fy,Fz]):                     #力 F 的矢量矩阵。
> Fx: = F * sin(theta):Fy: =0:Fz: = -F * cos(theta):
>                                                   #力 F 的投影式。
> x: = -l:y: =l+a:z: =0:                            #矢径 r 的投影式。
> M0[A]: =multiply(r10,F0):                         #力矩 M_A 的矢量矩阵。
> Mx: =row(M0[A],1);                                #F 对 x 轴的矩。
> My: =row(M0[A],2);                                #F 对 y 轴的矩。
> Mz: =row(M0[A],3);                                #F 对 z 轴的矩。
```

思考题

思考题 2-1 4 根无重杆件铰接如图 2-35 所示。现在 B,D 两点加一对等值、反向、共线的力。此系统是否能够平衡?为什么?

思考题 2-2 如图 2-36 所示,一力 $\boldsymbol{F}$ 从物体 A 上沿力的作用线传递到 B 物体上,不影响两个物体间的作用力和反作用力。这种说法是否正确?为什么?

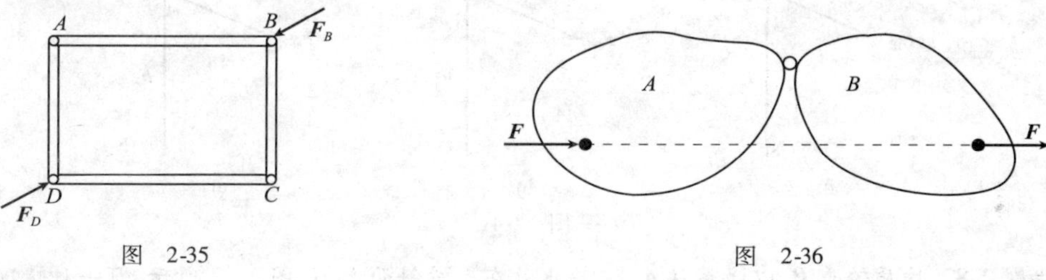

图 2-35　　　　图 2-36

思考题 2-3 刚体上 A 点受力 $\boldsymbol{F}$ 作用,如图 2-37 所示,问能否在 B 点加一个力使刚体平衡?为什么?

思考题 2-4 作用在同一刚体上的两个力等效的条件是什么?如图 2-38 所示,力 $\boldsymbol{F}_A$ 与 $\boldsymbol{F}_B$ 相等,问这两个力对刚体的作用效果是否相同?

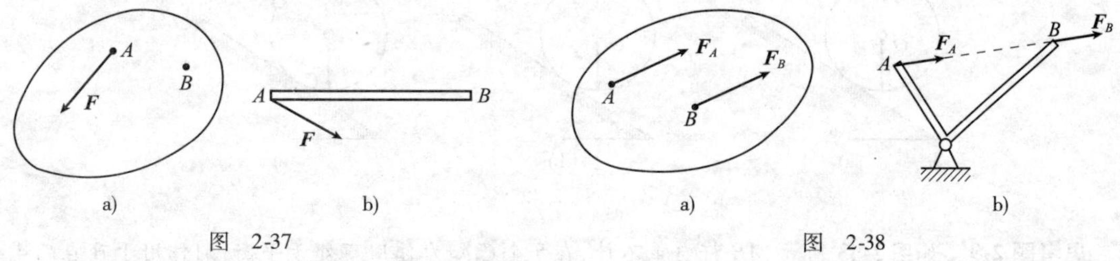

图 2-37　　　　图 2-38

思考题 2-5 如图 2-39 所示四种情况,力 $\boldsymbol{F}$ 对刚体的作用效果是否相同?

思考题 2-6 如图 2-40 所示结构中,图 a)所示力 $\boldsymbol{F}$ 由 D 点移到 C 铰;图 b)所示力 $\boldsymbol{F}$ 由 E 点移至 G 点。试问支座 A,B 的约束力是否变化?

思考题 2-7 如图 2-41 所示,三个平行四边形,各力的作用点都在 A 点。试问各图中力 $\boldsymbol{F}_{\mathrm{R}}$ 各代表什么力学意义?

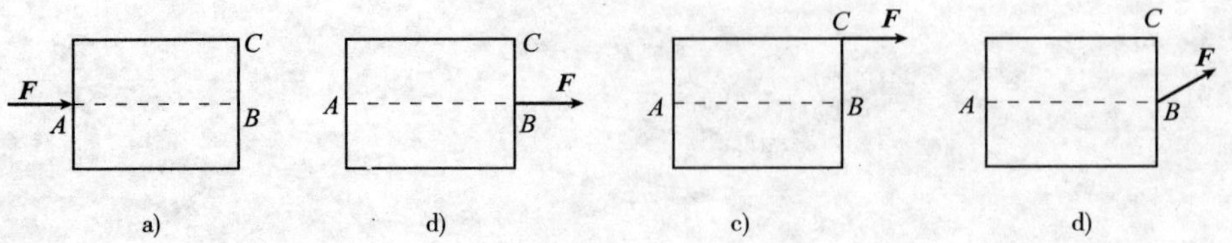

图 2-39

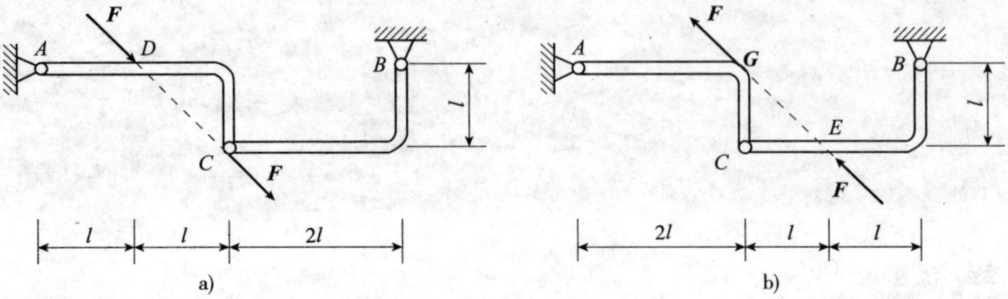

图 2-40

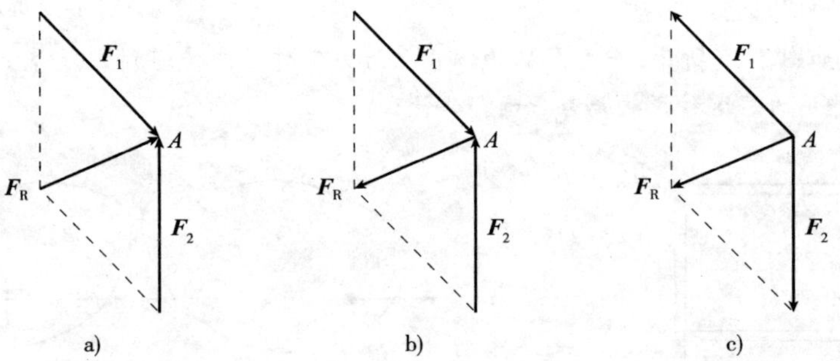

图 2-41

思考题 2-8 均质轮重 $\boldsymbol{P}$，以绳系住 A 点，静止放在光滑斜面上，如图 2-42 所示，哪一种情况均质轮能处于平衡状态？为什么？

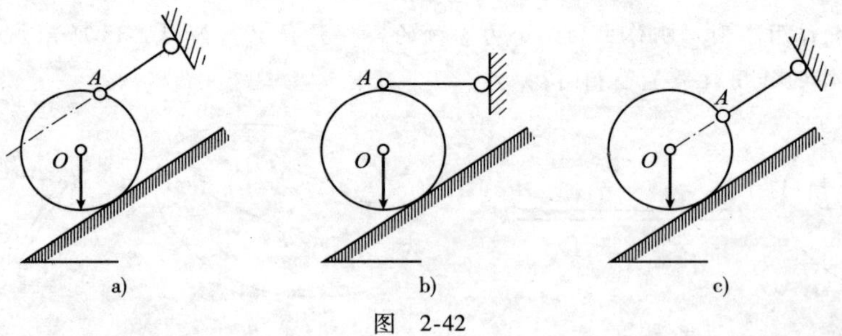

a) b) c)

图 2-42

思考题 2-9 如图 2-43 所示，AB 杆自重不计，在 5 个已知力作用下处于平衡，则作用于 B 点的 4 个力的合力 $\boldsymbol{F}_R$ 的大小和方向如何？

思考题 2-10 用矢量积 $\boldsymbol{r}_A \times \boldsymbol{F}$ 计算力 $\boldsymbol{F}$ 对点 O 之矩，如果力沿其作用线移动，则力的作用坐标将会改变，如图 2-44 所示，那么计算结果是否改变？

思考题 2-11 写出图 2-45 中各力在坐标轴 x 和 y 上的投影，并由此归纳求力在坐标轴上的投影时如何确定投影的大小和正、负号。

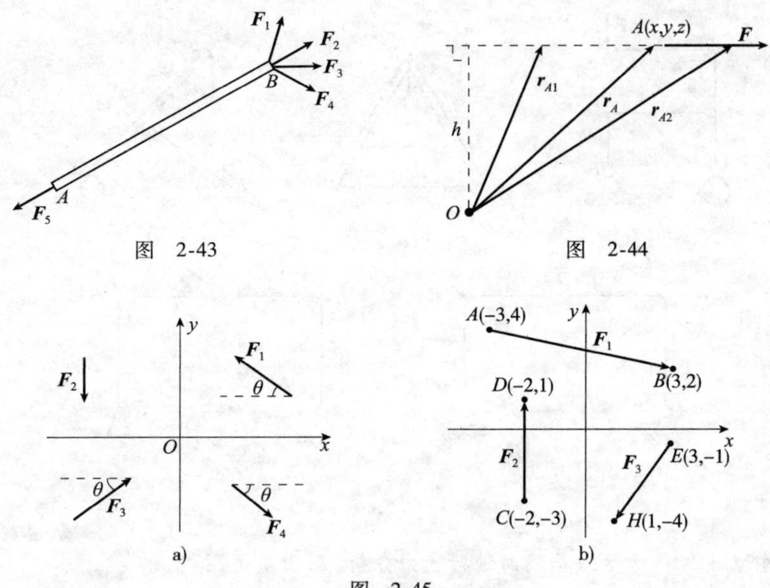

图 2-43　　图 2-44

图 2-45

思考题 2-12　刚体上 A、B、C、D 四点组成一个平行四边形，如在其四个顶点作用有四个力，此四个力沿四个边恰好组成封闭的力多边形，如图 2-46 所示。此刚体是否平衡？若 $\boldsymbol{F}_1$ 和 $\boldsymbol{F}'_1$ 都改为相反方向，此刚体是否平衡？

思考题 2-13　如图 2-47 所示，作用在直角弯杆 B 端的力偶$(\boldsymbol{F},\boldsymbol{F}')$的力偶矩为 $\boldsymbol{M}$，试确定该力偶对 A 点的矩。

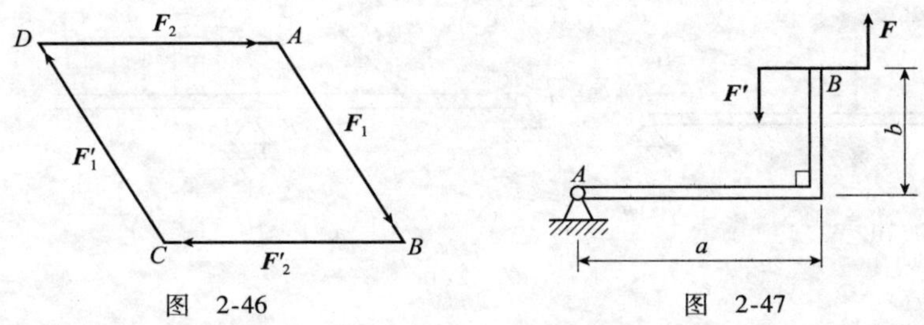

图 2-46　　图 2-47

思考题 2-14　结构受力如图 2-48 所示，试画出其受力图。图中各铰链及固定端均需画出约束力的确切方向，不得以两个分力表示。

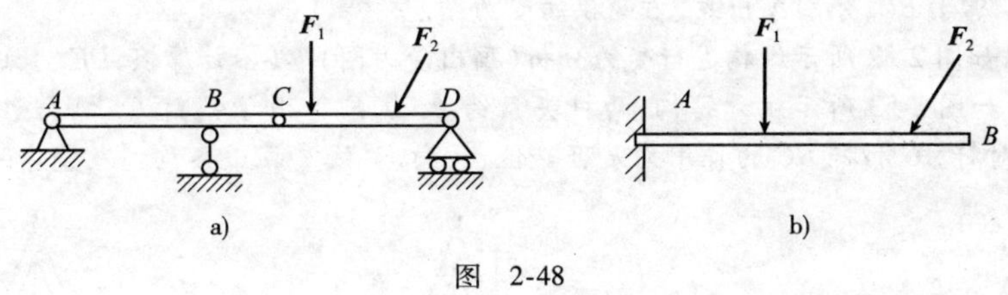

图 2-48

习题

A 类型习题

习题 2-1　什么叫二力构件？二力构件受力时与二力构件的形状有关系吗？其约束力的作用线如何确定？对如图 2-49 所示结构隔离进行受力分析（画出受力图），并指出哪些杆件是二力构件？

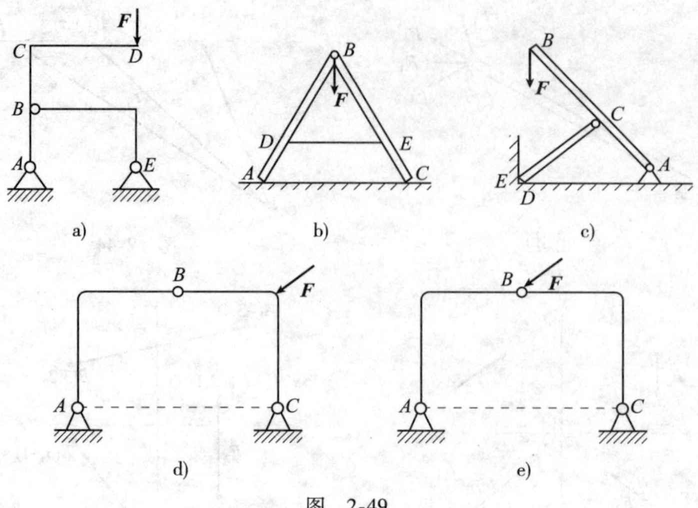

图 2-49

习题 2-2 对如图 2-50 所示结构隔离进行受力分析(画出受力图)。

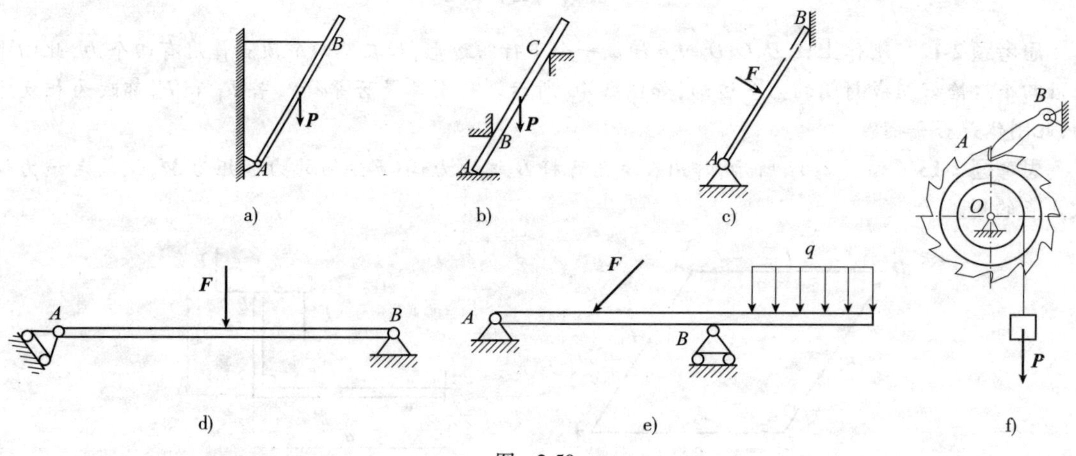

图 2-50

习题 2-3 如图 2-51 所示,如将图中的载荷 F 作用于铰链 C 处。

(1)试分别画出左、右两拱及销钉 C 的受力图。

(2)若销钉 C 属于 AC,分别画出左、右两拱的受力图。

(3)若销钉 C 属于 BC,分别画出左、右两拱的受力图。

习题 2-4 对如图 2-52 所示结构进行受力分析(画出受力图)。(不计摩擦,DE 为细绳)

习题 2-5 对如图 2-53 所示对称结构,两杆夹角为 θ,力 $\boldsymbol{F}$ 作用于销钉 C 上,杆 AC 和 BC 自重不计。试问销钉 C 对杆 AC 和杆 BC 的作用力是否等值、反向、共线?画出各构件及整体的受力图。

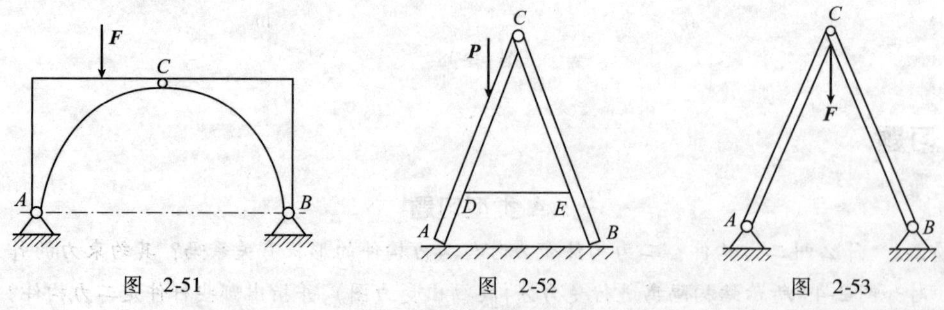

图 2-51　　图 2-52　　图 2-53

B 类型习题

习题 2-6 已知力 $\boldsymbol{F}$ 及长方体的边长 a、b、c，如图 2-54 所示，AB 轴与长方体顶面的夹角为 φ，且由 A 指向 B，试求力 $\boldsymbol{F}$ 对 AB 轴的矩。

习题 2-7 如图 2-55 所示，画出下列结构中各构件的受力图。各构件自重不计，无摩擦。铰和固定端的约束力均不得用两分力表示（要画出约束力方向）。

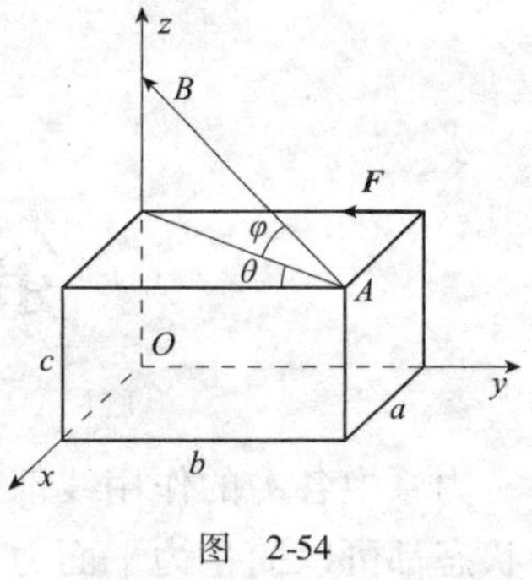

图 2-54

C 类型习题

习题 2-8 将桌面上的四根火柴棍摆成长方形的形状（如图 2-56 所示），双手各执一根火柴棍挑这一结构。当火柴棍的接触点靠近中部（如图 2-56 所示中的实线位置）时，很难挑起这四根火柴；但是当火柴棍的接触点靠近某一端（图中的虚线位置）时，就容易挑起这四根火柴。请说明这个现象。（《力学与实践》小问题，1981 年第 17 题）

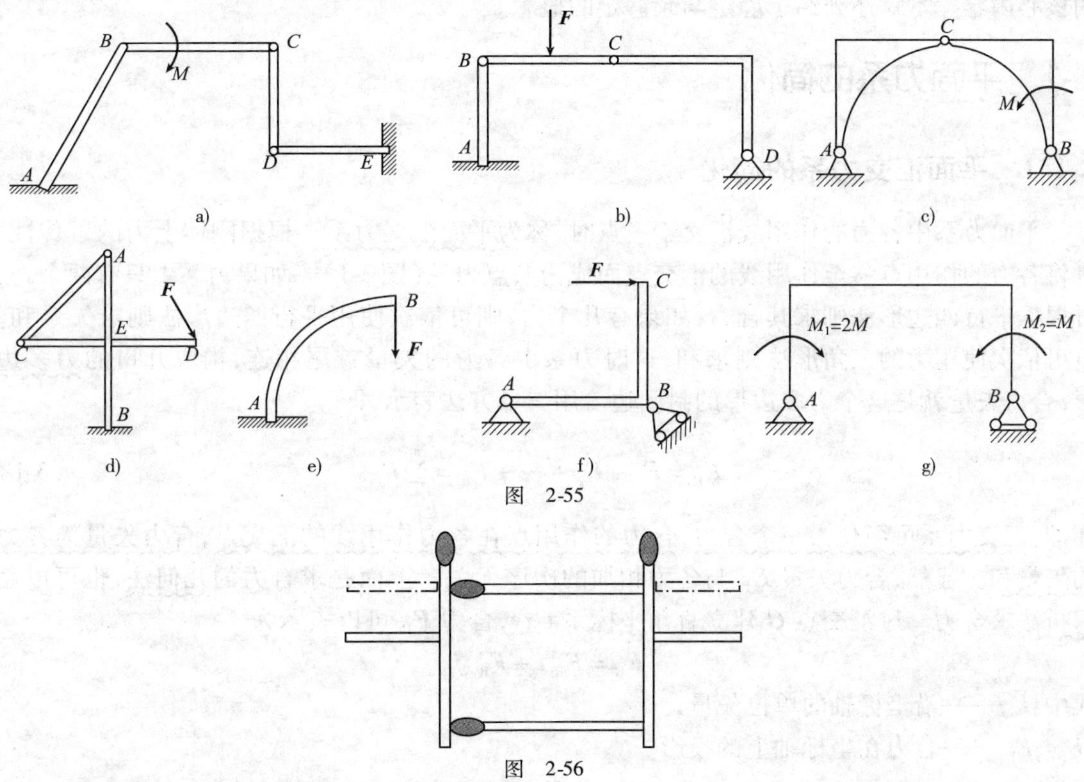

图 2-55

图 2-56

欧几里得（公元前 330—公元前 275），古希腊数学家。著作有《几何原本》等。

《几何原本》开创了古典数论的研究，在一系列公理、定义、公设的基础上，创立了欧几里得几何学体系，成为用公理化方法建立起来的数学演绎体系的最早典范。

全书共分 13 卷。书中包含了 5 条公理、5 条公设、23 个定义和 467 个命题。

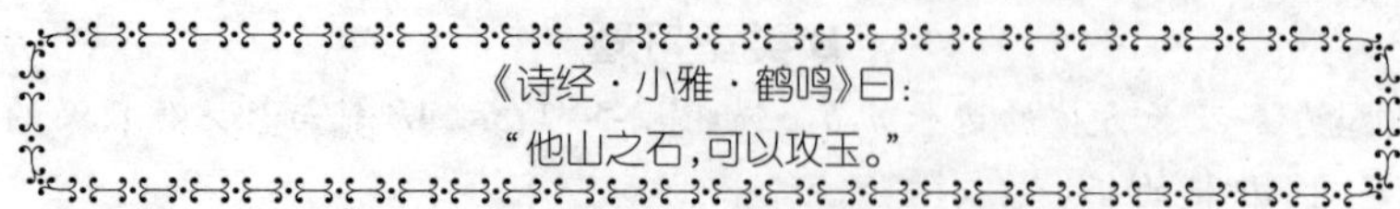
《诗经·小雅·鹤鸣》曰:
“他山之石,可以攻玉。”

第3章 平面力系

力系中各力的作用线都位于一平面内时,称为平面力系。工程中大量结构与机构的受力状态都可以简化为平面力系的作用状态。因此研究平面力系的简化与平衡是几何静力学的核心内容。本章还介绍了静定与超静定的概念。

3.1 平面力系的简化

3.1.1 平面汇交力系的简化

平面力系中各力的作用线汇交于一点时,称为平面汇交力系。根据刚体上力的可传性,可将各力的作用点移至作用线的汇交点而成为共点力系(图3-1)。如果力系中只有两个力,可根据平行四边形法则求其合力;如果有几个力,则可依次使用平行四边形法则求矢量和。也可依次使用力的三角形法则求和,这时力系中各力的矢量首尾相连,构成开口的力多边形,合力矢量就是这个力多边形的封闭边。用矢量方法表示,即

$$\boldsymbol{F}_{\mathrm{R}}=\boldsymbol{F}_1+\boldsymbol{F}_2+\cdots+\boldsymbol{F}_n=\sum_{i=1}^{n}\boldsymbol{F}_i \tag{3-1}$$

亦即:汇交力系可简化为一个合力,合力的作用点在各力作用线的汇交点,合力矢量为各力的矢量和。显然,合力矢量 $\boldsymbol{F}_{\mathrm{R}}$ 与各力相加的次序无关。上面是求合力的几何法,也可以用解析法求合力。过汇交点 O 建立直角坐标系 Oxy,合力 $\boldsymbol{F}_{\mathrm{R}}$ 可以表示为

$$\boldsymbol{F}_{\mathrm{R}}=F_{\mathrm{R}x}\boldsymbol{i}+F_{\mathrm{R}y}\boldsymbol{j} \tag{a}$$

式中:$\boldsymbol{i}$、$\boldsymbol{j}$——沿坐标轴的单位矢量;

$F_{\mathrm{R}x}$、$F_{\mathrm{R}y}$——合力在坐标轴上的投影。

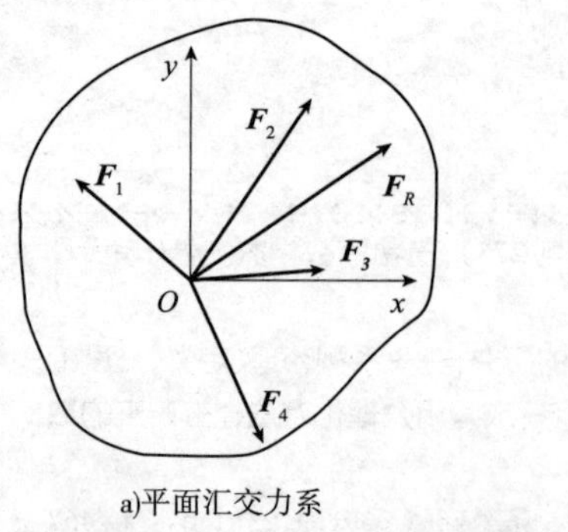

a)平面汇交力系

b)多边形法则

图3-1 平面汇交力系的简化

利用合矢量的投影定理：合矢量在轴上的投影等于分矢量在轴上投影的代数和，可得

$$F_{Rx}=\sum_{i=1}^{n}F_{xi},F_{Ry}=\sum_{i=1}^{n}F_{yi} \tag{3-2}$$

由合力的两个投影可得合力的大小与方向：

$$F_R=\sqrt{F_{Rx}^2+F_{Ry}^2},\cos(\boldsymbol{F}_R,\boldsymbol{i})=\frac{F_{Rx}}{F_R},\cos(\boldsymbol{F}_R,\boldsymbol{j})=\frac{F_{Ry}}{F_R} \tag{3-3}$$

例题 3-1　在刚体的 A 点作用有四个平面汇交力，其中 $F_1=2\text{kN},F_2=3\text{kN},F_3=1\text{kN},F_4=2.5\text{kN}$。方向如图 3-2a) 所示。求该力系的合成结果。

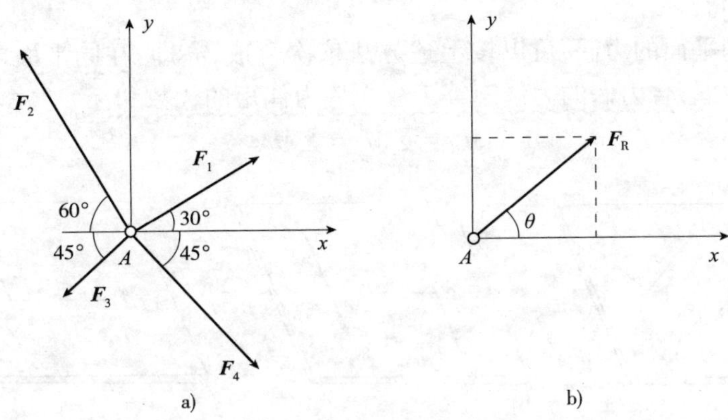

图 3-2　例题 3-1

解：刚体的 A 点受力系 $\boldsymbol{F}_1,\boldsymbol{F}_2,\boldsymbol{F}_3,\boldsymbol{F}_4$［取坐标系 $Axyz$，如图 3-2a) 所示］。

$$\varphi_1=30°,\varphi_2=60°,\varphi_3=45°,\varphi_4=45°$$

$$\begin{aligned}F_{Rx}&=\sum F_x=F_1\cos\varphi_1-F_2\cos\varphi_2-F_3\cos\varphi_3+F_4\cos\varphi_4\\&=2\times10^3\times\cos30°-3\times10^3\times\cos60°-1\times10^3\times\cos45°+2.5\times10^3\times\cos45°\\&=1.29(\text{kN})\end{aligned}$$

$$\begin{aligned}F_{Ry}&=\sum F_y=F_1\sin\varphi_1+F_2\sin\varphi_2-F_3\sin\varphi_3-F_4\sin\varphi_4\\&=2\times10^3\times\sin30°+3\times10^3\times\sin60°-1\times10^3\times\sin45°-2.5\times10^3\times\sin45°\\&=1.12(\text{kN})\end{aligned}$$

合力 $\boldsymbol{F}_R$ 的大小及与 x 轴正方向的夹角：

$$F_R=\sqrt{F_{Rx}^2+F_{Ry}^2}=\sqrt{(1.29\times10^3)^2+(1.12\times10^3)^2}=1.71(\text{kN})$$

$$\theta=\arccos\frac{F_{Rx}}{F_R}=\arccos\frac{1.29\times10^3}{1.71\times10^3}=41°(\text{第 I 象限})$$

作用线过汇交点 A，如图 3-2b) 所示。

讨论与练习

(1) 如何判断 θ 是在第 I 象限？

(2) 先符号运算，后数值运算。

(3) 代入数字时，不代单位，要代标准单位的数字，结果应选择合适的单位。

(4) 请读者使用 Maple 编程求解本题。

3.1.2　平面力偶系的简化

几个力偶构成力偶系，如果所有力的作用线都在同一平面内，则构成平面力偶系。先看

同平面中两个力偶的合成。设有同平面的两个力偶($\boldsymbol{F}_1,\boldsymbol{F}'_1$)及($\boldsymbol{F}_2,\boldsymbol{F}'_2$)[图3-3a)],其力偶矩分别为$M_1 = F_1d_1, M_2 = -F_2d_2$。根据力偶的性质,可将两力偶移到同一位置上,且使其力偶臂相同,例如都为d[图3-3b)],则得两个等效的新力偶($\boldsymbol{F}_3,\boldsymbol{F}'_3$)及($\boldsymbol{F}_4,\boldsymbol{F}'_4$),且有

$$M_1 = F_1d_1 = F_3d, M_2 = -F_2d_2 = -F_4d \tag{b}$$

在A、B两点将力合成,即得到一个等效的合力偶($\boldsymbol{F},\boldsymbol{F}'$),合力偶的力偶矩$M_R$为

$$M_R = Fd = (F_3 - F_4)d = F_3d - F_4d = M_1 + M_2 \tag{c}$$

于是得结论:同一平面中的两个力偶可以合成一个合力偶,合力偶的力偶矩等于两分力偶力偶矩的代数和。

如果有n个同平面的力偶,可以按上述方法依次合成,亦即:在同平面内的任意个力偶可以合成一个合力偶,合力偶的力偶矩等于分力偶力偶矩的代数和。

$$M_R = \sum M_z = \sum M \tag{3-4}$$

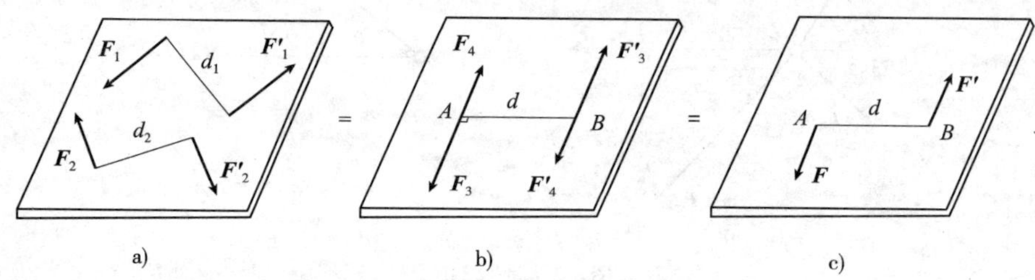

图3-3 同平面两个力偶的合成

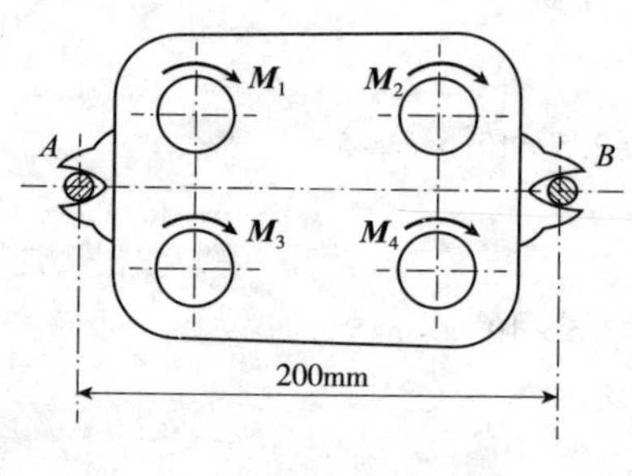

图3-4 例题3-2

例题3-2 用多轴钻床在水平放置的工件上同时钻四个直径相同的孔(图3-4),每个钻头的主切削力在水平面内组成一力偶,各力偶矩的大小为$M_1 = M_2 = M_3 = M_4 = 15\text{N}\cdot\text{m}$,转向如图3-4所示。求工件受到的总切削力偶矩是多大?

解:工件受主动力$\boldsymbol{M}_1,\boldsymbol{M}_2,\boldsymbol{M}_3,\boldsymbol{M}_4$(图3-4)。

$$M_R = \sum M = -M_1 - M_2 - M_3 - M_4 = -4 \times 15 = -60(\text{N}\cdot\text{m})$$

负号表示合力偶$\boldsymbol{M}_R$的转向为顺时针方向。知道切削力偶矩后,就可考虑夹紧措施,设计夹具。

讨论与练习

(1)平面上力偶$\boldsymbol{M}$,可以看作代数量M,规定逆时针方向为正"+"。

(2)请读者使用Maple编程求解本题。

3.1.3 平面任意力系的简化

1)力的平移定理

在刚体上A点作用一力$\boldsymbol{F}_A$[图3-5a)],如果在另一点B加上一对平衡力系($\boldsymbol{F}_B,\boldsymbol{F}'_B$),且有$\boldsymbol{F}_B = \boldsymbol{F}_A, \boldsymbol{F}'_B = -\boldsymbol{F}_A$[图3-5b)],则力系($\boldsymbol{F}_A,\boldsymbol{F}'_B$)形成一力偶;亦即原力$\boldsymbol{F}_A$与力$\boldsymbol{F}_B$及一力偶($\boldsymbol{F}_A,\boldsymbol{F}'_B$)等效[图3-5c)]。由此得结论:作用在刚体上点A的力$\boldsymbol{F}_A$可以向点B平移而不改变对刚体的作用,但必须附加一力偶,其力偶矩M等于力$\boldsymbol{F}_A$对平移点B的力矩,即

$$M = M_B(\boldsymbol{F}_A) = F_A \cdot \overline{AB} \tag{d}$$

这就是力向一点的平移定理。

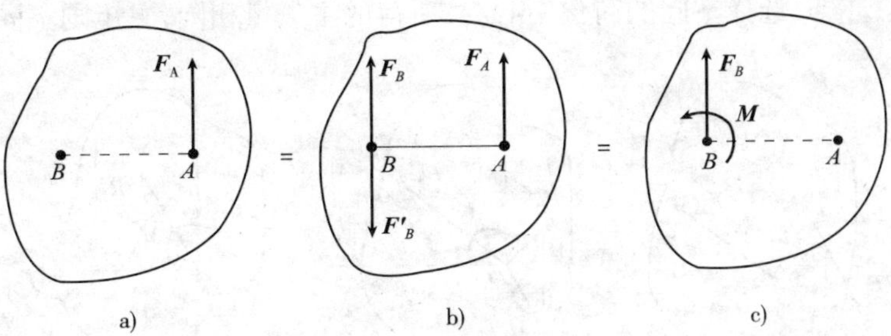

图 3-5　力向一点的平移

一个力与一个平行的力及一力偶等效的实际例子很多。钳工中用丝锥在孔内攻丝时，应该用双手在铰杠的 A、B 处施加力偶使丝锥旋转[图 3-6a)]。如果只在 A 处施加一个力 $\boldsymbol{F}_A$，则也相当于在 C 处施加力 $\boldsymbol{F}_C$ 及一力偶 M，这时丝锥也能旋转，但力 $\boldsymbol{F}_C$ 则使丝锥弯曲甚至折断。火箭发射时，由于发动机推力不完全对称，总推力不经过火箭质心 C 而有偏离[图 3-6b)]，它相当于作用在质心上的推力 $\boldsymbol{F}_C$ 及一个力偶 M，力偶 M 可使火箭箭体转动，这时必须用舵面的控制力矩纠正。乒乓球运动中有一种下旋转球，球拍击在球的上半部[图 3-6c)]，作用力 $\boldsymbol{F}$ 等效于作用在球心 C 上的力 $\boldsymbol{F}_C$ 及一力偶 M，因而球在前进的同时还伴有旋转，触案后有前冲趋势。

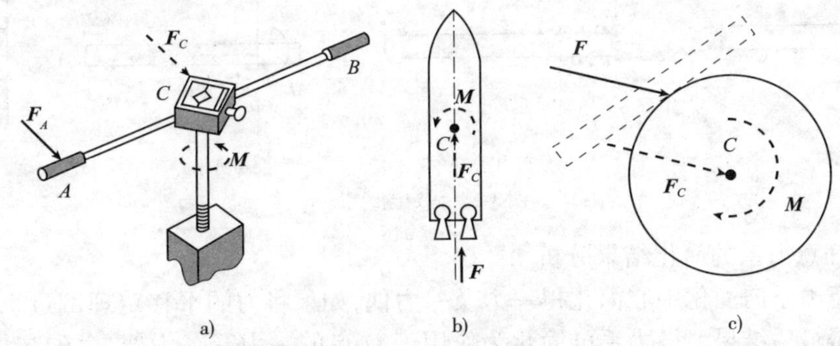

图 3-6　力向一点的平移的实例

2）平面任意力系向平面内一点简化・主矢和主矩

设在刚体上作用有 n 个力组成的平面任意力系[图 3-7a)]，选平面上一点 O 为简化中心，将每一个力均向简化中心平移，得一作用于 O 点的汇交力系（$\boldsymbol{F}'_1, \boldsymbol{F}'_2, \cdots, \boldsymbol{F}'_n$）及一个力偶系（$M_1, M_2, \cdots, M_n$），其力偶矩分别为 $M_1 = M_O(\boldsymbol{F}_1), M_2 = M_O(\boldsymbol{F}_2), \cdots, M_n = M_O(\boldsymbol{F}_n)$[图 3-7b)]。

再将汇交力系简化为作用于 O 点的一个力，其大小及方向由矢量 $\boldsymbol{R}$ 表示，即

$$\boldsymbol{R} = \boldsymbol{F}'_1 + \boldsymbol{F}'_2 + \cdots + \boldsymbol{F}'_n = \boldsymbol{F}_1 + \boldsymbol{F}_2 + \cdots + \boldsymbol{F}_n \tag{e}$$

将力偶系简化为一合力偶，其力偶矩为 M_O（图 3-7c），则有

$$\boldsymbol{R} = \sum_{i=1}^{n} \boldsymbol{F}_i \tag{3-5a}$$

$$M_O = \sum_{i=1}^{n} M_O(\boldsymbol{F}_i) \tag{3-5b}$$

矢量 $\boldsymbol{R}$ 是力系中各力的矢量和，称为力系的主矢量或主矢，代数量 M_O 是各力对简化中心 O 的力矩的代数和，称为力系对简化中心的主矩。由此得结论：平面任意力系可以简化为在任

意选定的简化中心上作用的一个力及一个力偶，力矢量及力偶矩分别用力系的主矢及主矩描述。主矢与主矩是描述力系的两个特征量。显然，主矢与简化中心的选择无关；主矩则与简化中心的选择有关；亦即，选择不同的简化中心时，所得的主矢量相同，主矩则不同。

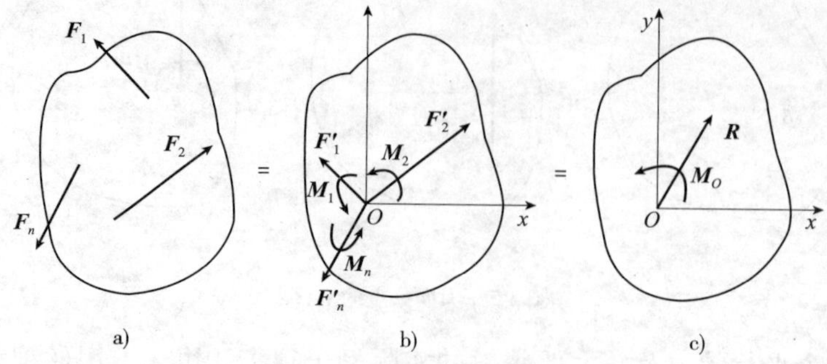

图 3-7　平面力系向一点的简化

下面介绍一个平面力系向一点简化的实例。图 3-8a）所示为一悬臂梁，它的端部约束方式称为插入端或固定端。端部的约束力在一定的范围内分布，属于分布力系［图 3-8b）］，其总效果可用此分布力系向梁根部中点的简化结果表示；由于主矢量方向未知，故用两个分力 $\boldsymbol{F}_x$、$\boldsymbol{F}_y$ 及一个力偶 $\boldsymbol{M}$ 表示［图 3-8c）］。房屋建筑中将阳台砌入墙体［图 3-8d）］就可以简化为固定端约束。

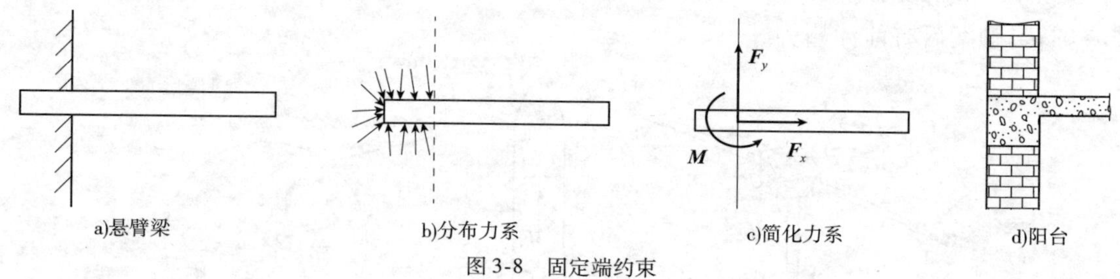

图 3-8　固定端约束

3）平面任意力系的简化结果分析

平面任意力系向简化中心简化得一力及一力偶，如果将力的平移定理倒过来用，还可以继续简化求得最后结果。设力系已简化为作用于 O 点的一力及一力偶，主矢与主矩分别为 $\boldsymbol{R}$ 及 M_O［图 3-9a）］。

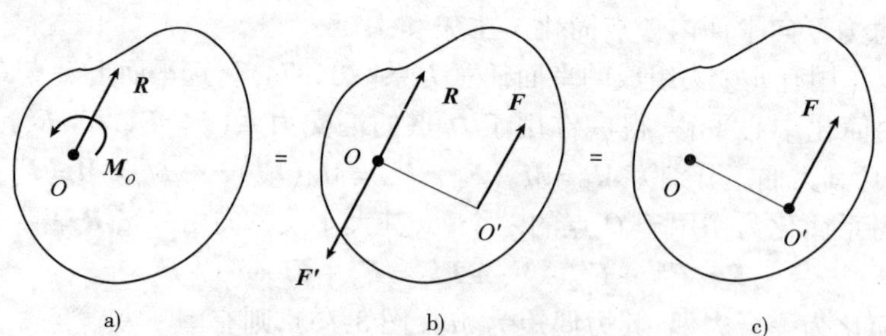

图 3-9　平面上力及力偶合成为一力

（1）平面任意力系简化为一个合力偶的情形

当力系的主矢为零，$\boldsymbol{R}=0$，而力系对简化中心 O 的主矩不等于零，$M_O \neq 0$ 时，力系向任一点简化结果只剩力偶；这时力系可以合成为一个力偶 M_{R}。

$$M_{\mathrm{R}}=M_O \tag{3-6a}$$

由于力偶对于平面内任意一点的矩都相同，因此当力系合成为一个力偶 M_R 时，主矩与简化中心 O 的选择无关。

（2）平面任意力系简化为一个合力的情形

①当 $\boldsymbol{R}\neq 0, M_O=0$ 时。

$$\boldsymbol{F}_R=\boldsymbol{R} \tag{3-6b}$$

显然主矢就是原力系的合力，而合力的作用线，恰好通过选定的简化中心 O。

②当 $\boldsymbol{R}\neq 0, M_O\neq 0$ 时。

现将矩为 M_O 的力偶用两个力 $\boldsymbol{F}$ 和 $\boldsymbol{F}'$ 表示，调整力偶 M_O 的力偶臂 $\overline{OO'}=d$ 使力偶中一力 $\boldsymbol{F}'$ 与 $\boldsymbol{R}$ 大小相等、方向相反，且作用于 O 点，如图 3-9b）所示（根据力偶的特性，这点总是可以做到的）。$\boldsymbol{R}$ 与 $\boldsymbol{F}'$ 是一对平衡力系，可以取消；最后只剩下一个等效的力 $\boldsymbol{F}$[图 3-9c)]。它就是原力系的合力 $\boldsymbol{F}$，原力系的合力等于主矢，合力的作用线通过 O' 点，在点 O 的哪一侧，需根据主矢和主矩的方向确定；合力的作用线到点 O 的距离 d，可按下式计算：

$$d=\frac{M_O}{R} \tag{3-6c}$$

由于

$$M_O(\boldsymbol{F}_R)=\sum M_O(\boldsymbol{F}_i) \tag{3-7}$$

结论：平面任意力系的合力 $\boldsymbol{F}_R$ 对任一点 O 的力矩等于各分力对该点力矩的代数和，这就是合力矩定理。

3.1.4 平面平行力系的简化

在求解实际的工程问题时还会遇到另一种力——分布力。结构物的载荷如果作用面积很小，可以简化成为一个单个的力，称为集中力或集中载荷，如机车车轮对铁轨的压力，吊车缆绳对货物的提升拉力等。另一种载荷则连续地作用在一定范围之内，称为分布力或分布载荷，如结构的自重、风载、水压等。描述分布力的大小用单位作用面积（长度，体积）上的载荷总量表示，称为载荷集度 q。平行的分布力的简化或合成比较容易，如图 3-10a）所示的均布载荷，载荷集度为 q，作用线长度为 l，则其合力为 $F=ql$，作用于长度 l 的中点。如图 3-10b）所示为三角形分布载荷，其合力为 $F=\frac{1}{2}ql$，作用点距右端距离为 $a=l/3$。对于梯形分布载荷一般分割成矩形分布载荷加三角形分布载荷叠加处理，对集度不均的一般载荷，其合力大小及作用位置应通过积分确定。

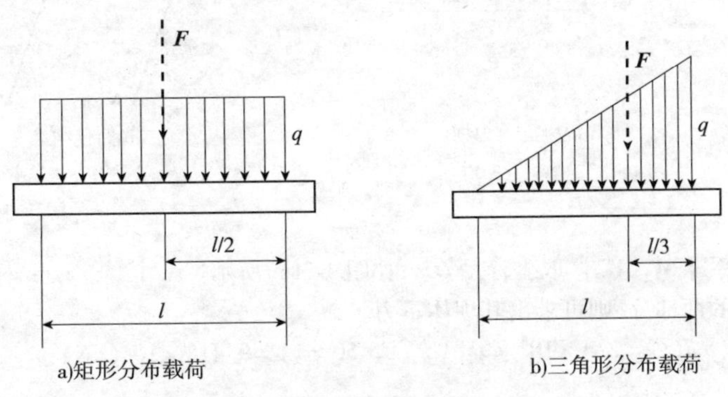

图 3-10 分布力的简化

定理:三角形的重心距顶点距离为中线的2/3,距底边距离为中线的1/3。

证明:如图3-10b)所示三角形分布载荷,其合力为三角形的面积:$F=\dfrac{1}{2}ql$。

取微力元 $\mathrm{d}F=\dfrac{q}{l}\cdot x\cdot \mathrm{d}x$,利用合力矩定理,对右端取矩,则

$$a\cdot F=\int_0^a(l-x)\mathrm{d}F, a\cdot F=\int_0^l(l-x)\cdot\frac{q}{l}\cdot x\cdot \mathrm{d}x, a=\frac{l}{3}$$

3.1.5 力系简化问题的解法

力系简化问题的解法一般遵循如下步骤:

第一步:研究对象

根据问题的需要,选定研究对象。

第二步:受力分析

对选定的研究对象进行受力分析,画出受力系图。

第三步:主矢主矩

选择简化中心,并建立相应的直角坐标系。

(1)求出力系的主矢;

(2)求出力系对简化中心的主矩。

第四步:最后结果

进一步对主矢和主矩进行简化,得到最后结果。

例题3-3 混凝土重力坝截面形状如图3-11a)所示。为了计算方便,取坝的长度(垂直于图面)$d=1\text{m}$。已知混凝土密度为 $\rho_{\mathrm{H}}=2.4\times10^3\text{kg/m}^3$,水的密度为 $\rho_{\mathrm{S}}=1\times10^3\text{kg/m}^3$。试求作用在坝上的坝体重力及水压力的合力,并找出其作用位置。

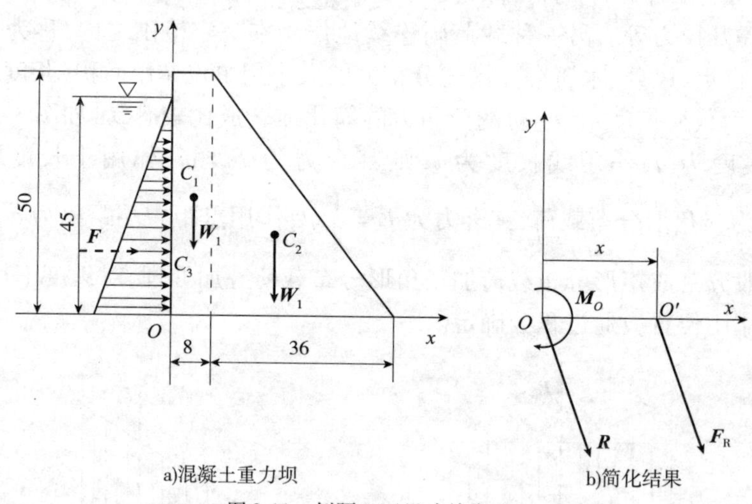

a)混凝土重力坝 b)简化结果

图3-11 例题3-3(尺寸单位:m)

解:(1)受力分析

重力坝受主动力系 $\boldsymbol{q},\boldsymbol{W}_1,\boldsymbol{W}_2$。取坐标系 Oxy,如图3-11a)所示。

将坝体分成规则的两部分,则可求出其坝体重力。

$W_1=\rho_{\mathrm{H}}gV_1=\rho_{\mathrm{H}}g(b_1Hd)=2.4\times10^3\times9.81\times(8\times50\times1)=9.418\times10^3(\text{kN})$

$W_2=\rho_{\mathrm{H}}gV_2=\dfrac{1}{2}\rho_{\mathrm{H}}g(b_2Hd)=\dfrac{1}{2}\times2.4\times10^3\times9.81\times(36\times50\times1)=2.119\times10^4(\text{kN})$

二力作用点的位置为

$$x_{C_1}=\frac{1}{2}b_1=4(\mathrm{m}),y_{C_1}=\frac{1}{2}H=25(\mathrm{m})$$

$$x_{C_2}=b_1+\frac{1}{3}b_2=8+\frac{1}{3}\times 36=20(\mathrm{m}),y_{C_2}=\frac{1}{3}H=16.67(\mathrm{m})$$

水为三角形分布载荷，坝底部的载荷集度，即水的压强乘以坝长，为

$$q=\rho_{\mathrm{S}}ghd=1\times 10^3\times 9.81\times 45\times 1=441(\mathrm{kN/m})$$

$$F=\frac{1}{2}qh=\frac{1}{2}\times 441\times 45=9.923\times 10^3(\mathrm{kN})$$

水压力 $\boldsymbol{F}$ 方向水平，作用线位置

$$y_{C_3}=\frac{1}{3}h=15(\mathrm{m})$$

(2)求主矢、主矩

$$R_x=\sum_{i=1}^{3}F_{i,x}=F=9.923\times 10^3(\mathrm{kN})$$

$$R_y=\sum_{i=1}^{3}F_{i,y}=-W_1-W_2=-9.418\times 10^6-2.119\times 10^7=-3.061\times 10^4(\mathrm{kN})$$

$$R=\sqrt{R_x^2+R_y^2}=\sqrt{(9.923\times 10^6)^2+(-3.061\times 10^7)^2}=3.218\times 10^4(\mathrm{kN})$$

$$M_O=\sum_{i=1}^{3}M_O(\boldsymbol{F}_i)=-F\cdot y_{C_3}-W_1\cdot x_{C_1}-W_2x_{C_2}$$

$$=-9.923\times 10^6\times 15-9.418\times 10^6\times 4-2.119\times 10^7\times 20=-6.103\times 10^5(\mathrm{kN\cdot m})$$

(3)简化最后结果

进一步简化为一合力 $\boldsymbol{F}_{\mathrm{R}}$，合力的大小与主矢大小相同

$$F_{\mathrm{R}}=R=3.218\times 10^4\mathrm{kN}$$

与 x 轴正方向的夹角

$$\theta=\arccos\frac{R_x}{R}=\arccos\frac{9.923\times 10^6}{3.218\times 10^7}=72.04°(\text{第Ⅳ象限})$$

设合力作用线通过 x 轴上的 O' 点，则因力 $\boldsymbol{F}_{\mathrm{R}}$ 对 O 点的力矩必等于主矩 M_O，如图 3-11b）所示，即

$$-M_O=-F_{\mathrm{R}y}\cdot x,M_O=R_y\cdot x \tag{1}$$

$$x=\frac{M_O}{R_y}=\frac{-6.103\times 10^8}{-3.061\times 10^7}=19.94(\mathrm{m})$$

讨论与练习

(1)如何判断 θ 是在第Ⅳ象限?

(2)请读者使用 Maple 编程求解本题。

3.2 平面力系的平衡

3.2.1 平面汇交力系的平衡条件

由于平面汇交力系对物体的作用可用其合力等效代替，故得结论：平面汇交力系平面的必要和充分条件是该力系的合力为零。即

$$\sum_{i=1}^{n}\boldsymbol{F}_i=0 \tag{a}$$

在几何法中，式(a)的意义是各分力矢量组成的力多边形中最后一个矢量的末端与第一个力

矢量的始端重合，或者说，力多边形封闭。在解析法中，将式(a)在 x、y 轴上投影，得

$$\sum F_x = 0, \sum F_y = 0 \tag{3-8}$$

亦即，平面汇交力系平衡的必要和充分条件是：各力在两个坐标轴上的投影的代数和分别等于零。式(3-8)称为平面汇交力系的平衡方程［为了简化书写，式(3-8)中略去了下标 i］。这是两个独立的方程，可以求解两个未知量。

平面汇交力系平衡问题解题的主要步骤如下：

(1)选取研究对象。根据题意，选取适当的平衡物体作为研究对象，画出其简图。

(2)分析受力，画受力图。在研究对象上，画出它所受的全部已知力和未知力。在画受力图时，注意二力构件的确定和三力平衡汇交定理的应用。

(3)选择解题方法。若用解析法，建立适当的坐标系，列平衡方程；若用几何法，画封闭力三角形或力多边形(一般先从已知力画起)。

(4)求出未知量。解析法须求解平衡方程求出未知量；几何法可利用三角公式求出或用尺、量角器在图上量出未知量。

这些解题步骤实际上是求解静力学平衡问题的一般步骤，初学者应给予一定的注意。

例题 3-4　如图 3-12a)所示梁 AB 的 A 端为铰链支座，其中点 C 以不计重量的刚杆 CD 支持。若 B 端作用一铅垂力 $\boldsymbol{F}$，试求 A、C 点的约束力。梁的自重略去不计。

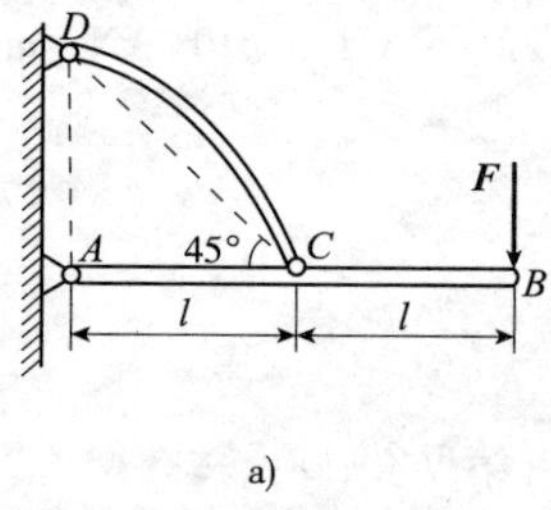

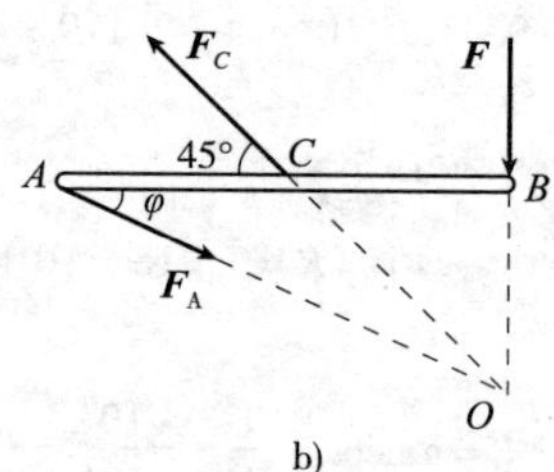

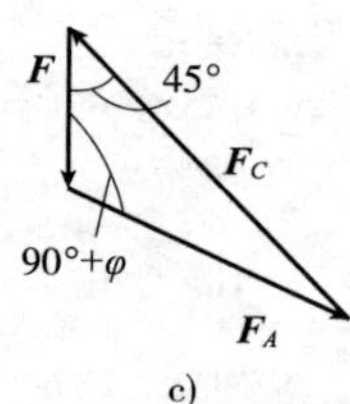

图 3-12　例题 3-4

解：几何法

梁 AB 受力 $\boldsymbol{F}, \boldsymbol{F}_A, \boldsymbol{F}_C$［图 3-12b)］。

由几何关系

$$\tan\varphi = \frac{1}{2} \tag{1}$$

$$\varphi = 26.6°$$

画出梁 AB 的自封闭力三角形［图 3-12c)］。由正弦定理

$$\frac{F}{\sin(45° - \varphi)} = \frac{F_A}{\sin 45°} = \frac{F_C}{\sin(90° + \varphi)} \tag{2}$$

$$F_A = 2.24F, F_C = 2.83F$$

讨论与练习

(1) CD 曲杆是二力构件，$\boldsymbol{F}_C$ 沿 CD 连线方向。

(2)梁 AB 在三力作用下处于平衡，由三力平衡定理可知三力必汇交于一点，先找出 $\boldsymbol{F}$、$\boldsymbol{F}_C$ 汇交点 O，则 $\boldsymbol{F}_A$ 必通过 A、O 两点，从而确定了 F_A 方向。

(3)共点力系平衡的几何条件——各力首尾相接，力多边形自行封闭。

(4)请读者使用 Maple 编程求解本题。

例 3-5 均质杆 AB 长为 $2a$,A 端系于绳 AD 上,B 端靠在光滑的铅垂墙上[图 3-13a)]。若平衡时 B 至 D 的距离 $BD=a$,试求平衡时的 θ 角。

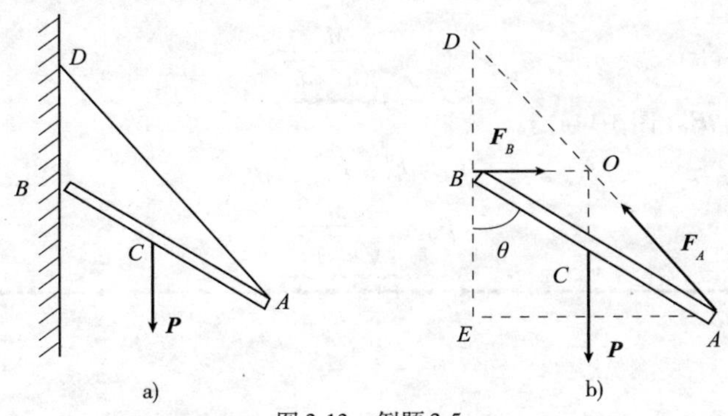

图 3-13 例题 3-5

解:几何法

杆 AB 受力 $\boldsymbol{P},\boldsymbol{F}_A,\boldsymbol{F}_B$[图 3-13b)]。

由图 3-13b)的几何关系可知,在 $\triangle ABD$ 中,C 为 AB 中点,因此 O 为 AD 中点。

在 $\triangle ADE$ 中,O 为 AD 中点,所以 B 为 DE 中点,由此 $DE=BD=a$,可得

$$\cos\theta=\frac{BE}{AB}=\frac{a}{2a}=\frac{1}{2} \tag{1}$$

$$\theta=60°$$

讨论与练习

杆 AB 在三力作用下平衡,由三力平衡定理可知三力必汇交于一点,三力的作用线必汇交于一点 O。

3.2.2 平面力偶系的平衡条件

当力偶的力偶矩为零时,不是力偶的力为零就是力偶臂为零,都是平衡力系。因此,平面力偶系平衡的必要和充分条件是:各力偶矩的代数和为零。

$$\sum_{i=1}^{n}M_i=0 \tag{b}$$

即

$$\sum M=0 \tag{3-9}$$

例题 3-6 三铰拱的 AC 部分上作用有力偶,其力偶矩为 M[图 3-14a)]。已知两个半拱的直角边成正比,即 $a:b=c:a$,略去铰拱自身的重量,试求 A、B 两点的约束力。

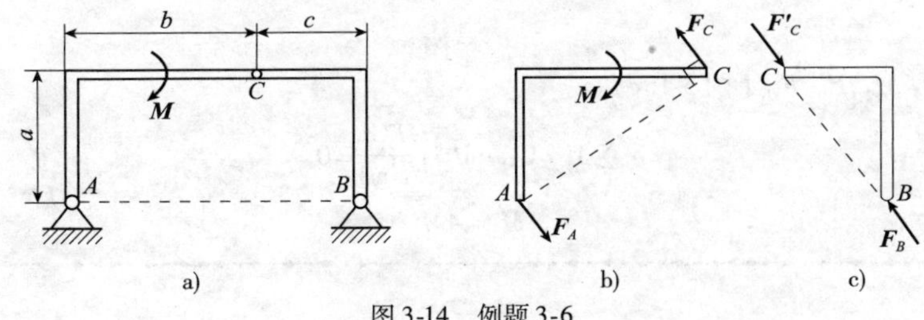

图 3-14 例题 3-6

已知:$M,a,b,c,a:b=c:a$。

求:F_A,F_B。

解:半拱 AC 的受力 $\boldsymbol{M},\boldsymbol{F}_A,\boldsymbol{F}_C$[图 3-14b)]。

$$\sum M=0,\ -M+F_A\sqrt{a^2+b^2}=0 \quad (1)$$

$$F_A=\frac{M}{\sqrt{a^2+b^2}}$$

半拱 BC 的受力 $\boldsymbol{F}_B,\boldsymbol{F}'_C$[图 3-14c)]。

$$F_B=F'_C=F_C=F_A \quad (2)$$

$$F_B=\frac{M}{\sqrt{a^2+b^2}}$$

讨论与练习

(1)这是平面力偶系作用下刚体的平衡问题。

(2)由 $a:b=c:a$,可知 $\boldsymbol{F}_A$、$\boldsymbol{F}_C$ 垂直于 AC,$\boldsymbol{F}_A$ 与 $\boldsymbol{F}_C$ 构成的力偶的力偶矩大小为 $F_A\sqrt{a^2+b^2}$。

(3)半拱 BC 为二力构件。

(4)请读者使用 Maple 编程求解本题。

例题 3-7 如图 3-15a)所示机构中,套筒 A 穿过摆杆 O_1B,用销子连接在曲柄 OA 上。已知 OA 长为 a,其上作用有力偶,其力偶矩为 M_1。如在图示位置 $\beta=30°$,机构能维持平衡,试求在摆杆 O_1B 上所加力偶的力偶矩 $\boldsymbol{M}_2$。各构件自身重量略去不计。

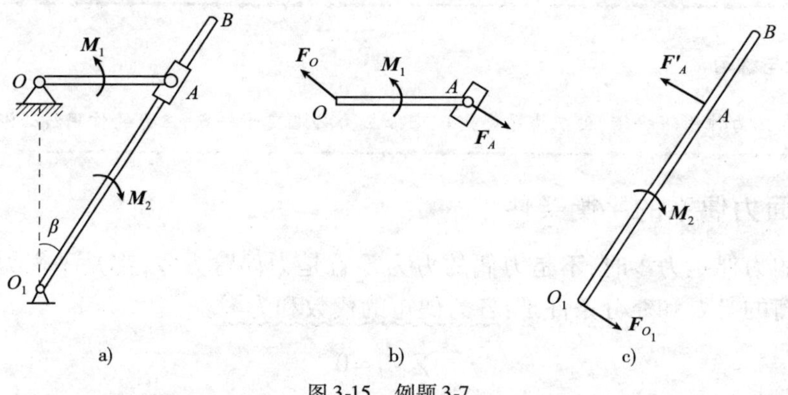

图 3-15 例题 3-7

解:曲柄 OA(包括套筒)受力 $\boldsymbol{M}_1,\boldsymbol{F}_A,\boldsymbol{F}_O$[图 3-15b)]。

$$\sum M=0,M_1+F_Aa\sin\beta=0 \quad (1)$$

$$F_A=\frac{2M_1}{a}$$

$$F'_A=F_A \quad (2)$$

曲柄 O_1B 受力 $\boldsymbol{M}_2,\boldsymbol{F}'_A,\boldsymbol{F}_{O_1}$[图 3-15c)]。

$$\sum M=0,\ -M_2+\frac{F'_Aa}{\sin\beta}=0 \quad (3)$$

$$M_2=4M_1$$

讨论与练习

(1)这是一个刚体系统组成的机构平衡问题。

(2) OA 与主动力为力偶 $\boldsymbol{M}_1$ 受两个约束力，两个约束力必构成力偶而与主动力偶相平衡，O_1B 类推。

(3) 套筒与摆杆为光滑面约束，其约束力应垂直于摆杆 O_1B，这样 $\boldsymbol{F}_A$、$\boldsymbol{F}'_A$、$\boldsymbol{F}_O$、$\boldsymbol{F}_{O_1}$ 的方向参考力偶方向均可确定。

(4) 请读者使用 Maple 编程求解本题。

3.2.3 平面任意力系的平衡条件

作用在刚体上的平面任意力系，在一般情况下可简化为作用于简化中心的一个力及一个力偶，并用力系的主矢 $\boldsymbol{R}$ 及主矩 M 描述。如果力系平衡，即力系与零力系等效，其必要和充分条件是

$$\boldsymbol{R}=0,M_O=0 \tag{c}$$

根据式(c)，平衡条件可改写为

$$\sum_{i=1}^{n}\boldsymbol{F}_i=0,\sum_{i=1}^{n}M_O(\boldsymbol{F}_i)=0 \tag{d}$$

在直角坐标系中的投影式为

$$\sum F_x=0,\sum F_y=0,\sum M_A=0 \tag{3-10}$$

式(3-10)称为平面任意力系的平衡方程。平面任意力系的平衡方程是三个独立的代数方程，可求解三个知量。

力系的平衡条件是 $\sum\boldsymbol{F}=0,\sum\boldsymbol{M}_O(\boldsymbol{F})=0$；在写投影式时，可以向任何轴投影，可以对任何点取矩，可写出数量众多的平衡方程式。当然，其中许多是不独立的，但可以从中选出三个独立的。由此可见平衡方程可有多种形式，式(3-10)并非唯一形式。平面任意力系的平衡方程有三种形式。

1) 一矩式

基本形式，见式(3-10)。

2) 二矩式

$$\sum F_x=0,\sum M_A=0,\sum M_B=0 \tag{3-11}$$

3 个方程彼此独立的条件是：AB 连线不能与 x 轴垂直。

证明如下：$\sum M_A=0$ 的意义是力系可能简化为一个过 A 点的合力，如果再满足 $\sum M_B=0$，则力系的合力必通过 A、B 两点(图 3-16)。如果 x 轴与 AB 连线垂直，则此合力在 x 轴的投影必为零，亦即满足 $\sum M_A=0$ 及 $\sum M_B=0$ 的力系必满足 $\sum F_x=0$；因此，3 个方程不独立，力系可能简化为与 x 轴垂直的合力或平衡。相反，如果 x 轴不与 AB 连线垂直，则过 A、B 两点的合力大小必为零；因此满足式(3-11)的 3 个方程时，力系必平衡。

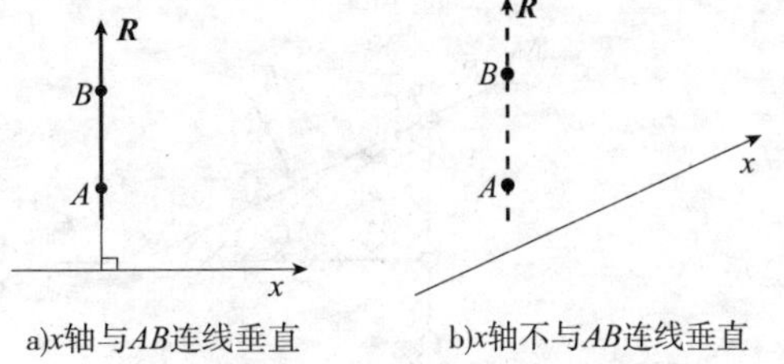

图 3-16　二矩式平衡方程的条件

3) 三矩式

$$\sum M_A=0,\sum M_B=0,\sum M_C=0 \tag{3-12}$$

3 个方程彼此独立的条件是 A,B,C 三点不在同一直线上。

平衡方程的多种形式给我们列写平衡方程提供了很大的选择余地，如能灵活运用，可使解题过程十分简洁。

例题3-8 在水平梁上D处作用有集中力$\boldsymbol{F}$,力偶($\boldsymbol{F}_1$,$\boldsymbol{F}_1'$)和荷载集度为$\boldsymbol{q}$的均布荷载[图3-17a)],已知$F=20\text{kN}$,$F_1=10\text{kN}$,$q=20\text{kN/m}$,$a=10\text{m}$,$\theta=60°$。试求支座A和B的约束力。

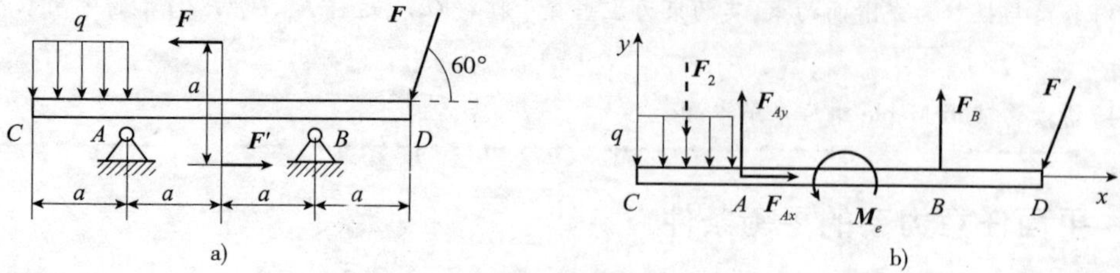

图3-17 例题3-8

解:梁受力$\boldsymbol{F}$,$\boldsymbol{M}_e$,$\boldsymbol{q}$,$\boldsymbol{F}_{Ax}$,$\boldsymbol{F}_{Ay}$,$\boldsymbol{F}_B$,如图3-17b)所示。

力偶($\boldsymbol{F}_1$,$\boldsymbol{F}_1'$)由$\boldsymbol{M}_e$代替,其大小$M_e=F_1a=100(\text{kN}\cdot\text{m})$,方向逆时针转向;均布荷载$\boldsymbol{q}$的合力大小为$qa$,方向向下,合力作用点在$AC$中点。

$$\sum M_{Az}=0,\ -F\sin\theta\cdot 3a+q\cdot a\cdot\frac{a}{2}+M_e+F_B\cdot 2a=0 \tag{1}$$

$$F_B=-29.02\text{kN}$$

$$\sum F_x=0,\ -F\cos\theta+F_{Ax}=0 \tag{2}$$

$$F_{Ax}=10\text{kN}$$

$$\sum F_y=0,\ -F\sin\theta-q\cdot a+F_{Ay}+F_B=0 \tag{3}$$

$$F_{Ay}=246.3\text{kN}$$

讨论与练习

(1)均布荷载$\boldsymbol{q}$简化为一合力$\boldsymbol{F}_2$,合力大小$F_2=qa(\downarrow)$,作用点在重心位置。

(2)集中力$\boldsymbol{F}$,分布力$\boldsymbol{q}$,集中力偶$\boldsymbol{M}_e$都可以看作主动力。

(3)本题$\boldsymbol{F}$是斜力,遇到斜力要注意,先分解后取矩。

(4)如何列平衡方程才能使方程中保持一个未知数?

(5)列平衡方程三要素:一根据,二投影,三标号。

(6)请读者使用Maple编程求解本题。

例题3-9 直角三角形板ABC上作用有力偶[图3-18a)],其力偶矩为$M=2\text{N}\cdot\text{m}$,以及力$F=40\text{N}$,已知$AB=10\text{cm}$,$AC=20\text{cm}$,$BD=DC$。略去三角形板及各杆重量,试求杆AA_1、BB_1和CC_1的约束力。

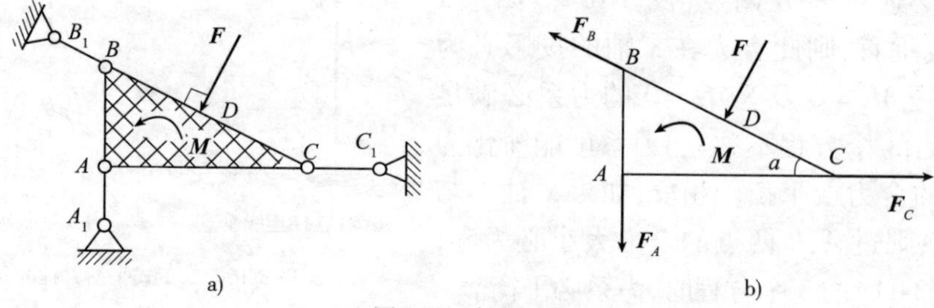

图3-18 例题3-9

解:三角形板ABC受力$\boldsymbol{M}$,$\boldsymbol{F}_A$,$\boldsymbol{F}_B$,$\boldsymbol{F}_C$[图3-18b)]。

$$BC=10\sqrt{5}\text{cm},\sin\alpha=\frac{1}{\sqrt{5}},\cos\alpha=\frac{2}{\sqrt{5}}$$

$$\sum M_{Az}=0,\ -F\cos\alpha\times\frac{AC}{2}+F\sin\alpha\times\frac{AB}{2}+M+F_B\cos\alpha\times AB=0 \tag{1}$$

$$\underline{F_B = 7.64\text{N(拉)}}$$

$$\sum M_{Bz} = 0, -F \times \frac{BC}{2} + M + F_C \times AB = 0 \tag{2}$$

$$\underline{F_C = 24.72\text{N(拉)}}$$

$$\sum M_{Cz} = 0F \times \frac{BC}{2} + M_e + F_A \times AC = 0 \tag{3}$$

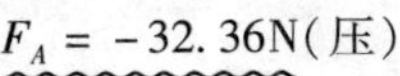

$$\underline{F_A = -32.36\text{N(压)}}$$

讨论与练习

(1)这里假定三根二力杆 AA_1、BB_1 及 CC_1 都受拉力,如果计算结果为负值,即为受压。

(2)遇到斜力要注意,先分解后取矩。

(3)我们采用了三力矩式求解,此例也可用二力矩式或基本形式平衡方程求解,读者可自己练习。

(4)请读者使用 Maple 编程求解本题。

例题 3-10 弯曲悬臂梁 ABD 的 AB 部分是半径为 2m 的圆周的 1/4,BD 部分为水平,长 1m[图 3-19a)],其上作用力大小分别为 $F_1 = 400\text{N}$,$F_2 = 200\text{N}$,$F_3 = F_3' = 600\text{N}$。试求固定端 A 的约束力。

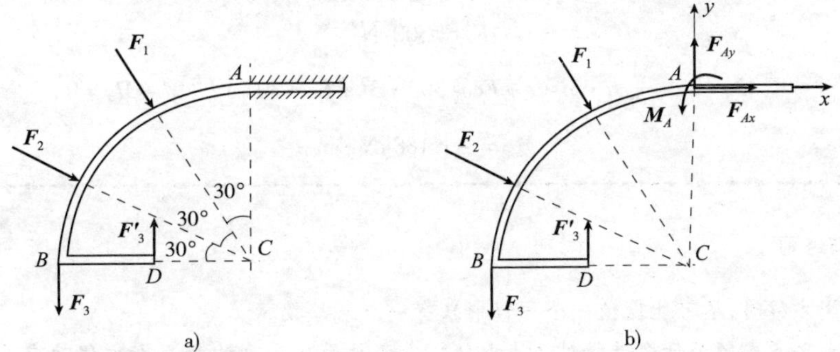

图 3-19 例题 3-10

解:弯曲悬臂梁 ABD 受力 $\boldsymbol{F}_1, \boldsymbol{F}_2, \boldsymbol{M}_e, \boldsymbol{F}_{Ax}, \boldsymbol{F}_{Ay}, \boldsymbol{M}_A$[图 3-19b)]。

$$\boldsymbol{M}_e \Leftrightarrow (\boldsymbol{F}_3, \boldsymbol{F}_3'), M_e = F_3 \times BD = 600(\text{N} \cdot \text{m})$$

$$\sum F_x = 0, F_1 \sin 30° + F_2 \sin 60° + F_{Ax} = 0 \tag{1}$$

$$\underline{F_{Ax} = -373.2\text{N}}$$

$$\sum F_y = 0, -F_1 \cos 30° - F_2 \cos 60° + F_{Ay} = 0 \tag{2}$$

$$F_{Ay} = 446.4\text{N}$$

$$\sum M_{Az} = 0, F_1 \times AC\sin 30° + F_2 \times AC\sin 60° + M_e + M_A = 0 \tag{3}$$

$$\underline{M_A = 1\,346\text{N} \cdot \text{m}}$$

讨论与练习

(1)固定端(或称插入端)约束是一种常见的约束,这种约束限制受约束物体沿任何方向的平移及转动。根据约束力与约束所限制的位移方向相反的规则,固定端作用于受约束物体上有一个沿任意方向的约束力(此约束力可用其两个相互垂直的分力表示)和一个约束力偶。

(2)负号表示实际约束力偶及约束力与图中所设方向相反。

(3)请读者使用 Maple 编程求解本题。

例题 3-11　自重 $P=100\text{kN}$ 的 T 形刚架 ABD，置于铅垂面内，载荷如图 3-20a）所示。其中 $M=20\text{kN}\cdot\text{m}$，$F=400\text{kN}$，$q=20\text{kN/m}$，$l=1\text{m}$，试求固定端 A 的约束力。

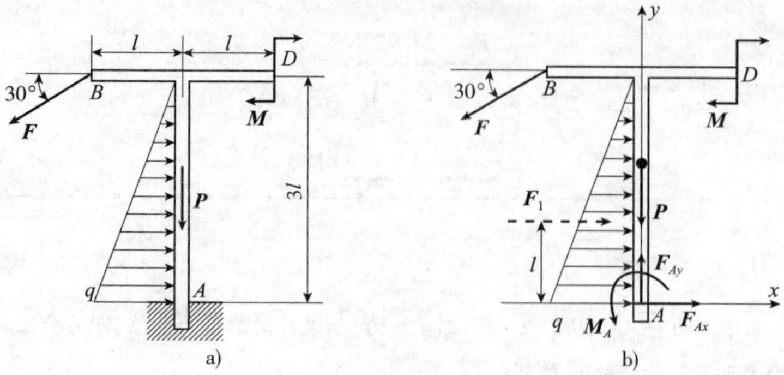

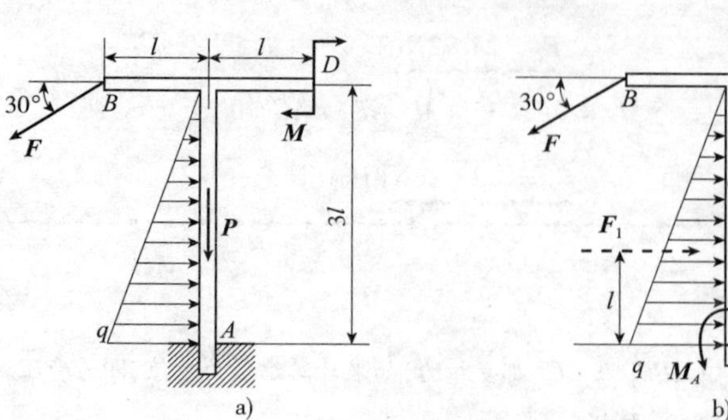

图 3-20　例题 3-11

解：T 形刚架 ABD 受力 $\boldsymbol{q}$、$\boldsymbol{P}$、$\boldsymbol{F}$、$\boldsymbol{M}$、$\boldsymbol{F}_{Ax}$、$\boldsymbol{F}_{Ay}$、$\boldsymbol{M}_A$［图 3-20b)］。

$$\sum F_x=0,\frac{1}{2}q\cdot 3l-F\cos 30^\circ+F_{Ax}=0 \tag{1}$$

$$F_{Ax}=316.4\text{kN}$$

$$\sum F_y=0,\ -P-F\sin 30^\circ+F_{Ay}=0 \tag{2}$$

$$F_{Ay}=300\text{kN}$$

$$\sum M_A=0,\ -\frac{1}{2}q\cdot 3l\cdot l+F\cos 30^\circ\cdot 3l+F\sin 30^\circ\cdot l-M+M_A=0 \tag{3}$$

$$M_A=-1\ 188\text{kN}\cdot\text{m}$$

讨论与练习

（1）列平衡方程时，尽可能地使一个方程中只有一个未知数。

（2）请读者思考本题为什么选择对 A 点取矩。自己总结体会列力矩平衡方程时应该怎样选择矩心才能使平衡方程简单。

（3）请读者使用 Maple 编程求解本题。

3.3　物体系的平衡

3.3.1　物体系的平衡

多个刚体通过约束连接而构成的系统称为刚体系，这是解决工程实际问题时最常用的物理模型之一。刚体系平衡时，其中每个刚体都处于平衡状态，因此求解刚体系平衡问题的最简单的方法就是将刚体系拆成单个刚体，列出每个刚体的平衡方程式并联立求解。但这样做势必导致刚体系的内力（刚体与刚体之间的作用力）出现在平衡方程之中，增加了未知量，也增加了解题的工作量与难度。实际上这些内力往往没必要知道。因此，需要灵活选取研究对象，可以选单个刚体，可以选整个系统，也可以选局部子系统为研究对象，以便通过最简捷的途径求出所要的未知量。亦即，在求解刚体系平衡问题之前，需要仔细分析，并确定合理的解题步骤。

3.3.2　静定与超静定问题

图 3-21a）是由两个轻质杆（自重不计）通过光滑铰链连接成的支架，并有载荷作用。考

虑杆 BC 为二力杆,画出两杆的受力图[图 3-21b)],可以容易地求出铰链 A,B 的约束力。现将两杆在 C 处焊接成一整体构成如图 3-21c)的结构。问如何求 A,B 铰的约束力？现在只有一个刚体 ABC,其受力图如图 3-20d)所示。对 A,B 两点分别列写力矩平衡方程可求出 F_{Bx}、F_{Ax};但平衡方程

$$\sum F_y = 0 \qquad -P - W + F_{Ay} + F_{By} = 0 \tag{a}$$

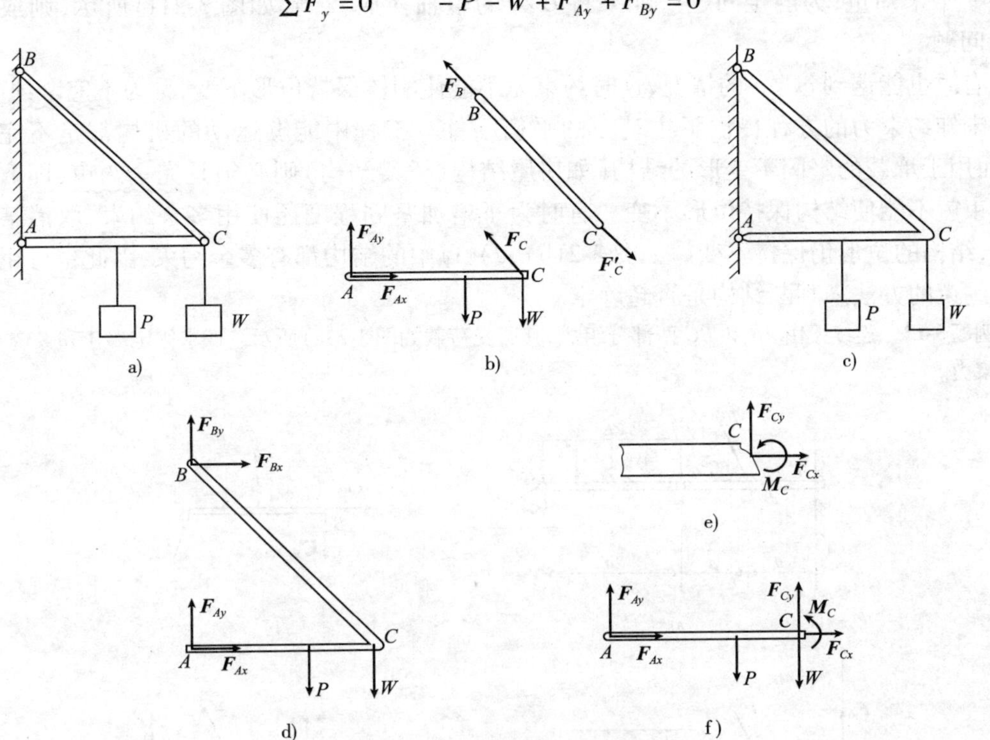

图 3-21　静定与超静定的概念

却求不出 F_{Ay}、F_{By}。实际上平面力系只有 3 个独立的平衡方程,而图 3-21d)有 4 个未知力,所以无法全部解出。能否像图 3-20b)那样只考虑 AC 部分的平衡？为此,须将杆 ACB 的 C 处截断,因为 C 处两端的连接相当于一个固定端,所以截面处的分布力可简化成图 3-21e)所示的 $\boldsymbol{F}_{Cx}$、$\boldsymbol{F}_{Cy}$、M_C,这样,未知数更多了[图 3-21f)],更加无法求解。那么,是否 F_{Ay}、F_{By} 本身不确定呢？显然不是。在实际问题中 F_{Ay}、F_{By} 有确定的值,只不过它们除满足静力学平衡条件外,还遵循其他物理条件,在本题中就是变形条件。设想杆 ACB 可以变形,在墙上先安装好两个销钉 A、B,并在杆 ACB 的两端开两个孔。如果孔距略大于销钉的距离,就必须在杆的两端施加压力,使孔距缩短才能安装到销钉上。如果孔距略小于销钉的距离,就必须在杆的两端施加拉力,使孔距变大再插入销钉之中。两种情况下,安装好的杆 ACB 都能平衡,但 F_{Ay}、F_{By} 显然不同,亦即,在这类问题中,约束力除满足静力学平衡条件外,还受变形情况支配;单独使用静力学平衡条件是确定不了的,必须补充其他物理条件(如变形条件)才能解出,这类问题就称为超静定问题。相反,那些只用静力学平衡条件就能解决问题就称为静定问题。

可以通过比较未知数量 m 与平衡方程数目 n 来判断问题的静定性;当 $m = n$ 时,一般是静定问题,当 $m > n$ 时,是超静定问题。如图 3-21a)用绳吊一重物,平面汇交力系有 2 个平衡方程,2 个未知约束力,为静定问题;如果用 3 个绳子吊一重物,如图 3-21b)所示,

则是超静定问题。图 3-21c) 中在悬臂梁上装一电机($\boldsymbol{F}_1,\boldsymbol{F}_2$ 为已知的皮带拉力)，平面任意力系有 3 个平衡方程，3 个未知约束力，为静定问题；如果在梁上再加上一个辊轴支承如图 3-21d) 所示，则是超静定问题。图 3-21e) 是三根杆组成的物体系统，对每根杆可列写 3 个平衡方程，共 9 个平衡方程；4 个平面铰链各有 2 个未知约束力，再加上一个辊轴支承共 9 个未知量，为静定问题。如果将 C 处的辊轴换成铰链，如图 3-21f) 所示，则成为超静定问题。

有时也能遇到 $m<n$ 的情况，这时约束力不能使刚体保持位形不变，称为不完全约束，不包含未知约束力的方程提供了主动力的平衡条件。工程中能够运动的机构都是不完全约束，而用于承载的坚固不变形的结构(如房屋结构、桥梁结构)则必须是完全约束，即取消任一约束就不能使结构保持位形不变。有时为了增加坚固程度还使用多余约束，取消某一约束后，结构的位形仍保持不变。如图 3-21b)、d)、f) 中的结构都有多余约束，因此也可用寻找多余约束的方法来判断结构是否超静定。

例题 3-12 连续梁由 AB 和 BC 两部分组成，其所受荷载如图 3-22a) 所示。试求固定端 A 和铰链支座 C 的约束力。

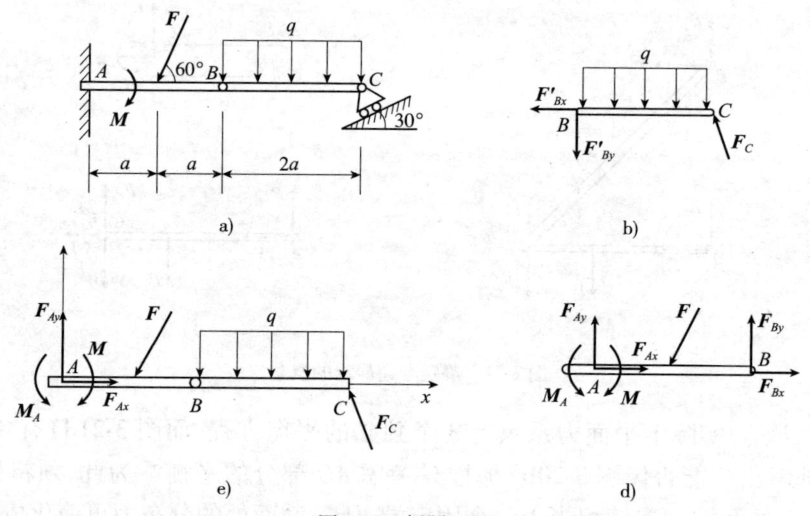

图 3-22 例题 3-12

解：梁 BC 受力 $\boldsymbol{q},\boldsymbol{F}'_{Bx},\boldsymbol{F}'_{By},\boldsymbol{F}_C$［图 3-22b)］。

$$\sum M_{Bz}=0,\ -q\cdot 2a\cdot a+F_C\cos 30°\cdot 2a=0 \qquad (1)$$

$$F_C=\frac{2\sqrt{3}}{3}qa$$

整体受力 $\boldsymbol{q},\boldsymbol{F},\boldsymbol{M},\boldsymbol{F}_{Ax},\boldsymbol{F}_{Ay},\boldsymbol{M}_A,\boldsymbol{F}_C$［图 3-22c)］。

$$\sum F_x=0,\ -F\cos 60°+F_{Ax}-F_C\sin 30°=0 \qquad (2)$$

$$F_{Ax}=\frac{1}{2}F+\frac{\sqrt{3}}{3}qa$$

$$\sum F_y=0,\ -F\sin 60°-q\cdot 2a+F_{Ay}+F_C\cos 30°=0 \qquad (3)$$

$$F_{Ay}=\frac{\sqrt{3}}{2}F+qa$$

$$\sum M_{Az}=0-M-F\sin 60°\cdot a-q\cdot 2a\cdot 3a+M_A+F_C\cos 30°\cdot 4a=0 \qquad (4)$$

$$M_A=M+\frac{\sqrt{3}}{2}Fa+2qa^2$$

讨论与练习

(1)分析问题的静定性。

(2)简单优先:选择研究对象的准则之一是未知力最少,本题选梁 BC 只有3个未知数。

(3)整体优先:因为整体中内力不出现,选择整体未知力比较少,首先选择整体有4个未知数,后选择整体仅有3个未知数。

(4)亦可通过研究梁 BC 和梁 AB 求解,但在求解过程中必须求出 B 点约束力[图3-22c),d)]。

(5)求 B 点处约束力,请读者完成。

(6)请读者使用 Maple 编程求解本题。

例题3-13 如图3-23a)所示三角形平板 A 点为铰链支座,销钉 C 固定在杆 DE 上,并与滑道光滑接触。各构件重量略去不计。试求铰链支座 A 和 D 的约束力。

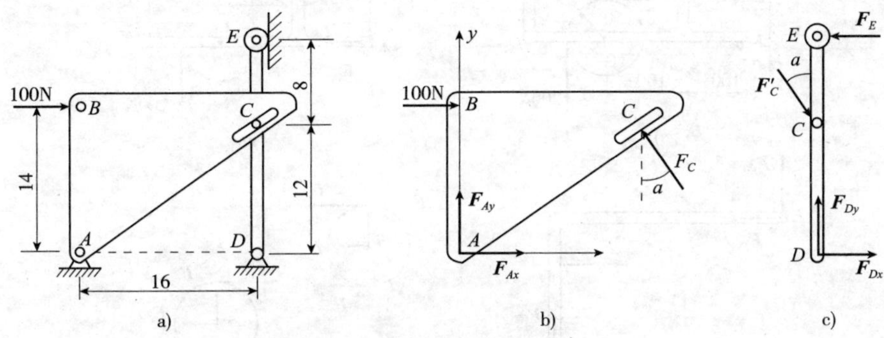

图3-23 例题3-13(尺寸单位:m)

解:三角形平板 ABC 受力 $\boldsymbol{F},\boldsymbol{F}_{Ax},\boldsymbol{F}_{Ay},\boldsymbol{F}_C$[图3-23b)]。

$$F=100\text{N},AC=20\text{m},\sin\alpha=\frac{3}{5},\cos\alpha=\frac{4}{5}$$

$$\sum M_{Az}=0,-F\times AB+F_C\times AC=0 \tag{1}$$

$$F_C=70\text{N}$$

$$\sum F_x=0,F+F_{Ax}-F_C\sin\alpha=0 \tag{2}$$

$$F_{Ax}=-58\text{N}$$

$$\sum F_y=0,F_{Ay}+F_C\cos\alpha=0 \tag{3}$$

$$F_{Ay}=-56\text{N}$$

DE 杆受力 $\boldsymbol{F}_{Dx},\boldsymbol{F}_{Dy},\boldsymbol{F}'_C,\boldsymbol{F}_E$[图3-23c)]。

$$\sum F_y=0,-F'_C\cos\alpha+F_{Dy}=0 \tag{4}$$

$$F_{Dy}=56\text{N}$$

$$\sum M_{Ez}=0,F'_C\sin\alpha\times CE+F_{Dx}\times DE=0 \tag{5}$$

$$F_{Dx}=-16.8\text{N}$$

讨论与练习

(1)首先分析问题的静定性。这是三角形平板 ABC 和杆 DE 两个刚体组成的刚体系平衡问题,A、D、C、E 四点共有6个未知约束力,每个刚体都在平面任意力系作用下平衡,可各列出3个,共6个独立平衡方程。未知量数等于独立平衡方程数,是静定问题。

(2)通过本例可知，对于刚体系的平衡问题，选取系中每个刚体为研究对象，列出其平衡方程求解是最基本的求解方法。只要问题是静定的，这种方法总是行得通的，但并不一定是最简便的。

(3)请读者使用 Maple 编程求解本题。

例题 3-14 承重框架如图 3-24a)所示，A、D、E 均为铰链，各杆件和滑轮的重量略去不计。试求 A、D、E 点的约束力。

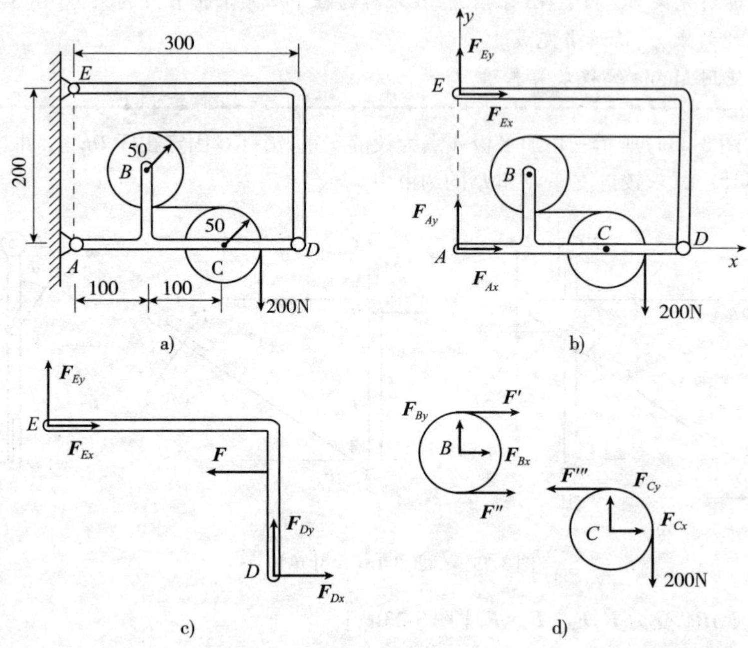

图 3-24 例题 3-14(尺寸单位:mm)

解:$W=200\text{N}$,$F=200\text{N}$。

刚体系整体受力 $\boldsymbol{F}$,$\boldsymbol{F}_{Ax}$,$\boldsymbol{F}_{Ay}$,$\boldsymbol{F}_{Ex}$,$\boldsymbol{F}_{Ey}$[图 3-24b)]。

$$\sum M_{Az}=0,\ -W\times 0.25-F_{Ex}\times 0.2=0 \tag{1}$$

$$\underline{F_{Ex}=-250\text{N}}$$

$$\sum F_x=0, F_{Ax}+F_{Ex}=0 \tag{2}$$

$$\underline{F_{Ax}=250\text{N}}$$

杆 DE 受力 $\boldsymbol{F}$,$\boldsymbol{F}_{Dx}$,$\boldsymbol{F}_{Dy}$,$\boldsymbol{F}_{Ex}$,$\boldsymbol{F}_{Ey}$[图 3-24c)]。

$$\sum M_{Dz}=0, F\times 0.15-F_{Ex}\times 0.2-F_{Ey}\times 0.3=0 \tag{3}$$

$$\underline{F_{Ey}=266.7\text{N}}$$

$$\sum F_x=0,\ -F+F_{Dx}+F_{Ex}=0 \tag{4}$$

$$F_{Dx}=450\text{N}$$

$$\sum F_y=0, F_{Dy}+F_{Ey}=0 \tag{5}$$

$$F_{Dy}=-266.7\text{N}$$

对整体:

$$\sum F_y=0,\ -W+F_{Ay}+F_{Ey}=0 \tag{6}$$

$$F_{Ay}=-66.7\text{N}$$

各约束力为负值均表示实际方向与图中所设相反。

讨论与练习

(1)本例为静定问题。

(2)所求 A 和 E 点的约束力为整个刚体系外力,可考虑先选取整个刚体系为研究对象,求出部分外约束力,D 点的约束力对整个刚体系来说是内力,不可能在整体平衡方程中出现,因此必须在 D 点将刚体系拆开,然后选择杆 DE 为研究对象,求出 D 点的约束力。

(3)本例的求解表明,许多问题选择刚体系整体为研究对象求出其未知外力(全部或部分)较为方便,因为这时所有未知内力不会在整体的平衡方程中出现。但是,并非所有刚体系平衡问题都如此。

(4)求 B、C 处约束力,请读者完成。

(5)请读者使用 Maple 编程求解本题。

3.4 Maple 编程示例

编程题 3-1 如图 3-25 所示三孔拱桥,本身重量不计。已知拱的尺寸 a 和作用的两力 $\boldsymbol{F}_1$ 和 $\boldsymbol{F}_2$ 的大小,试用 Maple 语言编写求所有支座约束力的程序。

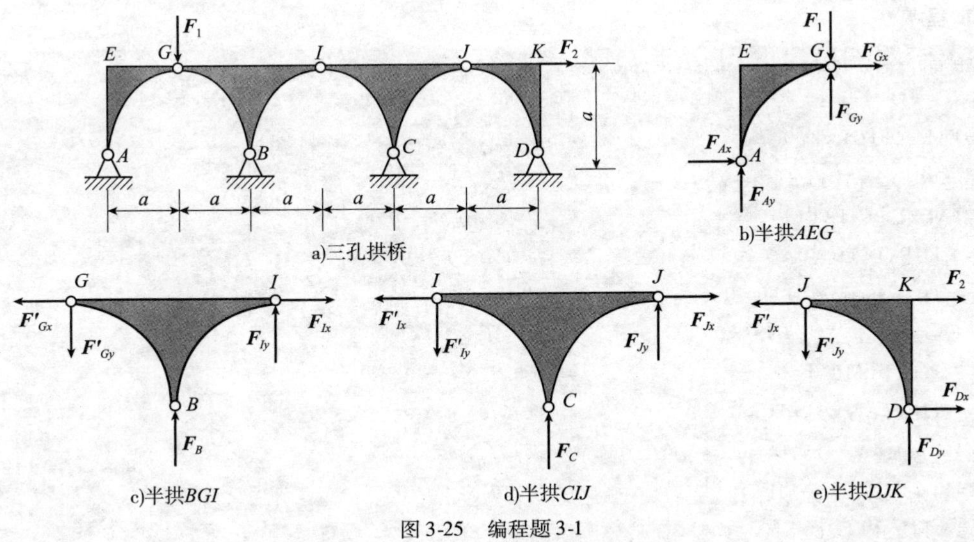

图 3-25 编程题 3-1

已知:F_1,F_2,a。

求:$F_{Ax},F_{Ay},F_B,F_C,F_{Dx},F_{Dy},F_{Gx},F_{Gy},F_{Ix},F_{Iy},F_{Jx},F_{Jy}$。

解:● 建模

平面任意力系一个研究对象可以列三个平衡方程。

(1)半拱 AEG(包括销钉 G)受力 $\boldsymbol{F}_1,\boldsymbol{F}_{Ax},\boldsymbol{F}_{ay},\boldsymbol{F}_{Gx},\boldsymbol{F}_{Gy}$。

(2)半拱 BGI 受力 $\boldsymbol{F}_B,\boldsymbol{F}_{Gx},\boldsymbol{F}_{Gy},\boldsymbol{F}_{Ix},\boldsymbol{F}_{Iy}$。

(3)半拱 CIJ 受力 $\boldsymbol{F}_C,\boldsymbol{F}_{Ix},\boldsymbol{F}_{Iy},\boldsymbol{F}_{Jx},\boldsymbol{F}_{Jy}$。

(4)半拱 DJK 受力 $\boldsymbol{F}_2,\boldsymbol{F}_{Dx},\boldsymbol{F}_{Dy},\boldsymbol{F}_{Jx},\boldsymbol{F}_{Jy}$。

答:所有支座约束力为:

$$F_{Ax}=\frac{1}{2}(F_1-F_2),F_{Ay}=\frac{1}{2}(F_1-F_2),F_B=F_1+F_2,F_C=-(F_1+F_2)$$

$$F_{Dx}=\frac{1}{2}(F_1+F_2),F_{Dy}=\frac{1}{2}(F_1+F_2),F_{Gx}=\frac{1}{2}(F_1-F_2)$$

$$F_{Ix}=\frac{1}{2}(F_1-F_2),F_{Iy}=\frac{1}{2}(F_1+F_2),F_{Jx}=-\frac{1}{2}(F_1-F_2),F_{Jy}=\frac{1}{2}(F_1+F_2)$$

$\boldsymbol{F}_1$ 画在半拱 AEG 上：$F_{Gy}=\frac{1}{2}(F_1+F_2)$；$\boldsymbol{F}_1$ 画在半拱 BGI 上：$F_{Gy}=\frac{1}{2}(F_1-F_2)$。

讨论与练习

(1)受力分析时，力 $\boldsymbol{F}_1$(即销钉 G)可以画在半拱 AEG 上，或者画在半拱 BGI 上；

(2)力 $\boldsymbol{F}_1$(即销钉 G)不能既画在半拱 AEG 上，又画在半拱 BGI 上；

(3)力 $\boldsymbol{F}_1$(即销钉 G)不能既不画在半拱 AEG 上，又不画在半拱 BGI 上；

(4)$\boldsymbol{F}_1$(即销钉 G)不管画在哪个物体上，仅对 F_1 作用点的中间铰链约束力结果有影响，对其他支座约束力结果无影响。

(5)本例是 $\boldsymbol{F}_1$(即销钉 G)画在半拱 AEG 上的，请读者把 $\boldsymbol{F}_1$(即销钉 G)画在半拱 BGI 上重新编程计算验证上述结论(4)，比较中间铰链 G 约束力的变化规律。

- **Maple 程序**

```
##################################################################
> restart:                                      #清零。
> eq1: = FA[x] + FG[x] = 0:                     #半拱 AEG, ΣF_x = 0。
> eq2: = -F[1] + FA[y] + FG[y] = 0:             #半拱 AEG, ΣF_y = 0。
> eq3: = FA[x] * a - FA[y] * a = 0:             #半拱 AEG, ΣM_G = 0。
> eq4: = -FG[x] + FIx = 0:                      #半拱 BGI, ΣF_x = 0。
> eq5: = -FG[y] + FI[y] + FB = 0:               #半拱 BGI, ΣF_y = 0。
> eq6: = FB * a + FI[y] * 2 * a + = 0:          #半拱 BGI, ΣM_G = 0。
> eq7: = -FI[x] + FJ[x] = 0:                    #半拱 CIJ, ΣF_x = 0。
> eq8: = -FI[y] + FJ[y] + FC = 0:               #半拱 CIJ, ΣF_y = 0。
> eq9: = FI[y] * 2 * a - FC * a = 0:            #半拱 CIJ, Σm_j = 0。
> eq10: = F[2] + FD[x] - FJ[x] = 0:             #半拱 DJK, ΣF_x = 0。
> eq11: = -FJ[y] + FD[y] = 0:                   #半拱 DJK, ΣF_y = 0。
> eq12: = FD[x] * a + FD[y] * a = 0:            #半拱 DJK, ΣM_J = 0。
> solve({eq1, eq2, eq3, eq4, eq5, eq6,
>       eq7, eq8, eq9, eq10, eq11, eq12},
>       {FA[x], FA[y], FB, FC, FD[x], FD[y],
>       FG[x], FG[y], FI[x], FI[y], FJ[x], FJ[y]});
>                                               #解方程组求支座约束力。
##################################################################
```

思考题

思考题 3-1　平面汇交力系合成与平衡时所画出的两种力多边形有何不同？若汇交的 4 个力的力矢符合图 3-26 所示的图形，问此 4 个力的关系如何？

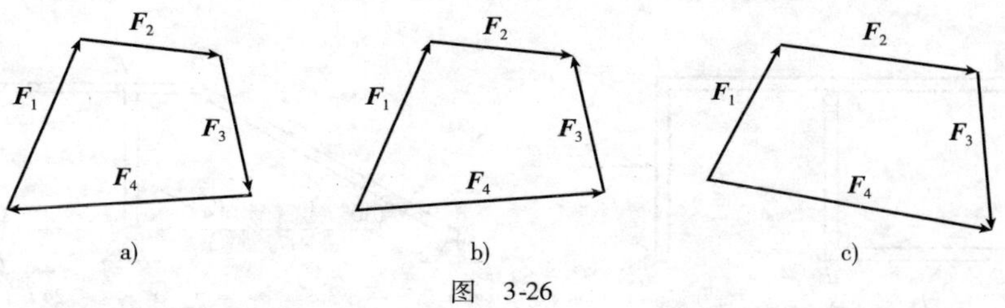

图 3-26

思考题 3-2 如图 3-27 所示结构,各杆自重不计,受到力 $\boldsymbol{F}$ 作用,则支座 A 的约束力是多少?

思考题 3-3 如图 3-28 所示,三个等同的圆柱堆放在倾角为 θ 的斜面之间,忽略各接触面的摩擦,若 $\theta<10°$,圆柱能否处于平衡?

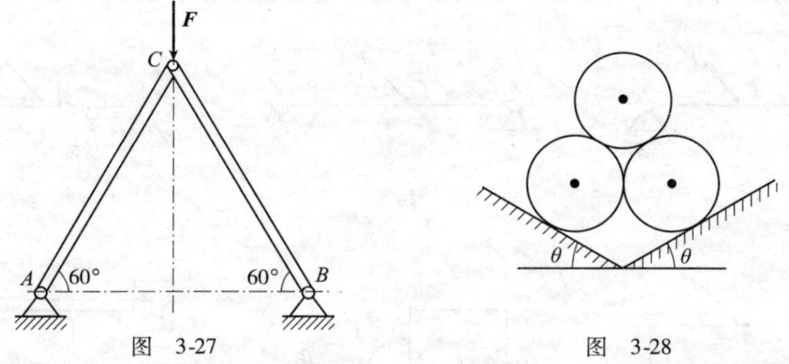

图 3-27　　图 3-28

思考题 3-4 如图 3-29 所示结构,各杆自重不计,在铰 C 处受力 $\boldsymbol{F}$ 作用,则 A、B 处约束力的方位如何?

思考题 3-5 如图 3-30 所示结构,各杆自重不计。若系统受力 $\boldsymbol{F}$ 作用,则 D 处约束力的方位如何?

思考题 3-6 画出图 3-31 所示各种情况下,A、B 两处约束力的方位和指向。

思考题 3-7 如图 3-32 所示结构,两直角刚杆 ABC,DEF 在 F 处铰接。若各杆自重不计,则垂直 BC 的力 $\boldsymbol{F}$ 由 B 点移到 C 点的过程中,D 处约束力的变化范围如何?

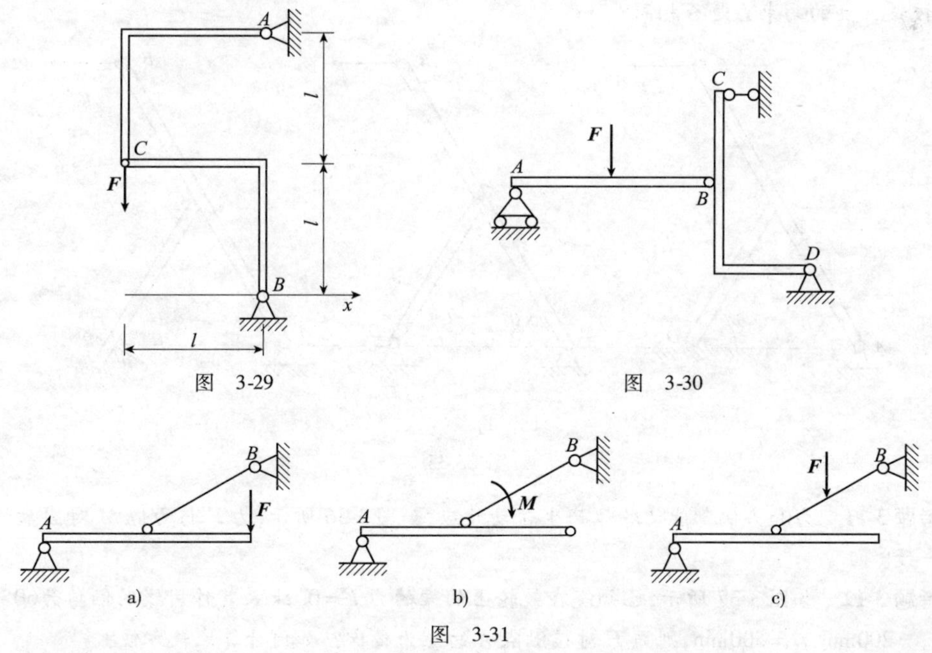

图 3-29　　图 3-30

图 3-31

思考题 3-8 如图 3-33 所示结构中,各构件的自重不计,其上受两个等值、反向、共线的力 $\boldsymbol{F}_1$ 和 $\boldsymbol{F}_2$ 作用,则支座 B 处的约束力方位如何?

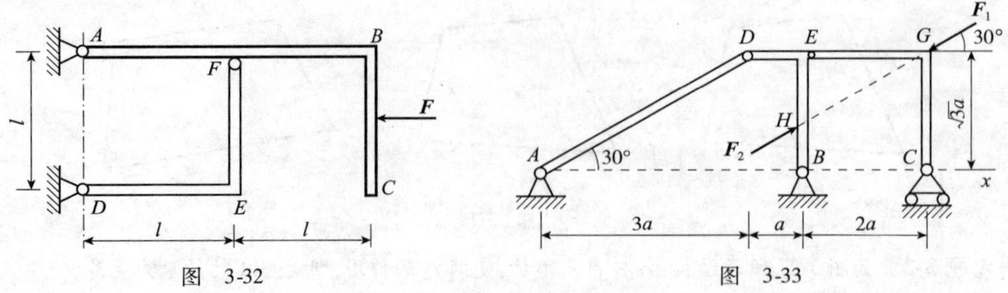

图 3-32　　　　图 3-33

思考题 3-9　如图 3-34 所示各种情况下，力 $\boldsymbol{F}$ 的作用点为 C，力 $\boldsymbol{F}$ 与水平线的夹角都相等，各杆重量不计。设 AC 和 BC 的水平距离都相等，试指出哪些情况 A 处约束力相同。

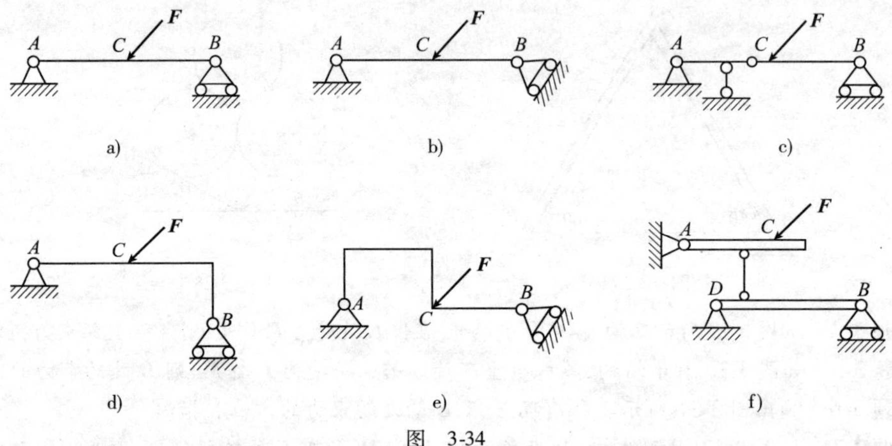

图　3-34

思考题 3-10　如图 3-35 所示三种结构，构件自重不计，忽略摩擦，$\theta = 60°$。如 B 处作用相同的作用力 $\boldsymbol{F}$，问铰链 A 处的约束力是否相同？

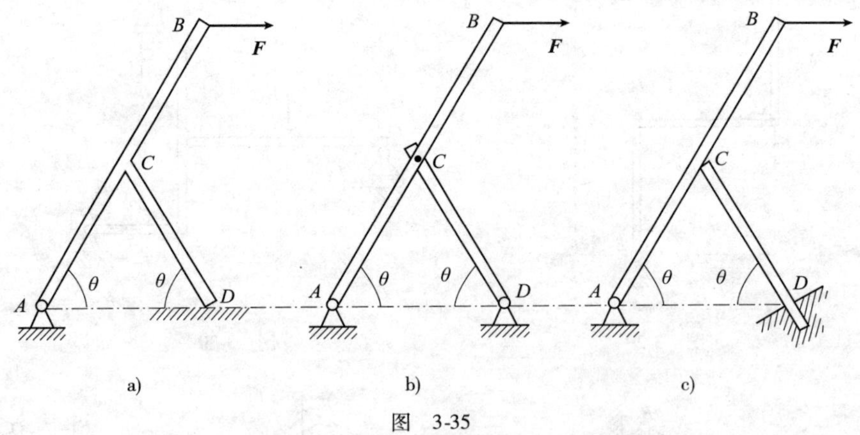

图　3-35

思考题 3-11　力和力偶都能使物体产生转动效应，如图 3-36 所示，力 $\boldsymbol{F}$ 与力偶 $\boldsymbol{M}$ 对圆盘的转动效应是否一致？

思考题 3-12　如图 3-37 所示，已知绕在鼓轮上的索的力 $F = 0.2\text{kN}$，其作用线的倾角为60°，鼓轮的半径为 $r_1 = 200\text{mm}$，$r_2 = 500\text{mm}$，则力 $\boldsymbol{F}$ 对接触点 A 的矩为多少？如何计算比较方便？

思考题 3-13　如图 3-38 所示，钳工用丝锥攻螺纹时，为什么使用铰杆[图 3-38a)]而不用扳手[图 3-38b)]？如用扳手需要用另一只手的大拇指顶着丝锥，这是为什么？

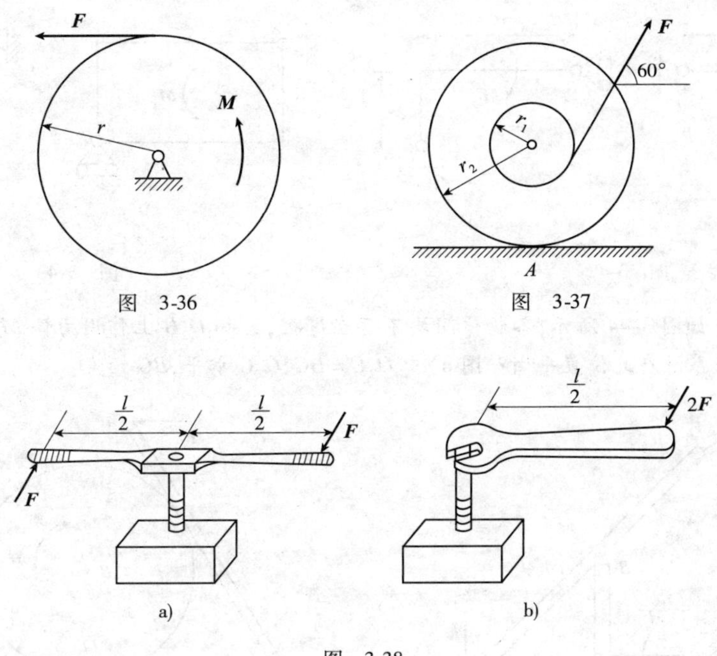

图 3-36　　图 3-37

图 3-38

思考题 3-14　如图 3-39 所示，力或力偶对点 A 的矩都相等，它们引起的支座约束力是否相等？

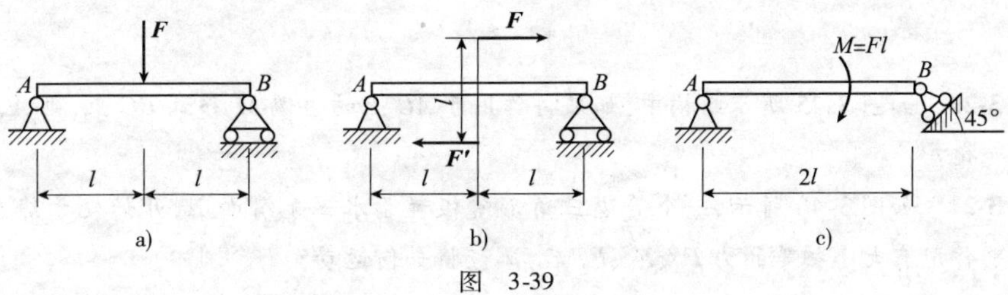

图 3-39

思考题 3-15　如图 3-40 所示，三角拱受主动力 $\boldsymbol{F}_1$ 和 $\boldsymbol{F}_2$ 作用，要求用几何法求各铰链的约束力，如何求？

思考题 3-16　如图 3-41 所示，$\boldsymbol{F}_1$ 和 $\boldsymbol{F}_2$ 分别作用于 A、B 两点，且 $\boldsymbol{F}_1$、$\boldsymbol{F}_2$ 与 C 点共面，试问：

(1)在 A、B、C 三点中，哪一点加一适当的力可使系统平衡？

(2)一适当的力偶能使系统平衡吗？

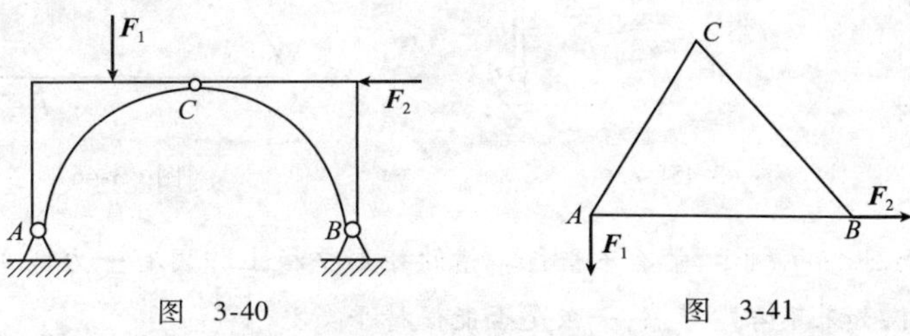

图 3-40　　图 3-41

思考题 3-17　如图 3-42 所示 a)、b) 两种情况，曲杆自重不计，其上作用一力偶矩为 M 的力偶，比较两种情况下 B 处的约束力。

思考题 3-18　如图 3-43 所示，各物块自重及摩擦不计，物块受力偶作用，其力偶矩的大小皆为 M，方向如图。试确定 A，B 两点的约束力方向。

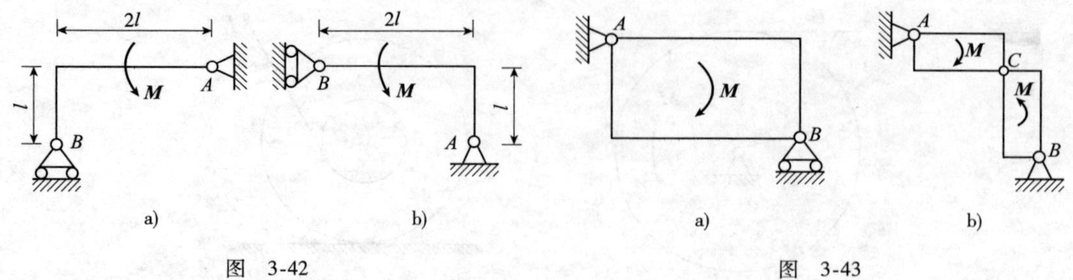

图 3-42　　　图 3-43

思考题 3-19　如图 3-44 所示，各物体间均不存在摩擦，已知 O_2B 上作用力偶 $\boldsymbol{M}$，问能否在 A 点加一适当大小的力使系统在此位置平衡？图 a) 中 $O_2C=BC$，O_2C 水平，BC 铅直。

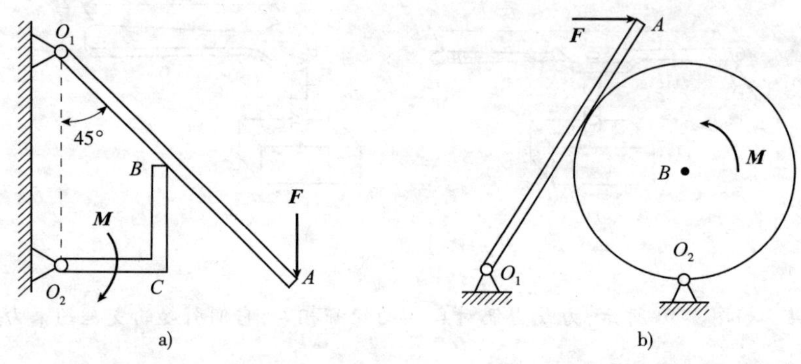

图 3-44

思考题 3-20　如图 3-45 所示结构中，如果将作用于 AC 上的力偶 $\boldsymbol{M}$ 移到 BC 上，则 A、B、C 三处的约束力是否变化？

思考题 3-21　如图 3-46 所示，一个等边三角形薄板置于水玉光滑面上，开始处于静止状态，当沿其三条边分别作用有大小相等的力 $\boldsymbol{F}_1$、$\boldsymbol{F}_2$、$\boldsymbol{F}_3$ 后，薄板将如何运动？

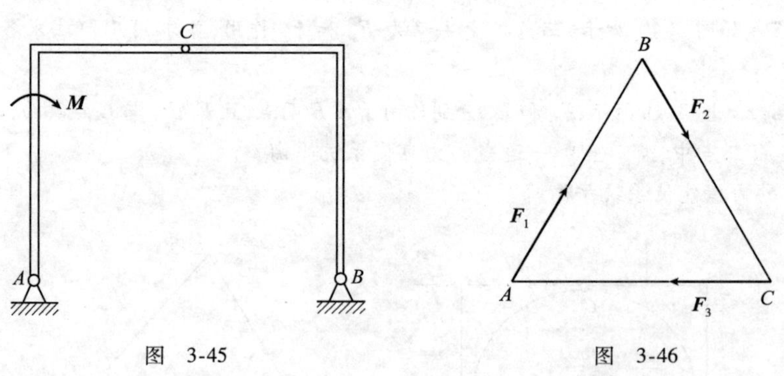

图 3-45　　　图 3-46

思考题 3-22　如图 3-47 所示，带有不平行二槽的矩形平板上作用有一力偶 $\boldsymbol{M}$。现在槽内插入两个固定于地面的销钉，如果不考虑摩擦，平板是否能保持平衡？

思考题 3-23　如图 3-48 所示，有一带有四个光滑槽的正方形平板，其上作用一个力偶矩为 $\boldsymbol{M}$ 的力偶。欲使平板保持平衡，可用两个固定销钉插入槽内，应插入哪两个槽内？

思考题 3-24　某平面平行力系各力的大小、方向及作用线如图 3-49 所示，问此力系简化的结果与简化中心的位置是否有关？为什么？

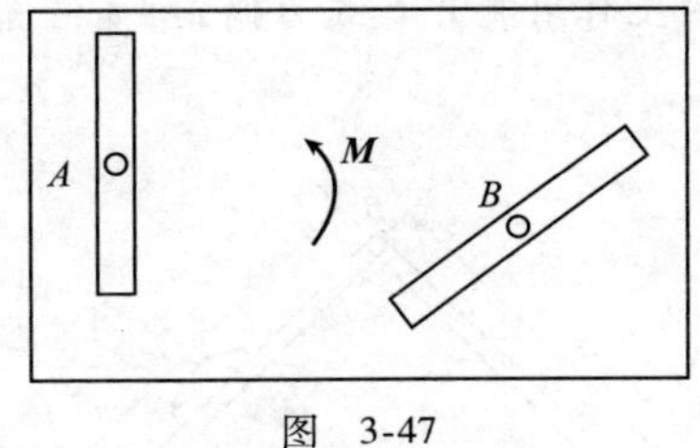

图 3-47

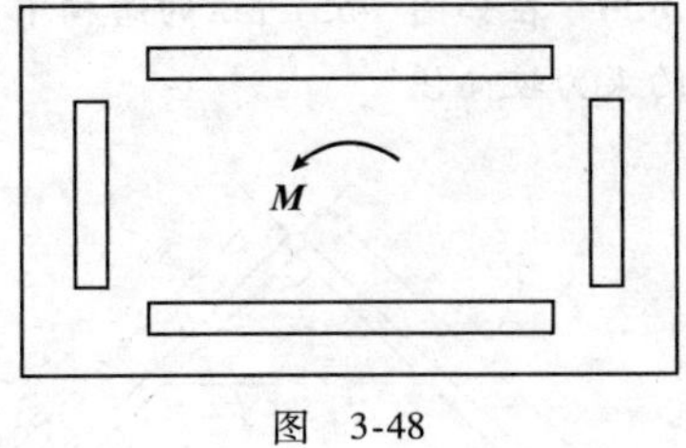

图 3-48

思考题 3-25 如图 3-50 所示 A、B、C、D、E 五点在同一刚体的一个平面上，作用在 A、B、C、D 四点上的力用矢量$\overrightarrow{AB}$、$\overrightarrow{BC}$、$\overrightarrow{CD}$、$\overrightarrow{DE}$表示，那么矢量$\overrightarrow{AE}$是否是该力系的合力？

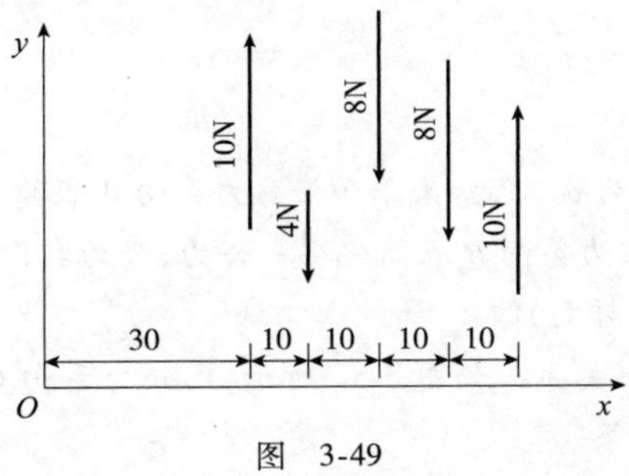

图 3-49

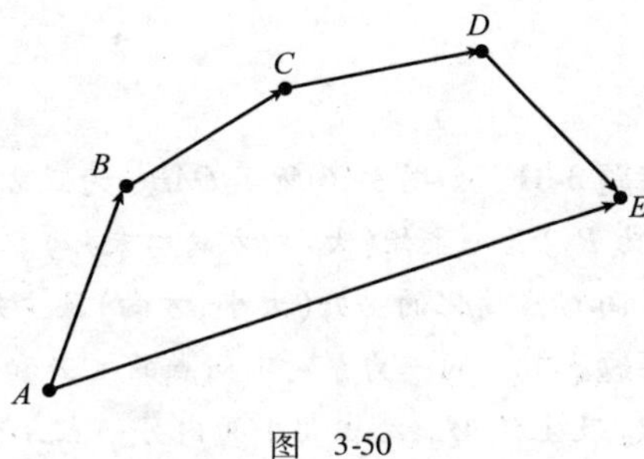

图 3-50

思考题 3-26 如图 3-51 所示，在正方形 $ABCD$ 四个顶点上各作用一个大小均为 $\boldsymbol{F}$ 的力，试确定最终的简化结果。

思考题 3-27 在刚体上 A、B、C 三点分别作用三个力 $\boldsymbol{F}_1$、$\boldsymbol{F}_2$、$\boldsymbol{F}_3$，各力的方向如图 3-52 所示，恰好与三角形 ABC 的边长成比例。问该力系是否平衡？为什么？

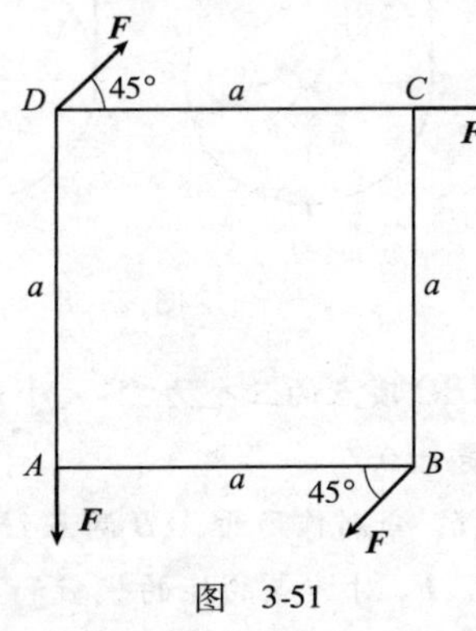

图 3-51

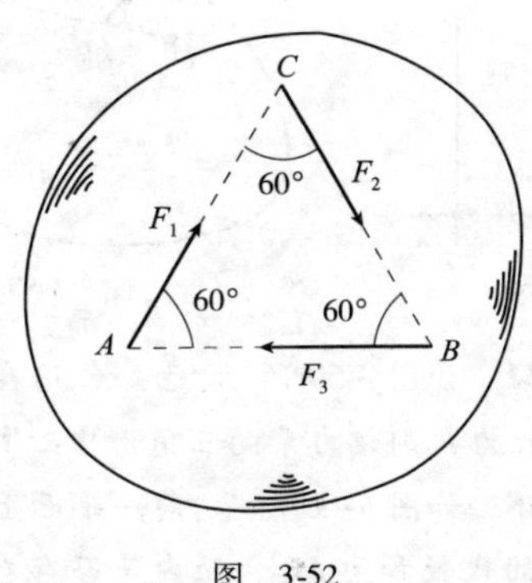

图 3-52

思考题 3-28 在推导平面平行力系平衡方程时，设 x 轴垂直于各平行力。现若取 x 轴和 y 轴都不与各力平行或垂直，如图 3-53 所示，则其独立的平衡方程有几个？

思考题 3-29 力系如图 3-54 所示，且 $F_1 = F_2 = F_3 = F_4$。问力系向点 A 和 B 简化的主矢、主矩是否相等，结果是否等效？

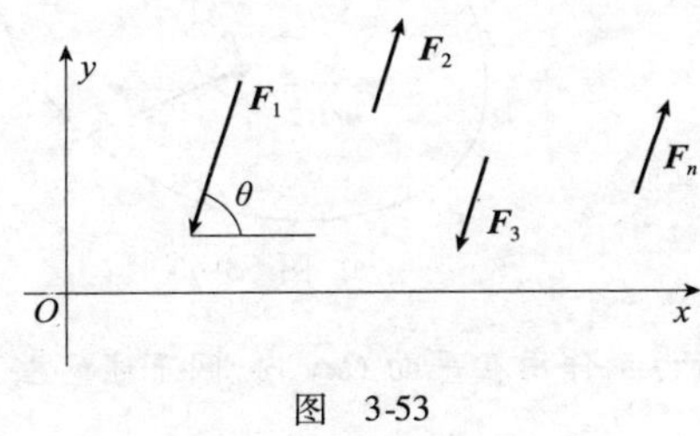

图 3-53

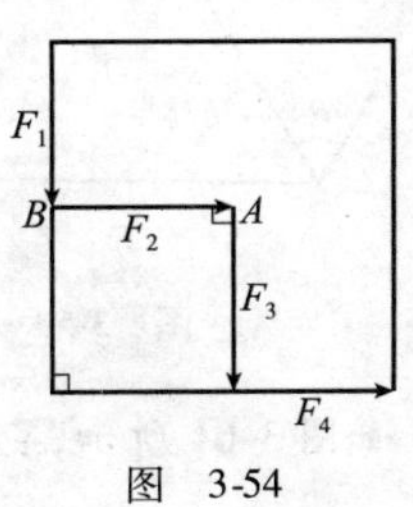

图 3-54

思考题 3-30 在如图 3-55 所示的结构中，已知 BC 杆上作用有力 $\boldsymbol{F}$ 或力偶 $\boldsymbol{M}$，如何选择研究对象求出 A 处的约束力较简便？

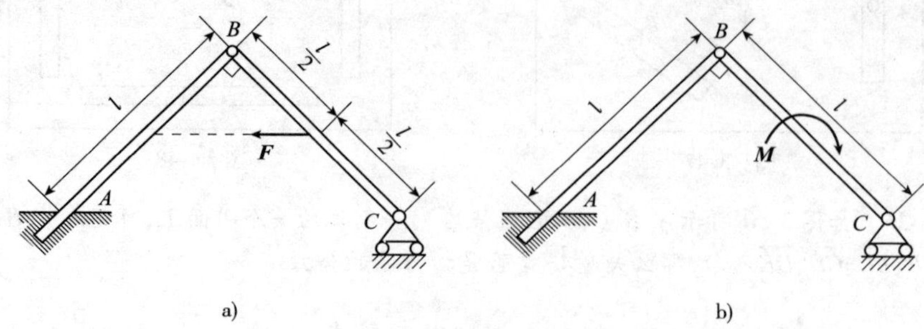

图 3-55

思考题 3-31 如图 3-56 所示 $OABC$ 为正方形，边长为 a。已知某平面任意力系向 A 点简化得一主矢（大小为 R_A）及一主矩（大小、方向均未知）。又已知该力系向 B 点简化得一合力，合力指向 O 点，给出该力系向 C 点简化的主矢（大小、方向）及主矩（大小、转向）。

思考题 3-32 同一力系对不同点的主矢和主矩有何关系？如图 3-57 所示，已知力系向 O 点简化的主矢 $\boldsymbol{R}_O$ 及主矩 $\boldsymbol{M}_O$，给出向平面内另一点 A 简化的结果。

思考题 3-33 如图 3-58 所示，力 $\boldsymbol{F}$ 和力偶$(\boldsymbol{F}',\boldsymbol{F}'')$对轮的作用有何不同？设两轮的半径均为 r，且 $F'=\dfrac{F}{2}$。

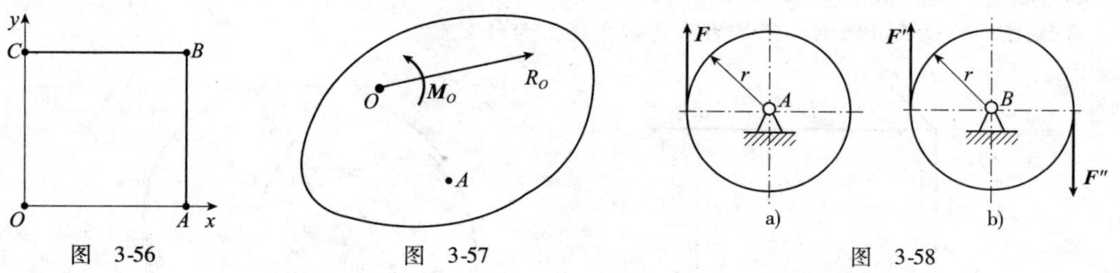

图 3-56　　图 3-57　　图 3-58

思考题 3-34 如图 3-59 所示，已知作用在等边三角形 ABC 顶点的三个力，其大小均为 F，$\theta=60°$，三角形的各边长为 l，则该力系向三角形中心 O 点简化结果是什么？

思考题 3-35 如图 3-60 所示，同一平面上的两个力 $\boldsymbol{F}_1$、$\boldsymbol{F}_2$ 分别作用于 A、B 两点，$\boldsymbol{F}_1$、$\boldsymbol{F}_2$ 对平面内任一点 C 的矩的代数和为 $\boldsymbol{M}_C$。面内是否存在其他点，使 $\boldsymbol{F}_1$、$\boldsymbol{F}_2$ 对该点的矩的代数和也等于 $\boldsymbol{M}_C$？若有，指出这些点的集合；若无，说明其原因。

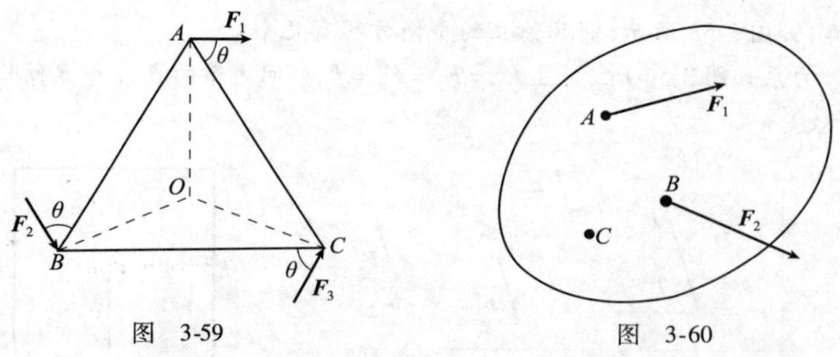

图 3-59　　图 3-60

思考题 3-36 如图 3-61 所示，某平面平衡力系作用在平面 Oxy 内，问下述哪些方程组是该力系的独立平衡方程？

A. $\sum M_A(\boldsymbol{F})=0, \sum M_B(\boldsymbol{F})=0, \sum M_C(\boldsymbol{F})=0$

B. $\sum M_A(\boldsymbol{F})=0, \sum M_O(\boldsymbol{F})=0, \sum F_x=0$

C. $\sum M_A(\boldsymbol{F})=0, \sum M_B(\boldsymbol{F})=0, \sum M_O(\boldsymbol{F})=0$

D. $\sum F_x=0, \sum F_y=0, \sum F_{\overrightarrow{AB}}=0$

思考题 3-37 如图 3-62 所示，一平衡的平面任意力系 $\boldsymbol{F}_1$、$\boldsymbol{F}_2$、…、$\boldsymbol{F}_n$ 作用在平面 Oxy 内，则在平衡方程 $\sum M_A(\boldsymbol{F})=0, \sum M_B(\boldsymbol{F})=0, \sum F_y=0$ 中，有几个独立的平衡方程？

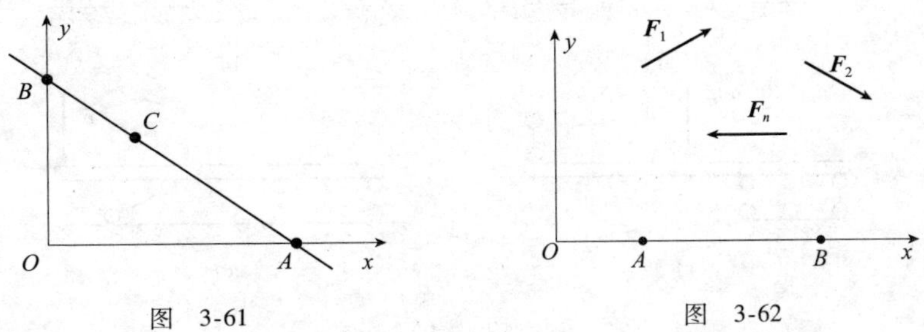

图 3-61　　图 3-62

思考题 3-38 如图 3-63 所示三铰拱，如果将作用在三角拱上的均布力简化为一合力 $\boldsymbol{F}_R$，所求得的支座 A、B 及铰链 C 处的约束力是否有变化？

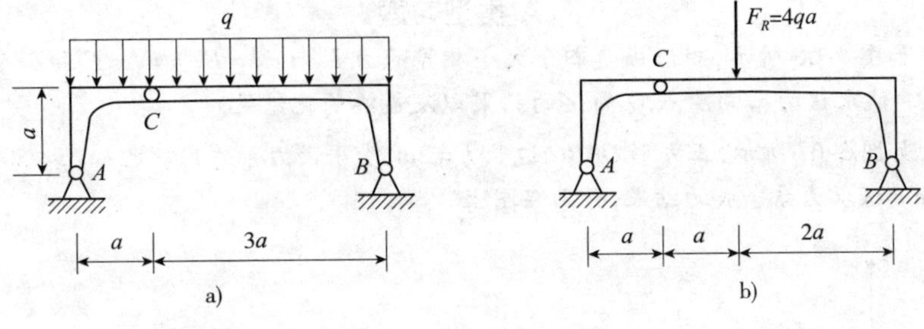

图 3-63

思考题 3-39 怎样判断静定和超静定问题？如图 3-64 所示的六种情形中，哪些是静定问题？哪些是超静定问题？

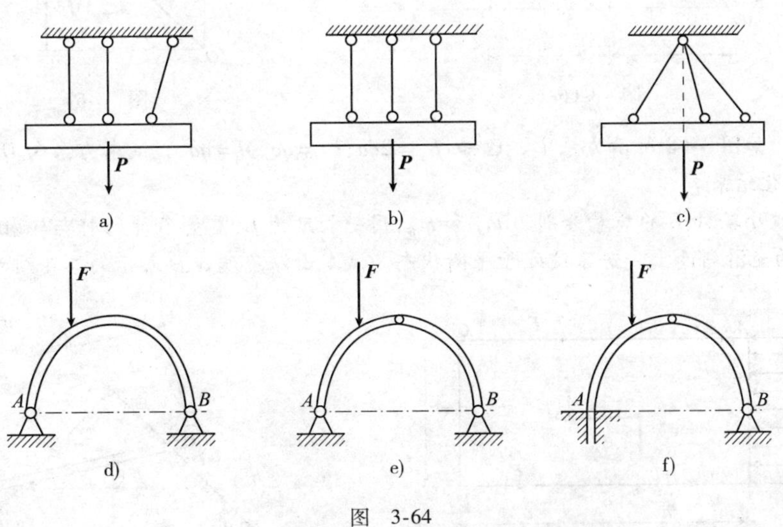

图 3-64

思考题 3-40 指出如图 3-65 所示结构哪些是静定结构，哪些是超静定结构。

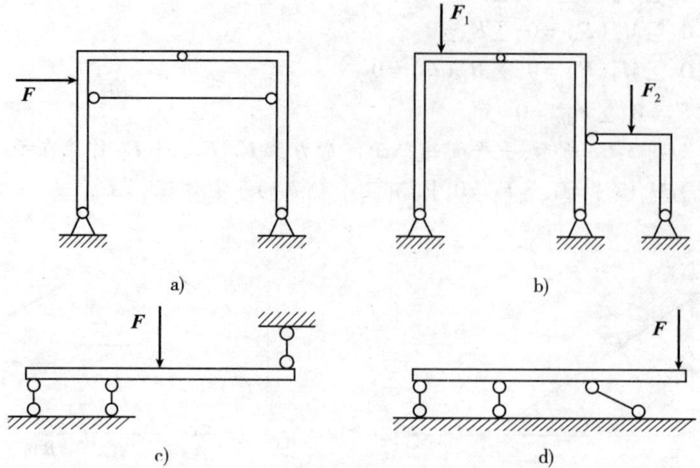

图 3-65

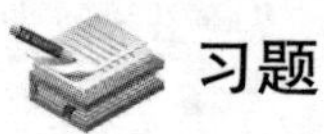

习题

A 类型习题

习题 3-1 如图 3-66 所示,矩形板受四个大小相等的力 $F_1 = F_2 = F_3 = F_4 = F$ 和一个力偶矩为 $M = Fa$ 的力偶作用。试求该力系向原点 O 简化的结果以及最终简化结果。

习题 3-2 如图 3-67 所示,正方形 $OABC$ 边长 $L = 2\text{m}$,受平面力系作用。已知:$q = 50\text{N/m}$,$F = 400\sqrt{2}\text{N}$,$M = 150\text{N}\cdot\text{m}$。试求力系合成的结果,并画在图上。

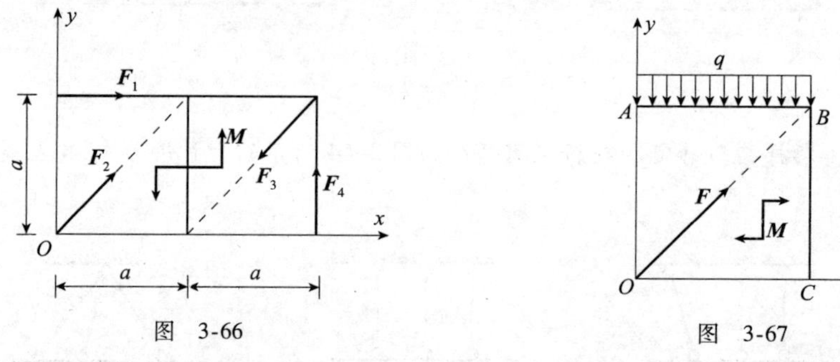

图 3-66　　图 3-67

习题 3-3 如图 3-68 所示力系中。已知:$F_1 = 2qa$,$F_2 = qa$,$M = qa^2$。试求力系向 D 点简化的结果,并求出最终简化结果。

习题 3-4 小轮 A、B 的质量分别为 m_A 和 m_B,用一长度为 L、重量不计的杆与轮相连,并且置于如图 3-69 所示的光滑斜面上。若系统处于平衡状态。试求出以角度 α、β 表示的二轮质量比 m_A/m_B。

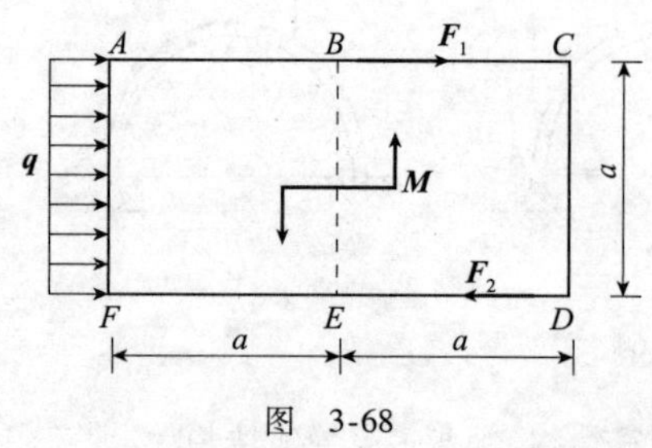

图 3-68

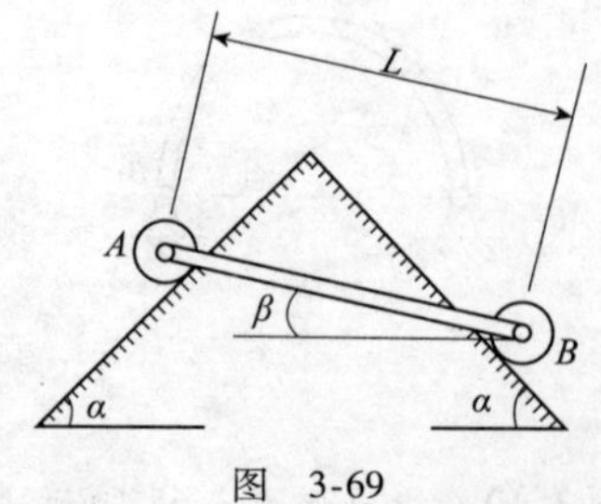

图 3-69

习题 3-5 如图 3-70 所示机构由直角弯杆 ABD、杆 DE 铰接而成。已知：$q=5\sqrt{3}\text{kN/m}$，$F=20\text{kN}$，$M=20\text{kN}\cdot\text{m}$，$a=2\text{m}$，各杆及滑轮自重不计。求系统平衡时活动铰支座 A 及固定端 E 的约束力。

习题 3-6 如图 3-71 所示支架由两杆 AD、CE 和滑轮组成，B 处是光滑铰链连接，在动滑轮上吊有 $Q=1\text{kN}$ 的物体，杆及滑轮自重不计。已知：$L=1\text{m}$，$r=15\text{cm}$。试求支座 A、E 的约束力。

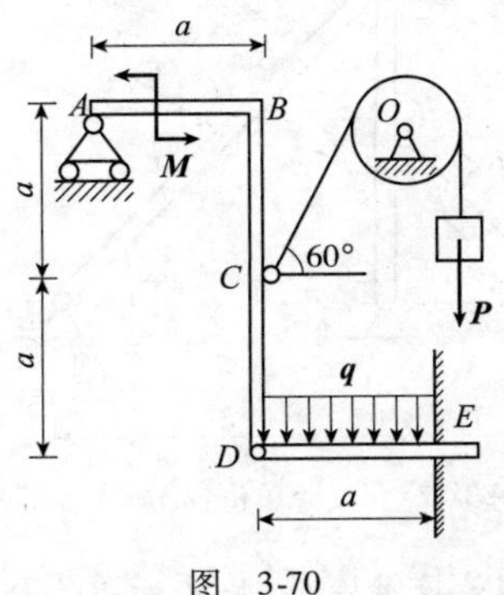

图 3-70

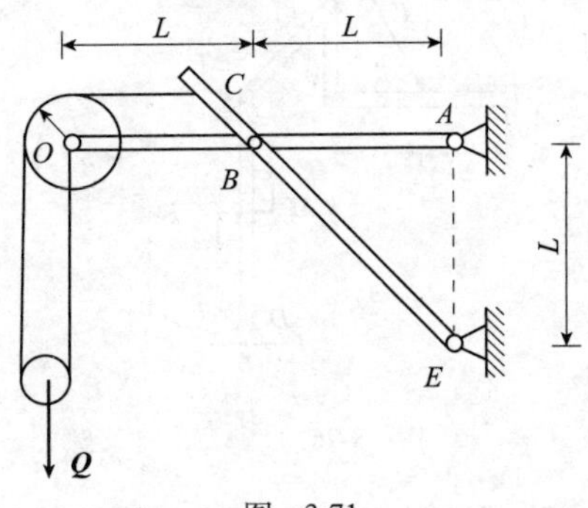

图 3-71

习题 3-7 结构如图 3-72 所示，C 处为铰链，自重不计。已知：$F=100\text{kN}$，$q=20\text{kN/m}$，$M=50\text{kN}\cdot\text{m}$。试求 A、B 两支座的约束力。

习题 3-8 如图 3-73 所示平面构架，自重不计。已知：$M=4\text{kN}\cdot\text{m}$，$q=2\text{kN/m}$，$F=10\text{kN}$，$L=4\text{m}$，$B$、$C$ 为铰接。试求：(1) 固定端 A 的约束力；(2) 杆 BC 的内力。

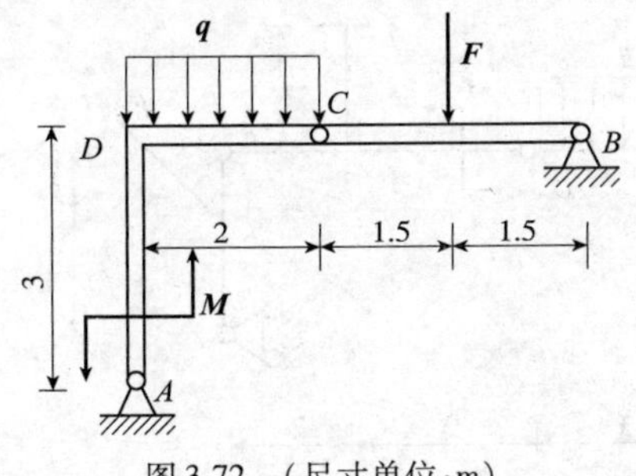

图 3-72 (尺寸单位：m)

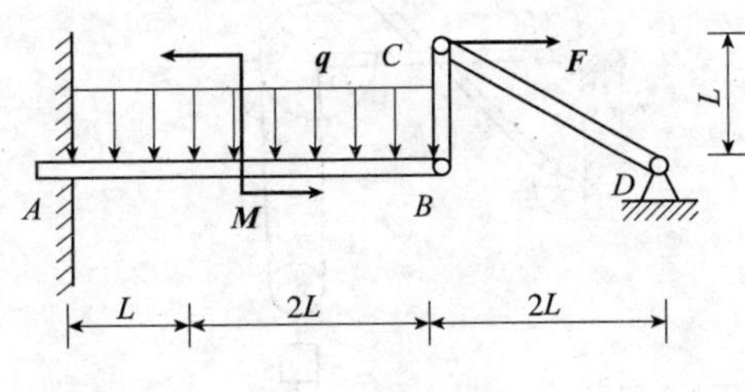

图 3-73

习题 3-9 如图 3-74 所示平面力系，已知：$F_1=F_2=F_3=F_4=F$，$M=Fa$，a 为三角形边长，若以 A 为简化中心，试求合成的最后结果，并在图中画出。

习题 3-10 位于铅垂面内有机构由水平杆 BC、铅垂杆 CD 和斜杆 AB 组成，A、B、C、D 处均为光滑铰接。AB、BC 杆重均为 20N，CD 杆重 10N，$L=10\text{cm}$。在如图 3-75 所示位置 C 点受一水平力 $F=1\,000\text{N}$ 的作用，欲使系统平衡，求作用于 AB 杆上的力偶矩 M 的大小。

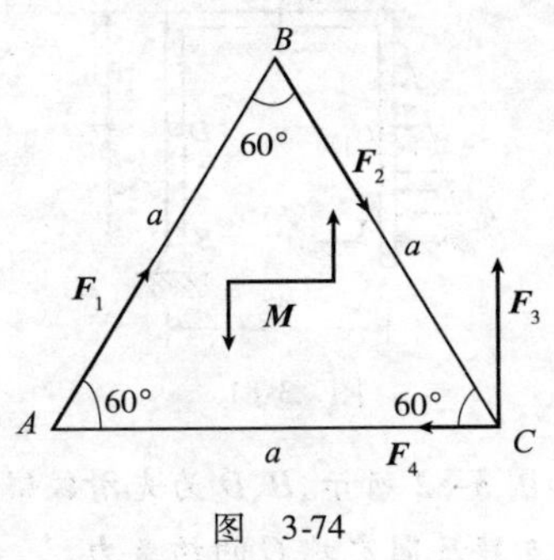

图 3-74

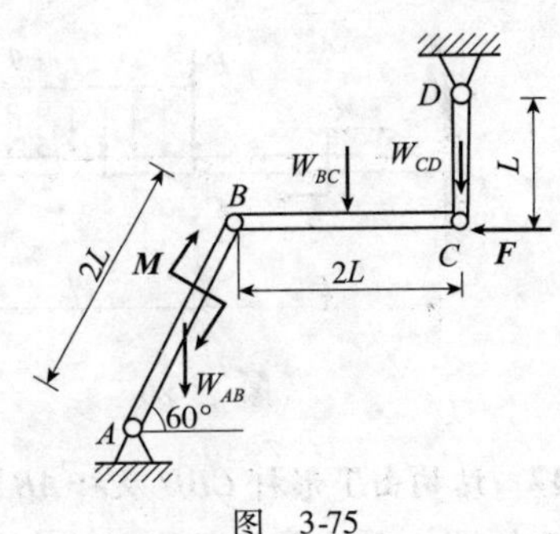

图 3-75

习题 3-11　在如图 3-76 所示刚架中，已知：$F = 10\text{kN}$，$M = 56\text{kN}\cdot\text{m}$，$\theta = 60°$，$\varphi = 45°$，$L = 2\text{m}$；$B$、$C$ 处为铰接，各构件的自重不计。试求：(1)固定端支座 A 的约束力；(2)铰链 C 的约束力。

习题 3-12　结构尺寸如图 3-77 所示，略去各杆自重，C、E 处为铰链，已知：$F = 10\text{kN}$，$M = 12\text{kN}\cdot\text{m}$，试求 A、B、C 处的约束力。

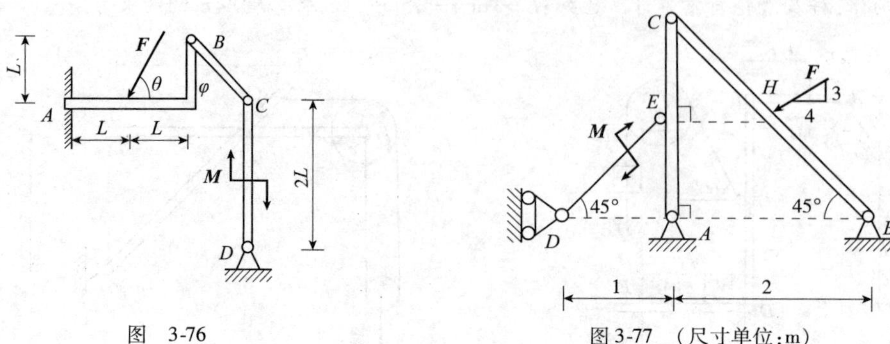

图　3-76　　　图 3-77　（尺寸单位：m）

习题 3-13　支架由两杆 AD、CE 和滑轮等组成。A、B、C、D 都是铰链连接，尺寸如图 3-78 所示，已知：$r = 20\text{cm}$，在滑轮上吊有重 $Q = 1\,000\text{N}$ 的物体，杆及轮重均不计。试求支座 A 和 E 以及 AD 杆上的 D 处约束力。

习题 3-14　结构尺寸如图 3-79 所示。其中 DEA 为倒 T 形刚架，D、E 为光滑铰链，各构架自重均不计，已知：$M = 4\text{kN}\cdot\text{m}$，$F = 2\text{kN}$，$q = 4\text{kN/m}$。试求 B、C 支座及固定端 A 的约束力。

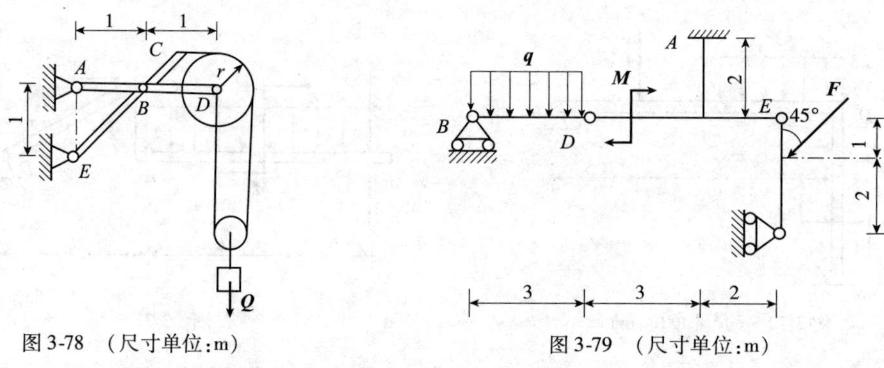

图 3-78　（尺寸单位：m）　　　图 3-79　（尺寸单位：m）

习题 3-15　如图 3-80 所示多跨梁，自重不计。已知：M、F、q、L。试求支座 A、B 的约束力及销钉 C 给 AC 梁的作用力。

习题 3-16　如图 3-81 所示平面结构，各杆自重不计。已知：$q_0 = 6\text{kN/m}$，$M = 5\text{kN}\cdot\text{m}$，$L = 4\text{m}$，$C$、$D$ 为铰链。试求固定端 A 的约束力。

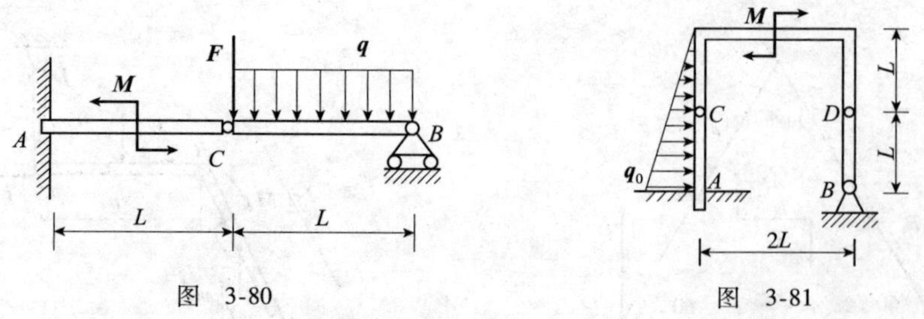

图　3-80　　　图　3-81

习题 3-17　结构由 T 形杆 CBD 及杆 AB、DE 组成，尺寸如图 3-82 所示，B、D 为光滑铰链，各构件自重均不计。已知：$F_1 = 2\text{kN}$，$F_2 = 6\text{kN}$，$M = 4\text{kN}\cdot\text{m}$。试求 A、E 支座及固定端 C 的约束力。

习题 3-18 组合梁如图 3-83 所示，各杆自重不计。已知：$AB=BC=CD=CE=1\text{m}$，$F=10\text{kN}$，$q_0=2\text{kN/m}$。试求：(1)CE 杆的内力；(2)A 处约束力。

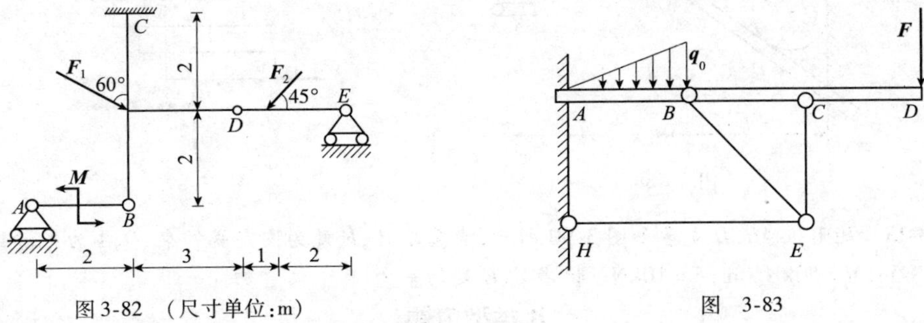

图 3-82 （尺寸单位：m）　　图 3-83

习题 3-19 如图 3-84 所示合梁的自重不计，已知：$F_1=1\text{kN}$，$M=0.6\text{kN}\cdot\text{m}$，$L_1=2\text{m}$，$L_2=3\text{m}$，$H$、$B$、$G$、$D$、$E$ 为铰链。试求支座 A 的约束力。

习题 3-20 在如图 3-85 所示结构中，已知：$F_1=1\text{kN}$，$F_2=0.5\text{kN}$，$q=1\text{kN/m}$，$L_1=4\text{m}$，$L_2=3\text{m}$，各构件自重不计。试求：(1)固定端 A 的约束力；(2)杆 BD 的内力。

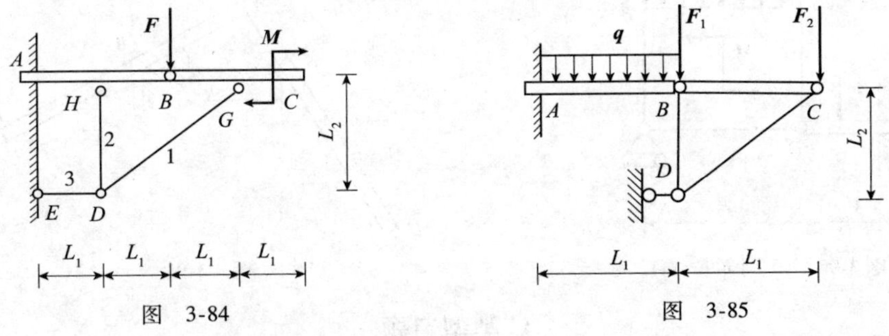

图 3-84　　图 3-85

习题 3-21 如图 3-86 所示结构中 B，C，D，E 为光滑铰链，A 为固定端约束，滑轮半径为 r，已知：$a=40\text{cm}$，$r=10\text{cm}$，$\alpha=30°$，$P=50\text{N}$，$F=100\text{N}$，$q=15\text{N/cm}$。试求 A 处的约束力。

习题 3-22 构架由杆 GC、BD 及 CE 铰接而成，尺寸如图 3-87 所示，不计各杆、绳、滑轮等的重量，不计各处摩擦。已知：物块 A 重为 $\boldsymbol{P}$，$L_1=1\text{m}$，$L_2=0.3\text{m}$。试求：(1)支座 H、E 的约束力；(2)杆 BD 内力；(3)铰 C 处约束力。

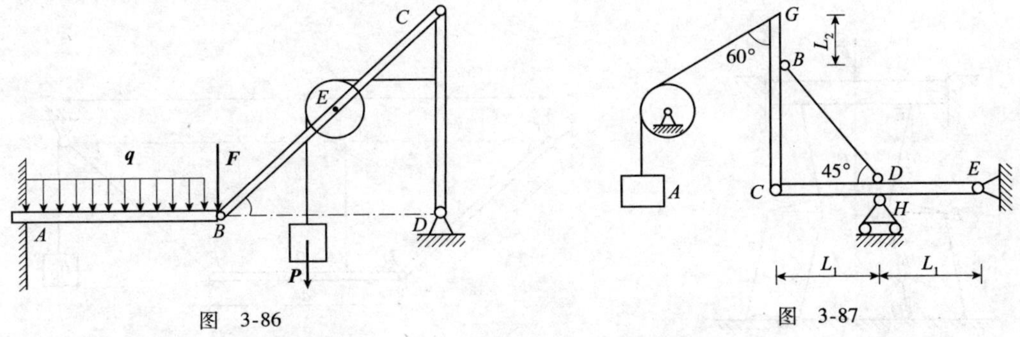

图 3-86　　图 3-87

习题 3-23 在如图 3-88 所示构架中，已知：$AC=5\text{m}$，$BC=4\text{m}$，圆柱重 $P=4\text{kN}$，$AD=2\text{m}$，$L=4\text{m}$，$q=1\text{kN/m}$；各杆自重不计，各处摩擦不计，其他尺寸如图。试求 A、B 的约束力。

习题 3-24 如图 3-89 所示中所示四块砖都是均质的，每块砖的自重为 $\boldsymbol{P}$，砖长为 b，若每块砖的伸出量均为 x，试求处于平衡状态时，伸出量 x 的最大值。若有 n 块砖，问 x 与 n 的关系。

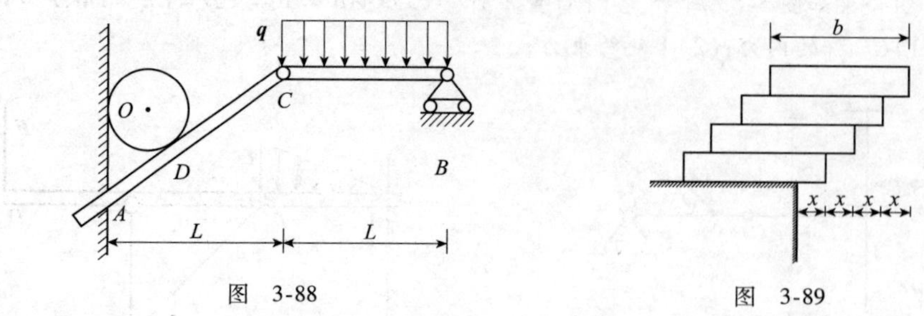

图 3-88　　图 3-89

习题 3-25　矩形板 $ABCD$ 支承如图 3-90 所示，自重不计，E 处为固定端约束，D、A 为光滑铰链。已知：$q=20\text{kN/m}$，$M=50\text{kN}\cdot\text{m}$，$F=10\text{kN}$。试求 A、E 处约束力。

B 类型习题

习题 3-26　如图 3-91 所示，曲杆 DCE 中的 CD、CE 是相互垂直的两段均质杆，每段长为 $2l$，重量均为 P。将这些曲杆放在宽度为 a 的光滑平台上，求平衡时的 φ 角。（《力学与实践》小问题，1994 年第 250 题）

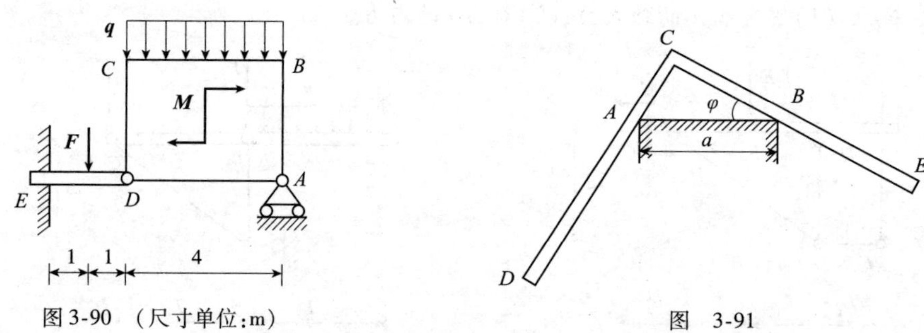

图 3-90　（尺寸单位：m）　　图 3-91

C 类型习题

习题 3-27　如图 3-92 所示，若认为各铰无摩擦，图示曲杆挤压机中两个力之比 F_Q/F 为多大？角度 $\alpha=\beta=8°$。

习题 3-28　如图 3-93 所示，两根等长的、均匀的等截面梁 1 和 2，自重为 $\boldsymbol{G}_1=\boldsymbol{G}_2=\boldsymbol{G}$，在 D 点相互铰接。该梁系在 C 点用铰支座固定在墙上，在 E 点通过绳索与重物 $\boldsymbol{F}_Q$ 相平衡。不考虑索的自重、铰支座和滑轮的摩擦。滑轮半径小到可以忽略。当梁 2 处水平悬挂时，坡深 f 是多少？此时重物 $\boldsymbol{F}_Q$ 需多重？

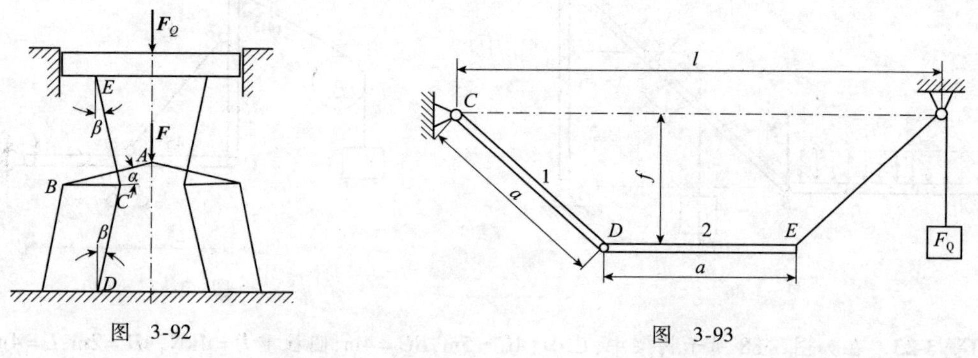

图 3-92　　图 3-93

习题 3-29　如图 3-94 所示，壁厚相同但外径分别为 r_1 和 r_2 的两个圆筒用重量为 $\boldsymbol{G}_K$ 的一个下端开口的箱子固定在图中所示的位置。大圆筒的重量为 $\boldsymbol{G}_1=\alpha\boldsymbol{G}_K$。圆筒和箱子均足够光滑，因而摩擦可以忽略。

(1) 为了不使箱子翻倒，当重量比时 $\alpha = 7.2$，小圆筒外径的取值范围是多少？

(2) 比值 α 取什么范围能使该系统始终稳定？

习题 3-30 如图 3-95 所示的仓库斜台，在 A 点用铰固定在墙上，并用一根在 B 和 C 点处铰支的支柱支撑起来。在斜台上并排地加上可能多至四个的圆筒，圆筒外径均为 r，重量均为 $\boldsymbol{G}$，斜台的重量为 $\boldsymbol{G}_0$。点 A、B 和 C 以及重力 $\boldsymbol{G}$ 和 $\boldsymbol{G}_0$ 均在图示平面内。不考虑摩擦的影响。

(1) 当斜台上加上多至四个圆筒时，支座 A 处垂直力 $\boldsymbol{F}_V$ 的极限值是多少？

(2) 支座 A 处水平方向以及支柱 BC 中的最大载荷是多少？

已知数据：$a = 2.6\text{m}$，$b = 0.8\text{m}$，$r = 0.3\text{m}$，$\alpha = 70°$，$\beta = 60°$，$G_0 = 800\text{N}$，$G = 1\text{kN}$。

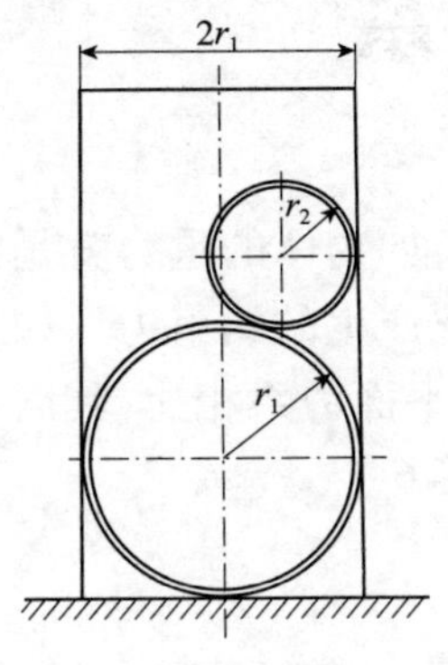

图 3-94

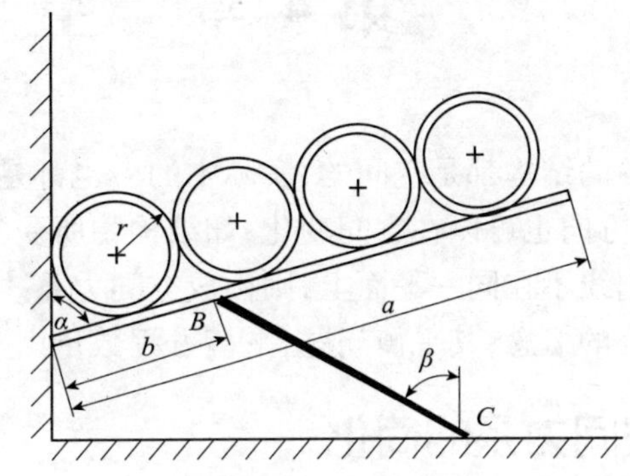

图 3-95

墨子（前 468—前 382），名翟，宋国人。墨家学派创始人，著名的思想家、教育家、科学家、军事家、哲学家。墨子创立了以几何学、物理学、光学为突出成就的一整套科学理论。在当时的百家争鸣时期，有“非儒即墨”之称。

《墨经》：《墨经》为《墨子》书中篇章，内容丰富，文简意赅。全文 4 篇，计 1800 余条，5700 余字。其中，以逻辑学居多，自然科学次之，尚有些条文属于伦理、心理、政法和经济内容。就自然科学言之，属几何学有 10 余条，属物理学有 20 余条。其中，涉及时空观念、机械运动、力系平衡、简单机械等文字。

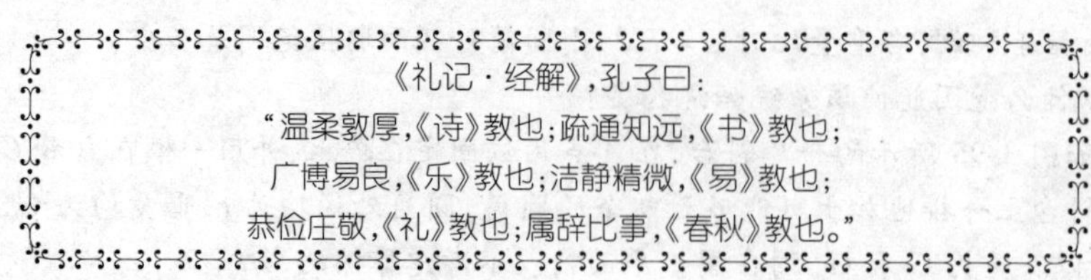
《礼记·经解》，孔子曰：
“温柔敦厚，《诗》教也；疏通知远，《书》教也；
广博易良，《乐》教也；洁静精微，《易》教也；
恭俭庄敬，《礼》教也；属辞比事，《春秋》教也。”

第4章 空间力系

实际中的结构都是空间的，实际中的力也都是空间分布的，如物体的重力就是空间平行力系；力的方向也可以在空间变化，如结构物所受的风力及由此产生的约束力。如果力系中的各力作用线不在同一平面上，则构成空间力系。空间力系与平面力系相比：其简化问题引入了力螺旋的概念；其平衡问题，平衡方程数量由3个增加到了6个。

4.1 空间力系的简化

4.1.1 空间汇交力系的简化

1. 空间汇交力系的简化

设在刚体上作用有空间汇交力系 $\boldsymbol{F}_1,\boldsymbol{F}_2,\cdots,\boldsymbol{F}_n$，利用力的可传性将各力传至汇交点，依次使用共点二力相加的平行四边形法则即可得结论：空间汇交力系可以简化为一个合力，合力作用在汇交点，合力矢量为各力的矢量和 $\boldsymbol{F}_{\mathrm{R}}$。

$$\boldsymbol{F}_{\mathrm{R}}=\sum_{i=1}^{n}\boldsymbol{F}_i \tag{4-1}$$

为求合力的大小与方向，可过汇交点 O 建立直角坐标系 $Oxyz$，利用合矢量的投影定理可得

$$F_{\mathrm{R}x}=\sum_{i=1}^{n}F_{xi},F_{\mathrm{R}y}=\sum_{i=1}^{n}F_{yi},F_{\mathrm{R}z}=\sum_{i=1}^{n}F_{zi} \tag{4-2a}$$

$$F_{\mathrm{R}}=\sqrt{F_{\mathrm{R}x}^2+F_{\mathrm{R}y}^2+F_{\mathrm{R}z}^2} \tag{4-2b}$$

$$\cos\alpha=\frac{F_{\mathrm{R}x}}{F_{\mathrm{R}}},\cos\beta=\frac{F_{\mathrm{R}y}}{F_{\mathrm{R}}},\cos\gamma=\frac{F_{\mathrm{R}z}}{F_{\mathrm{R}}} \tag{4-2c}$$

式中，α、β、γ 为合力与三个坐标轴之间的夹角。

2. 合力之矩定理

设空间任意点 A 到力系的汇交点 O 的矢径为 $\boldsymbol{r}$，则汇交力系诸力对点的 A 合力矩为

$$\sum_{i=1}^{n}\boldsymbol{M}_A(\boldsymbol{F}_i)=\sum_{i=1}^{n}\boldsymbol{r}\times\boldsymbol{F}_i=\boldsymbol{r}\times\sum_{i=1}^{n}\boldsymbol{F}_i=\boldsymbol{r}\times\boldsymbol{F}_{\mathrm{R}}=\boldsymbol{M}_A(\boldsymbol{F}_{\mathrm{R}}) \tag{a}$$

可归纳为以下结论：汇交力系诸力对任意点之矩的矢量和等于该力系的合力对同一点之矩，即

$$\sum_{i=1}^{n}\boldsymbol{M}_A(\boldsymbol{F}_i)=\boldsymbol{M}_A(\boldsymbol{F}_{\mathrm{R}}) \tag{4-3}$$

将上式向通过点 A 的任意轴 z' 投影，导出以下结论：汇交力系诸力对任意轴之矩的代数和等

于该力系的合力对同一轴之矩，即

$$\sum_{i=1}^{n} M_z'(\boldsymbol{F}_i) = M_z'(\boldsymbol{F}_R) \tag{4-4}$$

式(4-3)和式(4-4)称为合力之矩定理，为伐里农(Varignon P.，1654—1722)于1687年提出，因此也称为伐里农定理。

例题 4-1 在刚体上作用有四个汇交力，它们在坐标轴上的投影如表4-1所示，试求这四个力的合力的大小和方向。

解：刚体受汇交力系 $\boldsymbol{F}_1, \boldsymbol{F}_2, \boldsymbol{F}_3, \boldsymbol{F}_4$。

$$F_{Rx} = \sum_{i=1}^{4} F_{i,x} = 1\times10^3 + 2\times10^3 + 2\times10^3 = 5(\text{kN})$$

$$F_{Ry} = \sum_{i=1}^{4} F_{i,y} = 10\times10^3 + 15\times10^3 - 5\times10^3 + 10\times10^3 = 30(\text{kN})$$

$$F_{Ry} = \sum_{i=1}^{4} F_{i,y} = 3\times10^3 + 4\times10^3 + 1\times10^3 - 2\times10^3 = 6(\text{kN})$$

合力的大小与方向余弦为：

$$F_R = \sqrt{F_{Rx}^2 + F_{Ry}^2 + F_{Rz}^2} = 31(\text{kN})$$

$$\cos(\boldsymbol{F}_R, \boldsymbol{i}) = \frac{F_{Rx}}{F_R} = \frac{5}{31}$$

$$\cos(\boldsymbol{F}_R, \boldsymbol{j}) = \frac{F_{Ry}}{F_R} = \frac{30}{31}$$

$$\cos(\boldsymbol{F}_R, \boldsymbol{k}) = \frac{F_z}{F_R} = \frac{6}{31}$$

汇交力系的合成(单位：kN) 表4-1

力系	$\boldsymbol{F}_1$	$\boldsymbol{F}_2$	$\boldsymbol{F}_3$	$\boldsymbol{F}_4$
F_x	1	2	0	2
F_y	10	15	-5	10
F_z	3	4	1	-2

讨论与练习

(1)这是个空间汇交力系的简化问题。

(2)请使用 Maple 编程求解本题。

4.1.2 空间力偶系的简化

同平面的两力偶可以合成一个力偶，合力偶的力偶矩等于分力偶的力偶矩的代数和；这个论断同样适用于空间情况，只需将代数和改为矢量和。

在平面Ⅰ、Ⅱ上各有一个力偶(图4-1)，其力偶矩分别是 $\boldsymbol{M}_1$、$\boldsymbol{M}_2$。根据力偶的特性，可以调整二力偶的力偶臂使其相同；再将二力偶移到两平面的交线处形成力偶($\boldsymbol{F}_1, \boldsymbol{F}_1'$)及力偶($\boldsymbol{F}_2, \boldsymbol{F}_2'$)。将力 $\boldsymbol{F}_1$ 与 $\boldsymbol{F}_2$ 相加，力 $\boldsymbol{F}_1'$ 与 $\boldsymbol{F}_2'$ 相加得二力($\boldsymbol{F}, \boldsymbol{F}'$)，此二力也构成力偶。容易证明，力偶($\boldsymbol{F}, \boldsymbol{F}'$)的力偶矩 $\boldsymbol{M}$ 与力偶矩 $\boldsymbol{M}_1$，$\boldsymbol{M}_2$ 满足平行四边形法则，亦即

$$\boldsymbol{M} = \boldsymbol{M}_1 + \boldsymbol{M}_2 \tag{4-5}$$

由此得结论：二力偶的合成仍为一力偶，其力偶矩等于两力偶矩的矢量和。当有多个力偶合

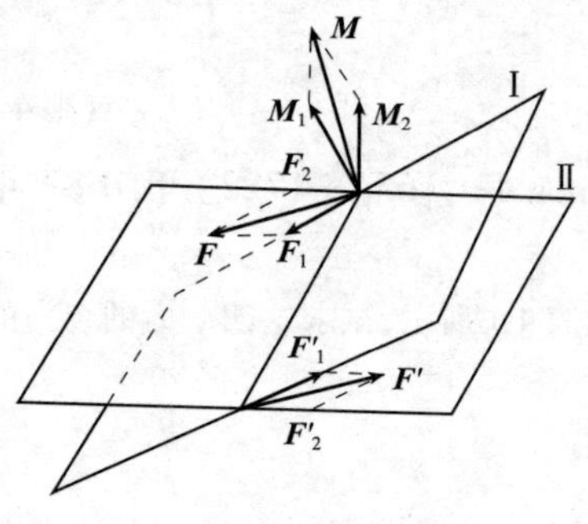

图 4-1　两力偶的合成

成时，可以多次使用式(4-5)，因而可知多个力偶也能合成一个力偶，其力偶矩为各分力偶矩的矢量和，即

$$\boldsymbol{M}_{\mathrm{R}} = \sum_{i=1}^{n} \boldsymbol{M}_i \tag{4-6}$$

因此，力偶系简化的步骤与计算和汇交力系完全相同。

例题 4-2　工件如图 4-2a)所示，它的四个面上同时钻五个孔，每个孔所受的切削力偶矩均为 80N · m。求工件所受合力偶的矩在 x,y,z 轴上的投影 M_x,M_y,M_z。

解：工件受力偶系 $\boldsymbol{M}_1$、$\boldsymbol{M}_2$、$\boldsymbol{M}_3$、$\boldsymbol{M}_4$、$\boldsymbol{M}_5$，将它们平行移到点 A，如图 4-2b)所示。

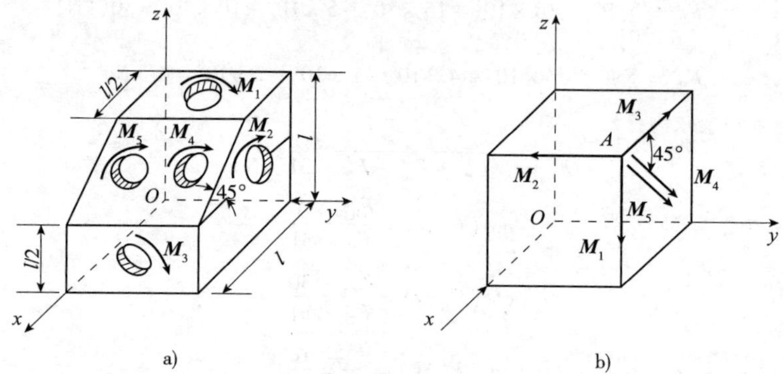

图 4-2　例题 4-2

$$M_x = \sum_{i=1}^{5} M_{i,x} = -M_3 - M_4\cos 45° - M_5\cos 45° = -193.1(\mathrm{N \cdot m})$$

$$M_y = \sum_{i=1}^{5} M_{i,y} = -M_2 = -80(\mathrm{N \cdot m})$$

$$M_z = \sum_{i=1}^{5} M_{i,z} = -M_1 - M_4\sin 45° - M_5\sin 45° = -193.1(\mathrm{N \cdot m})$$

讨论与练习

(1)这是个空间力偶系的简化问题。

(2)请使用 Maple 编程求解本题。

4.1.3　空间任意力系的简化

1)力的平移定理

与力偶不同，力是滑动矢量而不是自由矢量，其作用线若平行移动，就会改变它对刚体的作用效果。

设力 $\boldsymbol{F}$ 作用于点 A，O 为 $\boldsymbol{F}$ 作用线以外的任意确定点。在点 O 处增加由一对力组成的平衡力系$(\boldsymbol{F}',\boldsymbol{F}'')$，$\boldsymbol{F}'$ 与 $\boldsymbol{F}''$ 等值反向，大小均等于 F，它们的作用线与 $\boldsymbol{F}$ 平行，成为由三个力组成的力系$(\boldsymbol{F},\boldsymbol{F}',\boldsymbol{F}'')$，如图 4-3 所示。将其中的 $\boldsymbol{F}'$ 视为 $\boldsymbol{F}$ 的作用点移至点 O 后的力，则 $\boldsymbol{F}$ 与 $\boldsymbol{F}''$ 构成一力偶，称为附加力偶。可得出以下结论：平移力的作用线，必须相应增加一个附加力偶矩才可能与原来的力等效，叫作力的平移定理。即

$$\boldsymbol{F} \Leftrightarrow (\boldsymbol{F}',\boldsymbol{M}) \tag{4-7}$$

$\boldsymbol{M}$ 为附加力偶($\boldsymbol{F},\boldsymbol{F}''$)的力偶矩矢量。令 O 至 A 的矢径为 $\boldsymbol{r}$,由式(2-14)可知,附加力偶矩等于原力 $\boldsymbol{F}$ 对平移点 O 的力矩:

$$\boldsymbol{M}=\boldsymbol{M}_O(\boldsymbol{F})=\boldsymbol{r}\times\boldsymbol{F} \tag{4-8}$$

并垂直于原力的作用线(图 4-3)。

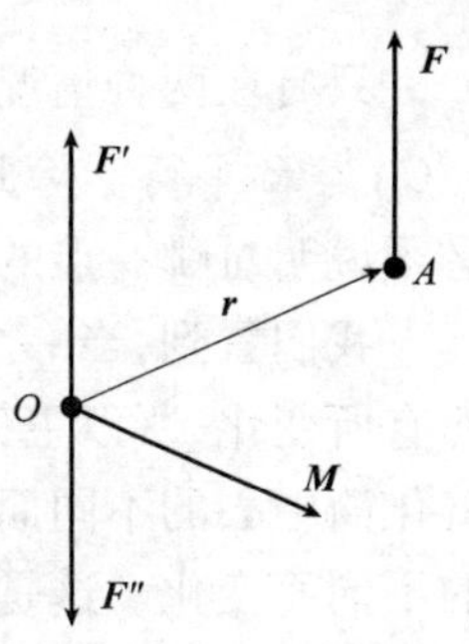

图 4-3 力作用线的平移

作为上述过程的逆过程,一个力与一个垂直于力作用线的力偶合成为一个力,其大小和方向与原力相同,但作用线平行移动。平移方向为该力与力偶的矢积($\boldsymbol{F}'\times\boldsymbol{M}$)方向,平移距离为力偶矩的模与力的模之比($r=M/F'$)。或用位移矢径 $\boldsymbol{r}$ 表示作用线的平移(图 4-3):

$$\boldsymbol{r}=\frac{\boldsymbol{F}'\times\boldsymbol{M}}{(F')^2} \tag{4-9}$$

★力平移的逆过程规定,$\boldsymbol{r}$ 必须与 $\boldsymbol{F}'$ 或 $\boldsymbol{F}$ 正交,而正过程无此限制,两者是否有矛盾?

2)力系的主矢和主矩

空间中,一力可以向一点平移,但必须附加一力偶才能等效,附加力偶的力偶矩矢量等于该力对平移点的力矩矢量。如图 4-4 所示,空间力系($\boldsymbol{F}_1,\boldsymbol{F}_2,\cdots,\boldsymbol{F}_n$)简化时,首先选一点 O 作为简化中心;将各力向简化中心 O 平移,得一作用于简化中心的空间汇交力系($\boldsymbol{F}'_1,\boldsymbol{F}'_2,\cdots,\boldsymbol{F}'_n$)及一空间力偶系,各力偶矩矢量分别等于原作用力对简化中心 O 的力矩矢量,$\boldsymbol{M}_1=\boldsymbol{M}_O(\boldsymbol{F}_1),\boldsymbol{M}_2=\boldsymbol{M}_O(\boldsymbol{F}_2),\cdots,\boldsymbol{M}_n=\boldsymbol{M}_O(\boldsymbol{F}_n)$。将此空间汇交力系合成一个力,它作用在简化中心 O,大小与方向用矢量 R 表示;将此空间力偶系合成一个力偶,其力偶矩用 $\boldsymbol{M}_O$ 表示,则有

$$\boldsymbol{R}=\sum_{i=1}^{n}\boldsymbol{F}'_i=\sum_{i=1}^{n}\boldsymbol{F}_i \tag{4-10a}$$

$$\boldsymbol{M}=\sum_{i=1}^{n}\boldsymbol{M}_i=\sum_{i=1}^{n}\boldsymbol{M}_O(\boldsymbol{F}_i)=\boldsymbol{M}_O \tag{4-10b}$$

与平面情况相同,$\boldsymbol{R}$ 是空间任意力系中各力的矢量和,称为力系的主矢量或主矢;$\boldsymbol{M}$ 是空间力系中各力对简化中心 O 的力矩的矢量和,称为力系对简化中心 O 的主矩。由此得结论:空间任意力系可以简化为在任意选定的简化中心上作用的一个力及一个力偶,力矢量及力偶矩分别用空间力系的主矢及主矩描述。

一个力系的主矢量 $\boldsymbol{R}$ 只有一种算法,而主矩却依赖于矩心的选择。比如矩心由 O 改成 A 时(图 4-5),$\boldsymbol{M}$ 将改变成 $\boldsymbol{M}_A=\sum\boldsymbol{M}_A(\boldsymbol{F}_i)$,其中

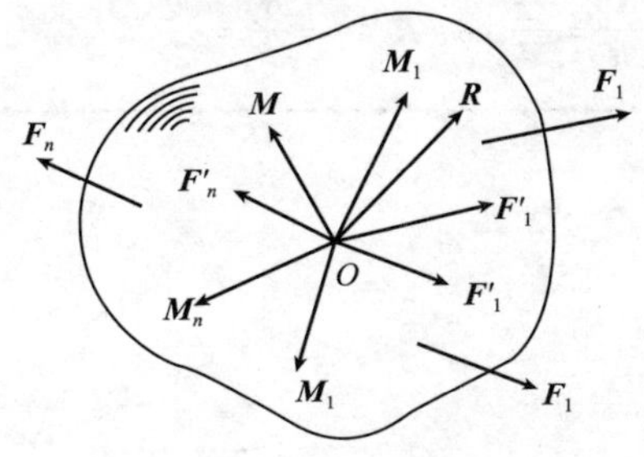

图 4-4 主矢和主矩

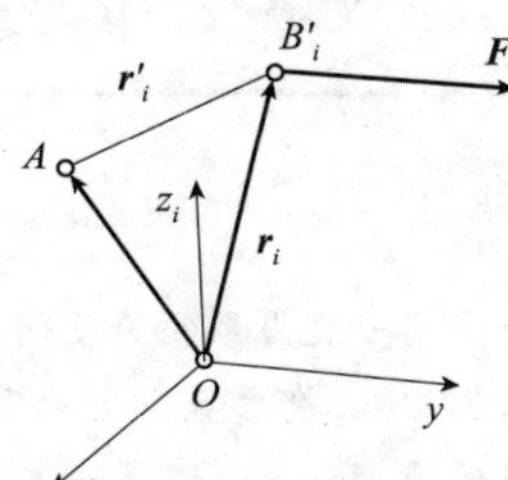

图 4-5 主矩与矩心有关

$$\boldsymbol{M}_A(\boldsymbol{F}_i)=\overrightarrow{AB}_i\times\boldsymbol{F}_i=\boldsymbol{r}'_i\times\boldsymbol{F}_i \tag{b}$$

于是

$$\boldsymbol{M}_O=\sum_i \boldsymbol{r}_i\times\boldsymbol{F}_i=\sum_i(\boldsymbol{r}'_i+\overrightarrow{OA})\times\boldsymbol{F}_i=\sum_i(\boldsymbol{r}'_i\times\boldsymbol{F}_i)+\overrightarrow{OA}\times\sum_i(\boldsymbol{F}_i) \tag{c}$$

因为$\sum_i \boldsymbol{F}_i=\boldsymbol{R}$,所以有

$$\boldsymbol{M}_O=\boldsymbol{M}_A+\overrightarrow{OA}\times\boldsymbol{R} \tag{4-11}$$

只有在两种情况下$\boldsymbol{M}_O$和$\boldsymbol{M}_A$才是一样的,或者是主矢量$\boldsymbol{R}$为零,或者是A取得很特别,使$\overrightarrow{OA}$与$\boldsymbol{R}$平行。除此以外,对于不同的矩心,主矩是不相同的。因此我们说力系的主矩时,必须说明对哪一点的主矩,即必须说明矩心。

我们看到,当一个力系给定以后,它的主矢量就唯一确定了,不会因为化简中心的不同而有所变化,所以主矢量是力系化简过程中的一个不变量。主矩就没有这样的性质,它将随着化简中心的不同而变化,但是,主矢量和主矩的点积却是另一个不变量,它不随化简中心的不同而变化。这是因为

$$\boldsymbol{R}\cdot\boldsymbol{M}_O=\boldsymbol{R}\cdot(\boldsymbol{M}_A+\overrightarrow{OA}\times\boldsymbol{R})=\boldsymbol{R}\cdot\boldsymbol{M}_A \tag{4-12}$$

我们把这个$I_2=\boldsymbol{R}\cdot\boldsymbol{M}$($\boldsymbol{M}$的矩心可以是任意一点)叫作第二静力学不变量,而把$\boldsymbol{R}$叫作第一静力学不变量。更狭义地,我们称$I_1=R^2$为第一静力学不变量。

例题4-3 如图4-6所示,在边长为a的正方体顶点O、F、C和E上作用有4个大小都等于$\boldsymbol{F}$的力。试求此力系的主矢。

解:(1)受力分析

正方体受力系$\boldsymbol{F}_1,\boldsymbol{F}_2,\boldsymbol{F}_3,\boldsymbol{F}_4$,如图4-6所示。

取O点为力系简化中心,建立直角坐标系$Oxyz$,各轴单位矢量分别为$\boldsymbol{i}$、$\boldsymbol{j}$、$\boldsymbol{k}$。

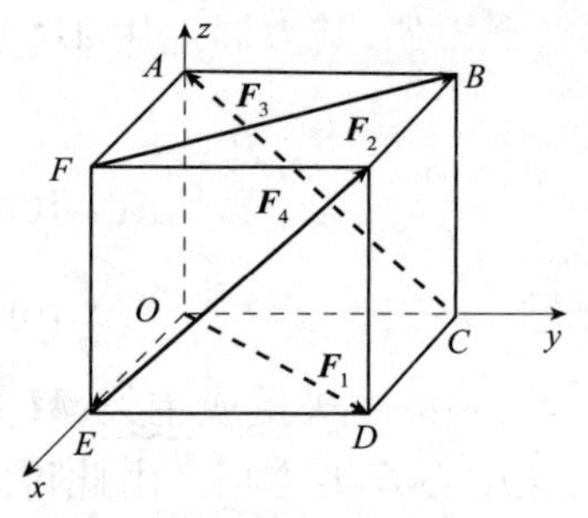

图4-6 例题4-3

将各力表示为

$$\boldsymbol{F}_1=\frac{\sqrt{2}}{2}F(\boldsymbol{i}+\boldsymbol{j}),\boldsymbol{F}_2=\frac{\sqrt{2}}{2}F(-\boldsymbol{i}+\boldsymbol{j})$$

$$\boldsymbol{F}_3=\frac{\sqrt{2}}{2}F(-\boldsymbol{j}+\boldsymbol{k}),\boldsymbol{F}_4=\frac{\sqrt{2}}{2}F(\boldsymbol{j}+\boldsymbol{k})$$

(2)求主矢R

力系的主矢为

$$\boldsymbol{R}=\sum_{i=1}^{4}\boldsymbol{F}_i=\sqrt{2}F(\boldsymbol{j}+\boldsymbol{k})$$

$$R_x=0,R_y=\sqrt{2}F,R_z=\sqrt{2}F$$

主矢的大小

$$R=\sqrt{R_x^2+R_y^2+R_z^2}=2F$$

主矢的方向余弦

$$\cos(\boldsymbol{R},\boldsymbol{i})=\frac{R_x}{R}=0,\cos(\boldsymbol{R},\boldsymbol{j})=\frac{R_y}{R}=\frac{\sqrt{2}}{2},\cos(\boldsymbol{R},\boldsymbol{k})=\frac{R_z}{R}=\frac{\sqrt{2}}{2}$$

讨论与练习

(1)这是个空间一般力系的简化问题。

(2)选择简化中心,建立直角坐标系,求出主矢。

(3)请读者使用Maple编程求解本题。

例题4-4 如图4-7所示,长方体的三边为a、b、c,沿这三边作用3个力$\boldsymbol{F}_1$、$\boldsymbol{F}_2$、$\boldsymbol{F}_3$。试求:(1)力系的主矢;(2)对点H的主矩;(3)对点C的主矩。

解:(1)受力分析

长方体受力系 $\boldsymbol{F}_1,\boldsymbol{F}_2,\boldsymbol{F}_3$，如图 4-7 所示。

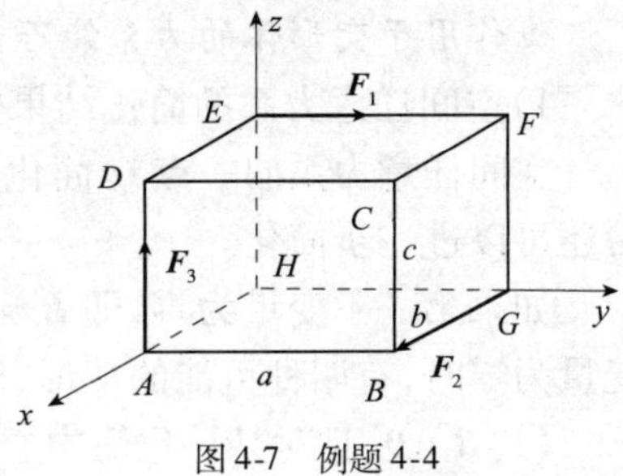

图 4-7　例题 4-4

建立直角坐标系 $Hxyz$，将各力及其作用点表示成矢量。

$$\boldsymbol{F}_1 = F_1\boldsymbol{j},\boldsymbol{F}_2 = F_2\boldsymbol{i},\boldsymbol{F}_3 = F_3\boldsymbol{k}$$

$$\boldsymbol{r}_1 = c\boldsymbol{k},\boldsymbol{r}_2 = a\boldsymbol{j},\boldsymbol{r}_3 = b\boldsymbol{i}$$

各力对点 H 的矩为

$$\boldsymbol{M}_H(\boldsymbol{F}_1) = \boldsymbol{r}_1 \times \boldsymbol{F}_1 = c\boldsymbol{k} \times F_1\boldsymbol{j} = -cF_1\boldsymbol{i}$$

$$\boldsymbol{M}_H(\boldsymbol{F}_2) = \boldsymbol{r}_2 \times \boldsymbol{F}_2 = a\boldsymbol{j} \times F_2\boldsymbol{i} = -aF_2\boldsymbol{k}$$

$$\boldsymbol{M}_H(\boldsymbol{F}_3) = \boldsymbol{r}_3 \times \boldsymbol{F}_3 = b\boldsymbol{i} \times F_3\boldsymbol{k} = -bF_3\boldsymbol{j}$$

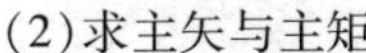

(2)求主矢与主矩

①取点 H 为力系简化中心。

a. 主矢：

$$\boldsymbol{R} = \sum_{i=1}^{3}\boldsymbol{F}_i = F_2\boldsymbol{i} + F_1\boldsymbol{j} + F_3\boldsymbol{k}$$

b. 主矩：

$$\boldsymbol{M}_H = \sum_{i=1}^{3}\boldsymbol{M}_H(\boldsymbol{F}_i) = -(cF_1\boldsymbol{i} + bF_3\boldsymbol{j} + aF_2\boldsymbol{k})$$

②取点 C 为力系简化中心。

a. 主矢：

$$\boldsymbol{R} = F_2\boldsymbol{i} + F_1\boldsymbol{j} + F_3\boldsymbol{k}$$

b. 主矩：

$$\begin{aligned}\boldsymbol{M}_C &= \boldsymbol{M}_H + \overrightarrow{CH} \times \boldsymbol{R}\\ &= -(cF_1\boldsymbol{i} + bF_3\boldsymbol{j} + aF_2\boldsymbol{k}) + \frac{-1}{\sqrt{a^2+b^2+c^2}}(b\boldsymbol{i} + a\boldsymbol{j} + c\boldsymbol{k}) \times (F_2\boldsymbol{i} + F_1\boldsymbol{j} + F_3\boldsymbol{k})\\ &= -(aF_3\boldsymbol{i} + cF_2\boldsymbol{j} + bF_1\boldsymbol{k})\end{aligned}$$

讨论与练习

(1)这是个空间一般力系的简化问题。

(2)主矢 $\boldsymbol{R}$ 与简化中心的选择无关。

(3)主矩 M 与选择简化中心的选择有关。

(4)请读者使用 Maple 编程求解本题。

3)合力之矩定理

式(4-11)中的 $\boldsymbol{M}_A$ 为力系诸力对点 A 之矩的矢量和，$\overrightarrow{AO} \times \boldsymbol{R}$ 为力系的主矢 $\boldsymbol{R}$ 对点 A 这矩，因此可改写为

$$\sum_{i=1}^{n}\boldsymbol{M}_A(\boldsymbol{F}_i) = \boldsymbol{M} + \boldsymbol{M}_A(\boldsymbol{R}) \tag{4-13}$$

上式表明：空间任意力系诸力对任意点 A 之矩的矢量和等于该力系向点 O 简化的主矢 $\boldsymbol{R}$ 对点 A 之矩与主矩 $\boldsymbol{M}$ 的矢量和。在主矩为零的特殊条件下，主矢成为力系的合力，上式简化为

$$\sum_{i=1}^{n}\boldsymbol{M}_A(\boldsymbol{F}_i) = \boldsymbol{M}_A(\boldsymbol{R}) \tag{4-14}$$

与式(4-3)对照可看出，合力之矩定理不仅适用于汇交力系，而且也适用于主矩为零的空间一般力系：空间一般力系诸力对任意点之矩的矢量和等于该力系的合力(若该力系存在合力)对同一点之矩。此即空间一般力系的合力之矩定理。汇交力系的合力之矩定理(4-3)是该定理的特例。

★作用于变形体的力系能否向任意简化中心简化为一主矢和一主矩？

4)空间任意力系的简化结果分析

空间任意力系向一点 O 简化为一力(力矢量为主矢量 $\boldsymbol{R}$)及一力偶(力偶矩为主矩 $\boldsymbol{M}_O$)后还可以进一步简化。

如果第一不变量为零,即 $\boldsymbol{R}=\boldsymbol{0}$,则第二不变量将随之为零,即 $\boldsymbol{R}\cdot\boldsymbol{M}=0$。但是,第二不变量为零时,有四种可能的情形,分别说明如下:

(1)$\boldsymbol{R}=\boldsymbol{0}$,且对某一化简中心 O 的主矩 $\boldsymbol{M}_O=\boldsymbol{0}$。于是这个力系与零力系等效,这是一个平衡力系。

(2)$\boldsymbol{R}=\boldsymbol{0}$,但 $\boldsymbol{M}_O\neq\boldsymbol{0}$。于是由式(4-11),对任意化简中心 A 的主矩 $\boldsymbol{M}_A=\boldsymbol{M}_O$。这个力系和一个力偶矩等于 $\boldsymbol{M}_O$ 的力偶等效,或者说,力系合成为一个力偶

$$\boldsymbol{M}_{\mathrm{R}}=\boldsymbol{M}_O \tag{4-15}$$

这个力偶叫作合力偶。

(3)$\boldsymbol{R}\neq\boldsymbol{0}$,而 $\boldsymbol{M}_O=\boldsymbol{0}$。力系等效于经过化简中心 O 的一个力

$$\boldsymbol{F}_{\mathrm{R}}=\boldsymbol{R} \tag{4-16}$$

即力系合成为一个力。这个力叫作合力。

(4)$\boldsymbol{R}\neq\boldsymbol{0},\boldsymbol{M}_O\neq\boldsymbol{0}$,但 $\boldsymbol{R}\cdot\boldsymbol{M}_O=0$,即 $\boldsymbol{R}$ 与 $\boldsymbol{M}_O$ 互相垂直。这时可以找到另一个化简中心 A,使力系对于新的化简中心 A 的主矩 $\boldsymbol{M}_A=0$。于是力系合成为一个力 $\boldsymbol{F}$。这个合力经过 A 点[图 4-8a)]。

$$\boldsymbol{F}_{\mathrm{R}}=\boldsymbol{R},\overrightarrow{OA}=\frac{\boldsymbol{R}\times\boldsymbol{M}_O}{R^2} \tag{4-17a}$$

证明:由于 $\boldsymbol{M}_A=\boldsymbol{0}$,所以 $\boldsymbol{M}_O=\overrightarrow{OA}\times\boldsymbol{R}$;两边叉乘 $\boldsymbol{R}$ 得,$\boldsymbol{R}\times\boldsymbol{M}_O=\boldsymbol{R}\times(\overrightarrow{OA}\times\boldsymbol{R})$;展开三重矢积:

$$\boldsymbol{R}\times\boldsymbol{M}_O=\overrightarrow{OA}(\boldsymbol{R}\cdot\boldsymbol{R})-\boldsymbol{R}(\boldsymbol{R}\cdot\overrightarrow{OA}) \tag{d}$$

因 $\boldsymbol{R}\perp\overrightarrow{OA}$,所以 $\boldsymbol{R}\cdot\overrightarrow{OA}=0$;又 $\boldsymbol{R}\cdot\boldsymbol{R}=R^2$,代入式(d)即可得式(4-15)。

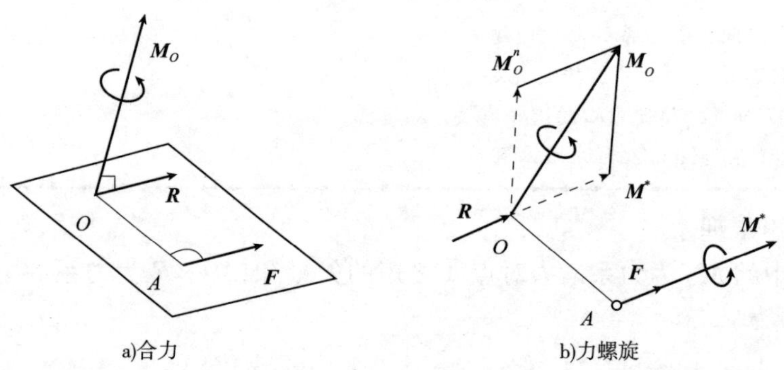

图 4-8　合力与力螺旋

合力作用线方程为

$$\frac{x-x_A}{R_x}=\frac{x-y_A}{R_y}=\frac{z-z_A}{R_z} \tag{4-17b}$$

(5)$\boldsymbol{R}\cdot\boldsymbol{M}_O>0$,且 $\boldsymbol{R}\times\boldsymbol{M}_O=0$,即 $\boldsymbol{R}$ 与 $\boldsymbol{M}_O$ 平行,同向。这时最简的等效力系只包含一个力和一个力偶:力 $\boldsymbol{F}$ 的作用点在 O 点,其大小和方向与主矢量 $\boldsymbol{R}$ 相同;力偶的力偶矩等于 $\boldsymbol{M}_O$,其方向与主矢量 $\boldsymbol{R}$ 平行,同向。这种力系叫作力螺旋。力偶与力同向的叫作右力螺旋;反之,力偶与力反向的叫作左力螺旋。力螺旋中力的作用线也叫作中心轴。所以此种情况

为中心轴过 O 点的右力螺旋：

$$\boldsymbol{F}=\boldsymbol{R},\boldsymbol{M}=\frac{M_O}{R}\boldsymbol{R} \tag{4-18a}$$

(6)$\boldsymbol{R}\cdot\boldsymbol{M}_O<0$,且 $\boldsymbol{R}\times\boldsymbol{M}_O=0$,即 $\boldsymbol{R}$ 与 $\boldsymbol{M}_O$ 平行,反向。所以此种情况为中心轴过 O 点的左力螺旋：

$$\boldsymbol{F}=\boldsymbol{R},\boldsymbol{M}=-\frac{M_O}{R}\boldsymbol{R} \tag{4-18b}$$

(7)$\boldsymbol{R}\cdot\boldsymbol{M}_O>0$,但 $\boldsymbol{R}\times\boldsymbol{M}_O\neq 0$,即 $\boldsymbol{R}$ 与 $\boldsymbol{M}_O$ 夹角成锐角。

我们把力系对某一化简中心 O 点的主矩 $\boldsymbol{M}_O$ 分解为平行于主向量 $\boldsymbol{R}$ 的分量 $\boldsymbol{M}^*$ 和垂直于 $\boldsymbol{R}$ 的分量 $\boldsymbol{M}_O^n$(图 4-8b),设

$$\boldsymbol{M}^*=p\boldsymbol{R} \tag{e}$$

p 的量纲是长度,则不难求得

$$p=\frac{\boldsymbol{R}\cdot\boldsymbol{M}}{R^2} \tag{f}$$

可见 p 以及 $\boldsymbol{M}^*$ 都完全由第一和第二不变量确定,因而不随化简中心的不同而变化。同情况(4)中一样,我们可以选取这样的化简中心 A,使得

$$\overrightarrow{OA}=\frac{\boldsymbol{R}\times\boldsymbol{M}_O^n}{R^2}=\frac{\boldsymbol{R}\times\boldsymbol{M}_O}{R^2} \tag{g}$$

于是,力系对 A 点主矩 $\boldsymbol{M}_A$ 的垂直分量 $\boldsymbol{M}_A^n=\boldsymbol{0}$。空间任意力系最后可以简化为正则形式:作用于 A 点的一个力 $\boldsymbol{F}$ 及一个力偶 $\boldsymbol{M}^*$。所以此种情况为中心轴过 A 点的右力螺旋：

$$\boldsymbol{F}=\boldsymbol{R},\boldsymbol{M}^*=\frac{\boldsymbol{R}\cdot\boldsymbol{M}_O}{R^2}\boldsymbol{R},\overrightarrow{OA}=\frac{\boldsymbol{R}\times\boldsymbol{M}_O}{R^2} \tag{4-19a}$$

(8)$\boldsymbol{R}\cdot\boldsymbol{M}_O<0$,但 $\boldsymbol{R}\times\boldsymbol{M}_O\neq 0$,即 $\boldsymbol{R}$ 与 $\boldsymbol{M}_O$ 夹角成钝角。所以此种情况为中心轴过 A 点的左力螺旋：

$$\boldsymbol{F}=\boldsymbol{R},\boldsymbol{M}^*=-\frac{(-\boldsymbol{R}\cdot\boldsymbol{M}_O)}{R^2}\boldsymbol{R},\overrightarrow{OA}=\frac{\boldsymbol{R}\times\boldsymbol{M}_O}{R^2} \tag{4-19b}$$

力螺旋既不可能与一个力等效,也不可能与一个力偶等效,因此也是一个最简单力系。它是空间一般力系简化的最一般形式。力螺旋在工程中具有广泛的应用,例如拧木螺钉时为克服木板对螺钉的阻力所施加的力和力矩就是右力螺旋($\boldsymbol{R}\cdot\boldsymbol{M}>0$)的实例[图 4-9a)];而空气作用于飞机的螺旋桨上的推进力和阻力矩就是左力螺旋($\boldsymbol{R}\cdot\boldsymbol{M}<0$)的实例[图 4-9b)]。

空间任意力系简化成正则形式的中心轴方程可以用空间直线方程表示,如图 4-10 所示,设中心轴上任一点 $B(x,y,z)$,都有

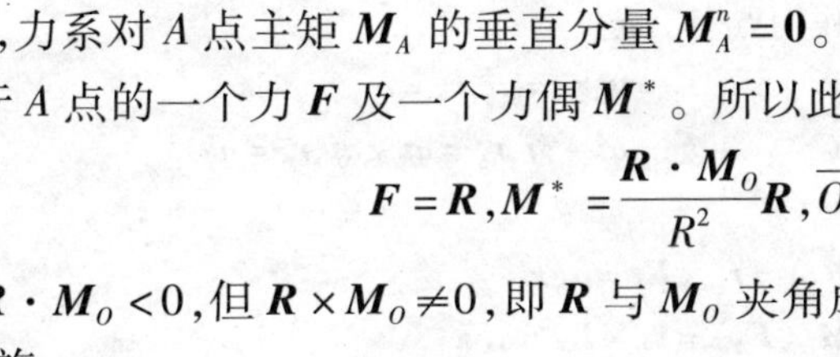

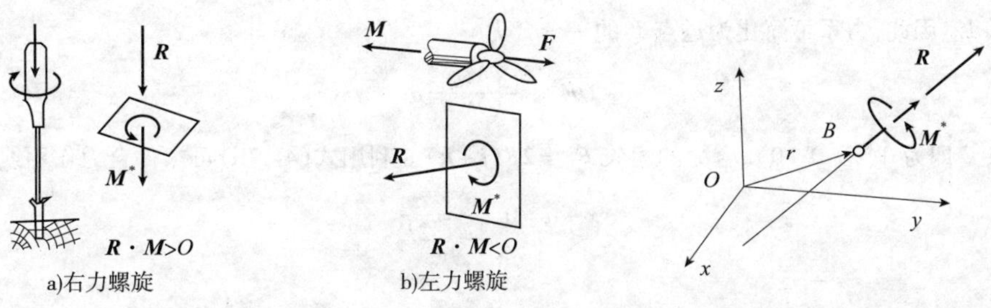

图 4-9 两种力螺旋实例

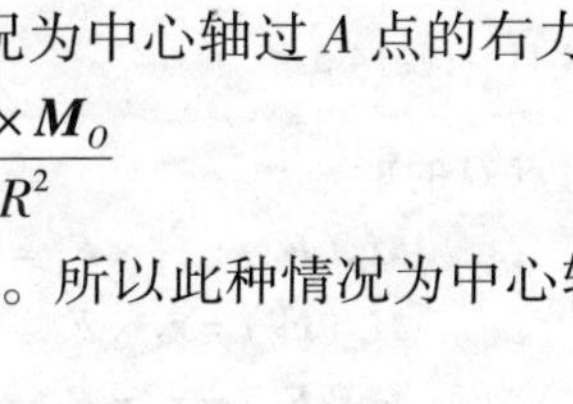

图 4-10 中心轴

$$\boldsymbol{M}_B = \boldsymbol{M}^* = p\boldsymbol{R} \tag{h}$$

但由式(4-11)得

$$\boldsymbol{M}_O = \boldsymbol{M}_B + \boldsymbol{r} \times \boldsymbol{R} \tag{i}$$

它是中心轴的矢量表示式。用直角坐标表示为

$$\frac{M_{Ox} - (yR_z - zR_y)}{R_x} = \frac{M_{Oy} - (zR_x - xR_z)}{R_y} = \frac{M_{Oz} - (xR_y - yR_x)}{R_z} = p \tag{4-20a}$$

力螺旋的中心轴方程可以简洁地表示为

$$\frac{x - x_A}{R_x} = \frac{x - y_A}{R_y} = \frac{z - z_A}{R_z} \tag{4-20b}$$

例题 4-5 大小均为 F 的 6 个力作用于边长为 a 的正方体的棱边上，方向如图 4-11 所示。试求此力系的最简结果。

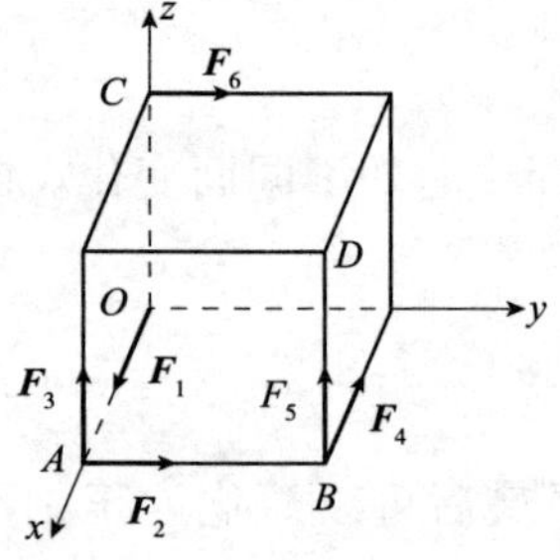

图 4-11 例题 4-5

解:(1)受力分析

正方体受力系 $\boldsymbol{F}_1, \boldsymbol{F}_2, \boldsymbol{F}_3, \boldsymbol{F}_4, \boldsymbol{F}_5, \boldsymbol{F}_6$，如图 4-11 所示。

取 O 点为力系简化中心，建立直角坐标系 $Oxyz$。将各力表示为矢量

$$\boldsymbol{F}_1 = F\boldsymbol{i}, \boldsymbol{F}_2 = F\boldsymbol{j}, \boldsymbol{F}_3 = F\boldsymbol{k}$$

$$\boldsymbol{F}_4 = -F\boldsymbol{i}, \boldsymbol{F}_5 = F\boldsymbol{k}, \boldsymbol{F}_6 = F\boldsymbol{j}$$

将各力的作用点表示成矢量

$$\boldsymbol{r}_1 = \boldsymbol{0}, \boldsymbol{r}_2 = a\boldsymbol{i}, \boldsymbol{r}_3 = a\boldsymbol{i}$$

$$\boldsymbol{r}_4 = a\boldsymbol{i} + a\boldsymbol{j}, \boldsymbol{r}_5 = a\boldsymbol{i} + a\boldsymbol{j}, \boldsymbol{r}_6 = a\boldsymbol{k}$$

各力对点 O 的矩

$$\boldsymbol{M}_O(\boldsymbol{F}_1) = \boldsymbol{r}_1 \times \boldsymbol{F}_1 = \boldsymbol{0}, \boldsymbol{M}_O(\boldsymbol{F}_2) = \boldsymbol{r}_2 \times \boldsymbol{F}_2 = aF\boldsymbol{k}$$

$$\boldsymbol{M}_O(\boldsymbol{F}_3) = \boldsymbol{r}_3 \times \boldsymbol{F}_3 = -aF\boldsymbol{j}, \boldsymbol{M}_O(\boldsymbol{F}_4) = \boldsymbol{r}_4 \times \boldsymbol{F}_4 = aF\boldsymbol{k}$$

$$\boldsymbol{M}_O(\boldsymbol{F}_5) = \boldsymbol{r}_5 \times \boldsymbol{F}_5 = aF(\boldsymbol{i} - \boldsymbol{j}), \boldsymbol{M}_O(\boldsymbol{F}_6) = \boldsymbol{r}_6 \times \boldsymbol{F}_6 = -aF\boldsymbol{i}$$

(2)求主矢 R 和主矩 M_O

力系的主矢

$$\boldsymbol{R} = \sum_{i=1}^{6} \boldsymbol{F}_i = 2F(\boldsymbol{j} + \boldsymbol{k})$$

力系的主矩

$$\boldsymbol{M}_O = \sum_{i=1}^{6} \boldsymbol{M}_O(\boldsymbol{F}_i) = aF\boldsymbol{k} - aF\boldsymbol{j} + aF\boldsymbol{k} + aF(\boldsymbol{i} - \boldsymbol{j}) - aF\boldsymbol{i} = 2aF(-\boldsymbol{j} + \boldsymbol{k})$$

(3)力系简化最后结果

为简化，计算 $I_2 = \boldsymbol{R} \cdot \boldsymbol{M}_O$，有

$$I_2 = \boldsymbol{R} \cdot \boldsymbol{M}_O = 2F \cdot (-2aF) + 2F \cdot (2aF) = 0$$

这属于情形 4。因此，力系可简化为过点 E 的一个合力

$$\overrightarrow{OE} = \frac{\boldsymbol{R} \times \boldsymbol{M}_O}{R^2} = a\boldsymbol{i}$$

可见点 E 即为 $A(a \quad 0 \quad 0)$，合力的力矢 $\boldsymbol{F}_{\mathrm{R}} = 2F(\boldsymbol{j} + \boldsymbol{k})$。利用式(4-17b)可求得合力作用线

$$x - a = 0, \frac{y}{2F} = \frac{z}{2F}$$

即

$$x = a, y = z$$

由此可知，合力作用线过点 A 和点 D。

合力的大小

$$F_{\mathrm{R}}=2\sqrt{2}F$$

合力的方向余弦

$$\cos(\boldsymbol{F}_{\mathrm{R}},\boldsymbol{i})=0,\cos(\boldsymbol{F}_{\mathrm{R}},\boldsymbol{j})=\frac{\sqrt{2}}{2},\cos(\boldsymbol{F}_{\mathrm{R}},\boldsymbol{k})=\frac{\sqrt{2}}{2}$$

讨论与练习

(1)这是个空间一般力系的简化问题。

(2)$\boldsymbol{R}\neq\boldsymbol{0},\boldsymbol{M}_O\neq\boldsymbol{0},I_2=0$ 力系简化为一个合力。

(3)请读者使用 Maple 编程求解本题。

例题 4-6 给定 3 个力:$\boldsymbol{F}_1(3,5,4)$,其作用点(0,2,1);$\boldsymbol{F}_2(-2,2,-6)$,其作用点(1,-1,3);$\boldsymbol{F}_3(-1,-7,2)$,其作用点(2,3,1)。试向坐标原点简化此力系。

解:(1)受力分析

力系 $\boldsymbol{F}_1,\boldsymbol{F}_2,\boldsymbol{F}_3$。

取 O 点为力系简化中心。将各力表示为矢量

$$\boldsymbol{F}_1=3\boldsymbol{i}+5\boldsymbol{j}+4\boldsymbol{k},\boldsymbol{F}_2=-2\boldsymbol{i}+2\boldsymbol{j}-6\boldsymbol{k},\boldsymbol{F}_3=-\boldsymbol{i}-7\boldsymbol{j}+2\boldsymbol{k}$$

将各力的作用点表示成矢量

$$\boldsymbol{r}_1=2\boldsymbol{j}+\boldsymbol{k},\boldsymbol{r}_2=\boldsymbol{i}-\boldsymbol{j}+3\boldsymbol{k},\boldsymbol{r}_3=2\boldsymbol{i}+3\boldsymbol{j}+\boldsymbol{k}$$

各力对点 O 的矩

$$\boldsymbol{M}_O(\boldsymbol{F}_1)=\begin{vmatrix}\boldsymbol{i}&\boldsymbol{j}&\boldsymbol{k}\\0&2&1\\3&5&4\end{vmatrix}=3(\boldsymbol{i}+\boldsymbol{j}-2\boldsymbol{k})$$

$$\boldsymbol{M}_O(\boldsymbol{F}_2)=\begin{vmatrix}\boldsymbol{i}&\boldsymbol{j}&\boldsymbol{k}\\1&-1&3\\-2&2&-6\end{vmatrix}=\boldsymbol{0}$$

$$\boldsymbol{M}_O(\boldsymbol{F}_3)=\begin{vmatrix}\boldsymbol{i}&\boldsymbol{j}&\boldsymbol{k}\\2&3&1\\-1&-7&2\end{vmatrix}=13\boldsymbol{i}-5\boldsymbol{j}-11\boldsymbol{k}$$

(2)求主矢 R 和主矩 M_O

力系的主矢

$$\boldsymbol{R}=\sum_{i=1}^{3}\boldsymbol{F}_i=(3\boldsymbol{i}+5\boldsymbol{j}+4\boldsymbol{k})+(-2\boldsymbol{i}+2\boldsymbol{j}-6\boldsymbol{k})+(-\boldsymbol{i}-7\boldsymbol{j}+2\boldsymbol{k})=\boldsymbol{0}$$

力系的主矩

$$\boldsymbol{M}_O=\sum_{i=1}^{3}\boldsymbol{M}_O(\boldsymbol{F}_i)=3(\boldsymbol{i}+\boldsymbol{j}-2\boldsymbol{k})+(13\boldsymbol{i}-5\boldsymbol{j}-11\boldsymbol{k})=16\boldsymbol{i}-2\boldsymbol{j}-17\boldsymbol{k}$$

(3)力系简化最后结果

这属于情形 2。力系简化为一个合力偶 $\boldsymbol{M}_{\mathrm{R}}=\boldsymbol{M}_O$。

$$\boldsymbol{M}_{\mathrm{R}}=16\boldsymbol{i}-2\boldsymbol{j}-17\boldsymbol{k}$$

合力偶的大小

$$M_{\mathrm{R}}=\sqrt{M_{Rx}^2+M_{Ry}^2+M_{Rz}^2}=\sqrt{16^2+(-2)^2+(-17)^2}=3\sqrt{61}$$

合力偶的方向余弦

$$\cos(\boldsymbol{M}_{\mathrm{R}},\boldsymbol{i})=\frac{16\sqrt{61}}{183},\cos(\boldsymbol{M}_{\mathrm{R}},\boldsymbol{j})=\frac{-2\sqrt{61}}{183},\cos(\boldsymbol{M}_{\mathrm{R}},\boldsymbol{k})=-\frac{17\sqrt{61}}{183}$$

讨论与练习

(1)这是个空间一般力系的简化问题。

(2)$\boldsymbol{R}=\mathbf{0}$,$\boldsymbol{M}_O\neq\mathbf{0}$,力系简化为一个合力偶。

(3)请读者使用 Maple 编程求解本题。

例题 4-7 如图 4-12a)所示空间力系 $F_1=F_2=F_3=100\text{N}$,试求力系简化结果。

已知:$F_1=F_2=F_3=100\text{N}$,$a=400\text{mm}$,$b=300\text{mm}$,$c=400\text{mm}$。

求:$\boldsymbol{F}_R$,$\boldsymbol{M}_O{}'$,$\boldsymbol{r}_{OO'}$。

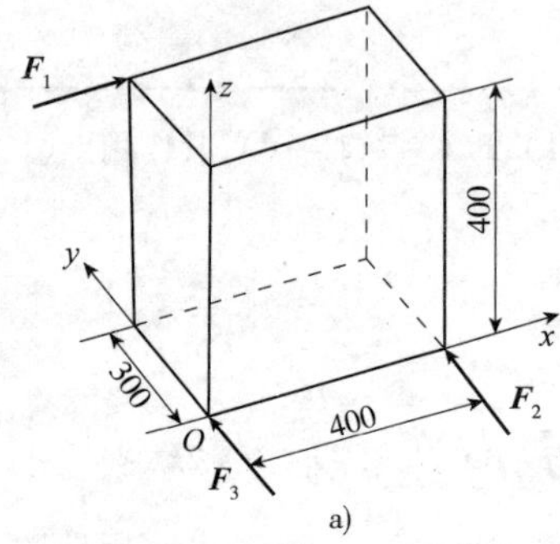

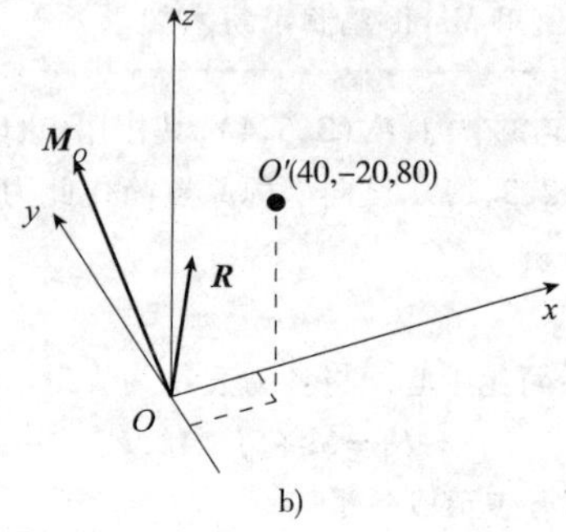

图 4-12 例题 4-7

解:(1)受力分析

长方体受力系 $\boldsymbol{F}_1$,$\boldsymbol{F}_2$,$\boldsymbol{F}_3$[图 4-12a)]。

(2)求主矢和主矩

先将力系向 O 点简化。按图示坐标系,力系主矢 $\boldsymbol{R}$ 为

$$\boldsymbol{R}=F_1\boldsymbol{i}+(F_2+F_3)\boldsymbol{j}=100(\boldsymbol{i}+2\boldsymbol{j})(\text{N})$$

力系对 O 点之主矩 $\boldsymbol{M}_O$ 为

$$\boldsymbol{M}_O=M_y(\boldsymbol{F}_1)\boldsymbol{j}+M_z(\boldsymbol{F}_1)\boldsymbol{k}+M_z(\boldsymbol{F}_2)\boldsymbol{k}=10(4\boldsymbol{j}+\boldsymbol{k})(\text{N}\cdot\text{m})$$

力系向 O 点简化的结果如图 4-12b)所示。

(3)力系简化最后结果

由于 $\boldsymbol{R}\cdot\boldsymbol{M}_O=8\,000>0$,即 $\boldsymbol{R}$ 不垂直于 $\boldsymbol{M}_O$,可知力系简化为右力螺旋。力螺旋的三个要素如下

$$\boldsymbol{F}_R=\boldsymbol{R}=100(\boldsymbol{i}+2\boldsymbol{j})(\text{N})$$

$$\boldsymbol{M}_{O'}=\frac{\boldsymbol{R}\cdot\boldsymbol{M}_O}{R^2}\boldsymbol{R}=16(\boldsymbol{i}+2\boldsymbol{j})(\text{N}\cdot\text{m})$$

$$\boldsymbol{r}_{OO'}=\frac{\boldsymbol{R}\times\boldsymbol{M}_O}{R^2}=\frac{1}{50}(2\boldsymbol{i}-\boldsymbol{j}+4\boldsymbol{k})(\text{m})$$

即力螺旋中心轴通过 O'点,其坐标为

$$x_O{}'=40\text{mm},y_O{}'=-20\text{mm},z_O{}'=80\text{mm}$$

讨论与练习

(1)这是个空间一般力系的简化问题。

(2)先选择简化中心,求出主矢和主矩。

(3)第二不变量 $I_2=\boldsymbol{R}\cdot\boldsymbol{M}_O>0$,最后简化结果为右力螺旋。

(4)请读者使用 Maple 编程求解本题,验证手工计算结果。

4.1.4 平行力系中心

在刚体上作用有空间平行力系($\boldsymbol{F}_1,\boldsymbol{F}_2,\cdots,\boldsymbol{F}_n$)(图 4-13),先设各力同向。建立坐标系 $Oxyz$,使 z 轴与各力平行。显然力系的合力 $\boldsymbol{F}$ 必与 z 轴平行,合力的大小等于各力大小相加,$F=\sum_{i=1}^{n}F_i$。设合力的作用线为 a,如果保持各力的大小及作用点不变,而将各力向同一方向转过一个角度 α,则合力作用线为 b。直线 a 与 b 相交于 C 点,C 点即称为平行力系中心。现求其位置,如果各力作用点的矢径为 $\boldsymbol{r}_i$,C 点的矢径为 $\boldsymbol{r}_C$,则由合力之矩定理得

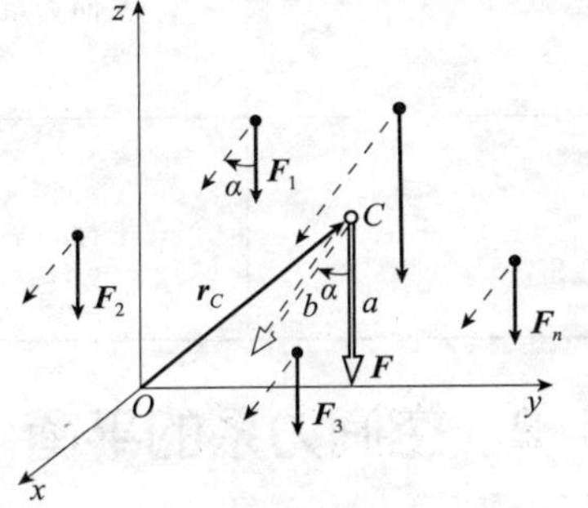

图 4-13 平行力系中心

$$\boldsymbol{r}_C\times\boldsymbol{F}=\sum_{i=1}^{n}\boldsymbol{r}_i\times\boldsymbol{F}_i \tag{j}$$

设沿平行力系各力作用线的单位矢量为 $\boldsymbol{e}$,则有

$$\boldsymbol{r}_C\times F\boldsymbol{e}=\sum_{i=1}^{n}\boldsymbol{r}_i\times F_i\boldsymbol{e} \tag{k}$$

或

$$\left(F\boldsymbol{r}_C-\sum_{i=1}^{n}F_i\boldsymbol{r}_i\right)\times\boldsymbol{e}=0 \tag{l}$$

当 C 点的位置由下式确定时

$$\boldsymbol{r}_C=\frac{\sum_{i=1}^{n}F_i\boldsymbol{r}_i}{\sum_{i=1}^{n}F_i} \tag{4-21}$$

无论 $\boldsymbol{e}$ 的方向(或转角 α)如何,式(l)恒成立,亦即合力总是通过 C 点;所以式(4-21)就是确定平行力系中心的公式。如果诸平行力中有的力方向相反,式(4-21)仍可应用,只需在式中将对应的 F_i 取负号。

由式(4-21)可得出平行力系中心 C 点的坐标式:

$$x_C=\frac{\sum_{i=1}^{n}F_ix_i}{\sum_{i=1}^{n}F_i},y_C=\frac{\sum_{i=1}^{n}F_iy_i}{\sum_{i=1}^{n}F_i},z_C=\frac{\sum_{i=1}^{n}F_iz_i}{\sum_{i=1}^{n}F_i} \tag{4-22}$$

一般力系简化的最简形式见表 4-2。特殊力系简化的最简形式见表 4-3。

一般力系简化的最简形式 表 4-2

情况	主矢 $\boldsymbol{R}$	主矩 $\boldsymbol{M}_O$	第二不变量 I_1	第二不变量 I_2	简化结果
1	=0	=0	=0	=0	平衡
2	=0	≠0	=0	=0	合力偶
3	≠0	=0	≠0	=0	合力
	≠0	≠0	≠0	=0	
4	≠0	≠0	≠0	≠0	力螺旋

特殊力系简化的最简形式　　表 4-3

情况	特殊力系	主矢 $\boldsymbol{R}$	主矩 $\boldsymbol{M}_O$	简化结果
1	汇交力系	$\neq 0$	$=0$	合力
2	力偶系	$=0$	$\neq 0$	合力偶
3	平面力系	$=0$	$\neq 0$	合力偶
		$\neq 0$	$=0$	合力
		$\neq 0$	$\neq 0$	
4	平行力系	$=0$	$\neq 0$	合力偶
		$\neq 0$	$=0$	合力
		$\neq 0$	$\neq 0$	

4.2 空间力系的平衡

4.2.1 空间汇交力系的平衡条件

空间汇交力系平衡的必要充分条件是合力为零，即

$$\sum_{i=1}^{n} \boldsymbol{F}_i = 0 \tag{a}$$

因而空间汇交力系的平衡方程是三个，即

$$\sum F_x = 0, \sum F_y = 0, \sum F_z = 0 \tag{4-23}$$

此处为简化书写，略去了下标 i。

例题 4-8 杆的 OC 的 O 端由球铰支承，C 端由绳索 AC 及 BC 系住，使杆 OC 处于水平位置如图 4-14a）所示。若在 C 点悬挂重 $P=1\text{kN}$ 的重物，略去杆 OC 的重量。试求两绳的拉力及支座 O 的约束力。

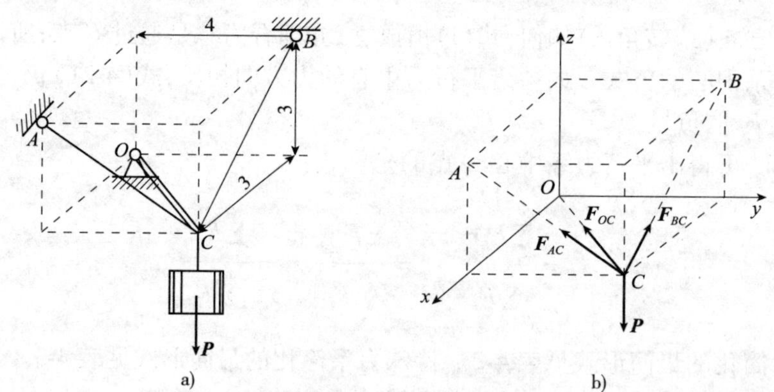

图 4-14　例题 4-8（尺寸单位：m）

已知：$P=1\text{kN}, a=4\text{m}, b=3\text{m}, c=3\text{m}$。

求：F_{AC}, F_{BC}, F_{OC}。

解：结点 C 点受力 $\boldsymbol{P}, \boldsymbol{F}_{AC}, \boldsymbol{F}_{BC}, \boldsymbol{F}_{OC}$，如图 4-14b）所示。

$$\sum F_x = 0, -F_{OC}\frac{b}{\sqrt{a^2+b^2}} - F_{BC}\frac{b}{\sqrt{b^2+c^2}} = 0 \tag{1}$$

$$\sum F_y = 0, -F_{OC}\frac{a}{\sqrt{a^2+b^2}} - F_{AC}\frac{a}{\sqrt{c^2+a^2}} = 0 \tag{2}$$

$$\sum F_z = 0, -P + F_{AC}\frac{c}{\sqrt{c^2 + a^2}} + F_{BC}\frac{c}{\sqrt{b^2 + c^2}} = 0 \tag{3}$$

由式(1)～式(3)，联列解得

$$F_{OC} = -833.3\text{N(压)}, F_{AC} = 833.3\text{N}, F_{BC} = 707.1\text{N}$$

讨论与练习

(1)这是个空间共点力系的平衡问题，宜用解析法求解。

(2)支座 O 的约束力用二力杆 OC 的力 $\boldsymbol{F}_{OC}$(通常假定杆 OC 受拉力)表示，F_{OC} 为负值表示受力图中所设 $\boldsymbol{F}_{OC}$ 的指向与实际指向的相反，即杆 OC 受压力。

(3)请读者使用 Maple 编程求解本题，验证手工计算结果。

4.2.2 空间力偶系的平衡条件

空间力偶系平衡的必要且充分条件是合力偶的力偶矩为零。即

$$\sum_{i=1}^{n}\boldsymbol{M}_i = 0 \tag{b}$$

因而空间力偶系的平衡方程有三个，即

$$\sum M_x = 0, \sum M_y = 0, \sum M_z = 0 \tag{4-24}$$

此处为简化书写，略去了下标 i。

例题 4-9 O_1 和 O_2 圆盘与水平轴 AB 固连，O_1 盘面垂直于 z 轴，O_2 盘面垂直于 x 轴，盘面上分别作用有力偶($\boldsymbol{F}_1, \boldsymbol{F}_1'$)，($\boldsymbol{F}_2, \boldsymbol{F}_2'$)，如图 4-15a)所示。如两盘半径均为 200mm，$F_1 = 3\text{N}$，$F_2 = 5\text{N}$，$AB = 800\text{mm}$，不计构件自重。求轴承 A 和 B 处的约束力。

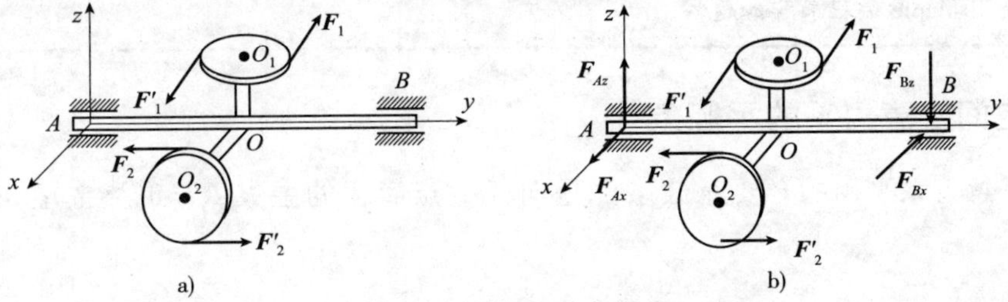

图 4-15 例题 4-9

解：整体受力：$\boldsymbol{M}_1, \boldsymbol{M}_2, \boldsymbol{F}_{Ax}, \boldsymbol{F}_{Az}, \boldsymbol{F}_{Bx}, \boldsymbol{F}_{Bz}$[图 4-15b)]。

主动力为两个力偶，$\boldsymbol{M}_1 \Leftrightarrow (\boldsymbol{F}_1, \boldsymbol{F}_1')$，$\boldsymbol{M}_2 \Leftrightarrow (\boldsymbol{F}_2, \boldsymbol{F}_2')$，由力偶只能由力偶平衡的性质，轴承 A、B 处的约束力也形成力偶($\boldsymbol{F}_{Ax}, \boldsymbol{F}_{Bx}$)，($\boldsymbol{F}_{Az}, \boldsymbol{F}_{Bz}$)。$r = 200\text{mm}$，$AB = l = 800\text{mm}$。

$$\sum M_x = 0, F_2 \cdot 2r - F_{Bz} \cdot l = 0 \tag{1}$$

$$F_{Bz} = 2.5\text{N}, F_{Az} = 2.5\text{N}$$

$$\sum M_y = 0, F_1 \cdot 2r + F_{Bx} \cdot l = 0 \tag{2}$$

$$F_{Bx} = -1.5\text{N}, F_{Ax} = -1.5\text{N}$$

讨论与练习

(1)这是空间力偶系的平衡问题。

(2)请读者使用 Maple 编程求解本题。

4.2.3 空间平行力系的平衡条件

如果是空间平行力系，建立直角坐标系 $Oxyz$ 且使 z 轴与各力平行，则有 3 个独立的平衡方程。

$$\sum F_z = 0,\ \sum M_x = 0,\ \sum M_y = 0 \tag{4-25}$$

例题 4-10 如图 4-16 所示的三轮小车，自重 $P = 8\text{kN}$，作用于点 E，载荷 $P_1 = 10\text{kN}$，作用于点 C。求小车静止时地面对车轮的约束力。

已知：$P = 8\text{kN}, P_1 = 10\text{kN}, a_1 = 2\text{m}, a_2 = 1.2\text{m}, a_3 = 0.2\text{m}, b_1 = 1.2\text{m}, b_2 = 0.6\text{m}, b_3 = 0.2\text{m}$。

求：F_A, F_B, F_D。

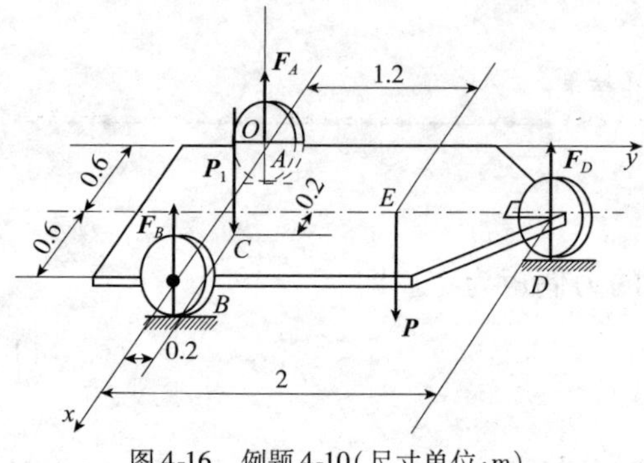

图 4-16 例题 4-10(尺寸单位:m)

解：小车受力：$\boldsymbol{P}, \boldsymbol{P}_1, \boldsymbol{F}_A, \boldsymbol{F}_B, \boldsymbol{F}_D$，如图 4-16 所示。建立直角坐标系 $Oxyz$。

$$\sum M_x = 0,\ -P_1 \cdot a_3 - P \cdot a_2 + F_D \cdot a_1 = 0 \tag{1}$$

$$F_D = 5.8\text{kN}$$

$$\sum M_y = 0, P_1 \cdot (b_2 + b_3) + P \cdot b_2 - F_B b_1 - F_D \cdot b_2 = 0 \tag{2}$$

$$F_B = 7.777\text{kN}$$

$$\sum F_z = 0,\ -P_1 - P + F_A + F_B + F_D = 0 \tag{3}$$

$$F_A = 4.423\text{kN}$$

讨论与练习

(1) 这是空间平行力系的平衡问题。

(2) 使用 Maple 编程求解本题。

4.2.4 空间任意力系的平衡条件

空间任意力系平衡的必要充分条件是向任一点简化的主矢 $\boldsymbol{R} = \boldsymbol{0}$ 及主矩 $\boldsymbol{M}_O = \boldsymbol{0}$ 均为零，即

$$\sum_{i=1}^{n} \boldsymbol{F}_i = 0, \sum_{i=1}^{n} \boldsymbol{M}_O(\boldsymbol{F}_i) = 0 \tag{4-26}$$

将上式在直角坐标系中投影，可得空间任意力系平衡方程，数目是 6 个，即

$$\sum F_x = 0, \sum F_y = 0, \sum F_z = 0$$

$$\sum M_x = 0, \sum M_y = 0, \sum M_z = 0 \tag{4-27}$$

为了简化书写，此处略去了下标 i。和平面情况相同，空间力系的平衡方程也有多种形式。式(4-27)是基本形式，或称三矩式；此外还有四矩式，五矩式，六矩式。列写后面这些形式的平衡方程时，投影轴及取矩轴也必须满足一定条件，才能保证各平衡方程彼此的独立，这些条件相当复杂，我们不作理论上的讨论；但从实用角度上看，如果所列的平衡方程真能解出新的未知量，那么它一定是独立的。

例题 4-11 曲轴受到垂直于轴颈并与铅垂线成75°角的连杆压力 $F = 12\text{kN}$[图 4-17a)]作用。略去曲轴重量，试求轴承 A 和 B 的约束力及保持曲轴平衡而需加于飞轮 C 上的力偶矩 $\boldsymbol{M}$，飞轮重 $P = 4.2\text{kN}$。

解：曲轴与飞轮受力 $\boldsymbol{F}, \boldsymbol{M}, \boldsymbol{P}, \boldsymbol{F}_{Ay}, \boldsymbol{F}_{Az}, \boldsymbol{F}_{By}, \boldsymbol{F}_{Bz}$[图 4-17b)]。

$$\sum M_x = 0, F\sin 75° \times 0.1 - M = 0 \tag{1}$$

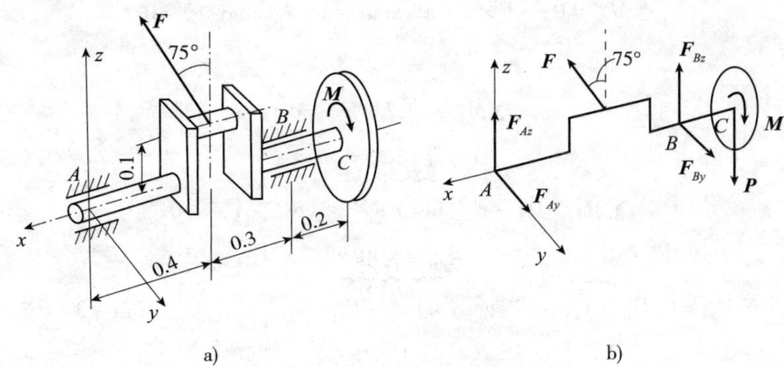

图 4-17　例题 4-11(尺寸单位:m)

$$M = 1\ 159\text{N} \cdot \text{m}$$

$$\sum M_y = 0, F\cos 75° \times 0.4 - P \times 0.9 + F_{Bz} \times 0.7 = 0 \tag{2}$$

$$F_{Bz} = 3\ 625\text{N}$$

$$\sum M_z = 0, F\sin 75° \times 0.4 - F_{By} \times 0.7 = 0 \tag{3}$$

$$F_{By} = 6\ 624\text{N}$$

$$\sum F_y = 0, -F\sin 75° + F_{Ay} + F_{By} = 0 \tag{4}$$

$$F_{Ay} = 4\ 968\text{N}$$

$$\sum F_z = 0, F\cos 75° - P + F_{Az} + F_{Bz} = 0 \tag{5}$$

$$F_{Az} = -2\ 531\text{N}$$

讨论与练习

(1)这是一个空间任意力系作用下刚体的平衡问题。

(2)5 个平衡方程解出 5 个未知量。

(3)请读者使用 Maple 编程求解本题,验证手工计算结果。

例题 4-12　如图 4-18a)所示 L 形曲杆 ABC,由球铰 A 和钢索 BD、BE 和 CI 维持在水平位置。G 点作用的铅垂力 $F = 5\text{kN}$,试求 A 点的约束力和三根钢索的拉力。曲杆重略去不计。

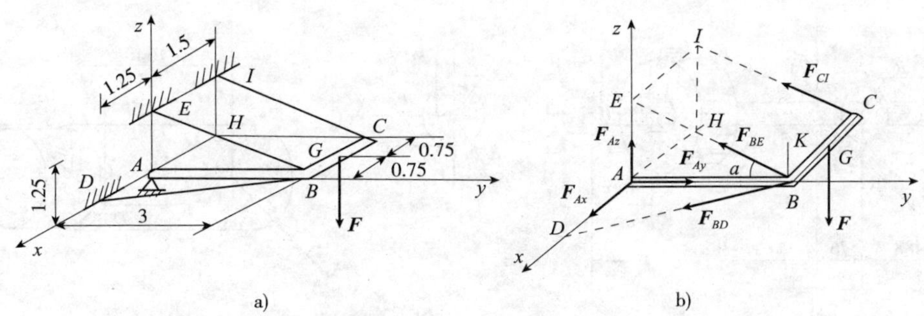

图 4-18　例题 4-12(尺寸单位:m)

解:曲杆 ABC 受力 $\boldsymbol{F}, \boldsymbol{F}_{Ax}, \boldsymbol{F}_{Ay}, \boldsymbol{F}_{Az}, \boldsymbol{F}_{BD}, \boldsymbol{F}_{BE}, \boldsymbol{F}_{CI}$[图 4-18b)]。

$$\sin\alpha = \frac{1.25}{\sqrt{3^2 + 1.25^2}} = 0.384, \cos\alpha = \frac{3}{\sqrt{3^2 + 1.25^2}} = 0.923$$

$$\sum M_{AB} = 0, -F \times 0.75 + F_{CI}\sin\alpha \times 1.5 = 0 \tag{1}$$

$$F_{CI} = 6.5\text{kN}$$

$$\sum M_{BA}=0,\ -F\times 3+F_{BE}\sin\alpha\times 3+F_{CI}\sin\alpha\times 3=0 \quad (2)$$

$$F_{BE}=6.5\text{kN}$$

$$\sum M_{BC}=0,F_{Az}\times 3=0 \quad (3)$$

$$F_{Az}=0$$

$$\sum M_{AE}=0,\ -F_{BD}\sin\alpha\times 3+F_{CI}\cos\alpha\times 1.5=0 \quad (4)$$

$$F_{BD}=7.8\text{kN}$$

$$\sum M_{BI}=0,F_{Ay}\times 1.5-F_{BE}\cos\alpha\times 1.5-F_{BD}\cos\alpha\times 1.5-F_{BD}\sin\alpha\times 3=0 \quad (5)$$

$$F_{Ay}=19.2\text{kN}$$

$$\sum M_{BK}=0,F_{Ax}\times 3+F_{CI}\cos\alpha\times 1.5=0 \quad (6)$$

$$F_{Ax}=-3\text{kN}$$

讨论与练习

(1)由于已知曲杆在空间任意力系下作用下处于平衡,因此可列出力系对任意轴的力矩平衡方程,这些方程只要能解出未知量,则一定是独立的。

(2)请使用 Maple 编程求解本题。

4.3 Maple 编程示例

编程题 4-1 车床主轴如图 4-19a)所示。已知车刀对工件的切削力为:径向切削力$F_x=4.25\text{kN}$,纵向切削力$F_y=6.8\text{kN}$,主切削力(切向)$F_z=17\text{kN}$。在直齿轮 C 上有切向力 $\boldsymbol{F}_t$,和径向力 $\boldsymbol{F}_r$,且 $F_r=0.36F_t$。齿轮 C 的节圆半径为 $R=50\text{mm}$,被切削工件的半径为 $r=30\text{mm}$。卡盘及工件等自重不计,其余尺寸如图示。当主轴匀速转动时,求:

(1)齿轮啮合力 F_t 及 F_r;

(2)径向轴承 A 和止推轴承 B 的约束力;

(3)三爪卡盘 E 在 O 处对工件的约束力。

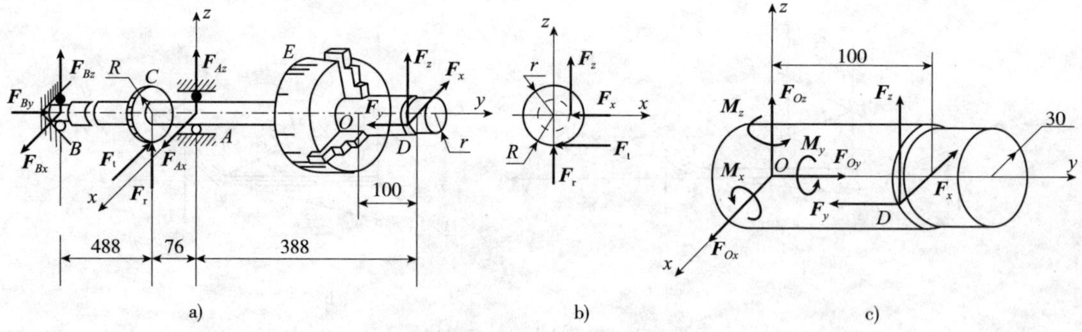

图 4-19 编程题 4-1(尺寸单位:mm)

已知:$F_x=4.25\text{kN},F_y=6.8\text{kN},F_z=17\text{kN},R=50\text{mm},r=30\text{mm}$。

求:$F_t,F_r;F_{Ax},F_{Az},F_{Bx},F_{By},F_{Bz};F_{Ox},F_{Oy},F_{Oz},M_x,M_y,M_z$。

解:• 建模

主轴、卡盘、齿轮以及工件系统受力:$\boldsymbol{F}_x,\boldsymbol{F}_y,\boldsymbol{F}_z,\boldsymbol{F}_t,\boldsymbol{F}_r,\boldsymbol{F}_{Ax},\boldsymbol{F}_{Az},\boldsymbol{F}_{Bx},\boldsymbol{F}_{By},\boldsymbol{F}_{Bz}$,如图 4-19a)所示。

工件受力:$\boldsymbol{F}_x,\boldsymbol{F}_y,\boldsymbol{F}_z,\boldsymbol{F}_{Ox},\boldsymbol{F}_{Oy},\boldsymbol{F}_{Oz},\boldsymbol{M}_x,\boldsymbol{M}_y,\boldsymbol{M}_z$,如图 4-19a)所示。

答：(1)齿轮啮合力 $F_t=10.2\text{kN}$，$F_r=3.67\text{kN}$。

(2)径向轴承 A 的约束力 $F_{Ax}=15.64\text{kN}$，$F_{Az}=-31.88\text{kN}$；止推轴承 B 的约束力 $F_{Bx}=-1.188\text{kN}$，$F_{By}=6.8\text{kN}$，$F_{Bz}=11.2\text{kN}$。

(3)三爪卡盘 E 在 O 处对工件的约束力 $F_{Ox}=4.25\text{kN}$，$F_{Oy}=6.8\text{kN}$，$F_{Oz}=-17\text{kN}$，$M_x=-1.7\text{kN}\cdot\text{m}$，$M_y=0.51\text{kN}\cdot\text{m}$，$M_z=-0.221\text{kN}\cdot\text{m}$。

● **Maple 程序**

```
> ##########################################################################
> restart:                                              #清零。
> eq0:=Fr=lambda*Ft:                                    #已知条件。
> eq1:=Ft*R-f[z]*r=0:                                   #系统，ΣM_y(F)=0。
> eq2:=F[By]-f[y]=0:                                    #系统，ΣF_y=0。
> eq3:=F[Bx]*(a[1]+a[2])-Ft*a[2]-f[y]*r+f[x]*a[3]=0:
>                                                       #系统，ΣM_z(F)=0。
> eq4:=F[Bx]-Ft+F[Ax]-f[x]=0:                           #系统，ΣF_x=0。
> eq5:=-F[Bz]*(a[1]+a[2])-Fr*a[2]+f[z]*a[3]=0:
>                                                       #系统，ΣM_x(F)=0。
> eq6:=F[Bz]+Fr+F[Az]+f[z]=0:                           #系统，ΣF_z=0。
> SOL1:=solve({eq0,eq1,eq2,eq3,eq4,eq5,eq6},
>             {Fr,Ft,F[Ax],F[Az],F[Bx],F[By],F[Bz]});
>                                                       #求解方程组。
> Ft:=subs(SOL1,Ft):                                    #齿轮啮合力 F_t 的大小。
> Fr:=subs(SOL1,Fr):                                    #齿轮啮合力 F_r 的大小。
> F[Ax]:=subs(SOL1,F[Ax]):                              #径向轴承 A 处 F_Ax 的大小。
> F[Az]:=subs(SOL1,F[Az]):                              #径向轴承 A 处 F_Az 的大小。
> F[Bx]:=subs(SOL1,F[Bx]):                              #止推轴承 B 处 F_Bx 的大小。
> F[By]:=subs(SOL1,F[By]):                              #止推轴承 B 处 F_By 的大小。
> F[Bz]:=subs(SOL1,F[Bz]):                              #止推轴承 B 处 F_Bz 的大小。
> ##########################################################################
> eq7:=F[Ox]-f[x]=0:                                    #工件，ΣF_x=0。
> eq8:=F[Oy]-f[y]=0:                                    #工件，ΣF_y=0。
> eq9:=F[Oz]+f[z]=0:                                    #工件，ΣF_z=0。
> eq10:=M[x]+f[z]*a[4]=0:                               #工件，ΣM_x=0。
> eq11:=M[y]-f[z]*r=0:                                  #工件，ΣM_y=0。
> eq12:=M[z]+f[x]*a[4]-f[y]*r=0:                        #工件，ΣM_z=0。
> SOL2:=solve({eq7,eq8,eq9,eq10,eq11,eq12},
>             {F[Ox],F[Oy],F[Oz],M[x],M[y],M[z]});
>                                                       #求解方程组。
> F[Ox]:=subs(SOL2,F[Ox]):                              #三爪卡盘 E 在 O 处 F_Ox 的大小。
> F[Oy]:=subs(SOL2,F[Oy]):                              #三爪卡盘 E 在 O 处 F_Oy 的大小。
> F[Oz]:=subs(SOL2,F[Oz]):                              #三爪卡盘 E 在 O 处 F_Oz 的大小。
> M[x]:=subs(SOL2,M[x]):                                #三爪卡盘 E 在 O 处 M_x 的大小。
> M[y]:=subs(SOL2,M[y]):                                #三爪卡盘 E 在 O 处 M_y 的大小。
> M[z]:=subs(SOL2,M[z]):                                #三爪卡盘 E 在 O 处 M_z 的大小。
```

```
> ##########################################################################
> f[ x]: =4.25e3:f[ y]: =6.8e3:   f[ z]: =17e3:
>                                                    #已知条件。
> a[ 1]: =488e-3:a[ 2]: =76e-3:                      #已知条件。
> a[ 3]: =388e-3:a[ 4]: =100e-3:                     #已知条件。
> R: =50e-3:       r: =30e-3:lambda: =0.36:
>                                                    #已知条件。
> Ft: =evalf(Ft);                                    #齿轮啮合力F_t数值。
> Fr: =evalf(Fr);                                    #齿轮啮合力F_r数值。
> F[ Ax]: =evalf(F[ Ax]);                            #径向轴承AF_Ax数值。
> F[ Az]: =evalf(F[ Az]);                            #径向轴承A处F_Az数值。
> F[ Bx]: =evalf(F[ Bx]);                            #止推轴承B处F_Bx数值。
> F[ By]: =evalf(F[ By],4);                          #止推轴承B处F_By数值。
> F[ Bz]: =evalf(F[ Bz],4);                          #止推轴承B处F_Bz数值。
> F[ Ox]: =evalf(F[ Ox],4);                          #三爪卡盘E在O处F_Ox数值。
> F[ Oy]: =evalf(F[ Oy],4);                          #三爪卡盘E在O处F_Oy数值。
> F[ Oz]: =evalf(F[ Oz],4);                          #三爪卡盘E在O处F_Oz数值。
> M[ x]: =evalf(M[ x],4);                            #三爪卡盘E在O处M_x数值。
> M[ y]: =evalf(M[ y],4);                            #三爪卡盘E在O处M_y数值。
> M[ z]: =evalf(M[ z],4);                            #三爪卡盘E在O处M_z数值。
> ##########################################################################
```

思考题

思考题 4-1 如图 4-20 所示,轴 AB 上作用一主动力偶,矩为 $\boldsymbol{M}_1$,齿轮的啮合半径 $R_2=2R_1$。当研究轴 AB 和 CD 的平衡问题时,问:

(1)能否以力偶矩矢是自由矢量为理由,将力偶 $\boldsymbol{M}_1$ 移到 CD 上?

(2)若在轴 CD 上作用矩为 $\boldsymbol{M}_2$ 的力偶,使两轴平衡,问两力偶矩的大小是否相等?转向是否应相反?

思考题 4-2 如图 4-21 所示,空间任意力系向 A 点简化得到主矢 $\boldsymbol{F}'_{BA}$ 和主矩 $\boldsymbol{M}_A$,写出该力系向 B 点简化的结果。

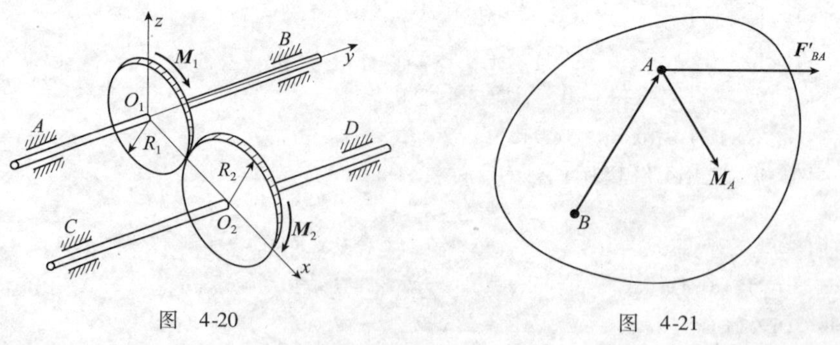

图 4-20　　　　图 4-21

思考题 4-3 如图 4-22 所示,长方体上沿三个不相交又不平行的棱作用有三个力 $\boldsymbol{F}_1$、$\boldsymbol{F}_2$、$\boldsymbol{F}_3$,长方体三条棱长分别是 a、b、c,问:

(1)若 $F_1=F_2=F_3$,适当选择三条棱的长度,能否使力系合成为一个合力?

(2)若适当选择棱长，并适当选择三个力的大小(但不能取为零)，能否使力系平衡？

(3)若 $a=b=c\neq0$，$F_1=F_2=F_3\neq0$ 力系简化的最终结果是什么？

思考题 4-4　如图 4-23 所示正方体，在 A 点作用两个力 $\boldsymbol{F}_1$，$\boldsymbol{F}_2$ 分别沿两条棱的方向，问：

(1)能否通过 B 点，在 $BCDE$ 平面内加一个适当的力，使力系简化为一个合力？

(2)能否通过 B 点，在 $BCDE$ 平面内加一个适当的力，使力系简化为一个合力偶？

(3)能否通过 B 点，在 $BCDE$ 平面内加一个适当的力，使力系简化为一个力螺旋？

(4)能否在 B 点加一个适当的力，使力系平衡？

思考题 4-5　如图 4-24 所示为一边长为 a 的正方体，已知某力系向 B 点简化得到一合力，向 C' 点简化也得一合力。问：

(1)力系向 A 点和 A' 点简化所得主矩是否相等？

(2)力系向 A 点和 O' 点简化所得主矩是否相等？

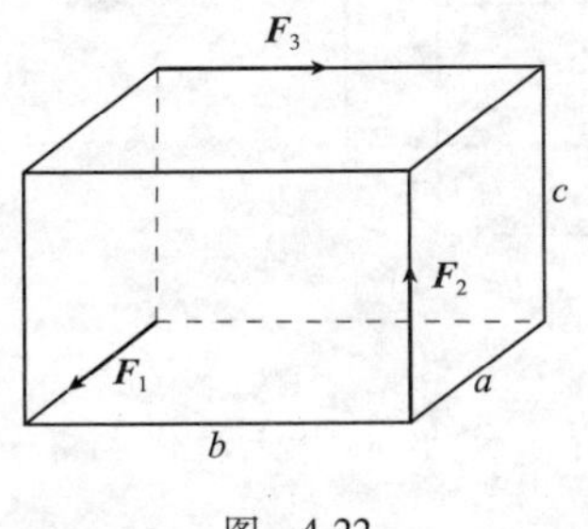

图　4-22

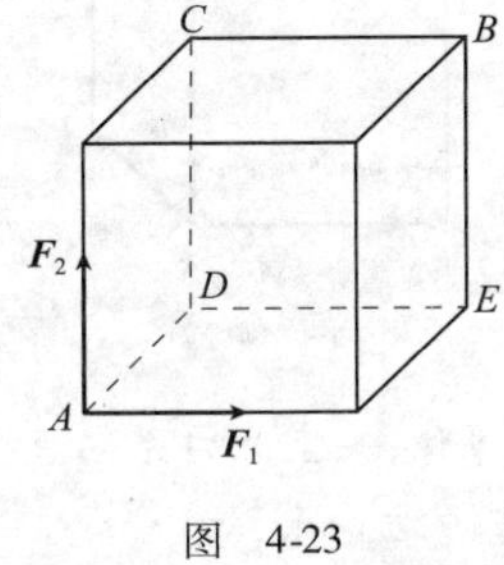

图　4-23

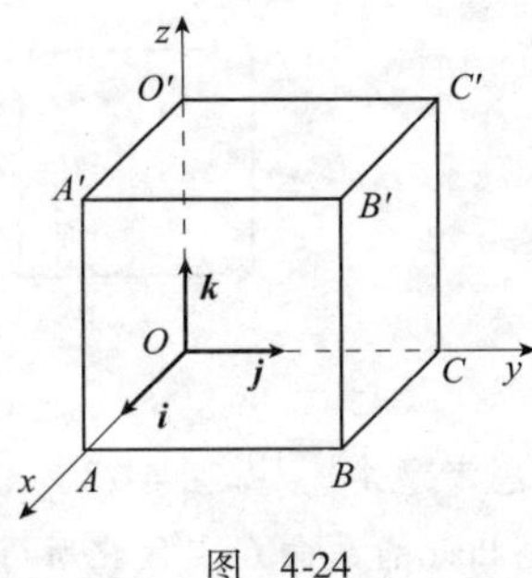

图　4-24

思考题 4-6　在边长为 $a=1\text{m}$ 的正方形顶点 A 和 B 处，分别作用力 $\boldsymbol{F}_1$ 和 $\boldsymbol{F}_2$，如图 4-25 所示。已知 $F_1=F_2=1\text{kN}$，试求：

(1)这两个力在坐标上的投影和对坐标轴的矩；

(2)力系向 O 点的简化结果(以解析表达式给出)；

(3)力系的最终简化结果。

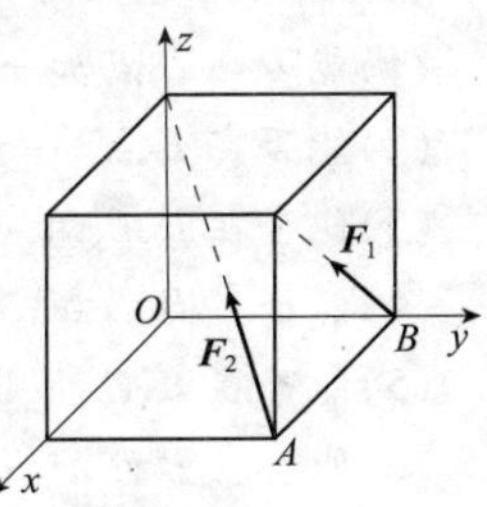

图　4-25

思考题 4-7　如图 4-26 所示空间力系由两个力 $\boldsymbol{F}_1$ 和 $\boldsymbol{F}_2$ 组成，这两个力大小相等，即：$F_1=F_2=F$，下述各图中力系简化的最终结果可能是什么？

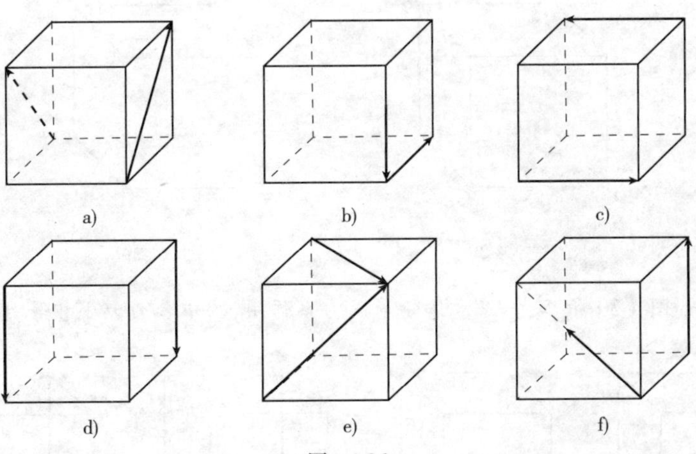

图　4-26

思考题 4-8　正方体上作用有四个力，这四个力大小相等，力的作用线及方向如图 4-27 所示。分别就各图情况，判断下述结论哪些是正确的：

(1)力系最终简化为一个力；

(2)力系最终简化为一个力偶；

(3)力系最终简化为一个力螺旋；

(4)力系平衡。

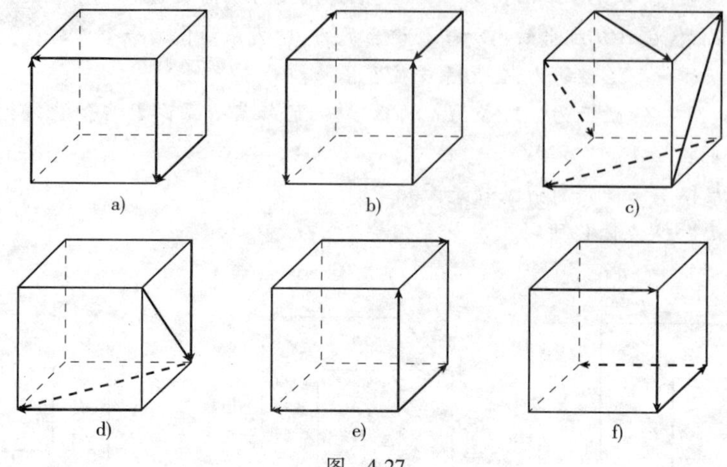

图 4-27

思考题 4-9 如图 4-28 所示为一正方体，某空间力系向 A 点简化得一合力，向 B 点简化也得一合力，写出此力系向 C 点简化所得主矩的三个方向余弦。

思考题 4-10 如图 4-29 所示正方体上 A 点作用一个力 $\boldsymbol{F}$，沿棱方向，问：

(1)能否在 B 点加一个不为零的力，使力系向 A 点简化的主矩为零？

(2)能否在 B 点加一个不为零的力，使力系向 B 点简化的主矩为零？

(3)能否在 B、C 两处各加一个不为零的力，使力系平衡？

(4)能否在 B 点加一个螺旋，使力系平衡？

(5)能否在 B、C 两处各加一个力偶，使力系平衡？

(6)能否在 B 处加一个力，在 C 处加一个力偶，使力平衡？

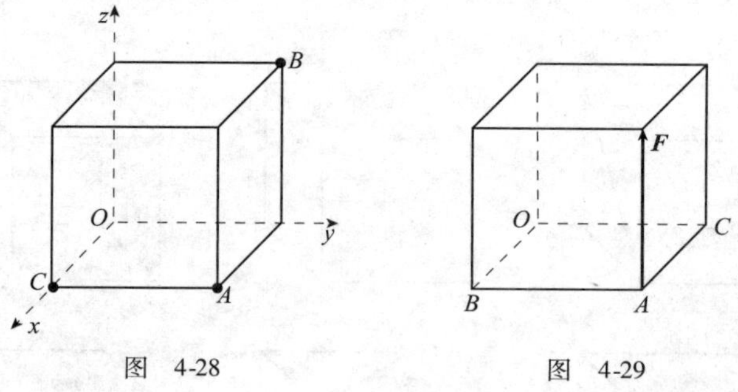

图 4-28　　图 4-29

思考题 4-11 如图 4-30 所示，一正方体受不同力系作用，图中各力大小相等，问哪种状态下，正方体处于平衡状态？

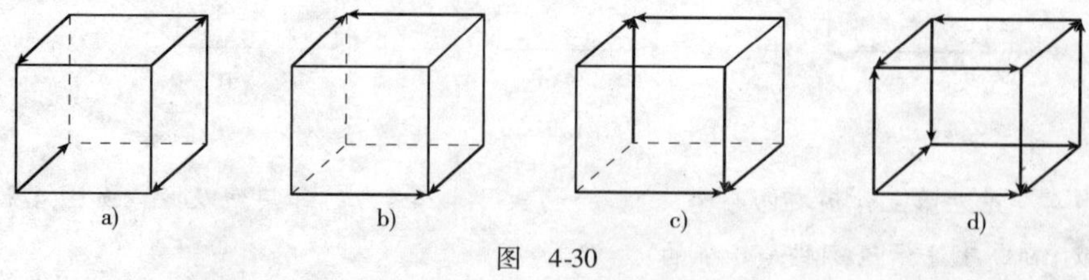

图 4-30

思考题 4-12 在自重不计的正四面体的三个侧面上各作用一个力偶，力偶矩矢沿各面的外法线方向，如图 4-31 所示，问：

(1)若 $M_1 = 2M_2 = 3M_3$，则在第四个面上加一个力偶，其矩矢沿该面外法线方向，且 $M_4 = M$，能否使四面体平衡？

(2)若 $M_1 = 2M_2 = 3M_3$，则在第四个面上加一个力偶，其矩矢沿该面外法线方向，适当选择力偶矩的大小，能否使四面体平衡？

(3)若 M_1, M_2, M_3 中有一个为零，而其余两个不为零，那么在第四个面上加一个力偶，其矩矢沿该面外法线方向，适当选择力偶矩的大小，能否使四面体平衡？

思考题 4-13 如图 4-32 所示一平衡的空间平行力系，各力作用线与 z 轴平行，如下的方程组哪些可以作为该力系的平衡方程组？

A. $\sum F_x = 0, \sum F_y = 0, \sum M_x = 0$

B. $\sum F_x = 0, \sum F_y = 0, \sum M_z = 0$

C. $\sum F_x = 0, \sum M_x = 0, \sum M_y = 0$

D. $\sum M_x = 0, \sum M_y = 0, \sum M_z = 0$

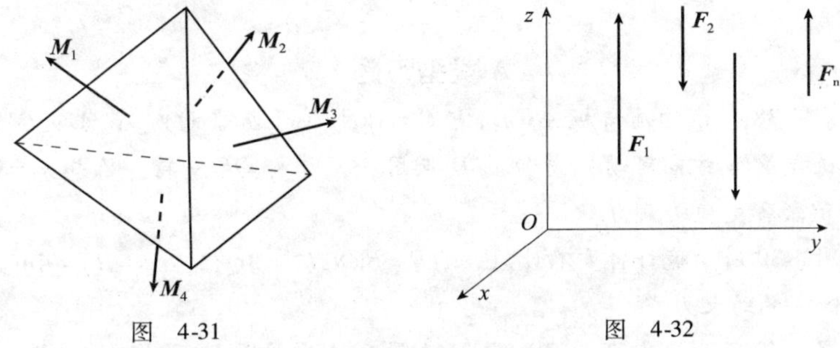

图 4-31　　图 4-32

思考题 4-14 如图 4-33 所示一等腰三角形，$AC = BC$，CD 是底边上的高，其重心在 E 点(三条线的交点)，现将其绕对称轴 CD 旋转一周，得一圆锥体，问所得圆锥体的重心是否仍在 E 点？

思考题 4-15 如图 4-34 所示，弯成$60°$的均质细杆 ABC，其中 AB 部分长为 100mm，A 端用铰链固定，今欲使 AB 处于水平位置，BC 部分的长度应为多少？若欲使 BC 部分处于水平位置，BC 部分的长度应为多少？

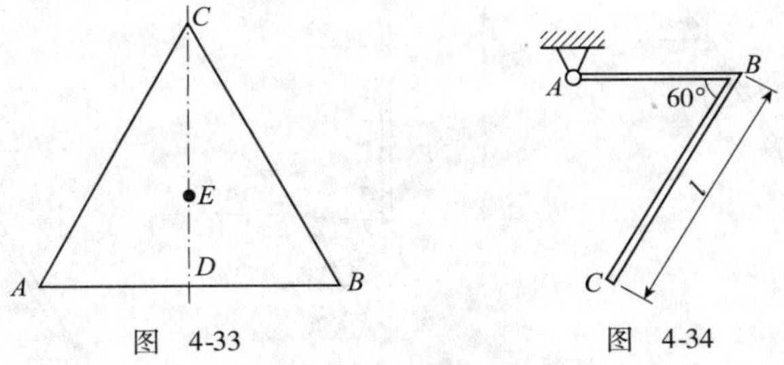

图 4-33　　图 4-34

思考题 4-16 如图 4-35 所示起重机，机身重 $\boldsymbol{P}$，重心过 E 点，三角形 ABC 为等边三角形，E 点为三角形的形心，臂 FGD 可绕铅直轴 GD 自由转动。则当起吊重量为 $\boldsymbol{W}$，且起重臂的平面与图示 Ox 轴间的夹角 $\alpha = 60°$时，如何利用最简便方法求 B, A 两处的约束力？

思考题 4-17 一个受空间任意力系作用的方形平板，可用 12 根二力杆支撑，如图 4-36 所示。问：

(1)用几根杆支撑才是静定的？

(2)在保证系统静定的根数下，这些杆能任意布置吗？

(3)用 5 根杆能否使方板在任意力系作用下保持平衡？

思考题4-18 如图4-37所示力$\boldsymbol{F}$对C点的矩矢为$\boldsymbol{M}_C(\boldsymbol{F})$，它与$x$、$y'$、$z'$轴正向间的夹角分别为$\alpha$、$\beta$、$\gamma$，则力$\boldsymbol{F}$对$y$轴之矩是否为$M_y(\boldsymbol{F})=\boldsymbol{M}_C(\boldsymbol{F})\cos\beta$？

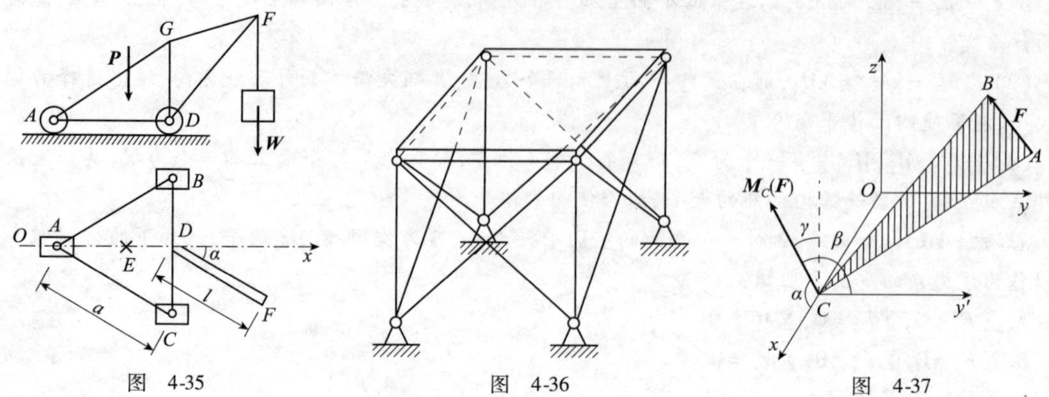

图 4-35　　图 4-36　　图 4-37

习题

A类型习题

习题4-1 如图4-38所示均质薄板$ABCD$，重$G=1\text{kN}$，位于水平面内，点A支承于球形铰链支座上，点B用蝶形铰链支承（y方向可动），薄板的D点用一无重杆DE支持。已知：$a=0.5\text{m}$，$b=0.3\text{m}$，$\alpha=60°$，$DE\perp Ax$。试求各支座约束力。

习题4-2 如图4-39所示桅杆自重不计，已知：$F=6\text{kN}$，$L_1=3\text{m}$，$L_2=2\text{m}$，$L_3=4\text{m}$。试求钢索$\boldsymbol{F}_{BD}$、$\boldsymbol{F}_{CE}$的拉力及球铰链A的约束力。

习题4-3 如图4-40所示三脚架$ABED$用球形铰支承在水平面上，等长的杆BD和BE在同一铅垂面内，且$\angle DBE=90°$，均质杆AB与水平面成倾角$\alpha=30°$，重$Q=1\text{kN}$，在杆A、B的中点C作用一力$\boldsymbol{F}$，$F=20\text{kN}$，$\boldsymbol{F}$在铅垂平面ABF内，且与铅直线成角$\beta=60°$，如杆BD与BE重量不计。试求支座A处的约束力及杆BD和BE的内力。

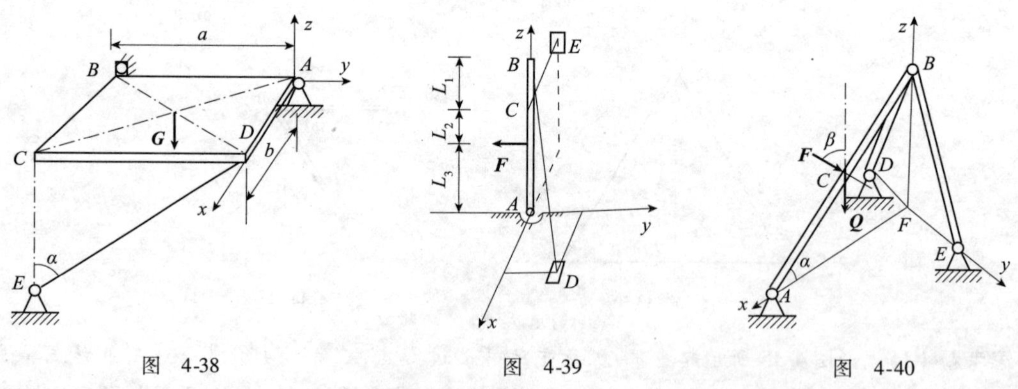

图 4-38　　图 4-39　　图 4-40

习题4-4 在如图4-41所示桅杆中，已知：$Q=300\text{N}$，电机重$P=150\text{N}$，转矩$M=20\text{kN}\cdot\text{m}$，尺寸$L_1=2\text{m}$，$L_2=1.5\text{m}$，$L_3=5\text{m}$，$\theta=45°$，$\beta=60°$。试求支座$A$的约束力及钢索$BH$、$CG$的内力。

习题4-5 在铅垂转动轴AB上固定一水平圆盘，盘上C点有力$\boldsymbol{F}$作用，如图4-42所示。转动轴上绕有软绳，在绳端作用一力$\boldsymbol{F}_\text{T}$，已知：$F=1\text{kN}$，$AB=3\text{m}$，$L_1=L_2=L_3=1\text{m}$，$r_1=0.2\text{m}$，$r_2=0.5\text{m}$，不计摩擦，略去轴及盘的重量。试求转动轴平衡时的F_T值及A、B轴承处的约束力。

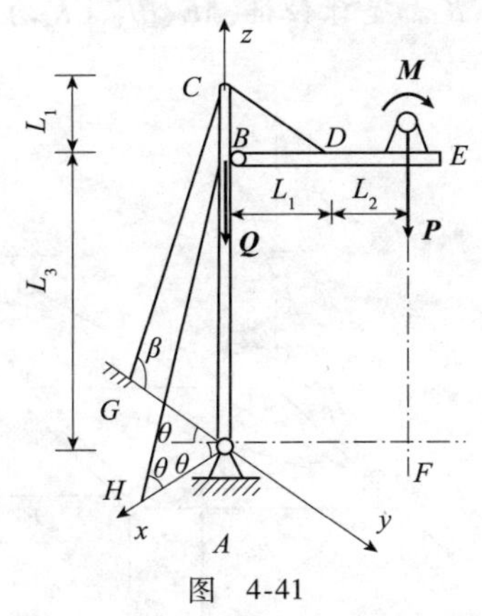

图 4-41

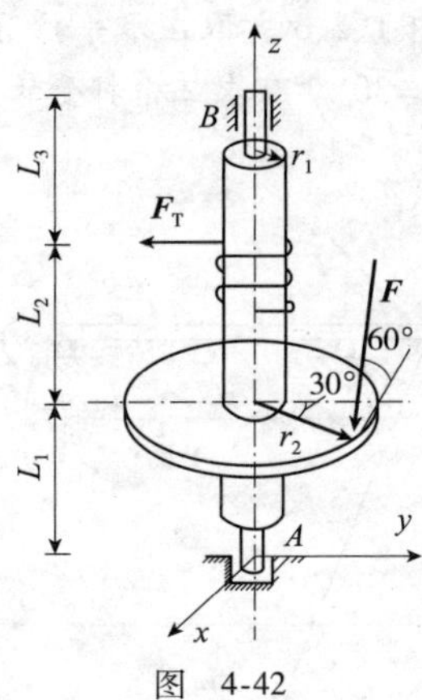

图 4-42

习题 4-6 已知：$F_1=30\text{kN}, F_2=10\text{kN}, F_3=20\text{kN}, L=1\text{m}$。求如图 4-43 所示力系的最简合成结果。

习题 4-7 直杆 EK 一端承载 $P=3.6\text{kN}$，另一端用球铰链与铅垂墙面垂直连接，如图 4-44 所示，用两根吊索 AB 与 CD 使直杆在水平位置处于静止，$L=0.2\text{m}$。求吊拉索 AB 的张力。

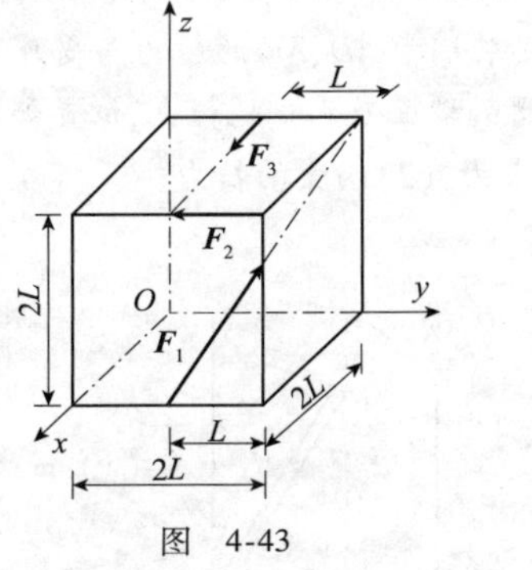

图 4-43

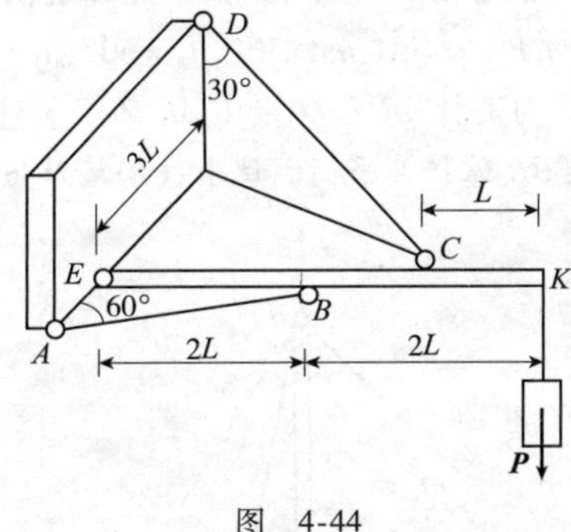

图 4-44

习题 4-8 如图 4-45 所示，重为 $\boldsymbol{G}$ 的均质薄板可绕水平轴 AB 转动，A 为球铰，B 为蝶形铰链，今用绳索 CE 将板支撑在水平位置，并在板上作用一力偶。设 $a=3\text{m}, b=4\text{m}, h=5\text{m}, G=1\text{kN}, M=2\,000\text{N}\cdot\text{m}$。试求绳的拉力及轴承 A、B 处的约束力。

习题 4-9 如图 4-46 所示，已知作用在直角弯杆 ABC 上的力 $\boldsymbol{F}_1$ 与 x 轴同方向，力 $\boldsymbol{F}_2$ 铅直向下，且 $F_1=300\text{N}, F_2=600\text{N}$。试求球铰 A，辊轴支座 C，以及绳 DE、GH 的约束力。

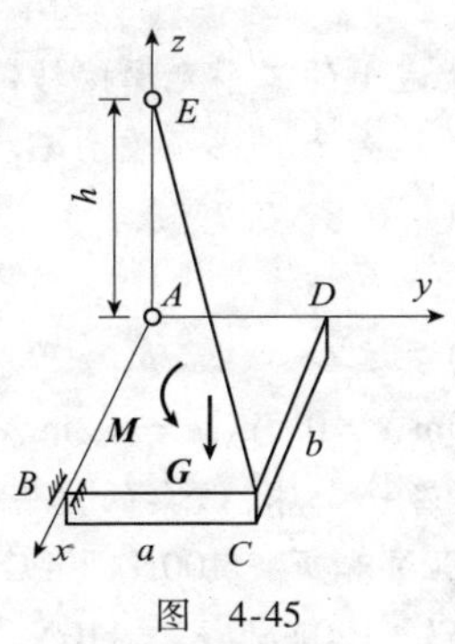

图 4-45

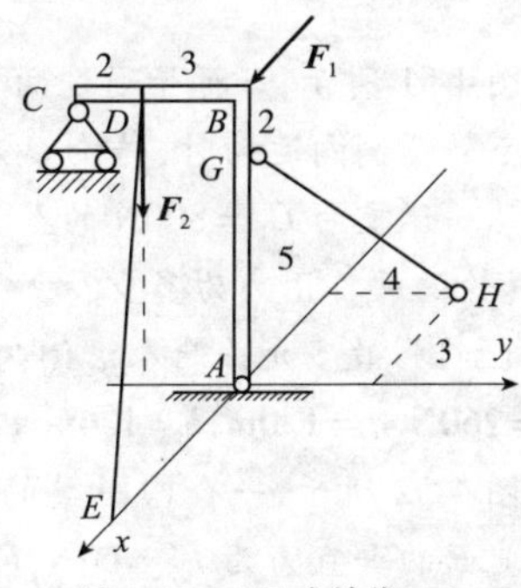

图 4-46 （尺寸单位：m）

习题 4-10 一结构支承和受力情况如图 4-47 所示，其中 $\boldsymbol{F}_1$ 和 $\boldsymbol{M}$ 在 Oyz 平面内，力 $\boldsymbol{F}$ 和 AG 杆平行于 x 轴，已知：$F=100\text{N}, F_1=200\text{N}, M=150\text{N}\cdot\text{m}, L_1=1\text{m}, L_2=1.5\text{m}$。求所有的约束力。

习题 4-11 如图 4-48 所示，均质矩形板 $ABCD$ 长边为 $AB=a$，宽边 $BC=b$，重 $G=100\text{N}$，由球形铰

链 A 和三根无重杆 1、2、3 支承在水平位置，C、D、E、H、K 都是球铰链，AE、BH、CK 均为铅直线，已知：$F = 30\text{N}$，$\theta = \varphi = \beta = 30°$。试求三根杆受的力。

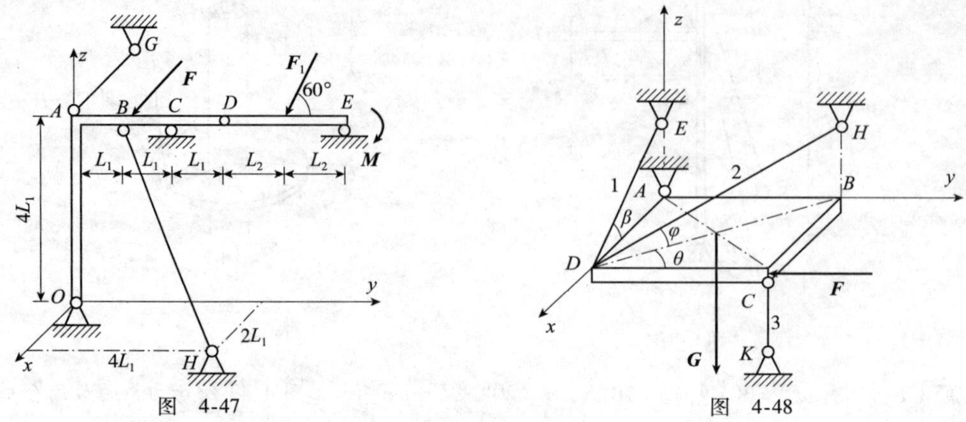

图 4-47　　　　图 4-48

B 类型习题

习题 4-12　如图 4-49 所示，立柱不计自重，A 端由三根钢索 AC、AD、AE 支承，B 端为球铰支承。已知：钢索 AC 拉力 $F_{AC} = 4\text{kN}$，$\theta_1 = 30°$，$\theta_2 = 60°$，$\theta_3 = 90°$。试求钢索 AD、AE 的拉力与支座 B 的约束力。

习题 4-13　匀质杆 AB 重 $\boldsymbol{Q}$，长 L，AB 两端分别支于光滑的墙面及水平地板上，位置如图 4-50 所示，并两水平索 AC 及 OB 维持其平衡。试求：(1) 墙及地板的约束力；(2) 两索的拉力。

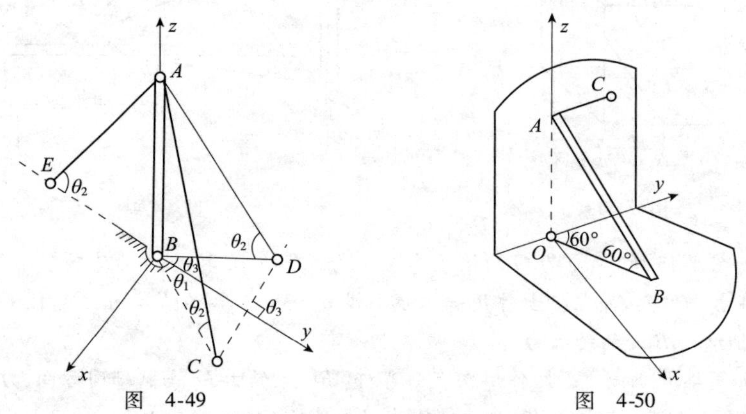

图 4-49　　　　图 4-50

C 类型习题

习题 4-14　如图 4-51 所示，一梯子通过两根平行的水平轨道上的三个无摩擦转轮支承在 A、B 和 C 三点上。当下面两个转轮侧向运动时，转轮 C 只能承受水平的径向力。梯子重力 $\boldsymbol{G}_{\text{L}}$ 的作用点已在简图中给出。梯子上站一体重为 $G_{\text{P}} = 800\text{N}$ 的人，作用点在 $r_{\text{P}} = (-0.8 \quad 0.7 \quad 2.2)\text{m}$。

(1) 轨道对各转轮的反作用力为多少？

(2) 若梯子不能翻倒，最多允许此人沿侧向弯曲(改变 r_{Py})多远？

已知数据：$G_{\text{L}} = 260\text{N}$，$a = 1.0\text{m}$，$b = 1.4\text{m}$，$c = 0.5\text{m}$，$d = 3.0\text{m}$，$e = 0.5\text{m}$，$g = 1.2\text{m}$。

习题 4-15　如图 4-52 所示，一个四腿桌的水平桌面上放着一个球，该桌的垂直对称轴通过其重心。四条桌腿传给地面的垂直力为 $F_1 = 60\text{N}$，$F_2 = 40\text{N}$，$F_3 = 100\text{N}$ 和 $F_4 = 100\text{N}$。然后再把一个重量为原来球一半的第二个球放到桌子上，得到 $F_1' = 60\text{N}$，$F_2' = 60\text{N}$，$F_3' = 120\text{N}$ 和 $F_4' = 110\text{N}$。桌腿间的距离为 $a = 1.2\text{m}$，$b = 0.8\text{m}$。

(1) 球的重量 $\boldsymbol{G}_1$、$\boldsymbol{G}_2$ 以及桌子的重量 $\boldsymbol{G}_{\text{T}}$ 各为多少？两个球放在桌面的什么位置上？

(2) 为什么这个问题不能反过来由已知的桌子和球的重量及已知球的位置来计算力 $\boldsymbol{F}_1$，$\boldsymbol{F}_2$，$\boldsymbol{F}_3$ 和 $\boldsymbol{F}_4$？

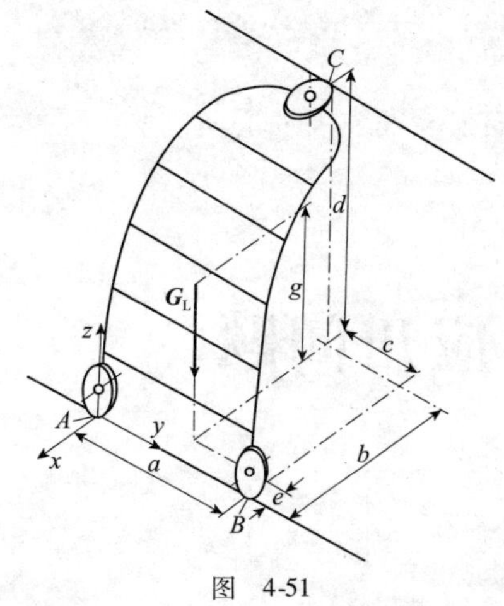

图 4-51

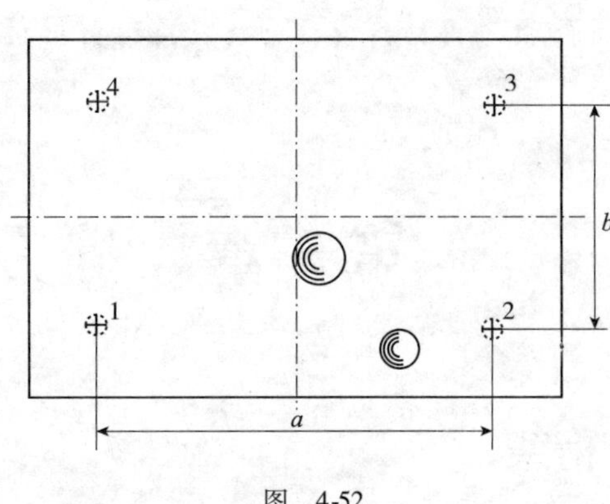

图 4-52

习题 4-16 一辆带有车轮弹簧的四轮车放在水平平面上。车上载荷如图 4-53 所示,包括载荷在内的车子上部结构的总重量 $\boldsymbol{G}$ 均匀地分配到每个轮子上。用一个放在前轴下、离车中心线距离为 b 处的杠杆把车抬起来,使前轮 2 刚好卸载。在此过程中车在空间的位移很小。车的底盘可以认为是刚性的,车轮弹簧中的弹簧力 $\boldsymbol{F}_i$ 正比于弹簧变形即 $F_i = cf_i$。

车用杠杆要承担多大的载荷 $\boldsymbol{F}_H$?抬起后各车轮载荷 $\boldsymbol{F}_1$、$\boldsymbol{F}_3$ 和 $\boldsymbol{F}_4$ 为多大?

习题 4-17 如图 4-54 所示,欲求一安装有配件的矩形空油罐的重心位置。为此在 A、B 和 C 三点用垂直的钢索将该油罐悬挂起来。用上部长棱边和过水平棱 AB 的水平线之间的夹角 α 表示油罐的位置,对油罐两种不同的空间位置测得垂直钢索中的力如下:

$$\alpha = 0°: F_A = 2\ 760\text{N}, F_B = 2\ 400\text{N}, F_C = 3\ 840\text{N}$$

$$\alpha = 15°: F_A = 2\ 599\text{N}, F_B = 2\ 260\text{N}, F_C = 4\ 141\text{N}$$

试确定在图示坐标系中重心的坐标(x_S, y_S, z_S)。

油罐尺寸:$a = 1.80\text{m}, b = 4.20\text{m}, h = 2.0\text{m}$。

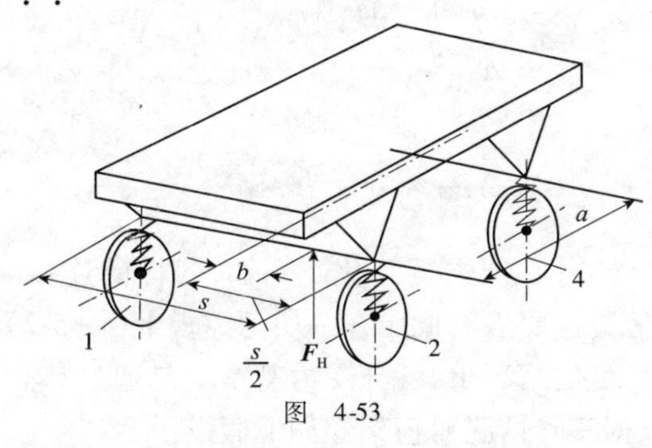

图 4-53

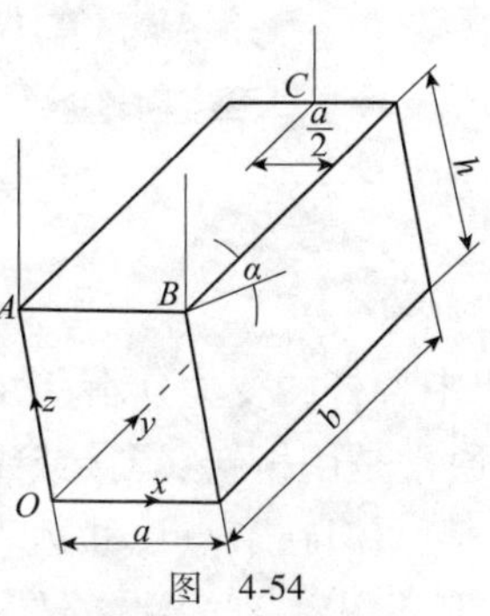

图 4-54

阿基米德(公元前 287—公元前 212),古希腊人,伟大的哲学家、科学家、数学家、物理学家、力学家,静态力学和流体静力学的奠基人,并且享有"力学之父"的美称,阿基米德和高斯、牛顿并列为世界三大数学家。阿基米德曾说过:"给我一个支点,我就能撬起整个地球。"

著作:阿基米德的著作有 10 余种,如《论球和圆柱》《圆的度量》《抛物线求积法》《论螺线》《论锥型体与球型体》《数沙者》《平面图形的平衡或其重心》《论浮体》《论杠杆》。他的著作体例深受欧几里得《几何原本》的影响,先是假设,再以严谨的逻辑推论加以证明。

《中庸》:“好学近乎知,
力行近乎仁,知耻近乎勇。”

第5章　静力学应用问题

5.1　桁架

桁架是由若干直杆在两端以一定方式连接起来的坚固承载结构。它具有自重轻、承载能力强、跨度大、能充分利用材料等优点,因此在工程中大量使用。例如,用于房屋、桥梁、输电线塔、油田井架等(图5-1,右侧为桁架的简图)。静力学研究桁架的任务是在各种载荷作用下确定桁架的支承约束力及各杆的内力,以便进行桁架的设计。

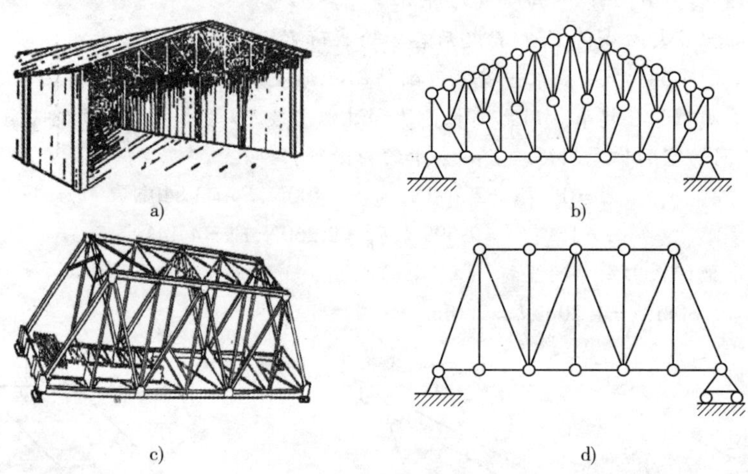

图5-1　桁架及其简图

桁架中各杆的受力实际上是十分复杂的,必须进行简化。例如,各杆的连接处称为节点,节点通常是用铆接、焊接或螺栓连接等方法将各杆固定在一块角撑板上(图5-2),或直接固定在一起。但在节点尺寸远小于各杆长度的情况下,各杆受力基本上是通过节点中心的,可将节点简化为一个光滑铰链。因此,根据实际情况对桁架作如下假设:

(1)各杆均为直的刚杆。

(2)各杆在端点用光滑铰链相连接。

(3)杆的自重不计,且支座约束力及载荷均作用在节点上。

在上述假设下,桁架的各杆均为二力杆,它们的内力为单纯的拉力或压力。所谓杆的内力是指杆内各部分之间的作用力,可以用一个假想的截面将杆分成两部分来判断它们之间的相互作用(图5-3)。符合上述的假设的物理模型称为理想桁架,根据理想桁架解得的内力是实际桁架各杆的主内力,一般情况下已可以满足设计需要。如果有必要,则需考虑简化因素所引起的次内力。

确定平面桁架各杆内力有节点法和截面法两种方法。

1)节点法

考虑桁架每个节点的平衡,画出受力图,列出平面汇交力系的两个平衡方程,联立求解即得全部杆件的内力。为避免求解联立方程,通常是先求支座约束力,然后从只有两根杆的节点开始,以后按一定顺序考虑各节点平衡,使得每一次只出现两个新的未知量。解题前应给各杆编号,解题时先设各杆均为拉力。

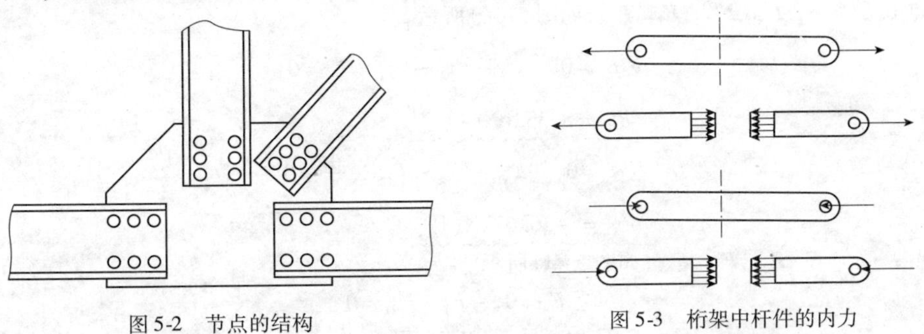

图 5-2 节点的结构　　图 5-3 桁架中杆件的内力

例题 5-1 求如图 5-4a)所示平面桁架各杆件的内力。

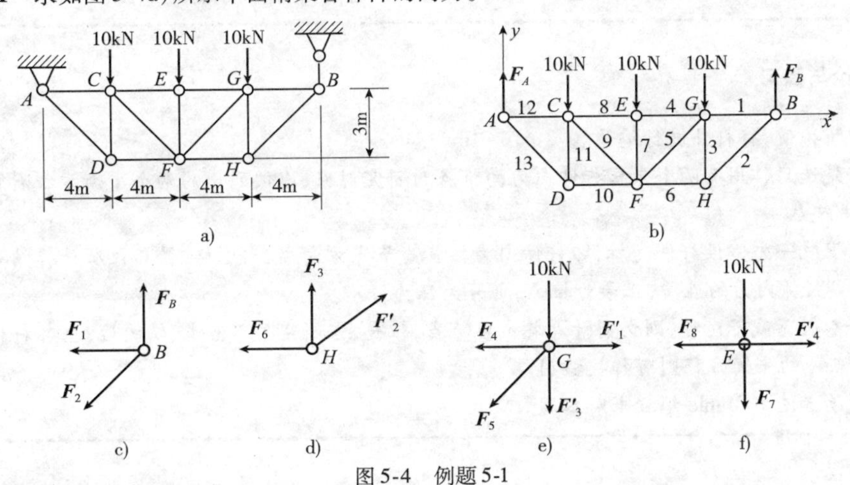

图 5-4 例题 5-1

解:(1)求外约束力。

桁架整体受力 $\boldsymbol{F}_1,\boldsymbol{F}_2,\boldsymbol{F}_3,\boldsymbol{F}_A,\boldsymbol{F}_B$,如图 5-4b)所示。

$$F_1 = F_2 = F_3 = 10\text{kN}, a = 4\text{m}, h = 3\text{m}$$

$$\sum M_{Az} = 0, -F_1 \cdot a - F_2 \cdot 2a - F_3 \cdot 3a + F_B \cdot 4a = 0 \tag{1}$$

$$F_B = 15\text{kN}(\uparrow)$$

$$\sum F_y = 0, -F_1 - F_2 - F_3 + F_A + F_B = 0 \tag{2}$$

$$F_A = 15\text{kN}(\uparrow)$$

(2)求各杆内力。

①节点 B 受力 $\boldsymbol{F}_B,\boldsymbol{F}_{N1},\boldsymbol{F}_{N2}$,如图 5-4c)所示。

$$\sum F_y = 0, F_B - F_{N2} \times \frac{3}{5} = 0 \tag{3}$$

$$F_{N2} = 25\text{kN}(\text{拉})$$

$$\sum F_x = 0, -F_{N1} - F_{N2} \times \frac{4}{5} = 0 \tag{4}$$

$$F_{N1} = -20\text{kN}(\text{压})$$

②节点 H 受力 $\boldsymbol{F}'_{N2}$，$\boldsymbol{F}_{N3}$，$\boldsymbol{F}_{N6}$，如图 5-4d）所示。

$$\sum F_x = 0, F'_{N2} \times \frac{4}{5} - F_{N6} = 0 \tag{5}$$

$$F_{N6} = 20\text{kN(拉)}$$

$$\sum F_y = 0, F'_{N2} \times \frac{3}{5} + F_{N3} = 0 \tag{6}$$

$$F_{N3} = -15\text{kN(压)}$$

③节点 G 受力 $\boldsymbol{F}_3$，$\boldsymbol{F}'_{N1}$，$\boldsymbol{F}'_{N3}$，$\boldsymbol{F}_{N4}$，$\boldsymbol{F}_{N5}$，如图 5-4e）所示。

$$\sum F_y = 0, -F_3 - F_{N3} - F_{N5} \times \frac{3}{5} = 0 \tag{7}$$

$$F_{N5} = 8.333\text{kN(拉)}$$

$$\sum F_x = 0, -F'_{N1} - F_{N4} - F_{N5} \times \frac{4}{5} = 0 \tag{8}$$

$$F_{N4} = -26.67\text{kN(压)}$$

④节点 E 受力 $\boldsymbol{F}_2$，$\boldsymbol{F}_{N4}$，$\boldsymbol{F}_{N7}$，$\boldsymbol{F}_{N8}$，如图 5-4f）所示。

$$\sum F_y = 0, -F_2 - F_{N7} = 0 \tag{9}$$

$$F_{N7} = -10\text{kN(压)}$$

⑤由于桁架结构及荷载均对称，其他各杆件内力无须再进行计算，可对称地得到。

讨论与练习

(1)为了方便，将杆件进行编号。

(2)首先选只作用有两个未知杆件内力的节点为研究对象，以便列出的两个平衡方程能解出这两个未知杆件内力。

(3)这里统一先假设杆件受拉，即杆件内力按背离节点方向画出，这样，最后仅从计算结果的正负号，即可确定杆件内力的性质，正号为拉力，负号为压力。

(4)若本例荷载不对称，则仍需计算其余各节点，但是，当研究了节点 C、D 之后，全部杆件内力已经求出，节点 A 的平衡方程则可作校核用。

(5)请读者使用 Maple 编程求解本题。

2）截面法

用一个假想截面截出桁架的某一部分作为分离体，被截断杆件的内力即成为该分离体的外力，应用平面力系的平衡条件，即可求出这些被截杆件的内力。截面法适用于求某些指定杆件的内力，例如可用于校核。由于平面任意力系只有 3 个平衡方程，所以一般来说，被截面杆件不应超过 3 个。

例题 5-2　试求如图 5-5a）所示桁架杆 1、2、3 的内力。$a = 3\text{m}$，$b = 4\text{m}$。

解：(1)求外约束力。

桁架整体受力 $\boldsymbol{P}$，$\boldsymbol{P}$，$\boldsymbol{P}$，$\boldsymbol{P}$，$\boldsymbol{G}$，$\boldsymbol{G}$，$\boldsymbol{G}$，$\boldsymbol{F}_{Ax}$，$\boldsymbol{F}_{Ay}$，$\boldsymbol{F}_B$，如图 5-5b）所示。

$$\sum F_x = 0, F_{Ax} = 0 \tag{1}$$

$$F_{Ax} = 0$$

$$\sum M_{Az} = 0, -P \cdot a - P \cdot 2a - P \cdot 3a - P \cdot 4a - G \cdot 5a - G \cdot 6a - G \cdot 7a + F_B \cdot 8a = 0 \tag{2}$$

$$F_B = \frac{1}{4}(5P + 9G)$$

$$\sum F_y = 0, -P - P - P - P - G - G - G + F_{Ay} + F_B = 0 \tag{3}$$

$$F_{Ay} = \frac{1}{4}(11P + 3G)$$

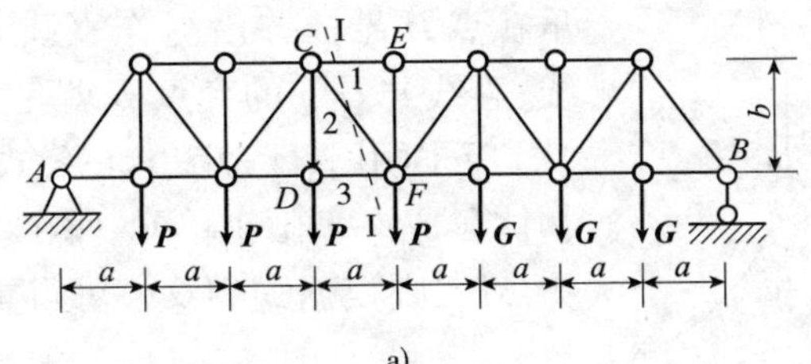

a)

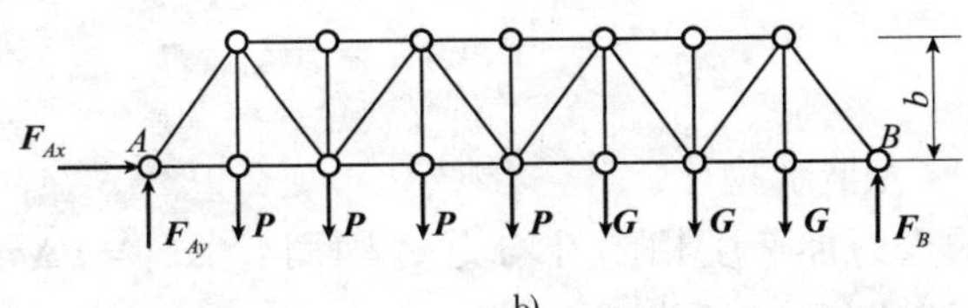

b)

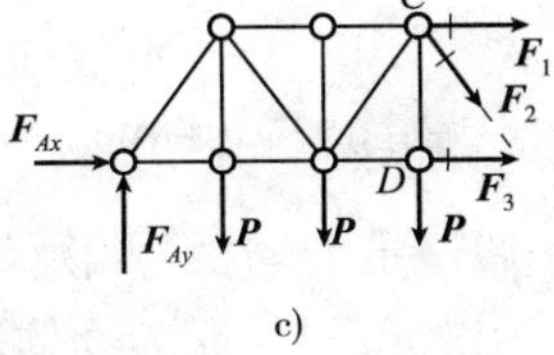

c)

图 5-5　例题 5-2

(2)求杆件内力。

截面Ⅰ-Ⅰ左部分受力 $\boldsymbol{P},\boldsymbol{P},\boldsymbol{P},\boldsymbol{F}_{Ay},\boldsymbol{F}_{B},\boldsymbol{F}_{N1},\boldsymbol{F}_{N2},\boldsymbol{F}_{N3}$,如图 5-5c)所示。

$$\sum M_{Fz}=0, P\cdot a+P\cdot 2a+P\cdot 3a-F_{Ay}\cdot 4a-F_{N1}\cdot b=0 \tag{4}$$

$$F_{N1}=-\frac{3}{4}(5P+3G)(\text{压})$$

$$\sum M_{Cz}=0, P\cdot 2a+P\cdot a-F_{Ay}\cdot 3a+F_{N3}\cdot b=0 \tag{5}$$

$$F_{N3}=\frac{9}{16}(7P+3G)$$

$$\sum F_y=0, -P-P-P+F_{Ay}-F_{N2}\times\frac{4}{5}=0 \tag{6}$$

$$F_{N2}=\frac{5}{16}(3G-P)$$

当 $3G>P$ 时为拉力,$3G<P$ 时为压力。

讨论与练习

(1)将桁架切开,分成两部分,截面切及待求内力的杆件1、2、3。

(2)由于平面任意力系只有三个独立的平衡方程,因此,切及的未知内力的杆件一般不超过3根。

(3)一般先列出未知内力交点的力矩平衡方程比较简便。

(4)请读者使用 Maple 编程求解本题。

5.2　重心

本节研究空间力系的特殊情况——空间平行力系的简化及其重要应用——物体重心位置的确定。

如果物体的尺寸相对地球很小,则地球附近物体上各点的重力可以被认为是平行力系。与风载、水压等分布载荷构成的平行力系不同,重力构成的平行力系是体积力,而前者是面积力。显然,物体的重心就是各点重力构成的平行力系中心。实际上,用悬挂法测定一个平面物体的重心就是用了平行力系中心的概念。如图 5-6 为一棘轮的棘爪,为测其重心,先用绳在点 A 悬挂,待棘爪平衡后沿绳作一直线 a,显然,它就是各点重力合力的作用线;再将棘

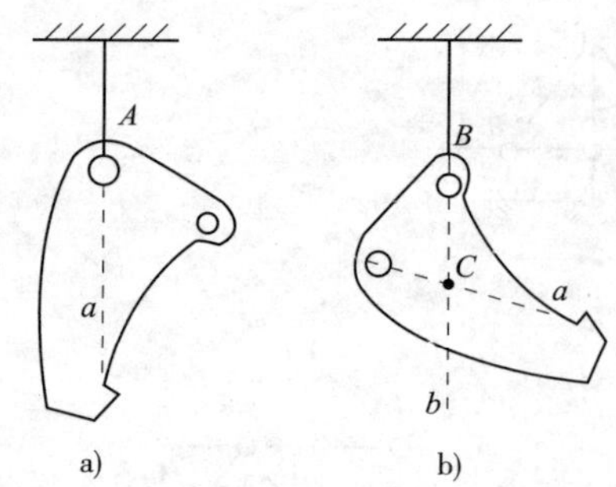

图 5-6　悬挂法测平面物体重心

爪在点 B 悬挂并沿绳作直线 b，它也是重力合力的作用线；直线 a 及 b 的交点 C 就是棘爪的重心。

下面用平行力系中心公式计算物体重心的位置。将物体分成许多微小单元，每个单元的位置在 $\boldsymbol{r}_i$，重力大小为 ΔP_i，则根据式(4-21)可得重心位置的计算公式。

$$\boldsymbol{r}_C = \frac{\sum_{i=1}^{n} \Delta P_i \boldsymbol{r}_i}{P} \text{或} \boldsymbol{r}_C = \frac{\iiint_{\Omega} \boldsymbol{r} \mathrm{d}P}{P} \tag{5-1}$$

积分域为整个物体。

由于假设重力场均匀，物体上各点的重力加速度相同且均为 g，因而有 $\Delta P_i = g\Delta m_i$，$P = mg$；Δm_i 为微元质量，m 为物体质量。此时式(5-1)变为

$$\boldsymbol{r}_C = \frac{\sum_{i=1}^{n} \Delta m_i \boldsymbol{r}_i}{m} \text{或} \boldsymbol{r}_C = \frac{\iiint_{\Omega} \boldsymbol{r} \mathrm{d}m}{m} \tag{5-2}$$

由式(5-2)确定的点与物体质量分布情况有关，称为物体的质量分布中心，简称质心。

如果物体还是匀质的，设其密度为 ρ，则有 $\Delta m_i = \rho \Delta V_i$，$m = \rho V$，$\Delta V_i$ 及 V 分别为微元及物体的体积。这时式(5-7)变为

$$\boldsymbol{r}_C = \frac{\sum_{i=1}^{n} \Delta V_i \boldsymbol{r}_i}{V} \text{或} \boldsymbol{r}_C = \frac{\iiint_{\Omega} \boldsymbol{r} \mathrm{d}V}{V} \tag{5-3}$$

由式(5-3)确定的点只与物体的形状有关，称为物体的形心。式(5-1)～式(5-3)均可写成坐标形式，如对匀质线状物体，其形心计算公式的坐标形式是

$$x_C = \frac{\int_{\Omega} x \mathrm{d}l}{l},\ y_C = \frac{\int_{\Omega} y \mathrm{d}l}{l},\ z_C = \frac{\int_{\Omega} z \mathrm{d}l}{l} \tag{5-4}$$

显然，具有对称轴或对称平面的均质物体，其重心、质心、形心一定在对称轴或对称平面上。应该指出，重心、质心、形心是不同的概念，对同一物体的三心的位置也可能各不相同。但在均匀重力场中物体的重心与质心重合，如果物体是匀质的，则重心还与形心重合。常用几何形体的形心位置在本书附录中给出。

例题 5-3　均质平面薄板的尺寸如图 5-7a)所示。试求其重心坐标。

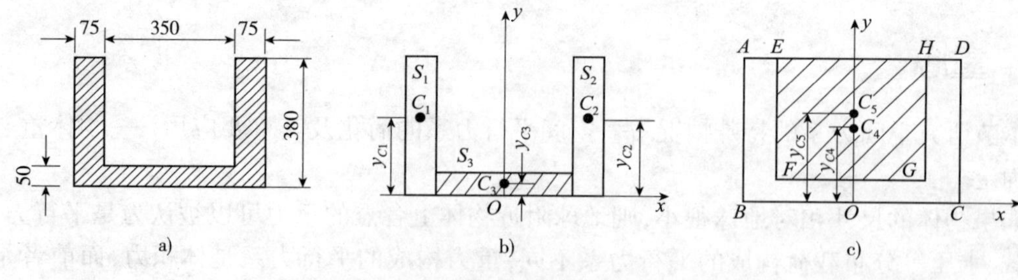

图 5-7　例题 5-3(尺寸单位:mm)

解：该平面薄板有对称轴，取其为轴 Oy，作 $Oxyz$ 坐标[图 5-7b)]，则重心 C 必在轴 Oy 上，即 $x_C = 0$，只需求 y_C。

解法一　分割法

将平面薄板分割成 S_1、S_2、S_3 三个矩形板[图 5-7b)]，它们的面积及重心坐标如下：

$$A_1 = 75 \times 10^{-3} \times 380 \times 10^{-3} = 0.028\,5(\mathrm{m}^2)$$

$$A_2 = 350 \times 10^{-3} \times 50 \times 10^{-3} = 0.017\,5(\mathrm{m}^2)$$

$$A_3 = A_1 = 0.028\,5\mathrm{m}^2, A = A_1 + A_2 + A_2 = 0.074\,5(\mathrm{m}^2)$$

$$y_{C1} = 0.19\mathrm{m}, y_{C2} = 0.19\mathrm{m}, y_{C3} = 0.025\mathrm{m}$$

$$y_C = \frac{1}{A}(A_1 y_{C1} + A_2 y_{C2} + A_3 y_{C3}) = \frac{1}{0.074\,5} \times (0.028\,5 \times 0.19 \times 2 + 0.017\,5 \times 0.025) = 0.151\,2(\mathrm{m})$$

解法二　负面积法

平面薄板还可看成矩形板 $ABCD(S_4)$，挖去矩形板 $EFGH(S_5)$，将挖去部分面积看成负值[图 5-7c)]。

$$A_4 = (75 \times 10^{-3} + 350 \times 10^{-3} + 75 \times 10^{-3}) \times 380 \times 10^{-3} = 0.19(\mathrm{m}^2)$$

$$A_5 = -350 \times 10^{-3} \times (380 \times 10^{-3} - 50 \times 10^{-3}) = -0.115\,5(\mathrm{m}^2)$$

$$y_{C4} = 0.19\mathrm{m}, y_{C5} = 50 \times 10^{-3} + \frac{380 \times 10^{-3} - 50 \times 10^{-3}}{2} = 0.215(\mathrm{m})$$

$$y_C = \frac{\sum A_i y_{Ci}}{\sum A_i} = \frac{A_4 y_{C4} + A_5 \times y_{C5}}{A_4 + A_5} = \frac{0.19 \times 0.19 + (-0.115\,5) \times 0.215}{0.19 + (-0.115\,5)} = 0.151\,2(\mathrm{m})$$

所得结果相同。这种方法称负面积法。

讨论与练习

(1)离散体求重心一般利用分割法和负面积法。

(2)对称体重心一定在对称轴上。

(3)请读者使用 Maple 编程求解本题。

例题 5-4　试求图 5-8 所示底边为 b、高为 h、斜边为凹抛物线的均质薄三角板的重心。

解：(1)建立抛物线方程

取坐标系 Oxy，令抛物线方程为

$$x^2 = 2py \tag{1}$$

由 $x = b, y = h$ 得 $p = \frac{b^2}{2h}$。抛物线方程为

$$y = \frac{h}{b^2}x^2 \tag{2}$$

(2)取微元面

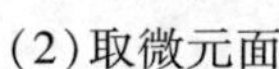

在 x 处取微元

$$\mathrm{d}A = y\mathrm{d}x = \frac{hx^2}{b^2}\mathrm{d}x \tag{3}$$

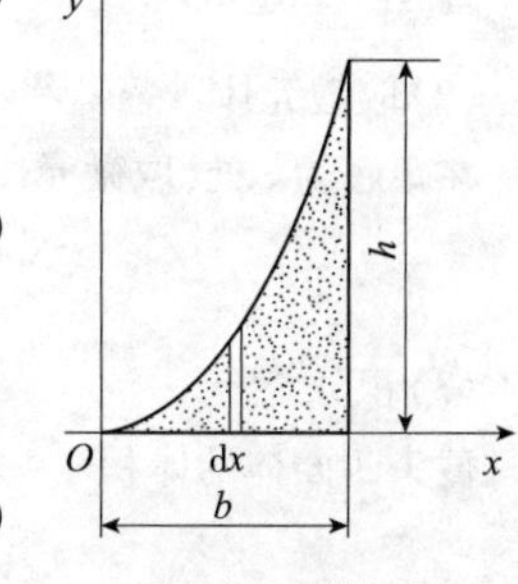

图 5-8　例题 5-4

(3)积分

图形面积为

$$A = \int \mathrm{d}A = \int_0^b \frac{hx^2}{b^2}\mathrm{d}x = \frac{1}{3}bh \tag{4}$$

图形对 y 轴的面积矩为

$$S_y = \int_A x\mathrm{d}A = \int_0^b \frac{hx^3}{b^2}\mathrm{d}x = \frac{1}{4}b^2 h \tag{5}$$

图形对 x 轴的面积矩为

$$S_x = \int_A \frac{y}{2}\mathrm{d}A = \int_0^b \frac{h^2 x^4}{2b^4}\mathrm{d}x = \frac{1}{10}bh^2 \tag{6}$$

(4)求重心

重心坐标公式给出

$$x_C = \frac{S_y}{A} = \frac{b^2h/4}{bh/3} = \frac{3}{4}b \tag{7}$$

$$y_C = \frac{S_x}{A} = \frac{bh^2/10}{bh/3} = \frac{3}{10}h \tag{8}$$

上式中$\frac{y}{2}$是图中微元的中心坐标。

讨论与练习

(1)连续体求重心通常利用积分法。

(2)对y轴的面积矩称为**静矩**。

(3)请读者使用Maple编程求解本题。

例题5-5 如图5-9所示,在均质四面体$ABCDEF$上,平行于底面切去一块。已知面积$ABC=a$,面积$DEF=b$,两面之间距离为h。试求此截头四面体重心到底面的距离z_c。

解:解法一 积分法

(1)建立横截面与高度函数关系

设四面体高为H,它可用面积a,b和距离h表示,有

$$\frac{H-h}{H} = \sqrt{\frac{b}{a}} \tag{1}$$

由此解得

$$H = \frac{\sqrt{a}}{\sqrt{a}-\sqrt{b}}h \tag{2}$$

$$\frac{H-z}{H} = \sqrt{\frac{A(z)}{a}} \tag{3}$$

$$A(z) = a\left(\frac{H-z}{H}\right)^2 \tag{4}$$

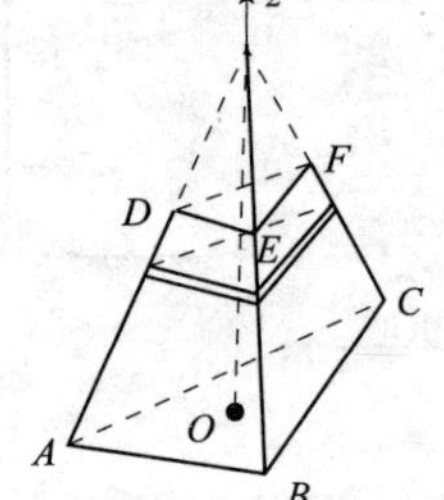

图5-9 例题5-5

(2)取微元体

在距底为z处,取微元体

$$dV = A(z)dz = a\left(\frac{H-z}{H}\right)^2 dz \tag{5}$$

(3)积分

截头四面体的体积

$$V = \int dV = \frac{a}{H^2}\int_0^h (H-z)^2 dz = \frac{1}{3}h(a+\sqrt{ab}+b) \tag{6}$$

图形对z轴的体积矩

$$\int z dV = \frac{a}{H^2}\int_0^h (H^2z - 2Hz^2 + z^3)dz = \frac{1}{12}h^2(a + 2\sqrt{ab} + 3b) \tag{7}$$

(4)求重心

重心为

$$z_c = \frac{\int z dV}{\int dV} = \frac{h}{4}\,\frac{a+2\sqrt{ab}+3b}{a+\sqrt{ab}+b}$$

解法二　用负体积分割法

由四面体重心在距底面$\frac{1}{4}$高处,有

$$z_c = \frac{V_2 \cdot z_{c2} - V_1 \cdot z_{c1}}{V_2 - V_1}$$

$$= \frac{\frac{1}{3}aH \cdot \frac{1}{4}H - \frac{1}{3}b(H-h) \cdot \left[\left\{\frac{1}{4}(H-h)+h\right\}\right]}{\frac{1}{3}aH - \frac{1}{3}b(H-b)}$$

$$= \frac{h}{4} \frac{a + 2\sqrt{ab} + 3b}{a + \sqrt{ab} + b}$$

讨论与练习

(1)离散体求重心一般利用分割法和负体积法。

(2)连续体求重心通常利用积分法。

(3)不规则体重心一般用实验法确定。

(4)请读者使用 Maple 编程求解本题。

5.3 摩擦

5.3.1 滑动摩擦

由于物体间的接触面凹凸不平等原因,当物体间有相对滑动趋势时,都会产生沿接触面公切线方向的阻力,这就是干摩擦,即通常所说的摩擦。当物体间仅有相对滑动趋势时,沿公切线的阻力称为静滑动摩擦力;当物体间已发生相对滑动运动时,则称为动滑动摩擦力。在许多问题中,摩擦力的作用十分显著,甚至起主要作用。例如,梯子倚在墙边不倒,就是依靠了粗糙地面的摩擦力;汽车之所以能向前行驶,也是依靠了主动轮与地面间向前的摩擦力。

将物体放在粗糙的水平面上静止不动,摩擦力当然是零。用主动力 $\boldsymbol{F}$ 去推它(图5-10),如果力 $\boldsymbol{F}$ 较小,则物体保持静止,静摩擦力 $\boldsymbol{F}_f$ 与主动力 $\boldsymbol{F}$ 大小相等、方向相反,所以摩擦力是约束力。不断增大 $\boldsymbol{F}$,当达到某值时,物体开始滑动,说明静摩擦力有最大值,由此知摩擦力是一种特殊的约束力。摩擦力的机制相当复杂,需要专门的学科"摩擦学"研究,但对一般工程问题,可用下述经验结论。

(1)静摩擦力 $\boldsymbol{F}_f$ 的方向沿两物体接触面公切线,并与两物体相对滑动趋势方向相反。

(2)静摩擦力 $\boldsymbol{F}_f$ 的大小可在一定范围内变化,最大静摩擦力 $\boldsymbol{F}_{f,max}$ 的大小与正压力 $\boldsymbol{F}_N$ 成正比,而与接触面的大小无关。

$$F_f \leqslant F_{f,max}, F_{f,max} = f_s F_N \tag{5-5}$$

式中,f_s 称为静摩擦因数,取决于接触物体的材料及表面物理条件,由实验测定。

(3)动摩擦力 $\boldsymbol{F}'_f$ 的大小也与正压力 $\boldsymbol{F}_N$ 成正比。

$$F'_f = f_d F_N \tag{5-6}$$

式中,f_d 称为动摩擦因数,且有 $f_d < f_s$。

上述经验规律是法国物理学家库仑于 1781 年根据前人的研究结果总结出来的，常称为库仑摩擦定律。

静摩擦因数 f_s 可用图 5-11 的装置测定。斜面倾角 φ 由零开始逐渐增加，直至斜面上的物块由相对静止开始滑动；这时斜面的倾角为 φ_f，则有

$$f_s = \frac{F_{f,\max}}{F_N} = \frac{W\sin\varphi_f}{W\cos\varphi_f} = \tan\varphi_f \tag{5-7}$$

式中，φ_f 称为摩擦角。

常用材料的摩擦因数见表 5-1。

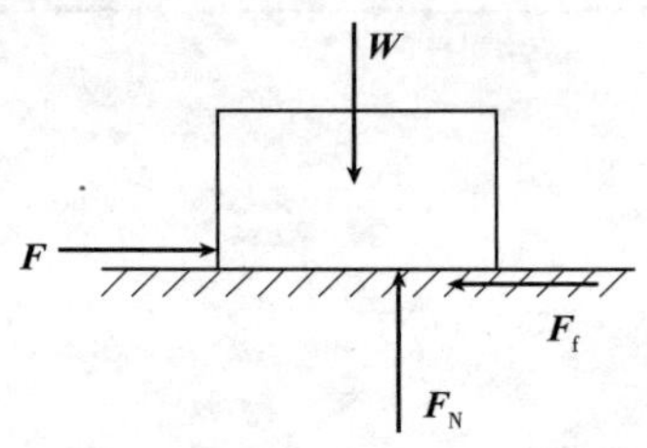

图 5-10　摩擦力

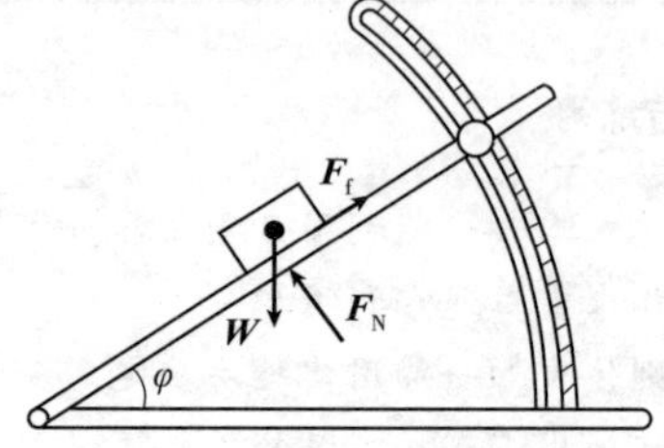

图 5-11　静摩擦因数的测定

常用材料的摩擦因数　　表 5-1

接触物的材料	静滑动摩擦因数 f_s	动滑动摩擦因数 f_d
钢与钢	0.15	0.15
钢与青铜	0.15	0.15
钢与铸铁	0.3	0.18
皮革与铸铁	0.3～0.5	—
木材与木材	0.6	—
砖与混凝土	0.76	—
氯化铵对金属板	0.75～0.85	0.46～0.60
膨胀石墨与钢板	0.19～0.20	0.16～0.17
经过喷砂的钢板与钢板	0.58～0.72	0.57～0.63
钢板与铜板(已喷砂及 NaCl 腐蚀)	0.56～0.61	0.41～0.43
麦尔顿呢与羽纱布	0.60～0.63	0.59～0.56
聚四氟乙烯与聚四氟乙烯	0.111	0.109
C10 水泥块与美国旗赛 HDPE 防渗膜	0.406	0.386
C10 水泥块与外包无纺布的防渗膜	1.13	0.87
杭纺与美丽绸	0.41	0.391
棉布与美丽绸	0.52	0.460
杭纺与羽纱	0.32	0.303
棉布与羽纱	0.531	0.481
杭纺与尼龙上纱	0.310	0.304
棉布与尼龙上纱	0.538	0.490

求解有摩擦的平衡问题的特点如下：

在求解有摩擦的平衡问题时，受力图中应标出摩擦力，摩擦力的方向应与接触处相对滑动趋势相反；列写方程式时，除静力学平衡方程外，还应补充关于摩擦的物理条件式(5-5)，由于存在不等式，解出的结果也是一个范围。求解过程中，可以直接运用不等式运算，也可以在平衡极限状态下求解等式，最后根据物理概念判断范围。

5.3.2 摩擦锥与摩擦自锁

摩擦力 $\boldsymbol{F}_f$ 与正压力 $\boldsymbol{F}_N$ 的合力称为全约束力 $\boldsymbol{F}_R$，它与接触面公法线的夹角为 φ；由式(5-5)、式(5-7)易得(图 5-12)：

$$\tan\varphi = \frac{F_f}{F_N} \leqslant f_s = \tan\varphi_f \tag{5-8a}$$

或

$$\varphi \leqslant \varphi_f \tag{5-8b}$$

式中，φ_f 为摩擦角。

以公法线为轴、$2\varphi_f$ 为顶角的正圆锥称为摩擦锥。上式表明，在任何载荷下，全约束力的作用线永远处于摩擦锥之内。如果作用在物体上主动力的合力 $\boldsymbol{F}$ 的作用线也落在摩擦锥内，则无论怎样增大主动力，都不可能破坏物体的平衡，这种现象称为摩擦自锁。

螺旋器械相当于在圆柱上缠绕的斜面。图 5-13 中所示的螺旋夹紧器中，具有阴螺纹的框架相当于斜面。具有阳螺纹的螺杆相当于在斜面上滑动的物块。对夹紧器的要求是：当主动力矩(夹紧力矩)M 撤去后，螺杆仍保持平衡以维持一定的夹紧力 W，亦即螺杆摩擦自锁。为此，要求螺纹的螺旋角 α 满足自锁条件：

$$\alpha = \arctan\frac{l}{2\pi r} \leqslant \varphi_f$$

提升重物的螺旋千斤顶的工作原理与此相同。

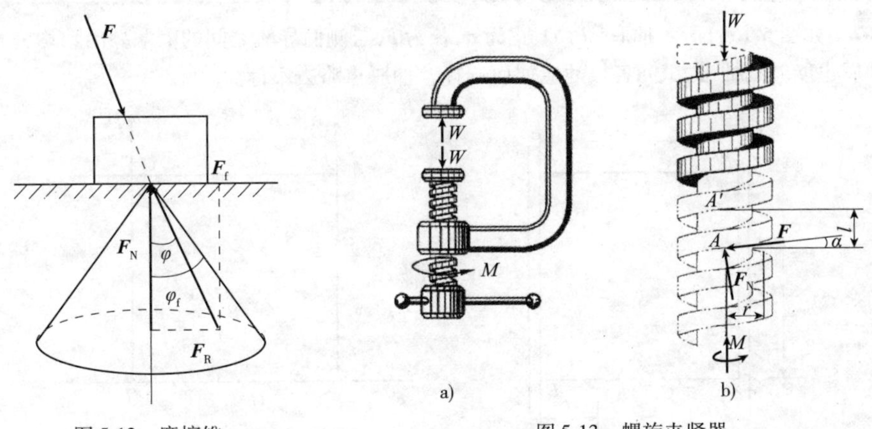

图 5-12 摩擦锥

图 5-13 螺旋夹紧器

例题 5-6 如图 5-14a)所示，均质半圆柱体重为 $\boldsymbol{P}$，重心 C 到圆心 O 的距离 $a=\dfrac{4R}{3\pi}$，其中 R 为半圆柱体半径。如半圆柱体和水平面之间的静摩擦因为 f_s，试求圆柱体被水平力 $\boldsymbol{F}$ 刚好拉动时所偏过的角度 θ。

解：半圆柱体受力 $\boldsymbol{P},\boldsymbol{F},\boldsymbol{F}_N,\boldsymbol{F}_{f,max}$ [图 5-14b)]。此时已达平衡临界状态，B 点的静摩擦力 $\boldsymbol{F}_f$ 已达最大值 $F_{f,max}$。列平衡方程

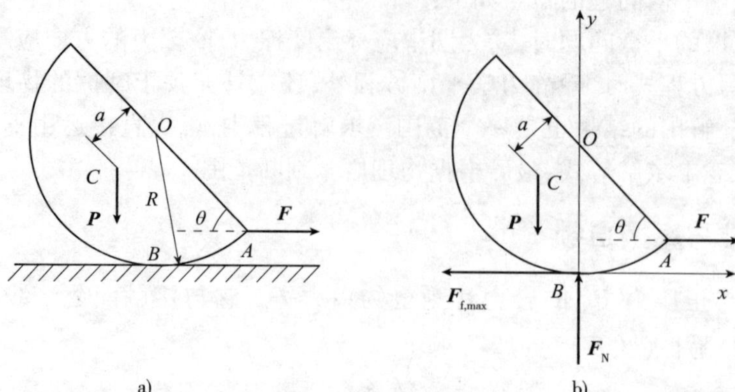

图 5-14　例题 5-6

$$\sum F_x = 0, F - F_{f,max} = 0 \tag{1}$$

$$\sum F_y = 0, -P + F_N = 0 \tag{2}$$

$$\sum M_{Bz} = 0, Pa\sin\theta - FR(1 - \sin\theta) = 0 \tag{3}$$

由库仑摩擦定律作为补充方程

$$F_{f,max} = f_s F_N \tag{4}$$

由式(1)～式(4)联列解得

$$\theta = \arcsin\frac{3\pi f_s}{4 + 3\pi f_s}$$

讨论与练习

(1)带摩擦的平衡问题未知数多于基本方程的数量，所以一般需要补充方程。

(2)4 个方程中包含 3 个基本方程和 1 个补充方程，有 F、$F_{f,max}$、F_N 及 θ 4 个未知量，可以全部解出。

例题 5-7　如图 5-15a)所示抽屉 $ABCD$，宽为 d，长为 b，与侧面导轨之间的静摩擦因数均为 f_s，为了使用一个拉手抽屉也能顺利抽出，试问各尺寸应如何选择？抽屉重略去不计。

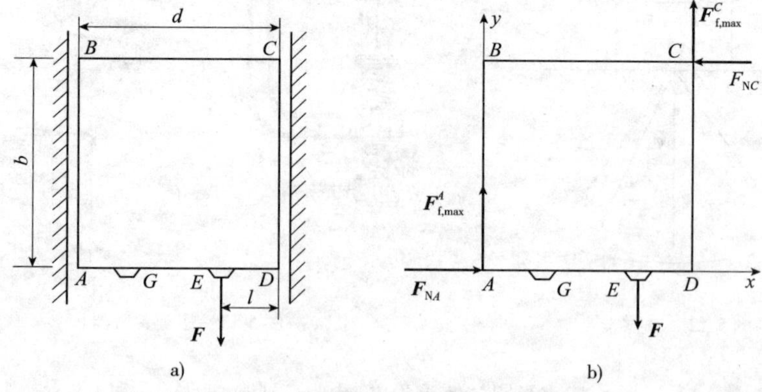

图 5-15　例题 5-7

解：考虑到抽屉与导轨间有一定间隙，因此以力 $\boldsymbol{F}$ 拉动抽屉时，抽屉绕其质心转动，从而使其角 A 和 C 与导轨接触，而角 B 和 D 离开导轨，相互无作用力。其次，此时考虑拉出的临界状态，A 和 C 处的静摩擦力均达到最大值。

抽屉受力 $\boldsymbol{F},\boldsymbol{F}_{NA},\boldsymbol{F}_{NB},\boldsymbol{F}^{A}_{f,max},\boldsymbol{F}^{C}_{f,max}$，如图 5-15b）所示。

列平衡方程

$$\sum F_x=0,F_{NA}-F_{NC}=0 \tag{1}$$

$$\sum F_y=0,F^{A}_{f,max}+F^{C}_{f,max}-F=0 \tag{2}$$

$$\sum M_{Az}=0,F_{NC}b+F^{C}_{f,max}d-F(d-l)=0 \tag{3}$$

达到临界状态时有

$$F^{A}_{f,max}=f_s F_{NA} \tag{4}$$

$$F^{C}_{f,max}=f_s F_{NC} \tag{5}$$

由式（1）~式（5）联列可解得

$$b=f_s(d-2l)$$

由实际经验可知，d 越小，b 越大，也就是抽屉越窄、越长，越易拉出。因此上式给出的是 b 的最小值，即当 b 小于此临界值时，将出现自锁现象，不论 F 为何值均不能拉动抽屉；当 b 大于此临界值时，可顺利拉出。因此可得顺利拉出的尺寸选择为

$$b>f_s(d-2l)$$

讨论与练习

5 个方程中包含 3 个基本方程和 2 个补充方程，有 $F_{NA},F_{NB},F^{A}_{f,max},F^{C}_{f,max}$ 和 b 5 个未知量，可以全部解出。

5.3.3 滚动摩阻

当圆轮在直线轨道上有向前滚动的趋势时，也会遇到阻碍，这就是滚动摩阻。实际上，在圆轮与轨道的接触处存在不可避免的变形［图 5-16a）］，接触处的约束力是一个分布力系，它的合力的作用点并不在接触点，而是略向前偏移［图 5-16b）］。将约束力向接触点简化［图 5-16c）］，得到约束力的三个分量：正反力 $\boldsymbol{F}_N$，滑动摩擦力 $\boldsymbol{F}_f$ 及滚动摩阻力偶 M_f。实践证明，与滑动摩擦力一样，滚动摩阻力偶 M_f 也有最大值 $M_{f,max}$，且 $M_{f,max}$ 只与正反力 F_N 成正比，亦即

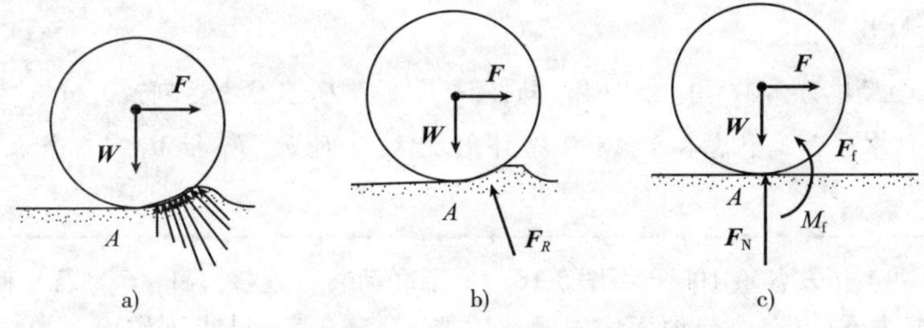

图 5-16 滚动摩阻

$$M_f\leqslant M_{f,max},M_{f,max}=\delta F_N \tag{5-9}$$

式中，δ 称为滚动摩阻系数。与滑动摩擦因数不同，δ 有长度的量纲。不同硬度材料的滚动摩阻系数可由实验测定，如列车车轮对钢轨的滚动摩阻系数为 $\delta=0.5$mm。

求解有滚动摩阻的平衡问题与求解有滑动摩擦的平衡问题完全类似。在受力图中除出现滑动摩擦力外，还出现滚动摩阻力偶；列方程时，除静力学平衡方程及滑动摩擦的物理条件式（5-5）外，还应补充滚动摩阻的物理条件式（5-9）。

由图 5-16c)可以看出欲使车轮滚动前进，须 $Fr > M_{f,max}$，或 $F > (\delta/r)F_N$（r 为圆轮半径）；欲使车轮滑动前进，须 $F > F_{f,max}$，或 $F > f_s F_N$。由于实际问题中 $\delta/r \ll f_s$，所以滚动前进比滑动前进容易得多，因此，在机械工程中，直线运动多采用轮子，而转动机械多采用滚珠轴承。

例题 5-8 重 $\boldsymbol{P}$、半径是 r 的轮子，沿倾角为 θ 的斜面匀速向上滚动[图 5-17a)]，轮心上施加一平行于斜面的力 $\boldsymbol{F}$。设轮子和斜面间的滚动摩擦系数为 δ，试求力 $\boldsymbol{F}$ 的大小。

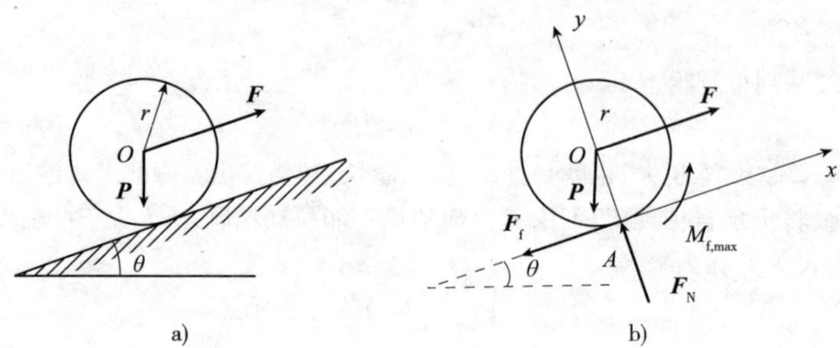

图 5-17 例题 5-8

解：考虑到存在滚动摩擦，因此图中画出了滚动摩擦力偶 $\boldsymbol{M}_f$，其转向与向上滚动的方向相反。轮子均速向上 $M_f = M_{f,max}$。

轮子受力 $\boldsymbol{P}, \boldsymbol{F}, \boldsymbol{F}_f, \boldsymbol{F}_N, M_{f,max}$[图 5-17b)]。

列出平衡方程

$$\sum F_x = 0, \; -P\sin\theta + F - F_f = 0 \tag{1}$$

$$\sum F_y = 0, \; -P\cos\theta + F_N = 0 \tag{2}$$

$$\sum M_{Az} = 0, P\sin\theta \cdot r - F \cdot r + M_{f,max} = 0 \tag{3}$$

补充滚动摩擦力偶矩的方程

$$M_{f,max} = \delta F_N \tag{4}$$

由式(1)～式(4)联列解得

$$F = P\left(\sin\theta + \frac{\delta}{r}\cos\theta\right)$$

讨论与练习

(1)存在滚动摩擦力偶 $\boldsymbol{M}_f$ 时，称为纯滚动，滑动摩擦力 $\boldsymbol{F}_f$ 显然未达到最大值。

(2)4 个方程中包含 3 个基本方程和 1 个补充方程，有 F, F_N, F_f 和 $M_{f,max}$ 4 个未知量，可以全部解出。

例题 5-9 滑块 A 和 B 各重 100N，由图 5-18a)所示联动装置连接。杆 AC 平行于倾角为30°的斜面，杆 BC 水平，杆重略去不计，有块与地面的静摩擦因数为 $f_s = 0.5$。试求不致引起滑块滑动的最大铅垂力 $\boldsymbol{F}$。

解：销钉 C 受力 $\boldsymbol{F}, \boldsymbol{F}_{AC}, \boldsymbol{F}_{BC}$[图 5-18c)]。

$$\sum F_y = 0, \; -F + F_{AC}\sin 30° = 0 \tag{1}$$

$$F_{AC} = 2F$$

$$\sum F_x = 0, F_{AC}\cos 30° - F_{BC} = 0 \tag{2}$$

$$F_{BC} = \sqrt{3}F$$

滑块 A 受力 $\boldsymbol{P}, \boldsymbol{F}'_{AC}, \boldsymbol{F}_{N,A}, \boldsymbol{F}_{f,A}$[图 5-18b)]。

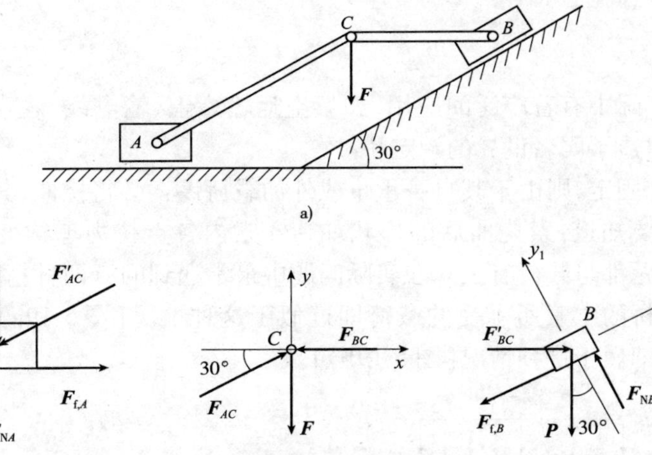

图 5-18　例题 5-9

列滑块 A 的平衡方程,考虑到摩擦力达到最大,有

$$\sum F_x=0,F_{f,A}-F'_{AC}\cos 30^\circ=0 \tag{3}$$

$$F_{f,A}=\sqrt{3}F$$

$$\sum F_y=0,-P-F'_{AC}\sin 30^\circ+F_{N,A}=0 \tag{4}$$

$$F_{N,A}=100-F$$

$$F_{f,A}=f_s F_{N,A} \tag{5}$$

$$\sqrt{3}F=0.5(100-F) \tag{a}$$

$$F_{[A]}=40.6\text{N}$$

滑块 B 受力 $\boldsymbol{P},\boldsymbol{F}'_{BC},\boldsymbol{F}_{N,B},\boldsymbol{F}_{f,B}$[图 5-18d)]。

列滑块 B 的平衡方程,同样摩擦力达到最大摩擦力,另选坐标 Bx_1y_1,有

$$\sum F_{x1}=0,-P\sin 30^\circ-F_{f,B}+F'_{BC}\cos 30^\circ=0 \tag{6}$$

$$F_{f,B}=\frac{1}{2}(3F-100)$$

$$\sum F_{y1}=0,-P\cos 30^\circ+F_{N,B}-F'_{BC}\sin 30^\circ=0 \tag{7}$$

$$F_{NB}=\frac{\sqrt{3}}{2}(100+F)$$

$$F_{f,B}=f_s F_{N,B} \tag{8}$$

$$\frac{1}{2}(3F-100)=\frac{\sqrt{3}}{4}(100+F) \tag{b}$$

$$F_{[B]}=87.5\text{N}$$

$$F_{\max}=\min\{F_{[A]},F_{[B]}\}=40.6\text{N}$$

不致破坏系统平衡 $\boldsymbol{F}$ 的最大值应为 40.6N,一旦超过此值,滑块 A 将开始滑动。

讨论与练习

(1)这是一个有摩擦的刚体系平衡问题。由于求不引起滑块滑动的最大铅垂力,滑块 A 的滑动趋势应向左,滑块 B 的滑动趋势应向上。

(2)请读者使用 Maple 编程求解本题。

5.4 悬索

悬索在工程实际中有着广泛的应用，如架空运输索道、输电线、悬索桥。早在1696年，我国已采用铁索建造了闻名世界的泸定桥。

如将索的两端固定，则由于其自身重量或外加载荷该索必将挠曲，其内部产生拉力。进行设计计算时，需要知道：索挠曲后的形状如何？索内各点拉力怎样变化？索的长度为多少？当然，这些问题都与载荷有关。在实际问题中最常遇到的有两种情况：①载荷沿水平线均匀分布，如悬索桥的主索所承受的载荷即近似于这种情况[图5-19a)]；②载荷沿索长分布，如输电线自重即属于这种情况[图5-19b)]。

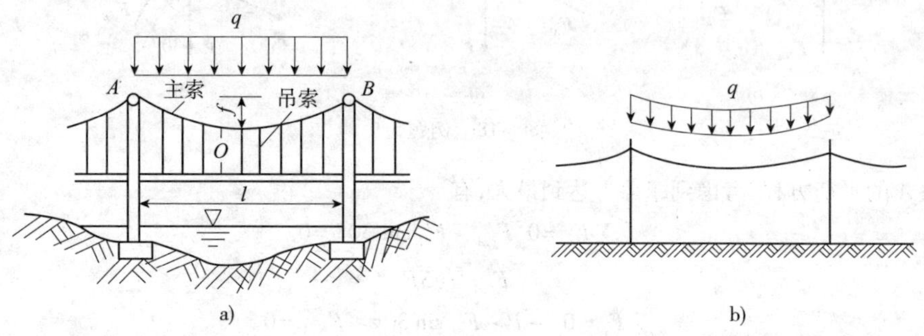

图5-19 悬索实例

设将悬索悬挂于 A、B 两点，如图5-20a)所示，在承受任意形式的平行分布载荷 q 后，该索挠曲线成为 AOB。点 A 与 B 之间的水平距离 l 称为跨度，点 A 和 B 与悬索最低点 O 的垂直距离 h_1 和 h_2 称为垂度。

取悬索的最低点 O 为坐标原点，水平线与垂直线分别为 x 轴与 y 轴，如图5-20a)所示。截取悬索的一段 OD 为研究对象[图5-20b)]，它在载荷 $\boldsymbol{F}_Q$、拉力 $\boldsymbol{F}_O$ 和 $\boldsymbol{F}$ 三个力作用下处于平衡。

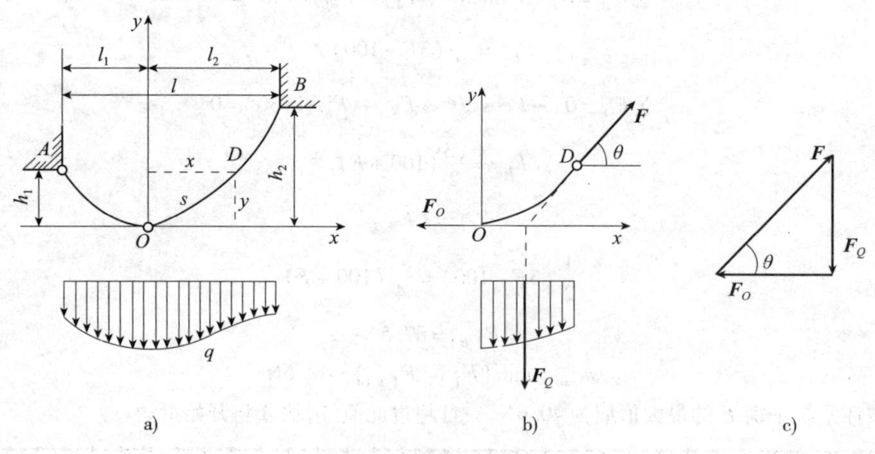

图5-20 悬索受力分析

假定悬索有充分柔性，因此，拉力 $\boldsymbol{F}_O$ 沿 O 点的切线方向，亦即沿水平方向作用，而拉力 $\boldsymbol{F}$ 则沿 D 点的切线方向，这三个力构成的力三角形必须自闭合，于是 $\tan\theta = \dfrac{F_Q}{F_O}$，因 $\tan\theta = \dfrac{\mathrm{d}y}{\mathrm{d}x}$，故

$$\frac{\mathrm{d}y}{\mathrm{d}x}=\frac{F_Q}{F_O} \tag{a}$$

由此力三角形还可以看到

$$F=\sqrt{F_O^2+F_Q^2} \tag{b}$$

式(a)是悬索曲线的微分方程,而式(b)表示悬索中任意一点的拉力。现在对上述两种载荷分布情况,分别进行讨论。

1)荷载沿水平线均匀分布的情况

如荷载 q 沿水平线均匀分布[图 5-21a)],则式(a)成为

$$\frac{\mathrm{d}y}{\mathrm{d}x}=\frac{qx}{F_O} \tag{c}$$

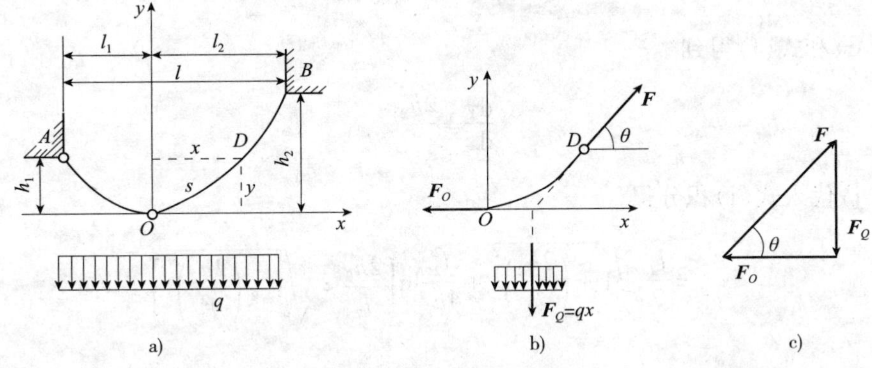

图 5-21　载荷沿水平均匀分布

分离变量后进行积分,得

$$y=\frac{qx^2}{2F_O} \tag{5-10}$$

于是可知,当悬索受沿水平线均匀分布的载荷时,悬索曲线为一抛物线。

将悬索挂点 A、B 的坐标$(-l_1,h_1)$、(l_2,h_2)代入式(5-10),有

$$h_1=\frac{ql_1^2}{2F_O} \tag{d1}$$

$$h_2=\frac{ql_2^2}{2F_O} \tag{d2}$$

此外,在图 5-21a)中,可直接看出关系式 $l=l_1+l_2$,于是

$$l=\sqrt{\frac{2F_O}{q}}(\sqrt{h_1}+\sqrt{h_2}) \tag{e}$$

解得

$$F_O=\frac{ql^2}{2(\sqrt{h_1}+\sqrt{h_2})^2} \tag{f}$$

将式(f)分别代入式(d1)、式(d2)得

$$l_1=\frac{\sqrt{h_1}l}{\sqrt{h_1}+\sqrt{h_2}} \tag{g1}$$

$$l_2 = \frac{\sqrt{h_2}l}{\sqrt{h_1} + \sqrt{h_2}} \tag{g2}$$

通常 q、l、h_1 和 h_2 均属已知，因而悬索在最低点的拉力 F_O，以及坐标原点的位置也就确定了。由式（b），悬索中任意一点的拉力为

$$F = \sqrt{F_O^2 + q^2x^2} \tag{5-11}$$

显见，F_O 为拉力的最小值，而最大拉力则发生在悬挂点 A 或 B 处：

$$F_A = \sqrt{F_O^2 + q^2l_1^2}, F_B = \sqrt{F_O^2 + q^2l_2^2} \tag{h}$$

有时需要知道索长。若令 $\mathrm{d}s$ 为曲线的微分弧长，$s_{OB} = \int_{OB}\mathrm{d}s$，则

$$s_{OB} = \int_0^{l_2}\left[1 + \left(\frac{\mathrm{d}y}{\mathrm{d}x}\right)^2\right]^{\frac{1}{2}}\mathrm{d}x \tag{i}$$

由式（c）和式（f）得到

$$\frac{\mathrm{d}y}{\mathrm{d}x} = \frac{2h_2x}{l_2^2} \tag{j}$$

将式（j）代入式（i）积分得

$$s_{OB} = \frac{l_2}{2}\sqrt{1 + \left(\frac{2h_2}{l_2^2}\right)^2} + \frac{l_2^2}{4h_2}\ln\left[\frac{2h_2}{l_2} + \sqrt{1 + \left(\frac{2h_2}{l_2^2}\right)^2}\right] \tag{k1}$$

同理

$$s_{OA} = \frac{l_1}{2}\sqrt{1 + \left(\frac{2h_1}{l_1^2}\right)^2} + \frac{l_1^2}{4h_1}\ln\left[\frac{2h_1}{l_1} + \sqrt{1 + \left(\frac{2h_1}{l_1^2}\right)^2}\right] \tag{k2}$$

于是，悬索的总长度为

$$s_{AOB} = s_{OA} + s_{OB} \tag{5-12}$$

假如悬索曲线比较扁平，则 $\mathrm{d}y/\mathrm{d}x$ 的值很小，此时有

$$\sqrt{1 + \left(\frac{\mathrm{d}y}{\mathrm{d}x}\right)^2} = \frac{1}{2}\left(\frac{\mathrm{d}y}{\mathrm{d}x}\right)^2 \tag{l}$$

此时悬索长度的近似值为

$$s_{OB} = \int_0^{l_2}\left[1 + \frac{1}{2}\left(\frac{2h_2x}{l_2^2}\right)^2\right]\mathrm{d}x = l_2 + \frac{2h_2^2}{3l_2} \tag{m1}$$

同理

$$s_{OA} = l_1 + \frac{2h_1^2}{3l_1} \tag{m2}$$

因此，悬索的总长度为

$$s_{AOB} = l + \frac{2}{3}\left(\frac{h_1^2}{l_1} + \frac{h_2^2}{l_2}\right) \tag{5-13}$$

2）载荷沿索长均匀分布的情况

设载荷 q 沿索长均匀分布［图 5-22a)］，则式（a）成为

$$\frac{\mathrm{d}y}{\mathrm{d}x} = \frac{qs}{F_O} \tag{n}$$

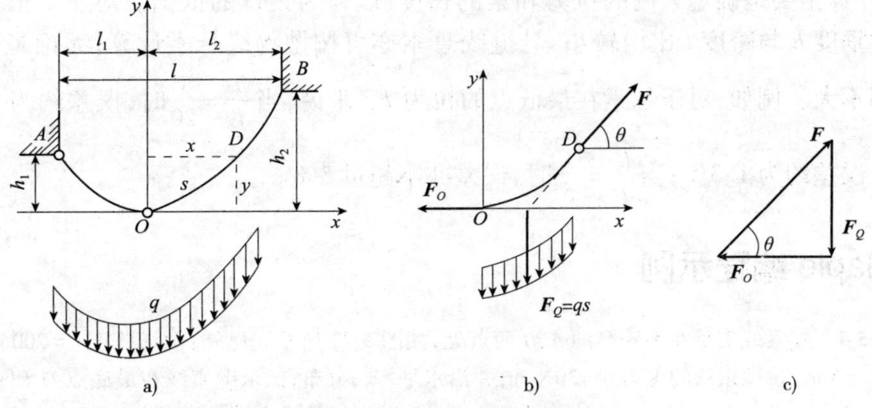

图 5-22　载荷沿索长均匀分布

将式(n)代入关系式

$$\frac{\mathrm{d}s}{\mathrm{d}x}=\sqrt{1+\left(\frac{\mathrm{d}y}{\mathrm{d}x}\right)^2} \tag{o}$$

分离变量后进行积分,得

$$s=\frac{F_O}{q}\sinh\frac{qx}{F_O} \tag{p}$$

代入式(n)并分离变量后,进行积分得

$$y=\frac{F_O}{q}\left(\cosh\frac{qx}{F_O}-1\right) \tag{5-14}$$

于是可知,当悬索沿索长均匀分布的荷时,悬索曲线为一悬链线。

式(5-14)可改为

$$x=\frac{F_O}{q}\cosh^{-1}\left(\frac{qy}{F_O}+1\right) \tag{q}$$

将悬索挂点坐标 $A(-l_1,h_1)$、$B(l_2,h_2)$ 分别代入上式,并考虑关系式 $l=l_1+l_2$,可得

$$l=\frac{F_O}{q}\cosh^{-1}\left(\frac{qh_1}{F_O}+1\right)+\frac{F_O}{q}\cosh^{-1}\left(\frac{qh_2}{F_O}+1\right) \tag{r}$$

由式(r)即可求出 F_O。由式(b)和式(p),悬索中任意一点的拉力为

$$F=F_O\cosh\frac{qx}{F_O} \tag{s}$$

将式(5-14)代入,得

$$F=F_O+qy \tag{5-15}$$

与抛物线悬索相似,F_O 为拉力的最小值,而最大拉力则发生在悬挂点 A 或 B 处。

$$F_A=F_O+qh_1 \tag{t1}$$

$$F_B=F_O+qh_2 \tag{t2}$$

由式(p),$s_{AOB}=s_{OA}+s_{OB}$,悬索的长度为

$$s_{AOB}=\frac{F_O}{q}\left(\sinh\frac{ql_1}{F_O}+\sinh\frac{ql_2}{F_O}\right) \tag{5-16}$$

悬索计算主要是确定索内的拉力和索的长度，以作为设计的依据。对于一般的实际问题，悬索的垂度 h 与跨度 l 比均较小，悬链线悬索亦可按抛物线悬索计算，无论是拉力或索长，误差都不大。例如，对于悬索在最低点的拉力 F_O 来说，当 $\frac{h}{l}=\frac{1}{20}$ 时，误差约为 0.3%；当 $\frac{h}{l}=\frac{1}{10}$ 时，误差约为 1.3%；当 $\frac{h}{l}=\frac{1}{5}$ 时，误差亦不超过 5%。

5.5 Maple 编程示例

编程题 5-1 缆索线支承在不等高的 A、B 两点处，如图 5-23 所示。已知：两塔跨度 $l=200\text{m}$，高差 $h=10\text{m}$，垂度 $h_1=3\text{m}$。设缆索线的重力 $q=30\text{N/m}$，并沿水平均匀分布，试求缆索线在最底点 O 和悬挂点 A、B 的拉力以及索长。若缆线的重力沿索长分布，则各项结果为多少？

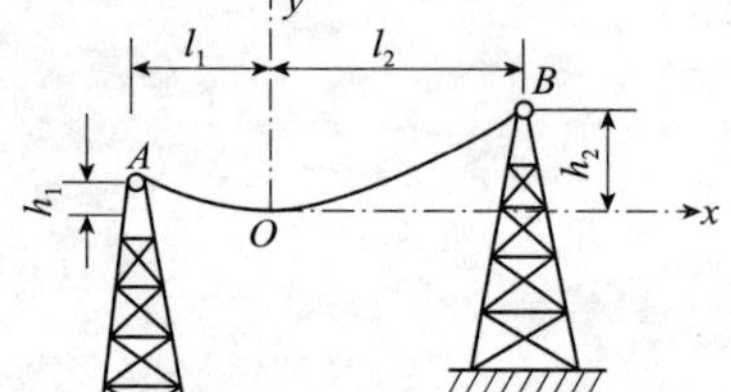

图 5-23 缆索线

解：● 建模

（1）载荷沿水平均布，则悬索为一抛物线 $y=\frac{qx^2}{2F_O}$。

①计算 $F_O=\frac{ql^2}{2\left(\sqrt{h_1}+\sqrt{h_2}\right)^2}$；

②计算 $l_1=\frac{l\sqrt{h_1}}{\sqrt{h_1}+\sqrt{h_2}}$，$l_2=\frac{l\sqrt{h_2}}{\sqrt{h_1}+\sqrt{h_2}}$；

③计算 $F_A=\sqrt{F_O^2+(ql_1)^2}$，$F_B=\sqrt{F_O^2+(ql_2)^2}$；

④计算 $s_{AOB}=\int_{-l_1}^{0}\sqrt{1+\left(\frac{\mathrm{d}y}{\mathrm{d}x}\right)^2}\mathrm{d}x+\int_{0}^{l_2}\sqrt{1+\left(\frac{\mathrm{d}y}{\mathrm{d}x}\right)^2}\mathrm{d}x$。

（2）载荷沿索长分布，则悬索为一悬链线 $y=\frac{F_O}{q}\left(\cosh\frac{qx}{F_O}-1\right)$。

①解非线性方程 $l=\frac{F_O}{q}\left[\cosh^{-1}\left(\frac{qh_1}{F_O}+1\right)+\cosh^{-1}\left(\frac{qh_2}{F_O}+1\right)\right]$，可求出 F_O；

②计算 $l_1=\frac{F_O}{q}\cosh^{-1}\left(\frac{qh_1}{F_O}+1\right)$，$l_2=\frac{F_O}{q}\cosh^{-1}\left(\frac{qh_2}{F_O}+1\right)$；

③计算 $F_A=F_O+qh_1$，$F_B=F_O+qh_2$；

④计算 $s_{AOB}=\frac{F_O}{q}\left(\sinh\frac{ql_1}{F_O}+\sinh\frac{ql_2}{F_O}\right)$。

答：（1）载荷沿水平均布：缆索线在最低点 O 的拉力 $F_O=21.06\text{kN}$，悬挂点 A 的拉力 $F_A=21.15\text{kN}$、悬挂点 B 的拉力 $F_B=21.45\text{kN}$，索长 $s_{AOB}=200.9\text{m}$。

（2）载荷沿索长分布：缆索线在最低点 O 的拉力 $F_O=21.11\text{kN}$，悬挂点 A 的拉力 $F_A=21.20\text{kN}$、悬挂点 B 的拉力 $F_B=21.50\text{kN}$，索长 $s_{AOB}=200.9\text{m}$。

讨论与练习

（1）当悬索曲线比较扁平，即 $\frac{\mathrm{d}y}{\mathrm{d}x}$ 的值较小时，索长可用近似公式 $s_{AOB}=l+\frac{2}{3}\left(\frac{h_1^2}{l_1}+\frac{h_2^2}{l_2}\right)$ 计算，算得索长 $s_{AOB}=200.9\text{m}$，结果表明，长度值差为 5mm，但计算却便利许多。

（2）当悬索曲线比较扁平，单位长度的重力 q 按沿水平均匀分布和按沿索长均匀分布。其计算结果相差很小，所以可将单位长度的重力 q 沿索长均匀分布作为按沿水平均匀分布来计算。

• **Maple 程序**（l 用 L 表示，h 用 H 表示）

```
> restart:                                                   #载荷沿水平均布。
> ########################################################
> y: = q * x^2/(2 * F[O]):                                   #悬索抛物线。
> F[A]: = sqrt(F[O]^2 + (q * l[1])^2):                       #悬挂点 A 的拉力。
> F[B]: = sqrt(F[O]^2 + (q * l[2])^2):                       #悬挂点 B 的拉力。
> s[AOB]: = int((1 + diff(y,x)^2)^(1/2),x = -l[1]..0)
>           + int((1 + diff(y,x)^2)^(1/2),x = 0..l[2]):
>                                                            #索长。
> s[AOB0]: = L + 2/3 * (h[1]^2/l[1] + h[2]^2/l[2]):
>                                                            #索长近似公式。
> F[O]: = q * L^2/(2 * (h[1]^(1/2) + h[2]^(1/2))^2):
>                                                            #最低点 O 的拉力。
> l[1]: = h[1]^(1/2) * L/(h[1]^(1/2) + h[2]^(1/2)):
>                                                            #AO 段索长。
> l[2]: = h[2]^(1/2) * L/(h[1]^(1/2) + h[2]^(1/2)):
>                                                            #OB 段索长。
> ########################################################
> q: = 30:L: = 200:H: = 10:                                  #已知条件。
> h[2]: = h[1] + H:   h[1]: = 3:                             #已知条件。
> F[O]: = evalf(F[O],6);                                     #拉力 F_O 的数值。
> F[A]: = evalf(F[A],6);                                     #拉力 F_A 的数值。
> F[B]: = evalf(F[B],6);                                     #拉力 F_B 的数值。
> s[AOB]: = evalf(s[AOB],6);                                 #索长的数值。
> s[AOB0]: = evalf(s[AOB0],6);                               #近似公式计算索长的数值。
```

• **Maple 程序**

```
> restart:                                                   #载荷沿索长分布。
> ########################################################
> F[A]: = F[O] + q * h[1]:                                   #悬挂点 A 的拉力。
> F[B]: = F[O] + q * h[2]:                                   #悬挂点 B 的拉力。
> s[AOB]: = F[O]/q * (sinh(q * l[1]/F[O]) + sinh(q * l[2]/F[O])):
>                                                            #索长。
> l[1]: = F[O]/q * arccosh(q * h[1]/F[O] + 1):
>                                                            #AO 段索长。
> l[2]: = F[O]/q * arccosh(q * h[2]/F[O] + 1):
>                                                            #OB 段索长。
> eq1: = L = l[1] + l[2]:                                    #求 F_O 的非线性方程。
> ########################################################
> q: = 30:L: = 200:H: = 10:                                  #已知条件。
> h[2]: = h[1] + H:   h[1]: = 3:                             #已知条件。
> SOL1: = fsolve({eq1},{F[O]}):                              #解非线性数值方程求 F_O。
> F[O]: = evalf(subs(SOL1,F[O]),6);                          #拉力 F_O 的数值。
> F[A]: = evalf(subs(SOL1,F[A]),6);                          #拉力 F_A 的数值。
> F[B]: = evalf(subs(SOL1,F[B]),6);                          #拉力 F_B 的数值。
> s[AOB]: = evalf(subs(SOL1,s[AOB]),6);
>                                                            #索长的数值。
> ########################################################
```

思考题

思考题 5-1　如图 5-24 所示，两种结构受相同的载荷作用，若不计各杆自重，试比较两种结构支座 A,B 的约束力及杆 AC,BC 的内力是否相同？

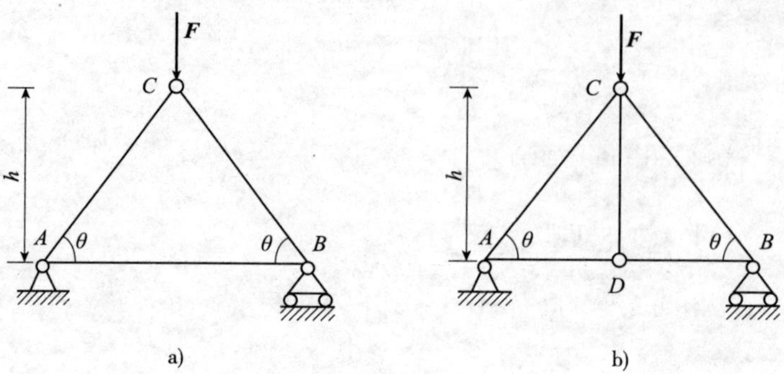

图　5-24

思考题 5-2　如图 5-25 所示平面桁架中，哪些是静定的，哪些是超静定的？

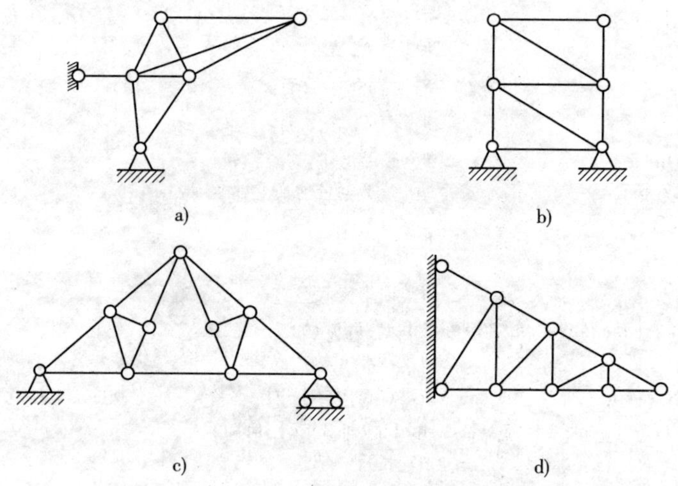

图　5-25

思考题 5-3　如图 5-26 所示一桁架中杆件铰接的几种情况。设图 a)和图 c)的节点上没有载荷作用。图 b)的节点 B 上受到力 $\boldsymbol{F}$ 的作用，该力作用线沿水平方向。问图中的 7 根杆件中哪些杆的内力一定为零？

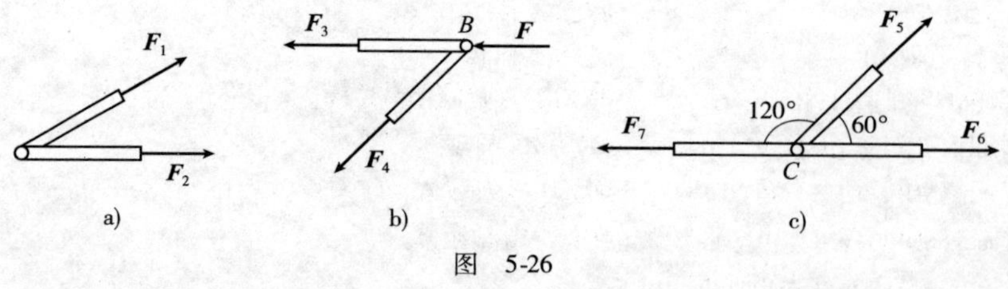

图　5-26

思考题 5-4　直接找出如图 5-27 所示桁架中的内力为零的杆件。

思考题 5-5　如图 5-28 所示结构，不经过计算：

(1)直接判断图 a)中杆 CE 和杆 DE 是受压还是受拉?

(2)直接判断图 a)中哪些杆的内力相等?

(3)说明图 b)中上弦杆都是受压杆,下弦杆都是受拉杆。

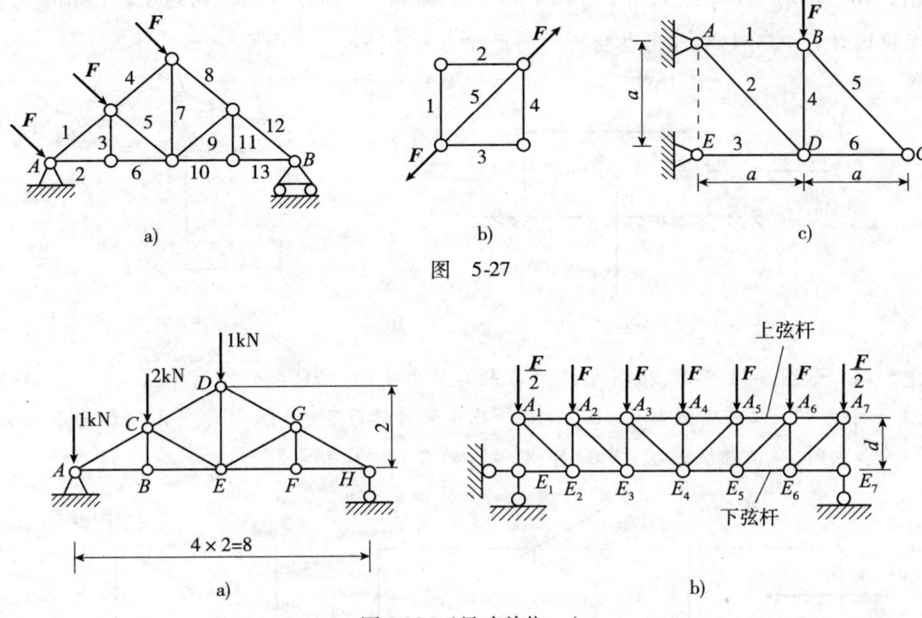

图 5-27

图5-28 (尺寸单位:m)

思考题 5-6 如图 5-29 所示,A、B、C 及 D 均为光滑铰链连接,不计各杆自重。求出 5 根杆的内力。

思考题 5-7 一平面桁架由 13 根直杆组成,尺寸如图 5-30 所示。桁架中各杆单位长度的重量均相等,直角坐标系如图所示,则该桁架重心坐标为多少?

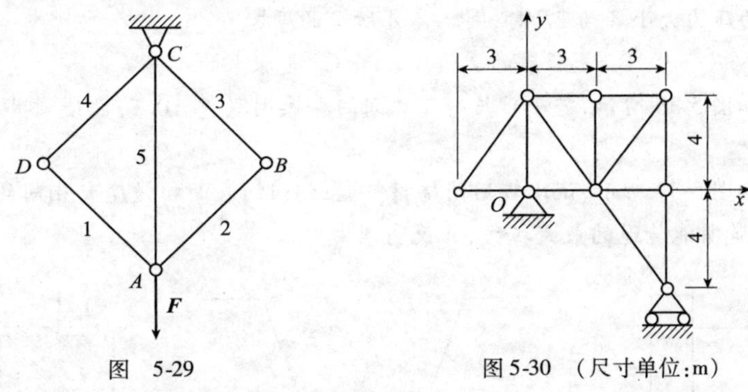

图 5-29

图 5-30 (尺寸单位:m)

思考题 5-8 如图 5-31 所示空间问题中,哪些问题是静定的,哪些问题是超静定的?

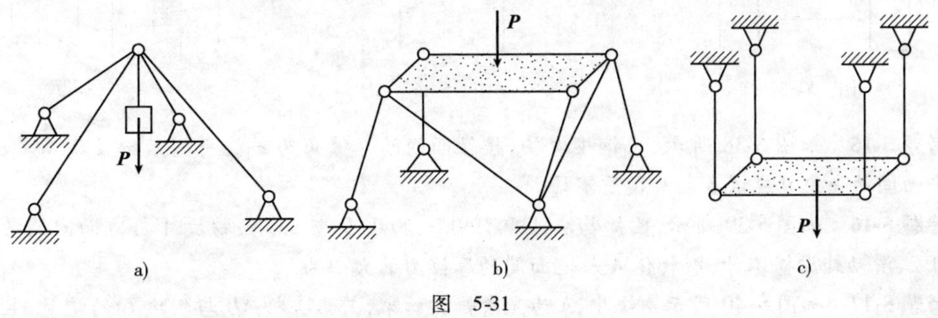

图 5-31

思考题 5-9 如图 5-32 所示，已知一重力 $P=100\text{N}$ 的物体放在水平面上，其摩擦因数为 $f_s=0.3$。当作用在物体上的水平推力 $\boldsymbol{F}$ 的大小分别为 10N、20N、40N 时，分析这三种情况下，物体是否平衡？摩擦力等于多少？

思考题 5-10 物块重 $P=20\text{N}$，用 $F=40\text{N}$ 的力按如图 5-33 所示方向把物块压在铅直墙上，物块与墙之间的摩擦因数 $f_s=\sqrt{3}/4$，则作用在物块上的摩擦力大小为________。

A. 20N　　B. 15N　　C. 0　　D. 17.3N

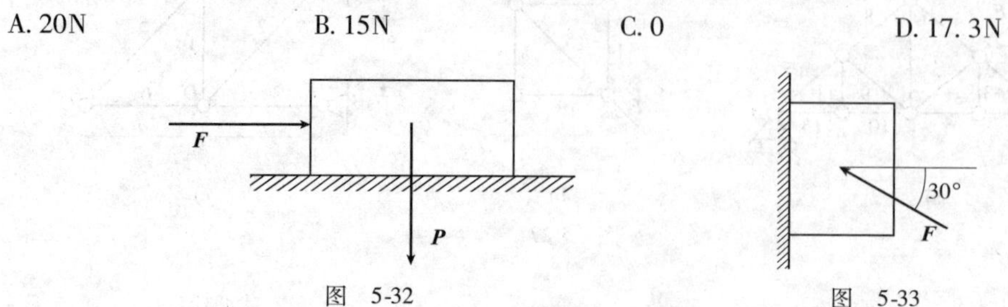

图 5-32　　图 5-33

思考题 5-11 如图 5-34 所示，物块重 $\boldsymbol{P}$，放在粗糙的水平面上，接触处的摩擦因数为 f_s。欲使物块运动，在其上加一个力 $\boldsymbol{F}$。分别指出当 $f_s=0.2$ 与 $f_s=0.4$ 两种情况下，沿图中哪个方向加力最省力？又当摩擦因数 f_s 为多大时，欲使物块运动，图 a) 与图 c) 所加力 F 大小相等？

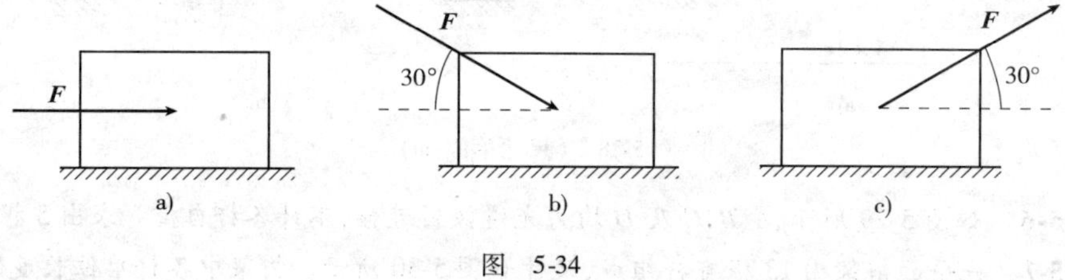

图 5-34

思考题 5-12 如图 5-35 所示，当左右两木板所受的压力大小均为 F 时，物体 A 夹在木板中间不动。若两木板所受的压力大小各为 $2F$ 时，则物体 A 所受的摩擦力________。

A. 和原来相等　　B. 是原来的 2 倍　　C. 是原来的 4 倍

思考题 5-13 如图 5-36 所示，若矿砂与斜斗之间的摩擦因数 $f_s=0.7$，欲使斜斗能正常工作，则倾角 θ 应大于________。

思考题 5-14 如图 5-37 所示，试比较用同样材料、在相同的表面粗糙度和相同的胶带压力 $\boldsymbol{F}$ 作用下，平胶带与三角胶带所能传递的最大拉力，并说明理由。

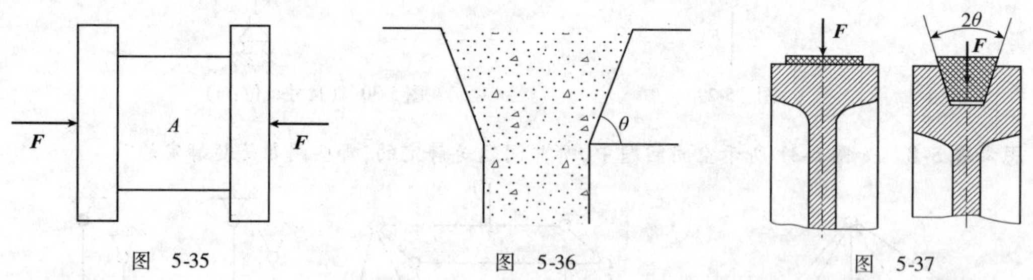

图 5-35　　图 5-36　　图 5-37

思考题 5-15 如图 5-38 所示，用钢楔劈物，接触面间的摩擦角为 φ_f。劈入后欲使楔不滑出，问钢楔两个平面间的夹角 θ 应该多大？楔重不计。

思考题 5-16 如图 5-39 所示，已知物块 A 重 199kN，物块 B 重 25kN，物块 A 与地面间的滑动摩擦因数为 0.2，滑动处摩擦不计，则物体 A 与地面间的摩擦力的大小为________。

思考题 5-17 如图 5-40 所示系统中，A 为光滑铰链约束，若略去杆 AB 与物块 C 的重量，且物块与杆以及地面间的摩擦因数均为 f_s。试证明当满足条件 $f_s \geqslant \cot\theta$ 时，在不改变力 F 方向的情况下，其大小不论取何值，均不可能拉动物块。

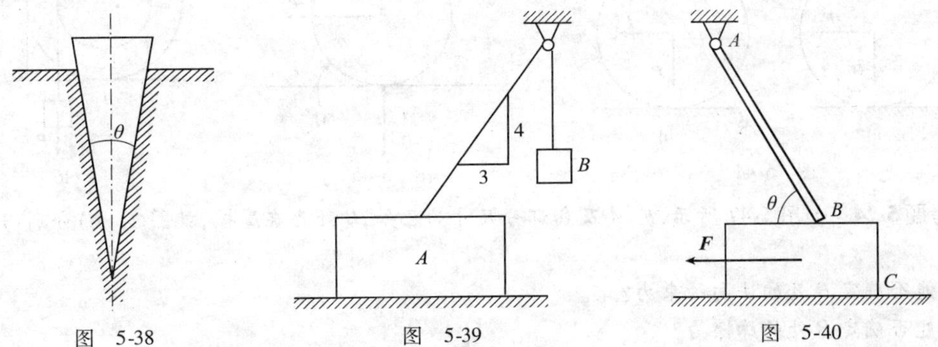

图 5-38　图 5-39　图 5-40

思考题 5-18　如图 5-41 所示，重量分别为 $\boldsymbol{P}_A$ 和 $\boldsymbol{P}_B$ 的物体重叠在粗糙的水平面上，水平力 $\boldsymbol{F}$ 作用于物体 A 上，设 A,B 间的摩擦力的最大值为 $F_{A\max}$,B 与水平面间的摩擦力的最大值为 $F_{B\max}$，若 A,B 能各自保持平衡，则各力之间的关系为________。

A. $F > F_{A\max} > F_{B\max}$　　B. $F < F_{A\max} < F_{B\max}$

C. $F_{B\max} < F < F_{A\max}$　　D. $F_{A\max} < F < F_{B\max}$

思考题 5-19　如图 5-42 所示一均质矩形块，高度为 a，重为 $\boldsymbol{P}$，与地面间的静滑动摩擦因数均为 f，其上作用水平力 $\boldsymbol{F}$。若矩形块处于平衡状态，试问图示受力图是否正确？并说明理由。

思考题 5-20　已知∏形物体重为 $\boldsymbol{P}$，尺寸如图 5-43 所示。现以水平力 $\boldsymbol{F}$ 拉此物体，当刚开始拉动时，A、B 两处的摩擦力是否都达到最大值？如 A、B 两处的静摩擦因数均为 f，则两处最大静摩擦力是否相等？又，如力 $\boldsymbol{F}$ 较小而未拉动物体时，能否分别求出 A、B 两处的静摩擦力？

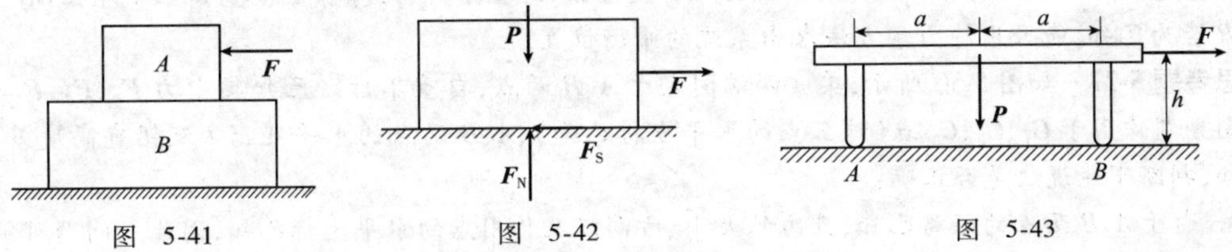

图 5-41　图 5-42　图 5-43

思考题 5-21　如图 5-44 所示，汽车匀速水平行驶时，地面对车轮有滑动摩擦也有滚动摩擦，而车轮只滚不滑。汽车前轮受车身施加一个向前推力 $\boldsymbol{F}$ 作用[图 5-44a)]，而后轮受一驱动力偶 $\boldsymbol{M}$ 并受车身后的反力 $\boldsymbol{F}'$[图 5-44b)]。试画前、后轮的受力图。在同样摩擦情况下，试画出自行车前、后轮的受力图。

思考题 5-22　如图 5-45 所示，重为 $\boldsymbol{P}$，半径为 R 的均质圆轮受力 $\boldsymbol{F}$ 作用，静止于水平面上，若静滑动摩擦因数为 f_s，动滑动摩擦因数为 f，滚动摩阻系数为 δ，则圆轮受到的摩擦力和滚动摩阻力偶矩为________。

A. $F_s = f_s P, M_f = \delta P$　　B. $F_s = F, M_f = \delta P$

C. $F_s = fP, M_f = FR$　　D. $F_s = F, M_f = FR$

思考题 5-23　如图 5-46 所示，鼓轮放在墙角里，自重不计，其上由绳索悬挂一重物 P。A 处(水平接触面)粗糙，B 处(铅直接触面)光滑，系统处于平衡状态。判断下述说法是否正确：

A. 若增加 P，使之足够大，则系统的平衡将被破坏。

B. 若增大 R，使之足够大，则系统的平衡将被破坏。

C. 若增大 r，使之足够大，则系统的平衡将被破坏。

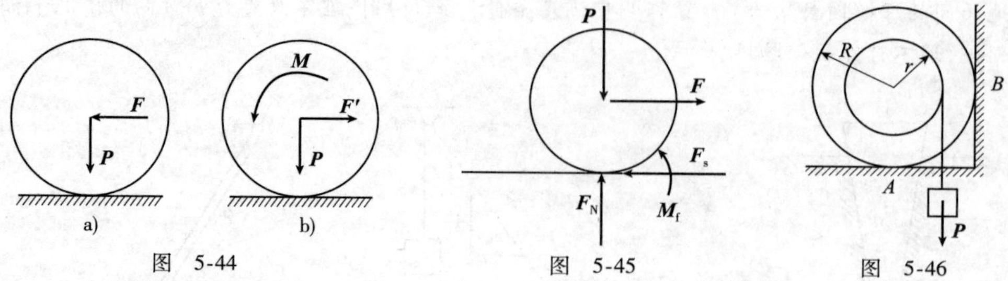

图 5-44　　图 5-45　　图 5-46

思考题 5-24　如图 5-47 所示，F、M 及各部分尺寸为已知，B 处存在摩擦，就图 a)、b) 分别回答下述问题：

(1) 能否确定 B 处的法向约束力？

(2) 能否确定 B 处的摩擦力？

(3) 本问题是静定的，还是超静定的？

思考题 5-25　如图 5-48 所示，绳索 AB 两端固定在水平面上，绳上有一动滑轮，滑轮下悬挂重物。为什么滑轮只能在绳的中点平衡？

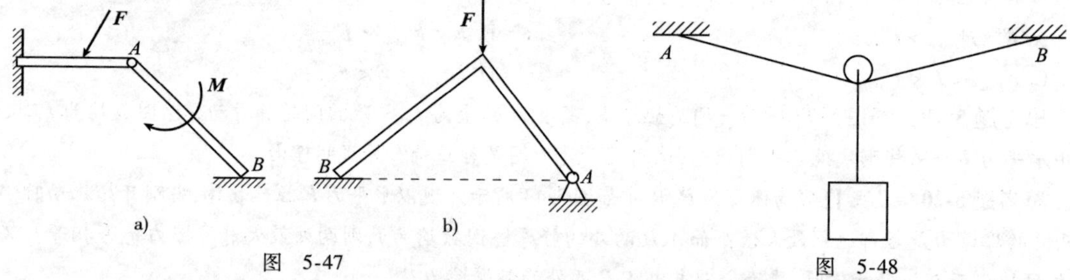

图 5-47　　图 5-48

思考题 5-26　如图 5-49 所示，图中 OA、OCB 为绳索，绳重不计，无摩擦。重量 $\boldsymbol{P}_1$、$\boldsymbol{P}_2$ 绳长 OA，圆盘半径 R 皆为已知，能否用静力学方法求出系统的平衡位置？

思考题 5-27　如图 5-50 所示，柔索两端固定于 A、B 两点，自重不计。已知集中力 $\boldsymbol{F}_1$、$\boldsymbol{F}_2$、$\boldsymbol{F}_3$ 沿铅直方向分别作用于 C_1、C_2、C_3 点（这三点的水平坐标已知），A、B 两点的水平距离 l 及铅直高度差 d 均为已知，判断下述说法是否正确：

A. 由于 A、B 两点的距离已知，且力的大小、方向以及作用点的水平坐标已知，因此本问题可解，而且解是唯一的。

B. 若研究整体，则有三个方程，四个未知量（A、B 处的约束力各是两个），若研究 C_1、C_2、C_3 三点，则有六个方程（每点两个）、七个未知量（四段绳中的张力及三个点的 y 坐标），因此本问题有无穷多解。

C. 本问题若已知绳上任一点（不包括 A、B 两点）的 y 坐标，则有唯一解。

D. 本问题若已知在 A（或 B）处柔索与水平线的交角，则有唯一解。

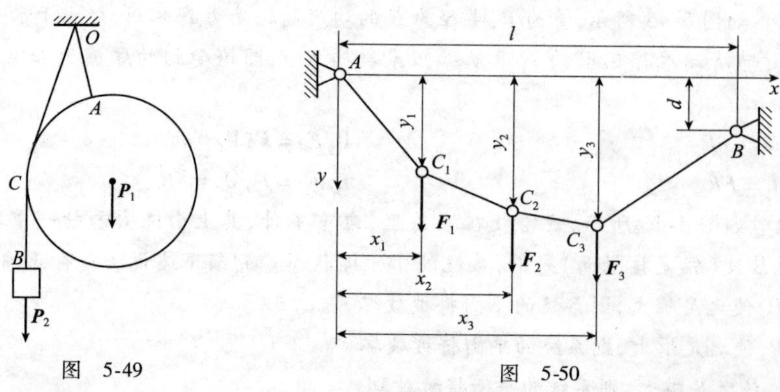

图 5-49　　图 5-50

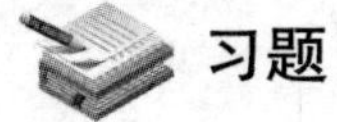

习题

A 类型习题

习题 5-1 用节点法或截面法求桁架杆件内力时,是否必须求出支座的约束力?试用如图 5-51 所示桁架来说明,并直接判断哪些杆是零杆?求出支座约束力和所有非零杆的内力。

习题 5-2 如图 5-52 所示桁架中,已知 $F_1=F_2=F=1\ 000\text{kN}$,试求 AC、BC、BD 三杆的内力。

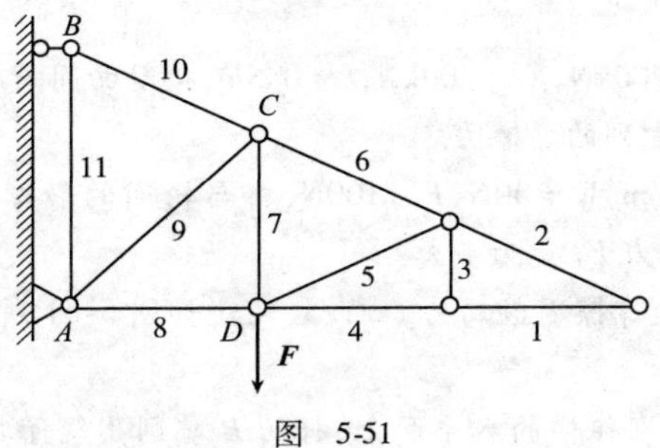

图 5-51

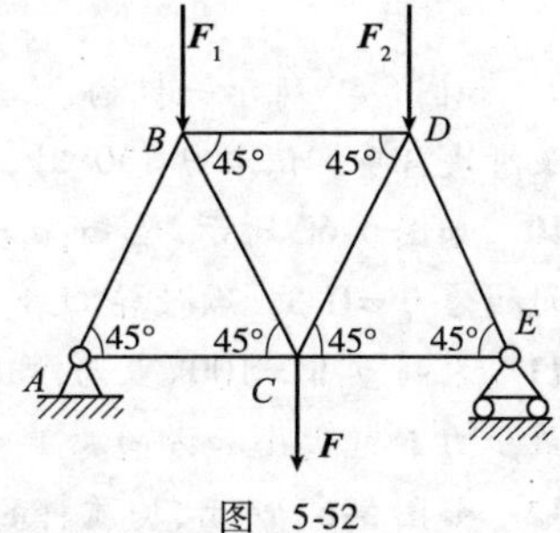

图 5-52

习题 5-3 如图 5-53 所示,利用截面法由一个方程可求出图 a) 中杆 1 的内力,图 b) 中杆 7 的内力,应如何选取截面与列平衡方程?

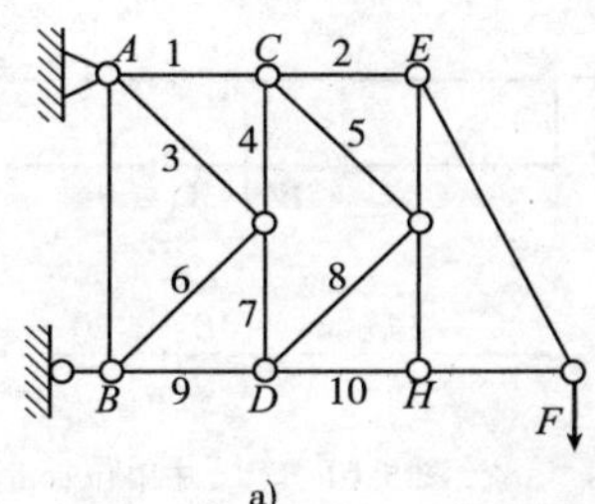

a)

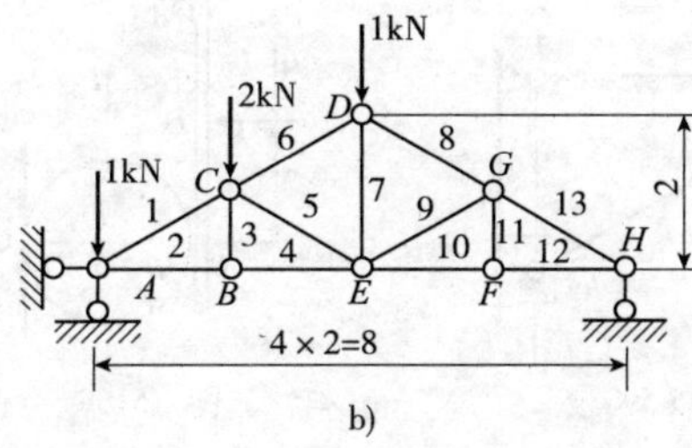

b)

图 5-53 (尺寸单位:m)

习题 5-4 平面桁架,受力及尺寸如图 5-54 所示。试求 1、2 杆的内力。

习题 5-5 在如图 5-55 所示平面桁架中,已知:$F=35\text{kN}$,$L=3\text{m}$。试求杆 1,2 的内力。

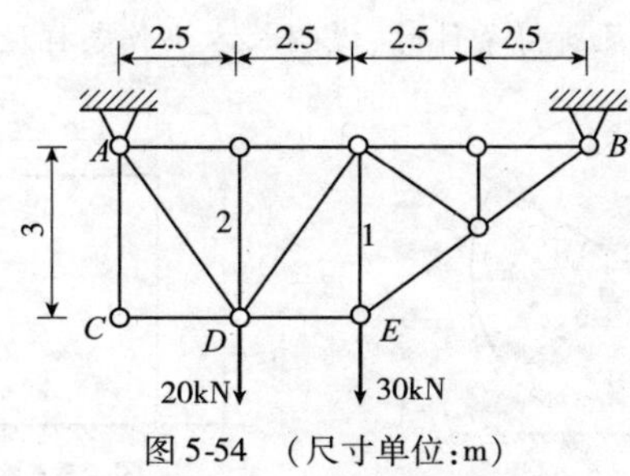

图 5-54 (尺寸单位:m)

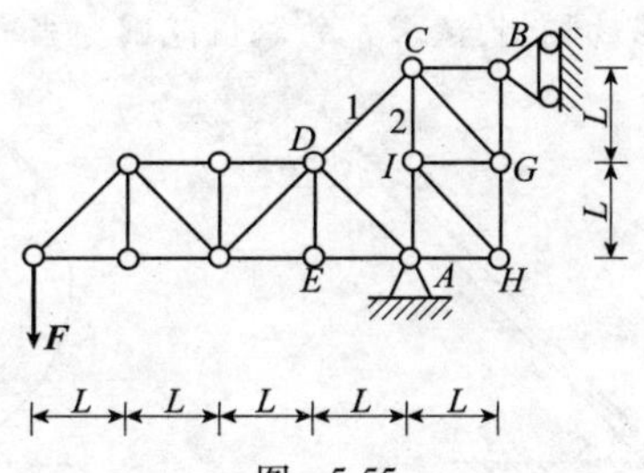

图 5-55

习题 5-6 如图 5-56 所示系统中杆 BC 与杆 OA 的重量可以忽略不计,A 端与杆 BC 及杆 BC 与平台之间的摩擦因数为 f。试证明如果 $f\geqslant\cot\theta$,则无论水平力取何值都不可能使 BC 杆向右滑动。

习题 5-7 如图 5-57 所示,已知:$G=100\text{N}$,$Q=200\text{N}$,A 与 C 间的静摩擦因数 $f_1=1.0$,C 与 D 间的静摩擦因数 $f_2=0.6$,试求欲拉动木块 C 的 $F_{\min}$ 的大小。

习题 5-8 如图 5-58 所示,重 $\boldsymbol{Q}$ 的物块放在倾角 θ 大于摩擦角 φ_m 的斜面上,在物块上另加一水平力 $\boldsymbol{F}$,已知:$Q=500\text{N}$,$F=300\text{N}$,$f=0.4$,$\theta=30°$,试求摩擦力的大小。

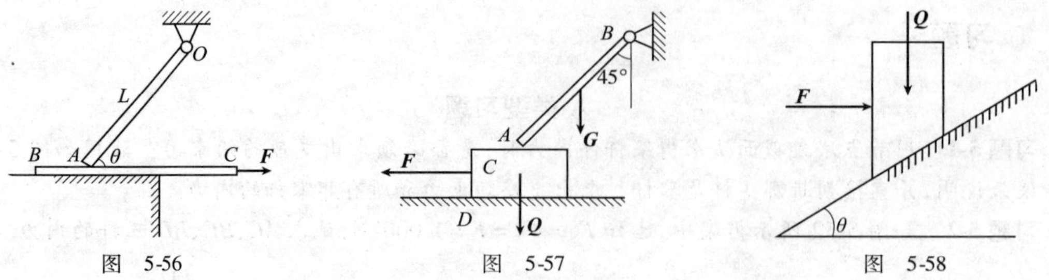

图 5-56　　图 5-57　　图 5-58

习题 5-9　如图 5-59 所示一机构，已知：$F_1 = 200\text{kN}$，$F_2 = 200\text{kN}$，$L = 0.5\text{m}$，接触面间的摩擦因数 $f = 0.5$，不计杆及滑块自重。试求 $\theta = 30°$ 时，滑块所受到的摩擦力。

习题 5-10　如图 5-60 所示，已知：$a = R = 29\text{cm}$，$W = 40\text{N}$，$F = 100\text{N}$，杆与轮间的静摩擦因数 $f_B = 0.1$，轮与墙间的为 $f_C = 0.5$。欲使轮 O 平衡，试问力 F_T 应为多大？

习题 5-11　木材重 $W = 100\text{kN}$，与滑道 A、B 处摩擦因数均为 $f = 1/3$，尺寸如图 5-61 所示。试求能拉出木材的最小力 $\boldsymbol{F}$ 的大小和方向。

习题 5-12　如图 5-62 所示，均质杆的 A 端放在粗糙的水平面上，杆的 B 端则用绳子拉住，设杆与地板的摩擦角为 θ，杆与水平面交角为 45°。问当绳子对水平线的倾角 φ 等于多大时，杆开始向右滑动？

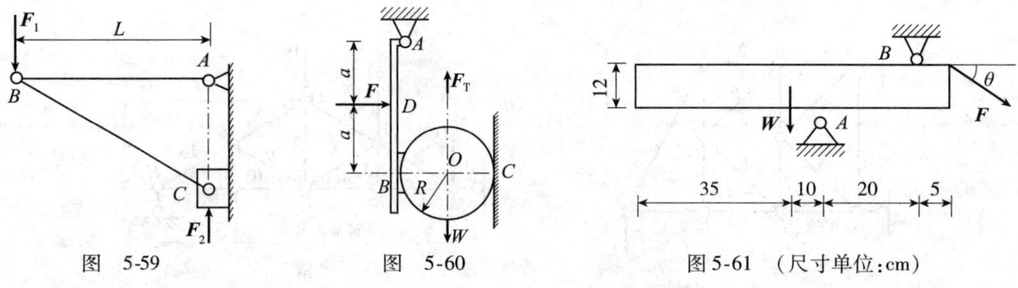

图 5-59　　图 5-60　　图 5-61 （尺寸单位：cm）

习题 5-13　如图 5-63 所示，已知：轮重为 $\boldsymbol{W}$，受力 $\boldsymbol{F}$ 作用，轮与地面间滑动摩擦因数为 f，滚动摩擦系数为 δ，$\boldsymbol{F}$ 力与水平成 α 角。试求平衡时的滑动摩擦力及滚阻摩擦力偶矩。

习题 5-14　一均质长方块重为 $\boldsymbol{W}$，尺寸如图 5-64 所示，置于粗糙的水平面上，接触面的摩擦因数为 f，今在长方块上高度为 h 处作用一水平力 $\boldsymbol{F}$，且 $\boldsymbol{F}$ 力足够大，能使长方块向前滑动。为使长方块作移动运动而不致翻倒，试求 h 的取值范围。当 h 不满足所得条件时，说明长方块作怎样运动。

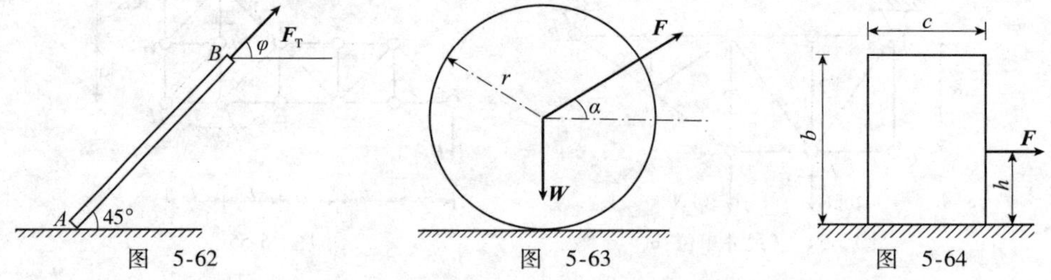

图 5-62　　图 5-63　　图 5-64

习题 5-15　如图 5-65 所示，已知：圆轮与物块均重 $\boldsymbol{Q}$，圆轮与斜面间的静摩擦因数 $f > 1/\sqrt{3}$，不计滚阻力偶。试求平衡时的 θ 值，并讨论如果改变 θ 值，圆轮将怎样运动。

习题 5-16　如图 5-66 所示，重 600N 的物块 C 放置在圆轮上，物块两端圆辊处为光滑接触，已知：轮重 500N，$r_1 = 0.2\text{m}$，$r_2 = 0.4\text{m}$，轮与左、右光滑接触，接触处 A、B 的静摩擦因数分别是 $f_A = 0.3$，$f_B = 0.5$。若在轮上作用一水平拉力 $\boldsymbol{F}$，试求能使圆轮运动的力 $\boldsymbol{F}$ 的最小值。

习题 5-17　如图 5-67 所示一制动器，转筒与 ADB 及 BC 间的摩擦因数均为 0.2，转筒顺时针转动，

在 C 处作用一个力 $F=500\text{kN}$ 时恰能使其制动。$L_1=60\text{cm}$，$L_2=20\text{cm}$，重力不计，A、B 铰及 O 轴均光滑。试求此时铰 A 处的约束力。

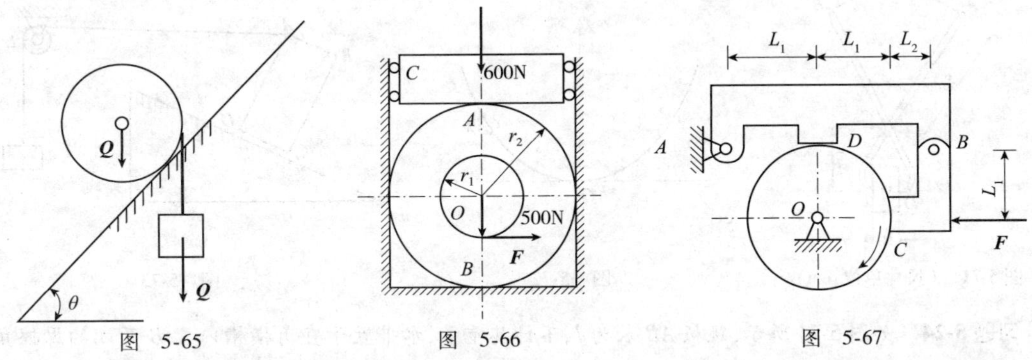

图 5-65　　图 5-66　　图 5-67

习题 5-18　如图 5-68 所示，重 $W=196\text{N}$，半径 $R=200\text{mm}$ 的圆盘放在倾角为 30°的斜面上，圆盘与斜面的摩擦因数 $f=0.2$，不计滚动摩擦和其他接触处的摩擦。杆 AB 的 A 端与圆盘交接，另一端 B 则铰接在机架上，现有一铅垂力 $\boldsymbol{F}$ 作用在 AB 杆的中点 C，圆盘中心 O 和铰链 A 位于同一水平线上。求保持圆盘不滑动所允许 F 的最大值。

习题 5-19　如图 5-69 所示，均质水平杆 AB 及斜杆 BC 分别重 $P_1=8\text{kN}$，$P_2=4\text{kN}$，BC 杆的 C 端放在重 $P_0=2\text{kN}$ 的物块 D 上。设 C 与 D、D 与水平面间的静摩擦因数分别为 $f_1=0.5$，$f_2=0.2$，A、B 铰均光滑。求系统在图示位置平衡时，力 $\boldsymbol{F}$ 的最大值。设 $AB=BC=L$，$\theta=30°$，D 物块的厚度不计。

习题 5-20　如图 5-70 所示，圆滚的重为 $\boldsymbol{W}$，半径为 R，一无重软绳跨过滚子，一端固定在水平地面，另一端挂一重力 $\boldsymbol{P}$ 的重物。已知：圆滚与水平面的摩擦因数为 f。试求平衡时 $\boldsymbol{P}$ 的最大值。

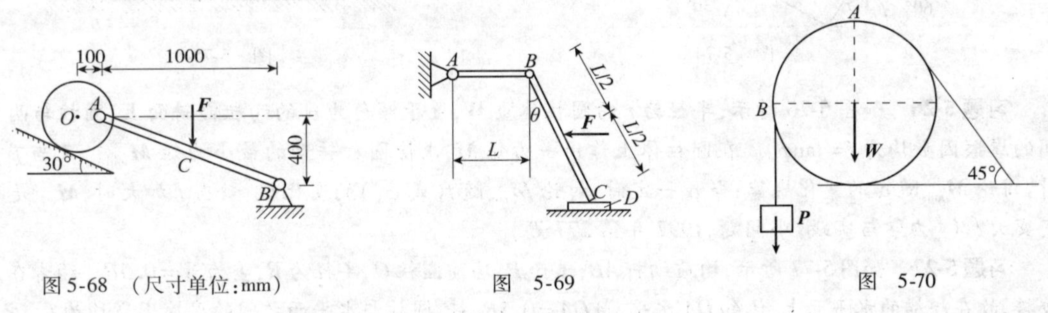

图 5-68　（尺寸单位：mm）　　图 5-69　　图 5-70

B 类型习题

习题 5-21　钳形工具的尺寸如图 5-71 所示，$\angle AOB=120°$，$\angle OAC=\angle OBC=90°$。不计其自重，靠 D 和 E 处的摩擦力将重物提起。问 D、E 处的摩擦因数至少应为多少时，才能将重物提起？（《力学与实践》小问题，1985 年第 97 题）

习题 5-22　如图 5-72 所示，抛物线形状的铁丝，其方程为 $cz=x^2$，z 为铅垂轴。小环 A 串在铁丝上，它们之间的摩擦因数为 f。求平衡时小环离 x 轴的最大距离。（《力学与实践》小问题，1986 年第 109 题）

习题 5-23　如图 5-73 所示，均质矩形物体 $ABCD$ 重为 $\boldsymbol{P}$，置于斜面上，与跨过滑轮的细绳相连，细绳另一端与重为 $\boldsymbol{W}$ 的物体相连。设物体 $ABCD$ 的宽 $\overline{AB}=a$，高 $\overline{BC}=4a$，与斜面间的摩擦因数为 $f=0.4$，斜面斜率为 3/4，细绳的 AE 段保持水平。不计滑轮摩擦，求使物体 $ABCD$ 保持平衡的 $\boldsymbol{W}$ 的取值范围。（《力学与实践》小问题，1986 年第 125 题）

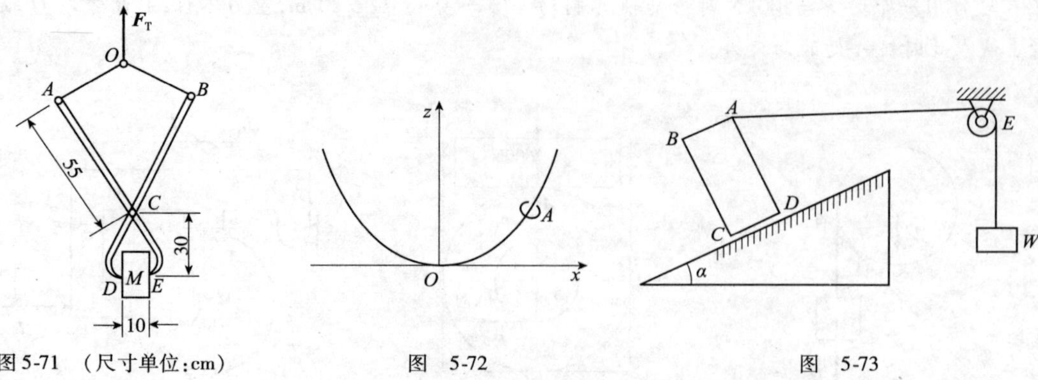

图 5-71 （尺寸单位：cm）　　图 5-72　　图 5-73

习题 5-24 如图 5-74 所示，跳板 AB 长为 l，不计其重量，水平置于直角横槽内 A、B 两端的摩擦角均为 φ_f。试求重量为 $\boldsymbol{P}$ 的人站在跳板上且保持平衡的范围。(《力学与实践》小问题，1987 年第 137 题)

习题 5-25 如图 5-75 所示，两等长的均质梯，用光滑铰链 C 连接，两梯之间夹角为 2α，每个梯子的长度均为 l，重量均为 $\boldsymbol{Q}$，梯子与地面的静摩擦因数为 f。有重量为 $\boldsymbol{P}$ 的人 M 沿梯子缓慢地向上爬，$\overline{MB}=a$。问 α 角在什么范围内，梯子能保持静止？(《力学与实践》小问题，1983 年第 53 题)

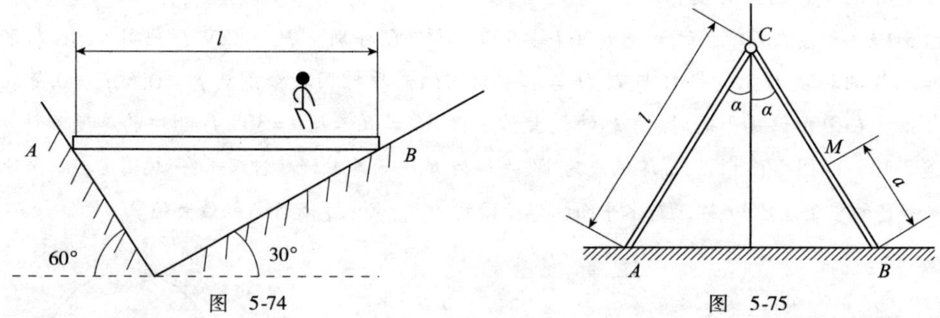

图 5-74　　图 5-75

习题 5-26 如图 5-76 所示，半径为 r 的圆柱体重 $\boldsymbol{W}$，置于倾角为 α 的两粗糙斜面上，圆柱与两斜面间的摩擦因数均为 $f=\tan\varphi_m$。在圆柱体上作用一力矩 $\boldsymbol{M}$，求使圆柱转动的最小力矩 $\boldsymbol{M}_{min}$。又当 f 一定时，讨论 $\boldsymbol{M}_{min}$ 随 α 的变化规律；当 α 一定时，讨论 $\boldsymbol{M}_{min}$ 随 f(或 φ_m) 的变化规律；当 f 加大时，$\boldsymbol{M}_{min}$ 是否一定变大？(《力学与实践》小问题，1997 年第 277 题)

习题 5-27 如图 5-77 所示，均质细杆 AB，重为 $\boldsymbol{P}$，均质圆柱 O，半径为 R，重为 $W=0.5P$。两者在 A 点铰接，放在粗糙的水平面上，已知 OA 水平，且 $\overline{OA}=0.5R$，杆、圆柱与水平面之间的摩擦因数均为 f。求 f 至少为多少时系统可以平衡。(《力学与实践》小问题，1988 年第 157 题)

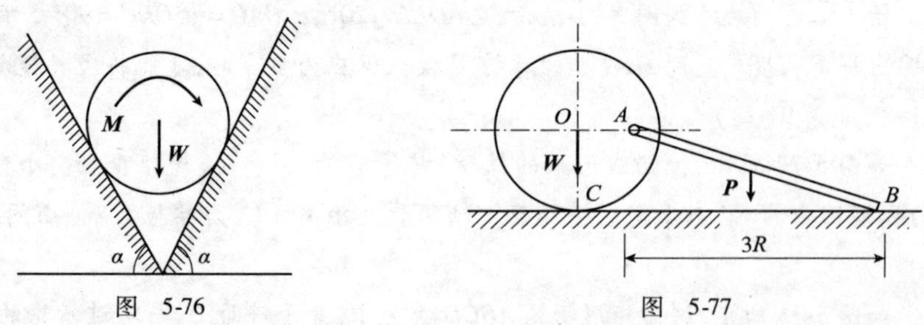

图 5-76　　图 5-77

习题 5-28 三个大小相同、重量相等的均质圆柱体如图 5-78 所示放置，问各接触处的最小摩擦因数为多少时，可以维持其平衡？(《力学与实践》小问题，1985 年第 93 题)

习题 5-29 如图 5-79 所示，质量均为 m 的 $n(n>3)$ 个均质圆柱体依次搁置在倾角为 30° 的斜面上，并用铅垂设置的铰支板挡住。若已知圆柱半径为 R，板长为 l，各圆柱与斜面和挡板之间的摩擦因数 $f = 1/3$，且不计各圆柱之间的摩擦。试求维持系统平衡时的最大水平力 $\boldsymbol{F}$。(《力学与实践》小问题，1996 年第 280 题)

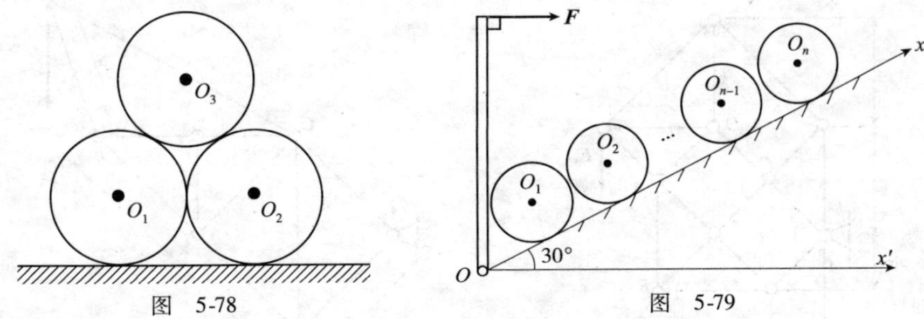

图 5-78　　图 5-79

习题 5-30　如图 5-80 所示，三根长度相等、重量为 $\boldsymbol{G}$ 的匀质刚性杆 OA、OB、OC 在 O 点铰接，放置于摩擦因数为 f 的水平面上，OH 为垂线，H 为垂足，$\angle BHC = \alpha_1$，$\angle AHC = \alpha_2$，$\angle OCH = \varphi$，OH 方向作用力 $\boldsymbol{F}$。求维持这个结构平衡所需的条件。(《力学与实践》小问题，1991 年第 206 题)

习题 5-31　如图 5-81 所示，两个完全相同的均质圆轮搁置于水坟倾角为 $\alpha(\angle 45°)$ 的斜面上，各接触处摩擦因数均为 $f(f>1)$，平行于斜面的力 $\boldsymbol{F}$ 作用于轮 C 的中心。试求推动圆轮的最小力 $\boldsymbol{F}$ 以及轮 C 纯滚动的条件。(《力学与实践》小问题，1994 年第 245 题)

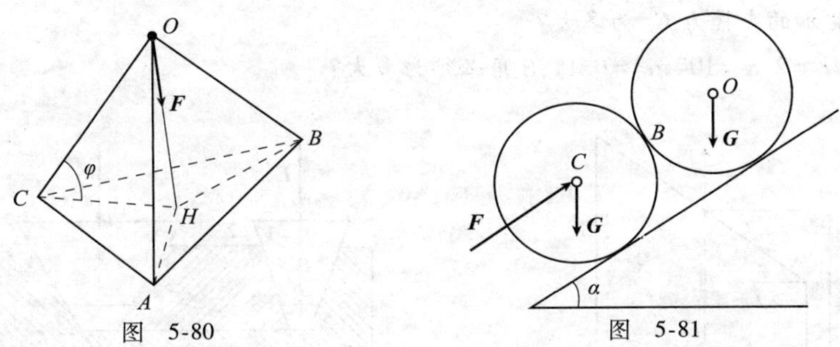

图 5-80　　图 5-81

习题 5-32　均匀圆柱体比重为 0.5，高为直径的 λ 倍，浮在水面上。证明其稳定平衡姿态如图 5-82 所示。

(1) $\lambda \leqslant 1/\sqrt{2}$ 时，对称轴是铅垂的；

(2) $1/\sqrt{2} < \lambda \leqslant \sqrt{2/3}$ 时，轴线倾斜且上底和下底都不和水面相交；

(3) $\sqrt{2/3} < \lambda < 1$ 时，轴线倾斜，柱体两底和水面相交；

(4) $\lambda \geqslant 1$ 时，轴线水平。(《力学与实践》小问题，1993 年第 244 题)

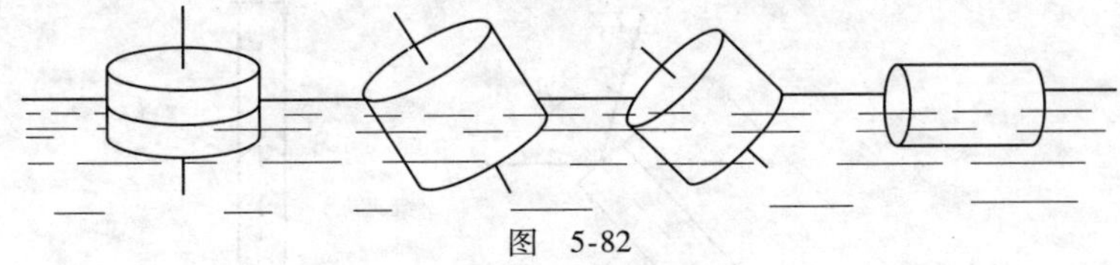

图 5-82

C 类型习题

习题 5-33　如图 5-83 所示，桁架受两个力 $\boldsymbol{F}_1$ 与 $\boldsymbol{F}_2$ 作用。

(1) 如果桁架内杆 CD 的压力不允许超过 7 500N，在 $F_2 = 6\ 000\text{N}$ 时，允许 F_1 多大？

(2) 在 (1) 计算得到的载荷下，桁架各杆的力多大(图解法)？

习题 5-34　如图 5-84 所示，要在图示桁架($ABCDE$)上 D 点处安装能承受最大载荷 $G = 4\ 000\text{N}$ 的起重设备。D 点是用索 CD 拉住的外伸杆 DE 的端点。

如果要使起重设备离桁架支座A、B尽可能地远，并使杆的拉力或压力不大于$2G$，试问角度α必须做成多大？

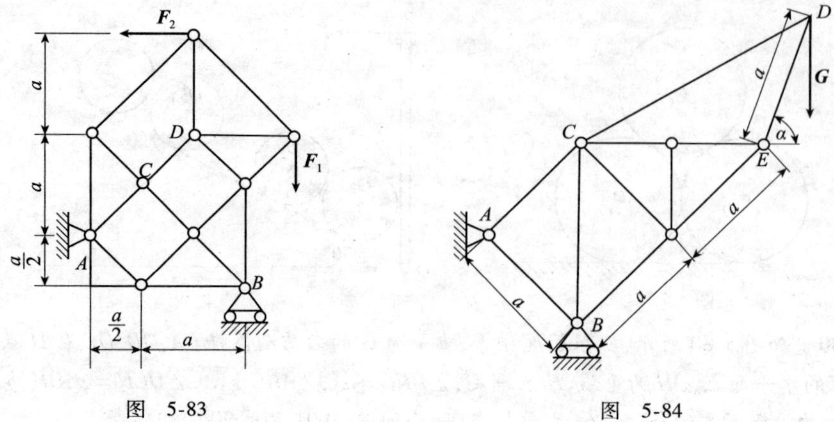

图 5-83　　图 5-84

习题 5-35　如图 5-85 所示，求均匀斜截圆柱体的重心坐标(x_C，y_C，z_C)。

习题 5-36　如图 5-86 所示，一夹持装置由两个楔块和一个可沿x方向移动的中间块组成。设各对表面之间的摩擦因数μ_0均相同，楔块与中间块的重量可忽略。

(1)通过$\boldsymbol{F}$施加的夹紧力$\boldsymbol{F}_S$为多大？

(2)如果$F_S/F=2$，$\alpha=10°$，$\mu_0=0.11$，β角必须为多大？

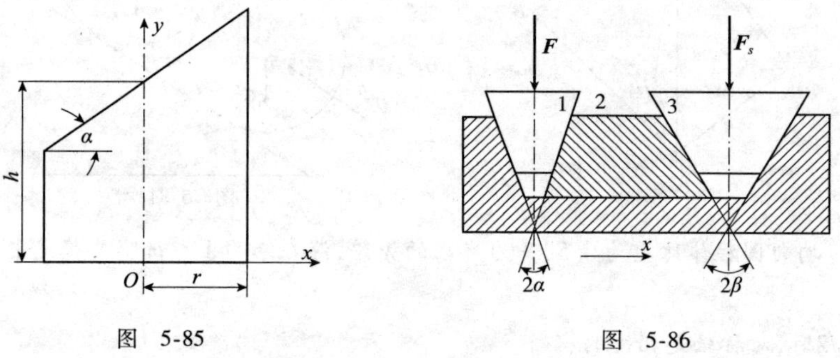

图 5-85　　图 5-86

习题 5-37　如图 5-87 所示，一传动轴通过一对索力使其在地表面保持平衡，此轴的轴线与地平面成α角。轴与地之间有摩擦力(摩擦因数p_0)。

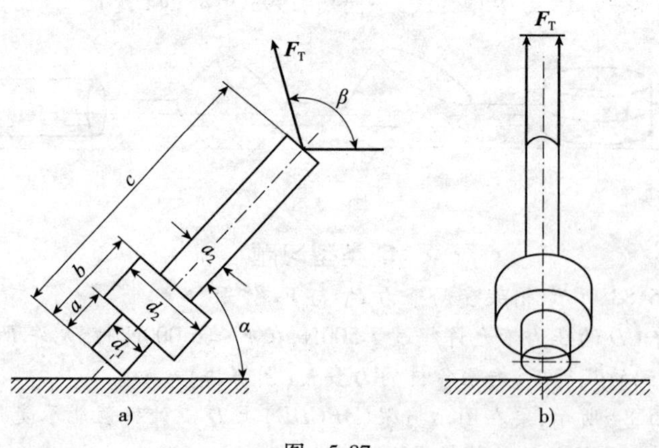

图 5-87

(1)为使轴不在地面上滑动，索倾斜角必须在什么范围？

(2)什么角度β下索力F_T最小？F_{Tmax}为多大？

已知数据：$a=0.5m$，$b=0.8m$，$c=2.0m$，$d_1=0.36m$，$d_2=0.9m$，$d_3=0.23m$，$\alpha=60°$，$\mu_0=0.4m$，密度$\rho=7\ 850kg/m^3$。

习题5-38 如图5-88所示，在关上门1时，锁闩2在它的导航内A与B点处滑动，同时在C点处与门框3相撞击。锁闩通过一弹簧来抵抗撞击。三个摩擦处的摩擦因数$\mu=\tan\rho$大小相同。

(1)如果F_C是门框传给锁闩的力，F是弹簧力。若门慢慢关到图示锁闩位置，问F_C/F的比值多大？

(2)在什么角度α_{max}下门就关不上了(自锁现象)？

已知数据：$c=8cm$，$b=0.5cm$，$a=2cm$，$\mu=0.24$，$\rho=13.5°$，$\alpha=45°$。

习题5-39 如图5-89所示，一个半径为r_1与r_2、重量为G_0、可绕轴A转动的卸货滑轮通过一个固定在墙上可转动的叉子支撑。绳索在滑轮较小半径r_2的轴肩上绕了一圈，绳索右端用重物$\boldsymbol{G}$加载。滑轮与墙之间以及滑轮与绳之间的摩擦系数一样大，静摩擦因数为μ_0，滑动摩擦因数为μ。

(1)如果要使重物$\boldsymbol{G}$悬起，左边绳子在$\beta=0$情况下，至少要施加多大力$\boldsymbol{F}$？

(2)如果要使重物$\boldsymbol{G}$慢慢起升，左边绳子在$\beta=0$时得用多大力$\boldsymbol{F}$？

(3)在什么角度β_m下，提升重物所需的拉力变为最小？其值多大？

已知数据：$r_1/r_2=3$，$\alpha=30°$，$\mu_0=0.3$，$\mu=0.2$，$G=500N$，$G_0=200N$。

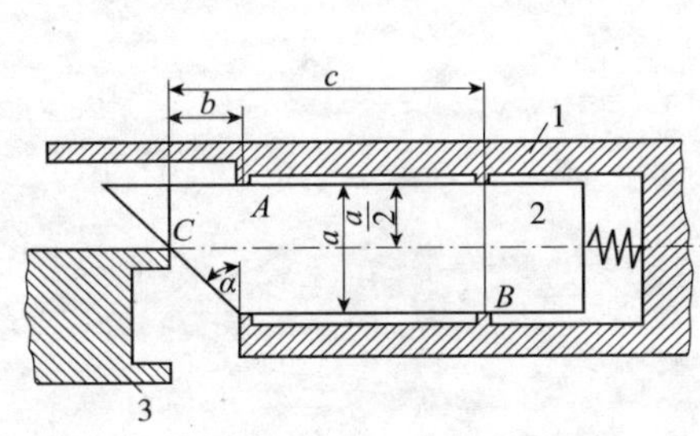

图 5-88

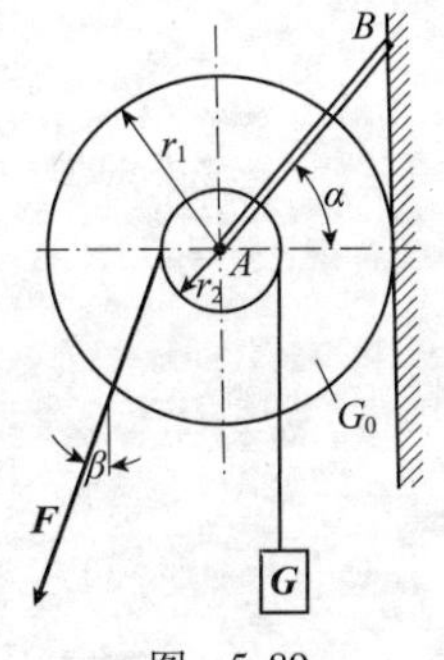

图 5-89

习题5-40 如图5-90所示，在一根可弯的软索上悬挂三盏照明灯，并在图示位置与重量$\boldsymbol{G}$相平衡。滑轮的直径可以略而不计。

试用图解法和数值法确定照明灯的重量$\boldsymbol{G}_1$，$\boldsymbol{G}_2$和$\boldsymbol{G}_3$。

已知数据：$F=1\ 000N$，$a=2m$，$b=3m$，$c=4m$，$d=1m$。

习题5-41 如图5-91所示，一根绳索绕过一个无摩擦转动滑轮，两端挂有重量$\boldsymbol{G}_1=\boldsymbol{G}_2$的重物。用一个重量为$\boldsymbol{G}_B$的附加导轮使右端绳索产生侧向偏离。导轮挂在可绕$A$点转动的杆$AB$上，该杆的重量和摩擦均可忽略不计。

试用图解法和数值法确定绳索的偏离度s和杆所受的力$\boldsymbol{F}_G$。

已知数据：$G_1=G_2=450N$，$r_A=0.17m$，$r_B=0.1m$，$G_B=150N$，$a=0.35m$。

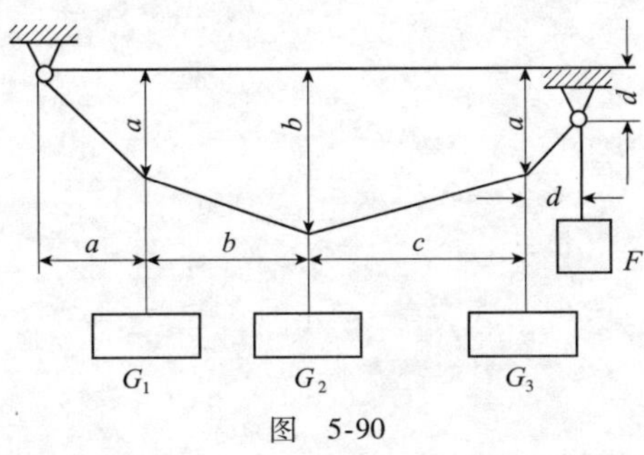

图 5-90

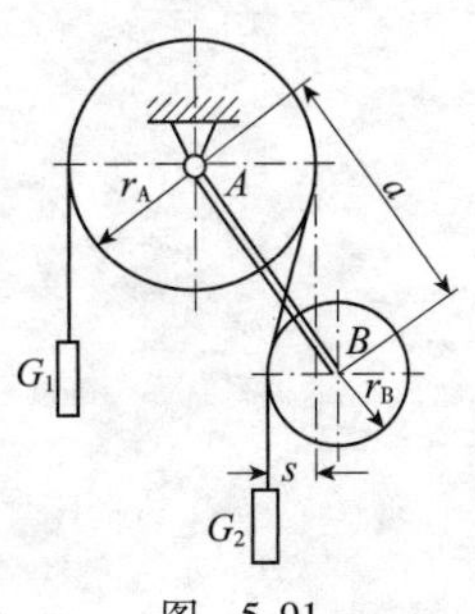

图 5-91

老子(约公元前571—公元前471),姓李名耳,字聃。华夏族,楚国苦县厉乡曲仁里人。是我国古代伟大的哲学家和思想家、道家学派创始人。老子存世有《道德经》,主张无为而治,其学说对中国哲学发展具有深刻影响。

《道德经》内容涵盖哲学、伦理学、政治学、军事学等诸多学科,被后人尊奉为治国、齐家、修身、为学的宝典。它对中国的哲学、科学、政治、宗教等产生了深远的影响,体现了古代中国人的一种世界观和人生观。

第2篇　运 动 学

运动学研究物体机械运动的几何性质,而不涉及运动的原因,即不涉及物体的受力。

物体作机械运动指物体的位置随时间而变化,这种变化依据所选参考物体的不同而不同,这就是运动的相对性。为了描述运动,必须首先确定参考物体,并建立与其固结的参考坐标系。对一般工程问题,如不作特别说明,参考坐标系与地球相固结。描述物体相对参考坐标系位置的参量就是坐标。

运动学的首要任务是建立物体坐标随时间的变化规律,通常称为建立运动方程;此外,还要研究与速度、加速度有关的问题;最后还要分析物体的运动特性。运动学与静力学一起构成了动力学的基础,但运动学本身也有独立存在的价值,例如,在机器与机构的设计中,广泛使用运动学的知识分析机构的运动特性。

运动学的研究对象是质点、质点系、刚体及刚体系。由于运动学中只研究位置变化,不需要考虑质量,因此质点与点、刚体与几何形体是同一概念。还应指出,实际物体抽象成为质点或刚体的结论并不是绝对的。而是取决于所研究的问题。例如,在研究人造卫星的轨道时,可以将它看成质点,但在研究卫星相对其质点的姿态运动(如对地定向问题)时,则卫星必须看成有尺寸大小的刚体。

运动学有两种不同的研究方法:矢量力学方法与分析力学方法,简称几何法与解析法。解析法从建立运动方程出发,通过数学求导获得速度与加速度及运动特性,适于研究运动的时间历程,也便于计算机求解。几何法建立各瞬时描述运动的矢径、速度、加速度等矢量之间的几何关系,适于研究某一特定瞬时的运动性质,形象直观,也便于作定性分析。两种方法各有所长,读者都应掌握。

《庄子》有"镞矢之疾而有不行不止之时",定性地给出运动的主要特征,阐明了动与静的辩证关系。恩格斯在《自然辩证法》中指出"只有微分学才使自然科学有可能用数学来不仅仅表明状态,并且也表明过程:运动"。伽利略(1564—1642)研究过变速运动,初步有了加速度的概念。牛顿在归纳行星的运动规律时,进一步研究了变加速度的情况,也正是在这种研究中,牛顿创立了微分学。点的运动学在牛顿和莱布尼茨(1646—1716)那个时期,基本上已经完备了。其后,欧拉(1707—1783)发展了刚体运动学(1765)。再后,潘索(Poinsot L.,1777—1859)给出了刚体运动的几何图像。19世纪,人们常用矢量表示方法,后来引进了矩阵和张量的表示方法。

加速度对时间的导数,称为加加速度(Jerk)。有人认为有必要对它进行研究。按从特殊到一般的顺序:

质点的运动通常分为:直线运动、圆周运动和曲线运动三种。

刚体的运动通常分为:平行移动、定轴转动、平面运动、定点转动和一般运动五种。

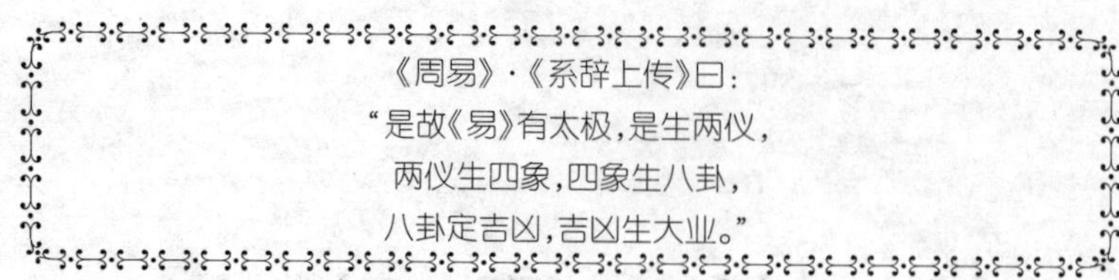
《周易》·《系辞上传》曰：
"是故《易》有太极，是生两仪，
两仪生四象，四象生八卦，
八卦定吉凶，吉凶生大业。"

第6章 点的运动

本章从点的运动开始讨论。点的位置、速度和加速度有各种表示方法，其中直角坐标应用最为普遍。但在分析具体问题时，有时使用柱坐标或球坐标更为方便。实际上根据研究对象的不同特点，可任意选择独立的长度或角度坐标确定点的位置。点的位置确定以后，只要对坐标作微分运算，就能导出点的速度和加速度。对于点的运动轨迹已预先确定的特殊情况，也可利用沿轨迹的弧坐标表示点的位置，称为点的自然法表示。

6.1 矢量描述法

为描述点 M 在参考空间的位置，由坐标原点向点 M 引一矢量 $\boldsymbol{r}$，称为位矢或矢径。当点 M 运动时，$\boldsymbol{r}$ 是变矢量

$$\boldsymbol{r}=\boldsymbol{r}(t) \tag{6-1}$$

式(6-1)能确定任意瞬时点 M 在参考空间的位置，称为点的运动方程的矢量式，随着时间变化，变矢量 $\boldsymbol{r}$ 的端点在空间画出一条曲线，称为 $\boldsymbol{r}$ 的矢量端图，也是点 M 的运动轨迹。为了描述点运动的方向及快慢，引入速度矢量概念。由时刻 t 到时刻 $t'=t+\Delta t$，点由 M 运动到 M'[图6-1a)]，相应的矢径由 $\boldsymbol{r}$ 变化到 $\boldsymbol{r}'$。$\Delta\boldsymbol{r}=\boldsymbol{r}'-\boldsymbol{r}$ 为 Δt 时间间隔中点的位移，比值 $\boldsymbol{v}^*=\Delta\boldsymbol{r}/\Delta t$ 代表了点运动的平均快慢与方向，称为点在 Δt 时间间隔中的平均速度。令 $\Delta t\to 0$，其极限称为点在时刻 t 的瞬时速度，或简称速度。

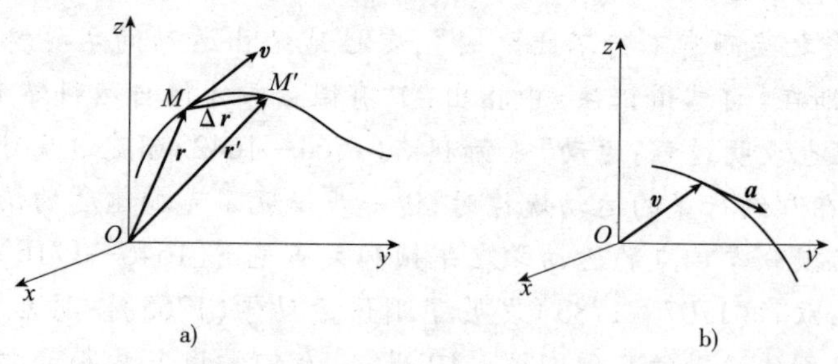

图6-1 矢径、速度矢量与加速度矢量

$$\boldsymbol{v}=\lim_{\Delta t\to 0}\boldsymbol{v}^*=\lim_{\Delta t\to 0}\frac{\Delta\boldsymbol{r}}{\Delta t}=\frac{\mathrm{d}\boldsymbol{r}}{\mathrm{d}t}=\dot{\boldsymbol{r}} \tag{6-2}$$

速度是矢量，等于矢径 $\boldsymbol{r}(t)$ 对时间的导数，其方向沿 $\boldsymbol{r}$ 矢量端图的切线方向，亦即轨迹的切线方向，单位为 m/s。为了描述速度 $\boldsymbol{v}(t)$ 的变化，同样可以引入平均加速度 $\boldsymbol{a}^*$ 与加速度

$\boldsymbol{a}$ 的概念。

$$\boldsymbol{a}=\lim_{\Delta t\to 0}\boldsymbol{a}^{*}=\lim_{\Delta t\to 0}\frac{\Delta \boldsymbol{v}}{\Delta t}=\frac{\mathrm{d}\boldsymbol{v}}{\mathrm{d}t}=\dot{\boldsymbol{v}}=\ddot{\boldsymbol{r}} \tag{6-3}$$

加速度矢量沿速度矢量端图的切线方向[图 6-1b)],单位为 $\mathrm{m/s^2}$。

6.2 直角坐标描述法

在具体问题中,需要将矢量 $\boldsymbol{r}$、$\boldsymbol{v}$、$\boldsymbol{a}$ 作具体表达,常用的是直角坐标法。建立直角坐标系 $Oxyz$,则有

$$\boldsymbol{r}=x\boldsymbol{i}+y\boldsymbol{j}+z\boldsymbol{k} \tag{6-4}$$

因此,点的运动方程可用直角坐标法具体表达

$$x=x(t),y=y(t),z=z(t) \tag{6-5}$$

将式(6-4)对时间求导,可得速度的直角坐标表达式

$$\boldsymbol{v}=v_x\boldsymbol{i}+v_y\boldsymbol{j}+v_z\boldsymbol{k} \tag{6-6a}$$

$$v_x=\dot{x},v_y=\dot{y},v_z=\dot{z} \tag{6-6b}$$

由此可算出速度的大小及方向,即

$$v=\sqrt{\dot{x}^2+\dot{y}^2+\dot{z}^2},\cos(\boldsymbol{v},\boldsymbol{i})=\frac{\dot{x}}{v},\cos(\boldsymbol{v},\boldsymbol{j})=\frac{\dot{y}}{v},\cos(\boldsymbol{v},\boldsymbol{k})=\frac{\dot{z}}{v} \tag{6-6c}$$

将式(6-4)对时间两次求导,可得加速度的直角坐标表达式:

$$\boldsymbol{a}=a_x\boldsymbol{i}+a_y\boldsymbol{j}+a_z\boldsymbol{k} \tag{6-7a}$$

$$a_x=\ddot{x},a_y=\ddot{y},a_z=\ddot{z} \tag{6-7b}$$

$$a_x=\dot{v}_x,a_y=\dot{v}_y,a_z=\dot{v}_z \tag{6-7c}$$

$$a=\sqrt{\ddot{x}^2+\ddot{y}^2+\ddot{z}^2},\cos(\boldsymbol{a},\boldsymbol{i})=\frac{\ddot{x}}{a},\cos(\boldsymbol{a},\boldsymbol{j})=\frac{\ddot{y}}{a},\cos(\boldsymbol{a},\boldsymbol{k})=\frac{\ddot{z}}{a} \tag{6-7d}$$

由此可算出加速度的大小及方向。

例题 6-1 一物体做直线运动,它的运动学方程为

$$x=at+bt^2+ct^3$$

其中,a、b、c 均为常量。求:

(1)$t=1\sim2$ 期间的位移,平均速度和平均加速度;

(2)$t=2$ 时的速度和加速度。

解:物体做直线运动。

(1)
$$\Delta x=x(2)-x(1)=(2a+4b+8c)-(a+b+c)=a+3b+7c$$

位移:$\Delta x=a+3b+7c$。

$$\bar{v}=\frac{\Delta x}{\Delta t}=a+3b+7c$$

平均速度:$\bar{v}=a+3b+7c$。

$$\bar{a}=\frac{v(2)-v(1)}{\Delta t}=\frac{(a+4b+12c)-(a+2b+3c)}{1}=2b+9c$$

平均加速度:$\bar{a}=2b+9c$。

(2)
$$v(2)=(a+2bt+3ct^2)\big|_{t=2}=a+4b+12c$$

速度:$v(2)=a+4b+12c$。

$$a(2) = (2b + 6ct)\big|_{t=2} = 2b + 12c$$

加速度：$a(2) = 2b + 12c$。

讨论与练习

请读者编写求解本题的 Maple 程序。

例题 6-2 一质点 $t=0$ 时从原点出发，以恒定速率向 x 正方向沿轨道 $x^2 + (y-r)^2 = r^2$ 运动，其中 r 为常量，T 时又回到原点，求：

(1) $t = \frac{1}{3}T$ 时的位矢、速度和加速度；

(2) 在 $t=0$ 至 $t = \frac{1}{3}T$ 期间，质点的位移、平均速度和平均加速度。

解：质点做圆周运动。

(1) 由 $t=0$ 时从原点出发，以恒定速率向 x 正方向运动，可直接写出质点的运动学方程为

$$x = r\sin\omega t$$

$$y = r(1 - \cos\omega t)$$

其中，$\omega = \frac{2\pi}{T}$ 为常量。

位矢：

$$\boldsymbol{r}(t) = r\sin\left(\frac{2\pi}{T}t\right)\boldsymbol{i} + r\left[1 - \cos\left(\frac{2\pi}{T}t\right)\right]\boldsymbol{j}$$

速度：

$$\boldsymbol{v}(t) = \frac{2\pi r}{T}\cos\left(\frac{2\pi}{T}t\right)\boldsymbol{i} + \frac{2\pi r}{T}\sin\left(\frac{2\pi}{T}t\right)\boldsymbol{j}$$

加速度：

$$\boldsymbol{a}(t) = -\frac{4\pi^2 r}{T^2}\sin\left(\frac{2\pi}{T}t\right)\boldsymbol{i} + \frac{4\pi^2 r}{T^2}\cos\left(\frac{2\pi}{T}t\right)\boldsymbol{j}$$

$t = \frac{1}{3}T$ 时，

$$\boldsymbol{r}\left(\frac{T}{3}\right) = \frac{\sqrt{3}}{2}r\boldsymbol{i} + \frac{3}{2}r\boldsymbol{j}$$

$$\boldsymbol{v}\left(\frac{T}{3}\right) = -\frac{\pi r}{T}\boldsymbol{i} + \frac{\sqrt{3}\pi r}{T}\boldsymbol{j}$$

$$\boldsymbol{a}\left(\frac{T}{3}\right) = -\frac{2\pi^2 r}{T^2}(\sqrt{3}\boldsymbol{i} + \boldsymbol{j})$$

(2) 位移：

$$\Delta\boldsymbol{r} = \boldsymbol{r}\left(\frac{1}{3}T\right) - \boldsymbol{r}(0) = \frac{\sqrt{3}}{2}r\boldsymbol{i} + \frac{3}{2}r\boldsymbol{j}$$

平均速度：

$$\bar{\boldsymbol{v}} = \frac{\Delta\boldsymbol{r}}{\frac{1}{3}T - 0} = \frac{3r}{T}\left(\frac{\sqrt{3}}{2}\boldsymbol{i} + \frac{3}{2}\boldsymbol{j}\right)$$

平均加速度：

$$\bar{\boldsymbol{a}} = \frac{v\left(\frac{1}{3}T\right) - v(0)}{\frac{1}{3}T - 0} = -\frac{3\pi r}{T^2}(3\boldsymbol{i} - \sqrt{3}\boldsymbol{j})$$

讨论与练习

(1)运动学方程也可用解微分方程得到,请读者完成。

(2)编写求解本题的 Maple 程序。

例题 6-3 如图 6-2 所示,一个动靶以恒定速率 v 在 xy 平面内沿 $y=h$ 的直线飞行,$t=0$ 时在 $x=0$、$y=h$ 点。导弹在 $t=0$ 时自原点出发,以恒定的速率 $2v$ 运动,速度方向始终指向动靶。求导弹的运动轨道及导弹击中飞靶的时间。

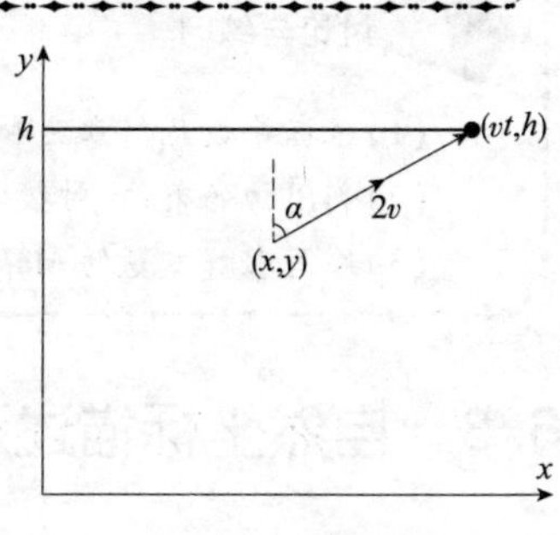

图 6-2 例题 6-3

解:靶做直线运动,导弹做曲线运动。

设 t 时刻导弹位于 (x,y),此时飞靶位于 (vt,h),导弹轨道曲线 $x=x(y)$ 与 y 轴夹角 α 的正切

$$\tan\alpha=\frac{dx}{dy},\frac{dx}{dy}=\frac{vt-x}{h-y} \tag{1}$$

由导弹的速率为 $2v$,得

$$\dot{x}^2+\dot{y}^2=4v^2 \tag{2}$$

由 $\dot{x}=\frac{dx}{dy}\dot{y}$,并令 $q=\frac{dx}{dy}$,上述两式可改写为

$$vt-x=q(h-y) \tag{3}$$

$$(1+q^2)\dot{y}^2=4v^2 \tag{4}$$

式(3)两边对 y 求导,简化后得

$$v\frac{dt}{dy}=(h-y)\frac{dq}{dy} \tag{5}$$

由式(4)式消去式(5)中的$\frac{dt}{dy}$,得

$$(h-y)\frac{dq}{dy}=\frac{1}{2}(1+q^2)^{1/2} \tag{6}$$

考虑到 $\dot{y}>0$,式(4)开方时只取正号。

对式(6)分离变量积分时,下限取 $t=0$ 时的 y 和 q 值,$y=0$,$\dot{x}=0$,$\dot{y}=2v$,故 $q=\frac{dx}{dy}=\frac{\dot{x}}{\dot{y}}=0$。

$$\int_0^q\frac{2dq}{(1+q^2)^{1/2}}=\int_0^y\frac{dy}{h-y}$$

积分得

$$2\ln(q+\sqrt{1+q^2})=-\ln\frac{h-y}{h}$$

$$\sqrt{1+q^2}=\sqrt{\frac{h}{h-y}}-q$$

两边平方可得

$$2\sqrt{h}q=\frac{y}{\sqrt{h-y}}$$

$$\int_0^x 2\sqrt{h}dx=\int_0^y\frac{y}{\sqrt{h-y}}dy$$

积分得轨道方程为

$$x=\frac{1}{3\sqrt{h}}[(h-y)^{3/2}-h^{3/2}]+\sqrt{h}(\sqrt{h}-\sqrt{h-y})$$

导弹射中靶子时，$x=vt$，$y=h$，代入上式得，$t=\frac{2h}{3v}$。

讨论与练习

(1)根据导数几何意义和导弹的速率为常数建立数学模型。

(2)利用初始条件，对数学模型积分就可以得到轨迹了。

(3)编写求解本题的 Maple 程序。

6.3 自然坐标描述法

6.3.1 自然法

对受约束的非自由质点，有时其运动轨迹已知，这时只要知道沿轨迹的运动规律即可确定运动。在轨迹曲线上确定一坐标原点 O，规定曲线某一方向为正，则弧长 OM 冠以适当的正负号即称为点 M 的弧坐标(图6-3)。轨迹曲线与弧坐标一起就可完全确定点 M 在参考空间的位置。当点运动时，弧坐标是时间的函数，即

$$s=s(t) \tag{6-8}$$

上式称为点沿轨迹的运动规律或弧坐标中的运动方程。这种描述运动的方法就称为自然法。由于只用一个标量变量就可以描述点的运动，故称点具有 1 个运动自由度；显然，作空间运动和平面运动的自由质点分别有 3、2 个自由度。

6.3.2 点的平面曲线运动

设点的运动轨迹为平面曲线，首先看平面曲线的几何性质。各种曲线形状不同，是因为随着弧长的变化，曲线上点 P 的位置不同。因此，曲线方程为

$$\boldsymbol{r}=\boldsymbol{r}(s) \tag{a}$$

先看 $\boldsymbol{r}$ 随 s 的变化率，由图 6-4a)直接得出

$$\frac{\mathrm{d}\boldsymbol{r}}{\mathrm{d}s}=\lim_{\Delta s\to 0}\frac{\Delta\boldsymbol{r}}{\Delta s}=\boldsymbol{\tau} \tag{6-9}$$

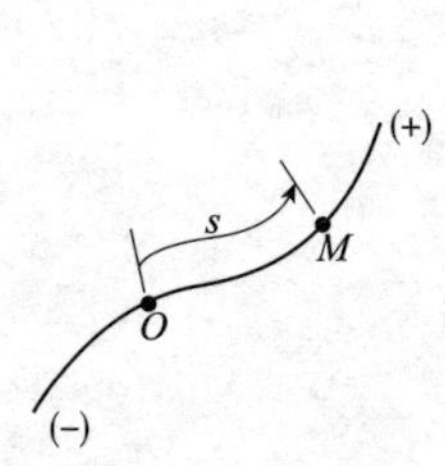

图 6-3 弧坐标

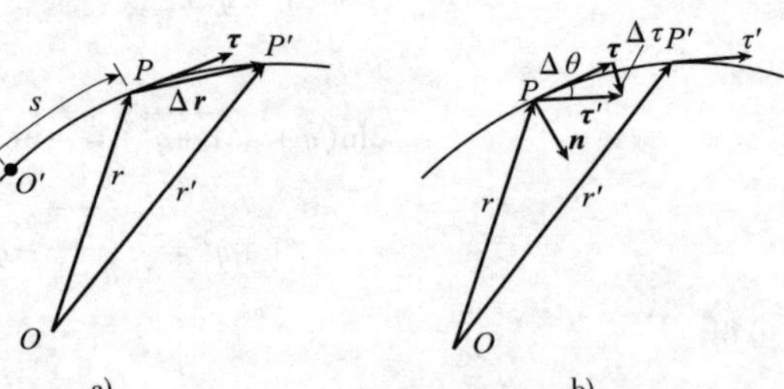

图 6-4 切向单位矢量 $\boldsymbol{\tau}$ 与法向单位矢量 $\boldsymbol{n}$

矢量 $\boldsymbol{\tau}$ 的大小为 1，方向沿曲线切线，指向 s 增加的方向，称为切向单位矢量。再看 $\boldsymbol{\tau}$ 随 s 的变化率

$$\frac{\mathrm{d}\boldsymbol{\tau}}{\mathrm{d}s}=\lim_{\Delta s\to 0}\frac{\Delta\boldsymbol{\tau}}{\Delta s} \tag{b}$$

由图 6-4b)可以看出,矢量 $\Delta\boldsymbol{\tau}/\Delta s$ 的极限位置应垂直于曲线的切线且指向曲线的内凹方向,称此方向为曲线的法向,法向单位矢量记为 $\boldsymbol{n}$。此极限的大小为

$$\lim_{\Delta s\to 0}\frac{|\Delta\boldsymbol{\tau}|}{\Delta s}=\lim_{\Delta s\to 0}\frac{2\sin\left(\dfrac{\Delta\theta}{2}\right)}{\Delta s}=\frac{\mathrm{d}\theta}{\mathrm{d}s}=\boldsymbol{\kappa}=\frac{1}{\rho} \tag{6-10}$$

式中,$\Delta\theta$ 为曲线在弧长 Δs 上的弯角;$\boldsymbol{\kappa}$ 表示曲线的弯曲程度,称为曲线在 P 点的曲率。曲率越大,曲线弯曲越厉害。半径为 R 的圆周上各处弯曲程度相同,其曲率为 $\kappa=\dfrac{2\pi}{2\pi R}=\dfrac{1}{R}$。由此可定义曲率的倒数为曲率半径 ρ,即 $\rho=\dfrac{1}{\kappa}$;其意义是,曲线在 P 处相当于半径为 R 的微段圆弧。同样,沿 $\boldsymbol{n}$ 方向距离 P 为 ρ 之点可称为曲率中心,相当于微段圆弧的圆心。于是得

$$\frac{\mathrm{d}\boldsymbol{\tau}}{\mathrm{d}s}=\frac{1}{\rho}\boldsymbol{n} \tag{6-11}$$

点 M 沿轨迹曲线运动,运动方程为 $s=s(t)$,其速度矢量为

$$\boldsymbol{v}=\frac{\mathrm{d}r}{\mathrm{d}t}=\frac{\mathrm{d}r}{\mathrm{d}s}\cdot\frac{\mathrm{d}s}{\mathrm{d}t}=v\boldsymbol{\tau},v=\frac{\mathrm{d}s}{\mathrm{d}t}=\dot{s} \tag{6-12}$$

即点的速度方向沿轨迹切线方向,在切线上的投影等于弧坐标对时间的一次导数。

对上式再求导

$$\begin{aligned}\boldsymbol{a}&=\frac{\mathrm{d}\boldsymbol{v}}{\mathrm{d}t}=\frac{\mathrm{d}}{\mathrm{d}t}(v\boldsymbol{\tau})=\frac{\mathrm{d}v}{\mathrm{d}t}\boldsymbol{\tau}+v\frac{\mathrm{d}\boldsymbol{\tau}}{\mathrm{d}t}\\&=\frac{\mathrm{d}^2s}{\mathrm{d}t^2}\boldsymbol{\tau}+v\frac{\mathrm{d}\boldsymbol{\tau}}{\mathrm{d}s}\cdot\frac{\mathrm{d}s}{\mathrm{d}t}=\ddot{s}\boldsymbol{\tau}+\frac{v^2}{\rho}\boldsymbol{n}\end{aligned} \tag{6-13}$$

$$\boldsymbol{a}=\boldsymbol{a}_\tau+\boldsymbol{a}_\mathrm{n} \tag{6-14}$$

$$\boldsymbol{a}_\tau=a_\tau\boldsymbol{\tau},\boldsymbol{a}_\mathrm{n}=a_\mathrm{n}\boldsymbol{n};a_\tau=\dot{v}=\ddot{s},a_\mathrm{n}=\frac{v^2}{\rho} \tag{6-15}$$

即点的加速度有切向加速度 $\boldsymbol{a}_\tau$ 及法向加速度 $\boldsymbol{a}_\mathrm{n}$ 两个分量,分别沿切线及法线方向(图 6-5)。它们有明确的物理意义:切向加速度表示速度大小的变化率,法向加速度表示速度方向的变化率。

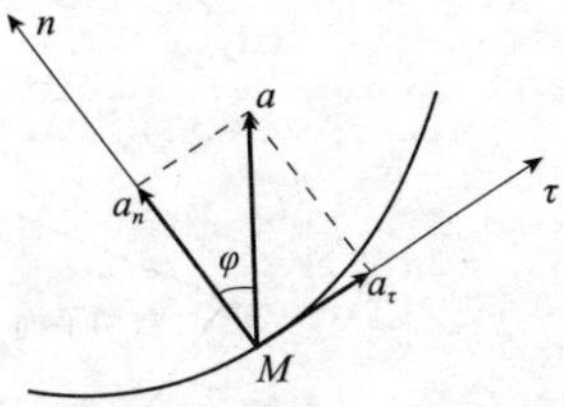

图 6-5 切向加速度与法向加速度

6.3.3 点的空间曲线运动

平面曲线可视为一条直线在平面上弯曲而成,各点曲率不同时,平面曲线可有任意形状。如果将平面曲线绕切向单位矢量 $\boldsymbol{\tau}$ 逐渐扭转,则平面曲线成为空间曲线。扭转的程度可用扭率 $\mu=\lim\limits_{\Delta s\to 0}\dfrac{\Delta\varphi}{\Delta s}$ 表示,其中 $\Delta\varphi$ 为曲线在 Δs 弧长上的扭角。如果曲线上各点扭率不同,则空间曲线可有任意形状。为表示空间曲线的这种几何结构,在曲线上 P 点建立自然坐标系(图 6-6)。如果曲线在 P 点的扭率为零,则曲线微元为平面曲线,所在平面称为空间曲线在 P 点的密切平面。与切线垂直的平面称为空间曲线在 P 点的法面,两平面的交线称为主法线,法面上另一条垂直的法线称为副法线。沿主法线的单位矢量 $\boldsymbol{n}$ 指向曲线内凹方向,沿副法线的单位矢量 $\boldsymbol{b}$ 与 $\boldsymbol{\tau}$、$\boldsymbol{n}$ 组成右手系。

$$\boldsymbol{b} = \boldsymbol{\tau} \times \boldsymbol{n} \tag{6-16}$$

由 $\boldsymbol{\tau}, \boldsymbol{n}, \boldsymbol{b}$ 组成的正交坐标系称为自然坐标系;显然,曲线在不同点的自然坐标系是不同的。

点做空间曲线运动时,其速度与加速度在自然坐标系中的表达式仍为式(6-12)与式(6-13)。

$$\boldsymbol{v} = \dot{s}\boldsymbol{\tau} \tag{6-17a}$$

$$\boldsymbol{a} = \ddot{s}\boldsymbol{\tau} + \frac{v^2}{\rho}\boldsymbol{n} \tag{6-17b}$$

加速度在副法线上没有分量,是因为在空间曲线情况下,图 6-3b)中三角形($\boldsymbol{\tau}, \boldsymbol{\tau}', \Delta\boldsymbol{\tau}$)平面在 $\Delta s \to 0$ 时的极限位置就是密切平面。

6.3.4 点的几种特殊运动

(1)直线运动:点的速度大小变化,方向不变(注意:这里说速度方向不变是指 $\dot{\boldsymbol{\tau}} = \boldsymbol{0}$,而 $\dot{s}$ 的正负号是可以改变的),$\rho \to \infty$, $a_n = 0$,所以加速度

$$\boldsymbol{a} = \ddot{s}\boldsymbol{\tau} \tag{6-18}$$

(2)圆周运动:设 P 点沿着一个半径为 R 的圆周运动,O 为圆心,如图 6-7 所示。设任意时刻 OP 与过 O 点某固定直线的夹角为 $\varphi(t)$,则点 P 弧坐标形式的运动方程为

$$s = R\varphi \tag{6-19a}$$

点 P 的速度

$$\boldsymbol{v} = R\dot{\varphi}\boldsymbol{\tau} \tag{6-19b}$$

加速度

$$\boldsymbol{a} = R\ddot{\varphi}\boldsymbol{\tau} + R\dot{\varphi}^2\boldsymbol{n} \tag{6-19c}$$

其中,法线加速度也就是向心加速度。当 P 点作等速圆周运动时,切向加速度为零。

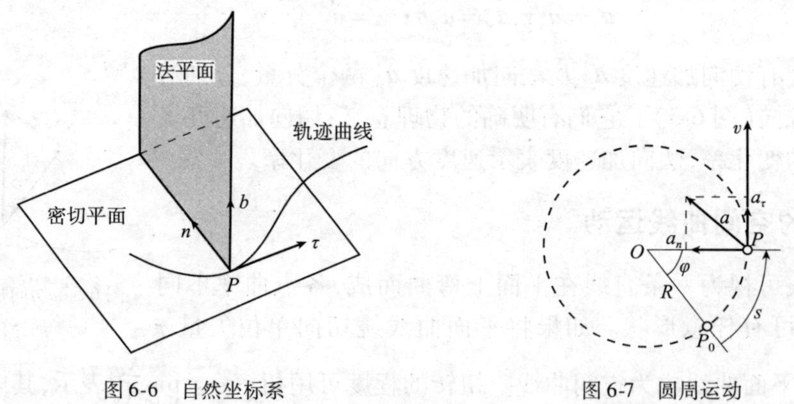

图 6-6 自然坐标系　　图 6-7 圆周运动

(3)匀速曲线运动:点的速度大小不变,只有方向变化,因此加速度只有法向分量,即

$$\boldsymbol{a} = \frac{\dot{s}^2}{\rho}\boldsymbol{n} \tag{6-20}$$

例题 6-4 一质点静止在半径为 R 的半球面上的最高点,要使质点脱离半球,一开始就不沿半球滑下,必须给予质点的最小水平速度多大?

解:质点做曲线运动。

要一开始脱离半球，必须一开始不受半球的支持力，质点只受重力作用，故质点的加速度为向下的重力加速度 $\boldsymbol{g}$，质点的速度是水平的，要脱离半球，质点运动轨道在该点的曲率半径 ρ 必须满足关系 $\rho \geqslant R$。

质点在半球最高点获得水平速度开始运动时只受到重力，速度方向未受外力，故切向加速度为零，重力加速度是法向加速度。

$$a_{\mathrm{n}} = g, \frac{v^2}{\rho} = g$$

$$v_{\min}^2 = \rho_{\min} g = Rg, v_{\min} = \sqrt{Rg}$$

讨论与练习

编写求解本题的 Maple 程序。

例题 6-5 如图 6-8 所示，曲柄 $OA = r$，绕定轴 O 以匀角速度 ω 转动，连杆 AB 用铰链与曲柄端点 A 连接，并可在具有铰链的滑套 N 内滑动。当 $\varphi = 0$ 时，A 端位于滑套 N 处。已知 $AB = l > 2r$，求当 $\varphi = 0$ 时，连杆上 B 点的速度、加速度的大小，切向加速度、法向加速度和轨道的曲率半径。

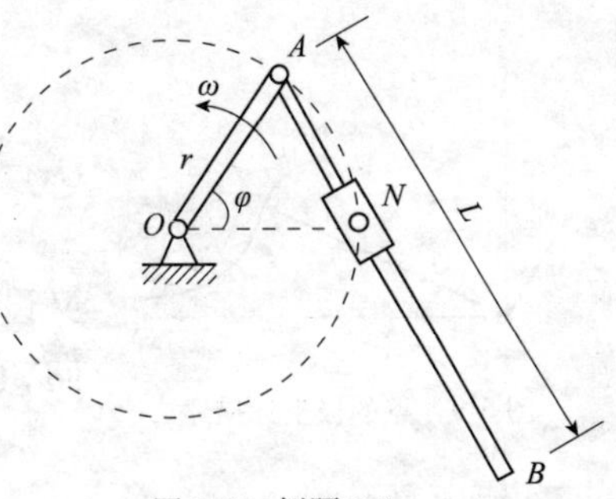

图 6-8 例题 6-5

解：B 点做曲线运动。

取直角坐标 Oxy，x 轴沿 ON 方向，y 轴竖直向上，B 点的坐标

$$x = r\cos\varphi + l\cos\left(\frac{\pi}{2} - \frac{\varphi}{2}\right) = r\cos\varphi + l\sin\frac{\varphi}{2}$$

$$y = r\sin\varphi - l\sin\left(\frac{\pi}{2} - \frac{\varphi}{2}\right) = r\sin\varphi - l\cos\frac{\varphi}{2}$$

$$\dot{x} = -r\sin\varphi \cdot \dot{\varphi} + l\cos\frac{\varphi}{2} \cdot \frac{\dot{\varphi}}{2} = -r\omega\sin\varphi + \frac{1}{2}l\omega\cos\frac{\varphi}{2}$$

$$\dot{y} = r\omega\cos\varphi + \frac{1}{2}l\omega\sin\frac{\varphi}{2}$$

$$v = \sqrt{\dot{x}^2 + \dot{y}^2} = \omega r\left(1 + \frac{l^2}{4r^2} - \frac{l}{r}\sin\frac{\varphi}{2}\right)^{1/2}$$

$$\ddot{x} = -r\omega^2\cos\varphi - \frac{1}{4}l\omega^2\sin\frac{\varphi}{2}$$

$$\ddot{y} = -r\omega^2\sin\varphi + \frac{1}{4}l\omega^2\cos\frac{\varphi}{2}$$

$$a = \sqrt{\ddot{x}^2 + \ddot{y}^2} = r\omega^2\left(1 + \frac{l^2}{16r^2} - \frac{l}{2r}\sin\frac{\varphi}{2}\right)^{1/2}$$

$$a_\tau = \frac{\mathrm{d}v}{\mathrm{d}t} = \frac{1}{2v}\frac{\mathrm{d}v^2}{\mathrm{d}t} = -\frac{1}{4v}rl\omega^3\cos\frac{\varphi}{2}$$

$\varphi = 0$ 时，

$$v = \omega r\left(1 + \frac{l^2}{4r^2}\right)^{1/2}, a = r\omega^2\left(1 + \frac{l^2}{16r^2}\right)^{1/2}$$

$$a_\tau = -\frac{rl\omega^3}{4\omega r\left(1 + \frac{l^2}{4r^2}\right)^{1/2}} = -\frac{r\omega^2 l}{2(4r^2 + l^2)^{1/2}}$$

$$a_{\mathrm{n}} = (a^2 - a_\tau^2)^{1/2} = \frac{(8r^2 + l^2)\omega^2}{4(4r^2 + l^2)^{1/2}}, \rho = \frac{v^2}{a_{\mathrm{n}}} = \frac{(4r^2 + l^2)^{3/2}}{8r^2 + l^2}$$

编写求解本题的 Maple 程序。

6.4 极坐标和柱坐标描述法

6.4.1 极坐标描述法

设 P 点在平面内做曲线运动，点 P 在任意时刻的位置可以由极坐标 $\rho=\rho(t),\varphi=\varphi(t)$ 确定，如图 6-9 所示。点 P 的矢径可以写作

$$\boldsymbol{r}=\rho\boldsymbol{e}_\rho \tag{6-21}$$

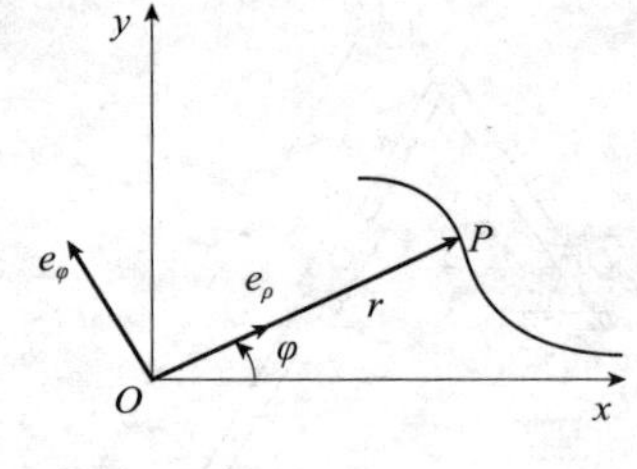

图 6-9 点的极坐标描述法

其中，$\boldsymbol{e}_\rho$ 是径向单位矢量，方向与矢径一致，它在直角坐标系 Oxy 中表示为

$$\boldsymbol{e}_\rho=\cos\varphi\boldsymbol{i}+\sin\varphi\boldsymbol{j} \tag{a}$$

又设 $\boldsymbol{e}_\varphi$ 是横向单位矢量，方向与 $\boldsymbol{e}_\rho$ 垂直并指向 φ 角增加的方向，它在直角坐标系中表示为

$$\boldsymbol{e}_\varphi=-\sin\varphi\boldsymbol{i}+\cos\varphi\boldsymbol{j} \tag{b}$$

容易验证：

$$\dot{\boldsymbol{e}}_\rho=\dot{\varphi}\boldsymbol{e}_\varphi,\ \dot{\boldsymbol{e}}_\varphi=-\dot{\varphi}\boldsymbol{e}_\rho \tag{c}$$

于是点 P 的速度

$$\boldsymbol{v}(t)=\dot{\boldsymbol{r}}(t)=\dot{\rho}\boldsymbol{e}_\rho+\rho\dot{\boldsymbol{e}}_\rho=\dot{\rho}\boldsymbol{e}_\rho+\rho\dot{\varphi}\boldsymbol{e}_\varphi \tag{d}$$

即

$$\boldsymbol{v}=\dot{\rho}\boldsymbol{e}_\rho+\rho\dot{\varphi}\boldsymbol{e}_\varphi \tag{6-22a}$$

速度在径向和横向的投影

$$v_\rho=\dot{\rho},v_\varphi=\rho\dot{\varphi} \tag{6-22b}$$

分别称为径向速度和横向速度。对式(6-22a)求导 $\boldsymbol{a}(t)=\dot{\boldsymbol{v}}(t)$，可以求出点 P 的加速度

$$\boldsymbol{a}=(\ddot{\rho}-\rho\dot{\varphi}^2)\boldsymbol{e}_\rho+(\rho\ddot{\varphi}+2\dot{\rho}\dot{\varphi})\boldsymbol{e}_\varphi \tag{6-23a}$$

加速度在径向和横向的投影

$$a_\rho=(\ddot{\rho}-\rho\dot{\varphi}^2),a_\varphi=\frac{1}{\rho}\frac{d}{\mathrm{d}t}(\rho^2\dot{\varphi}) \tag{6-23b}$$

分别称为径向加速度和横向加速度。

★请读者考虑径向和法向、横向和切向之间有什么差别。

6.4.2 柱坐标描述法

P 点在空间内做曲线运动时，可将矢量 $\boldsymbol{r}$ 在 Oxy 坐标面的投影的长度 OQ 记作 ρ（图 6-10），自 Ox 轴逆时针转到 OQ 方向的有向角度记作 φ，$\boldsymbol{r}$ 沿 Oz 轴的投影为 z，则 ρ、φ、z 称为点 P 的柱坐标。其中 z 坐标与直角坐标的定义相同，ρ、φ 与极坐标的定义相同，它们与

直角坐标 x、y 之间有以下关系：

$$x=\rho\cos\varphi,y=\rho\sin\varphi \tag{6-24a}$$

或

$$\rho=\sqrt{x^2+y^2},\varphi=\arctan\frac{y}{x} \tag{6-24b}$$

平面极坐标是 $z(t)=0$ 时柱坐标的特殊情形。

将沿 $\overrightarrow{OQ}$ 方向的单位矢量记作 $\boldsymbol{e}_\rho$，并定义另一单位矢量 $\boldsymbol{e}_\varphi$ 为

$$\boldsymbol{e}_\varphi=\boldsymbol{k}\times\boldsymbol{e}_\rho \tag{e}$$

则正交的单位矢量 $\boldsymbol{e}_\rho$、$\boldsymbol{e}_\varphi$、$\boldsymbol{k}$ 组成柱坐标基。用柱坐标基表示的质点矢径 $\boldsymbol{r}$ 为

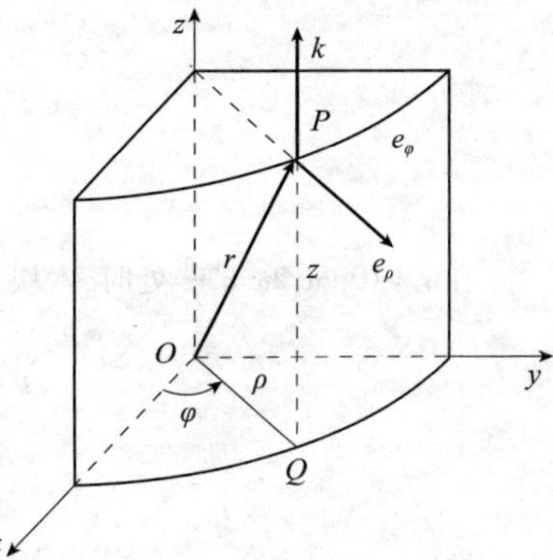

图 6-10　点的柱坐标描述法

$$\boldsymbol{r}=\rho\boldsymbol{e}_\rho+z\boldsymbol{k} \tag{6-25}$$

质点的柱坐标形式的运动方程表示为

$$\rho=\rho(t),\varphi=\varphi(t),z=z(t) \tag{6-26}$$

其中，$\rho(t)$、$\varphi(t)$ 和 $z(t)$ 均为时间 t 的单值连续函数。点的某些特殊运动形式用柱坐标表示比用直角坐标更为方便，例如沿圆柱面运动的点，其运动方程中的 ρ 等于圆柱的半径 R 而保持常数（图 6-11）。用柱坐标表示的速度公式：

$$\boldsymbol{v}=v_\rho\boldsymbol{e}_\rho+v_\varphi\boldsymbol{e}_\varphi+v_z\boldsymbol{k} \tag{6-27a}$$

$$v_\rho=\dot{\rho},v_\varphi=\rho\dot{\varphi},v_z=\dot{z} \tag{6-27b}$$

其中，v_ρ、v_φ、v_z 为用柱坐标表示的点的速度分量。用柱坐标表示的加速度公式：

$$\boldsymbol{a}=a_\rho\boldsymbol{e}_\rho+a_\varphi\boldsymbol{e}_\varphi+a_z\boldsymbol{k} \tag{6-28a}$$

各加速度分量为

$$a_\rho=\ddot{\rho}-\rho\dot{\varphi}^2,a_\varphi=\rho\ddot{\varphi}+2\dot{\rho}\dot{\varphi},a_z=\ddot{z} \tag{6-28b}$$

例题 6-6　如图 6-12 所示，机构包括一根固定的弯成曲线的杆和一根用轴钉可绕 O 点转动的动杆 OC，弯杆曲线的方程为 $r=20\sin2\varphi$。木块 A 和 B 钉在一起，A、B 分别沿着杆和直杆 OC 滑动。若 OC 以恒定角速度 5rad/s 做逆时针转动，求木块 A 在 $r=10$cm 处时的速度和加速度。

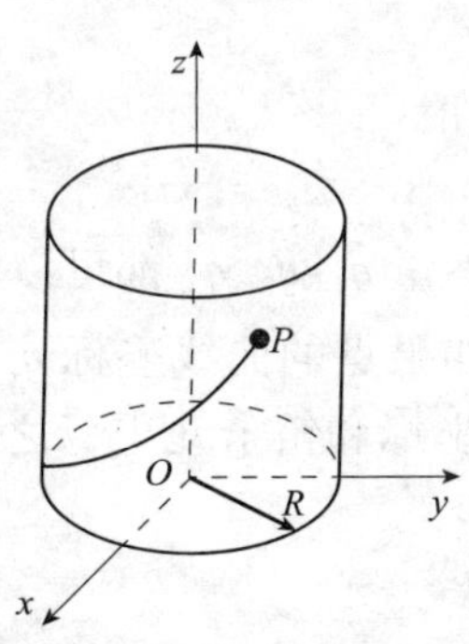

图 6-11　沿圆柱面运动的点

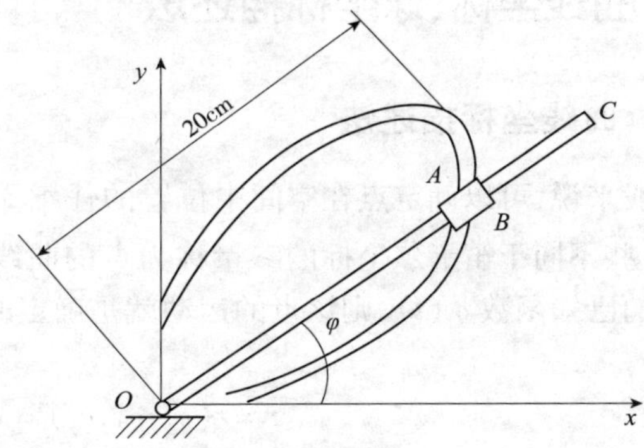

图 6-12　例题 6-6

解：木块 A 做曲线运动。轨道方程为

$$r=20\sin2\varphi$$

$r=10$cm 时，$2\varphi=\arcsin\dfrac{10}{20}=\dfrac{\pi}{6}$ 及 $\dfrac{5\pi}{6}$。

$$\dot{\varphi} = 5\text{rad/s}, \ddot{\varphi} = 0$$

$$\dot{r} = 40\cos 2\varphi \cdot \dot{\varphi}$$

$$\ddot{r} = -80\sin 2\varphi\dot{\varphi}^2 + 40\cos 2\varphi\ddot{\varphi} = -80\sin 2\varphi \cdot \dot{\varphi}^2$$

在 $r = 10\text{cm}, 2\varphi = \dfrac{\pi}{6}$ 处时,木块 A 的速度和加速度分别为

$$\begin{aligned}
\boldsymbol{v} &= \dot{r}\boldsymbol{e}_r + r\dot{\varphi}\boldsymbol{e}_\varphi \\
&= 40\cos\frac{\pi}{6} \times 5\boldsymbol{e}_r + 10 \times 5\boldsymbol{e}_\varphi = 100\sqrt{3}\boldsymbol{e}_r + 50\boldsymbol{e}_\varphi
\end{aligned}$$

$$\begin{aligned}
\boldsymbol{a} &= (\ddot{r} - r\dot{\varphi}^2)\boldsymbol{e}_r + (r\ddot{\varphi} + 2\dot{r}\dot{\varphi})\boldsymbol{e}_\varphi \\
&= \left(-80\sin\frac{\pi}{6} \times 5^2 - 10 \times 5^2\right)\boldsymbol{e}_r + \left(10 \times 0 + 2 \times 40\cos\frac{\pi}{6} \cdot 5 \times 5\right)\boldsymbol{e}_\varphi \\
&= -1250\boldsymbol{e}_r + 1000\sqrt{3}\boldsymbol{e}_\varphi
\end{aligned}$$

在 $r = 10\text{cm}, 2\varphi = \dfrac{5\pi}{6}$ 处时,木块 A 的速度、加速度分别为

$$\boldsymbol{v} = 40\cos\frac{5\pi}{6} \times 5\boldsymbol{e}_r + 10 \times 5\boldsymbol{e}_\varphi = -100\sqrt{3}\boldsymbol{e}_r + 50\boldsymbol{e}_\varphi$$

$$\begin{aligned}
\boldsymbol{a} &= \left(-80\sin\frac{5\pi}{6} \times 5^2 - 10 \times 5^2\right)\boldsymbol{e}_r + \left(10 \times 0 + 2 \times 40\cos\frac{5\pi}{6} \cdot 5 \times 5\right)\boldsymbol{e}_\varphi \\
&= -1250\boldsymbol{e}_r - 1000\sqrt{3}\boldsymbol{e}_\varphi
\end{aligned}$$

讨论与练习

(1)编写求解本题的 Maple 程序。

(2)请读者求出 A 点沿杆 OC 相对运动的速度 $\boldsymbol{v}_r$ 和加速度 $\boldsymbol{a}_r$。

(3)请读者求出杆 OC 上与 A 点重合的点 A' 的速度 $\boldsymbol{v}_e$ 和加速度 $\boldsymbol{a}_e$。

6.5 曲线坐标、球坐标描述法

6.5.1 曲线坐标描述法

一般来说,可以确定点在空间中位置的任意 3 个独立参量 q_1、q_2、q_3 都可以看作该点的坐标,这些不同于笛卡尔坐标的参量称为点的曲线坐标。如果点的曲线坐标 $q_i(i = 1,2,3)$ 是时间的已知函数 $q_i(t)$,则该点的运动就是确定的。曲线坐标和笛卡儿坐标之间的关系由等式

$$\boldsymbol{r} = \boldsymbol{r}(q_1, q_2, q_3) = x\boldsymbol{i} + y\boldsymbol{j} + z\boldsymbol{k} \tag{6-29}$$

给出,其中 x、y、z 是 q_1、q_2、q_3 的二阶连续可微函数,矢径 $\boldsymbol{r}$ 是时间的复合函数:$\boldsymbol{r} = \boldsymbol{r}(q_1(t), q_2(t), q_3(t))$。设 P_0 是空间中某个点,其曲线坐标为 q_{10}、q_{20}、q_{30}。在某个时间段内令 q_1 变化而 q_2、q_3 固定,由式(6-29)得到过 P_0 的曲线 $\boldsymbol{r} = \boldsymbol{r}(q_1, q_{20}, q_{30})$,我们称该曲线为该曲线为第 1 坐标线。类似地定义第 2 坐标线和第 3 坐标线。第 i 个坐标线在点 P_0 处的切线称为过 P_0 点的第 i 个坐标轴(图 6-13)。第 i 个坐标的单位矢量可写成下面形式

$$\boldsymbol{e}_i = \frac{1}{H_i}\frac{\partial \boldsymbol{r}}{\partial q_i} \quad (i=1,2,3) \tag{6-30a}$$

$$\frac{\partial \boldsymbol{r}}{\partial q_i} = \frac{\partial x}{\partial q_i}\boldsymbol{i} + \frac{\partial y}{\partial q_i}\boldsymbol{j} + \frac{\partial z}{\partial q_i}\boldsymbol{k} \tag{6-30b}$$

$$H_i = \left|\frac{\partial \boldsymbol{r}}{\partial q_i}\right| = \sqrt{\left(\frac{\partial x}{\partial q_i}\right)^2 + \left(\frac{\partial y}{\partial q_i}\right)^2 + \left(\frac{\partial z}{\partial q_i}\right)^2} \tag{6-30c}$$

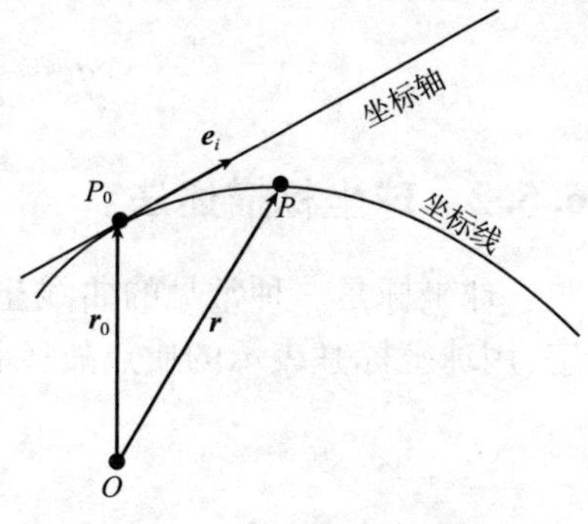

图 6-13　点的曲线坐标描述法

其中,H_i 称为拉梅系数。式(6-30)中的求导是在 P_0 点。

如果矢量 $\boldsymbol{e}_1$、$\boldsymbol{e}_2$、$\boldsymbol{e}_3$ 互相正交,则曲线坐标称为正交的,我们只研究正交曲线坐标。下面我们求 P 点速度 $\boldsymbol{v}$ 和加速度 $\boldsymbol{a}$ 在曲线坐标中的投影 v_{q_i} 和 $a_{q_i}(i=1,2,3)$。由式(6-2),式(6-29)和式(6-30)得

$$\boldsymbol{v} = \dot{\boldsymbol{r}} = \sum_{i=1}^{3}\frac{\partial \boldsymbol{r}}{\partial q_i}\dot{q}_i = \sum_{i=1}^{3} v_{q_i}\boldsymbol{e}_i \tag{6-31a}$$

其中 v_{q_i} 按公式

$$v_{q_i} = H_i \dot{q}_i \quad (i=1,2,3) \tag{6-31b}$$

计算,加速度投影 a_{q_i} 等于标量积 $\boldsymbol{a}\cdot\boldsymbol{e}_i$,根据式(6-3)和式(6-30)有

$$\boldsymbol{a} = \sum_{i=1}^{3} a_{q_i}\boldsymbol{e}_i \tag{6-32}$$

$$a_{q_i} = \frac{\mathrm{d}\boldsymbol{v}}{\mathrm{d}t}\cdot\boldsymbol{e}_i = \frac{1}{H_i}\left(\frac{\mathrm{d}\boldsymbol{v}}{\mathrm{d}t}\cdot\frac{\partial \boldsymbol{r}}{\partial q_i}\right) = \frac{1}{H_i}\left[\frac{\mathrm{d}}{\mathrm{d}t}\left(\boldsymbol{v}\cdot\frac{\partial \boldsymbol{r}}{\partial q_i}\right) - \boldsymbol{v}\cdot\frac{\mathrm{d}}{\mathrm{d}t}\left(\frac{\partial \boldsymbol{r}}{\partial q_i}\right)\right] \tag{a}$$

进一步有

$$\frac{\mathrm{d}}{\mathrm{d}t}\left(\frac{\partial \boldsymbol{r}}{\partial q_i}\right) = \frac{\partial^2 \boldsymbol{r}}{\partial q_i \partial q_1}\dot{q}_1 + \frac{\partial^2 \boldsymbol{r}}{\partial q_i \partial q_2}\dot{q}_2 + \frac{\partial^2 \boldsymbol{r}}{\partial q_i \partial q_3}\dot{q}_3 \tag{b}$$

再由式(6-31a)可得

$$\frac{\partial \boldsymbol{v}}{\partial q_i} = \frac{\partial^2 \boldsymbol{r}}{\partial q_1 \partial q_i}\dot{q}_1 + \frac{\partial^2 \boldsymbol{r}}{\partial q_2 \partial q_i}\dot{q}_2 + \frac{\partial^2 \boldsymbol{r}}{\partial q_3 \partial q_i}\dot{q}_3 \tag{c}$$

因为 $\boldsymbol{r}$ 是关于 q_1, q_2, q_3 的二阶连续可微函数,可以交换对 $q_k(k=1,2,3)$ 和 q_i 的微分顺序,于是由式(b)和式(c)得

$$\frac{\mathrm{d}}{\mathrm{d}t}\left(\frac{\partial \boldsymbol{r}}{\partial q_i}\right) = \frac{\partial v}{\partial q_i} \tag{6-33a}$$

此外,由式(6-31a)还可以得到

$$\frac{\partial \boldsymbol{r}}{\partial q_i} = \frac{\partial v}{\partial \dot{q}_i} \tag{6-33b}$$

利用式(6-33),等式(a)可以写成

$$a_{q_i} = \frac{1}{H_i}\left[\frac{\mathrm{d}}{\mathrm{d}t}\left(\boldsymbol{v}\cdot\frac{\partial \boldsymbol{v}}{\partial \dot{q}_i}\right) - \boldsymbol{v}\cdot\frac{\partial \boldsymbol{v}}{\partial q_i}\right] \tag{d}$$

如果引入

$$T = \frac{1}{2}v^2 = \frac{1}{2}\sum_{i=1}^{3}(H_i \dot{q}_i)^2 \tag{6-34a}$$

则 a_{q_i} 的表达式最终可以写成

$$a_{q_i}=\frac{1}{H_i}\left[\frac{\mathrm{d}}{\mathrm{d}t}\left(\frac{\partial T}{\partial \dot{q}_i}\right)-\frac{\partial T}{\partial q_i}\right]\quad (i=1,2,3) \tag{6-34b}$$

6.5.2 球坐标描述法

球坐标是一种常见的曲线坐标。在球坐标中，点 P 的位置由 3 个独立变量 (r,θ,φ) 确定，用球坐标基表示的质点矢径 $\boldsymbol{r}$ 为

$$\boldsymbol{r}=r\boldsymbol{e}_r \tag{6-35}$$

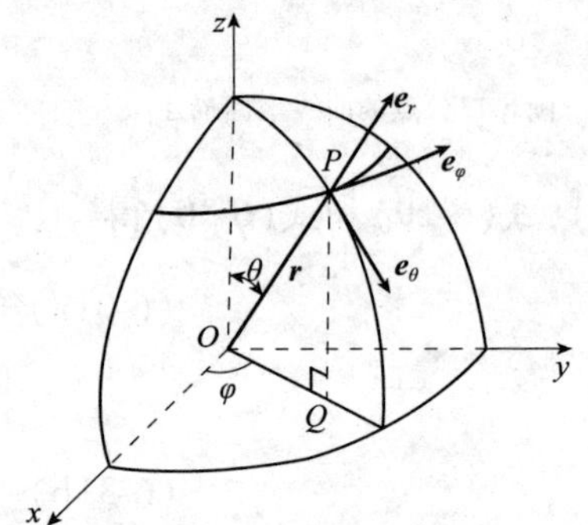

图 6-14　点的球坐标描述法

例如，为了确定飞机 P 的位置（如图 6-14 所示），r 是雷达站 O 到飞机的距离，θ 是 OP 与 Oz 轴夹角，即余仰角，φ 是 OP 在 Oxy 平面上的投影 OQ 与 Ox 轴的夹角，即方位角。球坐标和直角坐标之间的关系是

$$x=r\cos\varphi\sin\theta,y=r\sin\varphi\sin\varphi,z=r\cos\theta \tag{d}$$

相应于球坐标的 3 个拉梅系数为

$$H_r=1,H_\theta=r,H_\varphi=r\sin\theta \tag{e}$$

于是，点 P 的 3 个速度分量

$$v_r=\dot{r},v_\theta=r\dot{\theta},v_\varphi=r\dot{\varphi}\sin\theta \tag{f}$$

点 P 的速度

$$\boldsymbol{v}=v_r\boldsymbol{e}_r+v_\theta\boldsymbol{e}_\theta+v_\varphi\boldsymbol{e}_\varphi \tag{6-36}$$

由此得

$$T=\frac{1}{2}(\dot{r}^2+r^2\dot{\theta}^2+r^2\dot{\varphi}^2\sin^2\theta) \tag{g}$$

点 P 的 3 个加速度分量为

$$a_r=\ddot{r}-r\dot{\theta}^2-r\dot{\varphi}^2\sin^2\theta \tag{h1}$$

$$a_\theta=r\ddot{\theta}+2\dot{r}\dot{\theta}-r\dot{\varphi}^2\cos\theta\sin\theta \tag{h2}$$

$$a_\varphi=r\ddot{\varphi}\sin\theta+2\dot{r}\dot{\varphi}\sin\theta+2r\dot{\theta}\dot{\varphi}\cos\theta \tag{h3}$$

点 P 的加速度

$$\boldsymbol{a}=a_r\boldsymbol{e}_r+a_\theta\boldsymbol{e}_\theta+a_\varphi\boldsymbol{e}_\varphi \tag{6-37}$$

6.5.3 运动学解题步骤

物体运动学问题的解法一般遵循如下步骤：

第一步：研究对象

根据问题的需要，选定研究对象。运动学的研究对象分为两类：

(1) 运动的点。通常需要对两类点进行研究：

①对本问题涉及的特殊点逐一进行研究；

②对关键的点进行详细研究。

(2) 运动的刚体。通常需要对两类刚体进行研究：

①对本问题涉及的运动刚体逐一进行研究；

②对关键的刚体进行详细研究。

第二步:运动分析

对选定的研究对象进行运动分析,运动分类如下:

(1)点的运动。由简单到复杂通常分三类:

①直线运动;

②圆周运动;

③曲线运动。

(2)刚体的运动。由简单到复杂通常分五类:

①平行移动;

②定轴转动;

③平面运动;

④定点转动;

⑤一般运动。

(3)矢径 $\boldsymbol{r}$ 和瞬时角矢量 $\boldsymbol{J}$。

①一个点有一个矢径 $\boldsymbol{r}$,并且只有一个矢径 $\boldsymbol{r}$;

②我们对刚体研究,再引入一个瞬时角矢量 $\boldsymbol{J}$,一个刚体有一个瞬时角矢量 $\boldsymbol{J}$,并且只有一个瞬时角矢量 $\boldsymbol{J}$。

特殊情况:对刚体平行移动 $\boldsymbol{J}=\boldsymbol{0}$;对刚体定轴转动 $\boldsymbol{J}=\boldsymbol{\varphi}=\varphi\boldsymbol{k}$。

第三步:速度分析

即求速度 $\boldsymbol{v}$ 和角速度 $\boldsymbol{\omega}$。

(1)对点一般要求出速度 $\boldsymbol{v}$,一个点有一个速度 $\boldsymbol{v}$,并且只有一个速度 $\boldsymbol{v}$。

(2)对刚体一般要求出角速度 $\boldsymbol{\omega}$,一个刚体有一个角速度 $\boldsymbol{\omega}$,并且只有一个角速度 $\boldsymbol{\omega}$。

(3)$\boldsymbol{v}=\dot{\boldsymbol{r}}$,$\boldsymbol{\omega}=\dot{\boldsymbol{J}}$。

第四步:加速度分析

即求加速度 $\boldsymbol{a}$ 和角加速度 $\boldsymbol{\alpha}$。

(1)对点一般要求出加速度 $\boldsymbol{a}$,一个点有一个加速度 $\boldsymbol{a}$,并且只有一个加速度 $\boldsymbol{a}$。

(2)对刚体一般要求出角速度 $\boldsymbol{\alpha}$,一个刚体有一个角加速度 $\boldsymbol{\alpha}$,并且只有一个角加速度 $\boldsymbol{\alpha}$。

(3)$\boldsymbol{a}=\ddot{\boldsymbol{r}}$,$\boldsymbol{a}=\dot{\boldsymbol{v}}$;$\boldsymbol{\alpha}=\ddot{\boldsymbol{J}}$,$\boldsymbol{\alpha}=\dot{\boldsymbol{\omega}}$。

6.6 Maple 编程示例

编程题 6-1 半径为 r 的轮子沿直线轨道无滑动地滚动(称为纯滚动),设轮子转角 $\varphi=\omega t$(ω 为常值)如图 6-15a)所示,求用直角坐标和弧坐标表示的轮缘上任一点 M 的运动方程,并求该点速度、切向加速度及法向加速度。

已知:$r,\varphi=\omega t$。

求:$x=x(t)$,$y=y(t)$;$s=s(t)$,v,a_τ,a_n。

解:● **建模**

取点 M 与直线轨道的接触点 O 为原点,建立直角坐标系 Oxy(如图 6-6 所示);取点 M 的起始点 O 作为弧坐标原点。当轮子转过 φ 角时,轮子与直线轨道的接触点为 C。

答:用直角坐标表示的轮缘上任一点 M 的运动方程为

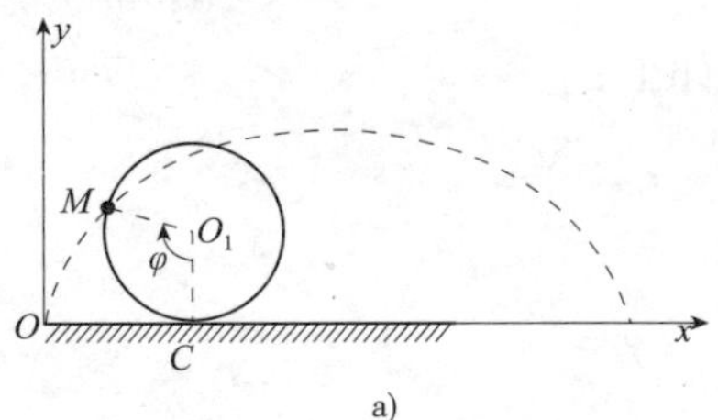

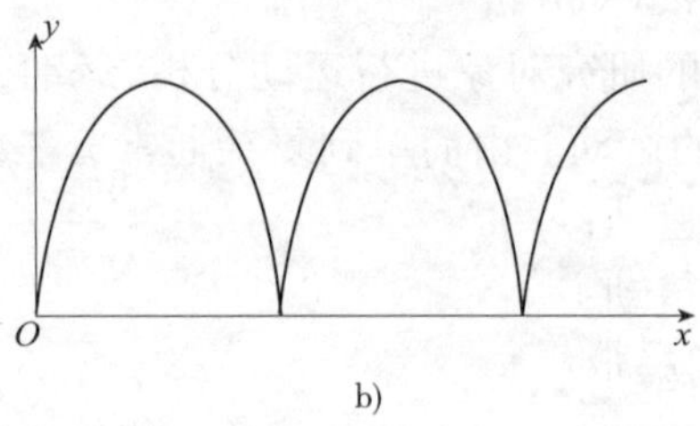

图 6-15　纯滚动的轮子

$$x = r(\omega t - \sin\omega t), y = r(1 - \cos\omega t)$$

用弧坐标表示的点 M 的运动方程为

$$s = 4r\left(1 - \cos\frac{\omega t}{2}\right) \quad (0 \leqslant \omega t \leqslant 2\pi)$$

点 M 的速度 $v = 2r\omega\sin\frac{\omega t}{2}(0 \leqslant \omega t \leqslant 2\pi)$；切向加速度 $a_\tau = r\omega^2\cos\frac{\omega t}{2}$，法向加速度 $a_n = r\omega^2\sin\frac{\omega t}{2}$。

• Maple 程序

```
> restart:                                           #清零。
> with(linalg):                                      #加载向量运算函数库。
> OC: = r * phi:   O1M: = r:   O1C: = r:             #已知条件。
> phi: = omega * t:                                  #已知条件。
> x: = OC - O1M * sin(phi);                          #点 M 的横坐标 x = x(t)。
> y: = O1C - O1M * cos(phi);                         #点 M 的纵坐标 y = y(t)。
> vx: = diff(x,t):                                   #点 M 的速度在 x 轴的投影。
> vy: = diff(y,t):                                   #点 M 的速度在 y 轴的投影。
> V: = vector([vx,vy]):                              #点 M 的速度向量。
> v: = norm(V,2):                                    #点 M 的速度的模。
> v: = simplify(v,symbolic):                         #化简根号。
> v: = 2 * r * omega * sin(omega * t/2);             #去掉根号。
> s: = int(v,t = 0..T):                              #对速度积分,得到 s = s(T)。
> s: = subs(T = t,s);                                #弧坐标表示的点 M 的运动方程。
> ax: = diff(x,t $ 2):                               #点 M 的加速度在 x 轴的投影。
> ay: = diff(y,t $ 2):                               #点 M 的加速度在 y 轴的投影。
> A: = vector([ax,ay]):                              #点 M 的加速度向量。
> a: = norm(A,2):                                    #点 M 的加速度的模。
> a: = simplify(a,symbolic):                         #化简根号。
> at: = diff(v,t);                                   #切向加速度大小。
> an: = sqrt(a^2 - at^2):                            #法向加速度大小。
> an: = simplify(an,symbolic):                       #化简根号。
> an: = r * omega^2 * sin(1/2 * omega * t);          #去掉根号。
> rho: = v^2/an;                                     #曲率半径 ρ。
> v[dm]: = subs(t = 2 * Pi/omega,v):                 #点 M 与地面接触时的速度。
> v[dm]: = evalf(v[dm]):                             #点 M 与地面接触时的速度大小。
> ax[dm]: = subs(t = 2 * Pi/omega,ax):               #与地面接触时加速度在 x 轴投影。
> ax[dm]: = evalf(ax[dm]):                           #与地面接触时加速度在 x 轴投影值。
> ay[dm]: = subs(t = 2 * Pi/omega,ay):               #与地面接触时加速度在 y 轴的投影。
> ay[dm]: = evalf(ay[dm]):                           #与地面接触时加速度在 y 轴投影值。
```

```
> omega: =1:   r: =1:                         #给定数值。
> plot([x,y,t=0..5*Pi],tickmarks=[0,0],linestyle=3);
>                                             #绘轨迹图。
```

思考题

思考题6-1 点沿曲线运动,如图6-16所示各点所给出的速度$\boldsymbol{v}$和加速度$\boldsymbol{a}$哪些是可能的?哪些是不可能的?

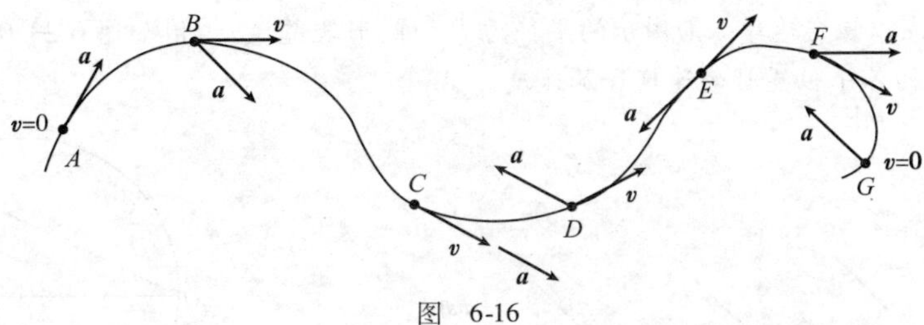

图 6-16

思考题6-2 已知M点的运动方程为$x=5t^2$,$y=3t$,问如图6-17所示的运动状态有否可能?

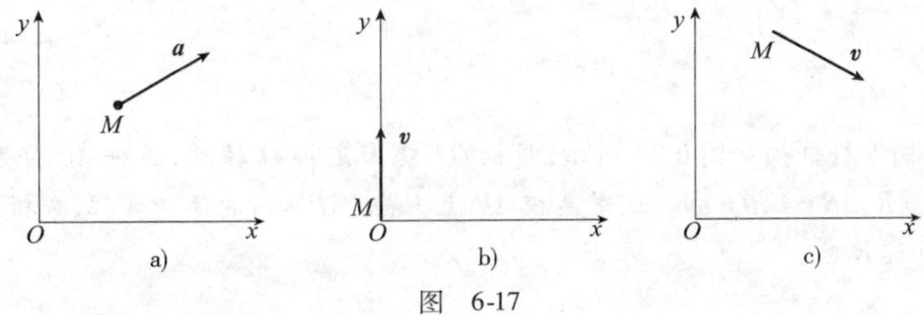

图 6-17

思考题6-3 如图6-18所示AB,CD为直线,BC为一半径为R的圆弧,且AB、CD分别与圆弧相切于B、C两点。问:以此路线设计为火车的轨道是否合适?为什么?

思考题6-4 点M沿螺旋线自外向内运动,如图6-19所示。它走过的弧长与时间的一次方成正比,问点的加速度是越来越大还是越来越小?该点越跑越快还是越跑越慢?

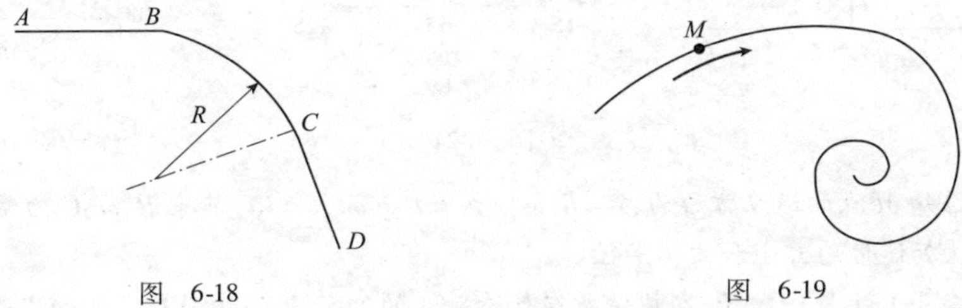

图 6-18　　　　图 6-19

思考题6-5 当点做曲线运动时,点的加速度$\boldsymbol{a}$是恒矢量,如图6-20所示。问点是否作匀变速运动?

思考题6-6 如图6-21所示,一辆车沿直线行驶,其速度随时间的变化图为折线$Oabcde$。已知三角形Oab的面积等于三角形cde的面积。图中$\overline{bc}$代表(　　),$\overline{cd}$代表(　　);车辆经历的路程为(　　);车辆总的位移大小为(　　)。

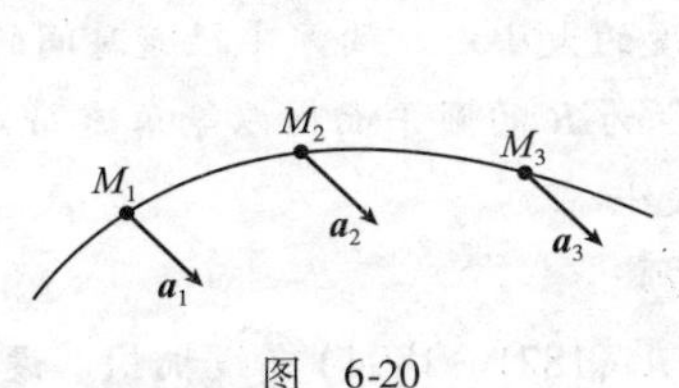

图 6-20

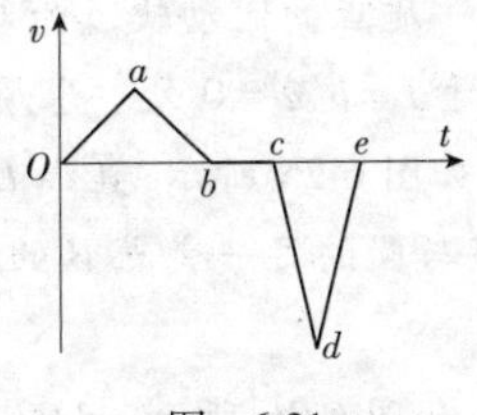

图 6-21

习题

A 类型习题

习题 6-1 一质点沿 x 方向做直线运动，t 时刻的坐标为 $x=5t^2-t^3$，式中 x 以 m 计，t 以 s 计。求：(1)第 4s 内的位移和平均速度；(2)第 4s 内质点所走过的路程。

习题 6-2 质点沿直线从静止开始运动，其加速度与时间的关系如图 6-22 所示，作出速度与时间的关系及位置与时间关系图。

习题 6-3 质点以恒定速率 v 沿图示的半径为 R 的圆形轨道运动，用如图 6-23 所示的极坐标写出质点在 $0\leqslant\varphi\leqslant2\pi$ 的各个位置时的速度和加速度。

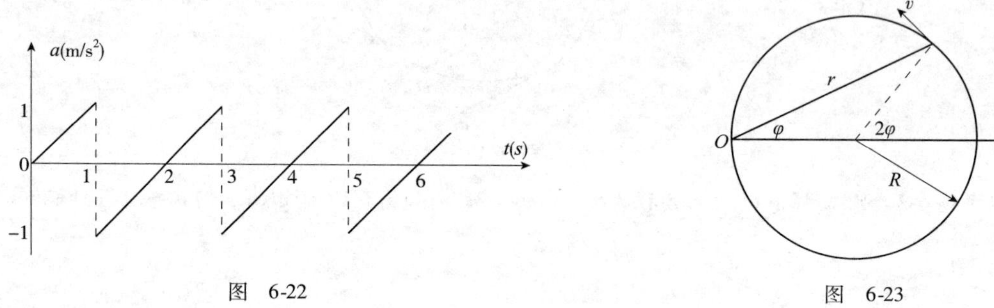

图 6-22

图 6-23

习题 6-4 曲柄连杆机构如图 6-24 所示，曲柄 OA 绕固定轴 O 转动，连杆 AB 分别与曲柄 OA 和滑块 B 铰接。设 $OA=R$，$AB=L$，$\theta=\omega t$。试求连杆 AB 上 P 点($AP=l$)的运动方程，分析其运动轨迹，并求滑块 B 的速度和加速度。

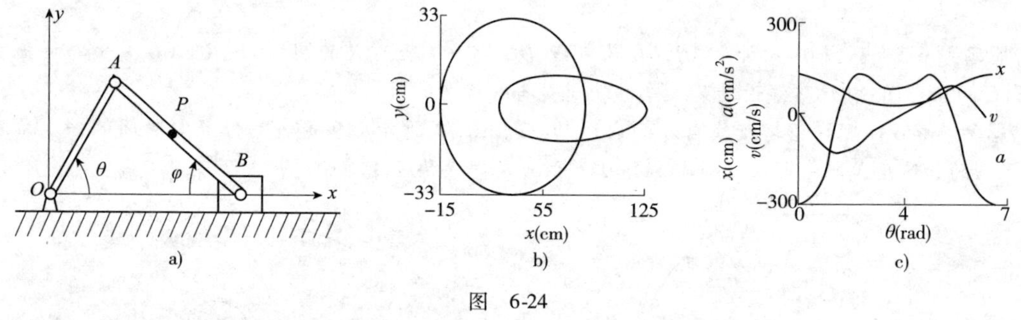

图 6-24

习题 6-5 已知 M 点的运动方程为：$x=R\cos\omega t$，$y=R\sin\omega t$，$z=Ct$，其中 R、ω、C 为常数。试求 M 在任意时刻的速度、加速度的大小和曲率半径。

习题 6-6 在小丘上置一靶子，在炮位所在处看靶子的仰角为 α，炮与靶子间的水平距离为 L，向目标射击时炮身的仰角为 β，炮弹以什么初速度发射才能击中目标？

习题 6-7 已知一质点做平面运动，其速率为常量 x，矢径的角速度的大小为常数 ω。求该质点的运动学方程及其轨道。设 $t=0$ 时，$x=0$，$\varphi=0$。

习题 6-8 一质点的运动轨道为对数螺旋线 $r=be^{k\varphi}$，其中 b、k 均为正值常数，$\dot{r}=c$(c 为正值常量)，$t=0$ 时，位于 $r=b$、$\varphi=0$ 处。求质点的速度和加速度的大小以及曲率半径随时间的变化规律。

习题 6-9 如图 6-25 所示，直线 LM 在一给定的半径为 R 的圆平面内以等角速 ω 绕圆周上一点 A 转动。求此直线与圆的另一交点 B 的速度和加速度的大小。

B 类型习题

习题 6-10 如图 6-26 所示，契比谢夫(Чебышев П. Л.，1821—1894)直线机构。设 $\overline{OA}=2$，$\overline{AB}=1$，

$\overline{OC}=\overline{BC}=\overline{PC}=2.5$，验证当 $|\alpha|\leqslant 90°$，点 $P(x,y)$ 的轨迹近似是一直线段，在这段轨迹上 x 值的变化为4，而 y 值的最大变化不到0.01。(《力学与实践》小问题，1984年第73题)

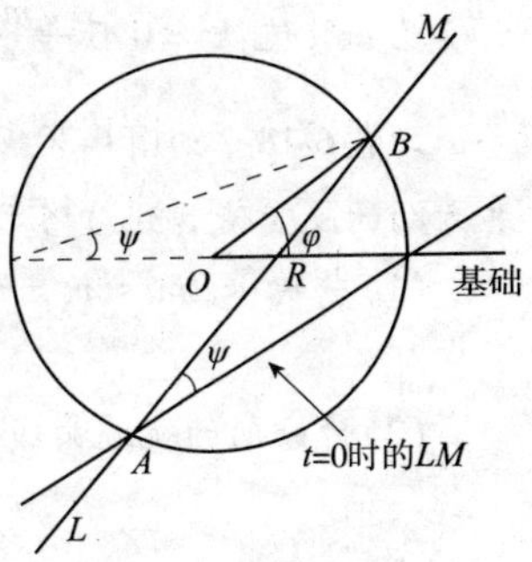

习题6-11 某固体燃料火箭的垂直加速度为

$$a=ke^{-bt}-cv-g$$

其中 b、c、k 均为常数，v 是获得的垂直速度，g 是重力加速度，在大气中运行时，g 被视为常量，试求火箭发射后 t 秒时的垂直速度。

习题6-12 在 $t=0$ 时，从一点同时以同样大的速率 v_0 向各个方向抛出小球。证明：在任一时刻 t，这些小球都位于一个球面上，球的中心以自由落体的加速度下落，球的半径等于 v_0t。

图 6-25

习题6-13 质点 P 沿一平面曲线运动，其加速度矢量的作用线与曲率圆交于 A 点，PA 间距离为 L。试证：质点的加速度大小为 $a=\frac{2v^2}{l}$，其中 v 是质点的速率。

习题6-14 质点做平面运动，轨道方程为 $y=y(x)$，试证：

$$\rho=\frac{(1+y'^2)^{3/2}}{|y''|}$$

其中 ρ 为曲率半径，$y'=\frac{\mathrm{d}y}{\mathrm{d}x}$，$y''=\frac{\mathrm{d}^2y}{\mathrm{d}x^2}$。

习题6-15 在运动学中，轨迹是个重要概念，但简单机构也可能有复杂的轨迹曲线，利用计算机技术可直观地画出这些曲线。如图6-27所示，小齿轮 O_1 在大齿轮 O 内作纯滚动。其中大齿轮半径为 R，小齿轮半径为 r，E 是小齿轮上的偏心点，偏心距为 e。求小齿轮上偏心点 E 的轨迹。并讨论轨迹的特点。(《力学与实践》小问题，1995年第271题)

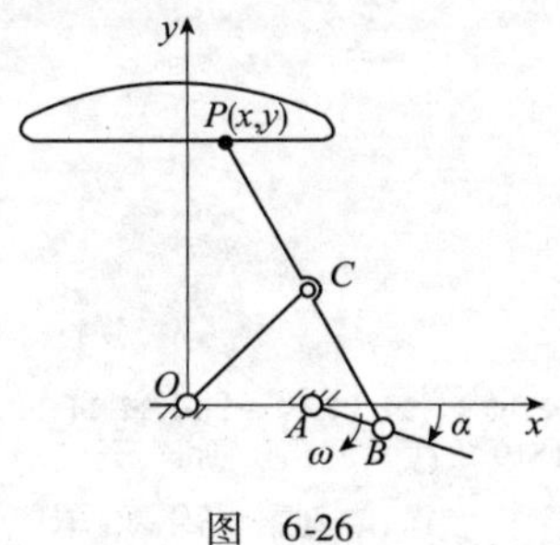

图 6-26

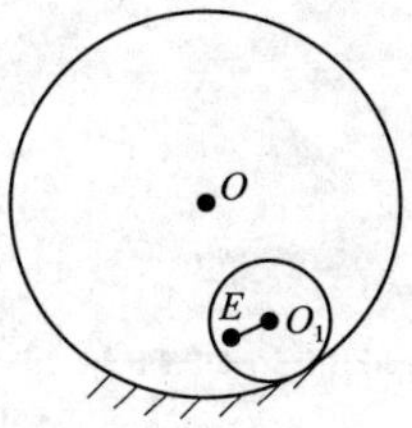

图 6-27

C类型习题

习题6-16 如图6-28所示，飞机 F 在高度 h 以速度 $\boldsymbol{v}$ 沿着一条直线飞行轨迹飞过一个雷达站 R。在图示地面上的坐标系中，飞行轨迹在水平面 Rxy 上的投影用方程 $y=ax+b$ 表示。

(1)若当 $t=0$ 时飞机恰好飞过 y 轴，请给出其矢径 $\boldsymbol{r}(t)$。

(2)为了把雷达天线对准飞机，角度—时间函数 $\psi(t)$ 和 $\theta(t)$ 应该如何表示？

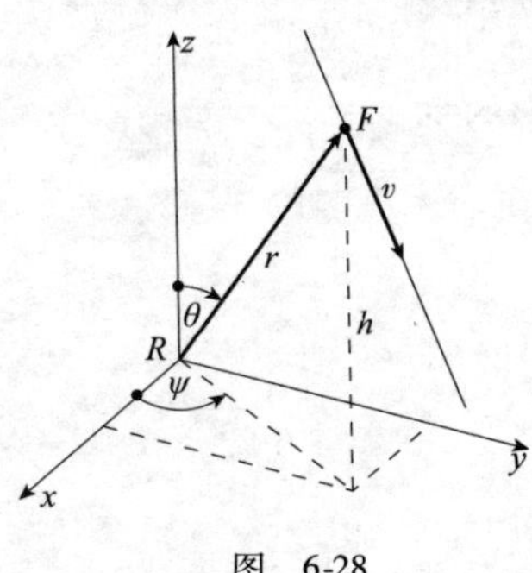

图 6-28

习题6-17 如图6-29所示，对于一辆电力列车的相平面图 $v(s)$（速度—路程函数）在两个停车点之间可以近似地用一个加速抛物线、减速抛物线和两者之间的一段等速段来描述。

(1)当两个停车点之间的总路程 $s_3=6\ 500\text{m}$，要在 $t=5.5\text{min}$ 内驶过，列车必须加速到多大的速度 v_{max}？

(2)画出 $a(t)$ 图、$v(t)$ 图和 $s(t)$ 图。

已知数值：$k_1=0.6\dfrac{\sqrt{m}}{s}$，$k_3=1.2\dfrac{\sqrt{m}}{s}$。

习题 6-18 如图 6-30 所示，一艘船在具有恒定速度 $\boldsymbol{v}_W$ 的水流中航行。船相对于水以速度 $\boldsymbol{v}_S$ 运动。其方向的改变使其到灯塔 L 的方位角保持不变，$\theta=90°$。

(1) 当 $v_W=2\text{m/s}$，$v_S=3\text{m/s}$ 且矢径的初始值为 $r_0=200\text{m}$，$\varphi_0=60°$ 时，该船到灯塔之间的距离为多少？

(2) 讨论船的轨迹曲线和速度 $\boldsymbol{v}_S$ 的关系。

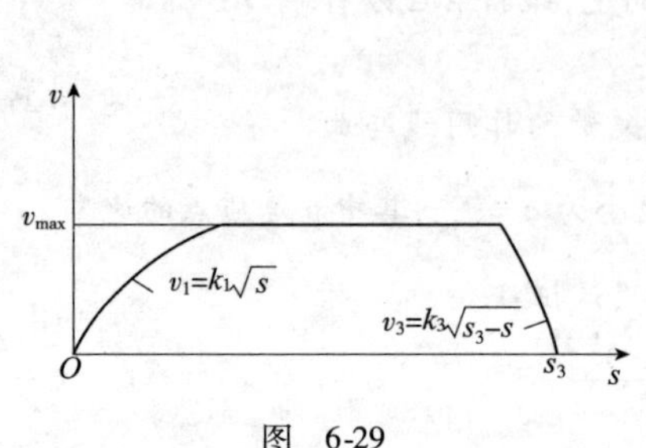

图 6-29

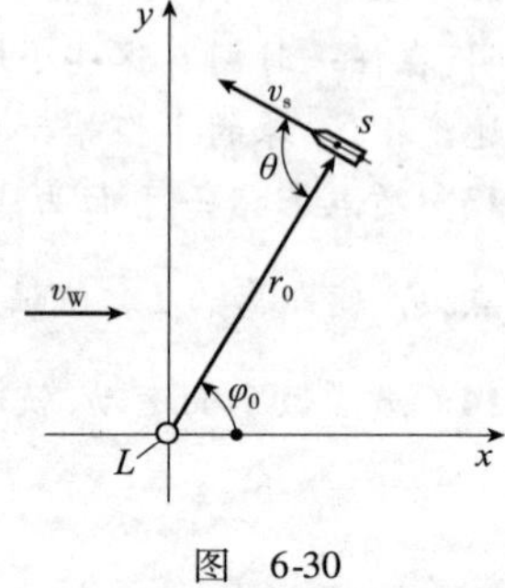

图 6-30

习题 6-19 以速度 $\boldsymbol{v}$ 在水平道路上行驶的汽车上一防滑钢钉从轮胎脱落。

(1) 当略去空气的阻力时，钢钉抛出的高度与水平距离为多少？

(2) 一辆以同样的速度 $v=126\text{km/h}$ 跟随的汽车必须保持多大的安全距离，才能使抛出的钢钉不会打到跟随的汽车。空气阻力和钢钉脱落点相对于路面的高度可以忽略不计。

> 达·芬奇（Leonardo Da Vinci，1452—1519），意大利人。画家、天文学家、发明家、数学家、生理学家、物理学家、力学家、雕刻家、音乐家、军事工程师、建筑工程师。爱因斯坦认为：达·芬奇的科研成果如果在当时就发表的话，科技发展可以提前 30～50 年。现代称他为"文艺复兴时期最完美的代表"，小行星 3000 被命名为"列奥纳多"。
>
> 他对力学、机械设计的研究构想涉及起重机、蒸汽炮、抽水机、飞行器、机械传动、降落伞、升降机、气枪等方面。他提出力的平行四边形法则；他观察到空气的压缩和空气的阻力，他用 U 形管中液体的平衡来测量液体的密度；他研究过拱门、墙和柱的压力。

《老子》曰："道生一，一生二，
二生三，三生万物。"

第7章 刚体的基本运动

本章讨论了刚体的两种基本运动——平行移动与定轴转动。

7.1 刚体运动的分析

7.1.1 描述刚体位置的独立变量

我们将研究一种特殊质点组的运动问题。这种特殊的质点组具有这样的性质，就是在它里面任何两个质点间的距离，不因力的作用而发生改变。这种特殊的质点组叫作刚体。刚体和质点一样，也是一种抽象、理想化的模型。在所研究的问题中，只有当物体的大小和形状的变化可以忽略不计时，才可以把它看作刚体。

理论力学的任务是研究宏观物体的机械运动规律，所以在大多数问题中，是要确定物体在外力作用下，它的位置如何随时间发生变化，亦即确定它的运动规律，我们知道：质点是被抽象为没有大小的几何点（但有一定的质量）。因此，要确定质点在空间的位置，需要三个独立的变量，例如 x、y、z 或 r、θ、φ。

现在要问：确定刚体在空间的位置，需要几个独立变量？

一个质点既然要三个独立的变量来确定它的位置，那么由 n 个（n 是一个很大很大的数目）质点所组成的刚体，似乎应当要有 $3n$ 个独立变量才能确定它在空间的位置。其实不然。刚体虽然是由 n 个质点所组成，但因任意两点间的距离保持不变，所以只要确定了刚体内不在一直线上三点的位置，刚体的位置就能确定。这是因为如果固定了刚体中两点的位置，刚体还可绕连接这两点的直线转动；如果再在刚体中把和该直线不共线的另一点的位置固定，那么刚体就不能作任何的运动了。

每一质点既然要三个独立的变量来确定它的位置，而确定刚体的位置需要确定刚体内不共线的三点 O、A、B（图7-1）的位置，因此确定刚体的位置需要9个变量。但因三点间距离 $\overline{OA}$、$\overline{OB}$ 和 $\overline{AB}$ 是常数，所以实际上只要用6个独立变量就可以确定刚体的位置。

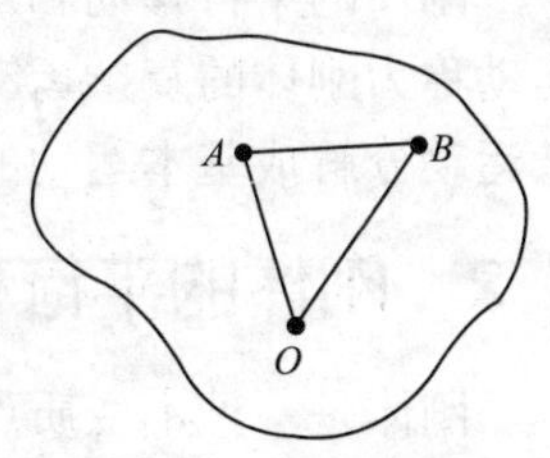

图7-1 不共线的三点确定刚体的位置

如果我们选用刚体内不共线三点的坐标来确定刚体的位置，那么，由于这些坐标不能独立变化，而要服从三个条件的限制，因此很不方便。我们也可在刚体内选取一点 O，然后通过 O 点选取任一直线作为转动轴（因为刚体的机械运动可认为是平动与转动的组合，参看下段），那么，要确定 O 点的位置须用三个独立变量，要确定轴线在空间的取向，须用三个变量（即这轴线的方向余弦），而要确定刚体绕这轴线转了多少角度，又要用一个变量。在这 7 个变量中,三个方向余弦不是互相独立的(它们的平方和等于 1),所以虽较上述方法为优,但仍然不是很理想的。

1776 年,欧拉建议可用两个独立的角度来确定转动轴线在空间的取向,如果连同刚体绕该轴线所转动的角度一起计算,就是三个独立的角度了。由于这些角度都能独立变化,所以该方法被人们广泛地应用来研究刚体的运动,我们将在 10.2 节里详细说明三个角度是怎样选取的。

7.1.2 刚体运动的分类

上面已经讲到:刚体要 6 个独立变量来确定它在空间的位置,所以其最一般的运动,是具有 6 个独立变量的平动与转动的组合。但在某些条件的限制下(通常叫约束),刚体可以作少于 6 个独立变量的其他形式的运动,兹分述如下:

(1)平行移动。如果刚体运动时,在各个时刻,刚体中任意一条直线始终彼此平行,那么这种运动叫作平行移动。此时刚体中所有的质点都有相同的速度和加速度,任何一个质点的运动都可代表全体,与质点的情况没有什么区别,只要研究质心的运动就可以了。因此,刚体作平行移动时的独立变量为三个。

(2)定轴转动。如果刚体运动时,其中有两个质点始终保持不动,那么因为两点可以决定一条直线,所以这条直线上的诸点都固定不动,整个刚体就绕着这条直线转动。这条直线叫转动轴,而这种运动则叫定轴转动。我们只要知道刚体绕这条轴线转了多少角度,就能确定刚体的位置。因此,刚体作定轴转动时只有一个独立变量。

(3)平面运动。如果刚体运动时,在各个时刻,刚体中任意一点始终在平行于某一固定平面的平面内运动,则叫平面运动。根据分析可知,这时的运动可分解为某一平面内任意一点的平行移动(两个独立变量)及绕通过此点且垂直于固定平面的定轴转动(一个独立变量),所以刚体作平面运动时只有 3 个独立变量。

(4)定点转动。如果刚体运动时,只有一点固定不动,整个刚体围绕着通过这点的某一瞬时轴线转动,则叫定点转动。此时转动轴并不固定于空间(因只通过一个定点),与定轴转动时的情形不同。我们要用两个独立变量才能确定这条轴线在空间的取向,再用一个变量确定刚体绕这轴线转了多少角度,所以刚体作定点转动时也只有三个独立变量。

(5)一般运动。刚体不受任何约束,可以在空间任意运动,则叫一般运动。刚体一般运动可分解为质心的平行移动(三个独立变量)与绕通过质心的某直线的定点转动(三个独立变量)。因此,刚体作一般运动时有 6 个独立变量。

刚体的平行移动和定轴转动称为刚体的基本运动。刚体的平面运动、定点转动和一般运动称为刚体的复杂运动。我们先讨论刚体的基本运动,然后利用分解与合成的思想,将复杂运动分解成基本运动的组合,进行研究。独立变量的个数,称为自由度。

7.2 刚体的平行移动

刚体是一种不变质点系,其上各点的距离恒保持不变,刚体是实际物体在变形可以忽略情况下的抽象模型。如果在运动过程中,刚体上的任一直线永远平行于其初始位置,则此运动称刚体作平行移动。例如火车在直线轨道上行驶时车厢的运动,以及图 7-2a)所示连接两车轮的平行杆 AB 的运动。

以固定点 O 为定参考系的原点。在刚体上任取一直线 AB,设端点 A 和 B 相对定参考点 O 的矢径分别为 $\boldsymbol{r}_A$ 和 $\boldsymbol{r}_B$,令矢量 $\boldsymbol{b}=\overrightarrow{AB}$[图 7-2b)],则有

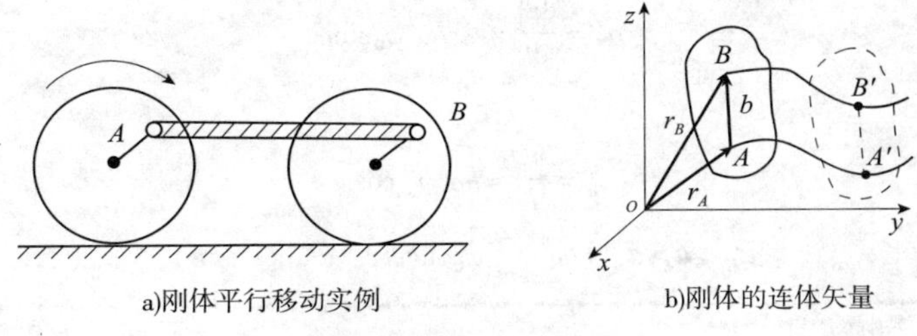

图 7-2　刚体的平行移动

$$\boldsymbol{r}_B = \boldsymbol{r}_A + \boldsymbol{b} \tag{a}$$

将上式对时间 t 求导,计算点 A 和 B 的速度 $\boldsymbol{v}_A = \dot{\boldsymbol{r}}_A$,$\boldsymbol{v}_B = \dot{\boldsymbol{r}}_B$。由于平行移动刚体上直线的长度不变且保持平行,$\boldsymbol{b}$ 的导数为零,导出

$$\boldsymbol{v}_B = \boldsymbol{v}_A \tag{7-1}$$

将上式再对 t 求导,计算点 A 和 B 的加速度 $\boldsymbol{a}_A = \dot{\boldsymbol{v}}_A$,$\boldsymbol{a}_B = \dot{\boldsymbol{v}}_B$。得到

$$\boldsymbol{a}_B = \boldsymbol{a}_A \tag{7-2}$$

上式表明,刚体平行移动时体内各点在任一瞬时均有相同的速度和加速度。由此推论,刚体内各点有相同的轨迹,因此刚体的平行移动规律用刚体内任一个点的运动即可充分表达。点在空间中的自由运动有 3 个自由度,因此一般情况下刚体的平行移动自由度等于 3,称刚体作空间内平行移动;若平行移动刚体内有一点的运动限制在同一平面内,则称刚体作平面内平行移动,自由度为 2;若平行移动刚体内有一点限制在直线内运动,则称刚体作直线内平行移动,自由度减少为 1。

例题 7-1　如图 7-3a) 所示,AB 杆用两根等长的轻杆平行连接。轻杆长为 l,单位为 m。当 AB 杆摆动时轻杆的转动规律为 $\varphi = \varphi_0 \sin\omega t$,试求 AB 杆中点 C 的速度和加速度。

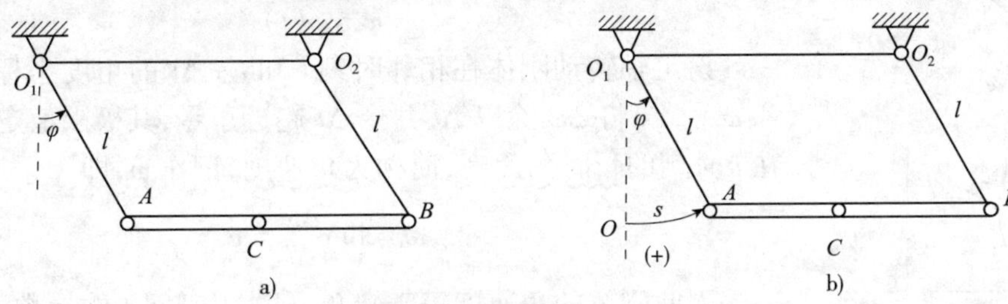

图 7-3　例题 7-1

解:(1) 运动分析[如图 7-3b) 所示]。

轻杆 O_1A 做定轴转动,轻杆 O_2B 做定轴转动,AB 杆做平行移动。点 A 做圆周运动,点 B 做圆周运动,中点 C 做圆周运动。点 A 在圆弧上运动,用弧坐标法求解。以最低点 O 为起点,规定弧坐标 s 向右为正,则 A 点的运动方程为

$$s_A = l\varphi = l\varphi_0 \sin\omega t \tag{1}$$

(2) 速度分析

将式(1) 对时间 t 求导,得 A 点的速度为

$$v_A = \frac{\mathrm{d}s}{\mathrm{d}t} = l\omega\varphi_0 \cos\omega t \tag{2}$$

$$\boldsymbol{v}_C = \boldsymbol{v}_A, \boldsymbol{v}_C = l\omega\varphi_0 \cos\omega t \boldsymbol{\tau}$$

(3) 加速度分析

将式(1) 再对 t 求一次导,得 A 点的切向加速度

$$a_A^{\tau} = \frac{\mathrm{d}v_A}{\mathrm{d}t} = -l\omega^2\varphi_0\sin\omega t \tag{3a}$$

A 点的法向加速度

$$a_A^n = \frac{v_A^2}{l} = l\omega^2\varphi_0^2\cos^2\omega t \tag{3b}$$

$$\boldsymbol{a}_C = \boldsymbol{a}_A, \boldsymbol{a}_C = l\omega^2(-\varphi_0\sin\omega t\boldsymbol{\tau} + \varphi_0^2\cos^2\omega t\boldsymbol{n})$$

讨论与练习

(1)总结体会刚体平行移动的特点。

(2)刚体平行移动时,角速度 $\boldsymbol{\omega}=\mathbf{0}$,角加速度 $\boldsymbol{\alpha}=\mathbf{0}$。

7.3 刚体的定轴转动

刚体运动时,如其上一根直线永远保持不动,则称刚体作定轴转动,不动的直线称为转动轴。刚体定轴转动的运动形式大量存在于工程实际中,如各种旋转机械、轮系传动装置等。但有时转动轴不一定在刚体内部,如汽车转弯;这时应将刚体抽象地扩大,而转动轴也是抽象的轴线。

7.3.1 定轴转动的运动方程、角速度与角加速度

选定参考坐标系 $Oxyz$,且令 Oz 轴与刚体转动轴重合;在刚体上过 Oz 轴取一截面,则描述截面位置的角坐标 φ(角的大小并冠以正负号,正负号由右手定则确定)即可完全确定刚体的位置(图 7-4)。因此,刚体定轴转动有 1 个自由度,其运动方程为

$$\varphi = \varphi(t) \tag{7-3}$$

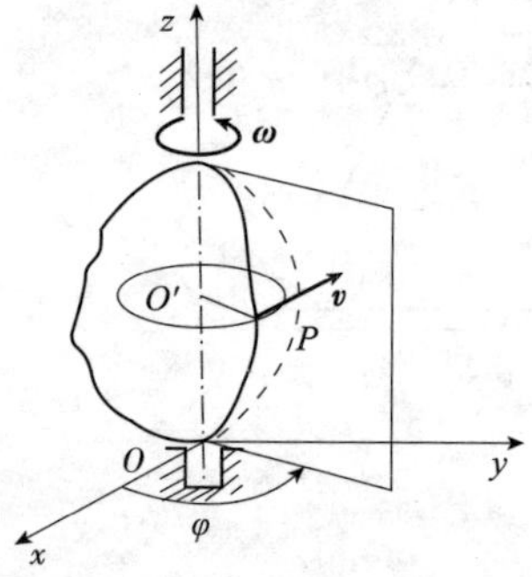

图 7-4 刚体的定轴转动

设定轴转动刚体在相邻时刻 t 和 $t+\Delta t$ 的角度坐标分别为 φ 和 $\varphi+\Delta\varphi$,将 $\Delta\varphi$ 除以 Δt 并令 Δt 趋近于零,其极限值定义为刚体在 t 时刻的瞬时角速度,简称为角速度,记作 ω,即

$$\omega = \lim_{\Delta t\to 0}\frac{\Delta\varphi}{\Delta t} = \dot{\varphi} \tag{7-4}$$

因此刚体的角速度等于转角 φ 对于时间 t 的导数。设 t 和 $t+\Delta t$ 时刻的角速度分别为 ω 和$\omega+\Delta\omega$,将 $\Delta\omega$ 除以 Δt,并令 Δt 趋近于零,其极限值定义为刚体在 t 时刻的瞬时角加速度,简称为角加速度,记作 α,有

$$\alpha = \lim_{\Delta t\to 0}\frac{\Delta\omega}{\Delta t} = \dot{\omega} = \ddot{\varphi} \tag{7-5}$$

即刚体的角加速度等于角速度 ω 对于时间 t 的导数,或转角 φ 对于时间 t 的二阶导数。虽然固结于刚体的 OM 轴的选择有任意性,但刚体内不同的点 M 位置仅影响角度坐标 φ 的值,而不会影响 φ 的导数值,因此刚体的角速度和角加速度均与点 M 的选取无关。

角速度和角加速度的量纲分别为 T^{-1} 和 T^{-2},常用单位分别为 rad/s 和rad/s^2。在工程技术中习惯以每分钟的转数 n 表示机器的转速(r/min),换算公式为

$$\omega = \frac{2\pi n}{60} = \frac{\pi n}{30} \tag{a}$$

7.3.2 定轴转动刚体上各点的速度与加速度分布

刚体上各点均在与转动轴垂直的平面内作圆周运动,速度沿圆周的切线方向,大小为$\rho\omega$[图 7-5a)],即

$$\boldsymbol{v} = v\boldsymbol{\tau} \tag{7-6a}$$

$$v = \rho\omega \tag{7-6b}$$

式中,ρ 是点 P 到转动轴的距离 $O'P$。

各点的加速度有两部分:切向加速度 $\boldsymbol{a}_\tau$ 及法向加速度 $\boldsymbol{a}_\text{n}$,且有

$$\boldsymbol{a} = a_\text{n}\boldsymbol{n} + a_\tau\boldsymbol{\tau} \tag{7-7a}$$

$$a_\text{n} = \rho\omega^2, a_\tau = \rho\alpha \tag{7-7b}$$

全加速度大小与方向

$$a = \rho\sqrt{\alpha^2 + \omega^4} \tag{7-7c}$$

$$\tan\varphi = \frac{\alpha}{\omega^2} \tag{7-7d}$$

式中,φ 为全加速度与半径的夹角[图 7-5b)]。

研究刚体运动时,特别注意同一瞬时刚体上各点间速度、加速度的关系,亦即速度与加速度的分布情况。由上式可推出,在垂直于转动轴的截面上,同一半径上各点的速度分布呈直角三角形,而加速度分布呈锐角三角形。

7.3.3 速度与加速度的矢量表达式

定轴转动刚体内任意点 P 在刚体内的位置可用点 P 相对定参考点的矢径 $\boldsymbol{r}$ 确定。在刚体定轴转动过程中,点 P 绕点 O'作圆周运动(图 7-6)。设矢径 $\boldsymbol{r}$ 与转动轴 Oz 的夹角为 θ,P_0 为 $\varphi=0$ 时点 P 的初始位置,则点 P 沿轨迹的弧坐标为

$$s = \overset{\frown}{P_0P} = (r\sin\theta)\varphi \tag{b}$$

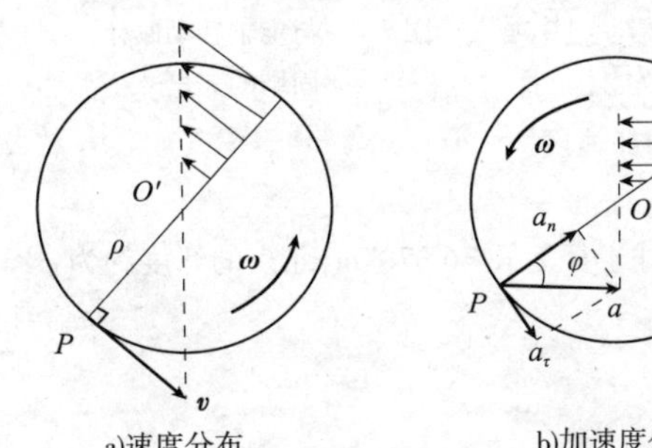

a)速度分布

b)加速度分布

图 7-5 定轴转动刚体上各点的速度与加速度

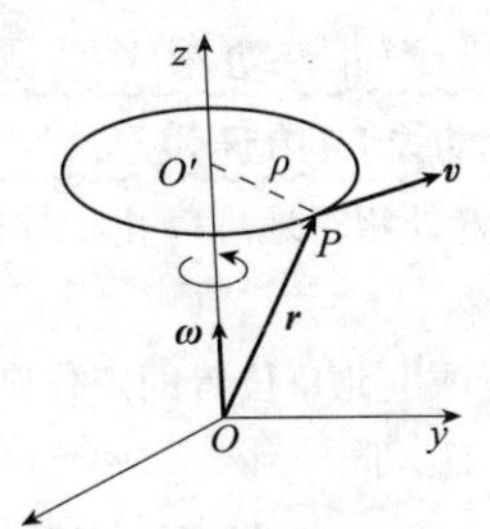

a)速度矢量

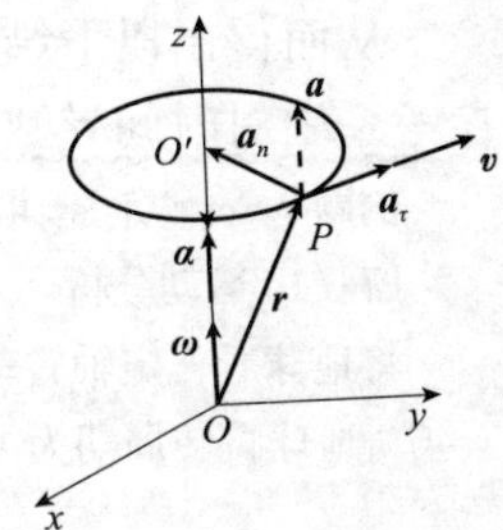

b)加速度矢量

图 7-6 速度与加速度矢量

将上式对 t 求导,并将式(7-4)代入,得到点 P 的圆周运动速度为

$$v = \dot{s} = \omega r\sin\theta \tag{c}$$

圆周运动速度$\boldsymbol{v}$的方向沿点 P 轨迹的切线。以角速度 ω 为模,建立作用线沿转动轴 Oz 的矢量 $\boldsymbol{\omega}$,方向根据右手定则确定,称为角速度矢量。则点 P 的速度矢量$\boldsymbol{v}$满足以下关系式:

$$\boldsymbol{v} = \frac{\text{d}\boldsymbol{r}}{\text{d}t} = \dot{\boldsymbol{r}} = \boldsymbol{\omega} \times \boldsymbol{r} \tag{7-8}$$

从而得出结论：作定轴转动的刚体内任意点的速度等于刚体的角速度矢量与该点相对转动轴上任意点矢径的叉积。

将矢量式(7-8)对 t 求导，并利用式(7-8)消去 $\dot{\boldsymbol{r}}$，得到点 P 的加速度矢量 $\boldsymbol{a}$

$$\boldsymbol{a}=\dot{\boldsymbol{v}}=\dot{\boldsymbol{\omega}}\times\boldsymbol{r}+\boldsymbol{\omega}\times\dot{\boldsymbol{r}}=\boldsymbol{\alpha}\times\boldsymbol{r}+\boldsymbol{\omega}\times(\boldsymbol{\omega}\times\boldsymbol{r}) \tag{d}$$

其中

$$\boldsymbol{\alpha}=\frac{\mathrm{d}\boldsymbol{\omega}}{\mathrm{d}t}=\dot{\boldsymbol{\omega}} \tag{7-9}$$

是以 α 为模，方向沿转动轴 Oz 的矢量，称为刚体的角加速度矢量。式(d)右边第一项和第二项分别沿点 P 轨迹的切线和法线方向，即点 P 的法向加速度 $\boldsymbol{a}_n$ 和切向加速度 $\boldsymbol{a}_\tau$［图 7-6b)］，则式(d)可写作

$$\boldsymbol{a}=\boldsymbol{a}_\tau+\boldsymbol{a}_n \tag{7-10a}$$

其中

$$\boldsymbol{a}_\mathrm{n}=\boldsymbol{\omega}\times(\boldsymbol{\omega}\times\boldsymbol{r}) \tag{7-10b}$$

$$\boldsymbol{a}_\tau=\boldsymbol{\alpha}\times\boldsymbol{r} \tag{7-10c}$$

点 P 的速度和加速度也可利用矢量投影的标量运算求得。当坐标原点沿坐标轴移动时，上述公式均不受影响，这表明定轴转动刚体的角速度矢量与角加速度矢量都是滑移矢量。

式(7-8)可用来计算与刚体固结的任意矢量在定坐标系 $O\xi\eta\zeta$ 内对时间的导数。设与刚体固连的任意矢量 $\boldsymbol{b}$ 的两个端点 P_1 和 P_2 相对固定点 O 的矢径为 $\boldsymbol{r}_1$ 和 $\boldsymbol{r}_2$（图 7-7）。当刚体以角速度 $\boldsymbol{\omega}$ 作定轴转动时，利用式(7-8)计算 $\boldsymbol{b}$ 对时间的导数，得到

$$\dot{\boldsymbol{b}}=\dot{\boldsymbol{r}}_2-\dot{\boldsymbol{r}}_1=\boldsymbol{\omega}\times\boldsymbol{r}_2-\boldsymbol{\omega}\times\boldsymbol{r}_1=\boldsymbol{\omega}\times(\boldsymbol{r}_2-\boldsymbol{r}_1)=\boldsymbol{\omega}\times\boldsymbol{b} \tag{e}$$

$$\dot{\boldsymbol{b}}=\boldsymbol{\omega}\times\boldsymbol{b} \tag{7-11}$$

从而得出以下结论：与定轴转动参考系固结的任意矢量在定参考系中对时间导数等于动系的角速度矢量与该矢量的叉积。

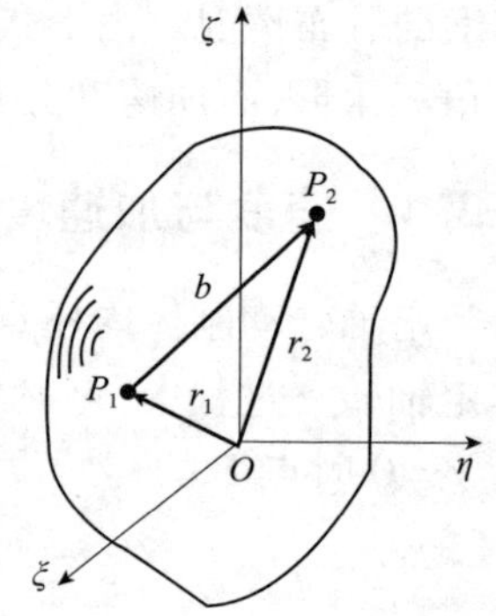

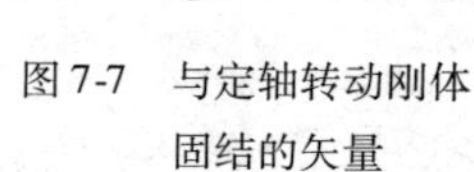

图 7-7　与定轴转动刚体固结的矢量

例题 7-2　试计算北京位置处相对地球静止物体的绝对速度和加速度。

解：(1)运动分析

将地球看作定轴转动。地球上北京位置的点作圆周运动。地球半径为 $R=6\ 378\mathrm{km}$，北京的纬度约为 $\varphi=40°$，地球自转周期为 1 恒星日，即

$$T=23\mathrm{h}\ 56\mathrm{min}\ 4\mathrm{s}=86\ 164\mathrm{s}$$

(2)速度分析

地球的定轴转动角速度为

$$\omega=\frac{2\pi}{T}=\frac{2\times3.14}{86\ 164}=7.292\times10^{-5}(\mathrm{rad/s})$$

利用式(7-8)导出

$$v=\omega R\cos\varphi=356(\mathrm{m/s})$$

(3)加速度分析

利用式(7-10)导出

$$a_\tau=0,\ a_\mathrm{n}=\omega^2R\cos\varphi=0.026(\mathrm{m/s^2})=0.003\mathrm{g}$$

其中，$\mathrm{g}=9.81\mathrm{m/s^2}$ 为重力加速度。

讨论与练习

请读者编写求解本题的 Maple 程序。

例题 7-3 分别绕定轴 O_1 和 O_2 转动的齿轮 1 和齿轮 2 相互啮合，如图 7-8 所示，其节圆半径分别为 r_1 和 r_2，已知齿轮 1 的角速度 ω_1，试求齿轮 2 的角速度和角加速度，以及二齿轮与接触点重合的点 P_1 和 P_2 的速度和加速度。

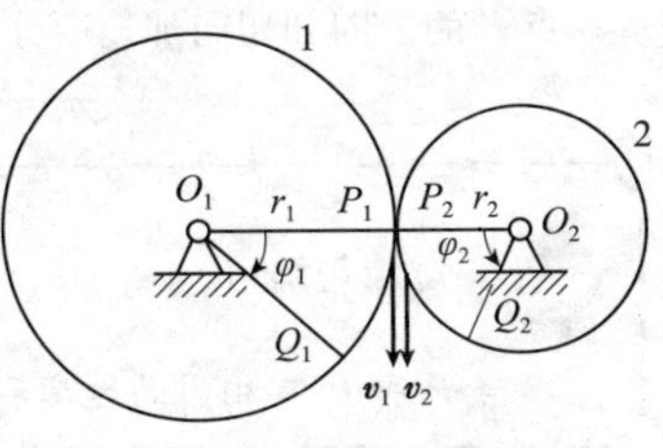

图 7-8 例题 7-3

解:(1)运动分析

齿轮 1 作定轴转动，齿轮 2 作定轴转动。重合的点 P_1 作圆周运动，重合的点 P_2 作圆周运动。相互啮合的齿轮转动时，其节圆相互作纯滚动，在任意时间间隔内滚过的弧长 $\overset{\frown}{P_1Q_1}$ 和 $\overset{\frown}{P_2Q_2}$ 相等。设 φ_1 和 φ_2 为 $\overset{\frown}{P_1Q_1}$ 和 $\overset{\frown}{P_2Q_2}$ 对应的中心角，则有

$$r_1\varphi_1 = r_2\varphi_2 \tag{1}$$

(2)速度分析

将式(1)对 t 求导，令 $\omega_1 = \dot{\varphi}_1, \omega_2 = \dot{\varphi}_2$，导出

$$\omega_2 = \frac{r_1}{r_2}\omega_1, v_{P_1} = r_1\omega_1$$

$$v_{P_2} = v_{P_1}, v_{P_2} = r_1\omega_1$$

(3)加速度分析

将式(1)对 t 求两次导，令 $\alpha_1 = \dot{\omega}_1, \alpha_2 = \dot{\omega}_2$，导出

$$\alpha_2 = \frac{r_1}{r_2}\dot{\omega}_1, a_{P_1}^{\tau} = r_1\dot{\omega}_1, a_{P_1}^{n} = r_1\omega_1^2$$

$$a_{P_2}^{\tau} = a_{P_1}^{\tau}, a_{P_2}^{\tau} = r_1\dot{\omega}_1$$

$$a_{P_2}^{n} = r_2\omega_2^2, a_{P_2}^{n} = \frac{r_1^2}{r_2}\omega_1^2$$

讨论与练习

点 P_1 和 P_2 有相同的速度和切向加速度，但法向加速度不相同。

例题 7-4 设如图 7-9 所示机构中，杆 OA 以 $\varphi = \varphi_0\sin\omega_0 t$ 转动，φ_0 和 ω_0 均为常值，杆 O_1B 与杆 OA 平行，且有相同长度 $2r$。齿轮 1 固结在杆 AB 上，与齿轮 2 啮合并带动齿轮 2 绕 O_2 作定轴转动，二齿轮的节圆半径均为 r。试求齿轮 2 的接触点 P 的速度和加速度。

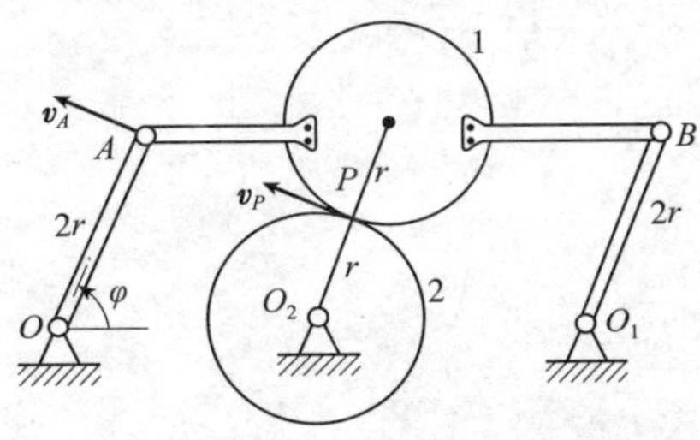

图 7-9 例题 7-4

解:(1)运动分析

杆 OA 作定轴转动，杆 O_1B 作定轴转动，齿轮 1(含 AB 杆)作平行移动，齿轮 2 作定轴转动。齿轮 2 的接触点 P 作圆周运动，齿轮 1 的接触点 P' 作圆周运动。

(2)速度分析

$$v_A = 2r\dot{\varphi} = 2r\omega_0\varphi_0\cos\omega_0 t$$

$$v_P = v_P{}' = v_A$$

$$v_P = 2r\omega_0\varphi_0\cos\omega_0 t$$

由于 $\boldsymbol{v}_P$ 与 O_2P 垂直，得到齿轮 2 的角速度 ω 为

$$\omega=\frac{v_P}{r}=2\omega_0\varphi_0\cos\omega_0 t$$

(3)加速度分析

齿轮 2 的角加速度 α 为

$$\alpha=\dot{\omega}=-2\omega_0^2\varphi_0\sin\omega_0 t$$

点 P 的法向和切向加速度分别为

$$a_n=\omega^2 r=4r\omega_0^2\varphi_0^2\cos^2\omega_0 t,a_\tau=\alpha r=-2r\omega_0^2\varphi_0\sin\omega_0 t$$

讨论与练习

点 P 和 P' 有相同的速度和切向加速度,但法向加速度不相同。

7.4 Maple 编程示例

编程题 7-1 半径为 r 的半圆柱形凸轮顶杆机构中,已知凸轮向右平移的速度$\boldsymbol{v}$和加速度 $\boldsymbol{a}$。试求杆 AB 的速度和加速度。

已知:r,v,a。

求:v_{AB},a_{AB}。

解:• 建模

凸轮做平行移动,杆 AB 做平行移动。

以沿杆 AB 的垂直轴为 y_0 轴,建立定坐标系 $O_0x_0y_0$,如图 7-11 所示,写出点 O 和点 A 的坐标:$x_O=-r\cos\theta,y_A=r\sin\theta$。将 x_O 对 t 求导,得到 $\dot{x}_O=v$,对时间 t 求两次导,得到$\ddot{x}_O=a$。令 $\dot{\theta}=\omega,\ddot{\theta}=\alpha$,由方程组 $\dot{x}_O=v,\ddot{x}_O=a$ 联立求解可以得到 ω 和 α。将点 A 的坐标对时间 t 求导,得到 v_{AB},对时间 t 求两次导,得到 a_{AB}。

答:杆 AB 的速度 $v_{AB}=v\cot\theta$;杆 AB 的加速度 $a_{AB}=a\cot\theta-\frac{v^2}{r}\csc^3\theta$。

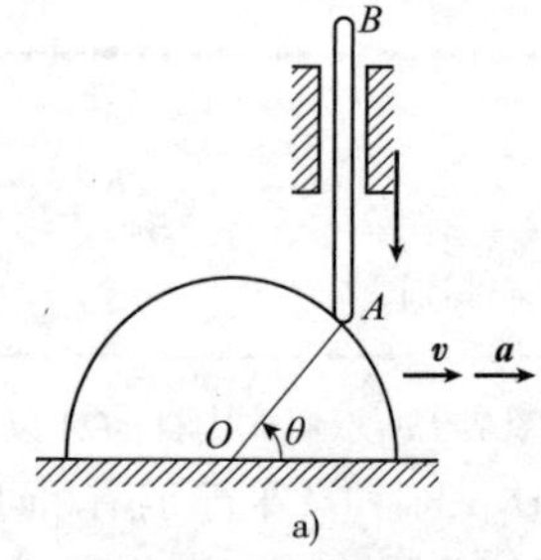

a)

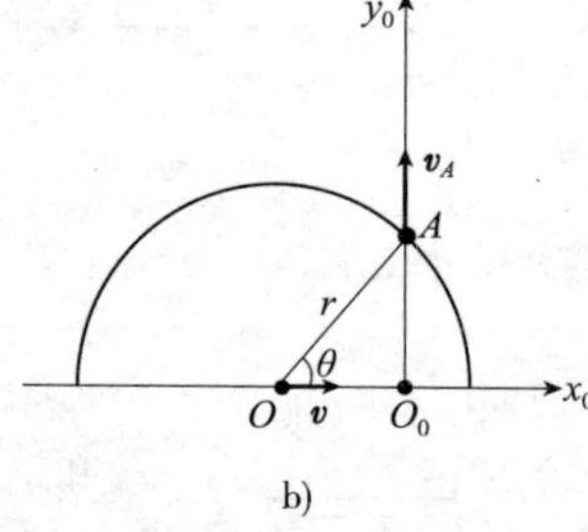

b)

图 7-10 编程题 7-1

• Maple 程序

```
> restart:                                          #清零。
> x[O]:=-r*cos(theta(t)):                           #点 O 的横坐标。
> y[A]:=r*sin(theta(t)):                            #点 A 的纵坐标。
> eq1:=diff(x[O],t)=v[O]:                           # ẋ_O=v。
> eq2:=diff(x[O],t$2)=a[O]:                         # ẍ_O=a。
> eq1:=subs(diff(theta(t),t)=omega,eq1):            #代换。
> eq2:=subs(diff(theta(t),t$2)=alpha,diff(theta(t),t)=omega,eq2):
>                                                   #代换。
```

```
> SOL1 : = solve( { eq1 ,eq2 } , { omega ,alpha } ) :                 #解方程组。
> omega : = subs( SOL1 ,omega) :                                       # θ̇ = ω。
> alpha : = subs( SOL1 ,alpha) :                                       # θ̈ = α。
> v[ A] : = diff( y[ A] ,t) :                                          # v_A = ẋ_A。
> a[ A] : = diff( y[ A] ,t $ 2) :                                      # a_A = ẍ_A。
> v[ A] : = subs( diff( theta( t) ,t) = omega ,v[ A]) :                #点 A 的速度 v_A。
> a[ A] : = subs( diff( theta( t) ,t $ 2) = alpha ,
>                diff( theta( t) ,t) = omega , a[ A]) :                # 代换。
> a[ A] : = normal( a[ A]) :                                           # 标准化。
> a[ A] : = simplify( numer( a[ A]) ) /denom( a[ A]) :                 # 点 A 的加速度 a_A。
```

思考题

思考题 7-1　指出图 7-11 中哪种矩形板能作平行移动,并说明理由。

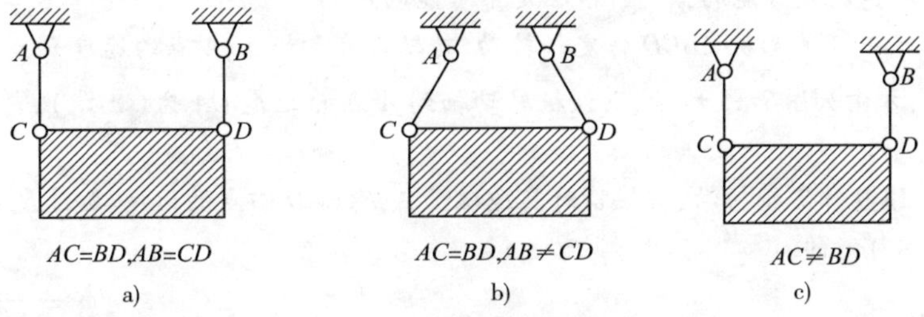

图 7-11　三种约束下的矩形板

思考题 7-2　刚体绕定轴转动,如图 7-12 所示各运动状态是否可能?

图 a) 中,A、B、C 为等边三角形的顶点,且 $a_A = a_B = a_C$;

图 b) 中,A、B、C 为等边三角形的顶点,且 $v_A = v_B = v_C$;

图 c) 中,$\boldsymbol{a}_A /\!/ \boldsymbol{a}_B$;

图 d) 中,$\boldsymbol{v}_A$ 与 $\boldsymbol{a}_A$ 共线;

图 e) 中,A、B、C 为等边三角形三条边的中点,且 $v_A = v_B = v_C$;

图 f) 中,$\boldsymbol{v}_A$、$\boldsymbol{a}_A$、$\boldsymbol{v}_B$ 方向如图示;

图 g) 中,$\boldsymbol{a}_A$ 与 $\boldsymbol{a}_B$ 反向平行。

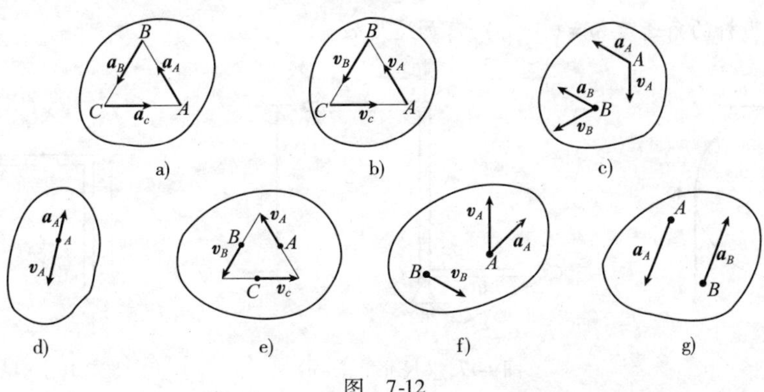

图　7-12

思考题 7-3　如图 7-13 所示,圆盘绕 O 轴作定轴转动,其边缘上一点 M 的加速度 $\boldsymbol{a}$ 如图所示。在

下述 A、B、C、D 四组中，哪一组符合图 a)、b)、c) 三圆盘的实际情况？(　　)

A. a) $\alpha=0,\omega\neq0$；b) $\alpha\neq0,\omega=0$；c) $\alpha=0,\omega\neq0$

B. a) $\alpha\neq0,\omega=0$；b) $\alpha\neq0,\omega\neq0$；c) $\alpha\neq0,\omega=0$

C. a) $\alpha\neq0,\omega=0$；b) $\alpha\neq0,\omega\neq0$；c) $\alpha=0,\omega\neq0$

D. a) $\alpha\neq0,\omega=0$；b) $\alpha=0,\omega\neq0$；c) $\alpha\neq0,\omega\neq0$

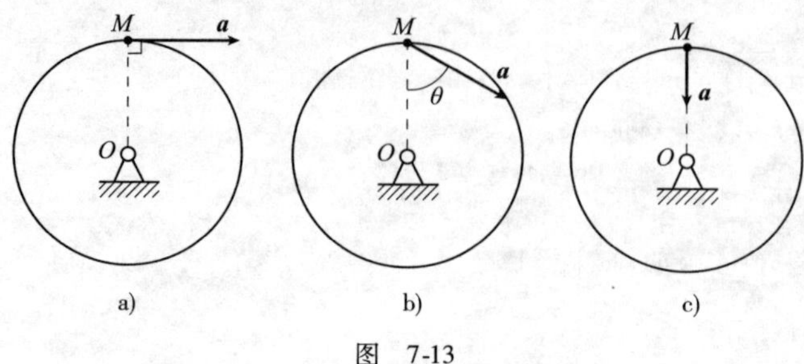

图　7-13

思考题 7-4　圆盘绕固定轴 O 转动，某瞬时轮缘上一点 M 的速度 $\boldsymbol{v}$ 和加速度 $\boldsymbol{a}$ 如图 7-14 所示。问图 a)、b)、c) 中哪种情况是可能的？哪种情况是不可能的？

思考题 7-5　已知正方形板 $ABCD$ 作定轴转动，转轴垂直于板面，A 点的速度 $v_A=100\text{mm/s}$，加速度 $a_A=100\sqrt{2}\text{mm/s}^2$，方向如图 7-15 所示，则该板转动轴到 A 点的距离 OA 为(　　)，角速度与角加速度的大小分别为(　　)。

思考题 7-6　圆盘作定轴转动，若某瞬时其边缘上 A、B、C、D 四点的速度、加速度如图 7-16所示，则(　　)的运动是不可能的。

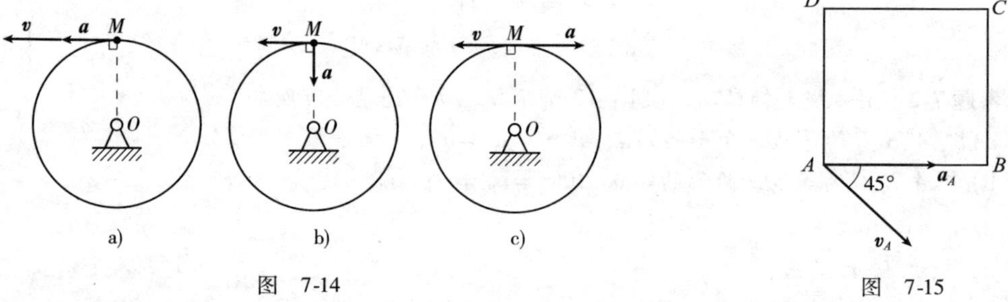

图　7-14　　　　图　7-15

思考题 7-7　双直角曲杆 ABC 可绕 A 轴转动，如图 7-17 所示瞬时 C 点的加速度 $a_C=300\text{mm/s}^2$，方向如图，则 B 点加速度的大小为(　　)mm/s^2，方向与直线(　　)成(　　)角。

思考题 7-8　曲杆 ABC 在如图 7-18 所示平面内可绕 A 轴转动，已知某瞬时 B 点的加速度为 $a_B=5\text{m/s}^2$，则该瞬时曲杆的角速度 $\omega=$(　　)，角加速度 $\alpha=$(　　)。

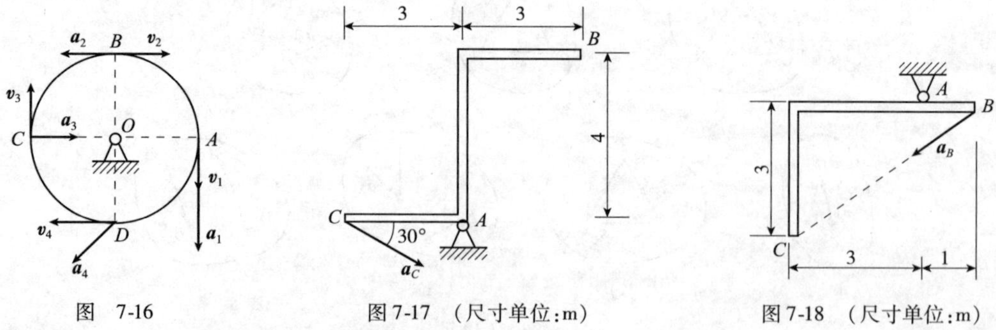

图　7-16　　　　图 7-17　(尺寸单位：m)　　　　图 7-18　(尺寸单位：m)

思考题 7-9　如图 7-19 所示，杆 BA 绕固定轴 A 转动，某瞬时杆端 B 点的加速度 a 分别如图 a)、b)、 c)所示,则该瞬时(　　)的角速度为零,(　　)的角加速度为零。

思考题 7-10　在如图 7-20 所示机构中,$O_1B // O_2C$,设 O_2C 以匀角速度 ω 转动。试画出图示位置时,点 M 的速度的方向、点 E 的加速度的方向。

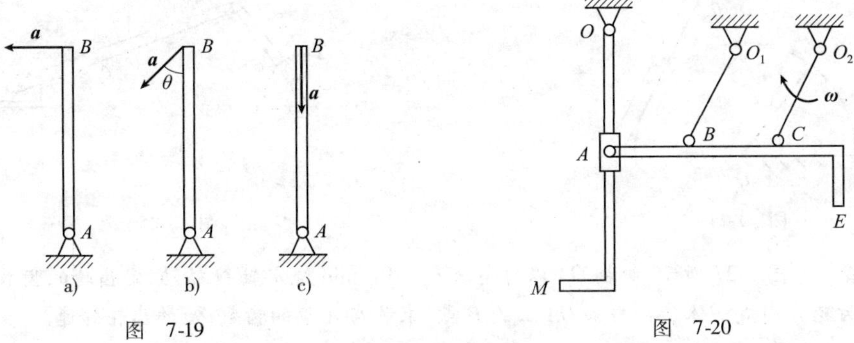

图　7-19　　　　　　　　　　图　7-20

习题

A 类型习题

习题 7-1　平面机构如图 7-21 所示。已知 $AB // O_1O_2$,且 $AB = O_1O_2 = L$,$AO_1 = BO_2 = r$,ABD 是三角形板,$AD = BD = b$,AO_1 杆以匀角速度 $\boldsymbol{\omega}$ 绕 O_1 轴转动,求三角形板重心 C 点的速度和加速度。

习题 7-2　如图 7-22 所示,在平行四连杆机构 O_1ABO_2 中,CD 杆与 AB 杆固结,若 $O_1A = O_2B = CD = L$,O_1A 杆以匀角速度 $\boldsymbol{\omega}$ 转动,当 $O_1A \perp AB$ 时,求 D 点的加速度。

习题 7-3　揉茶机的揉桶由三个曲柄支承,曲柄的支座为 A、B、C,支轴为 a、b、c,且 A、B、C 与 a、b、c 为两等边三角形,各曲柄长 r,均以不变的角速度 $\boldsymbol{\omega}$ 绕其支座转动,如图 7-23 所示,求揉桶中心 O 点的速率和加速度的大小。

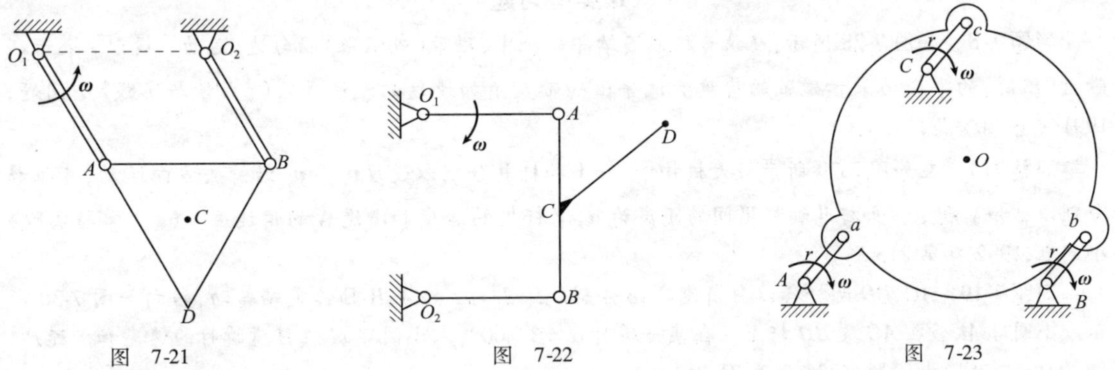

图　7-21　　　　　　　图　7-22　　　　　　　图　7-23

习题 7-4　半径为 r 的半圆形凸轮以匀速 $\boldsymbol{u}$ 沿水平线向右运动,带动直杆 AB 绕 A 点转动,当 $\theta = 30°$时,A 点与凸轮的中心 O 点正好在同一铅直线上(如图 7-24 所示),求此时 AB 杆与凸轮相接触的一点 C 的速度与加速度的大小。

习题 7-5　如图 7-25 所示蒸汽机或内燃机中用的曲柄、滑块连杆机构,曲柄 OA 以等角速度 $\boldsymbol{\omega}$ 绕 O 点转动,通过连杆 AB 带动活塞 B 在滑槽中左右运动。若 $OA = R$,$AB = l$,$t = 0$ 时,$\varphi = 0$。求 t 时活塞 B 的速度。

习题 7-6　摇床机构的曲柄以不变转速 $n = 90\text{r/min}$ 绕定轴 O 转动,通过滑块 A 带动扇形齿轮绕 O_1 轴转动,从而带动齿条 B 做铅垂方向振动,设 OO_1 在同一水平线上,曲柄 $OA = 76\text{mm}$,其他尺寸如图 7-26 所示。求 $\theta = 30°$时齿条 B 的速度和加速度。

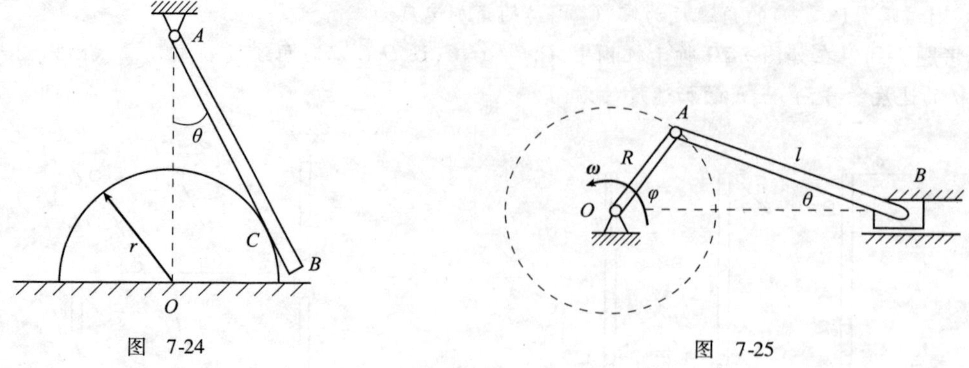

图 7-24　　图 7-25

习题 7-7　如图 7-27 所示，曲柄 OA 以匀角速 $n=90\mathrm{r/min}$ 绕定轴 O 转动，定齿轮的齿数为 Z_4，齿数 Z_1、Z_2 的两齿轮紧固成一体装在曲柄 OA 上的 B 点，求装在 A 端的齿数 Z_3 的齿轮转速。

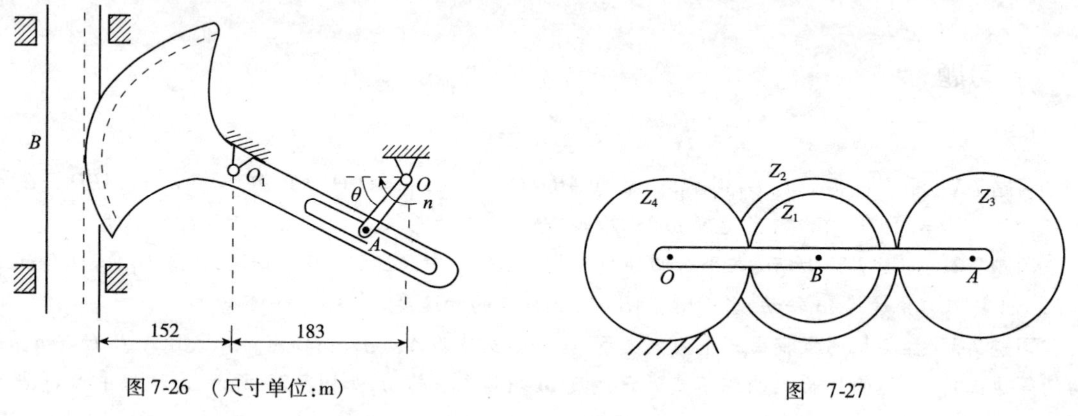

图 7-26　(尺寸单位:m)　　图 7-27

B 类型习题

习题 7-8　如图 7-28 所示，在录音机或连续印刷机中，磁带(或纸张)以匀速 $\boldsymbol{v}$ 运动。设以 r 表示磁带盘(纸筒)的半径，b 表示磁带的厚度。试导出磁带盘角加速度的表达式。(《力学与实践》小问题，1991 年第 205 题)

习题 7-9　在如图 7-29 所示放大机构中，杆Ⅰ和杆Ⅱ分别以速度 $\boldsymbol{v}_1$ 和 $\boldsymbol{v}_2$ 沿箭头方向运动，其位移分别以 x 和 y 表示。如杆Ⅱ和杆Ⅲ间的距离为 a，求杆Ⅲ的速度和滑道Ⅳ的角速度。(《力学与实践》小问题，1992 年第 213 题)

习题 7-10　AC、BD 两杆各以匀角速度 $\boldsymbol{\omega}$ 分别绕距离为 l 的 A、B 轴作定轴转动，转向如图 7-30 所示。小圆环 M 套在 AC 及 BD 杆上。在某一瞬时 $\alpha=\beta=60°$，求小圆环 M 在任意瞬时的速度和加速度。(《力学与实践》小问题，1984 年第 71 题)

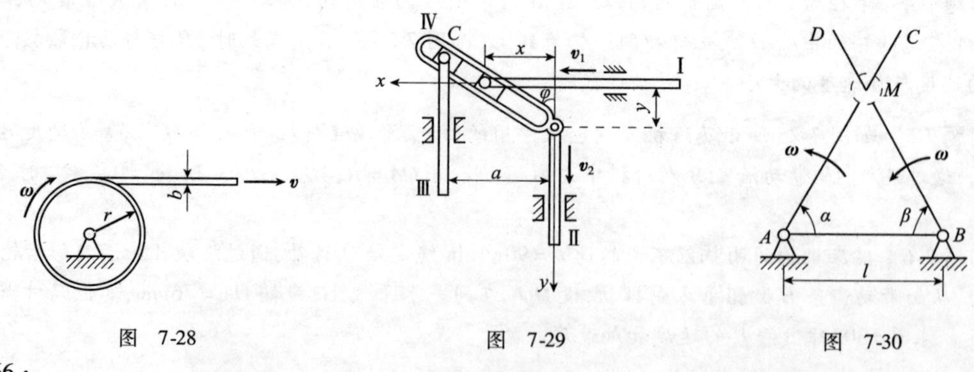

图 7-28　　图 7-29　　图 7-30

C 类型习题

习题 7-11 如图 7-31 所示，一个在 B 点可转动支承的圆盘由一臂长 r 可变的曲柄 AC 驱动。曲柄以恒定角速度 $\boldsymbol{\omega}$ 绕铰支点 C 转动。固定于曲柄的滑块 A 在通过圆盘中心的滑槽内滑动。

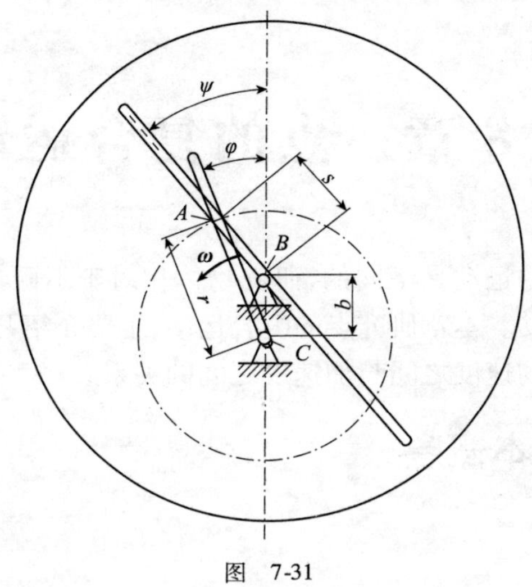

图 7-31

(1)相应于曲柄角度 φ 的圆盘角速度 $\dot{\psi}$ 是多大？对于 $r=2b$ 和 $r=b/2$，画出 $\dot{\psi}(\varphi)$ 函数曲线。

(2)在什么位置 φ 曲柄与圆盘的角速度相等？

(3)相应于曲柄的角度 φ，滑块在圆盘的滑槽中的滑动速度是多大？

孔子(公元前 551—公元前 479)，姓孔，名丘，字仲尼，生于鲁国陬邑。中国著名的大思想家、大教育家。孔子开创了私人讲学的风气，是儒家学派的创始人。孔子曾受业于老子，修订六经，即《诗》《书》《礼》《乐》《易》《春秋》，使中国上古代文化经典得以用文字传承下来。相传他有弟子三千，七十二贤人，其弟子把孔子的言行语录和思想，整理编成儒家经典《论语》。

《周易》是中国传统思想文化中自然哲学与人文实践的理论根源，是古代汉民族思想、智慧的结晶，被誉为“大道之源”。内容极其丰富，对中国几千年来的政治、经济、文化等各个领域都产生了极其深刻的影响。

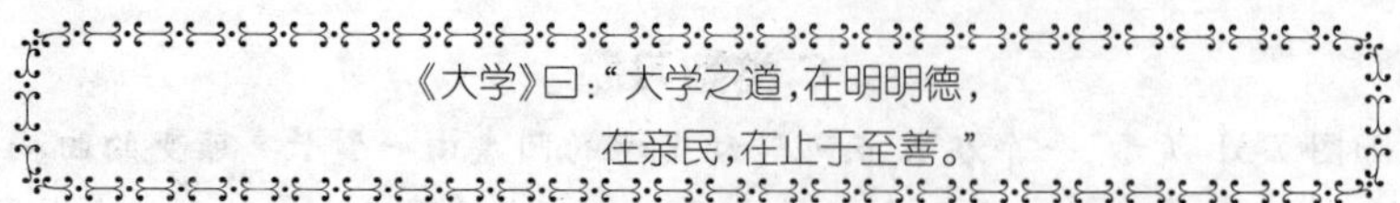

第8章　点的复合运动

物体相对不同参考系的运动是不同的，研究物体相对于不同参考系的运动之间的关系就称为研究物体的复合运动。本章研究点的复合运动，主要介绍几何法和解析法，即建立某一瞬时点相对不同参考系的速度之间与加速度之间的关系。

8.1　复合运动的基本概念

8.1.1　基本定义

有时需要同时研究动点 M 相对于2个坐标系的运动。工程中常遇到这样的情况：点相对于某一参考系运动，而此参考系又相对于另一参考系运动；对第二参考系而言，点就作复合运动。图8-1a）中直升机旋翼上的一点相对机身作圆周运动，而机身相对地面又作上升运动，因而旋翼上的一点 M 相对地面作复合的螺旋运动。图8-1b）中车轮缘上一点 M 相对车身作圆周运动，而车身相对地面作沿轨道的直线运动，因而轮缘一点相对地面作复合的旋轮线运动。图8-1c）中塔式起重机起吊的重物 M 则相对地面作多种运动的复合运动，点的复合运动理论即研究点相对不同参考系运动之间的关系。

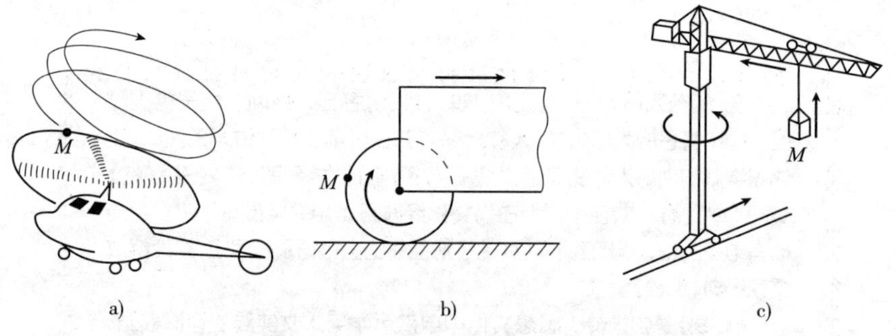

图8-1　点的复合运动实例

设坐标系 $Axyz$ 相对固定坐标系 $O\xi\eta\zeta$ 以给定规律运动（图8-2），这就是说基点 A 的运动和确定坐标轴 Ax,Ay,Az 相对固定坐标系方位的矩阵 $\boldsymbol{A}(t)$ 都是已知的。

首先定义三个对象：所研究的点 M 称为动点，第一个参考系 $Axyz$ 称为动系，基矢量为 $\boldsymbol{i}$、$\boldsymbol{j}$、$\boldsymbol{k}$，第二个参考系 $O\xi\eta\zeta$ 称为定系，基矢量为 $\boldsymbol{i}_0$、$\boldsymbol{j}_0$、$\boldsymbol{k}_0$。在图8-1a）、b）两例中，定系均与地面相固结，因而不必特殊说明；但有时定系不与地面固结，如图8-1c）的例子中，可以逐次选取定系与不同的物体相固结，这时需要特别说明。

其次明确三种运动：设 M 在空间中运动，它相对坐标系 $Axyz$ 的运动称为相对运动，坐标

系 $Axyz$ 相对 $O\xi\eta\zeta$ 的运动称为牵连运动，点 M 相对坐标系 $O\xi\eta\zeta$ 的运动称为复合运动或绝对运动。我们的任务是建立点相对固定坐标系和运动坐标系的基本运动学特性之间的关系。显然，绝对运动与相对运动都属点的运动，而牵连运动是刚体的运动。

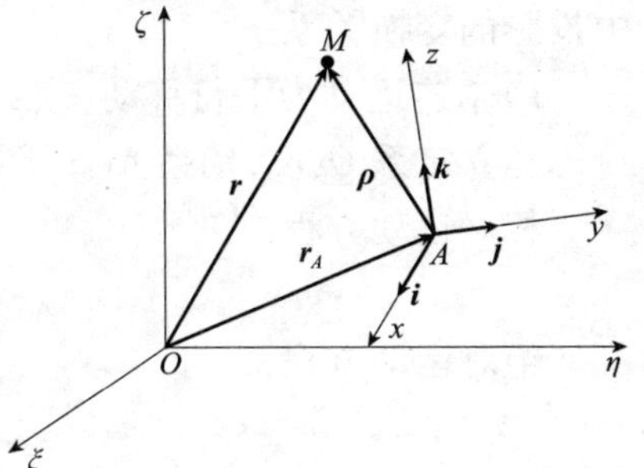

图 8-2　动坐标系和静坐标系

点相对固定坐标系 $O\xi\eta\zeta$ 的速度（加速度）称为绝对速度 $\boldsymbol{v}_{\mathrm{a}}$（绝对加速度 $\boldsymbol{a}_{\mathrm{a}}$），点相对运动坐标系 $Axyz$ 的速度（加速度）称为相对速度 $\boldsymbol{v}_{\mathrm{r}}$（相对加速度 $\boldsymbol{a}_{\mathrm{r}}$），相对坐标系 $Axyz$ 不动，在给定时刻与 M 点重合的 M' 点称为牵连点，牵连点 M' 的速度（加速度）称为牵连速度 $\boldsymbol{v}_{\mathrm{e}}$（牵连加速度 $\boldsymbol{a}_{\mathrm{e}}$）。换句话说，$M$ 点的牵连速度（牵连加速度）就如同该时刻它与运动坐标系固结在一起时所具有的速度（加速度），即没有相对运动。

若以矢径 $\boldsymbol{r}$ 和 $\boldsymbol{\rho}$ 分别表示点 M 的绝对位置和相对位置，以矢径 $\boldsymbol{r}_A$ 表示点 A 相对点 O 的位置（图 8-2），则在固定坐标系中，有

$$\boldsymbol{r} = \boldsymbol{r}_A + \boldsymbol{\rho} \tag{8-1}$$

式中的各矢径均为时间 t 的单值连续的矢量函数，其中 $\boldsymbol{\rho}$ 可用动系 $Axyz$ 的基矢量 $\boldsymbol{i}$、$\boldsymbol{j}$、$\boldsymbol{k}$ 表示为

$$\boldsymbol{\rho} = \rho_x \boldsymbol{i} + \rho_y \boldsymbol{j} + \rho_z \boldsymbol{k} \tag{8-2a}$$

并将矢径 $\boldsymbol{\rho}$ 在动系 $Axyz$ 中对时间的导数称为相对导数，为使之不与在定系 $O\xi\eta\zeta$ 计算矢量对时间的导数相混淆，在求导符号上增加波浪号“～”以示区别

$$\frac{\tilde{\mathrm{d}}\boldsymbol{\rho}}{\mathrm{d}t} = \dot{\rho}_x \boldsymbol{i} + \dot{\rho}_y \boldsymbol{j} + \dot{\rho}_z \boldsymbol{k} \tag{8-2b}$$

$$\frac{\tilde{\mathrm{d}}^2\boldsymbol{\rho}}{\mathrm{d}t^2} = \ddot{\rho}_x \boldsymbol{i} + \ddot{\rho}_y \boldsymbol{j} + \ddot{\rho}_z \boldsymbol{k} \tag{8-2c}$$

点 M 的绝对速度和加绝对速度等于矢径 $\boldsymbol{r}$ 在定系中对时间的一阶和二阶导数

$$\boldsymbol{v}_{\mathrm{a}} = \frac{\mathrm{d}\boldsymbol{r}}{\mathrm{d}t} = \dot{\boldsymbol{r}} \tag{8-3a}$$

$$\boldsymbol{a}_{\mathrm{a}} = \frac{\mathrm{d}^2\boldsymbol{r}}{\mathrm{d}t^2} = \ddot{\boldsymbol{r}} \tag{8-3b}$$

点 M 的相对速度和相对加速度等于矢径 $\boldsymbol{\rho}$ 在动系中对时间的一阶和二阶导数

$$\boldsymbol{v}_{\mathrm{r}} = \frac{\tilde{\mathrm{d}}\boldsymbol{\rho}}{\mathrm{d}t} = \dot{\rho}_x \boldsymbol{i} + \dot{\rho}_y \boldsymbol{j} + \dot{\rho}_z \boldsymbol{k} \tag{8-4a}$$

$$\boldsymbol{a}_{\mathrm{r}} = \frac{\tilde{\mathrm{d}}^2\boldsymbol{\rho}}{\mathrm{d}t^2} = \ddot{\rho}_x \boldsymbol{i} + \ddot{\rho}_y \boldsymbol{j} + \ddot{\rho}_z \boldsymbol{k} \tag{8-4b}$$

点的复合运动的问题分为两大类：一是已知点的相对运动及动系的牵连运动，求点的绝对运动，这是运动合成问题；二是已知点的绝对运动求相对运动或牵连运动，这是运动分解问题。

8.1.2　复合运动中运动方程之间的关系

运动方程直接描述了点的位置，因此运动方程的关系本质上是点的矢径在不同坐标系

中投影的变换关系。

1)牵连运动为平行移动参照系

建立定系 $O\xi\eta\zeta$,动系 $Axyz$(图 8-3),则对动点 M 有

相对运动方程:

$$x = x(t),y = y(t),z = z(t) \tag{8-5}$$

绝对运动方程:

$$\xi = \xi(t),\eta = \eta(t),\zeta = \zeta(t) \tag{8-6}$$

牵连运动是动系 $Axyz$ 的运动,它的位形取决于 3 个坐标 ξ_A、η_A、ζ_A,其运动方程式为

$$\xi_A = \xi_A(t),\eta_A = \eta_A(t),\zeta_A = \zeta_A(t) \tag{8-7}$$

由图 8-3 的几何关系有

$$\xi = \xi_A + x \tag{8-8a}$$

$$\eta = \eta_A + y \tag{8-8b}$$

$$\zeta = \zeta_A + z \tag{8-8c}$$

上式即为运动方程的变换关系。

2)牵连运动为定轴转动参照系

建立定系 $O\xi\eta\zeta$,动系 $Axyz$(图 8-4),则对动点 M 有

相对运动方程:

$$x = x(t),y = y(t),z = \text{const} \tag{8-9}$$

绝对运动方程:

$$\xi = \xi(t),\eta = \eta(t),\zeta = \text{const} \tag{8-10}$$

牵连运动是动系 $Axyz$ 的运动,它的位形取决于 1 个坐标 φ,其运动方程式为

$$\varphi = \varphi(t) \tag{8-11}$$

由图 8-4 的几何关系有

$$\xi = x\cos\varphi - y\sin\varphi \tag{8-12a}$$

$$\eta = x\sin\varphi + y\cos\varphi \tag{8-12b}$$

$$\zeta = z \tag{8-12c}$$

上式即为运动方程的变换关系。

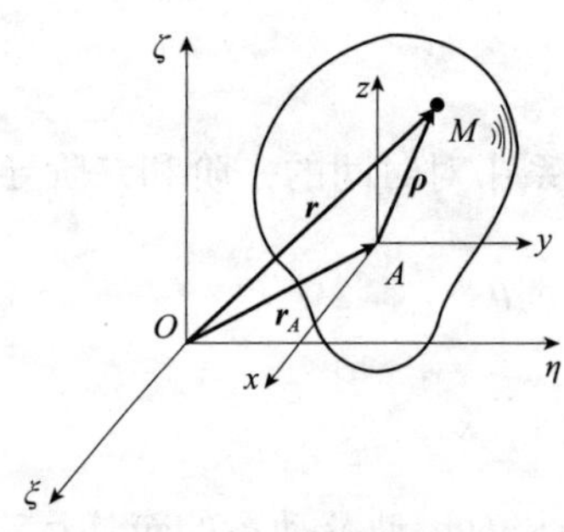

图 8-3　牵连运动为平行移动参照系

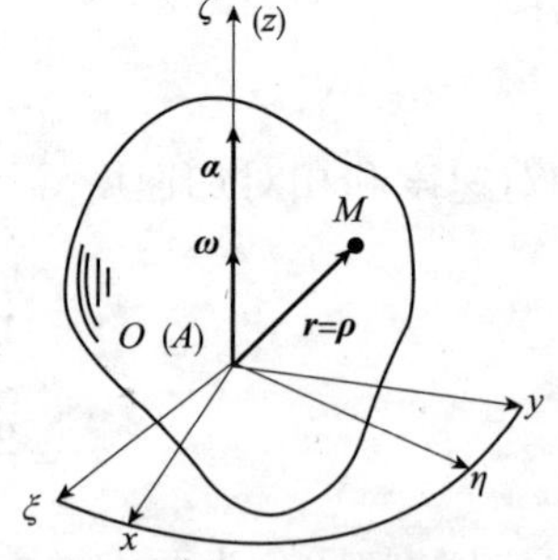

图 8-4　牵连运动为定轴转动参照系

将三种运动中运动方程之间的关系式(8-8)和式(8-12)对时间连续求导,可得三种运动中速度之间与加速度之间的关系,这就是求解点的复合运动的解析法。

解析法需首先建立运动方程,再求导才能得出任一瞬时的速度表达式;还存在另一种方法,可以不经求导运动方程而在某一特定瞬时直接建立三种运动中速度矢量之间的几何关

系，这就是求解点的复合运动的几何法。

例题 8-1 如图 8-5a)所示的工件绕 O 以匀角速度 $\boldsymbol{\omega}$ 定轴转动，刀尖沿水平方向往复运动，其运动方程为 $\xi = b\sin\omega t$。试求刀尖在工件上所刻出的轨迹。

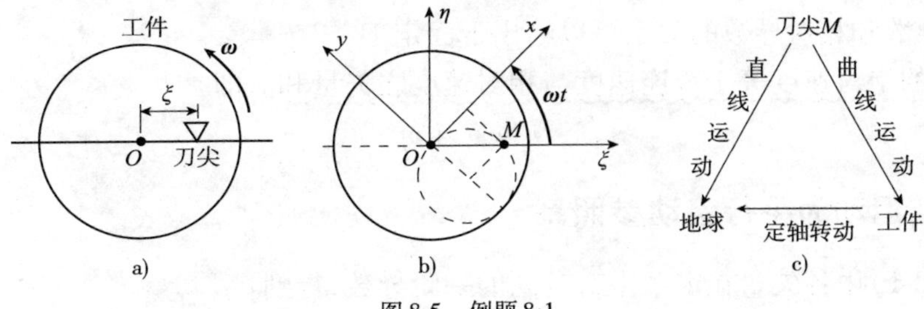

图 8-5 例题 8-1

解：运动分析[图 8-5c)]。

取刀尖 M 为动点，定系 $O\xi\eta\zeta$，动系 $Oxyz$ 与工件固连，如图 8-5b)所示。牵连点为工件上的 M' 点，做圆周运动。

刀尖 M 在动系 $Oxyz$ 中的坐标为

$$x = \xi\cos\omega t = \frac{1}{2}b\sin 2\omega t \tag{1a}$$

$$y = -\xi\sin\omega t = -\frac{1}{2}b(1-\cos 2\omega t) \tag{1b}$$

在式(1)中消去参数 t，即得刀尖 M 的相对运动轨迹方程

$$x^2 + \left(y + \frac{b}{2}\right)^2 = \left(\frac{b}{2}\right)^2 \tag{2}$$

因此，刀尖在工件上刻出了一个半径为 $b/2$ 的圆，如图 8-5b)所示。

讨论与练习

(1)本题是求刀尖相对于工件的相对运动轨迹，属于运动分解问题。

(2)刀尖的绝对运动是沿水平方向的直线运动；动系的牵连运动是绕 O 轴的定轴转动，其角速度为 ω；刀尖的相对运动是曲线运动(未知的运动都可以看作曲线运动)。

(3)请读者编写求解本题的 Maple 程序。

8.1.3 矢量相对运动坐标系的导数

现在我们来讨论牵连运动为定轴转动参照系，参照系转动的角速度为 $\boldsymbol{\omega} = \omega\boldsymbol{k}$。因单位矢量 $\boldsymbol{i}$、$\boldsymbol{j}$ 是随着 $Axyz$ 系以同一角速度 $\boldsymbol{\omega}$ 转动的，故观测者在静止参照系 $O\xi\eta\zeta$ 上所看到的 $\boldsymbol{\rho}$ 的变化率应为

$$\frac{\mathrm{d}\boldsymbol{\rho}}{\mathrm{d}t} = \frac{\mathrm{d}\rho_x}{\mathrm{d}t}\boldsymbol{i} + \frac{\mathrm{d}\rho_y}{\mathrm{d}t}\boldsymbol{j} + \frac{\mathrm{d}\rho_z}{\mathrm{d}t}\boldsymbol{k} + \rho_x\frac{\mathrm{d}\boldsymbol{i}}{\mathrm{d}t} + \rho_y\frac{\mathrm{d}\boldsymbol{j}}{\mathrm{d}t} + \rho_z\frac{\mathrm{d}\boldsymbol{k}}{\mathrm{d}t} \tag{8-13}$$

由式(7-11)，得

$$\frac{\mathrm{d}\boldsymbol{i}}{\mathrm{d}t} = \boldsymbol{\omega}\times\boldsymbol{i}, \frac{\mathrm{d}\boldsymbol{j}}{\mathrm{d}t} = \boldsymbol{\omega}\times\boldsymbol{j}, \frac{\mathrm{d}\boldsymbol{k}}{\mathrm{d}t} = \boldsymbol{\omega}\times\boldsymbol{k} = \boldsymbol{0} \tag{8-14}$$

把式(8-14)、式(8-2a)和式(8-2b)代入式(8-13)得到

$$\frac{\mathrm{d}\boldsymbol{\rho}}{\mathrm{d}t} = \frac{\tilde{\mathrm{d}}\boldsymbol{\rho}}{\mathrm{d}t} + \boldsymbol{\omega}\times\boldsymbol{\rho} \tag{8-15}$$

这个公式建立了绝对导数和相对导数的关系。

8.2 速度合成定理

由绝对导数和相对导数的关系可以给出下面定理。

定理:点的绝对速度等于牵连速度与相对速度之矢量和。即

$$\boldsymbol{v}_{\mathrm{a}} = \boldsymbol{v}_{\mathrm{e}} + \boldsymbol{v}_{\mathrm{r}} \tag{8-16}$$

8.2.1 牵连运动为平行移动参照系

计算式(8-1)中各矢量在定系中对时间的一阶导数,得到

$$\dot{\boldsymbol{r}} = \dot{\boldsymbol{r}}_A + \dot{\boldsymbol{\rho}} \tag{8-17}$$

若动系 $Axyz$ 相对定系 $O\xi\eta\zeta$ 平行移动(图 8-4)。由于动系上所有各点的速度均相同,点 M 的牵连速度,即动系中与点 M 重合的点 M'的速度等于 $\dot{\boldsymbol{r}}_A$。

$$\boldsymbol{v}_{\mathrm{e}} = \boldsymbol{v}_{M'} = \boldsymbol{v}_A = \dot{\boldsymbol{r}}_A \tag{8-18}$$

由于平行移动坐标系基矢量 $\boldsymbol{i}$、$\boldsymbol{j}$、$\boldsymbol{k}$ 的方向相对定系 $\boldsymbol{i}_0$、$\boldsymbol{j}_0$、$\boldsymbol{k}_0$ 保持不变,因此矢量 $\boldsymbol{\rho}$ 相对定系的导数与相对动系的导数完全相同,得到

$$\boldsymbol{v}_{\mathrm{r}} = \frac{\tilde{\mathrm{d}}\boldsymbol{\rho}}{\mathrm{d}t} = \frac{\mathrm{d}\boldsymbol{\rho}}{\mathrm{d}t} = \dot{\boldsymbol{\rho}} \tag{8-19}$$

将式(8-17)~式(8-19)代入式(8-3a),导出式(8-16)。

例题 8-2 如图 8-6a)所示的正弦机构中,曲柄 $OA = l$,角速度 $\boldsymbol{\omega}$ 为常数。在图示瞬时 $\theta = 30°$,求此时连杆 BCD 的速度。

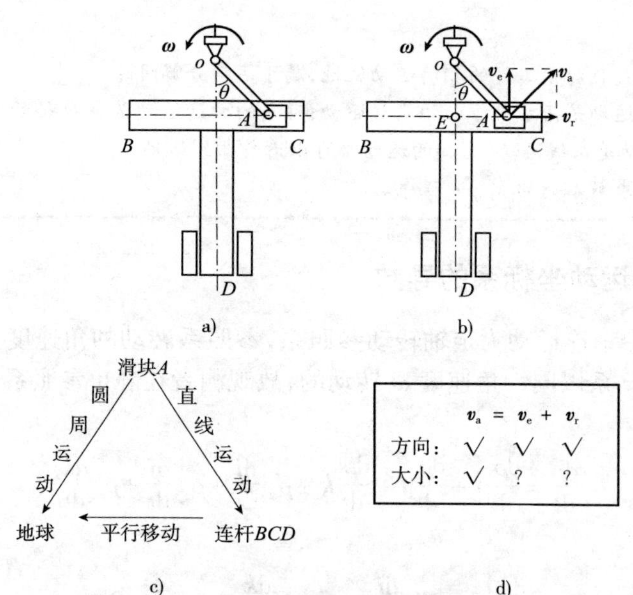

图 8-6 例题 8-2

解法一:合成法

(1)运动分析[图 8-6c)]。

取滑块 A 为动点，连杆 BCD 为动系。牵连点为连杆 BCD 上的 A' 点，做直线运动。

(2)速度分析[图 8-6d)]。

$\boldsymbol{v}_a$、$\boldsymbol{v}_e$ 与 $\boldsymbol{v}_r$ 三速度矢量构成平行四边形，如图 8-6b)所示。

$$\omega_{OA}=\omega, v_A=\omega l, v_a=\omega l$$

$$v_e=v_a\sin\theta=\frac{1}{2}\omega l, v_r=v_a\cos\theta=\frac{\sqrt{3}}{2}\omega l$$

牵连点 A' 的速度为

$$v_A{}'=\frac{1}{2}\omega l, v_{BCD}=\frac{1}{2}\omega l$$

解法二：解析法

以 O 点为原点，建立坐标系 $Oxyz$，其中 Oy 轴指向上方。连杆 BCD 上的点 E 的 y 坐标为

$$y_E=-l\cos\theta$$

连杆 BCD 的速度为 $v_{BCD}=v_E=\dot{y}_E=l\dot{\theta}\sin\theta$，注意到，$\dot{\theta}=\omega,\theta=30°$，得到

$$v_{BCD}=\frac{1}{2}\omega l$$

讨论与练习

(1)相对运动为滑块 A 沿滑槽的直线运动；绝对运动为以 O 为圆心、l 为半径的圆周运动；牵连运动为连杆 BCD 沿铅垂方向的平行移动。

(2)绝对速度 $\boldsymbol{v}_a$ 与 OA 垂直，大小为 $v_a=\omega l$；相对速度 $\boldsymbol{v}_r$ 沿水平方向，大小未知；牵连速度沿铅垂方向，大小未知。

(3)连杆 BCD 做平行移动，其上所有点的速度均相等，因此求连杆 BCD 的速度实际上就是牵连点 A' 的速度。

(4)解析法通过对运动方程求导而得到点的速度和加速度的时间历程，因而适用于分析研究运动的全过程；点的复合运动理论(几何法)可以避免求导等复杂的数学推导，而直接求得给定瞬时的速度与加速度。这种方法比较形象直观，因此经常在工程中使用。

8.2.2 牵连运动为定轴转动参照系

设动系 $Axyz$ 相对定系 $O\xi\eta\zeta$ 绕 $O\zeta$ 轴以 $\boldsymbol{\omega}$ 为角速度作定轴转动，Az 轴与 $O\zeta$ 轴重合(图 8-4)，令式(8-1)中的 $\boldsymbol{r}_A=\boldsymbol{0}$，即有

$$\boldsymbol{r}=\boldsymbol{\rho} \tag{8-20}$$

为计算动点 M 的速度，将式(8-16)对时间求导，并利用式(8-15)得到

$$\frac{\mathrm{d}\boldsymbol{r}}{\mathrm{d}t}=\frac{\mathrm{d}\boldsymbol{\rho}}{\mathrm{d}t}=\frac{\tilde{\mathrm{d}}\boldsymbol{\rho}}{\mathrm{d}t}+\boldsymbol{\omega}\times\boldsymbol{\rho} \tag{8-21}$$

牵连点 M' 作圆周运动，即牵连速度

$$\boldsymbol{v}_e=\boldsymbol{\omega}\times\boldsymbol{\rho} \tag{8-22}$$

动点 M 的相对速度

$$\boldsymbol{v}_r=\frac{\tilde{\mathrm{d}}\boldsymbol{\rho}}{\mathrm{d}t} \tag{8-23}$$

将式(8-21)～式(8-23)代入式(8-3a)，导出式(8-16)。

例题 8-3 已知直管以等角速度 $\boldsymbol{\omega}$ 绕定轴 O 转动，质点 P 以等速度 $\boldsymbol{u}$ 沿管轴线运动，如图 8-6a）所示。初始时刻管处于水平位置，$\overline{OP}=R/3$。求当 $\overline{OP}=R/3$ 和 $\overline{OP}=R$ 时，质点 P 相对于地面的速度。

解：（1）运动分析［图 8-7d）］。

取 P 点为动点，管为动系（固连 $Oxyz$），$\boldsymbol{i}$、$\boldsymbol{j}$ 和 $\boldsymbol{k}$ 为动系的基矢量。牵连点为管上的 P' 点。

（2）速度分析［图 8-7e）］。

①当 $\overline{OP}=R/3$ 时，管处于水平位置，如图 8-7b）所示。

$$\boldsymbol{v}_e=\frac{R}{3}\omega\boldsymbol{j},\boldsymbol{v}_r=u\boldsymbol{i}$$

$$\boldsymbol{v}_a=u\boldsymbol{i}+\frac{R}{3}\omega\boldsymbol{j}$$

②当 $\overline{OP}=R$ 时，管处于图 8-7c）所示的位置。

$$\boldsymbol{v}_r=u\boldsymbol{i},\boldsymbol{v}_e=R\omega\boldsymbol{j}$$

$$\boldsymbol{v}_a=u\boldsymbol{i}+R\omega\boldsymbol{j}$$

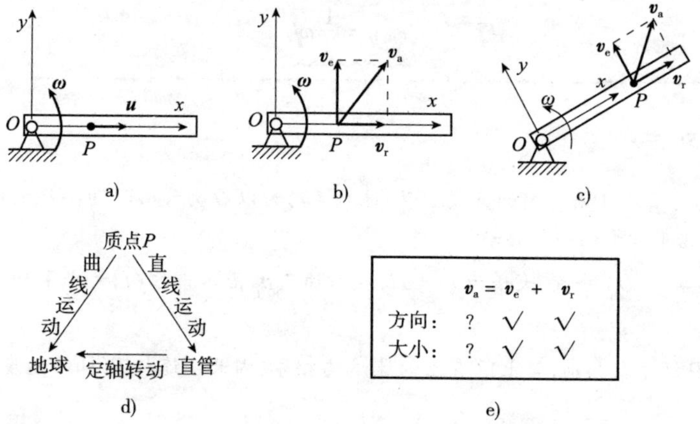

	$\boldsymbol{v}_a$ =	$\boldsymbol{v}_e$ +	$\boldsymbol{v}_r$
方向：	?	√	√
大小：	?	√	√

e）

图 8-7 例题 8-3

讨论与练习

（1）动点 P 的相对运动为沿管轴线的直线运动；牵连运动为绕 O 轴的定轴转动；动点 P 的绝对运动为曲线运动。

（2）动点的相对速度 $\boldsymbol{v}_r$ 沿管轴线方向，大小为 u；牵连速度 $\boldsymbol{v}_e$ 垂直于管轴线方向，大小为 $\overline{OP}\cdot\omega$；绝对速度 $\boldsymbol{v}_a$ 方向和大小未知。$\boldsymbol{v}_a$，$\boldsymbol{v}_e$，$\boldsymbol{v}_r$ 三速度矢量一般情况构成平行四边形。

（3）本例将速度表示在动坐标系中，因此绝对速度的表达式非常简洁。也可以将速度表示在定坐标系中，此时绝对速度的表达式中将会出现管和水平轴之间夹角的正弦和余弦，形式较为复杂。

例题 8-4 在如图 8-8a）所示的凸轮顶杆机构中，半径为 R 的凸轮以 $\boldsymbol{\omega}$ 绕 O 轴作等角速转动，带动顶杆在铅垂方向上运动。已知 O 轴到凸轮圆心 C 的距离为 e，求当 $\angle OCA=90°$ 时，AB 杆的速度。

解法一：（1）运动分析［图 8-8b），e）］。

选顶杆上的点 A 为动点，动系 $Oxyz$ 与偏心轮固连，牵连点是偏心轮上 A' 点做圆周运动。

（2）速度分析［图 8-8b），f）］。

$$\omega_{OC}=\omega,v_A{}'=\overline{OA'\cdot\omega},v_e=\omega\sqrt{R^2+e^2}$$

$$v_a=v_e\tan\theta=\omega\frac{e}{R}\sqrt{R^2+e^2},v_r=\frac{v_e}{\cos\theta}=\omega\frac{R^2+e^2}{R}$$

动点 A 的速度：

$$v_A = \omega \frac{e}{R}\sqrt{R^2+e^2}, v_{AB} = \omega \frac{e}{R}\sqrt{R^2+e^2}$$

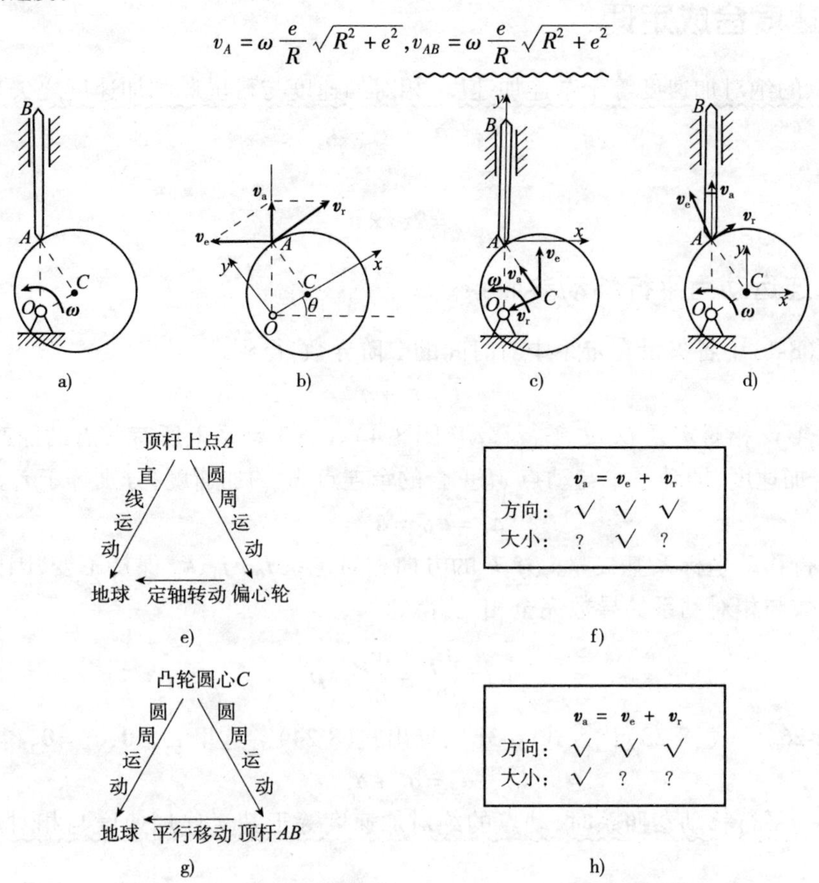

图 8-8　例题 8-4

解法二：(1)运动分析[图 8-8c)，g)]。

将凸轮的圆心 C 取为动点，而将顶杆取为动系，牵连点是顶杆延伸部分上 C' 点做直线运动。

(2)速度分析[图 8-8c)，h)]。

$$\omega_{OC} = \omega, v_C = \overline{OC} \cdot \omega, v_a = \omega e$$

$$v_e = \frac{v_a}{\cos\theta} = \omega \frac{e}{R}\sqrt{R^2+e^2}, v_r = v_a \tan\theta = \omega \frac{e^2}{R}$$

牵连点 C' 的速度：

$$v_{C'} = \omega \frac{e}{R}\sqrt{R^2+e^2}, v_{AB} = \omega \frac{e}{R}\sqrt{R^2+e^2}$$

讨论与练习

(1)动点和动系应选在不同的刚体上，且动点的相对轨迹应尽量简单或直观。动点和动系的选取是人为的，恰当地选取动点和动系可以大大简化求解过程。

(2)解法三：选顶杆上的点 A 为动点，将平动坐标系 $Cxyz$ 取为动系(即不与刚体固连的柯尼希坐标系)，如图 8-8d)所示。动点 A 距动系 $Cxyz$ 中 C 点的距离保持不变，因此相对运动仍然是以 C 为圆心的圆；牵连运动为平行移动。求解过程请读者完成。

(3)解法四：本例是否可以采用解析法求解？如何求解？

8.3 加速度合成定理

定理:点的绝对加速度等于牵连加速度、相对加速度与科里奥利加速度之矢量和。

$$\boldsymbol{a}_{\mathrm{a}} = \boldsymbol{a}_{\mathrm{e}} + \boldsymbol{a}_{\mathrm{r}} + \boldsymbol{a}_{\mathrm{c}} \tag{8-24}$$

其中

$$\boldsymbol{a}_{\mathrm{c}} = 2\boldsymbol{\omega} \times \boldsymbol{v}_{\mathrm{r}} \tag{8-25}$$

8.3.1 牵连运动为平行移动参照系

计算式(8-1)中各矢量在定系中对时间的二阶导数,得到

$$\ddot{\boldsymbol{r}} = \ddot{\boldsymbol{r}}_A + \ddot{\boldsymbol{\rho}} \tag{8-26}$$

若动系 $Axyz$ 相对定系 $O\xi\eta\zeta$ 平行移动(图 8-4)。由于动系上所有各点的加速度均相同,点 M 的牵连加速度,即动系中与动点 M 重合的牵连点 M' 的加速度,分别等于 $\ddot{\boldsymbol{r}}_A$。

$$\boldsymbol{a}_{\mathrm{e}} = \boldsymbol{a}_{M'} = \boldsymbol{a}_A = \ddot{\boldsymbol{r}}_A \tag{8-27}$$

由于平行移动坐标系基矢量 $\boldsymbol{i}$、$\boldsymbol{j}$、$\boldsymbol{k}$ 的方向相对定系 $\boldsymbol{i}_0$、$\boldsymbol{j}_0$、$\boldsymbol{k}_0$ 保持不变,因此矢量 $\boldsymbol{\rho}$ 相对定系的导数与相对动系的导数完全相同,得到

$$\boldsymbol{a}_{\mathrm{r}} = \frac{\tilde{\mathrm{d}}^2\boldsymbol{\rho}}{\mathrm{d}t^2} = \frac{\mathrm{d}^2\boldsymbol{\rho}}{\mathrm{d}t^2} = \ddot{\boldsymbol{\rho}} \tag{8-28}$$

将式(8-26) ~ 式(8-28)代入式(8-3b),导出式(8-24)。这里 $\boldsymbol{\omega} = \boldsymbol{0}$,$\boldsymbol{a}_{\mathrm{c}} = \boldsymbol{0}$,得到

$$\boldsymbol{a}_{\mathrm{a}} = \boldsymbol{a}_{\mathrm{e}} + \boldsymbol{a}_{\mathrm{r}} \tag{8-29}$$

即牵连运动为平行移动参照系时,动点的绝对加速度等于其牵连加速度与相对加速度的矢量和。

例题 8-5 半径为 r 的半圆柱形凸轮顶杆机构中[图 8-9a)],已知凸轮向右平移的速度$\boldsymbol{v}$和加速度 $\boldsymbol{a}$。试求杆 AB 的速度和加速度。

解:合成法。

解法一:(1)运动分析[图 8-9b)]。

以点 A 为动点,凸轮为动系。牵连点是凸轮上的 A'点。

(2)速度分析[图 8-9d)]。

$$v_{\mathrm{e}} = v, v_{\mathrm{r}} = \frac{v}{\sin\theta}, v_{\mathrm{a}} = v\cot\theta$$

$$v_{AB} = v_A = v_{\mathrm{a}}, v_{AB} = v\cot\theta$$

(3)加速度分析[图 8-9f)]。

$$a_{\mathrm{e}} = a, a_{\mathrm{r}}^{\mathrm{n}} = \frac{v_{\mathrm{r}}^2}{r} = \frac{1}{\sin^2\theta}\frac{v^2}{r}$$

$$\overrightarrow{OA}: a_{\mathrm{a}}\sin\theta = a_{\mathrm{e}}\cos\theta - a_{\mathrm{r}}^{\mathrm{n}} \tag{1}$$

$$a_{\mathrm{a}} = a\cot\theta - \frac{v^2}{r\sin^3\theta}$$

$$a_{AB} = a_A = a_{\mathrm{a}}, a_{AB} = a\cot\theta - \frac{v^2}{r}\csc^3\theta$$

解法二:(1)运动分析[图 8-9c)]。

以点 O 为动点,杆 AB 为动系。牵连点是杆 AB 坐标系延伸部分的 O'点。

(2)速度分析[图 8-9f)]。

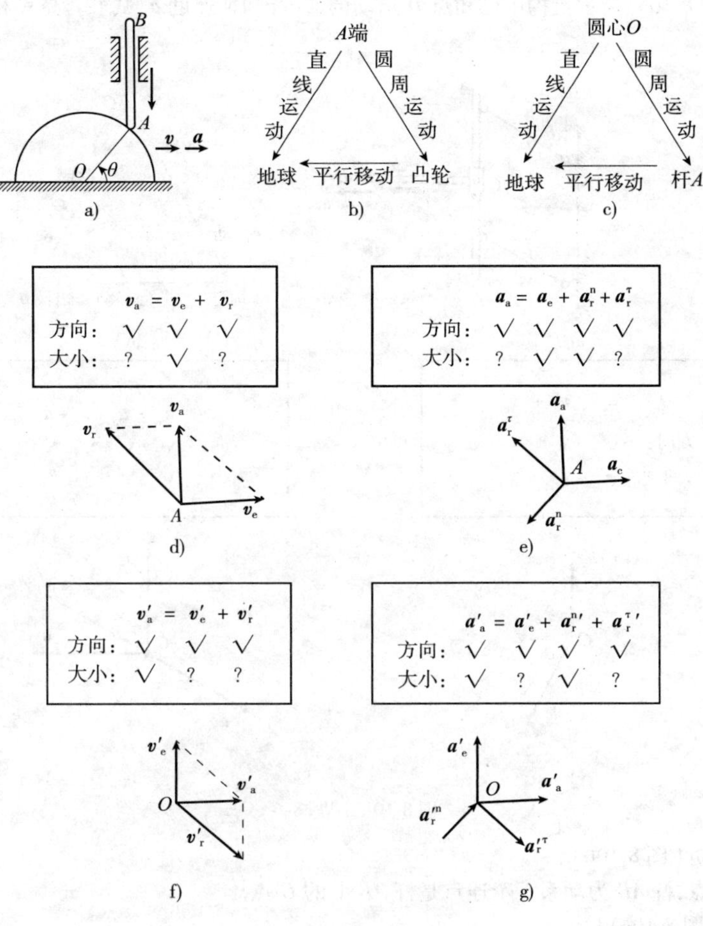

图 8-9 例题 8-5

$$v'_a = v, v'_r = \frac{v}{\sin\theta}, v'_e = v\cot\theta$$

$$v_{AB} = v_O{}' = v'_e, v_{AB} = v\cot\theta$$

(3)加速度分析[图 8-9g)]。

$$a'_a = a, a_r^{n\prime} = \frac{v'^2_r}{r}$$

$$\overrightarrow{OA}: a'_a\cos\theta = a'_e\sin\theta + a_r^{n\prime} \tag{2}$$

$$a'_e = a\cot\theta - \frac{v^2}{r\sin^3\theta}$$

$$a_{AB} = a_O{}' = a'_e, a_{AB} = a\cot\theta - \frac{v^2}{r}\csc^3\theta$$

讨论与练习

(1)牵连运动为平行移动参照系时,科里奥利加速度 $\boldsymbol{a}_c = \boldsymbol{0}$。

(2)相对运动为圆周运动时,相对加速度有两项 $\boldsymbol{a}_r^n$、$\boldsymbol{a}_r^τ$。

(3)加速度投影时,最好选择垂直于一个未知加速度矢量的轴,并且要逐项投影,千万不要移项!

例题 8-6 如图 8-10a) 所示机构中已知点 D 运动的速度$\boldsymbol{v}$和加速度 $\boldsymbol{a}$,试求套筒 C 相对杆 AB 的速度和加速度。

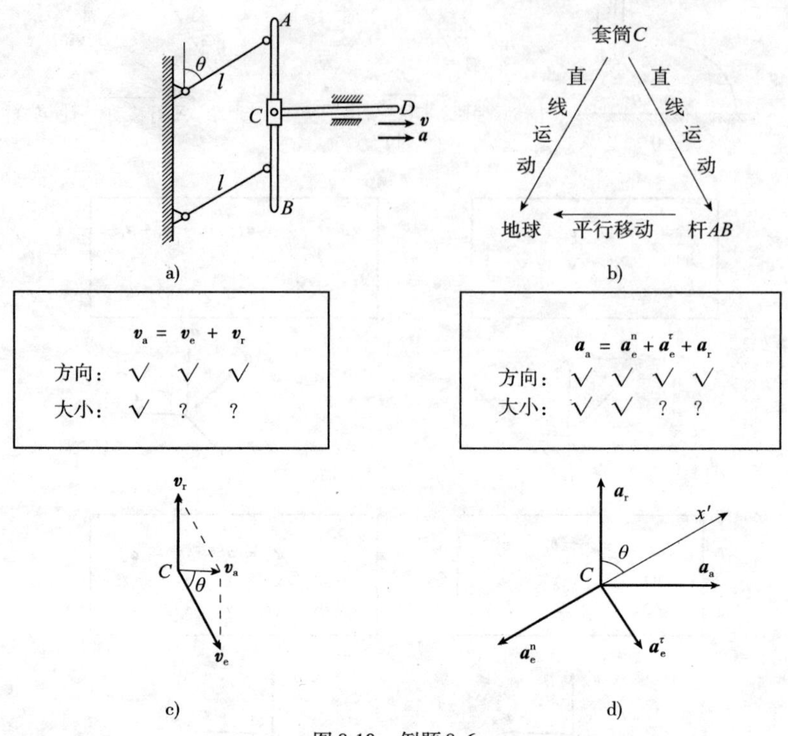

图 8-10　例题 8-6

解:(1)运动分析[图 8-10b)]。

以 C 套筒为动点,杆 AB 为动系。牵连点是杆 AB 上的 C'点。

(2)速度分析[图 8-10c)]。

$$\boldsymbol{v}_a = \boldsymbol{v}_C = \boldsymbol{v}_D = \boldsymbol{v}, v_e = v\sec\theta$$

$$v_r = v\tan\theta$$

(3)加速度分析[图 8-10d)]。

$$\boldsymbol{a}_a = \boldsymbol{a}_C = \boldsymbol{a}_D = \boldsymbol{a}, a_e^n = \frac{v_e^2}{l} = \frac{v^2}{l}\sec^2\theta$$

$$x': a_a\sin\theta = -a_e^n + a_r\cos\theta \tag{1}$$

$$a_r = a\tan\theta + \frac{v^2}{l}\sec^3\theta$$

讨论与练习

(1)牵连点 C'为圆周运动,牵连加速度有两项 $\boldsymbol{a}_e^n$、$\boldsymbol{a}_e^\tau$。

(2)加速度投影时,最好选择垂直于一个未知加速度矢量的轴,要逐项投影,千万不要移项!

8.3.2 牵连运动为定轴转动参照系

将式(8-21)对时间求导,并利用式(8-15),注意到

$$\boldsymbol{\alpha} = \frac{\mathrm{d}\boldsymbol{\omega}}{\mathrm{d}t} = \frac{\tilde{\mathrm{d}}\boldsymbol{\omega}}{\mathrm{d}t} + \boldsymbol{\omega}\times\boldsymbol{\omega} = \frac{\tilde{\mathrm{d}}\boldsymbol{\omega}}{\mathrm{d}t} \tag{a}$$

$$\frac{\mathrm{d}^2\boldsymbol{r}}{\mathrm{d}t^2}=\frac{\mathrm{d}}{\mathrm{d}t}\left(\frac{\tilde{\mathrm{d}}\boldsymbol{\rho}}{\mathrm{d}t}\right)+\frac{\mathrm{d}}{\mathrm{d}t}(\boldsymbol{\omega}\times\boldsymbol{\rho})$$ #将式(8-21)对时间求导。

$$=\frac{\tilde{\mathrm{d}}}{\mathrm{d}t}\left(\frac{\tilde{\mathrm{d}}\boldsymbol{\rho}}{\mathrm{d}t}\right)+\boldsymbol{\omega}\times\frac{\tilde{\mathrm{d}}\boldsymbol{\rho}}{\mathrm{d}t}+\frac{\tilde{\mathrm{d}}}{\mathrm{d}t}(\boldsymbol{\omega}\times\boldsymbol{\rho})+\boldsymbol{\omega}\times(\boldsymbol{\omega}\times\boldsymbol{\rho})$$ #利用式(8-15)。

$$=\frac{\tilde{\mathrm{d}}^2\boldsymbol{\rho}}{\mathrm{d}t^2}+\boldsymbol{\omega}\times\frac{\tilde{\mathrm{d}}\boldsymbol{\rho}}{\mathrm{d}t}+\frac{\tilde{\mathrm{d}}\boldsymbol{\omega}}{\mathrm{d}t}\times\boldsymbol{\rho}+\boldsymbol{\omega}\times\frac{\tilde{\mathrm{d}}\boldsymbol{\rho}}{\mathrm{d}t}+\boldsymbol{\omega}\times(\boldsymbol{\omega}\times\boldsymbol{\rho})$$ #展开。

$$=\boldsymbol{\omega}\times(\boldsymbol{\omega}\times\boldsymbol{\rho})+\frac{\mathrm{d}\boldsymbol{\omega}}{\mathrm{d}t}\times\boldsymbol{\rho}+\frac{\tilde{\mathrm{d}}^2\boldsymbol{\rho}}{\mathrm{d}t^2}+2\boldsymbol{\omega}\times\frac{\tilde{\mathrm{d}}\boldsymbol{\rho}}{\mathrm{d}t}$$ #利用式(a),合并整理。

$$=\boldsymbol{\omega}\times(\boldsymbol{\omega}\times\boldsymbol{\rho})+\boldsymbol{\alpha}\times\boldsymbol{\rho}+\frac{\tilde{\mathrm{d}}^2\boldsymbol{\rho}}{\mathrm{d}t^2}+2\boldsymbol{\omega}\times\boldsymbol{v}_{\mathrm{r}} \tag{b}$$

得到

$$\frac{\mathrm{d}^2\boldsymbol{r}}{\mathrm{d}t^2}=\boldsymbol{\omega}\times(\boldsymbol{\omega}\times\boldsymbol{\rho})+\boldsymbol{\alpha}\times\boldsymbol{\rho}+\frac{\tilde{\mathrm{d}}^2\boldsymbol{\rho}}{\mathrm{d}t^2}+2\boldsymbol{\omega}\times\boldsymbol{v}_{\mathrm{r}} \tag{8-30}$$

牵连点 M' 作圆周运动,即牵连加速度

$$\boldsymbol{a}_{\mathrm{e}}=\boldsymbol{a}_{\mathrm{e}}^{n}+\boldsymbol{a}_{\mathrm{e}}^{\tau}=\boldsymbol{\omega}\times(\boldsymbol{\omega}\times\boldsymbol{\rho})+\boldsymbol{\alpha}\times\boldsymbol{\rho} \tag{8-31}$$

动点 M 的相对加速度

$$\boldsymbol{a}_{\mathrm{r}}=\frac{\tilde{\mathrm{d}}^2\boldsymbol{\rho}}{\mathrm{d}t^2} \tag{8-32}$$

式(8-30)右边最后一项由相同的两项合并而成为,一部分来自 $\mathrm{d}\,\boldsymbol{v}_{\mathrm{r}}/\mathrm{d}t$,其物理意义为动系的牵连运动所引起的 M 点的相对速度变化;另一部分来自 $\mathrm{d}\,\boldsymbol{v}_{\mathrm{e}}/\mathrm{d}t$,其物理意义为 M 点的相对运动引起的变化;它们合称为科里奥利加速度,记作 $\boldsymbol{a}_{\mathrm{c}}$,由科里奥利(Coriolis. G. G. , 1792—1843)于1835年首先提出。

$$\boldsymbol{a}_{\mathrm{c}}=2\boldsymbol{\omega}\times\boldsymbol{v}_{\mathrm{r}} \tag{8-33}$$

将式(8-30)~式(8-33)代入式(8-3b),导出(8-24)。即牵连运动为定轴转动参照系时,动点的绝对加速度等于其牵连加速度、相对加速度与科里奥利加速度的矢量和。

8.3.3 科里奥利加速度的物理意义

为说明科里奥利加速度的物理意义,以一动点在作匀速定轴转动的杆 OA 上作变速直线运动为例(图8-11)。设动点在 t 瞬时的位置为 M,$t+\Delta t$ 瞬时的位置为 M',M_0 和 M_0' 分别为 t 和 $t+\Delta t$ 瞬时杆上两点,满足条件 $OM_0=OM$,$OM_0'=OM'$。若点 M 和点 M' 的速度分别以 $\boldsymbol{v}$ 和 $\boldsymbol{v}'$ 表示,点 M_0' 的相对速度以 $\boldsymbol{v}_{\mathrm{r}}''$ 表示,点 M_0 的牵连速度以 $\boldsymbol{v}_{\mathrm{e}}''$ 表示,则动点的绝对加速度为

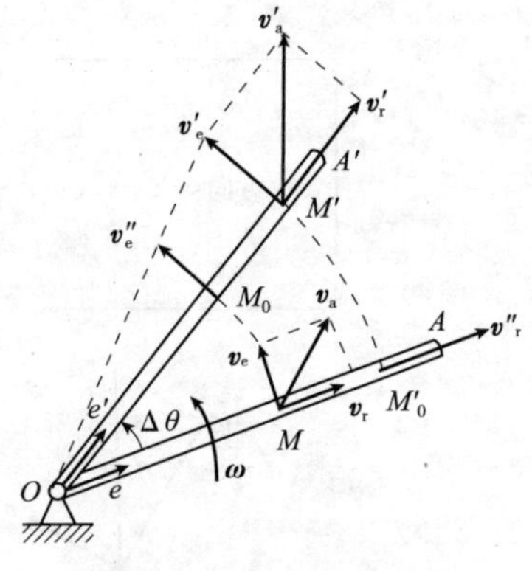

图8-11 科里奥利加速度

$$\boldsymbol{a}_{\mathrm{a}}=\lim_{\Delta t\to 0}\frac{\boldsymbol{v}_{\mathrm{a}}'-\boldsymbol{v}_{\mathrm{a}}}{\Delta t}=\lim_{\Delta t\to 0}\frac{(\boldsymbol{v}_{\mathrm{e}}'+\boldsymbol{v}_{\mathrm{r}}')-(\boldsymbol{v}_{\mathrm{e}}+\boldsymbol{v}_{\mathrm{r}})}{\Delta t}$$

$$=\lim_{\Delta t\to 0}\frac{\boldsymbol{v}_{\mathrm{e}}'-\boldsymbol{v}_{\mathrm{e}}''}{\Delta t}+\lim_{\Delta t\to 0}\frac{\boldsymbol{v}_{\mathrm{e}}''-\boldsymbol{v}_{\mathrm{e}}}{\Delta t}+\lim_{\Delta t\to 0}\frac{\boldsymbol{v}_{\mathrm{r}}'-\boldsymbol{v}_{\mathrm{r}}''}{\Delta t}+\lim_{\Delta t\to 0}\frac{\boldsymbol{v}_{\mathrm{r}}''-\boldsymbol{v}_{\mathrm{r}}}{\Delta t} \tag{8-34a}$$

其中右边第二项和第四项分别为牵连加速度和相对加速度

$$\boldsymbol{a}_e = \lim_{\Delta t \to 0} \frac{\boldsymbol{v}_e'' - \boldsymbol{v}_e}{\Delta t} \tag{8-34b}$$

$$\boldsymbol{a}_r = \lim_{\Delta t \to 0} \frac{\boldsymbol{v}_r'' - \boldsymbol{v}_r}{\Delta t} \tag{8-34c}$$

式(8-34a)右边第一项和第三项之和为科里奥利加速度

$$\boldsymbol{a}_c = \lim_{\Delta t \to 0} \frac{\boldsymbol{v}_e' - \boldsymbol{v}_e''}{\Delta t} + \lim_{\Delta t \to 0} \frac{\boldsymbol{v}_r' - \boldsymbol{v}_r''}{\Delta t} \tag{8-34d}$$

式(8-34a)右边第一项中，$\boldsymbol{v}_e' = \boldsymbol{\omega} \times \overrightarrow{OM'}$，$\boldsymbol{v}_e'' = \boldsymbol{\omega} \times \overrightarrow{OM_0}$，则有

$$\lim_{\Delta s \to 0} \frac{\boldsymbol{v}_e' - \boldsymbol{v}_e''}{\Delta t} = \boldsymbol{\omega} \times \lim_{\Delta s \to 0} \frac{\overrightarrow{OM'} - \overrightarrow{OM_0}}{\Delta t} = \boldsymbol{\omega} \times \boldsymbol{v}_r \tag{8-35a}$$

式(8-34a)右边第三项中，$\boldsymbol{v}_r'$和$\boldsymbol{v}_r''$大小相同，方向不同。设它们的单位矢量分别为$\boldsymbol{e}'$和$\boldsymbol{e}$，模值均为v_r'，根据式(7-11)有

$$\begin{aligned} \lim_{\Delta t \to 0} \frac{\boldsymbol{v}_r' - \boldsymbol{v}_r''}{\Delta t} &= \lim_{\Delta t \to 0} \frac{v_r'\boldsymbol{e}' - v_r'\boldsymbol{e}}{\Delta t} = (\lim_{\Delta t \to 0} v_r') \lim_{\Delta t \to 0} \frac{\boldsymbol{e}' - \boldsymbol{e}}{\Delta t} \\ &= v_r \frac{\mathrm{d}\boldsymbol{e}}{\mathrm{d}t} = v_r \boldsymbol{\omega} \times \boldsymbol{e} = \boldsymbol{\omega} \times \boldsymbol{v}_r \end{aligned} \tag{8-35b}$$

科氏加速度由式(8-35a)，式(8-35b)两项组成，分别表示动系的牵连运动引起的动点相对速度方向的变化，以及动点的相对运动引起的动点牵连速度大小的变化。

例题 8-7 如图 8-12 所示机构中杆 AB 沿铅垂滑槽运动，速度为$\boldsymbol{v}$，加速度为$\boldsymbol{a}$，试求摇杆 OC 的角速度和角加速度。

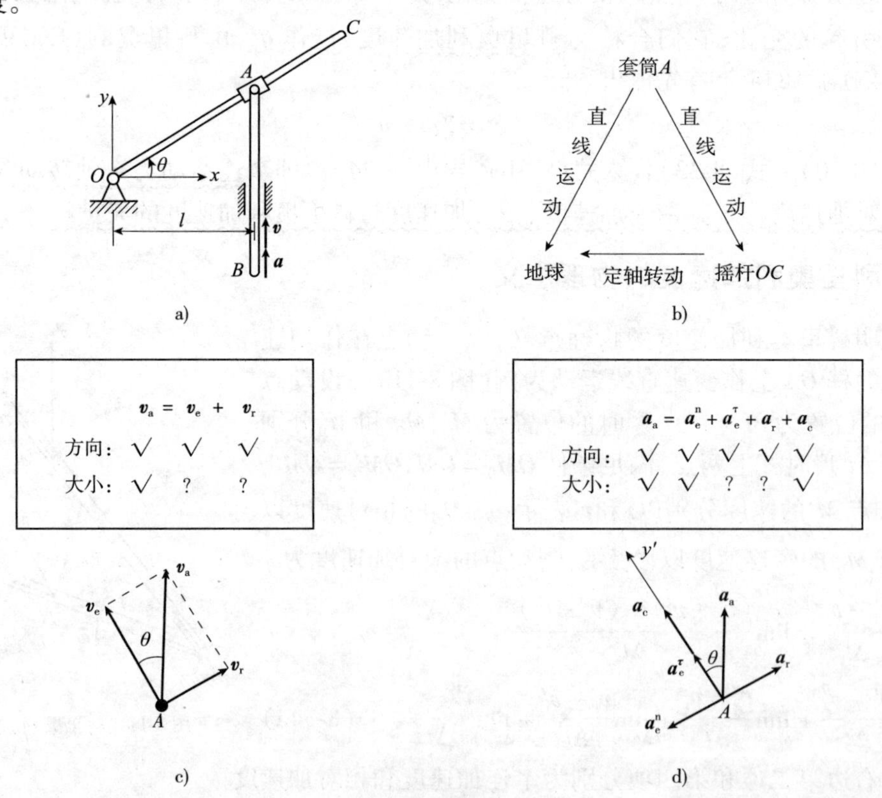

图 8-12 例题 8-7

解:(1)运动分析[图 8-12b)]。

以滑块上的点 A 为动点,杆 OC 为动系,牵连点是杆 OC 上的 A'点。

(2)速度分析[图 8-12c)]。

$$OA' = \frac{l}{\cos\theta}, v_a = v$$

$$v_r = v\sin\theta, v_e = v\cos\theta$$

$$\omega_{OC} = \frac{v_e}{OA'}, \omega_{OC} = \frac{v}{l}\cos^2\theta$$

(3)加速度分析[图 8-12d)]。

$$a_a = a, a_c = 2\omega_e v_r = \frac{v^2}{l}\cos\theta\sin2\theta$$

$$y': a_a\cos\theta = a_e^\tau + a_c$$

$$a_e^t = a\cos\theta - \frac{v^2}{l}\cos\theta\sin2\theta$$

$$\alpha_{OC} = \frac{a_e^\tau}{OA'}, \alpha_{OC} = \left(\frac{a}{l} - \frac{v^2}{l^2}\sin2\theta\right)\cos^2\theta$$

讨论与练习

(1)科里奥利加速度 $\boldsymbol{a}_c$ 的方向,将$\boldsymbol{v}_r$ 沿 $\boldsymbol{\omega}_e$ 转向旋转 90°即可。

(2)牵连点 A'为圆周运动,牵连加速度有两项 $\boldsymbol{a}_e^n$、$\boldsymbol{a}_e^\tau$。

例题 8-8 图示导杆机构中,已知曲柄 OA 的长度为 l_1,转角 $\theta = \omega t$(ω 为常值),OO'的距离为 l_2。曲柄的 A 端铰接一滑块,滑块可在导杆 $O'B$ 上滑动。试求滑块相对导杆的滑动速度和加速度。

解:(1)运动分析[图 8-13b)]。

以滑块上点 A 为动点,$O'B$ 为动系。牵连点是杆 $O'B$ 上的 A'点。

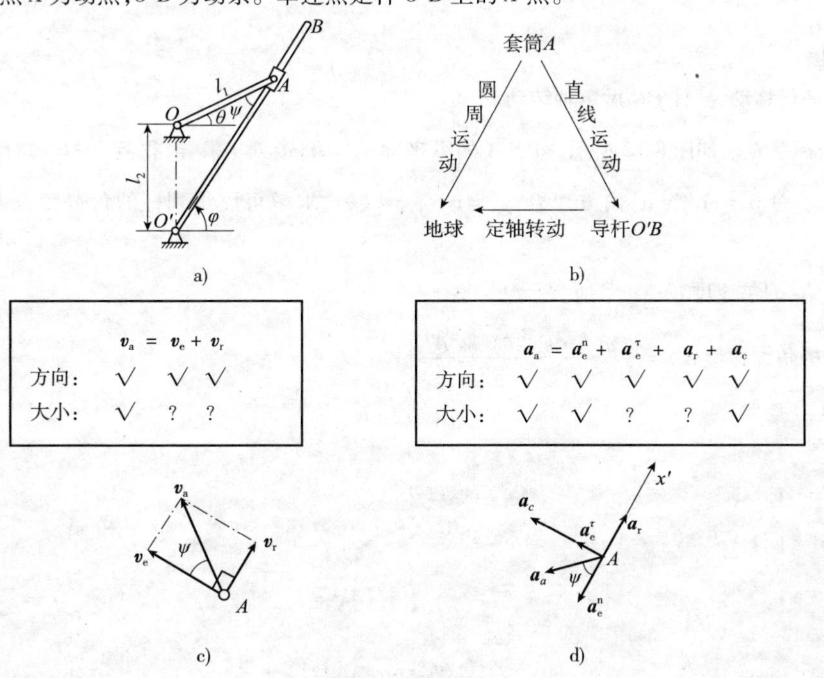

图 8-13 例题 8-8

(2)速度分析[图 8-13c)]。

在三角形 $O'OA$ 中,根据正弦定理列出

$$\frac{l_2}{\sin\psi}=\frac{l_1}{\sin(\pi/2-\varphi)}=\frac{\rho}{\sin(\pi/2+\theta)}$$

$$O'A'=\rho,\sin\psi=\frac{l_2}{l_1}\cos\varphi,\omega_{OA}=\omega,v_a=\omega l_1$$

$$v_e=v_a\cos\psi=\omega l_1\cos\psi,\omega_{O'B}=\frac{v_e}{O'A'}=\frac{l_1}{\rho}\omega\cos\psi$$

$$v_r=v_a\sin\psi=\omega l_1\sin\psi,v_r=l_2\omega\cos\varphi$$

(3)加速度分析[图 8-13d)]。

$$a_a=OA\cdot\omega_{OA}^2=l_1\omega^2,a_e^n=O'A'\cdot\omega_{O'B}^2=\frac{l_1^2}{\rho}\omega^2\cos^2\psi$$

$$x':-a_a\cos\psi=-a_e^n+a_r \tag{1}$$

$$a_r=-\frac{l_1l_2}{2\rho}\omega^2\sin2\psi$$

讨论与练习

(1)科里奥利加速度 $\boldsymbol{a}_c$ 的方向,将 $\boldsymbol{v}_r$ 沿 $\boldsymbol{\omega}_e$ 转向旋转 90°即可。

(2)牵连点 A' 为圆周运动,牵连加速度有两项 $\boldsymbol{a}_e^n,\boldsymbol{a}_e^\tau$。

8.4 Maple 编程示例

编程题 8-1 试用分析求导法解例题 8-7。

已知:l,θ,v,a。

求:ω_{OC},α_{OC}。

解:• 建模

杆 AB 做平行移动,摇杆 OC 做定轴转动。

建立定坐标系 Oxy 如图 8-12 所示,将点 A 的纵坐标 $y_A=l\tan\theta$ 对 t 求导,得到 $\dot{y}_A=v$,对时间 t 求两次导,得到 $\ddot{y}_A=a$。令 $\dot{\theta}=\omega,\ddot{\theta}=\alpha$,由方程组 $\dot{y}_A=v$、$\ddot{y}_A=a$ 联立求解可以得到杆的角速度 ω 和杆的角加速度 α。

答:摇杆 OC 的角速度 $\omega_{OC}=\frac{v}{l}\cos^2\theta$;

摇杆 OC 的角加速度 $\alpha_{OC}=\frac{(al-v^2\sin2\theta)\cos^2\theta}{l^2}$。

• Maple 程序

```
> restart:                                          #清零。
> y[A]:=l*tan(theta(t)):                            #点 A 的纵坐标。
> eq1:=diff(y[A],t)=v:                              # ẏA=v。
> eq2:=diff(y[A],t$2)=a:                            # ÿA=a。
> eq1:=subs(diff(theta(t),t)=omega,eq1):#代换。
> eq2:=subs(diff(theta(t),t$2)=alpha,diff(theta(t),t)=omega,eq2):
```

```
>                                              #代换。
> SOL1 : = solve( { eq1 ,eq2} , { omega, alpha} ) : #解方程组。
> omega : = subs( SOL1 ,omega) :               # θ̇ =ω。
> alpha : = subs( SOL1 ,alpha) :               # θ̈=α。
> omega : = normal( convert( omega, sincos) ) : #数学式的转换和标准化。
> alpha : = normal( convert( alpha, sincos) ) : #数学式的转换和标准化。
> omega : = normal( combine( omega) ) ;        #摇杆 OC 的角速度。
> alpha : = normal( combine( alpha) ) ;        #摇杆 OC 的角加速度。
```

思考题

思考题 8-1 如何选择动点和动参考系？在如图 8-14 所示机构中，以滑块 A 为动点，为什么不宜以曲柄 OA 为动参考系？若以 O_1B 上的 A' 点为动点，以曲柄 OA 为动参考系，是否可求出 O_1B 的角速度、角加速度？

思考题 8-2 如图 8-15 所示，为求凸轮机构中 AB 杆的加速度，选圆盘上与 A 点重合的点 A' 为动点，动系固结在 AB 上。这样选择好吗？为什么？

思考题 8-3 如图 8-16 所示，曲柄 O_1A 以 $\boldsymbol{\omega}_{O1}$ 绕轴 O_1 转动，并带动直角曲杆 O_2B 在图平面内运动。若取套筒 A 为动点，杆 O_2B 为动参考体，则在图示瞬时套筒相对速度的大小为(　　)，牵连速度的大小为(　　)。(方向在图中表示)

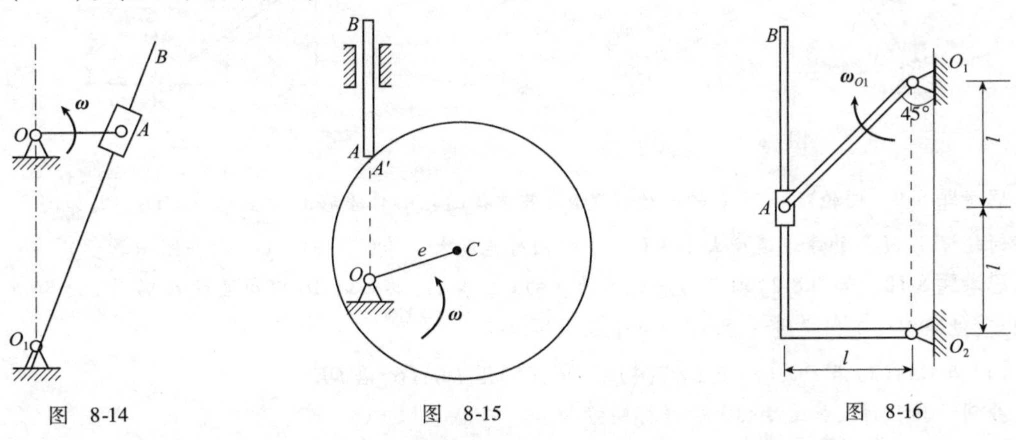

图 8-14　　图 8-15　　图 8-16

思考题 8-4 如图 8-17 所示，刻有直槽 CA 的正方形板 $OABC$ 绕 O 轴转动，M 点以 $s=CM=50t^2$ (s 以 mm 计)的规律在槽内运动，若 $\omega=\sqrt{2}t$(ω 以 rad/s 计)，则当 $t=1$s 时，点 M 的科氏加速度为(　　)。(方向在图中表示)

思考题 8-5 如图 8-18 所示，一平面机构，在图示位置，OA 杆的角速度为 $\boldsymbol{\omega}$，若取套管 B 为动点，动系固结于摇杆 OA 上，则该瞬时动点的科氏加速度 $\boldsymbol{a}_c$ 的大小与方向是(　　)。

A. $a_c=2\omega v_r$，方向水平向左

B. $a_c=2\omega v_r$，方向水平向右

C. $a_c=0$

思考题 8-6 如图 8-19 所示，系统按 $s=a+b\sin\omega t$，且 $\theta=\omega t$(式中 a,b,ω 均为常量)的规律运动，杆长 l，若取小球 A 为动点，物体 B 为动参考体，则牵连加速度大小 $a_e=$(　　)，相对加速度大小 $a_r=$(　　)，科氏加速度大小 $a_c=$(　　)。(方向在图中表示)

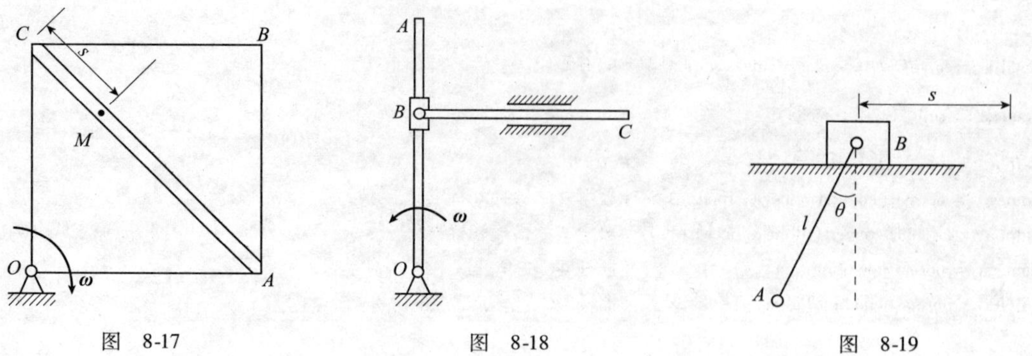

图 8-17　　图 8-18　　图 8-19

思考题 8-7　如图 8-20 所示，一曲柄连杆机构，在图示位置时($\varphi=60°$，$OA \perp AB$)，曲柄 OA 的角速度为 $\boldsymbol{\omega}$，若取滑块 B 为动点，动参考体与 OA 固连在一起，设 OA 长 r，则在该瞬时动点牵连速度的大小为(　　)。(方向在图中表示)

A. $r\omega$　　B. $2r\omega$　　C. $\sqrt{3}r\omega$　　D. 0

思考题 8-8　如图 8-21 所示系统中，以 $Ax'y'$ 为动参考系，A 总在 Ox 轴上运动，$AB=l$。

(1) B 点的相对轨迹是什么？

(2) 若 $\varphi=kt$，k 为常量，试求 B 点的相对速度和相对加速度。

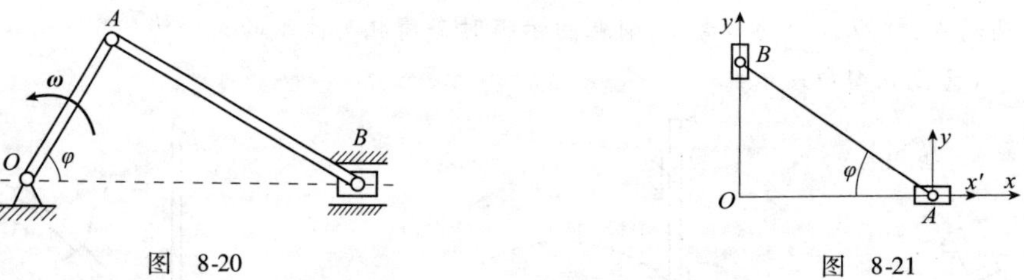

图 8-20　　图 8-21

思考题 8-9　圆轮半径为 R，轮心速度为 $\boldsymbol{v}_O$，若选择随轮心作平移的动坐标系 $x'Oy'$，则如图 8-22 所示瞬时轮缘上 M 点的牵连速度大小为(　　)，相对速度大小为(　　)。(方向在图中表示)

思考题 8-10　如图 8-23 所示为一边长为 a 的正方体，绕其一边 AB 以角速度 $\boldsymbol{\omega}$ 转动。一动点自 D 点出发，设分别沿下列直线以匀速 $\boldsymbol{v}$ 相对于正方体运动。

(1)沿 DA；(2)沿 DC；(3)沿 DH；(4)沿 DE；(5)沿 DG；(6)沿 DF。

分别计算其科氏加速度的大小并标明方向。

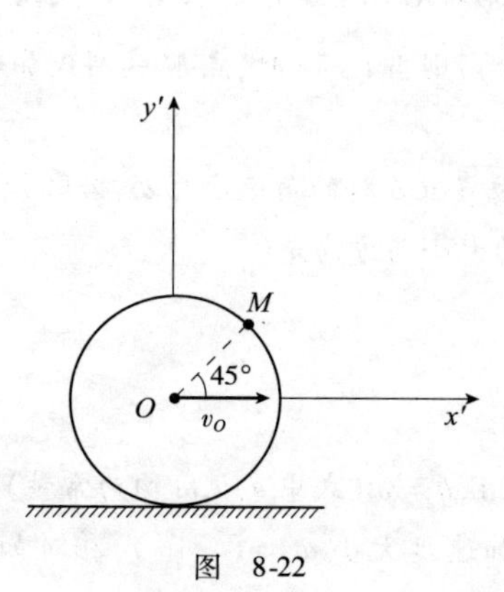

图 8-22

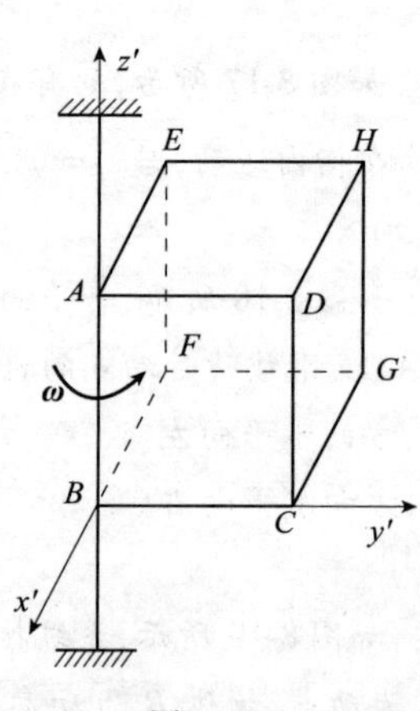

图 8-23

习题

A 类型习题

习题 8-1 如图 8-24 所示机构，已知曲柄 $OA=r$，以角速度 $\boldsymbol{\omega}$ 绕 O 轴转动，构件 $BCDE$ 的 DE 段可在 $\varphi=30°$ 的滑道内滑动，CD 段水平，BC 段铅直。试求当 $\theta=30°$ 时，构件 $BCDE$ 上 B 点的速度。

习题 8-2 如图 8-25 所示，直角杆 OAB 可绕 O 轴转动，圆弧形杆 CD 固定，小环 M 套在两杆上。已知：$OA=R$，$R=1\text{m}$，小环 M 沿 DC 由 D 往 C 做匀速运动，速度为 $v=\dfrac{\pi R}{3}(\text{m/s})$，并带动 OAB 转动。试求 OA 处于水平线 OO_1 位置时，杆 OAB 上 A 点的速度。

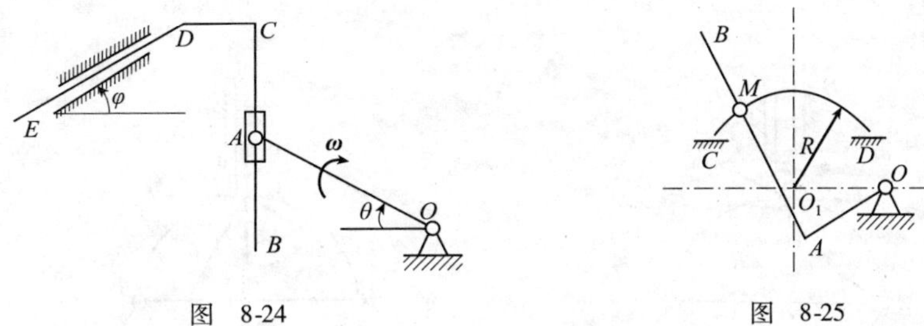

图 8-24　　图 8-25

习题 8-3 如图 8-26 所示，小环套在固定杆 OA 和半径 $R=36\text{cm}$ 的金属半圆上，半圆环运动规律为 $OD=36[1+\sin(t/6)]$（t 以 s 计，OD 以 cm 计）。试求：$t=5\pi(\text{s})$ 时，小环 M 的绝对速度和相对圆环的速度。

习题 8-4 半径为 R 的圆环以匀速度 $\boldsymbol{\omega}$，在如图 8-27 所示平面内绕转动轴 O 转动（顺时针），$\varphi=\omega t$，圆环上有一动点 M 沿圆周按逆时针方向运动，$s=2R\omega t$，在初瞬时，M 点在 M_0 处，而圆环直径 OM_0 与 y 轴重合（M_0 在 O 点之上）。试求 $R=1\text{m}$，$t=\dfrac{\pi}{4}\text{s}$，$\omega=4\text{rad/s}$ 时，动点 M 的绝对速度。

习题 8-5 如图 8-28 所示结构，$O_1A=O_2B=r=40\text{cm}$，$O_1O_2=AB=2L=60\text{cm}$，小环 M 套在杆 AB 和固定铅垂直杆 CD 上。在图示位置时，杆 O_1A 的角速度为 $\omega=0.5\text{rad/s}$，O_1A 与 O_2B 处于铅垂位置。试求该瞬时小环 M 的绝对速度和相对于 AB 杆的速度。

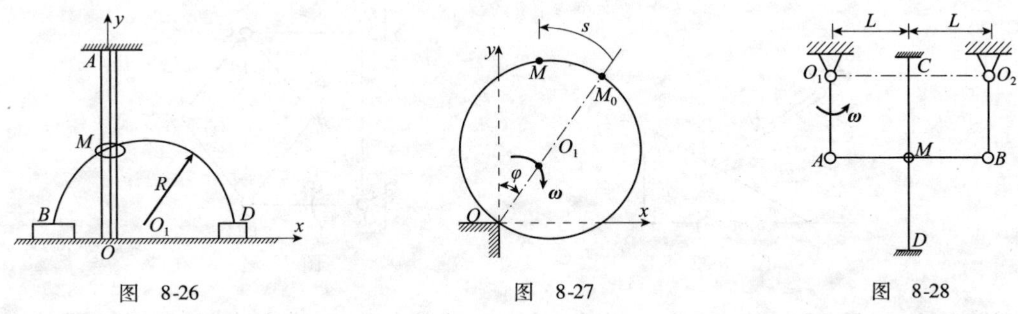

图 8-26　　图 8-27　　图 8-28

习题 8-6 曲柄摇杆机构如图 8-29 所示。已知：曲柄 O_1A 以匀角速度 $\boldsymbol{\omega}_1$ 绕轴 O_1 转动，$O_1A=R$，$O_1O_2=b$，$O_2D=L$。试求当 O_1A 水平位置时，杆 BC 的速度。

习题 8-7 曲柄导杆机构如图 8-30 所示，已知在图示位置，曲柄 OA 的角速度为 $\boldsymbol{\omega}$，角加速度为 $\boldsymbol{\alpha}$。设曲柄的长度为 $\boldsymbol{r}$，试求图示瞬时$\left(\theta\leqslant\dfrac{\pi}{2}\right)$导杆上 C 点的速度和加速度。

习题 8-8 运动机构如图 8-31 所示，半径为 R 的半圆盘上 A 和 B 点分别与长均为 r 的曲柄 O_1A 和 O_2B 铰链连接，$O_1O_2=2R$，已知在图示位置，O_1A 与水平线 O_1O_2 的夹角为 θ，曲柄 O_1A 的角速度为 ω，角加速度为 α。铅垂杆 CD 的端点在半圆盘的最高点，试求此时杆上 D 点的速度和加速度。

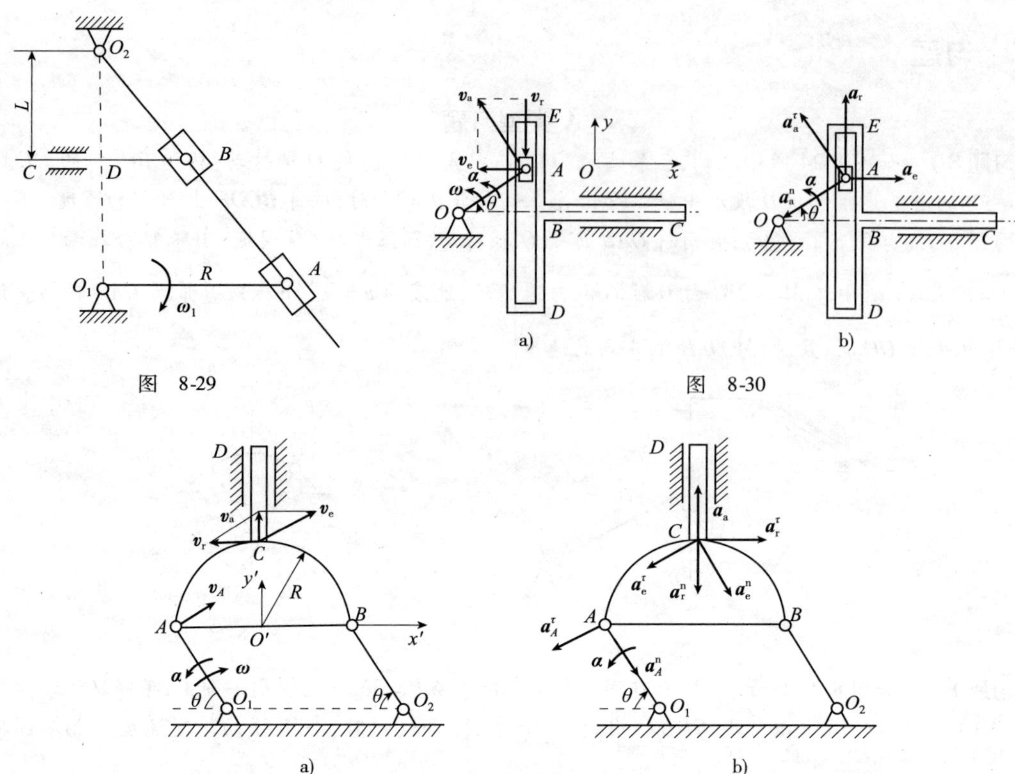

图 8-29

图 8-30

图 8-31

习题8-9 如图8-32所示系统，当楔块以匀速$\boldsymbol{v}$向左运动时，迫使OA杆绕O点转动。若OA杆长为L，$\varphi=30°$，试求当OA杆与水平线成角$\beta=30°$时，杆OA的角速度与角加速度。

习题8-10 如图8-33所示，杆$O_1A=O_2C=16\text{cm}$，匀角速度$\omega=1\text{rad/s}$，$AC=O_1O_2=30\text{cm}$，$BD=20\text{cm}$。动点M按方程$OM=0.5t^2$（其中OM以cm计，t以s计）沿菱形对角线BD运动。当$t=1\text{s}$时，O_1A水平，AC铅垂。试求该瞬时动点M的绝对速度和绝对加速度。

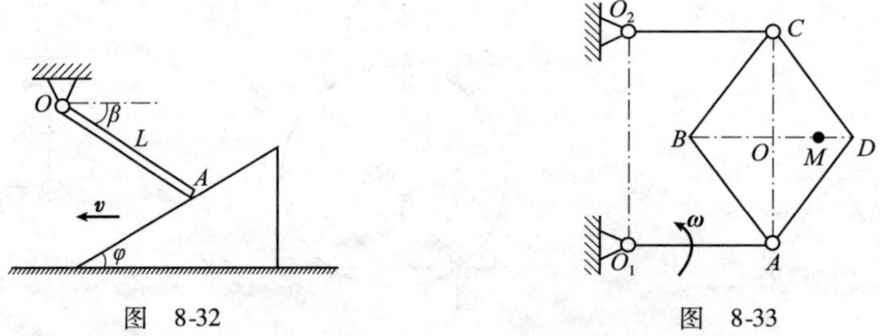

图 8-32

图 8-33

习题8-11 如图8-34所示，杆$O_1A=O_2B=48\text{cm}$，按规律$\varphi=\pi t/4$绕轴O_1和O_2转动，带动半径$r=24\text{cm}$的环状管运动。在管内小球按方程$OM=s=3\pi t^2\text{cm}$运动，t以s计。试求当$t=2\text{s}$时，小球的绝对速度和加速度（以水平分量和铅垂分量表示）。

习题8-12 平面机构如图8-35所示。曲柄OA绕O轴以$\varphi=\pi t/18$规律转动，带动T形杆BCD左右运动，半径为R的半圆形板与T形杆刚连，动点M沿半圆按$O_1M=L=\pi t^2$规律运动，式中φ以rad计，L以cm计，t以s计。已知：$OA=R=18\text{cm}$。试求当$t=3\text{s}$时，动点M的绝对速度和绝对加速度。

习题8-13 直杆OA绕轴O转动（图8-36），有一小环M沿杆匀速运动，其速度大小为$\boldsymbol{u}$。在图示位置杆OA的角速度为$\boldsymbol{\omega}$，角加速度为$\boldsymbol{\alpha}$，$OM=L$，试求此时小环M的绝对速度和绝对加速度的大小。

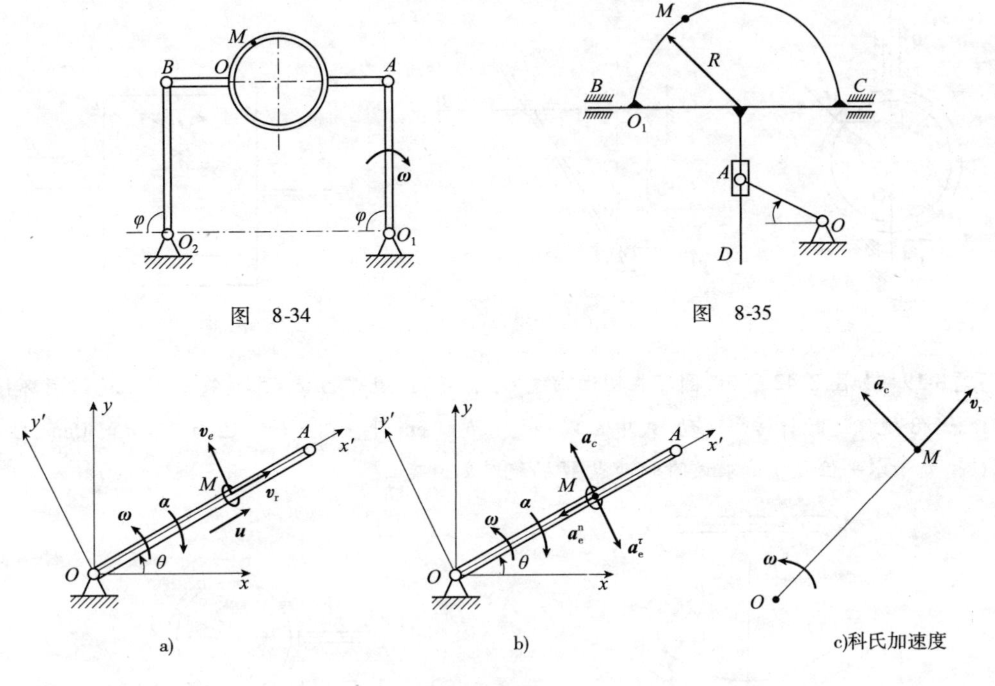

图 8-34　　图 8-35

图 8-36

习题 8-14　杆 OA 由高为 h 的矩形板 $BCDE$ 推动而在图面内绕轴 O 转动，板以匀速 u 移动，如图 8-37所示。试求图示位置杆 OA 的角速度和角加速度(不计杆的宽度)。

进一步练习：若取杆 OA 上的某一点 P 为动点，动参考系固连在板 $BCDE$ 上，试求相对运动轨迹。

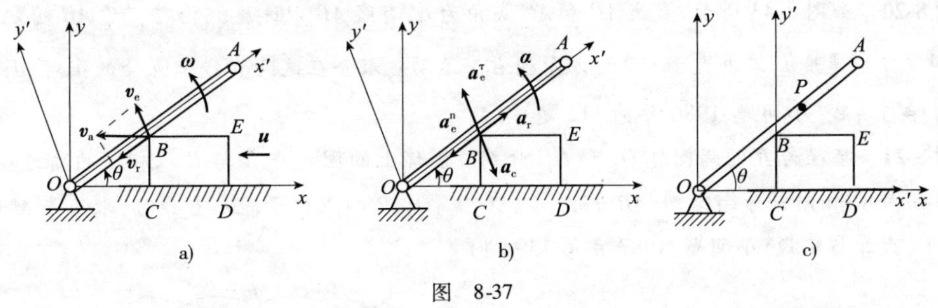

图 8-37

习题 8-15　点 M 以大小不变的相对速度$\boldsymbol{v}_r$ 沿管子运动，管子弯成半径为 R 的圆周，并绕圆周的直径上的固定轴 AB 以匀角速度 $\boldsymbol{\omega}$ 转动，如图 8-38 所示。已知 $\omega = v_r/R$，试求点 M 加速度的大小(表示成 φ 的函数)。

习题 8-16　如图 8-39 所示，小环 M 套在固定水平杆 AB 和绕 O 轴转动的 OD 杆上，CD 杆的运动规律为 $\varphi = (\pi/3)\sin(\pi t/6)$(4 以 rad 计，$t$ 以 s 计)。设 $OC = L = 54\text{cm}$。取 OD 杆为动参考系。试求 $t = 1\text{s}$ 时，小环 M 的科氏加速度的大小和方向。

习题 8-17　如图 8-40 所示，平板以 $\omega = 3t\text{rad/s}$ 的角速度绕轴 AB 转动，板上有一与水平线成夹角 $\theta = 30°$的斜槽，点 M 以 $s = 2t^3$ 的规律(s 以 cm 计，t 以 s 计)在槽内运动。若取平板为动参考系，试求当 $t = 1\text{s}$，板在铅垂位置时，点 M 的绝对速度和科氏加速度，并说明方向。

习题 8-18　如图 8-41 所示，人 A 以匀速 $v_A = 5\text{km/h}$ 沿直线道路行走，汽车沿半径 $R = 150\text{cm}$ 的圆形道路行驶，其中心点 B 的匀速率为 $v_B = 50\text{km/h}$。已知在图示位置时，$AB \perp MN$。试求该瞬时汽车上的乘客所观察到人 A 的速度和加速度。

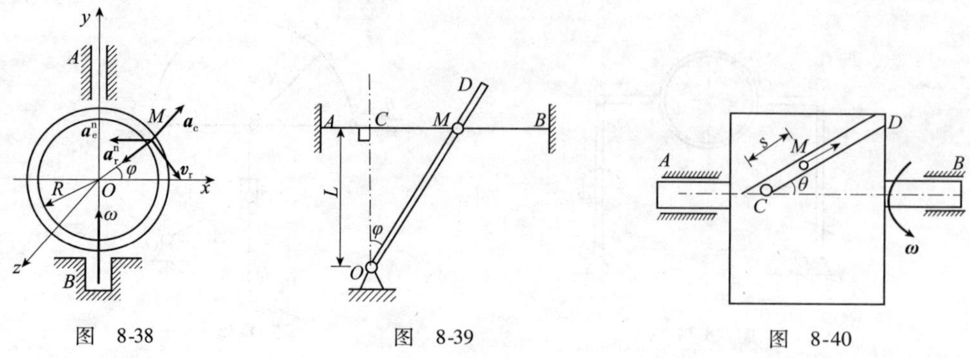

图 8-38　　图 8-39　　图 8-40

习题 8-19　如图 8-42 所示，圆环在图面内绕 O_1 轴转动，规律为 $\varphi=5t-4t^2$，动点 M 沿圆环按 $OM=b=15\pi t^3/8$ 规律逆时针转向运动，式中 φ 以 rad 计，b 以 cm 计，t 以 s 计。已知：$R=d=30\text{cm}$，当 $t=2\text{s}$ 时，O_1O 恰处于水平位置。试求该瞬时动点 M 的绝对加速度。

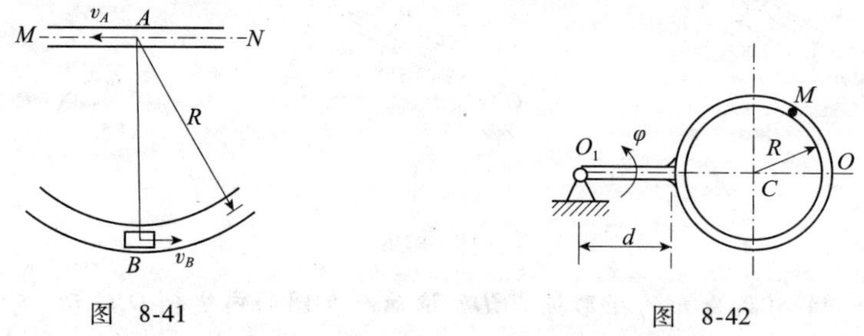

图 8-41　　图 8-42

B 类型习题

习题 8-20　如图 8-43 所示，直线 AB 和 AC 夹角为 α，直线 AB 以速度 $\boldsymbol{v}_1$ 沿垂直于 AB 的方向朝下移动，而直线 CD 以速度 $\boldsymbol{v}_2$ 沿垂直于 CD 的方向朝右下运动。求套在这两直线交点处的小环 M 的速度大小。（《力学与实践》小问题，1986 年第 113 题）

习题 8-21　半径为 R 的两圆环 O_1 和 O_2，分别绕圆环上的固定点 A 与 B 以相同的角速度 $\boldsymbol{\omega}$、角加速度 $\boldsymbol{\alpha}$ 沿如图 8-44 所示方向运动，$\overline{AB}=3R$。当 A、O_1、O_2、B 四点位于同一直线时，求交点 M 的速度和加速度。（《力学与实践》小问题，1987 年第 149 题）

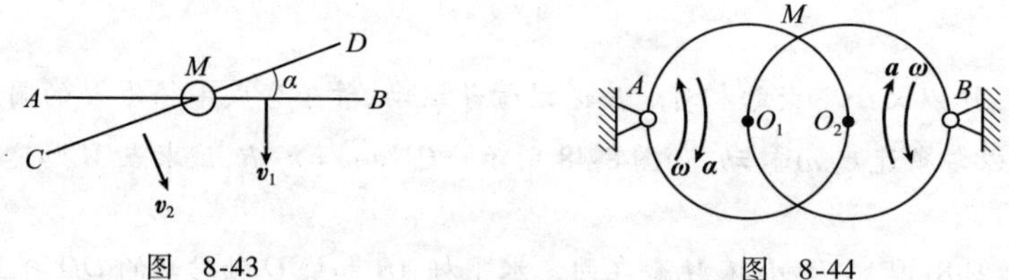

图 8-43　　图 8-44

习题 8-22　小环 M 将大圆环和丁字尺套在一起。大圆环半径为 r，以匀角速度 $\boldsymbol{\omega}$ 绕 O 轴转动，在如图 8-45 所示 $\theta=60°$ 位置，丁字尺 AB 沿水平面以等速 $\boldsymbol{u}$ 向左运动，设 $u=r\omega$。试求此位置小环 M 的速度和加速度。（《力学与实践》小问题，1996 年第 291 题）

习题 8-23　如图 8-46 所示，销钉 M 能在 DBE 杆的竖直槽内滑动，同时又能在 OA 杆的槽内滑动。DBE 杆以等速度 $v_1=10\text{cm/s}$ 向右运动，OA 杆以等角速度 $\omega=1\text{rad/s}$ 顺时针转动，设某时刻 OA 与水平夹角 $\theta=45°$，OM 的距离 $l=10\text{cm}$，求 M 点的绝对运动轨迹在此位置的曲率半径。（《力学与实践》小问题，1983 年第 58 题）

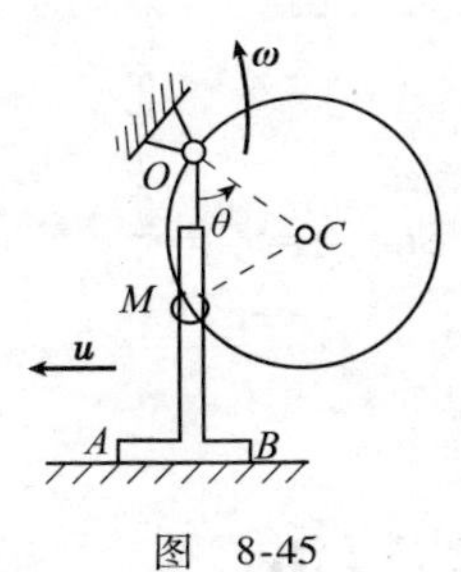

图 8-45

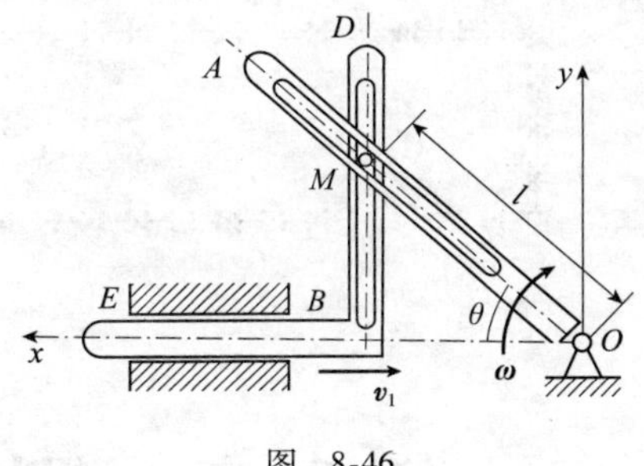

图 8-46

C 类型习题

习题 8-24 如图 8-47 所示，圆环形的管子以恒定角速度 $\boldsymbol{\omega}$ 绕着垂直于环平面的 O 轴转动。质点 M 以恒定速度$\boldsymbol{v}$相对于管子运动。

(1)确定该质点的绝对速度$\boldsymbol{v}_M(t)$和绝对加速度 $\boldsymbol{a}_M(t)$，既在 x、y 惯性坐标系(Ⅰ)中给出，同时在固定于管子的 x^K、y^K 坐标系(K)中给出。

(2)试求在什么角度 ψ 下，速度与角速度比 v/ω，加速度 $\boldsymbol{a}_M$ 可以为零?

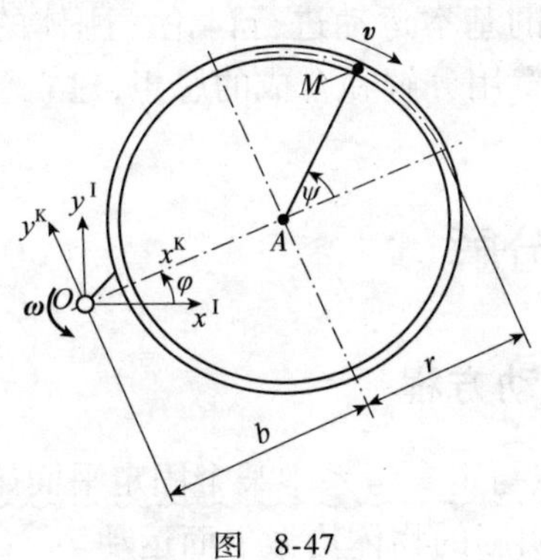

图 8-47

伽利略(Galileo Galilei，1564—1642)。意大利数学家、力学家、物理学家、天文学家。伽利略发明了摆针和温度计，利用望远镜观察天体取得大量成果。伽利略从实验中总结出自由落体定律、惯性定律和伽利略相对性原理等。推翻了亚里士多德物理学的许多臆断，奠定了经典力学的基础，反驳了托勒密的地心体系，有力地支持了哥白尼的日心学说。他的工作为牛顿的理论体系的建立奠定了基础。从伽利略、牛顿开始的实验科学，是近代自然科学的开始。

伽利略在力学方面的成果集中反映在他的著作《关于两种新科学的谈话》中，他这里所说的两种新科学指的是材料力学和动力学。

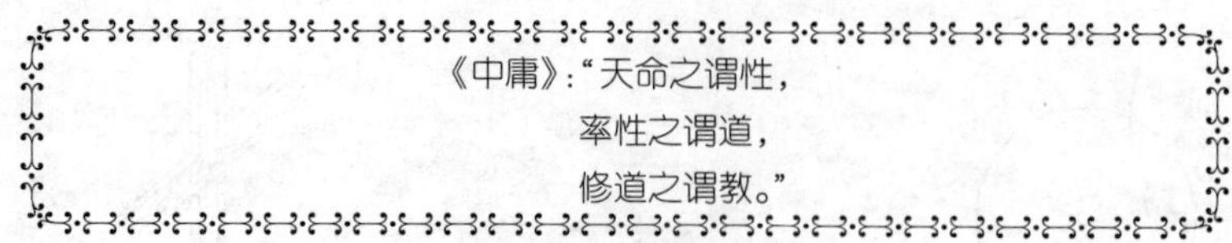

第9章　刚体的平面运动

除了平行移动和定轴转动外,另一种常见的刚体运动是平面运动。研究刚体的平面运动有两方面的意义。一方面,在工程中有许多机构的运动是平面运动或者可以简化成平面运动,因此具有直接应用的意义;另一方面,掌握了研究平面运动的理论和方法后,就可以处理更复杂的运动,因此它是研究复杂运动的基础。对于刚体的较复杂的运动形式,可利用复合运动的概念将其分解为刚体的基本运动进行讨论。刚体的平面运动,可看作是刚体的平行移动和定轴转动的合成。本章用分解和合成的思想,建立平面运动刚体上各点速度之间、加速度之间的关系。

9.1　刚体平面运动的分解

9.1.1　刚体平面运动的运动方程

刚体运动时,如体内任意点与定参考系中某个固定平面始终保持等距离,则此运动称为刚体的平面运动。图9-1中带阴影的物体均做平面运动。

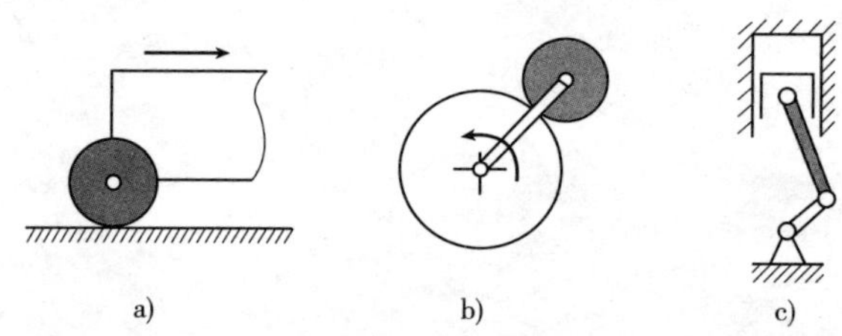

图9-1　刚体平面运动实例

过刚体内任意点 A 作平行于固定平面 Π_0 的平面 Π,它与刚体相交截出一刚性截面,当刚体内任意点始终保持平面 Π_0 等距离时,此截面必保持在 Π 平面内运动。过 A 点作垂直于平面 Π_0 的直线 A_1A_2,则此直线上所有点的运动均与点 A 的运动相同[图9-2a)]。因此刚体的平面运动可用此刚性截面在自身平面内的运动完全表达。在以下的讨论中,只需以刚性截面为研究对象。

以 Π 平面的确定点 O 为原点建立定参考坐标系 $O\xi\eta\zeta$,基矢量为 $\boldsymbol{i}_0$、$\boldsymbol{j}_0$、$\boldsymbol{k}_0$。令 $O\xi\eta$ 坐标面与平面 P 重合,$O\zeta$ 轴沿 Π 平面的法线。在刚性截面内任选一点 A 作为基点,要研究的点 B 称为动点[图9-2b)]。过基点 A 向任意方向作固结于刚体的射线 Ax,称为基线(图9-3)。建立与刚体固连坐标系 $Axyz$,基矢量为 $\boldsymbol{i}$、$\boldsymbol{j}$、$\boldsymbol{k}$。因此刚体的运动就相当于坐标架$[A,\boldsymbol{i},\boldsymbol{j}]$相

对坐标架$[O,\boldsymbol{i}_0,\boldsymbol{j}_0]$的运动。于是刚性截面在 P 平面内的位置可由基点 A 的直角坐标 ξ_A、η_A 以及基线 Ax 相对 $O\xi$ 轴的倾角 φ 完全确定。因此刚体的平面运动具有 3 个自由度,ξ_A、η_A、φ 是确定刚性截面位置的 3 个广义坐标。在运动过程中,ξ_A、η_A 和 φ 是时间 t 的单值连续函数:

$$\boldsymbol{r}_A=\xi_A\boldsymbol{i}_0+\eta_A\boldsymbol{j}_0,\boldsymbol{\varphi}=\varphi\boldsymbol{k}_0 \tag{9-1a}$$

$$\xi_A=\xi_A(t),\eta_A=\eta_A(t),\varphi=\varphi(t) \tag{9-1b}$$

这就是刚体平面运动的运动方程。

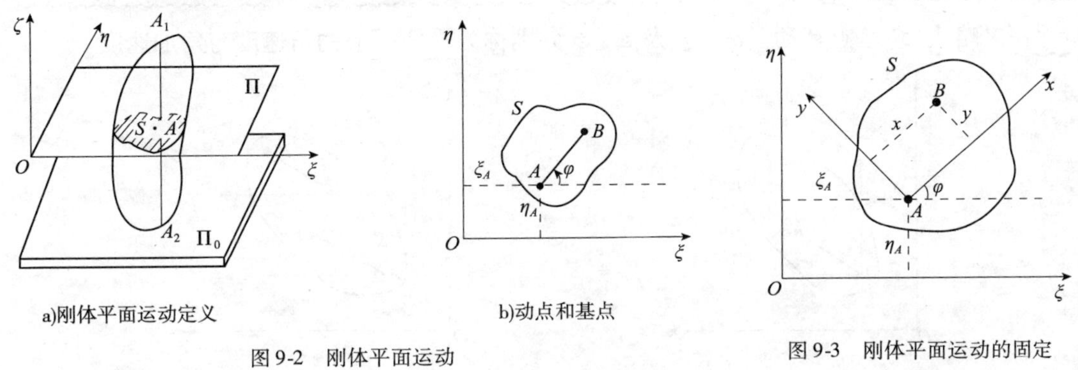

a)刚体平面运动定义　　b)动点和基点

图 9-2　刚体平面运动

图 9-3　刚体平面运动的固定和固连坐标系

9.1.2　平面运动分解为平行移动及定轴转动

为了研究平面运动,除以上固定坐标架$[O,\boldsymbol{i}_0,\boldsymbol{j}_0]$和固连坐标架$[A,\boldsymbol{i},\boldsymbol{j}]$以外,我们再引入一个中间坐标架$[A,\boldsymbol{e}_1,\boldsymbol{e}_2,\boldsymbol{e}_3]$,它的原点就是固连坐标架的原点,即基点 A,它的基矢量取得与固定坐标架的基矢量 $\boldsymbol{i}_0$,$\boldsymbol{j}_0$,$\boldsymbol{k}_0$ 一致,称之为平行移动坐标架。

这个平行移动坐标架具有双重身份。一方面,我们可以把它看成是一个刚体,说确切一点,我们假想平行移动坐标架 Axy 与一个无限延伸的平面固连在一起,这个平面是一个刚体(以平行移动坐标架为其代表)(图 9-4)。根据平行移动的定义,可以立刻断定,对于参考系 $Axyz$ 来说这个刚体的运动是平行移动。又根据平行移动的性质,刚体上任意点的速度、加速度均相等,我们选取基点 A 的速度$\boldsymbol{v}_A$ 和加速度 $\boldsymbol{a}_A$ 为代表,即平行移动坐标架的每一点的速度、加速度与基点的速度、加速度一致。另一方面,我们又可以把平行移动坐标架看成是一个参考系,说确切一点,我们假想与平行移动坐标架$[A,\boldsymbol{e}_1,\boldsymbol{e}_2,\boldsymbol{e}_3]$固连的整个空间是一个参考系 $Axyz$,称为平行移动参考系。有时候也可能只有参考系,而不一定有参考体,平行移动参考系就属于这种情形。对于平行移动参考系而言,被我们研究的刚体是作定轴转动,固定轴 AZ 垂直于运动平面并通过基点 A,以后我们简单地说是绕基点 A 转动。关于平行移动坐标架双重身份的说明,就把刚体的平面运动分解成两部分:刚体对平行移动参考系作定轴转动,平行移动参考系对固定参考系作平行移动。简单地说就是刚体平面运动相当于随基点的平行移动加绕基点的定轴转动。

计算式(9-1)对时间的一阶导数,可分别求得平行移动坐标架(亦即基点 A)的速度和刚性截面相对平行移动坐标系定轴转动的角速度:

$$\boldsymbol{v}_A=\dot{\xi}_A\boldsymbol{i}_0+\dot{\eta}_A\boldsymbol{j}_0,\boldsymbol{\omega}=\dot{\varphi}\boldsymbol{k}_0 \tag{9-2a}$$

$$\dot{\xi}_A=\dot{\xi}_A(t),\dot{\eta}_A=\dot{\eta}_A(t)\quad\dot{\varphi}=\dot{\varphi}(t) \tag{9-2b}$$

计算式(9-2)对时间的一阶导数,可分别求得平行移动坐标架(亦即基点 A)的加速度和刚性截面相对平行移动坐标系定轴转动的角加速度:

$$\boldsymbol{a}_A = \ddot{\xi}_A \boldsymbol{i}_0 + \ddot{\eta}_A \boldsymbol{j}_0, \boldsymbol{\alpha} = \ddot{\varphi} \boldsymbol{k}_0 \tag{9-3a}$$

$$\ddot{\xi}_A = \ddot{\xi}_A(t), \ddot{\eta}_A = \ddot{\eta}_A(t), \ddot{\varphi} = \ddot{\varphi}(t) \tag{9-3b}$$

如果选图形上不同的点 A、A'为基点(图 9-5),则因点 A、A'的运动不同,图形的平行移动部分与基点选择有关;但图形上的两条直线 AB、$A'B'$永远平行(或相差一常数角度),所以图形的转动部分与基点选择无关。特别是,图形绕基点转动的角速度 $\omega = \dot{\varphi}$,角加速度 $\alpha = \ddot{\varphi}$ 与基点选择无关。略去“绕基点转动”,$\omega = \dot{\varphi}$ 及 $\alpha = \ddot{\varphi}$ 分别称为平面图形的角速度与角加速度。

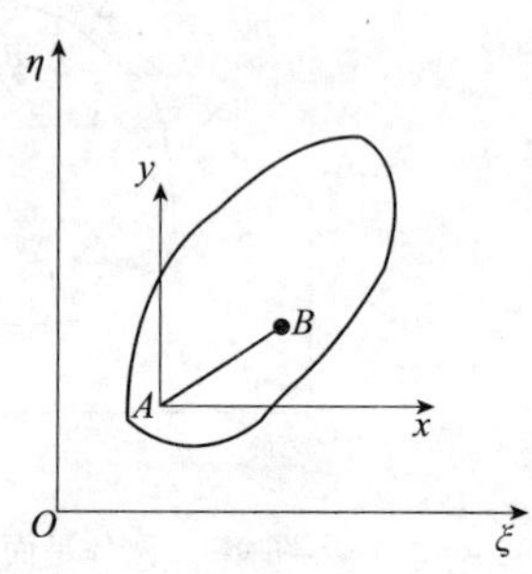

图 9-4 刚体平面运动的平行移动参考系

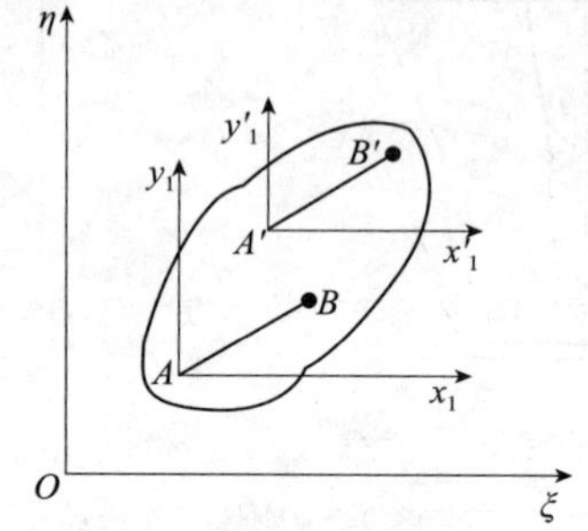

图 9-5 选择不同基点的刚体平面运动

9.1.3 平面运动刚体上动点和基点的关系

如图 9-6 所示,平面运动刚体上动点和基点的位置关系

$$\boldsymbol{r}_B = \boldsymbol{r}_A + \boldsymbol{r}_{B|A} \tag{9-4}$$

将式(9-4)两边对时间求导,得平面运动刚体上动点和基点的速度关系

$$\dot{\boldsymbol{r}}_B = \dot{\boldsymbol{r}}_A + \dot{\boldsymbol{r}}_{B|A} \tag{a}$$

$$\boldsymbol{v}_B = \boldsymbol{v}_A + \boldsymbol{v}_{B|A} \tag{9-5}$$

将式(9-5)两边对时间求导,得平面运动刚体上动点和基点的加速度关系

$$\dot{\boldsymbol{v}}_B = \dot{\boldsymbol{v}}_A + \dot{\boldsymbol{v}}_{B|A} \tag{b}$$

$$\boldsymbol{a}_B = \boldsymbol{a}_A + \boldsymbol{a}_{B|A} \tag{9-6}$$

例题 9-1 半径为 r 的圆轮沿直线轨道运动(图 9-7),在运动过程中,圆轮与轨道接触无相对滑动,即纯滚动。已知轮心 C 的运动规律 $x_C = x_C(t)$,试求圆轮的角速度、角加速度以及轮缘上任一点 M 的速度和加速度。

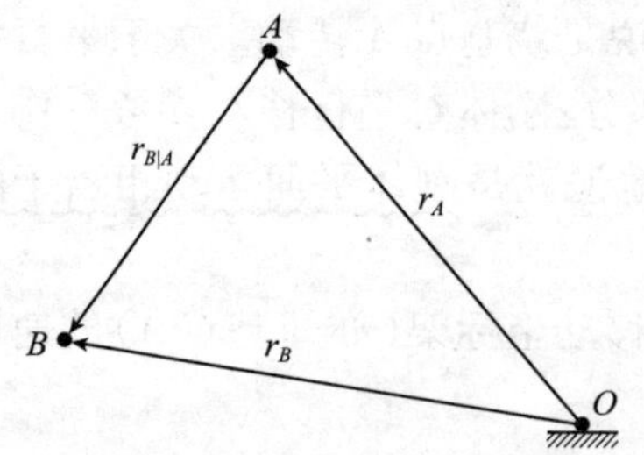

图 9-6 平面运动刚体上动点和基点的关系

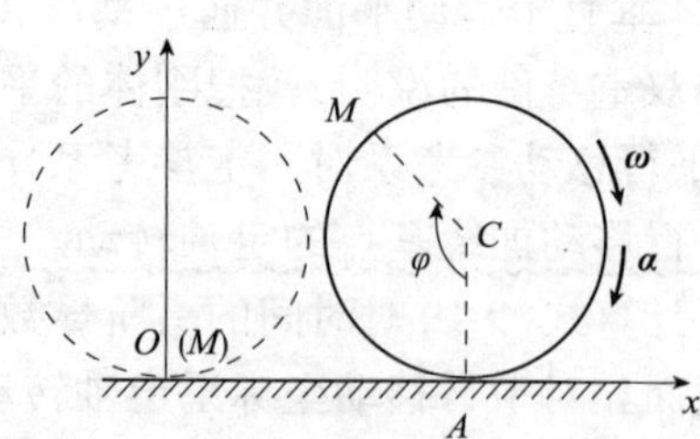

图 9-7 例题 9-1

解:解析求导法。

(1)运动分析(图 9-7)

圆轮做平面运动,沿水平直线做纯滚动。取 M 点为动点,C 点为基点。动点 M 做曲线运动,基点 C 做直线运动。建立直角坐标系 Oxy,设 $t=0$,点 M 与坐标原点 O 重合。纯滚动条件意味着 $x_C = OP = \widehat{PM} = r\varphi$,即

$$\varphi = \frac{x_C}{r} \tag{1}$$

点 M 的运动方程为

$$x_M = x_C - r\sin\varphi = x_C - r\sin\frac{x_C}{r} \tag{2a}$$

$$y_M = y_C - r\cos\varphi = r - r\cos\frac{x_C}{r} \tag{2b}$$

当 $\varphi = 2k\pi(k=0,1,2,\cdots)$时,有 $x_M = x_C, y_M = 0$,即 M 点与地面接触,即 P 点。

(2)速度分析

将式(1)对 t 求导数,得

$$\omega = \dot{\varphi} = \frac{\dot{x}_C}{r} \tag{3}$$

因 $v_{Mx} = \dot{x}_M, v_{My} = \dot{y}_M$,故由式(2)和式(3)得

$$v_{Mx} = \dot{x}_C\left(1-\cos\frac{x_C}{r}\right) \tag{4a}$$

$$v_{My} = \dot{x}_C\sin\frac{x_C}{r} \tag{4b}$$

当 $\varphi = 2k\pi(k=0,1,2,\cdots)$时,有 $v_{Mx}=0, v_{My}=0$,这说明,当点 M 与地面接触时,其速度为零,即$\boldsymbol{v}_P = \mathbf{0}$ 称为速度瞬心。

(3)加速度分析

将式(3)对 t 求导数,得

$$\alpha = \dot{\omega} = \ddot{\varphi} = \frac{\ddot{x}_C}{r} \tag{5}$$

因 $a_{Mx} = \ddot{x}_M, a_{My} = \ddot{y}_M$,故由式(4)和式(5)得

$$a_{Mx} = \frac{\dot{x}_C^2}{r}\sin\frac{x_C}{r} + \ddot{x}_C\left(1-\cos\frac{x_C}{r}\right) \tag{6a}$$

$$a_{My} = \frac{\dot{x}_C^2}{r}\cos\frac{x_C}{r} + \ddot{x}_C\sin\frac{x_C}{r} \tag{6b}$$

当 $\varphi = 2k\pi(k=0,1,2,\cdots)$时,有 $a_{Mx}=0, a_{My}=\frac{\dot{x}_C^2}{r}$,这说明,当点 M 与地面接触时,加速度不为零,加速度的方向铅垂向上,即 $\boldsymbol{a}_P = \frac{\dot{x}_C^2}{r}\boldsymbol{j}$。

讨论与练习

(1)纯滚动时,轮心点 C 位移 x_C,速度 v_C,加速度 a_C 与轮转角 φ,角速度 ω,角加速度 α 之间的关系式(1),式(3),式(5)体现了点与刚体特征的联系,在解题时经常用到。

(2)纯滚动时,地面接触点,$\boldsymbol{v}_P = 0$,而 $\boldsymbol{a}_P \neq \mathbf{0}$,速度瞬心 P 点(在空间实际为 Pz 轴),体现了轮做刚体平面运动的特征;如果$\boldsymbol{v}_P = 0, \boldsymbol{a}_P = 0$,则轮做定轴转动。

9.2 刚性截面内点的速度

9.2.1 基点法

现在来考虑如何描述“刚体内各点的运动”。

定理：平面运动刚体上动点的速度等于基点的速度与动点绕基点圆周运动速度的矢量和。

$$\boldsymbol{v}_B = \boldsymbol{v}_A + \boldsymbol{v}_{B|A} \tag{9-7a}$$

其中

$$\boldsymbol{v}_{B|A} = \boldsymbol{\omega} \times \boldsymbol{r}_{B|A} \tag{9-7b}$$

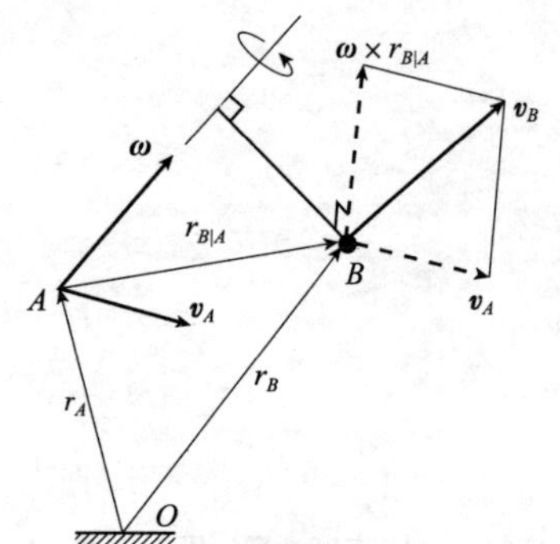

图 9-8 速度合成的基点法

(1)矢量法证明

既然整个刚体随着基点 A 以速度 $\boldsymbol{v}_A$ 平行移动，那么刚体的任一点，例如 B 点(图 9-8)，当然也就具有 $\boldsymbol{v}_A$ 这一速度。既然刚体还绕 A 点以角速度 ω 转动，B 点还应当具有绕 A 转动的速度。这一速度的指向与 AB 的连线垂直，而大小应当等于角速度 ω 与 AB 连线长度的乘积。

$$\boldsymbol{v}_{B|A} = v_{B|A}\boldsymbol{\tau}, v_{B|A} = \overline{AB} \cdot \omega \tag{9-8}$$

在图 9-8 中角速度矢量 $\boldsymbol{\omega}$ 垂直于平面 Π，方向与 $\boldsymbol{k}_0$ 同向，$\boldsymbol{\omega}$ 的大小就等于 ω。矢量 $\boldsymbol{\omega} \times \boldsymbol{r}_{B|A}$ 的指向、大小正好同于 B 绕 A 圆周运动的速度的指向、大小，因此 B 绕 A 转动的速度可以表为 $\boldsymbol{\omega} \times \boldsymbol{r}_{B|A}$。这样，$B$ 点的速度 $\boldsymbol{v}_B$ 应当是式(9-7)。

证明：$\boldsymbol{v}_{B|A} = \dot{\boldsymbol{r}}_{B|A}$ #由式(9-4)知。

$= \boldsymbol{\omega} \times \boldsymbol{r}_{B|A}$ #由式(7-11)知。

(2)在固连坐标系中证明(图 9-3)

刚体 S 上任一点 B，在固连坐标系 $Axyz$ 中的矢径

$$\boldsymbol{r}_{B|A} = \overrightarrow{AB} = x\boldsymbol{i} + y\boldsymbol{j} \tag{9-9a}$$

刚体 S 转动的角速度

$$\boldsymbol{\omega} = \dot{\varphi}\boldsymbol{k} \tag{9-9b}$$

其中，坐标 x，y 是常量，即 $x = \text{const}$，$y = \text{const}$。

证明：$\boldsymbol{v}_{B|A} = \dot{\boldsymbol{r}}_{B|A}$ #速度的定义。

$= x\dot{\boldsymbol{i}} + y\dot{\boldsymbol{j}}$ #式(9-9)对时间求导。

$= x\boldsymbol{\omega} \times \boldsymbol{i} + y\boldsymbol{\omega} \times \boldsymbol{j}$ #由式(7-11)知，$\dot{\boldsymbol{i}} = \boldsymbol{\omega} \times \boldsymbol{i}$，$\dot{\boldsymbol{j}} = \boldsymbol{\omega} \times \boldsymbol{j}$。

$= \boldsymbol{\omega} \times (x\boldsymbol{i} + y\boldsymbol{j})$ #提取角速度 $\boldsymbol{\omega}$。

$= \boldsymbol{\omega} \times \boldsymbol{r}_{B|A}$ #再利用式(9-9)。

(3)在平行移动坐标系中证明(图 9-4)

刚体 S 上任一点 B，在平行移动坐标系 $AXYZ$ 中的矢径

$$\boldsymbol{r}_{B|A} = \overrightarrow{AB} = X\boldsymbol{e}_1 + Y\boldsymbol{e}_2 = \overline{AB}(\cos\varphi\boldsymbol{e}_1 + \sin\varphi\boldsymbol{e}_2) \tag{9-10a}$$

刚体 S 转动的角速度

$$\boldsymbol{\omega} = \dot{\varphi}\boldsymbol{e}_3 \tag{9-10b}$$

其中,基矢量 $\boldsymbol{e}_1, \boldsymbol{e}_2, \boldsymbol{e}_3$ 是常矢量,即 $\boldsymbol{e}_1 = \boldsymbol{i}_0, \boldsymbol{e}_2 = \boldsymbol{j}_0, \boldsymbol{e}_3 = \boldsymbol{k}_0$。

证明: $\boldsymbol{v}_{B|A} = \dot{\boldsymbol{r}}_{B|A}$ #速度的定义。

$= \overline{AB}\dot{\varphi}(-\sin\varphi\boldsymbol{e}_1 + \cos\varphi\boldsymbol{e}_2)$ #式(9-10)对时间求导。

$= \overline{AB}\dot{\varphi}[\sin\varphi(\boldsymbol{e}_3 \times \boldsymbol{e}_2) + \cos\varphi(\boldsymbol{e}_3 \times \boldsymbol{e}_1)]$ #$\boldsymbol{e}_1 = -\boldsymbol{e}_3 \times \boldsymbol{e}_2, \boldsymbol{e}_2 = \boldsymbol{e}_3 \times \boldsymbol{e}_1$。

$= \dot{\varphi}\boldsymbol{e}_3 \times [\overline{AB}(\cos\varphi\boldsymbol{e}_1 + \sin\varphi\boldsymbol{e}_2)]$ #整理。

$= \boldsymbol{\omega} \times \boldsymbol{r}_{B|A}$ #再利用式(9-10)。

速度合成公式(9-7)也可写成矢量的坐标矩形形式:

$$\underline{\boldsymbol{v}_B} = \underline{\boldsymbol{v}_A} + \underline{\tilde{\boldsymbol{\omega}}\boldsymbol{r}_{B|A}} \tag{9-11a}$$

其中

$$\underline{\boldsymbol{v}_B} = \begin{pmatrix} v_{Bx} \\ v_{By} \end{pmatrix}, \underline{\boldsymbol{v}_A} = \begin{pmatrix} v_{Ax} \\ v_{Ay} \end{pmatrix}, \underline{\tilde{\boldsymbol{\omega}}} = \begin{pmatrix} 0 & -\omega \\ \omega & 0 \end{pmatrix}, \underline{\boldsymbol{r}_{B|A}} = \begin{pmatrix} X \\ Y \end{pmatrix} \tag{9-11b}$$

例题 9-2 利用传送带运送圆柱形重物,圆柱半径为 r,传送带的速度为 v,圆柱与传送带之间无相对滑动,圆柱的角速度为 $\boldsymbol{\omega}$。试求如图 9-9a)所示瞬时圆柱体边缘上点 A 的速度。

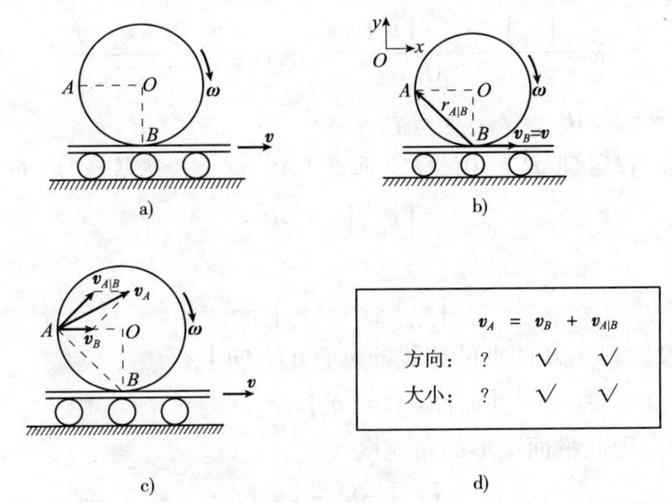

图 9-9 例题 9-2

解: 采用基点法。

(1)运动分析[图 9-9a)]。

传送带作平行移动,圆柱作平面运动,相对传送带纯滚动。取 A 点为动点,B 点为基点。动点 A 做曲线运动,基点 B 做直线运动。

(2)速度分析[图 9-9d)]。

如图 9-9b)所示,$v_B = v, v_{A|B} = AB \cdot \omega = \sqrt{2}r\omega$,在动点 A 上画出速度矢量图如图 9-9c)所示,由余弦定理

$$v_A^2 = v_B^2 + v_{A|B}^2 - 2v_Bv_{A|B}\cos 135°$$

$$= v^2 + 2r^2\omega^2 + 2vr\omega$$

$$v_A = \sqrt{v^2 + 2r^2\omega^2 + 2vr\omega}$$

由正弦定理

$$\frac{v_{A|B}}{\sin\theta}=\frac{v_A}{\sin 135°}$$

$$\sin(\boldsymbol{v}_A,\boldsymbol{i})=\sin\theta=\frac{r\omega}{\sqrt{v^2+2r^2\omega^2+2vr\omega}}$$

讨论与练习

（1）基点法是采用几何法解刚体平面运动问题的基本方法，一般选已知速度，加速度的点为基点，待求的点作为动点。

（2）正弦定理和余弦定理是解三角形的基本定理，应该熟练掌握。

9.2.2 速度投影法

根据式(9-7)可以得到，速度投影定理：同一平面图形上任意两点的速度在这两点连线上的投影相等。

$$[\boldsymbol{v}_B]_{\overrightarrow{AB}}=[\boldsymbol{v}_A]_{\overrightarrow{AB}}\text{或}\boldsymbol{v}_B\cdot\boldsymbol{i}=\boldsymbol{v}_A\cdot\boldsymbol{i} \tag{9-12a}$$

平面图形角速度的代数值等于这两点的速度在其连线垂直正方向上的投影之差与这两点之间的距离的比值。即

$$\omega=\frac{[\boldsymbol{v}_B]_{\overrightarrow{AB}_\perp}-[\boldsymbol{v}_A]_{\overrightarrow{AB}_\perp}}{\overline{AB}}\text{或}\ \omega=\frac{\boldsymbol{v}_B\cdot\boldsymbol{j}-\boldsymbol{v}_A\cdot\boldsymbol{j}}{r_{AB}} \tag{9-12b}$$

式中，$\overrightarrow{AB}=\boldsymbol{r}_{AB}=r_{AB}\boldsymbol{i}$，$\overrightarrow{AB}_\perp=\boldsymbol{r}_{AB\perp}=r_{AB}\boldsymbol{j}$。

证明：将式(9-7)投影到$\overrightarrow{AB}$上，由于$\boldsymbol{v}_{B|A}$垂直于$\overrightarrow{AB}$，这个投影等于零，即

$$[\boldsymbol{v}_{B/A}]_{\overrightarrow{AB}}=0 \tag{a}$$

于是得

$$[\boldsymbol{v}_B]_{\overrightarrow{AB}}=[\boldsymbol{v}_A]_{\overrightarrow{AB}} \tag{b}$$

再将式(9-7)投影到A、B两点的连线的垂直正方向上，有

$$[\boldsymbol{v}_B]_{\overrightarrow{AB}_\perp}=[\boldsymbol{v}_A]_{\overrightarrow{AB}_\perp}+v_{B|A} \tag{c}$$

注意到式(9-8)，因此平面图形的角速度

$$\omega=\frac{[\boldsymbol{v}_B]_{\overrightarrow{AB}_\perp}-[\boldsymbol{v}_A]_{\overrightarrow{AB}_\perp}}{\overline{AB}} \tag{d}$$

这个定理也可以由下面的理由来说明：因为A和B是刚体上两点，它们之间的距离应保持不变，所以两点的速度在$\overrightarrow{AB}$方向上的分量必须相同，否则，线段$\overline{AB}$不是伸长，便要缩短。因此，这定理不仅适用于刚体作平面运动，而且也适用于刚体作其他任意运动。这种求速度的方法称为速度投影法。

例题 9-3 曲柄连杆机构如图 9-10a)所示，已知$OA=r$，$AB=\sqrt{3}r$，曲柄OA以匀角速度ω绕轴O逆时针方向转动。试求当$\theta=60°$时，滑块B的速度大小v_B和连杆AB的角速度ω_{AB}。

解法一：基点法

（1）运动分析[图 9-10a)]。

曲柄OA做定轴转动，连杆AB做平面运动；点A做圆周运动，块B做直线运动。取B点为动点，A点为基点。

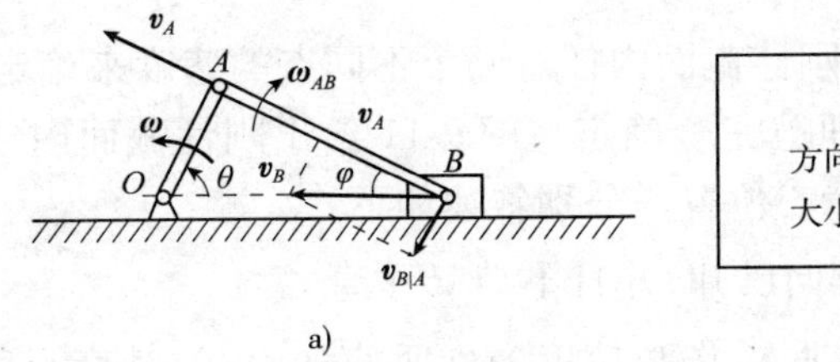

a)

	v_B =	v_A +	$v_{B\|A}$
方向：	√	√	√
大小：	?	√	?

b)

图 9-10　例题 9-3

(2)速度分析[图 9-10b)]。

当 $\theta=60°$时，OA 垂直于 AB，$\varphi=30°$，其速度平行四边形如图 9-10a)所示。

$$\omega_{OA}=\omega\text{(逆时针)},v_A=\omega r$$

$$v_B=2\frac{\sqrt{3}\omega r}{3},v_{B|A}=\frac{\sqrt{3}\omega r}{3}$$

$$\omega_{AB}=\frac{v_{B|A}}{AB}=\frac{\omega}{3}\text{(顺时针)}$$

解法二：速度投影法

$$[\boldsymbol{v}_B]_{\overrightarrow{BA}}=[\boldsymbol{v}_A]_{\overrightarrow{BA}},v_B\cos 30°=v_A \tag{1}$$

$$v_B=2\sqrt{3}\omega\frac{r}{3}$$

$$\omega_{AB}=\frac{[\boldsymbol{v}_B]_{\overrightarrow{BA}\perp}-[\boldsymbol{v}_A]_{\overrightarrow{BA}\perp}}{BA},\omega_{AB}=\frac{v_B\sin 30°}{\sqrt{3}r} \tag{2}$$

$$\omega_{AB}=\frac{\omega}{3}\text{(顺时针)}$$

讨论与练习

(1)基点法是解刚体平面运动问题的基本方法。

(2)速度投影定理是刚体运动的基本特性定理，有时利用速度投影定理求速度比较方便。

9.2.3　速度瞬心法

对于确定的瞬时，在刚性截面或刚性截面延伸的平面内存在一特殊点 P，其相对基点 A 的矢径 $\boldsymbol{r}_{PA}$满足以下关系：

$$\boldsymbol{\omega}\times\boldsymbol{r}_{PA}=-\boldsymbol{v}_A\quad\text{或}\quad\boldsymbol{r}_{PA}=\frac{\boldsymbol{\omega}\times\boldsymbol{v}_A}{\omega^2} \tag{e}$$

将上式代入式(9-7)计算点 P 的速度，得到$\boldsymbol{v}_P=\boldsymbol{0}$，即点 P 在该瞬时的速度等于零。点 P 称为刚性截面的瞬时速度中心，简称速度瞬心。若以瞬心 P 为基点，则平面运动刚体内点的速度分布公式简化为

$$\boldsymbol{v}_B=\boldsymbol{\omega}\times\boldsymbol{r}_{B/P} \tag{9-13}$$

过速度瞬心 P 作与刚性截面垂直的轴 PZ，由于轴上每一点的速度均等于零，因此 PZ 轴称为刚体的转动瞬轴。式(9-13)与刚体绕 PZ 轴作定轴转动时刚体内点的速度分布公式有完全相同的形式。但速度瞬心 P 并不是固定点，因为速度瞬心只在这一瞬时速度为零，而不

同的瞬时有不同的速度瞬心位置。

分析机构的运动时，可以根据刚性截面内任意两个不同点的速度来确定速度瞬心位置，随后刚性截面内其他各点的速度即被完全确定。图 9-11 给出刚性截面内 A、B 两点速度的几种不同情况以及所对应的速度瞬心位置。分别叙述如下：

(1) A、B 两点的速度 $\boldsymbol{v}_A$ 和 $\boldsymbol{v}_B$ 方向已知，并且不与 $\overrightarrow{AB}$ 垂直。

① $\boldsymbol{v}_A$ 与 $\boldsymbol{v}_B$ 互不平行，通过 A、B 两点作与速度方向垂直的直线，其交点就是该瞬时的速度瞬心 P[图 9-11a)]。

② $\boldsymbol{v}_A /\!/ \boldsymbol{v}_B$[图 9-11b)]。如 $\boldsymbol{v}_A$ 与 $\boldsymbol{v}_B$ 的方向相同且大小相等，瞬心 P 均在无限远处。此时角速度 $\boldsymbol{\omega}=\mathbf{0}$，这时刚体作瞬时平行移动，刚体截面上各点均有相同的速度，但 $\boldsymbol{\alpha}\neq 0$。

(2) A、B 两点的速度 $\boldsymbol{v}_A$ 和 $\boldsymbol{v}_B$ 方向已知，并且 $\boldsymbol{v}_A \perp \overrightarrow{AB}$，$\boldsymbol{v}_B \perp \overrightarrow{AB}$。

① $\boldsymbol{v}_A$ 和 $\boldsymbol{v}_B$ 的大小已知，则将两速度矢量的端点连接起来，与 AB 延长线的交点就是该瞬时的速度瞬心 P[图 9-11c)]。

② $\boldsymbol{v}_A$ 和 $\boldsymbol{v}_B$ 的大小，已知则将两速度矢量的端点连接起来，与 AB 的交点就是该瞬时的速度瞬心 P[图 9-11d)]。

③ $\boldsymbol{v}_A=\boldsymbol{v}_B$，速度瞬心 P 在无穷远处，此时角速度 $\boldsymbol{\omega}=\mathbf{0}$，称为瞬时平行移动，但 $\boldsymbol{\alpha}\neq \mathbf{0}$[图 9-11e)]。

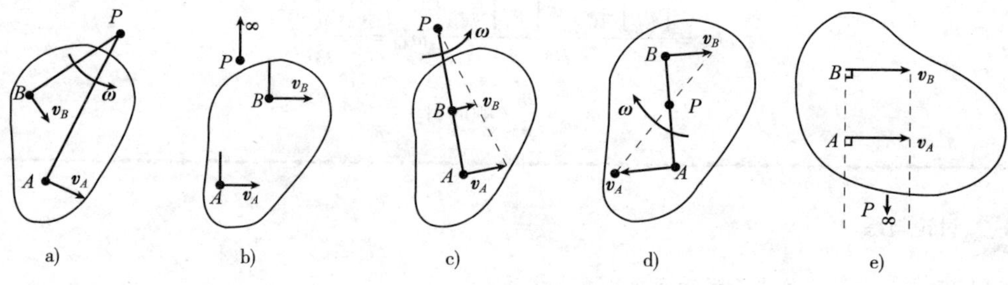

图 9-11 刚性截面的速度瞬心

(3) 在某种特殊情况下，速度瞬心也可根据刚体的运动特点直接确定。例如在固定面上作纯滚动的刚体，其瞬心就是刚体与固定面的接触点。因为刚体作纯滚动时，接触点处的速度必为零(图 9-12)。

刚性截面在运动过程中，速度瞬心相对定参考系或相对截面的位置都在不断改变。随着时间的变化，速度瞬心在定参考系中留下的轨迹称为定瞬心迹线，速度瞬心在截面内留下的轨迹称为动瞬心迹线。这是两条分别固定于参考系和刚性截面的平面曲线，它们接触于一点，接触点就是该瞬时的速度瞬心，其位置沿两迹线移动。由于截面在速度瞬心处的速度为零，因此刚体的平面运动过程可以用动瞬心迹线在定瞬心迹线上的纯滚动形象地加以说明。

在刚体平面运动过程中，转动瞬轴在定参考系中的轨迹称为定转动瞬轴迹面，在刚体内的轨迹称为动转动瞬轴迹面。这是两个以定瞬心迹线和动瞬心迹线为准线的柱面，两者在角速度矢量 $\boldsymbol{\omega}$ 处相接触(图 9-13)。由于刚体在转动瞬轴上各点的速度均为零，刚体的平面运动可形象地理解为动转动瞬轴迹面在定转动瞬轴迹面上作纯滚动。

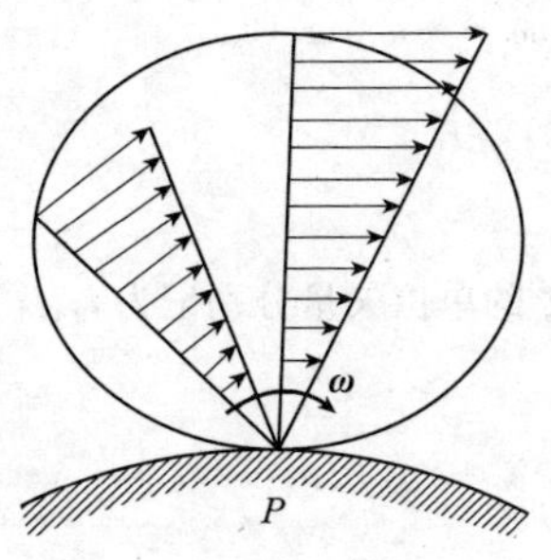

图 9-12　纯滚动的速度瞬心

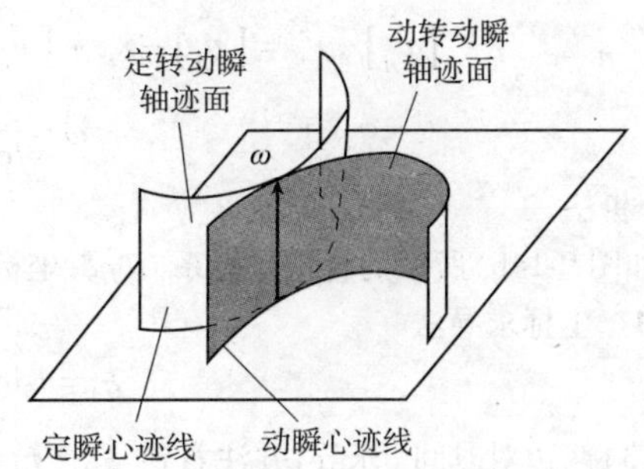

图 9-13　瞬时转轴迹面

例题 9-4　梯子 AB 长 l，一端靠在墙上，如图 9-14 所示。如梯子下端 A 以匀速 u 向右水平运动。求点 B 的速度和杆的角速度（用 l,u 和 φ 表示）。

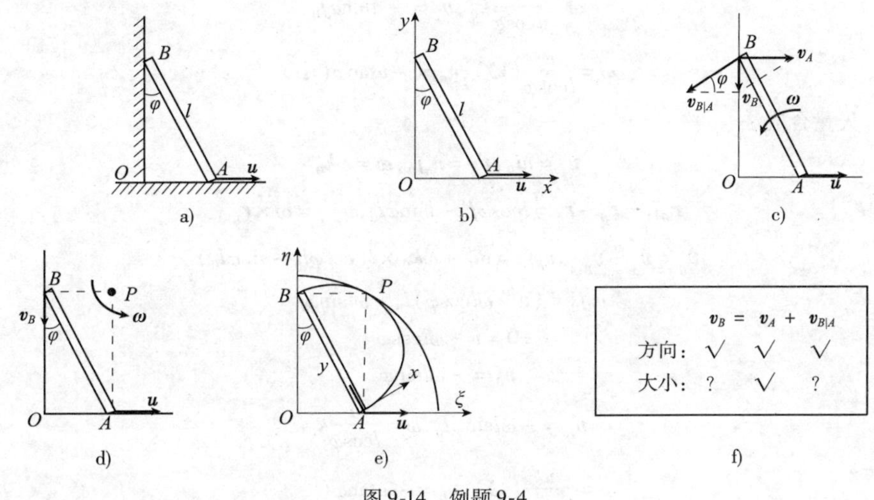

图 9-14　例题 9-4

解：第一步　运动分析

梯子 AB 做平面运动；下端 A 做直线运动；点 B 做直线运动。

第二步　速度分析

(1) 几何法

解法 1　基点法[图 9-14f)]

取点 B 为动点，A 点为基点。画出速度矢量平行四边形[图 9-14c)]。

$$v_A = u(\rightarrow), v_B = u\tan\varphi(\downarrow)$$

$$v_{B|A} = \frac{u}{\cos\varphi}, \omega = \frac{v_{B|A}}{AB}, \omega = \frac{u}{l\cos\varphi}(\circlearrowleft)$$

解法 2　瞬心法

梯子上的 A、B 两点的速度方向已知，两者垂线之交点即速度瞬心 P，如图 9-14d) 所示。

$$v_A = u(\rightarrow), \omega = \frac{v_A}{PA}, \omega = \frac{u}{l\cos\varphi}\quad(\circlearrowleft)$$

$$v_B = \overline{PB}\omega, v_B = u\tan\varphi(\downarrow)$$

解法 3　速度投影法

$$v_A = u(\rightarrow)$$

$$[\boldsymbol{v}_B]_{\overrightarrow{AB}} = [\boldsymbol{v}_A]_{\overrightarrow{AB}}, -v_B\cos\varphi = -u\sin\varphi \tag{1}$$

$$v_B = u\tan\varphi(\downarrow)$$

$$[\boldsymbol{v}_B]_{\overrightarrow{AB}\perp}=[\boldsymbol{v}_A]_{\overrightarrow{AB}\perp}+[\boldsymbol{v}_{B|A}]_{\overrightarrow{AB}\perp},u\tan\varphi\sin\varphi=-u\cos\varphi+l\omega \tag{2}$$

$$\omega=\frac{u}{l\cos\varphi}\quad(\circlearrowleft)$$

(2)分析法

建立如图9-14b)所示的直角坐标系 $O\xi\eta\zeta$，坐标轴 $O\xi$、$O\eta$ 和 $O\zeta$ 的单位矢量分别记为 $\boldsymbol{i}_0$ $\boldsymbol{j}_0$ 和 $\boldsymbol{k}_0$。

解法4 坐标求导法

$$\xi_A=l\sin\varphi,\eta_B=l\cos\varphi \tag{3}$$

将式(3)两边对时间 t 求导，并注意到 $\dot{\xi}_A=v_A=u$，则

$$\dot{\xi}_A=l\dot{\varphi}\cos\varphi,\dot{\eta}_B=-l\dot{\varphi}\sin\varphi \tag{4}$$

$$\dot{\varphi}=\frac{u}{l\cos\varphi},\dot{\eta}_B=-u\tan\varphi$$

$$\boldsymbol{\omega}=\frac{u}{l\cos\varphi}\boldsymbol{k}_0,\boldsymbol{v}_B=-u\tan\varphi\boldsymbol{j}_0$$

$$\omega=\frac{u}{l\cos\varphi}(\circlearrowleft),v_B=-u\tan\varphi(\downarrow)$$

解法5 矢量合成法

$$\boldsymbol{v}_A=u\boldsymbol{i}_0,\boldsymbol{v}_B=v_B\boldsymbol{j}_0,\boldsymbol{\omega}=\omega\boldsymbol{k}_0$$

$$\boldsymbol{r}_{B|A}=\boldsymbol{r}_B-\boldsymbol{r}_A=l\cos\varphi\boldsymbol{j}_0-l\sin\varphi\boldsymbol{i}_0,\boldsymbol{v}_{B|A}=\boldsymbol{\omega}\times\boldsymbol{r}_{B|A}$$

$$\boldsymbol{v}_B=\boldsymbol{v}_A+\boldsymbol{v}_{B|A},v_B\boldsymbol{j}_0=\mathrm{u}\boldsymbol{i}_0+\omega\boldsymbol{k}_0\times l(\cos\varphi\boldsymbol{j}_0-\sin\varphi\boldsymbol{i}_0) \tag{5}$$

$$v_B\boldsymbol{j}_0=(u-\omega l\cos\varphi)\boldsymbol{i}_0-\omega l\sin\varphi\boldsymbol{j}_0$$

$$0=u-\omega l\cos\varphi \tag{6a}$$

$$v_B=-\omega l\sin\varphi \tag{6b}$$

$$\boldsymbol{v}_B=-\omega l\sin\varphi\boldsymbol{j}_0,\boldsymbol{\omega}=\frac{u}{l\cos\varphi}\boldsymbol{k}_0$$

$$\omega=\frac{u}{l\cos\varphi}(\circlearrowleft),v_B=-u\tan\varphi(\downarrow)$$

第三步 速度瞬心的轨迹

为了求动瞬心轨迹和定瞬心轨迹，分别建立定坐标系 $O\xi\eta\zeta$ 和动坐标系 $Axyz$，如图9-14e)所示。速度瞬心 P 在定系中的坐标为

$$\xi_P=l\sin\varphi,\eta_P=l\cos\varphi$$

消去参数 φ 后得

$$\xi_P^2+\eta_P^2=l^2$$

因此定瞬心轨迹是以 O 为圆心，半径为 l 的四分之一圆周。

速度瞬心 P 在动系中的坐标为

$$x_P=l\cos\varphi\sin\varphi,y_P=l\cos^2\varphi$$

消去参数 φ 后得

$$x_P^2+\left(y_P-\frac{l}{2}\right)^2=\frac{l^2}{4}$$

因此动瞬心轨迹是以杆中点为圆心，半径为 $l/2$ 的二分之一圆周。

讨论与练习

(1) $\boldsymbol{\omega}=\omega\boldsymbol{k}_0,\boldsymbol{\varphi}=\varphi\boldsymbol{k}_0,\omega=\dot{\varphi}$。

(2)几何法中 $\boldsymbol{v}_B$ 方向向下，分析法中 $\boldsymbol{v}_B$ 方向向上，所以两种方法中 v_B 的含义不同，差一个负号。

(3)一个刚体有且仅有一个角速度ω。

(4)请读者编写求解本题的 Maple 程序。

9.3 刚性截面内点的加速度

9.3.1 基点法

平面运动刚体上点的加速度分析要比速度分析复杂,通常采用分析法和基点法比较方便。这里讨论基点法。

定理:平面运动刚体上动点的加速度,等于基点的加速度与动点绕基点作圆周运动的切向和法向加速度的矢量和。

$$\boldsymbol{a}_B=\boldsymbol{a}_A+\boldsymbol{a}_{B|A}^{\tau}+\boldsymbol{a}_{B|A}^{n} \tag{9-14a}$$

其中

$$\boldsymbol{a}_{B|A}^{\tau}=\boldsymbol{\alpha}\times\boldsymbol{r}_{B|A},\boldsymbol{a}_{B|A}^{n}=-\omega^2\boldsymbol{r}_{B|A} \tag{9-14b}$$

(1)矢量法证明

至于说到 B 点的加速度 $\boldsymbol{a}_B$,显然它应当由下列三部分组成:随基点 A 运动的加速度 $\boldsymbol{a}_A$($\boldsymbol{a}_A$ 即基点 A 的加速度)、绕基点转动的切向加速度(其大小等于 $a_{B|A}^{\tau}=r_{B|A}\alpha$)与法向加速度(其大小等于 $a_{B|A}^{n}=r_{B|A}\omega^2$)。

证明:$\boldsymbol{a}_{B|A}=\dfrac{d}{dt}(\boldsymbol{\omega}\times\boldsymbol{r}_{B|A})$ #将式(9-7)对时间 t 求导。

$=\dfrac{d\boldsymbol{\omega}}{dt}\times\boldsymbol{r}_{B|A}+\boldsymbol{\omega}\times\dfrac{d\boldsymbol{r}_{B|A}}{dt}$ #展开。

$=\dfrac{d\boldsymbol{\omega}}{dt}\times\boldsymbol{r}_{B|A}+\boldsymbol{\omega}\times(\boldsymbol{\omega}\times\boldsymbol{r}_{B|A})$ #由式(7-11)知。

$=\boldsymbol{a}_{B|A}^{\tau}+\boldsymbol{a}_{B|A}^{n}$ #加速度与角加速度定义。

(2)在固连坐标系中证明

将式(9-9)对时间求导

$$\dot{\boldsymbol{r}}_{B|A}=x\dot{\boldsymbol{i}}+y\dot{\boldsymbol{j}} \tag{9-15a}$$

刚体 S 转动的角加速度

$$\boldsymbol{\alpha}=\dot{\omega}\boldsymbol{k} \tag{9-15b}$$

证明:$\boldsymbol{a}_{B|A}=\dfrac{d}{dt}(\boldsymbol{\omega}\times\boldsymbol{r}_{B|A})$ #加速度的定义。

$=\dot{\boldsymbol{\omega}}\times\boldsymbol{r}_{B|A}+\boldsymbol{\omega}\times\dot{\boldsymbol{r}}_{B|A}$ #展开。

$=\boldsymbol{\alpha}\times\boldsymbol{r}_{B|A}+\boldsymbol{\omega}\times(x\dot{\boldsymbol{i}}+y\dot{\boldsymbol{j}})$ #由式(9-15)知。

$=\boldsymbol{\alpha}\times\boldsymbol{r}_{B|A}+\boldsymbol{\omega}\times(x\boldsymbol{\omega}\times\boldsymbol{i}+y\boldsymbol{\omega}\times\boldsymbol{j})$ #由式(7-11)知。

$=\boldsymbol{\alpha}\times\boldsymbol{r}_{B|A}+\boldsymbol{\omega}\times(\boldsymbol{\omega}\times\boldsymbol{r}_{B|A})$ #再利用式(9-9)。

$=\boldsymbol{\alpha}\times\boldsymbol{r}_{B|A}-\boldsymbol{\omega}^2\boldsymbol{r}_{B|A}$ #三重矢积的简化。

$=\boldsymbol{a}_{B|A}^{\tau}+\boldsymbol{a}_{B|A}^{n}$

(3)在平行移动坐标系中证明

将式(9-10)对时间求导

$$\dot{\boldsymbol{r}}_{B|A}=\overline{AB}\omega(-\sin\varphi\boldsymbol{e}_1+\cos\varphi\boldsymbol{e}_2) \tag{9-16a}$$

刚体 S 转动的角加速度

$$\boldsymbol{\alpha}=\dot{\omega}\boldsymbol{e}_3 \tag{9-16b}$$

证明：$\boldsymbol{a}_{B|A}=\frac{\mathrm{d}}{\mathrm{d}t}(\boldsymbol{\omega}\times\boldsymbol{r}_{B|A})$ #加速度的定义。

$=\dot{\boldsymbol{\omega}}\times\boldsymbol{r}_{B|A}+\boldsymbol{\omega}\times\dot{\boldsymbol{r}}_{B|A}$ #展开。

$=\boldsymbol{\alpha}\times\boldsymbol{r}_{B|A}+\boldsymbol{\omega}\times\overline{AB}\omega(-\sin\varphi\boldsymbol{e}_1+\cos\varphi\boldsymbol{e}_2)$ #由式(9-16)知。

$=\boldsymbol{\alpha}\times\boldsymbol{r}_{B|A}+\boldsymbol{\omega}\times\overline{AB}\omega[\sin\varphi(\boldsymbol{e}_3\times\boldsymbol{e}_2)+\cos\varphi(\boldsymbol{e}_3\times\boldsymbol{e}_1)]$ # $\boldsymbol{e}_1=-\boldsymbol{e}_3\times\boldsymbol{e}_2,\boldsymbol{e}_2=\boldsymbol{e}_3\times\boldsymbol{e}_1$。

$=\boldsymbol{\alpha}\times\boldsymbol{r}_{B|A}+\boldsymbol{\omega}\times[\omega\boldsymbol{e}_3\times AB(\cos\varphi\boldsymbol{e}_1+\sin\varphi\boldsymbol{e}_2)]$ #整理。

$=\boldsymbol{\alpha}\times\boldsymbol{r}_{B|A}+\boldsymbol{\omega}\times(\boldsymbol{\omega}\times\boldsymbol{r}_{B|A})$ #再利用式(9-10)。

$=\boldsymbol{\alpha}\times\boldsymbol{r}_{B|A}-\omega^2\boldsymbol{r}_{B|A}$ #三重矢积的简化。

$=\boldsymbol{a}^{\tau}_{B|A}+\boldsymbol{a}^{\mathrm{n}}_{B|A}$

加速度合成公式(9-14)也可写成矢量的坐标矩阵形式：

$$\underline{a}_B=\underline{a}_A-\omega^2\underline{r}_{B|A}+\underline{\tilde{\alpha}}\underline{r}_{B|A} \tag{9-17a}$$

其中

$$\underline{a}_B=\begin{pmatrix}a_{Bx}\\a_{By}\end{pmatrix},\underline{a}_A=\begin{pmatrix}a_{Ax}\\a_{Ay}\end{pmatrix},\underline{\tilde{\alpha}}=\begin{pmatrix}0&-\alpha\\\alpha&0\end{pmatrix} \tag{9-17b}$$

例题 9-5 如图 9-15a)所示机构中，$AB=BC=O'B=2r$，$OA=r$，$\theta=45°$，OA 杆以匀角速度 $\boldsymbol{\omega}$ 转动。求此瞬时点 C 的加速度。

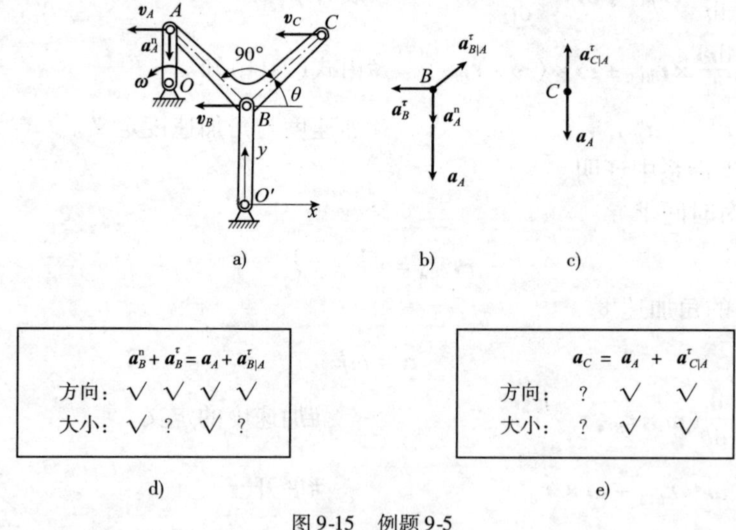

	a_B^n+	$a_B^{\tau}=$	a_A+	$a_{B\|A}^{\tau}$
方向：	√	√	√	√
大小：	√	?	√	?

d)

	$a_C=$	a_A+	$a_{C\|A}^{\tau}$
方向：	?	√	√
大小：	?	√	√

e)

图 9-15 例题 9-5

解：(1)运动分析[图 9-15a)]。

OA 杆作定轴转动，曲杆 ABC 作平面运动，$O'B$ 杆作定轴转动；A 点作圆周运动，B 点作圆周运动。

(2)速度分析[图 9-15a)]。

此瞬时$\boldsymbol{v}_B/\!/\boldsymbol{v}_A$，因此曲杆 ABC 作瞬时平移，速度瞬心 P 在无穷远。OA 杆：$\boldsymbol{\omega}_1=\omega\boldsymbol{k}$，曲杆 ABC：$\boldsymbol{\omega}_2=\boldsymbol{0}$，$O'B$ 杆：$\boldsymbol{\omega}_3=\omega\boldsymbol{k}/2$。$v_A=\omega r$，$v_C=v_B=v_A$。

(3)加速度分析(基点法)

①以 B 为动点,A 为基点[图 9-15b),d)]。

$$\boldsymbol{\alpha}_1=0,\boldsymbol{a}_{B|A}^{n}=\boldsymbol{0},\boldsymbol{a}_A=\boldsymbol{a}_A^{n}$$

$$a_A^{n}=\omega^2 r,a_A^{\tau}=0,a_B^{n}=\frac{\omega^2 r}{2},a_{B|A}^{\tau}=2r\alpha_2$$

将加速度矢量式向 y 轴投影,得到

$$\boldsymbol{j}:-a_B^{n}=-a_A+a_{B|A}^{\tau}\cos45° \tag{1}$$

$$\boldsymbol{\alpha}_2=\frac{\sqrt{2}}{4}\omega^2\boldsymbol{k}$$

②以 C 为动点,A 为基点[图 9-15c),e)]。

$$a_{C|A}^{\tau}=2\sqrt{2}r\cdot\alpha_2=\omega^2 r,\boldsymbol{a}_A=-\omega^2 r\boldsymbol{j},\boldsymbol{a}_{C|A}^{\tau}=\omega^2 r\boldsymbol{j}$$

由加速度矢量式

$$\boldsymbol{a}_C=\boldsymbol{a}_A+\boldsymbol{a}_{C|A}^{\tau} \tag{2}$$

$$a_C=0$$

讨论与练习

(1)由此可见,作瞬时平移的曲杆上的 A、C 两点有相同的速度,但两点的加速度不同。加速度为零的点 C 称为曲杆 ABC 的加速度瞬心 P_a。

(2)请读者求出 $O'B$ 杆的角加速度 $\boldsymbol{\alpha}_3$。

9.3.2 瞬心法

截面上加速度为零的点 P_a 称为截面在该瞬时的瞬时加速度中心,简称为加速度瞬心。如选加速度瞬心 P_a 为基点,则图上各点的加速度分布情况与刚体绕 P_a 作定轴转动的情况完全相同,如图 9-16a)所示,即

$$\boldsymbol{a}_B=\boldsymbol{a}_{B|P_a}^{\tau}+\boldsymbol{a}_{B|P_a}^{n},a_{B|P_a}^{\tau}=P_aB\cdot\alpha,a_{B|P_a}^{n}=P_aB\cdot\omega^2 \tag{9-18a}$$

$$a_B=P_aB\cdot\sqrt{\alpha^2+\omega^4},\tan\theta=\frac{\alpha}{\omega^2} \tag{9-18b}$$

加速度瞬心 P_a 和速度瞬心 P 不是同一个点。在某瞬时,速度瞬心的加速度不为零,加速度瞬心的速度也不为零。与速度瞬心不同,加速度瞬心一般来说不易确定。只有在少数情况下,才可以很方便地确定加速度瞬心。因此,在平面运动加速度分析中,一般多用基点法。

如图 9-16b)所示,圆盘沿直线轨道作纯滚动,且轮心 O 做匀速直线运动,显然,圆盘上的速度瞬心在轮与轨道的接触点 P,加速度瞬心 P_a 在圆盘的中心 O。

在某些特殊的情况下,确定平面图形加速度瞬心的位置还是比较容易的。如当某瞬时,已知平面图形的角速度 $\boldsymbol{\omega}=\boldsymbol{0}$,并知道平面图形上两点的加速度方向,这两点加速度垂线的交点就是平面图形上的加速度瞬心。如图 9-16c)所示曲柄滑块机构,曲柄 OA 匀角速度转动,当 $\theta=90°$时,连杆 AB 的角速度为零,连杆上 A 点作匀速圆周运动,加速度指向 O 点,连杆上 B 点做直线运动,其加速度平行于 OB 连线,于是连杆 AB 的加速度瞬心位于两点加速度垂线的交点 P_a。

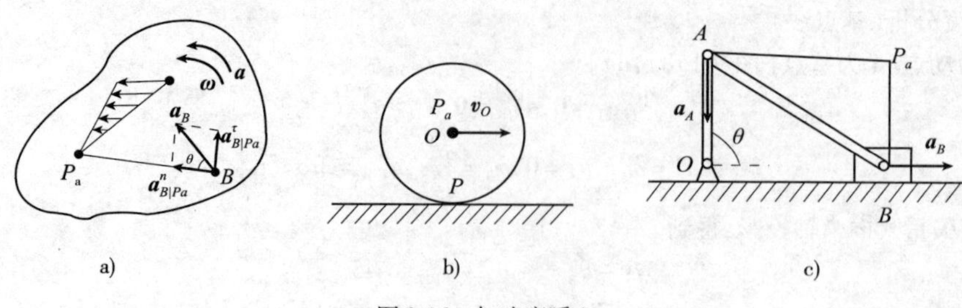

图 9-16 加速度瞬心

例题 9-6 直杆 AB 长为 l，两端分别沿着水平和铅垂方向运动，已知点 A 的速度 $\boldsymbol{v}_A$ = 常矢量。试求当 $\theta = 60°$ 时点 B 的加速度和杆 AB 的角加速度。

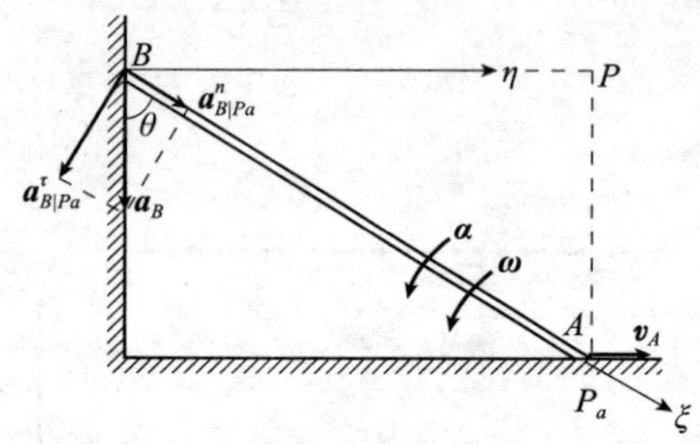

图 9-17 例题 9-6

解：(1) 运动分析（图 9-17）。

杆 AB 作平面运动，A 点做直线运动，B 点做直线运动。

(2) 速度分析（速度瞬心法）。

容易找到杆 AB 的速度瞬心 P，角速度 ω 为

$$\omega = \frac{v_A}{PA} = \frac{v_A}{l\cos\theta} = \frac{2v_A}{l}, \boldsymbol{\omega} = \frac{2v_A}{l}\boldsymbol{k}$$

(3) 加速度分析（加速度瞬心法）。

$\boldsymbol{a}_A = \boldsymbol{0}$，显然 A 点就是加速度瞬心 P_a。

$$a^{\mathrm{n}}_{B|P_a} = P_aB \cdot \omega^2 = l\omega^2 = \frac{4v_A^2}{l}, a_B = 2a^{\mathrm{n}}_{B|P_a} = \frac{8v_A^2}{l}$$

$$a^{\tau}_{B|P_a} = \sqrt{3}a^{\mathrm{n}}_{B|P_a} = \frac{4\sqrt{3}v_A^2}{l}, \alpha = \frac{a^{\tau}_{B|P_a}}{P_aB} = \frac{4\sqrt{3}v_A^2}{l^2}$$

$$\boldsymbol{a}_B = -\frac{8v_A^2}{l}\boldsymbol{j}, \boldsymbol{\alpha} = 4\sqrt{3}\frac{v_A^2}{l^2}\boldsymbol{k}$$

9.4 点在平面运动参考系中运动的合成

9.4.1 复合运动中运动方程之间的关系

在第 8 章中已经讨论了点在平行移动参考系和定轴转动参考系中运动的合成。本节讨论点在平面运动参考系中的复合运动。以基点 A 为原点建立与刚性截面固结的坐标系 $Axyz$ 作为动参考系，其中 Az 与 $O\zeta$ 平行，Ax 为刚性截面的基线[图 9-18a)]。在截面上运动的任意动点 M 相对点 O 的矢径 r 可用式(9-19)表示为

$$\boldsymbol{r} = \boldsymbol{r}_{\mathrm{A}} + \boldsymbol{\rho} \tag{9-19}$$

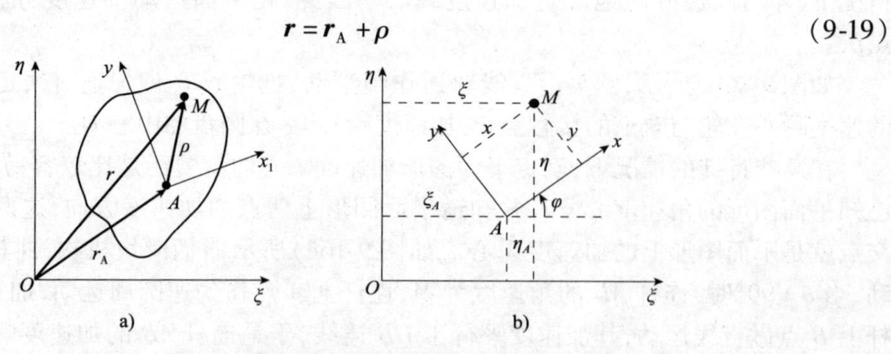

图 9-18 牵连运动为平面运动参考系

运动方程直接描述了点的位置，因此运动方程的关系本质上是点的矢径在不同坐标系中投影的变换关系。以平面运动的情况为例，建立定系 $O\xi\eta\zeta$，动系 $Axyz$[图 9-11b)]，则对动点 M 有

相对运动方程：

$$x = x(t), y = y(t) \tag{9-20}$$

绝对运动方程：

$$\xi = \xi(t), \eta = \eta(t) \tag{9-21}$$

牵连运动是固连动系 $Axyz$ 的运动，它的位形取决于 3 个坐标 ξ_A、η_A、φ，其运动方程式为式(9-1)。由图 9-18b)的几何关系有

$$\xi = \xi_A + x\cos\varphi - y\sin\varphi \tag{9-22a}$$

$$\eta = \eta_A + x\sin\varphi + y\cos\varphi \tag{9-22b}$$

上式即为运动方程的变换关系。

9.4.2 点在平面运动参考系中的速度合成

(1)矢量法证明

将式(9-19)对时间求导，并利用式(8-15)得动点 M 的绝对速度

$$\dot{\boldsymbol{r}} = \dot{\boldsymbol{r}}_A + \dot{\boldsymbol{\rho}} = \dot{\boldsymbol{r}}_A + \boldsymbol{\omega} \times \boldsymbol{\rho} + \frac{\widetilde{\mathrm{d}}\boldsymbol{\rho}}{\mathrm{d}t} \tag{9-23}$$

牵连点 M' 做曲线运动，即牵连速度

$$\boldsymbol{v}_{\mathrm{e}} = \dot{\boldsymbol{r}}_A + \boldsymbol{\omega} \times \boldsymbol{\rho} \tag{9-24}$$

动点 M 的相对速度

$$\boldsymbol{v}_{\mathrm{r}} = \frac{\widetilde{\mathrm{d}}\boldsymbol{\rho}}{\mathrm{d}t} \tag{9-25}$$

将式(9-23)~式(9-25)代入式(8-3a)，导出式(8-16)。

(2)几何法证明

将牵连运动视为一般的平面运动[图 9-19a)]，以牵连点 M_1 为基点，动系 AB 先平移到 $A''B''$再转到 $A'B'$。则

$$\overrightarrow{M_1M'} = \overrightarrow{M_1M_3} + \overrightarrow{M_3M'} = \overrightarrow{MM_2} + \overrightarrow{M_3M'} \tag{a}$$

其中，$\overrightarrow{M_3M'}$是相对位移$\overrightarrow{MM_2}$随动系转动的位移。式(a)是科里奥利公式的几何解释。于是绝对位移为

$$\overrightarrow{MM'} = \overrightarrow{MM_1} + \overrightarrow{M_1M'} = \overrightarrow{MM_1} + \overrightarrow{MM_2} + \overrightarrow{M_3M'} \tag{b}$$

式中，$\overrightarrow{MM_1} + \overrightarrow{M_3M'} = \overrightarrow{M_2M'}$，即 $t + \Delta t$ 瞬时牵连点 M_2 的位移。故变换为

$$\overrightarrow{MM'} = \overrightarrow{MM_2} + \overrightarrow{M_2M'} \tag{c}$$

式(c)表明，点的绝对位移等于相对位移加上该瞬时点的牵连位移。

经过以上分析可知，位移分解如图 9-19b)所示。即动点的绝对运动看成先沿动系运动到 M_2，再随动系(牵连点 M_2)移动到 M'。则$\overrightarrow{MM'}$是绝对位移，$\overrightarrow{MM_2}$是相对位移，$\overrightarrow{M_2M'}$是牵连位移。且

$$\boldsymbol{v}_{\mathrm{a}} = \lim_{\Delta t \to 0} \frac{\overrightarrow{MM'}}{\Delta t} \tag{d1}$$

$$\boldsymbol{v}_{\mathrm{r}} = \lim_{\Delta t \to 0} \frac{\overrightarrow{MM_2}}{\Delta t} \tag{d2}$$

$$\lim_{\Delta t \to 0} \frac{\overrightarrow{M_2M'}}{\Delta t} \tag{d3}$$

式(c)除以 Δt 取极限,就可以得到式(8-16)。

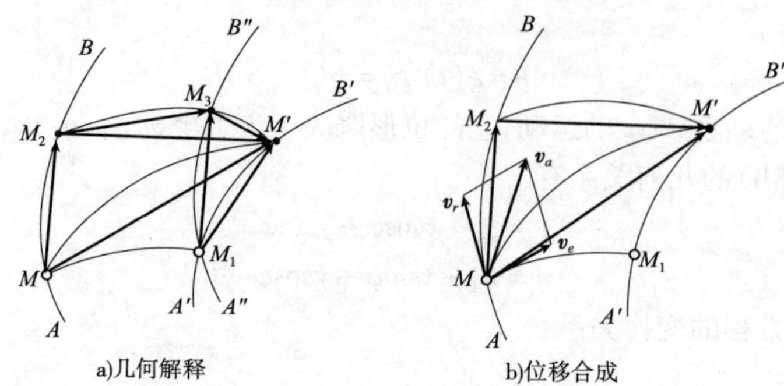

图 9-19 几何法证明

9.4.3 点在平面运动参考系中的加速度合成

将式(9-23)对时间求导,并利用式(8-15),得到

$$\frac{\mathrm{d}^2\boldsymbol{r}}{\mathrm{d}t^2} = \boldsymbol{a}_A + \boldsymbol{\omega} \times (\boldsymbol{\omega} \times \boldsymbol{\rho}) + \boldsymbol{\alpha} \times \boldsymbol{\rho} + \frac{\tilde{\mathrm{d}}^2\boldsymbol{\rho}}{\mathrm{d}t^2} + 2\boldsymbol{\omega} \times \boldsymbol{v}_{\mathrm{r}} \tag{9-26}$$

牵连点 M' 做曲线运动,即牵连加速度

$$\boldsymbol{a}_{\mathrm{e}} = \boldsymbol{a}_A + \boldsymbol{\omega} \times (\boldsymbol{\omega} \times \boldsymbol{\rho}) + \boldsymbol{\alpha} \times \boldsymbol{\rho} \tag{9-27a}$$

或

$$\boldsymbol{a}_{\mathrm{e}} = \boldsymbol{a}_A - \omega^2 \boldsymbol{\rho} + \boldsymbol{\alpha} \times \boldsymbol{\rho} \tag{9-27b}$$

动点 M 的相对加速度

$$\boldsymbol{a}_{\mathrm{r}} = \frac{\tilde{\mathrm{d}}^2\boldsymbol{\rho}}{\mathrm{d}t^2} \tag{9-28}$$

动点 M 的科里奥利加速度

$$\boldsymbol{a}_{\mathrm{c}} = 2\boldsymbol{\omega} \times \boldsymbol{v}_{\mathrm{r}} \tag{9-29}$$

将式(9-26)~式(9-29)代入式(8-3b),导出式(8-24)。

例题 9-7 半径为 R 的半圆盘,沿水平地面纯滚动,长为 $2R$ 的杆 DE 可绕铰链 E 作定轴转动,其 D 端可在半圆盘的直径 AB 上滑动,如图 9-20a)所示。在图示位置时,已知半圆盘的角速度为 $\boldsymbol{\omega}_0$,角加速度为 $\boldsymbol{\alpha}_0$,直径 AB 与水平线的夹角为 θ,杆 DE 处于水平,D 端恰好在半圆盘的圆心,试求此时杆 DE 的角速度 $\boldsymbol{\omega}_{DE}$ 和角加速度 $\boldsymbol{\alpha}_{DE}$。

解:(1)运动分析[图 9-20b)]。

半圆盘做平面运动,速度瞬心为 P;杆 DE 作定轴转动;O 点做直线运动。取杆 DE 上的 D 点为动点,半圆盘为动参考系,牵连点 D' 是半圆盘圆心 O 点。

(2)速度分析[图 9-20c)]。

任意时刻:

$$v_O = \omega(t) R \tag{1}$$

图示位置:

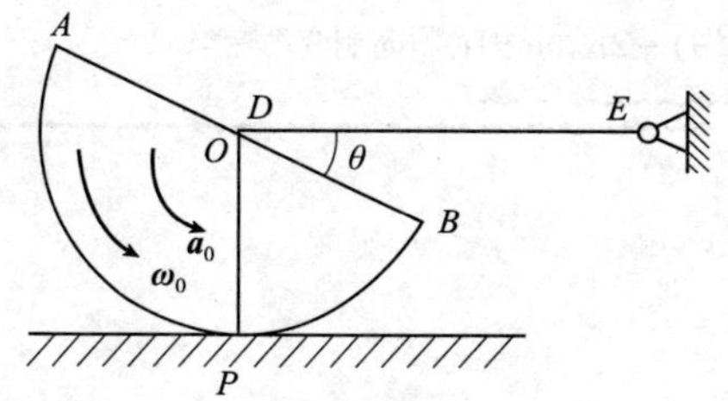

a)

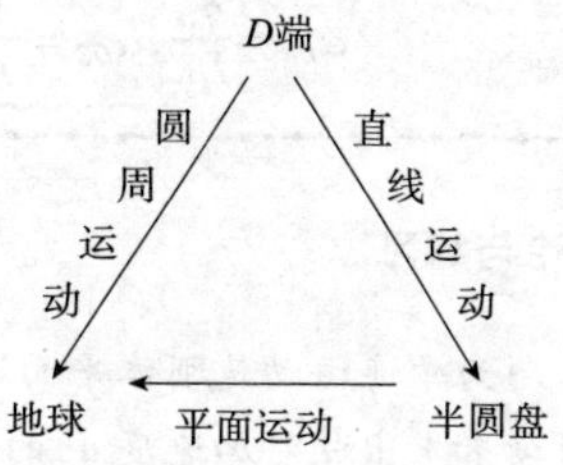

b)

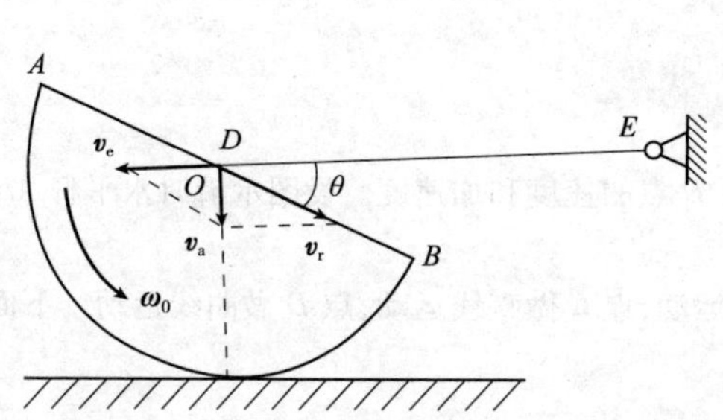

	v_a =	v_e +	v_r
方向：	√	√	√
大小：	√	?	?

c)

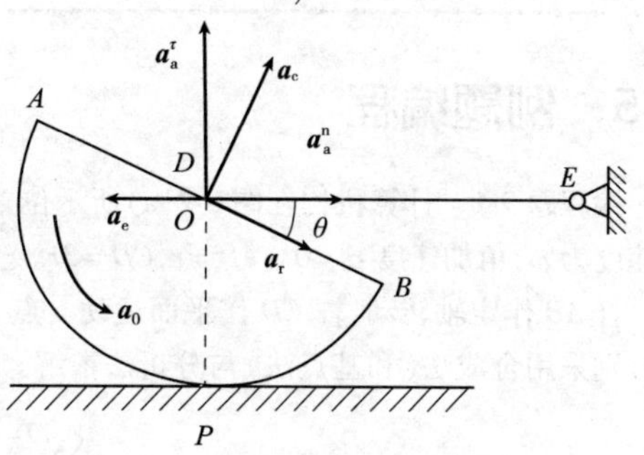

	a_a^n +	a_a^τ =	a_e +	a_r +	a_c
方向：	√	√	√	√	√
大小：	√	?	√	?	√

d)

图 9-20　例题 9-7

$$v_O = \omega_0 R, v_e = \omega_0 R$$

$$v_r = \frac{v_e}{\cos\theta}, v_r = \omega_0 R\sec\theta$$

$$v_a = v_e\tan\theta, v_a = \omega_0 R\tan\theta, v_D = v_a$$

$$\omega_{DE} = \frac{v_D}{DE}, \omega_{DE} = \frac{\omega_0}{2}\tan\theta(\text{逆时针})$$

(3)加速度分析[图 9-20d)]。

将式(1)对时间求导，得

任意时刻：

$$a_O = \frac{\mathrm{d}v_O}{\mathrm{d}t} = \frac{\mathrm{d}\omega(t)}{\mathrm{d}t}R = \alpha(t)R \tag{2}$$

图示位置：

$$a_a^n = 2R\omega_{DE}^2, a_a^n = \frac{R\omega_0^2}{2}\tan^2\theta$$

$$a_O = \alpha_0 R, a_e = \alpha_0 R$$

$$a_c = 2\omega_0 v_r, a_c = 2R\omega_0^2\sec\theta$$

将加速度合成公式在 $\boldsymbol{a}_c$ 上投影，有

$$\boldsymbol{a}_c: a_a^n\sin\theta + a_a^\tau\cos\theta = -a_e\sin\theta + a_c \tag{3}$$

$$a_a^\tau = \frac{R}{2}[\omega_0^2(2\sec^2\theta - \tan^3\theta) - 2\alpha_0\tan\theta], a_D^\tau = a_a^\tau$$

$$\alpha_{DE}=\frac{a_D^\tau}{DE},\alpha_{DE}=\frac{1}{4}[\omega_0^2(2\sec^2\theta-\tan^3\theta)-2\alpha_0\tan\theta]\text{(顺时针)}$$

讨论与练习

(1)本题为牵连运动是刚体平面运动的例题。

(2)请读者求出相对加速度 $\boldsymbol{a}_r$ 的大小。

(3)请读者编写求解本题的 Maple 程序。

9.5 例题编程

编程题 9-1 计算机构在图 9-21a)所示位置 CD 杆上 D 点的速度和加速度。设图示瞬时水平杆 AB 的角速度为 ω,角加速度 $\alpha=0$。$AB=r,CD=3r$。

杆 AB 作定轴转动,杆 CD 作平面运动。点 B 做圆周运动,点 C 做直线运动,点 D 做曲线运动。下面我们分别采用合成法(和基点法)与分析法求解。

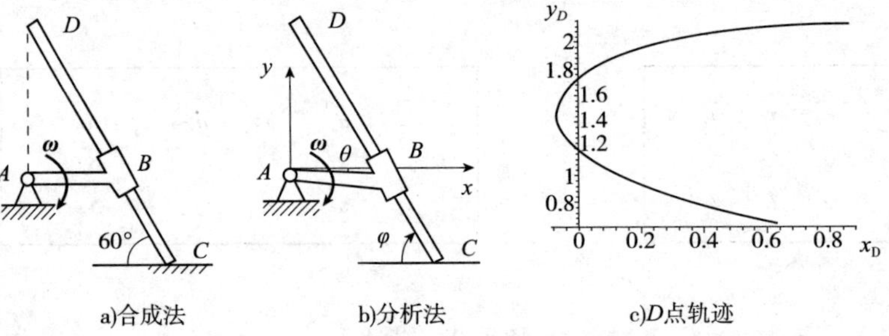

图 9-21　套筒与 AB 杆刚接的机构

(1)合成法和基点法

方法 1　合成法 + 合成法

先选动点 C,动系 AB 杆;$\boldsymbol{v}_{a1}=\boldsymbol{v}_{e1}+\boldsymbol{v}_{r1},\boldsymbol{a}_{a1}=\boldsymbol{a}_{e1}+\boldsymbol{a}_{r1}+\boldsymbol{a}_{c1}$。再选动点 D,动系 AB 杆。$\boldsymbol{v}_{a2}=\boldsymbol{v}_{e2}+\boldsymbol{v}_{r2},\boldsymbol{a}_{a2}=\boldsymbol{a}_{e2}+\boldsymbol{a}_{r2}+\boldsymbol{a}_{c2}$。$\boldsymbol{v}_D=\boldsymbol{v}_{a2},\boldsymbol{a}_D=\boldsymbol{a}_{a2}$。

方法 2　合成法 + 合成法

先选动点 C',动系 CD 杆;$\boldsymbol{v}_{a3}=\boldsymbol{v}_{e3}+\boldsymbol{v}_{r3},\boldsymbol{a}_{a3}=\boldsymbol{a}_{e3}+\boldsymbol{a}_{r3}+\boldsymbol{a}_{c3}$。再选动点 D',动系 CD 杆。$\boldsymbol{v}_{a4}=\boldsymbol{v}_{e4}+\boldsymbol{v}_{r4}$,$\boldsymbol{a}_{a4}=\boldsymbol{a}_{e4}+\boldsymbol{a}_{r4}+\boldsymbol{a}_{c4}$。$\boldsymbol{v}_D=\boldsymbol{v}_{e4},\boldsymbol{a}_D=\boldsymbol{a}_{e4}$。

方法 3　合成法 + 基点法

先选动点 C,动系 AB 杆;$\boldsymbol{v}_{a1}=\boldsymbol{v}_{e1}+\boldsymbol{v}_{r1},\boldsymbol{a}_{a1}=\boldsymbol{a}_{e1}+\boldsymbol{a}_{r1}+\boldsymbol{a}_{c1}$。再选动点 D,基点 C。$\boldsymbol{v}_D=\boldsymbol{v}_C+\boldsymbol{v}_{DC},\boldsymbol{a}_D=\boldsymbol{a}_C+\boldsymbol{a}_{DC}^n+\boldsymbol{a}_{DC}^\tau$。

方法 4　合成法 + 基点法

先选动点 C',动系 CD 杆;$\boldsymbol{v}_{a3}=\boldsymbol{v}_{e3}+\boldsymbol{v}_{r3},\boldsymbol{a}_{a3}=\boldsymbol{a}_{e3}+\boldsymbol{a}_{r3}+\boldsymbol{a}_{c3}$。再选动点 D,基点 C。$\boldsymbol{v}_D=\boldsymbol{v}_C+\boldsymbol{v}_{DC},\boldsymbol{a}_D=\boldsymbol{a}_C+\boldsymbol{a}_{DC}^n+\boldsymbol{a}_{DC}^\tau$。

(2)分析法

自由度数 $f=1$,建立直角坐标系如图 9-21b)所示,考虑一般位置,选广义坐标 φ 和多余坐标 θ。

①位置分析。

约束方程:

$$\varphi = \theta + \frac{\pi}{3}$$

动点 D 的坐标：

$$x_D = \frac{\sqrt{3}}{2} r\csc\varphi + \frac{\sqrt{3}}{2} r\cot\varphi - 3r\cos\varphi \tag{1a}$$

$$y_D = 3r\sin\varphi - \frac{\sqrt{3}}{2} r \tag{1b}$$

②速度分析。

角速度关系：
$$\dot{\varphi} = \dot{\theta}$$

$$\dot{x}_D = \frac{r\dot{\varphi}}{2}(-\sqrt{3}\csc\varphi\cot\varphi - \sqrt{3}\csc^2\varphi + 6\sin\varphi) \tag{2a}$$

$$\dot{y}_D = 3r\dot{\varphi}\cos\varphi \tag{2b}$$

③加速度分析。

角加速度关系：
$$\ddot{\varphi} = \ddot{\theta}$$

$$\ddot{x}_D = \frac{r\ddot{\varphi}}{2}(-\sqrt{3}\csc\varphi\cot\varphi - \sqrt{3}\csc^2\varphi + 6\sin\varphi) + r\dot{\varphi}^2(\sqrt{3}\csc^3\varphi + \sqrt{3}\cot^2\varphi\csc\varphi + 2\sqrt{3}\cot\varphi\csc^2\varphi + 6\cos\varphi) \tag{3a}$$

$$\ddot{y}_D = 3r\ddot{\varphi}\cos\varphi - 3r\dot{\varphi}^2\sin\varphi \tag{3b}$$

计算结果：当 $\theta = 0°$，$\dot{\theta} = \omega$，$\ddot{\theta} = 0$ 时，$\dot{x}_D = \frac{\sqrt{3}}{2} r\omega$，$\dot{y}_D = \frac{3}{2} r\omega$，$\ddot{x}_D = \frac{9}{2} r\omega^2$，$\ddot{y}_D = \frac{-3\sqrt{3}}{2} r\omega^2$。取 $r = 1\text{m}$ 可绘出 D 点运动轨迹如图 9-20c）所示。取 $r = 1\text{m}$，$\omega = 1\text{rad/s}$，$\alpha = 0$，$\theta \in [-30°, 30°]$，$\Delta\theta = 3°$时，D 点的速度和加速度如表 9-1 所示。

D 点的位置、速度和加速度 表 9-1

θ(°)	φ(°)	x_D(m)	y_D(m)	v_{Dx}(m/s)	v_{Dy}(m/s)	a_{Dx}(m/s^2)	a_{Dy}(m/s^2)
−30	30	0.632	0.635	−4.995	2.598	26.68	−1.501
−27	33	0.408	0.768	−3.734	2.516	20.64	−1.634
−24	36	0.238	0.898	−2.769	2.427	16.37	−1.764
−21	39	0.113	1.022	−1.995	2.331	13.29	−1.888
−18	42	0.026	1.141	−1.365	2.230	11.02	−2.007
−15	45	−0.031	1.256	−0.834	2.121	9.258	−2.112
−12	48	−0.063	1.364	−0.386	2.007	7.881	−2.230
−9	51	−0.072	1.465	−0.005	1.888	6.788	−2.331
−6	54	−0.064	1.561	0.327	1.763	5.886	−2.427
−3	57	−0.039	1.650	0.616	1.633	5.132	−2.516
0	60	−0.001	1.732	0.866	1.501	4.503	−2.598
3	63	0.051	1.808	1.090	1.361	3.946	−2.674
6	66	0.114	1.875	1.281	1.220	3.468	−2.741
9	69	0.184	1.934	1.450	1.076	3.042	−2.800
12	72	0.2649	1.988	1.602	0.9261	2.649	−2.854

续上表

θ(°)	φ(°)	x_D(m)	y_D(m)	v_{Dx}(m/s)	v_{Dy}(m/s)	a_{Dx}(m/s²)	a_{Dy}(m/s²)
15	75	1.988	2.032	1.729	0.7764	2.298	-2.898
18	78	0.4441	2.048	1.841	0.6294	1.975	-2.934
21	81	0.5444	2.097	1.937	0.4686	1.670	-2.963
24	84	0.6483	2.118	2.019	0.3138	1.388	-2.984
27	87	0.7566	2.130	2.083	0.1553	1.117	-2.996
30	90	0.8664	2.134	2.134	-0.00061	0.865	-3.000

• *D* 点运动全过程分析 Maple 程序

```
> restart;                                              #清零。
> x[D]:=sqrt(3)/2*r*csc(phi(t))+sqrt(3)/2*r*cot(phi(t))
>         -3*r*cos(phi(t)):                            #D 点的横坐标。
> y[D]:=3*r*sin(phi(t))-sqrt(3)/2*r:                   #D 点的纵坐标。
> v[Dx]:=diff(x[D],t):                                 #v_Dx = ẋ_D。
> v[Dy]:=diff(y[D],t):                                 #v_Dy = ẏ_D。
> a[Dx]:=diff(x[D],t$2):                               #a_Dx = ẍ_D。
> a[Dy]:=diff(y[D],t$2):                               #a_Dy = ÿ_D。
> v[Dx]:=subs(diff(phi(t),t)=omega,phi(t)=phi,v[Dx]):
>                                                      #D 点的速度横坐标。
> v[Dy]:=subs(diff(phi(t),t)=omega,phi(t)=phi,v[Dy]):
>                                                      #D 点的速度纵坐标。
> a[Dx]:=subs(diff(phi(t),t$2)=alpha,diff(phi(t),t)=omega,
>             phi(t)=phi,a[Dx]):                       #D 点的加速度横坐标。
> a[Dy]:=subs(diff(phi(t),t$2)=alpha,diff(phi(t),t)=omega,
>   phi(t)=phi,a[Dy]):                                 #D 点的加速度纵坐标。
> xD:=subs(r=1,phi(t)=theta+Pi/3,x[D]):
>                                                      #代入给定数值。
> yD:=subs(r=1,phi(t)=theta+Pi/3,y[D]):
>                                                      #代入给定数值。
> vD[x]:=subs(r=1,omega=1,phi=theta+Pi/3,v[Dx]):
>                                                      #代入给定数值。
> vD[y]:=subs(r=1,omega=1,phi=theta+Pi/3,v[Dy]):
>                                                      #代入给定数值。
> aD[x]:=subs(r=1,omega=1,alpha=0,phi=theta+Pi/3,a[Dx]):
>                                                      #代入给定数值。
> aD[y]:=subs(r=1,omega=1,alpha=0,phi=theta+Pi/3,a[Dy]):
>                                                      #代入给定数值。
> plot([xD,yD,theta=-Pi/6..Pi/6]):                     #绘点 D 的轨迹。
> for k from -10 to 10 do                              #按角度 θ 循环开始。
> x[D][k+10]:=evalf(subs(theta=k*Pi/60,xD),4):
>                                                      #D 点的横坐标值。
> y[D][k+10]:=evalf(subs(theta=k*Pi/60,yD),4):
```

```
>                                               #D 点的纵坐标值。
> v[Dx][k+10]:=evalf(subs(theta=k*Pi/60,vD[x]),4):
>                                               #D 点的速度横坐标值。
> v[Dy][k+10]:=evalf(subs(theta=k*Pi/60,vD[y]),4):
>                                               #D 点的速度纵坐标值。
> a[Dx][k+10]:=evalf(subs(theta=k*Pi/60,aD[x]),4):
>                                               #D 点的加速度横坐标值。
> a[Dy][k+10]:=evalf(subs(theta=k*Pi/60,aD[y]),4):
>                                               #D 点的加速度横坐标值。
> od:                                           #按角度 θ 循环结束。
```

思考题

思考题 9-1 刚体作平面运动，如图 9-22 所示。在图示瞬时，若选 A 点为基点，则 B 点绕 A 点运动的速度为$\boldsymbol{v}_{B|A}$；若以 B 为基点，则 A 点绕 B 点运动的速度为$\boldsymbol{v}_{A|B}$，则$\boldsymbol{v}_{B|A}$与$\boldsymbol{v}_{A|B}$的相同之处为(　　)，$\boldsymbol{v}_{B|A}$与$\boldsymbol{v}_{A|B}$的不同之处为(　　)。

思考题 9-2 如图 9-23 所示任意三角形板 ABC 作平面运动，证明某边中点的速度等于相邻两顶角的速度矢量和之半，即$\boldsymbol{v}_D=(\boldsymbol{v}_A+\boldsymbol{v}_B)/2$。

思考题 9-3 如图 9-24 所示，平面图形上两点 A,B 的速度方向可能是这样的吗？为什么？

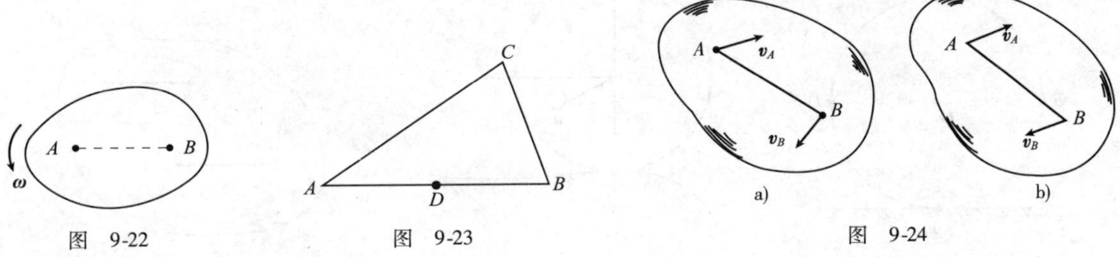

图 9-22　　图 9-23　　图 9-24

思考题 9-4 求如图 9-25 所示各平面机构中构件 AB(直杆或齿轮)的角速度。图 a)、b) 中 $\boldsymbol{\omega}_O$ 为已知。图 c) 中 AC 杆的角速度 $\boldsymbol{\omega}_{CA}$ 为已知，且各轮半径相等，轮 C 固定，各轮接触处均无相对滑动。

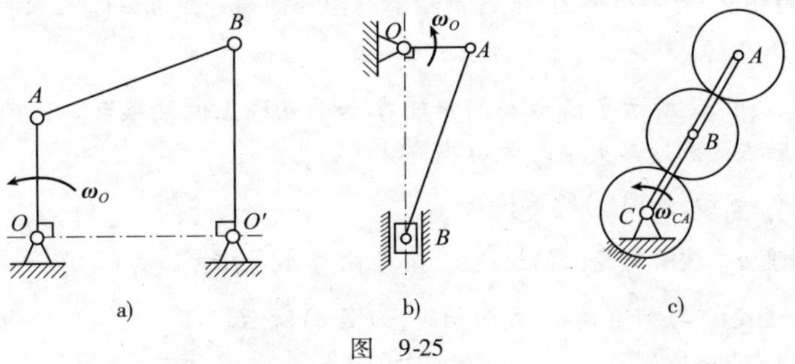

图 9-25

思考题 9-5 如图 9-26 所示，正方形平板在自身平面运动，若其顶点 A、B、C、D 的加速度大小相等，方向由图 a)、b) 表示，则(　　)。

A. a)、b) 两种运动都可能

B. a)、b) 两种运动都不可能

C. a) 运动可能，b) 运动不可能

D. a) 运动不可能，b) 运动可能

思考题 9-6　如图 9-27 所示，在图 a)、b) 所示瞬时，已知 $O_1A \underline{\underline{//}} O_2B$，问 $\boldsymbol{\omega}_1$ 与 $\boldsymbol{\omega}_2$，$\boldsymbol{\alpha}_1$ 与 $\boldsymbol{\alpha}_2$ 是否相等？

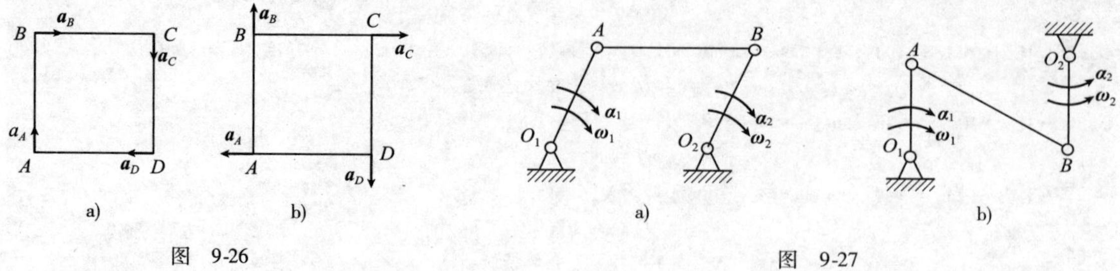

图　9-26　　　　图　9-27

思考题 9-7　如图 9-28 所示，当车辆做匀速直线运动时，设车轮在路面上只滚不滑。则轮上 O,A,B,C,D 诸点中(　　)点速度最小，(　　)点速度最大，(　　)点加速度最小，(　　)点的加速度大小相等。

思考题 9-8　如图 9-29 所示，车轮沿曲面滚动。已知轮心 O 在某一瞬时的速度 $\boldsymbol{v}_O$ 和加速度 $\boldsymbol{a}_O$。问车轮的角加速度是否等于 $a_O\cos\beta/R$？速度瞬心 P 的加速度大小和方向如何确定？

思考题 9-9　如图 9-30 所示，平面图形在其平面内运动，某瞬时其上有两点的加速度矢相同。试判断下述说法是否正确：

(1) 其上各点速度在该瞬时一定都相等；

(2) 其上各点加速度在该瞬时一定都相等。

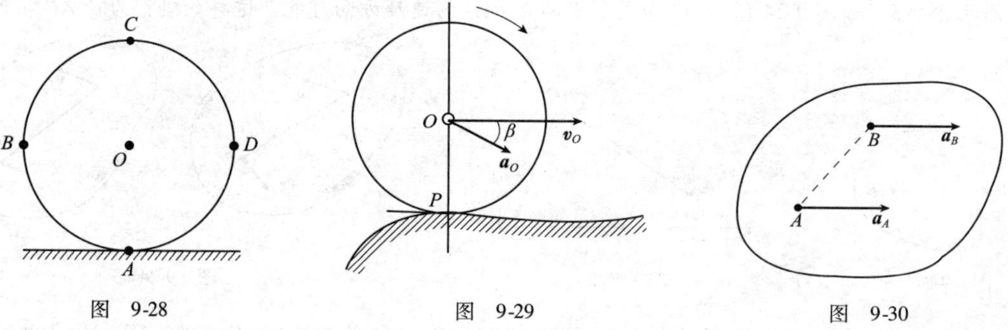

图　9-28　　　　图　9-29　　　　图　9-30

思考题 9-10　如图 9-31 所示，刚体作平面运动，其平面图形内两点 A,B 相距 $L=0.2\text{m}$，两点的加速度垂直 AB 连线、转向相反、大小均为 2m/s^2。则该瞬时图形的角速度 $\omega=($　　$)$，转向(　　)；角加速度 $\alpha=($　　$)$，转向(　　)。

思考题 9-11　如图 9-32 所示半径为 R 的车轮在水平直线上做纯滚动。试确定在下列各种情况下，车轮上与地面接触点的加速度大小与方向：

(1) 轮心以匀速 $\boldsymbol{v}_O$ 运动，如图 a) 所示；

(2) 轮心有加速度 $\boldsymbol{a}_O$，该瞬时轮心的速度 $\boldsymbol{v}_O$，其方向与 $\boldsymbol{a}_O$ 相反，如图 b) 所示；

(3) 该瞬时轮心速度 $\boldsymbol{v}_O$ 与加速度 $\boldsymbol{a}_O$ 方向相同，如图 c) 所示。

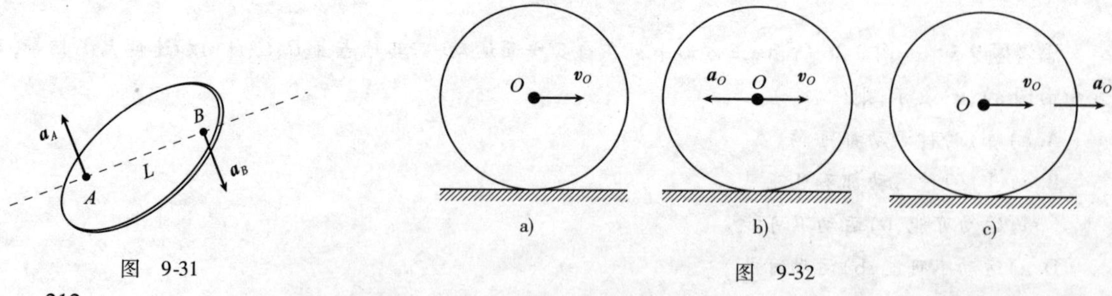

图　9-31　　　　图　9-32

思考题 9-12 两直杆长度均为 0.5m，在 C 处用铰连接并在如图 9-33 所示平面内运动。当两杆相互垂直时，$\boldsymbol{v}_A \perp AC$，$\boldsymbol{v}_B \perp BC$，且 $v_A = 0.5\text{m/s}$，$v_B = 1.0\text{m/s}$。则在该瞬时 BC 杆的角速度 $\boldsymbol{\omega}_{BC} =$（　　），$AC$ 杆的角速度 $\boldsymbol{\omega}_{AC} =$（　　）。

思考题 9-13 如图 9-34 所示，小球 M 沿半径为 R 的圆环以匀速 $\boldsymbol{v}_r$ 运动。圆环沿直线以匀角速度 $\boldsymbol{\omega}$ 顺时针方向作纯滚动。取圆环为动参考体，则小球运动到图示位置瞬时，牵连速度的大小为（　　），牵连加速度的大小为（　　），科氏加速度的大小为（　　）。（各矢量的方向应在图中标出。）

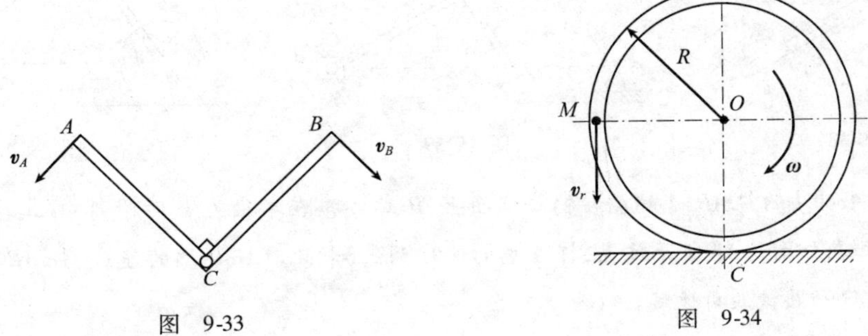

图　9-33　　图　9-34

习题

A 类型习题

习题 9-1 如图 9-35 所示，半径为 R 的圆轮在水平面作纯滚动，BC 杆一端 B 与轮缘铰接，滑块 C 沿 $\varphi = 30°$ 的斜槽滑动。已知在图示（B 处于最高点，$\theta = 60°$）瞬时，圆轮中心的速度为 v_0。试求该瞬时滑块 C 的速度。

习题 9-2 在如图 9-36 所示四连杆机构中，已知：匀角速度 ω_0，$OA = O_1B = r$。试求在 $\varphi = 45°$，且 $AB \perp O_1B$ 的图示瞬时，连杆 AB 的角速度 ω_{AB} 及 B 点的速度。

习题 9-3 如图 9-37 所示，曲杆连杆带动圆轮在水平上作纯滚动。已知：轮的直径 $d = 2\text{m}$，连杆 $AO = L = 3\text{cm}$。在图示位置时，曲柄的角速度 $\omega = 3\text{rad/s}$，O_1O 为铅垂线，$OA \perp O_1A$，$\varphi = 60°$。试求该瞬时：(1) 连杆 AO 的角速度；(2) 轮心 O 的速度；(3) 轮的角速度；(4) 轮缘上 M 点的速度。

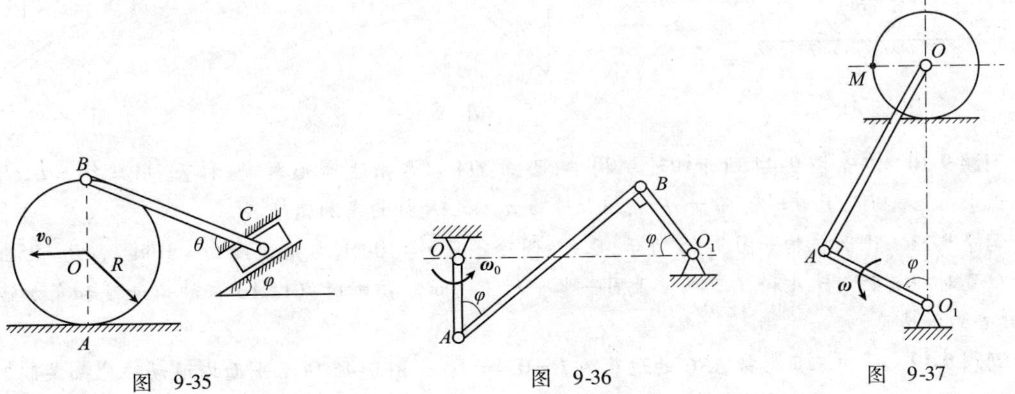

图　9-35　　图　9-36　　图　9-37

习题 9-4 在如图 9-38 所示平面机构中，C 为 AB 中点，$OA = r = 25\text{cm}$，$O_1E = 4r$。当 $\varphi = 60°$ 时，$\omega = 8\text{rad/s}$，OA 和 AB 在同一水平线上，且 $CE \perp EO_1$，$AB \perp BO_1$，试求该瞬时 O_1E 杆的角速度 $\boldsymbol{\omega}_{O1}$。

习题 9-5 在如图 9-39 所示平面机构中，已知：$O_1A = O_2B = r$，且 $AB = O_1O_2$，$BC = \sqrt{3}r$。在图示位置时，滑块 C 的速度为 $\boldsymbol{v}$，$\theta = 60°$。试求该瞬时曲柄 O_1A 的角速度 $\boldsymbol{\omega}$。

习题 9-6 平面机构如图 9-40 所示，曲柄 OA 以匀角速度 $\boldsymbol{\omega}_0$ 转动，通过杆 AB 和 BO_1 带动半径为 R 的圆盘在水平面上作纯滚动。$OA=r, AB=BO_1$，在图示瞬时，OA 位于水平，$\beta=\varphi$。试求该瞬时：(1)滑块 B 的速度；(2)圆盘中心 O_1 的速度；(3)圆盘的角速度。

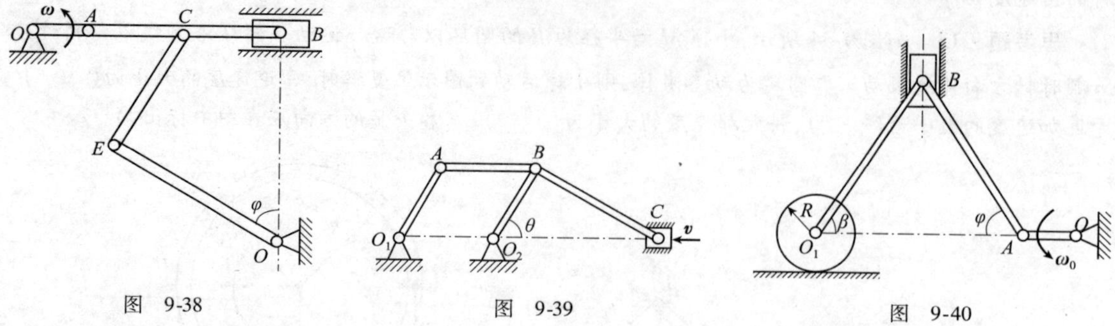

图 9-38　　图 9-39　　图 9-40

习题 9-7 长为 l 的杆 AB，A 端靠在铅垂墙面上，B 端铰接在半径为 R 的圆盘中心，圆盘沿水平地面纯滚动。已知在如图 9-41 所示位置，杆 A 端的速度为 $\boldsymbol{v}_A$，求此时杆 B 端的速度、杆 AB 的角速度、杆 AB 中点 D 的速度和圆盘的角速度。

习题 9-8 设某汽车前后车轮的轴距为 L，左右车轮的轮距为 b，如图 9-42 所示。试求当车在水平路面上行驶并且向右转弯时，左前车轮 A 的转向角 θ_1 与右前车轮 B 的转向角 θ_2 应满足的关系式。

习题 9-9 如图 9-43 所示，已知杆 AB 的两端滑块在两槽内运动，夹角 $\theta=60°$，$AB=L=4\text{m}$，匀速度 $v_B=2\text{m/s}$，试求：当 $\varphi=60°$ 时，滑块 A 的加速度及杆 AB 的角加速度。

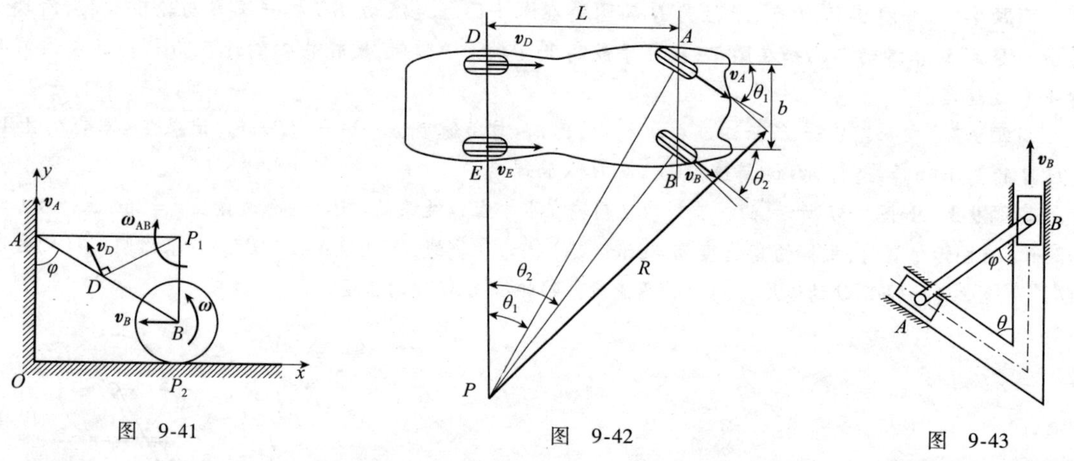

图 9-41　　图 9-42　　图 9-43

习题 9-10 在如图 9-44 所示四连机构中，已知：OA 以匀角速度 $\boldsymbol{\omega}$ 转动，杆长 $OA=AB=L$，$O_1B=2L$。试求当 $\varphi=90°$，且 $\theta=90°$ 瞬时，B 点的加速度 $\boldsymbol{a}_B$ 和 AB 杆的角加速度 $\boldsymbol{\alpha}_{AB}$。

习题 9-11 平面机构如图 9-45 所示，已知：圆轮半径 $r=10\text{cm}$，匀角速度 $\omega=3\text{rad/s}$，$AB=25\text{cm}$ 在图示位置时，$\varphi=45°$，O、A 和 B 三点位于同一水平线上。试求该瞬时：(1)AB 杆的角速度和角加速度；(2)B 点的加速度。

习题 9-12 等边三角形板 ABC 的边长为 $L=0.4\text{m}$，在如图 9-46 所示平面内运动。已知某瞬时：$v_A=0.8\text{m/s}$，$a_A=3.2\text{m/s}^2$，方向均沿 AC；B 点速度的大小 $v_B=0.4\text{m/s}$，加速度的大小 $a_B=0.8\text{m/s}^2$。试求该瞬时，三角板的角速度 ω 和角加速度 α。

习题 9-13 长为 $2l$ 的杆 AB，其 A 端以匀速 $\boldsymbol{u}$ 沿水平直线运动，B 端由长为 r 的绳索 BD 吊起。试求运动到如图 9-47 所示位置(AB 与水平线夹角为 θ，BD 铅垂)时，杆 AB 的角速度和角加速度以及 B 点和杆中点 C 的加速度。

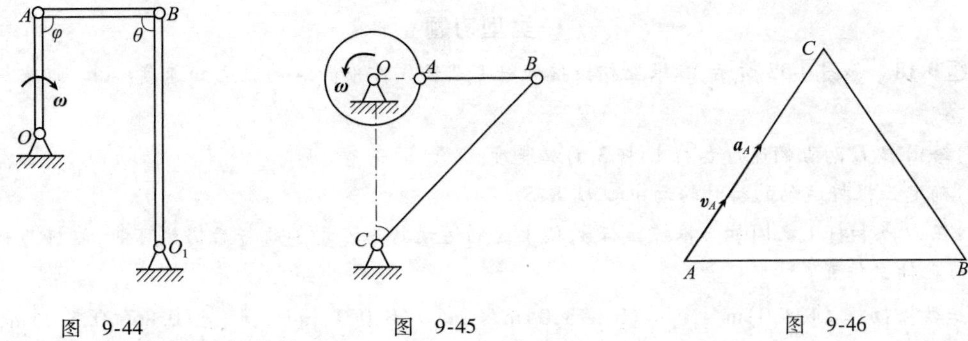

图 9-44　　图 9-45　　图 9-46

习题 9-14　直角三角板 ABC 铰接如图 9-48 所示。已知：$OA = BC = R$，$AB = \sqrt{3}R$。在图示瞬时，OA 铅垂，$\varphi = 30°$，角速度为 $\boldsymbol{\omega}_0$，角加速度 $\boldsymbol{\alpha} = \boldsymbol{0}$。试求该瞬时 C 点的速度和加速度。

习题 9-15　外啮合行星齿轮机构如图 9-49 所示，已知定齿轮Ⅰ的半径为 r_1，动齿轮Ⅱ的半径为 r_2，杆 OA 在图示位置时的角速度为 $\boldsymbol{\omega}_0$，角加速度为 $\boldsymbol{\alpha}_0$。试求动齿轮上 M 点（在 OA 的延长线上）的加速度。

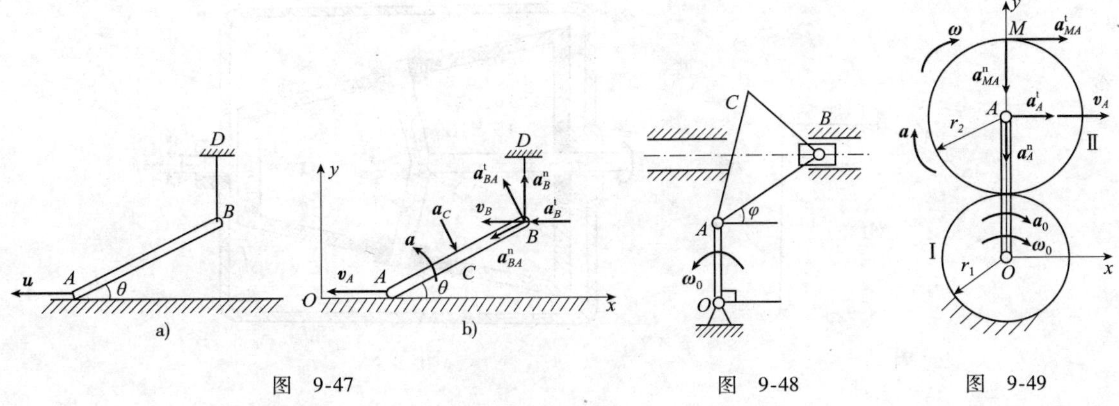

图 9-47　　图 9-48　　图 9-49

B 类型习题

习题 9-16　平面机构如图 9-50 所示，已知：$AB = O_2C = r$，$O_1A = BC = BD = 2r$，$r = 10\text{cm}$。在图示位置，O_1A 铅垂，$\boldsymbol{\omega}_1 = 2\text{rad/s}$，滑块 D 的水平速度 $\boldsymbol{v}_D = 120\text{cm/s}$，$\varphi = \theta = 120°$，$\beta = 60°$，$O_2C \perp BC$。试求该瞬时 B 点的速度和 O_2C 杆的角速度。

习题 9-17　平面机构如图 9-51 所示，套筒 D 与 BD 杆相互垂直并且刚连。已知：$BC = r = 10\text{cm}$，$BD = 20\text{cm}$。在图示位置时，BC 铅垂，$\theta = 60°$，BC 杆角速度 $\boldsymbol{\omega} = 2\text{rad/s}$，滑块 C 的速度 $\boldsymbol{v} = 10\text{cm/s}$。试求该瞬时 OA 杆的角速度。

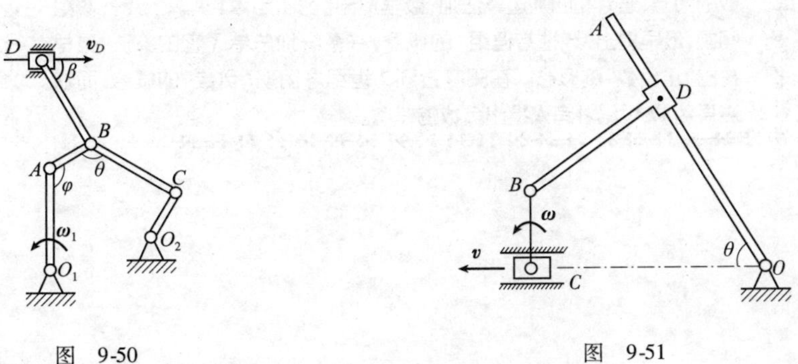

图 9-50　　图 9-51

C 类型习题

习题 9-18 如图 9-52 所示，三根互相铰接的杆 1，2 和 3 作平面运动。已知速度 $\boldsymbol{v}_A$、$\boldsymbol{v}_D$ 以及杆 2 的角速度 $\boldsymbol{\omega}_2$。

(1)给出 B、C 两点的速度和杆 1、杆 3 的加速度。

(2)确定三根杆运动的瞬时转动中心 Q、R、S。

(3)在 D 点和杆 1 之间加一根铰接杆 4，使上述的运动状态在增加此杆后仍然可能，该杆与杆 1 的铰接点应在什么位置?

已知数据：$\boldsymbol{v}_A=(1,4,0)\,\mathrm{m/s}$，$\boldsymbol{v}_D=(3,-3,0)\,\mathrm{m/s}$，$\boldsymbol{\omega}_2=(0,0,3)\,\mathrm{rad/s}$，$\boldsymbol{r}_{AB}=(0.866,0.5,0)\,\mathrm{m}$，$\boldsymbol{r}_{BC}=(1,0,0)\,\mathrm{m}$，$\boldsymbol{r}_{CD}=(0,-2,0)\,\mathrm{m}$。

习题 9-19 如图 9-53 所示，在草图所示的同轴减速传动装置中有 4 个啮合的锥形齿轮。轮 1 和主动轴相连，轮 4 和固定的减速箱体相连。转动轮 2 和 3 在轮 1 和 4 上转动，并带动传动轴 5。

(1)传动轴 5 的角速度是多大? 转动轮 2 和 3 相对于被动轴的相对角速度 $\boldsymbol{\omega}_{52}=\boldsymbol{\omega}_{53}$ 是多大?

(2)计算在轮 2 圆周上一点 P 的绝对角速度矢量的分量，并给出 P 点和轮 1 接触时该矢量的数值。

已知数据：$\alpha=20°$，$\beta=58°$，$\gamma=44°$，$r_1=7.5\,\mathrm{cm}$，$n_1=300\ \mathrm{min}^{-1}$。

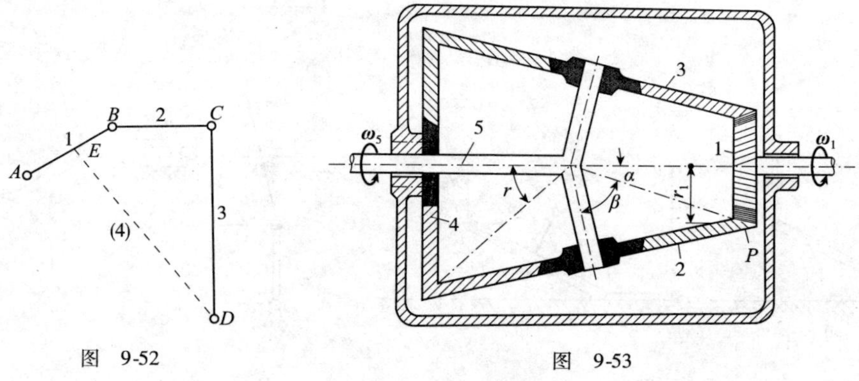

图 9-52　　　　图 9-53

张苍(公元前 256—公元前 152)，阳武县(今河南省原阳县)人。西汉初年历法、算学方面的突出代表，他整理、校订的《九章算术》是对中国乃至世界数学发展的重大贡献。

《九章算术》总共收集 246 个数学问题，是世界上最早系统叙述了分数的约分、通分和四则运算法则；最早提出"盈不足术"求解二元一次组问题；最早提出"线性方程组"的概念，并系统地总结了它的算法；最早提出"正负数"的概念。在印度直到 7 世纪才出现"负数"的概念，而欧洲直到 17 世纪才有人提出负数的概念。

《孟子》:“公输子之巧,不以规矩,不能成方圆。”

第 10 章　刚体的定点运动和一般运动

刚体运动时,如体内只有一点相对定参考系保持不动,则此运动称为刚体的定点运动。

研究表明,刚体的定点运动是一种转动,因此刚体的定点运动也可以称为定点转动。刚体定点转动是比定轴转动更为普遍的运动,后者可看作是定点转动的一种特例。也可以认为定点转动是刚体绕若干根汇交于一点的轴转动的复合运动。在不受约束的自由刚体内任选一点为坐标原点建立动参考系,则刚体相对此参考系的运动就是刚体的定点转动。因此在生产实践中,刚体的定点转动不仅是一切用球铰连接的机器部件运动的抽象,也是天体、飞机船舶、航天器等各种自由运动物体的普遍运动形式。

10.1　刚体的定点运动

10.1.1　刚体的有限转动

(1)刚体有限转动定理

可以证明,定点运动是一种转动,转动轴通过该定点。

证明:以定点 O 为球心作任意半径的球面(图 10-1)。刚体与球面的截面 S 随同刚体的定点运动而沿球面运动。在刚性截面 S 上任取两点 A 和 B,作连接两点的大圆弧$\overset{\frown}{AB}$,刚体的位置由$\overset{\frown}{AB}$的位置(和定点 O 一起)完全确定。当刚体位置有改变时,A 和 B 分别变到 A' 和 B'。S 运动到 S',$\overset{\frown}{AB}$的新位置为$\overset{\frown}{A'B'}$。既然任意两点间的距离不变,A' 和 B' 必在同一球面上。作大圆弧连接 A 和 A',作大圆弧连接 B 和 B',分别作$\overset{\frown}{AA'}$和$\overset{\frown}{BB'}$的垂直平分大圆面。此二平面的交线通过点 O 且与球面交于点 Ω,夹角为 θ。球面 $\Delta AB\Omega$ 和

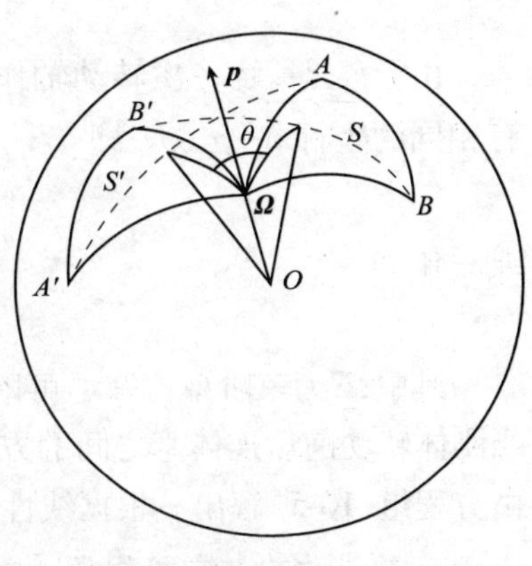

图 10-1　刚体的有限转动

$\Delta A'B'\Omega$ 由于对应各边的弧长相等($\overset{\frown}{AB}=\overset{\frown}{A'B'}$是由于刚体的任意两点间的距离不变,$\overset{\frown}{A\Omega}=\overset{\frown}{A'\Omega}$是因为 Ω 在$\overset{\frown}{AA'}$的垂直平分大圆上,同理,$\overset{\frown}{B\Omega}=\overset{\frown}{B'\Omega}$),因而是全等形。这样 $\angle A\Omega B=\angle A'\Omega B'$,该式两边同加上 $\angle A\Omega B'$,就给出

$$\angle A\Omega A'=\angle B\Omega B' \tag{a}$$

就是说,以直线 $O\Omega$ 为轴,转动角度 $\angle A\Omega A'$ 把 A 移到 A',同时也就把 B 移到 B'。换句话说,点 O 固定的刚体的运动是以 $O\Omega$ 为轴的转动。因此,刚体的定点运动也可以称为定点转动。刚体做定点转动时,若转角为有限值,则称为有限转动。刚体只要绕 $O\Omega$ 轴一次转过 θ

角后即到达新位置。从而证明以下欧拉有限转动定理：

欧拉定理：刚体绕定点 O 的任意有限转动可由绕点 O 的某根轴的一次有限转动实现。

$O\Omega$ 轴称为刚体有限转动的一次转动轴，沿 $O\Omega$ 轴的基矢量记作 $\boldsymbol{p}$。以 O 为原点建立定参考系 $O\xi\eta\zeta$，刚体相对定系的位置由 $\boldsymbol{p}$ 轴相对 ξ、η、ζ 各坐标轴的方向余弦 p_1、p_2、p_3 以及刚体绕 $\boldsymbol{p}$ 轴的转角 φ 完全确定。其中方向余弦 p_1、p_2、p_3 应满足以下关系式：

$$p_1^2+p_2^2+p_3^3=1 \tag{10-1}$$

因此在确定刚体位置的 4 个参数 p_1、p_2、p_3、φ 中只有 3 个独立变量，表明刚体绕定点转动有 3 个自由度。

(2)有限转动轴位置和有限转动角

设刚体在转动前的连体坐标系 $Oxyz$ 与定参考系 $O\xi\eta\zeta$ 重合，刚体作有限转动后，$Oxyz$ 随刚体到达的新位置为 $Ox_1y_1z_1$。将 $Oxyz$ 各坐标轴的基矢量 $\boldsymbol{i},\boldsymbol{j},\boldsymbol{k}$ 排成的矢量列阵记作 $\underline{\boldsymbol{e}}$，称为刚体的连体基。连体基的转动前位置，即定坐标系 $O\xi\eta\zeta$ 各坐标轴的基矢量 $\boldsymbol{i}_0,\boldsymbol{j}_0,\boldsymbol{k}_0$ 排成的列阵为$\underline{\boldsymbol{e}}_0$。转动后连体基，即 $Ox_1y_1z_1$ 的基矢量 $\boldsymbol{i}_1,\boldsymbol{j}_1,\boldsymbol{k}_1$ 排成的列阵为$\underline{\boldsymbol{e}}_0$。矢量 $\boldsymbol{p}$ 可用不同的连体基$\underline{\boldsymbol{e}}_0$和$\underline{\boldsymbol{e}}_1$表示为

$$\boldsymbol{p}=\underline{\boldsymbol{e}}_0^{\mathrm{T}}\,\underline{p}^{(0)}=\underline{\boldsymbol{e}}_1^{\mathrm{T}}\,\underline{p}^{(1)} \tag{10-2}$$

其中，$\underline{p}^{(0)}$、$\underline{p}^{(1)}$ 为矢量 p 相对$\underline{\boldsymbol{e}}_0$和$\underline{\boldsymbol{e}}_1$基的坐标列阵。将上式各项左侧与$\underline{\boldsymbol{e}}_0$点积，导出

$$\underline{p}^{(0)}=\underline{A}\underline{p}^{(1)} \tag{10-3}$$

$\underline{\boldsymbol{A}}=[a_{ij}]$为刚体转动前后连体基之间的方向余弦矩阵：

$$\underline{\boldsymbol{A}}=\underline{\boldsymbol{e}}_0\cdot\underline{\boldsymbol{e}}_1^{\mathrm{T}}=\begin{bmatrix}\boldsymbol{i}_0\cdot\boldsymbol{i}_1 & \boldsymbol{i}_0\cdot\boldsymbol{j}_1 & \boldsymbol{i}_0\cdot\boldsymbol{k}_1\\ \boldsymbol{j}_0\cdot\boldsymbol{i}_1 & \boldsymbol{j}_0\cdot\boldsymbol{j}_1 & \boldsymbol{j}_0\cdot\boldsymbol{k}_1\\ \boldsymbol{k}_0\cdot\boldsymbol{i}_1 & \boldsymbol{k}_0\cdot\boldsymbol{j}_1 & \boldsymbol{k}_0\cdot\boldsymbol{k}_1\end{bmatrix} \tag{10-4}$$

由于$\underline{\boldsymbol{e}}_1$是$\underline{\boldsymbol{e}}_0$绕一次转动轴作定轴动后到达的位置，则一次转动轴基矢量 $\boldsymbol{p}$ 相对$\underline{\boldsymbol{e}}_1$和$\underline{\boldsymbol{e}}_0$必有相同的坐标 p_1、p_2、p_3，即

$$\underline{p}^{(1)}=\underline{p}^{(0)}=\underline{A}\underline{p}^{(1)} \tag{b}$$

或写作

$$(\underline{\boldsymbol{A}}-\underline{\boldsymbol{E}})\underline{p}^{(1)}=\underline{0} \tag{10-5}$$

其中，$\underline{\boldsymbol{E}}$为三阶单位阵。可以证明 $\det(\underline{\boldsymbol{A}}-\underline{\boldsymbol{E}})=0$，因此齐次代数方程组(10-5)有非零解。当刚体转动前后连体基之间的方向余弦矩阵$\underline{\boldsymbol{A}}$给定以后，有限转动轴的方向余弦 p_1、p_2、p_3 即可由方程组(10-5)解出。根据线性代数理论，解出的$\underline{p}^{(1)}$也就是方向余弦矩阵$\underline{\boldsymbol{A}}$的本征向量。

有限转动的方向可根据 $\boldsymbol{p}$ 的指向由右手螺旋定则确定，转动角 θ 有以下计算公式：

$$\theta=\arccos\left[\frac{1}{2}(\operatorname{tr}\underline{\boldsymbol{A}}-1)\right] \tag{10-6}$$

证明：设连体基矢量 $\boldsymbol{i}$ 的起始位置 $\boldsymbol{i}_0$ 及其转动后位置 $\boldsymbol{i}_1$ 的端点分别为 B_0 和 B，过 B_0B 作垂直于一次转动轴 $\boldsymbol{p}$ 的平面与 $\boldsymbol{p}$ 轴相交于点 A，则 $\angle B_0AB=\theta$ 为有限转动角。令 $\angle B_0OB=\varphi$ 为 $\boldsymbol{i}_0$ 与 $\boldsymbol{i}_1$ 的夹角，$\angle AOB_0=\angle AOB=\psi$ 为 $\boldsymbol{p}$ 与 $\boldsymbol{i}_0$ 或 $\boldsymbol{i}_1$ 的夹角(图 10-2)，由于 OB_0 和 OB 均为单位长度，有以下几何关系：

$$\overline{AB}=\sin\psi \tag{c1}$$

$$\overline{B_0B}=2\sin\frac{\varphi}{2}=2\,\overline{AB}\sin\frac{\theta}{2} \tag{c2}$$

将式(c1)代入式(c2),两边平方,得到

$$\sin^2\frac{\varphi}{2}=\sin^2\psi\sin^2\frac{\theta}{2} \quad \text{(d)}$$

利用半角公式,并代入以下方向余弦符号:

$$a_{11}=\boldsymbol{i}_0\cdot\boldsymbol{i}_1=\cos\varphi,p_1=\cos\psi \quad \text{(e)}$$

导出

$$1-a_{11}=(1-p_1^2)(1-\cos\theta) \quad \text{(f1)}$$

依此类推,可导出

$$1-a_{22}=(1-p_2^2)(1-\cos\theta) \quad \text{(f2)}$$

$$1-a_{33}=(1-p_3^2)(1-\cos\theta) \quad \text{(f3)}$$

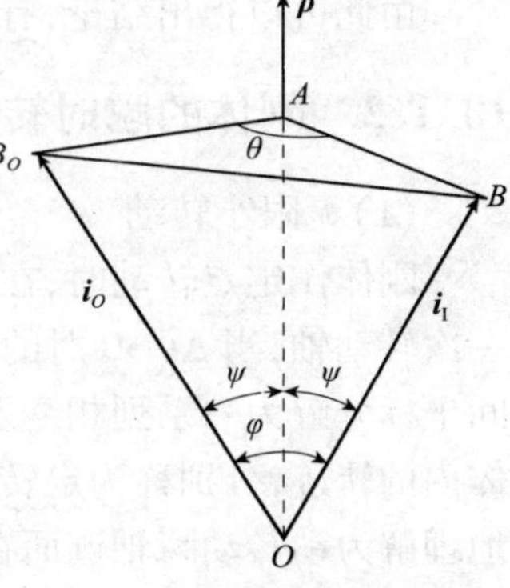

图 10-2　有限转动角的确定

将以上三式相加,利用$\sum\limits_{i=1}^{3}p_i^2=1$,即导出式(10-6)。

(3)有限转动次序的不可交换性

如刚体绕点 O 作一系列有限转动,根据欧拉定理,它完全等效于绕过点 O 且固定于刚体的各一次转动轴的一系列转动。将每次转动后的连体基位置相对定参考系固定而定义一系列中间坐标系,刚体历次转动前后的位置关系由中间坐标系之间的方向余弦矩阵确定。由于矩阵乘法不存在交换律,故当转动次序改变时,即使绕各转动轴的角度一一相同,最终到达的位置却不相同。其原因在于前次转动改变了固结于刚体的后续转动轴在空间中的位置。因此一系列转动的合成不仅取决于各次转动轴在刚体内的位置和转过的角度,而且与转动的顺序有关。

为表明刚体在定点转动中的位置,通常在转动轴上画一个箭号,其长度等于刚体所转过的角度 $\Delta\theta$,其指向与刚体的转向成右手螺旋关系,这种箭号叫作角位移。

我们知道:有量值有方向的量还不一定是矢量。如果它矢量还必须遵守平行四边形加法所应该遵守的对易律。即如 $\boldsymbol{A}$ 和 $\boldsymbol{B}$ 是两个矢量,则应有

$$\boldsymbol{A}+\boldsymbol{B}=\boldsymbol{B}+\boldsymbol{A} \quad \text{(g)}$$

值得注意的是,刚体有限转动中两个角位移的相加次序不可交换。这可用一个实例来加以说明。在图 10-3 和图 10-4 中,长方体按不同顺序先绕 z 轴、后绕 x 轴或先绕 x 轴、后绕 z 轴各转过90°后,最终到达的位置截然不同!

a)原来的位置　　b)绕z轴旋转90°　　c)绕x轴旋转90°

图 10-3　刚体有限转动顺序之一

a)原来的位置　　b)绕x轴旋转90°　　c)绕z轴旋转90°

图 10-4　刚体有限转动顺序之二

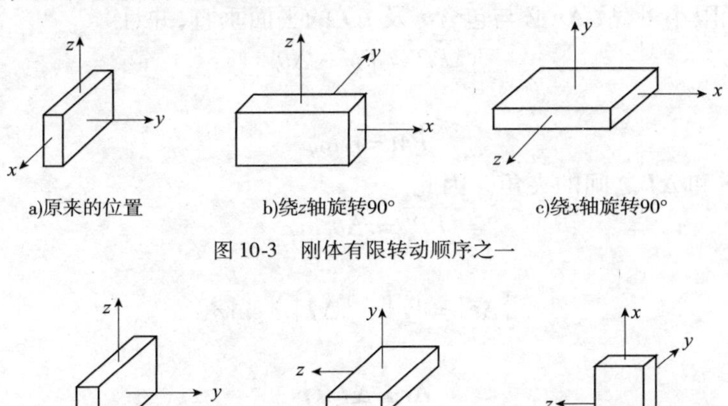

由此可以得出结论，有限角位移不是矢量。

10.1.2 刚体的瞬时转动

（1）无限小转动

刚体作定点转动时，在相邻时刻 t 和 $t+\Delta t$ 之间的时间间隔内完成的有限转动所对应的一次转动轴，当 $\Delta t \to 0$ 时的极限位置称为刚体在 t 时刻的转动瞬轴。刚体的定点转动可按时间坐标分解为一系列相继发生的绕转动瞬轴的瞬时转动。转动瞬轴在定参考系内以用在刚体内的轨迹，分别称为定转动瞬轴迹面和动转动瞬轴迹面。刚体定点转动的全过程可形象地理解为动转动瞬轴迹面在定转动瞬轴迹面上的纯滚动，如图 10-5 所示。与第 9 章中描绘刚体平面运动的图 9-13 类似，只是转动瞬轴迹面由柱面变为锥面。

刚体定点转动时，若转过的角度极小以至可视作无限小量时，称为无限小转动。根据欧拉定理，刚体的任意无限小转动完全等效于绕瞬时转动轴的无限小转动。

（2）瞬时角位移矢量

虽然有限转动角位移不是矢量，但如果是无限小转动，情形就跟有限转动有所不同。设刚体绕通过定点 O 的某瞬轴线 $\boldsymbol{p}$ 转动了一微小角度 $\Delta\theta$，则因 $\Delta\theta$ 也应是一有方向的量，故可在转动轴上截取一有方向的线段 $\Delta\boldsymbol{J}$ 来代表 $\Delta\theta$ 的量值和方向，故

$$\Delta\boldsymbol{J}=\Delta\theta\boldsymbol{p} \tag{10-7}$$

其指向则由右手螺旋法则决定，如图 10-6 所示，我们通常把 $\Delta\boldsymbol{J}$ 叫作角位移。

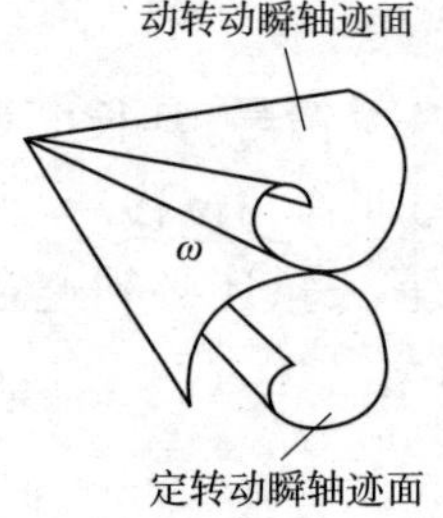

图 10-5 转动瞬轴迹面

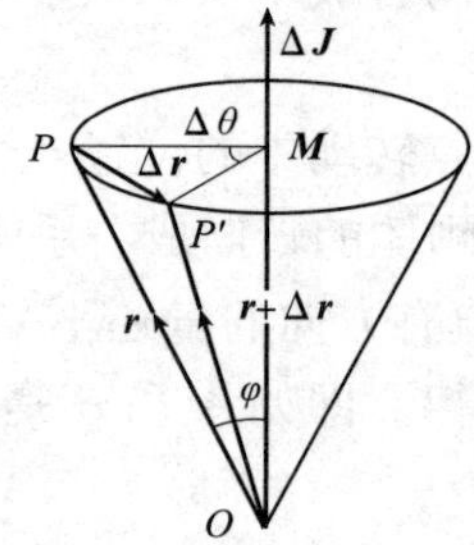

图 10-6 绕瞬轴无限小转动角位移矢量

如果 $\boldsymbol{r}$ 为刚体内任一质点 P 在转动前的位矢，$\boldsymbol{r}+\Delta\boldsymbol{r}$ 为转动后 P 点（现在是 P' 点）的位矢，因为 $\Delta\boldsymbol{r}$ 是无限小量，故 $\Delta\boldsymbol{r}$ 必与包含 $\boldsymbol{r}$ 及 $\Delta\boldsymbol{J}$ 的平面垂直，并且

$$\overline{PP'}=\overline{PM}\cdot\Delta\theta \tag{h}$$

但

$$\overline{PM}=r\sin\varphi \tag{i}$$

式中，φ 为 $\boldsymbol{r}$ 和 $\Delta\boldsymbol{J}$ 之间的夹角。因此

$$\overline{PP'}=r\Delta\theta\sin\varphi \tag{10-8}$$

或

$$|\Delta\boldsymbol{r}|=|\boldsymbol{r}|\cdot|\Delta\boldsymbol{J}|\cdot\sin\varphi \tag{j}$$

即

$$\Delta\boldsymbol{r}=\Delta\boldsymbol{J}\times\boldsymbol{r} \tag{10-9}$$

我们现在还只把 $\Delta\boldsymbol{J}$ 当作一个有方向的量来看待，如果它是矢量，那它还必须遵守矢量加法的对易律。现在来看两个微小转动（都是绕通过 O 点的瞬轴线 $\boldsymbol{p}$ 转动）$\Delta\boldsymbol{J}$ 及 $\Delta\boldsymbol{J}'$ 的合成是不是遵守对易律？

如果刚体先后绕通过 O 点的瞬轴线 $\boldsymbol{p}$ 作了两次微小的转动 $\Delta\boldsymbol{J}$ 及 $\Delta\boldsymbol{J}'$,则 P 的位矢当分别为[根据式(10-9)]:

(1)转动前:$\boldsymbol{r}$;

(2)转动 $\Delta\boldsymbol{J}$ 后:$\boldsymbol{r}+\Delta\boldsymbol{J}\times\boldsymbol{r}$;

(3)再转动 $\Delta\boldsymbol{J}'$后:$\boldsymbol{r}+\Delta\boldsymbol{J}\times\mathrm{r}+\Delta\boldsymbol{J}'\times(\boldsymbol{r}+\Delta\boldsymbol{J}\times\boldsymbol{r})$。

如果略去二阶微量,则得合成线位移为

$$\Delta\boldsymbol{J}\times\boldsymbol{r}+\Delta\boldsymbol{J}'\times\boldsymbol{r}=\Delta\boldsymbol{r}+\Delta\boldsymbol{r}' \tag{k}$$

如果对易转动次序,则得合成线位移为

$$\Delta\boldsymbol{J}'\times\boldsymbol{r}+\Delta\boldsymbol{J}\times\boldsymbol{r}=\Delta\boldsymbol{r}'+\Delta\boldsymbol{r} \tag{l}$$

我们已知线位移是可以对易的,故得

$$\Delta\boldsymbol{r}+\Delta\boldsymbol{r}'=\Delta\boldsymbol{r}'+\Delta\boldsymbol{r} \tag{m}$$

即

$$\Delta\boldsymbol{J}\times\boldsymbol{r}+\Delta\boldsymbol{J}'\times\boldsymbol{r}=\Delta\boldsymbol{J}'\times\boldsymbol{r}+\Delta\boldsymbol{J}\times\boldsymbol{r} \tag{n}$$

即

$$(\Delta\boldsymbol{J}+\Delta\boldsymbol{J}')\times\boldsymbol{r}=(\Delta\boldsymbol{J}'+\Delta\boldsymbol{J})\times\boldsymbol{r} \tag{o}$$

因对任意 $\boldsymbol{r}$,此矢积恒成立,故

$$\Delta\boldsymbol{J}+\Delta\boldsymbol{J}'=\Delta\boldsymbol{J}'+\Delta\boldsymbol{J} \tag{10-10}$$

所以微小转动的合成也是可以对易的。既然微小转动的合成。遵从平行四边形加法的对易律,所以证明了无限小转动时角位移 $\Delta\boldsymbol{J}$ 是一个矢量。

(3)角速度矢量

上面所讲的 $\Delta\boldsymbol{J}$ 是在 Δt 时间内刚体绕定点 O 所转动的微小角度,它的量值等于 $\Delta\theta$,方向沿转动瞬轴 $\boldsymbol{p}$。如果我们用 Δt 来除 $\Delta\boldsymbol{J}$,并令 Δt 趋于零,则有

$$\lim_{\Delta t\to 0}\frac{\Delta\boldsymbol{J}}{\Delta t}=\frac{\mathrm{d}\boldsymbol{J}}{\mathrm{d}t}=\boldsymbol{\omega} \tag{10-11a}$$

$$\boldsymbol{\omega}=\lim_{\Delta t\to 0}\left(\frac{\Delta\theta}{\Delta t}\right)\boldsymbol{p}=\dot{\theta}\boldsymbol{p} \tag{10-11b}$$

其中,$\boldsymbol{\omega}$ 称为刚体在瞬时 t 绕 O 点的角速度,因为 $\Delta\boldsymbol{J}$ 是矢量,所以 $\boldsymbol{\omega}$ 当然也是矢量,今后我们可以用矢量运算法则来处理它。不难看出,上述定义是式(8-4)定义的刚体绕定轴转动的瞬时角速度概念的扩展。

刚体的瞬时角加速度 $\boldsymbol{\alpha}$ 定义为

$$\boldsymbol{\alpha}=\lim_{\Delta t\to 0}\frac{\Delta\boldsymbol{\omega}}{\Delta t}=\dot{\boldsymbol{\omega}} \tag{10-12}$$

虽然此定义形式上与式(7-5)相同,但与定轴转动或平面运动情形不同,刚体的瞬时角加速度矢量不一定沿转动瞬轴 $\boldsymbol{p}$。因为各个瞬时不同的转动瞬轴,$\boldsymbol{\omega}$ 不仅改变模,而且改变方向。

(4)刚体内点的速度和加速度

设在某一瞬时,刚体的角速度是 $\boldsymbol{\omega}$,它的转向,沿着该时刻的转动瞬轴 $\boldsymbol{p}=\overrightarrow{OQ}$,如图 10-7a)所示。由式(10-9),我们可得定点转动刚体内一点的线速度$\boldsymbol{v}$与角速度 $\boldsymbol{\omega}$ 之间的关系。因$\boldsymbol{v}=\dfrac{\mathrm{d}\boldsymbol{r}}{\mathrm{d}t}$,而 $\boldsymbol{\omega}=\dfrac{\mathrm{d}\boldsymbol{J}}{\mathrm{d}t}$,故

$$v=\frac{\mathrm{d}\boldsymbol{r}}{\mathrm{d}t}=\boldsymbol{\omega}\times\boldsymbol{r} \tag{10-13}$$

式(10-13)是用角速度 $\boldsymbol{\omega}$ 来表示刚体内位矢 $\boldsymbol{r}$ 的一点线速度$\boldsymbol{v}$。当刚体绕固定点转动时,在任一瞬时,由于 $\boldsymbol{r}$ 的不同,所以体内各点的线速度$\boldsymbol{v}$不同,但角速度 $\boldsymbol{\omega}$ 则是一样的,所以我们把 $\boldsymbol{\omega}$ 称为刚体的角速度。$\boldsymbol{\omega}$ 是时间的矢量函数,如为已知,我们就可以求出任何时刻刚体内任何一点的线速度$\boldsymbol{v}$。换句话说,只要一个矢量函数 $\boldsymbol{\omega}(t)$,就足以描述刚体绕固定点的转动。因为 $\boldsymbol{\alpha}=\dot{\boldsymbol{\omega}}$,角加速度 $\boldsymbol{\alpha}$ 沿着 $\boldsymbol{\omega}$ 的矢量端图切线,不一定沿着瞬时转动轴,如图 10-7b)所示。

由式(10-13)对时间求导,又可求出刚体绕固定点 O 转动时,刚体内任一点 P 的线加速度 $\boldsymbol{a}$ 为

$$\boldsymbol{a}=\boldsymbol{a}_{\mathrm{bp}}+\boldsymbol{a}_{\mathrm{oc}}=\boldsymbol{\alpha}\times\boldsymbol{r}+\boldsymbol{\omega}\times(\boldsymbol{\omega}\times\boldsymbol{r}) \tag{10-14a}$$

$$\boldsymbol{\alpha}=\dot{\omega}\boldsymbol{p}+\omega\dot{\boldsymbol{p}}\ ,\boldsymbol{a}_{\mathrm{oc}}=(\boldsymbol{\omega}\cdot\boldsymbol{r})\boldsymbol{\omega}-\omega^2\boldsymbol{r} \tag{10-14b}$$

上式中的 $\boldsymbol{a}_{\mathrm{oc}}=\boldsymbol{\omega}\times(\boldsymbol{\omega}\times\boldsymbol{r})$ 称为向轴加速度,它和质点到转动瞬轴的垂线相合,可以写为 $-\omega^2\boldsymbol{R}$,这里 R 是 P 点到 $\boldsymbol{\omega}$ 的垂直距离 $R=\overline{O'P}$。$\boldsymbol{a}_{\mathrm{bp}}=\boldsymbol{\alpha}\times\boldsymbol{r}$ 则叫转动加速度。令 $\boldsymbol{\omega}=\omega\boldsymbol{p}$,那么 $\boldsymbol{\alpha}=\boldsymbol{\alpha}_1+\boldsymbol{\alpha}_2$,其中矢量 $\boldsymbol{\alpha}_1=\dot{\omega}\boldsymbol{p}$ 沿着瞬时转动轴,矢量 $\boldsymbol{\alpha}_2=\omega\dot{\boldsymbol{p}}$ 垂直瞬时转动轴。矢量 $\boldsymbol{\alpha}_1$ 刻画了 $\boldsymbol{\omega}$ 大小的变化,而矢量 $\boldsymbol{\alpha}_2$ 刻画了 $\boldsymbol{\omega}$ 方向的变化。如果瞬时转动轴以角速度 $\boldsymbol{\Omega}$ 绕 O 转动,则有 $\boldsymbol{\alpha}_2=\boldsymbol{\Omega}\times\boldsymbol{\omega}$。

例题 10-1 正圆锥以其顶点 O 为固定点在水平面上纯滚动,如图 10-8 所示。圆锥的底面中心 C 点的速度大小为常数 48cm/s。已知圆锥高 $h=4$cm,底面半径 $r=3$cm。试求圆锥体的角速度和角加速度以及 C 点和 A 点的加速度。

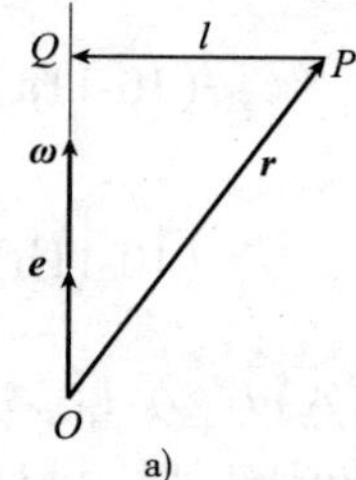

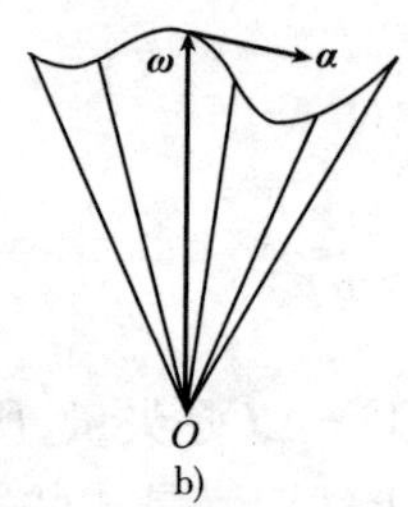

图 10-7 定点转动刚体上点速度和加速度

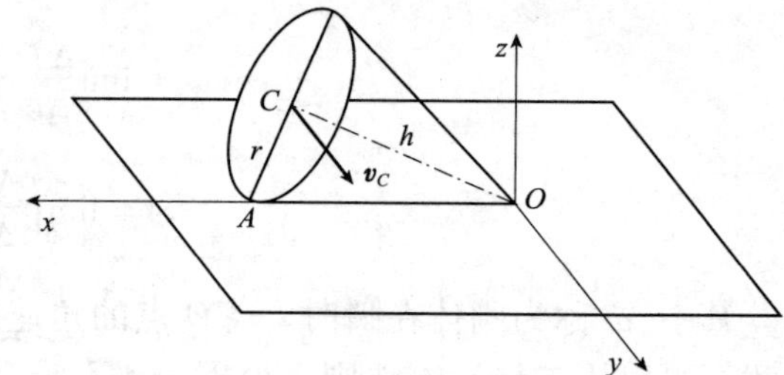

图 10-8 例题 10-1

解:(1)运动分析

圆锥体绕 O 作定点运动,C 点作圆周运动(圆心为过 C 向 Oz 轴作垂线的垂足),A 点作圆周运动(圆心为 C 点),建立如图 10-8 所示的直角坐标系,其中 x 轴沿圆锥体与坐标面 Oxy 相接触的母线 OA。

$$\boldsymbol{r}_{OA}=5\boldsymbol{i},\boldsymbol{r}_{OC}=4\left(\frac{4}{5}\boldsymbol{i}+\frac{3}{5}\boldsymbol{k}\right) \tag{1}$$

(2)速度分析

由于圆锥体在水平面上纯滚动,母线 OA 上的所有点的瞬时速度均为零,因此 OA 即为瞬时转动轴,角速度 $\boldsymbol{\omega}$ 可以表示为

$$\boldsymbol{\omega}=\omega\boldsymbol{i} \tag{2}$$

式中,$\boldsymbol{i}$ 为 Ox 轴的单位矢量;ω 为角速度的大小。

$$\boldsymbol{v}_A=\boldsymbol{0},\boldsymbol{v}_C=48\boldsymbol{j} \tag{3}$$

将式(1)~式(3)代入速度公式$\boldsymbol{v}_C=\boldsymbol{\omega}\times\boldsymbol{r}_{OC}$中,并考虑到关系式(1-8b),得

$$48\boldsymbol{j}=-\frac{12}{5}\omega\boldsymbol{j} \tag{4}$$

$$\boldsymbol{\omega}=-20\boldsymbol{i}\mathrm{rad/s}$$

(3)加速度分析

圆锥体的角加速度$\boldsymbol{\alpha}$等于角速度矢量$\boldsymbol{\omega}$端点的运动速度。角速度矢量ω的大小不变,可以将其看成是一个刚性杆,它始终处于平面OCA上。平面OCA在圆锥体运动过程中绕Oz轴做定轴转动,转动的角速度为$\boldsymbol{\omega}'=v_C/\rho\boldsymbol{k}=15\boldsymbol{k}$(rad/s)(其中$\rho=16/5\mathrm{cm}$为$C$点到$Oz$轴的距离)。

因此角速度矢量$\boldsymbol{\omega}$绕着Oz轴以角速度$\boldsymbol{\omega}'$作刚体定轴转动,其端点(矢径为$\boldsymbol{\omega}$)的速度(即圆锥体的角加速度)可由式(10-13)得到

$$\boldsymbol{\alpha}=\frac{\mathrm{d}\boldsymbol{\omega}}{\mathrm{d}t}=\boldsymbol{\omega}'\times\boldsymbol{\omega},\boldsymbol{\alpha}=-300\boldsymbol{j}\mathrm{rad/s^2}$$

根据式(10-14),C点和A点的加速度分别为

$$\boldsymbol{a}_C=\boldsymbol{\alpha}\times\boldsymbol{r}_{OC}+\boldsymbol{\omega}\times\boldsymbol{v}_C,\boldsymbol{a}_C=-720\boldsymbol{i}\mathrm{cm/s^2}$$

$$\boldsymbol{a}_A=\boldsymbol{\alpha}\times\boldsymbol{r}_{OA}+\boldsymbol{\omega}\times\boldsymbol{v}_A,\boldsymbol{a}_A=1500\boldsymbol{k}\mathrm{cm/s^2}$$

讨论与练习

(1)C点的加速度$\boldsymbol{a}_C$为什么处在平行于水平面的平面内且指向Oz轴?

(2)A点的加速度$\boldsymbol{a}_A$为什么垂直于水平面并指向上方?

(3)直线OA上其他各点的加速度应指向什么方向?

例题10-2 轴C绕z轴做匀角速转动,带动齿轮A沿定齿轮B滚动,如图10-9a)所示,轴C转动的角速度$\omega_C=15\mathrm{rad/s}$。求齿轮$A$转动的角速度和角加速度。

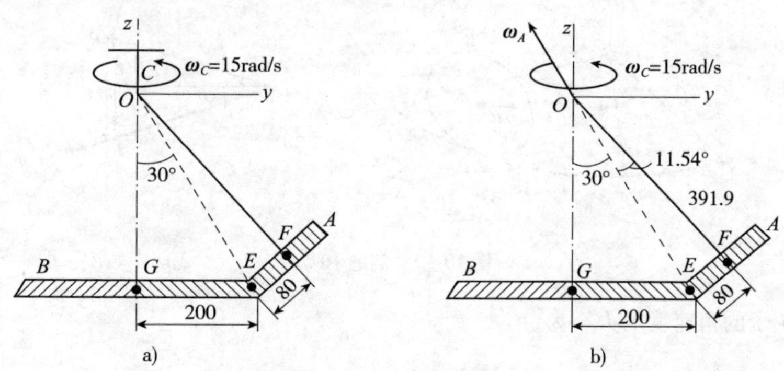

图10-9 例题10-2(尺寸单位:mm)

解:(1)运动分析

齿轮A绕O点做定点运动。齿轮A与定齿轮B的接触点E的瞬时速度为零,OE为瞬时转动轴。

(2)速度分析

齿轮A的运动可看成是绕OE轴的瞬时定轴转动,其绝对角速度$\boldsymbol{\omega}_A$沿OE连线,如图10-9b)所示。齿轮上点F的速度为

$$\boldsymbol{v}_F=\boldsymbol{\omega}_A\times\boldsymbol{r}_{OF}=-\omega_A\times391.9\times\sin11.54°\boldsymbol{i}=-78.4\omega_A\boldsymbol{i} \tag{1}$$

C轴以角速度ω_C绕z轴作定轴转动,故有

$$\boldsymbol{v}_F=-\omega_C\times391.9\times\sin41.54°\boldsymbol{i}=-260\omega_C\boldsymbol{i} \tag{2}$$

由以上两式得

$$\omega_A = \frac{260}{78.4}\omega_C = 49.7(\text{rad/s})$$

(3)加速度分析

角速度矢量 $\boldsymbol{\omega}_A$ 的大小不变，可以将其看成是一个刚性杆，它跟随 C 轴以角速度 $\boldsymbol{\omega}_C$ 绕 Oz 轴作定轴转动，其端点（矢径为 $\boldsymbol{\omega}_A$）的速度（即齿轮的角加速度）为

$$\boldsymbol{\alpha}_A = \boldsymbol{\omega}_C \times \boldsymbol{\omega}_A = 15 \times 49.7\sin 30°\boldsymbol{i} = 372.8\boldsymbol{i}(\text{rad/s}^2)$$

讨论与练习

(1)如何求齿轮 A 上任何一点的速度和加速度？

(2)请读者用 Maple 编程计算本题。

例题 10-3 半径为 r 的车轮沿圆弧作纯滚动，如图 10-10a)所示。已知轮心 E 的速度 u 的大小是常数，轮心轨道半径是 R。求车轮上最高点 B 的速度和加速度。

解：(1)运动分析

车轮绕 OE 轴转动，而 OE 轴又绕过 O 点的铅垂轴转动，因此车轮延拓部分上的 O 点固定不动，车轮绕着 O 点作定点运动。

(2)速度分析

由于轮子作纯滚动，车轮与地面的接触点 P 的瞬时速度为零，因此直线 OP 为轮子的瞬时转动轴，轮子的角速度 $\boldsymbol{\omega}$ 沿着直线 OP，如图 10-10b)所示。用单位矢量 $\boldsymbol{\tau}$ 表示 E 点瞬时速度的方向，根据已知条件和速度公式(10-13)，有

$$\boldsymbol{v}_E = u\boldsymbol{\tau} = \boldsymbol{\omega} \times \boldsymbol{r}_{OE} = \omega R\sin\theta\boldsymbol{\tau}$$

式中，θ 为 OP 与 OE 间的夹角。

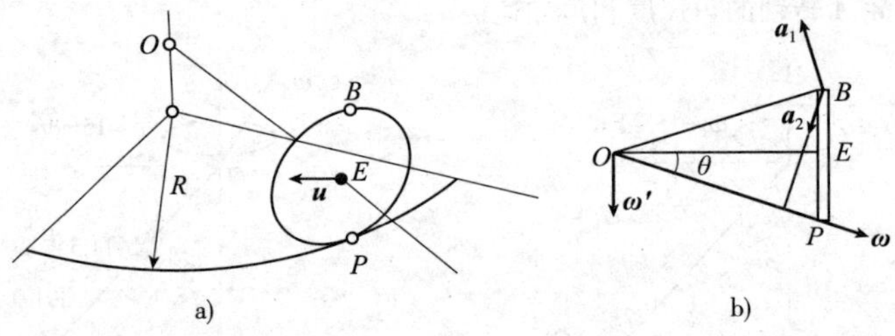

图 10-10 例题 10-3

由上式可得轮子的角速度的大小为

$$\omega = \frac{u}{R\sin\theta}$$

B 点的速度为

$$\boldsymbol{v}_B = \boldsymbol{\omega} \times \boldsymbol{r}_{OB} = (\omega r_{OB}\sin 2\theta)\boldsymbol{\tau} = (2\omega R\sin\theta)\boldsymbol{\tau} = 2u\boldsymbol{\tau}$$

(3)加速度分析

轮子的角速度 $\boldsymbol{\omega}$ 的大小是常数，因此也可以将其看成是一个刚性杆，它跟随平面 OEP 绕过 O 点的铅垂轴以角速度 $\omega' = u/R$ 作定轴转动，如图 10-10b)所示。根据式(10-13)，刚性杆端点的速度（即轮子的角加速度）为

$$\boldsymbol{\alpha} = \frac{\mathrm{d}\boldsymbol{\omega}}{\mathrm{d}t} = \boldsymbol{\omega}' \times \boldsymbol{\omega} = (\omega'\omega\cos\alpha)\boldsymbol{\tau} = \frac{u^2}{R^2\tan\alpha}\boldsymbol{\tau}$$

根据式(10-14),B点的加速度为

$$a_B = a_1 + a_2$$

其中,转动加速度 $\boldsymbol{a}_1 = \boldsymbol{\alpha} \times \boldsymbol{r}_{OB}$ 的大小为 $\frac{u^2}{R\sin\alpha}$,向轴加速度 $\boldsymbol{a}_2 = \boldsymbol{\omega} \times \boldsymbol{v}_B$ 的大小为 $\frac{2u^2}{R\sin\alpha}$,方向如图 10-10b)所示。

讨论与练习

(1)如何更简便地直接求出B点的速度$\boldsymbol{v}_B$?

(2)采用几何描述方法求解刚体定点运动的步骤可以归纳为:

①判断刚体是否在作定点运动,并找出固定点O;

②确定瞬时转动轴;根据约束条件(如纯滚动条件),在刚体或其延拓部分上除定点O外再找一个瞬时速度为零的点P,直线OP就是刚体的瞬时转动轴,角速度$\boldsymbol{\omega}$沿着直线OP;

③根据刚体上某点的已知速度,计算角速度$\boldsymbol{\omega}$的大小和指向;

④根据运动过程中角速度$\boldsymbol{\omega}$的变化规律,分析计算角加速度$\boldsymbol{\alpha} = \dot{\boldsymbol{\omega}}$;

⑤根据题目要求,计算刚体上指定点的速度和加速度。

10.2 欧拉角

10.2.1 欧拉角

取两组右手正交坐标系,它们的原点都在定点O上。一组坐标系$O\xi\eta\zeta$固定在地球空间不动,而另一组坐标系$Oxyz$则固连在刚体上,随着刚体一起转动,称为本体坐标系。并设Oz轴就是上述动坐标系中的瞬时转动轴。

为便于论述起见,我们把定参考系$O\xi\eta\zeta$的$O\xi\eta$平面叫作“赤道平面”,$O\zeta$轴作为指向“北极”的极轴。刚体在空间中的指向就由本体坐标系$Oxyz$的指向表明,具体地说,由Oz轴的指向以及Oxy平面相对于Oz的方位角表明。

刚体的定点转动可以分解成为三个刚体定轴转动相加。设想将刚体的有限转动分解为依一定顺序绕连体基$\underline{e}$的不同基矢量的三次有限转动,则每次转过的角度可定义为刚体转动前后相对位置的三个广义坐标。

欧拉角定义如下[图 10-11a)]:$O\xi\eta$平面和Oxy平面的交线ON叫作节线。节线ON和$O\xi$轴的夹角ψ称为进动角,Oz轴和$O\zeta$轴的夹角θ称为章动角,节线ON和Ox轴的夹角φ称为自转角。

3 个角ψ、θ、φ是相互独立的,可以任意取值。如果给定 3 个角度的值ψ、θ、φ,则唯一地确定了刚体在空间中的方位,通常假设$0 \leqslant \psi < 2\pi$,$0 \leqslant \theta < \pi$,$0 \leqslant \varphi < 2\pi$。

从坐标系$O\xi\eta\zeta$到坐标系$Oxyz$的转换可以通过下面 3 个按顺序的转动实现:绕$O\zeta$轴旋转ψ角,绕ON旋转θ角,绕Oz轴旋转φ角。如果从转动轴的顶端看,所有的旋转都按逆时针方向。也就是说,设在初始时刻刚体的连体坐标系$Oxyz$与定参考系$O\xi\eta\zeta$重合,连体基$\underline{e}$从起始位置$\underline{e}_0$(即$O\xi\eta\zeta$)出发,先绕z_0轴转动ψ角到达$\underline{e}_1$,(即$Ox_1y_1z_1$)位置,然后绕x_1轴转动θ角到达$\underline{e}_2$,(即$Ox_2y_2z_2$)位置,最后绕z_2轴转过φ角到达$\underline{e}_3$(即$Ox_3y_3z_3$)位置即$Oxyz$的最终位置[图 10-11b)]。两次转动后的连体基位置$\underline{e}_2$(即$Ox_2y_2z_2$)通常称为莱查(Resal)坐标

系,其中的 z_2 轴与刚体固结,x_2 沿 $O\xi\eta$ 与 Ox_3y_3 两坐标平面的节线。若刚体的质量相对 z_2 轴对称分布,且刚体绕对称轴作自转运动,则由于莱查坐标系不参与刚体自转,因此利用它来代替轴对称刚体的连体基,可明显使计算简化。

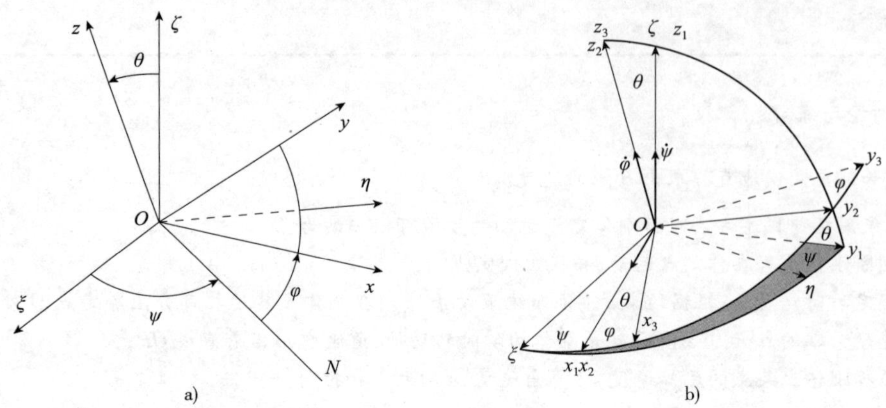

图 10-11　欧拉角

在刚体定点转动过程中,欧拉角为时间 t 的单值连续函数:

$$\psi=\psi(t),\theta=\theta(t),\varphi=\varphi(t) \tag{10-15}$$

此即刚体定点转动的运动方程。

观察各次转动前后基矢量之间的夹角,不难确定每次转动所对应的方向余弦矩阵:

第 1 次转动将坐标系 $O\xi\eta\zeta$ 转到中间坐标系 $Ox_1y_1\zeta$,相应的变换矩阵为$\underline{\boldsymbol{A}}_1$:

$$\begin{bmatrix}\xi\\ \eta\\ \zeta\end{bmatrix}=\underline{\boldsymbol{A}}_1\begin{bmatrix}x_1\\ y_1\\ \zeta\end{bmatrix},\underline{\boldsymbol{A}}_1=\begin{bmatrix}\cos\psi & -\sin\psi & 0\\ \sin\psi & \cos\psi & 0\\ 0 & 0 & 1\end{bmatrix} \tag{10-16a}$$

第 2 次转动将坐标系 $Ox_1y_1\zeta$ 转到中间坐标系 Ox_1y_2z,相应的变换矩阵为$\underline{\boldsymbol{A}}_2$:

$$\begin{bmatrix}x_1\\ y_1\\ \zeta\end{bmatrix}=\underline{\boldsymbol{A}}_2\begin{bmatrix}x_1\\ y_2\\ z\end{bmatrix},\underline{\boldsymbol{A}}_2=\begin{bmatrix}1 & 0 & 0\\ 0 & \cos\theta & -\sin\theta\\ 0 & \sin\theta & \cos\theta\end{bmatrix} \tag{10-16b}$$

第 3 次转动将坐标系 Ox_1y_2z 转到中间坐标系 $Oxyz$,相应的变换矩阵为$\underline{\boldsymbol{A}}_3$:

$$\begin{bmatrix}x_1\\ y_2\\ z\end{bmatrix}=\underline{\boldsymbol{A}}_3\begin{bmatrix}x\\ y\\ z\end{bmatrix},\underline{\boldsymbol{A}}_3=\begin{bmatrix}\cos\varphi & -\sin\varphi & 0\\ \sin\varphi & \cos\varphi & 0\\ 0 & 0 & 1\end{bmatrix} \tag{10-16c}$$

从坐标系 $O\xi\eta\zeta$ 到坐标系 $Oxyz$ 的转换矩阵$\underline{\boldsymbol{A}}$等于矩阵$\underline{\boldsymbol{A}}_1$,$\underline{\boldsymbol{A}}_2$,$\underline{\boldsymbol{A}}_3$ 相乘:

$$\underline{\boldsymbol{A}}=\underline{\boldsymbol{A}}_1\,\underline{\boldsymbol{A}}_2\,\underline{\boldsymbol{A}}_3 \tag{10-17a}$$

它的元素 a_{ij}用欧拉角表示成下面形式:

$$\begin{aligned}&a_{11}=\cos\psi\cos\varphi-\sin\psi\sin\varphi\cos\theta,a_{12}=-\cos\psi\sin\varphi-\sin\psi\cos\varphi\cos\theta\\&a_{13}=\sin\psi\sin\theta,a_{21}=\sin\psi\cos\varphi+\cos\sin\varphi\cos\theta\\&a_{22}=-\sin\psi\sin\varphi+\cos\psi\cos\varphi\cos\theta,a_{23}=-\cos\psi\sin\theta\\&a_{31}=\sin\psi\sin\theta,a_{32}=\cos\varphi\sin\theta,a_{33}=\cos\theta\end{aligned} \tag{10-17b}$$

以上定义的欧拉角是经典力学中最早用的角度坐标,但并非广义坐标的唯一选择。实际上,从连体基的 3 个坐标轴中按任意顺序选择取转动轴(但不能连续选择取同一轴),所对应的 3 个转动角都可定义为角度坐标。

10.2.2 欧拉运动学方程

刚体定点转动的角速度 $\boldsymbol{\omega}$ 也可用欧拉角的时间变化率表出。

$$\boldsymbol{\omega}=\omega_x\boldsymbol{i}+\omega_y\boldsymbol{j}+\omega_z\boldsymbol{k} \tag{10-18a}$$

$$\boldsymbol{\omega}=\dot{\psi}\boldsymbol{k}_0+\dot{\theta}\boldsymbol{i}_1+\dot{\varphi}\boldsymbol{k}_2 \tag{10-18b}$$

$\dot{\psi}$ 代表绕 $O\zeta$ 轴的角速度,$O\zeta$ 轴在本体坐标系统中的方向余弦为($\sin\theta\sin\varphi$,$\sin\theta\cos\varphi$,$\cos\theta$);$\dot{\theta}$ 代表绕节线的角速度,而节线在本体坐标系统中的方向余弦为($\cos\varphi$,$-\sin\varphi$,0);$\dot{\varphi}$ 代表绕 Oz 轴的角速度,Oz 轴在本体坐标系统中的方向余弦为(0,0,1);这样,在本体坐标系统中,角速度 ω 用欧拉角的时间变化率可表为

$$\omega_x=\dot{\psi}\sin\theta\sin\varphi+\dot{\theta}\cos\varphi \tag{10-19a}$$

$$\omega_y=\dot{\psi}\sin\theta\cos\varphi-\dot{\theta}\sin\varphi \tag{10-19b}$$

$$\omega_z=\dot{\psi}\cos\theta+\dot{\varphi} \tag{10-19c}$$

对此方程的系数矩阵求逆,导出以下方程组:

$$\dot{\psi}=\omega_x\csc\theta\sin\varphi+\omega_y\csc\theta\cos\varphi \tag{10-20a}$$

$$\dot{\theta}=\omega_x\cos\varphi-\omega_y\sin\varphi \tag{10-20b}$$

$$\dot{\varphi}=-\omega_x\cot\theta\sin\varphi-\omega_y\cot\theta\cos\varphi+\omega_z \tag{10-20c}$$

方程组(10-19)或方程组(10-20)称为欧拉运动学方程。当 $\omega_x,\omega_y,\omega_z$ 的变化规律给定以后,一般情况下可对此微分方程作数值积分以解出 ψ,θ,φ 的变化规律。但在 $\theta=n\pi$($n=0,1,\cdots$)位置附近,方程的右项无限增大使数值积分无法进行,因此 $\theta=n\pi$($n=0,1,\cdots$)附近,此运动学方程无意义,数值积分也无法进行,$\theta=n\pi$ 成为欧拉角的奇点。在奇点处,由于 $O\zeta$ 轴与 Oz_2 轴重合,角度坐标 ψ 和 φ 已无法区分。

10.3 点在定点运动参考系中运动的合成

现在我们研究动点 M 在定点运动参考系中运动的合成问题。参照系转动的角速度 $\boldsymbol{\omega}$ 的量值和方向都可以改变。和定点转动刚体固连的坐标系 $Oxyz$,基矢量为 $\boldsymbol{i},\boldsymbol{j},\boldsymbol{k}$;静止坐标系 $O\xi\eta\zeta$,基矢量为 $\boldsymbol{i}_0,\boldsymbol{j}_0,\boldsymbol{k}_0$,两坐标系原点 O 重合,如图 10-12 所示。

10.3.1 矢量相对运动坐标系的导数

如图 10-12a)所示,任一矢量 $\boldsymbol{\rho}$ 可写为

$$\boldsymbol{\rho}=\rho_x\boldsymbol{i}+\rho_y\boldsymbol{j}+\rho_z\boldsymbol{k} \tag{10-21}$$

因单位矢量 $\boldsymbol{i},\boldsymbol{j},\boldsymbol{k}$ 是随着坐标系 $Oxyz$ 以同一角速度 $\boldsymbol{\omega}$ 转动的,故观察者在静止参照系 $O\xi\eta\zeta$ 上看到的 $\boldsymbol{\rho}$ 的变化率应为

$$\frac{\mathrm{d}\rho}{\mathrm{d}t}=\frac{\mathrm{d}\rho_x}{\mathrm{d}t}\boldsymbol{i}+\frac{\mathrm{d}\rho_y}{\mathrm{d}t}\boldsymbol{j}+\frac{\mathrm{d}\rho_z}{\mathrm{d}t}\boldsymbol{k}+\rho_x\frac{\mathrm{d}\boldsymbol{i}}{\mathrm{d}t}+\rho_y\frac{\mathrm{d}\boldsymbol{j}}{\mathrm{d}t}+\rho_z\frac{\mathrm{d}\boldsymbol{k}}{\mathrm{d}t} \tag{10-22}$$

既然单位矢量 $\boldsymbol{i}$ 是固着在坐标系 $Oxyz$ 上以同一角速度 $\boldsymbol{\omega}$ 绕着 O 点转动的,我们就可以认

为 $\boldsymbol{i}$ 是距离 O 点为单位长的动点 B($\boldsymbol{i}$ 的末端)对固定点 O($\boldsymbol{i}$ 的始端)的位矢,由式(10-13),得

$$\frac{\mathrm{d}\boldsymbol{i}}{\mathrm{d}t}=\boldsymbol{\omega}\times\boldsymbol{i} \tag{10-23a}$$

同理

$$\frac{\mathrm{d}\boldsymbol{j}}{\mathrm{d}t}=\boldsymbol{\omega}\times\boldsymbol{j} \tag{10-23b}$$

$$\frac{\mathrm{d}\boldsymbol{k}}{\mathrm{d}t}=\boldsymbol{\omega}\times\boldsymbol{k} \tag{10-23c}$$

把这些关系代入式(10-22)中,得

$$\frac{\mathrm{d}\boldsymbol{\rho}}{\mathrm{d}t}=\frac{\tilde{\mathrm{d}}\boldsymbol{\rho}}{\mathrm{d}t}+\boldsymbol{\omega}\times\boldsymbol{\rho} \tag{10-24}$$

这个公式建立了绝对导数和相对导数的关系。

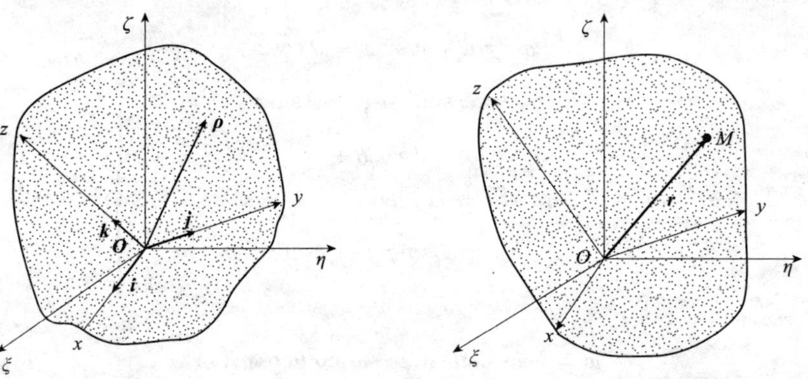

图 10-12　点在定点运动参考系中的合成运动

10.3.2　点在定点运动参考系中的速度合成

设动系 $Axyz$ 相对定系 $O\xi\eta\zeta$ 绕 O 点以 $\boldsymbol{\omega}$ 为角速度作定点转动[图 10-12b)],令式(8-1)中的 $\boldsymbol{r}_A=\boldsymbol{0}$,即有

$$\boldsymbol{r}=\boldsymbol{\rho} \tag{10-25}$$

为计算动点 M 的速度,将式(10-25)对时间求导,并利用式(10-24)得到

$$\frac{\mathrm{d}\boldsymbol{r}}{\mathrm{d}t}=\frac{\mathrm{d}\boldsymbol{\rho}}{\mathrm{d}t}=\frac{\tilde{\mathrm{d}}\boldsymbol{\rho}}{\mathrm{d}t}+\boldsymbol{\omega}\times\boldsymbol{\rho} \tag{10-26}$$

即牵连速度

$$\boldsymbol{v}_{\mathrm{e}}=\boldsymbol{\omega}\times\boldsymbol{\rho} \tag{10-27}$$

动点 M 的相对速度

$$\boldsymbol{v}_{\mathrm{r}}=\frac{\tilde{\mathrm{d}}\boldsymbol{\rho}}{\mathrm{d}t} \tag{10-28}$$

将式(10-26)~式(10-28)代入式(8-3a),导出式(8-16)。

10.3.3　点在定点运动参考系中的加速度合成

将式(10-26)对时间求导,并利用式(10-24),注意到

$$\boldsymbol{\alpha}=\frac{\mathrm{d}\boldsymbol{\omega}}{\mathrm{d}t}=\frac{\tilde{\mathrm{d}}\boldsymbol{\omega}}{\mathrm{d}t}+\boldsymbol{\omega}\times\boldsymbol{\omega}=\frac{\tilde{\mathrm{d}}\boldsymbol{\omega}}{\mathrm{d}t} \tag{a}$$

$$\frac{\mathrm{d}^2\boldsymbol{r}}{\mathrm{d}t^2}=\frac{\mathrm{d}}{\mathrm{d}t}\left(\frac{\tilde{\mathrm{d}}\boldsymbol{\rho}}{\mathrm{d}t}\right)+\frac{\mathrm{d}}{\mathrm{d}t}(\boldsymbol{\omega}\times\boldsymbol{\rho})$$ #将式(10-26)对时间求导。

$$=\frac{\tilde{\mathrm{d}}}{\mathrm{d}t}\left(\frac{\tilde{\mathrm{d}}\boldsymbol{\rho}}{\mathrm{d}t}\right)+\boldsymbol{\omega}\times\frac{\tilde{\mathrm{d}}\boldsymbol{\rho}}{\mathrm{d}t}+\frac{\tilde{\mathrm{d}}}{\mathrm{d}t}(\boldsymbol{\omega}\times\boldsymbol{\rho})+\boldsymbol{\omega}\times(\boldsymbol{\omega}\times\boldsymbol{\rho})$$ #利用式(10-24)。

$$=\frac{\tilde{\mathrm{d}}^2\boldsymbol{\rho}}{\mathrm{d}t^2}+\boldsymbol{\omega}\times\frac{\tilde{\mathrm{d}}\boldsymbol{\rho}}{\mathrm{d}t}+\frac{\tilde{\mathrm{d}}\boldsymbol{\omega}}{\mathrm{d}t}\times\boldsymbol{\rho}+\boldsymbol{\omega}\times\frac{\tilde{\mathrm{d}}\boldsymbol{\rho}}{\mathrm{d}t}+\boldsymbol{\omega}\times(\boldsymbol{\omega}\times\boldsymbol{\rho})$$ #展开。

$$=\frac{\mathrm{d}\boldsymbol{\omega}}{\mathrm{d}t}\times\boldsymbol{\rho}+\boldsymbol{\omega}\times(\boldsymbol{\omega}\times\boldsymbol{\rho})+\frac{\tilde{\mathrm{d}}^2\boldsymbol{\rho}}{\mathrm{d}t^2}+2\boldsymbol{\omega}\times\frac{\tilde{\mathrm{d}}\boldsymbol{\rho}}{\mathrm{d}t}$$ #利用式(a),合并整理。

$$=\boldsymbol{\alpha}\times\boldsymbol{\rho}+\boldsymbol{\omega}\times(\boldsymbol{\omega}\times\boldsymbol{\rho})+\frac{\tilde{\mathrm{d}}^2\boldsymbol{\rho}}{\mathrm{d}t^2}+2\boldsymbol{\omega}\times\boldsymbol{v}_{\mathrm{r}} \tag{b}$$

得到

$$\frac{\mathrm{d}^2\boldsymbol{r}}{\mathrm{d}t^2}=\boldsymbol{\alpha}\times\boldsymbol{\rho}+\boldsymbol{\omega}\times(\boldsymbol{\omega}\times\boldsymbol{\rho})+\frac{\tilde{\mathrm{d}}^2\boldsymbol{\rho}}{\mathrm{d}t^2}+2\boldsymbol{\omega}\times\boldsymbol{v}_{\mathrm{r}} \tag{10-29}$$

动点 M 的牵连加速度

$$\boldsymbol{a}_{\mathrm{e}}=\boldsymbol{\alpha}\times\boldsymbol{\rho}+\boldsymbol{\omega}\times(\boldsymbol{\omega}\times\boldsymbol{\rho}) \tag{10-30}$$

动点 M 的相对加速度

$$\boldsymbol{a}_{\mathrm{r}}=\frac{\tilde{\mathrm{d}}^2\boldsymbol{\rho}}{\mathrm{d}t^2} \tag{10-31}$$

动点 M 的科里奥利加速度

$$\boldsymbol{a}_{\mathrm{c}}=2\boldsymbol{\omega}\times\boldsymbol{v}_{\mathrm{r}} \tag{10-32}$$

将式(10-29)~式(10-32)代入式(8-3b),导出(8-24)。

10.4 刚体的一般运动

10.4.1 刚体运动的矢量—矩阵描述

设刚体在固定参考系 $O\xi\eta\zeta$(图 10-13)中运动,在刚体上任选一个点 A,称为基点。

设 $A\xi\eta\zeta$ 是由 $O\xi\eta\zeta$ 通过坐标轴平行移动到 A 点得到的坐标系,称之为平行移动坐标系;又设在刚体上的 A 点安装一个与刚体固定连接的坐标系 $Axyz$,称之为固连坐标系。

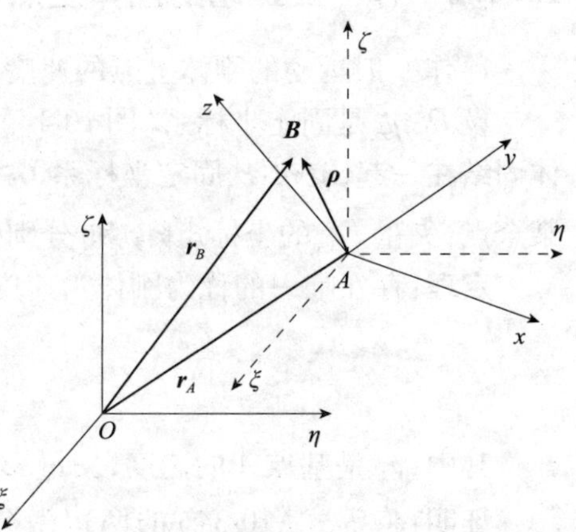

图 10-13

下面研究刚体上任意点 B 的运动。设 B 点相对 O 点的矢径为 $\boldsymbol{r}_B$,A 点相对 O 点的矢径为 $\boldsymbol{r}_A$,B 点相对 A 点的矢径为 $\boldsymbol{r}_{B/A}$。

将矢量 $\boldsymbol{r}$ 在给定坐标系中的投影 x,y,z 写成列阵形式

$$\underline{r}=[x \quad y \quad z]^{\mathrm{T}} \tag{a}$$

矢量和列阵是两个不同的概念。列阵是矢量在给定坐标系中的分量形式，它依赖于坐标系的选择。相同的矢量在不同坐标系中的列阵是不同的。矢量不依赖于坐标系的选择。

设$\underline{r}_B$和$\underline{r}_A$分别表示$\boldsymbol{r}_B$和$\boldsymbol{r}_A$在坐标系$O\xi\eta\zeta$中的列阵，$\underline{r}$和$\underline{\rho}$分别表示矢量$\boldsymbol{r}_{B/A}$在坐标系$O\xi\eta\zeta$和坐标系$Axyz$中的列阵，它们之间的关系为

$$\underline{r} = \underline{\boldsymbol{A}}\ \underline{\rho} \tag{10-33}$$

其中，$\underline{\boldsymbol{A}}$是两个坐标系之间的变换矩阵，它将矢量在坐标系$Axyz$中的列阵转换成坐标系$A\xi\eta\zeta$中的列阵。可采用式(10-4)或式(10-17)给出具体形式。刚体上B点在参考系$O\xi\eta\zeta$中的位置由下面等式确定

$$\underline{r}_B = \underline{r}_A + \underline{\boldsymbol{A}}\ \underline{\rho} \tag{10-34}$$

$\underline{\rho}$中的三个分量就是B点在固连坐标系$Axyz$中的位置坐标，都是已知数。从式(10-34)可知，B点在参考系$O\xi\eta\zeta$中的位置完全由列阵$\underline{r}_A$和矩阵$\underline{\boldsymbol{A}}$确定。因此式(10-34)就可以当作刚体上$B$点的运动方程，而整个刚体的运动方程可以写成

$$\boldsymbol{r}_A = \boldsymbol{r}_A(t),\ \underline{\boldsymbol{A}} = \underline{\boldsymbol{A}}(t) \tag{10-35}$$

这两个式子称为刚体的矢量—矩阵形式的运动方程。

可以发现，固连坐标系相对固定坐标系的运动也可以用一个矢量和一个矩阵描述，其描述方法和刚体运动一样。从运动学的角度看，固连坐标系后，就可以抛开刚体，只研究固连坐标系的运动。换句话说，一个刚体的运动完全可以用固连坐标系的运动代替。

我们知道，自由的刚体有六个自由度。事实上，只要确定刚体中基点A的位置以及刚体相对于该点的取向即可。确定基点A的位置需要三个参数，例如直角坐标(ξ_A,η_A,ζ_A)。刚体相对于基点的取向由矩阵$\underline{\boldsymbol{A}}$确定。$\underline{\boldsymbol{A}}$是两个直角坐标系之间的正交变换矩阵，由正交矩阵的性质可知，它的元素中只有三个是独立的，这些参数有很多不同的具体选择，例如欧拉角(ψ,θ,φ)。所以确定一般运动的刚体只需要六个独立的参数，其运动方程

$$\xi_A = \xi_A(t),\ \eta_A = \eta_A(t),\ \zeta_A = \zeta_A(t) \tag{10-36a}$$

$$\psi = \psi(t),\ \theta = \theta(t),\ \varphi = \varphi(t) \tag{10-36b}$$

10.4.2 作一般运动的刚体上点的速度与加速度

1)作一般运动的刚体上点的速度

设$O\xi\eta\zeta$是固定坐标系(图10-14)，A是刚体上任选的基点，$Axyz$是固连坐标系，它与刚体固结在一起，$A\xi\eta\zeta$从固定坐标系$O\xi\eta\zeta$通过$\underline{r}_A$确定的平行移动位移获得。设B为刚体上某个点，矢量$\boldsymbol{r}_{B|A}$的坐标矩阵$\underline{\rho}$和$\underline{r}$分别由其在坐标系$Axyz$和$A\xi\eta\zeta$中的分量给出。

定理：存在唯一的称为刚体角速度的矢量$\boldsymbol{\omega}$，使刚体上B点的速度可以写成

$$\boldsymbol{v}_B = \boldsymbol{v}_A + \boldsymbol{v}_{B|A} \tag{10-37a}$$

$$\boldsymbol{v}_{B|A} = \boldsymbol{\omega} \times \boldsymbol{r}_{B|A} \tag{10-37b}$$

其中，$\boldsymbol{v}_A$是基点A的速度，矢量$\boldsymbol{\omega}$不依赖于基点的选择。

证明：将等式(10-34)的两边微分，考虑到$\boldsymbol{r}_{B|A}$是常矢量，即矢量$\boldsymbol{r}_{B|A}$相对固连坐标系$Axyz$不动，$\dot{\underline{\rho}} = \underline{0}$，再利用(10-33)得

$$\underline{v}_B = \dot{\underline{r}}_A + \dot{\underline{\boldsymbol{A}}}\ \underline{\rho} = \underline{v}_A + \dot{\underline{\boldsymbol{A}}}\ \underline{\boldsymbol{A}}^{-1}\underline{r} = \underline{v}_A + \dot{\underline{\boldsymbol{A}}}\ \underline{\boldsymbol{A}}^{\mathrm{T}}\underline{r} \tag{b}$$

将恒等式$\underline{\boldsymbol{A}}\ \underline{\boldsymbol{A}}^{\mathrm{T}} = \underline{\boldsymbol{E}}$两边对时间求导得

$$\underline{\dot{A}}\ \underline{A}^{\mathrm{T}} + \underline{A}\ \underline{\dot{A}}^{\mathrm{T}} = \underline{0} \tag{c}$$

可见，$\underline{\dot{A}}\ \underline{A}^{\mathrm{T}}$ 是反对称矩阵，现在给出反对称矩阵$\underline{\dot{A}}\ \underline{A}^{\mathrm{T}}$ 的元素

$$\underline{\dot{A}}\ \underline{A}^{\mathrm{T}} = \begin{bmatrix} 0 & -\omega_\zeta & \omega_\eta \\ \omega_\zeta & 0 & -\omega_\xi \\ -\omega_\eta & \omega_\xi & 0 \end{bmatrix} \tag{d}$$

如果用固定坐标系 $O\xi\eta\zeta$ 中的分量构成矢量

$$\boldsymbol{\omega} = \omega_\xi \boldsymbol{i}_0 + \omega_\eta \boldsymbol{j}_0 + \omega_z \boldsymbol{k}_0 \tag{e}$$

则

$$\underline{\dot{A}}\ \underline{A}^{\mathrm{T}}\ \underline{r} = \underline{\tilde{\omega}}\ \underline{r} = \boldsymbol{\omega} \times \boldsymbol{r}_{B|A} \tag{f}$$

于是由式(b)可推出式(10-37)。这样也顺便证明了下面等式(称为欧拉公式)

$$\dot{\boldsymbol{r}}_{B|A} = \boldsymbol{\omega} \times \boldsymbol{r}_{B|A} \tag{10-38}$$

例题 10-4 证明刚体上任何两点的速度在它们连线上的投影相等(**速度投影定理**)。

证明：刚体上任意两点 A、B，它们对刚体上另一点 C(不一定是质心)的矢为 $\boldsymbol{r}_A$ 和 $\boldsymbol{r}_B$。

今取此 C 点为基点，刚体的运动可分为跟随基点的平动和围绕过此基点的轴的转动。设此时刚体的角速度为 $\boldsymbol{\omega}$，基点 C 的速度为$\boldsymbol{v}_C$，则

$$\boldsymbol{v}_A = \boldsymbol{v}_C + \boldsymbol{\omega} \times \boldsymbol{r}_A, \boldsymbol{v}_B = \boldsymbol{v}_C + \boldsymbol{\omega} \times \boldsymbol{r}_B$$

$$\boldsymbol{v}_A - \boldsymbol{v}_B = \boldsymbol{\omega} \times (\boldsymbol{r}_A - \boldsymbol{r}_B)$$

$$(\boldsymbol{v}_A - \boldsymbol{v}_B) \cdot \frac{\boldsymbol{r}_A - \boldsymbol{r}_B}{|\boldsymbol{r}_A - \boldsymbol{r}_B|} = [\boldsymbol{\omega} \times (\boldsymbol{r}_A - \boldsymbol{r}_B)] \cdot \frac{\boldsymbol{r}_A - \boldsymbol{r}_B}{|\boldsymbol{r}_A - \boldsymbol{r}_B|}$$

$$(\boldsymbol{v}_A - \boldsymbol{v}_B) \cdot \frac{\boldsymbol{r}_A - \boldsymbol{r}_B}{|\boldsymbol{r}_A - \boldsymbol{r}_B|} = \boldsymbol{0}$$

$$\boldsymbol{v}_A \cdot \frac{\boldsymbol{r}_A - \boldsymbol{r}_B}{|\boldsymbol{r}_A - \boldsymbol{r}_B|} = \boldsymbol{v}_B \cdot \frac{\boldsymbol{r}_A - \boldsymbol{r}_B}{|\boldsymbol{r}_A - \boldsymbol{r}_B|}$$

例题 10-5 杆 AB 两端通过球铰与套筒 A、B 相铰接。已知套筒 A 以速度 $v_A = 8\mathrm{m/s}$ 向上运动，设杆 AB 的角速度方向与 AB 垂直。试求如图 10-14a)所示瞬时杆 AB 的角速度和套筒 B 的速度。

解：基点法

(1)运动分析[图 10-14a)]

杆 AB 作一般运动，套筒 A 做直线运动，套筒 B 做直线运动。建立固定坐标系 $Oxyz$，令各轴方向单位矢量为 $\boldsymbol{i}$,$\boldsymbol{j}$,$\boldsymbol{k}$。选套筒 A 为基点。

(2)速度分析[图 10-14b)]

$$\boldsymbol{v}_B = \boldsymbol{v}_A + \boldsymbol{v}_{B|A} \tag{1}$$

$$\boldsymbol{v}_B = \frac{4}{5} v_B \boldsymbol{k} - \frac{3}{5} v_B \boldsymbol{i}, \boldsymbol{v}_A = 8(\mathrm{km/s}), \boldsymbol{v}_{B|A} = \boldsymbol{\omega} \times \overrightarrow{AB}$$

$$\overrightarrow{AB} = \boldsymbol{r}_B - \boldsymbol{r}_A = (1.5\boldsymbol{i} + 2\boldsymbol{k}) - (2\boldsymbol{j} + 3\boldsymbol{k}) = 1.5\boldsymbol{i} - 2\boldsymbol{j} - \boldsymbol{k}(\mathrm{m})$$

令杆 AB 的角速度矢量为

$$\boldsymbol{\omega} = \omega_1 \boldsymbol{i} + \omega_2 \boldsymbol{j} + \omega_3 \boldsymbol{k}$$

将以上各式代入式(1)，得

$$\frac{4}{5} v_B \boldsymbol{k} - \frac{3}{5} v_B \boldsymbol{i} = 8\boldsymbol{k} + (\omega_1 \boldsymbol{i} + \omega_2 \boldsymbol{j} + \omega_3 \boldsymbol{k}) \times (1.5\boldsymbol{i} - 2\boldsymbol{j} - \boldsymbol{k}) \tag{2}$$

由此得到

$$-\frac{3}{5}v_B = \omega_2 + 2\omega_3 \tag{3a}$$

$$0 = \omega_1 + 1.5\omega_3 \tag{3b}$$

$$\frac{4}{5}v_B = 8 - 2\omega_1 - 1.5\omega_2 \tag{3c}$$

由题假设 $\boldsymbol{\omega} \perp \overrightarrow{AB}$与相垂直，有

$$\boldsymbol{\omega} \cdot \overrightarrow{AB} = 0, 1.5\omega_1 - 2\omega_2 - \omega_3 = 0 \tag{3d}$$

由方程组式(3)，联列解得

$$\omega = 1.89\text{rad/s}, v_B = 4.71\text{m/s}$$

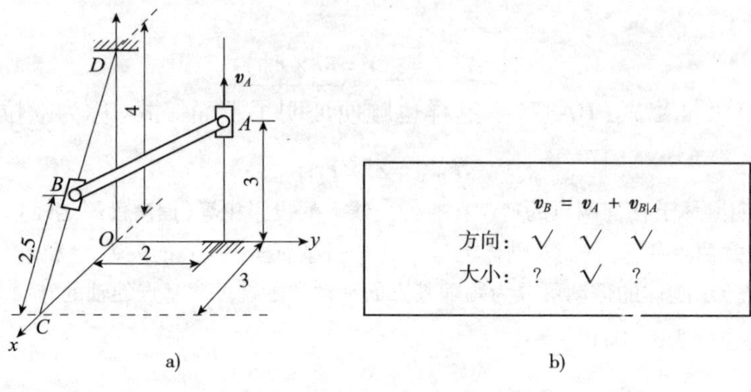

图 10-14　例题 10-5(尺寸单位：m)

讨论与练习

(1) $\omega = \sqrt{\omega_x^2 + \omega_y^2 + \omega_z^2}$。

(2)采用 Maple 编程求解本题。

2)作一般运动的刚体上点的加速度

定理：刚体上任意点的加速度等于基点的加速度、转动加速度和向轴加速度之和。

$$\boldsymbol{a}_B = \boldsymbol{a}_A + \boldsymbol{a}_{B|A}^{(\text{bp})} + \boldsymbol{a}_{B|A}^{(\text{oc})} \tag{10-39a}$$

$$\boldsymbol{a}_{B|A}^{\text{bp}} = \boldsymbol{\alpha} \times \boldsymbol{r}_{B|A}, \boldsymbol{a}_{B|A}^{\text{oc}} = \boldsymbol{\omega} \times (\boldsymbol{\omega} \times \boldsymbol{r}_{B|A}) \tag{10-39b}$$

证明：为了求 B 点的加速度 $\boldsymbol{a}_B$，将式(10-37a)两边对时间求导，得

$$\boldsymbol{a}_B = \boldsymbol{a}_A + \dot{\boldsymbol{\omega}} \times \boldsymbol{r}_{B|A} + \boldsymbol{\omega} \times \dot{\boldsymbol{r}}_{B|A} \tag{g}$$

矢量 $\boldsymbol{\alpha} = \dot{\boldsymbol{\omega}}$ 称为角加速度。利用式(10-38)，式(g)可以写成

$$\boldsymbol{a}_B = \boldsymbol{a}_A + \boldsymbol{\alpha} \times \boldsymbol{r}_{B|A} + \boldsymbol{\omega} \times (\boldsymbol{\omega} \times \boldsymbol{r}_{B|A}) \tag{h}$$

矢量 $\boldsymbol{a}_{\text{bp}} = \boldsymbol{\alpha} \times \boldsymbol{r}_{B|A}$称为转动加速度。而 $a_{\text{oc}} = \boldsymbol{\omega} \times (\boldsymbol{\omega} \times \boldsymbol{r}_{B|A})$称为向轴加速度。式(10-39)称为里瓦斯公式。

10.4.3　运动学不变量

在 P 点速度公式(10-37)中角速度 $\boldsymbol{\omega}$ 不依赖于点 P 的选择，矢量 $\boldsymbol{\omega}$ 称为第一运动学不变量。更狭义地，我们称 $I_1 = \omega^2$ 为第一运动学不变量。再由式(10-37)知刚体上任意两点 A 和 B 速度$\boldsymbol{v}_A$ 和$\boldsymbol{v}_B$ 与 $\boldsymbol{\omega}$ 标量积相等，因为刚体上点的速度沿着角速度方向的投影不

依赖于点的选择。刚体上点的速度和刚体角速度的标量积 $I_2 = \boldsymbol{v}\cdot\boldsymbol{\omega}$ 称为第二运动学不变量。

我们将证明，在刚体的最一般运动情况下，如果 $I_2 \neq 0$，则刚体上点的速度就如同刚体做螺旋运动一样。为此，需要证明存在直线 MN，直线上所有点的速度在给定时刻沿着该直线并平行于 $\boldsymbol{\omega}$。

设选定 A 为基点，基点速度 $\boldsymbol{v}_A$ 和刚体角速度 $\boldsymbol{\omega}$ 都是已知的，在从固定坐标系 $O\xi\eta\zeta$ 平行移动得到的坐标系 $A\xi\eta\zeta$ 中（图 10-15）有

$$\underline{v_A} = \begin{pmatrix} v_{A\xi} \\ v_{A\eta} \\ v_{A\zeta} \end{pmatrix}, \underline{\omega} = \begin{pmatrix} \omega_\xi \\ \omega_\eta \\ \omega_\zeta \end{pmatrix} \tag{i}$$

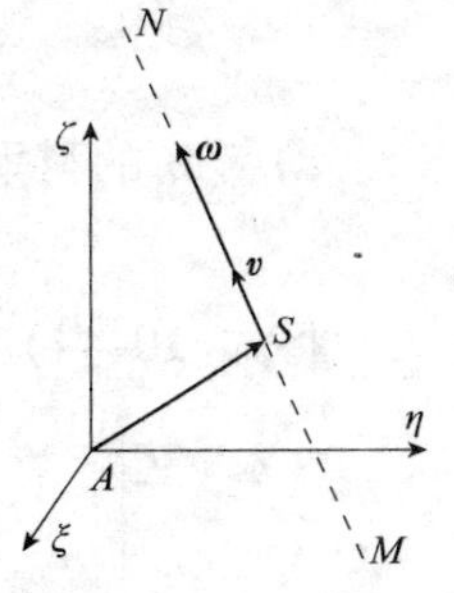

图 10-15

如果刚体上 S 点（图 10-15）的速度不等于零并且平行于 $\boldsymbol{\omega}$，则

$$\boldsymbol{v}_A + \boldsymbol{\omega} \times \overrightarrow{OS} = p\boldsymbol{\omega} \, (p \neq 0)$$

这就是直线 MN 的矢量方程。如果 ξ, η, ζ 是该直线上任意点的坐标，则上面方程可以写成标量形式

$$\frac{v_{A\xi} + (\omega_\eta \zeta - \omega_\zeta \eta)}{\omega_\xi} = \frac{v_{A\eta} + (\omega_\zeta \xi - \omega_\xi \zeta)}{\omega_\eta} = \frac{v_{A\zeta} + (\omega_\xi \eta - \omega_\eta \xi)}{\omega_\zeta} = p \tag{10-40}$$

直线 MN 称为瞬时螺旋轴。显然，瞬时螺旋轴上所有点的速度都相同，都等于刚体上任意点的速度在 ω 方向上的投影。刚体角速度 $\boldsymbol{\omega}$ 和瞬时螺旋轴上任意点的速度 $\boldsymbol{v}$ 的组合称为运动螺旋，p 称为螺旋参数。螺旋参数 p 可以由运动学不变量得到

$$p = \frac{I_2}{I_1} \tag{j}$$

根据螺旋参数的正与负，运动学螺旋分别称为右螺旋或左螺旋，图 10-15 画出的是右螺旋。

10.5 点在一般运动参考系中运动的合成

10.5.1 点在一般运动参考系中的速度合成

将式(8-1)对时间求导并利用式(10-24)得动点 M 的绝对速度

$$\dot{\boldsymbol{r}} = \dot{\boldsymbol{r}}_A + \dot{\boldsymbol{\rho}} = \dot{\boldsymbol{r}}_A + \boldsymbol{\omega} \times \boldsymbol{\rho} + \frac{\tilde{\mathrm{d}}\boldsymbol{\rho}}{\mathrm{d}t} \tag{10-41}$$

动点 M 的牵连速度

$$\boldsymbol{v}_\mathrm{e} = \dot{\boldsymbol{r}}_A + \boldsymbol{\omega} \times \boldsymbol{\rho} \tag{10-42}$$

动点 M 的相对速度

$$\boldsymbol{v}_\mathrm{r} = \frac{\tilde{\mathrm{d}}\boldsymbol{\rho}}{\mathrm{d}t} \tag{10-43}$$

将式(10-41)~式(10-43)代入式(8-3a)，导出式(8-16)。

10.5.2 点在一般运动参考系中的加速度合成

将式(10-20)对时间求导，并利用式(10-24)，得到

$$\frac{d^2\boldsymbol{r}}{dt^2}=\boldsymbol{a}_A+\boldsymbol{\alpha}\times\boldsymbol{\rho}+\boldsymbol{\omega}\times(\boldsymbol{\omega}\times\boldsymbol{\rho})+\frac{\tilde{d}^2\boldsymbol{\rho}}{dt^2}+2\boldsymbol{\omega}\times\boldsymbol{v}_r \tag{10-44}$$

动点 M 的牵连加速度

$$\boldsymbol{a}_e=\boldsymbol{a}_A+\boldsymbol{\omega}\times(\boldsymbol{\omega}\times\boldsymbol{\rho})+\boldsymbol{\alpha}\times\boldsymbol{\rho} \tag{10-45}$$

动点 M 的相对加速度

$$\boldsymbol{v}_r=\frac{\tilde{d}^2\boldsymbol{\rho}}{dt^2} \tag{10-46}$$

动点 M 的科里奥利加速度

$$\boldsymbol{a}_c=2\boldsymbol{\omega}\times\boldsymbol{v}_r \tag{10-47}$$

将式(10-44)~式(10-47)代入式(8-3b),导出(8-24)。

10.6 Maple 编程示例

编程题 10-1 已知陀螺绕定点运动时,以图 10-16 所示 3 个欧拉角表示的运动方程为:$\psi=2t^2+3t,\theta=\pi/6,\varphi=24t$ 式中,t 以 s 计,ψ、θ、φ 以 rad 计。求 $t=1$s 时陀螺绕瞬轴转动的角速度。

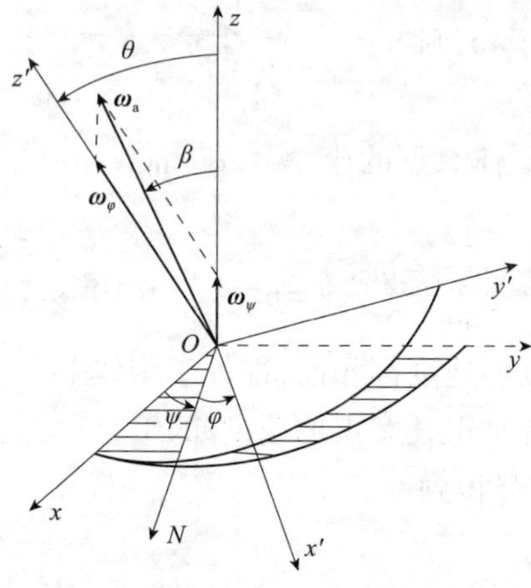

图 10-16 编程题 10-1

已知:$\psi=2t^2+3t,\theta=\frac{\pi}{6},\varphi=24t,t=1$s。

求:ω_a,β。

解:• 建模

以欧拉角表示的运动方程对时间取一阶导数,分别是刚体绕定轴 Oz、节线 ON 和动轴 Oz' 的角速度。

答:$t=1$s 时陀螺绕瞬轴转动的角速度大小 $\omega_a=31$rad/s,与 Oz 轴的夹角 $\beta=22°46'26''$。

• Maple 程序

```
> restart:                                          #清零。
> psi: =2 * t^2 +3 * t:                             #进动角。
> theta: = Pi/6:                                    #章动角。
> phi: =24 * t:                                     #自转角。
> omega[Psi]: = diff(psi,t):                        #进动角速度。
> omega[Theta]: = diff(theta,t):                    #章动角速度。
> omega[Phi]: = diff(phi,t):                        #自转角速度。
> omega[a]: = sqrt(omega[Phi]^2 + omega[Psi]^2
>             +2 * omega[Phi] * omega[Psi]):        #绕瞬轴转动的角速度大小。
> beta: = arcsin(omega[Phi] * sin(Pi - theta)/omega[a]):
>                                                   #绕瞬轴转动的角速度方向。
> omega[a]: = evalf(subs(t=1,omega[a]),4);          #绕瞬轴转动角速度大小的数值。
> beta: = 180/Pi * subs(t=1,beta):                  #绕瞬轴转动角速度方向的数值。
> beta0: = trunc(beta);                             #β 的度。
> beta1: = trunc((beta - beta0) * 60);              #β 的分。
> beta2: = trunc(((beta - beta0) * 60 - beta1) * 60);
>                                                   #β 的秒。
```

思考题

思考题 10-1　正方体在空间作自由运动,各正方体上均给出几个点的速度,如图 10-17 所示。试问:图示各正方体的运动状态有否可能? 为什么?

思考题 10-2　机构如图 10-18 所示。已知 $R,\omega_1=$ 常数,$\omega_2=$ 常数。动点为轮上的 M 点,此瞬时 $O_2M/\!/Ox$ 轴,动系固连于 OAB,则 M 点的科氏加速度为(　　)。

A. $a_c=2R\omega_1^2$　　B. $a_c=2R\omega_2^2$　　C. $a_c=2R\omega_1\omega_2$　　D. $a_c=0$

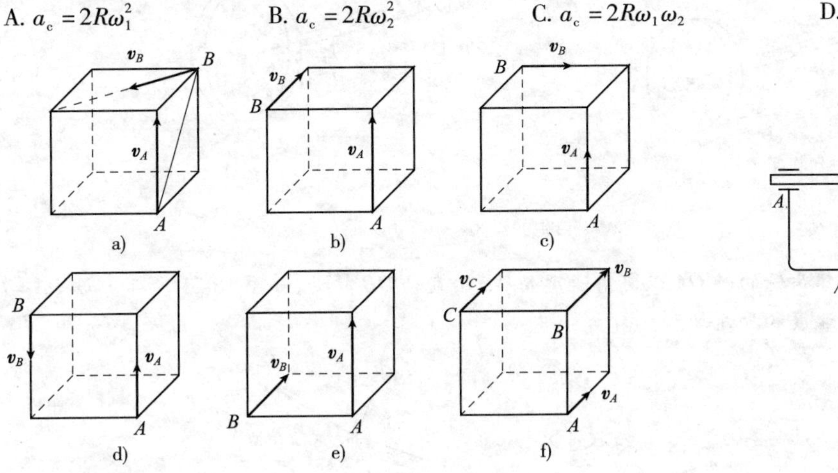

图　10-17

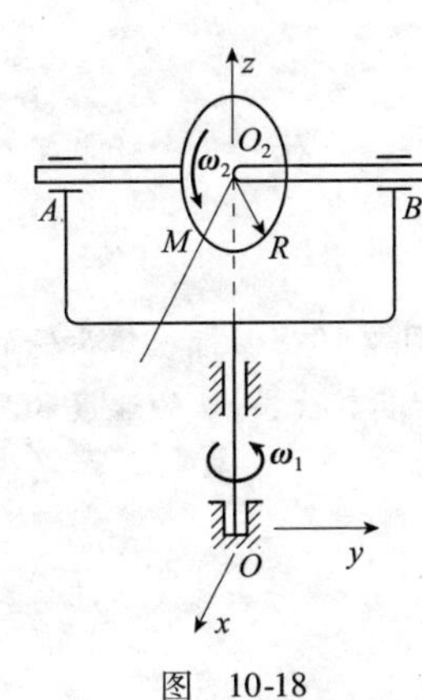

图　10-18

习题

A 类型习题

习题 10-1　刚体定点运动时,如果 $\omega_z=\dot{\psi}=$ 常数;$\omega_\zeta=\dot{\varphi}=$ 常数,章动角 $\theta=$ 常数。这种定点运动称为规则进动(图 10-19)。陀螺以等角速度 ω' 绕轴 OB 转动,而轴 OB 又以等角速度 ω_1 绕轴 OL 转动,并且陀螺在运动过程中角 θ 保持不变。试求陀螺的角速度和角加速度。

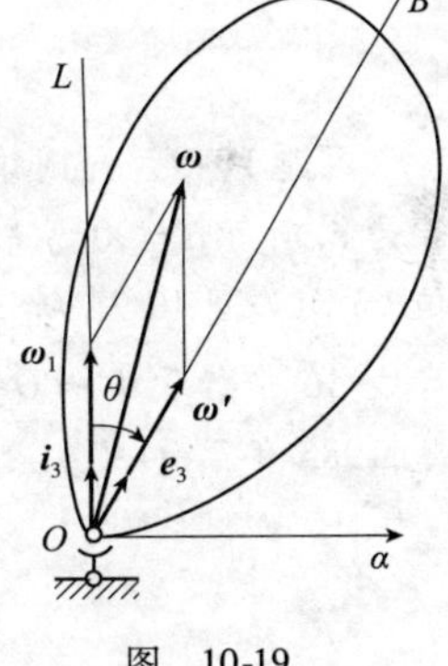

图　10-19

习题 10-2　某瞬时刚体绕通过坐标原点的某轴转动,刚体上一点 $M_1(1,0,1)$ 的速度 $v_1=4\text{m/s}$,它与 x 轴所成的角 $\alpha_1=45°$;另一点 $M_2(3,4,0)$ 的速度 v_2 与 x 轴成 α_2 角,且 $\cos\alpha_2=-0.8$。试求此刻刚体的角速度 ω 及 M_2 点的速度的大小。

习题 10-3　若做定点转动的刚体的运动学方程为

$$\psi=bt,\theta=c,\varphi=at$$

式中,a、b、c 均为常量,ψ、θ、φ 为欧拉角。求角速度、角加速度在动、静坐标系中的分量。

习题 10-4　刚体做上题所给的运动,求刚体上(1,0,0)点及位于空间(1,0,0)的刚体上的点在 t 时刻的速度和加速度。

习题 10-5　刚体做习题 10-3 所给的定点转动,求本体极面和空间极面满足的方程。

习题 10-6　开始固连于刚体的动坐标系 $Pxuz$ 与静坐标系 $O\xi\eta\zeta$ 完全重合(x、y、z 轴分别与 ξ、η、ζ 轴重合)。动系先绕 ξ 轴转 α 角,再绕新的 y 轴转 β 角,最后绕新的 z 轴转 γ 角。刚体的位置用此 α、β、γ 来描述,称为卡尔丹角。像推导欧拉运动学方程那样,分别写出做定点转动的刚体的角速度在固连于刚体的 xyz 坐标系的三个分量,与在 $\xi\eta\zeta$ 静坐标系的三个分量,与这里定义的 α、β、γ 三个角及其对时间的导数的关系。

习题 10-7 碾轮沿水平地面作纯滚动,如图 10-20 所示,轮的水平轴 OA 以匀角速度 ω_0 绕铅垂轴 OB 转动。设 $OA = l, CA = AM = OB = R$,不论轮缘厚度,试求轮缘最高点 M 的速度和加速度。

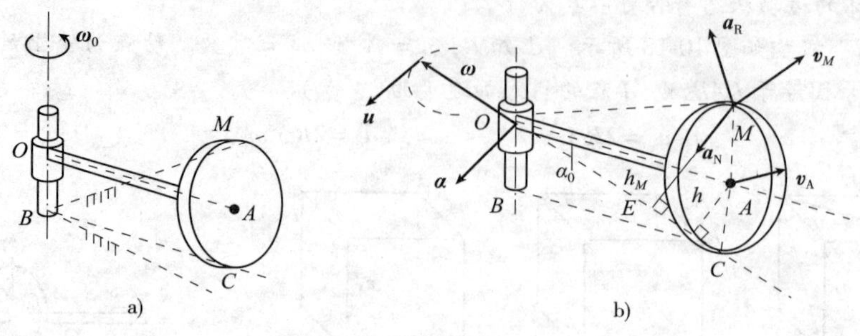

图 10-20

习题 10-8 行星锥齿轮的轴 OA 以匀角速度 ω_1 绕铅直轴 OB 转动,如图 10-21 所示。设 $OA = l, AC = r$,求齿轮上点 M 的速度和加速度。

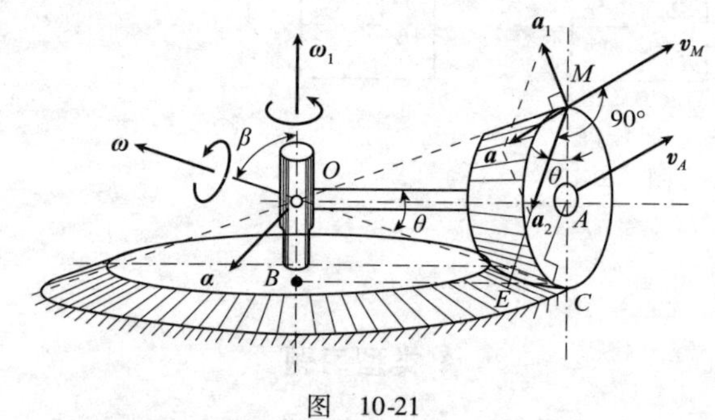

图 10-21

B 类型习题

习题 10-9 一圆锥沿半径为 r 的轮Ⅰ表面作纯滚动,其顶点 A 始终处在轮Ⅰ的中心 A。圆锥母线长为 r,顶角 $\alpha = 90°$。轮Ⅰ本身由曲柄 OA 带动,使它绕固定轮Ⅱ作纯滚动,曲柄 OA 的角速度 $\boldsymbol{\omega}_0$ 为常值,方向如图 10-22 所示。已知圆锥底面中心点 D 相对于轮Ⅰ的速度大小 $v_r = r\omega_0$ 为常值。求当圆锥母线 AC 平行于曲柄 OA($\overline{OC} > \overline{OA}$)时圆锥上一点 B(图中最高点)的绝对加速度。(《力学与实践》小问题,1985 年第 94 题)

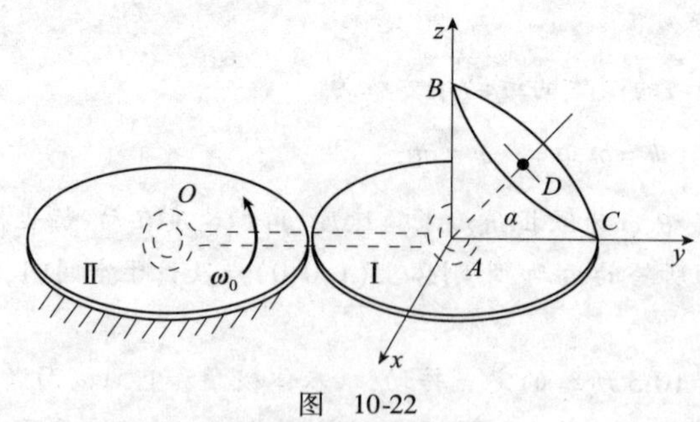

图 10-22

C 类型习题

习题 10-10 如图 10-23 所示,两个共面的轴 1 和轴 3 通过一个铰链轴 2 用万向铰 A 和 B 互相连接。

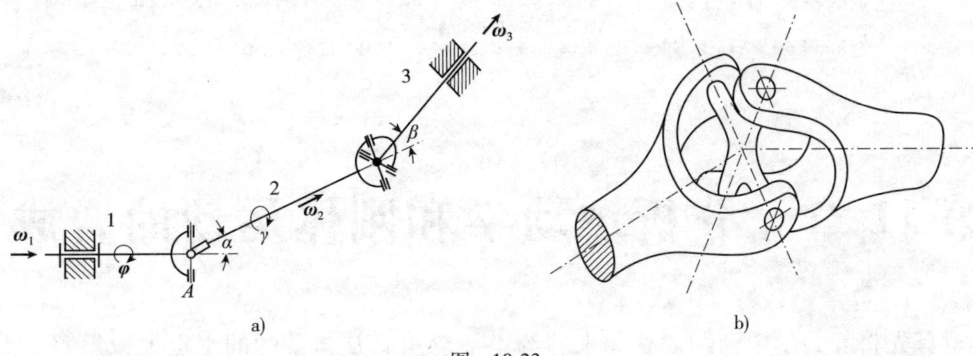

图　10-23

(1)在恒定驱动角速度 $\boldsymbol{\omega}_1$ 的情况下铰链轴的角速度的时间函数是怎样的?

(2)铰链轴2的转角 γ 和驱动轴1的转角 φ 之间的关系 $\gamma(\varphi)$ 是怎样的?

(3)在恒定驱动角速度 $\boldsymbol{\omega}_1$ 的情况下被动轴角速度的时间函数是怎样的?(提示:此处要注意到,和铰链轴固定的铰链叉互相转过的角度 ε。)

(4)证明当 $\beta=\pm\alpha,\varepsilon=0$ 的情况下,被动轴与驱动轴的速度相等($\boldsymbol{\omega}_3=\boldsymbol{\omega}_1$)。

> 艾萨克·牛顿(1643—1727),英国皇家学会会长,英国著名的物理学家,百科全书式的“全才”,著有《自然哲学的数学原理》《光学》。在光学上,他发明了反射望远镜,并基于对三棱镜将白光发散成可见光谱的观察,发展出了颜色理论。他还系统地表述了冷却定律,并研究了音速。在经济学上,牛顿提出金本位制度。在数学上,牛顿与莱布尼茨发展出微积分。他证明了广义二项式定理,提出了“牛顿法”以趋近函数的零点,并为幂级数的研究做出了贡献。
>
> 《自然哲学的数学原理》提出了牛顿万有引力和牛顿三大运动定律。奠定了此后三个世纪里物理世界的科学观点,并成为现代工程学的基础,并推动了科学革命。

《庄子》:“用志不分,乃凝于神。”

第 11 章　分析运动学和刚体运动的合成

本章首先将静力学中已经建立起来的约束概念重新从运动学的观点加以解释,然后引入自由度和广义坐标的概念。对质点系中的广义坐标与非独立坐标,建立坐标之间的约束方程。用对时间变量求导的方法计算点的速度和加速度,或刚体的角速度和角加速度。从而解决质点系的运动学问题。刚体的任何复杂运动都可以由几个简单运动的合成而得到。本章分析各种简单运动的合成。

11.1　分析运动学

在工业生产及科学技术的发展中出现了许多复杂的机器,其中包括能完成各种运动功能的新奇机构。例如汽车装配线上的机械手,它是一个仿人机器,但比人的手臂有更多的关节,因而它的手端可以越过各种障碍伸到车身内部隐蔽的角落进行焊接、装配和其他加工。航天领域中的遥控火星车,是由车身及各种外伸部件(天线、摄像机、探测仪、行走机构等)组成。在火箭由地球表面发射时,这些外伸部件都收拢起来以便装进位于火箭顶部的空间探测器中;火星车在火星着陆后,再由各种伸展机构将它们从车身中陆续展开到预定位置锁定,或根据控制指令做相应的运动。在这些复杂机构的设计、运行工程中,运动学分析是极为重要的一环;包括了解机构各部件的位置范围、运动规律、角速度与角加速度,各有关点的轨迹、速度、加速度以及各点运动之间的关系。解析法可以分析运动的全过程,而且操作过程规范;现代计算技术的发展与计算机的普及又可以克服解析法存在的数学推导烦冗、计算量大的缺点;因此,应用计算机进行电算在复杂机构的综合、设计、分析与优化(统称 CAD)中得到了越来越多的应用。

由于机构所实现的功能多种多样,机构的形式与结构也千变万化,而且随着工业与科技的发展,还不断出现新的机构;因此不可能也无必要对每一种机构列写运动方程并编制计算程序。通常是将同类机构分解成若干共同的单元,对每一单元进行分析并编制子程序,存放在程序库中;这样,对一个新的机构,只要判断它是由哪些基本单元组成,就可以编制主程序、调用子程序进行分析计算了。

11.1.1　质点系的约束和自由度

1)质点系的位形

质点在空间中的位置可以由 3 个直角坐标确定,也可以由 3 个柱坐标或 3 个球坐标确定。各种长度坐标和角坐标统称为坐标。对于由 n 个质点组成的质点系,确定系统内全部质点需要 $3n$ 个坐标,以直角坐标为例,写作

$$x_i(t),y_i(t),z_i(t)\quad (i=1,2,\cdots,n) \tag{a}$$

此 $3n$ 个坐标的集合称为质点系的位形,是点的位置的概念向质点系的扩展。

2)约束方程

静力学中已经说明,约束是对物体空间位置的一种限制。从运动学的观点理解,这种限制可以用联系坐标和时间的方程式表示,称为约束方程。用直角坐标表示的质点和质点系的约束方程的一般形式为

质点:

$$f(x,y,z,t)=0 \tag{11-1a}$$

质点系:

$$f(x_1,y_1,z_1,\cdots,x_n,y_n,z_n,t)=0 \tag{11-1b}$$

约束方程(11-1)显含时间变量 t,称为非定常约束。不显含时间变量 t 的约束,称为定常约束,写作

质点:

$$f(x,y,z)=0 \tag{11-2a}$$

质点系:

$$f(x_1,y_1,z_1,\cdots,x_n,y_n,z_n)=0 \tag{11-2b}$$

上述对质点的位置或质点系的位形进行限制的约束称为位置约束。

例题 11-1 试写出以下两种情况下质点 P 的约束方程,并说明约束类型:

(1)质点 P 与长度为 l 的刚杆的一端固结,杆的另一端与球铰 O_1 固定于基座,构成一球面摆[图 11-1a)];

(2)上述刚杆的支点 O_1 沿 x 轴按 $x_0(t)$ 规律运动[图 11-1b)]。

解:(1)质点 P 用直角坐标表示的约束方程为

$$x^2+y^2+z^2=l^2 \tag{b}$$

约束方程中不显含时间变量,约束为定常约束。

(2)质点 P 用直角坐标表示的约束方程为

$$[x-x_0(t)]^2+y^2+z^2=l^2 \tag{c}$$

上式中显含时间变量,约束为非定常约束。

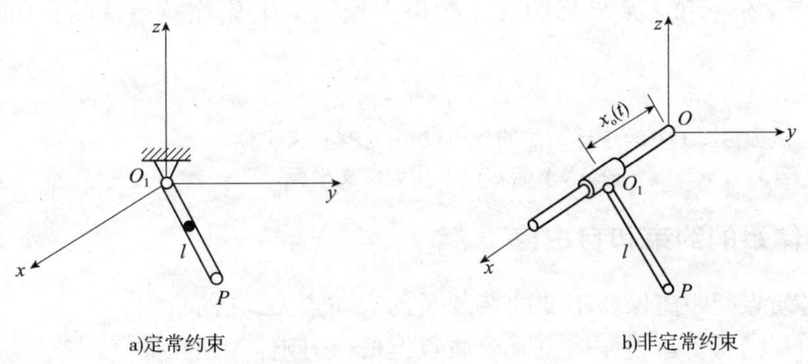

图 11-1 定常约束和非定常约束

3)自由度和广义坐标

确定质点的位置或质点系位形的坐标,只有在不受外界约束的情况下才是相互独立的。当受到几何约束时,这些坐标相互不独立。例如一个不受外界约束的自由质点的 3 个坐标(直角坐标、柱坐标或球坐标)是相互独立的。而图 11-1a)中质点 P 的 3 个直角坐标,由于受方程 $x^2+y^2+z^2=l^2$ 的约束,其中只有 2 个是独立的。对于由 n 个质点组成的系统,若为

自由质点系,其独立的坐标为 $3n$ 个;若受到 r 个独立的约束方程:

$$f_k(x_1,y_1,z_1,\cdots,x_n,y_n,z_n)=0 \quad (k=1,2,\cdots,r) \tag{11-3}$$

的限制,则系统内独立的坐标减少为 $f=3n-r$ 个。确定质点系位形的独立坐标称为广义坐标,记作 $q_j(j=1,2,\cdots,f)$。对于同一系统,可以选择不同的独立坐标作为广义坐标。计算实际问题时,有时为避免使数学表达式过于烦琐,常在 f 个广义坐标以外再选取若干个非独立坐标,称为多余坐标。设多余坐标为 $\overline{m}$ 个,记作 $q_j(j=f+1,f+2,\cdots,f+\overline{m})$,则可同时列出与多余坐标数相等的 $\overline{m}$ 个联系广义坐标与多余坐标的独立约束方程:

$$g_k(q_1,q_2,\cdots,q_f,q_{f+1},\cdots,q_{f+\overline{m}},t)=0 \quad (k=1,2,\cdots,\overline{m}) \tag{11-4}$$

广义坐标确定以后,多余坐标即可由约束方程(11-4)确定,系统的位形也随之完全确定,成为广义坐标和时间的函数:

$$x_i=x_i(q_1,q_2,\cdots,q_f,t) \tag{11-5a}$$

$$y_i=y_i(q_1,q_2,\cdots,q_f,t) \tag{11-5b}$$

$$z_i=z_i(q_1,q_2,\cdots,q_f,t), \quad (i=1,2,\cdots,n) \tag{11-5c}$$

狭义地讲,通常将仅受到位置约束的质点系称为完整系统,其广义坐标数 f 定义为系统的自由度,独立约束方程数 r 称为约束数。由 n 个质点组成的完整系统的自由度 f,等于 $3n$ 减去约束数 r:

$$f=3n-r(\text{空间质点运动}) \tag{11-6a}$$

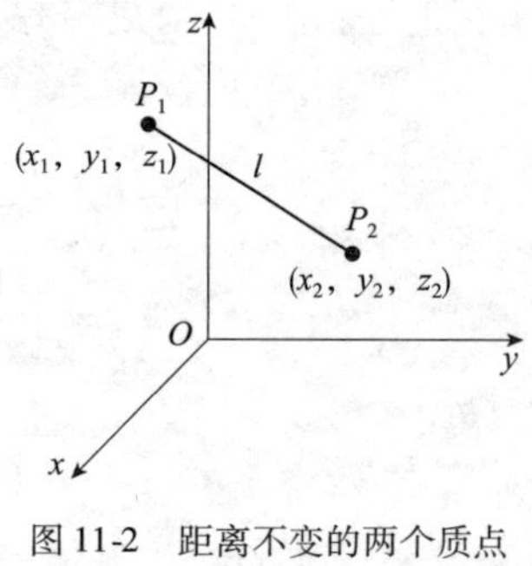

例如两个质点 P_1,P_2 在运动过程中保持距离 l 不变(图 11-2),则存在 1 个独立约束方程

$$(x_1-x_2)^2+(y_1-y_2)^2+(z_1-z_2)^2=l^2 \tag{d}$$

将 $n=2$,$r=1$ 代入式(11-6),得出该系统的自由度为 $f=5$。

图 11-2　距离不变的两个质点

若完整系统中各质点均被限制在一平面内运动,读者不难推知其自由度为

$$f=2n-r(\text{平面质点运动}) \tag{11-6b}$$

若完整系统中的广义坐标数 $m(=f)$ 和多余坐标数 $\overline{m}$ 的总和 l 个,联系广义坐标和多余坐标的独立约束方程数为 $\overline{m}$,则完整系统的自由度 f 等于 l 减去 $\overline{m}$

$$f=l-\overline{m} \tag{11-7}$$

例题 11-2　试确定图 11-1a)中球面摆的自由度,并选择广义坐标。

解:自由度 $f=3-1=2$。可选择球坐标 θ 和 φ 作为广义坐标。

11.1.2　刚体系的约束和自由度

刚体是各质点间距离保持不变的特殊受约束质点系,它的自由度可利用式(11-6)推算。设刚体由 n 个质点组成(若刚体为密集质点组成的连续体,可认为 $n\to\infty$),由于运动过程中其内部任意两质点间的距离保持不变,因此刚体可用 6 根刚杆连接 4 个质点(图 11-3),以后每增加 1 个质点增加 3 根刚杆,其刚杆总数为 $6+(n-4)\times 3=3n-6$。每一根刚杆相当 1 个约束,则 $r=3n-6$ 将 n 和 r 代入式(11-6a),算出不受约束的自由刚体的自由度为 6,与构成刚体的质点数无关。

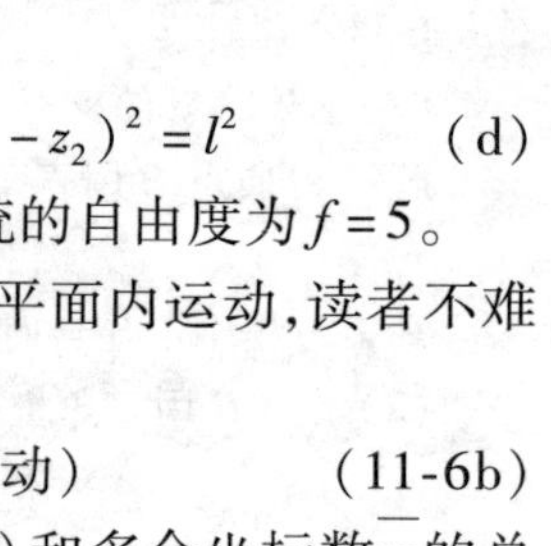

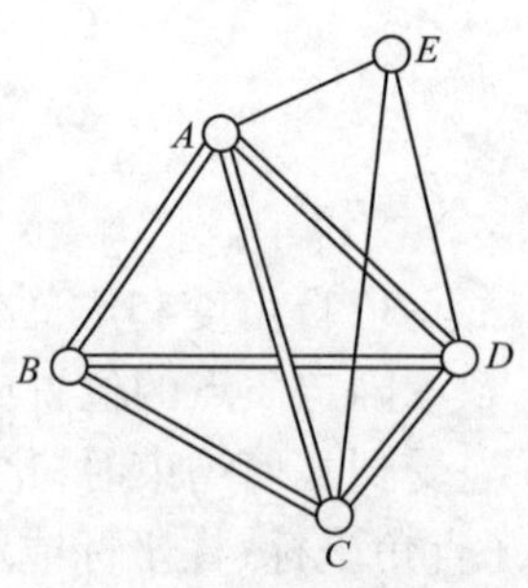

图 11-3　空间简单桁架

对于限制在一个平面内运动的刚性截面,同样可以设想为由 n 个质点组成的平面桁架,其刚杆总数为 $3+(n-3)\times2=2n-3$,即 $r=2n-3$ 将 n 和 r 代入式(11-6b),算出作平面运动的不受约束的自由刚性截面的自由度为3。

对于由 N 个刚体组成的刚体系统,若存在 r 个几何约束,则其自由度也可表示为

$$f=6N-r \quad (\text{刚体空间运动}) \tag{11-8a}$$

$$f=3N-r \quad (\text{刚体平面运动}) \tag{11-8b}$$

其中,约束数 r 可根据约束方程数确定,也可应用静力学方法将系统拆开后根据各个刚体的独立未知约束力数确定。

例如,图11-4给出一个由固定基座 B_0 和运动构件 B_1,B_2,B_3(即 $N=3$)组成的机械臂的简图,其中 B_0 对 B_1 以及 B_1 对 B_2 的约束均为空间柱铰,B_2 对 B_3 的约束为导轨,由附录A可知,这两种约束的未知约束力数均为5,则将 r 与 N 代入式(11-8a),即算出此机械臂的自由度为3。

静力学中叙述的约束完全性,也可以根据刚体系的自由度 f 来判别:$f>0$ 为不完全约束,$f=0$ 为完全约束,$f<0$ 为多余约束。以图11-5所示的平面刚架系统为例,此系统由两个刚杆组成,$N=2$,每一平面柱铰的约束数为2,每一辊轴的约束数为1,将图中三种情形的约束数 r 代入式(11-7b),即可算出各种情形系统的自由度 f 为1,0和-1,分别对应于不完全约束,完全约束和多余约束。

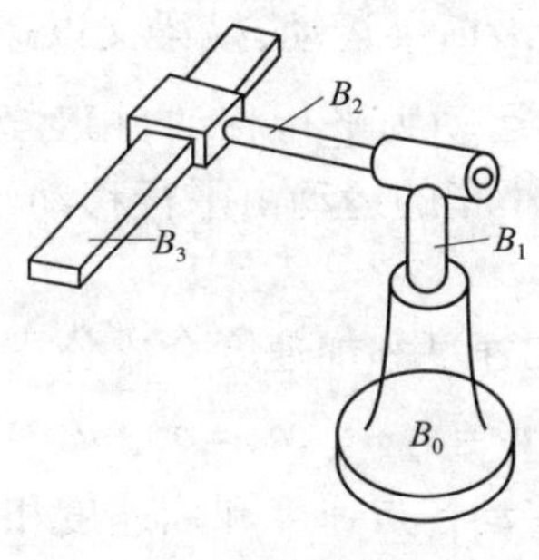

图11-4 机械臂

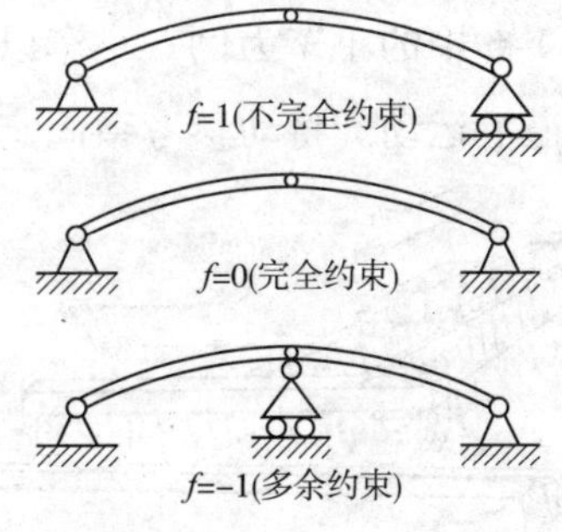

图11-5 三种约束

11.1.3 解决运动学问题的分析法

讨论质点系运动学问题,如研究机构运动学时,常要求在已知系统中某个点或某个构件运动规律的条件下,计算系统中另一些点或构件的运动规律。在计算点的速度和加速度时使用了将广义坐标对时间求导的分析方法,这种分析方法可以十分方便地用于解决质点系运动学问题。尤其是对于构造复杂的系统。用分析法解题,要比矢量法更为简洁和程式化,适合于利用计算机辅助分析解决机构设计问题。

分析法的一般解题步骤如下:

(1)确定质点系的自由度,选择广义坐标和必要的多余坐标,用以描述已知的和待定的质点或构件的运动规律。

(2)写出联系广义坐标和多余坐标的约束方程。

(3)将标量形式的约束方程对时间求导,求得坐标的一阶和二阶导数之间的关系式,解出待定的运动学参数。

广义坐标时间的导数 $\dot{q}_j(j=1,2,\cdots,f)$ 称为广义速度(更确切地应称为广义速率)。实际计算时,可直接将约束方程(11-4)对 t 求导,化作微分形式的约束方程:

$$\sum_{j=1}^{f+\bar{m}} \frac{\partial g_k}{\partial q_j} \dot{q}_j + \frac{\partial g_k}{\partial t} = 0 \quad (k = 1,2,\cdots,\bar{m}) \tag{11-9}$$

从以上$\bar{m}$个线性代数方程消去$\bar{m}$个多余坐标的导数，即可确定 n 个广义速度。广义速度确定以后，质点系中各质点的速率可通过式(11-5)对时间 t 求导，用广义速度表示为

$$\dot{x}_i = \sum_{j=1}^{f} \frac{\partial x_i}{\partial q_j} \dot{q}_j + \frac{\partial x_i}{\partial t} \tag{11-10a}$$

$$\dot{y}_i = \sum_{j=1}^{f} \frac{\partial y_i}{\partial q_j} \dot{q}_j + \frac{\partial y_i}{\partial t} \tag{11-10b}$$

$$\dot{z}_i = \sum_{j=1}^{f} \frac{\partial z_i}{\partial q_j} \dot{q}_j + \frac{\partial z_i}{\partial t} \quad (i = 1,2,\cdots,n) \tag{11-10c}$$

将上式再次对 t 求导，即导出用广义速度的导数 $\ddot{q}_j(j=1,2,\cdots,f)$，表示的质点加速度。

读者可从例题中体会分析法解题的要点和优点，并与矢量法进行对比。

11.2 刚体运动的合成

11.2.1 平移与平移的合成

以图 11-6 中的小车为例。小车以速度$\boldsymbol{v}_1$、加速度 $\boldsymbol{a}_1$ 沿横梁运动，横梁又以速度$\boldsymbol{v}_2$、加速度 $\boldsymbol{a}_2$ 在轨道上运动。将动参考系固定在横梁上，则牵连运动为平行移动，相对运动也为平行移动，于是小车的运动由平行移动与平行移动合成。

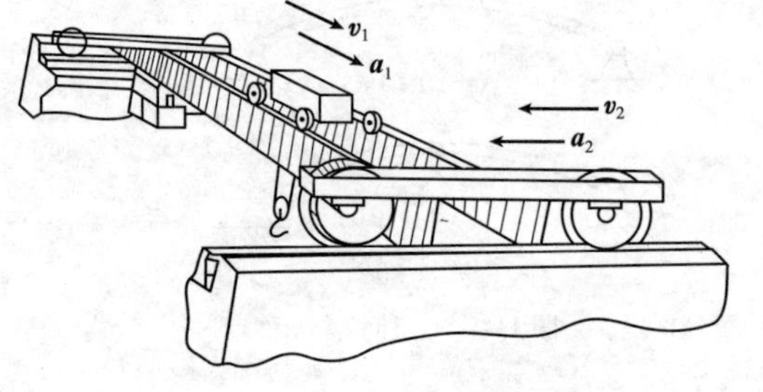

图 11-6 平移与平移的合成

根据点的速度和加速度合成公式

$$\boldsymbol{v}_a = \boldsymbol{v}_r + \boldsymbol{v}_e, \boldsymbol{a}_a = \boldsymbol{a}_r + \boldsymbol{a}_e \tag{a}$$

和刚体平行移动各点速度和加速度相同的特点，可知小车上任一点的速度和加速度分别为：

$$\boldsymbol{v} = \boldsymbol{v}_1 + \boldsymbol{v}_2 \tag{11-11}$$

$$\boldsymbol{a} = \boldsymbol{a}_1 + \boldsymbol{a}_2 \tag{11-12}$$

在同一瞬时，小车上各点的速度和加速度都一样。因此小车的合成运动也是平行移动。于是得出结论：当刚体同时作两个平行移动时，刚体的合成运动仍为平行移动。

11.2.2 绕两个平行轴转动的合成

以图 11-7a)中的行星圆柱齿轮Ⅱ为例。齿轮Ⅱ作平面运动，以轮心 O_2 为基点，安上一个平行移动坐标系后，齿轮Ⅱ的运动便可分解为平行移动和定轴转动。但是将行星齿轮的运动分解为转动和转动，有时更为方便。

齿轮Ⅱ绕轴 O_2 转动，系杆 O_1O_2 带轴 O_2 绕定轴 O_1 转动。

现将动参考系固结在系杆上，则系杆的角速度 $\boldsymbol{\omega}_e$ 为牵连角速度，齿轮Ⅱ相对于系杆绕 O_2 轴转动的角速度 $\boldsymbol{\omega}_r$ 为相对角速度。由于轴 O_1 与 O_2 平行，于是齿轮Ⅱ的运动由绕两个平行轴的转动与转动合成。

齿轮Ⅱ上任一点 M 的速度$\boldsymbol{v}_M$ 如图 11-7b)所示，可按照点的合成运动公式计算：

$$\boldsymbol{v}_a = \boldsymbol{v}_e + \boldsymbol{v}_r \tag{b}$$

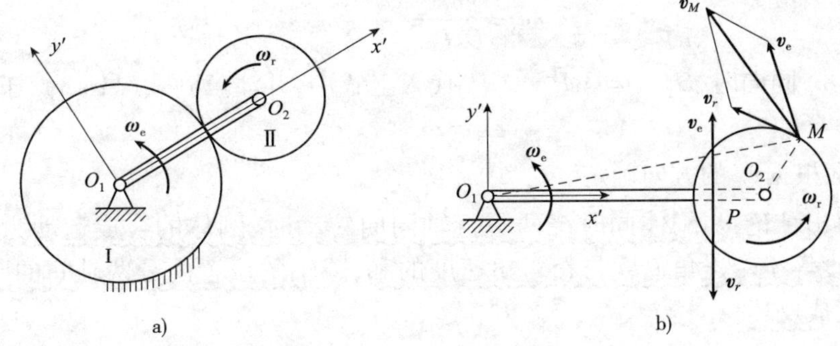

图 11-7 行星圆柱齿轮

由于牵连运动是动参考系绕轴 O_1 的转动，所以牵连速度的大小为

$$v_e = O_1M' \cdot \omega_e \tag{c}$$

方向垂直于 O_1M'。相对运动是圆周运动，所以相对速度的大小为

$$v_r = O_2M \cdot \omega_r \tag{d}$$

方向垂直于 O_2M。这时点 M 的速度 $\boldsymbol{v}_M = \boldsymbol{v}_a$。

容易看出，每一瞬时，在连线 O_1O_2 上总可以找到齿轮上的一点 P，它的牵连速度 $\boldsymbol{v}_e$ 与相对速度 $\boldsymbol{v}_r$ 恰好大小相等、方向相反，绝对速度等于零。当 $\boldsymbol{\omega}_e$ 与 $\boldsymbol{\omega}_r$ 同向时，点 P 在 O_1 与 O_2 两点之间，如图 11-8 所示。当 $\boldsymbol{\omega}_e$ 与 $\boldsymbol{\omega}_r$ 反向时，点 P 在两点之外，如图 11-9 所示。显然，点 P 为瞬时速度中心，通过 P 且与轴 O_1、O_2 平行的轴称为瞬轴。在瞬轴上各点的速度都等于零。

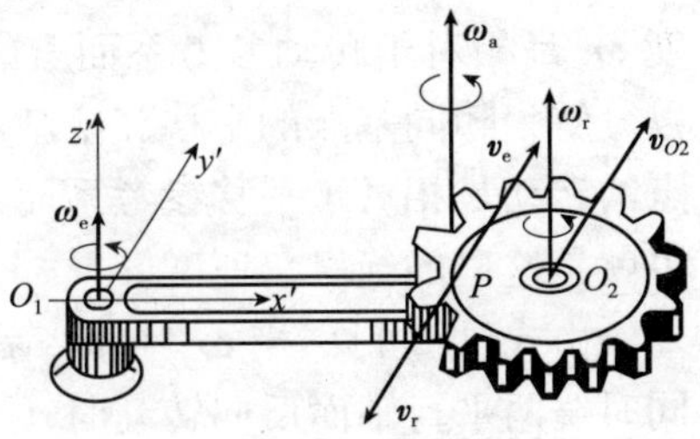

图 11-8

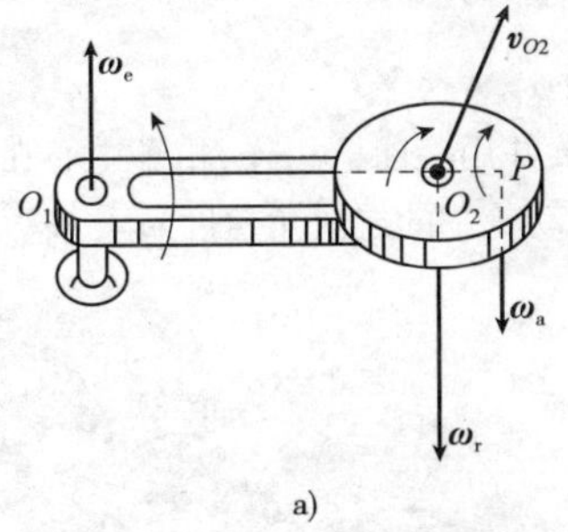

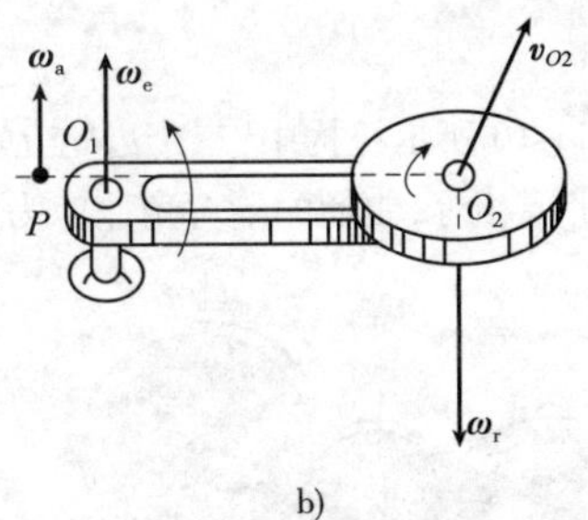

图 11-9

瞬轴与两轴间的距离分别为 O_1P 和 O_2P，在点 P，$\boldsymbol{v}_e = \boldsymbol{v}_r$，即

$$\omega_e \cdot O_1P = \omega_r \cdot O_2P \tag{e}$$

或

$$\frac{O_1P}{O_2P} = \frac{\omega_r}{\omega_e} \tag{11-13}$$

现在来求齿轮绕瞬轴转动的角速度 $\boldsymbol{\omega}_a$ 的大小和方向。

先讨论 ω_e 与 ω_r 同向的情形（图 11-8）。齿轮的轴 O_2 的速度为

$$v_{O_2} = \omega_e \cdot O_1O_2 = \omega_a \cdot O_2P \tag{f}$$

因此，齿轮绕瞬轴转动的角速度为

$$\boldsymbol{\omega}_a = \frac{v_{O_2}}{O_2 P} = \frac{O_1 O_2}{O_2 P}\omega_e \tag{g}$$

当 $\boldsymbol{\omega}_e$ 与 $\boldsymbol{\omega}_r$ 同向时，$O_1O_2 = O_1P + O_2P$，代入上式中，并注意到式(11-13)，于是得

$$\boldsymbol{\omega}_a = \boldsymbol{\omega}_e + \boldsymbol{\omega}_r \tag{11-14}$$

$\boldsymbol{\omega}_a$ 的方向根据$\boldsymbol{v}_{O_2}$的方向确定。

由此可得出结论：当刚体同时绕两平行轴同向转动时，刚体的合成运动为绕瞬轴的转动，绝对角速度等于牵连角速度与相对角速度的和；瞬轴的位置内分两轴间的距离，内分比与两个角速度成反比。

当 $\boldsymbol{\omega}_e$ 和 $\boldsymbol{\omega}_r$ 反向时[图 11-9a)、b)]，$O_1O_2 = |O_1P - O_2P|$，于是

$$\boldsymbol{\omega}_a = |\boldsymbol{\omega}_e - \boldsymbol{\omega}_r| \tag{h}$$

绝对角速度的转向与 $\boldsymbol{\omega}_e$、$\boldsymbol{\omega}_r$ 中较大的一个相同。

于是得出结论：当刚体同时绕两平行轴反向转动时，刚体的合成运动为绕瞬轴的转动，绝对角速度等于牵连角速度与相对角速度之差，它的转向与较大的角速度的转向相同；瞬轴的位置外分两轴间的距离，在较大角速度的轴的外侧，外分比与两个角速度成反比。

应该指出，刚体绕平行轴转动的合成运动也符合刚体平面运动的定义，这里的相对角速度 $\boldsymbol{\omega}_r$ 是相对于转动参考系而言的，绝对角速度应等于牵连角速度与相对角速度之和；也可以分解为随同基点的平移和绕基点的转动，是一种平移与转动的合成。必须注意，所谓绕基点的转动是相对于平移参考系而言的。因而，其角速度就等于相对于固定参考系的角速度，也就是这里的绝对角速度 $\boldsymbol{\omega}_a$。

由式(h)可见，当 $\boldsymbol{\omega}_e$ 和 $\boldsymbol{\omega}_r$ 等值而反向时，$\boldsymbol{\omega}_a = \mathbf{0}$。这表明：当刚体以同样大小的角速度同时绕两平行轴而反向转动时，刚体的合成运动为平行移动。这种运动称为转动偶。

将式(11-14)两边对时间求导得，两个转动轴平行的角加速度合成公式，可以简化为标量形式

$$\alpha_a = \alpha_e + \alpha_r \tag{11-15}$$

例题 11-3 图 11-10 所示机构中，三个齿轮互相啮合，并用一曲柄相连，轮子中心在同一直线上。已知定轮 0 与动轮 2 的半径相等，曲柄的绝对角速度为 ω_3，求动轮 2 的绝对角速度 ω_2。

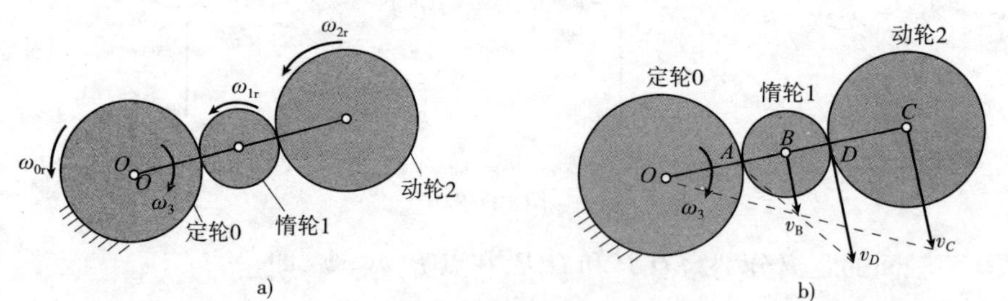

图 11-10　例题 11-3

解：方法一　用刚体的复合运动方法求解。

(1)运动分析

轮 1 做平面运动，轮 2 做平面运动，曲柄做定轴转动。取曲柄为动系，三个齿轮的相对运动均为定轴转动。

$$r_0 = R, r_1 = r, r_2 = R$$

(2)速度分析

牵连角速度 $\omega_e = -\omega_3$，$\omega_{0,e} = \omega_{1,e} = \omega_{2,e} = -\omega_3$。

三个齿轮的相对角速度分别记为 $\omega_{0,r}$、$\omega_{1,r}$ 和 $\omega_{2,r}$，均以逆时针转向为正，如图 11-10a) 所示。齿轮 0 固定，$\omega_{0,a}=0$。

$$\omega_{0,a}=\omega_{0,e}+\omega_{0,r},0=-\omega_3+\omega_{0,r} \tag{1}$$

$$\omega_{0,r}=\omega_3$$

齿轮间相互啮合，啮合点处的相对速度相等，如下

$$r_1\omega_{1,r}=-r_0\omega_{0,r} \tag{2}$$

$$\omega_{1,r}=-\frac{R}{r}\omega_3$$

$$r_2\omega_{2,r}=-r_1\omega_{1,r} \tag{3}$$

$$\omega_{2,r}=\omega_3$$

$$\omega_{2a}=\omega_{2,e}+\omega_{2,r},\omega_2=-\omega_3+\omega_3 \tag{4}$$

$$\omega_2=0$$

即动轮 2 做平行移动。

方法二 用刚体平面运动的方法求解。

杆 OC 作定轴转动，因此有[如图 11-10b) 所示]

$$v_B=(r_0+r_1)\omega_3,v_B=(R+r)\omega_3 \tag{5}$$

$$v_C=(r_0+2r_1+r_2)\omega_3,v_C=2v_B \tag{6}$$

齿轮 1 做平面运动，惰轮 1 沿定轮 0 纯滚动，A 点为惰轮 1 的速度瞬心，因此惰轮 1 上 D 点的速度为

$$v_D=2v_B,v_D=v_C \tag{7}$$

齿轮 2 做平面运动，动轮 2 和惰轮 1 啮合，两轮在啮合点 D 的速度相等。可见，动轮 2 上 C 点和 D 点的速度相同，因此动轮 2 做平行移动，即

$$\omega_2=0$$

讨论与练习

(1) 用刚体的复合运动方法求解。

(2) 用刚体的平面运动方法求解。

11.2.3 绕相交轴转动的合成

1) 角速度合成

图 11-11 所示行星锥齿轮绕轴 OA 转动，同时，轴 OA 又绕定轴 $O\zeta$ 转动，这两轴相交于定点 O，于是，行星锥齿轮的运动由绕相交轴的转动合成。绕相交轴转动的合成运动是定点运动，两轴的交点即是定点。

现在讨论一般的情况。设刚体同时绕两相交于点 O 的轴 $O\zeta$ 和 Oz 转动，如图 11-12 所示，绕两轴转动的角速度分别为 $\boldsymbol{\omega}_1$ 和 $\boldsymbol{\omega}_2$。取定坐标系 $O\xi\eta\zeta$，转动轴 $O\zeta$ 为其中的一轴；取动坐标系 $Oxyz$ 与刚体固结。于是刚体绕动轴 Oz 的转动为相对运动，相对角速度 $\boldsymbol{\omega}_r=\boldsymbol{\omega}_2$；动坐标系绕定轴 $O\zeta$ 的转动为牵连运动，牵连角速度 $\boldsymbol{\omega}_e=\boldsymbol{\omega}_1$；刚体绕点 O 的定点运动为绝对运动。

以 $\boldsymbol{\omega}_1$ 和 $\boldsymbol{\omega}_2$ 两个矢量为两边，作平行四边形 $OACB$，连接 O、C 两点，可证明直线 OC 是刚体的瞬轴，绕瞬轴转动的绝对角速度 $\boldsymbol{\omega}_a$ 正是此平行四边形的对角线。

先证明直线 OC 是刚体的瞬轴。

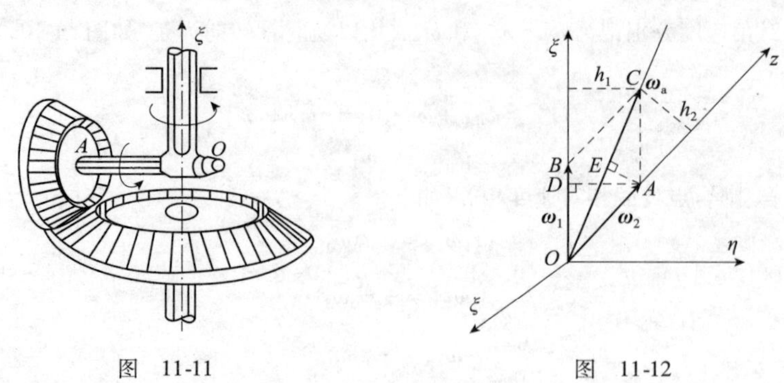

图 11-11　　　　图 11-12

刚体上任一点的速度都可按点的速度合成定理计算。平行四边形 $OACB$ 上点 C 的牵连速度和相对速度都垂直于图面,面方向相反,绝对速度是两者的代数和,于是

$$v_C = v_e - v_r = \omega_1 h_1 - \omega_2 h_2 = 2S_{\Delta OCB} - 2S_{\Delta OAC} \tag{i}$$

因为 $OACB$ 为平行四边形,所以 $S_{\Delta OCB} = S_{\Delta OAC}$,于是点 C 的绝对速度等于零。因为点 O 的速度等于零,所以刚体的直线 OC 上所有点的绝对速度都等于零,因此直线 OC 是刚体的瞬轴。

为了求绕瞬轴转动的角速度 $\boldsymbol{\omega}_a$,可研究动轴 Oz 上的点 A 的速度。因动轴绕定轴转动,有

$$v_A = \omega_1 \cdot \overline{AD} \tag{j}$$

另一方面,刚体绕瞬轴转动,有即

$$v_A = \omega_a \cdot \overline{AE} \tag{k}$$

于是

$$\omega_a = \frac{\overline{AD}}{\overline{AE}}\omega_1 \tag{l}$$

由图中几何关系可知

$$\omega_1 \cdot \overline{AD} = S_{\square OACB}, \overline{OC} \cdot \overline{AE} = S_{\square OACB} \tag{m}$$

于是

$$\overline{OC} = \frac{\overline{AD}}{\overline{AE}} \cdot \omega_1 \tag{n}$$

因此得

$$\omega_a = \overline{OC} \tag{o}$$

角速度 $\boldsymbol{\omega}_a$ 的指向可由点 A 的速度方向确定,在图 11-12 中,显然如图中所示箭头方向。

由此可见,由牵连角速度 $\boldsymbol{\omega}_1$ 和相对角速度 $\boldsymbol{\omega}_2$ 为边作出的平行四边形的对角线,确定了瞬轴的位置和绕瞬轴转动的角速度矢 $\boldsymbol{\omega}_a$ 的大小和方向。3 个角速度矢的关系可写成

$$\boldsymbol{\omega}_a = \boldsymbol{\omega}_1 + \boldsymbol{\omega}_2 \tag{11-16}$$

于是得出结论:当刚体同时绕两相交轴转动,合成运动为绕瞬轴的转动,绕瞬轴转动的角速度等于绕两轴转动的角速度的矢量和。

如果刚体绕相交于一点的 3 个轴或更多的轴转动时,可先把其中两个角速度矢 $\boldsymbol{\omega}_1$ 与 $\boldsymbol{\omega}_2$ 合成,然后用它们的合矢量作为相对角速度,把 $\boldsymbol{\omega}_3$ 作为牵连角速度,重复上面的合成过程;以此类推,就得到绕瞬轴转动的角速度,即

$$\boldsymbol{\omega} = \boldsymbol{\omega}_1 + \boldsymbol{\omega}_2 + \cdots + \boldsymbol{\omega}_n = \sum_{i=1}^{n} \boldsymbol{\omega}_i \tag{11-17}$$

于是得出结论：当刚体同时绕相交于一点的多轴转动时，合成运动为绕瞬轴的转动。绕瞬轴转动的角速度等于绕各轴转动的角速度的矢量和，而瞬轴则沿此合矢量方向。

例题 11-4 差速传动轮系如图 11-13a）所示。当锥齿轮Ⅰ和Ⅱ绕 CD 轴线分别以 $\omega_1 = 5\text{rad/s}$ 和 $\omega_2 = 3\text{rad/s}$ 做等角速转动，锥齿轮Ⅲ将绕 O 点作定点运动，并带动曲柄Ⅳ绕轴线 CD 以角速度 $\boldsymbol{\omega}_4$ 转动。已知锥齿轮Ⅰ和Ⅱ的半径均为 $R = 7\text{cm}$，锥齿轮Ⅲ的半径为 $r = 2\text{cm}$。求锥齿轮Ⅲ的角速度 $\boldsymbol{\omega}_3$ 和曲柄Ⅳ的角速度 $\boldsymbol{\omega}_4$。

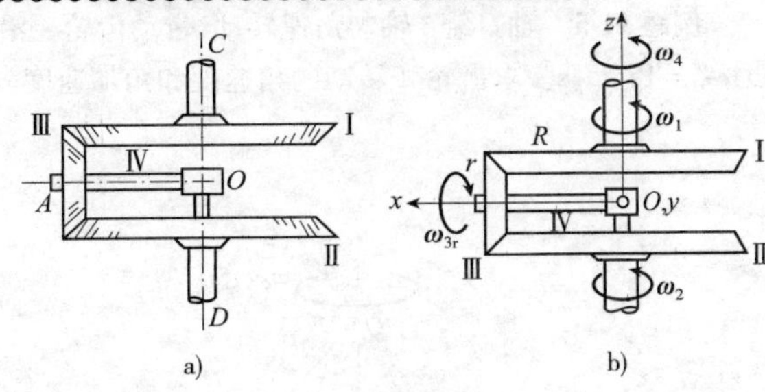

图 11-13 例题 11-4

解：（1）运动分析

齿轮Ⅰ做定轴转动，齿轮Ⅱ做定轴转动，曲柄Ⅳ作定轴转动，锥齿轮Ⅲ作定点转动。将动坐标系 $Oxyz$ 与曲柄Ⅳ固连，如图 11-13b）所示。

（2）速度分析

牵连角速度为 $\boldsymbol{\omega}_e = \omega_4 \boldsymbol{k}$。齿轮Ⅰ和齿轮Ⅱ的相对角速度分别为

$$\omega_{1r} = \omega_1 - \omega_4, \omega_{2r} = \omega_2 - \omega_4 \tag{1}$$

三个齿轮相互啮合，啮合点的相对速度相等，故有

$$R\omega_{1r} = -r\omega_{3r}, R\omega_{2r} = r\omega_{3r} \tag{2}$$

由关系式(1)和式(2)得

$$\omega_{3r} = \frac{R}{r}(\omega_2 - \omega_4) \tag{3}$$

$$\omega_4 = \frac{1}{2}(\omega_1 + \omega_2), \omega_{3r} = \frac{R}{2r}(\omega_2 - \omega_1) \tag{4}$$

因此有

$$\boldsymbol{\omega}_4 = \frac{1}{2}(\omega_1 + \omega_2)\boldsymbol{k}, \boldsymbol{\omega}_4 = 4\boldsymbol{k}\text{rad/s}$$

$$\boldsymbol{\omega}_3 = \boldsymbol{\omega}_e + \boldsymbol{\omega}_{3r} = \omega_4 \boldsymbol{k} + \frac{R}{2r}(\omega_2 - \omega_1)\boldsymbol{i}, \boldsymbol{\omega}_3 = -3.5\boldsymbol{i} + 4\boldsymbol{k}(\text{rad/s})$$

讨论与练习

用 Maple 编程求解本题。

2）角加速度合成

将式(11-16)相对于定系对时间求导，可得刚体的绝对角加速度为

$$\boldsymbol{\alpha}_a = \frac{d}{dt}(\boldsymbol{\omega}_e + \boldsymbol{\omega}_r) \tag{11-18}$$

上式右端第 1 项 $d\boldsymbol{\omega}_e/dt$ 是动系的角速度 $\boldsymbol{\omega}_e$ 相对于定系的时间变化率，也就是牵连角加速度。右端第 2 项 $d\boldsymbol{\omega}_r/dt$ 是刚体的相对角速度 $\boldsymbol{\omega}_r$ 相对于定系的时间变化率，它并不是刚体的相对角加速度 $\boldsymbol{\alpha}_r = d\boldsymbol{\omega}_r/dt$。利用绝对导数与相对导数之间的关系，有

$$\frac{d\boldsymbol{\omega}_r}{dt} = \frac{d\,\tilde{\boldsymbol{\omega}}_r}{dt} + \boldsymbol{\omega}_e \times \boldsymbol{\omega}_r \tag{11-19}$$

将式(11-19)代入式(11-18)，得到刚体复合运动的角加速度合成公式

$$\boldsymbol{\alpha}_a = \boldsymbol{\alpha}_e + \boldsymbol{\alpha}_r + \boldsymbol{\omega}_e \times \boldsymbol{\omega}_r \tag{11-20}$$

特殊情况：相对运动和牵连运动都是常角速度的定轴转动，此时相对角加速度和牵连角

加速度均为零，角加速度合成公式简化为

$$\boldsymbol{\alpha}_a = \boldsymbol{\omega}_e \times \boldsymbol{\omega}_r \tag{11-21}$$

例题 11-5　轴 C 绕 z 轴匀角速转动，带动齿轮 A 沿定齿轮 B 滚动，如图 11-14a）所示。轴 C 转动的角速度 $\boldsymbol{\omega}_C = 15\text{rad/s}$。求齿轮 A 转动的角速度和角加速度。

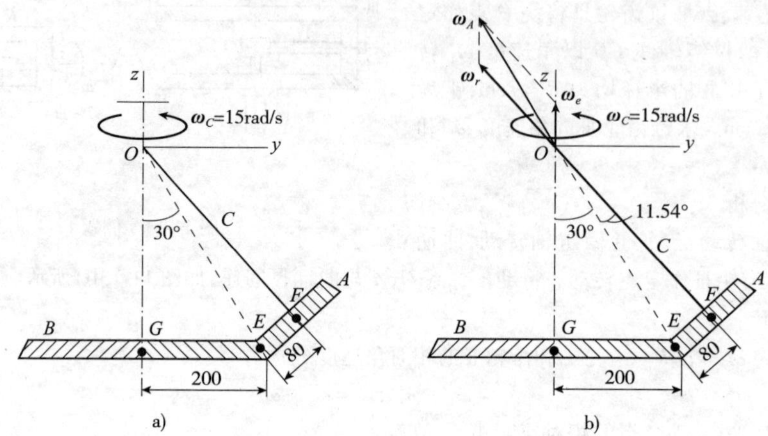

图 11-14　例题 11-5（尺寸单位：mm）

解：（1）运动分析

齿轮 A 绕 O 点作定点运动。齿轮 A 与定齿轮 B 的接触点 E 的瞬时速度为零，OE 为瞬时转动轴。将动系固连在轴 C 上，则可将齿轮 A 的运动分解为齿轮相对于轴 C 的定轴转动（相对运动）和轴 C 绕 z 的定轴转动（牵连运动）的合成。

（2）速度分析

牵连角速度为 $\boldsymbol{\omega}_e = \omega_C \boldsymbol{k} = 15\boldsymbol{k}\text{rad/s}$，相对角速度 $\boldsymbol{\omega}_r$ 和绝对角速度 $\boldsymbol{\omega}_a = \boldsymbol{\omega}_A$ 分别沿轴 C 和 OE 连线，大小未知，如图 11-14b）所示，由角速度合成公式，得

$$\boldsymbol{\omega}_a = \boldsymbol{\omega}_e + \boldsymbol{\omega}_r$$

由正弦定理得

$$\frac{\omega_e}{\sin 11.54°} = \frac{\omega_r}{\sin 30°} = \frac{\omega_A}{\sin 41.54°}$$

可解得

$$\omega_A = 49.7\text{rad/s}$$

$$\omega_r = 37.5\text{rad/s}$$

牵连运动和相对运动都是常角速度的定轴转动，因此有 $\boldsymbol{\alpha}_e = \boldsymbol{0}, \boldsymbol{\alpha}_r = \boldsymbol{0}$。由角加速度合成公式可得齿轮 A 的角加速度为

$$\boldsymbol{\alpha}_A = \boldsymbol{\alpha}_a = \boldsymbol{\omega}_e \times \boldsymbol{\omega}_r = 15 \times 37.5 \times \sin 41.54° \boldsymbol{i} = 373.0\boldsymbol{i}(\text{rad/s}^2)$$

讨论与练习

（1）本题采用合成法：$\boldsymbol{\alpha}_a = \boldsymbol{\alpha}_e + \boldsymbol{\alpha}_r + \boldsymbol{\omega}_e \times \boldsymbol{\omega}_r$，得到齿轮 A 的角加速度为 $\boldsymbol{\alpha}_A = \boldsymbol{\omega}_e \times \boldsymbol{\omega}_r$。

（2）例题 10-2 采用求导法 $\alpha = \dfrac{\mathrm{d}\omega}{\mathrm{d}t} = \omega' \times \omega$，得到的齿轮 A 的角加速度为 $\boldsymbol{\alpha}_A = \boldsymbol{\omega}_C \times \boldsymbol{\omega}_A$。

例题 11-6　半径为 r 的车轮沿圆弧做纯滚动，如图 11-15a）所示，已知轮心 E 的速度是常数 u，轮心轨道半径是 R。求车轮上最高点 B 的速度和加速度。

解：（1）运动分析

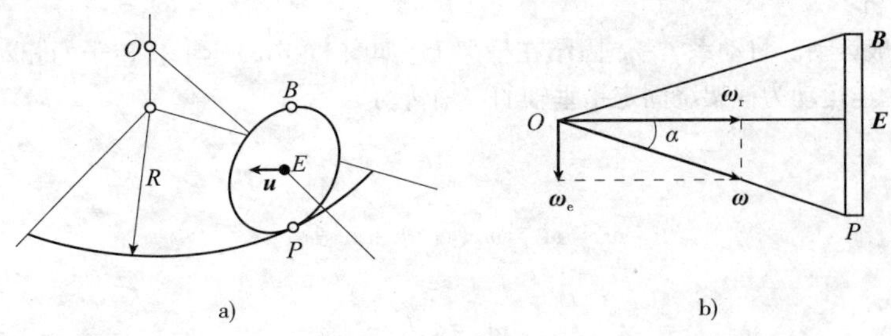

图 11-15　例题 11-6

车轮绕 O 点作定点运动。取轴 OE 为动系，则车轮的相对运动是绕 OE 轴的定轴转动。

(2)速度分析

相对角速度 $\boldsymbol{\omega}_r$ 沿 OE 轴。牵连运动是动系绕竖直轴的定轴转动，牵连角速度 $\boldsymbol{\omega}_e$ 沿竖直轴，其大小可由轮心的速度求得，即

$$\omega_e = \frac{u}{R}$$

车轮上 C 点的瞬时速度为零，因此 OC 为车轮的瞬时转动轴。车轮的绝对角速度 $\boldsymbol{\omega}_e = \omega$ 沿 OC，如图 11-15b)所示。根据角速度合成公式 $\boldsymbol{\omega}_a = \boldsymbol{\omega}_e + \boldsymbol{\omega}_r$ 和几何关系，得

$$\omega = \frac{\omega_e}{\sin\alpha}, \omega_r = \omega\cos\alpha$$

(3)加速度分析

牵连运动和相对运动均是常角速度的定轴转动，因此有 $\boldsymbol{\alpha}_e = \mathbf{0}, \boldsymbol{\alpha}_r = \mathbf{0}$。由角加速度合成公式，可得车轮的绝对角加速度

$$\boldsymbol{\alpha} = \boldsymbol{\omega}_e \times \boldsymbol{\omega}_r = \omega_e\omega_r\boldsymbol{\tau} = \omega^2\sin\alpha\cos\alpha\boldsymbol{\tau}$$

其中，$\boldsymbol{\tau}$ 是沿着 E 点速度方向的单位矢量。

求出车轮的角速度和角加速度后，直接利用定点运动的速度公式(10-13)和加速度公式(10-14)可求出 B 点的速度和加速度，此处不再赘述。

讨论与练习

(1)本题方法采用合成法：$\boldsymbol{\alpha}_a = \boldsymbol{\alpha}_e + \boldsymbol{\alpha}_r + \boldsymbol{\omega}_e \times \boldsymbol{\omega}_r$，得到车轮的角加速度为 $\boldsymbol{\alpha} = \boldsymbol{\omega}_e \times \boldsymbol{\omega}_r$。

(2)例题 10-3 采用求导法 $\boldsymbol{\alpha} = \frac{\mathrm{d}\boldsymbol{\omega}}{\mathrm{d}t} = \boldsymbol{\omega}' \times \boldsymbol{\omega}$，得到的车轮的角加速度为 $\boldsymbol{\alpha} = \boldsymbol{\omega}' \times \boldsymbol{\omega}$。

例题 11-7　电动机转子安装于框架之内，框架绕固定铅垂轴以角速度 $\boldsymbol{\omega}_1$ 做匀角速转动，转子绕其自身的中心轴以角速度 $\boldsymbol{\omega}_2$ 作匀角速转动，中心轴与水平线的夹角为 θ，如图 11-16a)所示，求转子的角速度 $\boldsymbol{\omega}$ 和角加速度 $\boldsymbol{\alpha}$ 以及转子上 C 点的速度 $\boldsymbol{v}_C$ 和加速度 $\boldsymbol{a}_C$。

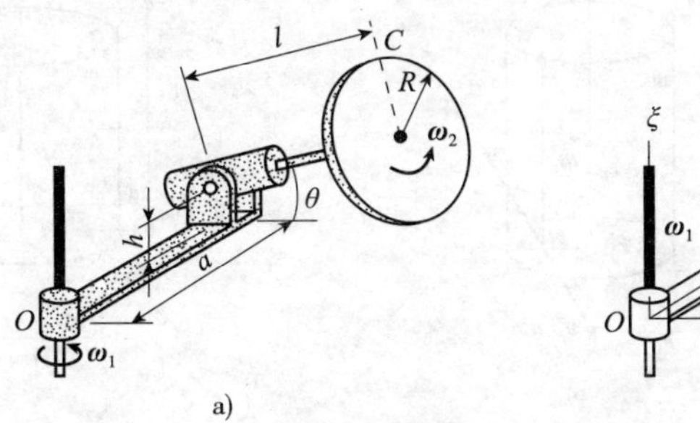

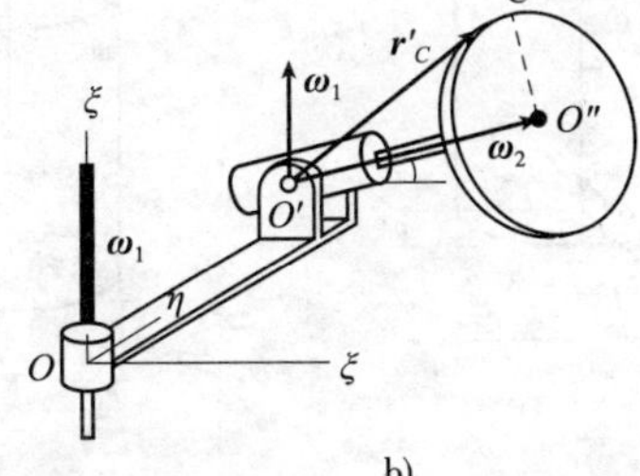

图 11-16　例题 11-7

解:(1)运动分析

转子作空间一般运动。将动系 $O\xi\eta\zeta$ 固结在框架上[如图 11-16b)所示],转子的相对运动为绕自身中心轴的定轴转动,牵连运动为框架绕固定铅垂轴的定轴转动。

(2)速度分析

相对角速度为

$$\boldsymbol{\omega}_r = \boldsymbol{\omega}_2 = \omega_2(\cos\theta\boldsymbol{i} + \sin\theta\boldsymbol{k})$$

牵连角速度为

$$\boldsymbol{\omega}_e = \omega_1\boldsymbol{k}$$

由角速度合成公式可得转子的绝对角速度为

$$\boldsymbol{\omega} = \boldsymbol{\omega}_e + \boldsymbol{\omega}_r = \omega_2\cos\theta\boldsymbol{i} + (\omega_2\sin\theta + \omega_1)\boldsymbol{k}$$

(3)加速度分析

牵连运动和相对运动均是常角速度的定轴转动,因此有 $\boldsymbol{\alpha}_e = 0$,$\boldsymbol{\alpha}_r = 0$。由角加速度合成公式,可得转子的绝对角加速度

$$\boldsymbol{\alpha} = \boldsymbol{\alpha}_a = \boldsymbol{\omega}_e \times \boldsymbol{\omega}_r = \omega_1\omega_2\cos\theta\boldsymbol{j}$$

讨论与练习

转子作一般运动,取 O' 为基点,利用基点法可以求得 C 点的速度和加速度,这里不再赘述。

11.2.4 平移与转动的合成

刚体的运动由平移与转动合成可分为以下几种情形:

1)平移速度矢与转动角速度矢垂直的情形

如图 11-17a)所示,刚体以角速度 $\boldsymbol{\omega}$ 绕轴 Az 转动,同时该轴以速度 $\boldsymbol{v}_A$ 在垂直于 $\boldsymbol{\omega}$ 的方向平移,显然,刚体作平面运动。

设图 11-17b)中轴 CC' 上各点速度在某瞬时均等于零,则该轴为转动瞬轴。瞬轴与轴 Az 平行,线段 AC 与速度 $\boldsymbol{v}_A$ 垂直,且

$$AC = \frac{v_A}{\omega} \tag{p}$$

绕瞬轴转动的角速度 $\boldsymbol{\omega}_a$ 等于绕动轴 Az 转动的角速度 $\boldsymbol{\omega}$。

2)平移速度矢与转动角速度矢平行的情形

刚体绕轴 Az 转动,同时又沿轴向运动,如图 11-18 所示,这种运动称为螺旋运动。钻头、螺栓的运动就是螺旋运动。

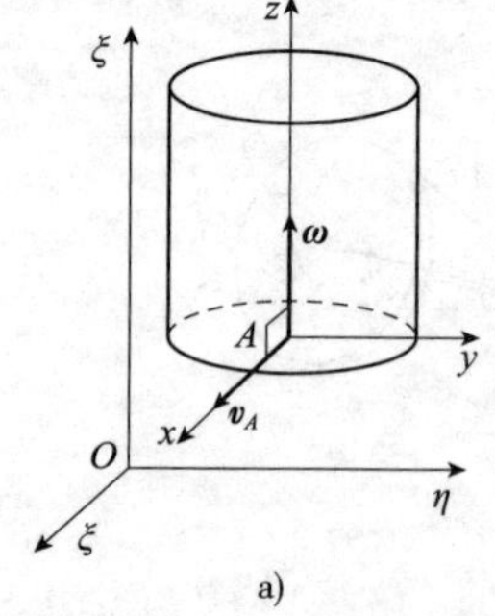

a)

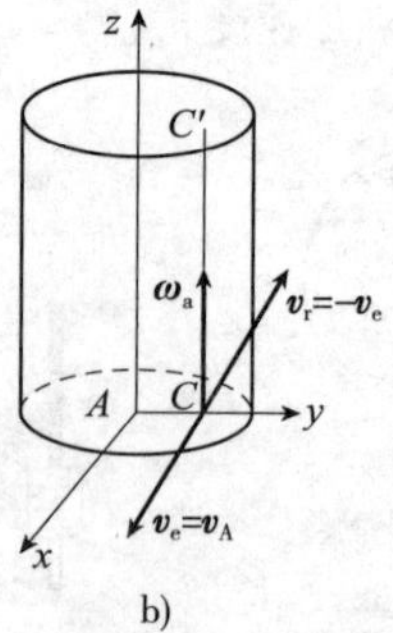

b)

图 11-17

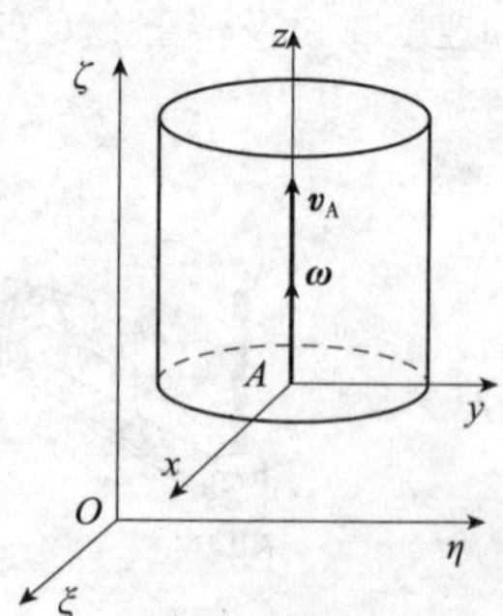

图 11-18 螺旋运动

取刚体上一点 A 为基点，安装一个平移坐标系 $Axyz$，则刚体的运动分解为平移（牵连运动）和转动（相对运动），平移速度 $\boldsymbol{v}_A$ 与转动角速度 $\boldsymbol{\omega}$ 平行。如果 $\boldsymbol{\omega}$ 与 $\boldsymbol{v}_A$ 同向，称为右螺旋；反之，称为左螺旋。

为了描述螺旋运动，把平移速度与转动角速度的比值 $\frac{v_A}{\omega}=p$ 称为螺旋率。若以 s 表示刚体沿轴 Az 的轴向位移，φ 为刚体绕轴 Az 的转角，则 $v_A=\frac{\mathrm{d}s}{\mathrm{d}t}$，$\omega=\frac{\mathrm{d}\varphi}{\mathrm{d}t}$，螺旋率可写成

$$p=\frac{\mathrm{d}s}{\mathrm{d}\varphi} \tag{11-22}$$

它表示刚体绕轴转过单位角度时沿轴前进的距离。

在生产实际中，螺旋输送器的螺旋率比较大，而精密仪器中的调节螺丝的螺旋率则很小。

一般情况下，螺旋率为一恒量，对式（11-22）积分一次，得

$$s=p\varphi \tag{q}$$

令 $\varphi=2\pi$，则

$$s=2\pi p \tag{r}$$

式中，s 表示刚体转过一周沿轴前进的距离，称为螺距。

3）平移速度矢与转动角速度矢成任意角的情形

如图 11-19a）所示，刚体以角速度 $\boldsymbol{\omega}$ 绕动轴 Az 转动，同时又以速度 $\boldsymbol{v}_A$ 平移，$\boldsymbol{v}_A$ 与 $\boldsymbol{\omega}$ 间的夹角为 θ。

把平移速度 $\boldsymbol{v}_A$ 分解为两个分量：$\boldsymbol{v}_1$ 与 $\boldsymbol{\omega}$ 垂直，$\boldsymbol{v}_2$ 与 $\boldsymbol{\omega}$ 平行。刚体以速度 $\boldsymbol{v}_1$ 的平移和以角速度 $\boldsymbol{\omega}$ 的转动可以合为绕瞬轴 CC' 的转动，如图 11-19b）所示。于是刚体的运动成为以 $\boldsymbol{v}_2$ 的平移和以 $\boldsymbol{\omega}$ 绕轴 CC' 的转动的合成运动，这种运动称为瞬时螺旋运动。

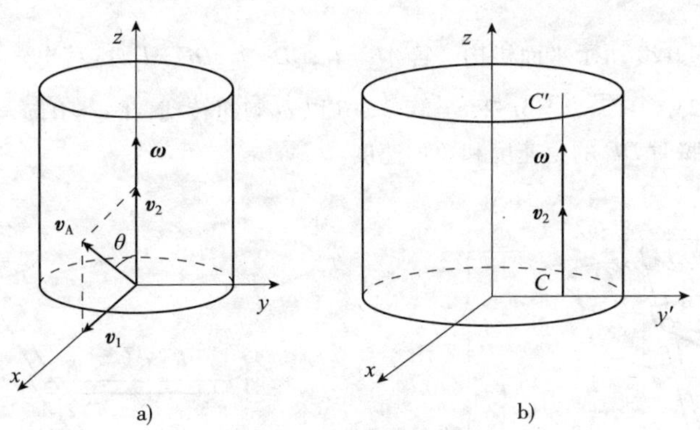

图 11-19 螺旋运动

11.2.5 复合运动小结

复合运动方法是处理复杂运动时常用的方法。

1）点的复合运动

可以看成是刚体运动和点相对刚体运动的合成。当刚体作平行移动时，就是大学物理

中的运动合成分解问题。当刚体不是作平行移动(如作定轴转动、平面运动、定点转动、自由运动)时,复合运动就复杂多了。首先牵连速度和牵连加速度必须利用刚体运动学知识求解,比如

(1)基点法。

$$\boldsymbol{v}_B=\boldsymbol{v}_A+\boldsymbol{\omega}\times\boldsymbol{r}_{B|A} \tag{11-23a}$$

$$\boldsymbol{a}_B=\boldsymbol{a}_A+\boldsymbol{\omega}\times(\boldsymbol{\omega}\times\boldsymbol{r}_{B|A})+\boldsymbol{\alpha}\times\boldsymbol{r}_{B|A} \tag{11-23b}$$

(2)其次加速度中可能出现科氏加速度项

$$\boldsymbol{a}_c=2\boldsymbol{\omega}_e\times\boldsymbol{v}_r \tag{11-24a}$$

速度合成公式

$$\boldsymbol{v}_a=\boldsymbol{v}_e+\boldsymbol{v}_r \tag{11-24b}$$

和加速度合成公式

$$\boldsymbol{a}_a=\boldsymbol{a}_e+\boldsymbol{a}_r+\boldsymbol{a}_c \tag{11-24c}$$

适用于刚体作任何运动的情况。

2)刚体复合运动

可以看成是两个刚体运动的合成。由于刚体的一般运动可以分解为随基点的平动和绕基点平动系的定点运动,而基点的速度和加速度可以利用点的复合运动求得,因此刚体复合运动的核心问题是刚体角速度合成和角加速度合成。

无论相对运动和牵连运动是何种运动,
刚体的绝对角速度均为

$$\boldsymbol{\omega}=\boldsymbol{\omega}_e+\boldsymbol{\omega}_r \tag{11-25a}$$

绝对角加速度均为

$$\boldsymbol{\alpha}=\boldsymbol{\alpha}_e+\boldsymbol{\alpha}_r+\boldsymbol{\omega}_e\times\boldsymbol{\omega}_r \tag{11-25b}$$

11.3 例题编程

编程题 11-1 如图 11-20 所示平面机构。若 $AB=l_1$,$CD=l_2$,$DE=l_3$,试写出坐标 φ,ψ,θ,ρ 之间的约束方程。设 $l_1=l_3=r$,$l_2=2r$,$a=\sqrt{3}r$,$b=3r/2$,$c=3r/2$,AB 以 ω 匀速转动,在 $\varphi=0$,$\psi=30°$,$\theta=0°$的图示位置,B 位于 CD 的中点,求此瞬时 DE 的角速度和角加速度。

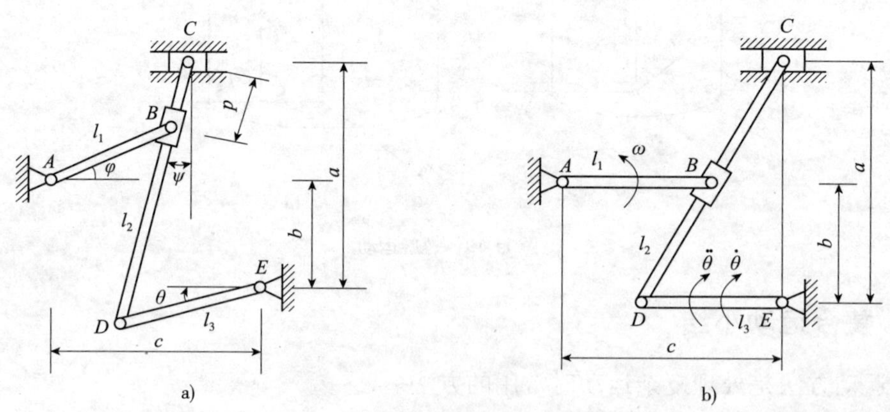

图 11-20 编程题 11-1

已知:$AB=l_1$,$CD=l_2$,$DE=l_3$,$l_1=l_3=r$,$l_2=2r$,$a=\sqrt{3}r$,$b=3r/2$,$c=3r/2$,$\varphi=0$,$\psi=30°$,$\theta=0°$,ω。

求:ω_{DE},α_{DE}。

解:● **建模**

此平面机构由5个刚体:杆AB、CD和DE,套筒B和滑块C组成,$N=5$,具有A、B、C、D、E共5个平面柱铰约束,加上套筒滑杆约束和滑块滑槽约束,这7种约束的约束数均为2,因此机构的总约束数$r=7\times 2=14$,算出平面机构的自由度$f=3N-r=1$。

φ、ψ、θ和ρ,4个坐标之间必须满足3个约束方程。利用矢量方程

$$\overrightarrow{AB}+\overrightarrow{BD}+\overrightarrow{DE}=c\boldsymbol{i}-b\boldsymbol{j}$$

$$\overrightarrow{CD}+\overrightarrow{DE}=(\cdots)\boldsymbol{i}-a\boldsymbol{j}$$

导出以下3个投影方程,即所求的约束方程:

$$l_1\cos\varphi-(l_2-\rho)\sin\psi+l_3\cos\theta=c \tag{1}$$

$$l_1\sin\varphi-(l_2-\rho)\cos\psi+l_3\sin\theta=-b \tag{2}$$

$$-l_1\cos\varphi+l_3\sin\theta=-a \tag{3}$$

从约束方程(1)~方程(3)中消去ρ,导出关于φ、ψ、θ的两个约束方程。将这两个约束方程对时间连续两次求导,并将$\varphi=0$,$\psi=\pi/6$,$\theta=0$,$\dot{\varphi}=\omega$,$\ddot{\varphi}=0$代入得到四个关于$\dot{\psi}$、$\dot{\theta}$、$\ddot{\psi}$、$\ddot{\theta}$的方程,解方程组所求得的$\dot{\theta}$和$\ddot{\theta}$即此瞬时杆DE的角速度和角加速度。

答:此瞬时杆DE的角速度$\omega_{DE}=\omega$,角加速度$\alpha_{DE}=-4\sqrt{3}\omega^2$。

● **Maple 程序**

```
> ##########################################################
> restart:                                  #清零。
> eq1:=l[1]*cos(phi(t))-(l[2]-rho)*sin(psi(t))
>        +l[3]*cos(theta(t))=c:             #约束方程(1)。
> eq2:=l[1]*sin(phi(t))-(l[2]-rho)*cos(psi(t))
>          +l[3]*sin(theta(t))=-b:          #约束方程(2)。
> eq3:=-l[2]*cos(psi(t))+l[3]*sin(theta(t))=-a:
>                                           #约束方程(3)。
> SOL1:=solve({eq1},{rho}):                 #解约束方程(1),求ρ。
> eq2:=subs(SOL1,eq2):                      #代入约束方程(2)消去ρ。
> a:=sqrt(3)*r: b:=sqrt(3)*r/2: c:=3*r/2:
>                                           #已知条件。
> l[1]:=r: l[2]:=2*r: l[3]:=r:              #已知条件。
> eq4:=diff(lhs(eq2),t)=diff(rhs(eq2),t):
>                                           #把约束方程(2)对时间t求导。
> eq5:=diff(lhs(eq3),t)=diff(rhs(eq3),t):
>                                           #把约束方程(3)对时间t求导。
> eq6:=diff(lhs(eq4),t)=diff(rhs(eq4),t):
>                                           #把约束方程(2)对时间t求两次导。
> eq7:=diff(lhs(eq5),t)=diff(rhs(eq5),t):
>                                           #把约束方程(3)对时间t求两次导。
> eq4:=subs(diff(phi(t),t)=omega,diff(psi(t),t)=omega1,
>        diff(theta(t),t)=omega2,phi(t)=0, psi(t)=Pi/6,
>            theta(t)=0,eq4):               #代入已知条件。
> eq5:=subs(diff(phi(t),t)=omega,diff(psi(t),t)=omega1,
>        diff(theta(t),t)=omega2,phi(t)=0, psi(t)=Pi/6,
>            theta(t)=0,eq5):               #代入已知条件。
```

```
> eq6: = subs(diff(phi(t),t$2) =0,diff(psi(t),t$2) = alpha1,
>         diff(theta(t),t$2) = alpha2,diff(phi(t),t) = omega,
>         diff(psi(t),t) = omega1,diff(theta(t),t) = omega2,phi(t) =0,
>         psi(t) = Pi/6,theta(t) =0,eq6):     #代入已知条件。
> eq7: = subs(diff(phi(t),t$2) =0,diff(psi(t),t$2) = alpha1,
>         diff(theta(t),t$2) = alpha2,diff(phi(t),t) = omega,
>         diff(psi(t),t) = omega1,diff(theta(t),t) = omega2, phi(t) =0,
>         psi(t) = Pi/6,theta(t) =0,eq7):     #代入已知条件。
> solve({eq4,eq5,eq6,eq7},{omega1,omega2,alpha1,alpha2});
>                                            #解方程组。
> ##########################################################
```

思考题

思考题 11-1 刚体和刚体系的自由度与静力学的静定和超静定概念有何联系？

思考题 11-2 刚体绕两个平行轴转动的合成是否为平面运动？两平行轴转动合成的分析方法与基点法有什么异同？

思考题 11-3 用什么样的动系可把刚体做定点转动时用的 $\dot{\psi}$、$\dot{\theta}$、$\dot{\varphi}$ 三个角速度中的一个作为相对角速度，而另两个作为牵连角速度。

思考题 11-4 如图 11-21a)、b)、c)所示，各机构中的 AB 杆均可在套筒 C 中滑移，且其 A 端沿固定的水平面在图示平面内做直线运动。图 a)中套筒 C 和曲柄 OC 成直角地固连成一体；图 b)中套筒 C 和曲柄 OC 成 α 角固连为一体；图 c)中套筒 C 和曲柄 OC 通过铰链 C 相链接，若$\overrightarrow{OC}=r$，图示瞬时曲柄的角速度为 $\boldsymbol{\omega}$，AB 杆的角速度为 $2\boldsymbol{\omega}$，方向如图 c)所示。请确定 AB 杆在图示瞬时的速度瞬心。(《力学与实践》小问题，2000 年第 328 题)

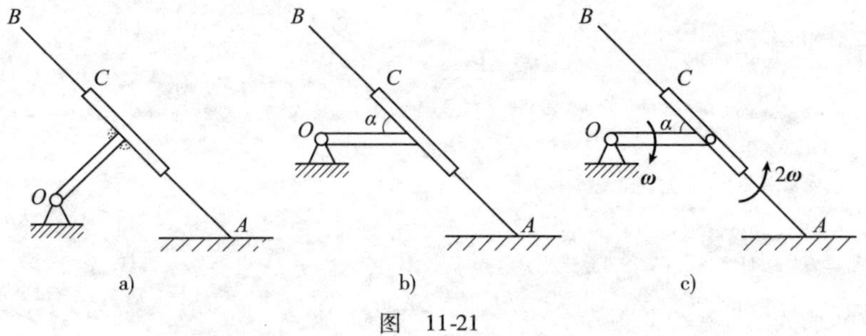

图 11-21

习题

A 类型习题

习题 11-1 一个半径为 a、圆心为 A 的圆柱在一个水平面上作无滑滚动，圆心 A 以恒定速度 u 运动；另一半径为 b、圆心为 B 的第二个圆柱(它的轴与第一个圆柱的轴平行)在第一个圆柱上做无滑滚动，B 点对于固连于第一个圆柱的坐标系以恒定的速度 v 运动，P 点是第二个圆柱边缘上的点，若 $t=0$ 时，A、B、P 在同一铅垂线上，求 P 点的速度、加速度和时间的关系。

习题 11-2 A、B、C 三个半径均为 r 的圆盘，紧挨着安装在一曲柄上，除 A 盘不动外，B、C 两盘可分别绕 O_2、O_3 转动，曲柄围绕 O_1 转动，整个机构在同一平面上，B、C 盘均做滚动。若 B 盘的转动角速度为 $\omega(t)$。求：

(1) C 盘的转动角速度；

(2) t 时刻位于 B、C 两盘相接触的两点 P、Q 的加速度的大小；

(3) 若 $t=0$ 时，P 点在如图 11-22 所示位置，求任何时刻 P 点的加速度的大小。

习题 11-3　一半径为 a 的圆盘 A 以等角速度 ω_A 绕其固定中心 O 转动，另一半径为 b 的圆盘以 B 以等角速度 ω_B 绕其中心 O' 在前一圆盘外侧纯滚动（如图 11-23 所示）。求：

(1) 两盘的连杆 OO' 的转动角速度 Ω；

(2) B 盘在 A 盘上转动回到 A 盘上同一接触点所需的最短时间 t_1；

(3) B 盘上与 A 盘相接触的点又回到与 A 盘相接触的位置所需的最短时间 t_2；

(4) O' 点回到空间原来位置所需的最短时间 t_3；

(5) 如 $a=5\text{cm}$，$b=3\text{cm}$，$\omega_A=20\pi\text{rad/s}$，$\omega_B=36\pi\text{rad/s}$。$B$ 盘所有点回到空间原来位置所需的最小时间 t_4；A、B 盘所有点回到空间原来位置所需的最小时间 t_5；A 盘所有点及 O' 点回到空间原来位置所需的最小时间 t_6。

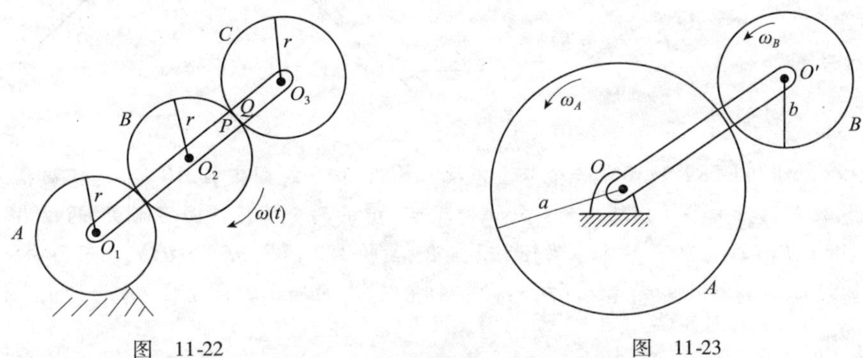

图　11-22　　　　图　11-23

习题 11-4　高为 h、顶角为 2α 的正圆锥在一水平面上绕顶点作纯滚动，若已知其几何对称轴以恒定的角速度 Ω 绕竖直轴转动。求此刻圆锥底面上最高点 A 的速度和加速度。

习题 11-5　直杆 A 铰链于 U 形管夹板的 OO' 轴上，该板在旋转的竖直轴的端点，竖直轴以如图 11-24 所示的角速度 $\boldsymbol{\Omega}$ 转动，杆 A 与竖直轴 z 的夹角 θ 以不变的速率 $\dot{\theta}=-p$ 变化，求杆 A 的角速度 $\boldsymbol{\omega}$ 与角加速度 $\boldsymbol{\alpha}$。

习题 11-6　如图 11-25 所示，飞机重心 G 做匀速直线运动，坐标系 xyz 的原点置于 G 点，飞机相对于此坐标系的角速度为：滚转 $\omega_x=0.5\text{rad/s}$，俯仰 $\omega_y=0.3\text{rad/s}$，偏航 $\omega_z=0.1\text{rad/s}$，现有一旅客在重心 G 之后 30m，高于 G 点 2m，以相对于机身的速度 $v_r=1\text{m/s}$ 沿与 x 轴相反的方向走向机尾，求此旅客的加速度。

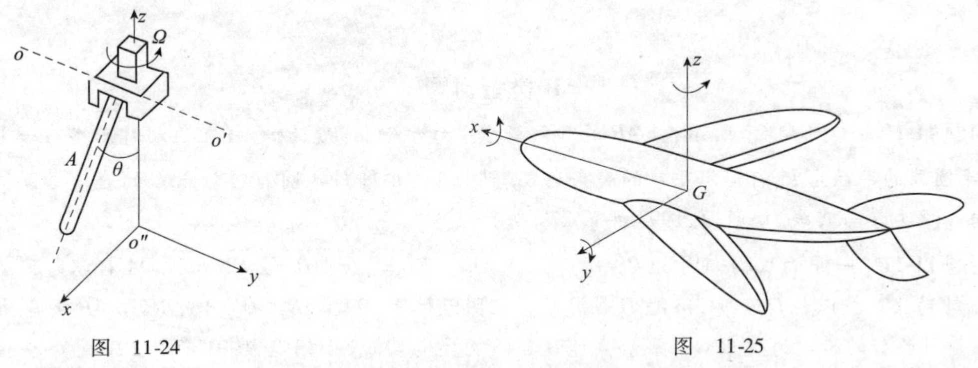

图　11-24　　　　图　11-25

习题 11-7　圆盘以匀速 $\boldsymbol{\Omega}$ 绕其中心轴 z 转动，架子 A 以匀角速度 $\boldsymbol{\omega}_2$ 绕其轴线 $y'(y' \parallel y)$ 转动，同时，整个装置以角速度 $\boldsymbol{\omega}_1$ 绕 X 轴转动，求架子 A 使圆盘处于如图 11-26 所示位置时圆盘的角速度 $\boldsymbol{\omega}$，角加速度 $\boldsymbol{\alpha}$ 以及圆盘上最高点 P 的速度和加速度，图中 xyz 坐标轴固连于架子 A。此时，x 轴固定坐标

X 轴平行，设圆盘半径为 r，y、y' 轴间距为 b，x、X 轴间距为 c，z 与 Z 轴间的水平间距可以忽略。

习题 11-8 如图 11-27 所示，圆锥滚子在水平的圆锥环形支座上作纯滚动，滚子底面半径 $R = 10\sqrt{2}$cm，顶角 $2\alpha = 90°$，滚子中心 A 沿其轨迹运动的速率 $v_A = 20$cm/s，求圆锥滚子上点 B 和 C 的速度和加速度的大小。

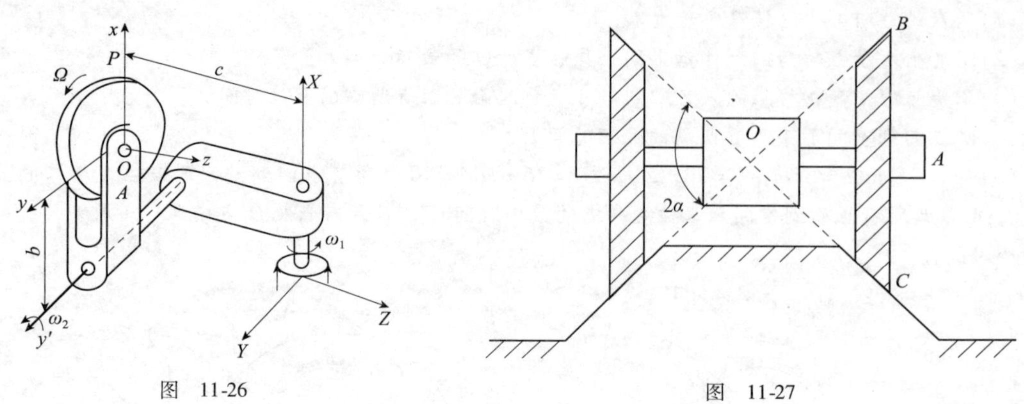

图 11-26　　　　图 11-27

习题 11-9 如图 11-28a）所示是一个双重差动机构，曲柄 3 绕固定轴 AB 转动、在曲柄上活动地套一行星齿轮 4，行星齿轮由半径分别为 $r_1 = 5$cm 和 $r_2 = 2$cm 的两个锥齿轮固连而成，两锥齿轮又分别与半径为 $R_1 = 10$cm、$R_2 = 5$cm 的另两个锥齿轮 1、2 啮合，齿轮 1、2 均绕 AB 轴转动，均不与曲柄相连，它们的角速度分别为 $\omega_1 = 4.5$rad/s，$\omega_2 = 9$rad/s 转动方向相同，求曲柄 3 的角速度 $\boldsymbol{\omega}_3$ 和行星齿轮相对于曲柄的角速度 $\boldsymbol{\omega}_{43}$。

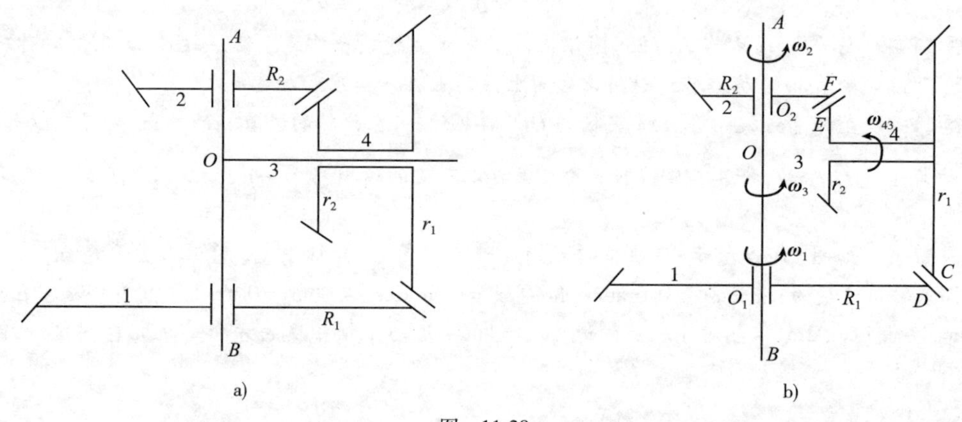

图 11-28

B 类型习题

习题 11-10 如图 11-29 所示，杆 AB 的 A 端沿水平线运动，速度为 $\boldsymbol{v}_A$，杆在运动时始终与一半圆周相切，半圆周的半径为 R，杆与水平线的夹角为 θ。试证明 AB 杆与半圆弧接触点 C 的速度沿圆弧的切线方向。（《力学与实践》小问题，1993 年第 229 题）

习题 11-11 一平面机构如图 11-30 所示，已知 $\overline{OA} = \overline{BC} = \sqrt{3}r$，$\overline{AB} = 2\,\overline{CD} = 2r$，$OA$ 杆以匀角速度 $\boldsymbol{\omega}$ 绕 O 轴转动，CD 杆以匀角速度 $2\boldsymbol{\omega}$ 绕 D 轴转动。在图示位置，$OA \perp AB$，$CD /\!/ AB$，BC 与 AB 夹角为 60°，试求该瞬时各杆的瞬时速度中心位置和角速度。（《力学与实践》小问题，1991 年第 201 题）

习题 11-12 任意匀质三角形平板在板平面内作平面运动，三个顶点为 A、B、C，其形心为 D。已知某瞬时三顶点的速度为 $\boldsymbol{v}_A$，$\boldsymbol{v}_B$，$\boldsymbol{v}_C$。试求其形心 D 的速度。（《力学与实践》小问题，1996 年第 170 题）

习题 11-13 证明加速度投影定理：在任一瞬时，平面图形上任意两点的加速度按角加速度的方向

转过角度 $\beta=\arctan(\alpha/\omega^2)$（如图 11-31 所示），然后在该两点连线之垂直方向上的投影相等。（《力学与实践》小问题，1992 年第 226 题）

习题 11-14 证明：在某一瞬时，若平面图形上任意三点的加速度矢量的延长线相交于一点（如图 11-32 所示），则该交点即为此瞬时平面图形的加速度瞬心，而且此瞬时图形的角加速度等于零。（《力学与实践》小问题，1992 年第 218 题）

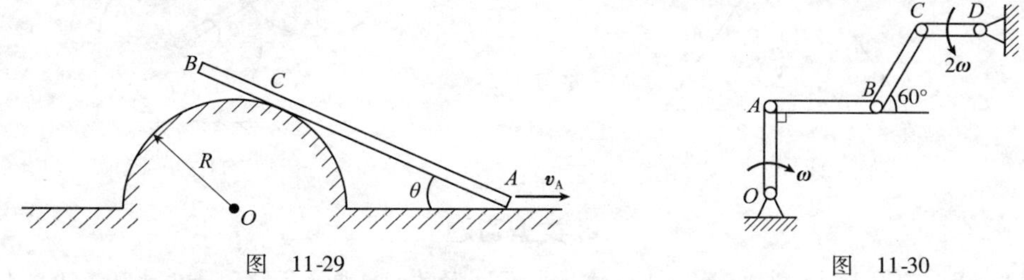

图 11-29　　图 11-30

习题 11-15 如图 11-33 所示，中直杆 AB 表示齿条，圆轮 O 表示齿轮。A 端以 $v_A=30\text{cm/s}$ 的速度向右匀速运动，并带动半径为 $r=5\text{cm}$ 的齿轮绕 O 轴转动。求当 $\theta=60°$ 时，齿条 AB 以及齿轮 O 的角速度与角加速度。（《力学与实践》小问题，1999 年第 318 题）

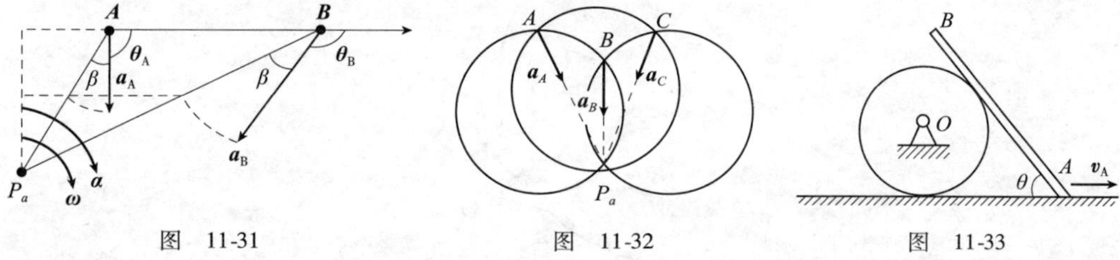

图 11-31　　图 11-32　　图 11-33

习题 11-16 如图 11-34 所示，半径为 r 的圆柱体，在水平地面上作纯滚动。一杆 AB 斜靠在它上面，杆与圆柱之间无相对滑动，杆端 A 不脱离地面。已知柱心 O 的速度 $\boldsymbol{v}_0$ 为常值，杆与地面夹角为 φ，求杆 AB 的角速度 $\boldsymbol{\omega}$ 和角加速度 $\boldsymbol{\alpha}$。（《力学与实践》小问题，1990 年第 177 题）

习题 11-17 曲柄 OA 以匀角速度 $\boldsymbol{\omega}$ 绕 O 轴转动，连杆 AB 通过滑块 B 带动摇杆 O_1D 绕 O_1 轴摆动，同时在 C 处与滑块 C 铰链。设 $\omega=10\text{rad/s}$，$\overline{OO_1}=50\text{cm}$，$\overline{OA}=l=10\sqrt{3}\text{cm}$，$\overline{AC}=\overline{CB}=2l$。求如图 11-35 所示 OA 处于竖直位置时摇杆 O_1D 的角加速度。（《力学与实践》小问题，1986 年第 110 题）

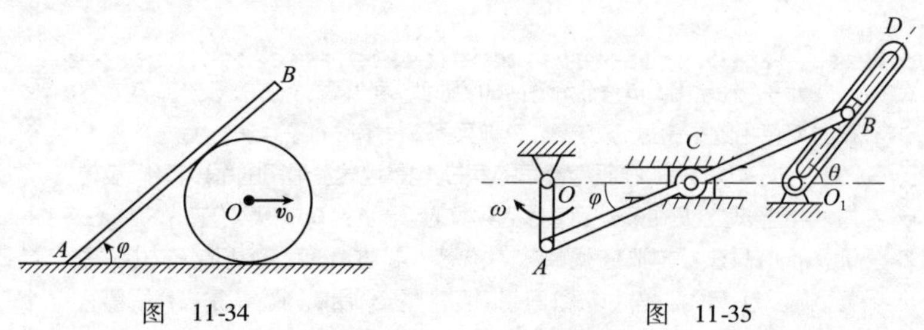

图 11-34　　图 11-35

习题 11-18 如图 11-36 所示，边长为 l 的等边三角形板 ABC 在其所处的平面内作平面运动，已知在某瞬时 A 点的速度 $\boldsymbol{v}_A=\omega_0\overrightarrow{AC}$，加速度 $\boldsymbol{a}_A=2l\omega_0^2\overrightarrow{AC}$，$B$ 点速度的大小 $v_B=\dfrac{1}{2}l\omega_0$，加速度的大小 $a_B=\dfrac{1}{2}l\omega_0^2$，其中 l,ω_0 为常量。求在此瞬时 C 点速度 $\boldsymbol{v}_C$ 的大小及加速度的 $\boldsymbol{a}_C$ 大小以及三角板的加速度瞬心 P_a。（《力学与实践》小问题，1982 年第 25 题）

习题 11-19 两滚轮轴半径均为 0.5m，由杆 AB 连在一起，杆 A 端上的滑块按规律 $S_A(t)=\dfrac{\sqrt{3}}{3}t^3$ 沿

竖直导杆运动，假设各处之间均无滑动。试求 $t=1\mathrm{s}$ 时，滚轮 2 的角速度 ω_2 和角加速度 α_2。设此瞬时机构位置如图 11-37 所示，AB 杆与水平的夹角 $\theta=30°$。(《力学与实践》小问题，1990 年第 193 题)

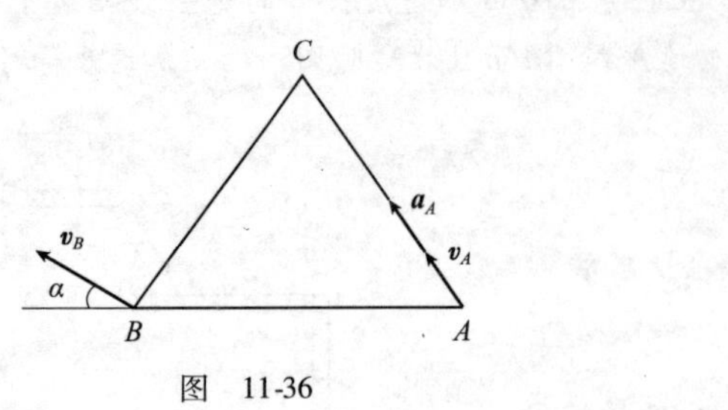

图 11-36

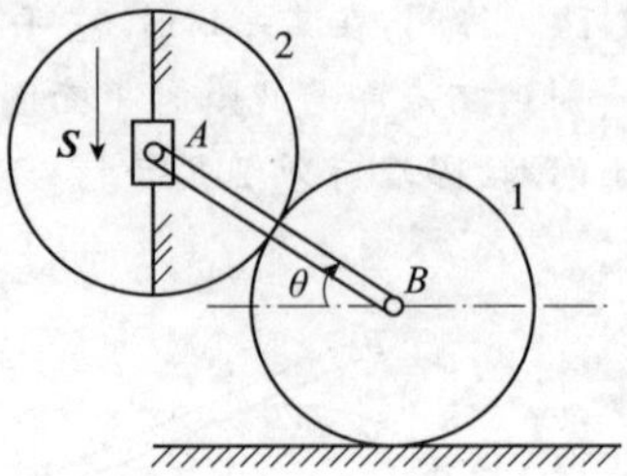

图 11-37

C 类型习题

习题 11-20 如图 11-38 所示，车辆 A 以速度 $\boldsymbol{v}_A$ 沿半径为 r 的曲线行驶。一小球从车上向与行驶方向成 α 角的方向以相对速度 $\boldsymbol{v}'_{K0}$ 水平向外抛出。从水平地面算起的抛掷高度为 h。一个随动的观察者能觉察到小球什么样的轨迹 $\boldsymbol{r}'_K(t)$、速度 $\boldsymbol{v}'_K(t)$ 和加速度 $\boldsymbol{a}'_K(t)$？

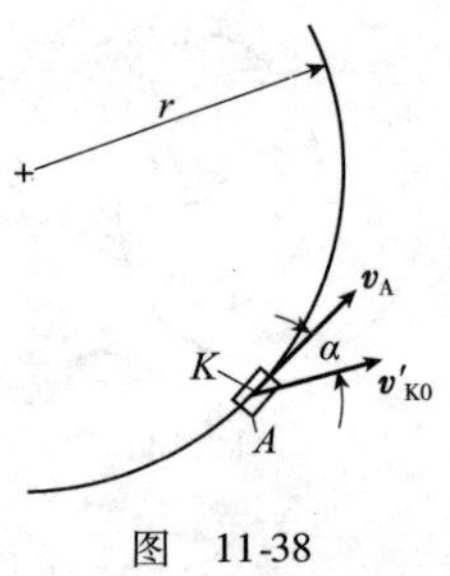

图 11-38

孙子(公元前 545—公元前 460)孙武，字长卿，齐国乐安人，中国春秋时期著名的军事家、政治家，尊称兵圣。著有《孙子兵法》。

《孙子兵法》是中国现存最早的兵书，也是世界上最早的军事著作，被誉为“兵学圣典”。处处表现了道家与兵家的哲学。共有六千字左右，一共十三篇。《孙子兵法》是中国古代军事文化遗产中的璀璨瑰宝，优秀传统文化的重要组成部分，其内容博大精深，思想精髓富赡，逻辑缜密严谨，是古代军事思想精华的集中体现。《孙子兵法》历代都有研究。李世民说“观诸兵书，无出孙武”。《孙子兵法》已经走向世界，它也被翻译成多种语言，在世界军事史上也具有重要的地位。

第3篇 动力学

动力学的任务是研究物体的机械运动与受力之间的关系,动力学是理论力学的核心内容,前面所讲的静力学与运动学为研究动力学提供了基础。由于动力学中研究的质点、刚体都必须考虑惯性,所以点成为有质量的质点,几何形体成为有质量的刚体。

根据由实际工程中简化抽象出的物理模型,建立动力学方程及其他有关方程的过程,称为建立数学模型,简称建模。动力学方程指物体运动与其受力之间的数学关系,又称运动微分方程;对离散系统,得到的是常微分方程,对连续系统,得到的是偏微分方程。求解这些运动微分方程涉及动力学的两个基本问题:

(1)已知物体的运动规律,求作用于物体上的力;

(2)已知物体的受力,求物体的运动规律。

有时还会遇到混合问题。运动微分方程有时可有解析解;但多数情况下,它们是本质非线性的,必须寻求数值解,在计算机上计算才能获得物体的运动特性。

牛顿第二定律建立了质点运动与受力之间的定量关系,由此经过数学演绎,还可推导出动力学的普遍定理:动量定理、动量矩定理、动能定理。它们都是动力学中用来建模及进行运动特性分析的有力工具。直接运用牛顿运动定律或上述诸定理研究动力学问题时,所处理的对象都是力、力矩、加速度、角速度矢量,故这部分内容又称矢量力学。以区别于第4篇的分析力学。牛顿定律只适用于惯性参考系。对一般工程问题,与地球相固结的参考坐标系可以认为是足够精确的惯性系;如不作特殊说明,定系均指这种参考坐标系。物体在非惯性系中的运动规律因明显不符合牛顿定律而需专门讨论。

《墨子》·《修身》：
“志不强者智不达，
言不信者行不果。”

第12章 质点动力学的基本方程

本章首先建立质点运动微分方程，并通过实例说明如何求解动力学两大基本问题。然后建立质点的相对运动微分方程，这是因为牛顿运动定律虽然只适用于惯性系，但工程上常需解决物体相对非惯性系的运动问题。例如，在运动载体（飞机、舰船、导弹）中力学仪器的行为、载人飞船在发射及轨道飞行中宇航员的姿态及动作规范等。将质点运动微分方程推广到质点系运动微分方程是很自然的事，然而却给求解带来了困难。

12.1 牛顿定律

牛顿定律是人类经过几个世纪的观察和实践归纳总结得到的，其正确性在实践中也得到了验证，我们可以把它们当作基本公理来接受。牛顿总结运动定律时，限定它们是在绝对静止空间中成立的。与绝对静止空间固连的参考系以及相对其匀速直线平行移动的参考系称为惯性参考系。根据伽利略相对性原理，一切力学方程和定律对所有惯性参考系都是等价的，因此牛顿定律对一切惯性参考系都成立。

牛顿第一定律也称**惯性公理**，其叙述为：如果在质点上没有力作用，则它保持静止或匀速直线运动。这个定律（公理）一方面是说惯性参考系是存在的，这是牛顿力学的一个最基本的假设；另一方面给出了力的定义，即力是产生和改变运动的原因。在国际单位制中力的单位是牛顿（N）或者千牛顿（kN）。我们知道，真正的惯性参考系是不存在的，在一般工程技术问题中，地球是足够精确的惯性参考系；在研究更宏观的自然天体或航天器动力学时，日心参考系是足够精确的惯性参考系。

牛顿第二定律是**动力学基本公理**，其叙述为：设质点的质量为 m，它相对惯性参考系的加速度为 $\boldsymbol{a}$，作用在该质点上的力为 $\boldsymbol{F}$，则它们满足关系

$$m\boldsymbol{a}=\boldsymbol{F} \tag{a}$$

牛顿第三定律也称**相互作用公理**，其叙述为：如果第一个质点作用在第二个质点上，则第二个也作用在第一个上，并且两个质点所受力的大小相等、方向相反、作用线同为两点的连线。

力的合成定律也称**力的独立作用公理**，其叙述为：设某些质点 $P_i(i=1,2,\cdots,n)$ 作用在同一个的质点 Q（质量为 m）上的力分别为 $\boldsymbol{F}_i(i=1,2,\cdots,n)$，每个力使质点 Q 产生的加速度为 $\boldsymbol{a}_i=\dfrac{\boldsymbol{F}_i}{m}(i=1,2,\cdots,n)$，则该点的加速度

$$\boldsymbol{a}=\sum_{i=1}^{n}\boldsymbol{a}_i=\frac{1}{m}\sum_{i=1}^{n}\boldsymbol{F}_i \tag{b}$$

我们称

$$F = \sum_{i=1}^{n} \boldsymbol{F}_i \tag{c}$$

为作用在质点 Q 上的合力。

应用牛顿第二定律可以直接给出质点的运动微分方程

$$m\ddot{\boldsymbol{r}} = \boldsymbol{F}(t, \boldsymbol{r}, \dot{\boldsymbol{r}}) \tag{12-1}$$

对于已知运动求力的动力学逆问题,如果质点的矢径是时间的已知函数,质点的加速度也可以写成时间的已知函数,则求力时只需要解代数方程。对于已知力求运动的动力学正问题,则需要求解常微分方程。动力学的重点是研究正问题,本小节介绍求解运动微分方程(12-1)的一些基本技巧。以一维运动为例介绍求解运动微分方程的分离变量法。

质点一维运动的微分方程可写成

$$m\ddot{x} = F(t, x, \dot{x}) \tag{12-2}$$

下面分几种特殊情况讨论。

(1)如果质点上作用力为常力,即 $F = \text{const}$,则对方程(12-2)积分得

$$\dot{x} = \frac{F}{m}t + C_1 \tag{12-3a}$$

再积分一次得

$$x = \frac{F}{2m}t^2 + C_1 t + C_2 \tag{12-3b}$$

其中,C_1、C_2 为积分常数,由初始条件 $\dot{x}(t_0) = v_0, x(t_0) = x_0$ 决定。

(2)如果质点上作用力仅为时间的函数,即 $F = F(t)$,则利用 $\ddot{x} = \frac{\mathrm{d}\dot{x}}{\mathrm{d}t}$,方程(12-2)可以写成

$$m\mathrm{d}\dot{x} = F(t)\mathrm{d}t \tag{d}$$

上式可直接积分得

$$m\dot{x} = \int F(t)\mathrm{d}t + C_3 \tag{12-4a}$$

其中,C_3 为积分常数,由初始条件 $\dot{x}(t_0) = v_0$ 决定,上式左端正是质点的动量。上式右端是时间的函数,利用 $\dot{x} = \frac{\mathrm{d}x}{\mathrm{d}t}$,再积分一次得

$$mx = \int\left[\int F(t)\mathrm{d}t\right]\mathrm{d}t + C_3 t + C_4 \tag{12-4b}$$

其中,C_4 为积分常数,由初始条件 $x(t_0) = x_0$ 决定。

(3)如果质点上作用力只是位置的函数,即 $F = F(x)$,利用下面的关系式

$$\ddot{x} = \frac{\mathrm{d}\dot{x}}{\mathrm{d}t} = \frac{\mathrm{d}\dot{x}}{\mathrm{d}x}\frac{\mathrm{d}x}{\mathrm{d}t} = \dot{x}\frac{\mathrm{d}\dot{x}}{\mathrm{d}x} \tag{e}$$

方程(12-2)可以改写成

$$m\dot{x}\,\mathrm{d}\dot{x} = F(x)\mathrm{d}x \tag{f}$$

还可以进一步写成

$$\mathrm{d}\left(\frac{1}{2}m\dot{x}^2\right)=F(x)\,\mathrm{d}x \tag{g}$$

上式直接积分得到

$$\frac{1}{2}m\dot{x}^2=\int F(x)\,\mathrm{d}x+C_5 \tag{12-5a}$$

其中,C_5 为积分常数,由初始条件 $\dot{x}(t_0)=v_0$ 决定,上式左端正是质点的动能。利用 $\dot{x}=\frac{\mathrm{d}x}{\mathrm{d}t}$,将上式改写成

$$\pm\int\frac{\mathrm{d}x}{\sqrt{\frac{2}{m}\left[\int F(x)\,\mathrm{d}x+C_5\right]}}=t+C_6 \tag{12-5b}$$

其中,C_6 为积分常数,由初始条件 $x(t_0)=x_0$ 决定。

(4)如果质点上作用力仅为速度的函数,即 $F=F(\dot{x})$,则利用 $\ddot{x}=\frac{\mathrm{d}\dot{x}}{\mathrm{d}t}$,方程(12-2)可以写成

$$\frac{m\mathrm{d}\dot{x}}{F(\dot{x})}=\mathrm{d}t \tag{h}$$

然后积分得

$$\int\frac{m}{F(\dot{x})}\mathrm{d}\dot{x}=t+C_7 \tag{12-6a}$$

其中,C_7 为积分常数,由初始条件 $\dot{x}(t_0)=v_0$ 决定,上式的左端是速度 $\dot{x}$ 的函数,从此式解出

$$\dot{x}=G(t,C_7) \tag{i}$$

利用 $\dot{x}=\frac{\mathrm{d}x}{\mathrm{d}t}$再积分得

$$x=\int G(t,C_7)\,\mathrm{d}t+C_8 \tag{12-6b}$$

其中,C_8 为积分常数,由初始条件 $x(t_0)=x_0$ 决定。

12.2 质点运动微分方程

牛顿第二定律建立了运动与受力的定量关系。“运动量”指动量 $\boldsymbol{p}$,即质量与速度的乘积 $\boldsymbol{p}=m\boldsymbol{v}$,“变化”应理解为时间的导数,“力”指合力。当选用国际单位制时,比例系数为 1,m 取常量,这时第二定律的数学表达式为

$$m\frac{\mathrm{d}\boldsymbol{v}}{\mathrm{d}t}=\sum\boldsymbol{F} \tag{12-7}$$

在牛顿时代,认为物体的质量与它的运动速度无关,是常量;因此上式可写为

$$m\boldsymbol{a}=\sum\boldsymbol{F} \tag{12-8}$$

或

$$m\ddot{\boldsymbol{r}}=\sum\boldsymbol{F} \tag{12-9}$$

这就是质点运动微分方程的矢量表达式。将上式两侧同时对某坐标系投影即得相应的坐标表达式。例如:

(1)直角坐标表达式

$$m\ddot{x}=\sum F_x, m\ddot{y}=\sum F_y, m\ddot{z}=\sum F_z \tag{12-10}$$

(2)自然坐标表达式

$$m\ddot{s}=\sum F_\tau, m\frac{\dot{s}^2}{\rho}=\sum F_n, 0=\sum F_b \tag{12-11}$$

(3)柱坐标表达式

$$m(\ddot{\rho}-\rho\dot{\theta}^2)=\sum F_\rho, m(\rho\ddot{\theta}+2\dot{\rho}\dot{\theta})=\sum F_\theta, m\ddot{z}=\sum F_z \tag{12-12}$$

在运用运动微分方程求解动力学第一个问题(已知质点的运动方程求力)时,是由运动微分方程的左侧求右侧,数学上是一个微分问题;而运用运动微分方程求解动力学第二个问题(已知受力求运动)时,数学上是一个积分问题。微分一般不构成困难,而积分则难度很大。对混合型问题,则应尽量设法分开求解。

例题 12-1 曲柄连杆机构如图 12-1a)所示,连杆 AB 分别与曲柄 OA 和滑块 B 铰接,曲柄 OA 在铅垂面绕轴 O 做匀速转动。设 $OA=R, AB=L, \theta=\omega t$,滑块的质量为 m,忽略摩擦和杆 AB 的质量,试求作用于滑块 B 上的力随 θ 的变化规律。

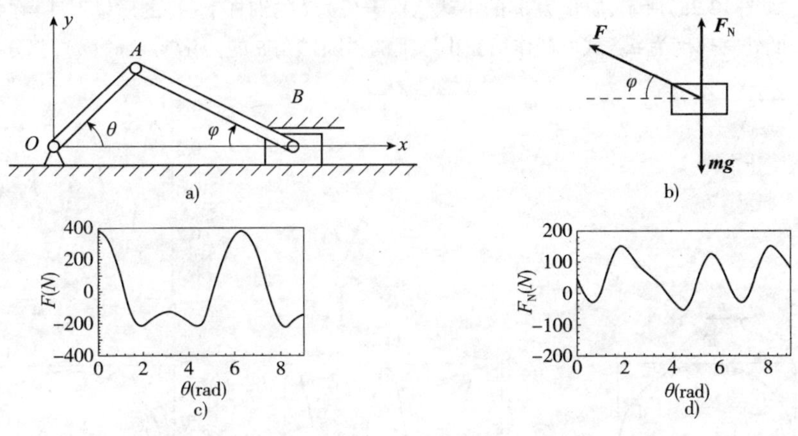

图 12-1 例题 12-1

解:(1)运动分析[图 12-1a)]

滑块 B 做直线运动。曲柄 OA 作定轴转动,连杆 AB 作平面运动,铰 A 作圆周运动。选取直角坐标系 Oxy。令 $\eta=L/R$,由正弦定理

$$\frac{R}{\sin\varphi}=\frac{L}{\sin\theta}, \sin\varphi=\frac{1}{\eta}\sin\theta, \cos\varphi=\frac{1}{\eta}\sqrt{\eta^2-\sin^2\theta} \tag{1}$$

$$x_B=R(\cos\theta+\sqrt{\eta^2-\sin^2\theta}) \tag{2}$$

$$\ddot{x}_B=-R\omega^2\left[\cos\theta+\frac{\cos2\theta(\eta^2-\sin^2\theta)+\sin^2\theta\cos^2\theta}{(\eta^2-\sin^2\theta)^{3/2}}\right] \tag{3}$$

(2)受力分析[图 12-1b)]

滑块 B 受力 $\boldsymbol{mg}, \boldsymbol{F}, \boldsymbol{F}_N$。

(3)列出方程

$$m\ddot{x}=\sum F_x, m\ddot{x}_B=-F\cos\varphi \tag{4a}$$

$$m\ddot{y}=\sum F_y, 0=-mg+F\sin\varphi+F_N \tag{4b}$$

(4)计算结果

将式(1)和式(3)代入式(4a)可得

$$F = \eta m R\omega^2\left[\frac{\cos\theta}{\sqrt{\eta^2 - \sin^2\theta}} + \frac{\cos 2\theta(\eta^2 - \sin^2\theta) + \sin^2\theta\cos^2\theta}{(\eta^2 - \sin^2\theta)^2}\right] \tag{5}$$

$$F_N = mg - \frac{F}{\eta}\sin\theta \tag{6}$$

(5)结果分析

如图 12-1c)、d)所示给出了当 $L = 1.0\text{m}, R = 0.5\text{m}, m = 5\text{kg}, \omega = 10.0\text{rad/s}$ 时，F 和 F_N 随 θ 的变化规律。从图中可以看出，在运动过程中，杆 AB 有时受拉力($F > 0$)，有时受压力($F < 0$)，并且杆 AB 所受拉力的最大值要小于压力的最大值。滑块 B 有时与下面的滑道接触($F_N > 0$)，有时与上面的滑道接触($F_N < 0$)。

讨论与练习

(1)滑块 B 可视为质点。

(2)连杆 AB 质量不计为二力杆。

(3)矢量方程为 $m\ddot{\boldsymbol{r}} = m\boldsymbol{g} + \boldsymbol{F} + \boldsymbol{F}_N$，解题时一般采用投影方程。

(4)请读者采用 Maple 编程绘制 $F = F(\theta), F_N = F_N(\theta)$，变化规律曲线。

例题 12-2 如图 12-2a)所示，质量为 m 的小球悬挂于长为 l 的细杆上(杆的质量不计)在铅垂面内摆动，初始时小球在最低处其速度为 u。试求杆作用在小球上的力随摆角 θ 的变化规律 $F_T(\theta)$，并分析小球的运动。

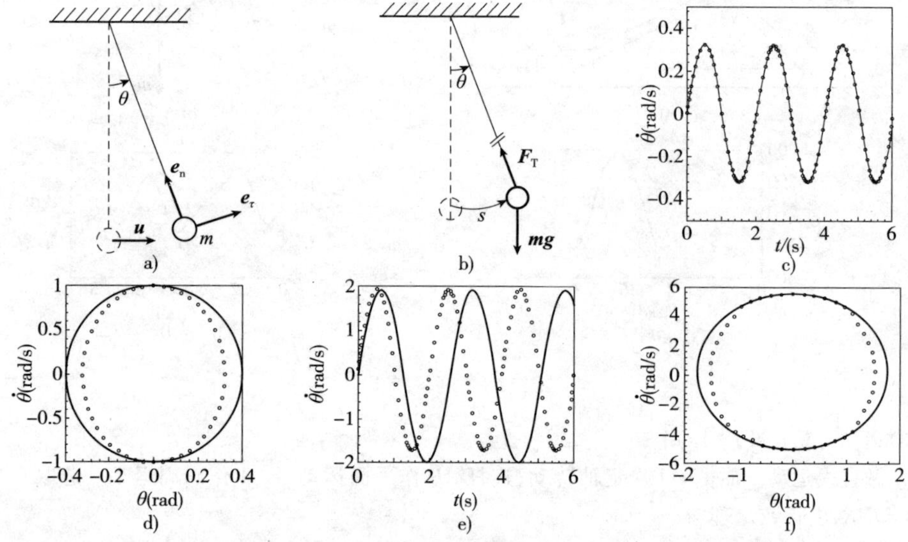

图 12-2 例题 12-2 [○○○为方程(8)解，——为方程(9)解]

解：(1)运动分析[图 12-2a)]

小球作圆周运动。建立自然坐标系。

(2)受力分析[图 12-2b)]

小球受力 $m\boldsymbol{g}, \boldsymbol{F}_T$。

(3)列出方程

$$m\ddot{s} = \sum F_\tau, ml\ddot{\theta} = -mg\sin\theta \tag{1a}$$

$$m\frac{\dot{s}^2}{\rho} = \sum F_n, ml\dot{\theta}^2 = -mg\cos\theta + F_T \tag{1b}$$

初始条件：

$$t = 0: \theta(0) = 0, \dot{\theta}(0) = u/l \tag{2}$$

(4)计算结果

又因

$$\ddot{\theta}=\frac{\mathrm{d}\dot{\theta}}{\mathrm{d}t}=\frac{\mathrm{d}\dot{\theta}}{\mathrm{d}\theta}\frac{\mathrm{d}\theta}{\mathrm{d}t}=\dot{\theta}\frac{\mathrm{d}\dot{\theta}}{\mathrm{d}\theta} \tag{3}$$

利用式(2),方程式(1a)表示为

$$\dot{\theta}\mathrm{d}\dot{\theta}=-\frac{g}{l}\sin\theta\mathrm{d}\theta \tag{4}$$

两边积分得

$$\frac{1}{2}\dot{\theta}^2=\frac{g}{l}\cos\theta+C \tag{5}$$

由初始条件式(2)得

$$C=\frac{1}{2}\frac{u^2}{l^2}-\frac{g}{l} \tag{6}$$

$$\dot{\theta}^2=\frac{2g}{l}(\cos\theta-1)+\frac{u^2}{l^2} \tag{7}$$

将式(7)代入方程式(2a),解出杆的拉力

$$F_{\mathrm{T}}=mg(3\cos\theta-2)+m\frac{u^2}{l}$$

(5)结果分析

①小球微幅摆动。

当杆的摆角很小时,有 $\sin\theta\approx\theta$,方程中式(1a)可表示为

$$\ddot{\theta}+\omega_0^2\theta=0 \tag{8}$$

其中,$\omega_0=\sqrt{g/l}$,方程(8)为方程式(1a)的线性化方程。其通解为

$$\theta=A\sin(\omega_0t+\varphi)$$

其中,A、φ 为任意常数,由初始条件式(2),代入式(8)可得到 $A=u/(\omega_0l)$,$\varphi=0$,因此摆杆的运动方程为

$$\theta=\frac{u}{\omega_0l}\sin\omega_0t$$

这说明小球沿圆弧轨线作简谐运动,其周期 $T=2\pi\sqrt{l/g}$ 和频率 $f=1/T$ 只与系统的固有参数 l、g 有关,与初始条件无关,换句话说,无论初始条件如何变化,小球运动的周期和频率都是不变的,这个性质称为微摆动的**等时性**。

②大幅摆动。

当摆幅较大时,线性化方程式(7)的解不能真实地反映小球的运动,其运动规律应由方程

$$\ddot{\theta}=-\omega_0^2\sin\theta \tag{9}$$

的解来确定,这个方程是一个二阶非线性常微分方程,其解为一椭圆积分,比较复杂。下面通过一组计算机的数值解来说明在大幅摆动时,其运动周期与初始条件有关,不再具有等时性。设 $l=1.0\mathrm{m}$,$g=9.8\ \mathrm{m/s^2}$,$\theta(0)=0$。

a. 微摆动情况:初始速度取 $u=1\mathrm{m/s}$,$\dot{\theta}(0)=1\mathrm{rad/s}$,图 12-2c)给出了方程式(8)与方程式(9)的时程曲线;图 12-2d)给出了方程式(8)与方程式(9)的 θ-$\dot{\theta}$ 曲线,称为**相图**。微摆动时非线性方程(9)的解同样具有等时性,精确方程与线性化方程的解,两者相差无几。这也说明,在小摆动时,线性化方程能真实地反映原方程(非线性方程)的运动特性。

b. 大摆动情况:初始速度取 $u=5\mathrm{m/s}$,$\dot{\theta}(0)=5\mathrm{rad/s}$,图 12-2e)给出了方程式(8)与方程式(9)的时程曲线;图 12-2f)给出了方程式(8)与方程式(9)的相图。大摆动时非线性方程(9)的解不具有等时性,精确方程与线性化方程的解,两者相差很大。这也说明,在大摆动时,线性化方程只能定性地反映原方程(非线性方程)的运动特性。

c. 定性分析：方程式(9)有两个平衡点，$(\theta,\dot{\theta})=(0,0)$；$(\theta,\dot{\theta})=(\pi,0)$称为奇点。

(a)在平衡点$(\theta,\dot{\theta})=(0,0)$附近的线性化方程是式(8)，它有两个特征值$\lambda_{1,2}=\pm\omega_0 i$，此时平衡点$(\theta,\dot{\theta})=(0,0)$，称为中心，势能最小，称为稳定的平衡点。

(b)在平衡点$(\theta,\dot{\theta})=(\pi,0)$附近的线性化方程

$$\ddot{\theta}=\omega_0^2\theta \tag{10}$$

它有两个特征值$\lambda_{1,2}=\pm\omega_0$，此时平衡点$(\theta,\dot{\theta})=(\pi,0)$，称为鞍点，势能最大，称为不稳定的平衡点。

讨论与练习

(1)本题的物理模型称为单摆，或数学摆。

(2)矢量方程为$m\ddot{\boldsymbol{r}}=m\boldsymbol{g}+\boldsymbol{F}_{\mathrm{T}}$。

(3)$s=l\theta$，$\dot{s}=l\dot{\theta}$，$\ddot{s}=l\ddot{\theta}$。

(4)请读者采用 Maple 编程解方程式(8)。

例题 12-3 如图 12-3a)所示，在以速度$v_0=200\mathrm{m/s}$水平飞行的飞机上，空投一质量$m=5\mathrm{kg}$的物体，飞机的飞行高度$h=2\mathrm{km}$。设空气阻力的大小与速度大小的平方成正比($F_{\mathrm{R}}=cv^2$，$c=0.02\mathrm{N\cdot s^2/m^2}$)，试建立物体下落过程的运动微分方程，并用数值方法给出物体的运动速度随时间的变化和物体的运动轨迹。

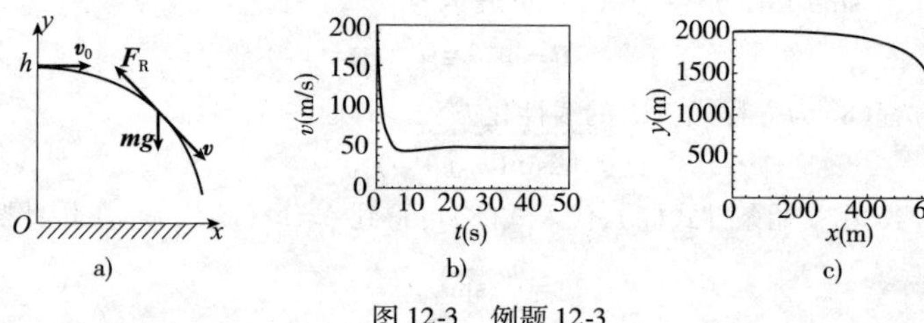

图 12-3 例题 12-3

解：(1)运动分析[如图 12-3a)所示]

物体做曲线运动。建立直角坐标系Oxy。

(2)受力分析[如图 12-3a)所示]

物体受力$m\boldsymbol{g}$，$\boldsymbol{F}_{\mathrm{R}}$($\boldsymbol{F}_{\mathrm{R}}=-cv\boldsymbol{v}$)。

(3)列出方程

$$m\ddot{x}=\sum F_x,\ m\ddot{x}=-cvv_x \tag{1a}$$

$$m\ddot{y}=\sum F_y,\ m\ddot{y}=-mg-cvv_y \tag{1b}$$

简化得(其中$\lambda=c/m$)

$$\ddot{x}=-\lambda\dot{x}\sqrt{\dot{x}^2+\dot{y}^2} \tag{2a}$$

$$\ddot{y}=-g-\lambda\dot{y}\sqrt{\dot{x}^2+\dot{y}^2} \tag{2b}$$

初始条件$t=0$时：

$$x(0)=0,\ y(0)=2000\mathrm{m},\ \dot{x}(0)=200\mathrm{m/s},\ \dot{y}(0)=0 \tag{3}$$

这是一个二阶非线性微分方程组，利用常微分方程初值问题的数值方法，可求得方程式(2)和(3)的数值解$x(t)$、$y(t)$、$\dot{x}(t)$、$\dot{y}(t)$。图 12-3b)给出了速度时间的变化规律，从中可以看出，物体投放后，速度减小，并有一个最小值，随后速度趋近于一个常值。图 12-3c)给出了物体的运动轨迹。物体抛下 7.17s 时，其速度达到最小值$v_{\min}=44.8\mathrm{m/s}$，物体落地所用的时间为 45.4s，落地时的速度为 49.5m/s，投放点与落地点

的水平距离为604m。

讨论与练习

(1)矢量方程为 $m\ddot{\boldsymbol{r}} = m\boldsymbol{g} + \boldsymbol{F}_R$。

(2)$v = \sqrt{\dot{x}^2 + \dot{y}^2}, v_x = \dot{x}, v_y = \dot{y}$。

(3)请读者采用 Maple 编程绘制 $v = v(t)$ 和 $y = y(x)$ 变化规律曲线。

12.3 质点的相对运动微分方程

12.3.1 质点的相对运动微分方程

设定系 $O_1\xi\eta\zeta$ 为惯性坐标系,动系 $Oxyz$ 为非惯性坐标系,M 为所研究的质点(图12-4)。在定系中使用牛顿第二定律列写方程:

$$m\boldsymbol{a}_a = \sum \boldsymbol{F} \tag{a}$$

由点的复合运动理论

$$\boldsymbol{a}_a = \boldsymbol{a}_e + \boldsymbol{a}_r + \boldsymbol{a}_c \tag{b}$$

代入前式并移项

$$m\boldsymbol{a}_r = -m\boldsymbol{a}_e - m\boldsymbol{a}_c + \sum \boldsymbol{F} \tag{c}$$

上式右端后两项有力的量纲,引入记号:牵连惯性力 $\boldsymbol{F}_{Ie}$ 及科氏惯性力 $\boldsymbol{F}_{Ic}$,且有

$$\boldsymbol{F}_{Ie} = -m\boldsymbol{a}_e, \boldsymbol{F}_{Ic} = -m\boldsymbol{a}_c = -2m\boldsymbol{\omega} \times \boldsymbol{v}_r \tag{12-13}$$

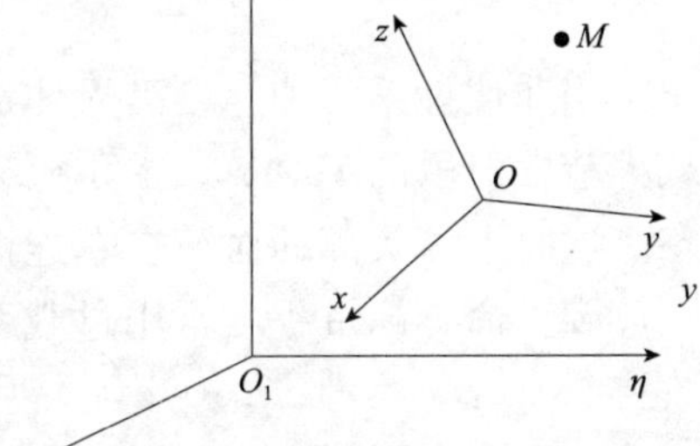

图12-4 质点的相对运动

则得

$$m\boldsymbol{a}_r = \boldsymbol{F}_{Ie} + \boldsymbol{F}_{Ic} + \sum \boldsymbol{F} \tag{12-14}$$

式(12-14)建立了质点相对非惯性系的运动与作用力之间的关系,称为质点的相对运动微分方程。该式表明,在研究质点相对非惯性系的运动时,仍可使用牛顿第二定律,条件是除真实作用力外还要再加上牵连惯性力与科氏惯性力。

必须指出:对牵连惯性力及科氏惯性力既不存在施力物体,也不存在反作用力,因此不符合"力是物体之间的作用"定义;从这个意义上讲它们都不是真实力。但在非惯性系中它们都真实存在,例如在车辆加速前进时,我们确实感到有力量将我们的脊背紧压在座椅的靠背上。

12.3.2 非惯性系中的超重与失重

在电梯中置一磅秤,质量为 m 的人站在磅秤上(图12-5),电梯以等加速度 a 上升,问磅秤的指示是多少?建立动系与电梯固结,它是非惯性系,人在动系中处于相对平衡。分析人体受力时须加上牵连惯性力 $\boldsymbol{F}_{Ie}$,且 $F_{Ie} = ma$。由相对平衡方程得

$$F_N = P + F_{Ie} = m(g + a) \tag{d}$$

F_N 为磅秤对人体的约束力,人体对磅秤的压力,即磅秤的指示应为

$$F'_N = F_N = m(g + a) \tag{e}$$

它大于人体的体重 $P = ma$,这种现象称为非惯性系中的超重现象。在地面上观察,这种

现象也容易解释:磅秤给人的向上作用力必须大于人体的体重,人体才能加速上升。

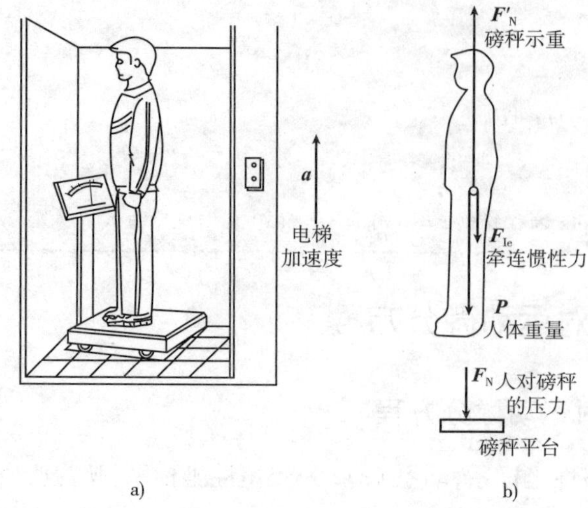

图 12-5 非惯性系中的超重

当非惯性系的加速度沿人体纵轴且由脚指向头部时,人体就处于超重状态;因此,在运载火箭发射段的宇航员及在飞机某些机动飞行阶段(如从俯冲拉起)的飞行员都处于超重状态。这时人体头部的血液在牵连惯性力作用下向下流动,造成脑部缺血;轻则发生"黑视"重则危及生命。超重程度常用过载系数 η 表示。

$$\eta = \frac{m(g+a)}{mg} = 1 + \frac{a}{g} \tag{12-15}$$

未经训练的一般健康人对纵向超重的耐受能力大约为 $3g$,对横向(胸背方向)超重的耐受能力大约为 $6g$,因此运载火箭发射时,宇航员采取卧姿。

如果图 12-5 所示电梯的加速度 $\boldsymbol{a}$ 向下(减速上升或加速下降),则磅秤指示为

$$F'_N = F_N = m(g-a) \tag{f}$$

这时人体处于部分失重状态。当 $a = g$ 时,人体处于完全失重状态。必须指出,这时重力并未消失。只是人体与电梯都在重力作用下自由下落,因而人体对磅秤没有压力。载人飞船作轨道飞行时,宇航员即处于完全失重状态。

如果将人与磅秤都固定在电梯上,则当电梯以 $a > g$ 的加速度下降时,磅秤指示为负,即人体处于负超重状态。这时,在向上的牵连惯性力作用下血液过多流入头部,轻则造成"红视",重则危及生命。人体耐受负超重的能力远远小于耐受正超重的能力。当高速歼击机作某些机动飞行时有可能产生负超重。

在非惯性系中,牵连惯性力作用于质系的每一个质点,如人体的血液、内脏,它是一种体积力。在训练宇航员时,需要建造模拟超重失重环境的装置,通常用离心机模拟超重,用作抛物线飞行的飞机模拟失重。用中性悬浮的水池模拟失重时,只能训练宇航员的操作,对了解失重状态下内部生理变化则毫无用处,因为水的浮力是面积力。

12.3.3 考虑地球自转时地球附近物体的运动特征

1)牵连惯性力的影响

取地心坐标系 $O\xi\eta\zeta$ 为惯性坐标系,其原点在地球中心,三轴分别指向三颗恒星。动系

$Oxyz$ 与地球固结,牵连运动为地球的自转,即绕南北极轴的等角速度转动。以一恒星日等于 23 小时 56 分 4 秒计,牵连角速度为 $\Omega = 7.29 \times 10^{-5}$ rad/s。考虑地球表面纬度为 φ 处的质点 M,其牵连性力 $\boldsymbol{F}_{\mathrm{Ie}}$ 垂直于地轴(图 12-6a),且有

$$\boldsymbol{F}_{\mathrm{Ie}} = mR\Omega^2 \cos\varphi \tag{g}$$

由于 Ω 是小量,F_{Ie} 是高阶小量;在它的影响下单摆将不再指向地心,但其偏角不超过 0.1°。除了精密的大地测量外,在一般工程中均以单摆指向为地垂线方向(即地心方向),而不再考虑 $\boldsymbol{F}_{\mathrm{Ie}}$ 的影响。

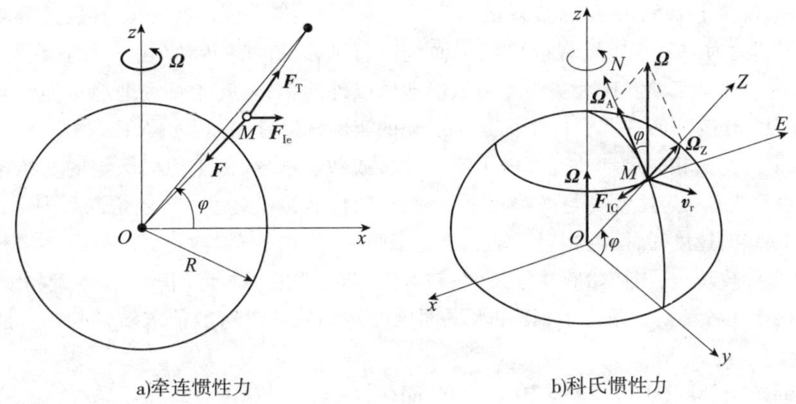

图 12-6　地球自转的影响

2)科氏惯性力的影响

设质点 M 在北半球纬度为 φ 处以水平速度 $\boldsymbol{v}_{\mathrm{r}}$ 相对地球运动。建立当地的地理坐标系(三坐标轴的正向分别指向东、北、天顶,又称东北天坐标系)MENZ,将地球的牵连角速度矢量 $\boldsymbol{\Omega}$ 分解为北向分量 $\Omega_{\mathrm{N}} = \Omega\cos\varphi$ 及垂直分量 $\Omega_Z = \Omega\sin\varphi$。由 $\boldsymbol{\Omega}_{\mathrm{N}}$ 及 $\boldsymbol{v}_{\mathrm{r}}$ 形成的科氏惯性力沿 Z 轴方向[图 12-6b],因相对重力为小量,故对质点的 Z 向运动影响不大。由 $\boldsymbol{\Omega}_Z$ 及 $\boldsymbol{v}_{\mathrm{r}}$ 形成的科氏惯性力 $\boldsymbol{F}_{\mathrm{IC}} = -m\boldsymbol{a}_C$ 与科氏加速度方向相反,指向运动的右方;大小为 $F_{\mathrm{IC}} = 2m\Omega v_{\mathrm{r}}\sin\varphi$。虽为小量,但因此方向无其他主动力,故仍能产生显著影响。(当质点位于南半球时,科氏惯性力 $\boldsymbol{F}_{\mathrm{IC}}$ 指向运动的左方。)

12.4　质点系动力学的研究方法

若干有联系的质点构成的系统称为质点系,简称质系。例如,太阳系可抽象简化成自由质点系,各质点间由万有引力实现动力联系。但工程中遇到的大多数系统都属于非自由质系,其中各质点间受到各种约束。例如,飞轮可简化成刚体,又称不变质点系。机械臂是一个仿人结构,是由躯干、上臂、前臂、手端等部件用关节铰链连接而成的刚体系统。研究质系动力学时,可以将研究质点动力学的思路推广。

设有由 n 个质点组成的质系。首先,可以对每个质点列写运动微分方程式:

$$m_i \ddot{\boldsymbol{r}}_i = \boldsymbol{F}_i^{(\mathrm{e})} + \boldsymbol{F}_i^{(\mathrm{i})} \quad (i = 1, 2, \cdots, n) \tag{12-16}$$

式中,$\boldsymbol{F}_i^{(\mathrm{e})}$ 为质系外部物体对质点 i 的作用力(外力)的合力;$\boldsymbol{F}_i^{(\mathrm{i})}$ 为质系内部各质点对质点 i 的作用力(内力)的合力。

直接使用方程(12-16)求解动力学问题将发生两方面的困难:一是方程数目太多,二是出现了大量的未知内力。为解决这些困难,在研究质系动力学时,并不研究每个质点的运

动，而是着眼于描述系统整体的动力学物理量的变化，如质系的动量、动能；即使涉及系统的位形，也是研究描述整体位形的广义坐标的变化。此外，还要通过适当措施消除未知的内力或约束力。因此，建立质系动量、动量矩和动能等物理量与质系受力之间关系的各动力学普遍定理就成为研究质系动力学的重要工具。

12.5 Maple 编程示例

编程题 12-1 用 Maple 动态模拟并分析傅科摆的运动。

法国物理学家傅科于 1851 年在巴黎万圣殿内的拱顶上悬挂了一个摆长 67m，摆锤质量为 28kg 的单摆，该单摆摆动周期约为 16s，实验发现该单摆平面绕竖直轴作顺时针转动（由上向下看），转动周期约为 32h，这就是著名的傅科摆实验。这个实验无须依赖地球以外的物体，就能直观地展示地球自转的存在，因此至今仍受到重视。作为质心在非惯性坐标系中运动的实例，傅科摆的问题被许多力学教材所用。许多教材对傅科摆在水平面内的相对运动轨迹都做了定性分析或数学推导，由于他们假定的初始条件不同，故结论也不同：当初始条件有一定摆幅和与摆幅相垂直的速度时，摆的相对运动轨迹是椭圆进动；当初始态有一定摆幅和与摆幅共线的速度时，摆的相对运动轨迹为菊形线；当初始态摆幅为零，但有一定初速度时，摆的相对运动轨迹是多叶玫瑰线；当初始态摆幅最大，初速为零时，摆的相对运动轨迹是内旋轮线。本题就利用 Maple 软件对傅科摆在各种初始条件下，其在水平面内的运动轨迹进行数值求解，同时研究纬度对傅科摆运动轨迹的影响。

已知：$L=67\text{m}, m=28\text{kg}, \omega=7.293\times10^{-5}\times500\text{rad/s}$。

求：$\varphi_{\max}$。

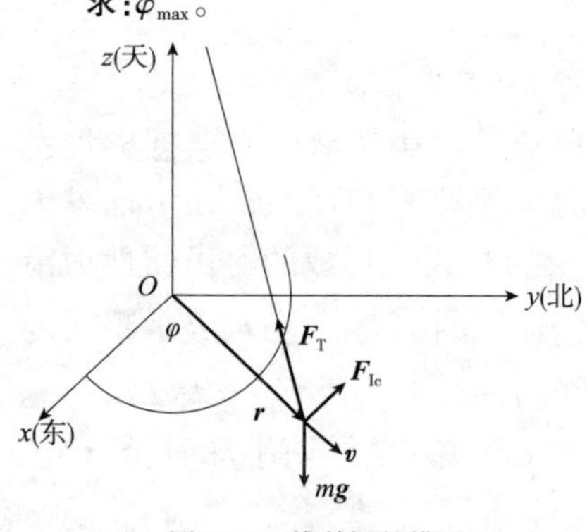

图 12-7 傅科摆的模型

解：• **建模**

设摆长为 L，摆锤质量为 m，悬挂于北纬 λ 处。以摆锤平衡位置为原点 O，Ox 指向正东，Oy 指向正北，Oz 指向天（如图 12-7 所示）。由于摆长很长，当摆做小角度摆动时，可认为摆锤在水平面 Oxy 内运动，摆锤受到重力 $mg\boldsymbol{k}$，绳的拉力 $\boldsymbol{F}_T$ 和科氏惯性力 $\boldsymbol{F}_{IC}=-2m(\omega\sin\lambda\boldsymbol{k}+\omega\cos\lambda\boldsymbol{j})\times\boldsymbol{v}$。因为摆绳很长，可以认为 $T\approx mg$。根据假设 v 在水平面内，故科氏惯性力中的第二项 $-2m\omega\cos\lambda\boldsymbol{j}\times\boldsymbol{v}$ 始终沿 z 轴，在水平面内的运动微分方程中不出现。于是摆锤在水平面内的运动微分方程为

$$m\ddot{\boldsymbol{r}}=-\frac{mg}{L}\boldsymbol{r}-2m\omega\sin\lambda\boldsymbol{k}\times\dot{\boldsymbol{r}} \tag{1}$$

其中，$\boldsymbol{r}$ 为摆锤相对 O 点的向径，上述方程在极坐标中写成

$$m(\ddot{r}-r\dot{\varphi}^2)=-\frac{mgr}{l}+2mr\omega\dot{\varphi}\sin\lambda \tag{2a}$$

$$m(r\ddot{\varphi}+2\dot{r}\dot{\varphi})=-2m\dot{\omega}r\sin\lambda \tag{2b}$$

其中，r 为极径，φ 为极角。

求解该方程较烦琐，考察其一个特解，$\dot{\varphi}=-\omega\sin\lambda$。

代入第 2 个方程容易验证这是方程的解，再将其代入方程(1)，略去含有 ω^2 的项（这里角速度 ω 取 0.03647rad/s，故非常小，ω^2 项是高阶小量），得

$$\ddot{r}+\frac{g}{L}r=0$$

这个方程说明，摆动平面内的运动和单摆一样，其周期为 $\dfrac{2\pi}{\sqrt{g/L}}$。而其特解的存在说明，摆动平面也在

转动，其转动周期为$\dfrac{2\pi}{\omega\sin\lambda}$。

为方便作图，把方程(1)化为直角坐标系下的微分方程

$$\frac{d^2 x}{dt^2}-2\omega\frac{dy}{dt}\sin\lambda+\frac{g}{L}x=0 \tag{3a}$$

$$\frac{d^2 y}{dt^2}+2\omega\frac{dx}{dt}\sin\lambda+\frac{g}{L}y=0 \tag{3b}$$

模型中各参数取重力加速度 g 为 9.8 m/s^2，摆长 L 为 67m，时间 t 取 0 ~ 100s 变化，角速度 ω 取 0.03647rad/s(为了使进动效果明显，计算时将地球的角速度夸大了 500 倍)。

下面对上述简化模型进行计算机模拟，画出各种情况下的图形，并对结果进行分析(其中初始条件用向量$\begin{bmatrix} x_0 & \dot{x}_0 & y_0 & \dot{y}_0 \end{bmatrix}^T$来表示)。

(1)同一纬度，所有初始条件下摆的运动轨迹

①在同一方向上改变初始速度与位移之比的情况

由于 x,y 两个方向具有对称性，故只研究 x 主向的位移和速度，图 12-8 给出了 x 方向上初始速度与位移在不同比例下的运动。可以看出，随着初始速度与位移的比值逐渐增大，轨迹形状发生了一定的变化，由一种形状变为另一种形状。具体地说，零摆幅时摆球的位置离平衡位置越来越近；由尖角逐渐过渡到圆角，这是由于摆幅最大时，垂直径向的速度不为零引起的，但摆动平面的摆动速度没有变化，可见摆动平面的运动与此比值无关。

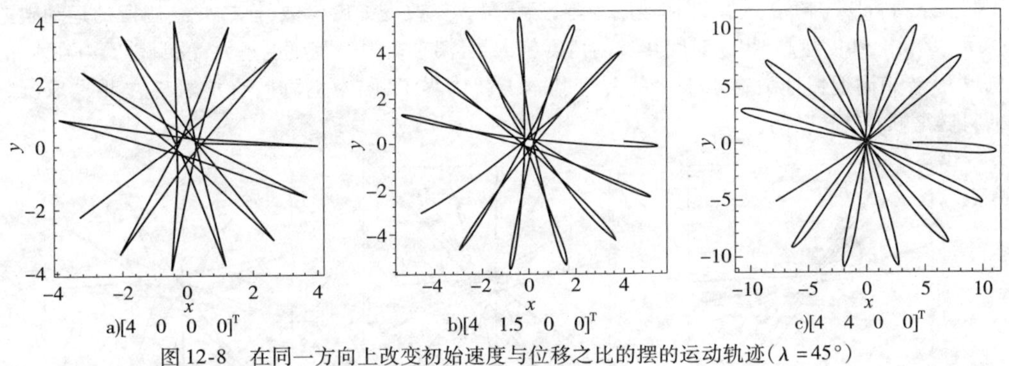

图 12-8 在同一方向上改变初始速度与位移之比的摆的运动轨迹($\lambda=45°$)

②在相互垂直方向上改变初始速度与位移之比的情况

由于对称性，只研究 x 方向的位移和 y 方向的速度。图 12-9 给出了互为垂直的初始速度与位移在不同比例下的运动。可以看出，随着 y 向速度与 x 向位移的比值逐渐增大，轨迹形状经过了两次渐变，先由尖角状变到近乎圆周运动，再变到花瓣状，每种变化之间都是逐渐单调变化的。具体地说，摆角为零时，离平衡位置先增大，到一个极限位置后，再逐渐减小。由尖角逐渐到环状，再过渡到花瓣状。这是由单摆向圆锥摆过渡，再向单摆过渡而导致的，但摆动平面的摆动速度没有变化，可见摆动平面的运动也与此比值无关。

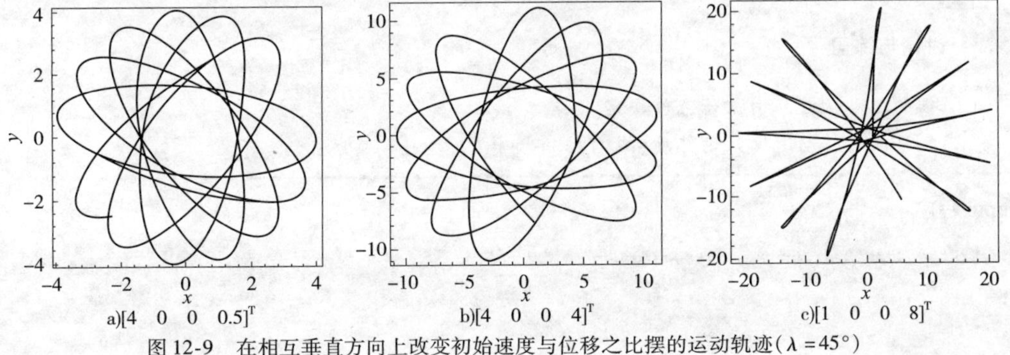

图 12-9 在相互垂直方向上改变初始速度与位移之比摆的运动轨迹($\lambda=45°$)

③结果分析

对任何一种初始条件，当摆幅最大时，考察垂直方向上的速度与该位移的比值，即可以转化为第 2 种讨论中的某一情况。可见第 2 种讨论已经包含了所有可能的轨迹。例如，将第 1 种讨论中的初始条件等效到第 2 种情况，应该对应于 y 向速度与 x 向位移比值非常大的情况。于是从图 12-8 到图 12-9 中，可以得到摆在全部初始条件下的各种不同类型的运动轨迹：菊形线[图 12-8b)、图 12-9c)]，多叶玫瑰线[图 12-8c)]，椭圆进动[图 12-9a)、图 12-9b)]和内旋轮线[图 12-8a)]。

当初始态有一定摆幅和与摆幅共线的速度，且 x 向速度与 x 向位移比值较小[图 12-8b)，图 12-9c)]时，摆的相对运动轨迹为菊形线；当初始态摆幅为零，而有一定初速度时，即 x 向速度与 x 向位移的比值无穷大[图 12-8c)]，摆的相对运动轨迹是多叶玫瑰线；当初始态有一定摆幅和垂直于摆幅方向的初始速度，且 y 向速度与 x 向位移比值较小时[图 12-9a)、图 12-9b)]，摆的相对运动轨迹是椭圆进动，当初始态摆幅最大，初始为零时，即 y 向速度与 x 向位移比值为零[12-8a)]，显然摆的相对运动轨迹是内旋轮线。

而为了验证地球的自转，傅科摆的初始条件是：相对地球速度为零，摆幅最大（烧断系在摆锤上的麻线），即 y 向速度与 x 向位移的比值为零，故其轨迹为内旋轮线。

综合所述，虽然摆在不同条件下的轨迹有不同，但是从定义上说，傅科摆的初始条件是唯一的，所以轨迹也是确定的，就是内旋轮线。

另外，从以上两种情况的讨论中可以发现，不同的初始条件对摆平面的转动速度没有影响，只对摆的轨迹有影响。

（2）同一初始条件不同纬度下摆的运动轨迹

让摆满足傅科摆的初始条件，即初速度为零，摆幅最大。改变纬度参数，模拟并绘制摆的运动轨迹（图 12-10），可以看出，纬度越高，相同时间转过的角度越大，且离平衡中心距离也越大，说明科氏力在水平面内的分量越大，赤道附近惯性力在水平面的分量基本上就为零了，图中也可以直接看出在北半球（纬度为正），傅科摆是顺时针转动的。

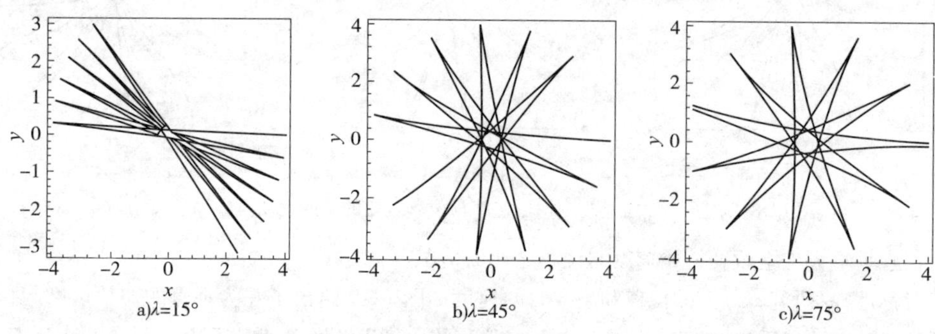

图 12-10　不同纬度下摆的运动轨迹（$[4\quad 0\quad 0\quad 0]^T$）

从上述试验可以看出，不同的纬度（在这里也等价于不同的地球自转角频率 ω）对摆的运动轨迹没有影响，只对摆平面的转动速度有影响。

讨论与练习

（1）摆的运动轨迹只由初始条件决定。

（2）摆平面的转动速度只由纬度（或自转角频率）决定。

- **Maple 程序**

```
> ###################################################
> restart:                                    #清零。
> with(plots):                                #加载绘图库。
```

```
> g: =9.8: L: =67: omega: =7.293e-5*500:
>                                       #已知条件。
> lambda: = Pi/4:                       #纬度。
> #lambda: = Pi/12:
> #lambda: =5*Pi/12:
> de1: = diff(x(t),t) = vx(t):           #标准运动微分方程组方程之一。
> de2: = diff(vx(t),t) =2*omega*vy(t)*sin(lambda) - g/L*x(t):
>                                       #标准运动微分方程组方程之二。
> de3: = diff(y(t),t) = vy(t):           #标准运动微分方程组方程之三。
> de4: = diff(vy(t),t) = -2*omega*vx(t)*sin(lambda) - g/L*y(t):
>                                       #标准运动微分方程组方程之四。
> Inic: = x(0) =4,vx(0) =0,y(0) =0,vy(0) =0:
>                                       #初始条件。
> #Inic: = x(0) =4,vx(0) =1.5,y(0) =0,vy(0) =0:
> #Inic: = x(0) =4,vx(0) =4,y(0) =0,vy(0) =0:
> #Inic: = x(0) =4,vx(0) =0,y(0) =0,vy(0) =0.5:
> #Inic: = x(0) =4,vx(0) =0,y(0) =0,vy(0) =4:
> #Inic: = x(0) =1,vx(0) =1.5,y(0) =0,vy(0) =8:
> var: = x(t),vx(t),y(t),vy(t):         #相空间变量。
> fkb: = dsolve({de1,de2,de3,de4,Inic},{var},type = numeric):
>                                       #运动微分方程组求解。
> fkbplot: = odeplot(fkb,[x(t),y(t)],0..100,numpoints =4000,
>          labels = [x,y]):              #绘运动轨迹图。
> fkbplot;                              #显示运动轨迹图。
> ##########################################################
```

思考题

思考题 12-1 牛顿第二定律的表达式可以写成 $m\boldsymbol{a}=\boldsymbol{F}$。当作用力 $\boldsymbol{F}\equiv\boldsymbol{0}$ 时，可得 $\boldsymbol{a}\equiv\boldsymbol{0}$，即 $\boldsymbol{v}=$ 常量。就是说，当外力为零时，物体保持静止或等速直线运动状态。这样，牛顿第一定律不是独立的，它可由第二定律推出。上述说法是否正确？为什么？（《力学与实践》小问题，1994 年第 249 题）

思考题 12-2 如图 12-11 所示，已知 A 物重 $P_1=20\text{N}$，B 物重 $P_2=30\text{N}$，不计滑轮 C、D 质量，并略去各处摩擦，求绳水平段的拉力？

思考题 12-3 如图 12-12 所示，质量为 m 的质点 M 沿圆上的弦 AB 运动，此质点受一指向圆心 O 的吸引力 $\boldsymbol{F}$ 作用，力 $\boldsymbol{F}$ 的大小与质点 M 到点 O 的距离成反比，比例常数为 k。开始时，质点 M 处于图示 A 点位置，初始速度为零。已知圆的半径为 R，点 O 到 AB 弦的距离为 h，求质点经过弦 AB 的中心 C 时速度大小？

思考题 12-4 如图 12-13 所示，质量为 m 的物体自高 H 处水平抛出，运动中受到与速度一次方成正比的空气阻力 $\boldsymbol{F}_{\text{R}}=-km\boldsymbol{v}$，$k$ 为常数。则其运动微分方程为________。

思考题 12-5 如图 12-14 所示，在铅直面内的一块圆板上刻有三道直槽 AO、BO、CO，三个质量相等的小球 M_1、M_2、M_3 在重力作用下自静止开始同时从 A、B、C 三点分别沿各槽运动，不计摩擦，则________到达 O 点。

A. M_1 小球先　　B. M_2 小球先　　C. M_3 小球先　　D. 三球同时

思考题 12-6 如图 12-15 所示，管 OA 内有一小球 M，管壁光滑，初始时小球静止。当管 OA 在水平面内绕轴 O 转动时，小球为什么向管口运动？如 $\boldsymbol{\omega}$ 为常数，管壁水平侧压力 $\boldsymbol{F}_{\text{N}}$ 等于多少？如用细绳

连接 OM 以拉住小球，$\boldsymbol{F}_{\mathrm{N}}$ 又等于多少？

思考题 12-7 如图 12-16 所示，说明为什么在北半球从北、东、南、西面吹来的风会分别偏向西、北、东、南面？在北半球的旋风是向左旋转还是向右旋转？为什么？

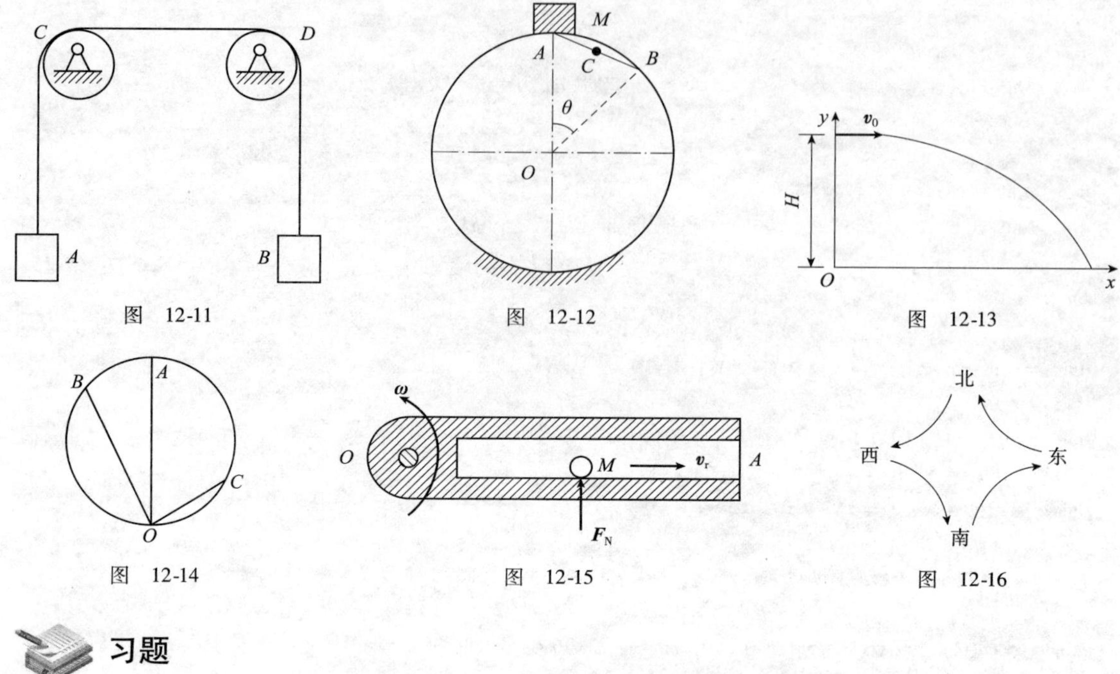

图 12-11　图 12-12　图 12-13

图 12-14　图 12-15　图 12-16

习题

A 类型习题

习题 12-1 蹦极跳者重 888.9N，弹性带原长为 18.3m，刚度系数为 $k=0.204\mathrm{N/mm}$。当运动员从距河 39.6m 高的桥上跳下，弹性带拉力使其减速为零时，试求运动员距河面的高度，以用弹性带作用于运动员的最大拉力（如图 12-17 所示）。

习题 12-2 滑块 A 重为 W，因绳子的牵引而沿水平导轨滑动，绳子的另一端缠在半径为 r 的鼓轮上，鼓轮以等角速度 $\boldsymbol{\omega}$ 转动（如图 12-18 所示）。若不计导轨摩擦，试求绳子的拉力 $\boldsymbol{F}_{\mathrm{T}}$ 和距离 x 之间的关系。

习题 12-3 设垂直向上发射的火箭在高度 h_0 处发动机熄火，此时火箭的质量为 m，垂直向上的速度大小为 v_0。若不考虑空气阻力和地球转动，且 $v_0\leqslant\sqrt{2gR}$，$h_0\leqslant R$（R 为地球半径），求火箭能达到的最大高度。

习题 12-4 质量为 m 的质点 M 在空气中自由下落，初速为零。已知空气阻力与质点速度平方成正比，比例系数为 μ。试求质点的运动规律。

习题 12-5 一滑雪者沿光滑滑道下滑，滑道可近似地用一抛物线 $y=\dfrac{1}{20}x^2-5$ 表示，如图 12-19 所示。滑雪者由点 A 开始无初速度地下滑，试求滑至点 B 时对滑道的压力。设滑雪者质量 $m=52\mathrm{kg}$。

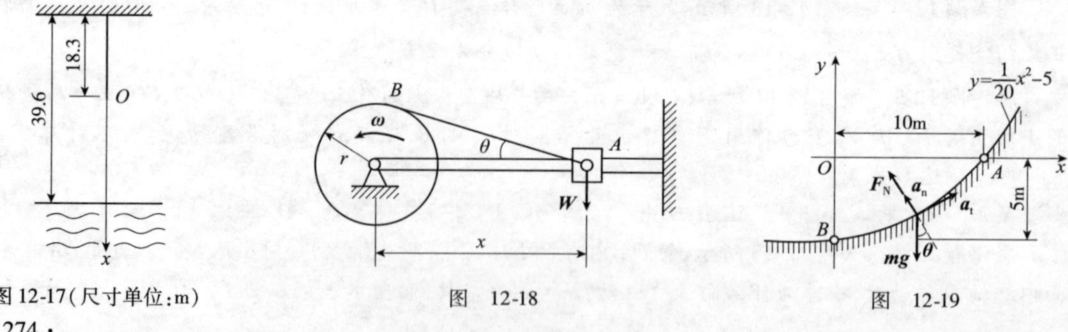

图 12-17（尺寸单位：m）　图 12-18　图 12-19

习题 12-6 光滑桌面上有一质量为 m 的小球 P,用不可伸长的绳子与另一小球 Q 相连,Q 的质量为 km。绳子穿过桌面上光滑的小孔 O,绳子 OQ 部分是自由悬挂着的(如图 12-20 所示)。初始时,$OP=r$,P 点的速度大小为 $2\sqrt{2gr}$,方向垂直于 OP。试证:在 $k<8$ 的条件下 Q 将上升。又问 k 为多少时,P 离孔最大距离可以达到 $2r$?

习题 12-7 如图 12-21 所示,物块 M 放在粗糙的斜面上,斜面倾角为 θ,且 $\tan\theta=1/30$。物块与斜面的动摩擦因数为 $f=0.1$,物块的质量为 $m=0.3\text{kg}$。今用绳水平牵引物块 M,牵引方向与 AB 边平行,经一段时间后,物块开始做匀速直线运动,已知其平行于 AB 的分速度为 $v_y=120\text{mm/s}$。试求与 AB 垂直的分速度 v_x 以及绳子的牵引力 $\boldsymbol{F}_\text{T}$。

习题 12-8 如图 12-22 所示,物块 A、B 的重量均为 300N。当 A 受到一水平力 $F=500\text{N}$ 作用时,试求物块 A 的加速度。不计各接触面之间的摩擦。

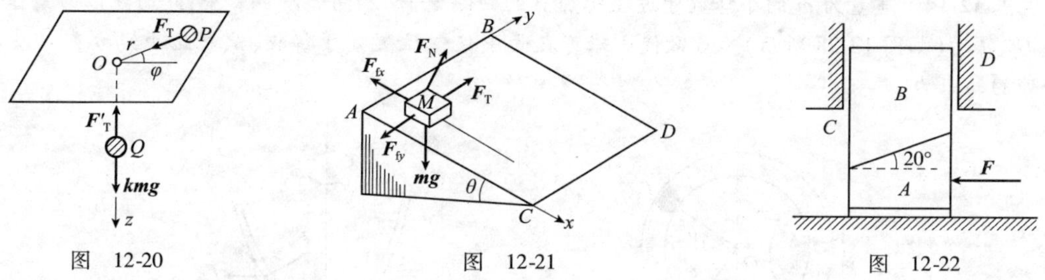

图 12-20　　图 12-21　　图 12-22

习题 12-9 已知圆盘在水平面内绕 O 轴以等角速度 $\boldsymbol{\omega}$ 转动,小球 M 在圆盘上的光滑滑槽 B 内运动,如图 12-23 所示。求小球相对圆盘的运动规律和滑槽对小球的横向作用力。

习题 12-10 导杆机构带动单摆的支点 O 按已知规律 $x=x_0\sin\omega t$ 作水平运动,如图 12-24 所示。试导出质点 m 的相对运动微分方程。

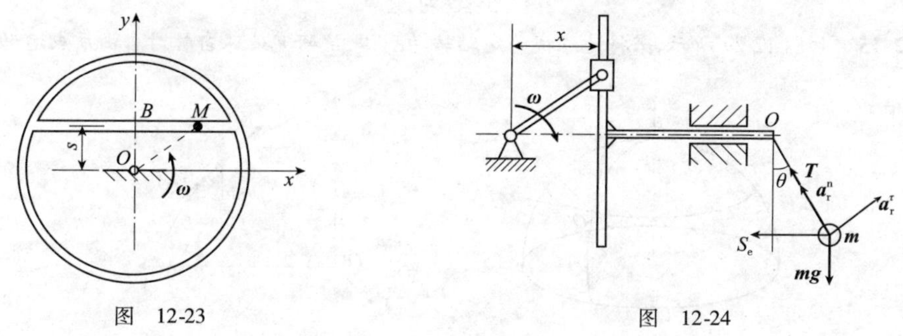

图 12-23　　图 12-24

B 类型习题

习题 12-11 一长方体以加速度 $\boldsymbol{a}$ 沿水平面作直线平移,质量为 m 的小球可在长方体上半径为 R 的铅垂圆槽内自由滑动,如图 12-25 所示,忽略所有摩擦。

(1) 试建立小球的相对运动动力学方程;

(2) 求小球的相对平移位置;

(3) 若初始时,小球在圆槽的最低处 A,相对速度为零,确定小球运动到达的最高位置。

习题 12-12 杆 OA 在铅垂面内以匀角速度 ω 绕轴 O 转动,一质量为 m 的滑块 B 由一条通过定滑轮 C 的绳索牵引在杆 OA 上滑动,如图 12-26 所示。已知绳索拉力的大小 F 为常值,$CO=L$,系统运动到图示位置时,绳与杆的夹角 $\theta=30°$,滑块相对杆的速度为 u。略去所有摩擦,试求此时杆作用在滑块 B 上的约束力 $\boldsymbol{F}_\text{N}$ 和滑块的相对加速度 $\boldsymbol{a}_\text{r}$。

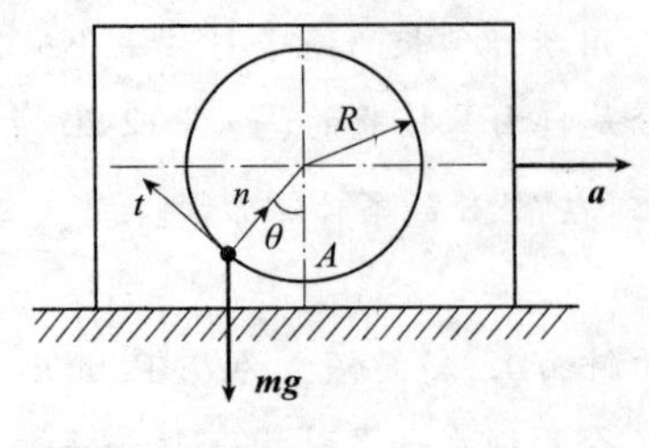

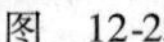

图 12-25

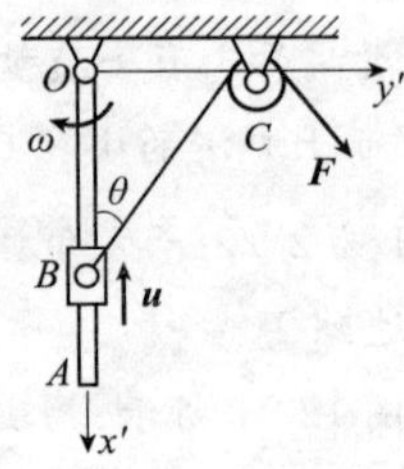

图 12-26

习题 12-13 半径为 R、内壁光滑的环形管，在水平面内以匀角速度 $\boldsymbol{\omega}$ 绕铅垂轴 A 转动，如图 12-27 所示。一质量为 m 的小球 P 在管内运动，初始时，小球在环形管的 C 点($\theta_0=90°$)，相对速度为零。试建立小球的相对运动微分方程，求管壁侧面作用在小球上的力，并证明小球的运动范围为 $|\theta|\leqslant 90°$。

习题 12-14 质量为 m 的小球置于过坐标原点的曲线 $y=f(x)$ 的光滑钢管中，此曲线以匀角速度 ω 绕轴 Oy 转动(如图 12-28 所示)。如欲使小球可在管中任何位置处于静止，试求此曲线方程以及管壁对小球的约束力。

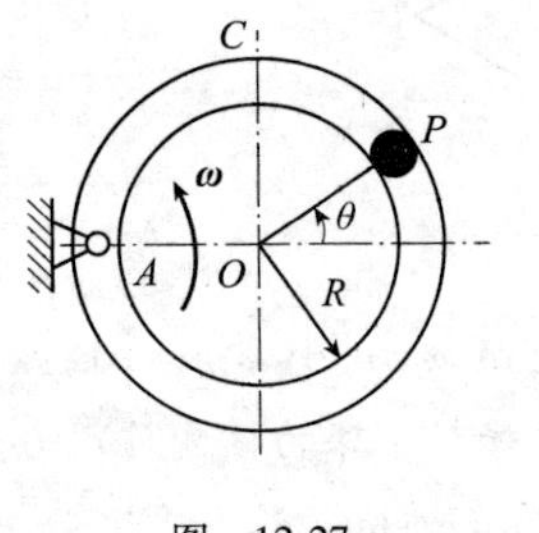

图 12-27

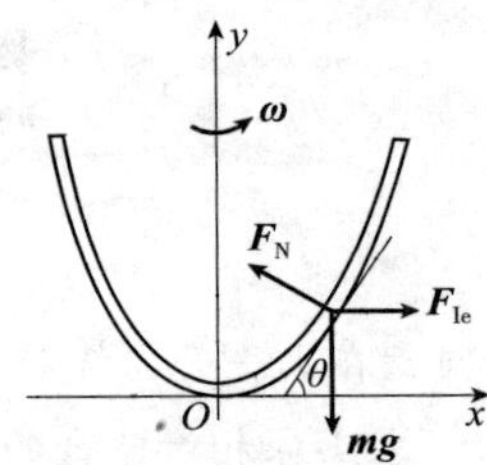

图 12-28

C 类型习题

习题 12-15 如图 12-29 所示，若将地球视为定轴转动刚体，试研究地球自转对自由质点运动的影响。

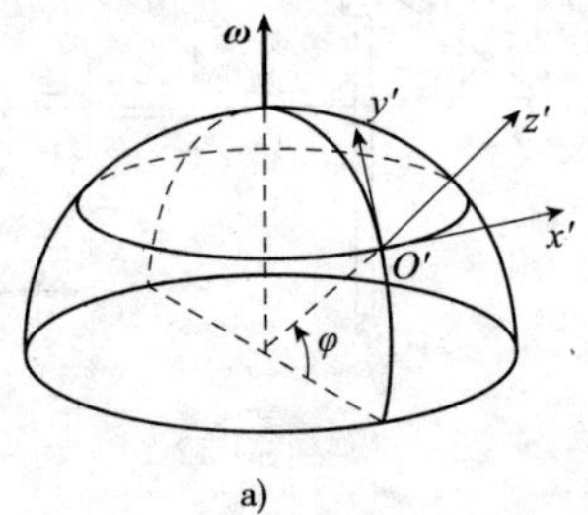

a)

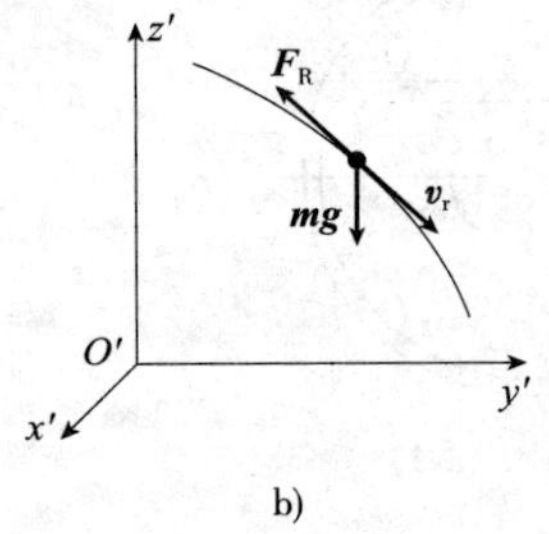

b)

图 12-29

莱昂哈德·欧拉(Leonhard Euler, 1707—1783)，瑞士数学家、力学家，自然科学家。他是一位数学史上最多产的科学家，一生写过 800 多篇论文，有《无穷小分析引论》《微分学原理》《积分学原理》《力学或运动科学的分析解说》《刚体运动理论》等经典著作。在许多数学、力学的分支中可经常见到以他的名字命名的重要常数、公式和定理。此外欧拉还涉及建筑学、弹道学、航海学等领域。

欧拉在刚体力学中的主要贡献是关于刚体绕固定点运动的一般方程的建立，刚体绕固定点运动的一种可积情形的求解以及质心运动的一些定理。

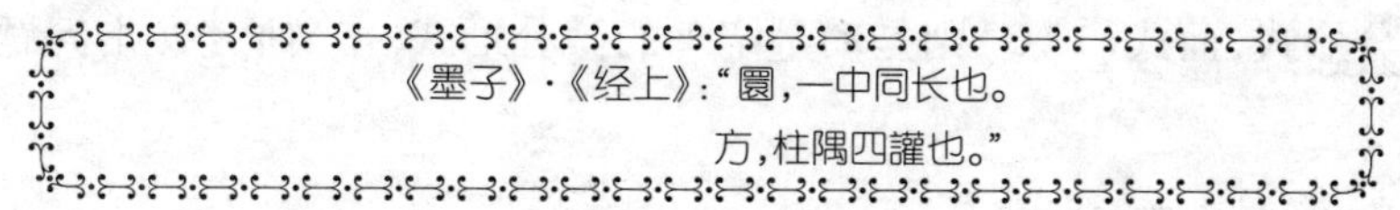

《墨子》·《经上》:“圜,一中同长也。

方,柱隅四讙也。”

第 13 章　动 量 定 理

第 13 章 ~15 章这 3 章讲的是有关质点系(包括刚体)整体运动特征的三个物理量及其变化规律。本章主要介绍质点系的动量定理、质心运动定理、动量守恒定律和刚体平行移动动力学。

13.1　动量定理

13.1.1　质点的动量定理

设质点的质量是 m,它运动的速度是$\boldsymbol{v}$,那么 m 和$\boldsymbol{v}$的乘,叫作质点的动量。动量是一个矢量,它的指向和$\boldsymbol{v}$相同,今后用 $\boldsymbol{p}$ 表示,即

$$\boldsymbol{p} = m\boldsymbol{v} \tag{13-1}$$

在经典力学中,质量 m 通常是常数,所以利用动量这一物理量,牛顿第二定律可以写为

$$\frac{\mathrm{d}}{\mathrm{d}t}(m\boldsymbol{v}) = \boldsymbol{F} \tag{13-2}$$

或

$$\frac{\mathrm{d}\boldsymbol{p}}{\mathrm{d}t} = \boldsymbol{F} \tag{13-3}$$

这个关系,通常叫作质点的动量定理,可叙述为:质点的动量对时间的导数等于质点受到的作用力。在机械运动的范围内,质点间运动的传递总是通过动量的交换来实现的。

式(13-2)也可写成下面的形式:

$$\mathrm{d}(m\boldsymbol{v}) = \boldsymbol{F}\mathrm{d}t \text{ 或 } \mathrm{d}\boldsymbol{p} = \boldsymbol{F}\mathrm{d}t \tag{a}$$

如果把式(a)的两侧对 t 积分,则得

$$m\boldsymbol{v} - m\boldsymbol{v}_0 = \int_{t_0}^{t}\boldsymbol{F}\mathrm{d}t \text{ 或 } \boldsymbol{p} - \boldsymbol{p}^{(0)} = \int_{t_0}^{t}\boldsymbol{F}\mathrm{d}t \tag{b}$$

力和力的作用时间的乘积(当力为恒量时)

$$\boldsymbol{I} = \boldsymbol{F}t \tag{13-4}$$

或力对时间 t 的积分(当力为变量时)叫作力的冲量,常以 $\boldsymbol{I}$ 表之,也是一个矢量。

$$\boldsymbol{I} = \int_{t_0}^{t}\boldsymbol{F}\mathrm{d}t \tag{13-5}$$

那么

$$\boldsymbol{p} - \boldsymbol{p}^{(0)} = \boldsymbol{I} \tag{13-6}$$

由式(13-6)可以看出:质点动量的变化等于力在这段时间内给予该质点的冲量,这就是

动量定理的积分形式，而式(13-3)则是动量定理的微分形式。当研究冲击问题时，常常要用到式(13-6)。

13.1.2 质点系的动量定理

上面我们只讨论一个质点的动量变化。如果一群质点形成质点组，受外力及内力的作用而运动，其动量变化应具有何种形式？我们现在就来研究这个问题。

假定有一个由 n 个质点组成的质点组，对每一个质点，可根据式(13-2)列写动量定理。设每一个质点 P_i 的质量为 m_i，速度为 $\boldsymbol{v}_i$，作用于 P_i 的力区分为外力 $\boldsymbol{F}_i$（质点系以外的物体对质点 P_i 的作用力）和内力 $\boldsymbol{F}_{ij}(i \neq j)$（质点系内其他质点 P_j 对 P_i 的作用力），则有

$$\frac{d}{dt}(m_i \boldsymbol{v}_i) = \boldsymbol{F}_i + \sum_{j=1(\neq i)}^{n} \boldsymbol{F}_{ij} \quad (i = 1, 2, \cdots, n) \tag{c}$$

将上面 n 个方程相加，改变左边第一项求和与求导的次序，得到

$$\frac{\mathrm{d}}{\mathrm{d}t}\sum_{i=1}^{n} m_i \boldsymbol{v}_i = \sum_{i=1}^{n} \boldsymbol{F}_i + \sum_{i=1}^{n}\sum_{j=1(\neq i)}^{n} \boldsymbol{F}_{ij} \tag{d}$$

将式(d)中的$\sum_{i=1}^{n} m_i \boldsymbol{v}_i$ 定义为质点系的动量，仍记作 $\boldsymbol{p}$，它等于系统内各质点的动量的矢量和：

$$\boldsymbol{p} = \sum_{i=1}^{n} m_i \boldsymbol{v}_i \tag{13-7}$$

式(d)右边第一项$\sum_{i=1}^{n} \boldsymbol{F}_i$ 为作用于质点系的所有外力的矢量和，即外力系的主矢，简写为 $\boldsymbol{R}^{(e)}$ 第二项$\sum_{i=1}^{n}\sum_{j=1(\neq i)}^{n} \boldsymbol{F}_{ij}$ 为作用于质点系的所有内力的矢量和，根据牛顿第三定律，有 $\boldsymbol{F}_{ij} = -\boldsymbol{F}_{ij}$，因此每一对作用力与反作用力的矢量和均等于零，得到

$$\sum_{i=1}^{n}\sum_{j=1(\neq i)}^{n} \boldsymbol{F}_{ij} = \boldsymbol{0} \tag{e}$$

于是式(d)可简写为

$$\frac{\mathrm{d}\boldsymbol{p}}{\mathrm{d}t} = \boldsymbol{R}^{(e)} \tag{13-8}$$

式(13-8)即质点系的动量定理：质点系的动量对时间的导数，等于外力系的主矢。值得注意的是，质点系的内力对于系统的动量不产生任何影响。

将式(13-8)在 t_0 和 t 时刻之间积分，得到

$$\boldsymbol{p} - \boldsymbol{p}^{(0)} = \boldsymbol{I}^{(e)} \tag{13-9}$$

其中

$$\boldsymbol{I}^{(e)} = \int_{t_0}^{t} \boldsymbol{R}^{(e)} \mathrm{d}t \tag{13-10}$$

称为积分形式的质点系动量定理：质点系的动量在某个时间间隔内的改变，等于外力系的主矢在同一时间间隔内的冲量。

动量定理式(13-8)、式(13-9)均为矢量式，根据不同的具体问题的需要，可以向固结于惯性参考系的基投影。以直角坐标系为例，有

$$\frac{\mathrm{d}p_x}{\mathrm{d}t} = R_x^{(e)}, \frac{\mathrm{d}p_y}{\mathrm{d}t} = R_y^{(e)}, \frac{\mathrm{d}p_z}{\mathrm{d}t} = R_z^{(e)} \tag{13-11}$$

对应的积分形式为

$$p_x - p_x^{(0)} = I_x^{(e)}, p_y - p_y^{(0)} = I_y^{(e)}, p_z - p_z^{(0)} = I_z^{(e)} \tag{13-12}$$

其中，$I_x^{(e)}$、$I_y^{(e)}$、$I_z^{(e)}$ 为 $\boldsymbol{F}^{(e)}$ 的冲量 $\boldsymbol{I}^{(e)}$ 在各坐标轴上的投影为

$$I_x^{(e)} = \int_{t_0}^{t} R_x^{(e)} \mathrm{d}t,\ I_y^{(e)} = \int_{t_0}^{t} R_y^{(e)} \mathrm{d}t, I_z^{(e)} = \int_{t_0}^{t} R_z^{(e)} \mathrm{d}t \tag{13-13}$$

例题 13-1 质量分别为 m_A 和 m_B 的两个物块 A 和 B，用刚度系数 k 的弹簧连接。B 块放在地面上，静止时 A 块位于 O 位置。如将 A 块压下，使其具有初位移 X_0，此后突然松开，如图 13-1a）所示。求：(1）地面对 B 块的约束力 $\boldsymbol{F}_B$；(2）当 X_0 为多大时，B 块将跳起？

解：(1）运动分析，如图 13-1b）所示。

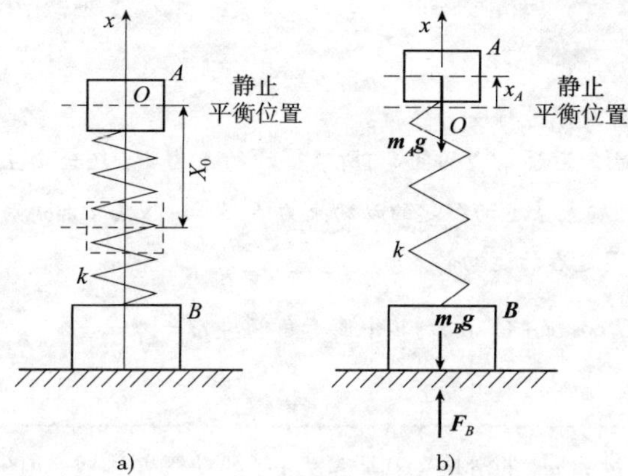

图 13-1 例题 13-1

物块 A 做直线运动，物块 B 做直线运动。

作 Ox 坐标轴，选 A 块静止平衡的位置 O 为坐标原点，x 轴向上为正。当物块 B 保持与地面接触时，物块 A 在重力和弹性恢复力的作用下做简谐运动，其初始条件为

$$t=0, x_A(0) = -X_0,\ \dot{x}_A(0)=0 \tag{1}$$

因此可得

$$x_A = -X_0\cos\omega t \tag{2}$$

$$\dot{x}_A = X_0\omega\sin\omega t \tag{3}$$

$$\ddot{x}_A = X_0\omega^2\cos\omega t \tag{4}$$

其中

$$\omega = \sqrt{\frac{k}{m_A}} \tag{5}$$

因 B 块静止不动，故

$$x_B=0,\ \dot{x}_B=0, \ddot{x}_B=0 \tag{6}$$

系统的动量在 x 轴上的投影为

$$p_x = m_A\dot{x}_A + m_B\dot{x}_B, p_x = m_AX_0\omega\sin\omega t \tag{7}$$

(2）受力分析，如图 13-1b）所示。

物块 A、B 和弹簧组成的质点系受（外）力 $m_A\boldsymbol{g}$，$m_B\boldsymbol{g}$，$\boldsymbol{F}_B$。

(3）根据质点系动量定理，求地面对 B 块的约束力 $\boldsymbol{F}_B$。

由动量定理微分形式在 x 轴上的投影式(13-11)，得

$$\frac{\mathrm{d}p_x}{\mathrm{d}t} = R_x^{(e)}, m_AX_0\omega^2\cos\omega t = -m_Ag - m_Bg - F_B \tag{8}$$

$$F_B = (m_A+m_B)g + m_AX_0\omega^2\cos\omega t$$

(4）求当 X_0 多大时，B 块将跳起。

当 $t=\pi/\omega(\mathrm{s})$ 时，F_B 取最小值 $F_{B,\min}=(m_A+m_B)g-m_AX_0\omega^2$，此时由 B 块跳起的条件，

$$F_B=0,(m_A+m_B)g-m_AX_0\omega^2=0 \tag{9}$$

将式(5)代入式(9)，解得

$$X_0=(m_A+m_B)\frac{g}{k}$$

当 A 块被压下的初始位移达到 $(m_A+m_B)\frac{g}{k}$ 时，突然松开后经过 $t=\pi/\omega(\mathrm{s})$，物块 B 会开始跳起。

讨论与练习

(1)本题以系统为研究对象进行受力分析。

(2)这一问题是属于已知运动求力的问题，所求得的约束力 $\boldsymbol{F}_B$ 包含由主动力直接引起的静约束力 $F_B^{(\mathrm{st})}=(m_A+m_B)g$ 和由质点系运动引起的动约束力 $F_B^{(\mathrm{d})}=m_AX_0\omega^2\cos\omega t$ 两部分。

(3)请读者思考 B 块跳起后的运动特点。

(4)简谐运动时，$x=C_1\cos\omega t+C_2\sin\omega t$，其中固有角频率 $\omega=\sqrt{\dfrac{k}{m}}$。

(5)请读者采用 Maple 编程求解本题。

例题 13-2　椭圆摆由质量为 m_A 的滑块 A 和质量为 m_B 的动摆 B 构成，如图 13-2 所示。滑块可沿光滑水平面滑动，AB 杆长为 l，质量不计。试建立系统的运动微分方程，并求水平面对滑块 A 的约束力。

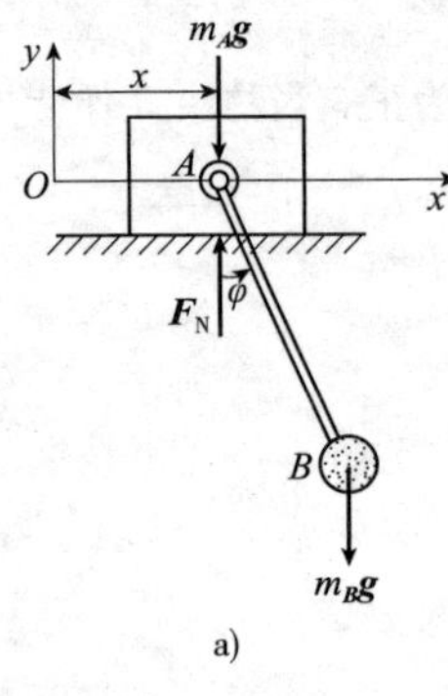

a)

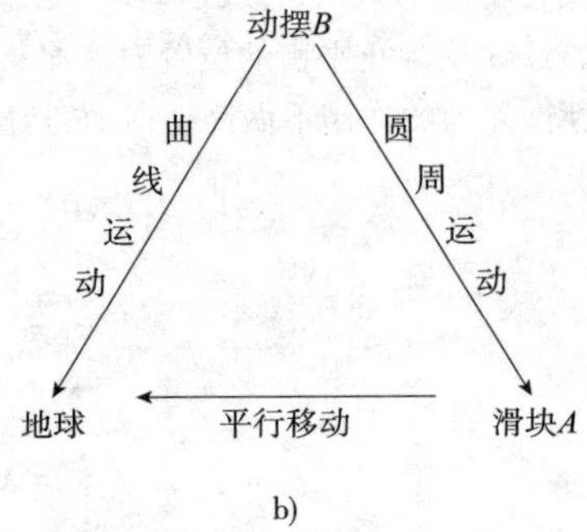

b)

图 13-2　例题 13-2

解：(1)取系统为研究对象

①运动分析，如图 13-2a)所示。

滑块 A 做直线运动，动摆 B 做曲线运动。系统具有两个自由度，取 x 和 φ 为广义坐标，

$$x_A=x\boldsymbol{i},\boldsymbol{r}_B=(x+l\sin\varphi)\boldsymbol{i}-l\cos\varphi\boldsymbol{j} \tag{1}$$

$$\boldsymbol{v}_A=\dot{x}\boldsymbol{i},\boldsymbol{v}_B=(\dot{x}+l\dot{\varphi}\cos\varphi)\boldsymbol{i}+l\dot{\varphi}\sin\varphi\boldsymbol{j} \tag{2}$$

系统动量 $\boldsymbol{p}=\boldsymbol{p}_A+\boldsymbol{p}_B$，

$$\boldsymbol{p}=[(m_A+m_B)\dot{x}+m_Bl\dot{\varphi}\cos\varphi]\boldsymbol{i}+m_Bl\dot{\varphi}\sin\varphi\boldsymbol{j} \tag{3}$$

②受力分析，如图 13-2a)所示。

物块 A 和动摆 B 构成系统受(外)力 $m_A\boldsymbol{g},m_B\boldsymbol{g},\boldsymbol{F}_\mathrm{N}$。

③列出方程。

由动量定理微分形式在 x 轴上的投影式(13-11)，有

$$\frac{\mathrm{d}p_x}{\mathrm{d}t}=R_x^{(\mathrm{e})},\frac{\mathrm{d}}{\mathrm{d}t}[(m_A+m_B)\dot{x}+m_Bl\dot{\varphi}\cos\varphi]=0 \tag{4}$$

$$(m_A+m_B)\ddot{x}+m_B l\ddot{\varphi}\cos\varphi-m_B l\dot{\varphi}^2\sin\varphi=0 \tag{5}$$

$$\frac{\mathrm{d}p_x}{\mathrm{d}t}=R_x^{(e)},\frac{\mathrm{d}}{\mathrm{d}t}(m_B l\dot{\varphi}\sin\varphi)=-m_A g-m_B g+F_N \tag{6}$$

$$m_B l\ddot{\varphi}\sin\varphi+m_B l\dot{\varphi}^2\cos\varphi=-m_A g-m_B g+F_N \tag{7}$$

(2)取动摆 B 为研究对象

①运动分析,如图 13-2b)所示。

滑块 A 做平行移动,取动摆 B 为动点,滑块 A 为动系。

$$\boldsymbol{a}_a=\boldsymbol{a}_e+\boldsymbol{a}_r,\boldsymbol{a}_e=\ddot{x}\boldsymbol{i},\boldsymbol{a}_r=l\dot{\varphi}^2\boldsymbol{n}+l\ddot{\varphi}\boldsymbol{\tau} \tag{8}$$

$$\boldsymbol{a}_B=(-\ddot{x}\sin\varphi+l\dot{\varphi}^2)\boldsymbol{n}+(\ddot{x}\cos\varphi+l\ddot{\varphi})\boldsymbol{\tau} \tag{9}$$

②受力分析。

动摆 B 受力 $m_A\boldsymbol{g},\boldsymbol{F}_T$。

③列出方程。

根据牛顿第二定律,有

$$ma_\tau=\sum F_\tau,m_B(\ddot{x}\cos\varphi+l\ddot{\varphi})=-m_B g\sin\varphi \tag{10}$$

式(5)和式(10)就是系统的运动微分方程。由式(7)可得水平面对滑块 A 的约束力

$$F_N=(m_A+m_B)g+m_B l(\ddot{\varphi}\sin\varphi+\dot{\varphi}^2\cos\varphi)$$

讨论与练习

(1)本题采用了系统动量定理微分形式与牛顿第二定律联合求解。

(2)运动分析采用了分析求导法与加速度合成法联合应用。

(3)坐标系采用直角坐标系与自然坐标系联合应用。

例题 13-3 图 13-3 所示的电动机用螺栓固定在刚性基础上。设其外壳和定子的总质量为 m_1,质心位于转子转轴的中心 O_1;转子质量为 m_2,由于制造或安装时的偏差,转子质心 O_2 不在转轴中心上,偏心距 $O_1O_2=e$,已知转子以等角速 $\boldsymbol{\omega}$ 转动。试求电动机机座的水平和铅直约束力。

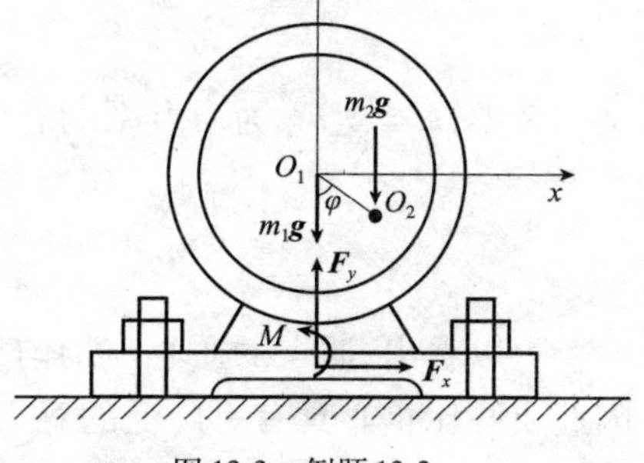

图 13-3 例题 13-3

解:(1)运动分析(如图 13-3 所示)

外壳和定子不动,转子作定轴转动,转子质心 O_2 作圆周运动。

$$\varphi=\omega t,\dot{\varphi}=\omega,\dot{\omega}=0,\boldsymbol{v}_{O_2}=e\omega\boldsymbol{\tau} \tag{1}$$

系统动量 $\boldsymbol{p}=\boldsymbol{p}_1+\boldsymbol{p}_2$,

$$\boldsymbol{p}_1=\boldsymbol{0},\boldsymbol{p}_2=m_2\boldsymbol{v}_{O_2}=m_2e\omega\boldsymbol{\tau} \tag{2}$$

$$\boldsymbol{p}=m_2e\omega\cos\varphi\boldsymbol{i}+m_2e\omega\sin\varphi\boldsymbol{j} \tag{3}$$

(2)受力分析(如图 13-3 所示)

定子(含外壳)和转子构成系统受(外)力 $m_1\boldsymbol{g},m_2\boldsymbol{g},\boldsymbol{F}_x,\boldsymbol{F}_y,\boldsymbol{M}$。其中 $\boldsymbol{F}_x,\boldsymbol{F}_y$ 和 $\boldsymbol{M}$ 为电动机机座的约束力及约束力偶。

(3)列出方程

由动量定理微分形式在 x 轴上的投影式(13-11),有

$$\frac{\mathrm{d}p_x}{\mathrm{d}t}=R_x^{(e)},-m_2e\omega^2\sin\omega t=F_x \tag{4}$$

$$F_x = -m_2 e\omega^2 \sin\omega t$$

$$\frac{\mathrm{d}p_x}{\mathrm{d}t} = R_x^{(\mathrm{e})}, m_2 e\omega^2 \cos\omega t = -m_1 g - m_2 g + F_y \tag{5}$$

$$F_y = m_1 g + m_2 g + m_2 e\omega^2 \cos\omega t$$

$$F = (-m_2 e\omega^2 \sin\omega t)\boldsymbol{i} + (m_1 g + m_2 g + m_2 e\omega^2 \cos\omega t)\boldsymbol{j}$$

讨论与练习

(1)电动机约束力由两部分组成:由重力直接引起的静约束力(或静反力)

$$\boldsymbol{F}_{\mathrm{st}} = (m_1 g + m_2 g)\boldsymbol{j}$$

和由转子质心运动状态变化引起的动约束力(或动反力)

$$\boldsymbol{F}_{\mathrm{d}} = (-m_2 e\omega^2 \sin\omega t)\boldsymbol{i} + (m_2 e\omega^2 \cos\omega t)\boldsymbol{j}$$

(2)动约束力的大小与 ω^2 平方成正比。当转子的转速很高时,其数量可以达到静约束力的几倍,甚至几十倍,而且这种约束力是随时间周期性变化的,必然引起机座和基础的振动,影响安放在基础上其他设备的精度和强度,同时还会引起有关构件内的交变应力,产生疲劳破坏。工程上常在电动机和基础之间安装具有弹性和阻尼的减振器以减小基础的动反力,这种方法称为隔振。

(3)请读者采用 Maple 编程求解本题。

13.2 质心运动定理

质点系的质量中心 C 是一个特殊点,简称为质心。设质点系内任意质点 P_i 相对固定点 O 的矢径为 $\boldsymbol{r}_i$,则质心 C 相对点 O 的矢径 $\boldsymbol{r}_C$ 由下式确定:

$$\boldsymbol{r}_C = \frac{\sum_{i=1}^{n} m_i \boldsymbol{r}_i}{\sum_{i=1}^{n} m_i} \tag{13-14}$$

其中,$m = \sum_{i=1}^{n} m_i$ 为质点系的总质量。将上式的分子和分母同时与常数 g 相乘,得到

$$\boldsymbol{r}_C = \frac{\sum_{i=1}^{n} m_i g \boldsymbol{r}_{\mathrm{i}}}{mg} \tag{a}$$

可以看出,质点的质心与均匀重力场中的重心重合。由于质点系并不一定受重力作用,因此质心比重心具有更广泛的意义。

将式(13-14)对时间求导,得到

$$m\frac{\mathrm{d}\boldsymbol{r}_C}{\mathrm{d}t} = \sum_{i=1}^{n} m_i \frac{\mathrm{d}\boldsymbol{r}_i}{\mathrm{d}t} \tag{b}$$

或用质心的速度 $\boldsymbol{v}_C$ 表示为

$$m\boldsymbol{v}_C = \sum_{i=1}^{n} m_i \boldsymbol{v}_i \tag{c}$$

$$\boldsymbol{p} = m\boldsymbol{v}_C \tag{13-15}$$

即质点系的动量等于其质量与质心速度的乘积。此结论为质点系动量的计算带来很大的方便。

将式(13-15)代入动量定理(13-8),令 $\boldsymbol{a}_C = \dot{\boldsymbol{v}}_C$ 为质心的加速度,得到

$$m\boldsymbol{a}_C = \boldsymbol{R}^{(e)} \tag{13-16a}$$

也可写作

$$m\frac{\mathrm{d}\boldsymbol{v}_C}{\mathrm{d}t} = \boldsymbol{R}^{(e)} \tag{13-16b}$$

或

$$m\frac{\mathrm{d}^2\boldsymbol{r}_C}{\mathrm{d}t^2} = \boldsymbol{R}^{(e)} \tag{13-16c}$$

可叙述为:质点系的质量与质心加速度的乘积等于外力系的主矢。将式(13-16a)~式(13-16c)分别与质点动力学的式(12-1)~式(12-3)对比,可以看出:质点系的质心运动规律完全等同一个质点的运动规律,该质点在质心处集中了整个系统的质量,且受到作用于质点系的全部外力主矢的作用。此结论称为质心运动定理。

对于确定的参考坐标系,从式(13-16c)可导出标量形式的质心运动微分方程。以直角坐标为例,为

$$m\ddot{x}_C = R_x^{(e)},\ m\ddot{y}_C = R_y^{(e)},\ m\ddot{z}_C = R_z^{(e)} \tag{13-17}$$

由质心运动定理可以看出:质心加速度完全取决于外力系主矢的大小和方向,与质点系的内力无关,也与外力的作用位置无关。炮弹[图13-4a)]是有大小的物体,出口时绕自身对称轴高速旋转。如果忽略空气阻力,则炮弹质心的运动就是只受重力作用的抛物线运动;如果中途爆炸成许多碎片,碎片的运动各不相同,但全部碎片的质心仍然继续作抛物线运动,直到有一个碎片着地。跳水运动员离开跳台后[图13-4b)],如图忽略空气阻力,其质心(由于人体各部的相对运动,它不一定在人体上的固定位置处)作抛物线运动。运动员可以在空中作各种翻滚转体的花样动作,但都不能改变质心的抛物线运动规律;因为运动员施加的都是人体系统的内力,而系统内力是不能改变系统质心的运动的。

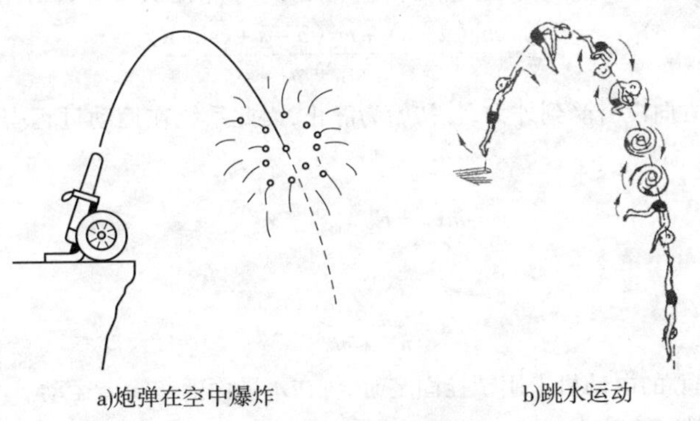

a)炮弹在空中爆炸　　b)跳水运动

图13-4　质心轨迹为抛物线

如果质系可分成 S 部分,每部分的质量为 m_k,且易计算各部质心 C_k 的运动,则常可不去计算整个系统的质心,而将式(13-15a)写成下面的形式:

$$\sum_{k=1}^{S} m_k \boldsymbol{a}_{Ck} = \boldsymbol{F}^{(e)} \tag{13-18}$$

式中,$\boldsymbol{a}_{Ck}$ 为第 k 部分质心的加速度。

例题13-4　若图13-5中的电动机没有用螺栓固定,各处摩擦忽略不计,初始时电动机静止,如图13-5a)所示。试求:

(1)转子以匀角速 ω 转动时电动机外壳在水平方向的运动方程；

(2)电动机跳起的最小角速度。

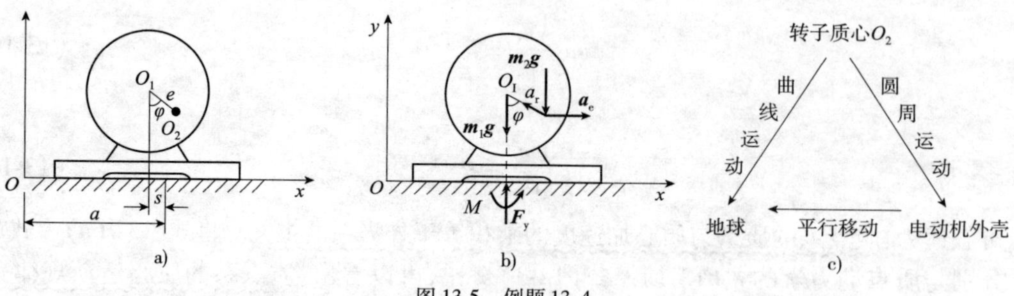

图 13-5　例题 13-4

解:(1)运动分析[图 13-5b)]

电动机外壳作平行移动,转子作平面运动。选转子质心 O_2 为动点,电动机外壳为动系,取坐标系如图 13-5a)所示。质心 O_2 的加速度等于牵连加速度 $\boldsymbol{a}_e$(即外壳运动的加速度 $\boldsymbol{a}_{O1}$)与相对加速度 $\boldsymbol{a}_r$($a_r = e\omega^2$)的向量和。

$$\boldsymbol{a}_a = \boldsymbol{a}_e + \boldsymbol{a}_r \tag{1}$$

$$\boldsymbol{a}_e = \ddot{s}\boldsymbol{i}, \boldsymbol{a}_r = e\omega^2\boldsymbol{n} \tag{2}$$

(2)受力分析[图 13-5b)]

电动机外壳和转子构成系统受(外)力 $m_1\boldsymbol{g}, m_2\boldsymbol{g}, \boldsymbol{F}_y, \boldsymbol{M}$。其中 F_y 和 M 为电动机机座铅直方向的约束力及约束力偶。

(3)列出方程

利用质心运动定理。

①求电动机外壳在水平方向的运动方程。

设转子在静止($\varphi = 0$)时系统的质心坐标

$$x_C^{(0)} = a \tag{3}$$

当转子转过角度 $\varphi = \omega t$ 时,定子应向左移动,设移动距离为 s[图 13-5a)],则此时质心坐标为

$$x_C = \frac{m_1(a-s) + m_2(a - s + e\sin\omega t)}{m_1 + m_2} \tag{4}$$

因为电动机在水平方向没有受到外力,且初始为静止,因此系统在运动过程中其质心的 x 坐标保持不变。由 $\ddot{x}_C = \ddot{x}_C^{(0)}$, $\dot{x}_C = \dot{x}_C^{(0)}$,知

$$m\ddot{x}_C = R_x^{(e)}, x_C = x_C^{(0)} \tag{5}$$

解得

$$s = \frac{m_2}{m_1 + m_2}e\sin\omega t$$

由此可见,当转子偏心的电动机未用螺栓固定时,将在水平面上作简谐运动。

②求电动机起跳条件。

在 y 方向上应用质心运动定理,有

$$m\ddot{y}_C = R_y^{(e)}, m_2e\omega^2\cos\omega t = -m_1g - m_2g + F_y \tag{6}$$

$$F_y = m_1g + m_2g + m_2e\omega^2\cos\omega t$$

当 $t = \pi/\omega$ 时,约束力 F_y 取最小值,电动机的起跳临界条件是

$$F_{y,\min} = 0, m_1g + m_2g - m_2e\omega^2 = 0 \tag{7}$$

由此可得,电动机起跳的最小角速度为

$$\omega_{\min} = \sqrt{\left(1 + \frac{m_1}{m_2}\right)\frac{g}{e}}$$

讨论与练习

(1)土木建筑工地上常用的蛙式打夯机在偏心飞轮的带动下,像蛙跳一样自动地一跳一跳向前运动,从而不断地夯实地面,其原理与此例题类似。

(2)请读者采用 Maple 编程求解本题。

13.3 动量守恒定律

13.3.1 质点的动量守恒定律

当式(13-6)中 $\boldsymbol{F}=\boldsymbol{0}$ 时,则得到一个重要的结果:

$$\boldsymbol{p}=\boldsymbol{p}^{(0)} \tag{13-19}$$

即自由质点不受外力作用时,它的动量 p 保持不变,亦即将作惯性运动,这个关系叫作动量守恒定律。

动量是矢量,如果它保持不变,那么它在任何坐标轴上的三个分量,就应当是常数。如为直角坐标系,则当 $\boldsymbol{F}=\boldsymbol{0}$ 时,

$$m\dot{x}=C_1, m\dot{y}=C_2, m\dot{z}=C_3 \tag{13-20}$$

式中,C_1、C_2、C_3 为积分常数,由起始条件决定。

有时 $\boldsymbol{F}\neq\boldsymbol{0}$,但 $\boldsymbol{F}$ 在某一坐标轴上的投影为零,那么动量 $\boldsymbol{p}$ 虽不守恒,但它在该坐标轴上的投影却为一常数,譬如质点只在重力作用下运动,如取 z 轴竖直向上,则

$$F_x=0, F_y=0, F_z=-mg \tag{a}$$

这时动量(或速度)在 x 及 y 两轴上的投影为常数,但质点做直线运动还是做抛物线运动,则由速度的起始值(初速度)决定。如当 $t=0$,$\dot{x}(0)=0$,$\dot{y}(0)=0$,则做直线运动;如当 $t=0$,$\dot{y}(0)=0$,但 $\dot{x}(0)\neq0$,则做抛物线运动。

13.3.2 质点系的动量守恒定律

跟质点的情况类似,上面的动量定理,在一定条件下,可以给出运动方程的第一积分。若质点组不受外力或外力矢量和为零,则

$$\sum_{i=1}^{n}\boldsymbol{F}_i^{(e)}=\boldsymbol{0} \tag{b}$$

于是由式(13-8),得

$$\frac{d\boldsymbol{p}}{dt}=\boldsymbol{0} \tag{c}$$

故

$$\boldsymbol{p}=\text{恒矢量} \tag{13-21}$$

但

$$\boldsymbol{p}=m\,\boldsymbol{v}_C \tag{d}$$

所以又得

$$\boldsymbol{v}_C=\text{恒矢量} \tag{13-22}$$

在此情形下，质点组的动量是一个恒矢量，而它的质心则作惯性运动，这个关系叫作质点组的动量守恒定律。即质点组不受外力作用或所受外力的矢量和为零而运动时，质点组的动量亦即质心的动量都是一个恒矢量。

如果作用在质点组上的诸外力在某一轴(设为 x 轴)上的投影之和为零，也就是说，如果

$$\sum_{i=1}^{n} F_{ix}^{(e)} = 0 \tag{e}$$

那么，从方程(13-10)就得到

$$\frac{\mathrm{d}p_x}{\mathrm{d}t} = 0 \tag{f}$$

或

$$p_x = \sum_{i=1}^{n} m_i v_{ix} = m v_{Cx} = \text{常量} \tag{13-23}$$

因而，在这一情形下，虽然质点组的动量并不是一个恒矢量，但它在这一轴(现在为 x 轴)上的投影却保持为常数。或者说，质点组质心的速度，在这一轴上的投影为一常数，亦即我们得到了一个第一积分。在解算具体问题时，常常要用到这个关系。

由本节的讨论可以看出，内力虽然可使质点组中个别质点改变动量，但却不能改变整个质点组动量的总和，也不能改变质点组质心的速度。例如，沿水平方向发射炮弹的大炮(设炮身轴线平行 x 轴)，在发射前沿 x 方向的总动量 $p_x = 0$，当炮弹发射后，炮身向后反冲，若不计水平方向上可能有的外力(如地面摩擦力)，那么将炮弹与炮身作为质点组看待，则沿 x 方向无外力作用，炮弹在这个方向上的运动是由这个质点组的内力的作用引起的。

13.4 刚体平行移动动力学

刚体作平行移动时，各点加速度相同，所以对刚体的平行移动，可用质心运动定理按质点处理。也就是说，刚体的平行移动问题可以简化为质点动力学问题求解。

$$m_\mu \boldsymbol{a} = \boldsymbol{F} \tag{13-24a}$$

$$m_\mu \boldsymbol{a}_C = \boldsymbol{F} \tag{13-24b}$$

质点的运动除与受力有关外，还取决于质点的质量。同样，刚体的运动也取决于刚体各质点质量的分布状况。

(1)刚体的质量：刚体中各质点质量的总和。

$$m_\mu = \sum m_i \tag{13-25}$$

(2)刚体的质心：刚体中各质点质量分布的中心，其位置 C 由下式决定

$$\boldsymbol{r}_C = \frac{\sum m_i \boldsymbol{r}_i}{m_\mu} \tag{13-26a}$$

$$x_C = \frac{\sum m_i x_i}{m_\mu}, y_C = \frac{\sum m_i y_i}{m_\mu}, z_C = \frac{\sum m_i z_i}{m_\mu} \tag{13-26b}$$

由质心运动定理公式(13-16)可以得到，刚体在空间中平行移动的运动微分方程的坐标形式：

$$m_\mu \ddot{x}_C = \sum F_x, m_\mu \ddot{y}_C = \sum F_y, m_\mu \ddot{z}_C = \sum F_z \tag{13-27}$$

刚体在平面内平行移动的运动微分方程的坐标形式：

$$m_\mu \ddot{x}_C = \sum F_x, m_\mu \ddot{y}_C = \sum F_y \tag{13-28}$$

刚体在直线上平行移动的运动微分方程的坐标形式：

$$m_{\mu}\ddot{x}_C = \sum F_x \tag{13-29}$$

例题 13-5 质量为 m_1 的矩形板可在如图 13-6 所示的光滑平面内运动，板上有一半径为 R 的圆形凹槽，一质量为 m_2 的甲虫以相对速度 $\boldsymbol{v}_r$ 沿凹槽匀速运动。初始时，板静止，甲虫位于圆形槽的最右端（即 $\theta=0$）。试求甲虫运动到图示位置时，板的速度和加速度、地面作用在板上的约束力和系统质心的加速度。

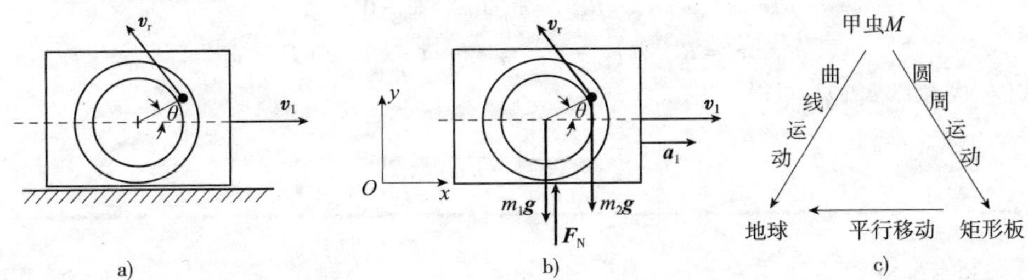

图 13-6 例题 13-5

解：(1) 运动分析，如图 13-6c) 所示。

矩形板作（直线）平行移动，甲虫做曲线运动。选甲虫为动点，矩形板为动系。

$$\boldsymbol{v}_a=\boldsymbol{v}_e+\boldsymbol{v}_r, \boldsymbol{v}_a=\boldsymbol{v}_2, \boldsymbol{v}_e=\boldsymbol{v}_1$$

$$\boldsymbol{v}_2=\boldsymbol{v}_1+\boldsymbol{v}_r \tag{1}$$

(2) 受力分析，如图 13-6b) 所示。

矩形板和甲虫组成系统受（外）力 $m_1\boldsymbol{g}, m_2\boldsymbol{g}, \boldsymbol{F}_N$。

(3) 根据系统动量守恒定律，求板的速度和加速度。

板的动量为 $\boldsymbol{p}_1=m_1\boldsymbol{v}_1$，甲虫的动量 $\boldsymbol{p}_2=m_2\boldsymbol{v}_2=m_2(\boldsymbol{v}_1+\boldsymbol{v}_r)$，系统的动量为

$$\boldsymbol{p}=\boldsymbol{p}_1+\boldsymbol{p}_2, \boldsymbol{p}=(m_1+m_2)\boldsymbol{v}_1+m_2\boldsymbol{v}_r$$

$$p_x=(m_1+m_2)v_1-m_2v_r\sin\theta \tag{2a}$$

$$p_y=m_2v_r\cos\theta \tag{2b}$$

根据初始条件（$t=0$ 时），$\boldsymbol{p}^{(0)}=m_2\boldsymbol{v}_r, \theta(0)=0, v_1(0)=0$，所以

$$p_x^{(0)}=0, p_y^{(0)}=m_2v_r \tag{3}$$

由于水平方向无外力作用，有 $\sum F_x^{(e)}=0$，因此系统水平方向的动量是守恒的，即

$$p_x=p_x^{(0)}, (m_1+m_2)v_1-m_2v_r\sin\theta=0 \tag{4}$$

由此可求得

$$v_1=\frac{m_2}{m_1+m_2}v_r\sin\theta \tag{5}$$

将式(5)对时间求导，可得板的加速度

$$a_1=\frac{dv_1}{dt}=\frac{m_2v_r}{m_1+m_2}\dot{\theta}\cos\theta \tag{6}$$

设甲虫沿圆形凹槽爬行的弧长为 s，有关系式

$$s=R\theta, s=v_rt, \dot{\theta}=\frac{v_r}{R} \tag{7}$$

将式(7)代入式(6)，可得

$$a_1=\frac{m_2}{m_1+m_2}\frac{v_r^2}{R}\cos\theta$$

(4)根据动量定理微分形式,求地面作用在板上的约束力。

$$\frac{\mathrm{d}p_y}{\mathrm{d}t}=R_y^{(e)},\ -m_2 v_r\dot{\theta}\sin\theta=-m_1 g-m_2 g+F_N \tag{8}$$

将式(7)代入式(8),解得

$$F_N=(m_1+m_2)g-m_2\frac{v_r^2}{R}\sin\theta \tag{9}$$

(5)根据质心运动定理求系统质心加速度。

$$m\ddot{x}_C=R_x^{(e)},(m_1+m_2)\ddot{x}_C=0 \tag{10a}$$

$$m\ddot{y}_C=R_y^{(e)},(m_1+m_2)\ddot{y}_C=-m_1 g-m_2 g+F_N \tag{10b}$$

将式(9)代入上式(10),可得

$$\ddot{x}_C=0,\ddot{y}_C=-\frac{m_2}{m_1+m_2}\frac{v_r^2}{R}\sin\theta$$

讨论与练习

(1)本题运动学分析部分应用了点的速度合成定理。

(2)本题综合应用了动量守恒定律,动量定理微分形式和质心运动定理。

(3)请读者采用 Maple 编程求解本题。

13.5 在非惯性参考系中的动量定理

现在我们研究力学系统在任意非惯性坐标系 $Axyz$ 中(图 8-2)的运动。利用加速度合成定理式(8-24)(参见第 10.5 节)可以求得系统的 P_k 点的绝对加速度 $\boldsymbol{a}_k$:

$$\boldsymbol{a}_k=\boldsymbol{a}_{kr}+\boldsymbol{a}_{ke}+\boldsymbol{a}_{kc}\quad(k=1,2\cdots,n) \tag{13-30}$$

其中,$\boldsymbol{a}_{kr}$ 和 $\boldsymbol{a}_{ke}$ 是质点 P_k 的相对加速度和牵连加速度,而 $\boldsymbol{a}_{kc}$ 是科里奥利加速度,$\boldsymbol{a}_{kc}=2\boldsymbol{\omega}\times\boldsymbol{v}_{kr}$,这里的 $\boldsymbol{\omega}$ 是非惯性坐标系 $Axyz$ 相对惯性坐标系 $O\xi\eta\zeta$ 的角速度,$\boldsymbol{v}_{kr}$ 是 P_k 点相对速度。将绝对加速度表达式(13-30)代入方程(12-14)得

$$m_k\boldsymbol{a}_{kr}=\boldsymbol{F}_k^{(e)}+\boldsymbol{F}_k^{(i)}+\boldsymbol{F}_{ke}^{(I)}+\boldsymbol{F}_{kc}^{(I)}\quad(k=1,2,\cdots,n) \tag{13-31}$$

其中,$\boldsymbol{F}_{ke}^{(I)}=-m_k\boldsymbol{a}_{ke}$,$\boldsymbol{F}_{kc}^{(I)}=-m_k\boldsymbol{a}_{kc}=-2m_k\boldsymbol{\omega}\times\boldsymbol{v}_{kr}$。$\boldsymbol{F}_{ke}^{(I)}$ 即牵连惯性力,而 $\boldsymbol{F}_{kc}^{(I)}$ 即科里奥利惯性力。

在非惯性坐标系 $Axyz$ 中的质点系动量定理的形式为

$$\frac{\mathrm{d}\boldsymbol{p}_r}{\mathrm{d}t}=\boldsymbol{R}^{(e)}+\boldsymbol{R}_e^{I}+\boldsymbol{R}_c^{I} \tag{13-32}$$

其中

$$\boldsymbol{p}_r=\sum_{k=1}^{n}m_k\boldsymbol{v}_{kr} \tag{13-33a}$$

是质点系在非惯性坐标系 $Axyz$ 中的相对动量。

$$\boldsymbol{R}^{(e)}=\sum_{k=1}^{n}\boldsymbol{F}_k^{(e)} \tag{13-33b}$$

是作用在系统上的外力的主矢。

$$\boldsymbol{R}_e^{I}=\sum_{k=1}^{n}\boldsymbol{F}_{ke}^{I} \tag{13-33c}$$

是牵连惯性力的主矢量。

$$\boldsymbol{R}_{\mathrm{c}}^{\mathrm{I}}=\sum_{k=1}^{n}\boldsymbol{F}_{k\mathrm{c}}^{\mathrm{I}} \tag{13-33d}$$

是科里奥利惯性力的主矢。

13.6 质点系对动轴的动量定理

设轴 AL 具有给定的运动 $\boldsymbol{e}(t)$，$\boldsymbol{e}$ 为轴 AL 方向的单位矢量，并设质点系像刚体一样可沿轴 AL 移动，将式(13-8)两端标量积矢量 $\boldsymbol{e}$，得到

$$\frac{\mathrm{d}\boldsymbol{p}}{\mathrm{d}t}\cdot\boldsymbol{e}=\boldsymbol{R}^{(\mathrm{e})}\cdot\boldsymbol{e} \tag{a}$$

将其改写为

$$\frac{\mathrm{d}}{\mathrm{d}t}(\boldsymbol{p}\cdot\boldsymbol{e})=\boldsymbol{p}\cdot\dot{\boldsymbol{e}}+\boldsymbol{R}^{(\mathrm{e})}\cdot\boldsymbol{e} \tag{13-34}$$

这就是质点系对动轴的动量定理，表述为：质点系动量在动轴上投影对时间的导数，等于外力系主矢在该动轴上投影加上动量与动轴单位矢量导数的标量积。

如果 $\boldsymbol{e}$ 不动，则式(13-34)成为式(13-11)，因此，式(13-34)比式(13-11)更为普遍，并且由式(13-34)可找到对动轴的动量守恒律。

由对动轴的动量定理式(13-34)得知，如果外力主矢在动轴方向投影为零，即

$$\boldsymbol{R}^{(\mathrm{e})}\cdot\boldsymbol{e}=0 \tag{13-35a}$$

并且满足

$$\boldsymbol{p}\cdot\dot{\boldsymbol{e}}=0 \tag{13-35b}$$

则动量在动轴上的投影保持为常值，即

$$\boldsymbol{p}\cdot\boldsymbol{e}=C \tag{13-35c}$$

13.7 例题编程

编程题 13-1 试用 Maple 编程分析求解例题 13-2 的微分方程，画出 $x=x(t)$，$\theta=\theta(t)$ 的时程曲线和 B 点的轨迹曲线。

解：● 建模

(1)标准化

令 $x=l\cdot X_1$，$\dot{x}=l\cdot X_2$，$\varphi=X_3$，$\dot{\varphi}=X_4$，$\lambda=m_A/m_B$，$\omega=\sqrt{g/l}$将例题 13-2 中的微分方程组式(5)和式(10)标准化得到

$$\dot{X}_1=X_2 \tag{1a}$$

$$\dot{X}_2=\frac{\sin X_3(\omega^2\cos X_3+X_4^2)}{\lambda+\sin^2X_3} \tag{1b}$$

$$\dot{X}_3=X_4 \tag{1c}$$

$$\dot{X}_4=-\frac{\sin X_3[(1+\lambda)\omega^2+X_4^2\cos X_3]}{\lambda+\sin^2X_3} \tag{1d}$$

(2)求解微分方程组式(1)的数值解。

(3)取参数 $m_A=1\mathrm{kg}$，$m_B=10\mathrm{kg}$，$l=1\mathrm{m}$；取初始条件：$x(0)=0$，$\dot{x}(0)=0$，$\varphi(0)=\pi/3$，$\dot{\varphi}(0)=0.4\mathrm{rad/s}$。画出解曲线如图 13-7 所示，图 a)为时程曲线 $t-x$；图 b)为时程曲线 $t-\varphi$；图 c)为轨迹 x_B-y_B。

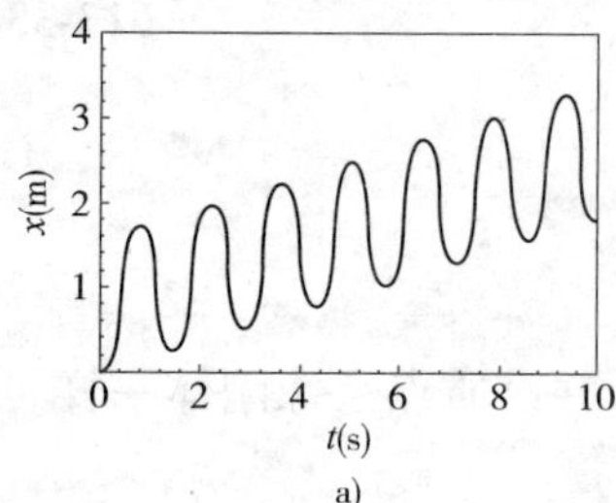

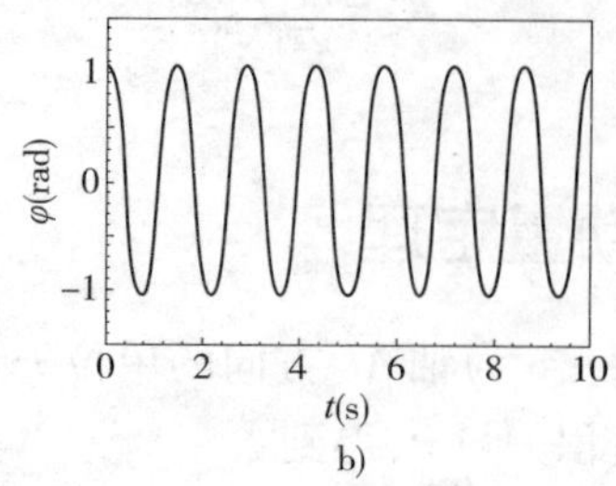

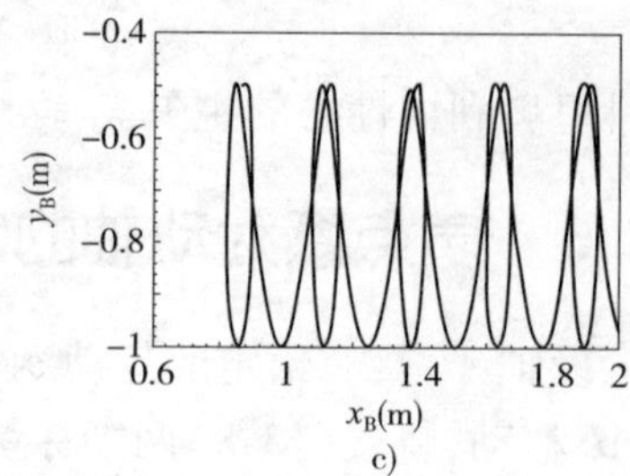

图 13-7　编程题 13-1

讨论与练习

(1)请读者将系统的运动微分方程组在静平衡位置线性化。

(2)请读者求出系统微摆动时的固有角频率。

- **Maple 程序**

```
> ############################################################
> restart:                                               #清零。
> xB: =l*X1(t) +l*sin(X3(t)):                            #x_B。
> yB: = -l*cos(X3(t)):                                   #y_B。
> sys: =diff(X1(t),t) =X2(t),
>       diff(X2(t),t) =sin(X3(t)) *(cos(X3(t)) *omega^2
>                 +X4(t)^2)/(lambda+sin(X3(t))^2),
>       diff(X3(t),t) =X4(t),
>       diff(X4(t),t) = -sin(X3(t)) *((1+lambda) *omega^2
>            +cos(X3(t)) *X4(t)^2)/(lambda+sin(X3(t))^2):
>                                                        #系统微分方程组。
> fcns: =X1(t),X2(t),X3(t),X4(t):                        #系统变量。
> cstj1: =X1(0) =0,X2(0) =0,X3(0) =Pi/3,X4(0) =0.4:
>                                                        #初始条件。
> ############################################################
> lambda: =mA/mB:                                        #λ = m_A/m_B。
> omega: =sqrt(g/l):                                     #ω = √(g/l)。
> mA: =1:   mB: =10: g: =9.8: l: =1:                     #系统参数。
> q1: =dsolve({sys,cstj1},{fcns},
>              type=numeric,method=rkf45):               #求微分方程组的数值解。
> ############################################################
> with(plots):                                           #加载绘图库。
> odeplot(q1,[t,X1(t)],0..50, view=[0..10,0..4],
>                                 thickness=2);  #画 t-x 曲线。
> odeplot(q1,[t,X3(t)],0..100, view=[0..10,-1.5..1.5],
>                                 thickness=2); #画 t-φ 曲线。
> odeplot(q1,[xB,yB],0..100,view=[0.6..2,-1..-0.4],
>                                 thickness=2);      #画轨迹 x_B-y_B。
> ############################################################
```

思考题

思考题 13-1 均质正方形框架 $ABCD$ 的质量为 m_1，边长为 l，以角速度 $\boldsymbol{\omega}_1$ 绕定轴 AD 转动。框架中心有一均质圆盘，质量为 m_2，半径为 r，以角速度 $\boldsymbol{\omega}_2$ 绕对角线 BD 转动，如图 13-8 所示。则此系统的动量为多少？

思考题 13-2 如图 13-9 所示轮Ⅰ、Ⅱ为均质圆盘，质量分别为 m_1、m_2，半径分别为 R_1、R_2，胶带为均质，总质量为 m_3。轮Ⅰ的角速度为 $\boldsymbol{\omega}_1$，此系统的动量为多少？若轮的转速、系统的质量有变化，系统的动量有无改变？

思考题 13-3 如图 13-10 所示，半径为 R，质量为 m 的均质细圆环绕水平轴 O 以角速度 ω 转动，圆环内充满同一种液体，液体总质量也为 m，以大小不变的相对速度 $\boldsymbol{v}_r$ 在环内顺时针方向流动，求 OC 处于水平位置时，系统的动量。并问系统的动量与液体的流动有无关系。

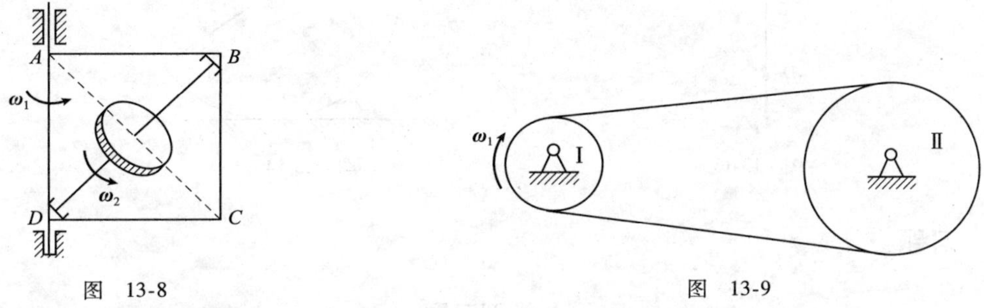

图 13-8　　图 13-9

思考题 13-4 质量为 m 的质点 A 以匀速 $\boldsymbol{v}$ 沿圆周运动，如图 13-11 所示。求在下列过程中质点所受合力的冲量：

(1)质点由 A_1 运动到 A_2（四分之一圆周）；

(2)质点由 A_1 运动到 A_3（二分之一圆周）；

(3)质点由 A_1 运动一周后又返回到 A_1 点。

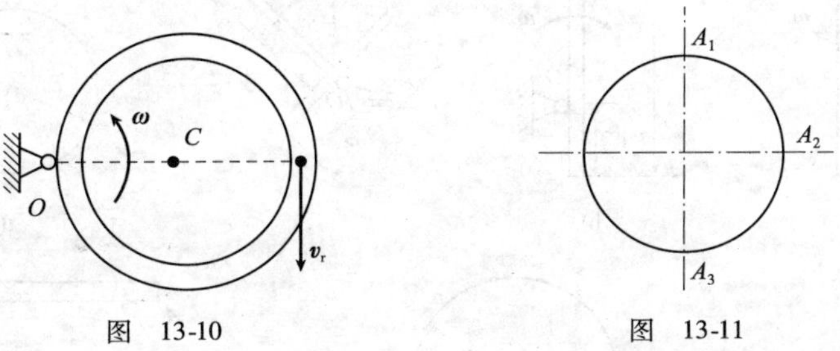

图 13-10　　图 13-11

思考题 13-5 如图 13-12 所示，图 a)、b)、c) 所示三根完全相同的均质杆，其质心在同一水平线上，若同时自由释放此三根杆，三根杆质心的运动规律是否相同？图 d)、e)、f) 所示三根完全相同的均质杆，其质心在同一水平线上，若同时在三根杆的点 A 加大小、方向完全相同的力 $\boldsymbol{F}$，三根杆质心的加速度是否相同？

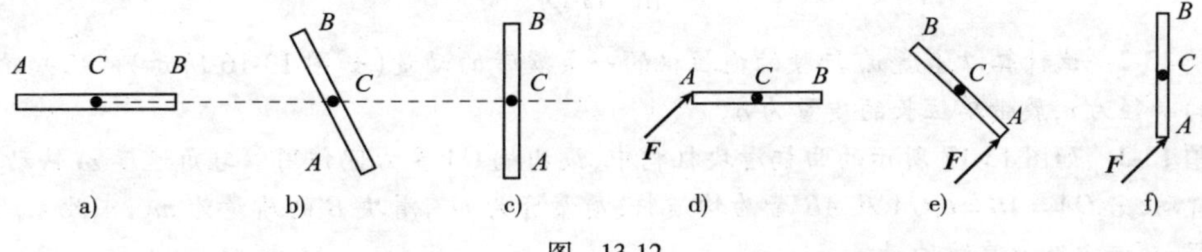

图 13-12

思考题 13-6 如图 13-13 所示，绳索 AB 悬挂一重物 M，重物 M 下又吊一同样的绳索 CD。问在下述两种情况下，AB 与 CD 绳哪根先断？为什么？

(1)在点 D 加铅垂向下的力 $\boldsymbol{F}$，此力由小到大，逐渐增加；

(2)在点 D 突然加力，猛地向下一拉。

思考题 13-7 如图 13-14 所示半圆柱质心位于点 C，放在水平面上。将其在图示位置无初速释放后，在下述两种情况下，质心将怎样运动？

(1)圆柱与水平面间无摩擦；

(2)圆柱与水平面间有很大的摩擦因数。

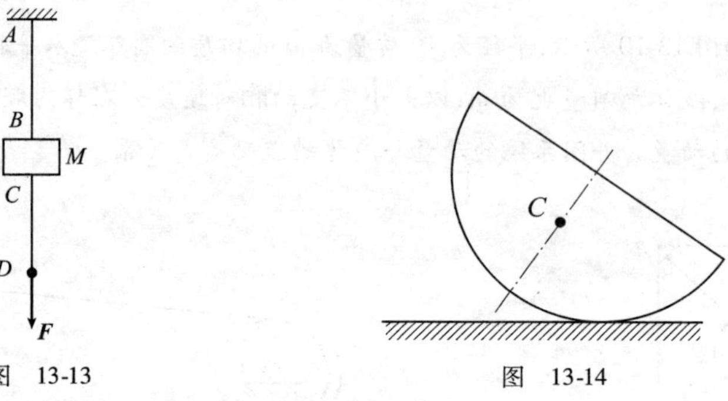

图 13-13　　　　图 13-14

习题

A 类型习题

习题 13-1 如图 13-15 所示，图 a)、b)、c)、d)、e)、f) 中各均质物体的质量均为 m，图 f) 中轮作纯滚动，图 g) 中 $O_1A \mathrel{\underline{\underline{/\!/}}} O_2B$，$O_1A=r$，且不计杆 O_1A、O_2B 的质量，杆 AB 的质量为 m，求各物体动量的大小。

求各物体动量的大小与求各物体的动量有无区别？此题若要求各物体的动量，又该如何求？

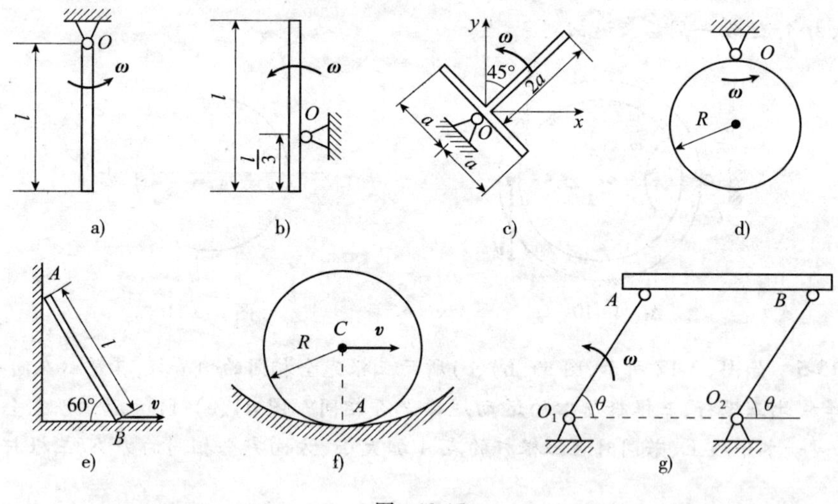

图 13-15

习题 13-2 试计算以速度 v_0 行驶的拖拉机的一条履带的动量（如图 13-16 所示）。已知轮轴距离为 l，轮的半径为 r，履带单位长的质量为 ρ。

习题 13-3 如图 13-17 所示的曲柄滑块机构中，设曲柄 OA 受力偶作用以匀角速度 $\boldsymbol{\omega}$ 转动，滑块 B 沿 x 轴滑动，若 $OA=AB=l$，OA 及 AB 皆为均质杆，质量皆为 m_1，滑块 B 的质量为 m_2，求此系统的质心运动方程，轨迹以及此系统的动量。

习题 13-4 在水平面上有两物体 A 和 B，其质量分别为 $m_A=10\text{kg}$，$m_B=5\text{kg}$（如图 13-18 所示）。今物体 A 以某速度冲击原来静止的物体 B，且在很短的时间 $\tau=0.01\text{s}$ 之后，A 与 B 以同一速度向前运动，历时 4s 而停止。已知 A、B 与平面间的动摩擦因数为 $f=0.25$。试求冲击前 A 的速度以及撞击过程中 A，B 相互的平均作用力。

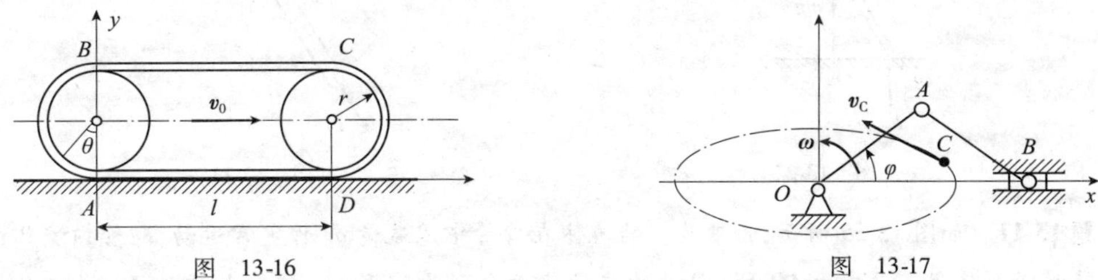

图 13-16　　图 13-17

习题 13-5 均质曲柄 AB 长为 r，质量为 m_1，假设受力偶作用以不变的角速度 ω 转动，并带动滑槽连杆以及与它固连的活塞 D，如图 13-19 所示。滑槽、连杆、活塞总质量为 m_2，质心在点 C。在活塞上作用一恒力 $\boldsymbol{F}$，不计摩擦及滑块 B 的质量，求作用在曲柄轴 A 处的最大水平约束力 $\boldsymbol{F}_{Ax}$。

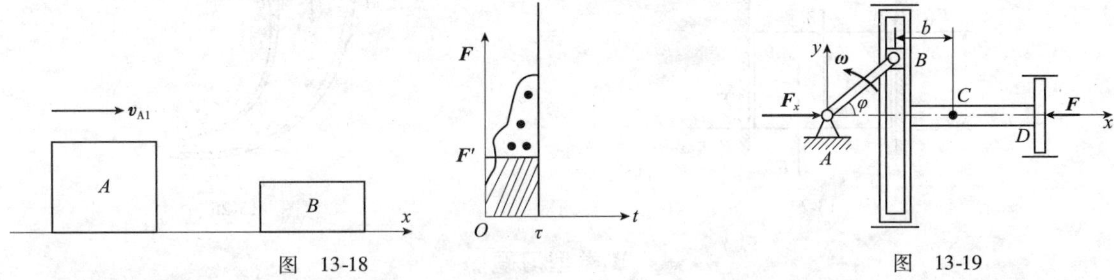

图 13-18　　图 13-19

习题 13-6 如图 13-20 所示凸轮机构中，凸轮以等角速度 $\boldsymbol{\omega}$ 绕定轴 O 转动。重为 $\boldsymbol{P}$ 的滑杆 Ⅰ 借助右端弹簧的推压而始终顶在凸轮上。当凸轮转动时，滑杆作往复运动。设凸轮为一匀质圆盘，重为 $\boldsymbol{Q}$，半径为 r，偏心距为 $\boldsymbol{e}$。试求在任一瞬时，机座螺钉总的附加动约束力主矢。

习题 13-7 质量为 m 的杆 AB，两端分别以等长为 l 的细绳 O_1A，O_2B 悬于等高度的两点 O_1，O_2，且 $O_1O_2=AB$。设 O_1A 与铅垂线的夹角为 θ，如图 13-21 所示。若系统在 $\theta=\theta_0$ 处静止释放，试求系统运动到 $\theta=0$ 处时，杆 AB 的速度和两绳的拉力。

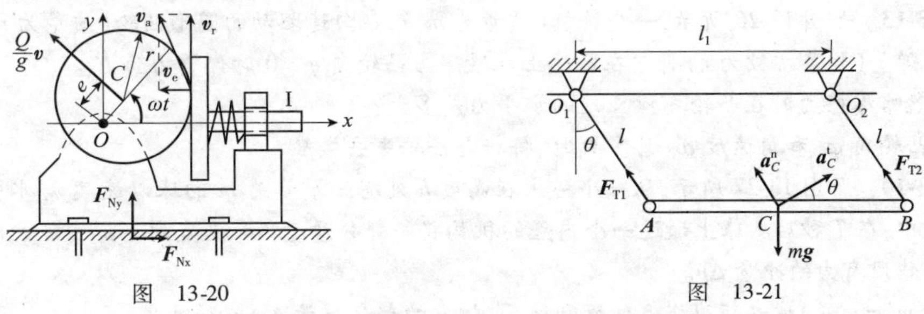

图 13-20　　图 13-21

习题 13-8 匀质杆 AB 长为 l，质量为 m，端点 B 放在光滑水平面上，并与铅垂线成30°，如图 13-22 所示。杆由静止状态进入运动。试求杆的质心 C 和端点 A 的轨迹。

习题 13-9 一长为 l，质量为 m 的匀质杆放在光滑水平面上（如图 13-23 所示）。在杆的两端沿轴施加两个方向相反的拉力 F_P 和 F_Q，如 $F_P>F_Q$，试求杆的质心的加速度及杆上任一截面所受的张力。

习题 13-10 一质量为 m 的滑块 A 可在铅垂导槽内滑动。现以一铅垂向上偏离质心的力 $\boldsymbol{F}$ 推动滑块，如图 13-24 所示。如已知滑块与导槽的动滑动摩擦因数为 f，推力偏离质心的距离为 e。试求滑块 A 的加速度。

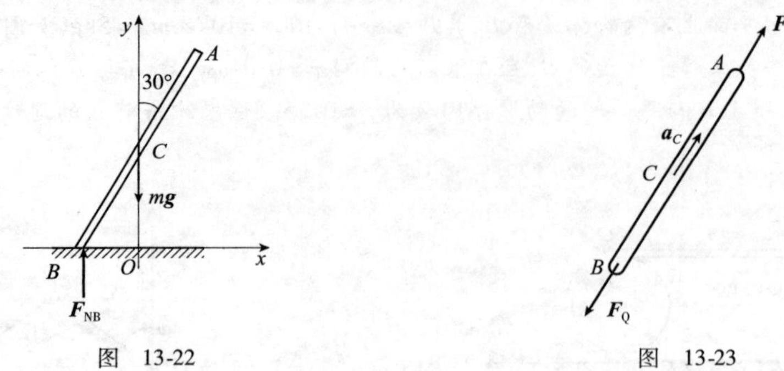

图 13-22　　图 13-23

习题 13-11　如图 13-25 所示，密度为 ρ 的流体在弯管中以流量 q_V 作定常运动，即管内流体速度的分布不随时间而改变。设截面 AB 和 CD 处的流动速度分别为 $\boldsymbol{v}_1$ 和 $\boldsymbol{v}_2$。流体的重力 $\boldsymbol{W}$，进口处水压力 $\boldsymbol{F}_1$，出口处水压力 $\boldsymbol{F}_2$。试用质点系的动量定理推导流体流量、速度的变化与作用力之间的关系，并计算管壁的约束力。

图 13-24　　图 13-25

B 类型习题

习题 13-12　质量都为 M 的甲、乙两船沿同一直线以相同的匀速 $\boldsymbol{v}_0$ 前进（甲船在前）。甲船上以水平相对速度 $\boldsymbol{u}$ 向后抛出一质量为 m 的物体。问乙船接到物体 m 后其速度有何变化？物体 m 落于乙船前相对乙船的水平速度为何？如果乙船接到 m 后立即以水平相对速度 $\boldsymbol{u}$ 抛向甲船，问小质量 m 能够落在甲船上的条件是什么？不考虑小质量 m 在空中飞行的时间和两船之间的距离。（《力学与实践》小问题，1992 年第 217 题）

C 类型习题

习题 13-13　如图 13-26 所示，一个杵杆（质量为 m_1），在匀速驱动的圆形凸轮（质量为 m_2）上滑动。用一个压力弹簧（弹簧常数为 c）将它在凸轮上压紧。当凸轮角 $\varphi = 0$ 时弹簧力为 $\boldsymbol{F}_0$。

（1）当忽略摩擦力时在凸轮支座 A 处的水平力是多大？

（2）在凸轮角 φ_0 和角速度 $\boldsymbol{\omega}_0$ 为多大时，杵杆与凸轮失去接触？

习题 13-14　如图 13-27 所示，从一个塔上在高度 h 处将一质量为 m 的球以速度 v_0 水平抛出。在它下落过程中，在 T 秒后从球上通过一个内置的机构将一部分质量 Δm 垂直向下弹出。此时在球和部分质量之间作用有力的冲量 Δp。

若质量 $m' = m - \Delta m$ 在距离塔 b 处落到地面，弹出的部分质量 Δm 为多大？

已知数值：$h = 40m, m = 4kg, v_0 = 12m/s, T = 1.5s, \Delta p = 18kg \cdot m/s, b = 38m$。

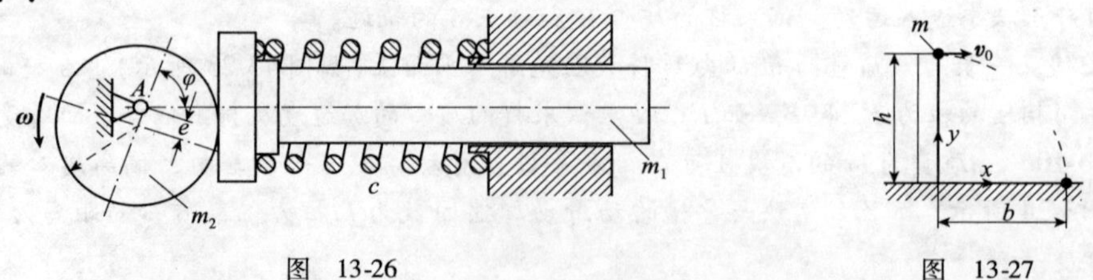

图 13-26　　图 13-27

习题 13-15 如图 13-28 所示，线长为 r_0 的一个空间摆的质点 m 在球坐标系 r、φ 和 ψ 中的运动方程是怎样的？摩擦力忽略不计。

习题 13-16 如图 13-29 所示，箱子 K(质量为 m)沿运输设备中的坡道下滑。在滑道的终点它被一弹性挡板(弹性常数为 c)制动。在箱子和滑道之间的摩擦因数为 μ。

(1)箱子由静止位置 $x=0$ 自由下滑到碰到挡板时需要用多少时间 t_0？它在这时的速度 v_0 是多大？

(2)将箱子制动到速度为零，弹簧行程 $x_{F\max}$ 是多大(弹性挡板的质量可以忽略不计)？

(3)在什么范围 $x_{F1} \leqslant x_F \leqslant x_{F2}$ 之内箱子最终能静止下来？

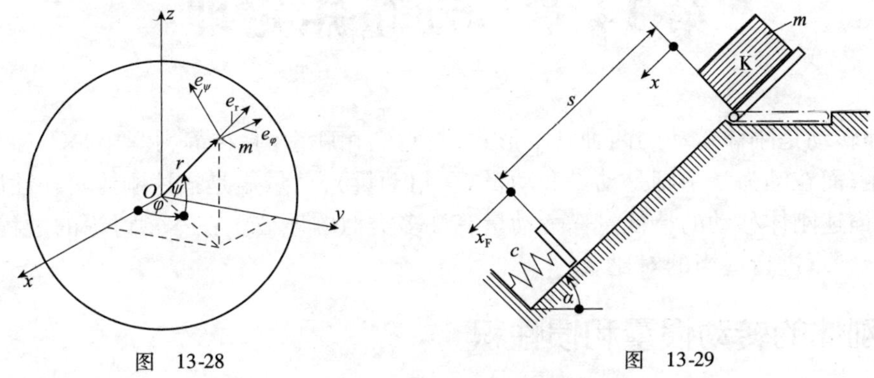

图 13-28　　　　图 13-29

庄子，姓庄，名周，字子休，宋国蒙人。战国中期著名的思想家、哲学家和文学家。创立了华夏重要的哲学学派庄学，是继老子之后，道家学派的主要代表人物之一。庄子的想象力极为丰富，语言运用自如，灵活多变，能把一些微妙难言的哲理说得引人入胜。他的作品被人称之为"文学的哲学，哲学的文学"。其著作有《庄子》。

《庄子》有三十三篇，其中内篇七，外篇十五，杂篇十一，文字雄美，想象丰富，跌宕起伏，妙趣横生，善于通过寓言故事来说理。

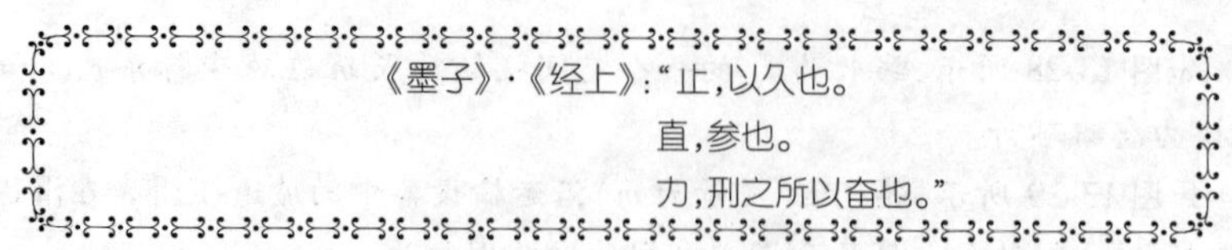

第14章　动量矩定理

移动和转动是刚体运动的两种基本形式,与它们相联系的,在静力学中是力和力矩或主矢量和主矩;而在动力学中则是动量和动量矩(角动量),动量矩是描述刚体转动性质的特征量,它们与描述刚体移动的特征量——动量有许多类似的地方。在本章讨论的过程中,读者可注意与上一章进行适当的对比。

14.1　刚体的转动惯量和惯性积

14.1.1　刚体的转动惯量和回转半径

1. 刚体的转动惯量

刚体对某轴的转动惯量定义为刚体内各质点的质量与该质点到此轴距离平方的乘积的总和,即

$$J_z = \sum_{i=1}^{n} m_i \rho_i^2 \tag{14-1}$$

式中,J_z 表示对 z 轴的转动惯量;m_i 表示第 i 质点的质量;ρ_i 表示第 i 质点到 z 轴的距离。

如果刚体的质量是连续分布的,刚体对对 z 轴的转动惯量可写成积分形式:

$$J_z = \int_{m_\mu} \rho^2 \mathrm{d}m \tag{14-2}$$

式中,ρ 表示微元质量 $\mathrm{d}m$ 至 z 轴的距离;m_μ 表示积分域为整个刚体质量。

转动惯量的量纲为ML^2,单位为 $\mathrm{kg \cdot m^2}$。

2. 回转半径

为了计算方便,也可将 J_z 写作

$$J_z = m_\mu \rho_z^2 \tag{14-3}$$

式中,m_μ 表示刚体的质量;ρ_z 表示刚体对 z 轴的回转半径,即刚体的转动惯量等于该刚体的质量与回转半径平方的乘积。显然有

$$\rho_z = \sqrt{\frac{J_z}{m_\mu}} \tag{14-4}$$

其中,J_z 或 ρ_z 都是反映刚体质量分布情况的物理量。

如图14-1建立坐标系($Oxyz$)与刚体固接,则 $\rho^2 = x^2 + y^2$,式(14-2)可改写为

$$J_z = \int (x^2 + y^2)\,\mathrm{d}m \tag{a}$$

同理可求得刚体对 x 轴和 y 轴的转动惯量：

$$J_x = \int (y^2 + z^2)\,\mathrm{d}m, J_y = \int (z^2 + x^2)\,\mathrm{d}m \tag{b}$$

例题 14-1 匀质圆盘质量为 m_μ，半径为 r。试求圆盘对中轴 Qz 的转动惯量（如图 14-2 所示）。

解：取半径为 ρ、宽为 $\mathrm{d}\rho$ 的圆环，其质量元为

$$\mathrm{d}m = \frac{m_\mu}{\pi r^2}\cdot 2\pi\rho\mathrm{d}\rho = \frac{2m_\mu}{r^2}\rho\mathrm{d}\rho$$

因该质量元到轴 Oz 的距离为 ρ，故转动惯量为

$$J_z = \int_0^r \rho^2 \cdot \frac{2m_\mu}{h^2}\rho\mathrm{d}\rho = \frac{1}{2}m_\mu r^2$$

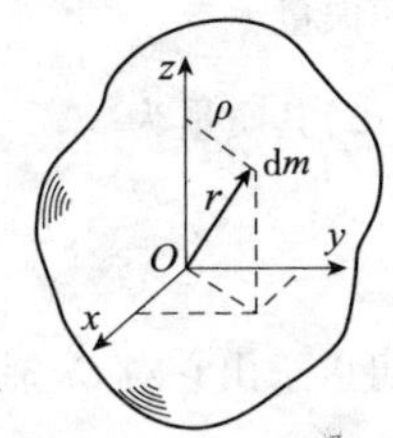

图 14-1 转动惯量的定义

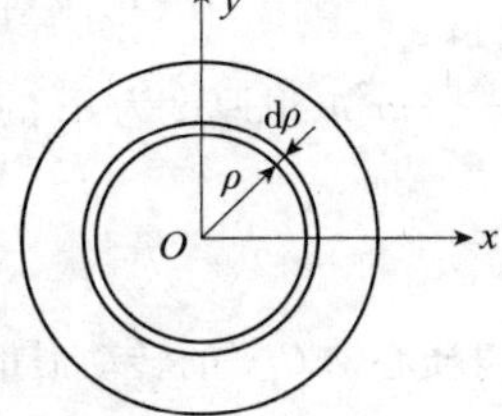

图 14-2 例题 14-1

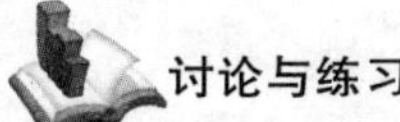
讨论与练习

（1）注意到 $J_z = \int_{m_\mu} \rho^2\mathrm{d}m, J_x = \int_{m_\mu} y^2\mathrm{d}m, J_y = \int_{m_\mu} x^2\mathrm{d}m,\ \rho^2 = x^2 + y^2, J_z = J_x + J_y, J_x = J_y = \frac{1}{4}m_\mu r^2$。

（2）请读者采用 Maple 编程求解本题。

连续刚体的转动惯量，一般可利用式（14-2）进行积分计算。对于有规则几何形状的匀质刚体的转动惯量或回转半径可以用工程手册中给出的公式直接进行计算。本书附录表 A 中摘录了其中部分结果，供读者参考。对于几何形状或质量分布不规则的物体，其转动惯量可根据力学规律用实验方法进行测定。

14.1.2 平行轴定理

从转动惯量的定义可以看出，同一刚体对于相互平行的不同轴有不同的转动惯量。以刚体的质心 C 为原点建立与（$Oxyz$）平行的质心坐标系（$Cx'y'z'$）（图 14-3）。C 在 $Oxyz$ 中的坐标为（a,b,c），则有 $x = x' + a, y = y' + b$，代入式（a）得到

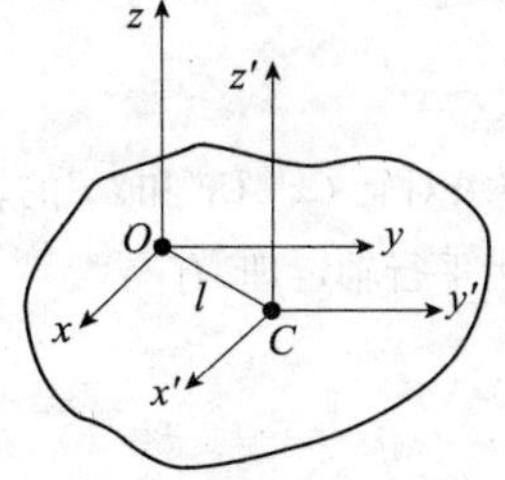

图 14-3 转动惯量的平行轴定理

$$\begin{aligned} J_z &= \int (x^2 + y^2)\,\mathrm{d}m = \int [(x' + a)^2 + (y' + b)^2]\,\mathrm{d}m \\ &= \int (x'^2 + y'^2)\,\mathrm{d}m + (a^2 + b^2)\int \mathrm{d}m + 2a\int x'\mathrm{d}m + 2b\int y'\mathrm{d}m \end{aligned} \tag{c}$$

根据质心的定义，其中 $\int x'\mathrm{d}m=0$，$\int y'\mathrm{d}m=0$。令 l 为 z 与 z' 轴间的距离，则有 $l^2=a^2+b^2$，上式可改写为

$$J_z=J_{Cz'}+ml^2 \tag{14-5}$$

式(14-5)称为**转动惯量的平行轴定理**：刚体对任意轴的转动惯量等于它对过质心的平行轴的转动惯量加上刚体的质量与两轴间距离平方的乘积。

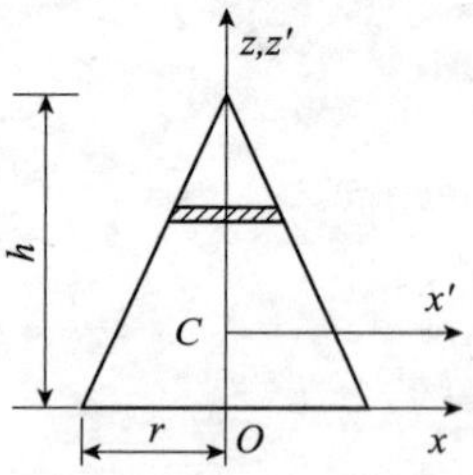

显然，在所有平行轴中，刚体对过质心的那条轴的转动惯量最小。

图 14-4　例题 14-2

例题 14-2　如图 14-4 所示，匀质圆锥体质量为 m_μ，高为 h，底半径为 r，质心为 C。试求相对标架 $Cx'y'z'$ 各轴的转动惯量。

解：在底面中心 O 建立标架 $Oxyz$。

(1)求对轴 Ox，Oy 和 Oz 的转动惯量。

圆锥体体积 $V=\frac{1}{3}\pi r^2h$，取厚度为 $\mathrm{d}z$ 的体积元 $\mathrm{d}V=\pi\left(\frac{z}{h}r\right)^2\mathrm{d}z$，其质量为

$$\mathrm{d}m=\frac{m_\mu}{V}\mathrm{d}V=\frac{3m_\mu}{h^3}z^2\mathrm{d}z$$

由微圆板对自身质心轴 C_1x'' 的转动惯量，并利用平行轴定理可以求出它对 Ox 轴的转动惯量为

$$\begin{aligned}\mathrm{d}J_x&=\mathrm{d}m\left[\frac{1}{4}\left(\frac{z}{h}r\right)^2+(h-z)^2\right]\\&=\frac{3m_\mu}{4h^5}[4h^4-8h^3z+(r^2+4h^2)z^2]z^2\mathrm{d}z\end{aligned}$$

将上式积分，可得

$$\begin{aligned}J_x&=\frac{3m_\mu}{4h^5}\int_0^h[4h^4z^2-8h^3z^3+(r^2+4h^2)z^4]\mathrm{d}z\\&=\frac{m_\mu}{20}(3r^2+2h^2)\end{aligned}$$

由对称性，显然有 $J_y=J_x$。微圆板对自身质心轴 C_1z 的转动惯量，

$$\mathrm{d}J_z=\frac{1}{2}\mathrm{d}m\cdot\left(\frac{z}{h}r\right)^2=\frac{3m_\mu r^2}{2h^5}z^4\mathrm{d}z$$

将上式积分，可得

$$J_z=\frac{3m_\mu r^2}{2h^5}\int_0^h z^4\mathrm{d}z=\frac{3}{10}m_\mu r^2$$

(2)求对轴 Cx'，Cy' 和 Cz' 的转动惯量。

利用平行轴定理，有

$$J_{x'}=J_{y'}=J_x-m_\mu\left(\frac{h}{4}\right)^2=\frac{3m_\mu}{80}(4r^2+h^2)$$

$$J_{z'}=J_z=\frac{3m_\mu r^2}{10}$$

讨论与练习

请读者采用 Maple 编程求解本题。

14.1.3 转动惯量的叠加原理

刚体的质量可分成两部分或更多部分，为求刚体对某轴的转动惯量，可分别求各个部分对同一轴的转动惯量，然后再相加起来即可。这就是转动惯量的叠加原理。

14.1.4 刚体的惯性积

取过点 O 作直角坐标系 $Oxyz$，则刚体质量对 O 点的分布状况可用对坐标系 $Oxyz$ 的分布状况描述，共有 9 个量：3 个对坐标轴的转动惯量

$$J_x = \sum m_i(y_i^2 + z_i^2), J_y = \sum m_i(z_i^2 + x_i^2), J_z = \sum m_i(x_i^2 + y_i^2) \tag{d}$$

及 6 个惯性积

$$J_{xy} = J_{yx} = \sum m_i x_i y_i, J_{yz} = J_{zy} = \sum m_i y_i z_i, J_{zx} = J_{xz} = \sum m_i z_i x_i \tag{e}$$

与转动惯量不同，惯性积可取正、负及零值。

14.1.5 刚体惯量主轴，中心惯量主轴

如果对某坐标系所有惯性积均为零，则三根坐标轴称为刚体过 O 点的惯量主轴，相应的转动惯量称为主转动惯量。例如图 14-5 所示的匀质圆柱体及立方体中，由于质量分布的对称性，$J_{xy} = J_{yz} = J_{zx} = 0$，所示的各轴均为惯量主轴。由此可知，惯性积反映了质量分布的不对称性。如果惯量主轴还通过刚体质心，则称为中心惯量主轴。惯量主轴的概念在刚体定轴转动及空间运动中均有重要意义。

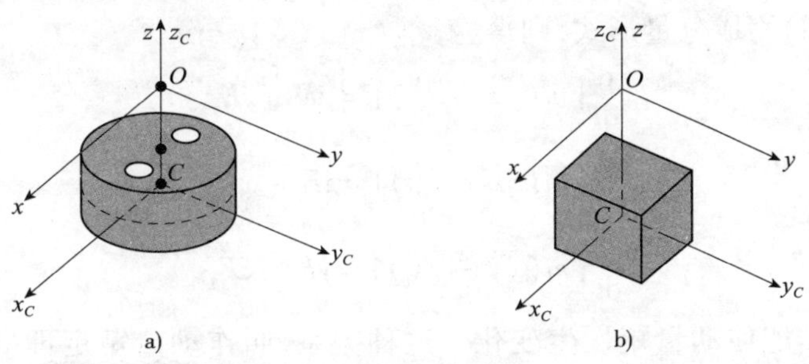

图 14-5　由对称性判断主轴

14.2 矩心为定点的动量矩定理

14.2.1 质点的动量矩定理

动量对空间某点或某轴线，叫作动量矩，也叫角动量。它的求法，跟力矩完全一样，只要把力 $\boldsymbol{F}$ 换成动量 $\boldsymbol{p}$ 即可，故 P 点上的动量 $\boldsymbol{p}$ 对原点 O 的动量矩 $\boldsymbol{L}_O$ 为

$$\boldsymbol{L}_O = \boldsymbol{r} \times \boldsymbol{p} \tag{14-6}$$

式中，$\boldsymbol{r} = \overrightarrow{OP}$（图 14-6）。而 $\boldsymbol{p}$ 对 x,y,z 轴的动量矩则为

$$L_{Ox} = m(y\dot{z} - z\dot{y}) \tag{14-7a}$$

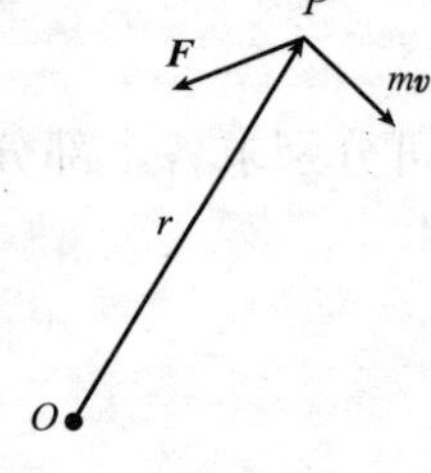

图 14-6 质点对定点的动量矩

$$L_{Oy}=m(z\dot{x}-x\dot{z}) \tag{14-7b}$$

$$L_{Oz}=m(x\dot{y}-y\dot{x}) \tag{14-7c}$$

我们知道:力矩和力都能使物体的运动状态发生变化。当质点受力作用时,它的速度就要发生变化,亦即它的动量就要发生变化,那么,当质点受到力矩作用时,什么物理量将发生变化呢?下面我们来研究这个问题。

在没有导出定量关系以前,我们可能就有这样的猜想:既然力能使质点的动量发生变化,那么力矩就应当能使质点的动量矩发生变化,因为它们是一一对应的。让我们来验证一下,这样的猜想是否正确?

力矩 $\boldsymbol{M}_O$ 等于 $\boldsymbol{r}$ 和 $\boldsymbol{F}$ 的矢积。为了求出力矩 $\boldsymbol{M}_O$ 所产生的效果,我们可用位矢 $\boldsymbol{r}$ 矢乘运动方程

$$m\frac{\mathrm{d}^2\boldsymbol{r}}{\mathrm{d}t^2}=\boldsymbol{F} \tag{a}$$

的两侧,就得到:

$$m\left(\boldsymbol{r}\times\frac{\mathrm{d}^2\boldsymbol{r}}{\mathrm{d}t^2}\right)=\boldsymbol{r}\times\boldsymbol{F} \tag{b}$$

但

$$\boldsymbol{r}\times\frac{\mathrm{d}^2\boldsymbol{r}}{\mathrm{d}t^2}=\frac{\mathrm{d}}{\mathrm{d}t}\left(\boldsymbol{r}\times\frac{\mathrm{d}\boldsymbol{r}}{\mathrm{d}t}\right)-\frac{\mathrm{d}\boldsymbol{r}}{\mathrm{d}t}\times\frac{\mathrm{d}r}{\mathrm{d}t}=\frac{\mathrm{d}}{\mathrm{d}t}(\boldsymbol{r}\times\boldsymbol{v}) \tag{c}$$

因此

$$\frac{\mathrm{d}}{\mathrm{d}t}(\boldsymbol{r}\times m\boldsymbol{v})=\boldsymbol{r}\times\boldsymbol{F} \tag{14-8}$$

如果把式(14-8)写成分量形式,则得

$$\frac{\mathrm{d}}{\mathrm{d}t}[m(y\dot{z}-z\dot{y})]=yF_z-zF_y \tag{14-9a}$$

$$\frac{\mathrm{d}}{\mathrm{d}t}[m(z\dot{x}-x\dot{z})]=zF_x-xF_z \tag{14-9b}$$

$$\frac{\mathrm{d}}{\mathrm{d}t}[m(x\dot{y}-y\dot{x})]=yF_z-zF_y \tag{14-9c}$$

所以,力矩确实能使动量矩发生变化。这种关系,叫作动量矩定理,也叫角动量定理。即质点对惯性系中固定点或某固定轴线的动量矩对时间的微商,等于作用在该质点上的力对此同点或同轴的力矩。

如果令 $\boldsymbol{L}_O$ 代表动量矩,$\boldsymbol{M}_O$ 代表力矩,则式(14-8)还可写成更简洁的形式:

$$\frac{\mathrm{d}\boldsymbol{L}_O}{\mathrm{d}t}=\boldsymbol{M}_O \tag{14-10}$$

式(14-8)或式(14-10)是动量矩定理的微分形式。如果两边乘以 dt,然后对 t 积分,则得

$$\boldsymbol{L}_O-\boldsymbol{L}_O^{(0)}=\boldsymbol{\varGamma}_O \tag{14-11}$$

这是动量矩定理的积分形式,式中

$$\boldsymbol{\varGamma}_O=\int_{t_0}^{t}\boldsymbol{M}_O\mathrm{d}t \tag{14-12a}$$

$$\boldsymbol{\varGamma}_O=\boldsymbol{r}\times\boldsymbol{I} \tag{14-12b}$$

叫冲量矩。故质点动量矩的变化，等于力在该时间内给予该质点的冲量矩。

14.2.2 质点系对定点的动量矩定理

讨论由 n 个质点 $P_i(i=1,2,\cdots,n)$ 组成的质点系，计算每个质点对固定点 O 的动量矩，其矢量和定义为质点系对点 O 的动量矩，记作$\boldsymbol{L}_O$，即

$$\boldsymbol{L}_O=\sum_{i=1}^{n}\boldsymbol{r}_i\times m_i\dot{\boldsymbol{r}}_i \tag{14-13}$$

将上式对时间求导，利用质点对固定点的动量矩定理式(14-10)，并将作用于质点 P_i 的力划分为外力 $\boldsymbol{F}_i$ 和内力 $\boldsymbol{F}_{ij}(j=1,2,\cdots,n;j\neq i)$，得到

$$\frac{\mathrm{d}\boldsymbol{L}_0}{\mathrm{d}t}=\sum_{i=1}^{n}\frac{\mathrm{d}}{\mathrm{d}t}(\boldsymbol{r}_i\times m_i\boldsymbol{v}_i)=\sum_{i=1}^{n}\boldsymbol{r}_i\times\boldsymbol{F}_i+\sum_{i=1}^{n}\sum_{j=1(\neq i)}^{n}\boldsymbol{r}_i\times\boldsymbol{F}_{ij} \tag{d}$$

上式右边第二项由于 $\boldsymbol{F}_{ji}=-\boldsymbol{F}_{ij}$ 而抵消为零，第一项为质点的外力对点 O 的主矩，记作 $M_O^{(\mathrm{e})}$，

$$\boldsymbol{M}_O^{(\mathrm{e})}=\sum_{i=1}^{n}\boldsymbol{r}_i\times\boldsymbol{F}_i \tag{e}$$

则式(d)可写作

$$\frac{\mathrm{d}\boldsymbol{L}_O}{\mathrm{d}t}=\boldsymbol{M}_O^{(\mathrm{e})} \tag{14-14}$$

此即质点系对定点的动量矩定理：质点系对定点的动量矩对时间的导数，等于质点系的外力对该点的主矩。

质点系内各质点对固定轴的动量矩的代数和定义为质点系对该轴的动量矩。不失一般性，设此固定轴为 z 轴，则有

$$L_{Oz}=\sum_{i=1}^{n}M_z(m_i\boldsymbol{v}_i) \tag{f}$$

质点的动量矩与力矩类似有以下结论：质点对过点 O 的固定轴的动量矩，等于其对定点 O 的动量矩在该轴上的投影，即

$$L_{Oz}=\boldsymbol{L}_O\cdot\boldsymbol{k} \tag{g}$$

将式(14-14)对过定点 O 的 z 轴投影，得到

$$\frac{\mathrm{d}L_{Oz}}{\mathrm{d}t}=M_{Oz}^{(\mathrm{e})} \tag{14-15}$$

其中 $M_{Oz}^{(\mathrm{e})}$ 为质点系的外力对 z 轴的主矩。式(14-15)表明：质点系对固定轴的动量矩对时间的导数，等于质点系的外力对该轴的主矩。

可以看出，与动量的改变一样，质点系动量矩的改变，与系统内质点间相互作用的内力无关，完全取决于质点系的外力。所不同的是后者决定于外力系对固定点的主矩，而前者决定于主矢。

质点系的动量矩定理式(14-14)也可以积分形式表示为

$$\boldsymbol{L}_O-\boldsymbol{L}_O^{(0)}=\boldsymbol{\Gamma}_O^{(\mathrm{e})} \tag{14-16}$$

这里

$$\boldsymbol{\Gamma}_O^{(\mathrm{e})}=\int_{t_0}^{t}\boldsymbol{M}_O^{(\mathrm{e})}\mathrm{d}t \tag{14-17a}$$

$$\boldsymbol{\Gamma}_O^{(\mathrm{e})}=\sum_{i=1}^{n}\boldsymbol{r}_i\times\boldsymbol{I}_i^{(\mathrm{e})} \tag{14-17b}$$

其中 $\boldsymbol{I}_i^{(e)}$ 为外力 $\boldsymbol{F}_i^{(e)}$ 的冲量:

$$I_i^{(e)} = \int_{t_0}^{t} \boldsymbol{F}_i^{(e)} \mathrm{d}t \quad (i=1,2,\cdots,n) \tag{14-18}$$

可叙述为:质点系对定点 O 的动量矩在某个时间间隔内的改变,等于外力在此时间间隔内对该点的冲量主矩。积分形式的动量定理和动量矩定理适合于处理碰撞问题。碰撞问题将在下册中专门讨论,其特点是:力的作用时间极其短暂,以致作用点在作用过程中位置不变。

例题 14-3 杆 OA 由柱铰链 O 与地面连接,它对轴 O 的转动惯量为 J_0;一高为 h、质量为 m_1 的均质矩形板沿轴 x 以速度 $\boldsymbol{u}$ 平行移动,并推动杆 OA 绕轴 O 转动;一质量为 m_2 的质点 E 以相连速度 $\boldsymbol{v}_r$ 在板上运动。试求系统运动到图 14-7a)所示位置时对轴 O(轴 z)的动量矩。

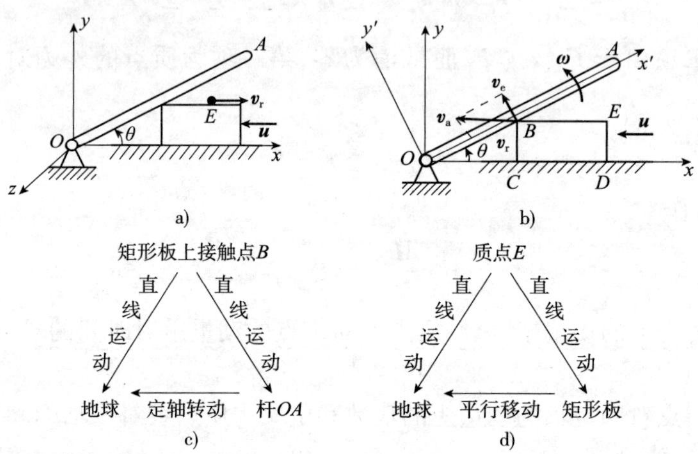

图 14-7 例题 14-3

解:(1)运动分析[图 14-7a)]

杆 OA 做定轴转动,矩形板做平行移动,质点 E 做直线运动。

以矩形板上与杆 OA 的接触点 B 为动点,杆 OA 为动系如图 14-7b)、c)所示。

$$\boldsymbol{v}_a = \boldsymbol{v}_e + \boldsymbol{v}_r$$

$$v_a = u, v_e = u\sin\theta, OB' = \frac{h}{\sin\theta}$$

$$\omega_{OA} = \frac{v_e}{OB'}, \omega_{OA} = \frac{u}{h}\sin^2\theta \tag{1}$$

矩形板质心高度 $y_C = h/2$,质心速度

$$v_C = u(\leftarrow) \tag{2}$$

质点 E 高度 $y_E = h$,以质点 E 为动点,矩形板为动系如图 14-8a)、d)所示。

$$\boldsymbol{v}_a = \boldsymbol{v}_e + \boldsymbol{v}_r$$

$$v_e = u, v_a = u - v_r(\leftarrow)$$

$$v_E = u - v_r(\leftarrow) \tag{3}$$

(2)求系统对 Oz 轴的动量矩

①杆 OA 对轴 z 的动量矩:

$$L_{z1} = J_0\omega_{OA} = \frac{J_0 u}{h}\sin^2\theta \tag{4}$$

②板对轴 z 的动量矩:

$$L_{z2} = y_C m_1 u = \frac{1}{2}hm_1 u \tag{5}$$

③质点 E 对轴 z 的动量矩：

$$L_{z3}=y_E m_2 v_E=hm_2(u-v_r) \tag{6}$$

质点系对轴 z 的动量矩为

$$L_{Oz}=L_{z1}+L_{z2}+L_{z3}=\frac{J_z u}{h}\sin^2\theta+\frac{1}{2}hm_1 u+hm_2(u-v_r)$$

讨论与练习

(1)运动学分析应用了点的速度合成定理。

(2)取杆、矩形板和质点作为一个质点系。分别求出杆、矩形板和质点对轴 z 的动量矩，再求和。

(3)请读者采用 Maple 编程求解本题。

例题 14-4 质量为 m_1 的塔轮可绕水平轴 O 转动，绕在塔轮上的绳索无相对滑动，绕在半径为 r 的轮盘上的绳索与刚度系数为 k 的弹簧连接，弹簧的另一端固定在墙壁上；绕在半径为 R 轮盘上的绳索的另一端铅垂悬挂一质量为 m_2 的杆，如图 14-8a)所示。若塔轮的质心位于轮盘中心 O，对 O 轴的转动惯量 $J_0=2mr^2$，$R=2r$，$m_1=m$，$m_2=2m$。试求弹簧被拉长 s 时，杆的加速度和轴承 O 的约束力。

解：(1)运动分析，如图 14-8b)所示。

塔轮作定轴转动，杆作平行移动。塔轮和杆构成一个质点系，该质点系具有一个自由度，可用弹簧的变形量 s 作为系统的广义坐标。

$$v=R\omega, v=2r\omega \tag{1}$$

$$\dot{v}=a, \dot{\omega}=\alpha \tag{2}$$

(2)受力分析，如图 14-8b)所示。

塔轮和杆组成系统受(外)力 $m_1 g, m_2 g, \boldsymbol{F}, \boldsymbol{F}_{ox}, \boldsymbol{F}_{oy}$。

弹簧拉力为

$$F=ks \tag{3}$$

(3)应用对定点动量矩定理，求杆的加速度。

系统对 O 轴的动量矩大小为

$$\begin{aligned}L_O&=L_{O1}+L_{O2} && \text{\#塔轮与杆对 } O \text{ 轴的动量矩之和。}\\&=J_0\omega+Rm_2 v && \text{\#列式。}\\&=2mr^2\cdot\frac{v}{2r}+2r\cdot 2m\cdot v && \text{\#统一。}\\&=5rmv && \text{\#化简。}\end{aligned}$$

根据质点系对 O 轴的动量矩定理式(14-15)，得

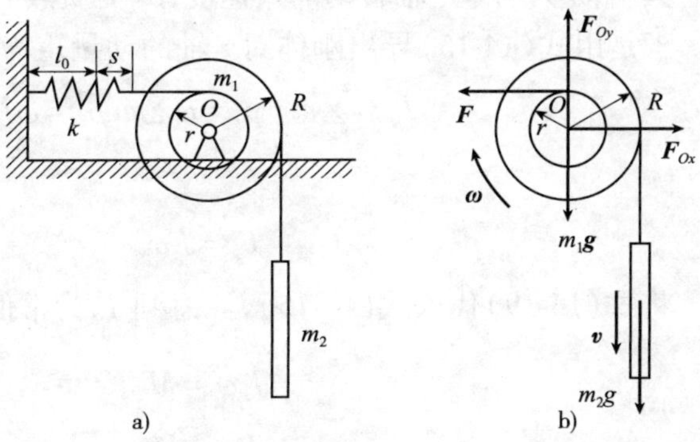

图 14-8 例题 14-4

$$\frac{\mathrm{d}L_O}{\mathrm{d}t} = \sum M_O^{(e)},5rm\dot{v} = R \cdot m_2 g - r \cdot F \tag{4}$$

由式(2)~式(4),解得杆的加速度

$$a = \frac{4}{5}g - \frac{ks}{5m} \tag{5}$$

(4)根据质心运动定理,求轴承 O 的约束力。

塔轮质心加速度为零,杆的质心加速度为 a(方向铅垂向下),

$$\boldsymbol{a}_{C1} = \boldsymbol{0},\boldsymbol{a}_{C2} = -a\boldsymbol{j} \tag{6}$$

$$m_1 a_{C1,x} + m_2 a_{C2,x} = \sum F_x^{(e)},0 = -F + F_{ox} \tag{7}$$

$$F_{ox} = ks$$

$$m_1 a_{C1,y} + m_2 a_{C2,y} = \sum F_y^{(e)}, -m_2 a = -m_1 g - m_2 g + F_{oy} \tag{8}$$

将式(5)代入式(8),解得

$$F_{oy} = \frac{(7mg + 2ks)}{5}$$

讨论与练习

(1)为什么对定轴的动量矩以杆的速度为目标统一?若求塔轮的角加速度,又如何统一?请求出塔轮的角加速度。

(2)本题综合应用了对定点动量定理微分形式和质心运动定理。

(3)系统质量与质心加速度的乘积等于塔轮质量与其质心加速度乘积加上杆的质量与其质心加速度。

$$(m_1 + m_2)\boldsymbol{a}_C = m_1\boldsymbol{a}_{C1} + m_2\boldsymbol{a}_{C2}$$

(4)请读者采用 Maple 编程求解本题。

14.3 刚体定轴转动动力学

质点系对固定轴的动量矩定理可用来讨论刚体的定轴转动规律。设刚体绕 z 轴作定轴

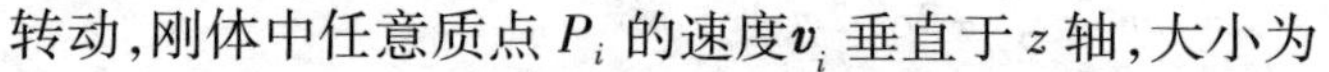

转动,刚体中任意质点 P_i 的速度 $\boldsymbol{v}_i$ 垂直于 z 轴,大小为

$$v_i = \omega\rho_i \tag{a}$$

其中,ω 为刚体定轴转动的角速度,ρ_i 为质点 P_i 至 z 轴的距离(图 14-9)。于是由式(14-15)导出刚体对 z 轴的动量矩为

$$L_z = \sum_i m_i v_i \rho_i = \omega \sum_i m_i \rho_i^2 = \omega J_z \tag{b}$$

即

$$L_z = J_z\omega \tag{14-19}$$

将式(14-19)代入式(14-15),注意到 J_z 为常值,令 $\mathrm{d}\omega/\mathrm{d}t = \alpha$,导出

$$J_z\dot{\omega} = M_z \tag{14-20a}$$

$$J_z\alpha = M_z \tag{14-20b}$$

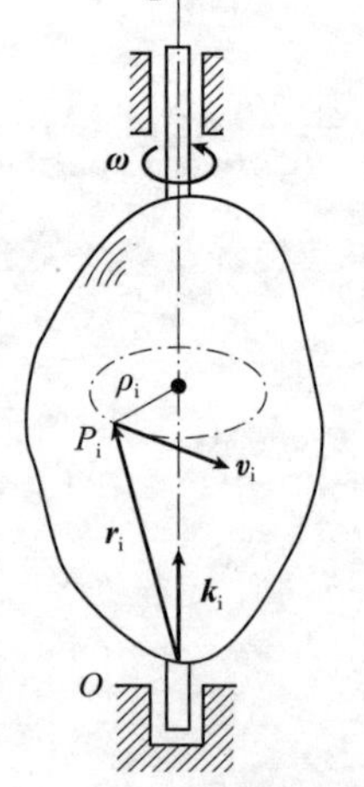

图 14-9 定轴转动的刚体

上式表明:定轴转动刚体对转动轴的转动惯量与角加速度的乘积等

于力对动轴的矩。式(14-20b)与平行移动刚体的质心运动定理 $m\boldsymbol{a}=\boldsymbol{F}$ 的各项一一对应。前面已经说明质量 m 是平行移动刚体惯性的量度,转动惯量 J_z 则是定轴转动刚体惯性的量度。

设刚体的转角为 φ,则有 $\omega=\dot{\varphi}$,$\alpha=\ddot{\varphi}$ 从式(14-20b)导出刚体定轴转动的运动微分方程如下:

$$J_z\ddot{\varphi}=M_z \tag{14-20c}$$

这里 $J_z=J_{Oz}=J_O$,表示刚体对 Oz 轴的转动惯量。

例题 14-5 设质量为 m 的刚体悬挂在 O 点,并可绕水平轴 O 转动(如图 14-10所示),C 为刚体的质心。已知质心到悬挂点 O 的距离 $OC=b$,求刚体的微振动周期。

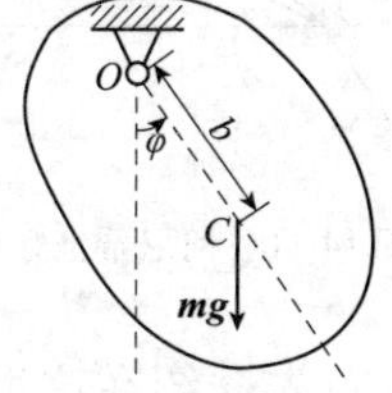

图 14-10 例题 14-5

解:(1)运动分析

刚体作定轴转动,质心 C 作圆周运动。取 OC 与竖直线的夹角 φ 为广义坐标,刚体绕 O 轴的转动惯量

$$J=J_C+mb^2 \tag{1}$$

其中,J_C 是刚体绕 C 轴的转动惯量。

(2)受力分析

刚体受力 $m\boldsymbol{g}$,$\boldsymbol{F}_{ox}$,$\boldsymbol{F}_{oy}$。

(3)列出方程

根据式(14-20)可得刚体的运动微分方程

$$J_{Oz}\ddot{\varphi}=\sum M_{Oz},J\ddot{\varphi}=-mga\sin\varphi \tag{2}$$

令 $l=J/(mb)$,上式可以写成

$$\ddot{\varphi}+\frac{g}{l}\sin\varphi=0 \tag{3}$$

如摆角 φ 很小,$\sin\varphi\approx\varphi$,则运动方程为

$$\ddot{\varphi}+\frac{g}{l}\varphi=0 \tag{4}$$

因此刚体的微振动周期为

$$T=2\pi\sqrt{\frac{l}{g}},T=2\pi\sqrt{\frac{J}{mgb}} \tag{5}$$

讨论与练习

(1)本题的物理模型称为复摆,或者叫物理摆。

(2 复摆与例题 12-2 中的单摆具有相同形式的数学模型。区别是对于单摆 $l=\overline{OC}$,对于复摆 $l=J/(mb)=\overline{OO'}$,这里 O'称为撞击中心。

(3)复摆的周期与转动惯量与关,工程上可以利用式(5),测量刚体的转动惯量。

14.4 矩心为质心的动量矩定理

前面叙述的动量矩定理规定矩心为固定点。但在实际问题中常要求讨论刚体绕动点的转动规律,需要建立质点系以动点为矩心的动量矩定理。本节先讨论一种特殊情形,即质点系以质心为矩心的动量矩定理。质点系对任意动点的动量矩定理则放在 14.7 节中叙述。

14.4.1 质点系对质心的动量矩定理

1)质点系对质心动量矩的定义

建立惯性坐标系 $O\xi\eta\zeta$(图 14-11)。设质点系的质心为 C,其相对固定点 O 的矢径为 $\boldsymbol{r}_C$,质点系内任意质点 P_i 相对点 O 及点 C 的矢径分别为 $\boldsymbol{r}_i$ 及 $\boldsymbol{\rho}_i$。则有

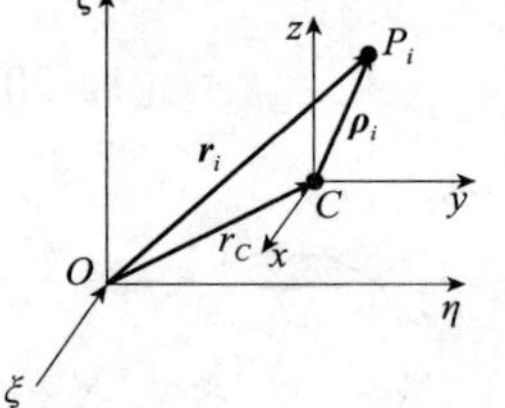

图 14-11 柯尼希坐标系

$$\boldsymbol{r}_i = \boldsymbol{r}_C + \boldsymbol{\rho}_i \tag{a}$$

质点 P_i 相对矩心 C 的动量矩是指向量

$$\boldsymbol{L}_{iC} = \boldsymbol{\rho}_i \times m_i \dot{\boldsymbol{r}}_i \tag{b}$$

质点系动量相对矩心 C 的动量矩(主矩)是指向量

$$\boldsymbol{L}_C = \sum_{i=1}^{n} \boldsymbol{\rho}_i \times m_i \dot{\boldsymbol{r}}_i \tag{14-21}$$

2)质点系对质心的动量矩定理

首先介绍在这里和今后都非常重要的概念:系统相对质心的运动,这个运动是质心系统质点相对以质心为原点的平行移动坐标系的运动,这个坐标系也称为柯尼希坐标系 $Cxyz$(图 14-11)。

定理:质点系对其质心的动量矩对时间的导数等于质点系的外力对质心的主矩。即

$$\frac{\mathrm{d}\boldsymbol{L}_C}{\mathrm{d}t} = \boldsymbol{M}_C^{(\mathrm{e})} \tag{14-22}$$

证明:质点 P_i 相对惯性系 $O\xi\eta\zeta$ 的绝对速度和相对柯尼希坐标系 $Cxyz$ 的相对速度分别为 $\dot{\boldsymbol{r}}_i$ 和 $\dot{\boldsymbol{\rho}}_i$。将式(14-21)两边对时间求导,注意到根据质心定义和矢量性质恒有

$$\sum_{i=1}^{n} m_i \dot{\boldsymbol{\rho}}_i = m \dot{\boldsymbol{\rho}}_C = \boldsymbol{0} \tag{c}$$

$$\sum_{i=1}^{n} m_i \dot{\boldsymbol{\rho}}_i \times \dot{\boldsymbol{\rho}}_i \tag{d}$$

并利用牛顿定律将 $m_i\ddot{\boldsymbol{r}}_i$ 以作用力 $\boldsymbol{F}_i + \sum\limits_{j=1(\neq i)}^{n} \boldsymbol{F}_{ij}$ 代替,且有质点系内力的主矩为零。

$$m_i\ddot{\boldsymbol{r}}_i = \boldsymbol{F}_i + \sum_{j=1(\neq i)}^{n} \boldsymbol{F}_{ij} \tag{e}$$

$$\sum_{i=1}^{n} [\boldsymbol{\rho}_i \times (\sum_{j=1(\neq i)}^{n} \boldsymbol{F}_{ij})] = \boldsymbol{0} \tag{f}$$

$$\begin{aligned}
\frac{\mathrm{d}\boldsymbol{L}_C}{\mathrm{d}t} &= \frac{\mathrm{d}}{\mathrm{d}t}\sum_{i=1}^{n} \boldsymbol{\rho}_i \times m_i \dot{\boldsymbol{r}}_i && \text{\#展开。} \\
&= \sum_{i=1}^{n} (\dot{\boldsymbol{\rho}}_i \times m_i \dot{\boldsymbol{r}}_i + \boldsymbol{\rho}_i \times m_i \ddot{\boldsymbol{r}}_i) && \text{\#利用式(a)。} \\
&= \sum_{i=1}^{n} [\dot{\boldsymbol{\rho}}_i \times m_i(\dot{\boldsymbol{r}}_C + \dot{\boldsymbol{\rho}}_i) + \rho_i \times m_i \ddot{\boldsymbol{r}}_i] && \text{\#展开。} \\
&= (\sum_{i=1}^{n} m_i \dot{\boldsymbol{\rho}}_i) \times \dot{\boldsymbol{r}}_C + \sum_{i=1}^{n} m_i \dot{\boldsymbol{\rho}}_i \times \dot{\boldsymbol{\rho}}_i + \sum_{i=1}^{n} \boldsymbol{\rho}_i \times m_i \ddot{\boldsymbol{r}} && \text{\#利用式(c)和(d)。} \\
&= \sum_{i=1}^{n} \boldsymbol{\rho}_i \times m_i \ddot{\boldsymbol{r}}_i && \text{\#利用式(e)。} \\
&= \sum_{i=1}^{n} \boldsymbol{\rho}_i \times \left(\boldsymbol{F}_i + \sum_{j=1(\neq i)}^{n} \boldsymbol{F}_{ij}\right) && \text{\#展开。} \\
&= \sum_{i=1}^{n} \boldsymbol{\rho}_i \times \boldsymbol{F}_i + \sum_{i=1}^{n} \left[\boldsymbol{\rho}_i \times \left(\sum_{j=1(\neq i)}^{n} \boldsymbol{F}_{ij}\right)\right] && \text{\#利用式(f)。}
\end{aligned}$$

$$= \sum_{i=1}^{n} \boldsymbol{\rho}_i \times \boldsymbol{F}_i = M_C^{(e)}$$

将矢量方程(14-22)向过质心的平移轴系投影,得到质点系对过质心的平移轴的动量矩定理:

$$\frac{\mathrm{d}L_{Cz}}{\mathrm{d}t} = M_{Cz}^{(e)} \qquad (g)$$

即:质点系对过质心的平行移动轴的动量矩对时间的导数等于质点系的外力对该轴的矩。

质点系的动量矩定理式(14-22)也可以积分形式表示为

$$\boldsymbol{L}_C - \boldsymbol{L}_C^{(0)} = \boldsymbol{\Gamma}_C^{(e)} \qquad (14\text{-}23)$$

即:质点系对质心 C 的动量矩在某个时间间隔内的改变,等于所有外力在此时间间隔内对质心 C 的冲量主矩。

3)质点系对质心动量矩与对定点动量矩之关系

将式(14-22)与(14-9)、式(14-23)与式(14-10)对照可以看出,质点系对质心的动量矩定理与对定点的动量矩定理具有完全相同的形式。此外,质点系对定点的动量矩 $\boldsymbol{L}_O$,可利用质点系对质心的动量矩 $\boldsymbol{L}_C$ 和动量 $\boldsymbol{p}$ 算出。即:质点系对定点的动量矩等于质点系对质心的动量矩与质点系的动量对该定点的矩之和。

$$\boldsymbol{L}_O = \boldsymbol{L}_C + \boldsymbol{r}_C \times \boldsymbol{p} \qquad (14\text{-}24)$$

证明:$\boldsymbol{L}_O = \sum_{i=1}^{n} \boldsymbol{r}_i \times m_i \dot{\boldsymbol{r}}_i$　　#由式(a)知。

$= \sum_{i=1}^{n} (\boldsymbol{r}_C + \boldsymbol{\rho}_i) \times m_i \dot{\boldsymbol{r}}_i$　　#展开。

$= \boldsymbol{r}_C \times \sum_{i=1}^{n} m_i \dot{\boldsymbol{r}}_i + \sum_{i=1}^{n} \boldsymbol{\rho}_i \times m_i \dot{\boldsymbol{r}}_i$　　#由式(13-7)和式(14-21)知。

$= \boldsymbol{r}_C \times \boldsymbol{p} + \boldsymbol{L}_C$

14.4.2　在柯尼希坐标系中质点系对质心的动量矩定理

1)相对运动质点系对质心动量矩的定义

以 C 为矩心计算质点系的动量矩时,必须区分质点系的运动是相对惯性坐标系的绝对运动,还是相对平行移动坐标系的相对运动。依据质点系在柯尼希坐标系中计算的对质心的动量矩,记作 $\boldsymbol{L}_C^{(r)}$。后者称为相对动量矩。

$$\boldsymbol{L}_C^{(r)} = \sum_{i=1}^{n} \boldsymbol{\rho}_i \times m_i \dot{\boldsymbol{\rho}}_i \qquad (14\text{-}25)$$

2)质点系对质心的动量矩在相对运动与绝对运动中之关系

在柯尼希坐标系中,质点系相对运动对质心的动量矩与质点系绝对运动对质心的动量矩相等,即:

$$\boldsymbol{L}_C^{(r)} = \boldsymbol{L}_C \qquad (14\text{-}26)$$

证明:将式(14-20)对 t 的导数 $\dot{\boldsymbol{r}}_i = \dot{\boldsymbol{r}}_C + \dot{\boldsymbol{\rho}}_i$,代入式(14-25)并展开,得到

$\boldsymbol{L}_C^{(r)} = \sum_{i=1}^{n} \boldsymbol{\rho}_i \times m_i \dot{\boldsymbol{\rho}}_i$　　#由式(a)知。

$= \sum_{i=1}^{n} \boldsymbol{\rho}_i \times m_i (\dot{\boldsymbol{r}}_i - \dot{\boldsymbol{r}}_C)$　　#展开。

$$= \sum_{i=1}^{n} \boldsymbol{\rho}_i \times m_i \dot{\boldsymbol{r}}_i - (\sum_{i=1}^{n} m_i \boldsymbol{\rho}_i) \times \dot{\boldsymbol{r}}_C \quad \text{\#质心的意义。}$$

$$= \sum_{i=1}^{n} \boldsymbol{\rho}_i \times m_i \dot{\boldsymbol{r}}_i = \boldsymbol{L}_C$$

3）相对运动质点系对质心的动量矩定理

由式(14-22)和式(14-26)。显然可以得到

$$\frac{\mathrm{d}\boldsymbol{L}_C^{(\mathrm{r})}}{\mathrm{d}t} = \boldsymbol{M}_C^{(\mathrm{e})} \tag{14-27}$$

即:在柯尼希坐标系的运动中,质系对质心的动量矩对时间的导数等于质系所受外力对质心的主矩,称为相对运动中对质心的动量矩定理。

例题 14-6　一半径为 r 的均质圆盘在水平面上以角速度 $\boldsymbol{\omega}$ 作纯滚动,如图 14-12 所示。已知圆盘对 Oz 轴的转动惯量 $J_O = mr^2/2$,试求圆盘对水平面上 O_1 点的动量矩。

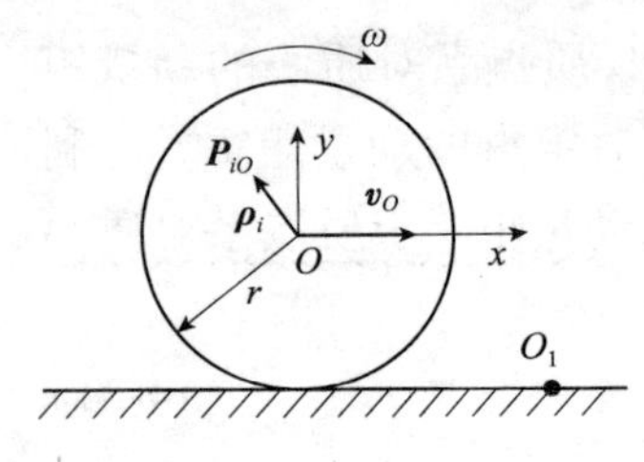

图 14-12　例题 14-6

解:(1)运动分析

均质圆盘做平面运动,速度瞬心为与地面的接触点 P,建立柯尼希坐标系 Oxy。

$$\boldsymbol{v}_O = r\omega \boldsymbol{i} \tag{1}$$

(2)求圆盘对 Oz 轴的动量矩

$$\boldsymbol{L}_O = \boldsymbol{L}_O^{(\mathrm{r})} = \sum_i \boldsymbol{\rho}_i \times m_i \dot{\boldsymbol{\rho}}_i \tag{2}$$

$$= -\sum_i m_i \rho_i^2 \omega \boldsymbol{k} = -J_O \omega \boldsymbol{k}$$

其中,$\boldsymbol{\rho}_i$ 为圆盘上质点 P_i 相对质心 O 的矢径。

(3)求圆盘对 $O_1 z$ 轴的动量矩

利用式(14-24)可得圆盘对 O_1 点的动量矩 $\boldsymbol{L}_{O1}$ 为

$$\boldsymbol{L}_{O1} = \boldsymbol{L}_O + \boldsymbol{r}_{O_1O} \times m\boldsymbol{v}_O$$

$$= -J_O\omega\boldsymbol{k} + (-x\boldsymbol{i} + r\boldsymbol{j}) \times m\omega r\boldsymbol{i} = -\frac{3}{2} mr^2 \omega \boldsymbol{k}$$

讨论与练习

(1)动量矩是矢量,即动量之矩,按定义进行矢量运算。

(2)本题利用了对定点动量矩与对质心动量矩之关系。

14.5　动量矩守恒定律

14.5.1　质点的动量矩守恒定律

如果质点不受外力作用,或虽受外力作用,但诸外力对某点的合力矩恒为零,则对该点来讲,质点的动量矩 $\boldsymbol{L}_O$ 为一恒矢量,这个关系,叫作动量矩守恒定律,也叫角动量守恒定律。

若 $\boldsymbol{r} \times \boldsymbol{F} = \boldsymbol{0}$,则 $\boldsymbol{L}_O = \boldsymbol{r} \times m\boldsymbol{v} = \boldsymbol{r} \times \boldsymbol{p} = C' =$ 恒矢量。写得简洁些,则为

当 $\boldsymbol{M}_O = \boldsymbol{0}$,

$$\boldsymbol{L}_O = \boldsymbol{C}' = \text{恒矢量} \tag{14-28}$$

当 $\boldsymbol{M}_O = \boldsymbol{0}$,

$$\boldsymbol{L}_O = \boldsymbol{L}_O^{(0)} \tag{14-29}$$

动量矩守恒定律的分量形式是

当 $\boldsymbol{M}_O = \boldsymbol{0}$,则

$$L_{Ox} = m(y\dot{z} - z\dot{y}) = C_4 \tag{14-30a}$$

$$L_{Oy} = m(z\dot{x} - x\dot{z}) = C_5 \tag{14-30b}$$

$$L_{Oz} = m(x\dot{y} - y\dot{x}) = C_6 \tag{14-30c}$$

式中,C_4,C_5 和 C_6 是积分常数,由起始条件决定。动量矩守恒定律,在有心力问题中要经常用到。

跟动量守恒定律一样,有时力矩 $\boldsymbol{M}_O$ 只有一个分量等于零,其他两个分量并不等于零,这时整个动量矩虽不守恒,但对该轴来讲,动量矩的值保持为常数。例如,当质点只受重力作用而运动时,如取 Oz 轴竖直向上,则 $F_x = 0$,$F_y = 0$,$F_z = -mg$,所以 $M_{Oz} = 0$,因而 L_{Oz}就是一个常数。

当 $\boldsymbol{M}_O = \boldsymbol{0}$,$\boldsymbol{L}_O$ 为一恒矢量时,$\boldsymbol{L}_O$ 的方向也就不会改变,而和它相垂直的质点的位矢 $\boldsymbol{r}$ 就必定只能在同一平面内(垂直于 $\boldsymbol{L}_O$ 的平面内)运动。有心力问题就具有这样的性质。

14.5.2 质点系对定点的动量矩守恒定律

如果所有作用在质点组上的外力对某一固定点 O 的合力矩为零,那么

$$\frac{\mathrm{d}\boldsymbol{L}_O}{\mathrm{d}t} = \boldsymbol{0} \tag{a}$$

因而得到矢量积分

$$\boldsymbol{L}_O = \text{恒矢量} \tag{b}$$

这个关系,叫作质点组动量矩守恒定律。即质点组不受外力作用时,或虽受外力作用,但这些力对某定点的力矩的矢量和为零,则对此定点而言,质点组的动量矩为一恒矢量,亦即得到运动方程的第一积分。

跟动量守恒定律的情形一样,如果作用在质点组上诸外力对某定点 O 的力矩虽然不等于零,当对通过原点 O 的某一坐标轴(设为 Ox 轴)的力矩为零,也就是说,如果

$$\sum_{i=1}^{n}(y_i F_{iz}^{(e)} - z_i F_{iy}^{(e)}) = 0 \tag{c}$$

则

$$L_{Ox} = \sum_{i=1}^{n} m_i(y_i \dot{z}_i - z_i \dot{y}_i) = \text{常数} \tag{d}$$

因而,在这一情形下,质点组的动量矩在这轴上的投影为一常数,亦即得到了一个第一积分。

14.5.3 质点系对质心的动量矩守恒定律

从质点系对质心 C 的动量矩定理可以看出,质点系动量矩的改变仅取决于质点系外力的主矩,而与系统的内力无关。若外力对质心的主矩为零,即 $\boldsymbol{M}_C = \boldsymbol{0}$,则质点系对质心的动量矩的变化率为零,$\boldsymbol{L}_C$ 保持常矢量不变:

$$\boldsymbol{L}_C = \text{常矢量}(\boldsymbol{M}_C = \boldsymbol{0}) \tag{14-31}$$

若外力主矩沿某个确定方向(设为 z 轴方向)的投影为零,即 $M_{Cz}=0$,则质点系对过点 C 的 z 轴的动量矩保持不变:

$$L_{Cz}=\text{const}(M_{Cz}=0) \tag{14-32}$$

积分常数由质点系的起始运动状态确定。

以上结论称为质点系对质心的动量矩守恒定律。

例题 14-7 质量均为 m 的 A 和 B 两人同时从静止开始爬绳,如图 14-13 所示。已知 A 的体质比 B 的体质好,因此 A 相对于绳的速率 u_1 大于 B 相对于绳的速率 u_2。不计绳子和滑轮的质量,不计轴 O 的摩擦。试问谁先到达顶端,并求绳子的移动速率 u。

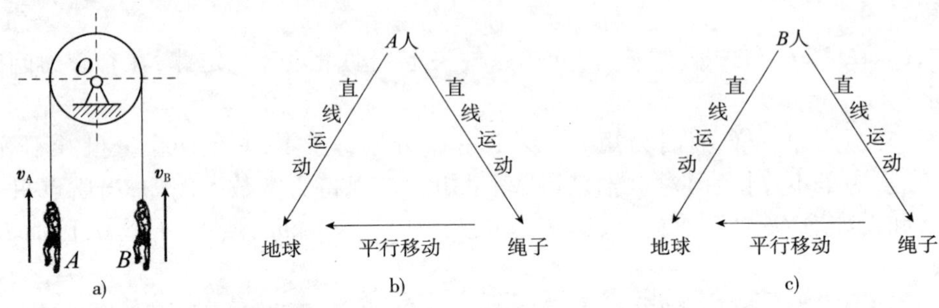

图 14-13 例题 14-7

解:(1)运动分析

滑轮做定轴转动,绳子做平行移动,A 人做直线运动,B 人做直线运动。初始时刻两人都处于静止状态,系统动量矩为零,

$$L_O^{(0)}=0 \tag{1}$$

两人爬绳过程中,系统的动量矩为

$$L_O=rmv_B-rmv_A \tag{2}$$

(2)受力分析

滑轮与 A、B 两人组成的系统受(外)力 $m_A\boldsymbol{g}$,$m_B\boldsymbol{g}$,$\boldsymbol{F}_{ox}$,$\boldsymbol{F}_{oy}$。因而外力系对 O 点的主矩为零,

$$\sum M_O^{(e)}=0 \tag{3}$$

(3)列出方程

系统对 O 轴的动量矩守恒

$$L_O=L_O^{(0)},rmv_B-rmv_A=0 \tag{4}$$

$$v_A=v_B \tag{5}$$

也就是说,尽管 A 的体质比 B 的体质好($u_1>u_2$),但他们上升的速度都一样,同时到达顶端。即使 B 不爬($u_2=0$),它还是以与 A 相同的速度上升。

(4)进一步运动分析[图 14-13b),c)]

设绳子移动的速率为 u,分别取 A,B 两人为动点,绳子为动系。因为

$$v_A=u_1-u,v_B=u_2+u \tag{6}$$

所以由式(5),可解得绳子的移动速率为

$$u=\frac{u_1-u_2}{2}$$

讨论与练习

(1)绳子是左下右上运动。

(2)滑轮角速度 $\omega=(u_1-u_2)/(2r)$,逆时针方向。

14.6 刚体平面运动动力学

刚体的平面运动有 3 个自由度,若过刚体质心 C 的刚体截面在坐标平面 Oxy 中运动,则可选质心坐标 x_C,y_C 及刚体转角 φ 描述刚体运动(图 14-14)。运用质心运动定理及相对质心的动量矩定理可得

$$m_\mu \ddot{x}_C = \sum F_x, m_\mu \ddot{y}_C = \sum F_y, J_C \ddot{\varphi} = \sum M_C \tag{14-33}$$

其中,m_μ 为刚体的质量,等式右侧分别为作用力主矢在 x,y 轴投影及对 C 点的主矩在 z 轴的投影。式(14-33)即为刚体平面运动的运动微分方程,或称平面运动的动力学方程。当作平面运动的刚体为自由刚体时,用它可以求解动力学两大基本问题;当刚体还受其他约束时,x_C、y_C、φ 不再独立,还需列出反映约束关系的运动学方程(约束方程)。

例题 14-8 质量为 m、半径为 R 的均质圆盘,在力 $\boldsymbol{F}$ 和力偶 $\boldsymbol{M}$ 的作用下在水平地面上作纯滚动,如图 14-15a)所示,试求圆盘的角加速度和质心加速度,以及作用在圆盘上的摩擦力 $\boldsymbol{F}_f$。

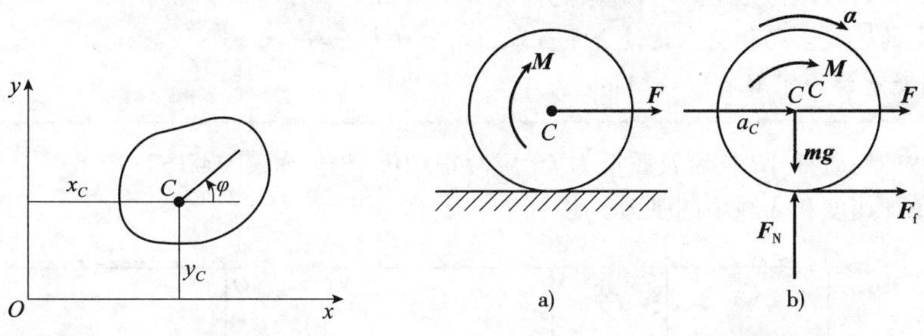

图 14-14 刚体的平面运动　　图 14-15 例题 14-8

解:(1)圆盘作纯滚动

①运动分析。

圆盘作平面运动,当圆盘地面上作纯滚动时,速度瞬心为与地面的接触点 P,该系统具有一个自由度,可用 φ 作为系统的广义坐标。设圆盘的角加速度 $\boldsymbol{\alpha}$ 和质心加速度 $\boldsymbol{a}_C$ 方向如图 14-15b)所示,两者之间存在关系式

$$a_C = R\alpha \tag{1}$$

②受力分析,如图 14-15b)所示。

圆盘受力 $m\boldsymbol{g}$,$\boldsymbol{F}$,$\boldsymbol{M}$,$\boldsymbol{F}_N$,$\boldsymbol{F}_f$。地面作用在圆盘上的摩擦力为 $\boldsymbol{F}_f$。

(3)列出方程。

应用刚体平面运动微分方程式(14-33),有

$$m_\mu \ddot{x}_C = \sum F_x, ma_C = F + F_f \tag{2a}$$

$$m_\mu \ddot{y}_C = \sum F_y, 0 = -mg + F_N \tag{2b}$$

$$J_C \ddot{\varphi} = \sum M_C, \frac{1}{2}mR^2\alpha = M - RF_f \tag{2c}$$

上述方程有 α、a_C、F_N 和 F_f 四个未知量,联立求解方程组式(1)和式(2),可得

$$\alpha = \frac{2}{3mR}\left(F + \frac{M}{R}\right), a_C = \frac{2}{3m}\left(F + \frac{M}{R}\right)$$

$$F_f = \frac{1}{3}\left(\frac{2M}{R} - F\right)$$

可以看出,当 $2M > RF$ 时,摩擦力为正值,表明作用于圆盘上的摩擦力的实际方向与图示方向相同,当 $2M < RF$ 时,摩擦力为负值,表明作用于圆盘上摩擦力的实际方向与图示方向相反。

(2)圆盘有滑动

当圆盘与地面的接触点有相对滑动时,这时圆盘有2个自由度。此时圆盘所受到的摩擦力是动滑动摩擦力,其大小则由支承力与动滑动摩擦因数的乘积来确定,其方向与接触点的速度方向相反。如果圆盘与地面接触点的速度方向向左,则动滑动摩擦力的方向向右,其大小为

$$F_{\mathrm{f}}=fF_{\mathrm{N}} \tag{3}$$

其中,f为圆盘与地面间的动滑动摩擦因数。四个未知量需通过联立求解方程式(2)和式(3)后得到。

讨论与练习

(1)圆盘对质心轴的转动惯量为 $J_{Cz}=mR^2/2$。

(2)当物体在地面上纯滚动时,摩擦力的大小和方向由其动力学方程确定。刚体平面运动只有3个动力学方程,要求解4个未知量,必须补充一个方程,由于圆盘在地面上作纯滚动,圆盘只有一个自由度,方程式(1)就是补充方程。

(3)当圆盘与地面的接触点有相对滑动时,这时圆盘有2个自由度。方程式(3)就是补充方程,此时圆盘所受到的摩擦力是动滑动摩擦力,其大小则由支承力与动滑动摩擦因数的乘积来确定,其方向与接触点的速度方向相反。请读者完成求出所有四个未知量。

(4)请读者编出求解本题的Maple程序。

例题14-9 均质杆 AB 长为 l,质量为 m,用两根细绳悬挂,如图14-16a)所示。求当把 B 绳突然剪断时,杆 AB 的角加速度和 A 绳中的张力。

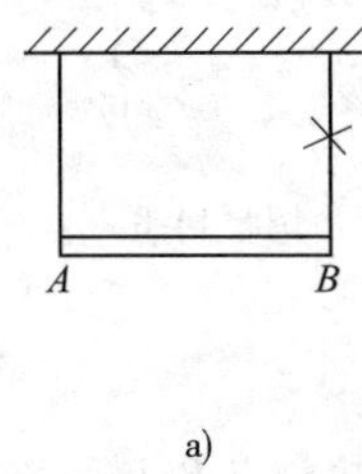

a)

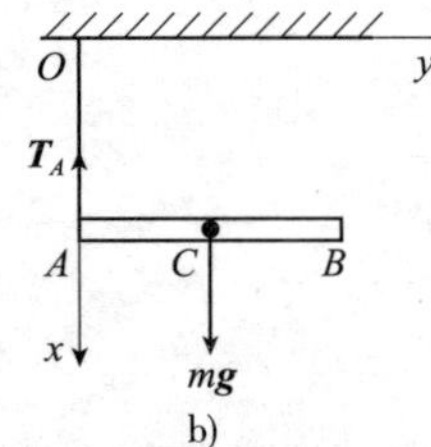

b)

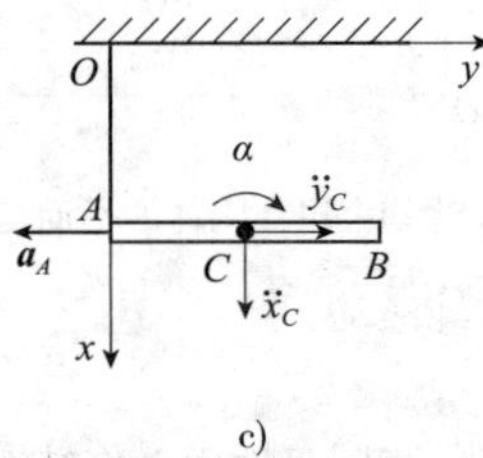

c)

图14-16 例题14-9

解:(1)运动分析[图14-17c)]

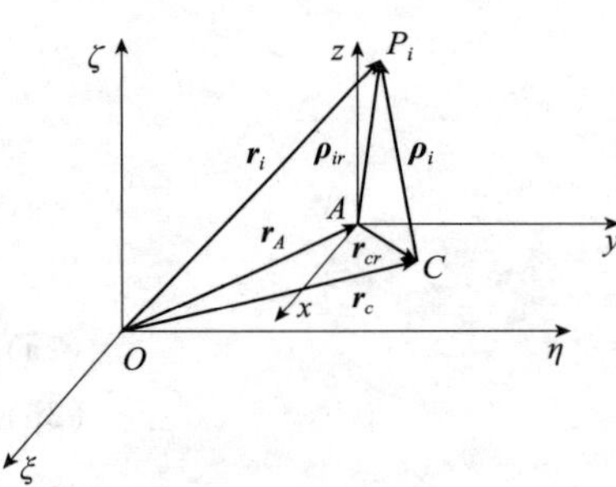

图14-17 质点系对动点的动量矩

均质杆 AB 作平面运动,点 A 作圆周运动,质心 C 做曲线运动。建立直角坐标系如图所示。选质心 C 为动点,点 A 为基点。绳 B 被突然剪断时,杆的角速度为零,点 A 的速度为零,点 C 的速度为零。

$$\omega=0, v_A=0, v_C=0, a_A^{\mathrm{n}}=0, a_C^{\mathrm{n}}\big|_A=0 \tag{1}$$

$$a_C^x=\ddot{x}_C, a_C^y=\ddot{y}_C, a_C^{\tau}\big|_A=\frac{l\alpha}{2} \tag{2}$$

$$\boldsymbol{a}_C^x+\boldsymbol{a}_C^y=\boldsymbol{a}_A+\boldsymbol{a}_C^{\tau}\big|_A \tag{3}$$

$$\boldsymbol{i}: \ddot{x}_C=a_C^{\tau}\big|_A, \ddot{x}_C=\frac{l\alpha}{2} \tag{4}$$

(2)受力分析[图14-16b)]

均质杆 AB 受力 mg,$\boldsymbol{F}_{\mathrm{T}}$。

(3)列出方程

应用刚体平面运动微分方程(14-33),有

$$m_{\mu}\ddot{x}_C=\sum F_x, m\ddot{x}_C=mg-F_{\mathrm{T}} \tag{5}$$

$$m_{\mu}\ddot{y}_C=\sum F_y, m\ddot{y}_C=0 \tag{6}$$

$$J_C\ddot{\varphi}=\sum M_C,\frac{1}{12}ml^2\alpha=\frac{1}{2}lF_{\mathrm{T}} \tag{7}$$

上述方程有 $\alpha,\ddot{x}_C,\ddot{y}_C$ 和 F_{T} 四个未知量,联立求解方程组式(4)~式(7),可得

$$\alpha=\frac{3g}{2l},F_{\mathrm{T}}=\frac{1}{4}mg$$

讨论与练习

(1)本题补充方程是运动学方程式(4)。

(2)均质杆对质心轴的转动惯量为 $J_{Cz}=ml^2/12$。

(3)请读者编出求解本题的 Maple 程序。

14.7 在非惯性参考系中的动量矩定理

14.7.1 矩心为动点的动量矩定理

随着工业技术的发展,尤其是机构学和机器人学的发展,越来越多地要求了解机械系统相对任意动点的动量矩变化规律,为此需要讨论质点系对任意动点的动量矩定理。设矩心 A 相对惯性系做曲线运动,以 A 为原点建立坐标轴与惯性坐标系 $O\xi\eta\zeta$ 各轴平行的平行移动坐标系 $Axyz$,以质心 C 为原点建立柯尼希坐标系 $Cxyz$。由于动点 A 相对非惯性系 $Axyz$ 为固定点,因此质点系对动点的动量矩定理也可以看作是非惯性参考系中质点系对定点的动量矩定理。

设质点系内任意质点 P_i 质量为 m_i,相对固定点 O、质心 C 和动点 A 的矢径分别为 $\boldsymbol{r}_i$、$\boldsymbol{\rho}_i$ 及 $\boldsymbol{\rho}_{i\mathrm{r}}$;质心 C、动点 A 相对固定点 O 的矢径分别为 $\boldsymbol{r}_C$、$\boldsymbol{r}_A$;质心 C 相对动点 A 的矢径为 $\boldsymbol{r}_{C\mathrm{r}}$(图 14-17),则有

$$\boldsymbol{r}_i=\boldsymbol{r}_C+\boldsymbol{\rho}_i;\boldsymbol{r}_i=\boldsymbol{r}_A+\boldsymbol{\rho}_{i_\mathrm{r}};\boldsymbol{r}_C=\boldsymbol{r}_A+\boldsymbol{r}_{C_\mathrm{r}};\boldsymbol{\rho}_{i_\mathrm{r}}=\boldsymbol{r}_{C_\mathrm{r}}+\boldsymbol{\rho}_i \tag{14-34}$$

计算质点系对动点的动量矩时,必须区分质点系的运动是相对惯性系的绝对运动,还是相对动坐标系的相对运动。设质点系的动量为 $\boldsymbol{p}$,相对动量为 $\boldsymbol{p}_\mathrm{r}$,所谓相对动量,是指质点相对动坐标系 $Axyz$ 的相对运动的动量 $\boldsymbol{p}_\mathrm{r}=m\boldsymbol{r}_{C\mathrm{r}}$。绝对速度为 $\dot{\boldsymbol{r}}_i$,相对 $Axyz$ 的速度为 $\dot{\boldsymbol{\rho}}_{i_\mathrm{r}}$,相对 $Cxyz$ 的速度为 $\dot{\boldsymbol{\rho}}_i$。

1)对动点动量矩的定义

(1)质点系对动点 A 的动量矩

$$\boldsymbol{L}_A=\sum\boldsymbol{\rho}_{i_\mathrm{r}}\times m_i\dot{\boldsymbol{r}}_i \tag{14-35}$$

(2)质点系相对运动对动点 A 的动量矩

$$\boldsymbol{L}_A^{(\mathrm{r})}=\sum\boldsymbol{\rho}_i\mathrm{r}\times m_i\dot{\boldsymbol{\rho}}_i\mathrm{r} \tag{14-36}$$

2)动量矩之间的关系

(1)质点系对动点 A 的动量矩与对固定点 O 的动量矩的关系:

$$\boldsymbol{L}_O=\boldsymbol{L}_A+\boldsymbol{r}_A\times\boldsymbol{p} \tag{14-37}$$

证明:$\boldsymbol{L}_O=\sum\boldsymbol{r}_i\times m_i\dot{\boldsymbol{r}}_i$　　　　#$\boldsymbol{r}_i=\boldsymbol{r}_A+\rho_{i_\mathrm{r}}$。

$$= \sum (\boldsymbol{r}_A + \rho_{i_r}) \times m_i \dot{\boldsymbol{r}}_i \qquad \text{\#展开。}$$

$$= \boldsymbol{r}_A \times \sum m_i \dot{\boldsymbol{r}}_i + \sum \rho_{i_r} \times m_i \dot{\boldsymbol{r}}_i \qquad \text{\#} \sum m_i \dot{\boldsymbol{r}}_i = p\text{。}$$

$$= \boldsymbol{r}_A \times p + \boldsymbol{L}_A$$

(2)质点系对动点 A 动量矩与相对运动质点系对动点 A 动量矩之关系:

$$\boldsymbol{L}_A = \boldsymbol{L}_A^{(\mathrm{r})} + \boldsymbol{r}_{C\mathrm{r}} \times m\, \boldsymbol{v}_A \tag{14-38}$$

证明:$\boldsymbol{L}_A = \sum \rho_{i_r} \times m_i \dot{\boldsymbol{r}}_i \qquad \text{\#}\dot{\boldsymbol{r}}_i = \dot{\boldsymbol{r}}_A + \dot{\rho}_{i_r}\text{。}$

$$= \sum \rho_{i_r} \times m_i (\dot{\boldsymbol{r}}_A + \dot{\rho}_{i_r}) \qquad \text{\#展开。}$$

$$= \sum m_i \rho_{i_r} \times \dot{\boldsymbol{r}}_A + \sum \rho_{i_r} \times m_i \dot{\rho}_{i_r} \qquad \text{\#} \sum m_i \rho_{i_r} = m\boldsymbol{r}_{C_r}\text{。}$$

$$= m\boldsymbol{r}_{C_r} \times \boldsymbol{v}_A + \boldsymbol{L}_{A_r}$$

(3)质点系对动点 A 的动量矩与对动点 B 的动量矩的关系:

$$\boldsymbol{L}_B = \boldsymbol{L}_A + \boldsymbol{r}_{BA} \times \boldsymbol{p} \tag{14-39}$$

证明:由式(14-37)得

$$\boldsymbol{L}_O = \boldsymbol{L}_A + \boldsymbol{r}_A \times \boldsymbol{p} \tag{1}$$

$$\boldsymbol{L}_O = \boldsymbol{L}_B + \boldsymbol{r}_B \times \boldsymbol{p} \tag{2}$$

式(1) - 式(2)得

$$\boldsymbol{L}_A - \boldsymbol{L}_B + (\boldsymbol{r}_A - \boldsymbol{r}_B) \times \boldsymbol{p} = \boldsymbol{0}$$

即

$$\boldsymbol{L}_B = \boldsymbol{L}_A + (\boldsymbol{r}_A - \boldsymbol{r}_B) \times p = \boldsymbol{L}_A + \boldsymbol{r}_{BA} \times \boldsymbol{p}$$

由式(14-38)容易得到:

(4)质点系对动点 A 的动量矩与对质心 C 的动量矩的关系:

$$\boldsymbol{L}_A = \boldsymbol{L}_C + \boldsymbol{r}_{C_r} \times \boldsymbol{p} \tag{14-40}$$

(5)质点系相对运动对动点 A 的动量矩与绝对运动对质心 C 的动量矩的关系:

$$\boldsymbol{L}_{A_r} = \boldsymbol{L}_C + \boldsymbol{r}_{C\mathrm{r}} \times \boldsymbol{p}_\mathrm{r} \tag{14-41}$$

证明:$\boldsymbol{L}_{A_r} = \boldsymbol{L}_A - m\boldsymbol{r}_{C_r} \times \boldsymbol{v}_A \qquad \text{\#式(14-38)。}$

$$= \boldsymbol{L}_C + \boldsymbol{r}_{C_r} \times p - m\boldsymbol{r}_{C_r} \times \boldsymbol{v}_A \qquad \text{\#式(14-40)。}$$

$$= \boldsymbol{L}_C + \boldsymbol{r}_{C_r} \times m(\boldsymbol{v}_C - \boldsymbol{v}_A) \qquad \text{\#}\boldsymbol{p} = m\,\boldsymbol{v}_C\text{。}$$

$$= \boldsymbol{L}_C + \boldsymbol{r}_{C_r} \times m(\dot{\boldsymbol{r}}_C - \dot{\boldsymbol{r}}_A) \qquad \text{\#}\boldsymbol{v}_C = \dot{\boldsymbol{r}}_C, \boldsymbol{v}_A = \dot{\boldsymbol{r}}_A\text{。}$$

$$= \boldsymbol{L}_C + \boldsymbol{r}_{C_r} \times m\dot{\boldsymbol{r}}_{C_r} \qquad \text{\#}\boldsymbol{r}_C = \boldsymbol{r}_A + \boldsymbol{r}_{C_r}\text{。}$$

$$= \boldsymbol{L}_C + \boldsymbol{r}_{C_r} \times \boldsymbol{p}_\mathrm{r} \qquad \text{\#}m\dot{\boldsymbol{r}}_{C_r} = \boldsymbol{p}_\mathrm{r}\text{。}$$

3)对动点的动量矩定理

(1)对动点 A 的绝对动量矩定理:

$$\frac{\mathrm{d}\,\boldsymbol{L}_A}{\mathrm{d}t} + \boldsymbol{v}_A \times \boldsymbol{p} = \boldsymbol{M}_A^{(\mathrm{e})} \tag{14-42}$$

证明:将式(14-35)对时间求导,利用式(14-34)和牛顿定律导出

$$\frac{\mathrm{d}\,\boldsymbol{L}_A}{\mathrm{d}t} = \sum \dot{\boldsymbol{\rho}}_{i_r} \times m_i \dot{\boldsymbol{r}}_i + \sum \rho_{i_r} \times m_i \ddot{\boldsymbol{r}}_i$$

$$= \sum(\dot{\boldsymbol{r}}_i - \dot{\boldsymbol{r}}_A) \times m_i \dot{\boldsymbol{r}}_i + \sum_i \boldsymbol{\rho}_{i_r} \times (\boldsymbol{F}_i + \sum_{j(\neq i)} \boldsymbol{F}_{ij})$$

$$= -\boldsymbol{v}_A \times \sum m_i \dot{\boldsymbol{r}}_i + \sum \boldsymbol{\rho}_{i_r} \times \boldsymbol{F}_i$$

$$= -\boldsymbol{v}_A \times \boldsymbol{p} + \boldsymbol{M}_A^{(e)}$$

(2)对动点 A 的相对动量矩定理：

$$\frac{\mathrm{d}\boldsymbol{L}_{Ar}}{\mathrm{d}t} = \boldsymbol{M}_A^{(e)} + \boldsymbol{r}_{Cr} \times (-m\boldsymbol{a}_A) \tag{14-43}$$

该定理表明，原点系相对动点 A 的动量矩对时间的导数等于作用于质点系上的外力对动点 A 的主矩与作用于质心惯性力(牵连惯性力 $\boldsymbol{F}_e^I = -m\boldsymbol{a}_A$)对点 A 之矩的矢量和。

证明：将式(14-36)对时间求导，利用式(14-34)和牛顿定律导出

$$\frac{\mathrm{d}\boldsymbol{L}_{A_r}}{\mathrm{d}t} = \sum \dot{\boldsymbol{\rho}}_{ir} \times m_i \dot{\boldsymbol{\rho}}_{ir} + \sum \boldsymbol{\rho}_{ir} \times m_i \ddot{\boldsymbol{\rho}}_{ir}$$

$$= \sum \boldsymbol{\rho}_{ir} \times m_i(\ddot{\boldsymbol{r}}_i - \ddot{\boldsymbol{r}}_A)$$

$$= \sum_i \boldsymbol{\rho}_{ir} \times (\boldsymbol{F}_i + \sum_{j(\neq i)} \boldsymbol{F}_{ij}) - (\sum m_i \rho_{i_r}) \times \ddot{\boldsymbol{r}}_A$$

$$= \sum \boldsymbol{\rho}_{ir} \times \boldsymbol{F}_i - m\boldsymbol{r}_{Cr} \times \ddot{\boldsymbol{r}}_A$$

$$= \boldsymbol{M}_A^{(e)} + \boldsymbol{r}_{Cr} \times (-m\boldsymbol{a}_A)$$

14.7.2 在任意非惯性参考系中的动量矩定理

动量矩定理(对矩心 A)在任意非惯性系 $Axyz$ 中(图 8-2)写成

$$\frac{\mathrm{d}\boldsymbol{L}_{A_r}}{\mathrm{d}t} = \boldsymbol{M}_A^{(e)} + \boldsymbol{M}_{Ae}^{I} + \boldsymbol{M}_{Ac}^{I} \tag{14-44}$$

其中

$$\boldsymbol{L}_{A_r} = \sum_{k=1}^{n} \boldsymbol{\rho}_k \times m_k \boldsymbol{v}_{kr} \tag{14-45a}$$

是质点系在非惯性坐标系 $Axyz$ 中的相对动量矩($\boldsymbol{\rho}_k = \overrightarrow{AP}_k$是 P_k 相对 A 的矢径)。

$$\boldsymbol{M}_A^{(e)} = \sum_{k=1}^{n} \boldsymbol{\rho}_k \times \boldsymbol{F}_k^{(e)} \tag{14-45b}$$

是作用在系统上的外力对 A 点的主矩。

$$\boldsymbol{M}_{A_e}^{I} = \sum_{k=1}^{n} \boldsymbol{\rho}_k \times \boldsymbol{F}_{ke}^{I} \tag{14-45c}$$

是牵连惯性力对 A 点的主矩。

$$\boldsymbol{M}_{Ac}^{I} = \sum_{k=1}^{n} \boldsymbol{\rho}_k \times \boldsymbol{F}_{kc}^{I} \tag{14-45d}$$

是科里奥利惯性力对 A 点的主矩。

14.8 例题编程

编程题 14-1 长为 L、质量为 m 的均质杆 OA 铅垂面内可绕轴 O 转动，如图 14-18a)所示，杆 OA 通过一刚度系数为 k(N · m/rad)的扭簧与绕轴 O 按 $\varphi = b\cos t$ 的规律运动的杆 BC 连接。当杆 OA 垂直于杆 BC 时，扭簧无变形。杆 OA 在运动时所受到的阻力矩与其角速度成正比，比例系数为 c(N · m · s/rad)，试建立杆 OA 的运动微分方程，并进行计算机仿真。

解：建模

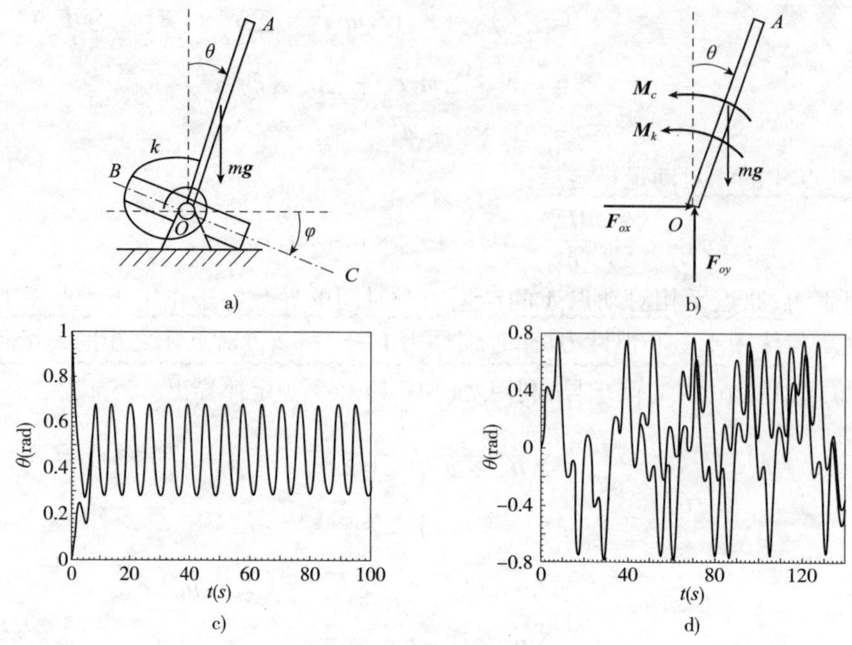

图 14-18　编程题 14-1

(1)运动分析

杆 OA 作定轴转动。该系统具有一个自由度,可用 θ 作为系统的广义坐标。

$$\omega=\dot{\theta}\ ,\alpha=\ddot{\theta} \tag{1}$$

(2)受力分析[图 14-18b)]

杆受力 $m\boldsymbol{g},\boldsymbol{M}_c,\boldsymbol{M}_k,\boldsymbol{F}_{ox},\boldsymbol{F}_{oy}$。

扭簧作用在其上的力对轴 O 的矩为

$$M_k=k(\theta-\varphi) \tag{2}$$

杆 OA 受到的阻力矩为

$$M_c=c\ \dot{\theta} \tag{3}$$

(3)列出方程

根据刚体定轴转动微分方程式(14-20),可得

$$J_z\alpha=\sum M_z,\frac{1}{3}mL^2\ddot{\theta}=\frac{1}{2}mgL\sin\theta-k(\theta-\varphi)-c\dot{\theta} \tag{4}$$

或

$$\ddot{\theta}+C\dot{\theta}\ +K\theta-K_1\sin\theta=K_2\cos t \tag{5}$$

其中,$C=\dfrac{3c}{mL^2},K=\dfrac{3k}{mL^2},K_1=\dfrac{3g}{2L},K_2=\dfrac{3kb}{mL^2}$,由于杆 OA 的运动微分方程中含非线性项(如 $\sin\theta$),所以该方程为非线性常微分方程。

下面通过数值计算来说明杆 OA 运动的一些特点。

(1)当 $m=3\text{kg},L=1.0\text{m},k=14.0\text{N}\cdot\text{m/rad},b=0.02\text{rad},c=1.3\text{N}\cdot\text{m}\cdot\text{s/rad}$ 时,杆 OA 的运动如图 14-18c)所示,实线表示初始条件为 $\theta(0)=0,\dot{\theta}(0)=0$ 时,杆 OA 随时间的运动规律。虚线表示初始条件为 $\theta(0)=1.0\text{rad},\dot{\theta}(0)=0$ 时,杆 OA 随时间的运动规律。初始条件的差异对杆 OA 的运动无明显影响(实线与虚线重合)。

(2)当 $c=0.65\text{N}\cdot\text{m}\cdot\text{s/rad}$,其他参数不变,杆 OA 随时间的运动规律如图 14-18d)所示。其中,实线表示初始条件为 $\theta(0)=0,\dot{\theta}(0)=0$ 时,杆 OA 随时间的运动规律。虚线表示初始条件为$\theta(0)=0.001\text{rad},\dot{\theta}(0)$

=0 时,杆 OA 随时间的运动规律。从图中可以看出,初始条件的微小差异对 OA 杆的运动有明显的影响。

讨论与练习

(1)从图 14-18 中可以看出:在一定条件下[图 14-18c)],杆 OA 运动是周期性的,初值的变化对运动无明显差异;而在另一种条件下[图 14-18d)]运动是非周期性的,并且初值的微小变化会使其运动发生很大的变化,即系统对初值的依赖性十分"敏感",而且呈现一种类似"随机"的运动。

(2)杆 OA 的运动微分方程中每一项都是确定的(非随机的),这样的动力学方程称为确定性的动力系统。把这种在确定性的动力系统中出现的类似随机的运动过程称为混沌。这种"假"随机运动和由于方程中有随机项而得到的随机运动不一样,它是由确定性的动力系统固有(或内在)的随机性引起的,只有在非线性动力系统(即其动力学方程中含非线性项)中才会出现。混沌是非线性动力系统具有内在随机性的一种表现。

(3)混沌理论的研究是 20 世纪 70 年代发展起来的,而人们对这一现象的认识从 19 世纪末就开始了,庞加莱(Poincaré)在总结天体力学中的问题时,已经对这种现象有了认识。到 20 世纪 50 年代,有些物理学家也已明确知道经典力学中有长期动态的不可预测性,60 年代,洛伦茨(E. N. Lorenz)在研究天气预报方程中发现,尽管描述用的方程是确定的,但是天气长期动态是不可预测的。混沌理论的研究及其应有待于进一步发展,计算机的使用为了解和研究混沌现象提供了有利的条件。

- **Maple 程序**(初始条件的敏感性数值仿真)

```
> ####################################################################
> restart:                                                   #清零。
> g: =9.8:m: =3:   L: =1:                                    #系统参数。
> c: =0.65:k: =14:b: =0.02:                                  #系统参数。
> C: =3 * c/(m * L^2):K: =3 * k/(m * L^2):                   #系统参数。
> K1: =3 * g/(2 * L):K2: =3 * k * b/(m * L^2):               #系统参数。
> cstj3: = X1(0) =0,X2(0) =0:                                #初始条件一。
> cstj4: = X1(0) =0.001,X2(0) =0:                            #初始条件二。
> ####################################################################
> sys: = diff(X1(t),t) = X2(t),
>     diff(X2(t),t) = -C * X2(t) -K * X1(t) +K1 * sin(X1(t)) +K2 * cos(t):
>                                                            #系统微分方程组。
> fcns: = X1(t),X2(t):                                       #系统变量。
> ####################################################################
> with(plots):                                               #加载绘图库。
> q1: = dsolve({sys,cstj3},{fcns},type = numeric,method = rkf45):
  >                                                          #求微分方程组的数值解。
> q2: = dsolve({sys,cstj4},{fcns},type = numeric,method = rkf45):
>                                                            #求微分方程组的数值解。
> tu3: = odeplot(q1,[t,X1(t)],0..140,view = [0..140, -0.8..0.8],
>     tickmarks = [8,8],thickness = 2):                      #时程曲线之一。
> tu4: = odeplot(q2,[t,X1(t)],0..140,view = [0..140, -0.8..0.8],
>       style = POINT,symbol = CROSS,tickmarks = [8,8]):
>                                                            #时程曲线之一。
> display({tu3,tu4});                                        #合并图形。
> ####################################################################
```

思考题

思考题 14-1　如图 14-19 所示各圆盘完全相同，对盘心的转动惯量皆为 J，其大轮半径是小轮半径的两倍。

(1)试将各图中圆盘的角加速度由大到小排列；

(2)试将各图中盘心的约束力由大到小排列。

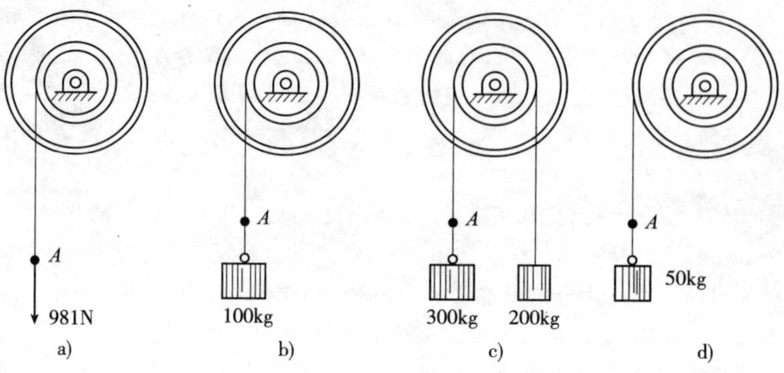

图　14-19

思考题 14-2　质量为 m 的均质圆盘，平放在光滑的水平面上，其受力情况如图 14-20 所示。开始时，圆盘静止，且 $R=2r$，则各圆盘将如何运动？

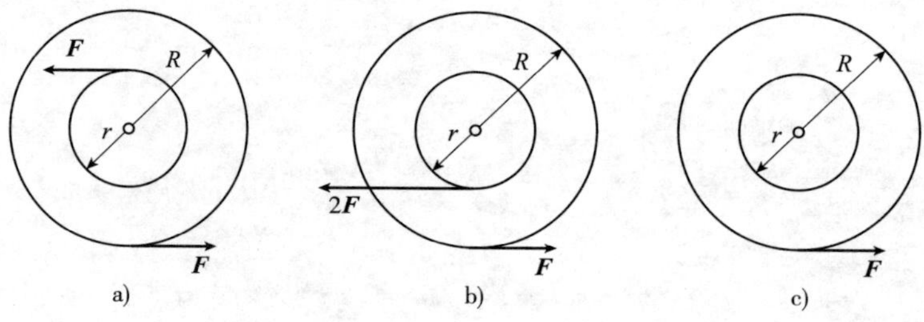

图　14-20

思考题 14-3　如图 14-21 所示，在铅垂面内，杆 OA 可绕轴 O 自由转动。图 a) 中，均质圆盘可绕其质心轴 A 自由转动；图 b) 中，非均质圆盘也可绕轴 A 自由转动，但质心 C 不在点 A。杆 OA 为水平位置时，系统静止，当自由释放系统后，圆盘各作什么运动？为什么？

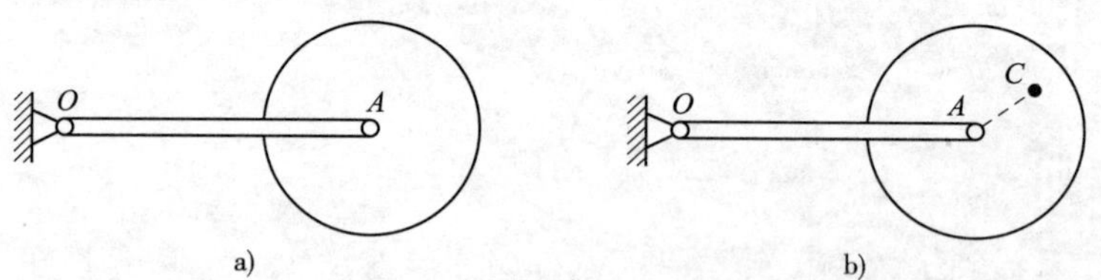

图　14-21

思考题 14-4　如图 14-22 所示，一半径为 R 的均质轮在水平面上只滚动而不滑动，不计滚动摩阻，问在下述两种情况下，轮心的加速度是否相等？接触处的摩擦力是否相同？且如何定量求出？

(1)在轮上作用一顺时针转向的力偶，其矩为 $\boldsymbol{M}$，如图 a) 所示；

(2)在轮心作用一水平向右的力 $\boldsymbol{F}$，$F=M/R$，如图 b) 所示。

思考题 14-5　图中杆 OA 长为 l，质量不计，均质圆盘半径为 R，质量为 m，圆心在 A 点。已知杆 OA

以角速度 $\boldsymbol{\omega}$ 绕 O 轴转动，如图 14-23 所示，试求如下几种情况下圆盘对定点 O 的动量矩：

(1) 圆盘固结于 OA 杆上；

(2) 圆盘绕轴 A 相对于杆以角速度 $-\boldsymbol{\omega}$ 转动；

(3) 圆盘绕轴 A 相对于杆以角速度 $\boldsymbol{\omega}$ 转动；

(4) 圆盘以绝对角速度 $\boldsymbol{\omega}$ 绕 A 轴转动；

(5) 圆盘以绝对角速度 $-\boldsymbol{\omega}$ 绕 A 轴转动。

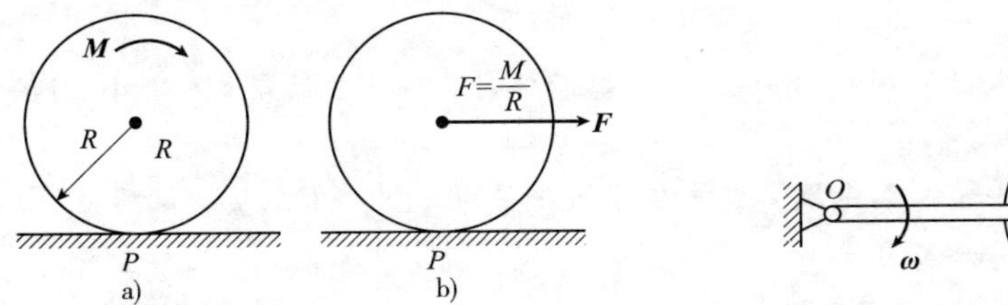

图 14-22　　图 14-23

思考题 14-6　两个完全相同的圆盘，以等速反向在光滑水平面上平移。当两圆盘相切时，由于摩擦，使两圆盘产生同方向的转动，如图 14-24 所示。问系统的动量矩是否守恒？

思考题 14-7　两个完全相同的均质圆盘，静止立放在水平面上。如果在两盘的不同位置上各作用一个大小、方向都相同的水平力 $\boldsymbol{F}$，如图 14-25 所示，试判断在下述两种情况下，两盘中哪一个的质心运动得较快？为什么？

(1) 水平面绝对光滑，无摩擦；

(2) 水平面与盘间有较大的摩擦力，足以使圆盘在其上作纯滚动。

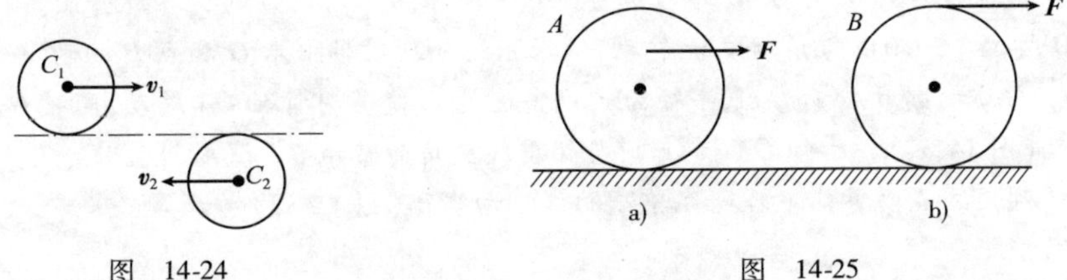

图 14-24　　图 14-25

思考题 14-8　铅垂面内有四个均质圆盘，尺寸形状及质量都完全相同，大、小圆半径的关系为 $R=2r$。各圆盘受力大小皆为 $\boldsymbol{F}$，力的作用点及方向如图 14-26 所示。问：

(1) 若四个圆盘皆在水平面上作纯滚动，问哪一个圆盘的质心加速度最大？试将它们按质心加速度由大到小的顺序排列。

(2) 若要保证圆盘作纯滚动，问哪一图中所需摩擦因数为最小？试将它们按保证作纯滚动所需摩擦因数由小到大的顺序排列。

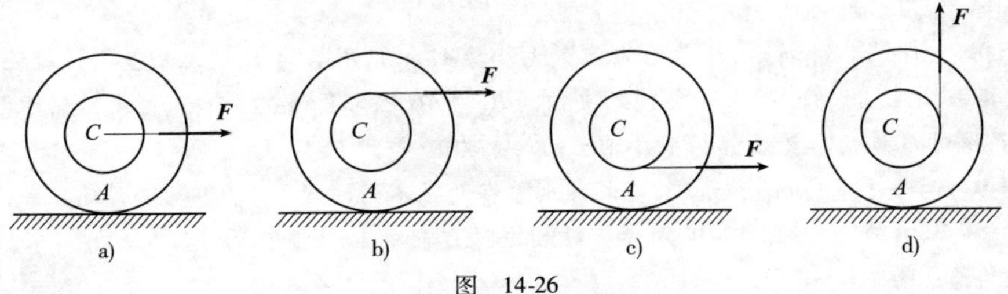

图 14-26

思考题 14-9　由静止状态自由下落的猫能在空中翻转 180°，从四肢朝上转为朝下，试解释此现象与动量矩守恒有无矛盾。

习题

A 类型习题

习题 14-1　如图 14-27 所示，已知匀质细长杆的质量为 m_μ，长为 l，试求杆对于过端点且垂直于杆的 z 轴的转动惯量和回转半径。

习题 14-2　如图 14-28 所示质量为 m_μ，三角形薄板高为 h，试用积分法求对一边 OB 的转动惯量 J_x。

习题 14-3　计算习题 13-1 中图 a)，b)，c)，d) 中各物体对其转轴 O 的动量矩大小，对图 e)，f)，g) 中的物体，计算其对质心的动量矩大小？

习题 14-4　如图 14-29 所示，匀质圆环质量为 m，外半径为 R，内半径为 ω。试用叠加法求环对中心轴 Oz 的转动惯量。

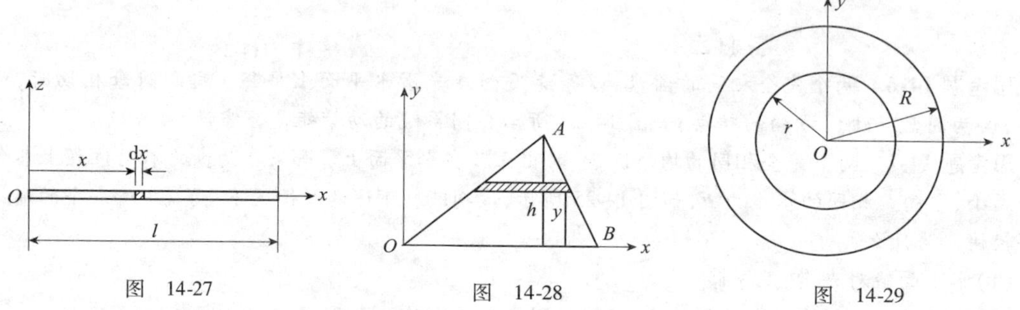

图　14-27　　图　14-28　　图　14-29

习题 14-5　两球 C，D 质量均为 m，并可视为质点。两球用不计质量的杆相连并固结在转轴 AB 上，尺寸如图 14-30 所示。如轴以匀角速度 ω 转动，试求系统分别对轴上点 O 和点 B 的动量矩。

习题 14-6　匀质量圆盘质量为 m，半径为 r，以角速度 $\boldsymbol{\omega}$ 绕其对称轴 OA 转动，同时 OA 又以角速度 ω' 绕铅垂轴转动（图 14-31）。已知 OA 长 $l=r$，与铅垂线夹角为常值 θ。试求圆盘对点 O 的动量矩。

习题 14-7　利用质点动量矩定理研究单摆的微摆动规律（图 14-32）。

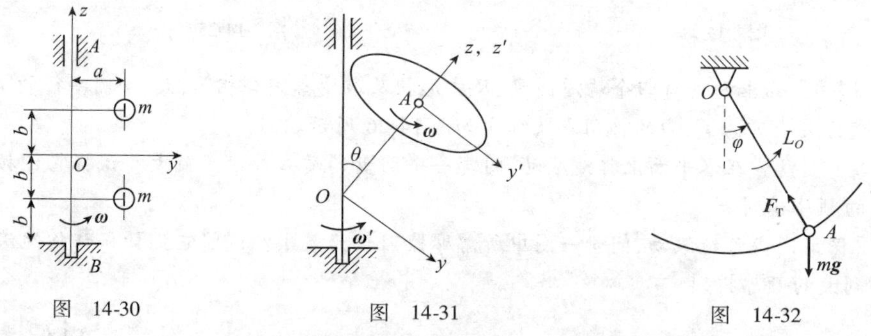

图　14-30　　图　14-31　　图　14-32

习题 14-8　如图 14-33 所示，质量均为 m 的两小球 C 和 D 用长为 $2l$ 的无质量刚性杆连接，并以其中点固定在铅垂轴 AB 上，杆与 AB 轴之间的夹角为 θ，轴 AB 以匀角速度 $\boldsymbol{\omega}$ 转动。A，B 轴承间的距离为 h。求：(1) 系统对 O 点的动量矩；(2) A，B 轴承的约束力。

习题 14-9　两个质量为 m_1 和 m_2 的重物分别系在两根不同的绳子上，两绳分别绕在半径为 r_1 和 r_2 并固结在一起的两鼓轮上，如图 14-34 所示。设鼓轮对 O 轴的转动惯量为 J_O，重为 W。求鼓轮的角加速度和轴承的约束力。

习题 14-10　一匀质杆 AB，长为 $2l$，质量为 m。当两端固定时，杆在水平位置，如图 14-35 所示。某瞬时杆的 A 端脱落，则杆开始绕 B 端的水平轴转动。当杆转到铅垂位置时，B 端也脱落了。试求此杆在以后的运动过程中，重新回到水平时，质心 C 的位置。

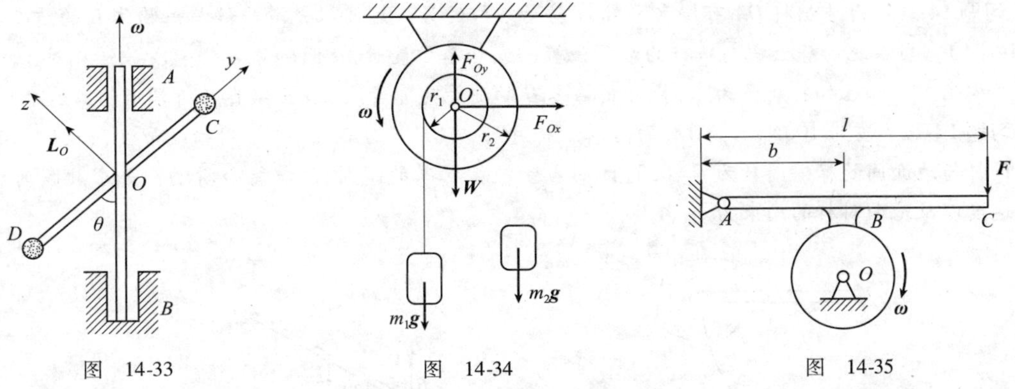

图 14-33　　图 14-34　　图 14-35

习题 14-11　质量为 m、半径为 R 的均质圆盘沿倾角为 θ 的斜面作纯滚动，静摩擦因数为 μ，如图 14-36 所示。试求圆盘的质心加速度和斜面对圆盘的约束力，不计滚动摩阻。

如果圆盘又滚又滑，动摩擦因数为 μ'，其结果又如何？

习题 14-12　质量为 m，半径为 r 的滑轮上绕有软绳，将绳的一端固定于点 A 而令滑轮自由下落如图 14-37 所示。不计绳子的质量，试求轮心 C 的加速度和绳子的拉力。

习题 14-13　匀质圆盘Ⅰ，Ⅱ的半径均为 R，质量为 m。两轮以绕在它们上面的无重细绳相连，其中轮Ⅰ只能绕过中心 A 的水平轴转动，如图 14-38 所示。轮Ⅱ在重力作用下作平面运动。试求系统由静止开始运动时，轮Ⅱ的中心点 B 的加速度。

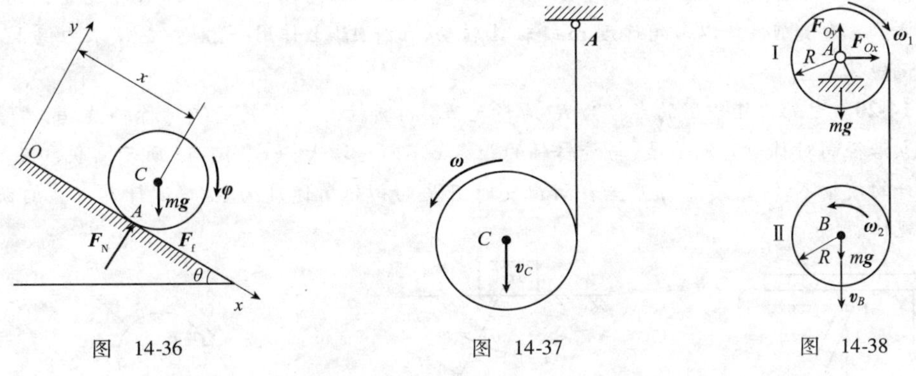

图 14-36　　图 14-37　　图 14-38

习题 14-14　半径为 r、质量为 m 的均质圆柱体，在半径为 R 的刚性圆槽内作纯滚动，如图 14-39 所示。已知圆柱体在其初始位置 $\varphi=\varphi_0$ 处由静止开始向下滚动。试求：(1) 圆槽对圆柱体的约束力（用广义坐标 φ 及其导数表示）；(2) 圆柱体的微振动周期。

习题 14-15　将一高速转动的圆盘在地面上向前抛出（如图 14-40 所示），角速度为 ω_0，质心速度为 $\boldsymbol{v}_0$，试分析圆盘的运动规律。已知圆盘的质量为 m_μ，半径为 R，与地面之间的动摩擦因数为 μ，静摩擦因数为 μ'（忽略滚动摩阻力偶）。

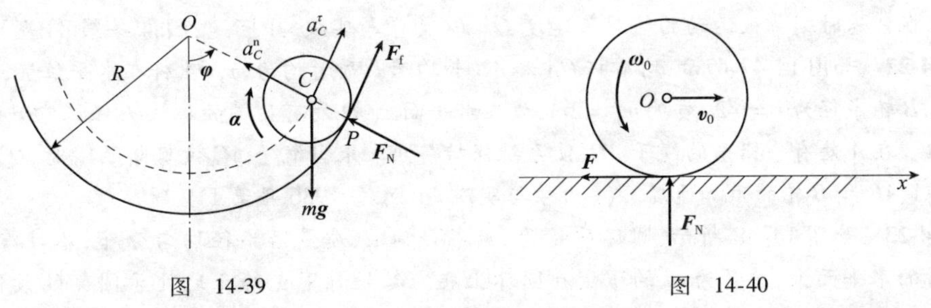

图 14-39　　图 14-40

习题 14-16 匀质细杆 OA 可绕水平轴 O 转动。杆的另一端 A 以光滑铰链与一物体 B 的质心相连（图 14-41）。当系统由静止状态从杆的水平位置转到铅垂位置时，试问物体 B 绕光滑铰链相对于杆 OA 转过多少角度？如已知杆质量为 m，长为 l，物体 B 的质量为 m_μ，试求 OA 铅直时所具有的角速度。

习题 14-17 重为 100N，长为 1m 的匀质细杆 AB，一端放在地面上，一端用细绳吊住，如图 14-42 所示。设杆与地面间的摩擦因数为 $f=0.3$，试问当细绳被拉断的瞬时，B 端能否滑动？并求此瞬时杆的角加速度以及地面对杆的约束力。

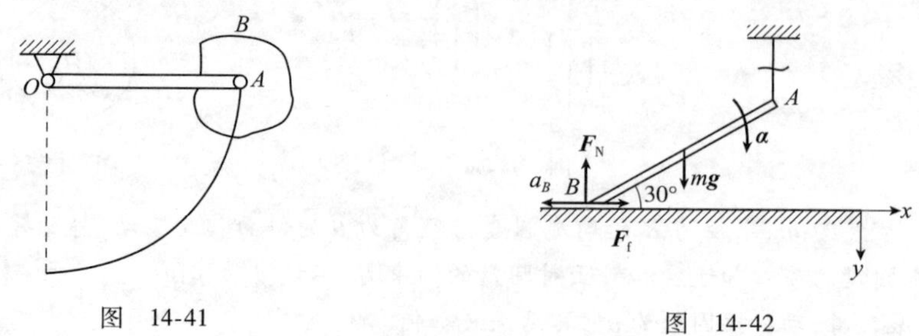

图 14-41　　图 14-42

B 类型习题

习题 14-18 长为 L、质量为 m 的均质杆 AB 的 A 端用光滑柱铰链悬挂在以加速度 $\boldsymbol{a}$ 下降的电梯上，如图 14-43 所示。试建立杆 AB 相对电梯的运动微分方程。

习题 14-19 长为 l 的刚性细杆（质量不计）一端用柱铰链与质量为 m_1 的滑块 A 连接，另一端与质量为 m_2 的小球 B 固连（$m_1=m_2=m$），滑块可在光滑的水平面上滑动，杆和小球可在铅垂面内运动，如图 14-44 所示。为使刚性杆以匀角速度 $\boldsymbol{\omega}$ 绕轴 A 转动，在杆 AB 上作用一力偶 $\boldsymbol{M}$，试求力偶 $\boldsymbol{M}$ 随杆 AB 转角的变化规律。

习题 14-20 无外力矩作用的半径为 R、质量为 m_0 的圆柱形自旋卫星绕对称轴旋转，质量均为 m 的两个质点沿径向对称地向外伸展，与旋转轴的距离 x 不断地增大，如图 14-45 所示。联系卫星与质点的变长度杆的质量不计，设质点自卫星表面出发时卫星的初始角速度为 $\boldsymbol{\omega}_0$。试计算卫星自旋角速度 $\boldsymbol{\omega}$ 的变化规律。

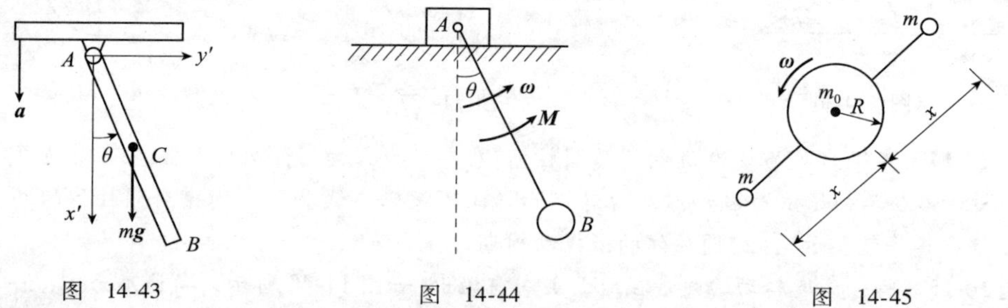

图 14-43　　图 14-44　　图 14-45

习题 14-21 如图 14-46 所示，在光滑水平面上有一质量为 m_μ 的任意形状的薄板，O 点为薄板的质心，其中心回转半径为 ρ_0，薄板上有一质量为 m 的甲虫 A。甲虫 A 相对于薄板的运动规律 $\rho(t)$、$\varphi(t)$ 为已知。求在任意时刻薄板运动的绝对角速度 Ω。（《力学与实践》小问题，1984 年第 84 题）

习题 14-22 如图 14-47 所示，均质杆 OA 和 AB 长均为 l，质量均为 m，OA 杆在水平位置，AB 杆与水平成 30°角，B 轮半径为 $r=l/2$，质量 $m_\mu=2m$，放在水平面上，D 处有足够的摩擦力保证它只滚不滑，不计滚动摩阻。在 A 处有一铅垂的绳子 AC，使系统保持静止。求当绳子 AC 被剪断的瞬时，O、A、B、D 处的力及杆 OA、AB 和 B 轮的角加速度。（《力学与实践》小问题，1986 年第 119 题）

习题 14-23 如图 14-48 所示，圆环质量为 m，半径为 R，质量沿半径均匀分布，不计厚度。圆环直立在光滑的水平面上，质量为 m 的甲虫在圆环上爬。起始时甲虫静止地处于圆环的最低点，然后突然沿圆环以相对匀速率 u 爬行。

(1)求甲虫开始运动时圆环的角速度。

(2)相对速率 u 多大时,甲虫才能爬到和圆环中心 O 同样的高度?

(3)甲虫爬到和圆环中心同样高度时,地面对圆环的作用力是多少?(《力学与实践》小问题,1987 年第 147 题)

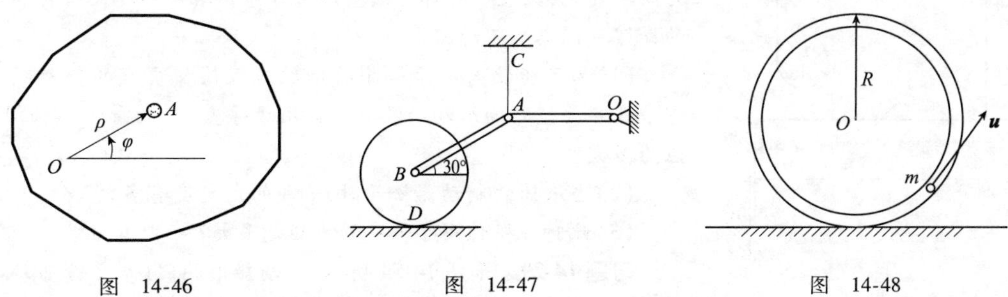

图 14-46　　图 14-47　　图 14-48

习题 14-24　两杆各重为 $\boldsymbol{W}$,长为 l,以光滑铰链铰接,如图 14-49 所示。在图示位置上系统处于静止,试求当一已知水平力 $\boldsymbol{F}$ 作用于点 C 时,两杆所产生的角加速度。

习题 14-25　如图 14-50 所示,长为 l、质量为 m 的均质杆 AB 的 1/3 放在水平桌面上,初始时,$\theta_0 = 0$,在重力作用下,由静止开始运动。已知杆与桌面的静摩擦因数 f_s 和动摩擦因数 f,并且近似为 $f = f_s = 0.5$,试求杆相对桌面开始滑动时杆与水平线的夹角 θ^*,以及杆在运动时角速度、角加速度随 θ 变化规律。

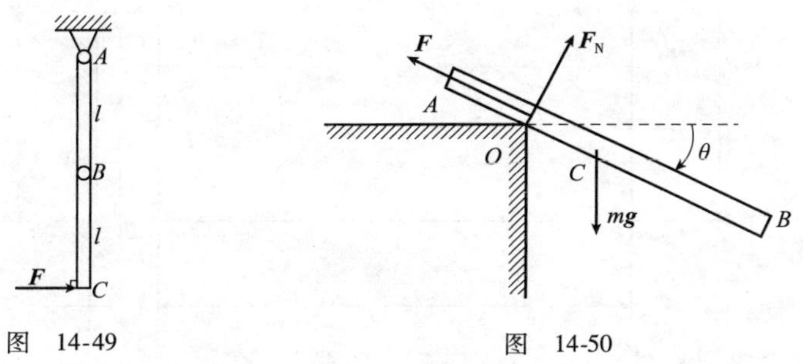

图 14-49　　图 14-50

C 类型习题

习题 14-26　如图 14-51 所示,一辆轿车在坡度为 13% 的山路上行驶。略去车轮的惯性矩,轮胎和路面之间的摩擦因数 $\mu_0 = 0.6$,上山时可达到的最大加速度 a_{max} 是多少? 试按后轮驱动、前轮驱动和前后轮联合驱动三种可能的驱动方式计算 a_{max}。

已知数值:$b = 0.45\text{m}, c = 1.5\text{m}$。

习题 14-27　如图 14-52 所示,在一过渡到圆形曲线轨道的斜面上,一质量均匀分布的滚筒从高度 h_1 处不受冲击地放开。假设滑动摩擦和粘着摩擦的摩擦因数都是 μ。

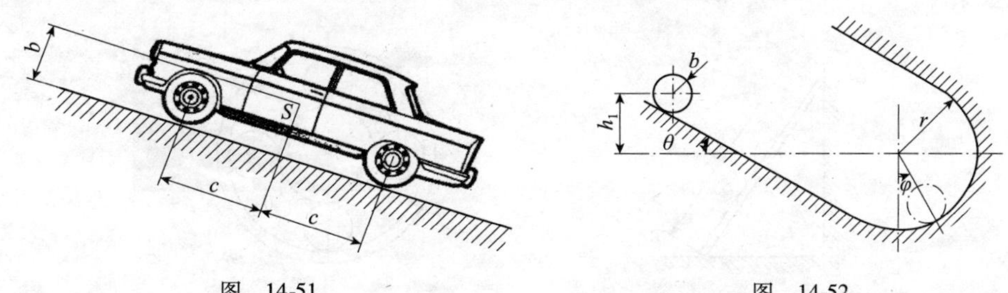

图 14-51　　图 14-52

(1)滚筒在经过斜面后到圆轨道的角度 φ_1 为多大时开始发生滑动?

(2)滚筒至少要在多大高度释放才能到达圆轨道的最高点而不发生滑动?

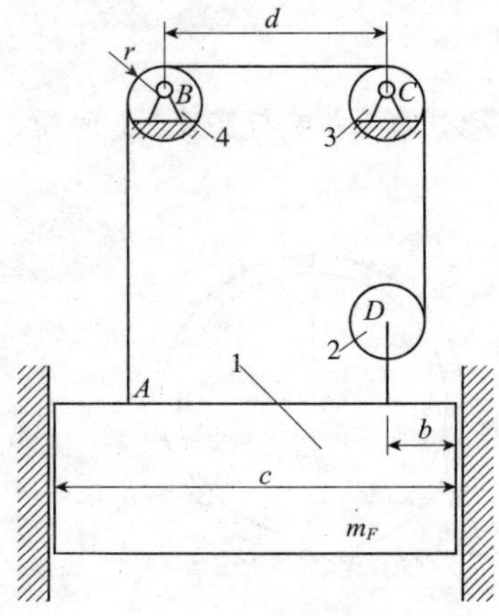

图　14-53

已知数据：$b=0.14\text{m}, r=0.8\text{m}, h_1=0.8\text{m}, \mu=0.25, \alpha=30°$。

习题 14-28　如图 14-53 所示，提升机由在两个导壁之间无摩擦滑动的质量为 m_F 的吊斗 1，钢丝绳滚筒 2 和钢丝绳转向滑轮 3、4 组成。假定滚筒和转向滑轮具有相同的质量 m 和相同的半径 r。为简单起见，假设所有部件质量均匀分布。滚筒和转向滑轮转动时的摩擦可以忽略不计。

(1)为了能使固定于吊斗的钢丝绳滚筒及垂直的钢丝绳能吊着吊斗在导壁之间滑动而没有力作用于导壁，转向滑轮的轴间距 d 应为多大？

(2)当滚筒的制动器松开时，吊斗的角速度有多大？

(3)此时导壁作用于吊斗的力矩是多大？

习题 14-29　如图 14-54 所示，一扇矩形的门(质量分布均匀的薄板)支承在同一铅垂线上的 A, B 两点。在手柄 S 处作用一个与门平面垂直的拉力 $\boldsymbol{F}$。为了使门能尽可能快地打开，而作用于支座的在 $\boldsymbol{F}$ 方向的力不超过 $\boldsymbol{F}_{\max}$，手柄应该装在什么位置？

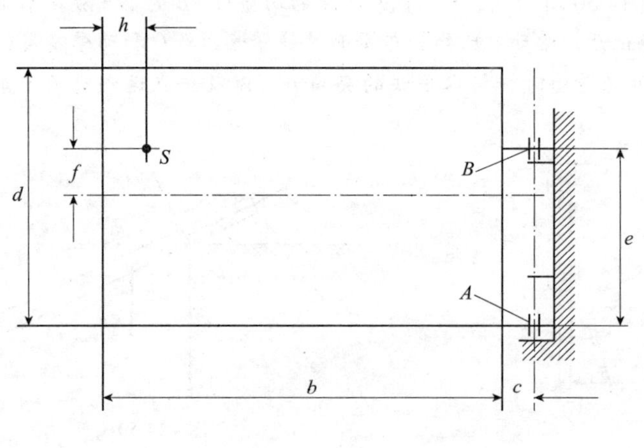

图　14-54

习题 14-30　如图 14-55 所示，一根均质杆在墙和地之间由图示的位置 φ_0 无冲击地释放，然后沿着墙和地无摩擦地滑动。杆的角速度 $\omega=\dot{\varphi}$ 与 φ 的关系如何？在什么角度 φ，杆子与墙壁脱开？

习题 14-31　如图 14-56 所示，四个滚子 K 在具有垂直轴线的一根轴上运动，滚子的外面套着一个圆环。系统元件各自相对于其对称轴的惯性矩为 J_W、J_K 和 J_R，每个滚子的质量为 m_K。当在轴上作用驱动力矩 $\boldsymbol{M}$，在滚子、轴和圆环之间的摩擦力大到不发生滑动的情况下，圆环的角加速度是多大？滚动的阻力忽略不计。

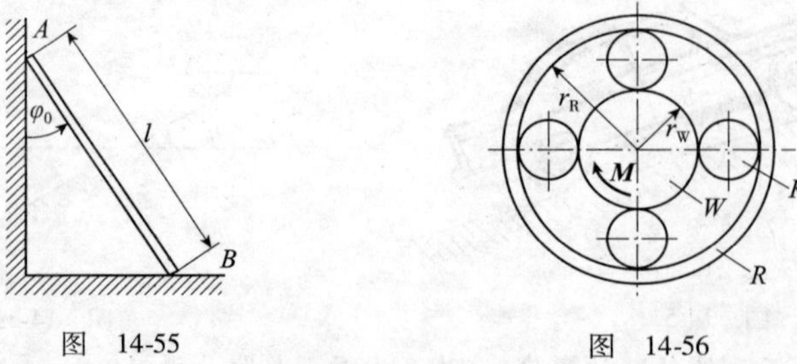

图　14-55　　　　图　14-56

习题 14-32　如图 14-57 所示，船 A 在关机后以剩余速度 $\boldsymbol{v}_{A0}$ 驶近浮码头 B(扁平的飘浮体)，靠上码头，并到达指定的位置固定。在船泊靠之前浮码头是静止的。

(1)当忽略水的阻力时，在泊靠完成后船和浮码头固结系统的运动状态如何？

(2)浮码头的宽度应为多大，才能使作用于船和浮码头之间的法向力引起的冲量矩为零？

数值：$v_{A0}=0.3\text{m/s}$，$m_A=20\text{t}$，$m_B=10\text{t}$，$b_A=3\text{m}$，$b_B=4\text{m}$，$J_{AC}=200\text{t}\cdot\text{m}^2$，$J_{BC}=40\text{t}\cdot\text{m}^2$。

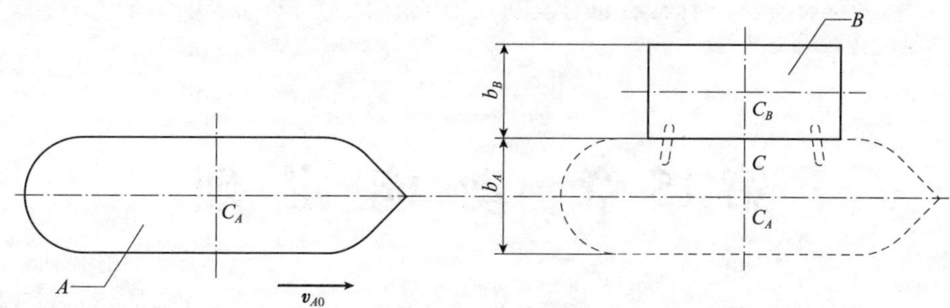

图 14-57

习题 14-33 如图 14-58 所示的运输装置由两台电动机拖动，每台电动机的功率与其转速有关，为 $P=15n/(n+600)$(kW)，n 为每分钟转数。在恒定运输速度下钢丝绳的拉力为 $F_{S0}=m(11+1.5v)$(N)，其中 v 的单位为 m/s，m 为吊斗和装载物的总质量，单位为 kg。电动机的效率为 $\eta_M=0.83$，传动系统的效率为 $\eta_G=0.9$。传动系统的减速比为 $n=6:1$。转动部件的惯性矩为：带小齿轮的电动机 $J_L=0.4\text{kg}\cdot\text{m}^2$，带钢丝绳滚筒的传动轴 $J_T=0.6\text{kg}\cdot\text{m}^2$。钢丝绳滚筒的直径为 $d_T=0.4\text{m}$。

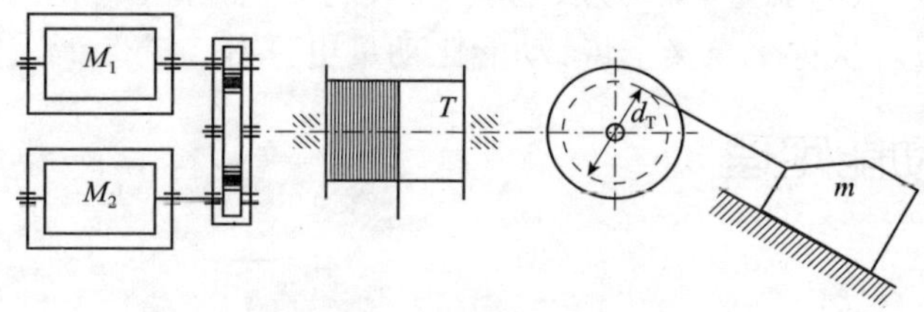

图 14-58

(1)当质量 $m=250\text{kg}$ 时，吊斗的启动加速度为多大？

(2)当 $m=250\text{kg}$ 时，可达到的滚筒恒定转速为多大？

阿尔伯特·爱因斯坦(1879—1955)，犹太裔物理学家。爱因斯坦提出光子假设，成功解释了光电效应，因此获得 1921 年诺贝尔物理奖，同年，创立狭义相对论。1915 年创立广义相对论。爱因斯坦为核能开发奠定了理论基础，在现代科学技术和他的深刻影响下与广泛应用等方面开创了现代科学新纪元，被公认为是继伽利略、牛顿以来最伟大的物理学家。

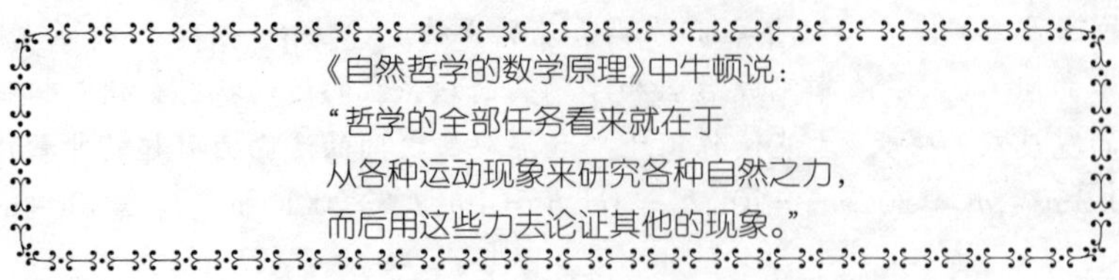

第15章　动能定理

动量、动量矩和动能都是表征质点系整体运动特征的物理量。动量与动能是对物体机械运动的两种不同的度量，每种度量各有其适应范围。动量和动能都与质点的质量和速度有关，但动量是矢量，而动能是标量。当物体之间存在力的作用时，必引起运动从一个物体至另一个物体的传播。采用动量作为运动的度量时，其变化决定于力的冲量。如改用动能作为运动的度量，则其变化决定于力的功。在物理学中，物质运动的一般度量为能量，而动能是与机械运动相关的一种特殊形式的能量。因此当物体的运动形式不仅限于机械运动范围，而且出现与其他形式的能量（如与热、电、磁相关的能量）相互转化的现象时，必须用动能作为物体运动的度量。从这个意义上说，动能比动量更具有广泛性。

15.1　质点的动能定理

15.1.1　功与能

1）功和功率

（1）功

功是我们很熟悉的一个物理量。在力学中，凡是作用在质点上的力，使质点沿力的方向产生一段位移，就说力对质点做了功。一般地讲，功等于力乘以质点在力的方向所产生的位移。

质点受恒力作直线运动时，如果令 $\boldsymbol{F}$ 代表力，$\Delta\boldsymbol{r}$ 代表位移，$|\Delta\boldsymbol{r}|=s$，$\boldsymbol{F}$ 和 $\Delta\boldsymbol{r}$ 间所夹的角为 θ，则该力沿位移 $\Delta\boldsymbol{r}$ 所做的功 W 为

$$W=\boldsymbol{F}\cdot\Delta\boldsymbol{r}\quad 或\quad W=Fs\cos\theta \tag{a}$$

如果质点沿曲线运动，或作用在它上面的力是一个变量，那么，我们只能先算出力 $\boldsymbol{F}$ 在一微小位移 $\mathrm{d}\boldsymbol{r}$ 中所做的元功 $\mathrm{d}'W$（如图15-1所示。因为力的元功只在某些条件下才可能是函数 W 的全微分，因而将一般力的元功写成 $\mathrm{d}'W$，而不写成 $\mathrm{d}W$）。

图15-1　力对质点的元功

$$\mathrm{d}'W=\boldsymbol{F}\cdot\mathrm{d}\boldsymbol{r}\quad 或\quad \mathrm{d}'W=F\mathrm{d}s\cos\theta \tag{15-1}$$

因此，当质点在变力 $\boldsymbol{F}$ 作用下沿曲线自点 A 运动到点 B 时，变力 $\boldsymbol{F}$ 所做的总功则为

$$W_{A\to B}=\int_A^B\boldsymbol{F}\cdot\mathrm{d}\boldsymbol{r}\quad 或\quad W_{A\to B}=\int_A^B F\cos\theta\mathrm{d}s \tag{15-2}$$

式中，$|\mathrm{d}\boldsymbol{r}|=\mathrm{d}s$，$\theta$ 为 $\boldsymbol{F}$ 和 $\mathrm{d}\boldsymbol{r}$ 间所夹的角，当然也是变量。

如果把力 $\boldsymbol{F}$ 和位移 $\mathrm{d}\boldsymbol{r}$ 都用直角坐标的分量表示出，则

$$W_{A\to B}=\int_A^B F_x\mathrm{d}x+F_y\mathrm{d}y+F_z\mathrm{d}z \tag{15-3}$$

如果质点受多个力 $\boldsymbol{F}_1,\boldsymbol{F}_2,\cdots,\boldsymbol{F}_n$ 的作用，我们一般不先求合力，再求合力所做的功，而是先求每一分力所做的功，然后累加起来，得出合力所做的功，这样就可利用标积的分配律，因为求算术和比求矢量和要简便得多，用数学的形式写出，则为

$$\begin{aligned}W&=\int\boldsymbol{F}\cdot\mathrm{d}\boldsymbol{r}=\int(\boldsymbol{F}_1+\boldsymbol{F}_2+\cdots+\boldsymbol{F}_n)\cdot\mathrm{d}\boldsymbol{r}\\&=\int\boldsymbol{F}_1\cdot\mathrm{d}r+\int\boldsymbol{F}_2\cdot\mathrm{d}r+\cdots+\int\boldsymbol{F}_n\cdot\mathrm{d}r\end{aligned} \tag{b}$$

功的量纲是 $\mathrm{ML}^2\mathrm{T}^{-2}$，在国际单位制（SI）中，功的单位是焦耳（J），即 1 牛顿的力作用于物体上，使物体沿力的方向移动 1m 的距离所做的功。

（2）功率

表征做功快慢程度的物理量是功率，它是单位时间内所做的功。如令 P 代表功率，则由式（15-2），知

$$P=\frac{\mathrm{d}'W}{\mathrm{d}t}\quad\text{或}\quad P=\boldsymbol{F}\cdot\boldsymbol{v} \tag{15-4}$$

由上式可以看出，对于具有一定功率的机械（例如汽车），$\boldsymbol{v}$ 大则 $\boldsymbol{F}$ 小，$\boldsymbol{v}$ 小则 $\boldsymbol{F}$ 大，故汽车爬坡时，常用换挡方法，减小速度，以加大牵引力。

在国际单位制（SI）中，功率的单位是瓦特（W），即焦耳每秒（J/s）。

（3）几种常见力的功

①常力的功。

若力 $\boldsymbol{F}$ 为常矢量，沿曲线 Γ 运动，则从式（15-2）可积分 $\boldsymbol{W}=\boldsymbol{F}\cdot\int_\Gamma\mathrm{d}\boldsymbol{r}$，得到

$$W=\boldsymbol{F}\cdot(\boldsymbol{r}-\boldsymbol{r}_0) \tag{15-5}$$

因此常力的功只与力作用点的起点和终点的位置 $\boldsymbol{r}_0$ 和 $\boldsymbol{r}$ 有关，而与路径无关。重力属于最常见的常力。如 z 轴垂直向上，则重力沿 z 轴负方向，令式（15-5）中 $\boldsymbol{F}=-mg\boldsymbol{k}$，则

$$W=-mg\boldsymbol{k}\cdot(\boldsymbol{r}-\boldsymbol{r}_0) \tag{c}$$

得到

$$W=mg(z_0-z) \tag{15-6}$$

式中，z_0、z 为重力作用点的起点和终点高度。

②弹性力的功。

若力 $\boldsymbol{F}$ 的作用线始终通过某个固定点 O，则称此力为中心力，例如一端固定于点 O 的弹簧在另一端 P 处作用于物体的弹性力 $\boldsymbol{F}$。设弹簧的原长为 l，点 P 至点 O 的距离为 r，则弹性力 $\boldsymbol{F}$ 的大小与变形 $\lambda=r-l$ 成正比，作用线沿点 P 相对 O 的矢径 $\boldsymbol{r}$，指向变形的反力方向（图 15-2）。如弹簧的刚度系数为 k，则有

$$\boldsymbol{F}=-k(r-l)\left(\frac{\boldsymbol{r}}{r}\right) \tag{15-7}$$

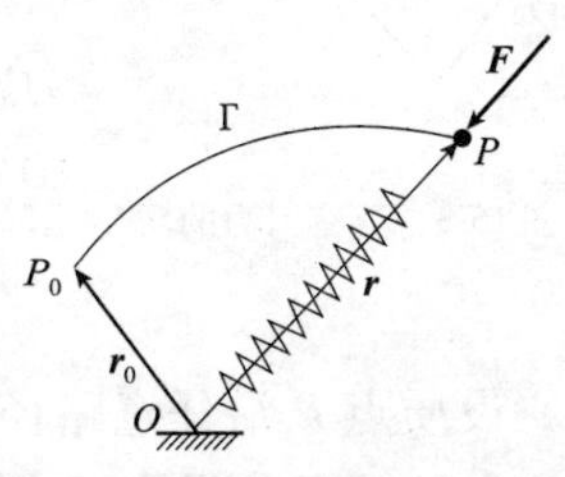

图 15-2　弹性力的功

将上式代入式(15-2),并利用以下等式:

$$\boldsymbol{r}\cdot \mathrm{d}\boldsymbol{r}=\mathrm{d}\left(\frac{\boldsymbol{r}\cdot \boldsymbol{r}}{2}\right)=\mathrm{d}\left(\frac{r^2}{2}\right)=r\mathrm{d}r \tag{d}$$

导出

$$W=-k\int_\Gamma\left(1-\frac{l}{r}\right)\boldsymbol{r}\cdot \mathrm{d}\boldsymbol{r}$$

$$=-k\int_\Gamma\left(1-\frac{l}{r}\right)\boldsymbol{r}\cdot \mathrm{d}r=-k\int_\Gamma \lambda \mathrm{d}\lambda \tag{e}$$

若 λ_0、λ 分别为弹簧在 P_0、P 处的变形,则从上式积出

$$W=\frac{1}{2}k(\lambda_0^2-\lambda^2) \tag{15-8}$$

即:弹性力的功与弹簧变形的平方之差成正比。

③阻力的功。

物体沿粗糙平面运动或黏性介质中运动时,都受到阻力作用。阻力 $\boldsymbol{F}$ 的作用线沿物体的速度$\boldsymbol{v}$,方向相反,大小为速度 v 的函数,可写作

$$\boldsymbol{F}=-F(v)\left(\frac{\boldsymbol{v}}{v}\right) \tag{15-9}$$

将上式代入式(15-2),令 $\mathrm{d}\boldsymbol{r}=\boldsymbol{v}\,\mathrm{d}t$,导出

$$W=-\int_\Gamma F(v)v\mathrm{d}t=-\int_\Gamma F(v)\mathrm{d}s \tag{15-10}$$

因此阻力的功必为负值。

作为特例,如阻力为干摩擦,则 $F(v)=fF_\mathrm{N}$,f 为动摩擦因数,可认为与速度无关,F_N 为物体的正压力。如 F_N 为常值,l 为滑动距离,则有

$$W=-fF_N\int_\Gamma \mathrm{d}s=-fF_Nl \tag{15-11}$$

即干摩擦的功与滑动距离成正比。

如阻力为黏性阻尼,其大小与速度成正比,则 $F(v)=cv$,c 为阻力系数,于是有

$$W=-c\int_\Gamma v^2\mathrm{d}t \tag{15-12}$$

(4)万有引力的功。

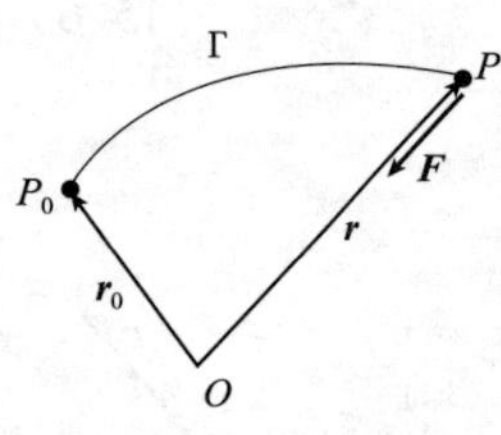

图 15-3 万有引力的功

物体相互吸引的万有引力、电荷或磁极之间的静电引力或磁作用力也都是中心力。以地球的万有引力 $\boldsymbol{F}$ 为例,其大小与简化为质点 P 的物体质量 m 成正比,与质点至地心 O 的距离 r 的平方成反比(图 15-3)。比例系数 $\mu=Gm_e$ 称为地球的引力参数,其中 G 为万有引力常数,$G=6.67\times10^{-11}\,\mathrm{m^3/(kg\cdot s^2)}$,$m_\mathrm{e}$ 为地球质量,$m_\mathrm{e}=5.98\times10^{24}\,\mathrm{kg}$,算出 $\mu=3.99\times10^5\,\mathrm{km^3/s^2}$。则有

$$\boldsymbol{F}=-\frac{\mu m}{r^2}\left(\frac{\boldsymbol{r}}{r}\right) \tag{15-13}$$

设质点 P 沿任意路径 Γ 由 P_0 开始运动,$\boldsymbol{r}_0$ 和 $\boldsymbol{r}$ 分别为点 P_0 和 P 至地心的距离,利用等式(15-2)可积分得出万有引力 $\boldsymbol{F}$ 所做的功为

$$W = -\mu m\int_c \frac{\boldsymbol{r}\cdot \mathrm{d}\boldsymbol{r}}{r^3} = -\mu m\int_{r_0}^{r} \frac{\mathrm{d}\boldsymbol{r}}{r^2} \tag{f}$$

$$W = \mu m\left(\frac{1}{r} - \frac{1}{r_0}\right) \tag{15-14}$$

例题 15-1 连接两个滑块 A 和 B 的弹簧原长 $l_0 = 4\text{cm}$,刚度系数为 $k = 49\text{N/cm}$(图 15-4)。试求当两滑块分别从位置 A_1 和 B_1 运动到位置 A_2 和 B_2 的过程中弹性力的功。各点位置的坐标是 $A_1(4,0)$,$B_1(0,3)$,$A_2(6,0)$,$B_2(0,6)$,其中坐标单位是 cm。

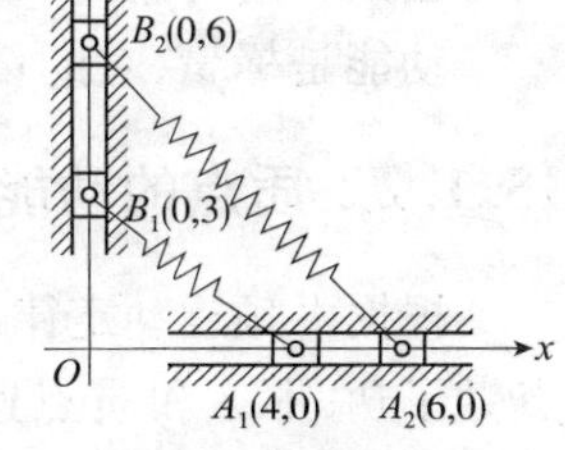

图 15-4 例题 15-1

解:(1)受力分析

系统受(主动)力 $\boldsymbol{F}_k$,$\boldsymbol{F}'_k$。

(2)求弹性力的功

弹性力的功由式(15-8)给出

$$\lambda_0 = \sqrt{y_{B_1}^2 + x_{A_1}^2} - l_0 = \sqrt{3^2\times 10^{-4} + 4^2\times 10^{-4}} - 4\times 10^{-2} = 1(\text{cm})$$

$$\lambda = \sqrt{y_{B_2}^2 + x_{A_2}^2} - l_0 = \sqrt{6^2\times 10^{-4} + 6^2\times 10^{-4}} - 4\times 10^{-2} \approx 4.485(\text{cm})$$

$$W = \frac{1}{2}k(\lambda_0^2 - \lambda^2)$$

$$= \frac{1}{2}\times 49\times 10^2\times[1^2\times 10^{-2} - (6\sqrt{2}-4)^2\times 10^{-2}] = -4.68(\text{J})$$

讨论与练习

(1)计算弹性势能 V,$V^{(0)}$。

(2)请读者采用 Maple 编程求解本题。

2)动能

(1)能

能和功一样,也是人们很熟悉的一个物理量,在宇宙中,存在各式各样的能量。能源问题是现代人们最为关心的问题之一。

如果一个物体具有做功的能力或本领,我们就说它具有一定的能量或能。例如,从高处落下的流水,可以冲动水轮机而做功;飞行着的子弹,遇到障碍物时,也可以改变自己的运动状态(速度改变)而做出一定数量的功。

在理论力学中,我们所研究的能量限于机械能,它分为两大类:一类是由于物体有一定的速度而具有的能量,通常叫作动能,并用符号 T 表示,另一类则是由于物体间相对位置发生变化所具有的能量,通常叫作势能,并用符号 V 表示。例如压缩着的弹簧和拉长了的橡皮绳,当它们回复到原来的状态时,都可以对外做功,反之,若外力对物体做了一定数量的功,物体的能量就要发生相应的变化,总之,每当能量发生变化时,总有一定数量的功表现出来,因此我们就说功是能量变化的量度,因而两者所用的单位也相同。

(2)质点的动能

在历史上,很早已认识到物体对外做功的能力与速度有关,后来又定量地知道与速度的平方有关。伽利略在观察落体时,作为实验结果已经得到速度和降落距离之间关系的公式,这在实质上已经开始触及动能这个量,但这还不是近代的动能概念。莱布尼兹(1688 年)引进过"活力"一词,可以认为活力是动能的最早的名称。

动能也是物体做功能力的一种度量,在势能及其他形式的能量不变的情况下,如果外力对系统做功，使系统中的物体速度增加，那么系统就以动能的形式将外力所做的功转变为做功的能力储存起来，即系统的动能增加了。

由大量实验事实总结出质点的动能应该定义为

$$T=\frac{1}{2}mv^2 \tag{15-15}$$

同时也只有这样的定义，才能够与牛顿定律相吻合。

动能是标量，它的量纲和功的量纲一样。

15.1.2 质点的动能定理

根据牛顿运动定律，质点受到外力作用时，它的速度就要发生变化，因此，如果外力对质点做了功，那么和质点速度有关的能量，就应当发生变化。现在，让我们来求它们之间的关系。

我们还是从动力学方程出发，把

$$m\frac{\mathrm{d}^2\boldsymbol{r}}{\mathrm{d}t^2}=\boldsymbol{F} \tag{g}$$

的两侧，标乘矢量$\frac{\mathrm{d}\boldsymbol{r}}{\mathrm{d}t}$，得

$$m\frac{\mathrm{d}^2\boldsymbol{r}}{\mathrm{d}t^2}\cdot\frac{\mathrm{d}\boldsymbol{r}}{\mathrm{d}t}=\boldsymbol{F}\cdot\frac{\mathrm{d}\boldsymbol{r}}{\mathrm{d}t} \tag{h}$$

即

$$m\frac{\mathrm{d}\boldsymbol{v}}{\mathrm{d}t}\cdot\boldsymbol{v}=\boldsymbol{F}\cdot\frac{\mathrm{d}\boldsymbol{r}}{\mathrm{d}t} \tag{i}$$

因

$$\boldsymbol{v}\cdot\mathrm{d}\,\boldsymbol{v}=v\boldsymbol{\tau}\cdot\mathrm{d}(v\boldsymbol{\tau})=v\boldsymbol{\tau}\cdot\mathrm{d}v\boldsymbol{\tau}+v\boldsymbol{\tau}\cdot v\mathrm{d}\boldsymbol{\tau}=v\mathrm{d}v=\mathrm{d}\left(\frac{1}{2}v^2\right) \tag{j}$$

所以式(i)简化为

$$\frac{\mathrm{d}}{\mathrm{d}t}\left(\frac{1}{2}mv^2\right)=\boldsymbol{F}\cdot\boldsymbol{v} \tag{k}$$

即

$$\frac{\mathrm{d}T}{\mathrm{d}t}=P \tag{15-16a}$$

方程两边乘上 dt

$$\mathrm{d}T=\mathrm{d}'W \tag{15-16b}$$

由式(15-16a)知质点动能的导数等于该点此瞬时的功率，或由式(15-8b)知质点动能的微分等于作用在该点上的力所做的元功，这个关系，叫作质点的动能定理的微分形式。如果把式(15-16b)沿路径进行积分，则得

$$\frac{1}{2}mv^2-\frac{1}{2}mv_0^2=\int_{r_0}^{r}\boldsymbol{F}\cdot\mathrm{d}\boldsymbol{r} \tag{l}$$

即

$$T-T^{(0)}=W_{0\to1} \tag{15-17}$$

此即质点动能定理的积分形式，质点的动能改变等于运动过程中力对质点所做的功。

15.2 质点系的动能定理

15.2.1 动能

1)质点系的动能

质点系的动能是各个质点的动能的总和。对于由 n 个质点 $P_i(i=1,2,\cdots,n)$ 组成的质点系，设各点的质量是 $m_i(i=1,2,\cdots,n)$，速度是 $\boldsymbol{v}_i(i=1,2,\cdots,n)$，于是质点系的动能是

$$T=\frac{1}{2}\sum_{i=1}^{n}m_i v_i^2 \tag{15-18}$$

质点系的动能为正标量，只有当系统内每个质点都处于静止时才能等于零。

2)柯尼希定理

一般情况下，建立以质心为原点的柯尼希坐标系 $Cxyz$(图 14-11)，根据 14.4.1 节式(a)

$$\boldsymbol{r}_i=\boldsymbol{r}_C+\boldsymbol{\rho}_i \tag{a}$$

其中$\boldsymbol{v}_C=\dot{\boldsymbol{r}}_C$为质心 C 的速度，$\boldsymbol{v}_{ir}=\dot{\boldsymbol{\rho}}_i$ 为质点 P_i 相对柯尼希坐标系的相对速度，代入式(15-18)，得到

$$\begin{aligned}T&=\frac{1}{2}\sum_{i=1}^{n}m_i(\boldsymbol{v}_C+\boldsymbol{v}_{ir})\cdot(\boldsymbol{v}_C+\boldsymbol{v}_{ir})\\&=\frac{1}{2}(\sum_{i=1}^{n}m_i)v_C^2+\frac{1}{2}\sum_{i=1}^{n}m_i v_{ir}^2+\boldsymbol{v}_C\cdot(\sum_{i=1}^{n}m_i\boldsymbol{v}_{ir})\end{aligned} \tag{b}$$

注意到$\sum_{i=1}^{n}m_i=m$ 为质点系的质量，$\sum_{i=1}^{n}m_i\boldsymbol{v}_{ir}=m\boldsymbol{v}_{Cr}=\boldsymbol{0}$，上式简化为

$$T=\frac{1}{2}mv_C^2+\frac{1}{2}\sum_{i=1}^{n}m_i v_{ir}^2 \tag{15-19}$$

上式表明：质点系的动能等于质点系质量集中在质心处的质点动能与相对质心平行移动坐标系运动的动能之和，称为柯尼希(König,S.,1712—1757)定理。

3)刚体的动能

(1)平行移动刚体的动能

平行移动的刚体，因各点速度相同，

$$\boldsymbol{v}_1=\boldsymbol{v}_2=\cdots=\boldsymbol{v}_n=\boldsymbol{v}_C=\boldsymbol{v} \tag{c}$$

所以动能可以写成

$$T=\frac{1}{2}(\sum m_i)v^2 \tag{d}$$

即

$$T=\frac{1}{2}m_{\mu}v^2 \tag{15-20}$$

可见平行移动刚体的动能和质点的动能公式是一样的。

(2)定轴转动刚体的动能

刚体绕定轴转动时，刚体上任意一点的速度 $v_i=\rho_i\omega$，ρ_i 是该点到转轴 Oz 的垂直距离，ω 是角速度的大小。因而动能是

$$T=\frac{1}{2}\sum[m_i(\rho_i\omega^2)]=\frac{1}{2}(\sum m_i\rho_i^2)\omega^2 \tag{e}$$

即

$$T=\frac{1}{2}J_{Oz}\omega^2 \tag{15-21}$$

其中，J_{Oz}是对定轴 Oz 的转动惯量。

如果我们把质量叫作平动惯量，那么就可以说：平行移动刚体的动能等于平动惯量乘线速度平方之半，而定轴转动刚体的动能等于转动惯量乘角速度平方之半，形式上十分相似。

(3)平面运动刚体的动能

将柯尼希定理应用于平面运动刚体，得

$$T=\frac{1}{2}m_{\mu}v_C^2+\frac{1}{2}J_{Cz}\omega^2 \tag{15-22a}$$

其中，J_C 是对质心轴 Cz 的转动惯量。

★试证明做平面运动刚体的动能可根据其绕瞬心转动表示为

$$T=\frac{1}{2}J_{Pz}\omega^2 \tag{15-22b}$$

其中，J_{Pz}为刚体对瞬心轴 Pz 的转动惯量。

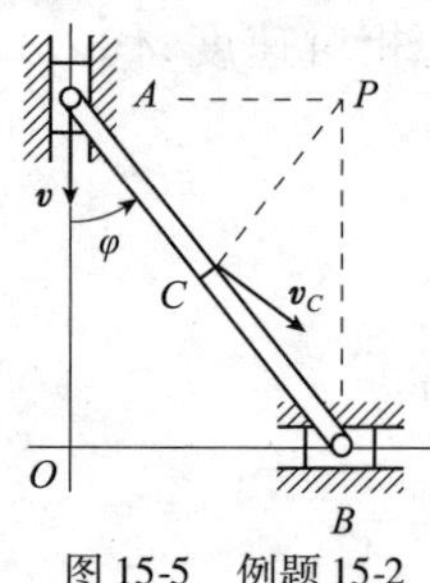

图 15-5　例题 15-2

例题 15-2　滑块 A，B 分别铰接于杆 AB 的两端点(图 15-5)，并可以在相互垂直的槽内运动。已知滑块 A，B 及杆 AB 的质量均为 m，杆长为 l。当杆 AB 与铅垂槽的夹角为 φ 时，滑块 A 的速度为$\boldsymbol{v}$。试求该瞬时整个系统的动能。

解：(1)运动分析

滑块 A 做直线运动，滑块 B 做直线运动，杆 AB 作平面运动，速度瞬心为 P。将 v_B，v_C 和 ω 用 v 表示出，有

$$\omega=\frac{v}{l\sin\varphi}=\frac{v_B}{l\cos\varphi}=\frac{v_C}{l/2} \tag{1}$$

$$v_B=v\cot\varphi,v_C=\frac{v}{2\sin\varphi},\omega=\frac{v}{l\sin\varphi} \tag{2}$$

(2)求系统的动能

$$T=T_A+T_B+T_{AB}$$　　#滑块 A、滑块 B 和杆 AB 的动能之和。

$$=\frac{1}{2}mv_A^2+\frac{1}{2}mv_B^2+\frac{1}{2}mv_C^2+\frac{1}{2}J_C\omega^2$$　　#列式。

$$=\frac{1}{2}mv^2+\frac{1}{2}mv^2\cot^2\varphi+\frac{1}{2}m\frac{v^2}{4\sin^2\varphi}+\frac{1}{2}\left(\frac{1}{12}ml^2\right)\frac{v^2}{l^2\sin^2\varphi}$$　　#统一。

$$=\frac{2}{3}\frac{mv^2}{\sin^2\varphi}$$　　#化简。

讨论与练习

(1)用柯尼希定理能否计算出系统的动能？

(2)刚体平面运动时，找出速度瞬心 P 非常重要。

(3)求动能时，为什么要统一，如何统一？

例题 15-3　质量为 m_1，半径为 r 的均质圆柱体在质量为 m_2，半径为 R 的半圆形滑槽内作纯滚动。滑槽作直线平动，如图 15-6 所示。求系统的动能。

解：(1)运动分析[图 15-6b)]

系统具有两个自由度，选 x 和 θ 为广义坐标，其正方向如图 15-4a)所示，x 的原点位于滑槽中点。

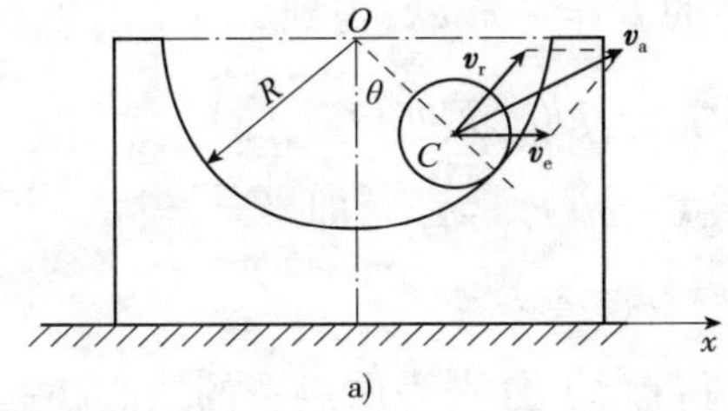

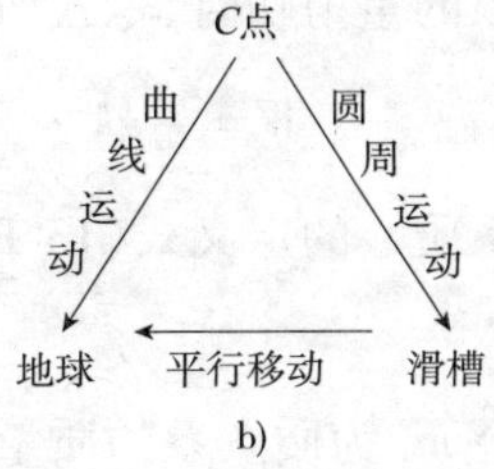

图 15-6 例题 15-3

滑槽做平行移动，均质圆柱体作平面运动。

$$\omega=\frac{(R-r)\dot{\theta}}{r} \tag{1}$$

取 C 点为动点，滑槽为动系。由点的复合运动可知

$$\begin{aligned} v_C^2 &= v_a^2 = v_e^2 + v_r^2 + 2v_e v_r\cos\theta \\ &= \dot{x}^2 + (R-r)^2\dot{\theta}^2 + 2(R-r)\dot{x}\dot{\theta}\cos\theta \end{aligned} \tag{2}$$

(2)求系统的动能

$T = T_1 + T_2$ #圆柱体与滑槽的动能之和。

$= \frac{1}{2}m_1 v_C^2 + \frac{1}{2}J_C\omega^2 + \frac{1}{2}m_2\dot{x}^2$ #列式。

$= \frac{1}{2}m_1[\dot{x}^2 + (R-r)^2\dot{\theta}^2 + 2(R-r)\dot{x}\dot{\theta}\cos\theta] +$

$\frac{1}{2}\frac{m_1 r^2}{2}\frac{(R-r)^2}{r^2}\dot{\theta}^2 + \frac{1}{2}m_2\dot{x}^2$ #统一。

$= \frac{1}{2}(m_1+m_2)\dot{x}^2 + \frac{3}{4}m_1(R-r)^2\dot{\theta}^2 + m_1(R-r)\dot{x}\dot{\theta}\cos\theta$ #化简。

讨论与练习

(1)从本例可以看出，应根据物体的具体运动形式，选定合适的广义坐标，如本题中选 x 和 θ 为广义坐标。广义坐标的原点一般选在运动的初始位置或系统的静平衡位置处。广义坐标的正方向确定后，其他运动量(如速度、加速度等)的正方向都应与广义坐标的正方向一致。合理地选取广义坐标，可大大地简化结果。

(2)用合成法求绝对速度时经常用到余弦定理。

15.2.2 功

1)力对质点系的功

设质点系内各质点 $P_i(i=1,2,\cdots,n)$ 的作用力、矢径和运动轨迹分别为 $\boldsymbol{F}_i$，$\boldsymbol{r}_i$ 和 $\Gamma_i(i=1,2,\cdots,n)$，则力系 $\boldsymbol{F}_i(i=1,2,\cdots,n)$ 的总元功等于所有力的元功之和，力系的总功等于所有力的功之和，写作

$$\mathrm{d}'W = \sum_{i=1}^{n}\boldsymbol{F}_i\cdot\mathrm{d}\boldsymbol{r}_i \tag{15-23}$$

$$W = \sum_{i=1}^{n}\int_{\Gamma_i}\boldsymbol{F}_i\cdot\mathrm{d}\boldsymbol{r}_i \tag{15-24}$$

(1)重力的功

计算质点系的重力功时，令式(15-24)中的 $\boldsymbol{F}_i = -m_i g\boldsymbol{k}$，得到

$$W = -g\boldsymbol{k} \cdot \sum_{i=1}^{n} m_i \int_{\Gamma_i} \mathrm{d}\boldsymbol{r}_i = -g\boldsymbol{k} \cdot \sum_{i=1}^{n} m_i (\boldsymbol{r}_i - \boldsymbol{r}_{i0}) \tag{f}$$

利用质点系质心的定义式(13-14)，$W = g\boldsymbol{k} \cdot m(\boldsymbol{r}_{C_0} - \boldsymbol{r}_C)$，即

$$W = mg(z_{C_0} - z_C) \tag{15-25}$$

其中，$m = \sum_{i=1}^{n} m_i$ 为质点系的质量，$\boldsymbol{r}_{C_0}$、z_{C_0} 和 $\boldsymbol{r}_C$、z_C 分别为质点系的质心在起点 C_0 和终点 C 处的矢径和高度(图 15-7)。式(15-17)表明，质点系重力的功与质心运动的高度差成正比。

(2)质点系内力的功

设质点系内任意两质点 P_i 与 P_j 之间的相互作用力为 $\boldsymbol{F}_{ji}$ 和 $\boldsymbol{F}_{ij}$，根据牛顿第三定律，有 $\boldsymbol{F}_{ji} = -\boldsymbol{F}_{ij}$。此二力的元功之和为

$$\mathrm{d}'W = \boldsymbol{F}_{ji} \cdot \mathrm{d}\boldsymbol{r}_i + \boldsymbol{F}_{ij} \cdot \mathrm{d}\boldsymbol{r}_j = \boldsymbol{F}_{ij} \cdot \mathrm{d}\boldsymbol{\rho}_{ij} \tag{g}$$

其中，$\boldsymbol{\rho}_{ij}$ 为 P_i 点至 P_j 点的矢径(图 15-8)，

$$\boldsymbol{\rho}_{ij} = \boldsymbol{r}_j - \boldsymbol{r}_i \tag{h}$$

则式(g)中的 $\mathrm{d}\boldsymbol{\rho}_{ij}$ 为 P_j 相对 P_i 的相对位移。设 Γ_{ij} 为 P_j 在以 P_i 为原点的平移坐标系的相对轨迹曲线，则系统的内力所做的总功为

$$W = \sum_{i=1}^{n} \sum_{j=1(\neq i)}^{n} \int_{\Gamma_{ij}} \boldsymbol{F}_{ij} \cdot \mathrm{d}\boldsymbol{\rho}_{ij} \tag{15-26}$$

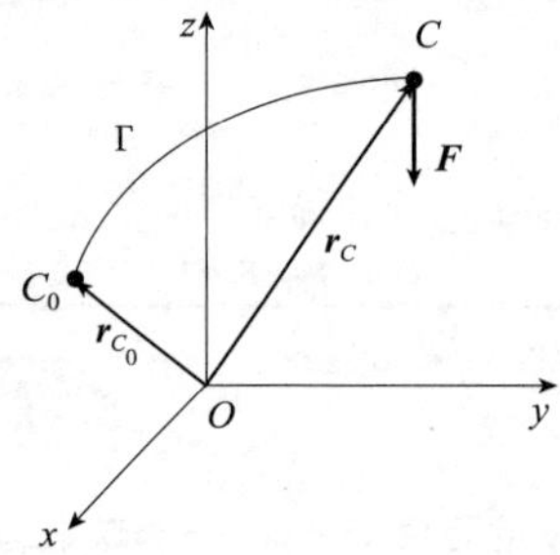

图 15-7　重力的功

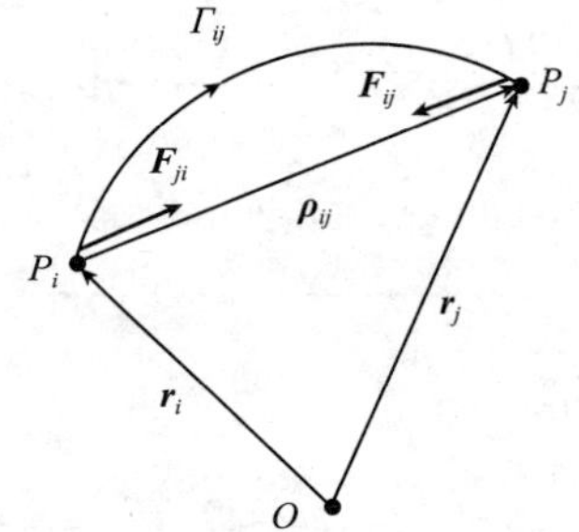

图 15-8　质点系内力的功

上式表明，内力的功取决于质点之间的相对位移。

2)力对的刚体功

(1)内力对刚体的功

刚体是各质点之间的距离保持不变的特殊质点系。对于做任意运动的刚体，设其质心 C 的速度和转动角速度分别为 $\boldsymbol{v}_C$ 和 $\boldsymbol{\omega}$，则刚体内任意点 P_i 的速度可根据式(10-37)列出：

$$\dot{\boldsymbol{r}}_i = \boldsymbol{v}_C + \boldsymbol{\omega} \times \boldsymbol{\rho}_i \tag{i}$$

其中，$\boldsymbol{r}_i$ 和 $\boldsymbol{\rho}_i$ 为 P_i 相对固定点 O 和刚体质心 C 的矢径。将上式各项乘以 $\mathrm{d}t$，令 $\mathrm{d}\boldsymbol{r}_i = \dot{\boldsymbol{r}}_i \mathrm{d}t$ 为点 P_i 的无限小位移，$\mathrm{d}\boldsymbol{r}_C = \boldsymbol{v}_C \mathrm{d}t$ 为点 C 的无限小位移，并定义矢量 $\mathrm{d}\boldsymbol{J} = \omega \mathrm{d}t$ 为刚体的瞬时角位移矢量，其大小等于刚体在无限小时间间隔 $\mathrm{d}t$ 内绕转动瞬轴转过的角度，方向沿转动瞬轴，得到

$$\mathrm{d}\boldsymbol{r}_i = \mathrm{d}\boldsymbol{r}_C + \mathrm{d}\boldsymbol{J} \times \boldsymbol{\rho}_i \tag{j}$$

将上式代入式(h)，计算刚体内任意两质点 P_i 和 P_j 之间的相对位移(图 15-9)，得到

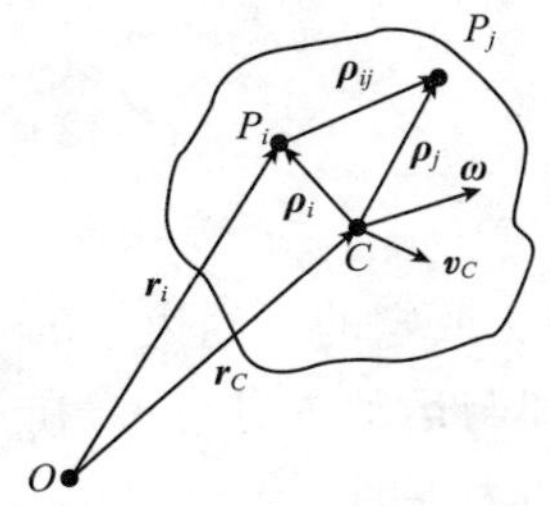

图 15-9 内力对刚体的功

$$\mathrm{d}\boldsymbol{\rho}_{ij}=\mathrm{d}\boldsymbol{r}_j-\mathrm{d}\boldsymbol{r}_i=\mathrm{d}\boldsymbol{J}\times(\boldsymbol{\rho}_j-\boldsymbol{\rho}_i)=\mathrm{d}\boldsymbol{J}\times\boldsymbol{\rho}_{ij} \tag{k}$$

上式表明$\boldsymbol{\rho}_{ij}$和$\mathrm{d}\boldsymbol{\rho}_{ij}$相垂直。由于$P_i$和$P_j$之间的相互作用力$\boldsymbol{F}_{ij}$和$\boldsymbol{F}_{ji}$与$\boldsymbol{\rho}_{ij}$共线,也必与$\mathrm{d}\boldsymbol{\rho}_{ij}$垂直,则由式(g)表示的内力的元功必等于零

$$\mathrm{d}'W=\boldsymbol{F}_{ij}\cdot\mathrm{d}\boldsymbol{\rho}_{ij}=0 \tag{15-27}$$

从而得出结论:刚体做任意运动时,其内力的总元功等于零。

(2)外力对刚体的功

设刚体上有外力系$\boldsymbol{F}_i(i=1,2,\cdots,n)$作用,刚体的质心速度和转动角速度分别为$\boldsymbol{v}_C$和$\boldsymbol{\omega}$。组成刚体的每个质点$P_i$的速度和无限小位移如式(i)、式(j)所示。将式(j)代入式(15-23),改变混合积的次序,导出外力对刚体的元功为

$$\mathrm{d}'W=\sum_{i=1}^{n}\boldsymbol{F}_i\cdot(\mathrm{d}\boldsymbol{r}_C+\mathrm{d}\boldsymbol{J}\times\boldsymbol{\rho}_i)=\sum_{i=1}^{n}[\boldsymbol{F}_i\cdot\mathrm{d}\boldsymbol{r}_C+(\boldsymbol{\rho}_i\times\boldsymbol{F}_i)\cdot\mathrm{d}\boldsymbol{J}] \tag{l}$$

将力系向质心简化得到的主矢和主矩分别记作$\boldsymbol{R}$和$\boldsymbol{M}_C$:

$$\boldsymbol{R}=\sum_{i=1}^{n}\boldsymbol{F}_i,\boldsymbol{M}_C=\sum_{i=1}^{n}\boldsymbol{\rho}_i\times\boldsymbol{F}_i \tag{m}$$

于是得到

$$\mathrm{d}'W=\boldsymbol{R}\cdot\mathrm{d}\boldsymbol{r}_C+\boldsymbol{M}_C\cdot\mathrm{d}\boldsymbol{J} \tag{15-28}$$

即:作用于刚体上外力的元功等于外力的主矢与质心位移的标积,以及外力对质心的主矩与瞬时角位移的标积之和。

从式(15-28)的积分导出外力在$(0,t)$时间间隔内对刚体的总功为

$$W=\int_0^t(\boldsymbol{R}\cdot\boldsymbol{v}_C+\boldsymbol{M}_C\cdot\boldsymbol{\omega})\mathrm{d}t \tag{15-29}$$

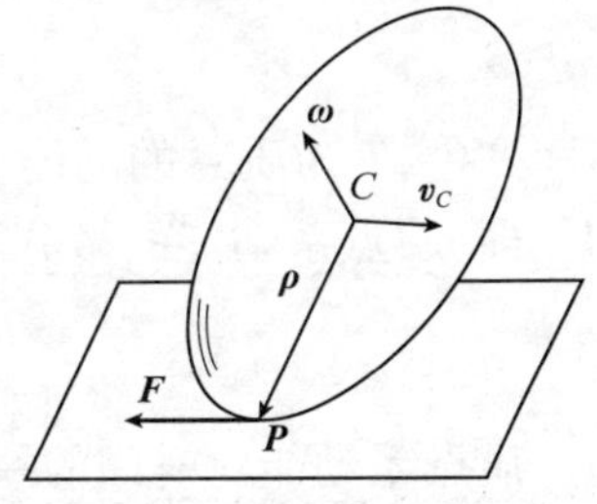

图 15-10 刚体的纯滚动

作为式(15-28)的应用,计算粗糙平面上摩擦力对纯滚动刚体所做的功。设刚体在固定的粗糙平面上作无滑动的纯滚动,刚体质心C至接触点P的矢径为$\boldsymbol{\rho}$(图 15-10),刚体作纯滚动时接触点P的速度为零。利用式(10-37),此条件可写作

$$\boldsymbol{v}_P=\boldsymbol{v}_C+\boldsymbol{\omega}\times\boldsymbol{\rho}=0 \tag{n}$$

令$\mathrm{d}\boldsymbol{r}_C=\boldsymbol{v}_C\mathrm{d}t,\mathrm{d}\boldsymbol{J}=\boldsymbol{\omega}\mathrm{d}t$,将上式各项乘以$\mathrm{d}t$,得到

$$\mathrm{d}\boldsymbol{r}_C=-\mathrm{d}\boldsymbol{J}\times\boldsymbol{\rho} \tag{o}$$

根据式(15-28)计算点P处摩擦力$\boldsymbol{F}_\mathrm{f}$对刚体的元功,得到

$$\mathrm{d}'W=\boldsymbol{R}_\mathrm{f}\cdot\mathrm{d}\boldsymbol{r}_C+\boldsymbol{M}_C^\mathrm{f}\cdot\mathrm{d}\boldsymbol{J}=F_\mathrm{f}\cdot(-\mathrm{d}\boldsymbol{J}\times\boldsymbol{\rho})+\boldsymbol{M}_C^\mathrm{f}\cdot\mathrm{d}\boldsymbol{J}=(-\boldsymbol{\rho}\times\boldsymbol{F}_\mathrm{f}+\boldsymbol{M}_C^\mathrm{f})\cdot\mathrm{d}\boldsymbol{J} \tag{p}$$

由于$\boldsymbol{M}_C^\mathrm{f}=\rho\times\boldsymbol{F}_\mathrm{f}$,导出$\delta W=0$。从而得出结论:摩擦力对纯滚动刚体的元功等于零。

★若刚体在接触点处有滑动,则摩擦力对刚体是否做功?若存在滚动摩擦,则滚动摩阻是否做功?

式(15-28)对特殊形式的刚体运动可进一步简化:

(1)力对平行移动刚体的功

$$W=\int_\Gamma\boldsymbol{R}\cdot\mathrm{d}\boldsymbol{r}_C \tag{15-30}$$

(2)力对定轴转动刚体的功

$$W=M_z(\varphi-\varphi_0) \tag{15-31}$$

(3)力对平面运动刚体的功

$$W = \int_{\Gamma} \boldsymbol{R} \cdot \mathrm{d}\boldsymbol{r}_C + \int_{\varphi_0}^{\varphi} M_C \mathrm{d}\varphi \tag{15-32}$$

3)约束力的功

在具体问题中约束力可能是外力,也可能是内力,这要看对象是怎么取定的。约束力的功原则上与主动力的功的功含义没有什么区别,但是由于约束力的规律与运动本身有关,在解出运动以前,往往不可能算出它的功。下面我们只举几个约束力做功为零的例子。

(1)固定光滑面的约束力沿法线方向,对于被限制在这种曲面上的质点来说,约束力做的功为零。

(2)刚体在一固定表面上作无滑动的滚动时,摩擦力做功为零,同时法向力做功显然为零,所以在这种情况下约束力做功为零。

(3)一端固定的柔索或二力杆约束,作为外力的约束力始终与被约束质点的位移垂直,因此它们的功必等于零。

(4)当系统内两个刚体相互接触且接触处光滑时,作为内力的约束力也始终与接触点处分属两个刚体的质点间的相对位移垂直,所做功之和也等于零。

(5)系统内受柔索约束的两个质点的内力功之和也必为零。

15.2.3 动能定理

对于 n 个质点组成的质系,列出每个质点的动能定理,再相加即得

$$\mathrm{d}T = \mathrm{d}'W^{(\mathrm{e})} + \mathrm{d}'W^{(\mathrm{i})} \tag{15-33a}$$

式中,T 为质系的动能;$\mathrm{d}'W^{(\mathrm{e})}$、$\mathrm{d}'W^{(\mathrm{i})}$ 分别为质系外力做元功之和与质系内力做元功之和。即:质点系动能的微分等于作用在质点系上所有外力与内力的元功之和。

$$\frac{\mathrm{d}T}{\mathrm{d}t} = P^{(\mathrm{e})} + P^{(\mathrm{i})} \tag{15-33b}$$

质点系动能对时间的一阶导数,等于作用于质点系上所有外力与内力的功率的代数和。式(15-33)称为质点系的动能定理。

功率方程常用来研究机器工作时能量的变化和转化问题。例如机床在接通电源后,电磁力对电机转子做正功,使转子转动,同时使电能转化为动能。电磁力的功率称为输入功率。转子转动后,由于皮带传动、齿轮传动和轴承与轴之间都有摩擦,摩擦力做负功,使一部分机械能转化为热能,因而损失部分功率。这部分功率称为无用功率或损耗功率。机床加工工件时的切削力做负功,也会消耗能量,这是机床加工工件时必须付出的功率,称为有用功率或输出功率。因此式(15-33b)可改写为

$$\frac{\mathrm{d}T}{\mathrm{d}t} = P_{\text{输入}} - P_{\text{有用}} - P_{\text{无用}} \tag{15-33c}$$

或

$$P_{\text{输入}} = P_{\text{有用}} + P_{\text{无用}} + \frac{\mathrm{d}T}{\mathrm{d}t} \tag{q}$$

当机器匀速运转时,$\frac{\mathrm{d}T}{\mathrm{d}t} = 0$,输入功率与有用功率和无用功率之和相等,称为功率平衡。

对式(15-33a)积分得到

$$T - T^{(0)} = W_{0\to1}^{(\mathrm{e})} + W_{0\to1}^{(\mathrm{i})} \tag{15-34}$$

在任意有限的路程中,质点系动能的改变量等于作用在质点系上所有外力与内力做功之和。这称为质点系动能定理的积分形式。质点系动能定理是一个标量式,只提供一个动力学方程。

例题 15-4 车床的电动机功率 $P_{输入}=5.4\text{kW}$。传动零件之间的摩擦损耗功率占输入功率的 30%。工件的直径 $d=100\text{mm}$,转速 $n=42\text{r/min}$。试求允许的最大切削力;若工件的转速改为 $n'=112\text{r/min}$,允许的最大切削力变为多少?

解:车床的输入功率为 $P_{输入}=5.4\text{kW}$,无用功率为 $P_{无用}=P_{输入}\times30\%=1.62(\text{kW})$。当工件匀速转动时,$\frac{\mathrm{d}T}{\mathrm{d}t}=0$,有用功率为

$$P_{有用}=P_{输入}-P_{无用}=3.78(\text{kW})$$

设切削力为 F,切削速度为 v,则

$$P_{有用}=Fv=F\frac{d}{2}\frac{2\pi n}{60}$$

即

$$F=\frac{60}{\pi dn}P_{有用}$$

当 $n=42\text{r/min}$ 时,允许的最大切削力为

$$F=\frac{60}{3.14\times0.1\times42}\times3.78=17.19(\text{kN})$$

当 $n'=112\text{r/min}$ 时,允许的最大切削力为

$$F=\frac{60}{3.14\times0.1\times112}\times3.78=6.45(\text{kN})$$

讨论与练习

为什么驾驶员在汽车上坡时选用低速挡?

例题 15-5 如图 15-11 所示机构中,AB 和 BC 为两相同匀质细杆,长度 $l=1\text{m}$,质量 $m=2\text{kg}$,匀质圆轮半径 $r=0.25\text{m}$,质量 $m_1=4\text{kg}$,可沿水平面做无滑滚动。机构中弹簧的自然长度 $l_0=1\text{m}$,弹簧刚度系数为 $k=50\text{N}\cdot\text{m}^{-1}$。如在点 B 加一铅垂常力 $F=60\text{N}$。试求系统从 $\theta=\theta_0=60°$ 静止开始运动到 $\theta=0°$ 时两杆的角速度各等于多少?

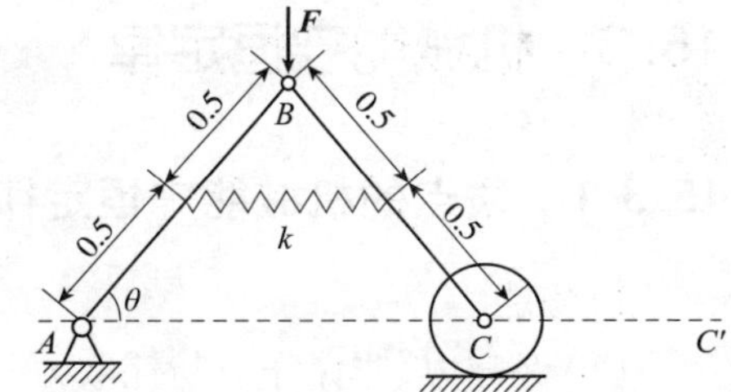

图 15-11 例题 15-5(尺寸单位:m)

解:(1)运动分析,求系统的动能。

杆 AB 做定轴转动,杆 BC 做平面运动,匀质圆轮作平面运动。两杆角速度总是大小相等,转向相反。初始时 $\theta=60°$ 系统的动能

$$T^{(1)}=0 \tag{1}$$

设 $\theta=0°$ 时杆的角速度为 ω。轮心 C 移动到 C',此时轮心速度为零,其角速度也为零,圆轮动能 $T_C=0$。系统的动能

$$T^{(2)}=T_{AB}^{(2)}+T_{BC}^{(2)}$$ #系统动能为两杆动能之和。

$$=\frac{1}{2}J_A\omega_{AB}^2+\frac{1}{2}mv_{C_2}^2+\frac{1}{2}J_{C_2}\omega_{BC}^2$$ #列式。

$$=\frac{1}{2}\cdot\frac{1}{3}ml^2\omega^2+\frac{1}{2}m\left(\frac{1}{2}\omega l\right)^2+\frac{1}{2}\left(\frac{1}{12}ml^2\right)\omega^2$$ #统一。

$$= \frac{1}{3}ml^2\omega^2 = \frac{2}{3}\omega^2 \qquad \text{\#化简} \tag{2}$$

(2)受力分析,求系统主动力做的功。

杆 AB、杆 BC 和匀质圆轮组成的系统受(主动)力 $\boldsymbol{F}, m\boldsymbol{g}, m\boldsymbol{g}, m_1\boldsymbol{g}, \boldsymbol{F}_k, \boldsymbol{F}'_k$。

弹簧拉力为

$$F_k = F'_k = k\delta \tag{3}$$

$$\delta_1 = 2 \cdot \frac{l}{2}\cos\theta_0 - l_0 = 0.5 - 1 = -0.5(\text{m}) \tag{4a}$$

$$\delta_2 = 2 \cdot \frac{l}{2} - l_0 = 1 - 1 = 0 \tag{4b}$$

系统主动力所做的功

$$W_{1\to2} = Fl\sin\theta_0 + 2 \cdot mg \cdot \frac{l}{2}\sin\theta_0 + \frac{1}{2}k(\delta_1^2 - \delta_2^2) \qquad \text{\#列式。}$$

$$= 60 \times 1 \times \sin60° + 2 \times 2 \times 9.8 \cdot \frac{1}{2}\sin60° + \frac{1}{2} \times 50 \times (-0.5)^2 \qquad \text{\#代入数值。}$$

$$= 75.19(\text{J}) \qquad \text{\#化简。} \tag{5}$$

(3)利用动能定理求两杆角速度。

$$T^{(2)} - T^{(1)} = W'_{1\to2}$$

$$\frac{2}{3}\omega^2 = 75.19 \tag{6}$$

$$\omega = 10.53\text{rad/s}$$

讨论与练习

(1)本题采用了动能定理的积分形式。

(2)请读者编写 Maple 程序验证结果。

15.3 机械能守恒定律

15.3.1 质点的机械能守恒定律

1)势能

(1)保守力、非保守力与耗散力

在我们所讨论的问题中,作用在物体上的力 $\boldsymbol{F}$,一般是该物体的位矢 $\boldsymbol{r}$、速度 $\dot{\boldsymbol{r}}$ 和时间 t 的函数,所以式(15-2)或式(15-3)的积分,一般是比较困难的,但如果力 $\boldsymbol{F}$ 只是位矢 $\boldsymbol{r}$ 亦即坐标的函数,问题就要简单得多,我们现在就只考虑这种情况。

假如力仅为坐标 x、y、z 的单值的、有限的和可微的函数,则在空间区域每一点上,都将有一定的力作用着,此力只和该点的坐标有关,我们把这空间区域叫作力场。式(15-3)在数学上叫作线积分,它和物体运动的路径有关。必须知道质点运动的路径,我们才可算出这个积分,在一般情况下,沿两不同路径的线积分,虽然端点相同,也将得出不同的结果。所以在不知道质点运动的实际路径以前,我们应不能计算这个积分,但在某些特殊情况下,线积分式(15-3)的值将只和路径(轨道)的两个端点有关,而与中间的实际路径无关。根据矢量分析,在此情况下,必定存在一个单值、有限和可微的函数 $V(x,y,z)$,且

$$\boldsymbol{F} = -\nabla V = -\left(\frac{\partial V}{\partial x}\boldsymbol{i} + \frac{\partial V}{\partial y}\boldsymbol{j} + \frac{\partial V}{\partial z}\boldsymbol{k}\right) \tag{15-35a}$$

或

$$\boldsymbol{F} = -\mathrm{grad}V, F_x = -\frac{\partial V}{\partial x}, F_y = -\frac{\partial V}{\partial y}, F_z = -\frac{\partial V}{\partial z} \tag{15-35b}$$

则

$$\mathrm{d}W = -\left(\frac{\partial V}{\partial x}\mathrm{d}x + \frac{\partial V}{\partial y}\mathrm{d}y + \frac{\partial V}{\partial z}\mathrm{d}z\right) \tag{a}$$

为一恰当微分,此时式(15-3)的值,将只为两端点的位置所决定。

既然力所做的功只取决于两端点的位置,而与中间所经过的路径无关,那么当质点沿闭合路径运行一周时,力所做的功必定为零。

如果力所做的功与中间路径无关,或者沿任何闭合路径运行一周时,力所做的功为零,这种力就叫作保守力。反之,如果力所做的功与中间路径有关,或沿任何闭合路径运行一周,力所做的功不为零,那么这种力就叫作非保守力,也叫涡旋力,至于摩擦力所做的功,虽然也与路径有关,但它总是做负功而消耗能量,所以又叫耗散力,在物理学中,万有引力、弹性力和静电力都是保守力,电磁学中涡旋电场的涡旋电磁力是非保守力,而流体的黏滞力则是耗散力。

(2)势能

我们知道:在重力场中,把质点从高度为 z_1 沿任意路径举到高度为 z_2 时,重力 mg 对质点所做的功为 $-mg(z_1-z_2)$,即等于标量函数 mgz 的减少值。这一性质,对所有的保守力来讲,都是这样。即保守力对质点所做的功,一定等于质点位置的某个标量函数 $V(x,y,z)$ 的减少值。换句话说,在保守力场中,作用力和某标量函数则有 $V(x,y,z)$ 之间,必须存在着式(15-35)那样的关系,即力所做的元功应该是一个恰当微分,同时力自 A 至 B 所做的总功,将只为 A、B 两点的位置所决定,亦即等于标量函数 $V(x,y,z)$ 所减少的值,用数学符号来表示,则总功为

$$W = -(V_B - V_A) \tag{15-36}$$

标量函数 $V(x,y,z)$ 叫作质点在点 (x,y,z) 处的势能(势能的值只准确到常数项)。质点从点 A 到点 B 时所减少的势能,等于保守力对该质点所做的功。所以,在保守力场中,当力做正功时,质点的势能减少;而当力做负功时,质点的势能增加。

从式(15-36)可以看出:保守力所做的功,决定于质点势能的改变,之所以说质点在某点上的势能,只准确到常数项,是因为如果各点上的势能都加上(或减去)同一个常数,并不影响两点间势能差的数值。为了计算方便起见,我们常指定某点上的势能为零(或其他数值)。例如,对重力势能来讲,常令海平面上的势能为零;对引力势能来讲,取无穷远处的势能为零;而对弹性势能来讲,则取它在没有发生任何形变时的势能为零。

现在我们要问:怎样知道力所做的功与路径无关?或者,如何判断力是保守的还是非保守的?换句话说,势能 $V(x,y,z)$ 存在的充要条件是什么?这个问题,矢量分析里做了回答,即如 F_x、F_y、F_z 是坐标 x、y、z 的单值、有限和可微的函数,则势能 $V(x,y,z)$ 存在的必要条件是

$$\frac{\partial F_z}{\partial y} - \frac{\partial F_y}{\partial z} = 0, \frac{\partial F_x}{\partial z} - \frac{\partial F_z}{\partial x} = 0, \frac{\partial F_x}{\partial y} - \frac{\partial F_y}{\partial x} = 0 \tag{15-37a}$$

即

$$\nabla \times \boldsymbol{F} = \boldsymbol{0} \tag{15-37b}$$

反之,如果 $\nabla \times \boldsymbol{F} = \boldsymbol{0}$,那么这力就一定是保守力,而它所做的功一定和路径无关,因而,也就一定存在着某一标量函数 $V(x,y,z)$,它就是质点的势能。

如 $\nabla \times \boldsymbol{F} \neq \boldsymbol{0}$,则该力就是前面所讲的非保守力(涡旋力),这时它所做的功就将与路径有关,因而谈不上什么势能。对于耗散力的情况当然也是如此。

(3)常见势力场的势能

①重力场。

将式(15-6)与式(15-36)对照,可写出重力场的势能:

$$V = mgz + C \tag{15-38}$$

其中,C 为任意常数,重力场的等势面为水平面。若将坐标 z 的基准点选择在零势面上,则 $C = 0$,势力能为 $V = mgz$。

②弹性力场。

将式(15-8)与式(15-36)对照,可写出弹性力场的势能:

$$V = \frac{1}{2}k\lambda^2 + C \tag{15-39}$$

等势面是以弹簧的固定端 O 点为中心的球面。若将以弹簧原长 l 为半径的球面选作零势面,则 $C = 0$,势能为 $V = k\lambda^2/2$。

③万有引力场。

将式(15-10)与式(15-36)对照,导出地球万有引力场的势能为

$$V = -\frac{\mu m}{r} + C \tag{15-40}$$

其势面是以地心 O 为中心的球面。若令无限远处的势能为零,则 $C = 0$,势能为 $V = -\mu m/r$。

2)质点的机械能守恒定律

如 $\boldsymbol{F}$ 为保守力,则必然存在势能 $V(x,y,z)$,且 $\boldsymbol{F} = -\nabla V$,而式(15-17),变为

$$\frac{1}{2}mv^2 - \frac{1}{2}mv_0^2 = V(x_0,y_0,z_0) - V(x,y,z) \tag{b}$$

即

$$T + V = T^{(0)} + V^{(0)} \tag{15-41a}$$

这就是说,质点在保守力 $\boldsymbol{F}(x,y,z)$ 的作用下,不论在哪一瞬间或哪一位置,它的动能与势能之和是一个不变的常数。质点的势能与动能之和叫作质点的机械能,有时也叫总机械能,常以 E 表示,故式(15-41a)又可写为

$$T + V = E \tag{15-41b}$$

可见,当质点所受的力都是保守力时,质点的动能和势能虽可互相消长,但总机械能的数值,恒保持不变,这就是著名的机械能守恒定律,如果作用在质点上的力都是非保守力或者耗散力,或者其中有一些力是这种力,则式(15-41)不能成立。对于耗散力来讲,一部分的机械能将转化为热而散逸。但热也是能的另一种形式,所以推广起来,宇宙间能的总和总是不变的,它只能由一种形式转化为另一种形式,这就是能量转化和守恒原理,是物理学中最基本的原理之一,也是宇宙间最基本的定律之一。

15.3.2 质点系的机械能守恒定律

若作用于质点系的力均为有势力,则作用力的总功等于起止点势能之差 $V^{(0)} - V$,代入

式(15-35),导出

$$T+V=T^{(0)}+V^{(0)} \tag{15-42a}$$

$$T+V=\mathrm{const} \tag{15-42b}$$

此即质点系在势力场中的机械能守恒定律:质点系的动能及势能之和等于常量。

机械能守恒定律是物理学中关于能量守恒的普遍规律在机械运动中的特殊表现形式。在势力场中,质点系的能量只能在动能和势能之间相互转换,而总能量恒定不变。能量的转换过程也就是力的做功过程。

例题 15-6 两匀质杆 OA 和 O_1B,分别以一端与同一水平面上的两光滑固定铰相连接。它们的另一端又分别与杆 AB 的端点以光滑铰链相连接,如图 15-12 所示。已知三杆 OA,O_1B 和 AB 的质量、长度相同,分别为 m 和 l。试求杆 OA 和铅垂线成 φ_0 角处无初速释放后,运动至铅垂位置时,杆 OA 的转动角速度。

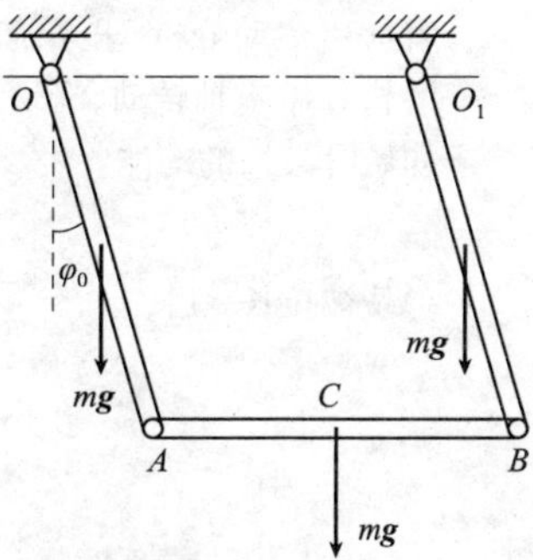

图 15-12 例题 15-6

解:(1)运动分析,求系统的动能。

杆 OA 作定轴转动,杆 O_1B 作定轴转动,杆 AB 作平行移动。

初始时系统的动能

$$T^{(0)}=0 \tag{1}$$

设杆 OA 运动到铅垂位置时的角速度为 ω_1,系统的动能

$$T^{(1)}=T_{OA}^{(1)}+T_{O_1B}^{(1)}+T_{AB}^{(1)}$$ #系统动能是各杆动能之和。

$$=\frac{1}{2}J_O\omega_{OA}^2+\frac{1}{2}J_{O_1}\omega_{O_1B}^2+\frac{1}{2}mv_C^2$$ #列式。

$$=\frac{1}{2}\cdot\frac{1}{3}ml^2\omega_1^2+\frac{1}{2}\cdot\frac{1}{3}ml^2\omega_1^2+\frac{1}{2}m(l\omega_1)^2$$ #统一。

$$=\frac{5}{6}ml^2\omega_1^2 \tag{2}$$ #化简。

(2)受力分析,求系统的势能。

三杆组成的系统受(主动)力做功的力为三杆的重力 $\boldsymbol{mg}$,$\boldsymbol{mg}$,$\boldsymbol{mg}$。取 OO_1 为零势能面,初始时系统的势能

$$V^{(0)}=-2mgl\cos\varphi_0 \tag{3}$$

铅垂位置时系统的势能

$$V^{(1)}=-2mgl \tag{4}$$

(3)根据机械能守恒定律,求杆 OA 的转动角速度。

$$T^{(1)}+V^{(1)}=T^{(0)}+V^{(0)},\ \frac{5}{6}ml^2\omega_1^2-2mgl=2mgl\cos\varphi_0 \tag{5}$$

$$\omega_1=\frac{2}{5l}\sqrt{15gl(1-\cos\varphi_0)}$$

讨论与练习

(1)请用动能定理求解本题进行比较。

(2)请读者编写 Maple 程序验证结果。

例题 15-7 跨过定滑轮的绳索,两端分别系在质量均为 m 的滑块 A 和 B 上,滑块 B 置于倾角为 θ 的光滑斜面上,并与刚度系数为 k 的弹簧连接,弹簧的另一端固定在墙面上,如图 15-13a)所示。滑轮视为质量为 m 的均质圆盘(半径为 r)。绳索与滑轮无相对滑动。初始时,系统静止,弹簧无变形。试求弹簧被拉长 s 时,滑块 A 的速度和加速度。

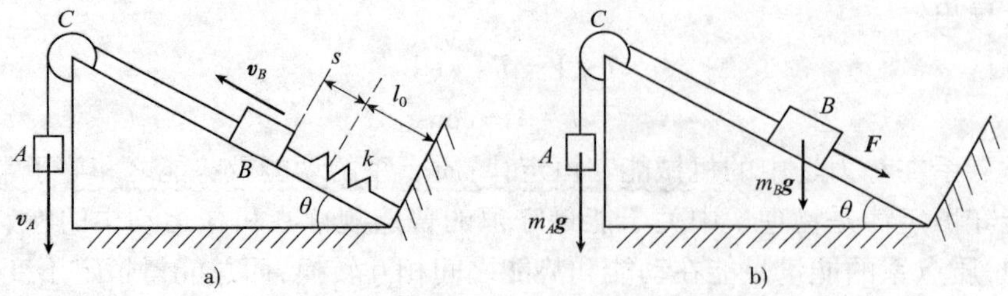

图 15-13　例题 15-7

解:(1)运动分析,求系统的动能。

滑轮 C 做定轴转动,滑块 A 做直线运动,滑块 B 做直线运动。

初始时系统的动能

$$T^{(0)}=0 \tag{1}$$

弹簧被拉长 s 后,

$$v_A=\dot{s},v_B=v_A,\omega=\frac{v_A}{r} \tag{2a}$$

$$a_A=\dot{v}_A \tag{2b}$$

滑轮对转轴的转动惯量

$$J=\frac{1}{2}mr^2 \tag{3}$$

系统的动能为

$$T=\frac{1}{2}m_Av_A^2+\frac{1}{2}m_Bv_B^2+\frac{1}{2}J\omega^2 \qquad \text{#列式。}$$

$$=\frac{1}{2}mv_A^2+\frac{1}{2}mv_A^2+\frac{1}{2}\left(\frac{1}{2}mr^2\right)\left(\frac{v_A}{r}\right)^2 \qquad \text{#统一。}$$

$$=\frac{5}{4}mv_A^2 \qquad \text{#化简。} \tag{4}$$

(2)受力分析,求系统势能做的功,如图 15-13b)所示。

滑轮和两个滑块组成的系统受(主动)力 $m_A\boldsymbol{g},m_B\boldsymbol{g},\boldsymbol{F}_k$。

弹簧拉力为

$$F_{\mathrm{k}}=ks \tag{5}$$

初始时,取作零势能面,系统的势能

$$V^{(0)}=0 \tag{6}$$

弹簧被拉长 s 时,系统的势能

$$V^{(1)}=-m_Ags+m_Bs\sin\theta+\frac{1}{2}ks^2 \qquad \text{#列式。}$$

$$=-mgs(1-\sin\theta)+\frac{1}{2}ks^2 \qquad \text{#化简。} \tag{7}$$

(3)利用机械能守恒定律求滑块 A 的速度和加速度。

$$T+V=T^{(0)}+V^{(0)},\frac{5}{4}mv_A^2-mgs(1-\sin\theta)+\frac{1}{2}ks^2=0 \tag{8}$$

$$v_A=\sqrt{\frac{4mgs(1-\sin\theta)-2ks^2}{5m}}$$

将式(8)两边对时间 t 求导,得

$$\frac{5}{2}m\dot{v}_Av_A-mg\dot{s}(1-\sin\theta)+ks\dot{s}=0 \tag{9}$$

将式(2)代入式(9)消去 $\dot{s}$,可求出

$$a_A = \frac{2}{5m}[mg(1-\sin\theta)-ks]$$

讨论与练习

(1)请利用动能定理的积分形式和微分形式求解本题。

(2)请读者采用 Maple 编程求解本题。

15.4 动力学普遍定理的综合应用

以上导出了质点系动力学的三个动力学普遍定理,即动量定理、动量矩定理和动能定理。在推导过程中引入了两组不同的物理量:度量质点系整体运动特征的动量、动量矩和动能,以及度量力效应的冲量、冲量矩和功。三个动力学普遍定理以简明的数学形式建立了这两组物理量之间的对应关系,从不同的侧面描绘了质点系运动的动力学过程。虽然三个动力学普遍定理都是在牛顿定律基础上导出的,都属于经典力学范畴,但在历史上这些定理却是独立发展的。在解决具体动力学问题时,原则上既可根据牛顿定律,也可根据普遍定理或对应的初积分列出运动微分方程求解。还应指出,在经典力学以外的物理学领域内,动量守恒、动量矩守恒和能量守恒作为普遍的自然规律依然存在。从这个意义上说,动力学普遍定理比牛顿定律具有更广泛的意义。

应用动力学普遍定理求解力学问题时,一般有两条途径。

第一条途径是应用动力学普遍定理列出微分方程,然后求解。对于受约束的质点系,若已知主动力求运动规律,应尽可能使方程中不包含未知的约束力。利用动能定理列写方程的优点是可以避免出现做功为零的约束力。但若同时要求解出未知约束力,则必须应用动量和动量矩定理。有时选择合适的投影轴,也可避免在动量的动量矩定理中出现约束力。

第二条途径是应用动力普遍定理的积分形式,有条件时直接应用动量守恒、动量矩守恒或机械能守恒三个守恒定律。不难看出,积分形式的普遍定理或守恒定律与质点的速度(或刚体的角速度)有关,而微分形式的普遍定理则与质点的加速度(或刚体的角加速度)有关。由于速度是坐标对时间的一阶导数,而加速度是二阶导数,因此直接应用积分形式的普遍定理或守恒定律可使方程降阶,给解题带来方便。一般情况下,与位移直接发生关系的问题用动能定理,与时间直接发生关系的问题则用动量或动量矩定理。应用守恒定律求解时,应特别注意质点系的受力状况是否满足守恒定律所要求的特定条件。表 15-1 列出了质点系动力学三大定理,供读者参考。

质点系动力学三大定理 表 15-1

定理	微分形式	积分形式	守恒形式
动量定理	$\frac{d\boldsymbol{p}}{dt}=\boldsymbol{R}^{(e)}$	$\boldsymbol{p}-\boldsymbol{p}^{(0)}=\boldsymbol{I}^{(e)}$	$\boldsymbol{p}=\boldsymbol{p}^{(0)}$
	$m\boldsymbol{a}_C=\boldsymbol{R}^{(e)}$	$m(\boldsymbol{v}_C-\boldsymbol{v}_C^{(0)})=\boldsymbol{I}^{(e)}$	$\boldsymbol{v}_C=\boldsymbol{v}_C^{(0)}$

续上表

定理	微分形式	积分形式	守恒形式
动量矩定理	$\frac{d\boldsymbol{L}_O}{dt}=\boldsymbol{M}_O^{(e)}$	$\boldsymbol{L}_O-\boldsymbol{L}_O^{(0)}=\boldsymbol{\Gamma}_O^{(e)}$	$\boldsymbol{L}_O=\boldsymbol{L}_O^{(0)}$
	$\frac{d\boldsymbol{L}_C}{dt}=\boldsymbol{M}_C^{(e)}$	$\boldsymbol{L}_C-\boldsymbol{L}_C^{(0)}=\boldsymbol{\Gamma}_C^{(e)}$	$\boldsymbol{L}_C=\boldsymbol{L}_C^{(0)}$
动能定理	$dT=d'W$	$T-T^{(0)}=W_{0\to1}$	$T+V=T^{(0)}+V^{(0)}$
	$\frac{dT}{dt}=P$		$P_{输入}=P_{有用}+P_{无用}$

例题 15-8 如图 15-14a)所示，质量为 m，半径为 r 的均质半球(质心在 C 点，$OC=e=\frac{3r}{8}$，$J_{Oz}=\frac{2}{5}mr^2$)，放在①粗糙；②光滑的水平面上，由静止释放如图 15-2b)所示，对半球在①、②两种情况下，求：

(1)建立运动微分方程；

(2)做微摆动的周期之比 $\tau_2:\tau_1$；

(3)静止释放的瞬时，角加速度之比 $\alpha_2:\alpha_1$；

(4)达到平衡位置时的角速度之比 $\omega_2:\omega_1$；

(5)达到平衡位置时 O 点的速度之比 $v_{O2}:v_{O1}$；

(6)达到平衡位置时地面的支反力之比 $F_{N2}:F_{N1}$；

(7)系统的平衡位置是属于哪一类平衡位置(稳定平衡，不稳定平衡和随遇平衡)？

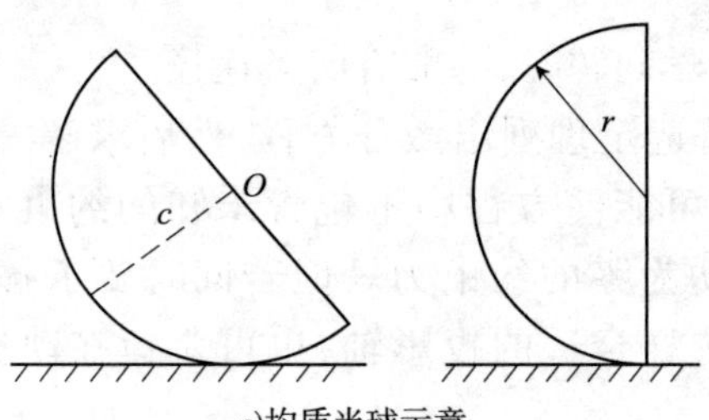

a)均质半球示意

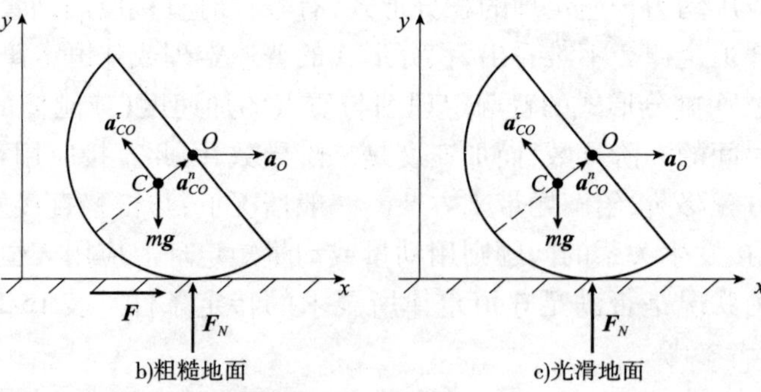

b)粗糙地面 c)光滑地面

图 15-14 例题 15-8

解：矢量力学解法

(1)半球做平面运动，可列出刚体平面运动微分方程。$J_C=J_O-me^2=\frac{83}{320}mr^2$。

①粗糙时(单自由度，取广义坐标 θ)：

选 C 点为动点，O 点为基点，则 $\boldsymbol{\alpha}_C=\boldsymbol{\alpha}_O+\boldsymbol{\alpha}_{CO}^n+\boldsymbol{\alpha}_{CO}^\tau$。纯滚动 $\alpha_O=r\ddot{\theta}$。

$$x:a_{Cx}=r\ddot{\theta}+e\dot{\theta}^2\sin\theta-e\ddot{\theta}\cos\theta \tag{1}$$

$$y: a_{Cy} = e\dot{\theta}^2\cos\theta + e\ddot{\theta}^2\sin\theta \tag{2}$$

$$ma_{Cx} = \sum F_x, m\left(r\ddot{\theta} + \frac{3r}{8}\dot{\theta}^2\sin\theta - \frac{3r}{8}\ddot{\theta}\cos\theta\right) = F \tag{3}$$

$$ma_{Cy} = \sum F_y, \frac{3}{8}mr(\dot{\theta}^2\cos\theta + \ddot{\theta}\sin\theta) = F_N - mg \tag{4}$$

$$J_C\ddot{\theta} = \sum M_C, \frac{83}{320}mr^2\ddot{\theta} = -\frac{3}{8}F_N r\sin\theta - Fr\left(1 - \frac{3}{8}\cos\theta\right) \tag{5}$$

将式(3)、式(4)代入式(5),化简得

$$(56 - 30\cos\theta)\ddot{\theta} + 15\left(\frac{g}{r} + \dot{\theta}^2\right)\sin\theta = 0 \tag{6}$$

②光滑时(二自由度,取广义坐标 θ, x_O):

选 C 点为动点,O 点为基点,则 $\boldsymbol{a}_C = \boldsymbol{a}_O + \boldsymbol{a}_{CO}^n + \boldsymbol{a}_{CO}^\tau$。$a_O = \ddot{x}_O$。

$$x: a_{Cx} = \ddot{x}_O + e\dot{\theta}^2\sin\theta - e\ddot{\theta}\cos\theta \tag{7}$$

$$y: a_{Cy} = e\dot{\theta}^2\cos\theta + e\ddot{\theta}\sin\theta \tag{8}$$

$$ma_{Cx} = \sum F_x, \ddot{x}_O + e\dot{\theta}^2\sin\theta - e\ddot{\theta}\cos\theta = 0 \tag{9}$$

$$ma_{Cy} = \sum F_y, \frac{3}{8}mr(\dot{\theta}^2\cos\theta + \ddot{\theta}\sin\theta) = F_{\mathrm{N}} - mg \tag{10}$$

$$J_C\ddot{\theta} = \sum M_C, \frac{83}{320}mr^2\ddot{\theta} = -\frac{3}{8}F_{\mathrm{N}} r\sin\theta \tag{11}$$

由式(9)得

$$8\ddot{x}_O + 3r\dot{\theta}^2\sin\theta - 3r\ddot{\theta}\cos\theta = 0 \tag{12}$$

由式(10)、式(11)联立解得

$$(83 + 45\sin^2\theta)\ddot{\theta} + 5\left(24\frac{g}{r} + 3\dot{\theta}^2\cos\theta\right)\sin\theta = 0 \tag{13}$$

(2)在平衡位置微摆动时,由式(6)和式(13)略去二阶无穷小。

$$\sin\theta \approx \theta, \cos\theta \approx 1, \dot{\theta}^2 \approx 0, \theta^2 \approx 0$$

①粗糙:

$$\ddot{\theta} + \frac{15}{26}\frac{g}{r}\theta = 0 \tag{14}$$

$$\tau_1 = 2\pi\sqrt{\frac{26}{15}\frac{r}{g}}$$

②光滑:

$$\ddot{\theta} + \frac{120}{83}\frac{g}{r}\theta = 0 \tag{15}$$

$$\tau_2 = 2\pi\sqrt{\frac{83}{120}\frac{r}{g}}$$

$$\tau_2 : \tau_1 = \sqrt{\frac{83}{208}} \approx 0.631\ 7$$

(3)$t = 0$, $\dot{\theta} = 0$, $\theta = 90°$ 由式(6)和式(13)得:

①粗糙:

$$\ddot{\theta} = -\frac{15}{56}\frac{g}{r}, \alpha_1 = \frac{15}{56}\frac{g}{r}$$

②光滑:

$$\ddot{\theta} = -\frac{15}{16}\frac{g}{r}, \alpha_2 = \frac{15}{16}\frac{g}{r}$$

$$\alpha_2 : \alpha_1 = 3.5$$

(4)由机械能守恒定律求解。

地面为粗糙和光滑两种情况下，半球有相同的势能（取水平重心位置为零势能点）

$$V=mge(1-\cos\theta)=\frac{3}{8}mgr(1-\cos\theta) \tag{16}$$

①粗糙时：

动能
$$T=\frac{1}{2}J_{P_1}\dot{\theta}^2=\frac{1}{40}mr^2\dot{\theta}^2=(28-15\cos\theta) \tag{17}$$

$$V_{\max}=T_{\max}:\frac{3}{8}mgr=\frac{13}{40}mr^2\dot{\theta}^2 \tag{18}$$

$$\dot{\theta}=-\sqrt{\frac{15}{13}\frac{g}{r}},\omega_1=\sqrt{\frac{15g}{13r}}$$

②光滑时：

动能
$$T=\frac{1}{2}J_{P_2}\dot{\theta}^2=\frac{1}{640}mr^2\dot{\theta}^2(83+45\sin^2\theta) \tag{19}$$

$$\frac{3}{8}mgr=\frac{83}{640}mr^2\dot{\theta}^2 \tag{20}$$

$$\dot{\theta}=-\sqrt{\frac{240}{83}\frac{g}{r}},\omega_2=4\sqrt{\frac{15}{83}\frac{g}{r}}$$

$$\omega_2:\omega_1=\sqrt{\frac{208}{83}}=1.583\ 0$$

(5)粗糙时：此时速度瞬心 P_1 在地面上。$v_{O1}=r\omega_1=\sqrt{\frac{15rg}{13}}$。

光滑时：此时速度瞬心 P_2 与质心 C_2 重合。$v_{O2}=e\omega_2=\frac{3}{2}\sqrt{\frac{15rg}{83}}$。

$$v_{O2}:v_{O1}=\frac{3}{2}\sqrt{\frac{13}{83}}\approx 0.593\ 6$$

(6)粗糙时：将 $\theta=0$, $\dot{\theta}=\frac{15}{13}\frac{g}{r}$代入式(4)得

$$F_{\mathrm{N1}}=\frac{149}{104}mg$$

光滑时：将 $\theta=0$, $\dot{\theta}^2=\frac{240}{83}\frac{g}{r}$代入式(10)得

$$F_{\mathrm{N2}}=\frac{173}{83}mg$$

$$F_{\mathrm{N2}}:F_{\mathrm{N1}}=1.454\ 8$$

(7)地面为粗糙和光滑两种情况下，半球有相同的势能。

$\frac{\partial V}{\partial\theta}=\frac{3}{8}mgr\sin\theta=0$，得平衡位置，$\theta=0$。

$\left.\frac{\partial^2 V}{\partial\theta^2}\right|_{\theta=0}=\frac{3}{8}mgr>0$，故为稳定平衡。

讨论与练习

(1)请读者总结归纳本题运用了动力学三大定理中的哪些定理？

(2)请读者总结归纳本题哪些地方运用了静力学和运动学补充方程？

(3)请读者采用 Maple 编程对本题进行计算机仿真练习。

15.5 在非惯性参考系中的动能定理

15.5.1 在任意非惯性参考系中的动能定理

系统的动能定理在任意非惯性系 $Axyz$ 中(图 8-2)写成

$$\mathrm{d}T_{\mathrm{r}}=\mathrm{d}'W^{(\mathrm{e})}+\mathrm{d}'W^{(\mathrm{i})}+\mathrm{d}'W_{\mathrm{e}}^{(\mathrm{I})} \tag{15-43}$$

其中

$$\mathrm{d}T_{\mathrm{r}}=\frac{1}{2}\sum_{k=1}^{n}m_k v_{k\mathrm{r}}^2 \tag{15-44a}$$

是质点系在非惯性坐标系 $Axyz$ 中的相对动能。

$$\mathrm{d}'W^{(\mathrm{e})}=\sum_{k=1}^{n}\boldsymbol{F}_k^{(\mathrm{e})}\cdot\mathrm{d}\boldsymbol{\rho}_k \tag{15-44b}$$

是系统的外力在相对位移 $\mathrm{d}\boldsymbol{\rho}_k$ 上所做的元功。

$$\mathrm{d}'W^{(\mathrm{i})}=\sum_{k=1}^{n}\boldsymbol{F}_k^{(\mathrm{i})}\cdot\mathrm{d}\boldsymbol{\rho}_k \tag{15-44c}$$

是系统的内力在相对位移上所做的元功。

$$\mathrm{d}'W_{\mathrm{e}}^{(\mathrm{I})}=\sum_{k=1}^{n}\boldsymbol{F}_{k\mathrm{e}}^{(\mathrm{I})}\cdot\mathrm{d}\boldsymbol{\rho}_k \tag{15-44d}$$

是牵连惯性力在相对位移上所做的元功。在式(15-43)中没有科里奥利惯性力的功,这是因为每个点的科里奥利惯性力总是垂直于其相对位移,它的功等于零。

15.5.2 在柯尼希参考系中的动能定理

动能定理在非惯性坐标系中可以写成与惯性坐标系一样的形式,差别仅在于在基本定理表达式中出现了非惯性系引起的附加项。

但是也存在运动坐标系,一般是非惯性系,对于相对该坐标系的运动,动量矩定理和动能定理具有与惯性系相同的形式。柯尼希坐标系(图 14-11),即以系统质心为原点的平行移动坐标系,就是这样的坐标系。动量矩定理在 14.4 小节中已经给出,现在我们来看动能定理。

由于牵连加速度 $\boldsymbol{a}_{k\mathrm{e}}$ 对系统所有质点都相同并等于系统质心的加速度 $\boldsymbol{a}_C$,再根据式(13-31)和式(15-44a)得

$$\begin{aligned}\mathrm{d}T_{\mathrm{r}}&=\sum_{k=1}^{n}m_k\boldsymbol{v}_{k\mathrm{r}}\cdot\mathrm{d}\boldsymbol{v}_{k\mathrm{r}}=\sum_{k=1}^{n}m_k\boldsymbol{a}_{k\mathrm{r}}\cdot\mathrm{d}\boldsymbol{\rho}_k=\sum_{k=1}^{n}(\boldsymbol{F}_k^{(\mathrm{e})}+\boldsymbol{F}_k^{(\mathrm{i})}+\boldsymbol{F}_{k\mathrm{e}}^{(\mathrm{I})}+\boldsymbol{F}_{k\mathrm{c}}^{(\mathrm{I})})\cdot\mathrm{d}\boldsymbol{\rho}_k\\&=\sum_{k=1}^{n}\boldsymbol{F}_k^{(\mathrm{e})}\cdot\mathrm{d}\boldsymbol{\rho}_k+\sum_{k=1}^{n}\boldsymbol{F}_k^{(\mathrm{i})}\cdot\mathrm{d}\boldsymbol{\rho}_k-\sum_{k=1}^{n}m_k a_{k\mathrm{e}}\cdot\mathrm{d}\boldsymbol{\rho}_k+\sum_{k=1}^{n}\boldsymbol{F}_{k\mathrm{c}}^{(\mathrm{I})}\cdot\mathrm{d}\boldsymbol{\rho}_k\\&=\mathrm{d}'W^{(\mathrm{e})}+\mathrm{d}'W^{(\mathrm{i})}-(\sum_{k=1}^{n}m_k\mathrm{d}\boldsymbol{\rho}_k)\cdot\boldsymbol{a}_C+\sum_{k=1}^{n}\boldsymbol{F}_{k\mathrm{c}}^{(\mathrm{I})}\cdot\mathrm{d}\boldsymbol{\rho}_k\end{aligned} \tag{a}$$

因为科里奥利惯性力 $\boldsymbol{F}_{k\mathrm{c}}^{(\mathrm{I})}$ 垂直于 $\mathrm{d}\boldsymbol{\rho}_k$,所以

$$\mathrm{d}'W_{\mathrm{c}}^{(\mathrm{I})}=\sum_{k=1}^{n}\boldsymbol{F}_{k\mathrm{c}}^{(\mathrm{I})}\cdot\mathrm{d}\boldsymbol{\rho}_k=0 \tag{b}$$

由于选择系统质心为坐标系原点,和

$$\sum_{k=1}^{n}m_k\mathrm{d}\boldsymbol{\rho}_k=m\boldsymbol{\rho}_C=0 \tag{c}$$

因此有

$$d'W_e^{(1)} = \sum_{k=1}^{n} \boldsymbol{F}_{ke}^{(1)} \cdot d\boldsymbol{\rho}_k = 0 \tag{d}$$

于是得系统相对质心运动的动能的微分如下

$$dT_r = d'W^{(e)} + d'W^{(i)} \tag{15-45}$$

可见,动能定理在这种非惯性坐标系中可以写成与惯性坐标系一样的形式,唯一的差别是计算元功是相对系统质心的。

15.6 Maple 编程示例

编程题 15-1 如图 15-15 所示,质量为 m 的质点,在半径为 $r=1\text{m}$ 的圆形铅垂滑道上滑动,质点与滑道之间的静滑动摩擦因数为 $f_s=0.12$,动滑动摩擦因数为 $f=0.1$。若初始时,$\theta(0)=0$, $\dot{\theta}(0)=0$。

(1)试建立质点的运动微分方程,并用常微分方程的数值计算方法给出 $\theta(t)$, $\dot{\theta}(t)$, $\ddot{\theta}(t)$。

(2)若质点从 $\theta=0°$无初速释放,运动到 $\theta=90°$时恰好停止,则动滑动摩擦因数应为何值?

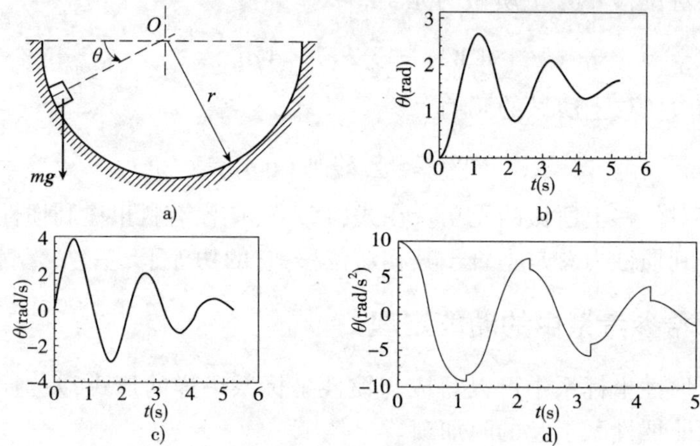

图 15-15 编程题 15-1

解:(1)运动分析,求动能。

质点做圆周运动。

任意时刻质点的动能

$$T = \frac{mr^2\dot{\theta}^2}{2} \tag{1}$$

(2)受力分析,求总元功。

质点受力 $m\boldsymbol{g}, \boldsymbol{F}_N, \boldsymbol{F}_f$。

$$mr\dot{\theta}^2 = F_N - mg\sin\theta \tag{2}$$

$$F_f = fF_N = fmr\dot{\theta}^2 + fmg\sin\theta \tag{3}$$

$d'W = dW_1 + dW_2$ #重力与摩擦力的元功之和。

$= mg\cos\theta \cdot rd\theta - F_f \cdot rd\theta \cdot \text{sign}\,\dot{\theta}$ #列式。

$= mg\cos\theta d\theta - f(mr\dot{\theta}^2 + mg\sin\theta)rd\theta \cdot \text{sign}\,\dot{\theta}$ #代入。

$= rm[g\cos\theta - f(r\dot{\theta}^2 + g\sin\theta) \cdot \text{sign}\,\dot{\theta}]d\theta$ #化简。 (4)

(3)利用动能定理,建立质点的运动微分方程

根据动能定理的微分形式 $dT = d'W$,

$$mr^2\dot{\theta}d\dot{\theta} = rm[g\cos\theta - f(r\dot{\theta}^2 + g\sin\theta) \cdot \text{sign}\,\dot{\theta}]d\theta \tag{5}$$

$$r\ddot{\theta}=g\cos\theta-f(r\dot{\theta}^2+g\sin\theta)\,\mathrm{sign}\,\dot{\theta} \tag{6}$$

(4)若质点从 $\theta=0°$ 无初速释放，运动到 $\theta=90°$ 时恰好停止，$\mathrm{sign}\,\dot{\theta}=1$，重力与摩擦力做功总和为零。

$$W_{0°\to 90°}=\int_s \mathrm{d}'W=0 \tag{7}$$

$$\int_0^{\pi/2} rm[g\cos\theta-f(r\dot{\theta}^2+g\sin\theta)]\,\mathrm{d}\theta=0 \tag{8}$$

$$f=\frac{g}{g+r\int_0^{\pi/2}\dot{\theta}^2\mathrm{d}\theta} \tag{9}$$

数值仿真：令 $X_1=\theta, X_2=\dot{\theta}, X_3=\ddot{\theta}$，取 $r=1\mathrm{m}, g=9.8\mathrm{m/s^2}, f=0.1, X_1(0)=0, X_2(0)=0$。在图 15-15 中图 b）是 t-θ 曲线；图 c）是 t-$\dot{\theta}$ 曲线；图 d）是 t-$\ddot{\theta}$ 曲线。通过数值仿真得到，若质点从 $\theta=0°$ 无初速释放，运动到 $\theta=90°$ 时恰好停止，则动滑动摩擦因数应为 $f=0.65$。

• Maple 程序

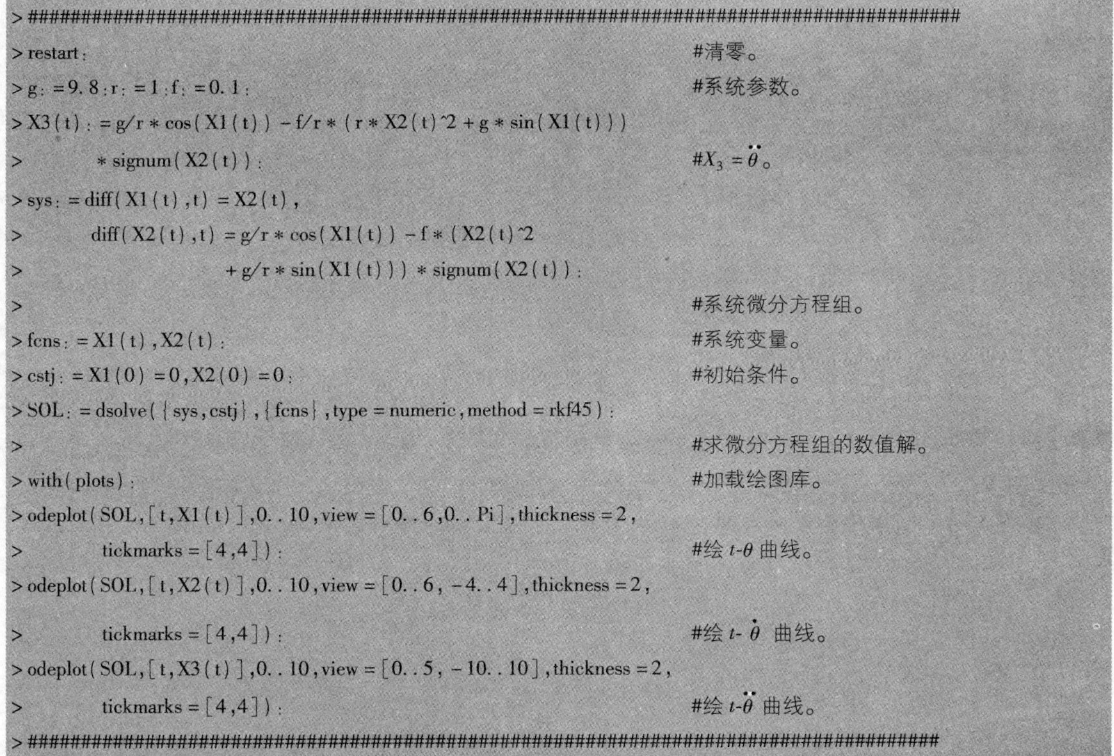

```
> ####################################################################################
> restart:                                                              #清零。
> g:=9.8:r:=1:f:=0.1:                                                   #系统参数。
> X3(t):=g/r*cos(X1(t))-f/r*(r*X2(t)^2+g*sin(X1(t)))
>          *signum(X2(t)):                                              #X3=θ̈。
> sys:=diff(X1(t),t)=X2(t),
>         diff(X2(t),t)=g/r*cos(X1(t))-f*(X2(t)^2
>                       +g/r*sin(X1(t)))*signum(X2(t)):
>                                                                       #系统微分方程组。
> fcns:=X1(t),X2(t):                                                    #系统变量。
> cstj:=X1(0)=0,X2(0)=0:                                                #初始条件。
> SOL:=dsolve({sys,cstj},{fcns},type=numeric,method=rkf45):
>                                                                       #求微分方程组的数值解。
> with(plots):                                                          #加载绘图库。
> odeplot(SOL,[t,X1(t)],0..10,view=[0..6,0..Pi],thickness=2,
>          tickmarks=[4,4]):                                            #绘 t-θ 曲线。
> odeplot(SOL,[t,X2(t)],0..10,view=[0..6,-4..4],thickness=2,
>          tickmarks=[4,4]):                                            #绘 t-θ̇ 曲线。
> odeplot(SOL,[t,X3(t)],0..10,view=[0..5,-10..10],thickness=2,
>          tickmarks=[4,4]):                                            #绘 t-θ̈ 曲线。
> ####################################################################################
```

思考题

思考题 15-1 物块 A 的质量为 m，由如图 15-16 所示的高为 h 的平、凹、凸三种不同形状的光滑面的顶点由静止下滑，三种情况下，物块 A 滑到底部时的速度是否相同？为什么？

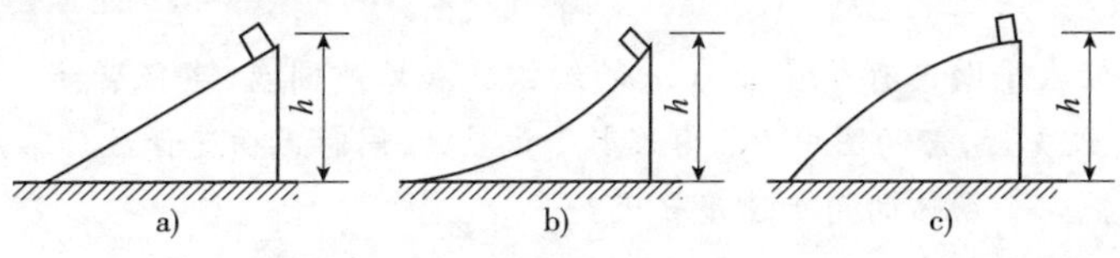

图 15-16

思考题 15-2 不同半径的均质圆轮无初速沿斜面纯滚动，轮心下降同样的高度到达水平面，如图 15-17所示。不计滚动摩阻和空气阻力，问到达水平面时，轮心的速度$\boldsymbol{v}$与圆轮的半径大小是否有关？角速度与轮的半径是否有关？当轮的半径趋于零时，与质点下滑结果是否一致？轮半径趋于零时，还能说只滚不滑吗？

思考题 15-3 如图 15-18 所示，半径为 R 的圆轮与半径为 r 的圆轮固接在一起形成鼓轮，在半径为 r 的圆轮上绕以细绳，并作用着常力 $\boldsymbol{F}$，鼓轮做纯滚动，则鼓轮向左运动还是向右运动？当轮心 C 移动距离 s 时，如何计算力 $\boldsymbol{F}$ 的功比较方便？又力 F 做的功为多少？

思考题 15-4 如图 15-19 所示，管内有一小球，管壁光滑，初始时小球静止。当管 OA 在水平面内绕轴 O 转动时，小球向管口运动。小球在水平面内，只受垂直于管壁的侧向力作用，为什么动能会增加？是什么力做了功？

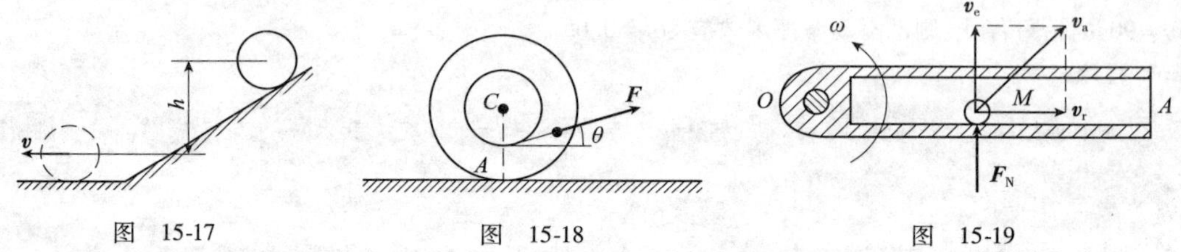

图 15-17　　图 15-18　　图 15-19

思考题 15-5 如图 15-20 所示两个摩擦轮，轮Ⅰ上作用转矩 M，通过两轮间的摩擦带动轮Ⅱ转动，且两轮之间无相对滑动。两摩擦轮于 P 点接触，即 P 点是摩擦力作用点。由于 P 点是空间固定点，因此两轮接触处摩擦力的位移是零，而功等于切向力与位移的乘积。试问：

(1)在研究轮Ⅱ时，摩擦力是否做功？

(2)在研究轮Ⅰ时，摩擦力是否做功？

(3)在研究两轮组成的系统时，摩擦力是否做功？

思考题 15-6 计算如图 15-21 所示质点系的动量大小，对 O 轴的动量矩大小 L_O 和动能 T。物块 A 和 B 质量均为 m，速度为$\boldsymbol{v}$。两物块由无重绳索绕过滑轮相连接，绳与滑轮间不打滑。均质滑轮质量为 m_0，半径为 R。

思考题 15-7 刚体质量为 m，A、B、C 三轴皆垂直于 A、B、C 三点所在平面，$AC=a$，$BC=b$，且 C 轴过质心，如图 15-22 所示。已知刚体对 A 轴的转动惯量为 J_A，$\angle ACB=\theta$。试问：

(1)若改变角 θ 的大小，那么刚体对 B 轴的转动惯量是否也改变？

(2)刚体对 B 轴的转动惯量为多少？

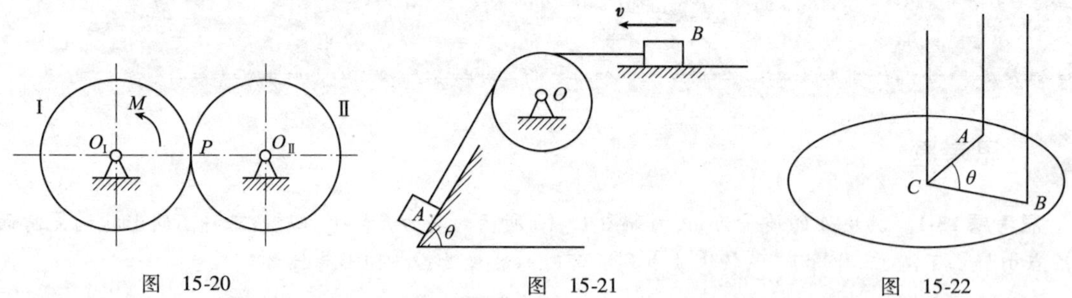

图 15-20　　图 15-21　　图 15-22

思考题 15-8 在铅直平面内有质量皆为 m 的细铁环和均质圆盘，半径皆为 r，如图15-23所示。C 为质心，O 为固定光滑铰支座，当两图中 OC 均为水平位置时，同时无初速释放。不用计算，试回答：

(1)在释放的瞬时，哪个物体的角加速度较大？

(2)在释放的瞬时，哪个图中铰链处的约束力较大？

(3)当 OC 摆至铅直位置时，哪个图中的动量较大？

(4)当 OC 摆至铅直位置时,哪个图中的动能较大?

(5)当 OC 摆至铅直位置时,哪个图中对 O 点的动量矩较大?

思考题 15-9 如图 15-24 所示,图 a)中是质量为 m,长为 l 的均质细杆,图 b)中是一质量为 m 的小球(半径不计)固结于长为 l 的无重刚杆上。两杆均由光滑铰链支承,并同时由铅直位置在一微小扰动下无初速地摆下。不用计算,回答下述问题:

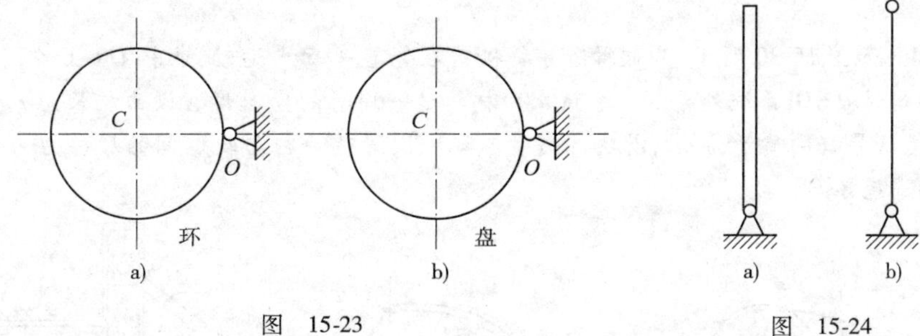

图 15-23　　图 15-24

(1)哪根杆先摆到水平位置?

(2)经过相同时间,哪个物体所受重力冲量较大?

(3)摆至水平位置时,哪个物体的动能较大?

(4)摆至水平位置时,哪个物体的角加速度较大?

(5)摆至水平位置时,哪个图中铰链处铅直方向的约束力较大?

思考题 15-10 如图 15-25 所示为两个完全相同的均质矩形薄板,悬挂在水平在天花板下,处于铅直平面内。图 a)用两根等长的细绳悬挂,图 b)用两根完全相同的弹簧悬挂,均处于平衡状态。现同时将两图中 B 端的绳索及弹簧突然剪断,不用计算,回答下面问题(在刚剪断的瞬时):

(1)哪个图中矩形板的质心加速度较大?

(2)哪个图中矩形板的角加速度较大?

思考题 15-11 无重细绳 OA 一端固定于 O 点,另一端系一质量为 m 的小球 A(小球尺寸不计),在光滑的水平面内绕 O 点运动(O 点也在此平面上)。该平面上另一点 O_1 是一销钉(尺寸不计),当绳碰到 O_1 后,A 球即绕 O_1 转动,如图 15-26 所示。问:在绳碰到 O_1 点前后瞬间下述各说法对吗?

A. 球 A 对 O 点的动量矩守恒　　B. 球 A 对 O_1 点的动量矩守恒

C. 绳索张力不变　　D. 球 A 的动能不变

思考题 15-12 如图 15-27 所示中 A、B、C、D 四点共圆,该圆固定于铅垂面内,D 为最低点,A 为最高点。三个质量相同的质点,同时分别由 A、B、C 三点无初速度地沿图中所示的 AD、BD、CD 三条弦在重力作用下向下滑动,不计摩擦。问:哪一个质点先到达 D 点?

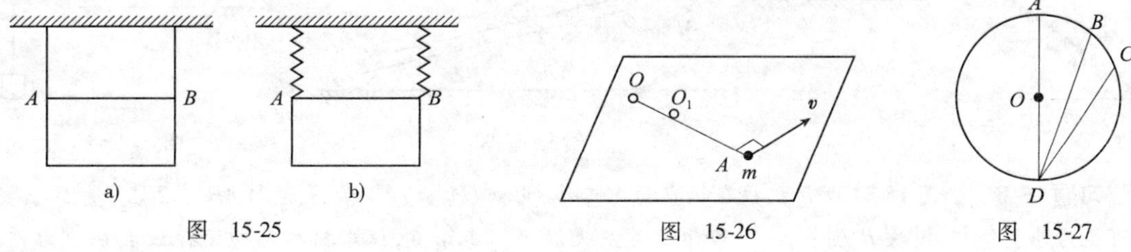

图 15-25　　图 15-26　　图 15-27

习题

A 类型习题

习题 15-1 求题 13-1 中各问题的动能。

习题 15-2 曲柄 OA 可绕固定齿轮Ⅰ的轴 O 转动，A 端带有动齿轮Ⅱ，两齿轮用链条相连如图 15-28所示。如已知两齿轮的半径均为 r，重量均为 $\boldsymbol{P}$，且可视为匀质圆盘。曲柄长为 l，重为 $\boldsymbol{Q}$，可视为匀质细杆。链条重为 $\boldsymbol{W}$，可视为不可伸长的匀质细绳。试求曲柄以匀角速度 ω 转动时系统的动能。

习题 15-3 质量 $m=3\text{kg}$ 的滑块 M 可沿铅直平面内、半径 $R=3\text{m}$ 的固定的圆弧导杆滑动，如图 15-29所示。若滑块被 $F=50\text{N}$ 的拉力从静止位置 A 拉到位置 B，不计摩擦，试求滑块到达 B 点的速度。

习题 15-4 如图 15-30 所示，曲柄滑道导杆机构在铅直平面内运动，曲柄 OA 上作用一矩为 $\boldsymbol{M}$ 的常力偶。若初瞬时 $\theta=0°$ 系统处于静止。试求曲柄转过一周时的角速度。设曲柄长为 r 质量为 m_1，视为均质杆，滑道及导杆的质量为 m_2，滑块 A 质量不计。设滑道导杆与轨道间的摩擦力为常值 $\boldsymbol{F}_\text{f}$，滑块与滑道之间的摩擦不计。

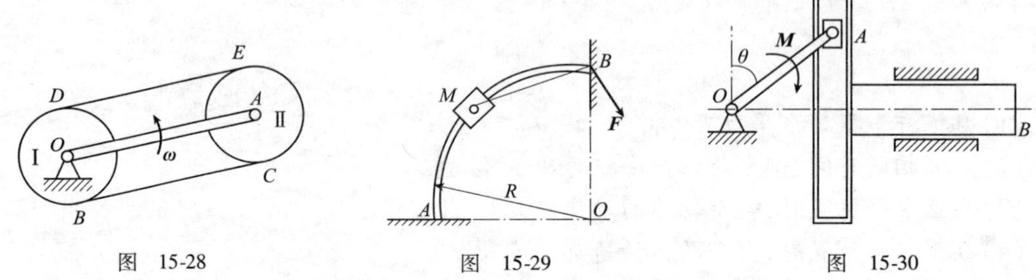

图 15-28　　图 15-29　　图 15-30

习题 15-5 如图 15-31 所示系统中，均质圆柱轮 O 的质量为 m_1，半径为 R，常值转矩为 $\boldsymbol{M}$，物体 A 的质量为 m_2，与斜面间的动摩擦因数为 f'，斜面的倾角为 θ，绳的倾斜段与斜面平行。现从静止开始起动，试求轮转过 φ 角时的角速度和角加速度。

习题 15-6 在如图 15-32 所示系统中，均质圆盘的质量为 m，半径为 R，沿水平面只滚不滑；均质杆 OA 按长为 $2R$，质量亦为 m，A 端小滚轮的大小及质量均略去不计。如圆盘受一力矩为 $\boldsymbol{M}$ 的力偶作用后由静止开始运动，试求圆盘中心 O 移动距离 s 时的速度。

习题 15-7 如图 15-33 所示质量为 100kg 的圆轮的半径 $R=0.5\text{m}$，轮轴的半径 $r=0.2\text{m}$，轮对于质心 G 的回转半径 $\rho_G=0.5\text{m}$。若作用一顺时针的常力偶，$M=20\text{N}\cdot\text{m}$，使它的轮轴沿水平面只滚不滑，求 20kg 物体 A 由静止释放至下降 0.4m 时轮子的角速度。弹簧刚性系数 $k=60\text{N/m}$，并且当物块释放时弹簧没有伸长，弹簧与 BC 段绳均保持水平。

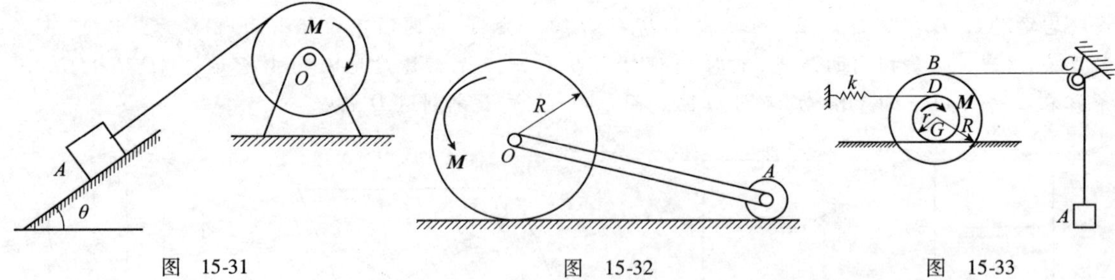

图 15-31　　图 15-32　　图 15-33

习题 15-8 如图 15-34 所示机构在铅直面内工作，曲柄 OA 长 r，质量 m，连杆 AB 长 $2r$，质量 $2m$，两者均可视为均质细杆，滑块 B 质量 $3m$。若初始时系统静止，OA 铅直，试求机构无初速释放后在重力作用下，杆 OA 运动到水平位置时的角速度（滑块与水平面间摩擦不计）。

习题 15-9 在如图 15-35 所示机构中，均质圆柱 A 重 $\boldsymbol{P}_1$，半径为 r；鼓轮 B 重 $\boldsymbol{P}_2$，内径为 r，外半径为 R，对中心轴的回转半径为 ρ；物体 C 重 $\boldsymbol{P}_3$。系统从静止开始运动。试求当物体 C 下落 h 时，圆柱 A 中心的速度和加速度。设圆柱在水平面上作纯滚动。

习题 15-10 如图 15-36 所示系统中，重物 A 质量为 $3m$，滑轮 B 和圆柱 O 可看作均质圆柱，质量均

为 m,半径均为 R,弹簧常数为 k,初始时弹簧为原长,系统从静止释放。若圆柱 O 在斜面上作纯滚动,且绳与滑轮 B 之间无相对滑动,B 轴光滑,弹簧和绳的倾斜段与斜面平行。试求当重物 A 下降距离 s 时重物的速度。

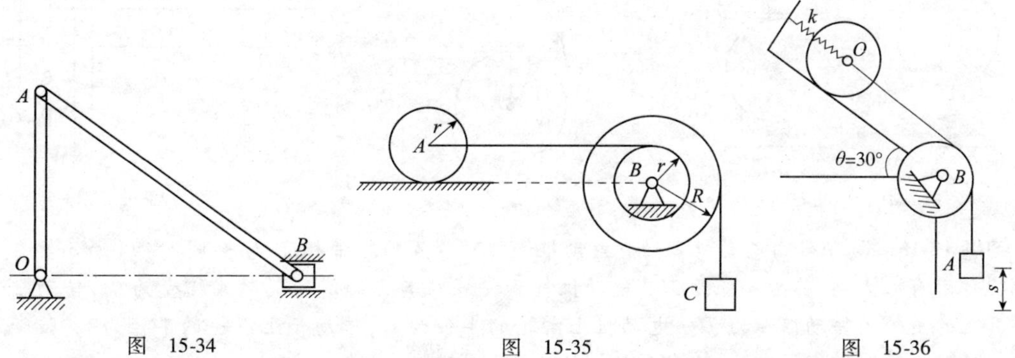

图 15-34　　图 15-35　　图 15-36

习题 15-11　行星轮系传动机构放在水平面内,如图 15-37 所示。已知定齿轮半径为 r_1;动齿轮半径为 r_2,质量为 m_2;曲柄 OA 的质量为 m_3。一力偶矩为常量 M 的力偶作用于曲柄 OA 上,此机构从静止开始运动。试求曲柄转过角 φ 时的角速度和角加速度。齿轮当作匀质圆盘,曲柄当作匀质细杆,不计摩擦。

习题 15-12　绳子 OA 的一端拴一小球 A,另一端固定,如图 15-38 所示。设球以 $\boldsymbol{v}_0$ 从 OA 处于水平位置开始摆下,当摆至铅垂位置时,绳子受到固定点 O_1 处的钉子限制,开始绕点 O_1 摆动。已知绳长为 l,$OO_1=h$。试求小球摆至与点 O_1 等高的点 C 处时,绳子的张力。设绳子不可伸长,且不计其质量。

习题 15-13　匀质细杆 AB 的质量为 m_1,长度为 l,上端 B 靠在光滑墙上,下端 A 以光滑圆柱铰链与质量为 m_2,半径为 r 的匀质圆盘的中心 A 相连,圆盘可沿粗糙水平面作纯滚动(图 15-39)。如果当 $\theta=45°$ 时,圆盘中心 A 的速度为 $\boldsymbol{v}_0$,方向向左,试求该瞬时点 A 的加速度。

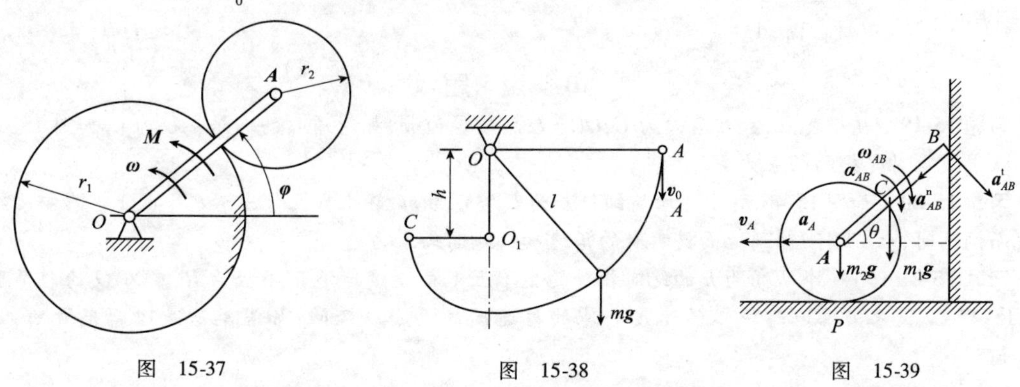

图 15-37　　图 15-38　　图 15-39

习题 15-14　台秤可以认为由重为 P 的盘子和刚度系数为 k 的弹簧组成,如图 15-40 所示。现有一面团,重为 Q,无初速地自高 h 处落到台秤盘上。试问台秤的最大读数是多少?

习题 15-15　在地球万有引力场中,一质量为 m,与地球中心 O 的距离为 r 的返回式飞船在 $r_0=2\times10^4$km 的点 A 处的速度为 $v_0=4.46$km/s,如图 15-41 所示。试求飞船下降至 $r=8\times10^3$km的点 B 处的速度 v。已知地球的引力参数 $G=3.986\times10^5\ \text{km}^3\cdot\text{s}^2$。

习题 15-16　匀质铁链长为 l,放在光滑桌面上,在桌边垂下一段长为 a 的位置,自静止开始下滑(图 15-42)。试求它全部离开桌面时的速度。

习题 15-17　皮带输送机如图 15-43 所示。皮带速度为 $\boldsymbol{v}$(以 m/s 计),每分钟输送质量为 $Q(t)$,输送高度为 h(以 m 计)。已知机械效率为 η,试求输送机所用电机的功率应为多少。

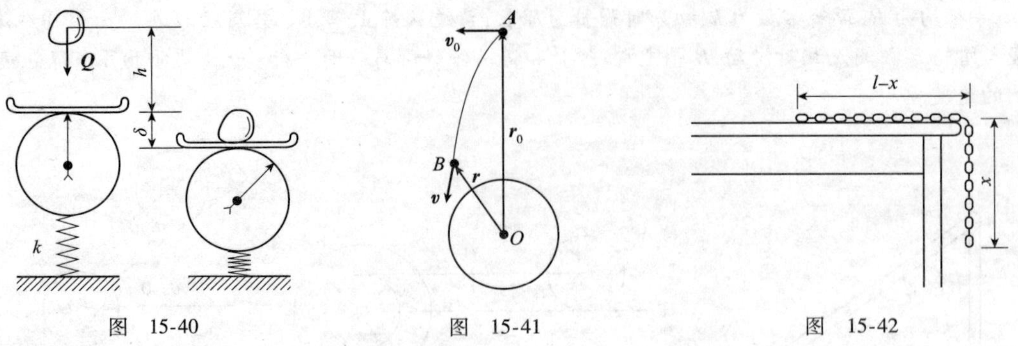

图 15-40　　图 15-41　　图 15-42

习题 15-18　传动轴由电动机带动。电动机和传动装置用胶带相连接，如图 15-44 所示。在电动机轴上作用有一力偶，其力偶矩为 M。电动机轴和安装在其上的滑轮的转动惯量为 J_1，传动轴和安装在其上的滑轮的转动惯量为 J_2。电动机上滑轮的半径为 r_1，传动轴上滑轮的半径为 r_2，胶带质量为 m。轴承的摩擦可略去不计，试求电动机轴的角加速度。

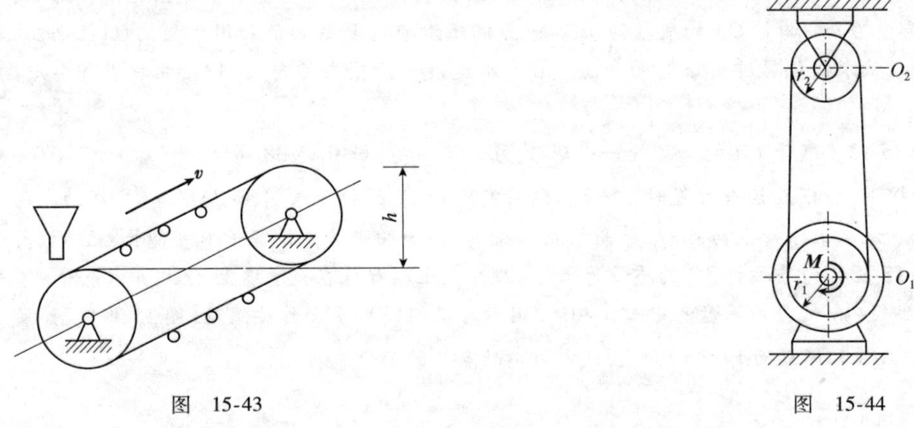

图 15-43　　图 15-44

B 类型习题

习题 15-19　复摆支点为 O，质心为 C，$OC=l$，总质量为 m，相对质心的回转半径为 k，如图 15-45 所示。试求支点对复摆的约束力 F_N。

习题 15-20　如图 15-46 所示的均质细杆长为 l、质量为 m，静止直立于光滑水平面上。当杆受微小干扰而倒下时，求杆刚刚躺到地面前瞬时的角速度和地面约束力。

习题 15-21　有一个从高为 h 的绝对粗糙的桌子上无初速度地滚下半径为 R、重为 Q 的匀质圆球（图 15-47）。试求当落地时球心的速度和球的角速度的大小。又问：如果桌沿是理想光滑的，则结果如何？

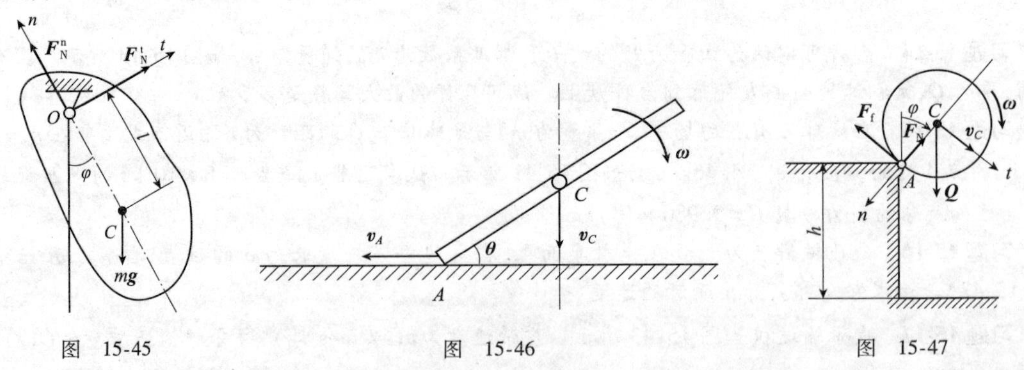

图 15-45　　图 15-46　　图 15-47

习题 15-22 一内壁光滑的圆管弯成半径为 R 的圆环，可绕铅垂光滑轴 AB 转动，其转动惯量为 J，有一质量为 m 的小球可在管内运动，如图 15-48 所示。初始时，圆环绕轴 AB 的角速度为 ω_0，$\theta_0=0$，小球此时相对圆环的速度大小为 $\boldsymbol{v}_{r0}$，试求小球运动到一般位置时，圆环的角速度 $\boldsymbol{\omega}$ 和角加速度 $\boldsymbol{\alpha}$。

习题 15-23 均质圆柱体质量为 m，半径为 r，沿倾角为 θ 的三角块作无滑动滚动，如图 15-49 所示。三角块的质量为 m_μ，置于光滑的水平面上。试列写系统的运动微分方程。

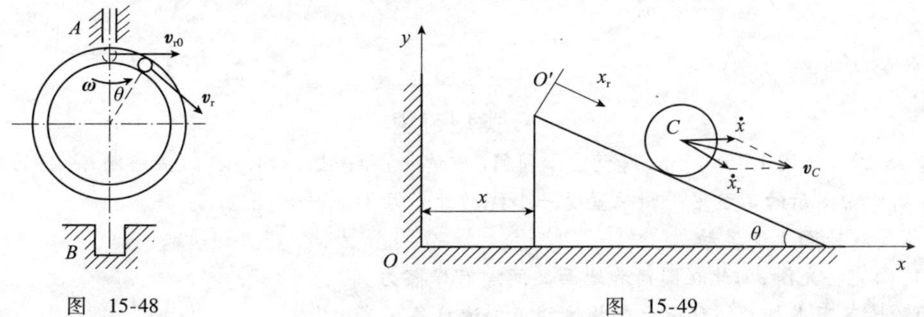

图 15-48　　　　图 15-49

习题 15-24 质量为 m_0 的均质板 D 点用柱铰链与地面连接，E 点由细杆的铅垂吊起，板上有一半径为 R 的光滑凹槽（槽宽不计），质量为 m 的小球 B 由一不可伸长的绳索（质量不计）与质量为 $3m$ 的重物 A 相连，小球的绳索可在凹槽内运动，如图 15-50 所示。初始时，$\theta_0=0$，系统静止。试求小球在凹槽内运动时，板上 D 点水平的约束力和 E 点的约束力。

习题 15-25 质量为 m_1、半径为 R 的圆盘铰接在质量为 m_2 的滑块上，且 $m_1=m_2=m$。如图 15-51 所示。滑块可在地面上滑动，圆盘靠在墙壁上，不计所有摩擦。初始时，$\theta_0=0$，系统静止。滑块受到微小扰动后向右滑动，试求圆盘脱离墙壁时的 θ 以及此时地面的支承力。

习题 15-26 匀质细杆 AB 质量为 m，长为 $2l$，一端用长为 l 的细绳 OA 拉住，一端 B 置于地面上，可以无摩擦地滑动，如图 15-52 所示。初瞬时，绳 OA 位于水平位置，而 O_1B 两点在同一铅垂线上，系统处于静止状态。试求当 OA 运动到铅垂位置时，点 B 的速度以及此时绳子的拉力和地面的约束力。

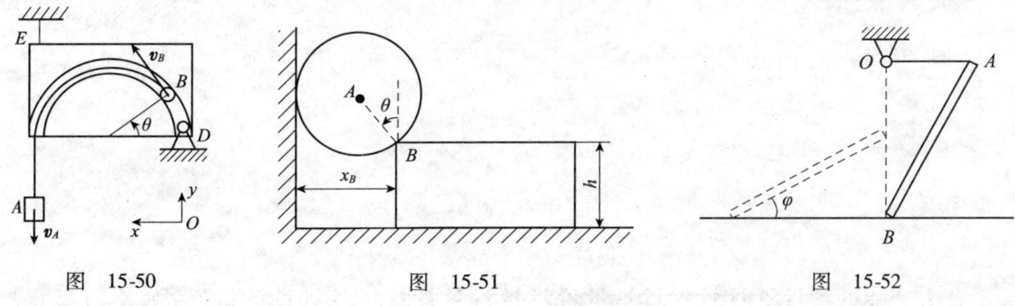

图 15-50　　　　图 15-51　　　　图 15-52

习题 15-27 一匀质杆 AB，长为 $2l$，质量为 m。当两端固定时，杆在水平位置，如图 15-53 所示。某瞬时杆的 A 端脱落，则杆开始绕 B 端的水平轴转动。当杆转到铅垂位置时，B 端也脱落了。试求此杆在以后的运动过程中，重新回到水平时，质心 C 的位置。

习题 15-28 一半径为 R、对回转轴的转动惯量为 J_z 的圆柱形航天器处于无力矩状态。在圆柱壁的 A,B 两处（AB 为中心圆截面的直径），各拴一等长、不计质量的软绳，如图 15-54 所示。两软绳同沿中心圆截面圆周缠绕，其另一端各连接一质量为 m 的质量块。初始时质量块分别锁紧于 C、D，圆柱体以角速度 $\boldsymbol{\omega}_0$ 绕自旋轴 z 转动。在控制系统作用下，两质量块同时释放，至软绳与 AB 垂直同时释放结束。试问软绳长度如何才能使释放后航天器的角速度为零。

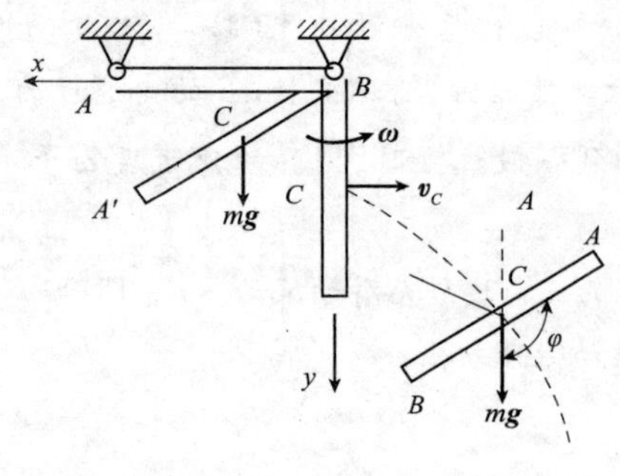

图 15-53

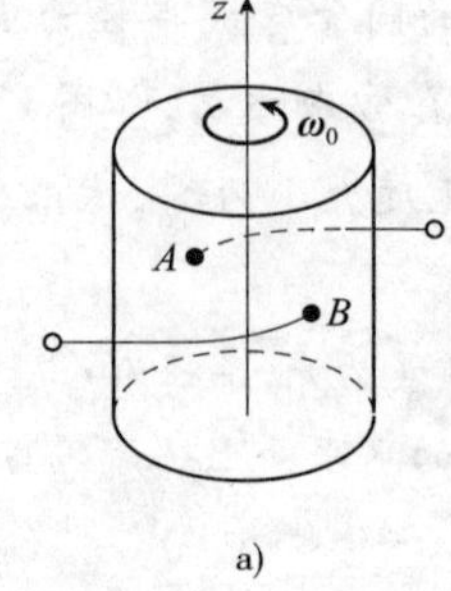

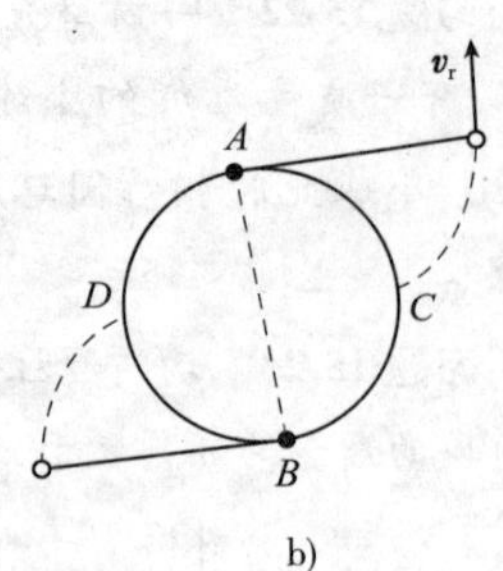

图 15-54

C 类型习题

习题 15-29 如图 15-55 所示，薄壁空心圆筒（质量 m）和一根细均质杆组成一刚体，杆的质量与圆筒相等。物体由图示的不稳定平衡位置受一小扰动开始倾倒。假如：

(1) 圆筒在地面上纯滚动；

(2) 地面完全光滑，因此在圆筒和地面之间没有摩擦力。

这两种情况下当杆子碰到地面时物体的角加速度各为多大？

习题 15-30 如图 15-56 所示，一小车在一斜面上由预压紧的弹簧常数为 c 的弹簧加速，使其在水平行程的终点引爆炸药筒。为此需要有冲击力 Δp。小车总质量为 m，其中四分之一为均质的圆柱形轮子。当略去运动阻力时，压缩弹簧预压紧的行程至少要多大？轮子与地面无滑动。

已知数据：$h = 0.7\text{m}, c = 250\text{N/m}, \Delta p = 80\text{kgm/s}, m = 16\text{kg}, \alpha = 30°$。

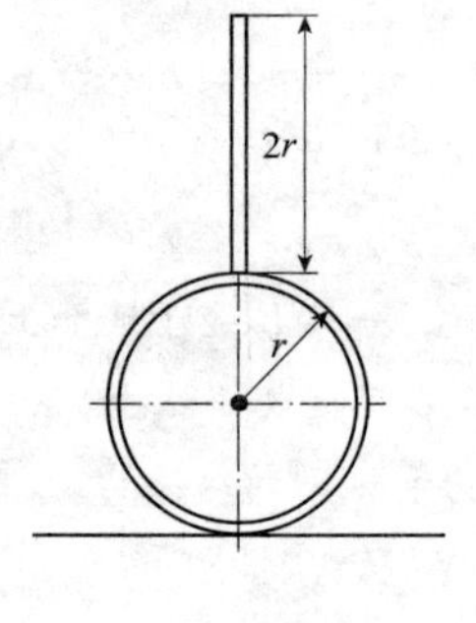

图 15-55

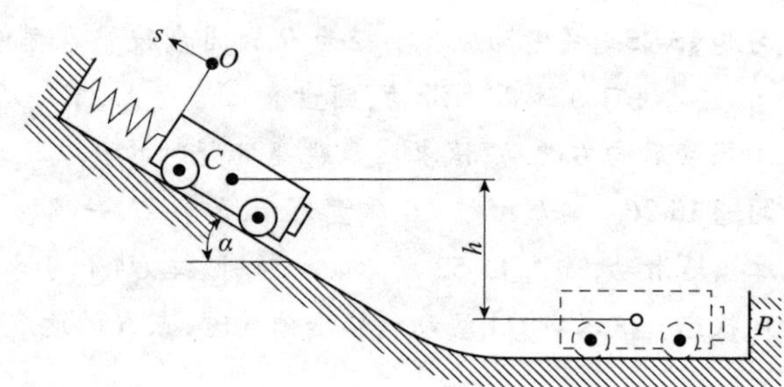

图 15-56

孟子（公元前 372—公元前 289），名轲，字子舆，邹（今山东邹城市）人。战国时期伟大的思想家、教育家，儒家学派的代表人物。与孔子并称“孔孟”。主张仁政，提出“民贵君轻”的民本思想，著作有《孟子》。

《孟子》有七篇十四卷传世。是儒家的重要学术著作，同时也是我国古代极富特色的散文专集。其文气势充沛，感情洋溢，逻辑严密；既滔滔雄辩，又从容不迫。用形象化的事物与语言，说明了复杂的道理。《鱼我所欲也》是《孟子》中的一篇代表作，孟子提出“善养吾浩然之正气”。认为人应该保持善良的本性，加强平时的修养及教育，不做有悖礼仪的事。这是中华民族传统道德修养的精华，是影响深远的事。

附录 A 简单匀质几何体的重心位置和转动惯量

物体	简图	重心位置	转动惯量
细直杆	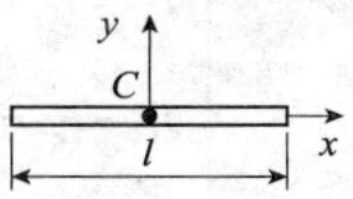	C 为杆的中点	$J_{Cx}=0$ $J_{Cy}=J_{Cz}=\frac{1}{12}m_{\mu}l^2$
三角板	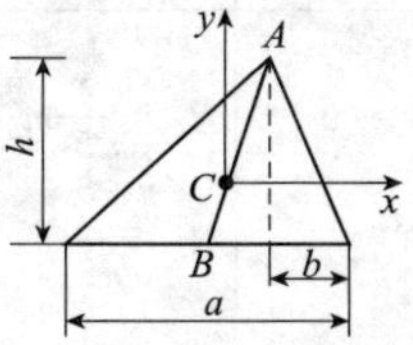	C 在中线 AB 的$\frac{1}{3}$处	$J_{Cx}=\frac{1}{18}m_{\mu}h^2$ $J_{Cy}=\frac{1}{18}m_{\mu}(a^2+b^2-ab)$ $J_{Cz}=\frac{1}{18}m_{\mu}(a^2+b^2+h^2-ab)$
矩形板	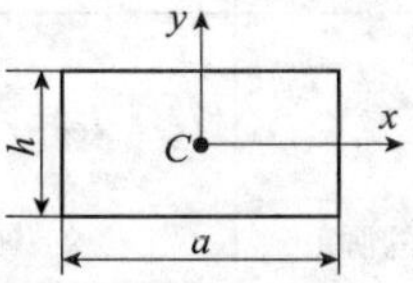	C 为对角线的交点	$J_{Cx}=\frac{1}{12}m_{\mu}b^2$ $J_{Cy}=\frac{1}{12}m_{\mu}a^2$ $J_{Cz}=\frac{1}{12}m_{\mu}(a^2+b^2)$
圆板	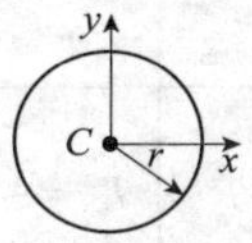	C 为圆心	$J_{Cx}=J_{Cy}=\frac{1}{4}m_{\mu}r^2$ $J_{Cz}=\frac{1}{2}m_{\mu}r^2$
半圆板	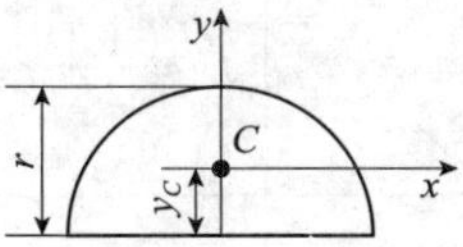	$y_C=\frac{4r}{3\pi}$	$J_{Cx}=\frac{1}{36\pi^2}m_{\mu}r^2(9\pi^2-64)$ $J_{Cy}=\frac{1}{4}m_{\mu}r^2$ $J_{Cz}=\frac{1}{18\pi^2}m_{\mu}r^2(9\pi^2-32)$
椭圆板	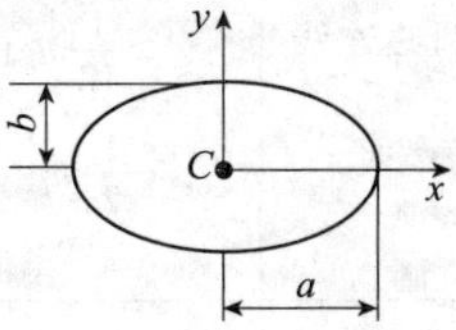	C 为椭圆的中心	$J_{Cx}=\frac{1}{4}m_{\mu}b^2$ $J_{Cy}=\frac{1}{4}m_{\mu}a^2$ $J_{Cz}=\frac{1}{4}m_{\mu}(a^2+b^2)$
长方体	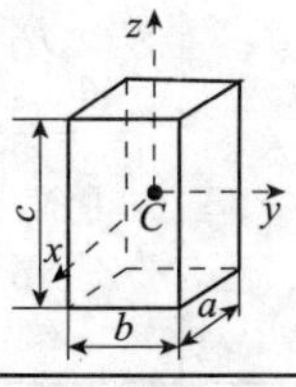	C 为对角线的交点	$J_{Cx}=\frac{1}{12}m_{\mu}(b^2+c^2)$ $J_{Cy}=\frac{1}{12}m_{\mu}(c^2+a^2)$ $J_{Cz}=\frac{1}{12}m_{\mu}(a^2+b^2)$

续上表

物体	简　图	重心位置	转动惯量
球体	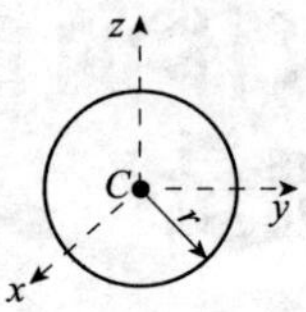	C 为球心	$J_{Cx}=J_{Cy}=J_{Cz}$ $=\frac{2}{5}m_{\mu}r^2$
半球体	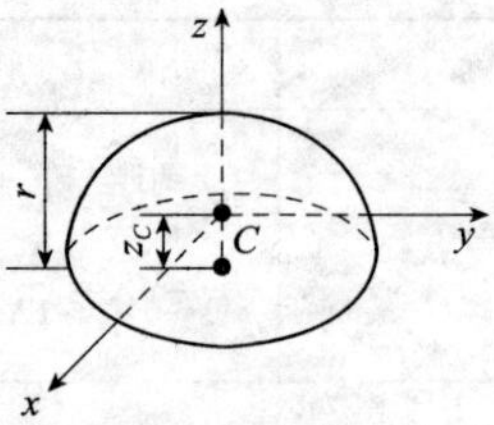	$z_C=\frac{3}{8}r$	$J_{Cx}=J_{Cy}=\frac{83}{320}m_{\mu}r^2$ $J_{Cz}=\frac{2}{5}m_{\mu}r^2$
椭球体	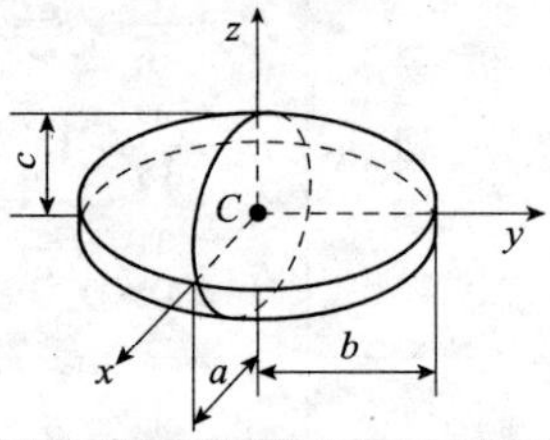	C 为椭球中心	$J_{Cx}=\frac{1}{5}m_{\mu}(b^2+c^2)$ $J_{Cy}=\frac{1}{5}m_{\mu}(c^2+a^2)$ $J_{Cz}=\frac{1}{5}m_{\mu}(a^2+b^2)$
圆环	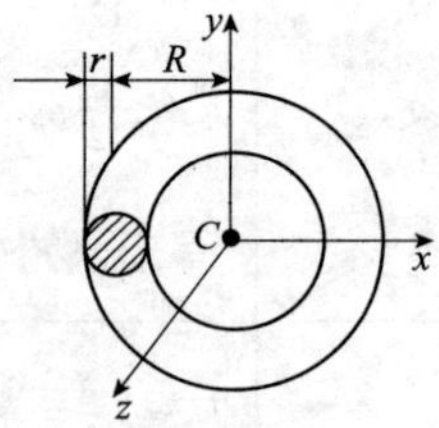	C 为圆环中心线的圆心	$J_{Cx}=J_{Cy}$ $=\frac{1}{8}m_{\mu}(4R^2+5r^2)$ $J_{Cz}=\frac{1}{4}m_{\mu}(4R^2+3r^2)$
圆柱体	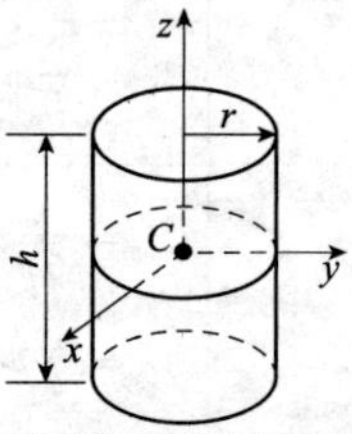	C 为上、下底圆心连线的中点	$J_{Cx}=J_{Cy}$ $=\frac{1}{12}m_{\mu}(3r^2+h^2)$ $J_{Cz}=\frac{1}{2}m_{\mu}r^2$
中空圆柱	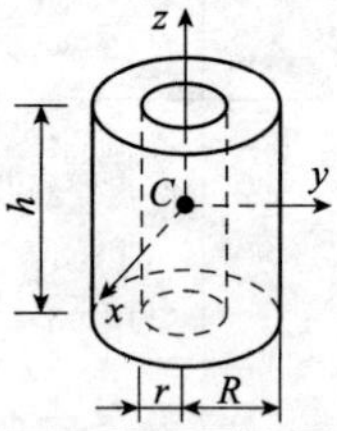	C 为上、下底圆心连线的中点	$J_{Cx}=J_{Cy}$ $=\frac{1}{12}m_{\mu}(3R^2+3r^2+h^2)$ $J_{Cz}=\frac{1}{2}m_{\mu}(R^2+r^2)$
圆锥体	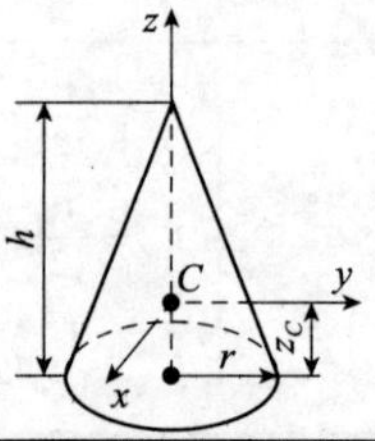	$z_C=\frac{1}{4}h$	$J_{Cx}=J_{Cy}$ $=\frac{3}{80}m_{\mu}(4r^2+h^2)$ $J_{Cz}=\frac{3}{10}m_{\mu}r^2$

附录B 部分思考题和习题参考答案

B-1 思考题答案和提示

第1章 绪 论

思考题1-1 求分力由平行四边形法则确定,投影由力矢两端向投影轴作垂线,垂足间的长。

思考题1-2 不一样。

思考题1-3 $\beta = 2\theta$。

第2章 物体的受力分析

思考题2-1 不能;系统不是刚体,各杆要转动。

思考题2-2 不正确,因为力的可传性只适用于同一刚体。

思考题2-3 不能,因为无论如何加力都不能使两个力共线。

思考题2-4 大小相等,方向相同,作用线相同。图a)不等效,图b)等效。

思考题2-5 a),b)两种情况相同,其他不同。

思考题2-6 图a)不变,图b)变化。

思考题2-7 图a),图c)中的$\boldsymbol{F}_R$表示$\boldsymbol{F}_1$,$\boldsymbol{F}_2$的合力。

图b)中的$\boldsymbol{F}_R$表示$\boldsymbol{F}_1$,$\boldsymbol{F}_2$的平衡。

思考题2-8 图c)平衡,利用三力平衡汇交定理可得结论。

思考题2-9 大小等于F_5,与$\boldsymbol{F}_5$反方向。

思考题2-10 计算结果不会改变。

思考题2-11 图a)由如下规则确定其投影的大小和正负号:

$F_x = F\cos\theta, F_y = F\sin\theta$,式中$\theta$为各力$\boldsymbol{F}$与$x$轴间的夹角。

图b)由如下规则确定其投影的大小和正负号:

$$F_x = x_{箭首} - x_{箭尾}, F_y = y_{箭首} - y_{箭尾}。$$

思考题2-12 不能;能。

思考题2-13 M。

思考题2-14 方法1:先求出$\boldsymbol{F}_1$,$\boldsymbol{F}_2$的合力,再画约束力;

方法2:分别画出$\boldsymbol{F}_1$,$\boldsymbol{F}_2$单独作用下的约束力,然后叠加。

第3章 平 面 力 系

思考题3-1 合成:合力矢量由第一个力的矢端指向最后一个力的末端;

平衡:各力矢量相连构成封闭的多边形。

(1)$\boldsymbol{F}_1 + \boldsymbol{F}_2 + \boldsymbol{F}_3 + \boldsymbol{F}_4 = 0$;(2)$\boldsymbol{F}_1 + \boldsymbol{F}_2 = \boldsymbol{F}_3 + \boldsymbol{F}_4$;(3)$\boldsymbol{F}_1 + \boldsymbol{F}_2 + \boldsymbol{F}_3 = \boldsymbol{F}_4$。

思考题3-2 F。

思考题3-3 不能。

思考题 3-4 与 x 轴正向夹角分别为 45°，135°。

思考题 3-5 通过 CD。

思考题 3-6 提示：利用二力构件和力偶只能与力偶平衡的结论。

思考题 3-7 $0 < F_D < \sqrt{2}F$。

思考题 3-8 $\boldsymbol{F}_B$ 与 x 轴正向夹角为 60°。

思考题 3-9 a）与 d），b）与 e）。

思考题 3-10 不同。

思考题 3-11 当力对转轴的矩和力偶矩相等时，转动效应一致。

思考题 3-12 $-10\mathrm{N \cdot m}$；略。

思考题 3-13 扳手不仅产生力矩，还会产生横向力，它会使丝锥掰断；如果用扳手，为了防止掰断丝锥，用另一只手大拇指顶住丝锥，以抵消丝锥上的横向力。

思考题 3-14 图 a）和图 b）中 B 处约束力相同，其余不同。

思考题 3-15 提示：分别求出 $\boldsymbol{F}_1$ 和 $\boldsymbol{F}_2$ 单独作用时的解，然后叠加。

思考题 3-16 （1）在 A 点可以；（2）不能。

思考题 3-17 图 b）中 B 处的约束力大。

思考题 3-18 提示：图 a）中，力偶只能与力偶平衡；图 b）中，研究整体，$\boldsymbol{F}_A$，$\boldsymbol{F}_B$ 必沿 A，B 连线，然后任取一物块可确定 $\boldsymbol{F}_A$，$\boldsymbol{F}_B$ 的方向。

思考题 3-19 a）不能；b）能。

思考题 3-20 变化。

思考题 3-21 转动。

思考题 3-22 不能。

思考题 3-23 插入两个平行的槽内，而且两个销钉的位置要错开，错开的距离越大越好。

思考题 3-24 无关，主矢为零。

思考题 3-25 不是。

思考题 3-26 一个合力，大小：$\sqrt{2}F$，作用线与 BD 平行，距离为 a。

思考题 3-27 不平衡，主矢为零，主矩不为零。

思考题 3-28 两个。

思考题 3-29 主矢相等；主矩不等；结果等效。

思考题 3-30 先取 BC 杆，求出 C 处约束力；再取整体求 A 处约束力。

思考题 3-31 主矢：$\boldsymbol{R}_C$ 平行于 $\overrightarrow{BO}$，$R_C = R_A$；

主矩：$\boldsymbol{M}_C$ 顺时针，$M_C = \sqrt{2}aR_A/2$。

思考题 3-32 主矢相等，主矩一般不同；

$\boldsymbol{R}_A = \boldsymbol{R}_O$，$M_A = M_O + M_A(\boldsymbol{R}_O B)$。

思考题 3-33 轴承受力不同。

思考题 3-34 一个力偶，大小为 $\sqrt{3}Fl$，逆时针。

思考题 3-35 有，过 C 点平行于 $\boldsymbol{F}_1$ 和 $\boldsymbol{F}_2$ 合力作用线上的各点。

思考题 3-36 A. ×；B. √；C. √；D. ×。

思考题 3-37 两个。

思考题 3-38 有变化。

思考题 3-39 比较未知力、独立平衡方程的数目；a），e）静定问题；b），c），d），f）超静定问题。

思考题 3-40 静定：b），d）；超静定：a），c）。

第4章 空间力系

思考题 4-1 (1)不能移动;(2)大小不相等,转向相同。

思考题 4-2 $\boldsymbol{F}'_{RB}=\boldsymbol{F}'_{RA}, \boldsymbol{M}_B=\boldsymbol{M}_A+\overrightarrow{BA}\times\boldsymbol{F}'_{RA}$。

思考题 4-3 (1)能;(2)不能;(3)力螺旋。

思考题 4-4 (1)能;(2)能;(3)能;(4)不能。

思考题 4-5 (1)不等;(2)相等。

思考题 4-6 (1)$F_{1x}=\frac{\sqrt{2}}{2}\mathrm{kN}, F_{1y}=0, F_{1z}=\frac{\sqrt{2}}{2}\mathrm{kN}$。

$$F_{2x}=-\frac{\sqrt{3}}{3}\mathrm{kN}, F_{2y}=-\frac{\sqrt{3}}{3}\mathrm{kN}, F_{2z}=\frac{\sqrt{3}}{3}\mathrm{kN}。$$

$$M_x(\boldsymbol{F}_1)=\frac{\sqrt{2}}{2}\mathrm{kN\cdot m}, M_y(\boldsymbol{F}_1)=0, M_z(\boldsymbol{F}_1)=-\frac{\sqrt{2}}{2}\mathrm{kN\cdot m}。$$

$$M_x(\boldsymbol{F}_2)=\frac{\sqrt{3}}{3}\mathrm{kN\cdot m}, M_y(\boldsymbol{F}_2)=-\frac{\sqrt{3}}{3}\mathrm{kN\cdot m}, M_z(\boldsymbol{F}_2)=0。$$

(2)$F'_R=\left(\frac{\sqrt{2}}{2}-\frac{\sqrt{3}}{3}\right)\boldsymbol{i}-\frac{\sqrt{3}}{3}\boldsymbol{j}+\left(\frac{\sqrt{2}}{2}+\frac{\sqrt{3}}{3}\right)\boldsymbol{k}\mathrm{kN}$。

$$\boldsymbol{M}_O=\left(\frac{\sqrt{2}}{2}+\frac{\sqrt{3}}{3}\right)\boldsymbol{i}-\frac{\sqrt{3}}{3}\boldsymbol{j}-\frac{\sqrt{2}}{2}\boldsymbol{k}\mathrm{kN\cdot m}。$$

(3)最终结果为力螺旋。

思考题 4-7 a)力螺旋;b)一个力;c)一个力偶;d)一个力;e)一个力;f)力螺旋。

思考题 4-8 a)(1);b)(2);c)(4);d)(3);e)(1);f)(1)。

思考题 4-9 $\cos\alpha=\sqrt{2}/2, \cos\beta=0, \cos\gamma=\sqrt{2}/2$。

思考题 4-10 (1)能;(2)不能;(3)不能;(4)不能;(5)不能;(6)能。

思考题 4-11 a),c),d)。

思考题 4-12 (1)能;(2)不能;(3)不能。

思考题 4-13 C。

思考题 4-14 否。

思考题 4-15 445mm,136.6mm。

思考题 4-16 对过 B,C 的轴取矩,可求 A 点约束力;
对过 A,C 的轴取矩,可求 B 点约束力。

思考题 4-17 (1)6 根杆;(2)不能;(3)不能。

思考题 4-18 不是。

第5章 静力学应用问题

思考题 5-1 都相同。

思考题 5-2 静定:c),d);超静定:a),b)。

思考题 5-3 $\boldsymbol{F}_1,\boldsymbol{F}_2,\boldsymbol{F}_4,\boldsymbol{F}_5$ 一定为零。

思考题 5-4 图 a)中,3,9,11 杆为零杆。
图 b)中,1,2,3,4 杆为零杆。
图 c)中,1,5,6 杆为零杆。

思考题 5-5 (1)CE 杆受压,DE 杆受拉;

(2)AB 杆和 BE 杆,EF 杆和 FH 杆,HG 杆和 GD 杆;

(3)拿掉任何一个上弦杆或下弦杆,桁架都将失稳凹下,因此上弦杆必受压,下弦杆必受拉。

思考题 5-6　5 杆内力为 $\boldsymbol{F}$,受拉。

思考题 5-7　$x_C=2.68\text{m},y_C=1.18\text{m}$。

思考题 5-8　a),c)超静定;b)静定。

思考题 5-9　当水平推力大小为 10N,20N 时,物块平衡,摩擦力大小分别为 10N,20N;当水平推力大小为 40N 时,物块不平衡,摩擦力应为动摩擦力,由于不知动滑动摩擦因数,无法计算摩擦力。

思考题 5-10　C。

思考题 5-11　$f_s=0.2$ 时,a)最省力;$f_s=0.4$ 时,c)最省力;$f_s=2-\sqrt{3}$时。

思考题 5-12　A。

思考题 5-13　$\theta>\arctan f_s$。

思考题 5-14　三角胶带传递的拉力大。取平胶带与三角胶带横截面分析正压力,可见三角胶带的正压力大小平胶带的正压力。

思考题 5-15　$\theta\leqslant 2\varphi_f$。

思考题 5-16　$F=15\text{kN}$。

思考题 5-17　设杆 AB 的作用力 $\boldsymbol{F}_R$ 与铅垂线间的夹角为 φ(图略),只要证明 $\varphi\leqslant\varphi_f$ 时,不论 $\boldsymbol{F}$ 为何值,物体均能平衡:因为 $f_s\geqslant\cot\theta$ 即 $\tan\varphi_f\geqslant\cot\theta=\cot(90°-\varphi)=\tan\varphi$,所以 $\varphi\leqslant\varphi_f$。

思考题 5-18　B。

思考题 5-19　不正确。$\boldsymbol{F}_N$ 的作用线应向右偏移 b。距离 b 可由平衡条件求出:$b=\frac{a}{2}\frac{F}{P}$。

思考题 5-20　都达到最大值。不相等。若 A,B 两处均未达到临界状态,则不能分别求出 A,B 两处的静滑动摩擦力。

思考题 5-21　设地面光滑,考虑汽车前轮(被动轮),后轮(主动轮)在力作用下相对地面运动的情况,可知汽车前后轮摩擦力的方向不同,主动轮摩擦力向前,被动轮摩擦力向后。自行车也一样。图略。

思考题 5-22　D。

思考题 5-23　A. ×;B. ×;C. √。

思考题 5-24　(1)a)不能,b)能;(2)a),b)皆不能;(3)a),b)皆为超静定问题。

思考题 5-25　由于绳两端的张力相同,只能在中点才能平衡。

思考题 5-26　能。

思考题 5-27　正确:B,C,D;不正确:A。

第 6 章　点 的 运 动

思考题 6-1　可能的点:A,B,D;不可能的点:C,E,F,G。

思考题 6-2　a)不可能;b)可能;c)不可能。

思考题 6-3　不合适。B,C 两点加速度有突变,这相当于火车在 B,C 两点受到冲击。

思考题 6-4　加速度越来越大,跑得既不快,也不慢。

思考题 6-5　不一定。

思考题 6-6　静止;返程中作匀加速直线运动;$\triangle Oab$ 与 $\triangle cde$ 面积的和;0。

第 7 章　刚体的基本运动

思考题 7-1　a)板做平行移动,$\boldsymbol{v}_C=\boldsymbol{v}_D,\boldsymbol{a}_C=\boldsymbol{a}_D$;b)、c)板做平面运动。

思考题 7-2　a)可能;b)不可能;c)不可能;d)不可能;e)可能;f)不可能;g)可能。

思考题 7-3　C。

思考题 7-4 a),c)不可能;b)可能。

思考题 7-5 100mm,1rad/s,1rad/s^2。

思考题 7-6 点 A,点 B,点 D。

思考题 7-7 500,OB,30°。

思考题 7-8 2rad/s,3rad/s^2。

思考题 7-9 图 a)系统;图 c)系统。

思考题 7-10 $\boldsymbol{v}_M$ 垂直 OM 连线,指向左上方;$\boldsymbol{a}_E /\!/ \overline{O_2C}$,指向右上方。

第 8 章 点的复合运动

思考题 8-1 动点和动系的选择原则,动点与动系不能选在同一刚体上,否则无相对运动;应使动点的相对轨迹易于确定,否则难以求解且易出错。

相对轨迹不清楚,易于求出 O_1B 的角速度,但难以求出其角加速度。

思考题 8-2 不好。相对轨迹难以确定。

思考题 8-3 $2l\omega_{0_1}$,铅直向上;$\sqrt{2}l\omega_{0_1}$,沿 O_1A 直线,指向左下方。

思考题 8-4 $200\sqrt{2}$mm/s^2,垂直 CM 连线,指向左下方。

思考题 8-5 C。

思考题 8-6 $a_e=\ddot{s}=-b\omega^2\sin\omega t$;$a_r^n=l\dot{\varphi}^2$,$a_r^\tau=0$;$a_c=0$。图略。

思考题 8-7 B。

思考题 8-8 (1)以 AB 为半径、A 为圆心的圆;

(2)$v_r=lk$,垂直于 AB;$a_r=lk^2$,沿 BA 指向 A 点。

思考题 8-9 $\boldsymbol{v}_O$ 水平向右;$\boldsymbol{v}_O$ 垂直 OM 连线,指向右下方。

思考题 8-10 (1)$\boldsymbol{a}_c=2\omega v\boldsymbol{i}'$;(2)$\boldsymbol{a}_c=\boldsymbol{0}$;(3)$\boldsymbol{a}_c=-2\omega v\boldsymbol{j}'$;

(4)$\boldsymbol{a}_c=\sqrt{2}\omega v(\boldsymbol{i}'-\boldsymbol{j}')$;(5)$\boldsymbol{a}_c=-\sqrt{2}\omega v\boldsymbol{j}'$;(6)$\boldsymbol{a}_c=\frac{2}{3}\sqrt{3}\omega v(\boldsymbol{i}'-\boldsymbol{j}')$。

第 9 章 刚体的平面运动

思考题 9-1 大小相等,方向相反。

思考题 9-2 任取一点 O,作矢径 $\boldsymbol{r}_A$,$\boldsymbol{r}_B$,$\boldsymbol{r}_D$,因为 $\boldsymbol{r}_D=(\boldsymbol{r}_A+\boldsymbol{r}_B)/2$,两边对时间求导得 $\boldsymbol{v}_D=(\boldsymbol{v}_A+\boldsymbol{v}_D)/2$。

思考题 9-3 均不可能,由速度投影定理可得此结论。

思考题 9-4 角速度均为零。

思考题 9-5 C。

思考题 9-6 图 a)中,$\omega_1=\omega_2$,$\alpha_1=\alpha_2$,因为 AB 杆为平移;

图 b)中,$\omega_1=\omega_2$,$\alpha_1\neq\alpha_2$,因为 AB 杆为瞬时平移。

思考题 9-7 A;C;O;A,B,C,D。

思考题 9-8 是;$a_P=a_O\sin\beta-\frac{v_0^2}{R}(\downarrow)$。

思考题 9-9 其上各点的速度,加速度在该瞬时一定相等。

思考题 9-10 0,无;20 rad/s^2,顺时针。

思考题 9-11 三种情况下接触点的加速度均相同,大小为$\frac{v_0^2}{R}$,方向指向圆心 O。

思考题 9-12 2rad/s,1rad/s。

思考题 9-13 $\sqrt{2}R\omega$,垂直 CM 连线,指向右上方;$R\omega^2$,水平向右;$2\omega v_r$,水平向左。

第 10 章 刚体的定点运动和一般运动

思考题 10-1 a)不可能;b)不可能;c)不可能;d)不可能;e)不可能;f)可能。原因略。

思考题 10-2 D。

第 11 章 分析运动学和刚体运动的合成

思考题 11-1 自由度数:$f>0$,刚体系统为可动机构;$f=0$ 刚体系统为静定结构;$f<0$ 为超静定结构。

思考题 11-2 是平面运动。基点法是刚体平面运动法,而把绕两个平行轴转动的刚体认为是随同系杆(动系)的转动与相对系杆(动系)的转动方法,是另一种合成运动法。

思考题 11-3 取部分固连于刚体的转动参考系 $Oxyz$ 为动参考系,O 点是刚体定点转动的固定点,z 轴固连于刚体,则 $\dot{\psi}$ 为相对角速度 $\dot{\theta}+\dot{\varphi}$ 为牵连角速度。

思考题 11-4 提示:AB 杆相对套筒的运动方向沿 AB 方向。找出套筒上速度沿 AB 方向的点(过套筒的瞬心作 AB 杆的垂线,与 AB 的交点即是)。

第 12 章 质点动力学的基本方程

思考题 12-1 不对。牛顿第一定律的独立的,它不能由第二定律导出。牛顿第一定律定义了惯性系;牛顿第二定律只有在惯性系中才成立。

思考题 12-2 24N。

思考题 12-3 $v=\sqrt{\dfrac{2k}{m}\ln\dfrac{R}{h}}$。

思考题 12-4 $m\ddot{x}=-k\dot{m}x$,$m\ddot{y}=-k\dot{m}y-mg$。

思考题 12-5 D。

思考题 12-6 受牵连惯性力(离心力)作用;侧压力 $F_N=2m\omega v_r$;侧压力等于零。

思考题 12-7 考虑科氏惯性力的作用;向右旋。

第 13 章 动 量 定 理

思考题 13-1 $p=l\omega_1(m_1+m_2)/2$。

思考题 13-2 系统的动量为零。与轮的转速、系统的质量无关。

思考题 13-3 $p=2mR\omega(\uparrow)$,无关。

思考题 13-4 (1)$I_x=-mv$,$I_y=-mv$;(2)$I_x=-2mv$,$I_y=0$;(3)$I=0$。

思考题 13-5 相同;相同。

思考题 13-6 (1)AB 绳先断;(2)CD 绳先断。理由略。

思考题 13-7 (1)质心坐标 x_C 不变,y_C 上下运动;
(2)质心坐标 x_C,y_C 均改变。

第 14 章 动量矩定理

思考题 14-1 (1)a)>b)>d)>c);
(2)c)>a)>b)>d)。

思考题 14-2 a)质心不动,圆盘绕质心转动;

b)质心有向左的加速度,圆盘平移;

c)质心有向右的加速度,圆盘作平面运动。

思考题 14-3 a)圆盘作平移运动;b)圆盘作平面运动。

用相对质心的动量矩定理解释。

思考题 14-4 轮心加速度相同;地面摩擦力不同。

用刚体平面运动微分方程求解。

思考题 14-5 (1)$L_O=\frac{m\omega}{2}(R^2+2l^2)$;(2)$L_O=ml^2\omega$;(3)$L_O=m\omega(R^2+l^2)$;

(4)$L_O=\frac{m\omega}{2}(R^2+2l^2)$;(5)$L_O=\frac{m\omega}{2}(2l^2-R^2)$。

思考题 14-6 守恒。

思考题 14-7 (1)相同;(2)B 轮较快。理由略。

思考题 14-8 (1)b) > a) > c) = d);

(2)b) < a) < d) < c)。

思考题 14-9 不矛盾。解释有许多:①四肢开合论;②转尾巴论;③绕双轴转动论;④弯脊柱论。

第 15 章 动 能 定 理

思考题 15-1 相同;初动能为零,做功相同,末动能相同。

思考题 15-2 轮心速度与轮半径无关;轮的角速度与轮的半径有关;只要轮半径不为零,与质点的结果就不一样;不能。

思考题 15-3 向右运动,因为图示状态为 $\boldsymbol{F}$ 对点 A 之矩为顺时针方向;把力 $\boldsymbol{F}$ 向轮心 C 平移,得一力与一力偶,然后分别计算力与力偶的功再相加则比较方便。$W=Fs(\cos\theta-r/R)$。

思考题 15-4 侧向力垂直于相对位移,但不垂直于绝对位移,侧向力与绝对位移的夹角为锐角,侧向力做正功,使小球动能增加。

思考题 15-5 (1)做功;(2)做功;(3)不做功。

思考题 15-6 $p=2mv\cos\frac{\theta}{2}$;$L_O=\frac{1}{2}R(4m+m_0)v$;$T=\frac{1}{4}(4m+m_0)v^2$。

思考题 15-7 $J_B=J_A-ma^2+mb^2$,与角 θ 的大小无关。

思考题 15-8 (1)盘的角加速度较大;(2)环的约束力较大;(3)盘的动量较大;(4)动能相等;(5)环的动量矩较大。

思考题 15-9 (1)均质杆;(2)相同;(3)球;(4)均质杆;(5)均质杆。

思考题 15-10 (1)a);(2)b)。

思考题 15-11 A. ×;B. ×;C. ×;D. √。

思考题 15-12 同时到达。

B-2 习题题答案和详解

第 1 章 绪 论

A 类型答案

习题 1-1 (1)略;

(2)$\boldsymbol{r}_A=(1\quad 1\quad 1)^{\mathrm{T}}$,$\boldsymbol{r}_B=(1\quad 2.2\quad 1)^{\mathrm{T}}$,$\boldsymbol{r}'_C=(0\quad 2.2\quad 1.8)^{\mathrm{T}}$,$\boldsymbol{r}'_D=(0\quad 1\quad 1.8)^{\mathrm{T}}$;

(3)略;

(4) $a = (-1 \quad 1.2 \quad 0)^{\mathrm{T}}, \widetilde{\boldsymbol{a}} = \begin{pmatrix} 0 & 0 & 1.2 \\ 0 & 0 & 1 \\ -1.2 & 1 & 0 \end{pmatrix}$,

$\boldsymbol{b} = (-1 \quad 1.2 \quad 0.8)^{\mathrm{T}}, \widetilde{\boldsymbol{b}} = \begin{pmatrix} 0 & -0.8 & 1.2 \\ 0.8 & 0 & -1 \\ -1.2 & -1 & 0 \end{pmatrix}$,

$\boldsymbol{c} = (-1 \quad 1.2 \quad -0.8)^{\mathrm{T}}, \widetilde{\boldsymbol{c}} = \begin{pmatrix} 0 & 0.8 & 1.2 \\ -0.8 & 0 & -1 \\ -1.2 & 1 & 0 \end{pmatrix}$。

习题 1-2 $\dfrac{\mathrm{d}\boldsymbol{r}_A}{\mathrm{d}t} = -r\omega\sin\omega t\boldsymbol{e}_1 + r\omega\cos\omega t\boldsymbol{e}_2$。

B 类型答案

习题 1-3 (1) $\boldsymbol{A}^{01} = \begin{pmatrix} -\dfrac{\sqrt{6}}{6} & \dfrac{\sqrt{3}}{3} & \dfrac{\sqrt{2}}{2} \\ -\dfrac{\sqrt{6}}{3} & \dfrac{\sqrt{3}}{3} & 0 \\ \dfrac{\sqrt{6}}{6} & -\dfrac{\sqrt{3}}{3} & \dfrac{\sqrt{2}}{2} \end{pmatrix}$;

(2) $\boldsymbol{a}^0 = (1 \quad 1 \quad -1)^{\mathrm{T}}, \widetilde{\boldsymbol{a}}^0 = \begin{pmatrix} 0 & 1 & 1 \\ -1 & 0 & -1 \\ -1 & 1 & 0 \end{pmatrix}$,

$\boldsymbol{a}^1 = \begin{pmatrix} -\dfrac{2\sqrt{6}}{3} \\ \dfrac{\sqrt{3}}{3} \\ 0 \end{pmatrix}, \widetilde{\boldsymbol{a}}^1 = \begin{pmatrix} 0 & 0 & \dfrac{\sqrt{3}}{3} \\ 0 & 0 & \dfrac{2\sqrt{6}}{3} \\ -\dfrac{\sqrt{3}}{3} & -\dfrac{2\sqrt{6}}{3} & 0 \end{pmatrix}$;

(3) $\boldsymbol{A}^{10} = \begin{pmatrix} -\dfrac{\sqrt{6}}{6} & -\dfrac{\sqrt{6}}{3} & \dfrac{\sqrt{6}}{6} \\ \dfrac{\sqrt{3}}{3} & -\dfrac{\sqrt{3}}{3} & -\dfrac{\sqrt{3}}{3} \\ \dfrac{\sqrt{2}}{2} & 0 & \dfrac{\sqrt{2}}{2} \end{pmatrix}, \boldsymbol{a}^1 = \begin{pmatrix} -\dfrac{2\sqrt{6}}{3} \\ \dfrac{\sqrt{3}}{3} \\ 0 \end{pmatrix}$,

$\widetilde{a}^1 = \underline{\boldsymbol{A}}^{10}\underline{\widetilde{\boldsymbol{a}}}^0\underline{\boldsymbol{A}}^{01} = \begin{pmatrix} 0 & 0 & \dfrac{\sqrt{3}}{3} \\ 0 & 0 & \dfrac{2\sqrt{6}}{3} \\ -\dfrac{\sqrt{3}}{3} & -\dfrac{2\sqrt{6}}{3} & 0 \end{pmatrix}$,所以命题得证。

C 类型答案

习题 1-4 **解**:(1)对任意空间参考点 O,每个约束矢量系都有一个等效的矢旋,它由一个集中矢量 $\boldsymbol{A}$ 和一个矩矢量 $\boldsymbol{M}_O$ 组成,即

$$(\boldsymbol{A}_1, \cdots, \boldsymbol{A}_6) \sim (\boldsymbol{A}, \boldsymbol{M}_O)$$

其中 $\boldsymbol{A} = \sum_{i=1}^{6}\boldsymbol{A}_i'$ 及 $\boldsymbol{M}_O = \sum_{i=1}^{6}\boldsymbol{M}_{Oi} = \sum_{i=1}^{6}\boldsymbol{r}_{Oi} \times \boldsymbol{A}_i$。

这里 $\boldsymbol{A}_i'$ 是一组约束矢量,它们与 $\boldsymbol{A}_i$ 的关系为 $|\boldsymbol{A}_i'| = |\boldsymbol{A}_i|$,且 $\boldsymbol{A}_i' \uparrow\uparrow \boldsymbol{A}_i$,它们的作用线都通过 O 点,因

$\boldsymbol{A}_1' + \boldsymbol{A}_2' + \boldsymbol{A}_3' = 0$,故有

$$\boldsymbol{A} = \boldsymbol{A}_4' + \boldsymbol{A}_5' + \boldsymbol{A}_6'$$

在坐标系 x, y, z 中(图 B-1)有

$$\boldsymbol{A}_4' = \left(0 \quad \frac{\sqrt{3}}{3} \quad \frac{\sqrt{6}}{3}\right)A$$

$$\boldsymbol{A}_5' = \left(\frac{1}{2} \quad -\frac{\sqrt{3}}{6} \quad \frac{\sqrt{6}}{3}\right)A$$

$$\boldsymbol{A}_6' = \left(-\frac{1}{2} \quad -\frac{\sqrt{3}}{6} \quad \frac{\sqrt{6}}{3}\right)A$$

所以

$$\boldsymbol{A} = (0 \quad 0 \quad \sqrt{6}A)$$

因 $\boldsymbol{M}_{O1} = \boldsymbol{M}_{O3} = \boldsymbol{M}_{O4} = 0$,$O$ 点处等效矢旋中的矩将由通过 C 点的合矢量 $B = \boldsymbol{A}_2 + \boldsymbol{A}_5 + \boldsymbol{A}_6$ 产生。在图 B-1中

$$\boldsymbol{r}_{OC} = \left(0 \quad \frac{\sqrt{3}}{2}A \quad 0\right), \boldsymbol{B} = \left(1 \quad -\frac{\sqrt{3}}{3} \quad \frac{2\sqrt{6}}{3}\right)A$$

由此求得

$$\boldsymbol{M}_O = \boldsymbol{r}_{OC} \times \boldsymbol{B} = A^2\left(\sqrt{2} \quad 0 \quad -\frac{\sqrt{3}}{2}\right)$$

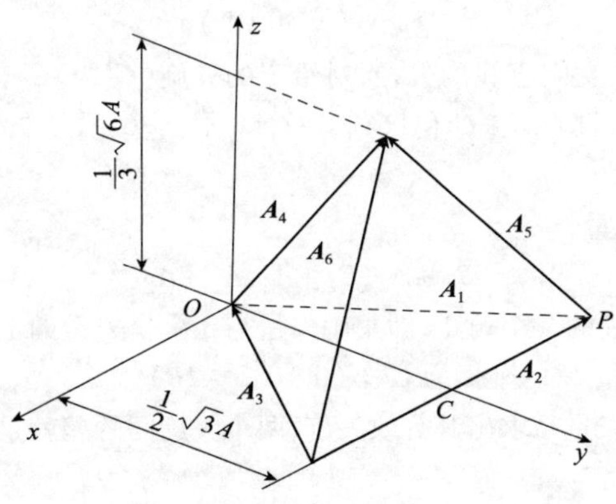

图 B-1　习题 1-4 解

2)对 P 点的矢旋$(\boldsymbol{A}, \boldsymbol{M}_P)$可由矢旋$(\boldsymbol{A}, \boldsymbol{M}_O)$算出:

$$\boldsymbol{A} = (0 \quad 0 \quad \sqrt{6}A), \boldsymbol{M}_P = \boldsymbol{M}_O + \boldsymbol{r}_{PO} \times \boldsymbol{A},$$

$$\boldsymbol{r}_{PO} = A\left(\frac{1}{2} \quad -\frac{\sqrt{3}}{2} \quad 0\right), \boldsymbol{M}_P = -\frac{1}{2}A^2(\sqrt{2} \quad \sqrt{6} \quad \sqrt{3})。$$

习题 1-5　解:若两个约束矢量系对任意参考点都能简化为同一个矢旋,则它们相互等效。对坐标原点 O 可得矢量系$(\boldsymbol{A}_1, \cdots, \boldsymbol{A}_4, \boldsymbol{M}_1, \boldsymbol{M}_2, \boldsymbol{M}_3)$的等效矢旋$(\boldsymbol{A}, \boldsymbol{M}_O)$为:

$$\boldsymbol{A} = (-8 \quad 0 \quad 0)$$

$$\boldsymbol{M}_O = \sum_{i=1}^{4}\boldsymbol{r}_{Oi} \times \boldsymbol{A}_i + \sum_{k=1}^{3}\boldsymbol{M}_k = (4 \quad 8 \quad 0)$$

矢量系$(\boldsymbol{B}_1, \cdots, \boldsymbol{B}_4)$对 O 点的等效矢旋$(\boldsymbol{B}, \boldsymbol{M}_O')$为:

$$\boldsymbol{B} = (-8 \quad 0 \quad 0)$$

$$\boldsymbol{M}_O' = \sum_{i=1}^{4}\boldsymbol{r}_{Oi} \times \boldsymbol{B}_i = (4 \quad 8 \quad 0)$$

两个矢旋一致,所以有

$$(\boldsymbol{A}_1, \boldsymbol{A}_2, \boldsymbol{A}_3, \boldsymbol{A}_4, \boldsymbol{M}_1, \boldsymbol{M}_2, \boldsymbol{M}_3) \sim (\boldsymbol{B}_1, \boldsymbol{B}_2, \boldsymbol{B}_3, \boldsymbol{B}_4)。$$

习题 1-6　解:将参考点 O 改为 P,矢旋$(\boldsymbol{C}, \boldsymbol{M}_O)$中的矩为

$$\boldsymbol{M}_P=\boldsymbol{M}_O+\boldsymbol{r}_{PO}\times\boldsymbol{C} \tag{1}$$

若 $\boldsymbol{M}_P=\boldsymbol{0}$ 要求，则根据式(1)必须有

$$\boldsymbol{M}_O+\boldsymbol{r}_{PO}\times\boldsymbol{C}=\boldsymbol{0} \tag{2}$$

用矢量 C 点乘式(2)，可以证明其必要条件是 $\boldsymbol{M}_O\cdot\boldsymbol{C}=0$，在本题中对图 1-19 中的 O 点有

$$\boldsymbol{C}=(0\quad 0\quad -2B),\boldsymbol{M}_O=(0\quad -2AB\quad 0) \tag{3}$$

由此得到 $\boldsymbol{M}_O\cdot\boldsymbol{C}=0$。

对矢径 $\boldsymbol{r}_{PO}$从式(2)可导得如下标量方程

$$M_{Ox}+r_yC_z-r_zC_y=0 \tag{4a}$$

$$M_{Oy}+r_zC_x-r_xC_z=0 \tag{4b}$$

$$M_{Oz}+r_xC_y-r_yC_z=0 \tag{4c}$$

由式(4)不能给出唯一的解；例如可得到如下简单的不确定解

$$r_x=r_z\frac{C_x}{C_z}+M_{Oy}\frac{1}{C_z} \tag{5a}$$

$$r_y=r_z\frac{C_y}{C_z}+M_{Ox}\frac{1}{C_z} \tag{5b}$$

利用式(3)可从式(5)求得

$$\boldsymbol{r}_{PO}=(A\quad 0\quad r_z) \tag{6}$$

$\boldsymbol{r}_{OP}=-\boldsymbol{r}_{PO}$是由 O 点到某空间直线的矢径，对给定的矢旋$(\boldsymbol{C}',0)$所有参考点 P 都落在该直线上。该直线就是矢量 $\boldsymbol{C}'$的作用线，且 $\boldsymbol{C}'\uparrow\uparrow\boldsymbol{C}$ 和 $|\boldsymbol{C}'|=|\boldsymbol{C}|$。根据(6)式该矢量穿过 xy 平面之点的坐标为(0,0)。

最简单的解：观察 3 个矢量

$$\boldsymbol{B}_1+\boldsymbol{A}_4,\boldsymbol{B}_2+\boldsymbol{A}_3,\boldsymbol{A}_1+\boldsymbol{A}_2$$

它们的作用线都通过棱柱的一个角点，即集中矢量与 3 个合矢量的汇交点。因为$(\boldsymbol{A}_1,\boldsymbol{A}_3)$和$(\boldsymbol{A}_2,\boldsymbol{A}_4)$是两个矢偶，所以集中矢量 $\boldsymbol{C}'$的坐标为 $\boldsymbol{C}'=(0\quad 0\quad -2B)$。

习题 1-7　解：先对两个矢量系求出其等效矢旋，两个矢旋间的差就是所求的等效矢螺旋。对参考点 O 有：

$$(\boldsymbol{A}_1,\cdots,\boldsymbol{A}_5)\sim(\boldsymbol{A},\boldsymbol{M}_{(A)O})=\{(-A\quad 0\quad 0),(0\quad A^2\quad 0)\}$$

$$(\boldsymbol{B}_1,\boldsymbol{B}_2)\sim(\boldsymbol{B},\boldsymbol{M}_{(B)O})=\{(0\quad 0\quad 0),(A^2\quad 0\quad 0)\}$$

两个矢量系将是等效的，若对矢量系$(\boldsymbol{B}_1,\boldsymbol{B}_2)$附加如下移至 O 点的矢旋$(\Delta\boldsymbol{B},\Delta\boldsymbol{M}_O)$：

$$\begin{aligned}(\Delta\boldsymbol{B},\Delta\boldsymbol{M}_O)&=\{(\boldsymbol{A}-\boldsymbol{B}),(\boldsymbol{M}_{(A)O}-\boldsymbol{M}_{(B)O})\}\\&=\{(-A\quad 0\quad 0),(-A^2\quad A^2\quad 0)\}\end{aligned}$$

对该矢旋可由

$$\boldsymbol{M}_P=\Delta\boldsymbol{M}_O+\boldsymbol{r}_{PO}\times\boldsymbol{C},\boldsymbol{C}=\Delta\boldsymbol{B} \tag{1}$$

求得其等效矢螺旋$(\boldsymbol{C},\boldsymbol{M}_P)$。根据矢螺旋应满足 $\boldsymbol{M}_P/\!/\boldsymbol{C}$ 的要求，由带标量系数 λ 的式(1)得

$$\boldsymbol{M}_P=\lambda\Delta\boldsymbol{B}=\Delta\boldsymbol{M}_O+\boldsymbol{r}_{PO}\times\Delta\boldsymbol{B} \tag{2}$$

由此可以得出 λ 和 $\boldsymbol{r}_{PO}$。当然式(2)对 $\boldsymbol{r}_{PO}$没有唯一解，因为矢螺旋$(\Delta\boldsymbol{B},\boldsymbol{M}_P)$可以沿其作用线的方向任意移动。选一个特殊的矢径 $\boldsymbol{r}_{PO}\perp\Delta\boldsymbol{B}$，则由式(2)与 $\Delta\boldsymbol{B}$ 的标量积和矢量积可得

$$\lambda\Delta\boldsymbol{B}\cdot\Delta\boldsymbol{B}=\Delta\boldsymbol{M}_O\cdot\Delta\boldsymbol{B}+(\boldsymbol{r}_{PO}\times\Delta\boldsymbol{B})\cdot\Delta\boldsymbol{B},\lambda=\frac{1}{\Delta B^2}\Delta\boldsymbol{M}_O\cdot\Delta\boldsymbol{B}$$

$$\lambda=\frac{1}{A^2}(-A^2\quad A^2\quad 0)\cdot(-A\quad 0\quad 0)=A \tag{3}$$

和

$$\lambda\Delta\boldsymbol{B}\times\Delta\boldsymbol{B}=\Delta\boldsymbol{M}_O\times\Delta\boldsymbol{B}+(\boldsymbol{r}_{PO}\times\Delta\boldsymbol{B})\times\Delta\boldsymbol{B},\boldsymbol{0}=\Delta\boldsymbol{M}_O\times\Delta\boldsymbol{B}+(\boldsymbol{r}_{PO}\times\Delta\boldsymbol{B})\times\Delta\boldsymbol{B}$$

$$\boldsymbol{r}_{PO}=\frac{1}{\Delta B^2}\Delta\boldsymbol{M}_O\times\Delta\boldsymbol{B},\boldsymbol{r}_{PO}=\frac{1}{A^2}(-A^2\quad A^2\quad 0)\times(-A\quad 0\quad 0)=(0\quad 0\quad A)$$

矢径 $\boldsymbol{r}_{PO}$ 由矢螺旋参考点 P 指向矢旋参考点 O。P 点位于 z 轴负向，离原点的距离为 A，由式(2)和式(3)可得矢螺旋

$$(\boldsymbol{C},\boldsymbol{M}_P)=\{(-A\quad 0\quad 0),(-A^2\quad 0\quad 0)\}$$

第 2 章　物体的受力分析

A 类型答案

习题 2-1　只在两个力作用下平衡的构件称为二力构件；二力构件与形状无关；约束力的作用线沿二力作用点的连线；二力构件有：a)图中杆件 BE，c)图中的杆件 CD，d)图中的构件 AB，e)图中的构件 AB 和 BC。受力图略。

习题 2-2　a)图：绳对杆的力只能是拉力。

b)图：A,B,C 处力应沿接触处的公法线。

c)图：B 处力应沿接触处的公法线，A 处力可按三力汇交画，也可画为正交二力。

d)图：A 处应按辊轴支座画，B 处力可按三力汇交画，也可画为正交二力。

e)图：均布载荷有一合力，梁受五个力作用，A 处力可画为正交二力，B 处应按辊轴支座画。

f)图：棘爪为二力构件，A 处力应沿 AB 连线，O 处力可画为正交二力。

受力图略。

习题 2-3　(1)载荷 $\boldsymbol{F}$ 作用于铰链 C 处，可认为作用在销钉 C 上，则左、右拱均为二力构件，销钉 C 在三个力作用下平衡。

(2)若销钉 C 属于 AC，则 BC 拱仍为二力构件，A 处力仍沿 AC，C 处作用有力 $\boldsymbol{F}$ 和 BC 拱给 AC 拱的力。

(3)同(2)。受力图略。

习题 2-4　A,B 处力应沿接触处的公法线，绳子 DE 只能是拉力，C 处为中间铰链拆开后用两个正交约束力代替，注意作用与反作用力关系。受力图略。

习题 2-5　两个力等值，但不是反向、共线。

B 类型答案

习题 2-6　$Fa\sin\varphi$。

习题 2-7　a)CD 杆为二力杆；力偶的平衡性质；AB,DE 不是二力杆。

b)CD 构件为二力构件；三力平衡汇交定理；力偶平衡性质。

c)AC 构件为二力构件；力偶平衡性质。

d)AC 杆为二力构件；CED 杆利用三力汇交定理；取整体由力偶性质确定 B 处约束力。

e)力偶只能由力偶来平衡。

f)三力平衡汇交定理。

g)力偶只能由力偶来平衡。(受力图略)。

C 类型答案

习题 2-8　**解**：当从中间挑时，由于四根火柴构成有几何可变体系，它是不稳定的，所以不易挑起。当在一端挑时，由于火柴棍很轻，可以认为两力在一直线上，构成平衡力系。由于摩擦，另一端的火柴棍也可以被夹起来。并且当 β 在 90°附近变化时，仍然可以保持平衡(如图 B-2 所示)。

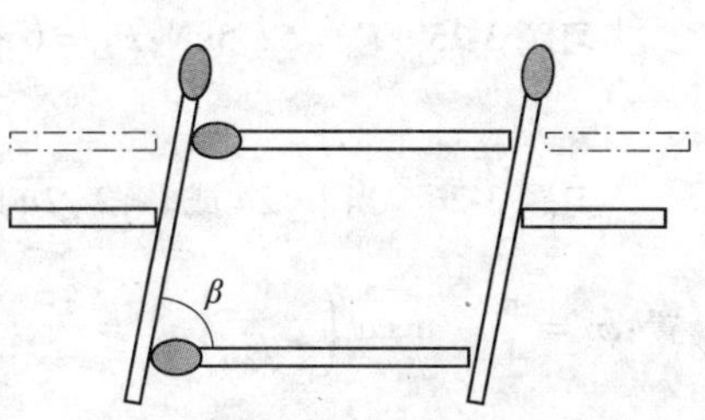

图 B-2　习题 2-8 解

第3章 平面力系

A类型答案

习题3-1 主矢 $\boldsymbol{R}=F\boldsymbol{i}+F\boldsymbol{j}$，主矩 $\boldsymbol{M}_O=\frac{1}{2}(4-\sqrt{2})Fa\boldsymbol{k}$；

合力 $\boldsymbol{F}_{\mathrm{R}}=F\boldsymbol{i}+F\boldsymbol{j}$，作用线过 $\left(0,\frac{1}{2}(4-\sqrt{2})a\right)$ 点。

习题3-2 合力 $\boldsymbol{F}_{\mathrm{R}}=400\boldsymbol{i}+300\boldsymbol{j}\mathrm{N}$，作用线离点 O 距离 $d=0.5\mathrm{m}$，绕点 O 顺时针旋转。图略。

习题3-3 主矢 $\boldsymbol{R}=2qa\boldsymbol{i}$，主矩 $\boldsymbol{M}_D=-\frac{3}{2}qa^2\boldsymbol{k}$；合力 $\boldsymbol{F}_{\mathrm{R}}=2qa\boldsymbol{i}$，作用线在 FD 上方与 D 点相距 $d=0.75a$。

习题3-4 $m_A/m_B=\cos(\alpha-\beta)/\cos(\alpha+\beta)$。

习题3-5 $F_A=0$；$F_{Ex}=-10\mathrm{kN}$，$F_{Ey}=0$，$M_{Ez}=10\sqrt{3}\mathrm{kN\cdot m}$。

习题3-6 $F_{Ax}=2\,075\mathrm{N}$，$F_{Ay}=-1\,000\mathrm{N}$；$F_{Ex}=-2\,075\mathrm{N}$，$F_{Ey}=2\,000\mathrm{N}$。

习题3-7 $F_{Ax}=30\mathrm{kN}$，$F_{Ay}=90\mathrm{kN}$；$F_{Bx}=-30\mathrm{kN}$，$F_{By}=50\mathrm{kN}$。

习题3-8 $F_{Ax}=0$，$F_{Ay}=19\mathrm{kN}$，$M_{Az}=80\mathrm{kN\cdot m}$；$F_{\mathrm{N}}^{BC}=5\mathrm{kN}$。

习题3-9 合力 $\boldsymbol{F}_{\mathrm{R}}=F\boldsymbol{j}$，作用线离点 A 距离 $d=1.133a$，绕点 A 逆时针旋转。图略。

习题3-10 $M=171.2\mathrm{N\cdot m}$。

习题3-11 $F_{Ax}=-9\mathrm{kN}$，$F_{Ay}=22.66\mathrm{kN}$，$M_{Az}=101.3\mathrm{kN\cdot m}$；$F_{BC}=14\sqrt{2}\mathrm{kN}$。

习题3-12 $F_{Ax}=-6\mathrm{kN}$，$F_{Ay}=1\mathrm{kN}$；$F_{Bx}=2\mathrm{kN}$，$F_{By}=5\mathrm{kN}$；$F_D=12\mathrm{kN}$。

习题3-13 $F_{Ax}=-2\,100\mathrm{N}$，$F_{Ay}=-1\,000\mathrm{N}$；$F_{Ex}=2\,100\mathrm{N}$，$F_{Ey}=2\,000\mathrm{N}$；$F_{Dx}=-500\mathrm{N}$，$F_{Dy}=-1\,000\mathrm{N}$（取 AD 杆为研究对象）。

习题3-14 $F_{Ax}=0.942\,6\mathrm{kN}$，$F_{Ay}=7.414\mathrm{kN}$，$M_{Az}=-9.287\mathrm{kN\cdot m}$；$F_B=6\mathrm{kN}$，$F_C=0.471\,4\mathrm{kN}$。

习题3-15 $F_{Ax}=0$，$F_{Ay}=F+\frac{1}{2}qL$，$M_{Az}=FL+\frac{1}{2}qL^2-M$；$F_B=\frac{1}{2}qL$；$F'_{Cx}=0$，$F'_{Cy}=F+\frac{1}{2}qL$。

习题3-16 $F_{Ax}=-24\mathrm{kN}$，$F_{Ay}=-1.625\mathrm{kN}$，$M_{Az}=56\mathrm{kN\cdot m}$。

习题3-17 $F_A=2\mathrm{kN}$；$F_{Cx}=2.51\mathrm{kN}$，$F_{Cy}=1.828\mathrm{kN}$，$M_{Cz}=13.5\mathrm{kN\cdot m}$；$F_E=1.414\mathrm{kN}$。

习题3-18 $F_{Ax}=-20\mathrm{kN}$，$F_{Ay}=11\mathrm{kN}$，$M_{Az}=1\,067\mathrm{kN\cdot m}$；$F_{\mathrm{N}}^{CE}=-20\mathrm{kN}$。

习题3-19 $F_{Ax}=-0.4\mathrm{kN}$，$F_{Ay}=1\mathrm{kN}$，$M_{Az}=3.4\mathrm{kN\cdot m}$。

习题3-20 $F_{Ax}=0.667\mathrm{kN}$，$F_{Ay}=5.5\mathrm{kN}$，$M_{Az}=14\mathrm{kN\cdot m}$；$F_{\mathrm{N}}^{BD}=0.5\mathrm{kN}$。

习题3-21 $F_{Ax}=-3.349\mathrm{N}$，$F_{Ay}=737.5\mathrm{N}$，$M_{Az}=175\mathrm{N\cdot m}$。

习题3-22 (1) $F_{Ex}=0.866P$，$F_{Ey}=-1.626P$，$F_H=2.126P$；

(2) $F_{\mathrm{N}}^{BD}=1.592P$；(3) $F_{Cx}=0.259P$，$F_{Cy}=-1.626P$。

习题3-23 $F_{Ax}=3\mathrm{kN}$，$F_{Ay}=6\mathrm{kN}$，$M_{Az}=18\mathrm{kN\cdot m}$；$F_B=2\mathrm{kN}$。

习题3-24 $x=b/(n+1)$。

习题3-25 $F_A=52.5\mathrm{kN}$；$F_{Ex}=0$，$F_{Ey}=37.5\mathrm{kN}$，$M_{Ez}=65\mathrm{kN\cdot m}$。

B类型答案

习题3-26 当 $l<2a$ 或 $l<2\sqrt{2}a$ 时，有一个平衡位置：$\varphi=\frac{\pi}{4}$；当 $2a\leqslant l\leqslant 2\sqrt{2}a$ 时，有三个平衡位置：$\varphi_1=\frac{\pi}{4}-\arccos\left(\frac{1}{2\sqrt{2}a}\right)$，$\varphi_2=\frac{\pi}{4}$，$\varphi_3=\frac{\pi}{4}+\arccos\left(\frac{1}{2\sqrt{2}a}\right)$。

C类型答案

习题3-27 **解**：若一根分离出来的杆件能在铰无摩擦的情况下（即 $M_{铰}=0$）处于平衡，杆两端的力

$\boldsymbol{F}_i$ 必沿杆轴方向。于是对每一个取出的铰接点可列出其平衡条件(如图 B-3 所示)。由于结构的对称性,可取一半来考虑。

铰 A 受力 $\boldsymbol{F},\boldsymbol{F}_1,\boldsymbol{F}_2$。

$$\sum F_x=0,\ -F_1\cos\alpha+F_2\cos\alpha=0 \tag{1}$$

$$\sum F_y=0,\ -F+F_1\sin\alpha+F_2\sin\alpha=0 \tag{2}$$

由此求得

$$F_2=\frac{F}{2\sin\alpha}$$

铰 B 受力 $\boldsymbol{F}_2,\boldsymbol{F}_3,\boldsymbol{F}_4$。

$$\sum F_x=0,\ -F_2\cos\alpha+F_3\sin\beta+F_4=0 \tag{3}$$

$$\sum F_y=0,\ -F_2\sin\alpha+F_3\cos\beta=0 \tag{4}$$

由此求得

$$F_4=\frac{F}{2}(\cot\alpha-\tan\beta)$$

铰 C 受力 $\boldsymbol{F}_4,\boldsymbol{F}_5,\boldsymbol{F}_6$。

$$\sum F_x=0,\ -F_4+F_5\sin\beta+F_6\sin\beta=0 \tag{5}$$

$$\sum F_y=0, F_5\cos\beta-F_6\cos\beta=0 \tag{6}$$

由此求得

$$F_6=\frac{F}{4\sin\beta}(\cot\alpha-\tan\beta)$$

上部压板受力 $\boldsymbol{F}_Q,\boldsymbol{F}_6,\boldsymbol{F}_6$。

$$\sum F_y=0,\ -F_Q+F_6\cos\beta=0 \tag{7}$$

$$\frac{F_Q}{F}=\frac{1}{2}(\cot\alpha\cot\beta-1)=24.8$$

习题 3-28　解:均匀梁的自重与作用于梁中点的重力 $\boldsymbol{G}$ 静力等效。对如图 B-4 所示的分离体,未知量有 $F_{CH},F_{CV},F_{EH},F_{EV}$ 和 α。由平衡条件可以获得确定这些未知量的 5 个方程。

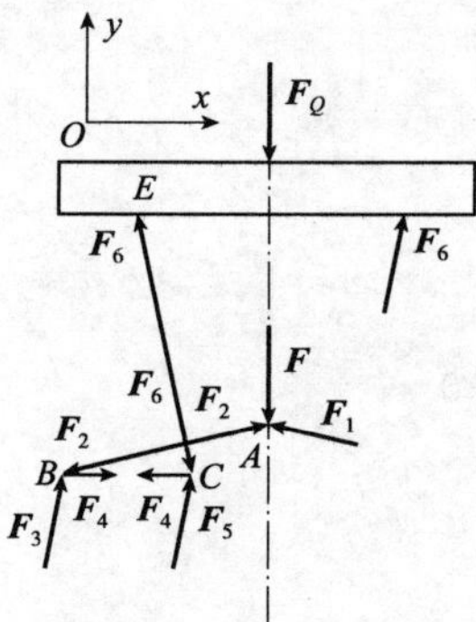

图 B-3　习题 3-27 解

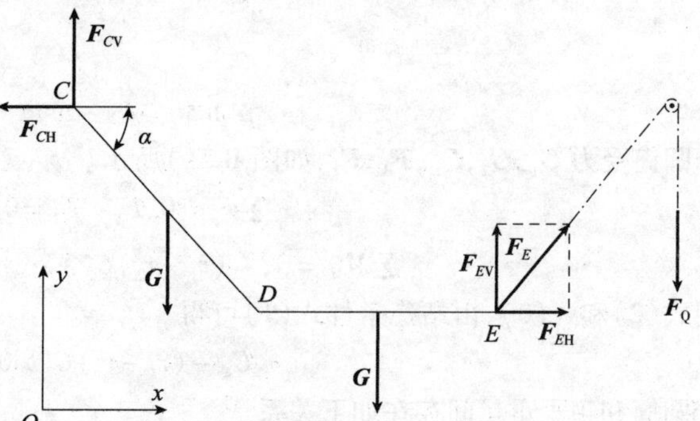

图 B-4　习题 3-28 解

梁 1 和梁 2 受力 $\boldsymbol{G},\boldsymbol{G},\boldsymbol{F}_{CH},\boldsymbol{F}_{CV},\boldsymbol{F}_{EH},\boldsymbol{F}_{EV}$。

$$\sum F_x=0,\ -F_{CH}+F_{EH}=0 \tag{1}$$

$$\sum F_y=0,\ -G-G+F_{CV}+F_{EV}=0 \tag{2}$$

$$\sum M_{Cz}=0,\ -\frac{a}{2}\cos\alpha G-\left(a\cos\alpha+\frac{a}{2}\right)G+lF_{EV}=0 \tag{3}$$

梁 1 受力 $\boldsymbol{G},\boldsymbol{F}_{CH},\boldsymbol{F}_{CV},\boldsymbol{F}_{DH},\boldsymbol{F}_{DV}$。

$$\sum M_{Dz}=0,\frac{a}{2}\cos\alpha G-a\cos\alpha F_{CV}+a\sin\alpha F_{CH}=0 \tag{4}$$

梁 2 受力 $\boldsymbol{G},\boldsymbol{F}_{DH},\boldsymbol{F}_{DV},\boldsymbol{F}_{EH},\boldsymbol{F}_{EV}$。

$$\sum M_{Dz}=0,\ -\frac{a}{2}G+aF_{EV}=0 \tag{5}$$

由式(5)和式(2)得：$F_{EV}=\dfrac{G}{2}$，$F_{CV}=\dfrac{3}{2}G$；再由式(3)得：$\cos\alpha=\dfrac{l-a}{3a}$；由式(4)解出 $F_{CH}=F_{EH}=\dfrac{G}{\tan\alpha}$。因此坡深 f 和重量 F_Q 为

$$f=a\sin\alpha=\frac{1}{3}\sqrt{9a^2-(l-a)^2}$$

$$F_Q=\sqrt{F_{EH}^2+F_{EV}^2}=G\sqrt{\frac{(l-a)^2}{9a^2-(l-a)^2}+\frac{1}{4}}$$

习题 3-29　解：(1)只要当力通过箱子的右下棱传向地面时，该系统就达到站稳的边界状态。

箱子受力 $\boldsymbol{G}_K,\boldsymbol{F}_N,\boldsymbol{F}_1,\boldsymbol{F}_2$，如图 B-5a)所示。

因为不存在摩擦力，箱子和圆筒间的作用力垂直于接触面。对于箱子和圆筒为均布质量的情况，重力作用线将位于平行于 y 轴的对称轴上。对于稳定情况，箱子的力矩平衡条件为

$$\sum M_{Az}>0,r_1G_K+r_1F_1-hF_2>0 \tag{1}$$

式中，$h=r_1+\sqrt{(r_1+r_2)^2-(r_1-r_2)^2}=r_1+2\sqrt{r_1r_2}$。

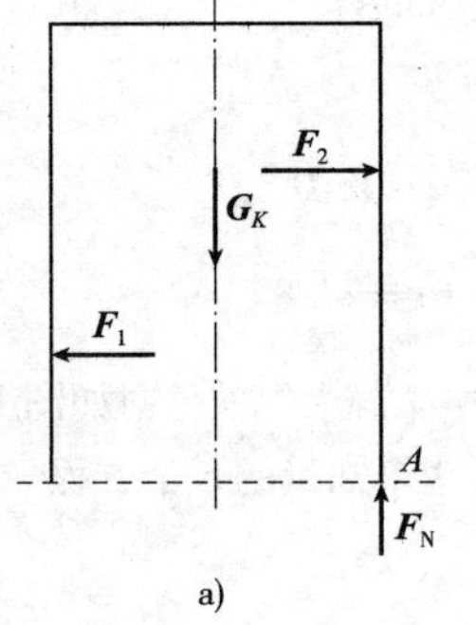

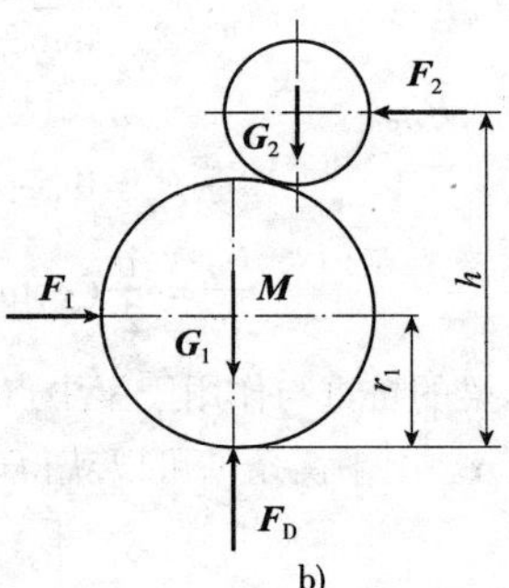

图 B-5　习题 3-29 解

两个圆筒受力 $\boldsymbol{G}_1,\boldsymbol{G}_2,\boldsymbol{F}_D,\boldsymbol{F}_1,\boldsymbol{F}_2$，如图 B-5b)所示。

$$\sum F_x=0,F_1-F_2=0 \tag{2}$$

$$\sum M_{Mz}=0,\ -(r_1-r_2)G_2+2\sqrt{r_1r_2}F_2=0 \tag{3}$$

利用式(2)和式(3)，由站稳条件式(1)可得

$$r_1G_K-(r_1-r_2)G_2>0 \tag{4}$$

由于圆筒和箱子重量间存在如下关系

$$G_1=\alpha G_K,G_2=G_1\frac{r_2}{r_1} \tag{5}$$

由式(4)和式(5)可导出确定 r_2 的方程

$$r_2^2-r_1r_2+\frac{1}{\alpha}r_1^2>0 \tag{6}$$

$$r_2>r_1\left(\frac{1}{2}+\sqrt{\frac{1}{4}-\frac{1}{\alpha}}\right),r_2<r_1\left(\frac{1}{2}-\sqrt{\frac{1}{4}-\frac{1}{\alpha}}\right) \tag{7}$$

再由式(7)可得 r_2 所允许取值的范围

$$0 < r_2 < \frac{1}{6} r_1 \text{ 及 } \frac{5}{6} r_1 < r_2 < r_1 。$$

(2)把式(6)写成如下形式

$$\left(r_2 - \frac{r_1}{2}\right)^2 + r_1^2\left(\frac{1}{\alpha} - \frac{1}{4}\right) > 0$$

可以直接看出,当

$$0 \leqslant \alpha < 4$$

时箱子将始终稳定而且此时与 r_2 的大小无关。

习题 3-30 **解:**(1)斜台和圆筒受力,$\boldsymbol{G}$(n 个),$\boldsymbol{G}_0$,$\frac{nG}{\tan\alpha}$,$\boldsymbol{F}_{\mathrm{H}}$,$\boldsymbol{F}_{\mathrm{V}}$,$\boldsymbol{F}_{\mathrm{S}}$,如图 B-6 所示。

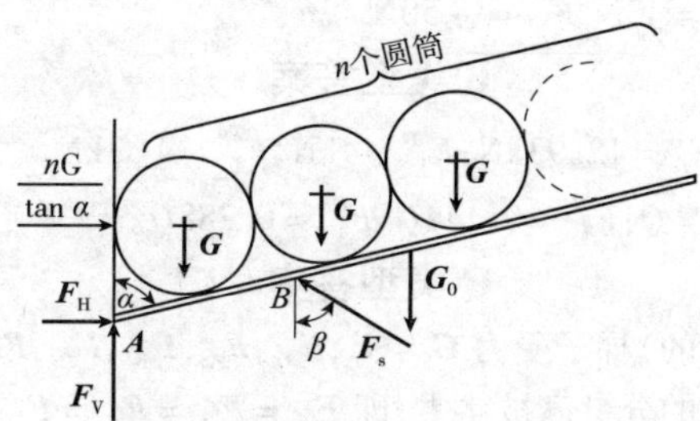

图 B-6 习题 3-30 解

$$\sum F_x = 0, F_{\mathrm{H}} + \frac{nG}{\tan\alpha} - F_{\mathrm{S}}\sin\beta = 0 \tag{1}$$

$$\sum F_y = 0, F_{\mathrm{V}} + nG - G_0 + F_{\mathrm{S}}\cos\beta = 0 \tag{2}$$

$$\sum M_{Az} = 0, bF_S\sin(\alpha+\beta) - \frac{a}{2}G_0\sin\alpha - \frac{nG}{\tan\alpha}\cdot\frac{r}{\tan(\alpha/2)} - G\{r + \cdots + r[1 + 2(n-1)\sin\alpha]\} = 0 \tag{3}$$

式(3)中大括号内的表达式可以改写成 $rn\{1+(n-1)\sin\alpha\}$

由式(2)和式(3)可以求得支座约束力 F_A 的垂直分量 F_{V}:

$$F_{\mathrm{V}} = nG + G_0 - \frac{\cos\beta}{b\sin(\alpha+\beta)}\left[\frac{aG_0}{2}\sin\alpha + \frac{nrG}{\tan\alpha\tan(\alpha/2)} + nrG + n(n-1)rG\sin\alpha\right] \tag{4}$$

对于有 n 个圆筒加载的情况可以定出 F_{V} 的值见表 B-1。

F_{V} 的值 表 B-1

n	1	2	3	4
F_{V}(N)	631	799	507	-245

F_{V} 的极值发生在 $n=2$ 和 $n=4$ 时。

2)由式(2)对 $n=4$ 求得支柱载荷的最大值 F_{Smax}

$$F_{\mathrm{Smax}} = 10\,090\mathrm{N} \tag{5}$$

支座 A 处水平方向的最大载荷也出现在 $n=4$ 的情况。由式(1)和式(5)得 $F_{\mathrm{Hmax}} = 7\,283\mathrm{N}$。

第 4 章 空间力系

A 类型答案

习题 4-1 $F_{Ax} = 0.519\,6\mathrm{kN}$,$F_{Ay} = -0.866\mathrm{kN}$,$F_{Az} = 0$;$F_{Bx} = -0.519\,6\mathrm{kN}$,$F_{Bz} = 0.5\mathrm{kN}$;$F_{\mathrm{N}}^{ED} = -1\mathrm{kN}$。

习题 4-2 $F_{Ax} = 1.78\mathrm{kN}$,$F_{Ay} = 3.33\mathrm{kN}$,$F_{Az} = 8\mathrm{kN}$;$F_{BD} = 9.15\mathrm{kN}$,$F_{CE} = 5.33\mathrm{kN}$。

习题 4-3 $F_{Ax}=17.32\text{kN}, F_{Ay}=0, F_{Az}=0.5\text{kN}; F_{\text{N}}^{BD}=-7.425\text{kN}, F_{\text{N}}^{BE}=-7.425\text{kN}$。

习题 4-4 $F_{Ax}=-2\ 903\text{N}, F_{Ay}=2\ 074\text{N}, F_{Az}=6\ 644\text{N}; F_{BH}=4\ 105\text{N}, F_{CG}=4\ 147\text{N}$。

习题 4-5 $F_{Ax}=-216.5\text{N}, F_{Ay}=708.3\text{N}, F_{Az}=866\text{N}; F_{Bx}=-216.5\text{N}, F_{By}=791.7\text{N}; F_{\text{T}}=1\ 250\text{N}$。

习题 4-6 一合力 $\boldsymbol{F}_{\text{R}}=20\boldsymbol{k}\text{kN}$,作用点通过 $A(0,2,0)\text{m}$。

习题 4-7 $F_{\text{T}}^{AB}=5.879\text{kN}$。

习题 4-8 $F_{Ax}=400\text{N}, F_{Ay}=800\text{N}, F_{Az}=500\text{N}; F_{By}=-500\text{N}, F_{Bz}=0$。

习题 4-9 $F_{Ax}=120\text{N}, F_{Ay}=-560\text{N}, F_{Az}=1\ 052\text{N}; F_{C}=248\text{N}; F_{\text{T}}^{DE}=0, F_{\text{T}}^{GH}=990\text{N}$。

习题 4-10 $F_{Ox}=0, F_{Oy}=250\text{N}, F_{Oz}=181.7\text{N}; F_{Dx}=0, F_{Dy}=100\text{N}, F_{Dz}=36.6\text{N}; F_{E}=63.4\text{N}; F_{\text{N}}^{BH}=-269.3\text{N}; F_{\text{N}}^{AG}=0$。

习题 4-11 $F_{\text{N1}}=-40\text{N}, F_{\text{N2}}=40\text{N}, F_{\text{N3}}=-50\text{N}$。

B 类型答案

习题 4-12 $F_{Bx}=0, F_{By}=0, F_{Bz}=12.93\text{kN}; F_{\text{T}}^{AD}=4\text{kN}, F_{\text{T}}^{AE}=4\sqrt{3}\text{kN}$。

习题 4-13 $F_{\text{N}}^{A}=0.039Q; F_{\text{N}}^{B}=Q; F_{\text{T}}^{AC}=0.144Q, F_{\text{T}}^{OB}=0.288Q$。

C 类型答案

习题 4-14 解:(1)(包括转轮的)梯子受力 $\boldsymbol{G}_{\text{L}}, \boldsymbol{G}_{\text{P}}, \boldsymbol{F}_{Ax}, \boldsymbol{F}_{Az}, \boldsymbol{F}_{Bx}, \boldsymbol{F}_{Bz}, \boldsymbol{F}_{Cx}$。如图 B-7 所示。

根据问题的陈述不需要考虑的分量已被略去,即 $\boldsymbol{F}_{Ay}=\boldsymbol{F}_{By}=\boldsymbol{F}_{Cy}=\boldsymbol{F}_{Cz}=0$。

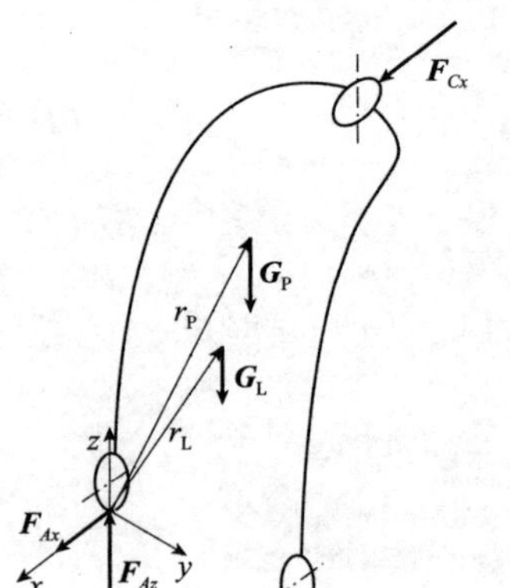

图 B-7 习题 4-14 解

$$\sum_i F_{xi}=0, F_{Ax}+F_{Bx}+F_{Cx}=0 \tag{1}$$

$$\sum_i F_{zi}=0, F_{Az}+F_{Bz}-G_{\text{L}}-G_{\text{P}}=0 \tag{2}$$

$$\sum_i M_{Axi}=0, aF_{Bz}-(a-c)G_{\text{L}}-r_{\text{P}y}G_{\text{P}}=0 \tag{3}$$

$$\sum_i M_{Ayi}=0, dF_{Cx}-eG_{L}-|r_{\text{P}x}|G_{\text{P}}=0 \tag{4}$$

$$\sum_i M_{Azi}=0, -aF_{Bx}-(a-c)F_{Cz}=0 \tag{5}$$

由式(1)~式(5)可解得欲求的约束力

$$F_{Cx}=\frac{1}{d}[eG_{\text{L}}+|r_{\text{P}x}|G_{\text{P}}] \tag{6a}$$

$$F_{Bx}=\frac{1}{a}(c-a)F_{Cx} \tag{6b}$$

$$F_{Bz}=\frac{1}{a}[(a-c)G_{\text{L}}+r_{\text{P}y}G_{\text{P}}] \tag{6c}$$

$$F_{Ax}=-F_{Bx}-F_{Cx} \tag{6d}$$

$$F_{Az}=G_{\text{L}}+G_{\text{P}}-F_{Bz} \tag{6e}$$

$$\boldsymbol{F}_A=(-128.3,0,370)\text{N}, \boldsymbol{F}_B=(-128.3,0,690)\text{N}, \boldsymbol{F}_C=(256.7,0,0)\text{N}$$

(2)若由平衡条件算出力 F_{Az} 或 F_{Bz} 为负时,梯子将随 $r_{\text{P}y}$ 的改变而翻倒。转轮 A 和 B 将不能支承该梯子。由式(3)考虑临界情况 $F_{Bz}=0$ 得

$$r_{\text{P}y}=-(a-c)\frac{G_{\text{L}}}{G_{\text{P}}}=-0.16(\text{m})$$

考虑临界情况 $F_{Az}=0$ 有

$$0=G_{\text{L}}+G_{\text{P}}-\frac{1}{a}[(a-c)G_{\text{L}}+r_{\text{P}y}G_{\text{P}}]$$

$$r_{\text{P}y}=a+c\frac{G_{\text{L}}}{G_{\text{P}}}=1.16(\text{m})$$

因此为了站立的安全,必须要求

$$-0.16\text{m} < r_{P_y} < 1.16\text{m}$$

(1)式(3)~式(5)中的三个力矩方程也可以用矢量积来导出:

$$\sum_i \boldsymbol{M}_{Ai} = \boldsymbol{r}_L \times \boldsymbol{G}_L + \boldsymbol{r}_P \times \boldsymbol{G}_P + \boldsymbol{r}_B \times \boldsymbol{F}_B + \boldsymbol{r}_C \times \boldsymbol{F}_C$$

$$= \begin{pmatrix} r_{Lx} \\ r_{Ly} \\ r_{Lz} \end{pmatrix} \times \begin{pmatrix} 0 \\ 0 \\ -G_L \end{pmatrix} + \begin{pmatrix} r_{Px} \\ r_{Py} \\ r_{Pz} \end{pmatrix} \times \begin{pmatrix} 0 \\ 0 \\ -G_P \end{pmatrix} + \begin{pmatrix} 0 \\ r_{By} \\ 0 \end{pmatrix} \times \begin{pmatrix} F_{Bx} \\ 0 \\ F_{Bz} \end{pmatrix} + \begin{pmatrix} r_{Cx} \\ r_{Cy} \\ r_{Cz} \end{pmatrix} \times \begin{pmatrix} F_{Cx} \\ 0 \\ 0 \end{pmatrix}$$

$$= \begin{pmatrix} -r_{Ly}G_L - r_{Py}G_P + r_{By}F_{Bz} \\ r_{Lx}G_L + r_{Px}G_P + r_{Cz}F_{Cx} \\ -r_{By}F_{Bx} - r_{Cy}F_{Cx} \end{pmatrix} = 0$$

其中,$\boldsymbol{r}_L = (-e, a-c, g)$,$\boldsymbol{r}_B = (0, a, 0)$,$\boldsymbol{r}_C = (-b, a-c, d)$。

(2)试编写用 Maple 解本题的程序。

习题 4-15　解:(1)为了计算 6 个未知量(G_T 和 $G_1 = 2G_2$ 以及两球放置点的 4 个坐标),对于两种载荷情况每种都能给出 3 个独立的平衡条件。采用如图 B-8 所示中的坐标系。

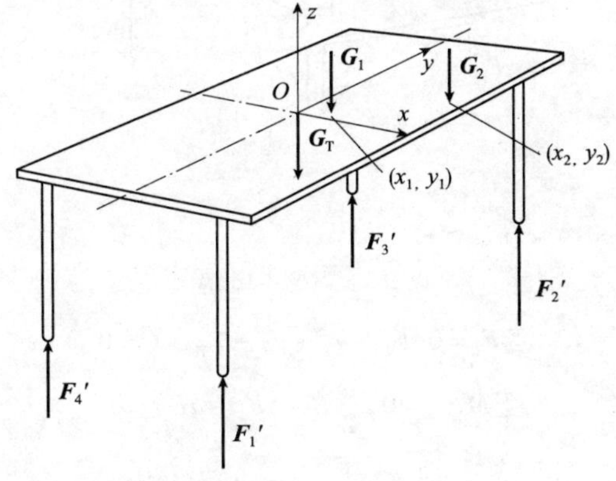

图 B-8　习题 4-15 解

对载荷情况 1,桌子受力 $\boldsymbol{G}_1, \boldsymbol{G}_T, \boldsymbol{F}_1, \boldsymbol{F}_2, \boldsymbol{F}_3, \boldsymbol{F}_4$。

$$\sum F_x = 0, F_1 + F_2 + F_3 + F_4 - G_T - G_1 = 0 \tag{1}$$

$$\sum M_{Ox} = 0, -\frac{a}{2}(F_1 + F_4) + \frac{a}{2}(F_2 + F_3) - y_1 G_1 = 0 \tag{2}$$

$$\sum M_{Oy} = 0, -\frac{b}{2}(F_1 + F_2) + \frac{b}{2}(F_3 + F_4) + x_1 G_1 = 0 \tag{3}$$

对载荷情况 2,桌子受力 $\boldsymbol{G}_2, \boldsymbol{G}_T, \boldsymbol{F}_1', \boldsymbol{F}_2', \boldsymbol{F}_3', \boldsymbol{F}_4'$。

$$\sum F_x = 0, F_1' + F_2' + F_3' + F_4' - G_T - \frac{3}{2}G_1 = 0 \tag{4}$$

$$\sum M_{Ox} = 0, -\frac{a}{2}(F_1' + F_4') + \frac{a}{2}(F_2' + F_3') - y_1 G_1 - y_2 \frac{G_1}{2} = 0 \tag{5}$$

$$\sum M_{Oy} = 0, -\frac{b}{2}(F_1' + F_2') + \frac{b}{2}(F_3' + F_4') + x_1 G_1 + x_2 \frac{G_1}{2} = 0 \tag{6}$$

利用已给出的数据由这些方程得到

$$G_1 + G_T = 300 \tag{7}$$

$$\frac{3}{2}G_1 + G_T = 360 \tag{8}$$

$$y_1 G_1 = -12 \tag{9}$$

$$x_1 G_1 = -40 \tag{10}$$

$$2y_1 G_1 + y_2 G_1 = 0 \tag{11}$$

$$2x_1 G_1 + x_2 G_1 = -80 \tag{12}$$

其解为

$$G_T = 180\text{N}, G_1 = 120\text{N}, G_2 = 60\text{N}$$

$$x_1 = -\frac{1}{3}\text{m}, y_1 = -0.1\text{m}; x_2 = 0, y_2 = 0.2\text{m}$$

(2)对于空间平行力系只能给出3个独立的平衡条件($\sum F_z = 0, \sum M_x = 0, \sum M_y = 0$),这些条件尚不足以去确定4个未知量$F_1, F_2, F_3$和$F_4$。该系统显然是静不定的。仅当考虑承载桌子的变形后该问题才能求解。

习题4-16　解:四轮车受力$\boldsymbol{G}, \boldsymbol{F}_H, \boldsymbol{F}_1$、$\boldsymbol{F}_3, \boldsymbol{F}_4$,如图B-9所示。

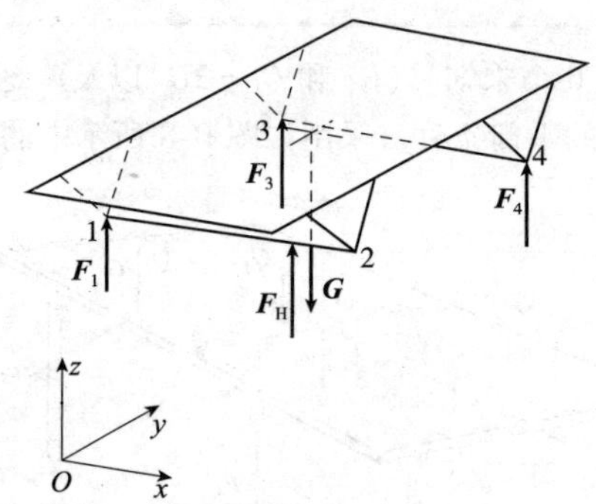

图B-9　习题4-16解

$$\sum F_z = 0, F_1 + F_3 + F_4 + F_H - G = 0 \tag{1}$$

$$\sum M_{(3)x} = 0, \frac{a}{2}G - aF_1 - aF_H = 0 \tag{2}$$

$$\sum M_{(1)y} = 0, \frac{s}{2}G - \left(\frac{s}{2} + b\right)F_H - sF_4 = 0 \tag{3}$$

车轮弹簧传给车子上部结构的力是

$$F_1 = cf_1, F_2 = cf_2, F_3 = cf_3, F_4 = cf_4 \tag{4}$$

因为上述均是垂直的,静力平衡条件缩减为3个;第四个关系来自弹簧变形f_1,f_2,f_3和f_4间的相关性(几何协调条件)。由于车子上部结构是刚性的,所以有

$$f_2 - f_1 = f_4 - f_3 \tag{5}$$

按式(4)和式(5)可得

$$F_2 - F_1 = F_4 - F_3 \tag{6}$$

其中应代入$F_2 = 0$。

由式(1)~式(4)最终可以求出杠杆上的载荷和车轮力为:

$$F_H = \frac{s}{2(b+s)}G, F_1 = \frac{b}{2(b+s)}G$$

$$F_3 = \frac{2b+s}{4(b+s)}G, F_4 = \frac{s}{4(b+s)}G$$

习题4-17　解:油罐受力$\boldsymbol{G}, \boldsymbol{F}_A, \boldsymbol{F}_B, \boldsymbol{F}_C$。

当 $\alpha=0$ 时,有

$$\sum F_z=0,\ -G+F_A+F_B+F_C=0 \tag{1}$$

$$G=9\ 000\text{N}$$

$$\sum M_{Ox}=0,\ -y_S G+bF_C=0 \tag{2}$$

$$y_S=1.79\text{m}$$

$$\sum M_{Oy}=0,x_S G-aF_B-\frac{a}{2}F_C=0 \tag{3}$$

$$x_S=0.86\text{m}$$

当 $\alpha=15°$时,则有

$$\sum M_{Ax}=0,b\cos\alpha F_C-(b\sin\alpha+y_S\cos\alpha-z_S\sin\alpha)G=0 \tag{4}$$

$$z_S=1.47\text{m}$$

讨论与练习

在这类确定重心方法的实际应用中,较简单的方法是每次总把一个棱边放在地上而只用一根钢索来工作。于是坐标 x_S,y_S 和 z_S 可以通过绕两个棱边,有三种不同倾角的索力以及罐的重量 G 来确定。

第 5 章　静力学应用问题

A 类型答案

习题 5-1　不一定,本题就不必求支座的约束力;图中 1,2,3,4,5,6,8 杆为零杆。

习题 5-2　$F_N^{AC}=1\ 500\text{kN},F_N^{BC}=707\text{kN},F_N^{BD}=-2\ 000\text{kN}$。

习题 5-3　$F_N^{AC}=1\ 500\text{kN},F_N^{BC}=707\text{kN},F_N^{BD}=-2\ 000\text{kN}$。

在图 a)中,从 1,4,8,10 杆处截开取右边部分,由 $\sum M_D=0$ 可求杆 1 内力;在图 b)中,考虑到 9 杆为零杆,从 6,7,9,10 杆处截开取左边部分,由 $\sum M_A=0$ 可求杆 7 内力。

习题 5-4　$F_{N1}=8.97\text{kN},F_{N2}=0$。

习题 5-5　$F_{N1}=70\sqrt{2}\text{kN},F_{N2}=-79\text{kN}$。

习题 5-7　$F_{min}=160\text{N}$。

习题 5-8　摩擦力的大小为 9.808N。

习题 5-9　滑块所受到的摩擦力为 0。

习题 5-10　$30\text{N}\leqslant F_T\leqslant 50\text{N}$。

习题 5-11　能拉出木材的最小力 $F_{max}=45.21\text{kN},\theta=64.72°$。

习题 5-12　$\tan\varphi=2+\cot\theta$。

习题 5-13　一般平衡状态:$F_S=F\cos\alpha,M_A=Fr\cos\alpha$;

滑动临界状态:$F_{S,max}=\dfrac{f}{f\sin\alpha+\cos\alpha}W,M_A=\dfrac{f\cos\alpha}{f\sin\alpha+\cos\alpha}Wr$;

滚动临界状态:$F_S=\dfrac{\delta\cos\alpha}{\delta\sin\alpha+r\cos\alpha}W,M_{A,max}=\dfrac{r\cos\alpha}{\delta\sin\alpha+r\cos\alpha}W\delta$;

滑动和滚动临界状态:$f=\dfrac{\delta}{r}$。

$$F_{S,max}=\frac{f}{f\sin\alpha+\cos\alpha}W,M_{A,max}=\frac{f\cos\alpha}{f\sin\alpha+\cos\alpha}Wr。$$

习题 5-14　$h_m=\dfrac{c}{2f},F_m=Wf$。

$0 < h < h_m$ 时，$F \geqslant F_m$ 物体滑动；$h > h_m$ 时，$F \geqslant F_m$ 物体滑动又倾倒。

习题 5-15 $\theta = 30°$是临界平衡状态；

$\theta < 30°$，圆轮沿斜面上滚；

$\theta > 30°$，圆轮沿斜面下滑。

习题 5-16 $F_{\min} = 1\ 460\text{N}$。

习题 5-17 $F_{Ax} = -12.5\text{kN}, F_{Ay} = -125\text{kN}$。

习题 5-18 $F_{\min} = 716.8\text{N}$。

习题 5-19 $F_{\max} = 10.93\text{kN}$，物块 D 与水平面间先达临界。

习题 5-20 $P_{\max} = \dfrac{2+\sqrt{2}}{\sqrt{2}-2f\sqrt{2}-2f} fW$。

B 类型答案

习题 5-21 $f_s \approx 0.26$。

习题 5-22 $z_{\max} = \dfrac{cf^2}{4}$。

习题 5-23 $0.27P \leqslant W \leqslant 0.5P$。

习题 5-24 $\dfrac{l}{4}(\sqrt{3} - \tan\varphi_f)^2 \cos^2\varphi_f \leqslant x \leqslant \dfrac{l}{4}(\sqrt{3} + \tan\varphi_f)^2 \cos^2\varphi_f$。

习题 5-25 $\alpha \leqslant \arctan\left(\dfrac{P+2Q}{P+Q}f\right)$。

习题 5-26 $M_{\min} = Wr\sin\alpha, \alpha \leqslant \varphi_m$（单面接触）；

$M_{\min} = \dfrac{1}{2}\dfrac{\sin2\varphi_m}{\cos\alpha}Wr, \alpha > \varphi_m$（双面接触）。

习题 5-27 $f_{mn} = \dfrac{3}{8}$。

习题 5-28 圆柱与圆柱之间 $f_{1mn} = \tan15° \approx 0.27$；

圆柱与地面之间 $f_{2mn} = \dfrac{1}{3}\tan15° \approx 0.09$。

习题 5-29 $F_{\max} = \dfrac{R}{4l}[(5+\sqrt{3})n + 3(1+\sqrt{3})]mg$。

习题 5-30 $\tan\varphi \geqslant \max\limits_{i=1,2,3}\dfrac{(3G+2P)\sin\alpha_i}{f[G\eta + (3G+2P)\sin\alpha_i]}$，其中 $\eta = \sum\limits_{i=1}^{3}\sin\alpha_k$。

习题 5-31 $F_{\min} = 2G\sin\alpha/(1-f)$，纯滚动的条件：$\tan\alpha < (1-f)/(1+f)$。

C 类型答案

习题 5-33 解：(1)杆 CD 的力 $\boldsymbol{F}_{CD}$与外力 $\boldsymbol{F}_1$、$\boldsymbol{F}_2$ 以及支反力 $\boldsymbol{F}_A$、$\boldsymbol{F}_B$ 之间的关系可以用 Ritter 的截面法来找到。因为每个通过桁架并与杆 CD 相交的截面至少切断 4 根杆，对上述情况必须用两个截面来进行工作。它们可以安排成只切断 6 个不同的杆。于是总共 6 个平衡条件足以确定这些杆的内力。

整体受力 $\boldsymbol{F}_1$、$\boldsymbol{F}_2$、$\boldsymbol{F}_{Ax}$、$\boldsymbol{F}_{Ay}$、$\boldsymbol{F}_B$，如图 B-10a)所示。

$$\sum M_{Az} = 0, \frac{3}{2}aF_B - 2aF_1 + 2aF_2 = 0 \tag{1}$$

$$F_B = \frac{4}{3}(F_1 - F_2)$$

$$\sum F_x = 0, F_{Ax} - F_2 = 0 \tag{2}$$

$$F_{Ax} = F_2$$

$$\sum F_y = 0, F_{Ay} + F_{By} - F_1 = 0 \tag{3}$$

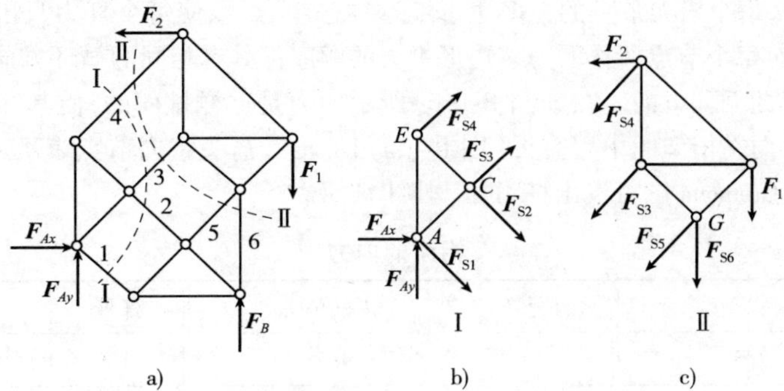

图 B-10　习题 5-33 解(1)

$$F_{Ay}=\frac{4}{3}F_2-\frac{1}{3}F_1$$

截面Ⅰ(ACE)受力$\boldsymbol{F}_{Ax}$、$\boldsymbol{F}_{Ay}$、$\boldsymbol{F}_{N1}$、$\boldsymbol{F}_{N2}$、$\boldsymbol{F}_{N3}$、$\boldsymbol{F}_{N4}$，如图 B-10b)所示。

$$\sum M_{Ez}=0,\frac{a}{\sqrt{2}}F_{N3}+\frac{a}{\sqrt{2}}F_{N1}+aF_{Ax}=0 \tag{4}$$

$$\sum M_{Az}=0,-\frac{a}{\sqrt{2}}F_{N4}-\frac{a}{\sqrt{2}}F_{N2}=0 \tag{5}$$

$$\sum F_y=0,F_{Ay}+\frac{1}{\sqrt{2}}F_{N3}+\frac{1}{\sqrt{2}}F_{N4}-\frac{1}{\sqrt{2}}F_{N1}-\frac{1}{\sqrt{2}}F_{N2}=0 \tag{6}$$

截面Ⅱ受力$\boldsymbol{F}_1$、$\boldsymbol{F}_{N3}$、$\boldsymbol{F}_{N4}$、$\boldsymbol{F}_{N5}$、$\boldsymbol{F}_{N6}$，如图 B-10c)所示。

$$\sum M_{Gz}=0,\frac{3}{2}aF_2-\frac{a}{2}F_1+\sqrt{2}aF_{N4}+\frac{a}{\sqrt{2}}F_{N3}=0 \tag{7}$$

方程式(4)～式(7)在消去F_{N1}、F_{N2}、F_{N4}之后足以确定$F_{CD}=F_{N3}$：

$$F_{N3}=-\frac{\sqrt{2}}{6}(F_1+5F_2) \tag{8}$$

用$F_{N3}\leqslant -7\,500\text{N}$(压力)，由式(8)得：$F_1\leqslant 1\,820\text{N}$。

(2)其余的杆力可用 Cremona 平面图法来计算。为此，首先确定支座反力。由式(1)～式(3)得：

$$F_{Ax}=6\,000\text{N},F_{Ay}=7\,393\text{N},F_B=-5\,573\text{N} \tag{9}$$

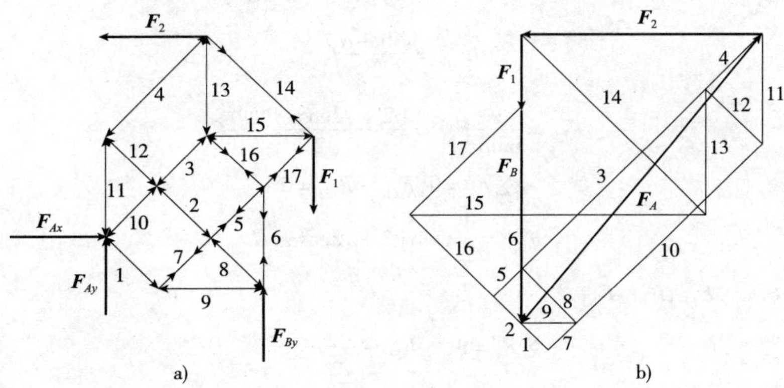

图 B-11　习题 5-33 解(2)

为了能开始画平面图，需要一个不多于两个未知杆力的桁架节点。因为在当前的情况中不存在这样的节点，将由式(4)算出杆力F_{N1}。

$$F_{N1}=-\sqrt{2}F_{Ax}-F_{N3}=-985(\text{N})$$

在 Cremona 图中,每个桁架节点的力多边形应这样来组合,以使每个杆力只出现一次。实现这一点的唯一可能是:在对每个节点所作的力多边形中力的顺序都具有相同的循环方向。在桁架上外力的力多边形中也应选择此循环方向。在如图 B-11b)所示中力是这样排序的,使其在节点处按顺时针方向循环。杆中力的方向在桁架图中用箭头[图 B-11a)]标出。箭头指向节点表示压杆(-),箭头离开节点是拉杆(+),从 Cremona 图可读出杆力如表 B-1 所示。

桁架的内力 表 B-2

杆号	F_N(N)	杆号	F_N(N)	杆号	F_N(N)
1	-985	7	985	13	-3 214
2	1 970	8	1 970	14	6 515
3	-7 500	9	-1 393	15	-7 393
4	-1 970	10	-7 500	16	2 956
5	985	11	-2 786	17	3 941
6	4 180	12	1 970		

习题 5-34 解:整体受力 $\boldsymbol{G},\boldsymbol{F}_{AH},\boldsymbol{F}_{AV},\boldsymbol{F}_B$,如图 B-12 所示。

$$\sum F_x=0, F_{AH}=0$$

$$F_{AH}=0 \tag{1}$$

$$\sum M_{Az}=0, \frac{a}{\sqrt{2}}F_B-a\left(\frac{3}{\sqrt{2}}+\cos\alpha\right)G=0 \tag{2}$$

$$F_B=(3+\sqrt{2}\cos\alpha)G$$

$$\sum F_y=0, F_{AV}+F_B-G=0 \tag{3}$$

$$F_{AV}=-(2+\sqrt{2}\cos\alpha)G$$

CDE 部分受力 $\boldsymbol{G},\boldsymbol{F}_{CH},\boldsymbol{F}_{CV},\boldsymbol{F}_{EH},\boldsymbol{F}_{EV}$。

$$\sum M_{Cz}=0, a\sqrt{2}F_{EV}-a(\sqrt{2}+\cos\alpha)G=0 \tag{4}$$

$$F_{EV}=\frac{1}{2}(2+\sqrt{2}\cos\alpha)G$$

$$\sum F_y=0, -F_{CV}+F_{EV}-G=0 \tag{5}$$

$$F_{CV}=\frac{\sqrt{2}\cos\alpha}{2}G$$

$$F_{EH}=\frac{1}{\tan\alpha}F_{EV}=\frac{(2+\sqrt{2}\cos\alpha)\cot\alpha}{2}G$$

$$\sum F_x=0, F_{EH}-F_{CH}=0 \tag{6}$$

$$F_{CH}=\frac{1}{2}\cot\alpha(2+\sqrt{2}\cos\alpha)G$$

节点 E 受力 $\boldsymbol{F}_{EH},\boldsymbol{F}_{EV},\boldsymbol{F}_{N1},\boldsymbol{F}_{N2}$。

$$\sum F_y=0, -F_{EV}-\frac{1}{\sqrt{2}}F_{N2}=0 \tag{7}$$

$$F_{N2}=-(\sqrt{2}+\cos\alpha)G$$

$$\sum F_x=0, -F_{EH}-F_{N1}-\frac{1}{\sqrt{2}}F_{N2}=0 \tag{8}$$

$$F_{N1}=\frac{1}{2}(2+\sqrt{2}\cos\alpha)(1-\cot\alpha)G$$

节点 F 受力 $\boldsymbol{F}_{N1}, \boldsymbol{F}_{N3}, \boldsymbol{F}_{N4}$。$F_{N3}=0$。

$$\sum F_x=0, F_{N1}-F_{N4}=0 \tag{9}$$

$$F_{N4}=\frac{1}{2}(2+\sqrt{2}\cos\alpha)(1-\cot\alpha)G$$

节点 G 受力 $\boldsymbol{F}_{N2}, \boldsymbol{F}_{N3}, \boldsymbol{F}_{N5}, \boldsymbol{F}_{N6}$。$F_{N5}=0$。

$$\sum F_x=0, \frac{1}{\sqrt{2}}F_{N2}-\frac{1}{\sqrt{2}}F_{N6}=0 \tag{10}$$

$$F_{N6}=-(\sqrt{2}+\cos\alpha)G$$

节点 B 受力 $\boldsymbol{F}_B, \boldsymbol{F}_{N6}, \boldsymbol{F}_{N7}, \boldsymbol{F}_{N9}$。

$$\sum F_x=0, \frac{1}{\sqrt{2}}F_{N6}-\frac{1}{\sqrt{2}}F_{N9}=0 \tag{11}$$

$$F_{N9}=-(\sqrt{2}+\cos\alpha)G$$

$$\sum F_y=0, \frac{1}{\sqrt{2}}F_{N9}+\frac{1}{\sqrt{2}}F_{N6}+F_{N7}+F_B=0 \tag{12}$$

$$F_{N7}=-G$$

节点 A 受力 $\boldsymbol{F}_{AH}, \boldsymbol{F}_{AV}, \boldsymbol{F}_{N8}, \boldsymbol{F}_{N9}$。

$$\sum F_x=0, \frac{1}{\sqrt{2}}F_{N9}+\frac{1}{\sqrt{2}}F_{N8}+F_{AH}=0 \tag{13}$$

$$F_{N8}=-(\sqrt{2}+\cos\alpha)G$$

满足条件 $|F_{Ni}|\leqslant 2G(i=1,2,\cdots,9)$ 的最小角度 α 由 F_{N2} 可得：

$$G(\sqrt{2}+\cos\alpha)\leqslant 2G, \alpha\geqslant 54.1°$$

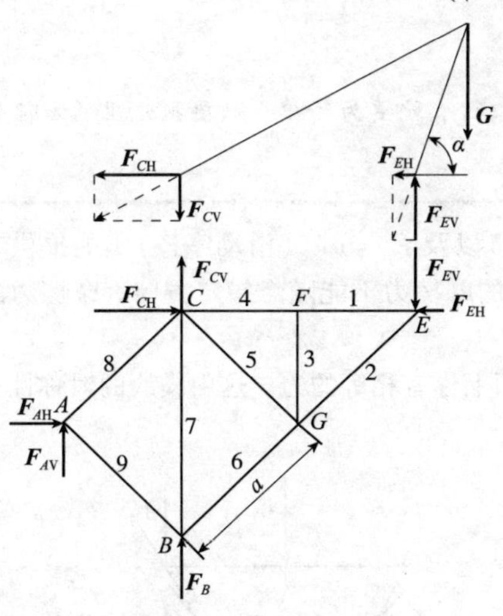

图 B-12　习题 5-34 解

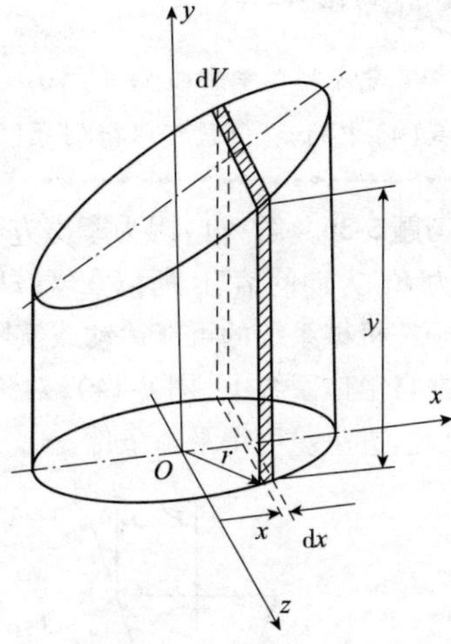

图 B-13　习题 5-35 解

习题 5-35　**解**：对由某点 O' 到物体体积中心 C 的矢径有

$$\boldsymbol{r}_{OC}=\frac{1}{V}\int_K \boldsymbol{r}_{OK}\mathrm{d}V \tag{1}$$

选如图 B-13 所示坐标系的原点为参考为，则有

$$x_C=\frac{1}{V}\int_K x\mathrm{d}V, y_C=\frac{1}{V}\int_K y\mathrm{d}V \tag{2}$$

因为 Oxy 平面为对称面，所以 $z_C=0$，为了便于积分式(2)，选择体元 $\mathrm{d}V$ 以使马上能求出该体积中心的坐标。如图 B-13 所示体元 $\mathrm{d}V$ 是

$$\mathrm{d}V = 2\sqrt{r^2 - x^2}y\mathrm{d}x \tag{3}$$

其中 $y = h + x\tan\alpha$。

利用 $V = \pi r^2 h$，由式(2)求得 x_C

$$x_C = \frac{2}{\pi r^2 h}\int_{-r}^{r}\left(xh\sqrt{r^2 - x^2} + x^2\sqrt{r^2 - x^2}\tan\alpha\right)\mathrm{d}x$$

由于被积函数的第一项为奇函数，相应的定积分为零。第二项是偶函数，因此

$$x_C = \frac{4\tan\alpha}{\pi r^2 h}\int_0^r x^2\sqrt{r^2 - x^2}\mathrm{d}x$$

该积分给出

$$x_C = \frac{r^2\tan\alpha}{4h} \tag{4}$$

在 y_C 的积分中，按如图 B-13 所示，该体元 $\mathrm{d}V$ 的重心坐标应以 $y/2$ 代入。由式(2)和式(4)可以求得

$$\begin{aligned} y_C &= \frac{1}{V}\int_K \frac{y}{2}2\sqrt{r^2 - x^2}y\mathrm{d}x \\ &= \frac{1}{V}\int_{-r}^{r}(h + x\tan\alpha)\sqrt{r^2 - x^2}\mathrm{d}x \\ &= \frac{2}{\pi r^2 h}\int_0^r h^2\sqrt{r^2 - x^2}\mathrm{d}x + \frac{1}{2}x_C\tan\alpha \\ &= \frac{h}{2} + \frac{r^2\tan^2\alpha}{8h} \end{aligned} \tag{5}$$

讨论与练习

若考虑到体积中心应位于直线 $y = (h + x\tan\alpha)/2$ 上，则求 y_C 就更为简单。只要把这里的 x 值代以式(4)中的 x_C 值就可以得到式(5)。

习题 5-36　解：(1)因为摩擦方程 $F_R \leqslant \mu_0 F_N$（贴附摩擦）以及 $F_R = \mu F_N$（滑动摩擦）不能提供有关摩擦力 $\boldsymbol{F}_R$ 方向的信息，所以在摩擦问题中对自由体系统上的摩擦力不能随意指定方向。摩擦力的方向必须按机械系统的可能运动或实际运动多次地指定。

在自由体系统中（图 B-14），对称楔块 1 与 3 的两个斜面上标有相等的力。这由楔块的对称性可直接得出。进一步可得平衡条件

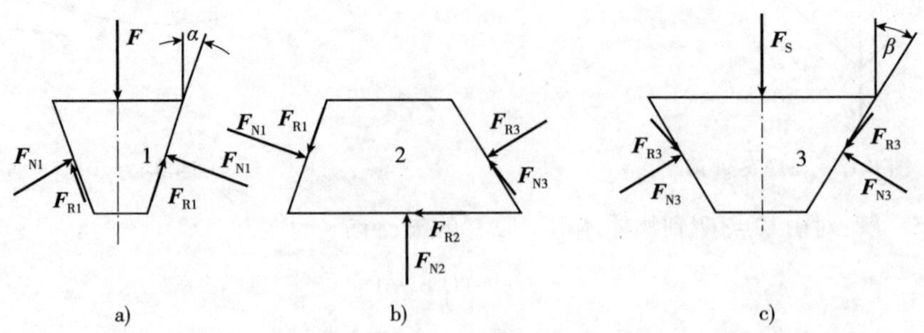

图 B-14　习题 5-36 解方法一

$$\sum F_{y(1)} = 0, 2F_{R1}\cos\alpha + 2F_{N1}\sin\alpha - F = 0 \tag{1}$$

$$\sum F_{x(2)} = 0, F_{N1}\cos\alpha - F_{R1}\sin\alpha - F_{N3}\cos\beta - F_{R3}\sin\beta - F_{R2} = 0 \tag{2}$$

$$\sum F_{y(2)} = 0, -F_{N1}\sin\alpha - F_{R1}\cos\alpha - F_{N3}\sin\beta + F_{R3}\cos\beta + F_{N2} = 0 \tag{3}$$

$$\sum F_{y(3)}=0, 2F_{N3}\sin\beta-2F_{R3}\cos\beta-F_S=0 \tag{4}$$

对于摩擦力 F_{Ri},将上述限制

$$F_{Ri}=\mu_0 F_{Ni}=\tan\rho_0 F_{Ni} \quad (i=1,2,3) \tag{5}$$

代入式(1)~式(4),其中 ρ_0 是摩擦角。消去法向力 F_{Ni}后得

$$F_S=\frac{\cot(\alpha+\rho_0)-\tan\rho_0}{\cot(\beta-\rho_0)+\tan\rho_0}F \tag{6}$$

如果应用摩擦角 ρ_0 对平衡方程中的力作另外的处理,就可以绕过由式(1)~式(5)的方程(6)的有些烦琐的计算。为此还要将作用在斜面上的水平力和垂直力引入平衡方程(如图 B-15 所示):

$$\sum F_{y(1)}=0, 2F_{V1}-F=0 \tag{7}$$

$$F_{H1}=F_{V1}\cot(\alpha+\rho_0) \tag{8}$$

$$\sum F_{y(2)}=0, -F_{V1}-F_{V3}+F_{N2}=0 \tag{9}$$

$$\sum F_{x(2)}=0, F_{H1}-F_{H3}-F_{R2}=0 \tag{10}$$

$$\sum F_{y(3)}=0, 2F_{V3}-F_S=0 \tag{11}$$

$$F_{H3}=F_{V3}\cot(\alpha-\rho_0) \tag{12}$$

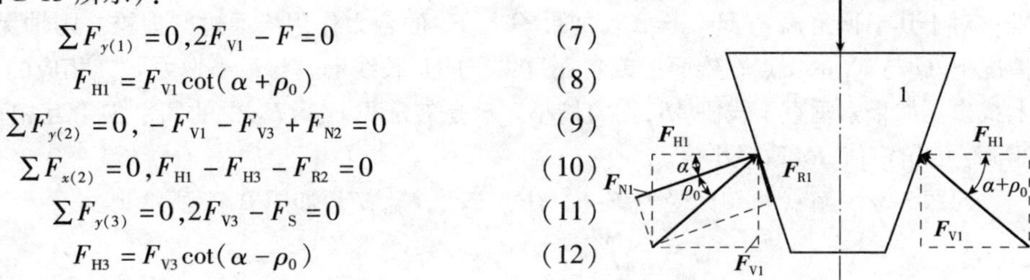

图 B-15　习题 5-36 解方法二

相应地还有

$$F_{R2}=F_{N2}\tan\rho_0 \tag{13}$$

由式(7)~式(13)再次可得结果式(6)。对于类似问题,引入摩擦角 ρ 总是有好处的。

(2)由式(6)得

$$\cot(\beta-\rho_0)=\frac{F}{F_S}[\cot(\alpha+\rho_0)-\mu_0]-\mu_0$$

由 $\rho_0=\arctan\mu_0=6.3°$,可得

$$\cot(\beta-\rho_0)=1.545, \beta=39.2°$$

习题 5-37　解:(1)传动轴的重心在对称轴上且离轴的下端距离为 s:

$$s=\frac{1}{\sum\limits_{i=1}^{3}m_i}\sum_{i=1}^{3}s_i m_i=\frac{1}{2}\frac{d_1^2a^2+d_2^2(b^2-a^2)+d_3^2(c^2-b^2)}{d_1^2a+d_2^2(b-a)+d_d^2(c-b)}$$

$$s=0.708\text{m}$$

由如图 B-16 所示,可以导出系统的平衡关系。这里必须注意的是,摩擦力总 $\boldsymbol{F}_R$ 与运动方向相反,而此运动是在无摩擦情况下进行的。对于 $\beta_{min}\leqslant\beta\leqslant\pi/2$,$\boldsymbol{F}_R$ 沿着负 x 方向,对于 $\pi/2<\beta\leqslant\beta_{max}$,则沿正 x 方向:

$$\sum F_x=0, F_T\cos\beta\mp F_R=0 \tag{1}$$

$$\sum F_y=0, -G+F_N+F_T\sin\beta=0 \tag{2}$$

$$\sum M_{Az}=0, (c-s)\cos\alpha G-\left(c\cos\alpha-\frac{d_1}{2}\sin\alpha\right)F_N\mp\left(c\sin\alpha+\frac{d_1}{2}\cos\alpha\right)F_R=0 \tag{3}$$

对于 F_R 的上面的符号适用于 $\beta<\pi/2$,下面的符号适用于 $\beta>\pi/2$。对于贴附摩擦力有

$$F_R\leqslant\mu_0 F_N \tag{4}$$

由式(1)~式(4)得:

$$\tan\beta=\frac{c\tan\alpha+\frac{d_1}{2}}{c-s}\pm\frac{1}{\mu_0}\frac{s-\frac{d_1}{2}\tan\alpha}{c-s} \tag{5}$$

$$\beta_{min}=74.4°, \beta_{max}=244.0° \tag{6}$$

(2)对于索力 F_T,由力矩平衡的要求 $\sum M_B=0$(如图 B-16 所示)可得其值

$$F_T=\frac{(2s\cos\alpha-d_1\sin\alpha)G}{\sin\beta(2c\cos\alpha-d_1\sin\alpha)-\cos\beta(2c\sin\alpha+d_1\cos\alpha)} \tag{7}$$

对式(7)取极值可得使索力取最小值的索斜度β_0

$$\tan\beta_0=\frac{\frac{d_1}{2}\sin\alpha-c\cos\alpha}{\frac{d_1}{2}\cos\alpha+c\sin\alpha}$$

$$\beta_0=155.1^\circ \tag{8}$$

由式(7)与式(8)和$G=24\ 456\text{N}$轴重,可得

$$F_{\text{Tmin}}=2\ 216\text{N}$$

另一解法:用图解法可很快找到解。在如图 B-16 所示中标明了轴与地之间的接触点 B 处的摩擦锥。对于其半顶角ρ_0有$\tan\rho_0=\rho_0$。如果$\boldsymbol{G}$与$\boldsymbol{F}_{\text{T}}$的合力作用线通过摩擦锥。则轴保持静止。在极限情况下,$\boldsymbol{G}$与$\boldsymbol{F}_{\text{T}}$的交点在锥面上或者在过尖点的延长线上。与最小索力$F_{\text{Tmin}}$相应的$\beta_0$也可从图 B-16 上找出。如果索垂直于线段$AB$,索力最小。于是矢量积$\boldsymbol{r}_{BA}\times\boldsymbol{F}_{\text{T}}$中的两个矢量互相垂直,同时对于力矩$\boldsymbol{M}_B$的给定值,$\boldsymbol{F}_{\text{T}}$取最小值。

习题 5-38　解:(1)锁闩受力$\boldsymbol{F},\boldsymbol{F}_{A\text{N}},\boldsymbol{F}_{A\text{R}},\boldsymbol{F}_{B\text{N}},\boldsymbol{F}_{B\text{R}},\boldsymbol{F}_C$,如图 B-17 所示。

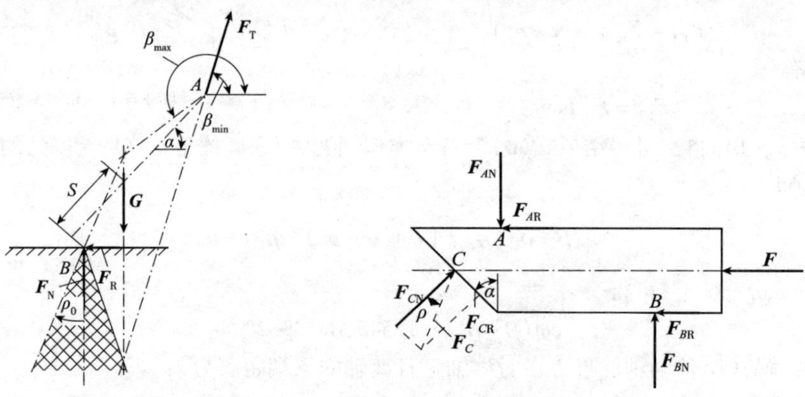

图 B-16　习题 5-37 解　　　　图 B-17　习题 5-38 解

$$\sum F_x=0,\ -F_{A\text{R}}-F_{B\text{R}}-F+F_C\cos(\alpha+\rho)=0 \tag{1}$$

$$\sum F_y=0,\ -F_{A\text{N}}+F_{B\text{N}}+F_C\sin(\alpha+\rho)=0 \tag{2}$$

$$\sum M_{Cz}=0,\ -bF_{A\text{N}}+cF_{B\text{N}}+\frac{a}{2}F_{A\text{R}}-\frac{a}{2}F_{B\text{R}}=0 \tag{3}$$

其中

$$F_{B\text{R}}=\mu F_{B\text{N}},F_{A\text{R}}=\mu F_{A\text{N}} \tag{4}$$

由式(1)~式(4)消去力的分量$F_{A\text{N}},F_{A\text{R}},F_{B\text{N}},F_{B\text{R}}$,可得

$$\frac{F_C}{F}=\frac{c-b}{(c-b)\cos(\alpha+\rho)-\mu(c+b-\mu a)\sin(\alpha+\rho)} \tag{5}$$

$$\frac{F_C}{F}=3.3$$

(2)当式(5)中的分母为零,即$F_C/F\to\infty$时出现自锁现象,这时

$$\tan(\alpha_{\max}+\rho)=\frac{c-b}{\mu(c+b-\mu a)} \tag{6}$$

由此得

$$\alpha_{\max}=62.1^\circ$$

习题 5-39　解:(1)此题表明在摩擦问题中研究系统的可能运动是多么重要。在此情况中,首先必须研究究竟滑轮是绕着轴 A 转动还是处于自锁状态。如果一个任意大小的外力作用在滑轮上(在绳子

不滑动的情况下)都能保持平衡,就出现自锁状态。这时滚筒不能顺时针转动,如图 B-18 所示给出了滚筒,其上带有在此转动方向下作用在滚筒上的力自由体。平衡条件为

$$\sum M_{Az}=0, r_2(F-G)+r_1F_{\mathrm{R}}=0 \tag{1}$$

$$\sum F_x=0, F_A\cos\alpha-F_{\mathrm{N}}=0 \tag{2}$$

$$\sum F_y=0, F_A\sin\alpha-F-G-G_0+F_{\mathrm{R}}=0 \tag{3}$$

由式(1)~式(3),用上面的极值

$$F_{\mathrm{R}}\leqslant\mu_0F_{\mathrm{N}} \tag{4}$$

得:

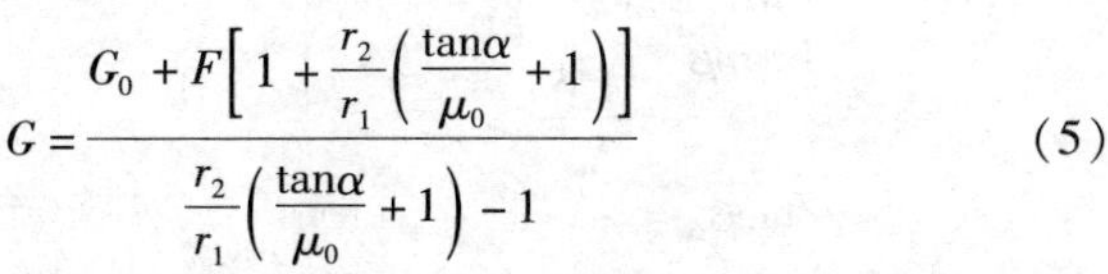

$$G=\frac{G_0+F\left[1+\dfrac{r_2}{r_1}\left(\dfrac{\tan\alpha}{\mu_0}+1\right)\right]}{\dfrac{r_2}{r_1}\left(\dfrac{\tan\alpha}{\mu_0}+1\right)-1} \tag{5}$$

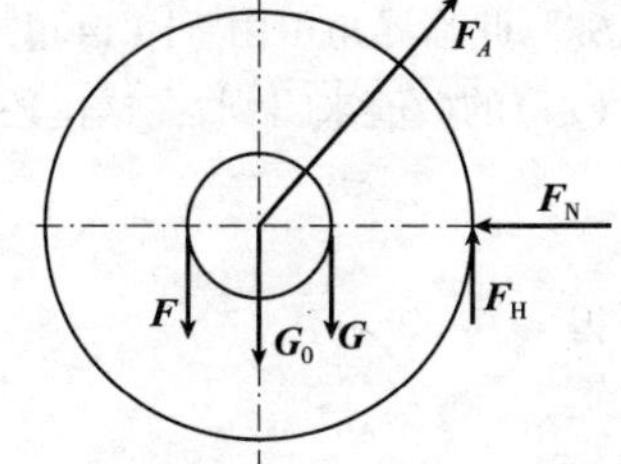

图 B-18 习题 5-39 解

如果式(5)的分母为零,则该系统在任意大小的重量 G 之下保持平衡。

当

$$\tan\alpha\leqslant\mu_0\left(\frac{r_1}{r_2}-1\right) \tag{6}$$

时,此类自锁现象出现。如用给定数据可知当 $\tan30°=0.5774<0.6$,式(6)满足。因此滑轮不会沿顺时针方向转动,力 $\boldsymbol{F}$ 必须由绳索的摩擦方程算出。对此有

$$F=Ge^{-\mu_0\varphi} \tag{7}$$

用 $\varphi=3\pi$,得

$$F=29.6\mathrm{N}$$

(2)这里,也必须首先检查滑轮是否会由于自锁而向左转动受到阻止。此时可以引用方程组式(1)~式(4),其中式(1),式(3)中 $\boldsymbol{F}_{\mathrm{R}}$ 的符号是反过来的。解出 $\boldsymbol{F}$ 得

$$F=\frac{G\left[\dfrac{r_2}{r_1}\left(\dfrac{\tan\alpha}{\mu_0}-1\right)+1\right]+G_0}{\dfrac{r_2}{r_1}\left(\dfrac{\tan\alpha}{\mu_0}-1\right)-1} \tag{8}$$

如果式(8)中的分母为零,就出现自锁,这时

$$\tan\alpha\leqslant\mu_0\left(\frac{r_1}{r_2}+1\right) \tag{9}$$

因为式(9)右边的表达式比式(6)右边的大,滑轮右转也受到阻止。此后,再由绳索摩擦方程:

$$F=Ge^{\mu_0\varphi} \tag{10}$$

可得 $\boldsymbol{F}$ 的最大值(贴附摩擦)。用 $\varphi=3\pi$,得

$$F=8\ 451\mathrm{N}$$

(3)对于 $F>G$ 的情况,在一任意角度 β 时,有类似于式(1)~式(3)的平衡条件

$$\sum M_{Az}=0, r_2(F-G)-r_1F_R=0 \tag{11}$$

$$\sum F_x=0, F_A\cos\alpha-F_{\mathrm{N}}-F\sin\beta=0 \tag{12}$$

$$\sum F_y=0, F_A\sin\alpha-F\cos\beta-G_0-G-F_{\mathrm{R}}=0 \tag{13}$$

由式(11)~式(13),用式(4)得

$$F=\frac{G\left[\dfrac{r_2}{r_1}\left(\dfrac{\tan\alpha}{\mu_0}-1\right)+1\right]+G_0}{\left(\dfrac{r_2}{\mu_0r_1}+\sin\beta\right)\tan\alpha-\dfrac{r_2}{r_1}-\cos\beta} \tag{14}$$

对 $\beta=0$,方程式(14)可转化为式(8),当角度为 β_0 时并未超出滑轮的自锁极限,由此有

$$\tan\alpha\left(\frac{r_2}{\mu_0 r_1}+\sin\beta_0\right)-\frac{r_2}{r_1}-\cos\beta_0=0$$

由此得 $\beta=44.5°$。

在 $\beta>\beta_0$ 情况下,尽管滑轮可能转动并提起重物,但是为了确定 $\boldsymbol{F}$ 还应先利用(10)式算出临界角 β_G。此临界角可由 $F[(14)]=F[(10)]$求得,提起 $\boldsymbol{G}$ 的最小绳索力 $\boldsymbol{F}_{\min}$ 的绳索方向 β_m 可通过计算式(14)的极值来得到,在这里还要单独检查 $F[(14)]<F[(10)]$的要求。由

$$\left[\frac{\partial F(\beta)}{\partial\beta}\right]_{\beta=\beta_m}=0$$

得

$$\tan\beta_m=-\tan\alpha \tag{15}$$

$$\beta_m=150°$$

因此,由式(14),对开始运动前(贴附摩擦),得

$$F_{\min H}=568.8\text{N} \tag{16}$$

在进入滑动之后为克服滑动摩擦只需要

$$F_{\min G}=568.8\text{N} \tag{17}$$

对于滑动绳索($\mu=0.2$),用 $\varphi=(13/6)\pi$,按式(10)检查有

$$F=1\ 951\text{N}$$

也就是式(16)与式(17)是要找的最小力。这种情况下,当绳索在滑轮上无滑动时,滑轮将发生转动并与墙产生摩擦。

习题 5-40　解:方法一　图解法,如图 B-19 所示。

利用索多边形法可以图解找出问题的解。在本问题中已经给出了索多边形和一个索力 $\boldsymbol{F}$。其力多边形即可找到。由于根据索多边形还能确定射线Ⅰ至Ⅳ的方向,再由索力 $\boldsymbol{F}$ 可给出射线Ⅳ的长度,由此即可直接求得力 $\boldsymbol{G}_1,\boldsymbol{G}_2,\boldsymbol{G}_3$。

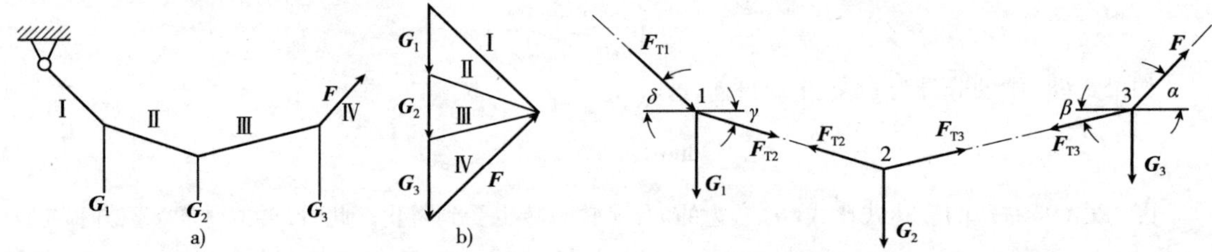

图 B-19　习题 5-40 解之方法一　　　图 B-20　习题 5-40 解之方法二

方法二　解析法,如图 B-20 所示。

节点 1 受力 $\boldsymbol{G}_1,\boldsymbol{F}_{T1},\boldsymbol{F}_{T2}$;节点 2 受力 $\boldsymbol{G}_2,\boldsymbol{F}_{T2},\boldsymbol{F}_{T3}$;节点 3 受力 $\boldsymbol{G}_3,\boldsymbol{F},\boldsymbol{F}_{T3}$。

对结点 3:　$$\sum F_x=0,F\cos\alpha-F_{T3}\cos\beta=0 \tag{1a}$$

对结点 2:　$$\sum F_x=0,F_{T3}\cos\beta-F_{T2}\cos\gamma=0 \tag{1b}$$

对结点 1:　$$\sum F_x=0,F_{T2}\cos\gamma-F_{T1}\cos\delta=0 \tag{1c}$$

可以得知:在一个受垂直载荷的索中水平拉力 $\boldsymbol{F}_H$ 沿整个索均为常数:

$$F_H=F\cos\alpha=707\text{N} \tag{2}$$

对结点 3:　$$\sum F_y=0,-G_3+F_H\tan\alpha-F_H\tan\beta=0 \tag{3a}$$

$$G_3=F_H(\tan\alpha-\tan\beta)=530\text{N}$$

对结点 2:　$$\sum F_y=0,-G_2+F_H\tan\beta+F_H\tan\gamma=0 \tag{3b}$$

$$G_2 = F_H(\tan\beta + \tan\gamma) = 412\text{N}$$

对结点 1：

$$\sum F_y = -G_1 + F_H\tan\delta - F_H\tan\gamma = 0 \tag{3c}$$

$$G_1 = F_H(\tan\delta - \tan\gamma) = 471\text{N}$$

习题 5-41　解：方法一　图解法，如图 B-21 所示。

该问题可用索多边形法作图求解。如果全部外力构成闭合的力多边形，并且它们的作用线也使索多边形闭合[如图 B-21a)，b)所示]，则图示系统处于平衡状态。这就是说，由力 $\boldsymbol{G}_1,\boldsymbol{G}_2,\boldsymbol{G}_B$ 的索多边形，作为合力必能得到支座约束力 $-\boldsymbol{F}_A$，且 $|\boldsymbol{F}_A| = G_1 + G_2 + G_B$。对此首先由索多边形的边Ⅰ和边Ⅳ以及角点 a 作出索多边形的"外边"部分。"内"索多边形的角点是 b，e 和 f。由此只能知道 b 的位置和点 e 与 f 间的水平距离 r_B。寻找 e 和 f 的步骤如下：从Ⅳ上的任意点 C 画一根射线Ⅲ的平行线到点 d，它离 C 点的水平距离为 r_B。通过 d 的平行于Ⅳ的线和来自 b 的索多边形的边Ⅱ相交于 e 点。于是绳索的偏离度 s 可以由点 e 到滑轮 A 右侧垂直切线的水平距离来求得。杆 AB 中的拉力 $\boldsymbol{F}_G$ 由取导轮 B 为分离体作出的力多边形求得[如图 B-21c)所示]。基于本题所选的力和长度的比例尺可以从图中量得 $s = 7\text{cm}$ 和 $F_G = 200\text{N}$。

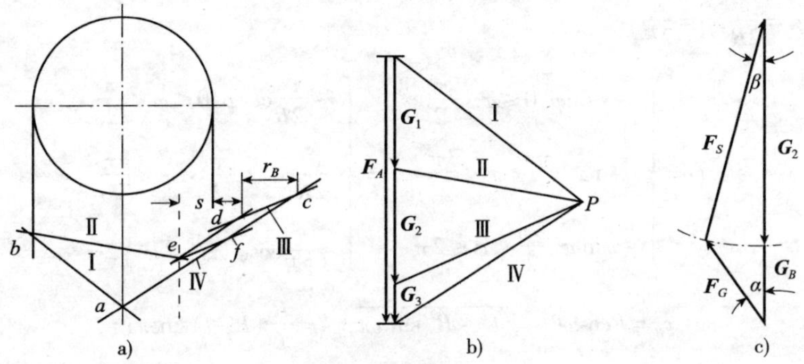

图 B-21　习题 5-41 解

方法二　解析法。

整体受力 $\boldsymbol{G}_1,\boldsymbol{G}_2,\boldsymbol{G}_A,\boldsymbol{G}_B,\boldsymbol{F}_{Ax},\boldsymbol{F}_{Ay}$。

$$\sum M_{Az} = 0, r_A G_1 - (r_A - s)G_2 - (r_A - s + r_B)G_B = 0 \tag{1}$$

$$s = \frac{(r_A + r_B)G_B}{G_2 + G_B} = 0.068\text{m}$$

导轮 B 受力 $\boldsymbol{G}_2,\boldsymbol{G}_B,\boldsymbol{F}_S,\boldsymbol{F}_G$。

$$\sum F_y = 0, -G_2 + F_S\cos\beta + F_G\cos\alpha - G_B = 0 \tag{2}$$

$$\sum F_x = 0, F_S\sin\beta - F_G\sin\alpha = 0 \tag{3}$$

其中，索力 $F_S = G_2$。用 $\cos\beta = \sqrt{1-\sin^2\beta}$消去 β，由式(2)和式(3)导得如下二次方程

$$F_G^2 - 2F_G(G_2 + G_B)\cos\alpha + G_B^2 + 2G_2G_B = 0$$

其解为

$$F_G = (G_2 + G_B)\cos\alpha - \sqrt{(G_2 + G_B)^2\cos^2\alpha - (G_B^2 + 2G_2G_B)} \tag{4}$$

由导轮 B 的力多边形[如图 B-53c)所示]不难看出式(4)中根号前应取负号。注意到式(1)，对角 α 有

$$\sin\alpha = \frac{r_A + r_B - s}{a} = \frac{G_2(r_A + r_B)}{(G_2 + G_B)a}, \alpha = 35.4°$$

由此从式(4)解得

$$F_G = 203\text{N}$$

第6章 点的运动

A类型答案

习题6-1 （1）$\Delta x=-2\text{m},\bar{v}=-2\text{m/s}$；（2）$s=3.04\text{m}$。

习题6-2 $v-t,x-t$ 关系图（略）。

$$v(t)=\begin{cases}\frac{1}{2}t^2,0\leqslant t\leqslant 1\\ 2-2t+\frac{1}{2}t^2,1\leqslant t\leqslant 3\\ 8-4t+\frac{1}{2}t^2,3\leqslant t\leqslant 5\\ 18-6t+\frac{1}{2}t^2,5\leqslant t\leqslant 7\\ \cdots\end{cases};x(t)=\begin{cases}\frac{1}{6}t^3,0\leqslant t\leqslant 1\\ -1+2t-t^2+\frac{1}{6}t^3,1\leqslant t\leqslant 3\\ -10+8t-2t^2+\frac{1}{6}t^3,3\leqslant t\leqslant 5\\ -35+18t-3t^2+\frac{1}{6}t^3,5\leqslant t\leqslant 7\\ \cdots\end{cases}$$

习题6-3 $\dot{\varphi}=\frac{v}{2R},\ddot{\varphi}=\frac{v}{2R}$

$$\dot{r}=\begin{cases}-v\sin\varphi,0\leqslant\varphi<\frac{\pi}{2}\\ v\sin\varphi,\frac{\pi}{2}<\varphi<\frac{3\pi}{2}\\ -v\sin\varphi,\frac{3\pi}{2}<\varphi\leqslant 2\pi\end{cases},\ddot{r}=\begin{cases}-\frac{v^2}{2R}\cos\varphi,0\leqslant\varphi<\frac{\pi}{2}\\ \frac{v^2}{2R}\cos\varphi,\frac{\pi}{2}<\varphi<\frac{3\pi}{2}\\ -\frac{v^2}{2R}\cos\varphi,\frac{3\pi}{2}<\varphi\leqslant 2\pi\end{cases}$$

习题6-4 $x_P=R\cos\omega t+\sqrt{L^2-R^2\sin^2\omega t},y_P=\frac{R}{L}(L-l)\sin\omega t$；

$$x_B=R\cos\omega t+\sqrt{L^2-R^2\sin^2\omega t},v_B=-R\omega\sin\omega t-\frac{R^2\omega\sin\omega t\cos\omega t}{\sqrt{L^2-R^2\sin^2\omega t}},$$

$$a_B=-R\omega^2\cos\omega t-\frac{R^2\omega^2\cos 2\omega t(L^2-R^2\sin^2\omega t)+R^4\omega^2\sin^2\omega t\cos^2\omega t}{(L^2-R^2\sin^2\omega t)^{3/2}};$$

取 $R=50\text{cm}$、$L=100\text{cm}$ 进行数值仿真：

图6-24b）给出了当 $l=75\text{cm}$（粗线）和 $l=25\text{cm}$（细线）P 点的运动轨迹；

图6-24c）给出了 $\omega=2\text{rad/s}$ 时，滑块 B 的位置、速度和加速度随转角 $\theta(0\leqslant\theta\leqslant 2\pi)$ 的变化规律。

习题6-5 $v=\sqrt{R^2\omega^2+C^2},a=\omega^2R,\rho=R+\frac{C^2}{\omega^2R}$。

习题6-6 $v_0=\sqrt{\frac{gL\cos\alpha}{2\cos\beta\sin(\beta-\alpha)}}$。

习题6-7 $r=\frac{c}{\omega}|\sin\omega t|,\varphi=\omega t;r=\frac{c}{\omega}|\sin\varphi|$。

习题6-8 $v=\frac{c}{k}\sqrt{1+k^2},a=\frac{c^2\sqrt{1+k^2}}{k^2(b+ct)},\rho=\sqrt{1+k^2}(b+ct)$。

习题6-9 $v=2R\omega,a=4R\omega^2$。

B类型答案

习题6-10 $v=\frac{g}{c}(e^{-ct}-1)+\frac{k}{c-b}(e^{-bt}-e^{-ct})$。

习题6-15 $\begin{cases}x^*=(\xi-1)\cos\theta+\eta\cos[(\xi-1)\theta]\\ y^*=(\xi-1)\sin\theta-\eta\sin[(\xi-1)\theta]\end{cases}$。

其中：$x^*=\frac{x_E}{r},y^*=\frac{y_E}{r},\xi=\frac{R}{r},\eta=\frac{e}{r}$。

C 类型答案

习 6-16 解：(1)飞机做直线运动。

对于指向飞机的矢径的分量 $\boldsymbol{r}(t)=(r_x \quad r_y \quad r_z)$，由给定的飞行轨迹可以得

$$\boldsymbol{r}(t)=(r_x \quad ar_x+b \quad h) \tag{1}$$

由式(1)对时间求导可得速度矢量为

$$\boldsymbol{v}(t)=(v_x \quad v_y \quad v_z) \tag{2}$$

其数值为

$$v=\sqrt{v_x^2+v_y^2+v_z^2}=\dot{r}_x\sqrt{1+a^2} \tag{3}$$

由已知的飞行速度$\boldsymbol{v}$，将式(3)代入式(2)可得

$$\boldsymbol{v}=\left(\frac{v}{\sqrt{1+a^2}} \quad \frac{av}{\sqrt{1+a^2}} \quad 0\right) \tag{4}$$

于是，问题归结为由已知速度$\boldsymbol{v}(t)$确定矢径 $\boldsymbol{r}(t)$的基本问题。

由式(4)通过积分得

$$\boldsymbol{r}(t)=\int_0^t \boldsymbol{v}\,\mathrm{d}t+\boldsymbol{r}_0$$

其中，$\boldsymbol{r}_0=(0,b,h)$，最终得到

$$\boldsymbol{r}(t)=\left(\frac{vt}{\sqrt{1+a^2}},\frac{avt}{\sqrt{1+a^2}}+b,h\right) \tag{5}$$

(2)函数 $\psi(t)$和 $\theta(t)$可由式(5)中矢径 $\boldsymbol{r}(t)$的分量直接给出：

$$\tan\psi=\frac{r_y}{r_x},\psi(t)=\arctan\left(a+\frac{b+\sqrt{1+a^2}}{vt}\right)$$

$$\tan\theta=\frac{1}{r_z}\sqrt{r_x^2+r_y^2}$$

$$\theta(t)=\arctan\left[\frac{1}{h}\sqrt{\frac{v^2t^2}{1+a^2}+\left(\frac{avt}{\sqrt{1+a^2}}+b\right)^2}\right]$$

习题 6-17 解：电力列车做曲线运动。用自然坐标描述。

(1)由给定函数 $v(s)$ 首先确定列车在三个运动阶段的加速度。由公式：

$$a=\frac{\mathrm{d}v}{\mathrm{d}t}=\frac{\mathrm{d}v}{\mathrm{d}s}\frac{\mathrm{d}s}{\mathrm{d}t}=v\frac{\mathrm{d}v}{\mathrm{d}s} \tag{1}$$

可得

$$a_1=v_1\frac{\mathrm{d}}{\mathrm{d}s}(k_1\sqrt{s})=\frac{1}{2}k_1^2,0\leqslant s<s_1 \tag{2a}$$

$$a_2=0,s_1\leqslant s<s_2 \tag{2b}$$

$$a_3=v_1\frac{\mathrm{d}}{\mathrm{d}s}(k_3\sqrt{s_3-s})=-\frac{1}{2}k_3^2,s_2\leqslant s\leqslant s_3 \tag{2c}$$

于是速度和路程可以根据下面公式来计算：

$$v(t)=v_0+\int_0^t a\mathrm{d}\tau \tag{3a}$$

$$s(t)=s_0+\int_0^t v\mathrm{d}\tau \tag{3b}$$

对于三个运动阶段，考虑到各自的初始条件可得

$0 \leqslant t \leqslant t_1$:

$$v_1(t) = \frac{1}{2}k_1^2 t \tag{4}$$

$$s_1(t) = \frac{1}{4}k_1^2 t^2 \tag{5}$$

$t_1 \leqslant t \leqslant t_2$:

$$v_2(t) = v_1(t) = \frac{1}{2}k_1^2 t_1 \tag{6}$$

$$s_2(t) = s_1(t) + \frac{1}{2}k_1^2 t_1 (t - t_1) = -\frac{1}{4}k_1^2 t_1^2 + \frac{1}{2}k_1^2 t_1 t \tag{7}$$

$t_2 \leqslant t \leqslant t_3$:

$$v_3(t) = v_2(t_2) - \frac{1}{2}k_3^2 (t - t_2) = \frac{1}{2}k_1^2 t_1 - \frac{1}{2}k_3^2 (t - t_2) \tag{8}$$

$$\begin{aligned} s_3(t) &= s_2(t_2) + \frac{1}{2}k_1^2 t_1 t - \frac{1}{2}k_1^2 t_1 t_2 - \frac{1}{4}k_3^2 t^2 + \frac{1}{4}k_3^2 t_2^2 + \frac{1}{2}k_3^2 t_2 t - \frac{1}{2}k_3^2 t_2^2 \\ &= -\frac{1}{4}k_1^2 t_1^2 + \frac{1}{2}k_1^2 t_1 t - \frac{1}{4}k_3^2 t^2 + \frac{1}{2}k_3^2 t_2 t - \frac{1}{4}k_3^2 t_2^2 \end{aligned} \tag{9}$$

由式(4)~式(9)结合相平面图(如图 6-29 所示)可得

$$v(t_1) = \frac{1}{2}k_1^2 t_1 = v_{\max} \tag{10}$$

$$v(t_3) = \frac{1}{2}k_1^2 t_1 - \frac{1}{2}k_1^2 (t_3 - t_2) = 0 \tag{11}$$

$$s(t_3) = -\frac{1}{4}k_1^2 t_1^2 + \frac{1}{2}k_1^2 t_1 t_3 + \frac{1}{2}k_3^2 t_2 t_3 - \frac{1}{4}k_3^2 t_3^2 - \frac{1}{4}k_3^2 t_2^2 = s_3 \tag{12}$$

通过式(11)和式(12)消去 t_2 得到二次方程:

$$t_1^2 - \frac{2k_3^2 t_3}{k_3^2 + k_1^2} t_1 + \frac{4k_3^2 t_3}{k_1^2 (k_3^2 + k_1^2)} = 0$$

其解为

$$t_1 = 154.8\text{s} \tag{13}$$

最大速度 $v_{\max}$ 可由式(10)和式(13)得到

$$v_{\max} = 27.9\text{m/s} \approx 100.4\text{km/h} \tag{14}$$

另一解法:因为速度—路径函数由相平面图给定,解可以直接通过下式的积分求得:

$$\mathrm{d}t = \frac{\mathrm{d}s}{v(s)} \tag{15}$$

对于三个运动阶段由式(15)可得

$$t_1 = \int_0^{s_1} \frac{\mathrm{d}s}{k_1 \sqrt{s}} = \frac{2}{k_1}\sqrt{s_1}, 0 \leqslant t \leqslant t_1 \tag{16a}$$

$$t_2 - t_1 = \int_{s_1}^{s_2} \frac{\mathrm{d}s}{k_1 \sqrt{s_1}} = \frac{s_2 - s_1}{k_1 \sqrt{s_1}}, t_1 \leqslant t \leqslant t_2 \tag{16b}$$

$$t_3 - t_2 = \int_{s_2}^{s_3} \frac{\mathrm{d}s}{k_3 \sqrt{s_3 - s}} = \frac{2}{k_3}\sqrt{s_3 - s_2}, t_2 \leqslant t \leqslant t_3 \tag{16c}$$

和平面图可作为第四个方程

$$k_1 \sqrt{s_1} = k_3 \sqrt{s_3 - s_2} = v_{\max} \tag{17}$$

由式(16)和式(17)可得二次方程

$$v_{\max}^2 - \frac{k_1^2 k_3^2}{k_1^2 + k_3^2} t_3 v_{\max} + \frac{k_1^2 k_3^2}{k_1^2 + k_3^2} s_3 = 0 \tag{18}$$

其解为

$$v_{\max}=27.9\text{m/s}$$

(2)对于加速度 a,速度 v 和路径 s 的时间函数由方程(2)和方程(4)~(9)已经确定。尚未确定的时间 t_2 可由式(8)得

$$v_3(t_3)=\frac{1}{2}k_1^2t_1-\frac{1}{2}k_3^2(t_3-t_2)=0$$

$$t_2=291.3\text{s}$$

上述结果如图 B-22 所示。

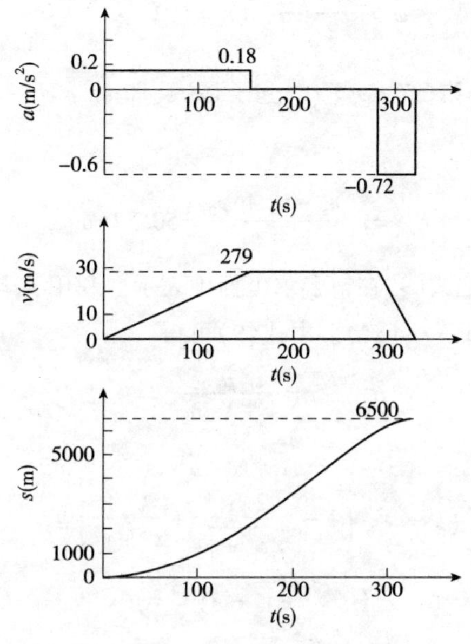

图 B-22　习题 6-17 解

习题 6-18 解:船做曲线运动。

(1)在如图 B-23 所示的坐标系中,由灯塔到船的矢径为

$$\boldsymbol{r}=(r_x,r_y)=(r\cos\varphi,r\sin\varphi) \tag{1}$$

由式(1)可得船的绝对速度为

$$\boldsymbol{v}_{\text{abs}}=\dot{\boldsymbol{r}}=(\dot{r}\cos\varphi-r\dot{\varphi}\sin\varphi,\dot{r}\sin\varphi+r\dot{\varphi}\cos\varphi) \tag{2}$$

另一方面,有公式

$$\boldsymbol{v}_{\text{abs}}=\boldsymbol{v}_{\text{S}}+\boldsymbol{v}_{\text{W}} \tag{3}$$

其中 $\boldsymbol{v}_{\text{S}}=(-v_{\text{S}}\sin\varphi,v_{\text{S}}\cos\varphi)$,$\boldsymbol{v}_{\text{W}}=(v_W,0)$。通过比较,由式(2)和式(3)可得

$$\dot{r}\cos\varphi-r\dot{\varphi}\sin\varphi=v_{\text{W}}-v_{\text{S}}\sin\varphi \tag{4}$$

$$\dot{r}\sin\varphi+r\dot{\varphi}\cos\varphi=v_{\text{S}}\cos\varphi \tag{5}$$

或者还可简化为

$$\dot{r}=v_{\text{W}}\cos\varphi \tag{6}$$

$$r\dot{\varphi}=v_{\text{S}}-v_{\text{W}}\sin\varphi \tag{7}$$

由式(6)和式(7)通过相除可得微分方程

$$\frac{1}{r}\text{d}r=\frac{v_{\text{W}}\cos\varphi}{v_{\text{S}}-v_{\text{W}}\sin\varphi}\text{d}\varphi \tag{8}$$

其解为

$$\ln\left|\frac{r}{r_0}\right| = -\ln\left|\frac{v_S - v_W\sin\varphi}{v_S - v_W\sin\varphi_0}\right|$$

$$r = r_0\frac{v_S - v_W\sin\varphi_0}{v_S - v_W\sin\varphi} \tag{9}$$

这是在极坐标中船的轨迹曲线。在曲线上使半径矢量 r 取极值的角度 $\bar{\varphi}$ 直接可由式(6)对于 $\dot{r}=0$ 求得

$$\bar{\varphi} = \frac{2n-1}{2}\pi \quad (n=1,2,3\cdots) \tag{10}$$

利用式(10),由船的轨迹曲线,当式(9)中分子最大,即 $\sin\varphi=-1,\bar{\varphi}=\frac{3}{2}\pi$ 时,可得最小距离 $r_{\min}$ 为

$$r_{\min} = r_0\frac{v_S - v_W\sin\varphi_0}{v_S + v_W} = 50.72(\mathrm{m}) \tag{11}$$

(2)为了讨论船的轨迹,要把式(9)在笛卡尔坐标中表示。利用 $x=r\cos\varphi, y=r\sin\varphi, x^2+y^2=r^2$,以及简写记号 $\lambda=v_W/v_S$ 和 $\mu=r_0(1-\lambda\sin\varphi_0)$。由式(9)可得

$$r = \frac{\mu}{1-\lambda\sin\varphi}$$

由此可得

$$(x^2+y^2)\left(1-\frac{2\lambda y}{\sqrt{x^2+y^2}}+\frac{\lambda^2y^2}{x^2+y^2}\right)=\mu^2$$

$$(\sqrt{x^2+y^2}-\lambda y)^2=\mu^2$$

$$\sqrt{x^2+y^2}=\lambda y\pm\mu$$

由初始条件

$$\mu = r_0(1-\lambda\sin\varphi_0) = \sqrt{x_0^2+y_0^2}-\lambda y_0$$

可知,上面的式中只能取正号。于是可得笛卡尔坐标中的轨迹曲线为

$$x^2+y^2(1-\lambda^2)-2\mu\lambda y=\mu^2 \tag{12}$$

由式(12)得到的是一条二次曲线,根据参数 λ 可为椭圆、双曲线或抛物线。由此可分为三种情况:

$\lambda<1(v_S>v_W)$:由式(12)可得椭圆方程:

$$x^2(1-\lambda^2)+[y(1-\lambda^2)-\mu\lambda]^2=\mu^2$$

当 $\lambda=0(v_W=0)$时,它变为一个圆。

$\lambda=1(v_S=v_W)$:由式(12)得到抛物线方程:

$$y=\frac{1}{2\mu}x^2-\frac{1}{2}\mu$$

$\lambda>1(v_S<v_W)$:由式(12)得到双曲线方程:

$$[y(\lambda^2-1)-\mu\lambda]^2-x^2(\lambda^2-1)=\mu^2$$

对于不同 $\lambda=v_W/v_S$ 值的船的三条轨迹曲线如图 B-23所示。

习题 6-19　解:汽车做直线运动,钢钉做曲线运动。

(1)抛出的距离和高度由钢钉的飞行轨迹确定。轨迹可以由初始条件和加速度来算出。在位置固定的坐标系(如图 B-24 所示)中在松脱点的钢钉速度 $\boldsymbol{v}_{S0}$ 为

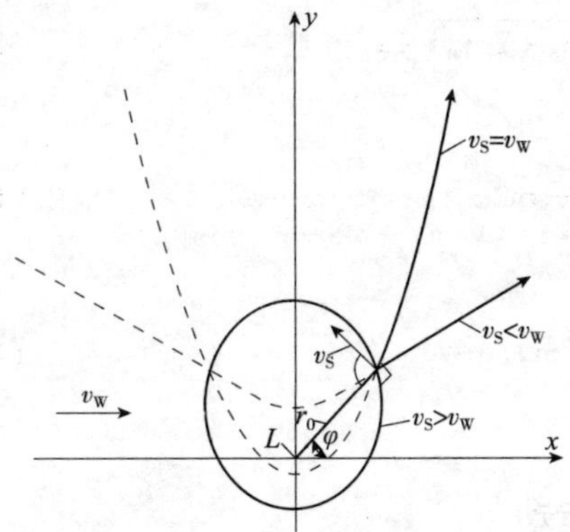

图 B-23　习题 6-18 解

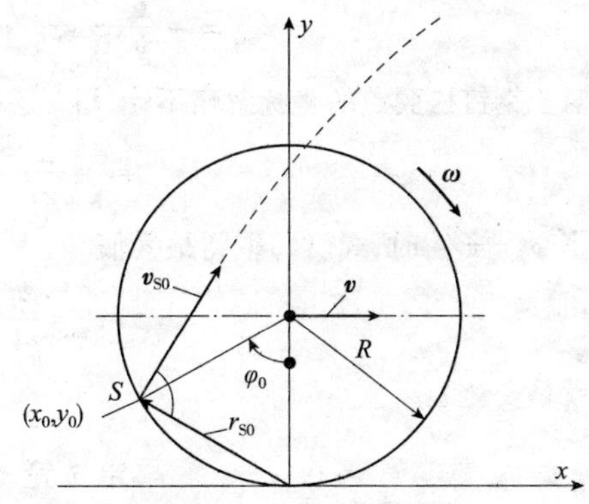

图 B-24　习题 6-19 解

$$\boldsymbol{v}_{S0}=\boldsymbol{\omega}\times\boldsymbol{r}_0=\begin{bmatrix}0\\0\\-\omega\end{bmatrix}\times\begin{bmatrix}-R\sin\varphi_0\\R(1-\cos\varphi_0)\\0\end{bmatrix}=[\,\omega R(1-\cos\varphi_0)\quad \omega R\sin\varphi_0\quad 0\,]$$

若记 $\omega R=v$，则

$$\boldsymbol{v}_{S0}=[\,v(1-\cos\varphi_0)\quad v\sin\varphi_0\quad 0\,] \tag{1}$$

当忽略空气阻力时，加速度 $\boldsymbol{a}_S$ 为

$$\boldsymbol{a}_S=\boldsymbol{g}=(0\quad -g) \tag{2}$$

积分得到

$$\boldsymbol{v}_S=\boldsymbol{v}_{S0}+\int_0^t\boldsymbol{a}_S\mathrm{d}\tau=[\,v(1-\cos\varphi_0)\quad v\sin\varphi_0-gt\,] \tag{3}$$

$$\boldsymbol{r}_S=\boldsymbol{r}_{S0}+\int_0^t\boldsymbol{v}_S\mathrm{d}\tau=\left[\,x_0+vt(1-\cos\varphi_0)\,y_0+vt\sin\varphi_0-\frac{1}{2}gt^2\,\right] \tag{4}$$

由式(4)消去时间后得到轨迹曲线

$$y_S=\frac{\sin\varphi_0}{1-\cos\varphi_0}(x_S-x_0)-\frac{1}{2}g\frac{(x_S-x_0)^2}{v^2(1-\cos\varphi_0)^2}+y_0 \tag{5}$$

由式(5)利用条件 $y_S(x_{max})=0$ 得到抛出距离 x_{max} 为

$$x_{max}=\frac{1}{g}v(1-\cos\varphi_0)v\sin\varphi_0+\sqrt{v^2\sin^2\varphi_0+2gy_0})+x_0 \tag{6}$$

抛出高度由式(3)根据条件 $v_{S_y}(y_{max})=0$ 求出：

$$t(y_{max})=\frac{1}{g}v\sin\varphi_0 \tag{7}$$

由此从式(4)的 y 分量给出：

$$y_{max}=\frac{1}{2g}v^2\sin^2\varphi_0+y_0 \tag{8}$$

(2)计算安全距离相应于在一固定于汽车的坐标系中确定抛出距离。在此不再考虑钢钉经路面可能产生的反弹后相碰的情况。在此对于方程(2)～方程(6)，只要将关于钢钉在松脱点的速度的初始条件改一下。相对于固定于汽车的坐标系，钢钉的速度为

$$\boldsymbol{v}'_S=\boldsymbol{v}_S-\boldsymbol{v}$$

根据式(1)和 $\boldsymbol{v}=(\boldsymbol{v}\quad 0)$，由此得到初始的相对速度为

$$\boldsymbol{v}'_{S0}=(-v\cos\varphi_0\quad v\sin\varphi_0) \tag{9}$$

充分利用相应的式(2)～式(6)，得到在固定于汽车的坐标系中的抛出水平距离为

$$x'_{max} = -\frac{1}{g}v\cos\varphi_0\left(v\sin\varphi_0 + \sqrt{v^2\sin^2\varphi_0 + 2gy_0}\right) + x_0 \tag{10}$$

对于钢钉松脱点的坐标忽略不计，得

$$x'_{max} \approx -\frac{2}{g}v^2\sin\varphi_0\cos\varphi_0 = -\frac{v^2}{g}\sin 2\varphi_0 \tag{11}$$

当 $\varphi_0 = \pi/4$ 时，式(11)取得最大值

$$\left|x'_{max}\left(\frac{\pi}{4}\right)\right| \approx \frac{v^2}{g} = 124.9(\text{m}) \tag{12}$$

该值就是安全距离。

第 7 章　刚体的基本运动

A 类型答案

习题 7-1　$v_C = r\omega, a_C = r\omega^2$。

习题 7-2　$a_D = L\omega^2(\leftarrow)$。

习题 7-3　$v_O = r\omega, a_O = r\omega^2$。

习题 7-4　$v_C = \frac{\sqrt{3}}{2}u, a_C = \frac{u^2}{2r}$。

习题 7-5　$v_B = R\omega\left(1 + \frac{R\cos\omega t}{\sqrt{l^2 - R^2\sin^2\omega t}}\right)\sin\omega t$。

习题 7-6　$v_B = 52.8\text{cm/s}, a_B = 324\text{cm/s}^2$。

习题 7-7　$n_3 = 50\left(1 - \frac{Z_2Z_4}{Z_1Z_3}\right)$　(r/min)。

B 类型答案

习题 7-8　$\alpha = \frac{bv^2}{2\pi r^3}$。

习题 7-9　$\omega_{\text{IV}} = \frac{v_1 y - v_2 x}{x^2 + y^2}, v_{\text{III}} = v_1\frac{ay}{x^2} - v_2\frac{a - x}{x}$。

习题 7-10　$v_M = \frac{2\sqrt{3}}{3}l\omega; a_M = \frac{4\sqrt{3}}{3}l\omega^2$。

C 类型答案

习题 7-11　解：(1)所求的函数 $\dot{\psi}(\varphi)$ 由可从图 B-103a)看出的关系来导出：

$$r\cos\varphi = s\cos\psi + b \tag{1}$$

$$r\sin\varphi = s\sin\psi \tag{2}$$

由此通过消去 s 可得

$$r\cos\varphi\sin\psi - r\sin\varphi\cos\psi = b\sin\psi \tag{3}$$

对时间求导得

$$\dot{\psi}\,r\cos\varphi\cos\psi - \dot{\varphi}\,r\sin\varphi\sin\psi + \dot{\psi}\,r\sin\varphi\sin\psi - \dot{\varphi}\,r\cos\varphi\cos\psi = \dot{\psi}\,b\cos\psi$$

$$\dot{\psi} = \frac{\dot{\varphi}\,r\sin\varphi\tan\psi + \dot{\varphi}\,r\cos\varphi}{r\cos\varphi + r\sin\varphi\tan\psi - b} \tag{4}$$

由式(1)和式(2)得

$$\tan\psi = \frac{r\sin\varphi}{r\cos\varphi - b} \tag{5}$$

式(4)改写为

$$\dot{\psi}=\dot{\varphi}\,\frac{r^2-rb\cos\varphi}{r^2+b^2-2rb\cos\varphi} \tag{6}$$

其中，$\dot{\varphi}=\omega$。圆盘的角速度是和滑块位置的设置有关的，即与比值 r/b 有关。

$r>b$ 时，$\dot{\psi}$ 和 $\dot{\varphi}$ 的符号相同；

$r<b$ 时，$\dot{\psi}$ 的符号在曲柄转一圈时改变两次。

在极限情况 $r=0$，当 $\varphi=0$ 时，圆盘的位置不再为单值。

如图 B-25a）所示 $r=2b$ 和 $r=b/2$ 两种情况的 $\dot{\psi}/\dot{\varphi}(\varphi)$。在机床制造中这种驱动机构用于刨床。如图 B-25a）所示，这种运动过程的特点是：具有一个比较匀速的机器前进运动 $\dot{\psi}/\dot{\varphi}>0$ 和一个较快的后退运动 $\dot{\psi}/\dot{\varphi}<0$。在 $r=b/2$ 的情况下前进运动和后退运动时间之比为 $T_V/T_R=2$。

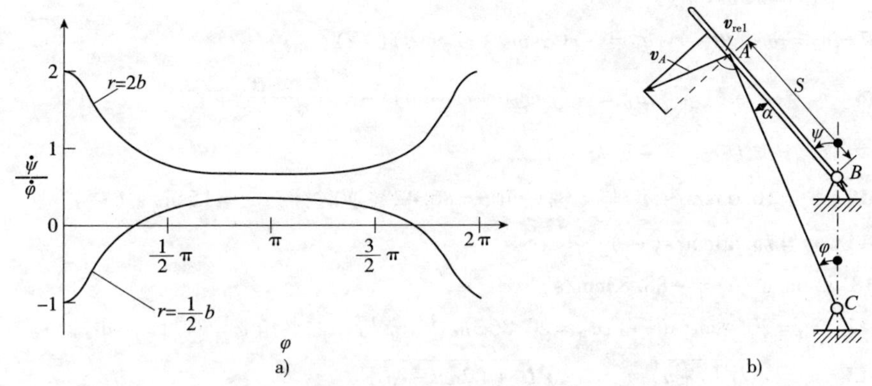

图 B-25　习题 7-11 解

（2）根据式（6），当满足下式时曲柄和圆盘的角速度相等

$$\left|\frac{r^2-rb\cos\varphi}{r^2+b^2-2rb\cos\varphi}\right|=1 \tag{7}$$

情况判别：根据式（7）由 $|\dot{\psi}|=|\dot{\varphi}|$ 得

$$\cos\varphi=\frac{b}{r}(\text{当 } r>b) \tag{8}$$

$$\cos\varphi=\frac{2r^2+b^2}{3rb}\left(\text{当}\frac{1}{2}b\leqslant r\leqslant b\right) \tag{9}$$

当 $r=b$ 时，对于 $\varphi=0$ 任意的圆盘角速度 $\dot{\psi}$ 都是可能的。

（3）滑块与圆盘之间的相对速度 $\dot{S}$ 通过对式（2）求导并利用式（1）、式（5）和式（6）消去 s,ψ 和 $\dot{\psi}$ 得

$$\dot{s}=\dot{\varphi}\,\frac{rb\sin\varphi}{\sqrt{r^2+b^2-2rb\cos\varphi}} \tag{10}$$

这一结果也可以用一种比较直观的方式通过滑块 A 的速度矢量 $\boldsymbol{v}_A$ 来导出。如图 B-25b）所示

$$|\boldsymbol{v}_{\text{rel}}|=\dot{s}=v_A\sin\alpha \tag{11}$$

根据 $v_A=r\dot{\varphi}$ 以及 $\alpha=\psi-\varphi$，由式（11）可得

$$\dot{s}=r\dot{\varphi}\sin(\psi-\varphi) \tag{12}$$

此式与式（5）直接可以导出式（10）。

第8章　点的复合运动

A类型答案

习题8-1　$v_B=\frac{\sqrt{3}}{3}r\omega,\boldsymbol{v}_B\parallel ED$。

习题8-2　$v_A=\frac{\pi}{3}R(\uparrow)$。

习题8-3　$v_a=-3\text{cm/s},v_r=-6\text{cm/s}$,方向:略。

习题8-4　$\boldsymbol{v}_a=0$。

习题8-5　$\boldsymbol{v}_a=0;v_r=20\text{cm/s}(\leftarrow)$。

习题8-6　$v_{BC}=LR^2\omega_1/b^2(\leftarrow)$。

习题8-7　$v_C=r\omega\sin\theta(\leftarrow),a_C=-r(\alpha\sin\theta+\omega^2\cos\theta)(\leftarrow)$。

习题8-8　$v_D=\omega r\cos\theta(\uparrow),a_D=-(\alpha\cos\theta+\omega^2\sin\theta)r-\frac{\omega^2r^2\sin^2\theta}{R}(\uparrow)$。

习题8-9　$\omega_{OA}=v/L;\alpha_{OA}=-1.73v^2/L^2$。

习题8-10　$v_a=16.03\text{cm/s},\boldsymbol{v}_a$ 与 x 轴夹角 $\theta=86.42°$(逆时针);$a_a=15\text{cm/s}^2(\leftarrow)$。

习题8-11　$v_a=75.40\text{cm/s}(\leftarrow)$;

$a_a^x=-18.85\text{cm/s}^2,a_a^y=-88.83\text{cm/s}^2$。

习题8-12　$v_M=20.4\text{cm/s}(\rightarrow);a_M=20.86\text{cm/s}^2,\boldsymbol{a}_M$ 与 x 轴夹角 $\varphi=71.1°$(顺时针)。

习题8-13　$v_a=\sqrt{\omega^2L^2+u^2},a_a=\sqrt{\omega^4L^2+(2\omega u-\alpha L)^2}$。

科氏加速度$\boldsymbol{a}_c$ 的方向还可以根据相对速度矢量$\boldsymbol{v}_r$ 按照角速度的转向(本题为逆钟向)转动90°后,所指的方向就是科氏加速度$\boldsymbol{a}_c$ 的方向[图8-36c)]。

习题8-14　$\boldsymbol{\omega}=\frac{u}{h}\sin^2\theta\boldsymbol{k},\boldsymbol{\alpha}=\frac{2u^2}{h^2}\sin^3\theta\cos\theta\boldsymbol{k}$。

相对运动轨迹方程:$\left(\frac{x'y'}{y'-h}\right)^2+y'^2=L^2$。

习题8-15　$a_c=16.23\text{cm/s}^2,\boldsymbol{a}_c$ 与 x 轴夹角 $\varphi=30°$(顺时针)。

习题8-16　$a_e=2.02\text{m/s}^2,\boldsymbol{a}_e$ 与 x 轴夹角 $\varphi=8.21°$(顺时针);$a_c=2.309\text{m/s}^2(\rightarrow)$。

习题8-17　建立坐标系:y 轴沿 AB 方向,z 轴$\perp AB$,x 轴垂直于板。

$v_a=6.71\text{cm/s},(\boldsymbol{v}_a,\boldsymbol{i})=63.44°,(\boldsymbol{v}_a,\boldsymbol{j})=39.25°,(\boldsymbol{v}_a,k)=63.44°;a_c=18\text{cm/s}^2,\boldsymbol{a}_c=a_c\boldsymbol{i}$。

习题8-18　$v_r=5\text{km/h}(\leftarrow);a_r=0.258\text{m/s}^2(\uparrow)$。

习题8-19　$a_a^x=-7090\text{cm/s}^2,a_a^y=-2721\text{cm/s}^2$。

B类型答案

习题8-20　$v_M=\frac{1}{\sin\alpha}\sqrt{v_1^2+v_2^2-2v_1v_2\cos\alpha}$。

习题8-21　$\boldsymbol{i}$ 与$\overrightarrow{AM}$一致,$\boldsymbol{j}\perp\overrightarrow{AM}$。$\boldsymbol{v}_M=\frac{\sqrt{3}}{2}R\omega(\sqrt{3}\boldsymbol{i}-\boldsymbol{j})$;

$$\boldsymbol{a}_M=-\frac{3}{2}R(\sqrt{3}\omega^2+\alpha)\boldsymbol{i}+\frac{1}{2}R(-9\omega^2+\sqrt{3}\alpha)\boldsymbol{j}。$$

习题8-22　$\boldsymbol{v}_M=r\omega(-\boldsymbol{i}+2\sqrt{3}\boldsymbol{j});\boldsymbol{a}_M=17r\omega^2\boldsymbol{j}$。

习题8-23　$\rho=10.82\text{cm}$。

C 类型答案

习题 8-24 **解**:(1)其解可以由两种不同途径求得。对于第一种解法,由质点 M 在惯性系中的矢径 $\boldsymbol{r}_{OM}$对时间求导得到速度$\boldsymbol{v}_M$ 和加速度 $\boldsymbol{a}_M$。由此经过变换可求得在随动坐标系(K)中的坐标。对于第二种解法,从随动坐标系中的速度与加速度表达式出发。绝对速度可通过相对、牵连、与科氏三部分相加得到。它们在惯性系(Ⅰ)中的坐标又可借助于矢量变换求得。

解法 1:根据图 8-47,在惯性系中有

$$\boldsymbol{r}_{OM}^{(1)}=\begin{pmatrix} r\cos(\psi+\varphi)+b\cos\varphi \\ r\sin(\psi+\varphi)+b\sin\varphi \\ 0 \end{pmatrix} \tag{1}$$

其中

$$\varphi=\varphi_0+\omega t,\psi=\psi_0-vt \tag{2}$$

由式(1)通过对时间求导得

$$\boldsymbol{v}_M^{(\mathrm{I})}=\dot{r}_{OM}^{(\mathrm{I})}=\begin{pmatrix} r(v-\omega)\sin(\psi+\varphi)-\omega b\sin\varphi \\ -r(v-\omega)\cos(\psi+\varphi)+\omega b\cos\varphi \\ 0 \end{pmatrix} \tag{3}$$

$$A_M^{(\mathrm{I})}=\dot{\boldsymbol{v}}_M^{(\mathrm{I})}=\begin{pmatrix} [2rv\omega-r(v^2+\omega^2)]\cos(\psi+\varphi)-\omega^2 b\cos\varphi) \\ [2rv\omega-r(v^2+\omega^2)]\sin(\psi+\varphi)-\omega^2 b\sin\varphi) \\ 0 \end{pmatrix} \tag{4}$$

将这些量变换到随动坐标系(K)中有公式:

$$\boldsymbol{v}_M^{(\mathrm{K})}=\boldsymbol{B}^{(\mathrm{IK})}\boldsymbol{v}_M^{(\mathrm{I})},\boldsymbol{a}_M^{(\mathrm{K})}=\boldsymbol{B}^{(\mathrm{IK})}\boldsymbol{a}_M^{(\mathrm{I})} \tag{5}$$

其中,$\boldsymbol{B}^{(\mathrm{IK})}$是由(I)变换到坐标系(K)的变换矩阵。根据图 8-115,对此有

$$\boldsymbol{B}^{(\mathrm{IK})}=\begin{pmatrix} \cos\varphi & \sin\varphi & 0 \\ -\sin\varphi & \cos\varphi & 0 \\ 0 & 0 & 1 \end{pmatrix} \tag{6}$$

由此,从式(5)和式(3)或式(4)可得

$$\boldsymbol{v}_M^{(\mathrm{K})}=\begin{pmatrix} r(v-\omega)\sin\psi \\ -r(v-\omega)\cos\psi+\omega b \\ 0 \end{pmatrix} \tag{7}$$

$$\boldsymbol{a}_M^{(\mathrm{K})}=\begin{pmatrix} [2r\omega v-r(v^2+\omega^2)]\cos\psi-\omega^2 b \\ [2r\omega v-r(v^2+\omega^2)]\sin\psi \\ 0 \end{pmatrix} \tag{8}$$

解法 2:注意到在随动系统中绝对速度$\boldsymbol{v}_M$ 由相对速度$\boldsymbol{v}'$和牵连速度$\boldsymbol{v}_F$ 合成:

$$\boldsymbol{v}_M=\boldsymbol{v}'+\boldsymbol{v}_F=\boldsymbol{v}\times\boldsymbol{r}_{AM}\times\omega\times\boldsymbol{r}_{OM}$$

其中,$\boldsymbol{v}=(0\quad 0\quad -v)$,$\boldsymbol{\omega}=(0\quad 0\quad \omega)$,$\boldsymbol{r}_{AM}^{(\mathrm{K})}=(r\cos\psi\quad r\sin\psi\quad 0)$。

$$\boldsymbol{r}_{OM}^{(\mathrm{K})}=\boldsymbol{r}_{OA}^{(\mathrm{K})}+\boldsymbol{r}_{AM}^{(\mathrm{K})}=(b+r\cos\psi\quad r\sin\psi\quad 0)$$

$$\boldsymbol{v}_M^{(\mathrm{K})}=\begin{pmatrix} r(v-\omega)\sin\psi \\ -r(v-\omega)\cos\psi+\omega b \\ 0 \end{pmatrix} \tag{9}$$

绝对加速度由相对加速度、牵连加速度和科氏加速度合成得到:

$$\boldsymbol{a}_M=\boldsymbol{a}'+\boldsymbol{a}_F+\boldsymbol{a}_C=\boldsymbol{v}\times(\boldsymbol{v}\times\boldsymbol{r}_{AM})+\boldsymbol{\omega}\times(\boldsymbol{\omega}\times\boldsymbol{r}_{OM})+2\boldsymbol{\omega}\times(\boldsymbol{v}\times\boldsymbol{r}_{AM}) \tag{10}$$

$$\boldsymbol{a}_M^{(\mathrm{K})}=\begin{pmatrix} [2r\omega v-r(v^2+\omega^2)]\cos\psi-\omega^2 b \\ [2r\omega v-r(v^2+\omega^2)]\sin\psi \\ 0 \end{pmatrix} \tag{11}$$

将这些量变换到惯性系(I)有

$$\boldsymbol{v}_M^{(\mathrm{I})} = \boldsymbol{B}^{(\mathrm{KI})}\boldsymbol{v}_M^{(\mathrm{KI})}, \boldsymbol{a}_M^{(\mathrm{I})} = \boldsymbol{B}^{(\mathrm{KI})}\boldsymbol{a}_M^{(\mathrm{K})} \tag{12}$$

其中,变换矩阵 $\boldsymbol{B}^{(\mathrm{KI})}$ 为

$$\boldsymbol{B}^{(\mathrm{KI})} = (\boldsymbol{B}^{(\mathrm{IK})})^{\mathrm{T}} = \begin{pmatrix} \cos\varphi & -\sin\varphi & 0 \\ \sin\varphi & \cos\varphi & 0 \\ 0 & 0 & 1 \end{pmatrix} \tag{13}$$

其中,T 表示矩阵式(6)的转置。由式(12)和式(13)又可得到矢量式(3)和式(4)。

(2)对于绝对加速度的平方,例如根据式(8)可得

$$a_M^2 = [2r\omega v - r(v^2+\omega^2)]^2 + \omega^4 b^2 - 2\omega^2 b[2r\omega v - r(v^2+\omega^2)]\cos\psi \tag{14}$$

由 $a_M = 0$ 的条件可得

$$\cos\psi = \frac{r^2(v-\omega)^4 + \omega^4 b^2}{-2\omega^2 br(v-\omega)^2} \tag{15}$$

因为式(15)的右端恒负,只有当质点位于环形管的第Ⅱ、Ⅲ象限时质点的加速度才可能为零。

由式(15)导出条件:

$$\frac{r^2(v-\omega)^4 + \omega^4 b^2}{-2\omega^2 br(v-\omega)} \geqslant -1 \tag{16}$$

该条件仅当

$$\frac{v}{\omega} = 1 + \sqrt{\frac{b}{r}} \tag{17}$$

时满足其下限

$$\psi = \pi \tag{18}$$

这个结果可由式(10)很容易核对。加速度项 $\boldsymbol{a}'$ 和 $\boldsymbol{a}_C$ 对任何 ψ 角都是反向平行的。因此只有当 $\boldsymbol{a}_F$ 同时在相对加速度和科氏加速度的方向时,才可能使 $a_M = 0$。这正是 $\boldsymbol{r}_{OM} /\!/ \boldsymbol{r}_{AM}$ 的情况,即 $\psi = 0$ 或 π。将这值代入式(11)即可得上述结果。

第 9 章　刚体的平面运动

A 类型答案

习题 9-1　$v_C = 2\sqrt{3}v_0$,$\boldsymbol{v}_C$ 沿斜槽朝下。

习题 9-2　$\omega_{AB} = \frac{2-\sqrt{2}}{2}\omega_0$;$v_B = \frac{\sqrt{2}}{2}r\omega_0$,$\boldsymbol{v}_B$ 沿$\overrightarrow{AB}$。

习题 9-3　(1)$\omega_{AO} = 3\mathrm{rad/s}$;(2)$v_O = 6\sqrt{3}\mathrm{m/s}(\leftarrow)$;(3)$\omega_O = 6\sqrt{3}\mathrm{rad/s}$;(4)$v_M = 6\sqrt{6}\mathrm{m/s}(\leftarrow)$,$\boldsymbol{v}_M \perp PM$ 偏下。

习题 9-4　$\omega_{O1} = -0.866\mathrm{rad/s}$。

习题 9-5　$\omega_{O_1A} = \frac{\sqrt{3}}{2}\frac{v}{r}$。

习题 9-6　(1)$v_B = r\omega_0(\downarrow)$;(2)$v_{O_1} = r\omega_0\tan\beta(\leftarrow)$;(3)$\omega_{O_1} = \frac{r}{R}\omega_0\tan\beta$。

习题 9-7　$v_B = v_A\cot\varphi(\leftarrow)$,$v_D = \frac{v_A}{2}\csc\varphi$,$\boldsymbol{v}_D \perp PD$,左偏上;$\omega_{AB} = \frac{v_A}{l}\csc\varphi$(顺时针),轮:$\omega = \frac{v_A}{R}\cot\varphi$(逆时针)。

习题 9-8　$b = L(\cot\theta_1 - \cot\theta_2)$,最小转弯半径 $R = L/\sin\theta_{1\max}$。

习题 9-9　$a_A = 6\mathrm{m/s^2}$,$\boldsymbol{a}_A$ 沿斜槽偏下;$\alpha_{AB} = \frac{3\sqrt{3}}{4}\mathrm{rad/s^2}$。

习题 9-10 $a_B=\frac{1}{2}L\omega^2(\downarrow)$；$\alpha_{AB}=\frac{1}{2}\omega^2$。

习题 9-11 (1) $\omega_{AB}=-1.2\text{rad/s}$；$\alpha_{AB}=5.04\text{rad/s}^2$；

(2) $a_B=178.2\text{cm/s}^2$，$\boldsymbol{a}_B\perp CB$ 偏上。

习题 9-12 $\omega=-\sqrt{3}\text{rad/s}$；$\alpha=-5\sqrt{3}\text{rad/s}^2$。

习题 9-13 $\omega_{AB}=0$；$\alpha_{AB}=\frac{u^2}{2r^2}\sec\theta$(逆时针)，$a_B=\frac{u^2}{r}\sec\theta(\leftarrow)$，$a_C=\frac{u^2}{2r}\sec\theta$，$\boldsymbol{a}_C\perp AC$ 指向右下方。

习题 9-14 $v_C=R\omega_0(\leftarrow)$；$a_C=\frac{\sqrt{13}}{3}R\omega_0^2$，$\boldsymbol{a}_C$ 方向略。

习题 9-15 $a_{Mx}=2(r_1+r_2)\alpha_0$，$a_{My}=-\frac{(r_1+r_2)(r_1+2r_2)}{r_2}\omega_0^2$。

B 类型答案

习题 9-16 $v_B=69.3\text{cm/s}(\downarrow)$；$\omega_{O_2C}=-3.46\text{rad/s}$。

习题 9-17 $\omega_{OA}=\frac{9}{8}\text{rad/s}$。

C 类型答案

习题 9-18 **解**：杆 1 做平面运动，杆 2 做平面运动，杆 3 做平面运动。

(1)若一个刚体对于一点 A 的运动旋$(\boldsymbol{\omega},\boldsymbol{v}_A)$已知，则对于刚体上任意一点 P 的速度$\boldsymbol{v}_P$ 有关系式：

$$\boldsymbol{v}_P=\boldsymbol{v}_A+\boldsymbol{\omega}\times\boldsymbol{r}_{AP} \tag{1}$$

由此对于上述情况可得关系式：

$$\boldsymbol{v}_B=\boldsymbol{v}_A+\omega_1\times\boldsymbol{r}_{AB} \tag{2a}$$

$$\boldsymbol{v}_C=\boldsymbol{v}_B+\omega_2\times\boldsymbol{r}_{BC} \tag{2b}$$

$$\boldsymbol{v}_D=\boldsymbol{v}_C+\omega_3\times\boldsymbol{r}_{CD} \tag{2c}$$

其分量方程为

$$v_{Bx}=1-0.5\omega_{1z},v_{By}=4-0.866\omega_{1z} \tag{3a}$$

$$v_{Cx}=v_{Bx},v_{Cy}=v_{By}+3 \tag{3b}$$

$$3=v_{Cx}+2\omega_{3z},-3=v_{Cy} \tag{3c}$$

此方程组的解为

$$\boldsymbol{v}_B=(6.77\quad -6\quad 0)\text{m/s};\boldsymbol{v}_C=(6.77\quad -3\quad 0)\text{m/s}$$

$$\boldsymbol{\omega}_1=(0\quad 0\quad -11.55)\text{rad/s};\boldsymbol{\omega}_3=(0\quad 0\quad -1.88)\text{rad/s}$$

(2)刚体的每个平面运动对于每个瞬时可以看作绕一个瞬时固定点的转动。于是根据式(1)对于杆 1 的瞬时转动中心 Q 有

$$\boldsymbol{v}_Q=\boldsymbol{v}_A+\boldsymbol{\omega}_1\times\boldsymbol{r}_{AQ},\boldsymbol{v}_A+\boldsymbol{\omega}_1\times\boldsymbol{r}_{AQ}=0 \tag{4}$$

其中 $\boldsymbol{r}_{AQ}$是所求的由 A 到 Q 的矢径。为了求解将式(4)左叉乘 $\boldsymbol{\omega}_1$：

$$\boldsymbol{\omega}_1\times\boldsymbol{v}_A+\boldsymbol{\omega}_1\times(\boldsymbol{\omega}_1\times\boldsymbol{r}_{AQ})=0,\boldsymbol{\omega}_1\times\boldsymbol{v}_A+\boldsymbol{\omega}_1(\boldsymbol{\omega}_1\boldsymbol{r}_{AQ})-\boldsymbol{r}_{AQ}(\boldsymbol{\omega}_1)^2=0$$

由于 $\boldsymbol{\omega}_1\perp\boldsymbol{r}_{AQ}$，中间一项为零，因此可得

$$\boldsymbol{r}_{AQ}=\frac{1}{\omega_1^2}(\boldsymbol{\omega}_1\times\boldsymbol{v}_B)=(0.346\quad -0.087\quad 0)\text{m} \tag{5}$$

对其他两个瞬时转动中心的位置矢量可以同样求得

$$\boldsymbol{r}_{BR}=\frac{1}{\omega_2^2}(\boldsymbol{\omega}_2\times\boldsymbol{v}_B)=(2\quad 2.26\quad 0)\text{m} \tag{6}$$

$$\boldsymbol{r}_{CS}=\frac{1}{\omega_3^2}(\boldsymbol{\omega}_3\times\boldsymbol{v}_C)=(-1.6\quad -3.6\quad 0)\mathrm{m} \tag{7}$$

(3)若将 D,E 两点用一刚性杆连接起来，那么它们之间的距离就固定了。两点的速度 $\boldsymbol{v}_E,\boldsymbol{v}_D$ 在位置矢量 $\boldsymbol{r}_{DE}$ 上的投影必须相等：

$$[\boldsymbol{v}_D]_{r_{DE}}=[\boldsymbol{v}_E]_{r_{DE}} \tag{8}$$

其中

$$\boldsymbol{v}_E=\boldsymbol{v}_A+\boldsymbol{\omega}_1\times\lambda\boldsymbol{r}_{AB} \tag{9a}$$

$$\boldsymbol{r}_{DE}=-[\boldsymbol{r}_{CD}+\boldsymbol{r}_{BC}+(1-\lambda)\boldsymbol{r}_{AB}] \tag{9b}$$

式中，λ 就是所求的比例因子 $\lambda=r_{AE}/r_{AB}$。由式(8)和式(9)可得 $\lambda=0.593$，于是

$$\boldsymbol{r}_{AE}=\lambda\boldsymbol{r}_{AB}=(0.514\quad 0.297\quad 0)\mathrm{m} \tag{10}$$

习题 9-19　解：(1)被动轴的绝对角速度 $\boldsymbol{\omega}_5$ 是主动轴的绝对角速度 $\boldsymbol{\omega}_1$，轮 2 相对于轮1 的相对角速度 $\boldsymbol{\omega}_{12}$，以及轴 5 相对于轮 2 的相对角速度 $\boldsymbol{\omega}_{25}$ 之和。对于相对运动的瞬时转动轴，以及锥形轮 2 相对于轮 1 的 $\boldsymbol{\omega}_{12}$ 的作用线就是两个锥的接触线；$\boldsymbol{\omega}_{25}$ 的作用线是轮 2 的轴线[图 B-26a)上]。图 B-26a)下示出角速度的矢量平面。由此可得

$$\boldsymbol{\omega}_2=\boldsymbol{\omega}_{25}=\boldsymbol{\omega}_5$$

$$\omega_2\cos\gamma+\omega_{25}\cos(\alpha+\beta)=\omega_5 \tag{1}$$

$$\omega_2\sin\gamma-\omega_{25}\sin(\alpha+\beta)=0 \tag{2}$$

$$\boldsymbol{\omega}_1+\boldsymbol{\omega}_{12}=\boldsymbol{\omega}_2$$

$$\omega_1-\omega_{12}\cos\alpha=\omega_2\cos\gamma \tag{3}$$

$$\omega_{12}\sin\alpha-\omega_2\sin\gamma=0 \tag{4}$$

对于被动轴角速度 $\boldsymbol{\omega}_5$ 的大小，由式(1)~式(4)，利用 $\beta=(\pi-\gamma-\alpha)/2$ 得

$$\omega_5=\omega_1\frac{\sin\alpha\sin(\alpha+\beta+\gamma)}{\sin(\alpha+\gamma)\sin(\alpha+\beta)}=\omega_1\frac{1}{1+\dfrac{\sin\gamma}{\sin\alpha}} \tag{5}$$

对于相对角速度 $\boldsymbol{\omega}_{25}$ 得

$$\omega_{25}=\omega_5\frac{\sin\gamma}{\sin(\alpha+\beta+\gamma)}=\omega_5\frac{\sin\gamma}{\sin\beta} \tag{6}$$

具体数值为

$$\omega_1=\frac{1}{30}\pi n_1=31.4\mathrm{rad/s},\omega_5=10.4\mathrm{rad/s},\omega_{25}=8.5\mathrm{rad/s}$$

(2)为了确定轮 2 圆周上一点 P 的绝对加速度 $\boldsymbol{a}_P$，较好的方法是由固定于被动轴 5 的坐标系[图 B-26b)的坐标系 A]出发。在这个坐标系中有关系式：

$$\boldsymbol{a}_P=\boldsymbol{a}'+\boldsymbol{a}_F+\boldsymbol{a}_C \tag{7}$$

其中，相对加速度为

$$\boldsymbol{a}'=\frac{\mathrm{d}'^2}{\mathrm{d}t^2}\boldsymbol{r}_{O'P},\boldsymbol{r}_{O'P}^{(A)}=(0\quad r_2\cos\delta\quad r_2\sin\delta)$$

$$\boldsymbol{a}'^{(A)}=-\omega_{52}^2r_2(0\quad\cos\delta\quad\sin\delta) \tag{8}$$

牵连加速度为

$$\boldsymbol{a}_F=\frac{\mathrm{d}'^2}{\mathrm{d}t^2}\boldsymbol{r}_{OO'}+\boldsymbol{\omega}_5\times(\boldsymbol{\omega}_5\times\boldsymbol{r}_{O'P})$$

由于 $|\boldsymbol{r}_{OO'}|=\mathrm{const}$，因此

$$\boldsymbol{a}_F=\boldsymbol{\omega}_5\times[\boldsymbol{\omega}_5\times(\boldsymbol{r}_{OO'})+\boldsymbol{r}_{O'P})]$$

$$\boldsymbol{r}_{OO'}^{(A)}=(b\quad 0\quad 0),b=r_1\frac{\cos\beta}{\sin\alpha}$$

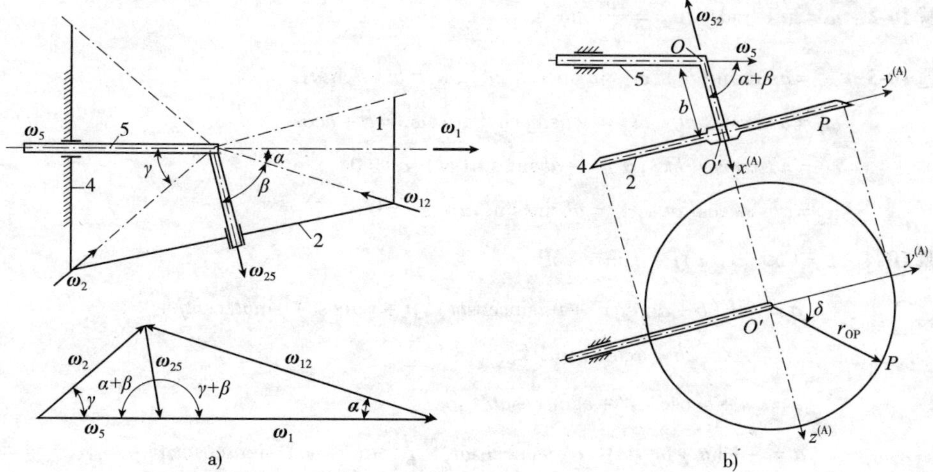

图 B-26　习题 9-19 解

$$\boldsymbol{\omega}_5^{(A)} = \omega_5(\cos(\alpha+\beta) \quad \sin(\alpha+\beta) \quad 0)$$

$$\boldsymbol{a}_F^{(A)} = \omega_5^2 \begin{pmatrix} r_2\sin(\alpha+\beta)\cos(\alpha+\beta)\cos\delta - b\sin^2(\alpha+\beta) \\ b\sin(\alpha+\beta)\cos(\alpha+\beta) - r_2\cos^2(\alpha+\beta)\cos\delta \\ -r_2\cos^2(\alpha+\beta)\sin\delta - r_2\sin^2(\alpha+\beta)\sin\delta \end{pmatrix} \tag{9}$$

科氏加速度为

$$\boldsymbol{a}_C = 2\boldsymbol{\omega}_5 \times \boldsymbol{v}'_P = 2\left(\boldsymbol{\omega}_5 \times \frac{\mathrm{d}'}{\mathrm{d}t}\boldsymbol{r}_{O'P}\right) = 2\boldsymbol{\omega}_5 \times (\boldsymbol{\omega}_{52} \times \boldsymbol{r}_{O'P})$$

$$\boldsymbol{\omega}_{52}^{(A)} = (-\omega_{52} \quad 0 \quad 0)$$

$$\boldsymbol{a}_C^{(A)} = 2r_2\omega_5\omega_{52}\begin{pmatrix} \sin(\alpha+\beta)\cos\delta \\ \cos(\alpha+\beta)\cos\delta \\ \cos(\alpha+\beta)\sin\delta \end{pmatrix} \tag{10}$$

于是绝对加速度可由式(8)～式(10)求得

$$\boldsymbol{a}_P^{(A)} = \begin{pmatrix} \omega_5^2 r_2\sin(\alpha+\beta)\cos(\alpha+\beta)\cos\delta - \omega_5^2 b\sin^2(\alpha+\beta) - \\ 2r_2\omega_5\omega_{52}\sin(\alpha+\beta)\cos\delta \\ \omega_5^2 b\sin(\alpha+\beta)\cos(\alpha+\beta) - \omega_5^2 r_2\cos^2(\alpha+\beta)\cos\delta - \\ \omega_{52}^2 r_2\cos\delta + 2r_2\omega_5\omega_{52}\cos(\alpha+\beta)\cos\delta \\ -\omega_5^2 r_2\cos^2(\alpha+\beta)\sin\delta - \omega_5^2 r_2\sin^2(\alpha+\beta)\sin\delta - \\ \omega_{52}^2 r_2\sin\delta + 2r_2\omega_5\omega_{52}\cos(\alpha+\beta)\sin\delta \end{pmatrix} \tag{11}$$

其中，$r_2 = r_1\dfrac{\sin\beta}{\sin\alpha}$，$b = r_1\dfrac{\cos\beta}{\sin\alpha}$。当 $\delta = 0$ 时，由式(11)得

$$\boldsymbol{a}_P^{(A)} = (-40.1 \quad -4.9 \quad 0)\,\mathrm{m/s^2}$$

第 10 章　刚体的定点运动和一般运动

A 类型答案

习题 10-1　$\boldsymbol{\omega} = \boldsymbol{\omega}_1 + \boldsymbol{\omega}'$，$\boldsymbol{\alpha} = \boldsymbol{\omega}_1 \times \boldsymbol{\omega}'$。

习题 10-2 $\omega=\sqrt{17}\text{rad/s}, v_{M_2}=\frac{15}{2}\sqrt{2}\text{m/s}$。

习题 10-3 $\omega_x=a\sin c\sin(bt), \omega_y=a\sin c\cos(bt), \omega_z=b+a\cos c$;

$\omega_\xi=b\sin c\sin(at), \omega_\eta=-b\sin c\cos(at), \omega_\zeta=a+b\cos c$。

$\alpha_x=ab\sin c\cos(bt), \alpha_y=-ab\sin c\sin(bt), \alpha_z=0$;

$\alpha_\xi=ab\sin c\cos(at), \alpha_\eta=ab\sin c\sin(at), \alpha_\zeta=0$。

习题 10-4 $\boldsymbol{v}=(b+a\cos c)\boldsymbol{j}-a\sin c\cos bt\boldsymbol{k}$,

$\boldsymbol{a}=-[(b+a\cos c)^2+(a\sin c\cos bt)^2]\boldsymbol{i}+(a\cos c)^2\sin bt\cos bt\boldsymbol{j}+a\sin c(2b+a\cos c)\sin bt\boldsymbol{k}$。

$\boldsymbol{v}=(a+b\cos c)\boldsymbol{\eta}^\circ+b\sin c\cos at\boldsymbol{\zeta}^\circ$,

$\boldsymbol{a}=-[(a+b\cos c)^2+(b\sin c\cos at)^2]\xi^\circ-(b\sin c)^2\sin at\cos at\boldsymbol{\eta}^\circ+b^2\sin c\cos c\sin at\boldsymbol{\zeta}^\circ$。

习题 10-5 本体极面方程:$x^2+y^2=\frac{a^2\sin^2 c}{(b+a\cos c)^2}z^2$;

空间极面方程:$\xi^2+\eta^2=\frac{a^2\sin^2 c}{(b+a\cos c)^2}\zeta^2$。

习题 10-6 $\omega_x=\dot{\alpha}\cos\beta\cos\gamma+\dot{\beta}\sin\gamma, \omega_y=-\dot{\alpha}\cos\beta\sin\gamma+\dot{\beta}\cos\gamma, \omega_z=\dot{\alpha}\sin\beta+\dot{\gamma}$; $\omega_\xi=\dot{\alpha}+\dot{\gamma}\sin\beta$, $\omega_\eta=\dot{\beta}\cos\alpha-\dot{\gamma}\cos\beta\sin\gamma, \omega_\zeta=\dot{\beta}\sin\alpha+\dot{\gamma}\cos\alpha\cos\beta$。

习题 10-7 $v_M=2l\omega_0, a_{\mathrm{R}}=\frac{l\omega_0^2}{\sin\alpha_0}, a_{\mathrm{N}}=\frac{2l\omega_0^2}{\sin\alpha_0}$。

习题 10-8 $v_M=2l\omega_1, a_M=\frac{l\omega_1^2}{r}\sqrt{9r^2+l^2}$。

B 类型答案

习题 10-9 $\boldsymbol{a}_B=2r\omega_0^2(\boldsymbol{j}-2\boldsymbol{k})$。

C 类型答案

习题 10-10 **解:**(1)角速度矢量 $\boldsymbol{\omega}_2$ 可以由矢量 $\boldsymbol{\omega}_1, \boldsymbol{\omega}_{GK}$ 和 $\boldsymbol{\omega}_{KH}$ 相加得到:

$$\boldsymbol{\omega}_2=\boldsymbol{\omega}_1+\boldsymbol{\omega}_{GK}+\boldsymbol{\omega}_{KH} \tag{1}$$

其中,$\boldsymbol{\omega}_{GK}$ 为十字铰 K 相对于主动轴 1 的铰链叉 G 的相对角速度,$\boldsymbol{\omega}_{KH}$ 为铰链轴 2 的叉 H 相对于十字铰 K 的相对角速度[图 B-27a)]。这些矢量在三个固定于物体的坐标系(G),(K)和(H)中的分量为[图 B-27b)]

$$\boldsymbol{\omega}_1^{(\mathrm{G})}=\boldsymbol{\omega}_1^{(\mathrm{I})}=\begin{pmatrix}\omega_1\\0\\0\end{pmatrix} \tag{2a}$$

$$\boldsymbol{\omega}_{GK}^{(\mathrm{G})}=\boldsymbol{\omega}_{GK}^{(\mathrm{K})}=\begin{pmatrix}0\\\omega_{GK}\\0\end{pmatrix}, \boldsymbol{\omega}_{KH}^{(\mathrm{K})}=\boldsymbol{\omega}_{KH}^{(\mathrm{H})}=\begin{pmatrix}0\\0\\\omega_{KH}\end{pmatrix} \tag{2b}$$

$$\boldsymbol{\omega}_2^{(\mathrm{H})}=\begin{pmatrix}\omega_2\\0\\0\end{pmatrix}, \boldsymbol{\omega}_2^{(\mathrm{I})}=\begin{pmatrix}\omega_2\cos\alpha\\\omega_2\sin\alpha\\0\end{pmatrix} \tag{2c}$$

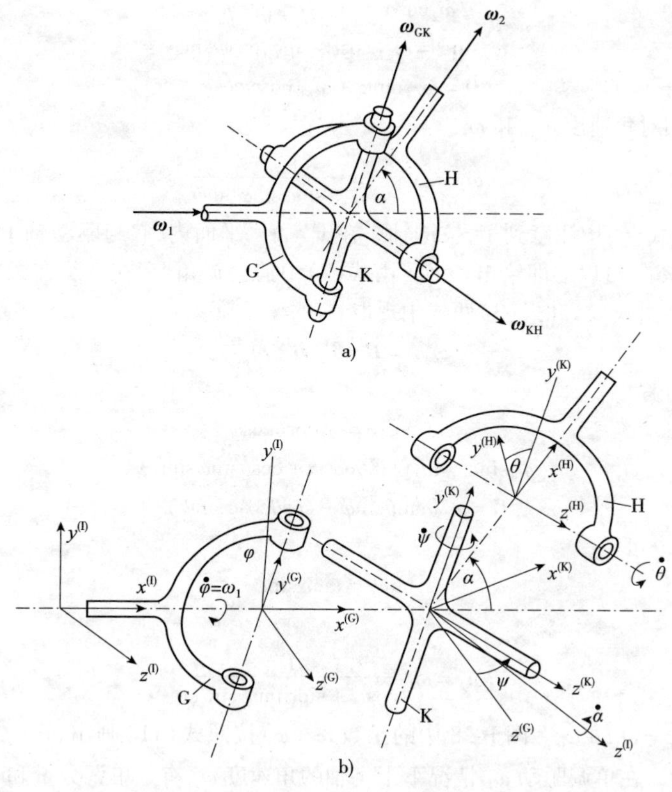

图 B-27　习题 10-10 解万向铰坐标系

坐标系(I)为惯性系，其 x,y 平面和由轴 1 和轴 2 构成的平面相重合。矢量方程(1)现在要在坐标系(I)的坐标中表示。为此首先要建立坐标系(I),(G),(K)和(H)之间变换的矩阵 $\boldsymbol{B}^{IG}$,$\boldsymbol{B}^{GK}$,$\boldsymbol{B}^{KH}$。因为每两个这种坐标系之间的转动速度矢量可用 $\dot{\varphi}e_x^{(I)}$,$\dot{\psi}e_y^{(G)}$ 或 $\dot{\theta}e_z^{(H)}$ 来给出，于是可得

$$\boldsymbol{B}^{IG}=\begin{pmatrix}1 & 0 & 0\\0 & \cos\varphi & \sin\varphi\\0 & -\sin\varphi & \cos\varphi\end{pmatrix},\boldsymbol{B}^{GK}=\begin{pmatrix}\cos\psi & 0 & -\sin\psi\\0 & 1 & 0\\\sin\psi & 0 & \cos\psi\end{pmatrix}$$
$$\boldsymbol{B}^{KH}=\begin{pmatrix}\cos\theta & \sin\theta & 0\\-\sin\theta & \cos\theta & 0\\0 & 0 & 1\end{pmatrix}\tag{3}$$

对于式(1)在惯性坐标系(I)中的表示，借助于(2)和(3)两式可得

$$\boldsymbol{\omega}_2^{(I)}=\boldsymbol{\omega}_1^{(I)}+\boldsymbol{B}^{GI}\boldsymbol{\omega}_{GK}^{(G)}+\boldsymbol{B}^{GI}\boldsymbol{B}^{KG}\boldsymbol{\omega}_{KH}^{(K)}\tag{4}$$

式(4)中的逆变换矩阵 $\boldsymbol{B}^{GI}=(\boldsymbol{B}^{IG})^{-1}$ 和 $\boldsymbol{B}^{KG}=(\boldsymbol{B}^{GK})^{-1}$ 由正交矩阵(3)通过行列交换得到。例如，可以得到

$$\boldsymbol{B}^{GI}=(\boldsymbol{B}^{IG})^{-1}=\begin{pmatrix}1 & 0 & 0\\0 & \cos\varphi & -\sin\varphi\\0 & \sin\varphi & \cos\varphi\end{pmatrix}\tag{5}$$

由式(4)通过分量相等得到

$$\omega_2\cos\alpha=\omega_1+\omega_{KH}\sin\psi \tag{6a}$$

$$\omega_2\sin\alpha=\omega_{GK}\cos\varphi-\omega_{KH}\cos\psi\sin\varphi \tag{6b}$$

$$0=\omega_{GK}\sin\varphi+\omega_{KH}\cos\psi\cos\varphi \tag{6c}$$

由此通过消去相对角速度 ω_{KH} 和 ω_{KH} 得

$$\omega_2=\omega_1\frac{1}{\cos\alpha+\sin\alpha\sin\varphi\tan\psi} \tag{7}$$

在方程式(4)和式(6)中注意到了，铰链轴 2 在 $x^{(I)}$，$y^{(I)}$ 平面内，它与驱动轴 1($x^{(I)}$ 轴)间的夹角为 α。因此式(2)中的 $\boldsymbol{\omega}_2^{(I)}$ 可以立即给出。为了由式(7)中消去 ψ 角，现在必须在式(4)之外建立第二个矢量方程。它可直接由式(2)和式(3)两式中提取：

$$\boldsymbol{\omega}_2^{(I)}=\boldsymbol{B}^{GI}\boldsymbol{B}^{KG}\boldsymbol{B}^{HK}\boldsymbol{\omega}_2^{(H)} \tag{8}$$

由此可得分量方程

$$\omega_2\cos\alpha=\omega_2\cos\theta\cos\psi \tag{9a}$$

$$\omega_2\sin\alpha=\omega_2(\sin\theta\cos\varphi+\cos\theta\sin\varphi\sin\psi) \tag{9b}$$

$$0=\omega_2(\sin\theta\sin\varphi-\cos\theta\cos\varphi\sin\psi) \tag{9c}$$

其中，通过消去 θ 可得

$$\tan\psi=\tan\alpha\sin\varphi \tag{10}$$

而式(7)可化为

$$\omega_2=\omega_1\frac{1}{\cos\alpha+\sin\alpha\tan\alpha\sin^2\varphi} \tag{11}$$

其中，$\alpha<\pi/2$，$\varphi=\omega_1 t+\varphi_0$。图 B-28 中的函数 $\omega_2(\varphi)$ 按照式(11)画出($\varepsilon=\beta=0$ 的曲线)。因为 $\sin^2\varphi=(1-\cos2\varphi)/2$，在单调驱动 ω_1 情况下十字轴的角速度 ω_2 有一单调分量和一个周期分量。叠加的扰动的频率是驱动频率的 2 倍。

(2)因为 $\omega_2=\dot{\gamma}$，$\omega_1=\dot{\varphi}$，由式(11)得到微分方程：

$$\mathrm{d}\gamma=\frac{\mathrm{d}\varphi}{\cos\alpha+\sin\alpha\tan\alpha\sin^2\varphi} \tag{12}$$

其解为

$$\gamma=\arctan\left(\frac{\tan\varphi}{\cos\alpha}\right) \tag{13}$$

(3)对于被动轴的角速度 ω_3 可以类似于式(11)写出

$$\omega_3=\omega_2\frac{1}{\cos\beta+\sin\beta\tan\beta\sin^2\lambda} \tag{14}$$

其中，λ 是轴 2 上的铰链 B 的叉相对于一个惯性系统的转角。它是式(13)所示轴 2 的转角 γ 和在 A 和 B 中的铰链叉互相转动的一个固定角度 ε 之和。由此可以肯定，在铰链 A 和 B 中的驱动叉之间的角度当 $\varphi=0$ 时为零。由于 ε 是轴 2 上的两个叉之间的夹角，由此可得

$$\lambda=\gamma+\frac{\pi}{2}+\varepsilon \tag{15}$$

由式(11)～式(15)最终得到驱动角速度和被动角速度之间的关系：

$$\omega_3=\frac{\omega_1}{(\cos\alpha+\sin\alpha\tan\alpha\sin^2\varphi)\left\{\cos\beta+\sin\beta\tan\beta\cos^2\left[\arctan\left(\frac{\tan\varphi}{\cos\alpha}\right)+\varepsilon\right]\right\}} \tag{16}$$

(4)当 $\varepsilon=0$，$\alpha=\pm\beta$ 时，式(16)中的分母为 1。当驱动轴匀速转动时(例如对于汽车或机床)这一条件在制造万向轴时必须注意到。这个比值 ω_3/ω_1 与驱动角 φ 的关系如图 B-28 对万向轴与铰链的各种不同安装位置所示。

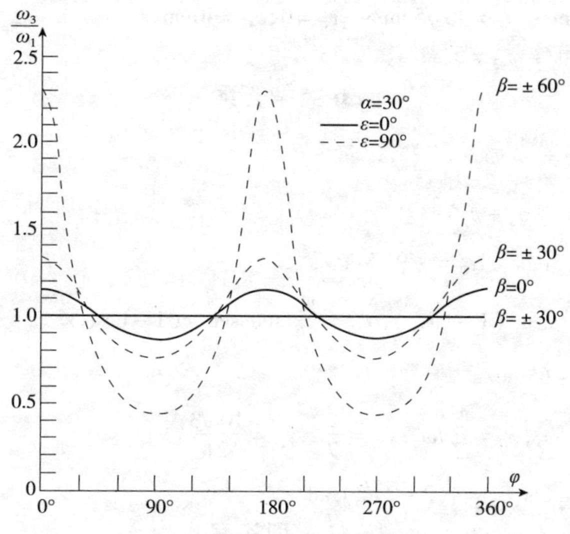

图 B-28　习题 10-10 解曲线

第 11 章　分析运动学和刚体运动的合成

A 类型答案

习题 11-1　$\boldsymbol{v}_P=\left[u+(a+b)\left(\frac{u}{a}+\frac{v}{a+b}\right)\cos\alpha+b\left(\frac{u}{a}+\frac{v}{b}\right)\cos\beta\right]\boldsymbol{i}+$

$$\left[(a+b)\left(\frac{u}{a}+\frac{v}{a+b}\right)\sin\alpha+b\left(\frac{u}{a}+\frac{v}{b}\right)\sin\beta\right]\boldsymbol{j}$$

$$\boldsymbol{a}_P=-\left[(a+b)\left(\frac{u}{a}+\frac{v}{a+b}\right)^2\sin\alpha+b\left(\frac{u}{a}+\frac{v}{b}\right)^2\sin\beta\right]\boldsymbol{i}+$$

$$\left[(a+b)\left(\frac{u}{a}+\frac{v}{a+b}\right)^2\cos\alpha+b\left(\frac{u}{a}+\frac{v}{b}\right)^2\cos\beta\right]\boldsymbol{j}$$

其中，$\alpha=\left(\frac{u}{a}+\frac{v}{a+b}\right)t$，$\beta=\left(\frac{u}{a}+\frac{v}{b}\right)t$。

习题 11-2　(1) $\omega_C=0$；(2) $a_P=\frac{r}{2}\sqrt{9\omega^4+16\dot{\omega}^2}$，$a_Q=r\sqrt{\omega^4+4\dot{\omega}^2}$；

(3) $a_P=\frac{r}{2}\left[\omega^4(5+4\cos\alpha)-4\omega^2\dot{\omega}\sin\alpha+8\dot{\omega}^2(1+\cos\alpha)\right]^{\frac{1}{2}}$，

其中，$\alpha=\frac{1}{2}\int_0^t\omega(t)\,\mathrm{d}t$。

习题 11-3　(1) $\Omega=\frac{a\omega_A+b\omega_B}{a+b}$；(2) $t_1=\frac{2\pi(a+b)}{b\left|\omega_B-\omega_A\right|}$；(3) $t_2=\frac{2\pi(a+b)}{a\left|\omega_B-\omega_A\right|}$；

(4) $t_3=\frac{2\pi(a+b)}{a\omega_A+b\omega_B}$；(5) $t_4=t_5=t_6=1\mathrm{s}$。

习题 11-4　$\boldsymbol{v}_A=2h\Omega\cos\alpha\boldsymbol{j}$；$\boldsymbol{a}_A=-h\Omega^2(2\cos\alpha\boldsymbol{i}-\csc\alpha\boldsymbol{k})$。

习题 11-5　$\boldsymbol{\omega}=p\mathrm{j}+\Omega k$；$\boldsymbol{\alpha}=-p\Omega\boldsymbol{i}$。

习题 11-6　$\boldsymbol{a}=3.1\boldsymbol{i}-4.64\boldsymbol{j}-1.58\boldsymbol{k}(\mathrm{m/s^2})$。

习题 11-7　$\boldsymbol{\omega}=\omega_1\boldsymbol{i}+\omega_2\boldsymbol{j}+\Omega\boldsymbol{k}$；$\boldsymbol{\alpha}=\omega_2\Omega\boldsymbol{i}-\omega_1\Omega\boldsymbol{j}+\omega_1\omega_2\boldsymbol{k}$；

$\boldsymbol{v}_P=(c\omega_1+r\Omega)\boldsymbol{j}-(b+r)\omega_2\boldsymbol{k}$；

$\boldsymbol{a}_P=-\left[r\Omega^2+(b+r)\omega_2^2\right]\boldsymbol{i}+2(b+c)\omega_1\omega_2\boldsymbol{j}-b\omega_2^2\boldsymbol{k}$。

习题 11-8　$v_B = 40\text{cm/s}, a_B = 40\sqrt{5}\text{cm/s}^2; v_C = 0, a_C = 40\text{cm/s}^2$。

习题 11-9　$\omega_3 = 7\text{rad/s}, \omega_{43} = 5\text{rad/s}$。

B 类型答案

习题 11-11　$\omega_{AB} = -\dfrac{3}{2}\omega, \omega_{BC} = \dfrac{2\sqrt{3}}{3}\omega$。

习题 11-12　$\boldsymbol{v}_D = (\boldsymbol{v}_A + \boldsymbol{v}_B + \boldsymbol{v}_C)/3$。

习题 11-15　$\omega_O = -3\text{rad/s}, \alpha_O = -9\sqrt{3}\text{rad/s}^2$。

习题 11-16　$\omega_{AB} = \dfrac{v_0}{r}\sec\varphi(1-\cos\varphi), \alpha_{AB} = \dfrac{v_0^2}{r^2}\tan\varphi\sec^2\varphi(1-\cos\varphi)$。

习题 11-17　$\alpha_{O_1D} \approx -65\text{rad/s}^2$。

习题 11-18　$v_C = \dfrac{\sqrt{7}}{2}l\omega_0, a_C = \dfrac{5}{2}l\omega_0^2; x_{P_a} = \dfrac{2}{7}l, y_{P_a} = \dfrac{10\sqrt{3}}{21}l$。

习题 11-19　$\omega_2 = 6\text{rad/s}, \alpha_2 = 4(3-2\sqrt{3})\text{rad/s}^2$。

C 类型答案

习题 11-20　**解:**虽然这里所问的是在一个固定于车辆的参考系(F)中的运动学的相对量,首先建立一个空间固定的坐标系(I)是合适的。

在如图 B-29a)所示空间固定的 $x^{(\mathrm{I})}, y^{(\mathrm{I})}, z^{(\mathrm{I})}$ 坐标系中小球的绝对加速度为

$$\boldsymbol{a}_{\mathrm{K}}^{(\mathrm{I})} = (0 \quad 0 \quad -g) \tag{1}$$

积分得

$$\boldsymbol{v}_{\mathrm{K}}^{(\mathrm{I})} = \int_0^t \boldsymbol{a}_{\mathrm{K}}^{(\mathrm{I})}\mathrm{d}\tau + \boldsymbol{v}_{\mathrm{K}}^{(\mathrm{I})})(0)$$

其中,$\boldsymbol{v}_{\mathrm{K}}^{(\mathrm{I})}(0) = (v_A + v'_{K0}\cos\alpha \quad -v'_{K0}\sin\alpha \quad 0)$[图 B-29a)]。于是

$$\boldsymbol{v}_{\mathrm{K}}^{(\mathrm{I})}(t) = \begin{pmatrix} v_A + v'_{K0}\cos\alpha \\ -v'_{K0}\sin\alpha \\ -gt \end{pmatrix} \tag{2}$$

再积分一次得

$$\boldsymbol{r}_{\mathrm{K}}^{(\mathrm{I})} = \int_0^t \boldsymbol{v}_{\mathrm{K}}^{(\mathrm{I})}\mathrm{d}\tau + \boldsymbol{r}_{\mathrm{K}}^{(\mathrm{I})}(0)$$

其中,$\boldsymbol{r}^{(\mathrm{I})_{\mathrm{K}}}(0) = (0 \quad 0 \quad h)$,即将惯性系的原点放在地表面,得到

$$\boldsymbol{r}_{\mathrm{K}}^{(\mathrm{I})}(t) = \begin{pmatrix} (v_A + v'_{K0}\cos\alpha)t \\ -v'_{K0}\sin\alpha \\ -\dfrac{1}{2}gt^2 + h \end{pmatrix} \tag{3}$$

由在运动系统(F)中观察者观察到的运动学的量现在可由式(3)和图 B-29a)来确定。首先计算在惯性系中的相对矢径 $\boldsymbol{r}'^{(\mathrm{I})}_{\mathrm{K}}$,然后将它通过一个矢量变换化为 $\boldsymbol{r}'^{(\mathrm{F})}_{\mathrm{K}}$。由此通过微分得到速度和加速度的相对值。由

$$\boldsymbol{r}'_{\mathrm{K}} = \boldsymbol{r}_{\mathrm{K}} - \boldsymbol{r}_{OA} \tag{4}$$

利用 $\boldsymbol{r}_{OA}^{(\mathrm{I})} = (r\sin\gamma \quad r(1-\cos\gamma) \quad h)$ 以及 $\gamma = v_A t/r$[见图 B-29a)],可得

$$\boldsymbol{r}'^{(\mathrm{I})}_{\mathrm{K}} = \begin{bmatrix} (v_A + v'_{K0}\cos\alpha)t - r\sin\left(\dfrac{1}{r}v_A t\right) \\ -v'_{K0}t\sin\alpha - r\left[1-\cos\left(\dfrac{1}{r}v_A t\right)\right] \\ -\dfrac{1}{2}gt^2 \end{bmatrix} \tag{5}$$

在随动系统(F)中的$\boldsymbol{r}'_K$坐标为

$$\boldsymbol{r}_K'^{(F)}=\boldsymbol{B}^{(IF)}\boldsymbol{r}_K'^{(I)} \tag{6}$$

其中,$\boldsymbol{B}^{(IF)}$为对于惯性系(I)和固定于车辆的坐标系(F)之间的转动的变换矩阵:

$$\boldsymbol{B}^{(IF)}=\begin{pmatrix}\cos\gamma & \sin\gamma & 0\\ -\sin\gamma & \cos\gamma & 0\\ 0 & 0 & 1\end{pmatrix} \tag{7}$$

计算得到

$$\boldsymbol{r}_K'^{(F)}=\begin{pmatrix} v_At\cos\left(\frac{1}{r}v_At\right)+v'_{K0}t\cos\left(\alpha+\frac{1}{r}v_At\right)-r\sin\left(\frac{1}{r}v_At\right)\\ -v_At\sin\left(\frac{1}{r}v_At\right)-v'_{K0}t\sin\left(\alpha+\frac{1}{r}v_At\right)+r\left[1-\cos\left(\frac{1}{r}v_At\right)\right]\\ -\frac{1}{2}gt^2\end{pmatrix} \tag{8}$$

方程(8)给出的从车辆到观察的小球轨迹的$x^{(F)}$,$y^{(F)}$投影,对于$v_A=22\text{m/s}$,$v'_{K0}=20\text{m/s}$,$r=50\text{m}$,$\alpha=30°$的情况如图 B-29b)所示。

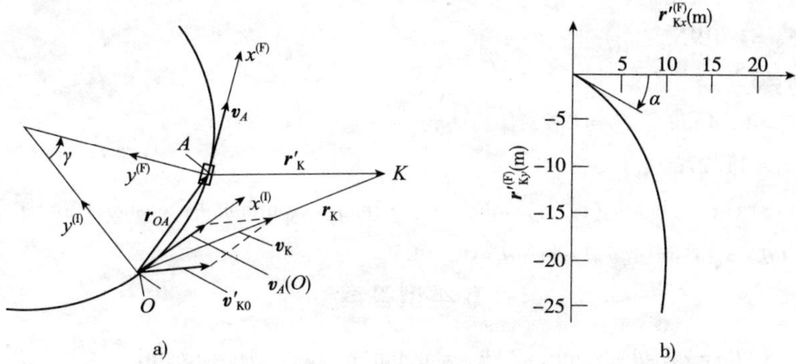

图 B-29 习题 11-20 解

$\boldsymbol{r}'^{(F)}_K$ 对时间的一、二阶导数得到相对速度和相对加速度。此处应注意,求导必须在运动坐标系中进行。对此在符号上用 d′/dt 来表示:

$$\boldsymbol{v}'^{(F)}_K=\frac{\mathrm{d}'\boldsymbol{r}'^{(F)}}{\mathrm{d}t},\boldsymbol{a}'^{(F)}_K=\frac{\mathrm{d}'\boldsymbol{v}'^{(F)}_K}{\mathrm{d}t} \tag{9}$$

如此由式(8)得

$$\boldsymbol{v}'^{(F)}_K=\begin{pmatrix} -\frac{1}{r}v_A^2t\sin\left(\frac{1}{r}v_At\right)+v'_{KO}\left[\cos\left(\alpha+\frac{1}{r}v_At\right)-\frac{1}{r}v_At\sin\left(\alpha+\frac{1}{r}\boldsymbol{v}_At\right)\right]\\ -\frac{1}{r}v_A^2t\cos\left(\frac{1}{r}v_At\right)-v'_{KO}\left[\sin\left(\alpha+\frac{1}{r}v_At\right)-\frac{1}{r}v_At\cos\left(\alpha+\frac{1}{r}v_At\right)\right]\\ -gt\end{pmatrix} \tag{10}$$

$$\boldsymbol{a}'^{(F)}_K=\begin{pmatrix} -\frac{1}{r}v_A^2\sin\left(\frac{1}{r}v_At\right)-\frac{1}{r^2}v_A^3t\cos\left(\frac{1}{r}v_At\right)\\ +v'_{KO}\left[-\frac{2}{r}v_A\sin\left(\alpha+\frac{1}{r}v_At\right)-\frac{1}{r^2}v_A^2t\cos\left(\alpha+\frac{1}{r}v_At\right)\right]\\ -\frac{1}{r}v_A^2\cos\left(\frac{1}{r}v_At\right)+\frac{1}{r^2}v_A^3t\sin\left(\frac{1}{r}v_At\right)+\\ v'_{KO}\left[-\frac{2}{r}v_A\cos\left(\alpha+\frac{1}{r}v_At\right)+\frac{1}{r^2}v_A^2t\sin\left(\alpha+\frac{1}{r}v_At\right)\right]\\ g\end{pmatrix} \tag{11}$$

作为检验可用对于绝对加速度的关系式

$$\boldsymbol{a}_{\mathrm{K}}^{(\mathrm{F})}=\boldsymbol{a}'^{(\mathrm{F})}_{\mathrm{K}}+\boldsymbol{a}_{\mathrm{F}}^{(\mathrm{F})}+\boldsymbol{a}_{C}^{(\mathrm{F})}$$

$$\boldsymbol{a}_{\mathrm{K}}^{(\mathrm{F})}=\boldsymbol{a}_{\mathrm{K}}'^{(\mathrm{F})}+\boldsymbol{B}^{(\mathrm{IF})}\frac{\mathrm{d}^2\boldsymbol{r}_{OA}^{(\mathrm{I})}}{\mathrm{d}t^2}+[\boldsymbol{\omega}\times(\boldsymbol{\omega}+\boldsymbol{r}_{\mathrm{K}}')]^{(\mathrm{F})}+2(\boldsymbol{\omega}\times\boldsymbol{v}_{\mathrm{K}}')^{(\mathrm{F})}=(0\quad 0\quad -g)$$

其中，$\boldsymbol{\omega}^{(\mathrm{F})}=\left(0\quad 0\quad \frac{1}{r}v_A\right)$。

第 12 章　质点动力学的基本方程

A 类型答案

习题 12-1　$H=3.6\mathrm{m}, F_k=3\ 611\mathrm{N}$。

习题 12-2　$F_{\mathrm{T}}=\dfrac{m\omega^2 r^4 x^2}{(x^2-r^2)^{\frac{5}{2}}}$。

习题 12-3　$h_{\max}=v_0^2/(2g)$。

习题 12-4　$y=\dfrac{c^2}{g}\ln\cosh\left(\dfrac{g}{c}t\right)$。

习题 12-5　$F_{\mathrm{N}}=1\ 019\mathrm{N}$。

习题 12-6　$k=3$。

习题 12-7　$v_x=42.4\mathrm{mm/s}, F_{\mathrm{T}}\approx 0.28\mathrm{N}$。

习题 12-8　$a_A\approx 11.27\mathrm{m/s}$。

习题 12-9　$x(t)=x_0\cosh\omega t+(v_0/\omega)\sinh\omega t, F_{\mathrm{N}}=2m\omega(\omega x_0\sinh\omega t+v_0\cosh\omega t)-m\omega^2 s$。

习题 12-10　$l\ddot{\theta}-x_0\omega^2\sin\omega t\cos\theta+g\sin\theta=0$。

B 类型答案

习题 12-11　(1)$R\ddot{\theta}=a\cos\theta-g\sin\theta$；(2)$\theta^*=\arctan(a/g)$；(3)$\theta=\arcsin\left(\dfrac{2ag}{a^2+g^2}\right)$。

习题 12-12　$F_{\mathrm{N}}=2m\omega u-F\sin\theta, a_{\mathrm{r}}=g+L\omega^2\cot\theta-\dfrac{F}{m}\cos\theta$。

习题 12-13　$\ddot{\theta}+\omega^2\sin\theta=0$；$F_{\mathrm{N}}=mR\omega^2(1+3\cos\theta+2\sqrt{2\cos\theta}\,\mathrm{sgn}\,\dot{\theta})$。

习题 12-14　$y=\dfrac{\omega^2}{2g}x^2, F_{\mathrm{N}}=m\sqrt{g^2+\omega^4x^2}$。

C 类型答案

习题 12-15　**解：**设自由质点的质量为 m，在地球表面北纬 φ 的空域运动，将动参考系 $Ox'y'z'$ 固连在地球表面[图 12-29a)]。轴 x' 指向东，轴 y' 指向北，轴 z' 指向天（与重力加速度方向相反）。设质点运动时所受空气阻力 $\boldsymbol{F}_{\mathrm{R}}$ 的大小与其速度的平方成正比（$F_{\mathrm{R}}=cv^2$），地球引力为 $\boldsymbol{F}$，牵连惯性力为 $\boldsymbol{F}_{\mathrm{Ie}}$，科氏力为 $\boldsymbol{F}_{\mathrm{Ic}}$。根据质点相对运动力学方程式(12-14)，可得

$$m\boldsymbol{a}_{\mathrm{r}}=\boldsymbol{F}_{\mathrm{Ie}}+\boldsymbol{F}_{\mathrm{Ic}}+\boldsymbol{F}+\boldsymbol{F}_{\mathrm{R}} \tag{1}$$

由于质点在地球表面附近的空城运动，所以地球的引力 $\boldsymbol{F}$ 和牵连惯性力 $\boldsymbol{F}_{\mathrm{Ie}}$ 的合力可视为质点在地球表面所受的重力 $m\boldsymbol{g}$，即

$$\boldsymbol{F}+\boldsymbol{F}_{\mathrm{Ie}}=m\boldsymbol{g} \tag{2}$$

空气阻力 $\boldsymbol{F}_{\mathrm{R}}=-cv_{\mathrm{r}}\boldsymbol{v}_{\mathrm{r}}$，如图 12-29b)所示，于是方程可表示为

$$m\boldsymbol{a}_{\mathrm{r}}=m\boldsymbol{g}-cv_{\mathrm{r}}\boldsymbol{v}_{\mathrm{r}}+\boldsymbol{F}_{\mathrm{Ic}} \tag{3}$$

而科氏力为

$$\boldsymbol{F}_{\mathrm{Ic}} = -2m\boldsymbol{\omega}\times\boldsymbol{v}_{\mathrm{r}} = -2m\begin{vmatrix} \boldsymbol{i}' & \boldsymbol{j}' & \boldsymbol{k}' \\ 0 & \omega\cos\varphi & \omega\sin\varphi \\ \dot{x}' & \dot{y}' & \dot{z}' \end{vmatrix} \tag{4}$$

其中，$\boldsymbol{\omega}$ 为地球自转角速度矢量。将重力 mg 的方向近似为平行于轴 z'，把式(4)代入式(3)后，将式(3)在坐标轴上投影，可得

$$m\ddot{x}' = 2m\omega(\dot{y}'\sin\varphi - \dot{z}'\cos\varphi) - cv_{\mathrm{r}}\dot{x}' \tag{5a}$$

$$m\ddot{y}' = -2m\omega\dot{x}'\sin\varphi - cv_{\mathrm{r}}\dot{y}' \tag{5b}$$

$$m\ddot{z}' = -mg + 2m\omega\dot{x}'\cos\varphi - cv_{\mathrm{r}}\dot{z}' \tag{5c}$$

式中，$v_{\mathrm{r}} = \sqrt{(\dot{x}')^2 + (\dot{y}')^2 + (\dot{z}')^2}$。当质点运动在南北方向的位移远远小于地球半径时，方程中的 φ 可视为常值。方程式(5)为自由质点的相对运动力学方程。

下面通过数值仿真了解地球自转对自由质点运动的影响。

(1)下落物体。质量为 10kg 的物体在北纬 $\varphi = 45°$ 处，于 $x_0' = 0$、$y_0' = 0$、$z_0' = 1\mathrm{km}$ 的位置由静止落下，空气阻力系数 $c = 0.005\mathrm{N\cdot s^2/m^2}$。

(2)垂直上抛物体。质量为 10kg 的物体在北纬 $\varphi = 45°$ 处，于坐标原点以 $v = 150\mathrm{m/s}$ 速度垂直上抛，空气阻力系数 $c = 0.005\mathrm{N\cdot s^2/m^2}$。

图 B-30 给出了上述两种情况的仿真结果，其中粗线为下落物体的运动轨迹，细线为上抛物体的运动轨迹。由此可以看出，下落物体偏东偏南，由于偏南量远远小于偏东量，所以称落体偏东。上抛物体偏西偏北，由于偏北量远远小于偏西量，所以称上抛物体偏西。

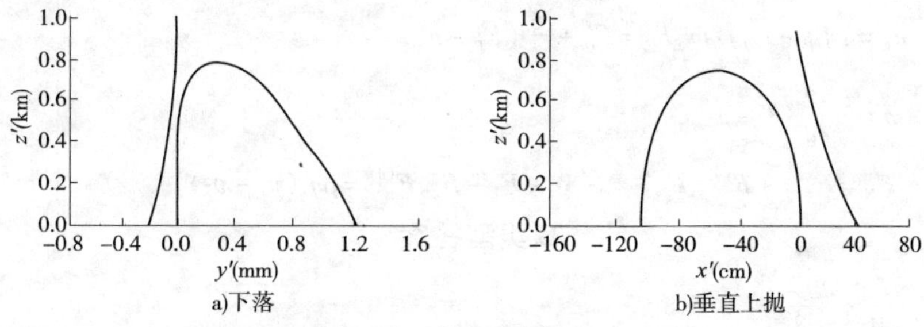

图 B-30　习题 12-15 解之一

(3)斜抛物体。质量为 50kg 的炮弹在北纬 $\varphi = 45°$ 处，于坐标原点以 $v = 150\mathrm{m/s}$ 速度向正北方射出，空气阻力系数 $c = 0.005\mathrm{N\cdot s^2/m^2}$。图 B-31 给出了炮弹的运动轨迹，炮弹向东偏移(即炮弹向运行方向的右侧偏移)39.6m。由此可见，在远程炮弹发射时应考虑地球自转对其运动的影响。

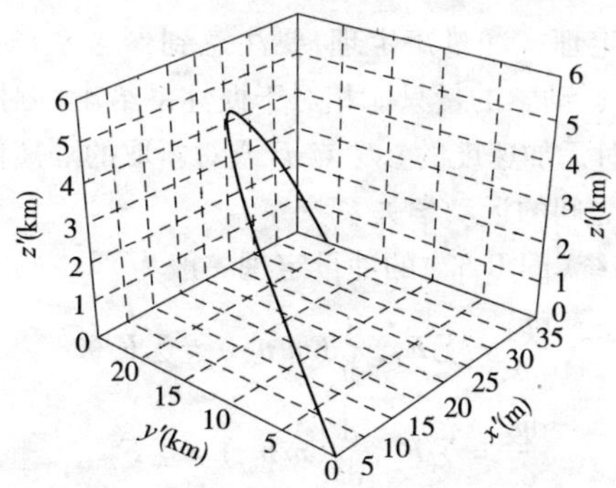

图 B-31　习题 12-15 解之二

第13章 动量定理

A 类型答案

习题 13-1 a) $p=\frac{1}{2}ml\omega$; b) $p=\frac{1}{6}ml\omega$; c) $p=\frac{1}{2}ma\omega$; d) $p=mR\omega$; e) $p=\frac{\sqrt{3}}{3}mv$; f) $p=mv$; g) $p=m\cdot r\cdot\omega$。

有区别。动量是矢量,若要求动量,还应该求出动量的方向。各题动量的方向,略。

习题 13-2 $\boldsymbol{p}=2\rho(l+\pi)v_0\boldsymbol{i}$

习题 13-3 质心运动方程:$x_C=\frac{2(m_1+m_2)}{2m_1+m_2}l\cos\omega t$, $y_C=\frac{m_1}{2m_1+m_2}l\sin\omega t$;

质心轨迹:$\frac{(2m_1+m_2)^2}{4(m_1+m_2)^2}x_C^2+\frac{(2m_1+m_2)^2}{m_1^2}y_C^2=l^2$;

系统动量的大小:$p=l\omega\sqrt{4(m_1+m_2)^2\sin^2\omega t+m_1^2\cos^2\omega t}$,方向沿质心轨迹的切线方向。

习题 13-4 $v_{A1}\approx14.66\text{m/s}$, $F^*=4\,880\text{N}$。

习题 13-5 $F_{Ax,\max}=F+\frac{1}{2}(m_1+2m_2)r\omega^2$。

习题 13-6 $\boldsymbol{F}_{\text{N}}^{(\text{d})}=-\frac{P+Q}{g}\omega^2e\cos\omega t\boldsymbol{i}-\frac{Q}{g}\omega^2e\sin\omega t\boldsymbol{j}$。

习题 13-7 $v_C=\sqrt{2gl(1-\cos\theta_0)}$, $F_{\text{T1}}=F_{\text{T2}}=mg(3-2\cos\theta_0)/2$。

习题 13-8 $x_C\equiv0$,质心 C 沿 y 轴做直线运动;A 点的轨迹方程为一椭圆 $2x_A^2+y_A^2=l^2$。

习题 13-9 $a_C=(F_P-F_Q)/m$, $F_{\text{T}}=F_Q+\frac{\xi}{l}(F_P-F_Q)$。

习题 13-10 $a=\frac{l-2ef}{ml}F-g$。

习题 13-11 $\boldsymbol{F}_{\text{N}}=\boldsymbol{F}_{\text{N}}^{(\text{st})}+\boldsymbol{F}_{\text{N}}^{(\text{d})}$, $\boldsymbol{F}_{\text{N}}^{(\text{st})}=-\boldsymbol{W}-\boldsymbol{F}_1-\boldsymbol{F}_2$, $\boldsymbol{F}_{\text{N}}^{(\text{d})}=\rho q_v(\boldsymbol{v}_2-\boldsymbol{v}_1)$。

B 类型答案

习题 13-12 $\frac{m}{M}<\frac{\sqrt{5}-1}{2}\approx0.618$。

C 类型答案

习题 13-13 **解**:应用冲量和冲量矩定理按综合法求解动力学问题,一般的步骤为

(1)选择一个合适的坐标系,从给定的机械系统上取出隔离体,标出作用在其上的所有外力、外力矩及约束力。

(2)对每个隔离体写出冲量定理或冲量矩定理,要注意到参考系,对于冲量矩定理还要注意参考点。在冲量定理 $\mathrm{d}\boldsymbol{p}/\mathrm{d}t=\sum\boldsymbol{F}$ 中,运动学的量只能相对于惯性系给出。对于冲量矩定理 $\mathrm{d}\boldsymbol{L}_P/\mathrm{d}t=\sum\boldsymbol{M}_P$ 也是如此,该定理在此形式下只对无加速度的参考点 P 或对新取的隔离体的质心适用。

(3)建立各个隔离体的坐标之间的运动学关系。

①对于凸轮与杵杆隔离体系统(图 B-32)的冲量定理一般为

$$\frac{\mathrm{d}\boldsymbol{p}_1}{\mathrm{d}t}=\sum\boldsymbol{F}_1,\ \frac{\mathrm{d}}{\mathrm{d}t}(m\boldsymbol{v}_{S1})=\sum\boldsymbol{F}_1 \tag{1a}$$

$$\frac{\mathrm{d}\boldsymbol{p}_2}{\mathrm{d}t}=\sum\boldsymbol{F}_2,\ \frac{\mathrm{d}}{\mathrm{d}t}(m\boldsymbol{v}_{S2})=\sum\boldsymbol{F}_2 \tag{1b}$$

在这种情况下只对式(1)的 x 分量感兴趣。对于标明的惯性系统可得:

$$m_1\ddot{x}_{S1}=F_{\text{N}}-F_F \tag{2a}$$

$$m_2\ddot{x}_{S2} = F_{Ax} - F_{\mathrm{N}} \tag{2b}$$

弹簧力为

$$F_F = F_0 + ce(1 - \cos\varphi) \tag{3}$$

其中，$\varphi = \omega t$。

式(2)的左端可由给定的凸轮驱动运动来计算。由重心坐标：

$$x_{S2} = x_A - e\cos\omega t \tag{4a}$$

$$x_{S1} = x_{S10} - e\cos\omega t \tag{4b}$$

对时间求导两次得重心在 x 方向的绝对加速度为

$$\ddot{x}_{S2} = \ddot{x}_{S1} = e\omega^2\cos\omega t \tag{5}$$

由此再利用式(2)和式(3)得凸轮支座的水平力

$$F_{Ax} = [\omega^2(m_1 + m_2) - c]e\cos\omega t + F_0 + ce \tag{6}$$

②当法向力为零时杵杆与凸轮脱开。由式(2)、式(3)和式(5)得

$$F_{\mathrm{N}} = F_0 + ce(1 - \cos\omega t) + m_1 e\omega^2\cos\omega t = F_0 + (m_1\omega^2 - c)e\cos\omega t + ce \tag{7}$$

这个法向力在凸轮转动很慢时($\omega \to 0$)始终为正；对于 $m_1\omega^2 - c < 0$ 的情况，当 $\varphi = \omega t = 0$ 时取最小值；当 $\omega^2 = c/m_1$ 时有

$$F_{\mathrm{N}} = F_0 + ce = \mathrm{const}$$

对于 $\omega^2 > c/m_1$ 的情况，F_{N} 在 $\varphi = \pi$ 时最小；当

$$\omega_{\max} = \sqrt{\frac{1}{em_1}(F_0 + 2ce)} \tag{8}$$

时 $F_{\mathrm{N}} = 0$。当角速度大于 $\omega_{\max}$ 时凸轮的加速度 a_{2x} 在 $\varphi = \pi$ 时大于由弹簧力导致的杵杆加速度。

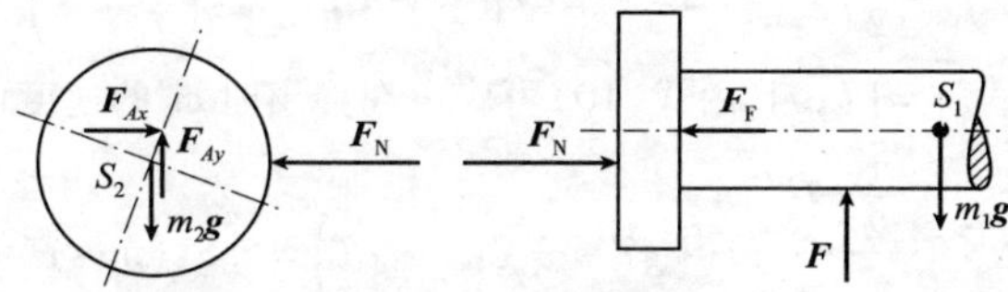

图 B-32　习题 13-13 解

习题 13-14　解：球的质心沿着一条下降抛物线运动，可以用动量定理来计算。即使在部分质量弹出之后两部分物体的共同的质心还是沿着这条轨迹，因为质量的分离是通过内力造成的。根据如图 13-27 所示，采用 x，y 坐标系，由动量定理可得

$$\frac{\mathrm{d}}{\mathrm{d}t}(m\boldsymbol{v}_s) = \sum \boldsymbol{F}$$

其分量方程为

$$m\ddot{x}_S = 0 \tag{1a}$$

$$m\ddot{y}_S = -mg \tag{1b}$$

积分两次得到参数形式的轨迹曲线

$$\dot{x}_S = C_1, C_1 = v_0 \tag{2a}$$

$$\dot{y}_S = -gt + C_2, C_2 = 0 \tag{2b}$$

$$x_S = v_0 t + C_3, C_3 = 0 \tag{3a}$$

$$y_S = -\frac{1}{2}gt^2 + C_4, C_4 = h \tag{3b}$$

消去参数 t 之后，由此可得轨迹曲线

$$y_S = h - \frac{g}{2v_0^2}x_S^2 \tag{4}$$

在弹出部分质量后，球 m' 的轨迹必须从轨迹曲线式(4)上时间 $t=T$ 时的点开始。在 $t'=t-T=0$ 时刻的初始条件由式(2)和式(3)如同积分动量定理一样得到。就在刚刚弹出部分质量之后，质量 $m'=m-\Delta m$ 的冲量的 y 方向分量为

$$p_y=(m-\Delta m)\dot{y}_S(T)+\Delta p_y=(m-\Delta m)[\dot{y}_S(T)+\Delta\dot{y}] \tag{5}$$

其中根据式(2)有 $\dot{y}_S(T)=-gT$。因为未知的速度增量 $\Delta\dot{y}$ 可由 m' 轨迹曲线的已知的终点求得，所以由式(5)可以计算 Δm。当 $t'=0$ 时质量 m' 下落运动的初始条件为

$$x_0=v_0T,y_0=h-\frac{1}{2}gT^2 \tag{6}$$

$$\dot{x}_0=v_0,\dot{y}_0=\Delta\dot{y}-gT \tag{7}$$

由

$$m'\ddot{x}_S=0,m'\ddot{y}_S=-m'g \tag{8}$$

利用式(6)和式(7)可得

$$\dot{x}_S=v_0 \tag{9a}$$

$$\dot{y}_S=\Delta\dot{y}-gT-gt' \tag{9b}$$

$$x_S=v_0t'+v_0t \tag{9c}$$

$$y_S=h-\frac{1}{2}gT^2+\Delta\dot{y}t'-gTt'-\frac{1}{2}gt'^2 \tag{9d}$$

由此通过消去 t' 得到在 x、y 坐标系中的轨迹曲线

$$y_S=h-\frac{1}{2}gT^2+(\Delta\dot{y}-gT)\left(\frac{x_S}{v_0}-T\right)-\frac{1}{2}g\left(\frac{x_S}{v_0}-T\right)^2 \tag{10}$$

利用已知的弹出点 $[x_S;y_S]=[b;0]$，由式(10)可确定在弹出时 m' 的速度增量：

$$\Delta\dot{y}=\frac{\frac{1}{2}gT^2-h}{\frac{b}{v_0}-T}+gT+\frac{1}{2}g\left(\frac{b}{v_0}-T\right)=5.51(\text{m/s}) \tag{11}$$

由式(11)和式(5)最终可以得到弹出部分的质量为

$$\Delta m=m-\frac{\Delta p_y}{\Delta\dot{y}}=0.733(\text{kg}) \tag{12}$$

质量的轨迹曲线如图 B-33 所示。

习题 13-15　解：质点受力 $\boldsymbol{F}_{\mathrm{N}}$ 和 $\boldsymbol{F}_{\mathrm{G}}$［如图 B-34a)所示］。根据动量定理有

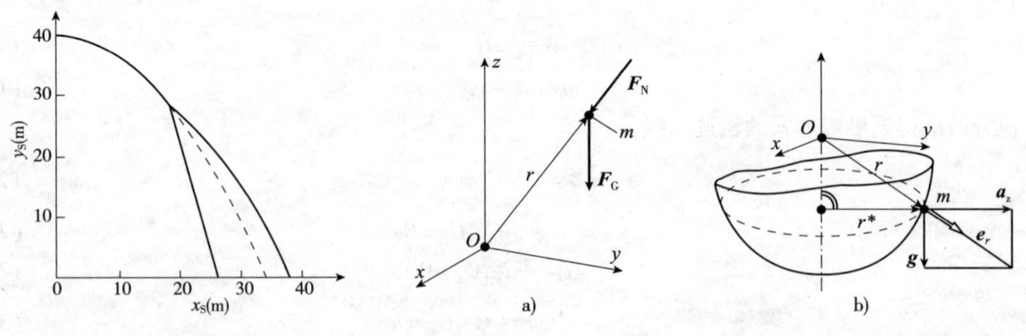

图 B-33　习题 13-14 解　　　　图 B-34　习题 13-15 解

$$m\ddot{\boldsymbol{r}}=\boldsymbol{F}_{\mathrm{N}}+\boldsymbol{F}_{\mathrm{G}},\boldsymbol{F}_N>0 \tag{1}$$

其中，$\ddot{\boldsymbol{r}}=\mathrm{d}^2(r_0\boldsymbol{e}_r)/\mathrm{d}t^2$。当计算导数时必须注意到，球坐标系的单位坐标矢量并不是空间固定的，

它们对时间的导数不为零。

根据如图 13-28 所示的球坐标和笛卡尔坐标之间有如下关系：

$$\boldsymbol{e}_r = \cos\varphi\cos\psi\boldsymbol{e}_x + \sin\varphi\cos\psi\boldsymbol{e}_y + \sin\psi\boldsymbol{e}_z \tag{2a}$$

$$\boldsymbol{e}_\varphi = -\sin\varphi\boldsymbol{e}_x + \cos\varphi\boldsymbol{e}_y \tag{2b}$$

$$\boldsymbol{e}_\psi = -\cos\varphi\sin\psi\boldsymbol{e}_x - \sin\varphi\sin\psi\boldsymbol{e}_y + \cos\psi\boldsymbol{e}_z \tag{2c}$$

考虑到 $\dot{\boldsymbol{e}}_x = \dot{\boldsymbol{e}}_y = \dot{\boldsymbol{e}}_z = \boldsymbol{0}$，将式(2)对时间求导得

$$\dot{\boldsymbol{e}}_r = \dot{\varphi}\cos\psi\boldsymbol{e}_\varphi + \dot{\psi}\boldsymbol{e}_\psi \tag{3a}$$

$$\dot{\boldsymbol{e}}_\varphi = -\dot{\varphi}\cos\varphi\boldsymbol{e}_r + \dot{\varphi}\sin\psi\boldsymbol{e}_\psi \tag{3b}$$

$$\dot{\boldsymbol{e}}_\psi = -\dot{\psi}\boldsymbol{e}_r - \dot{\varphi}\sin\psi\boldsymbol{e}_\varphi \tag{3c}$$

对于质点在球坐标系中的加速度 $\ddot{\boldsymbol{r}}$，考虑到 $r = r_0 = \text{const}$，由式(2)，式(3)得

$$\ddot{\boldsymbol{r}} = r_0\frac{\mathrm{d}^2(\boldsymbol{e}_r)}{\mathrm{d}t^2} = r_0\frac{\mathrm{d}}{\mathrm{d}t}(\dot{\varphi}\cos\psi\boldsymbol{e}_\varphi + \dot{\psi}\boldsymbol{e}_\psi)$$

$$= r_0[-(\dot{\psi}^2 + \dot{\varphi}^2\cos^2\psi)\boldsymbol{e}_r + (\ddot{\varphi}\cos\psi - 2\dot{\varphi}\dot{\psi}\sin\psi)\boldsymbol{e}_\varphi + (\ddot{\psi} + \dot{\varphi}^2\sin\psi\cos\psi)\boldsymbol{e}_\psi] \tag{4}$$

这些外力[如图 B-53a)所示]具有分量为

$$\boldsymbol{F}_{\mathrm{N}} = -F_{\mathrm{N}}\boldsymbol{e}_r \quad (F_{\mathrm{N}} > 0) \tag{5a}$$

$$\boldsymbol{F}_{\mathrm{G}} = -mg(\sin\psi\boldsymbol{e}_r + \cos\psi\boldsymbol{e}_\psi) \tag{5b}$$

将式(4)和式(5)代入式(1)得在 r,φ,ψ 中的运动方程：

$$r: mr_0(\dot{\psi}^2 + \dot{\varphi}^2\cos^2\psi) = mg\sin\psi + F_{\mathrm{N}} \quad (F_{\mathrm{N}} > 0) \tag{6a}$$

$$\varphi: mr_0(\ddot{\varphi}\cos\psi - 2\dot{\varphi}\dot{\psi}\sin\psi) = 0 \tag{6b}$$

$$\psi: mr_0(\ddot{\psi} + \dot{\varphi}^2\sin\psi\cos\psi) = -mg\cos\psi \tag{6c}$$

讨论与练习

(1)借助于第二类拉格朗日方程，空间摆的运动方程可以很简单地建立，请读者完成。

(2)不必去求这一非线性微分方程的一般解，而由式(6)还可导出两个部分结果。

(1)由式(6)的第二式通过积分可得

$$\dot{\varphi}\cos^2\psi = \text{const} \tag{7}$$

这一结果也可直接由动量矩定理导出：以摆的悬挂点 O 为参考点，可得

$$\frac{\mathrm{d}\boldsymbol{L}_O}{\mathrm{d}t} = \boldsymbol{M}_O, \frac{\mathrm{d}\boldsymbol{L}_O}{\mathrm{d}t} = r \times (\boldsymbol{F}_{\mathrm{N}} + \boldsymbol{F}_{\mathrm{G}}) \tag{8}$$

由于 $M_{Oz} = 0$，由式(8)可得 $L_{Oz} = m(r_x\dot{r}_y - r_y\dot{r}_x)$，其中 $r_x = \cos\varphi\cos\psi$，$r_y = r\cos\psi\sin\varphi$，直接可得积分式(7)。

(2)对于锥摆的情况，考虑到 $\psi = \psi_0 = \text{const}$，由式(6a)、式(6c)得

$$\dot{\varphi}^2 = -\frac{g}{r\sin\psi_0}, F_{\mathrm{N}} = -\frac{mg}{\sin\psi_0} \tag{9}$$

这种 $\dot{\varphi} = \text{const}$ 的运动仅当 $\psi_0 < 0$ 时是可能的。这时质点在一半径为 $r^* = r_0\cos\psi_0$ 的圆上运动。重力加速度 $\boldsymbol{g}$ 和离心加速度 $\boldsymbol{a}_z$($a_z = r^*\dot{\varphi}^2$)合成的方向与拉线的方向 $\boldsymbol{e}_r$ 一致[如图 B-34b)所示]。

习题 13-16　解：(1)对于如图 B-35a)所示的力由动量定理对 x 方向和 y 方向分别可得

$$m\ddot{x}_S = -F_R \operatorname{sgn}\dot{x}_S + mg\sin\alpha \tag{1}$$

$$0 = mg\cos\alpha - F_{\mathrm{N}} \tag{2}$$

其中

$$F_{\mathrm{R}} = \mu F_{\mathrm{N}} = \mu mg\cos\alpha \tag{3}$$

对箱子的下滑和制动进行分析。对于这两个运动过程都有 $\dot{x}_S > 0$,因此 $\operatorname{sgn}\dot{x}_S = 1$。于是由式(1)~式(3)可得

$$\ddot{x}_S = g(\sin\alpha - \mu\cos\alpha) = \mathrm{const} \tag{4}$$

由此可知,只有当 $\tan\alpha > \mu = \tan\rho$ 或者 $\alpha > \rho$ 时能够发生滑动,其中 ρ 为摩擦角。

对式(4)积分两次可得

$$\dot{x}_S = g(\sin\alpha - \mu\cos\alpha)t + C_1 \quad (C_1 = 0) \tag{5a}$$

$$x_S = \frac{1}{2}g(\sin\alpha - \mu\cos\alpha)t^2 + C_2 \quad (C_2 = 0) \tag{5b}$$

由式(5)可得下滑时间 t_0 和速度 $v_0 = \dot{x}(s)$

$$t_0 = \sqrt{\frac{2s}{g(\sin\alpha - \mu\cos\alpha)}} \tag{6}$$

$$v_0 = \sqrt{2sg(\sin\alpha - \mu\cos\alpha)} \tag{7}$$

(2)当箱子碰到挡板时,还必须考虑弹簧力 $\boldsymbol{F}_{\mathrm{F}}$[如图 B-35b)所示]。于是,由动量定理得

$$m\ddot{x}_{\mathrm{F}} = -F_{\mathrm{R}} - F_{\mathrm{F}} + mg\sin\alpha \tag{8}$$

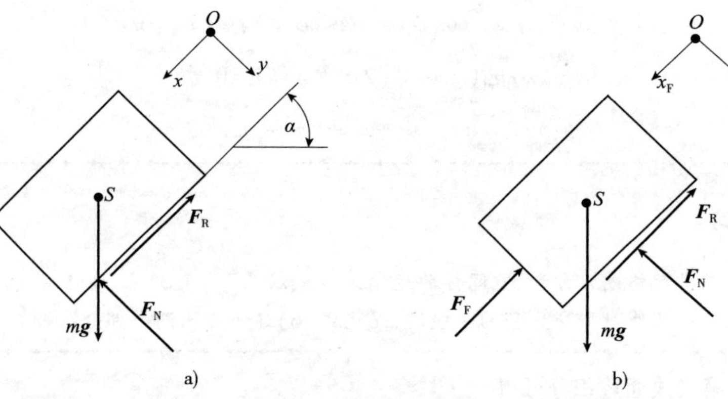

图 B-35　习题 13-16 解

$$0 = mg\cos\alpha - F_{\mathrm{N}} \tag{9}$$

其中,摩擦力由式(3)给出,而弹簧力为

$$F_{\mathrm{F}} = cx_{\mathrm{F}} \tag{10}$$

代替原来的式(4),现在由式(8)~式(10)得

$$\ddot{x}_{\mathrm{F}} = g(\sin\alpha - \mu\cos\alpha) - \frac{c}{m}x_{\mathrm{F}} \tag{11}$$

对于上述情况,由于加速度 $\ddot{x}$ 作为路径的函数 $\ddot{x}(x)$ 是已知的,考虑到

$$\ddot{x} = \frac{\mathrm{d}\dot{x}}{\mathrm{d}t} = \frac{\mathrm{d}\dot{x}}{\mathrm{d}x}\frac{\mathrm{d}x}{\mathrm{d}t} = \frac{\mathrm{d}\dot{x}}{\mathrm{d}x}\dot{x} \tag{12}$$

当把函数的变量分解之后 $\dot{x}(x)$ 可以通过积分求得。利用 $\dot{x}_{\mathrm{F}}(0) = v_0$ 和 $\dot{x}_{\mathrm{F}}(x_{\mathrm{Fmax}}) = 0$,由式(11)和式(12)可得

$$\int_{v_0}^{0}\dot{x}_F\mathrm{d}\dot{x}_F=\int_{0}^{x_{F\max}}\left[g(\sin\alpha-\mu\cos\alpha)-\frac{c}{m}x_F\right]\mathrm{d}x_F$$

引入缩写符号 $\lambda=g(\sin\alpha-\mu\cos\alpha)$，可得

$$x_{F\max}^2-\frac{2m}{c}\lambda x_{F\max}-\frac{m}{c}v_0^2=0 \tag{13}$$

其解为

$$x_{F\max}=\frac{m}{c}\left(\lambda\pm\sqrt{\lambda^2+\frac{c}{m}v_0^2}\right) \tag{14}$$

其中，只有取正号时有物理意义。利用式(7)，最终由式(14)得

$$x_{F\max}=\frac{m}{c}\left[\lambda+\sqrt{\lambda\left(\lambda+2\frac{c}{m}s\right)}\right] \tag{15}$$

另一解法　用能量法求解更为快捷：箱子初始的势能在下滑运动中转化为动能、摩擦功，以及弹簧的势能。假设在下滑路径 $s+x_F$ 后势能为零，则有能量平衡方程：

$$mg(s+x_F)\sin\alpha=\frac{1}{2}m\dot{x}_F^2+\mu mg(s+x_F)\cos\alpha+\frac{1}{2}cx_F^2 \tag{16}$$

由此令 $\dot{x}_F=0$ 直接可得二次方程(13)。

(3)确定箱子可能的最终平衡位置是静力问题。注意到由于有两个可能的运动方向，摩擦力 F_R 可以有不同的符号，于是作为在 x_F 方向上的平衡条件可得

$$\pm F_R+mg\sin\alpha-F_F=0$$

利用式(3)和式(10)得

$$\left.\begin{matrix}x_{F1}\\x_{F2}\end{matrix}\right\}=\frac{mg}{c}(\sin\alpha\mp\mu\cos\alpha) \tag{17}$$

第 14 章　动量矩定理

A 类型答案

习题 14-1　$J_z=m_\mu l^2/3$，$\rho_z=\sqrt{3}l/3$。

习题 14-2　$J_x=\frac{1}{6}m_\mu h^2$，$J_x=m_\mu h^2/6$。

习题 14-3　a) $L_O=ml^2\omega/3$；b) $L_O=ml^2\omega/9$；c) $L_O=5ma^2\omega/6$；d) $L_O=3mR^2\omega/2$；e) $L_C=\sqrt{3}mlv/18$；f) $L_C=mRv/2$；g) $L_C=0$。

习题 14-4　$J_z=m_\mu(R^2+r^2)/2$。

习题 14-5　$\boldsymbol{L}_O=2m\omega a^2\boldsymbol{k}$；$\boldsymbol{L}_B=2m\omega a(-2b\boldsymbol{j}+a\boldsymbol{k})$。

习题 14-6　$\boldsymbol{L}_O=-\frac{5}{4}mr^2\omega'\sin\theta\boldsymbol{j}'+\frac{1}{2}mr^2(\omega'\cos\theta+\omega)\boldsymbol{k}'$。

习题 14-7　$\varphi=\varphi_m\sin\left(\sqrt{\frac{g}{l}}t+\alpha\right)$。

习题 14-8　$\boldsymbol{L}_O=2ml^2\omega\sin\alpha\boldsymbol{k}$；$F_A=\frac{ml^2\omega^2}{h}\sin2\alpha(\leftarrow)$，$F_{BY}=\frac{ml^2\omega^2}{h}\sin2\alpha(\rightarrow)$，$F_{BZ}=2mg(\uparrow)$。

习题 14-9　$\alpha=\frac{m_1r_1-m_2r_2}{J_O+m_1r_1^2+m_1r_2^2}g$，$F_{Ox}=0$，$F_{Oy}=m_1g\cos\theta$。

习题 14-10　$f=\frac{bm\rho^2\omega^2}{4\pi nFlR}$。

习题 14-11　纯滚动条件：$\mu\geqslant\frac{1}{3}\tan\theta$，$a_C=\frac{2}{3}g\sin\theta$，$\alpha=\frac{2g}{3R}\sin\theta$，$F_N=mg\cos\theta$，$F_f=\frac{1}{3}mg\sin\theta$；

又滚又滑：$a_C=g(\sin\theta-\mu'\cos\theta)$，$\alpha=\dfrac{2g\mu'}{R}\cos\theta$，$F_f=\mu' mg\cos\theta$。

习题 14-12 $a_C=2g/3$，$F_T=mg/3$。

习题 14-13 $a_B=4g/5$。

习题 14-14 $F_N=mg\cos\varphi+m(R-r)\dot{\varphi}^2$，$F_f=-m(R-r)\ddot{\varphi}/2$；$T=2\pi\sqrt{\dfrac{3(R-r)}{2g}}$。

习题 14-15 $\boldsymbol{v}_A=(v_O+R\omega)\boldsymbol{i}$，$\boldsymbol{v}_O=(v_0-\mu' gt)\boldsymbol{i}$，$\omega=\dfrac{1}{R}(R\omega_0-2\mu' gt)\boldsymbol{k}$。

(1) $\omega_0<2v_0/R$ 时，第一阶段 $t<t^*$ 连滚带滑（向右）；第二阶段 $t\geqslant t^*$ 匀角速纯滚动（向右）。

(2) $\omega_0>2v_0/R$ 时，第一阶段 $t<t'$ 连滚带滑（向右）；第二阶段 $t'\leqslant t<t^*$ 连滚带滑（向左）；$t\geqslant t^*$ 匀角速纯滚动（向左）。

(3) $\omega_0=2v_0/R$ 时，$t<t'$ 连滚带滑（向右）；$t\geqslant t'$ 静止不动。

临界无滑时刻：$\boldsymbol{v}_A^*=\boldsymbol{v}_P=\boldsymbol{0}$，$t^*=\dfrac{1}{3\mu g}(v_0+R\omega_0)$，$\boldsymbol{v}_O^*=\dfrac{1}{3}(2v_0-R\omega_0)\boldsymbol{i}$，$\boldsymbol{\omega}^*=\dfrac{1}{3R}(R\omega_0-2v_0)\boldsymbol{k}$；

转向有滑时刻：$t'=v_0/\mu g$，$\boldsymbol{v}_O'=\boldsymbol{0}$，$\boldsymbol{\omega}'=\dfrac{1}{R}(R\omega_0-2v_0)\boldsymbol{k}$。

向右运动的最远距离 $s_{\max}=v_0^2/(2\mu g)$。

习题 14-16 物体 B 相对杆 OA 按逆时针转过 $\pi/2$；$\omega=\sqrt{\dfrac{3g}{l}\dfrac{m+2m_\mu}{m+3m_\mu}}$。

习题 14-17 B 端有滑动，$\alpha\approx14.7\text{rad/s}^2$，$F_N\approx35\text{N}$，$F_f\approx10.5\text{N}$。

B 类型答案

习题 14-18 $\ddot{\theta}=\dfrac{3}{2L}(a-g)\sin\theta$。

习题 14-19 $M=mgl\sin\theta+\dfrac{1}{4}ml^2\omega^2\sin2\theta$。

习题 14-20 $\omega=\dfrac{(m_0+4m)R^2}{m_0R^2+4mx^2}\omega_0$。

习题 14-21 $\Omega=\dfrac{m\rho^2\omega}{m\rho_0^2+m\rho^2+m_\mu\rho_0^2}$。

习题 14-22 $F_{Ox}=\dfrac{21\sqrt{3}}{32}mg$，$F_{Oy}=\dfrac{13}{32}mg$；$F_{Ax}=\dfrac{21\sqrt{3}}{32}mg$，$F_{Ay}=\dfrac{5}{16}mg$；

$F_{Bx}=\dfrac{9\sqrt{3}}{16}mg$，$F_{By}=\dfrac{33}{32}mg$；$F_{DN}=\dfrac{97}{32}mg$，$F_{DS}=\dfrac{3\sqrt{3}}{16}mg$；

$\alpha_{OA}=\dfrac{9}{16}\dfrac{g}{l}$，$\alpha_{AB}=-\dfrac{3\sqrt{3}}{8}\dfrac{g}{l}$，$\alpha_B=\dfrac{3\sqrt{3}}{8}\dfrac{g}{l}$。

习题 14-23 (1) $\omega_0=\dfrac{u}{3R}$；(2) $u\geqslant\sqrt{3Rg}$；(3) $F_N=\dfrac{3}{2}mg$。

习题 14-24 $\alpha_{BC}=\dfrac{70}{3}\dfrac{Fg}{Wl}$，$\alpha_{AB}=-\dfrac{6}{7}\dfrac{Fg}{Wl}$。

习题 14-25 第一阶段杆作定轴转动：

$$\theta^*=\arctan\frac{1}{4},\ \dot{\theta}=\sqrt{\frac{3g}{l}\sin\theta},\ddot{\theta}=\frac{3g}{2l}\cos\theta$$

第二阶段杆没有脱离桌面，作平面运动：

$$\left.\begin{aligned}\ddot{x}_C'+\frac{l^2f}{12x_C'}\ddot{\theta}&=g\sin\theta+\dot{x}_C'\dot{\theta}^2\\(l^2+12x_C'^2)\ddot{\theta}&=12gx_C'\cos\theta-24x_C'\dot{x}_C'\dot{\theta}\end{aligned}\right\}$$

第三阶段杆脱离桌面，作平面运动：

$$\ddot{\theta}=0,\ \dot{\theta}=\text{const.}$$

C 类型答案

习题 14-26　解：较为简便的做法是先从前后轮联合驱动情况开始，另外两种情况可由此直接导出。其中重要的是，借助于对运动方程的一个适当的改写将前轮和后轮的力分别引入。这一点可通过引入轮子和路面间的摩擦力的参数 K_A 和 K_B 来实现（如图 B-36 所示）。该参数按表 B-3 所列取值为 0 或 1。

参数 K_A、K_B 值　　表 B-3

驱动方式		后轮	前轮	前后轮联合
参数	K_A	0	1	1
	K_B	1	0	1

由动量定理对 x 方向和 y 方向分别给出：

$$m\ddot{x}_C=K_AF_{RA}+K_BF_{RB}-mg\sin\alpha \tag{1}$$

$$0=-F_B-F_A+mg\cos\alpha \tag{2}$$

其中

$$F_{RA}\leqslant\mu_0F_A;F_{RB}\leqslant\mu_0F_B \tag{3}$$

对于确定 5 个未知量 $\ddot{x}_C,F_A,F_B,F_{RA},F_{RB}$ 尚缺的第 5 个方程由动量矩定理提供。以系统的质心作为参考点可写出 $\mathrm{d}\boldsymbol{L}_C/\mathrm{d}t=\boldsymbol{M}_C$。该矢量方程的 z 轴分量给出

$$\frac{\mathrm{d}L_{Cz}}{\mathrm{d}t}=M_{Cz},0=-cF_A+cF_B-bK_AF_{RA}-bK_BF_{RB} \tag{4}$$

由式(1)~式(4)可得

$$F_B=mg\cos\alpha\left[\frac{c+bK_A\mu_0}{2c+\mu_0b(K_A-K_B)}\right] \tag{5}$$

$$F_A=mg\cos\alpha-F_B \tag{6}$$

$$\ddot{x}_C=K_A\mu_0g\cos\alpha+\mu_0g\cos\alpha(K_B-K_A)\left[\frac{c+bK_A\mu_0}{2c+b\mu_0(K_A-K_B)}\right]-g\sin\alpha \tag{7}$$

不过这些解只有当 F_A,F_b 为正值时才有效，因为这些力取负值时不能由路面作用于轮胎。如由式(5)可知，当在后轮驱动，前轮载荷 F_A 有时可能为零的情况下，后轮载荷 F_B 不能为零。在当前讨论的情况由 $\alpha=7.4°$（坡度≈13°），可得表 B-4 数值结果。

表 B-4

驱动方式		后轮	前轮	前后轮联合
轮载	F_A(mg)	0.447	0.455	0.407
	F_B(mg)	0.545	0.537	0.585

对于车辆的加速度 $\ddot{x}_C$，由式(7)可得，在后轮驱动情况下有

$$\ddot{x}_C=\frac{gc\mu_0\cos\alpha}{2c-\mu_0b}-g\sin\alpha=1.94(\mathrm{m/s^2}) \tag{8}$$

在前轮驱动情况下有

$$\ddot{x}_C=\frac{gc\mu_0\cos\alpha}{2c+\mu_0b}-g\sin\alpha=1.41(\mathrm{m/s^2}) \tag{9}$$

在前后轮联合驱动情况下有

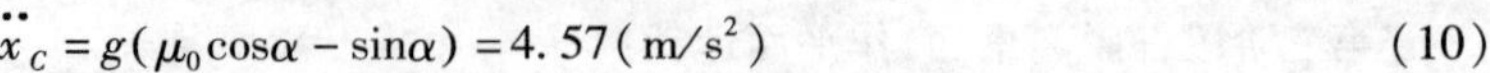

$$\ddot{x}_C = g(\mu_0 \cos\alpha - \sin\alpha) = 4.57(\mathrm{m/s^2}) \tag{10}$$

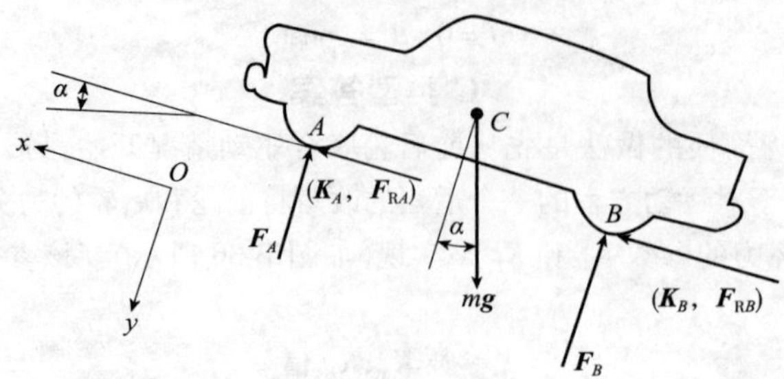

图 B-36　习题 14-26 解

习题 14-27　**解**:(1)首先必须检查,滚筒从静止状态释放后是开始滚动,还是开始滑动?为此要确定发生滚动所必需的切向摩擦力 $\boldsymbol{F}_{\mathrm{R}}$。按照图 B-37a)(滚筒隔离体),由动量定理给出

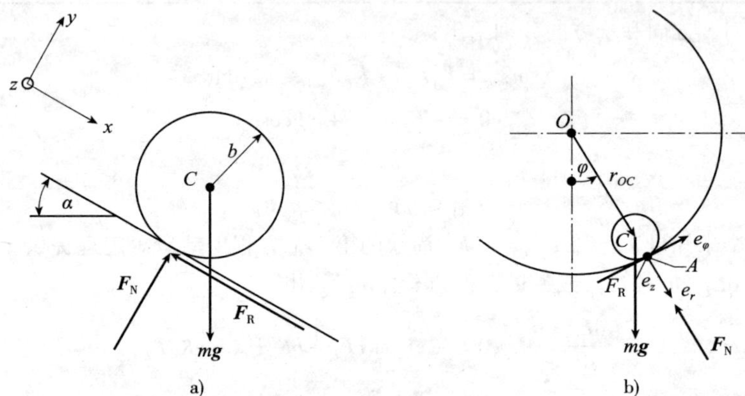

图 B-37　习题 14-27 解

$$m\ddot{x}_C = -F_{\mathrm{R}} + mg\sin\alpha \tag{1}$$

$$0 = F_{\mathrm{N}} - mg\cos\alpha \tag{2}$$

其中

$$F_{\mathrm{R}} \leqslant \mu F_{\mathrm{N}} \tag{3}$$

还有一个关系式由动量矩定理提供。以滚筒的重心 C 作为参考点,采用如图 B-37a)所示的 xyz 坐标系,可得关系式:

$$\dot{L}_{Cz} = \sum M_{Cz}, J_C\dot{\omega} = -bF_{\mathrm{R}} \tag{4}$$

其中,对于均质滚筒有

$$J_C = \frac{1}{2}mb^2 \tag{5}$$

在当前情况下滚动条件为

$$\dot{x}_C = -b\omega \tag{6}$$

其中,$\omega = \omega_z$ 为滚筒的角速度。由式(1),式(4),式(5)和式(6)可得在滚动时滚筒与斜面之间的作用力

$$F_{\mathrm{R}} = \frac{1}{3}mg\sin\alpha \tag{7}$$

利用式(2)和式(3)可得纯滚动的条件为

$$\mu \geqslant \frac{1}{3}\tan\alpha \tag{8}$$

这一条件是对给定的参数数值得出的。

滚筒在斜面上的运动应和它在圆形轨道上的运动分别考察。在斜面终点处的滚筒速度 $\dot{x}_{C2}$ 最简单地可用能量定理来确定。因为在纯滚动时摩擦力 $\boldsymbol{F}_R$ 不做功,所以应用能量定理是可能的。摩擦力 $\boldsymbol{F}_R$ 始终作用在滚筒运动静止的瞬时转动中心。于是由 $V_1+T_1=V_2+T_2$ 得

$$mg[h_1+(r-b)\cos\alpha]=\frac{1}{2}m\dot{x}_{C2}^2+\frac{1}{2}J\omega_2^2 \tag{9}$$

利用式(5)和式(6),可得

$$\dot{x}_{C2}=\sqrt{\frac{4}{3}g[h_1+(r-b)\cos\alpha]}=4.236(\mathrm{m/s}) \tag{10}$$

对于计算滚筒在圆形轨道上的运动自然应采用极坐标 $Or\varphi$[图 B-37b)]。

由动量定理可得

$$m\ddot{\boldsymbol{r}}_{OC}=\boldsymbol{F}_R+\boldsymbol{F}_N+\boldsymbol{F}_G \tag{11}$$

对于矢径 $\boldsymbol{r}_{OC}=r_{OC}\boldsymbol{e}_r=(r-b)\boldsymbol{e}_r$,由于 $\dot{r}_{OC}=\ddot{r}_{OC}=0$,其二阶导数为

$$\ddot{\boldsymbol{r}}_{OC}=-r_{OC}\dot{\varphi}^2\boldsymbol{e}_r+r_{OC}\ddot{\varphi}\boldsymbol{e}_\varphi \tag{12}$$

又由式(11)可得坐标方程:

$$-m(r-b)\dot{\varphi}^2=-F_N+mg\cos\varphi \tag{13}$$

$$m(r-b)\ddot{\varphi}=F_R-mg\sin\varphi \tag{14}$$

相对于滚筒的重心动量矩定理,给出在 $\varphi>0$ 情况下的 z 轴分量公式:

$$\dot{L}_{Sz}=J_S\dot{\omega}=bF_R \tag{15}$$

现在可以通过考察瞬时转动中心 A[图 B-37b)]来得到滚动条件。

可以写出

$$\boldsymbol{v}_A=\boldsymbol{v}_S+\boldsymbol{\omega}+\boldsymbol{r}_{SA}=[(r-b)\dot{\varphi}+b\omega]\boldsymbol{e}_\varphi=0 \tag{16}$$

于是

$$\omega=-\dot{\varphi}\frac{r-b}{b},\ \dot{\omega}=-\ddot{\varphi}\frac{r-b}{b} \tag{17}$$

对于保持纯滚动运动必需的摩擦力 F_R,由式(14)、式(15)和式(17)可导出与式(7)相应的关系式:

$$F_R=\frac{1}{3}mg\sin\varphi \tag{18}$$

根据式(3),只要满足

$$F_N\geqslant\frac{1}{\mu}F_R \tag{19}$$

滚动就是可能的。

为了由式(13)确定 F_N 首先必须由式(14)求出角速度 $\dot{\varphi}(\varphi)$。由式(18)和式(14)可得微分方程:

$$\ddot{\varphi}=-\frac{2g}{3(r-b)}\sin\varphi \tag{20}$$

利用 $\ddot{\varphi}=\dot{\varphi}\,\mathrm{d}\dot{\varphi}/\mathrm{d}\varphi$ 和分离变量可将该方程积分一次得

$$\dot{\varphi}^2=\frac{4g}{3(r-b)}(\cos\varphi-\cos\alpha)+\varphi_0^2 \tag{21}$$

其中,$\dot{\varphi}_0$ 是滚筒在圆形轨道上运动时的重心速度。由式(10)可得

$$\dot{\varphi}_0^2=\frac{\dot{x}_{S2}^2}{(r-b)^2}=41.19(\mathrm{rad/s})^2 \tag{22}$$

现在由式(13)和式(21)可以写出法向力为

$$F_{\mathrm{N}}=\frac{m}{3}[7g\cos\varphi-4g\cos\alpha+3(r-b)\dot{\varphi}_0^2] \tag{23}$$

对于在圆形轨道上纯滚动的临界角 φ_1，可由式(18)、式(19)和式(23)得到条件

$$7\mu\cos\varphi_1-\sin\varphi_1=\mu\left[4\cos\alpha-\frac{3}{8}(r-b)\dot{\varphi}_0^2\right] \tag{24}$$

为了从此方程解出 φ_1，需引进辅助量 $\tan\psi=1/(7\mu)$。将式(24)和 $\sin\psi=1/\sqrt{1+49\mu^2}$ 相乘后得

$$\cos(\varphi_1+\psi)=\frac{\mu\sin\psi}{g}[4g\cos\alpha-3(r-b)\dot{\varphi}_0^2]$$

进而解出

$$\varphi_1=\arccos\frac{\mu[4g\cos\alpha-3(r-b)\dot{\varphi}_0^2]}{g\sqrt{1+49\mu^2}}-\arctan\frac{1}{7\mu}=97.2° \tag{25}$$

(2)当在圆轨道上的运动都不发生滑动时，可以采用能量定理。势能之差转换为滚筒的动能：

$$mg[h-(r-b)\cos\alpha]=\frac{1}{2}mv_s^2+\frac{1}{2}J\omega^2 \tag{26}$$

又由式(5)和式(17)，则可得

$$h_2=(r-b)\cos\alpha+\frac{3}{4g}\dot{\varphi}_2^2(r-b)^2 \tag{27}$$

为了在圆形轨道的终点 $\varphi_2=150°$处还满足滚筒纯滚动条件，所必需的角速度 φ_2 可由式(13)，式(18)以及式(19)的上限求得

$$\dot{\varphi}_2^2=\frac{g}{r-b}\left(\frac{1}{3\mu}\sin\varphi_2-\cos\varphi_2\right)=22.78(\mathrm{rad/s})^2 \tag{28}$$

由此利用式(27)可得最小高度为 $h_2=1.33\mathrm{m}$。

习题 14-28　解：(1)对于静止状态钢丝绳作用力 $\boldsymbol{F}$ 的平衡条件为

$$\sum F_{\mathrm{V}}=0,2F-(m_{\mathrm{F}}+m)g=0 \tag{1}$$

$$\sum M_A=0,F(d+2r)-mg(r+d)-m_{\mathrm{F}}g\left(r+d+b-\frac{c}{2}\right)=0 \tag{2}$$

由此消去 $\boldsymbol{F}$ 后可得

$$d=\frac{m_{\mathrm{F}}}{m_{\mathrm{F}}+m}(c-2b)$$

(2)对于考虑的每个隔离体可以写出动量定理和动量矩定理。为了避免符号错误，坐标方程应始终在同一坐标系中给出。由图 B-38 得出吊斗和滚筒的动量方程为

$$m_{\mathrm{F}}\ddot{x}_{S_{\mathrm{F}}}=-F_{\mathrm{T1}}-F_{D\mathrm{V}}+m_{\mathrm{F}}g \tag{3a}$$

$$m_{\mathrm{F}}\ddot{y}_{S_{\mathrm{F}}}=-F_{D\mathrm{H}}+F_{\mathrm{F}}-F_E \tag{3b}$$

$$m_{\mathrm{F}}\ddot{x}_{\mathrm{D}}=-F_{\mathrm{T2}}+F_{D\mathrm{V}}+mg \tag{3c}$$

$$m\ddot{y}_{\mathrm{D}}=F_{D\mathrm{H}} \tag{3d}$$

由于吊斗只能在 x 方向运动，得到 $\ddot{y}_D=\ddot{y}_{S_{\mathrm{F}}}=0$，于是 $F_{D\mathrm{H}}=0,F_{\mathrm{F}}=F_{\mathrm{E}}$，力偶($\boldsymbol{F}_{\mathrm{E}},\boldsymbol{F}_{\mathrm{F}}$)对应于导壁作用于吊斗的力矩 $\boldsymbol{M}$。对于转向滑轮、滚筒和吊斗，相对于各自的重心，由动量矩定理可得

$$J_4\dot{\omega}_4=F_{\mathrm{T1}}r-F_{\mathrm{T3}}r \tag{4a}$$

$$J_3\dot{\omega}_3=F_{\mathrm{T3}}r-F_{\mathrm{T2}}r \tag{4b}$$

$$J_2\dot{\omega}_2=F_{\mathrm{T2}}r \tag{4c}$$

$$J_{S_{\mathrm{F}}}\dot{\omega}_{\mathrm{F}}=-F_{\mathrm{T1}}\left(b+d+r-\frac{c}{2}\right)+F_{D\mathrm{V}}\left(\frac{c}{2}-b\right)+M \tag{4d}$$

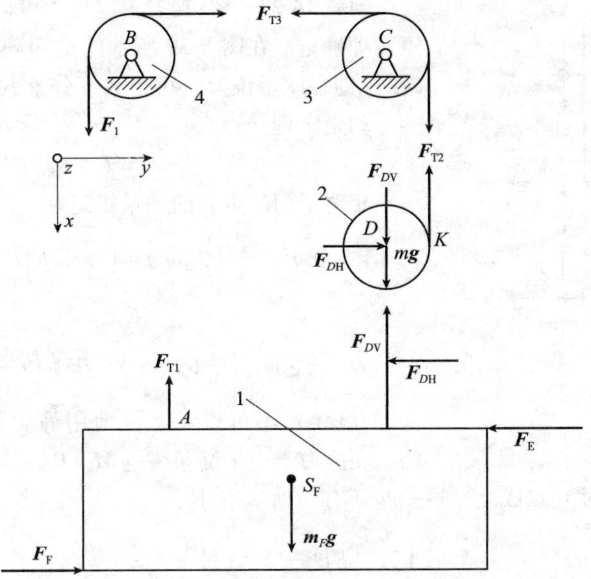

图 B-38　习题 14-28 解

在式(3)、式(4)的 8 个方程中共出现 16 个未知量。缺少的 8 个方程可以由系统的运动学条件和 F_E, F_F, M 之间的关系来列出。

首先有 $\ddot{y}_D = \ddot{y}_{S_F} = \dot{\omega}_F = 0$ 和 $\dot{x}_{S_F} = \dot{x}_D$。由于假设钢丝绳不伸长，因此有 $\omega_3 = \omega_4$。吊斗只能移动，由此得到条件 $\dot{x}_{S_F} = r\omega_4$，$\dot{x}_{S_F} = r\omega_2 - r\omega_3$。

由这 7 个运动学相容条件，以及对于一个均质轮子的惯性矩公式 $J_C = mr^2/2$，在消去其他未知量后可得要求的吊斗加速度。

$$\ddot{x}_{S_F} = \frac{m + m_F}{4m + m_F} g \tag{5}$$

(3) 由式(3)～式(5)以及运动学相容条件得到由导壁和吊斗之间的法向力构成的力矩

$$M = \frac{gm}{m_F + 4m}\left[2(d + r)(m + m_F) - 3m_F\left(\frac{c}{2} - b\right)\right] \tag{6}$$

其他解法：前面(2)中在支座 D 处的截面可以略去，于是由动量定理可得

$$(m + m_F)\ddot{x}_S = -F_{T1} - F_{T2} + (m + m_F)g \tag{7a}$$

$$0 = F_F - F_E \tag{7b}$$

其中，S 是吊斗和滚筒 2 总体的重心。该系统对于 S 的动量矩为

$$\boldsymbol{L}_S = \boldsymbol{L}_{S_F} + \boldsymbol{r}_{S,S_F} \times [m_F(\boldsymbol{v}_{S_F} - \boldsymbol{v}_S)] + \boldsymbol{L}_D + \boldsymbol{r}_{S_D} \times [m(\boldsymbol{v}_D - \boldsymbol{v}_S)] \tag{8}$$

其中，由于 $\omega_F = 0$，$v_{S_F} = v_S = v_D$，只有第 3 项不等于零：

$$\boldsymbol{L}_S = \boldsymbol{L}_D = (0 \quad 0 \quad J_2\omega_2) \tag{9}$$

由此根据图 B-38，由动量矩定理 $\dot{L}_{Dz} = \sum M_{Dz}$ 可写出

$$J_2\dot{\omega}_2 = F_{T2}(y_K - y_S) + m_F g(y_S - y_{S_F}) - mg(y_D - y_S) - F_{T1}(y_S - y_A) + M \tag{10}$$

利用 $y_S = (y_{S_F} m_F + y_D m)/(m_F + m)$，由式(10)最终可得

$$J_2\dot{\omega}_2 = \frac{1}{m_F + m}\left\{F_{T2}\left[m_F\left(\frac{c}{2} - b + r\right) + mr\right] + F_{T1}\left[m_F\left(\frac{c}{2} - b\right) - (m_F + m)(d + r)\right]\right\} + M \tag{11}$$

利用运动学附加条件由式(7)、式(11)可以计算所求的 $\ddot{x}_S$ 和 M。

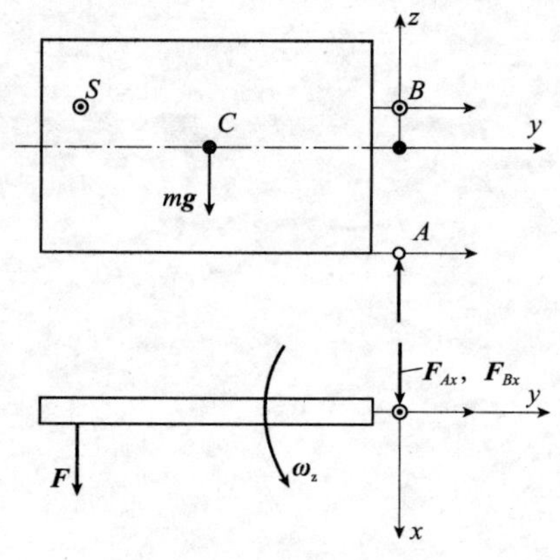

图 B-39　习题 14-29 解

习题 14-29　**解**：动态支座反力可以借助于动量定理和动量矩定理确定。在图 B-39 所示的空间固定坐标系中在开始运动瞬时（即在图示位置），可得如下分量方程：

动量定理：

$$m\ddot{x}_C = F + F_{Bx} + F_{Ax} \tag{1}$$

相对于门的重心的动量矩定理：

$$\dot{L}_{Cz} = \sum M_{Cz}, \frac{\mathrm{d}}{\mathrm{d}t}(J_{Cz}\omega_z) = \left(\frac{b}{2} - h\right)F - \left(\frac{b}{2} + c\right)(F_{Ax} + F_{Bx}) \tag{2}$$

$$\dot{L}_{Cy} = \sum M_{Cy}, \frac{\mathrm{d}}{\mathrm{d}t}(J_{Cy}\omega_y) = fF + \left(e - \frac{d}{2}\right)F_{Bx} - \frac{d}{2}F_{Ax} = 0 \tag{3}$$

方程(3)不可以无条件地用静力学的力矩平衡条件来比较。在静力学中平衡条件 $\sum \boldsymbol{M} = 0$ 对参考点均成立，而由动量矩定理得到的式(3)只对 C 点成立。进一步还有运动学条件

$$\dot{x}_C = \left(\frac{b}{2} + c\right)\omega_z, \ddot{x}_C = \left(\frac{b}{2} + c\right)\dot{\omega}_z \tag{4}$$

相对于通过 C 点与 z 轴平行的轴，门的惯性矩为：

$$J_{Cz} = \frac{1}{12}mb^2 \tag{5}$$

由式(1)，式(2)和式(4)消去支座反力($F_{Ax} + F_{Bx}$)可得角加速度 $\dot{\omega}_z$

$$\dot{\omega}_z = \frac{F}{m}\left(\frac{b + c - h}{b^2/3 + bc + c^2}\right) \tag{6}$$

这一结果也可对于通过 A,B 两点的空间固定的 z 轴由动量矩定理得到。

由式(6)可知，在给定 F 的条件下，门的角加速度随 h 的减小而增大。这和人们的经验是一致的：力 $\boldsymbol{F}$ 离门的支座越远门开得越快。考虑到式(4)，在式(1)～式(3)中消去加速度 $\dot{\omega}_z$ 和 $\ddot{x}_C$，可得 h 和支座力 F_{Ax},F_{Bx}的关系为：

$$h = b + c - \left(1 + \frac{F_{Bx} + F_{Ax}}{F}\right)\frac{b^2/3 + bc + c^2}{b/2 + c} \tag{7}$$

当 F_{Ax},F_{Bx}取最大值 $F_{\max}$时，可得 h 的最小值。

f 的数值由式(3)代入 $F_{Ax} = F_{Bx} = F_{\max}$ 得到

$$f = \frac{F_{\max}}{F}(d - e) \tag{8}$$

讨论与练习

仅当空间固定的转动轴同时就是刚体的一个主惯性轴时，这里给出的在一个空间固定坐标系中求解的方法才是可能的。如果不是这样，建议采用固定于物体的坐标系。此时求导要按照矢量在运动坐标系中的求导。在空间固定坐标系中惯性张量将是随时间可变的。

习题 14-30　**解法一**：根据动量定理对杆的重心可写出（图 B-40）

$$\dot{p}_x = \sum F_x, m\ddot{x}_C = F_A \tag{1a}$$

$$\dot{p}_y = \sum F_y, m\ddot{y}_C = F_B - mg \tag{1b}$$

相对于重心 C，由动量矩定理得到

$$\dot{L}_{Cz} = \sum M_{Cz}, J_{Cz}\dot{\omega} = \frac{a}{2}F_B\sin\varphi - \frac{a}{2}F_A\cos\varphi \tag{2}$$

细杆的惯性矩为：

$$J_{Cz} = \frac{1}{12}ma^2 \tag{3}$$

只要杆和墙与地接触，即满足条件

$$x_C = \frac{a}{2}\sin\varphi, y_C = \frac{a}{2}\cos\varphi \tag{4}$$

对时间求导两次可得

$$\dot{x}_C = \frac{a}{2}(\ddot{\varphi}\cos\varphi - \dot{\varphi}^2\sin\varphi) \tag{5a}$$

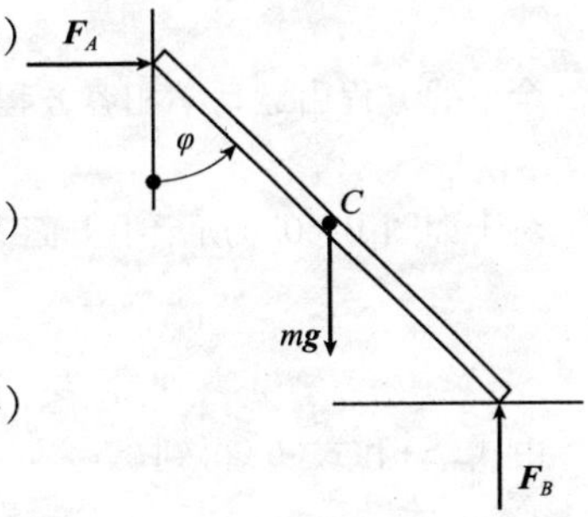

图 B-40　习题 14-30 解

$$\ddot{y}_C = -\frac{a}{2}(\ddot{\varphi}\sin\varphi - \dot{\varphi}^2\cos\varphi) \tag{5b}$$

由式(1)，式(2)，式(3)和式(5)得到角加速度

$$\ddot{\varphi} = \frac{3g}{2a}\sin\varphi \tag{6}$$

利用 $\ddot{\varphi} = \dot{\varphi}\,\mathrm{d}\dot{\varphi}/\mathrm{d}\varphi$，经分离变量，由非线性微分方程(6)可得所求的函数 $\dot{\varphi} = \omega(\varphi)$

$$\int_0^{\omega}\mathrm{d}\omega = \int_{\varphi_0}^{\varphi}\ddot{\varphi}\mathrm{d}\varphi = \frac{3g}{2a}\int_{\varphi_0}^{\varphi}\sin\varphi\mathrm{d}\varphi$$

$$\omega = \sqrt{\frac{3g}{a}(\cos\varphi_0 - \cos\varphi)} \tag{7}$$

解法二：这一结果也可直接从能量定律得出，由于力 $\boldsymbol{F}_A$ 和 $\boldsymbol{F}_B$ 与 A,B 两点的运动方向垂直，因此它们不做功。可以写出

$$T_0 + V_0 = T + V$$

$$mgy_{C0} = \left[\frac{1}{2}J_{Cz}\omega^2 + \frac{1}{2}m(\dot{x}_C^2 + \dot{y}_C^2)\right] + mgy_C \tag{8}$$

利用式(4)和它们对时间的一阶导数 $\dot{x}_C = \frac{1}{2}a\dot{\varphi}\cos\varphi$；$\dot{y}_C = -\frac{1}{2}a\dot{\varphi}\sin\varphi$，由式(8)又可得到式(7)。利用能量定律可以省去一次积分。杆子从墙壁脱开的位置 φ_1 由 $F_A(\varphi_1) = 0$ 求出。将式(5a)，式(6)和式(7)代入式(1a)，可得

$$F_A = \frac{1}{4}mg(9\cos\varphi - 6\cos\varphi_0)\sin\varphi \tag{9}$$

该值当

$$\cos\varphi_1 = \frac{2}{3}\cos\varphi_0 \tag{10}$$

时为零。

习题 14-31　解：利用剖分原理、动量定理、动量矩定理，可以对系统的各个部件的运动状态列出方程。对一个滚子在空间固定的 x 方向由动量定理可得[如图 B-41a)所示]

$$m_K\ddot{x}_{KC} = F_W - F_R \tag{1}$$

由动量矩定理对于圆环得到

$$J_R\dot{\omega}_R = -4r_RF_R \tag{2}$$

对于滚子得到

$$J_K\dot{\omega}_K = \frac{1}{2}(r_R - r_W)(F_W + F_R) \tag{3}$$

而对于轴得到

$$J_W \dot{\omega}_W = -M + 4r_W F_W \tag{4}$$

余下的方程由运动学相容方程得到。因为滚子在轴和圆环上无滑动滚动,可得

$$r_W \omega_W + (r_R - r_W)\omega_K = r_R \omega_R \tag{5}$$

对于如图 B-60b)所示中上面滚子重心的速度得到

$$-\dot{x}_{KC} = r_W \omega_W + \frac{1}{2}\omega_K (r_R - r_W) \tag{6}$$

由式(5)和式(6)得到

$$-\dot{x}_{KC} = \frac{1}{2}(r_W \omega_W + r_R \omega_R) \tag{7}$$

方程(7)也可以直接由图 B-41b)写出。

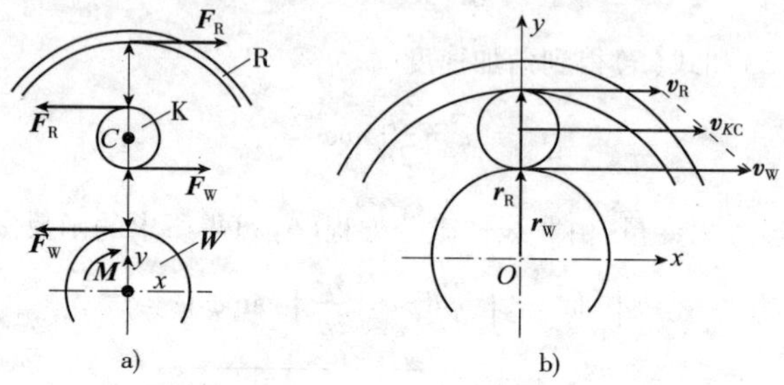

图 B-41　习题 14-31 解

为了由式(1)~式(5)和式(7)求角加速度 $\dot{\omega}_R$,首先将式(5)和式(7)求导后代入式(3)和式(1)。将由此导出的方程求和与求差,再考虑到由式(2)得到的 F_R 和由式(4)得到的 F_W,得到如下对于 $\dot{\omega}_R$ 和 $\dot{\omega}_W$ 的线性方程组

$$\left[\frac{2J_K}{(r_R - r_W)^2} + \frac{m_K}{2} + \frac{J_R}{2r_R^2}\right] r_R \dot{\omega}_R + \left[\frac{m_K}{2} - \frac{2J_K}{(r_R - r_W)^2}\right] r_W \dot{\omega}_W = 0 \tag{8a}$$

$$\left[\frac{m_K}{2} - \frac{2J_K}{(r_R - r_W)^2}\right] r_R \dot{\omega}_R + \left[\frac{2J_K}{(r_R - r_W)^2} + \frac{m_K}{2} + \frac{J_W}{2r_W^2}\right] r_W \dot{\omega}_W = -\frac{M}{2r_W} \tag{8b}$$

由此求得圆环的角加速度

$$\dot{\omega}_R = -\frac{M}{\lambda}\left[\frac{J_K}{(r_R - r_W)^2} - \frac{1}{4}m_K\right] \tag{9}$$

其中式(8)的行列式值 λ 为

$$\lambda = \left\{\left[\frac{2J_K}{(r_R - r_W)^2} + \frac{m_K}{2} + \frac{J_R}{2r_R^2}\right]\left[\frac{2J_K}{(r_R - r_W)^2} + \frac{m_K}{2} + \frac{J_W}{2r_W^2}\right] - \left[\frac{m_K}{2} - \frac{2J_K}{(r_R - r_W)^2}\right]^2\right\} r_R r_W$$

习题 14-32　**解**:(1)注意到当泊靠过程中船和浮码头作为一个系统,由于忽略水的阻力,满足动量和动量矩守恒定理。若在泊靠前后的运动状态分别用 0 和 1 来标记,由动量守恒可得

$$\boldsymbol{p}_{A0} + \boldsymbol{p}_{B0} = \boldsymbol{p}_{A1} + \boldsymbol{p}_{B1} \tag{1}$$

对于和浮码头重心重合的固定点 D,由动量矩守恒可得

$$\boldsymbol{L}_{D0}^{A} + \boldsymbol{L}_{D0}^{B} = \boldsymbol{L}_{D1}^{A} + \boldsymbol{L}_{D1}^{B} \tag{2}$$

(动量矩参考点的选择是任意的)。按照图 B-42,由式(1)和式(2),对于 x 和 z 分量可得

$$m_A v_{A0} = (m_A + m_B) v_{C1} \tag{3}$$

$$\frac{1}{2}(b_A + b_B) m_A v_{A0} = J_C \omega_1 + s(m_A + m_B) v_{C1} \tag{4}$$

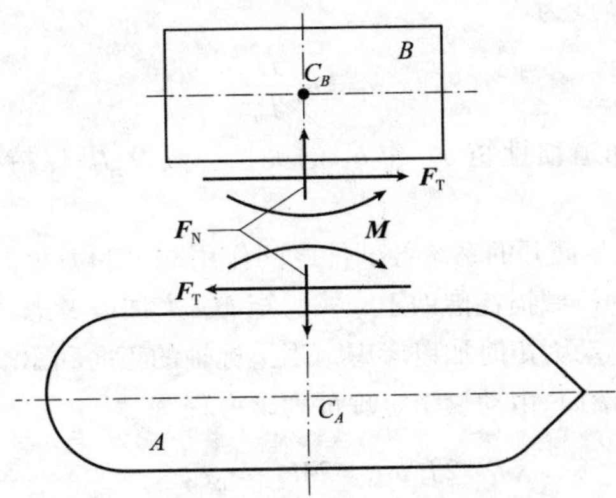

图 B-42　习题 14-32 解

其中,v_{C1}是船和浮码头整体系统的重心 C 在泊靠后的速度,J_C 是船和浮码头相对于 C 的惯性矩,J_C 是矢径 $\boldsymbol{r}_{DC}$的 y 坐标值。可以写出

$$s = r\frac{m_A}{m_A + m_B} \tag{5}$$

$$J_C = J_{AC} + J_{BC} + s^2 m_B + (r-s)^2 m_A \tag{6}$$

$$r = \frac{1}{2}(b_A + b_B) \tag{7}$$

泊靠后系统的运动状态可通过总体重心 C 的速度 v_{C1} 和角速度 ω_1 来描述。由式(3)可得

$$v_{C1} = v_{A0}\frac{m_A}{m_A + m_B},v_{C1} = (0.2\quad 0\quad 0)\mathrm{m/s} \tag{8}$$

而由式(4)~式(7)可得

$$\omega_1 = \frac{rv_{A0}}{\left(\frac{1}{m_A}+\frac{1}{m_B}\right)(J_{AC}+J_{BC})+r^2} = 0.0218(\mathrm{rad/s}) \tag{9}$$

(2)当涉及船和浮码头之间的力时,必须分为两个系统来考虑。在紧急制动时总的作用力可分解为在接触面内的力 $\boldsymbol{F}_{\mathrm{T}}$ 和沿法向的力两个分量。法向力对应于作用于两个物体的力螺旋($\boldsymbol{F}_{\mathrm{N}},\boldsymbol{M}_C^A$)和($\boldsymbol{F}_{\mathrm{N}},\boldsymbol{M}_C^B$)。力矩 $\boldsymbol{M}$ 在泊靠过程中对时间的积分就是这里关心的冲量矩 $\int_0^{\Delta_t} M\mathrm{d}t$。由于两部分各自的重心 C_A、C_B 的 x 坐标在泊靠时是相同的,两部分的冲量矩也应该相同。应用剖分定理按图 B-61 对于船和浮码头得到外力。由动量矩定理得到

$$J_{AC}\dot{\omega}_A = \frac{1}{2}b_A F_{\mathrm{T}} - M \tag{10a}$$

$$J_{BC}\dot{\omega}_B = \frac{1}{2}b_B F_{\mathrm{T}} + M \tag{10b}$$

将式(10)对于泊靠时间 Δt 积分

$$J_{AC}\omega_A = \frac{1}{2}b_A\int_0^{\Delta t}F_{\mathrm{T}}\mathrm{d}t - \int_0^{\Delta t}M\mathrm{d}t \tag{11a}$$

$$J_{BC}\omega_B = \frac{1}{2}b_B\int_0^{\Delta t}F_{\mathrm{T}}\mathrm{d}t + \int_0^{\Delta t}M\mathrm{d}t \tag{11b}$$

利用 $\omega_a = \omega_B = \omega_1$,由式(9),对冲量矩公式消去力的冲量

$$\int_0^{\Delta t}M\mathrm{d}t = \frac{1}{2}v_{A0}\frac{J_{BC}b_A - J_{AC}b_B}{\left(\frac{1}{m_A}+\frac{1}{m_B}\right)(J_{AC}+J_{BC})+r^2} \tag{12}$$

使冲量矩为零的浮码头宽度为

$$b_B = b_A \frac{J_{BC}}{J_{AC}}$$

为了用此式计算，必须知道惯性矩 J_{BC} 和 b_B 的关系。假设 J_{BC} 保持不变时，对于本题情况宽度 $b_B = 0.6\text{m}$。

习题 14-33　解：(1)在互相截开的系统各部件之间作用的力和力矩如图 B-43 所示。其中将两台电动机合在一起。传动装置的机械损耗借助于摩擦力矩 M_{TR} 来加以考虑，它和驱动力矩的作用方向相反。电动机的损耗则在确定驱动力矩时加以考虑。当坐标轴的正向和驱动力矩的方向一致时，对于电动机，以及和传动轮相连接的滚筒，由动量矩定理可列出方程

$$2J_{\text{L}}\dot{\omega}_{\text{M}} = 2M_{\text{M}} - r_R F_{\text{T}} \tag{1}$$

$$J_{\text{T}}\dot{\omega}_{\text{T}} = r_{\text{G}}F_{\text{T}} - M_{\text{TR}} - r_{\text{T}}F_{\text{S}} \tag{2}$$

损耗力矩 M_{TR} 可以由减速比和驱动力矩来计算

$$r_{\text{G}}F_{\text{T}} - M_{\text{TR}} = n_{\text{G}}r_{\text{G}}F_{\text{T}} \tag{3}$$

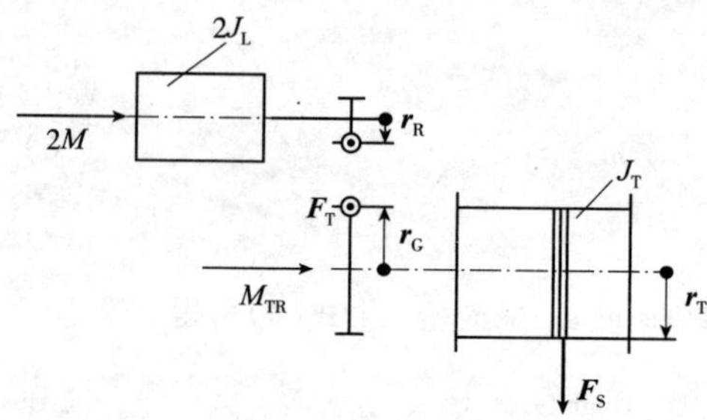

图 B-43　习题 14-33 解

在起吊钢丝绳中的拉力由对于吊斗和装载物的动量定理得到

$$m\dot{v} = F_{\text{S}} - F_{\text{S0}}$$

$$F_{\text{S}} = m(11 + 1.5v + \dot{v}) \tag{4}$$

启动力矩由给定的功率来计算。由 $P = \mathrm{d}W/\mathrm{d}t = F\mathrm{d}r/\mathrm{d}t = M\omega$，其中 $\omega = \pi n/30$（n 为每分钟转数），再考虑到电动机的效率，可得

$$n_{\text{M}}P = M_{\text{M}}\frac{\pi n}{30}, \frac{15n\eta_{\text{M}}}{n+600}\times 10^3 = M_{\text{M}}\frac{\pi n}{30} \tag{5}$$

$$M_{\text{M}} = \frac{45\times 10^4\eta_{\text{M}}}{\pi(n+600)}$$

由式(5)当 $n=0$ 时得到启动力矩为

$$M_{\text{M0}} = 198.15\text{N}\cdot\text{m} \tag{6}$$

利用

$$\omega_{\text{M}} = u\omega_{\text{T}} = u\frac{v}{r_{\text{T}}} \tag{7}$$

以及 $r_{\text{G}}/r_{\text{R}} = u$，最终由式(1)～式(7)得到吊斗的角速度为

$$\dot{v} = \frac{2M_{\text{M}}u - \dfrac{1}{\eta_{\text{G}}}r_{\text{T}}m(11+1.5v)}{\dfrac{mr_{\text{T}}}{\eta_{\text{G}}} + \dfrac{J_{\text{T}}}{\eta_{\text{G}}r_{\text{T}}} + \dfrac{2J_{\text{L}}u^2}{r_{\text{T}}}} \tag{8}$$

其中，代入 $v=0$，并对 M_{M} 由式(6)代入启动力矩，即可得启动加速度

$$\dot{v}(0) = 8.71\text{m/s}^2$$

(2)对于滚筒定常转动（$\dot{v}=0$），式(8)中的分子为零。利用 $v = 2r_{\text{T}}\pi n_{\text{T}}/60$（$n$ 为每分钟转数），$n = n_{\text{T}}u$ 以及式(5)，得到一个对于 n_{T} 的二次方程

$$n_{\text{T}}^2 + \left(\frac{220}{r_{\text{T}}\pi} + \frac{600}{u}\right)n_T + \frac{13.2\times 10^4}{ur_{\text{T}}\pi} - \frac{18\times 10^6\eta_{\text{M}}\eta_{\text{G}}}{r_{\text{T}}^2\pi^2 m} = 0$$

其解为 $n_{\text{T(max)}} = 164.61/\text{min}$。

第15章 动能定理

A类型答案

习题 15-1 a) $T = ml^2\omega^2/6$; b) $T = ml^2\omega^2/18$; c) $T = 5ma^2\omega^2/12$; d) $T = 3mR^2\omega^2/4$; e) $2mv^2/9$; f) $T = 3mv^2/4$; g) $T = mr^2\omega^2/2$。

习题 15-2 $T = \dfrac{l^2\omega^2}{12g}\left(2Q + 6P + \dfrac{3\pi r + 2l}{\pi r + l}W\right)$。

习题 15-3 $v_B = 9.1\text{m/s}$。

习题 15-4 $\omega = \dfrac{2}{r}\sqrt{\dfrac{3(\pi M - 2Fr)}{m_1 + 3m_2}}$。

习题 15-5 $\omega = \dfrac{2}{R}\sqrt{\dfrac{\varphi[M - m_2 gR(\sin\theta + f'\cos\theta)]}{m_1 + 2m_2}}$;

$$\alpha = \frac{2\varphi[M - m_2 gR(\sin\theta + f'\cos\theta)]}{R^2(m_1 + 3m_2)}。$$

习题 15-6 $v = 2\,[sM/(5mR)]^{1/2}$。

习题 15-7 $\omega = 2.97\text{rad/s}$。

习题 15-8 $\omega_{OA} = \sqrt{3g/r}$。

习题 15-9 $a = 2RrP_3 g/(3r^2P_1 + 2\rho^2P_2 + 2R^2P_3)$。

习题 15-10 $v = [(7mgs - ks^2)/(5m)]^{1/2}$。

习题 15-11 $\omega = \dfrac{2}{r_1 + r_2}\sqrt{\dfrac{3M\varphi}{9m_2 + 2m_3}}$; $\alpha = \dfrac{6M}{(9m_2 + 2m_3)(r_1 + r_2)^2}$。

习题 15-12 $F_{\mathrm{T}} = \dfrac{m}{l - h}(2gh + v_0^2)$。

习题 15-13 $a_A\big|_{\theta = 45^\circ} = \dfrac{3m_1 g}{4m_1 + 9m_2}\left(1 - \dfrac{4\sqrt{2}}{3g}\dfrac{v_0^2}{l}\right)$。

习题 15-14 $Q[1 + \sqrt{1 + 2kh/(P + Q)}]$

习题 15-15 $v \approx 8.93\text{km/s}$。

习题 15-16 $v = \sqrt{\dfrac{g}{l}(l^2 - a^2)}$。

习题 15-17 $P_{输入} = \dfrac{25Q}{3\eta}(v^2 + 2gh)$。

习题 15-18 $\alpha_1 = \dfrac{r_2^2 M}{J_1 r_2^2 + J_2 r_1^2 + m r_1^2 r_2^2}$。

B类型答案

习题 15-19 $F_{\mathrm{N}}^{\mathrm{t}} = \dfrac{k^2}{k^2 + l^2}mg\sin\varphi$, $F_{\mathrm{N}}^{\mathrm{n}} = \dfrac{mg}{k^2 + l^2}[(3l^2 + k^2)\cos\varphi - 2l^2\cos\varphi_{\max}]$。

习题 15-20 $\omega = \sqrt{3g/l}$, $F_{\mathrm{N}} = mg/4$。

习题 15-21 粗糙：$\omega_2 = \sqrt{\dfrac{10}{17}\dfrac{g}{R}}$, $v_{C2} = \sqrt{\dfrac{2g}{17}(17h - 2R)}$;

光滑：$\omega_2' = 0$, $v_{C2}' = \sqrt{2gh}$。

习题 15-22 $\omega = \dfrac{J\omega_0}{J + mR^2\sin^2\theta}$, $\alpha = -\dfrac{mR^2 J\omega_0\dot{\theta}\sin 2\theta}{J + mR^2\sin^2\theta}$,

其中，$\dot{\theta}=\frac{1}{R}\sqrt{2gR(1-\cos\theta)+\frac{J}{m}(\omega_0^2-\omega^2)+v_{r0}^2-R^2\sin\theta\omega^2}$。

习题 15-23 $\begin{cases}3\ddot{x}_r+2\ddot{x}\cos\theta-2g\sin\theta=0\\(m_\mu+m)\ddot{x}+m\ddot{x}_r\cos\theta=0\end{cases}$。

习题 15-24 $F_E=\frac{1}{2}m_0g+\frac{mg}{8}(7+6\cos\theta-\cos^2\theta-6\theta\sin\theta+2\sin^2\theta)$；

$F_{Dx}=\frac{3mg}{4}(\sin\theta-\sin\theta\cos\theta+2\theta\cos\theta)$。

习题 15-25 $\theta=\arccos\frac{2}{3},F_{N2}=\frac{4}{3}mg(\uparrow)$。

习题 15-26 $v_B=\sqrt{gl},F_N=\frac{1}{36}(27-2\sqrt{3})mg,F_T=\frac{1}{36}(27+2\sqrt{3})mg$。

习题 15-27 $x_C=-\frac{\pi}{2}l,y_C=\frac{l}{12}(12+\pi^2)$。

习题 15-28 $l=\sqrt{R^2+\frac{J_z}{2m}}$。

C 类型答案

习题 15-29 **解**：由于对于情况(1)摩擦力不做功，因此对两种情况均可用能量定理。在图 B-44a)所示的空间固定坐标系中，规定 $y_C=0$ 状态的势能为 $V=0$，则由 $T_0+V_0=T_1+V_1$ 得到

$$(2m)gy_{C0}=\frac{1}{2}(2m)v_{C1}^2+\frac{1}{2}J_C\omega_1^2+(2m)gy_{C1} \tag{1}$$

系统的重心 C 在圆筒和杆的焊接点处。由此得到

$$y_{C0}=2r,y_{C1}=\frac{2}{3}r \tag{2}$$

薄壁空心圆筒相对于其重心的惯性矩为 $J_Z=mr^2$，细杆对其重心的惯性矩为 $J_{Ct}=m(2r)^2/12$。利用惠更斯—施坦纳(Hoygens-Steiner)定理，由此可得

$$J_C=(J_Z+mr^2)+(J_{Ct}+mr^2)=\frac{10}{3}mr^2 \tag{3}$$

(1)由于圆筒在地面上无滑动地滚动，圆筒和地面之间的接触点是运动的瞬时转动中心。由此可得重心速度 v_C 和角速度 ω 之间的关系[如图 B-44a)所示]：

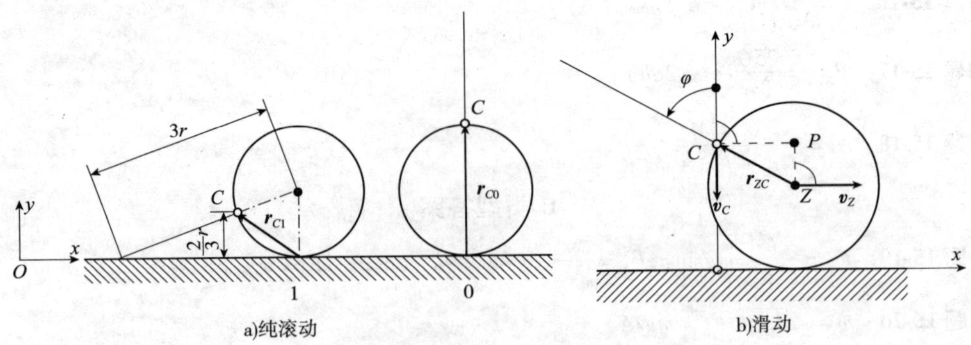

图 B-44 习题 15-29 解

$$\boldsymbol{v}_C=\boldsymbol{\omega}\times\boldsymbol{r}_C \tag{4}$$

而由

$$r_{C1}^2=\left(\frac{2}{3}r\right)^2+\left[r^2-\left(\frac{1}{3}r\right)^2\right]=\frac{4}{3}r^2$$

可得

$$v_{C1}^2=\frac{4}{3}r^2\omega_1^2 \tag{5}$$

由式(1)~式(3)和式(5)可得

$$\omega_1=\sqrt{\frac{8}{9}\frac{g}{r}}=0.9428\frac{g}{r} \tag{6}$$

(2)对此情况能量定律的式(1)也还成立。只是重心速度 v_C 和角速度 ω 之间的关系改变了。圆筒和地面的接触点现在不再是运动的瞬时转动中心。函数关系 $v_C(\omega)$ 可由三种不同的途径来导出：

①由重心在空间固定坐标系中位置坐标 y_s 和 φ 的关系[如图 B-44b)所示]$y_C=r+r\cos\varphi$，通过对时间求导可得 $\dot{y}_C=-r\dot{\varphi}\sin\varphi$。由于摩擦力在 x 方向不做功，物体在 x 方向的动量保持为零，因此 x_C 保持为常数。于是有 $v_C=\dot{y}_C$，利用 $\dot{\varphi}=\omega$，可以得到

$$v_C=-r\omega\sin\varphi \tag{7}$$

②由于从刚体的两个点知道了运动的方向[如图 B-44b)所示]，因此可以写出

$$\boldsymbol{v}_C=\boldsymbol{v}_Z+\boldsymbol{\omega}\times\boldsymbol{r}_{ZC} \tag{8}$$

利用$\boldsymbol{v}_C=(0\quad v_C\quad 0)$，$\boldsymbol{v}_z=(v_z\quad 0\quad 0)$，$\boldsymbol{\omega}=(0\quad 0\quad \omega)$，以及 $\boldsymbol{r}_{ZC}=(-r\sin\varphi\quad r\cos\varphi\quad 0)$，由此对 y 方向分量可得

$$v_C=v_{Cy}=-r\omega\sin\varphi$$

③刚体运动的瞬时转动中心 P 是刚体两点处速度矢量垂线的交点。利用已知的速度方向$\boldsymbol{v}_Z$ 和$\boldsymbol{v}_C$ 可求得 P[如图 B-44b)所示]。由于 $v_P\equiv 0$，可得

$$\boldsymbol{v}_C=\boldsymbol{\omega}\times\boldsymbol{r}_{PC}$$

由此利用 $\boldsymbol{r}_{PC}=(-r\sin\varphi\quad 0\quad 0)$，也可得 $v_{Cy}=-r\omega\sin\varphi$。

对于状态 1[如图 B-44a)所示]可有

$$\sin\varphi_1=\sqrt{1-\cos^2\varphi_1}=\sqrt{1-\left(\frac{1}{3}\right)^2}=\sqrt{\frac{8}{9}} \tag{9}$$

由式(1)~式(3)、式(7)和式(9)得到结果

$$\omega_1=\sqrt{\frac{24}{23}\frac{g}{r}}=1.0215\frac{g}{r}$$

习题 15-30　解：在水平行程上(状态 1)小车的动量必须足够大，以便撞击时作用需要的冲击力 Δp。当撞击时对于作用在如图 B-45 所示外力的小车，由动量定理可得

$$m\ddot{x}_C=-F_P+F_R \tag{1}$$

对于小车被完全阻挡的时间 Δt 积分，可得

$$-m\dot{x}_{C1}=-\int_0^{\Delta t}F_P\mathrm{d}t+\int_0^{\Delta t}F_R\mathrm{d}t \tag{2}$$

其中，右端的第一个积分是为引爆需要的冲击力 Δp，第二项由轮子作用的冲击力矩。对于一个轮子，相对于轮子的重心，由动量矩定理可得

$$J_R\dot{\omega}=\frac{1}{4}F_Rr \tag{3}$$

其中，$J_R=\frac{1}{2}\frac{m}{16}r^2=\frac{1}{32}mr^2$，而滚动条件为 $\dot{x}_C=-\omega r$。将式(3)对撞击时间积分，可得

$$\frac{1}{8}m\dot{x}_{C1}=\int_0^{\Delta t}F_R\mathrm{d}t \tag{4}$$

但是，上式只适用于在撞击过程中轮子不滑动的情况。由式(4)和式(2)可得小车在水平行程上

必需的速度

$$\dot{x}_{C1} = \frac{8\Delta p}{9m} \tag{5}$$

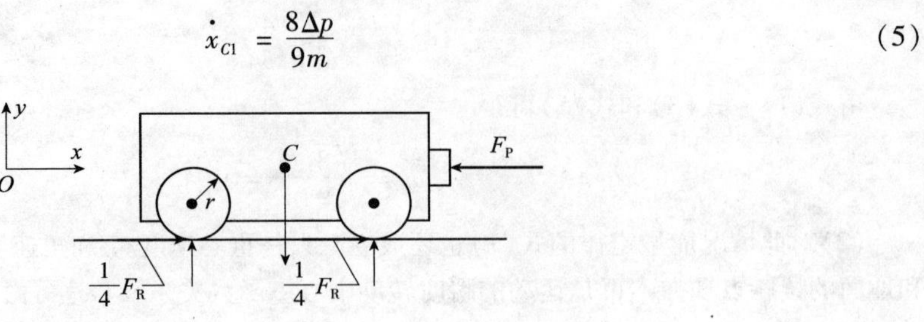

图 B-45　习题 15-30 解

需求的弹簧压缩行程可由能量定律 $T_0 + V_0 = T_1 + V_1$ 来计算。利用在弹簧中储存的势能 $V_F = ks^2/2$ 可得

$$mg(h + s\sin\alpha) + \frac{1}{2}ks^2 = \frac{1}{2}mv_{C1}^2 + \frac{1}{2}(4J_R)\omega_1^2 \tag{6}$$

利用 $\omega = -v_C/r$ 以及对于 J_R 的公式。求解对于 x 的二次方程(6)可得

$$s = \frac{mg\sin\alpha}{k}\left[\sqrt{1 - \frac{2k}{mg^2\sin^2\alpha}\left(gh - \frac{9}{16}v_{C1}^2\right)} - 1\right] = 0.487(\text{m})$$

参考文献

[1] Walter Gander,Jiří Hřebíček. 用 Maple 和 MATLAB 解决科学计算问题[M]. 刘来福,何青,译. 北京:高等教育出版社,2001.

[2] 马开平,潘申梅,冯玮,等. Maple 高级应用和经典实例[M]. 北京:国防工业出版社,2002.

[3] 李银山,王拉娣,张建明,等. 数学建模案例分析[M]. 北京:海洋出版社,1999.

[4] 马正飞,殷翔. 数学计算方法与软件的工程应用[M]. 北京:化学工业出版社,2002.

[5] 彭芳麟. 计算物理基础[M]. 北京:高等教育出版社,2010.

[6] 李银山. Maple 理论力学(I 册,II 册)[M]. 北京:机械工业出版社,2013.

[7] 周培源. 理论力学[M]. 北京:人民教育出版社,1953.

[8] 梁昆淼. 力学(上册,下册)[M]. 北京:人民教育出版社,1981.

[9] 朱照宣,周起钊,殷金生. 理论力学(上册,下册)[M]. 北京:北京大学出版社,1982.

[10] 周衍柏. 理论力学[M]. 北京:高等教育出版社,1985.

[11] 清华大学理论力学教研组. 理论力学(上册,中册,下册)[M]. 北京:高等教育出版社,1994.

[12] 刘延柱,杨海兴,朱本华. 理论力学[M]. 北京:高等教育出版社,2009.

[13] 李俊峰,张雄. 理论力学[M]. 北京:高等教育出版社,2010.

[14] 梅凤翔,尚玫. 理论力学 (I 册,II 册) [M]. 北京:高等教育出版社,2012.

[15] 谢传锋,王琪. 理论力学[M]. 北京:高等教育出版社,2015.

[16] 哈尔滨工业大学理论力学教研组. 理论力学(Ⅰ册, Ⅱ册)[M]. 北京:高等教育出版社,2009.

[17] 贾启芬,刘习军. 理论力学 [M]. 北京:机械工业出版社,2014.

[18] 郝桐生. 理论力学 [M]. 北京:高等教育出版社,2002.

[19] 范会国. 理论力学 [M]. 上海:龙门联合书局,1951.

[20] 西北工业大学,北京航空学院,南京航空学院. 理论力学(上册,下册) [M]. 北京:人民教育出版社,1980.

[21] 南京工学院,西安交通大学. 理论力学(上册,下册) [M]. 北京:高等教育出版社,1986.

[22] 吴镇. 理论力学(上册,下册)[M]. 上海:上海交通大学出版社,1989.

[23] 贾书惠,李万琼. 理论力学[M]. 北京:高等教育出版社,2002.

[24] 洪嘉振,杨长俊. 理论力学 [M]. 北京:高等教育出版社,2002.

[25] 陈立群,戈新生,徐凯宇,等. 理论力学 [M]. 北京:高等教育出版社,2006.

[26] 牛学仁. 理论力学 [M]. 北京:机械工业出版社,2002.

[27] 王月梅. 理论力学 [M]. 北京:机械工业出版社,2006.

[28] 李银山. 辅助函数法在高等数学中的应用举例[J] . 高等教育研究,1991,1(3):17-21.

[29] 李银山,郭晓辉. 工程力学专业理论力学教学内容的改革与实践[J]. 高等工程教育,1995,1(3):33-35.

[30] 李银山,白育堃,卢准炜. 零件的参数优化设计[J]. 山西矿业学院学报,1997,15(4):48-53.

[31] 李银山,白育堃,树学锋. 弹簧摆的内共振和混沌运动[J] . 太原理工大学学报,1998,29(6):555-559.

[32] 白育堃,李银山. 非线性交调的频率优化设计[J]. 计算机仿真,1998,15(2):62-65.

[33] 李银山,张建明,卢准炜. 最优捕鱼策略的 Scheafer-Leslie 模型[J]. 太原理工大学学报,1998,29(1),57-61.

[34] 李银山,白育堃,卢准炜. 风险投资的多目标优化仿真[J]. 计算机仿真,1999,16(4):43-47.

[35] 柴玉珍,李银山. 二维 KDV 方程的精确解[J]. 太原理工大学学报,1999,30:106-107.

[36] 李银山,戴少度,魏剑伟,等. Van der Pol 方程的数值研究[C]//计算力学研究与应用进展. 北京:万国

学术出版社,2000:22-27.
[37] 李银山,杨宏胜,于文芳,等. Mises 桁架结构的全局分岔和混沌运动[J]. 工程力学,2000,17(6):140-144.
[38] 李银山,郝黎明,树学锋. 强非线性 Duffing 方程的摄动解[J]. 太原理工大学学报,2000,31(5):516-520.
[39] 李银山,张洪斌,李桂莲,等. 投资收益和风险的多目标决策[C]//中国工业与应用数学学会第六次大会论文集. 北京:北京大学出版社,2000:120-125.
[40] 李银山. 二次非线性粘弹性圆板的分岔和混沌[C]//固体力学的现代进展. 北京:万国学术出版社,2000:105-110.
[41] 李银山,陈予恕,吴志强. 正交各向异性圆板非线性振动的亚谐分岔[J]. 机械强度,2001, 23(2):148-151.
[42] 李银山,杨桂通,张善元,等. 圆板受迫振动超谐分岔和混沌运动的实验研究[J]. 实验力学,2001,16(4):347-358.
[43] 李银山,陈予恕,李伟锋. 各种板边条件下大挠度圆板的全局分岔和混沌[J]. 天津大学学报,2001,34(6):718-722.
[44] 李银山,孙雨明,李欣业,等. 不平衡弹性转子系统非线性油膜失稳分析[J]. 太原理工大学学报,2001,31(6):559-561.
[45] 李银山,杨海涛,商霖. 自动化车床管理的仿真及优化设计[J]. 计算机仿真,2001,18(5):49-51.
[46] 李银山,徐新喜. 研究生力学教材改革的新尝试[C]//世纪之交的力学教学—教学经验与教学改革交流会. 北京:民族出版社,2001:139-142.
[47] 陈予恕,蔡艳岭,李银山. 快速预测混沌控制的一个量化指标[J]. 非线性动力学学报,2001,8(2):101-105.
[48] 李银山,刘波,龙运佳,等. 二次非线性粘弹性圆板的 2/1 + 3/1 超谐解[J]. 应用力学学报,2002,19(3):20-24.
[49] 李银山,高峰,张善元,等. 二次非线性圆板的 1/2 亚谐解[J]. 机械强度,2002,24(4):505-509.
[50] 李银山. 大挠度圆板振动的偶阶超谐解和对称破缺现象[C]. 非线性系统的周期振动和分岔,科学出版社,2002,100-108.
[51] 李银山,陈予恕,薛禹胜. 非线性油膜力轴承上不平衡弹性转子的稳定裕度[J]. 机械工程学报,2002,38(9):27-32.
[52] 李银山,陈予恕,丁千,等. 相平面法的扩展及在稳定性量化理论中的应用[J]. 非线性动力学学报,2002,9(1):62-71.
[53] 李银山,曹树谦,丁千,等. 非线性油膜力轴承上不平衡弹性转子的分岔和混沌[C]. 塑性力学与工程,万国学术出版社,2002:177-183.
[54] 李银山,李欣业,刘波,等. 二次非线性粘弹性圆板的 2/1 超谐解[J]. 工程力学,2003,20(4):74-77.
[55] 李银山,杨春燕,张伟. DNA 序列分类的神经网络方法[J]. 计算机仿真,2003,20(2):65-68.
[56] 邢素芳,李欣业,李银山,等. 内共振平方非线性系统的非线性模态及其分岔[J]. 河北工业大学学报,2003,32(3):80-83.
[57] 郭全梅,李银山. Maple 在理论力学中的应用研究[C]//力学与工程应用(第十卷). 北京:中国林业出版社,2004,316-319.
[58] 李银山,李欣业,刘波. 分岔混沌非线性振动及其在工程中的应用[J]. 河北工业大学学报,2004,33(2):80-83.
[59] 罗利军,李银山,李彤,等. 李雅普诺夫指数谱的研究与仿真[J]. 计算机仿真,2005,22(12):285-288.
[60] 李银山,张善元,董青田,等. 用两项谐波法求解强非线性 Duffing 方程[J]. 太原理工大学学报,2005,36(6):690-693.

[61] 李银山,张善元,李欣业,等.强非线性动力系统的两项谐波法[J].太原理工大学学报,2005,36(6):694-696.
[62] 董青田,李银山,罗利军,等.碰摩转子的故障诊断研究,振动与冲击[C].2006,25(S):283-285.
[63] 李银山.再谈郑玄最早发现线弹性定律[J].力学与实践,2006,28(4):86-88.
[64] 郭全梅,李银山.对理论力学传统教学与多媒体教学相结合的研究与实践[J].力学与工程应用(第十一卷).北京:中国林业出版社,2006,419-422.
[65] 李银山,张善元,张明路,等.材料非线性圆板的 1/2 + 1/4 亚谐解[J].振动与冲击,2006,25(3):115-120.
[66] 李银山,张明路,檀润华,等.强非线性非对称动力系统的两项谐波法[J].河北工业大学学报,2007,36(5):1-11.
[67] 戴念祖.适应时代的新教材——读《Maple 理论力学》[J].力学与实践,2007,29(3):96.
[68] 刘树勇,李银山.郑玄与胡克定律[J].自然科学史研究,2007,26(2):248-254.
[69] 李银山,张善元,刘波,等.各种板边条件下大挠度圆板自由振动的分岔解[J].机械强度,2007,29(1):30-35.
[70] 曹俊灵,李树杰,李银山.四杆撞击运动分析[C]//现代振动与噪声技术(第6卷).北京:航空工业出版社,2008:557-562.
[71] 李银山.让力学充满时代活力——Maple 理论力学[C]//第二届力学课程报告论坛,北京:高等教育出版社,2008:220-222.
[72] 李银山,李树杰,曹俊灵,等.求解强非线性振动问题的初值变换法[C].振动与冲击,2008,27(S):28-30.
[73] 李银山,李树杰.构造一类非线性振子解析逼近周期解的初值变换法[J].振动与冲击,2010,29(8):99-102.
[74]李彤,李银山.MATLAB 在理论力学中的应用[C]//第四届力学课程报告论坛.北京:高等教育出版社,2010:31-34.
[75] 李彤,李银山,余玄机,等.追逐问题的计算机模拟[J].力学与实践,2010,32(1):80-81.
[76] 李银山,段国林,李彤,等.用初值变换法求解非对称强非线性振动问题[C]//现代振动与噪声技术(第9卷).北京:航空工业出版社,2011:89-94.
[77] 李银山,刘波,张明路,等.二次非线性圆板的自由振动分岔解[J].机械强度,2011,33(4):505-510.
[78] 李银山.非对称、强非线性、多自由度系统周期解的初值变换法[C]//非线性动力学与控制的若干理论及应用.北京:科学出版社,2011:33-44.
[79] 李彤,李银山.力学教学改革中加强计算机编程能力的培养[C]//第五届力学课程报告论坛.北京:高等教育出版社,2011:211-215.
[80] 李银山,潘文波,吴艳艳,等.非对称强非线性振动特征分析[J].动力学与控制学报,2012:10(1),15-20.
[81] 李银山,李铁军,李欣业,等.卓越工程师的培养——用分析法求解运动全过程[C]//第六届力学课程报告论坛.北京:高等教育出版社,2012:304-307.
[82] 李彤,樊传杨,范芳怡,等.计算机编程引入力学教学的实践[C]//第八届力学课程告论坛.北京:高等教育出版社,2014:159-164.
[83] 忽伟,李欣业,霍倩,等.两自由度磁悬浮控制系统的稳定性与 Hopf 分岔分析[J].河北工业大学学报,2015,44(5):38-44.
[84] 李彤,何录武,李银山.探讨力学课程中的教学实践[C]//第九届力学课程告论坛.北京:高等教育出版社,2015:301-304.
[85] AП 马尔契夫.理论力学[M].李俊峰,译.北京:高等教育出版社,2006.
[86] ЛД 朗道,EM 栗弗席兹.力学[M].李俊峰,译.北京:高等教育出版社,2007.

[87] 陈予恕. 非线性振动系统的分叉和混沌理论[M]. 北京:高等教育出版社,1993.

[88] 陈予恕. 非线性振动[M]. 北京:高等教育出版社,2002.

[89] 哈尔滨工业大学理论力学教研室. 理论力学思考题集[M]. 北京:高等教育出版社,2004.

[90] 密歇尔斯基. 理论力学习题集[M]. 李俊锋,译. 北京:高等教育出版社,2013.

[91] 王铎,程靳. 理论力学解题指导及习题集[M]. 北京:高等教育出版社,2005.

[92] 马格努斯(Magnus K),缪勒(Muller H. H). 工程力学基础[M]. 张维,等译. 北京:北京理工大学出版社,1997.

[93] 戴念祖,老亮. 力学史:中国物理学史大系[M]. 长沙. 湖南教育出版社. 2001.

[94] 武际可. 力学史[M]. 重庆:重庆出版社. 2000.

[95] Li Yin-shan, Zhang Nian-mei, Yang Gui-tong. 1/3 Subharmonic solution of elliptical sandwich plates[J]. Applied Mathematics and Mechanics. 2003,24(10):1147-1157.

[96] Chen Yu-shu, Li Yin-shan, Xue Yu-sheng. Safety margin criterion of nonlinear unbalance elastic Axle System [J]. Applied Mathematics and Mechanics. 2003,24(6):621-630.

[97] Chen Yu-shu and Andrew Y T Leng. Bifurcation and Chaos in Engineering[M]. London: Springer-Verlog, London, 1998.

[98] Singer F L. Engineering Mechanics—Statics and Dynamics [M]. 3rd ed. New York: Harper & Row,1975.

[99] Charles E Smith. Applied Mechanics—Statics[M]. New York: John Wiley & Sons, Inc. ,1976.

[100] Charles E Smith. Applied Mechanics—Dynamics[M]. New York: John Wiley & Sons, Inc. ,1976.

[101] Charles E Smith. Applied Mechanics—More Dynamics[M]. New York: John Wiley & Sons, Inc. ,1976.

[102] Gingberg J H, Genin J. Statics and Dynamics[M] . New York: John Wiley & Sons, Inc. ,1984.

[103] Calkin M G. Lagrangian and Hamiltonian mechanics [M] . Singapore: World Scientific Press,1995.

[104] Udwadia F E, Kalab R E. Analytical dynamics[M]. Cambridge: Cambridge University Press,1996.

[105] Tongue B H. Principles of vibration[M]. Oxford: Oxford University Press,1996.

[106] Ferdinand P. Beer, E. Russell Johnston Jr. Vector mechanics for engineers—Statics[M]. New York: Publishing company of McGraw-Hill,1998.

[107] Ferdinand P. Beer, E. Russell Johnston Jr. . Vector mechanics for engineers—Dynamics [M]. New York: Publishing company of McGraw-Hill,1998.

[108] Andrew Pytel, Jaan Kiusalass. Engineering Mechanics—Statics[M]. Stamford: Publishing company of Thomson Learning ,1999.

[109] Andrew Pytel, Jaan Kiusalass. Engineering Mechanics—Dynamics[M]. Stamford: Publishing company of Thomson Learning ,1999.